MÉTHODES D'OPTIMISATION POUR LA GESTION

2e édition

Yves Nobert • Roch Ouellet • Régis Parent

Méthodes d'optimisation pour la gestion
2e édition

Yves Nobert, Roch Ouellet et Régis Parent

Conception éditoriale : Sylvain Ménard
Coordination : Josée Desjardins
Correction d'épreuves : Maryse Quesnel
Conception de la couverture : Pige communication

Source iconographique

Couverture : Pete Gradner/Media Bakery.

L'achat en ligne est réservé aux résidants du Canada.

Catalogage avant publication de Bibliothèque et Archives nationales du Québec et Bibliothèque et Archives Canada

Nobert, Yves

Méthodes d'optimisation pour la gestion

2e édition.

Édition révisée de : La recherche opérationnelle. 1995.
Comprend un index.

ISBN 978-2-7650-5166-4

1. Recherche opérationnelle. 2. Gestion – Modèles mathématiques. 3. Programmation linéaire. 4. Optimisation mathématique. 5. Analyse de réseau (Planification). 6. Recherche opérationnelle – Problèmes et exercices. I. Ouellet, Roch, 1946- . II. Parent, Régis. III. Nobert, Yves. Recherche opérationnelle. IV. Titre.

T57.6.N62 2015 003 C2015-942114-4

5800, rue Saint-Denis, bureau 900
Montréal (Québec) H2S 3L5 Canada
Téléphone : 514 273-1066
Télécopieur : 514 276-0324 ou 1 800 814-0324
info@cheneliere.ca

ISBN 978-2-7650-5166-4

Dépôt légal : 1er trimestre 2016
Bibliothèque et Archives nationales du Québec
Bibliothèque et Archives Canada

Imprimé au Canada

1 2 3 4 5 M 19 18 17 16 15

Nous reconnaissons l'aide financière du gouvernement du Canada par l'entremise du Fonds du livre du Canada (FLC) pour nos activités d'édition.

Gouvernement du Québec – Programme de crédit d'impôt pour l'édition de livres – Gestion SODEC.

Avant-propos

La deuxième moitié du XXe siècle a été marquée par trois percées technologiques majeures : l'ordinateur, le réseau Internet et les nouvelles technologies de l'information (TI), dans lesquelles nous incluons la téléphonie cellulaire, les GPS, les télécopieurs et l'échange de données électroniques. Le premier ordinateur, l'Eniac, vit le jour en 1946. Ses successeurs immédiats, qui utilisaient des tubes électroniques et dont la taille était impressionnante, étaient réservés à une élite scientifique et leur capacité de calcul serait, selon les standards du XXIe siècle, qualifiée de rudimentaire. Les ordinateurs sont maintenant beaucoup plus rapides et plus petits ; leur mémoire vive ainsi que leur disque contiennent une masse colossale d'informations. Utilisés dans des environnements très diversifiés et à toutes les sauces, ils ont pavé la voie à des découvertes majeures, dont le génome humain. Le réseau Internet était, au début, utilisé par les scientifiques pour l'échange d'informations et de documents. Le Web est maintenant omniprésent. Grâce à cette gigantesque toile d'araignée, la communication entre humains est instantanée et généralisée. Les nouvelles technologies de l'information sont le fruit de l'ordinateur, d'Internet et de la prolifération des satellites, qui rendent la communication orale ou écrite immédiate, le stockage de l'information efficace et son transfert rapide en tous les points du globe.

C'est dans cette mouvance scientifique et intellectuelle qu'est née et a évolué la recherche opérationnelle (RO). Les militaires furent les premiers à utiliser des modèles de RO pour optimiser leurs opérations tactiques et stratégiques. Les scientifiques ont toutefois compris rapidement que cette nouvelle discipline s'appliquait à plusieurs autres domaines. Les technologies de l'information, en rendant les données plus fiables, plus nombreuses et plus facilement accessibles, ont permis aux experts de la RO de développer des modèles et des algorithmes de plus en plus performants, d'autant plus que la vitesse des ordinateurs augmentait sans cesse. Aujourd'hui, des modèles de décision à l'échelle d'un pays tout entier sont résolus de façon routinière.

La RO possède de nombreuses applications, tant dans les secteurs privés que publics. Les horaires des infirmiers dans les hôpitaux, de même que ceux des policiers et des chauffeurs d'autobus de plusieurs grandes villes, sont maintenant élaborés par la résolution de modèles mathématiques développés par les chercheurs en RO. La répartition des autos de patrouille et des ambulances est maintenant gérée en temps réel grâce au GPS et à la possibilité de calculer des affectations optimales en une fraction de seconde. Des centaines de villes, partout dans le monde, utilisent des logiciels pour optimiser leurs opérations quotidiennes, qu'il s'agisse du nettoyage des rues, de la collecte des ordures ou du déneigement. Des préoccupations environnementales ont amené des municipalités à utiliser des modèles de RO pour localiser de façon optimale des centres de transbordement pour les déchets ou encore des usines de tri-compostage. On peut, à l'aide de techniques de la RO, optimiser la gestion des feux de circulation et les tournées des facteurs.

Dans le secteur privé, les industries pétrolières et alimentaires, pour n'en nommer que deux, utilisent des modèles de RO pour optimiser leur production. Toute la chaîne logistique associée à la production de biens a bénéficié de cette science : le choix des fournisseurs, l'organisation des transports, la planification des horaires des employés, la localisation des entrepôts et leur gestion, de même que la livraison aux clients sont tous optimisés aujourd'hui à l'aide de techniques de RO. Des logiciels spécialisés permettent l'évaluation rapide des distances et des temps de déplacement entre différents points d'un réseau, points dont la latitude et la longitude sont fournies par des GPS, ce qui rend possible l'utilisation en temps réel d'outils d'optimisation pour gérer les flottes de camions. Tous les modes de transport utilisent des logiciels développés à partir de modèles de RO : l'aviation pour l'élaboration des segments de vol et leur gestion, le transport ferroviaire pour la formation des trains, le transport maritime pour l'acheminement des conteneurs. On optimise même le transport multimodal à l'aide de telles techniques.

Les applications de la RO, toujours plus variées et omniprésentes, devenant essentielles à la bonne gestion des organisations, les dirigeants des écoles d'administration ont rapidement compris l'intérêt de cette science en rapide expansion et ont incorporé dans leurs programmes des cours dans ce domaine. En anglais, on parle souvent de «*management science*» pour désigner ces cours ; en français, on retrouve aussi l'appellation «théorie de la décision». Aujourd'hui, le futur gestionnaire *doit* connaître les principales applications de la RO : il doit comprendre les solutions fournies par celles-ci et savoir en évaluer les résultats de façon critique. Le gestionnaire doit être initié aux préceptes de la méthode scientifique : définition précise du problème, élaboration d'un modèle approprié, résolution de ce dernier par un algorithme efficace et, finalement, analyse des résultats.

Cet ouvrage se veut une introduction à la recherche opérationnelle. Le titre, *Méthodes d'optimisation pour la gestion,* reflète bien, à notre avis, le contenu du livre et son emphase sur les applications. Le matériel qu'on y retrouve comprend les modèles et les algorithmes les plus importants de la RO, et surtout les plus utiles pour les gestionnaires. L'exposé des techniques mathématiques et des algorithmes adopte ici comme fil conducteur des exemples tirés du réel, qui viennent, entre autres, des domaines de la finance, du marketing, de la production, de la logistique, des sciences économiques et de la comptabilité. L'objectif poursuivi est de conférer à l'étudiant des habiletés qui s'avéreront utiles pour lui lorsqu'il sera sur le marché du travail. Les auteurs ont, en effet, cherché à faire en sorte que le lecteur développe sa capacité de modéliser des situations complexes, de les résoudre, de procéder à l'analyse des solutions obtenues, de discuter de leur applicabilité et de leur robustesse. Ils ont voulu aller au-delà de la recette qui, magiquement, donne «la» solution. Pour qu'un apprentissage demeure pertinent tout au long d'une carrière, il faut dépasser l'anecdotique, l'étudiant doit comprendre les principes sur lesquels reposent les calculs, il doit connaître les hypothèses plus ou moins explicites utilisées dans l'obtention des résultats, sinon il ne pourra porter un jugement critique sur leur validité.

Le principal objectif poursuivi par les auteurs, c'est de faire comprendre au lecteur l'idée principale des méthodes présentées, afin qu'il acquière le goût de l'optimisation. Les notions mathématiques sont présentées de façon intuitive en utilisant des contextes de gestion. Tous les chapitres, sauf le premier, comportent de nombreux exercices de révision et problèmes, dont les solutions détaillées sont fournies sur un CD mis à la disposition des professeurs qui utilisent le manuel. Ce dernier contient aussi du matériel didactique de pointe et de la documentation complémentaire, notamment une description détaillée du solveur d'Excel. Des fichiers Excel permettant de résoudre les différents modèles, exercices et problèmes sont également inclus. En quelques occasions, nous avons abordé brièvement des méthodes ou des techniques, même si, à notre avis, elles n'étaient pas essentielles dans un manuel d'introduction visant le marché des écoles de gestion. C'est que nous les jugions pertinentes malgré tout, ou encore que certains professeurs désirent les intégrer à leur enseignement. Les passages où elles sont décrites sont marqués d'un astérisque et leur lecture peut être omise sans nuire à la continuité. De même, l'astérisque reporté à gauche du numéro d'un exercice ou d'un problème signifie soit que celui-ci se rapporte à un tel passage, soit qu'il est plus difficile ou plus complexe.

Remerciements

Ce livre est une version revue et enrichie d'un manuel antérieur intitulé *La recherche opérationnelle*. Ce dernier, de même que les recueils de notes de cours qui l'avaient précédé, se sont enrichis des suggestions des nombreux étudiants, tant de l'UQAM que de HEC Montréal, et de celles des nombreux enseignants qui les ont utilisés dans ces deux établissements. Nous tenons à souligner plus particulièrement l'apport de nos collègues Jacques Desrosiers, Patrick Soriano et Amadou Diallo, dont les commentaires pertinents nous ont permis d'améliorer les versions préliminaires de ce texte. Plusieurs auxiliaires d'enseignement, dont Jean-François Cordeau, Sylvain Perron, Claude Guindon et Nathalie Perrier ont collaboré à différents aspects de ce manuel ou de son ancêtre et nous ont fait remarquer diverses coquilles. Nous tenons également à remercier le Département des sciences de la décision et la Direction de la recherche et du transfert de HEC Montréal, ainsi que l'École des sciences de la gestion de l'UQAM pour leur soutien financier. Enfin, nous remercions Hakim Belmaachi, Michel Hébert, André Vincent, Pierre Smith et Diane Paul, qui nous ont aidés à construire certains exemples ou problèmes.

Matériel complémentaire

Cet ouvrage est accompagné de matériel didactique varié sur un CD mis à la disposition des professeurs qui utilisent le manuel. Voici une brève description de ce matériel.

- **Solutions détaillées** de tous les exercices de révision et de tous les problèmes.
- **Fichiers Excel** des modèles de tous les exemples, de tous les exercices de révision et de tous les problèmes.
- **Macros Excel** – L'une d'entre elles permet de tracer et de résoudre des arbres de décision (*chapitre 9*) ; d'autres, insérées dans des « gabarits », construisent et résolvent les modèles linéaires associés à différents contextes typiques (l'usager entre les données de façon « naturelle » et la macro s'occupe des détails techniques ; la solution optimale est présentée en termes du contexte, sous une forme intuitive).
- **Outils multimédias** – Un didacticiel et un tutoriel associés à la méthode SÉP (*chapitre 4*) : le didacticiel accompagne l'étudiant pas à pas dans la résolution de problèmes numériques, testant immédiatement chacun de ses choix et chacune de ses réponses numériques et donnant un message approprié en cas d'erreur ; le tutoriel résume l'algorithme et illustre l'utilisation du didacticiel.
- Des **annexes**, dont le rôle est varié : l'annexe 9A présente et illustre le théorème de Bayes et sert de prérequis à la section 9.6 où l'on s'intéresse à la valeur espérée de l'information apportée par une étude de marché ; certaines annexes prolongent le texte et contiennent des méthodes ou des exemples additionnels qui n'ont pas trouvé place dans le texte imprimé, afin de ne pas l'allonger indûment ; d'autres, enfin, présentent une analyse critique des méthodes présentées (*voir, par exemple, l'annexe 7A*).

Table des matières

CHAPITRE 1

Le rôle et les applications de la recherche opérationnelle

La recherche opérationnelle (RO) est une science qui, après avoir pris son nom et son essor au cours de la Seconde Guerre mondiale, joue maintenant un rôle prépondérant au sein des sociétés postindustrielles. En premier lieu, nous décrivons succinctement quelques applications de la RO proches du quotidien des étudiants en gestion, ou encore de celui des gestionnaires du secteur du transport par camion, et indiquons brièvement en quoi l'approche de la RO des problèmes pratiques diffère des heuristiques communément employées par les gestionnaires qui ne disposent pas de cet outil scientifique. Puis, nous introduisons la notion de modèle et illustrons les principales propriétés des modèles utilisés en RO. Enfin, nous commentons brièvement les liens et tensions entre cette discipline quantitative et les facteurs qualitatifs.

Plan du chapitre

1.1 Une journée dans la vie de Maude et d'André

Rare est l'adulte qui arrive à voir son quotidien avec des yeux d'enfant. Pourtant, s'il s'est déjà rendu dans un pays exotique, notre lecteur se rappellera, avec délice ou avec effroi, ses premières découvertes d'une nouvelle façon d'être et de vivre. Puisse notre lecteur blasé, que la vie citadine ne surprend plus guère, adopter, pendant la lecture de cette section, l'attitude du touriste néophyte. Qu'il nous laisse le guider dans la redécouverte de certains aspects de son environnement urbain qui réserve, il le verra, bien des surprises à qui apprend à le décoder.

Dans ce but, empruntons les yeux de Maude et de son frère André, étudiants à l'UQAM, pour épier leur quotidien dont les coulisses, convenablement explorées, nous donnent la vision qu'aurait de Montréal un initié de la RO. Rendons-nous chez Maude et André pour y vivre un après-midi avec eux.

1.1.1 La recherche d'un itinéraire optimal

Aujourd'hui, comme tous les jeudis, Maude se rend en voiture à son cours de RO qui débute à 14 h. Quoique ponctuelle, Maude se veut économe de son temps et quitte son foyer à la dernière minute, ce qui l'oblige à faire diligence pour éviter les retards. Elle a convenu de passer prendre aujourd'hui trois de ses camarades de classe, Amélie, Bernard et Claude, que nous désignerons par leur initiale dans la suite du texte. Maude cherche naturellement à emprunter la route la plus courte pour se rendre à l'université, tout en se prêtant aux détours nécessaires pour aller chercher ses camarades. Elle connaît bien la géographie de sa ville, habituée qu'elle est d'y conduire sa voiture, et elle sait choisir son trajet avec flair et perspicacité. Maude est toutefois perfectionniste et, après chaque choix de trajet, un doute la taraude : le parcours tout juste choisi est-il optimal ?

En fait, qu'est-ce qu'un itinéraire optimal ? Selon elle, un parcours qui est optimal le dimanche matin ne l'est pas forcément le lundi à 9 h. Maude comprend que l'**optimalité d'un trajet** urbain tient à sa durée pour l'automobiliste avare de son temps, et à sa longueur pour l'automobiliste économe de son argent. La pertinence du choix de Maude, ce jeudi, dépend en partie de l'ordonnancement adopté pour se rendre chez chacun de ses trois amis, et en partie du trajet retenu pour chaque étape de son déplacement. Il y a six façons pour Maude d'organiser les étapes successives de ce déplacement. En effet, soient M, la maison de Maude ; A, B et C, les endroits où l'attendent ses trois amis ; et U, l'université. Les étapes à parcourir se succéderont selon l'une des six façons suivantes :

$$M \to A \to B \to C \to U \quad M \to B \to A \to C \to U \quad M \to C \to A \to B \to U$$

$$M \to A \to C \to B \to U \quad M \to B \to C \to A \to U \quad M \to C \to B \to A \to U.$$

Pour chacun des ordonnancements, en tout cas pour ceux qui semblent acceptables, il lui faut trouver le meilleur itinéraire. Et encore, elle n'a que trois amis à qui elle a promis le voyage en ville ; en aurait-elle eu cinq qu'elle aurait dû considérer 120 ordonnancements ! Toutefois, comme le montre la carte de la figure 1.1, seulement deux des six façons d'organiser le trajet sont acceptables, soit $M \to B \to C \to A \to U$ et $M \to A \to C \to B \to U$.

Avant de poursuivre l'analyse du problème de Maude, précisons la terminologie utilisée. Tout **trajet** urbain en véhicule de surface emprunte rues, boulevards ou ruelles. Il est constitué d'une succession de **tronçons**, dont chacun est un segment du réseau routier (bout de rue, ruelle, pont, etc.) qui joint deux intersections consécutives. Mesurer la longueur de chaque tronçon, en coder la topologie et constituer une banque de données sont les étapes d'un procédé appelé **géocodage**.

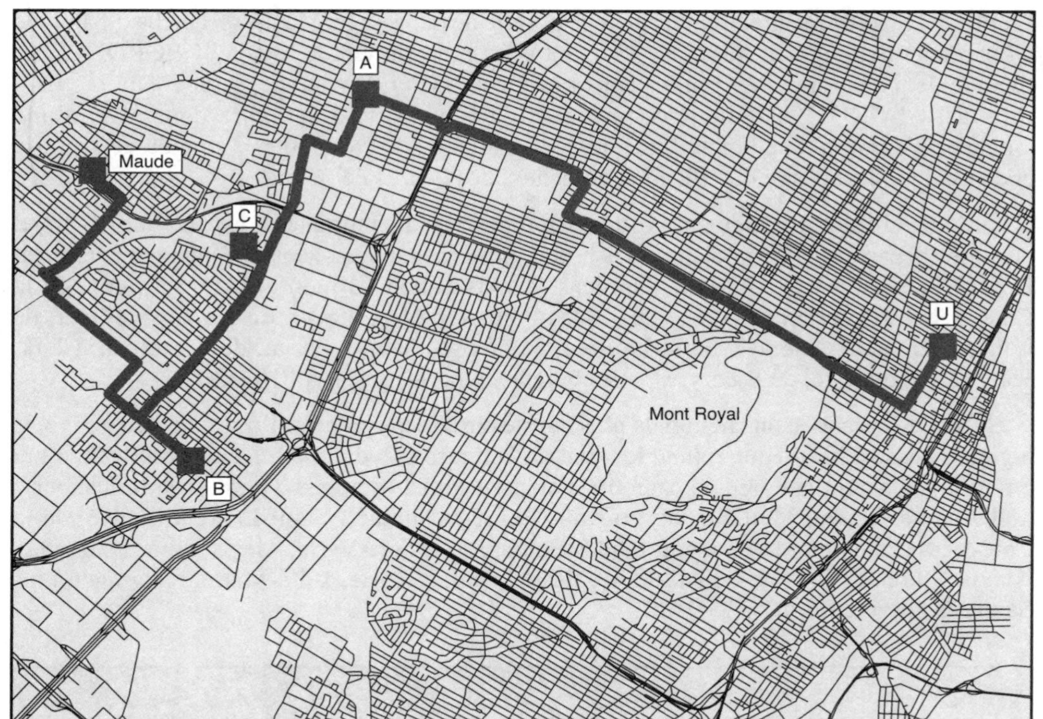

FIGURE 1.1
Maude : trajet de distance minimale

Une des façons de réaliser le géocodage d'un réseau routier consiste à fixer une carte sur une table à numériser, puis à saisir les coordonnées des différentes intersections à l'aide d'une souris dotée d'un dispositif de ciblage. Quelques manipulations supplémentaires font apparaître sur un écran d'ordinateur les tronçons du réseau. Le réseau routier de Montréal, entre autres, est géocodé de cette façon, dans ses moindres recoins et culs-de-sac, tronçon par tronçon. Les mesures de distance obtenues par ce procédé sont fiables ; des arpentages de contrôle menés sur le terrain le confirment. D'autres méthodes de géocodage encore plus précises utilisent le repérage par satellite. Elles sont toutefois difficiles à appliquer en milieu urbain, où des gratte-ciel et de grands arbres font souvent écran entre le satellite de référence et le véhicule muni de la balise nécessaire à la communication avec le satellite.

La RO dispose de plusieurs algorithmes pour établir le chemin le plus court ou le plus rapide entre deux points d'un réseau urbain géocodé. Le calcul de la longueur et de la durée de la plupart de ces chemins s'effectue en quelques instants à l'aide d'un micro-ordinateur doté d'un logiciel approprié.

Comme l'indique la carte de la figure 1.1, le foyer de Maude est situé à Ahuntsic, sur la rue Terrasse de Louisbourg. Amélie (A) attend Maude non loin de chez elle, à l'intersection du boulevard Saint-Laurent et de la rue de Louvain Ouest. Bernard (B) est au coin de la rue Nantel et du boulevard Alexis-Nihon, tandis que Claude (C) se tient à l'intersection des boulevards Thompson et Jules-Poitras, dans l'arrondissement Saint-Laurent.

Sur commande, l'ordinateur fait appel au logiciel GÉOROUTE pour montrer, sur une carte de Montréal, l'emplacement de l'UQAM, du foyer de Maude et des intersections où l'attendent ses amis. Il trace deux trajets qui mènent de chez Maude à l'UQAM en passant devant chacun des trois amis : un trajet de durée minimale et un trajet de longueur minimale.

L'utilisateur peut aussi imposer un choix de priorité de ramassage. Maude recherche d'habitude un parcours de longueur minimale. Suivant cette prescription, le logiciel GÉOROUTE lui suggère de passer prendre ses amis dans l'ordre B → C → A avant de se rendre à l'UQAM. De plus, GÉOROUTE indique comme chemin à suivre le trajet de la figure 1.1, d'une longueur d'environ 22,2 km et d'une durée de parcours de 48 minutes. Cette durée suppose une circulation sans embouteillage et en dehors des heures de pointe.

Le logiciel fournit également la succession des rues à emprunter pour parcourir le trajet proposé : départ de la Terrasse de Louisbourg, puis Alexandre-Lacoste, Dudemaine, Grenet, Henri-Bourassa, Marcel-Laurin, Thimens, Alexis-Nihon (B monte), Alexis-Nihon, de la Côte-Vertu, Jules-Poitras (C monte), Jules-Poitras, de la Côte-Vertu, Sauvé, Meilleur, de Louvain Ouest (A monte), Saint-Laurent, Crémazie, Saint-Laurent, de Castelnau, Clark, Jean-Talon, du Parc, de Bleury, et enfin Sainte-Catherine jusqu'à l'UQAM.

Si Maude demande un chemin de plus courte durée sans préciser l'ordre de ramassage, le logiciel, laissé à lui-même, retient le trajet de la figure 1.2, dont la longueur est de 28,6 km environ, mais dont la durée de parcours s'abaisse à 45,5 minutes : Terrasse de Louisbourg, de l'Acadie, Sauvé, Meilleur, de Louvain Ouest (A monte), Saint-Laurent, Sauvé, de la Côte-Vertu, Jules-Poitras (C monte), Jules-Poitras, de la Côte-Vertu, Alexis-Nihon (B monte), Alexis-Nihon, de la Côte-de-Liesse, 40 Est, 15 Sud, Décarie, Ville-Marie, Sanguinet, puis Sainte-Catherine jusqu'à l'UQAM.

FIGURE 1.2
Maude : trajet de durée minimale

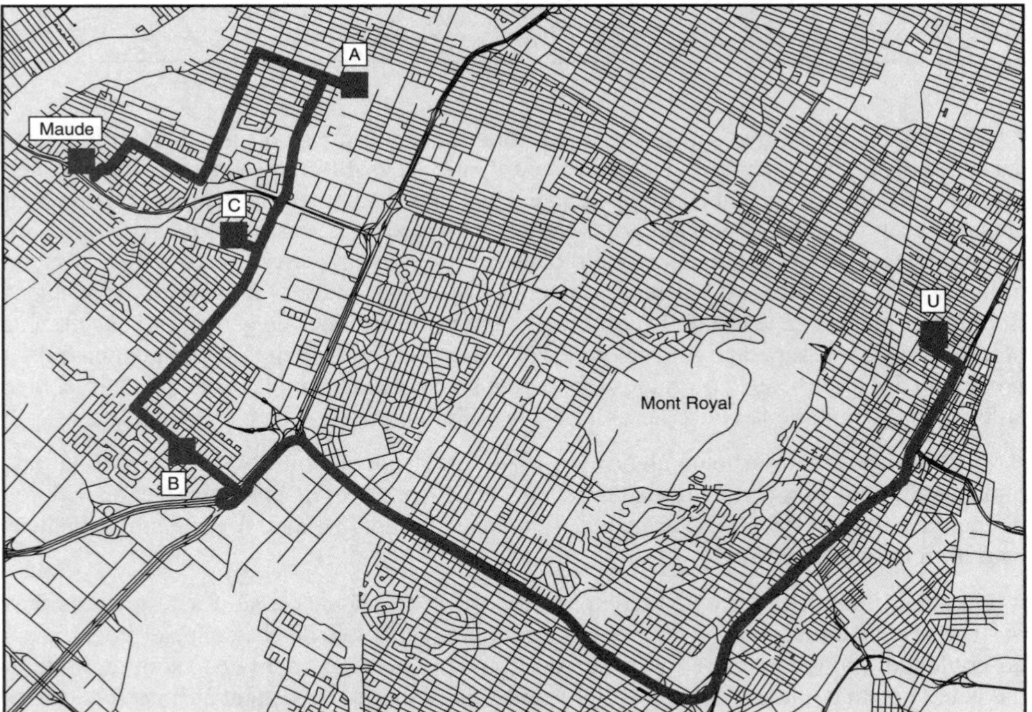

1.1.2 L'horaire des transports en commun

André, le frère cadet de Maude, doit se rendre à l'UQAM pour 15 h. Un peu grippé, il s'est levé fort tard, et Maude se serait mise en retard si elle l'avait attendu. À défaut de se déplacer confortablement dans la voiture conduite par sa sœur, il devra se résoudre à utiliser le transport en commun. La durée de son déplacement est quasiment prédéterminée par la RO, qui a aidé à établir l'horaire des autobus et des rames de métro. C'est la RO qui, en fonction de la demande, régit la fréquence de passage des véhicules de transport en commun de la Société de transport de Montréal (STM). La RO sert également à élaborer l'horaire des chauffeurs d'autobus et celui des conducteurs de rames de métro. Regardons d'un peu plus près les difficultés de planification inhérentes à ces deux exercices.

Les services de transport et de billetterie emploient plus de 3 600 personnes, environ 1 700 autobus assurent le service sur 192 lignes, et 20 rames de métro desservent les 68 stations. Les horaires sont remis à jour cinq fois par année, après une analyse serrée des facteurs saisonniers. Il y a quatre niveaux de service, déterminés à la suite d'un compromis entre la demande et les contraintes budgétaires : celui des jours ouvrables, celui des samedis, celui des dimanches et celui des jours fériés. La demande, qui dépend des jours de la semaine et des heures de la journée, se caractérise en semaine par deux périodes de pointe qui atteignent leur maximum autour de 9 h et de 17 h. À ces heures, il faut mettre en service suffisamment de véhicules et, partant, de chauffeurs et de conducteurs pour éviter que les voyageurs s'agglutinent dans les abribus et sur les quais. Aux heures de pointe, non seulement la demande de transport est plus forte, mais la vitesse moyenne des autobus diminue (on contre ce dernier phénomène en leur réservant des voies spéciales). De là provient la nécessité économique d'établir des horaires brisés pour les chauffeurs et les conducteurs puisque, dans ces fonctions, l'emploi à temps partiel n'a pas été retenu par la STM. En effet, si les chauffeurs et les conducteurs travaillaient tous huit heures d'affilée, le nombre d'autobus et de rames de métro en circulation dépasserait de loin, entre les périodes de pointe, toute limite de coût raisonnable pour les usagers.

Beaucoup d'employés doivent donc consentir à travailler selon un horaire brisé comportant deux ou trois périodes, dont seule la plus courte fait l'objet d'une prime. Les changements de chauffeur se font à plus de 75 points de relève qui se trouvent soit à une station de métro, soit aux garages de la STM ou à d'autres endroits où les chauffeurs peuvent attendre confortablement l'heure de la relève. Selon la convention collective, il faut prévoir au moins 25 % de journées de travail continu en semaine, et au moins 45 % les fins de semaine. Le temps travaillé au cours d'une journée ne peut ni excéder 7 heures 30 minutes ni être inférieur à 6 heures 45 minutes. L'amplitude, c'est-à-dire la différence entre l'heure où une journée se termine et l'heure où elle a débuté, ne peut excéder 12 heures 30 minutes en semaine et 11 heures les fins de semaine. Des primes sont attribuées selon l'amplitude de la journée de travail : la neuvième heure est majorée de 15 %, et les dixième et onzième, de 50 % ; on passe à 100 % pour toute durée supérieure à 12 heures. De plus, on accorde des primes de nuit et de jours fériés, de même que des primes de déplacement pour se rendre aux points de relève. Établir des horaires les moins coûteux possible, qui respectent la réglementation et qui assurent à la clientèle le taux de service désiré, est l'une des tâches où excelle la RO.

Les horaires de travail des employés de la STM donnent lieu à de chaudes négociations entre leur syndicat et la partie patronale. À Montréal, les horaires des véhicules et des employés sont établis grâce à HASTUS, un logiciel québécois conçu pour cette fonction. En période de renégociation des conditions de travail, HASTUS, utilisé à la fois par le syndicat et la partie patronale, permet aussi de calculer les coûts de main-d'œuvre découlant de légères modifications apportées au règlement de travail déjà convenu. Ainsi, comme les conséquences financières de chacun des changements proposés sont connues des deux parties présentes à la table de négociations, les débats s'en trouvent refroidis. HASTUS est maintenant utilisé dans une centaine de villes du monde pour dresser les horaires des véhicules et des chauffeurs en tenant compte des conditions de travail déjà convenues. C'est là un bel exemple d'intervention de la RO en urbanisme et en gestion des ressources humaines et des relations de travail.

1.1.3 Le nettoyage des rues

Le cours de RO de Maude n'a duré qu'une demi-heure, car un bris dans le système de climatisation a rendu l'atmosphère de la classe irrespirable. De retour tout près de chez elle, à 15 h 30, Maude s'aperçoit qu'il n'y a aucun véhicule stationné de son côté de la rue. Vérification faite toutefois, le stationnement y est interdit le jeudi entre 15 h et 16 h, car cette période est réservée au passage éventuel d'un balai mécanique. Les « aubergines » sont aux aguets et, pour Maude, se garer de son côté de la rue avant 16 h serait, presque à coup sûr, encourir une contravention onéreuse pour son budget estudiantin. Maude déniche donc, à grand-peine, une place où se garer de l'autre côté de la rue, à quelque 200 mètres de chez elle. Elle attendra la fin de l'interdiction de stationnement pour garer sa voiture plus près.

La Ville de Montréal établit l'itinéraire quotidien de chacun de ses balais mécaniques en faisant appel à la RO. Le calcul de ces itinéraires est fort complexe. Pensons d'abord aux plages horaires à respecter : il faut permettre à l'opérateur d'un balai de profiter des créneaux que lui garantissent les panneaux d'interdiction de stationnement. La RO aide à déterminer, chaque jour et pour chacun des balais en service, un secteur à balayer selon un itinéraire qui prévoit, entre autres, les arrêts nécessaires pour l'ajout d'eau dans les réservoirs de la machine. La RO établit aussi les horaires des conducteurs de ces balais.

1.1.4 L'organisation de la distribution du courrier

La voiture enfin garée près de son domicile, Maude rentre chez elle où l'attend André, qui a renoncé à se rendre à l'UQAM. Le chien qui aboie, des pas dans l'escalier, un bruit de boîte aux lettres : c'est la livraison du courrier. Maude et André y trouvent deux lettres de leur oncle, en poste au Burundi, qui ont emprunté, pour leur acheminement de Bujumbura à Montréal, des réseaux complexes dont le dernier n'est peut-être pas le plus simple. En effet, comment la tournée du facteur est-elle établie ? On s'en doutait, les tournées prescrites aux facteurs sont élaborées à l'aide de techniques de RO. Voici comment. On divise le pays en **régions de tri et d'acheminement**[1] (RTA), chacune responsable d'un volume de courrier sensiblement égal. Le **territoire** de chaque succursale postale est formé de deux RTA voisines. Ce territoire est ensuite subdivisé en **secteurs**, chacun desservi par un facteur à qui l'on attribue plusieurs **unités de livraison**[1] (UDL).

La tournée d'un facteur débute souvent à la succursale postale, où il entre en possession d'une partie du courrier qu'il aura à livrer ; parfois, il se rend d'abord à une première boîte de relais, où il trouve sous clé un sac de courrier. (La disposition de ces boîtes ne se fait qu'une fois établie la tournée du facteur qui s'y approvisionnera ; l'organisation des tournées de remplissage des boîtes de relais, à l'aide d'un véhicule approprié, représente un autre problème que peut résoudre la RO.) La tournée d'un facteur comporte deux parties : l'avant-midi et l'après-midi. Chaque matin d'un jour ouvrable, il se rend soit à pied, soit en voiture, soit en empruntant le réseau de transport en commun (où il bénéficie de la gratuité), au premier carrefour du secteur qui lui est attribué. Puis, portant son sac ou le poussant dans un petit chariot à grandes roues qui facilitent montées et descentes des chaînes de trottoirs, il entreprend la distribution des lettres, des magazines, des petits paquets et des envois recommandés qui lui sont confiés. En fin de matinée, arrivé au dernier carrefour, que la procédure choisie pour établir la tournée fait toujours coïncider avec le carrefour initial, le facteur revient à pied, en voiture ou en transport en commun pour se rendre à sa succursale postale d'attache. Après le lunch, il entreprend de façon similaire la tournée de l'après-midi.

1. Les trois premiers éléments du code postal assigné à une résidence désignent la région de tri et d'acheminement (RTA) d'appartenance, et les trois derniers correspondent à l'unité de livraison (UDL).

La figure 1.3 illustre le territoire associé à la succursale postale responsable du courrier de Maude. Subdiviser un tel territoire en secteurs qui correspondent chacun à la tournée quotidienne d'un facteur n'est pas tâche facile, même pour qui connaît les techniques de la RO. Le territoire de la figure 1.3 a été subdivisé selon une méthode heuristique propre au logiciel POST/CARDS. Le secteur où habite Maude est donné à la figure 1.4 (*voir page suivante*). Celle-ci donne également la tournée du facteur, qui, elle aussi, a été déterminée à l'aide du logiciel POST/CARDS.

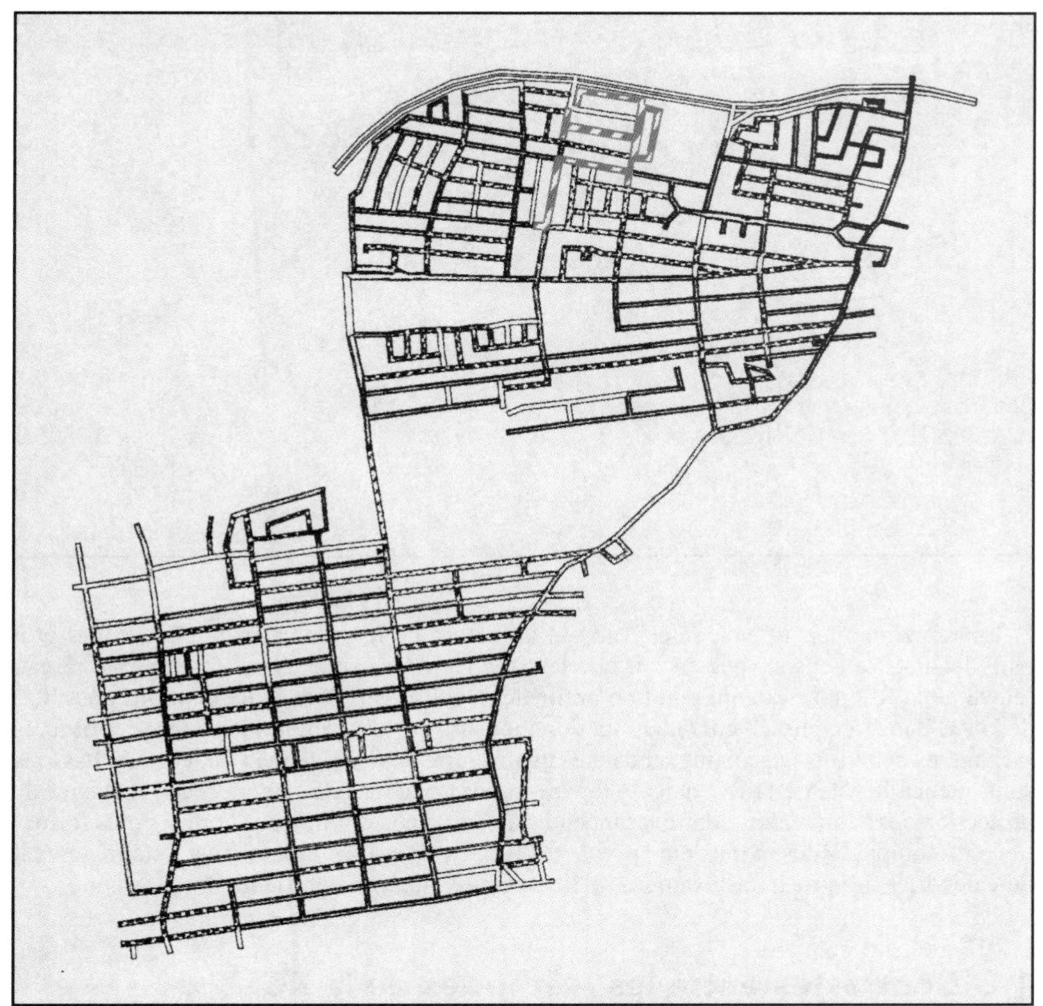

FIGURE 1.3
Maude : subdivision en secteurs d'un territoire postal

1.1.5 Les réseaux avec contraintes horaires

C'est à André qu'incombe ce soir la tâche de se rendre au dépanneur pour y acheter du pain frais. L'organisation des circuits d'approvisionnement en pain des dépanneurs est une tâche qui, elle aussi, relève de la RO. Un logiciel *ad hoc* a été mis au point par GIRO pour la boulangerie Weston. Ce logiciel tient compte du nombre d'approvisionnements hebdomadaires souhaités par les clients de Weston et de la capacité des camionnettes pour organiser des tournées de livraison de longueur minimale qui respectent les plages horaires indiquées par les dépanneurs.

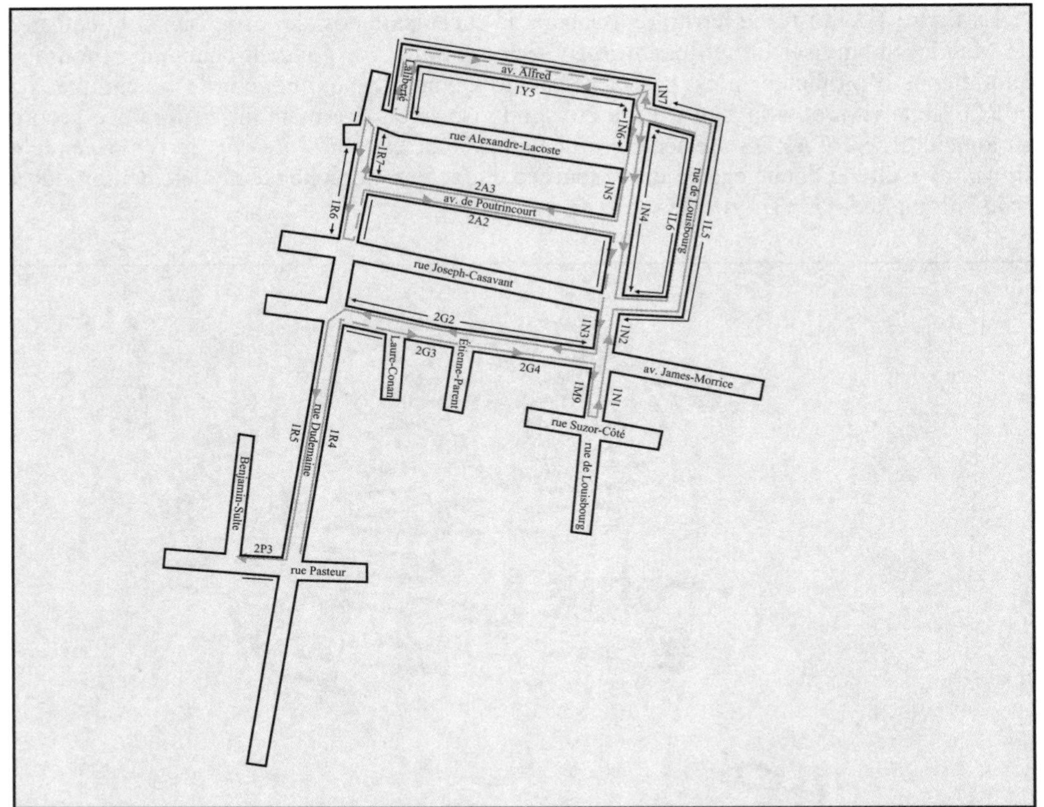

FIGURE 1.4
Maude : tournée du facteur

Laissons maintenant Maude et André à la lecture de leur courrier, à leurs études et à leurs loisirs. Ne pensons pas au fait que leur téléviseur est relié à un câble dont le réseau relève de la RO pour sa configuration optimale. Ne disons rien des interventions possibles de la RO dans l'établissement du circuit des éboueurs qui assurent l'enlèvement des ordures ménagères deux fois la semaine ou dans l'organisation du déneigement de leur rue. Passons sous silence le rôle de la RO dans la répartition des casernes de pompiers qui veillent à la protection des Montréalais contre les incendies, dans la constitution des horaires et la formation des équipages des avions qui survolent Montréal la soirée durant, dans l'établissement du calendrier des prochains examens de l'université qu'André et Maude fréquentent…

1.2 Contrastes entre les méthodes de la RO et celles utilisées en pratique[2]

L'objectif de cette section est de mettre en relief les différences entre les solutions proposées par la RO et celles construites intuitivement. Nous illustrons notre propos à l'aide de trois exemples concrets tirés d'un même secteur d'activité, le transport interurbain par camion.

2. Le contenu de cette section est adapté de l'article « Le secteur du transport interurbain et la recherche opérationnelle : une synergie méconnue à exploiter », Y. Nobert, R. Ouellet et R. Parent, *Gestion*, vol. 27, nº 2, juin 2002, p. 38-45. Reproduit avec autorisation.

Nous avons choisi ce secteur pour la diversité et l'importance des applications qu'il offre, et aussi en raison de la simplicité des situations traitées.

Les gestionnaires du secteur du transport font souvent face à des problèmes de répartition de cueillettes, d'élaboration d'horaires ou de «routes». Par exemple, un répartiteur doit déterminer quels colis un camion donné ira chercher, dans quel ordre il les cueillera et quels chemins il empruntera. Le coût du service rendu dépend de façon cruciale de ces décisions. Si celles-ci s'avèrent inefficientes, l'entreprise court le risque de se voir évincer du marché. Et pourtant, ces problèmes ne sont pas faciles à résoudre. De plus, le temps est compté: souvent, le camionneur ou le client attend au bout du fil…

Nous allons décrire les approches intuitives couramment utilisées dans le secteur du transport pour attaquer ces problèmes. Et nous en comparerons les résultats avec ceux qu'on obtient en recourant aux méthodes de la RO. Celles-ci sont connues des universitaires depuis quelques décennies, mais sont jusqu'à maintenant largement sous-utilisées, notamment dans le secteur du transport interurbain. Le passage du milieu académique à la pratique se fait lentement, malgré les gains potentiels substantiels. La réticence observée chez certains praticiens s'explique cependant: la méthode scientifique aborde les problèmes réels sous un angle qui surprend, déroute parfois. En effet, la puissance de calcul des ordinateurs, habilement harnachée par les principes de la RO, permet d'utiliser des stratégies de résolution qui exigeraient un temps de réflexion excessivement long de la part d'un humain. La RO, convenablement appuyée par l'informatique, propose donc des solutions d'un type nouveau, bien moins coûteuses souvent que celles traditionnellement utilisées. Bien plus, il est possible en maints cas de tenir compte, sans difficulté, de conditions ou contraintes additionnelles, que le praticien incorpore à grand-peine, voire ignore totalement. Les solutions obtenues après l'ajout de ces conditions qualitatives présentent des propriétés que les gens du milieu jugent chimériques à cause de la complexité accrue qu'elles semblent apporter au problème. En pratique, donc, l'approche scientifique permet de trouver des solutions concrètes à des problèmes réels, solutions qui non seulement amènent des économies substantielles, mais qui sont plus «conviviales» pour les clients ou les employés.

1.2.1 La répartition de charges entre des camions

Comme première illustration de la méthode scientifique, considérons une entreprise de transport à charges entières (en anglais: *TL, Truck Load*) confrontée à un problème de cueillette. Supposons que l'entreprise dispose de 7 camions (T) présentement situés dans les 7 villes indiquées dans la figure 1.5 (*voir page suivante*), et que 7 charges (P), correspondant chacune à la capacité d'un camion, doivent être cueillies aux endroits mentionnés dans la même figure. Dans cet exemple, chaque charge sera attribuée à un et un seul camion et chaque camion sera affecté à une et une seule charge, qu'il ira chercher au lieu indiqué et qu'il amènera à sa destination finale ou encore à un terminus. Évidemment, on cherche à minimiser les distances parcourues à lège par les camions entre leur position actuelle et le lieu de la cueillette qui leur sera assignée. Le tableau 1.1 (*voir page suivante*) donne les distances (en km) entre les villes où sont les camions et celles où sont les charges.

Typiquement, un répartiteur, utilisant un logiciel comme MapPoint, placera camions et charges sur une carte informatisée (*voir la figure 1.5,* où P représente une charge et T, un camion) et affectera séquentiellement les charges aux différents camions. Il donnera évidemment priorité aux combinaisons les moins coûteuses, cherchant dans le tableau 1.1 les valeurs les moins élevées. Le plus souvent, il retiendra au début les combinaisons 3-7 (le camion 3 situé à Franklin ira cueillir la charge numéro 7 à Newton), puis 7-4 (Newark-Paterson). La suite est moins évidente…

FIGURE 1.5
Affectation de camions : carte des villes

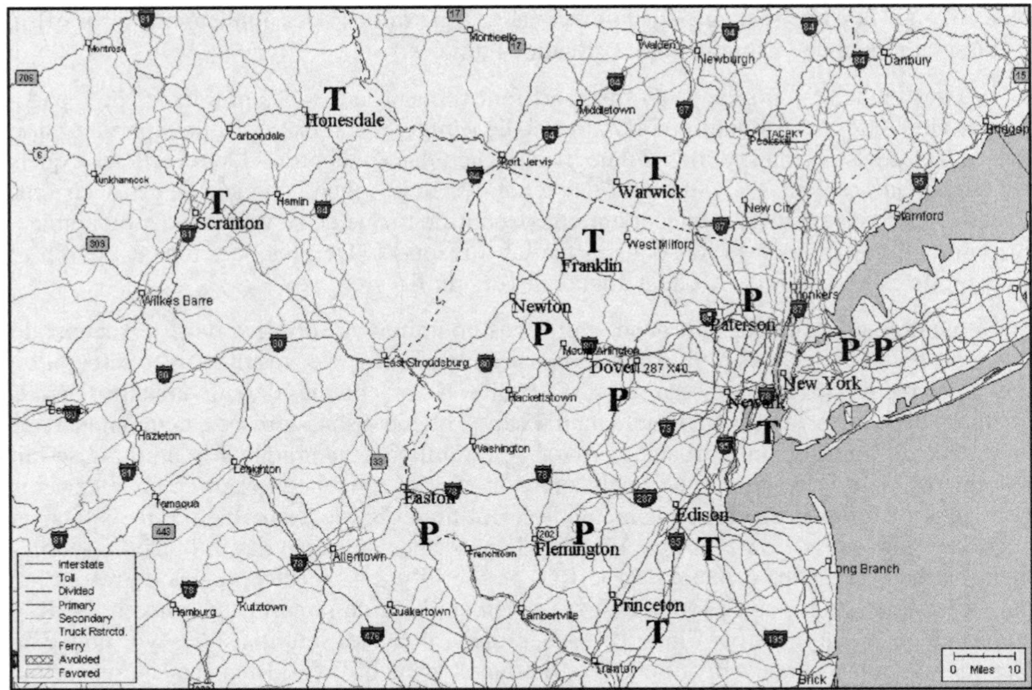

TABLEAU 1.1
Affectation de camions : distances entre les villes (en km)

	Charge						
Camion	**1 NY**	**2 NY**	**3 Dover**	**4 Paterson**	**5 Flemington**	**6 Easton**	**7 Newton**
1 Scranton	229	229	139	176	146	116	125
2 Honesdale	212	212	114	155	153	123	91
3 Franklin	111	111	32	54	108	81	25
4 Edison	62	62	69	68	46	81	82
5 Princeton	92	92	84	95	38	88	89
6 Warwick	116	116	62	69	130	111	44
7 Newark	54	54	43	26	80	101	76

Ce problème a été présenté en conférence à plus de 80 répartiteurs expérimentés, qui ont construit manuellement des solutions dont la distance à lège totale s'élevait la plupart du temps à 540 km ou plus. Une « bonne » solution intuitive consiste à retenir les affectations suivantes : 1-6, 2-1, 3-7, 4-2, 5-5, 6-3 et 7-4. Elle implique que les camions parcourent au total 541 km à lège.

Mais il est possible de faire mieux ! En effet, la solution optimale ne requiert que 462 km de déplacement à lège. Il s'agit de choisir les combinaisons 1-6, 2-7, 3-3, 4-1, 5-5, 6-4 et 7-2. (La recherche de cette solution optimale constitue l'exercice de révision 1 de la section 2.2.) Pourquoi est-ce que peu d'opérateurs humains réussissent à trouver cette solution ? Quelle est la faille dans l'approche intuitive couramment utilisée qui conduit à un excédent de coûts ?

La faiblesse de l'approche intuitive réside essentiellement dans l'aspect séquentiel des choix. L'humain, même dans un petit exemple où seulement 7 camions ont à cueillir 7 charges, ne peut considérer toutes les possibilités. Mentionnons que, dans cet exemple, il existe

$$7! = 7 \times 6 \times 5 \times 4 \times 3 \times 2 \times 1 = 5\,040$$

façons d'affecter les 7 camions aux 7 charges. Aurions-nous considéré 20 camions et 20 charges, le nombre de solutions possibles s'élèverait à 20 ! = 2 432 902 008 176 640 000. Donc, trop long, voire impossible, pour un humain de les envisager toutes. Le répartiteur doit se rabattre sur la stratégie de diviser pour conquérir : il traite donc les affectations une à une, en retenant à chaque étape l'option la moins coûteuse parmi celles qui sont encore disponibles à ce moment-là. Une telle approche est qualifiée de gourmande. Nous décrivons maintenant comment appliquer la **méthode gourmande** au problème traité ici. Dans un premier temps, on choisit la donnée la moins coûteuse dans le tableau des distances. Dans notre exemple, il s'agit du nombre 25, qui représente la distance (en km) entre Franklin et Newton. Par conséquent, le camion 3 situé à Franklin ira à Newton. Ensuite, on biffe la ligne Franklin et la colonne Newton, puis on recommence le processus avec le tableau réduit. Cette fois, la donnée la moins coûteuse est le nombre 26 à l'intersection de la ligne 7 (Newark) et de la colonne 4 (Paterson) : la deuxième décision consiste donc à affecter le camion 7, situé présentement à Newark, à la charge numéro 4. On biffe alors la ligne 7 et la colonne 4. On répète ces opérations jusqu'à ce que tous les camions aient été affectés. Malheureusement, on se retrouve à la fin avec des choix très coûteux, mais incontournables. Des répartiteurs astucieux effectuent divers ajustements en cours de route pour esquiver les pièges qu'ils pressentent et ainsi éviter de se retrouver coincés à la fin avec des affectations forcées qui sont fort onéreuses. Mais ils ne peuvent tout prévoir.

En pratique, les solutions intuitives obtenues par des gens expérimentés sont souvent inefficientes. Dans l'exemple concret considéré, la « bonne » solution intuitive typique (la solution gourmande) exige un parcours à lège total de 541 km, ce qui représente environ 17 % de plus que la solution optimale.

Et encore ! Le problème traité était de petite taille. De plus, on n'a pas tenu compte (volontairement) de diverses difficultés pratiques. Dans la réalité, les camions sont de plusieurs types. De même, les clients imposent parfois des plages horaires à respecter : le camion doit venir chercher la charge ni trop tôt ni trop tard. La prise en considération de ces contraintes alourdit considérablement la tâche du répartiteur, ce qui l'amène souvent à proposer des solutions qui s'éloignent encore plus de l'optimum. La qualité des solutions construites selon l'approche scientifique est peu ou pas réduite par ces contraintes additionnelles. De fait, dans bien des cas, elles impliquent seulement d'éliminer certaines entrées du tableau des distances. Dans l'approche scientifique, elles interviennent uniquement dans la phase initiale de calcul des données du tableau et ne reviennent plus dans les étapes ultérieures d'optimisation. Or, le plus souvent, un ordinateur exécute rapidement la phase initiale, que des contraintes additionnelles soient présentes ou non.

Mais comment procède l'approche scientifique ? Précisons d'abord qu'énumérer toutes les possibilités exigerait un temps excessivement long, même avec les ordinateurs d'aujourd'hui, à moins que la taille n du problème ne soit faible. Par exemple, quand $n = 20$ camions doivent être affectés à autant de charges, il y a, avons-nous mentionné ci-dessus, 20 ! possibilités. Si l'on présume qu'un ordinateur traite un milliard de possibilités à la seconde (autrement dit, une possibilité par nanoseconde), il faudrait 20 ! nanosecondes, soit un peu plus de 77 ans, pour considérer une à une chacune de ces possibilités. Il n'est pas certain que les clients attendraient patiemment que l'ordinateur trouve ainsi l'affectation la moins coûteuse.

La caractéristique essentielle de l'approche scientifique, c'est la traduction du problème concret en un modèle mathématique. Dans notre problème de répartition, on construirait un modèle d'affectation semblable à celui décrit dans la section 2.2.2. Ensuite, il faut colliger les données numériques pertinentes (ici, il s'agirait de déterminer les entrées du tableau 1.1), puis résoudre le modèle. Pour cette dernière opération, il existe, sur le marché, plusieurs outils informatiques. Il est parfois nécessaire de les adapter ou d'en élaborer de nouveaux.

Le temps de calcul des algorithmes et heuristiques dépend évidemment de la taille du problème, mais aussi de façon cruciale de certaines caractéristiques mathématiques des modèles, que le jargon scientifique résume sous le vocable de *complexité*. Certains problèmes, comme l'affectation de n camions à n charges, se résolvent rapidement : le temps de calcul augmente assez lentement avec la taille n. Dans d'autres cas, tel le problème du voyageur de commerce traité un peu plus loin, le temps de calcul peut, en théorie, augmenter de façon explosive avec la taille.

À titre d'illustration, nous avons résolu quelques exemples numériques des problèmes d'affectation et du voyageur de commerce. Le tableau 1.2 donne les temps de calcul, selon la taille n, lorsque les mêmes données sont traitées par l'un ou l'autre des modèles scientifiques classiques utilisés pour résoudre ces problèmes de façon optimale. On notera que 1 seconde suffit quand la taille est très petite (n = 10), que le temps de résolution des problèmes d'affectation augmente lentement avec la taille, mais que celui du problème du voyageur de commerce explose littéralement.

TABLEAU 1.2
Temps de calcul selon la taille *n*

Taille *n*	Problème d'affectation	Problème du voyageur de commerce
n = 10	< 1 s	< 1 s
n = 50	1 s	23 s
n = 100	2 s	98 s
n = 200	10 s	16 632 s

1.2.2 L'élaboration d'horaires

Une entreprise de transport, dans le but de construire de « meilleurs » horaires, a analysé les tâches à effectuer pendant une certaine période et a calculé ses besoins minimaux en personnel. Le tableau 1.3 décrit les résultats obtenus pour une catégorie d'employés et une journée particulières. Il s'agit maintenant de déterminer combien d'employés seront appelés au travail et quelles plages horaires on leur attribuera, sachant que la convention collective limite l'entreprise à des plages d'au moins 4 heures et d'au plus 10 heures. Pour simplifier, nous supposons ici que les employés travaillent durant toute la plage horaire pendant laquelle ils sont présents, sans arrêt ni pause.

Essayons de construire un « bon » horaire pour combler les besoins minimaux du tableau 1.3. Le directeur du personnel de l'entreprise confie à Patrick, son meilleur programmeur, la tâche de programmer un algorithme pour déterminer une solution admissible. Patrick dénomme « bloc horaire » une période d'au moins 4 heures et d'au plus 10 heures. Dans son code, une période non couverte est une période de 15 minutes dont le besoin minimal n'est pas satisfait. Essentiellement il devra établir un à un des blocs horaires jusqu'à ce que toutes les périodes soient couvertes. Après l'établissement d'un bloc horaire, il devra réévaluer les besoins minimaux restants des périodes. Après mûre réflexion, Patrick, qui n'a pas de formation en recherche opérationnelle, emploie une approche gourmande dont les principales étapes sont décrites ci-après.

1. Toujours établir le prochain bloc horaire à partir de la période non couverte le plus tôt dans la journée.
2. Le nombre d'employés qui travailleront pendant le prochain bloc à établir est le nombre d'employés requis pour couvrir le besoin restant de la première période non couverte.
3. On prolonge le bloc le plus loin possible sans dépasser le besoin minimal restant d'une période non couverte, tout en respectant le minimum de 4 heures et le maximum de 10 heures.

TABLEAU 1.3
Besoins minimaux en personnel, par période de 15 minutes

Période	:00 à :15	:15 à :30	:30 à :45	:45 à :60
06 : 00	–	–	2	2
07 : 00	2	3	3	3
08 : 00	3	3	3	4
09 : 00	4	5	5	5
10 : 00	4	3	3	2
11 : 00	3	3	3	3
12 : 00	3	3	2	2
13 : 00	1	1	2	2
14 : 00	2	2	2	2
15 : 00	2	2	3	3
16 : 00	3	3	3	3
17 : 00	3	2	4	4
18 : 00	4	4	4	4
19 : 00	4	3	3	3
20 : 00	3	4	4	4
21 : 00	3	2	3	3
22 : 00	3	2	2	2
23 : 00	2	2	2	2
24 : 00	1	1	1	1
01 : 00	1	–	–	–

Interprétation des données: l'entreprise a besoin d'au moins 2 personnes entre 6 h 30 et 6 h 45, entre 6 h 45 et 7 h, entre 7 h et 7 h 15; elle a besoin d'au moins 3 personnes entre 7 h 15 et 7 h 30; etc.

Selon cette procédure, le premier bloc horaire débute à 6 h 30. Il est naturel de faire appel à 2 employés en début de journée; ces 2 personnes resteront aussi longtemps qu'au moins 2 employés seront requis, à moins que des contraintes syndicales ne forcent des ajustements. Ici, ni le minimum de 4 heures ni le maximum de 10 heures n'influent sur la durée de l'affectation de ces 2 premières personnes: en effet, le plancher de 2 employés est valide jusqu'à 13 h inclusivement. Le premier bloc de notre solution (*voir le tableau 1.4, section de gauche*) s'étendra donc de 6 h 30 à 13 h, soit une durée de 6 heures 30 minutes. Après réajustement des besoins minimaux, la période non couverte le plus tôt dans la journée est la période 7 h 15-7 h 30 pendant laquelle il manque un employé. On commence donc un nouveau bloc horaire à 7 h 15, qui devra se terminer au minimum à 11 h 15. Toutefois, on peut le prolonger jusqu'à 12 h 30, car les périodes de 11 h 15 à 12 h 30 ont un besoin minimal restant d'un employé. En poursuivant ainsi, on obtient les blocs horaires indiqués dans les deux colonnes de gauche du tableau 1.4 sous la rubrique «Solution gourmande». On constate que 10 employés seront appelés ce jour-là et qu'ils travailleront au total 64,5 heures.

TABLEAU 1.4
Solutions au problème d'horaire

Solution gourmande		Solution optimale	
Nombre	Bloc horaire	Nombre	Bloc horaire
2	06 : 30 à 13 : 00	2	06 : 30 à 10 : 30
1	07 : 15 à 12 : 30	1	07 : 15 à 12 : 30
1	08 : 45 à 13 : 30	1	08 : 45 à 13 : 00
1	09 : 15 à 13 : 15	1	09 : 15 à 19 : 15
2	13 : 30 à 23 : 30	1	13 : 30 à 21 : 00
1	15 : 30 à 21 : 15	1	15 : 30 à 24 : 00
1	17 : 30 à 01 : 15	1	17 : 30 à 22 : 15
1	21 : 15 à 01 : 15	1	20 : 15 à 01 : 15

Est-il possible de faire mieux ? On pourrait peut-être gruger quelques quarts d'heure en analysant soigneusement les moments où certains employés sont en surplus selon l'horaire proposé. Mais ces améliorations ne sont pas évidentes et exigent du temps de réflexion. Or, le responsable des horaires doit préparer un horaire quotidien pour chacune des 43 fonctions de l'entreprise, puis un horaire hebdomadaire pour chacun des employés. Il est donc exclu pour lui de peaufiner longuement chacun d'entre eux. La méthode scientifique, une fois que le système est en place, produit les 43 horaires quotidiens en quelques minutes. Dans le cas des données du tableau 1.3, on obtient la solution optimale décrite au tableau 1.4, qui exige 9 employés et 53,25 heures. Il s'agit d'un gain de 11,25 heures, soit 17,4 %, par rapport à la solution gourmande ; de plus, 1 employé de moins est requis.

La méthode scientifique peut tenir compte sans difficulté des pauses-repas et des heures supplémentaires (*voir, par exemple, la section 2.1.6*). Il est également possible de construire des horaires hebdomadaires ou mensuels pour chaque employé et de prendre en considération diverses contraintes qualitatives, telles les priorités accordées à certains employés.

1.2.3 Le problème du voyageur de commerce : cueillette de colis par un camion

Considérons une entreprise de transport à charges partielles (en anglais, *LTL* : *Less than Truck Load*) qui planifie les cueillettes d'une journée donnée. Elle doit envoyer des camions livrer les colis chez les clients de façon à respecter diverses contraintes, dont voici quelques exemples typiques :

- chaque client est visité par un et un seul camion ;
- les colis attribués à un même camion ne doivent pas en excéder la capacité ;
- la route d'un camion donné ne doit pas dépasser une certaine durée, par exemple huit heures ;
- il faut respecter certaines fenêtres de temps.

L'entreprise doit décider combien de camions seront utilisés, quels colis ira livrer un camion donné et dans quel ordre. Un problème difficile, qu'on cherche généralement à résoudre en trois étapes, plus ou moins explicitement distinguées.

1. Calculer un tableau des distances entre les différents points à visiter.

   Ces données de base sont la clé des étapes ultérieures. Il est donc important que les valeurs du tableau soient le plus près possible des valeurs réelles. Il existe plusieurs logiciels[3] qui permettent d'obtenir de telles distances ; certains sont excellents, mais d'autres recourent à des approximations grossières. Par exemple, certains logiciels utilisent, pour estimer la longueur d'un trajet urbain, la distance à vol d'oiseau ; il s'agit là d'une valeur souvent fort inexacte, car elle ne tient nullement compte des sens uniques, des interdictions de tourner à gauche, etc.
2. Diviser l'ensemble des clients en groupes (*clusters*), les membres d'un groupe étant tous attribués à un même camion.
3. Pour chaque groupe, construire une route qui indique l'ordre selon lequel seront visités les clients du groupe.

Nous nous attarderons maintenant à ce troisième et dernier problème, qui a reçu le nom de *problème du voyageur de commerce* (PVC) dans la littérature scientifique. Nous supposerons, pour simplifier, que le coût est proportionnel à la distance parcourue. Nous supposerons également, comme dans le problème PVC classique, qu'aucune fenêtre de temps n'est imposée par les clients[4].

---

3. Par exemple, Pc Miler ou Rand McNally.

4. Il est possible de construire des modèles qui tiennent compte des plages horaires à respecter, mais ces modèles sont plus complexes et n'entrent pas dans le cadre du PVC classique.

Nous avons donc un certain nombre de clients, qui doivent être visités par le camion. Nous illustrerons notre propos à l'aide de l'exemple décrit au tableau 1.5, qui comprend un terminus et 14 clients représentés par des points dans un plan cartésien. Le camion doit partir du terminus, s'arrêter à chacun des 14 points-clients une et une seule fois, puis revenir au terminus. Enfin, nous cherchons à minimiser la distance totale parcourue par le camion, la distance entre deux points étant supposée égale à la distance à vol d'oiseau. Par exemple, la distance entre le terminus T et le client numéro 1 se calcule ainsi :

$$d(T, 1) = \sqrt{(28 - 5)^2 + (32 - 19)^2} = \sqrt{698} = 26{,}42.$$

TABLEAU 1.5
PVC : localisation du terminus et des clients

Client	Coordonnées		Client	Coordonnées		Client	Coordonnées	
Terminus	28	32	5	21	25	10	17	2
1	5	19	6	14	13	11	16	19
2	20	6	7	20	18	12	16	13
3	22	29	8	10	8	13	18	7
4	4	6	9	6	14	14	24	26

Des gens expérimentés, s'ils disposent de suffisamment de temps, trouvent généralement d'assez bonnes solutions intuitives à un problème de ce genre. L'œil humain est relativement efficace pour tracer de telles routes. Mais en pratique, le temps presse, le nombre de routes à construire est élevé, on aimerait, lors de l'étape numéro 2, évaluer les routes découlant de plusieurs regroupements, ce qui peut s'avérer long à exécuter manuellement. En conclusion, il serait souhaitable de confier la tâche de construction des routes à un ordinateur.

Supposons donc qu'on demande à un programmeur, qui n'est pas versé en recherche opérationnelle, de concevoir un logiciel pour construire une telle route. Le programmeur doit remplacer l'intuition visuelle de l'opérateur humain par une approche systématique qui choisit la suite des points à visiter à partir de principes abstraits. Dans bien des cas, il cherchera à joindre le point courant à son voisin immédiat. Dans l'exemple des données du tableau 1.5, le camion partirait du terminus T, puis se rendrait successivement aux points 3, 14, 5, 7, 11, 12, puis 6. Le choix entre 8 et 13 comme prochain client à visiter n'est pas évident visuellement et il faut calculer les distances pour départager les deux candidats. Il s'avère que c'est 8 qui est le plus près et qui, par conséquent, sera la prochaine étape de notre route. Celle-ci se poursuit avec les points-clients 4, 9 et 1. Là, le camion est coincé et il lui faudra aller loin pour trouver le plus près des clients non visités, qui sera le numéro 13. La route se termine avec les points 2, 10 et enfin le terminus T auquel il faut nécessairement revenir. Voici, en résumé, la route qui résulte du critère du voisin immédiat utilisé ici (*voir aussi la figure 1.6 de gauche, page suivante*) :

T – 3 – 14 – 5 – 7 – 11 – 12 – 6 – 8 – 4 – 9 – 1 – 13 – 2 – 10 – T.

La longueur totale de cette route est de 117 unités environ. Il serait facile, à l'œil, d'améliorer cette solution : par exemple, il serait plus efficace, une fois en 13, de visiter la ville 10 avant la ville 2, puis de retourner au terminus. Mais un tel changement requiert une intervention humaine et, tel que mentionné précédemment, on préfère généralement confier la construction des routes à un ordinateur. Puisque l'approche gourmande naïve donne des routes inefficaces, on devra la remplacer par une approche plus sophistiquée. L'une d'entre elles consiste à utiliser un modèle linéaire approprié, qu'on résout à l'aide d'un logiciel, tel LINGO. Pour l'exemple numérique du tableau 1.5, une route optimale, obtenue de LINGO, est (*voir aussi la figure 1.6 de droite*)

T – 14 – 7 – 12 – 6 – 13 – 2 – 10 – 8 – 4 – 9 – 1 – 11 – 5 – 3 – T,

FIGURE 1.6
PVC : solution gourmande et solution optimale

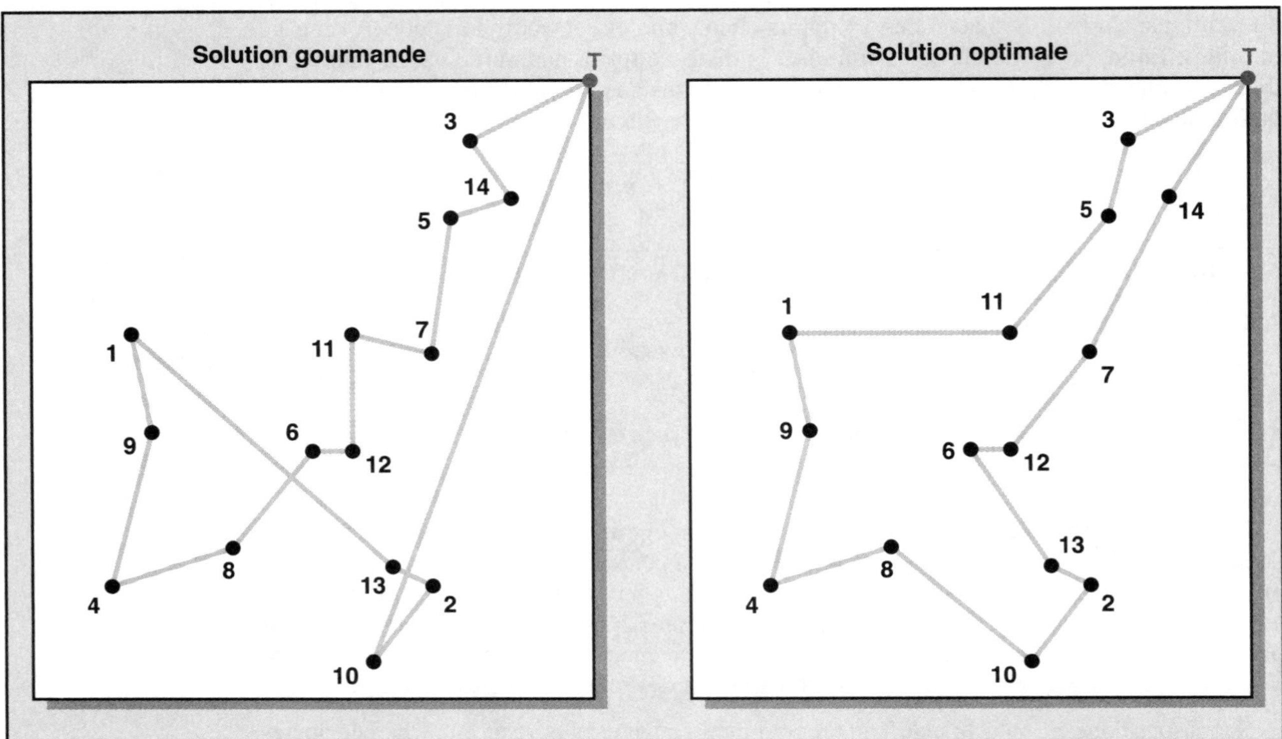

dont la longueur totale est de 98 unités environ. Le critère du voisin immédiat donne ici une route dont la longueur totale représente 120 % de la longueur totale minimale. Comme on l'a illustré ci-dessus, il est souvent possible d'améliorer manuellement la route fournie par le critère du voisin immédiat, mais de tels changements exigent temps et efforts. Il est beaucoup plus facile – et efficace – de recourir à un logiciel spécialisé, pourvu qu'un tel logiciel soit disponible dans le système informatique de l'organisation.

1.2.4 En conclusion

Nous venons d'illustrer trois situations concrètes où le recours à des modèles de la RO permet d'améliorer significativement les opérations d'une entreprise de transport. On parle évidemment de réduction des coûts. Mais il est également possible de tenir compte dans ces modèles de contraintes qualitatives qui sont souvent écartées dans les méthodes présentement utilisées dans la pratique, à cause de la difficulté, voire de l'impossibilité de trouver des solutions qui satisfont à la fois aux contraintes de base et à ces contraintes additionnelles.

Les méthodes présentement employées dans la pratique utilisent souvent des **stratégies** qualifiées de **gourmandes** par les spécialistes. Parce que les problèmes sont de grande taille et que l'esprit humain n'arrive pas à considérer le problème dans son ensemble, on doit décomposer celui-ci en étapes simples – principe cartésien bien connu –, puis on détermine la meilleure solution locale pour chacune des étapes. Ainsi, dans le premier exemple qui traitait de l'affectation des camions aux charges, on a constaté que choisir séquentiellement les paires camions-charges les plus rapprochées conduisait à un cul-de-sac. Or, localement, pourquoi ne pas attribuer une charge donnée au camion situé le plus près ? L'erreur n'est pas là. Elle est dans le regroupement de ces solutions locales. La stratégie de « diviser pour régner » ne fonctionne pas ici : selon l'approche gourmande, on a considéré séparément chaque attribution et, à chaque étape, on a retenu la paire camion-charge la plus rapprochée parmi les camions et les charges non encore attribués. Comme on l'a déjà constaté, l'ensemble de ces paires ne constitue toutefois pas une solution globalement optimale. Autrement dit, en « recollant » les solutions locales, on n'obtient pas nécessairement une solution qui soit optimale globalement. Il arrive parfois que l'approche gourmande fournisse une solution optimale. Mais comme le montrent les trois exemples présentés ici, elle fournit le plus souvent des solutions sous-optimales.

1.3 La notion de modèle

1.3.1 La méthode scientifique et la recherche opérationnelle

La figure 1.7 (*voir page suivante*) représente, de façon schématique, le déroulement des tâches à mener à bien pour résoudre un problème de gestion grâce aux techniques de la RO.

1. **La détection d'un problème.** Les nécessités de l'action viennent des expériences vécues ; c'est la phase préscientifique.
2. **La formulation du problème.** Au-delà des symptôme apparents, quel est le vrai problème à résoudre ? Quels critères permettent de juger si le problème est résolu de façon satisfaisante ?
3. **L'élaboration d'un modèle.** Il s'agit de représenter les principaux aspects de la réalité par un ensemble de formules, mathématiques le plus souvent, qui mettent en jeu les variables de décision concernées et leurs interactions. On lance des hypothèses, on élabore une théorie, on écrit un modèle. C'est la phase de conceptualisation, de construction théorique ; en un mot, c'est la phase de modélisation.
4. **La collecte des données.** Il faut préciser les paramètres du modèle en s'appuyant sur l'information recueillie dans l'environnement du problème à résoudre. L'élaboration du modèle s'éclaire à la lanterne des données. Le processus peut requérir plusieurs cycles impliquant les étapes 3, 4 et 5.
5. **La résolution du modèle.** C'est la phase où l'on souhaite recourir aux méthodes appropriées déjà disponibles si on a réussi à classer le problème parmi ceux pour lesquels on connaît déjà une méthode d'approche. Sinon, il faut recourir à la simulation ou inventer une technique de résolution.
6. **La validation du modèle.** On confronte les conclusions obtenues du modèle aux opinions des personnes qui ont suffisamment d'expérience du problème traité pour apprécier ou critiquer la pertinence de la solution proposée. Si les avis reçus sont négatifs, on peut alors remettre en cause soit l'écriture du modèle retenu, soit la valeur de ses paramètres, soit les critères d'appréciation de la solution. On peut aller jusqu'à remettre en cause l'approche choisie pour résoudre le problème et, partant, le modèle retenu.
7. **La prise de décisions et l'implantation de la solution.** Comment implanter la solution retenue ? Doit-on s'arrêter là ? Il y a ici un retour possible vers le modèle initial pour le modifier ou l'enrichir des observations faites lors de la phase expérimentale. Une fois les révisions nécessaires apportées, le modèle enrichi permettra de tirer des conclusions mieux étayées.

FIGURE 1.7
Méthode scientifique et RO : représentation schématique

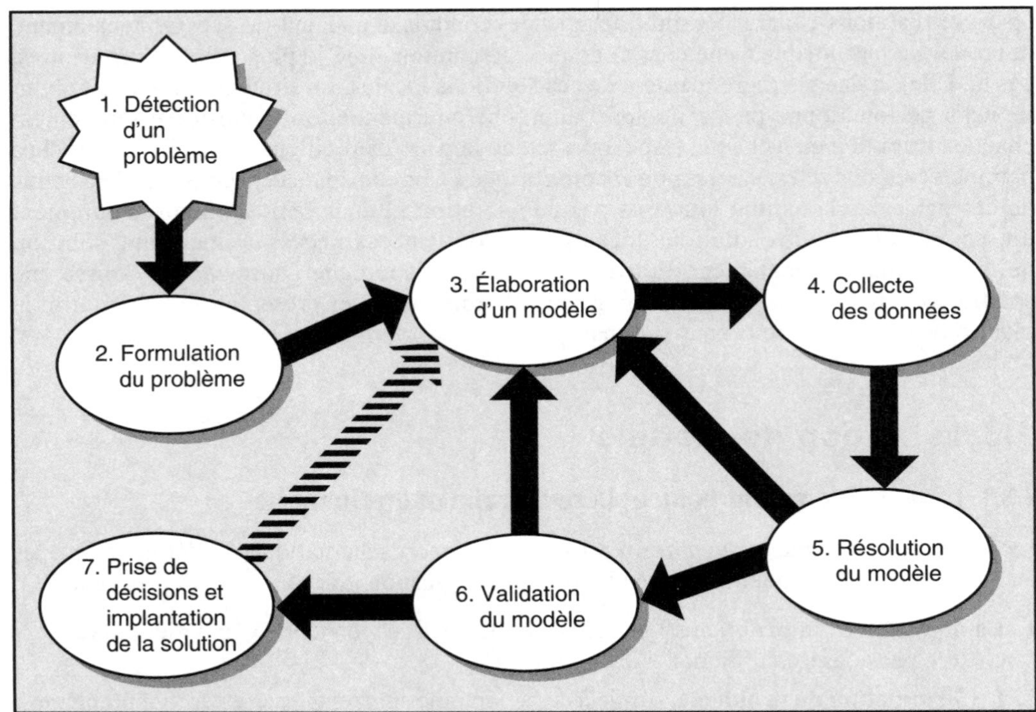

1.3.2 Les modèles en gestion

L'élément clé de l'approche scientifique est donc le recours à un modèle. Dans le langage courant, le terme *modèle* synthétise les deux sens symétriques et opposés de la notion de ressemblance. En effet, selon Wikimedia, il est utilisé pour désigner :

- soit un concept ou un objet, déjà existant ou que l'on va s'efforcer de construire, qui est considéré comme *représentatif* d'un processus ou d'un autre objet que l'on veut analyser ou expliquer (exemple : le « modèle réduit » ou maquette d'une voiture ou d'un avion, le « modèle » de Bohr de l'atome, le « modèle » de Newton de la gravitation) ;
- soit un objet *réel* que l'on va chercher à imiter (exemple : le « modèle » du peintre, le « modèle » que constitue le maître pour le disciple).

En sciences et en gestion, seule la première acception est utilisée : dans ces domaines, un modèle est toujours une représentation simplifiée et plus ou moins formalisée d'un processus ou d'un système. Les modèles du présent manuel se présenteront sous quatre formes principalement :

- des systèmes de formules algébriques (chapitres 2 à 7) ;
- des schémas graphiques (chapitres 5, 7 et 9) ;
- des chiffriers Excel de simulation qui multiplient virtuellement les réalisations d'un processus pour en analyser les tendances et la variabilité (chapitre 8) ;
- des ensembles d'hypothèses sur le comportement d'un décideur rationnel face à l'incertitude (chapitre 9).

1.3.3 Quelques caractéristiques de nos modèles

Nous illustrons maintenant diverses propriétés des modèles de la recherche opérationnelle à l'aide de quelques exemples qui seront traités plus loin dans ce manuel.

La figure 1.8 modélise le problème de transport de la compagnie Nitrobec – ce problème sera analysé et résolu dans la section 5.1 : il s'agit de déterminer combien d'unités de matière première seront expédiées des fournisseurs F et G vers les usines T et U de Nitrobec, et combien d'unités du produit fini seront livrées des usines aux points de vente A, B et C ; des échanges entre A et B, de même qu'entre B et C, sont également possibles. Les nombres reportés sur certains arcs représentent les uns – ceux placés dans les petites boîtes –, des coûts unitaires de transport, les autres – ceux placés entre parenthèses –, des bornes au nombre d'unités qui peuvent transiter par l'arc correspondant. Ils s'interprètent de la façon suivante : par exemple, il en coûte à Nitrobec 9 dollars l'unité pour transporter une unité de matière première entre F et T, et 14 dollars l'unité pour transporter une unité du produit fini entre T et A ; de plus, Nitrobec doit se procurer entre 450 et 450 unités, autrement dit exactement 450 unités, du fournisseur F ; enfin, les livraisons de l'usine T au point de vente A sont limitées à un maximum de 170 unités.

FIGURE 1.8

Le problème de transport de la compagnie Nitrobec

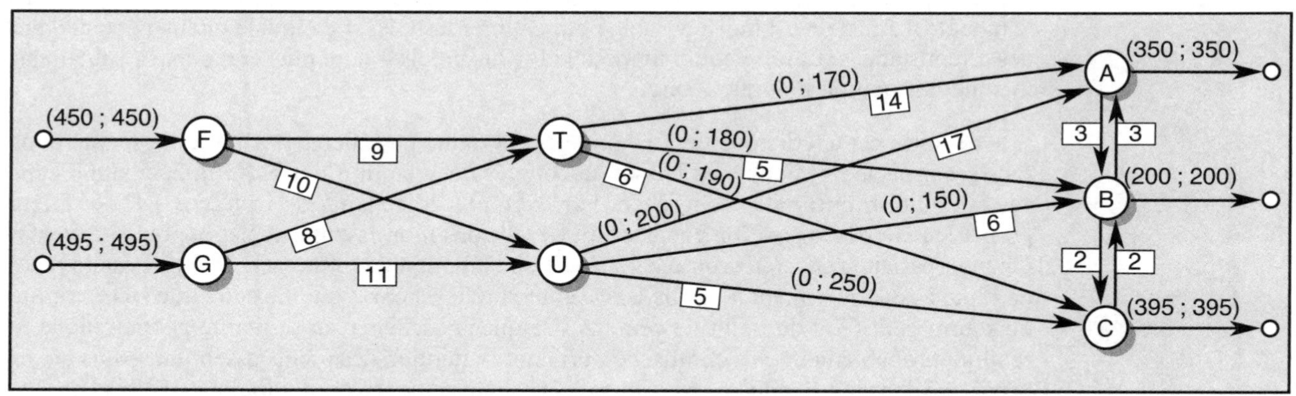

La « validité » de ce modèle repose sur trois hypothèses : d'abord, qu'une unité de matière première donne, après transformation, une unité du produit fini ; ensuite, que chacune des usines pourrait, si on en décidait ainsi, transformer l'ensemble des 945 unités disponibles chez les fournisseurs ; et enfin, que le coût de traitement est le même dans les deux usines. En conséquence, avant d'implanter les conclusions obtenues en résolvant le modèle, un gestionnaire prudent s'assurera que ces trois hypothèses sont satisfaites dans le problème réel auquel il est confronté. Bien plus, il serait avisé de s'enquérir des hypothèses sous-jacentes du modèle. Il arrive en effet que le spécialiste omet – parfois de bonne foi car c'est évident selon lui – de préciser sous quelles conditions sont valides les conclusions auxquelles il est arrivé.

Cependant, les limites d'un modèle peuvent parfois être contournées. Ainsi, il est indiqué dans la section 5.2 comment modifier le schéma graphique de la figure 1.8 pour s'affranchir des deuxième et troisième hypothèses énoncées ci-dessus. De même, nous décrivons et utilisons dans les sections 4 à 6 du chapitre 9 le critère de Bayes qui prend pour acquis que le gestionnaire ou son organisation, face aux risques inhérents à la situation analysée, sont prêts à « jouer la moyenne ». Puis, dans la section 9.7, nous indiquons comment adapter ce critère lorsqu'on privilégie la prudence et adopte une attitude conservatrice. Noter que les deux approches sont parfois pertinentes pour un même problème. Ainsi, l'assureur et l'assuré ont des points de vue opposés sur les risques couverts par une police : pour l'individu ou la petite entreprise qui souscrit l'assurance, le sinistre contre lequel il cherche à se prémunir résulterait peut-être en une faillite et il est prêt à payer pour se mettre à l'abri ; par contre, l'assureur est disposé à jouer la moyenne, car les dommages versés à un client malchanceux seront plus que compensés par les primes récoltées des nombreux clients qui ne vivront pas d'incident malheureux – en autant que les risques aient bien été évalués !

Techniquement, le critère de la section 9.7 est une généralisation du critère de Bayes. On pourrait en conclure qu'il est inutile de présenter le cas particulier. De même, le modèle modifié de Nitrobec construit dans la section 5.2 inclut celui de la figure 1.8 comme cas particulier. Cependant, nous avons suivi systématiquement la règle de recourir au plus simple des modèles pertinents pour traiter un problème donné. Quitte à insister lors de la présentation des résultats sur les limites du modèle utilisé. Ainsi, nous résoudrons les problèmes du chapitre 9 à l'aide du critère de Bayes, à moins que la personne ou l'organisation impliquée ne soit pas jugée en mesure de supporter les dommages qu'elle pourrait encourir dans les cas où ça tournerait mal. Une philosophie semblable a cours en sciences appliquées. Ainsi, aux ingénieurs qui planifient la construction de ponts, viaducs et autres infrastructures, on enseigne le modèle newtonien. Il est bien connu que ce dernier est dépassé, mais la précision supplémentaire apportée par le modèle d'Einstein est jugée non pertinente dans ces applications. Cependant, le modèle d'Einstein est indispensable pour calibrer les GPS. Le modèle retenu dépend donc des circonstances. Et on recourt au modèle le plus précis – et le plus complexe – seulement lorsque la situation pratique l'exige.

Une autre caractéristique de nos modèles est de ne pas chercher à imiter la réalité dans tous ses aspects physiques, de laisser de côté les détails qui n'ont pas d'impact significatif sur la solution optimale recherchée. Par exemple, le schéma de la figure 1.8 ne reflète probablement pas la position géographique réelle des fournisseurs, usines et points de vente. On peut parfaitement concevoir que l'usine T soit à l'ouest du fournisseur F, ou à l'est du point de vente B, contrairement à ce que laisse entendre le schéma ; qu'elle soit située à proximité du fournisseur G et du point de vente A. Calquer le schéma sur la réalité géographique le rendrait probablement plus confus, détournerait l'attention des points essentiels. Nous avons privilégié dans notre modèle graphique un ordonnancement « chronologique » : à gauche – ce qui vient en premier dans la présentation occidentale des textes écrits – on traite le transport des unités de matière première ; à droite, donc plus tard, on s'occupe de la livraison du produit fini. De même, la figure 1.8 ne tient pas compte des prix chargés par les fournisseurs, ni des revenus provenant des points de vente. La raison en est bien simple : comme Nitrobec achètera nécessairement 450 unités de F, elle lui versera le même montant 450 p_F, où p_F est le prix unitaire exigé par F, quel que soit le plan de transport retenu ; une remarque analogue s'applique pour G, A, B et C. Ajouter ces sommes, qui sont des constantes pour toutes les solutions envisageables, ne ferait qu'alourdir inutilement l'analyse. Cependant, dans le problème modifié considéré dans la section 5.2, les quantités achetées des fournisseurs et celles livrées aux divers points de vente ne sont pas fixes, mais doivent seulement se situer dans certaines fourchettes – par exemple, Nitrobec doit se procurer entre 100 et 450 unités de F. Le schéma traduisant cette nouvelle situation indiquera explicitement les coûts unitaires en F et en G, de même que les revenus unitaires en A, B et C, ces derniers étant affectés d'un signe négatif pour montrer qu'il s'agit bien de revenus. Ainsi, l'approche scientifique n'introduit pas *a priori* toutes les subtilités dont elle est capable de tenir compte ; elle le fait seulement quand la situation l'exige.

A priori, nos modèles ignorent les facteurs qualitatifs. Nous commenterons dans la section suivante les relations entre l'approche scientifique et les facteurs qualitatifs. Notons cependant qu'il est possible d'incorporer certains facteurs qualitatifs dans nos modèles en recourant à divers indices. Par exemple, des spécialistes en relation de travail ont traité la question d'équité salariale en mesurant la complexité des tâches à l'aide d'un indice qui résume un ensemble de sept facteurs. De même, nous introduirons dans la section 6.3 un indice de satisfaction pour les chauffeurs d'une compagnie de transport.

1.3.4 Une typologie des modèles de recherche opérationnelle

On classifie les modèles mathématiques rencontrés en gestion selon divers critères, par exemple selon le domaine d'application ou encore selon les outils mathématiques utilisés pour les résoudre. C'est cette dernière approche que nous retenons ici.

On parle de **modèles déterministes** ou **stochastiques** selon que les paramètres du modèle sont fixes et connus à l'avance ou qu'ils dépendent de facteurs aléatoires. Dans le cas de Nitrobec décrit ci-dessus, les paramètres seraient, par exemple, les diverses valeurs numériques reportées sur la figure 1.8, ou encore les coûts unitaires de la matière première ou les revenus unitaires provenant de la vente du produit fini. Dans les sections 5.1 et 5.2, nous présumerons que ces données sont entièrement déterminées par le contexte et le modèle résultant sera qualifié de déterministe. Dans d'autres situations, des facteurs aléatoires interviennent de façon cruciale dans les valeurs des paramètres. Nous traiterons dans la section 8.1 le problème d'un marchand qui doit tenir compte d'une demande incertaine pour la gestion de ses stocks. Le modèle retenu pour analyser cette situation sera dit stochastique et reposera sur des outils de la statistique mathématique.

De façon générale, les modèles déterministes sont beaucoup plus faciles à résoudre et nous les privilégierons *a priori*. Ainsi, on considère souvent comme déterministes les modèles de planification de la production, même si subsiste une certaine incertitude sur quelques-uns des paramètres, comme la demande de certains produits ou encore le revenu unitaire tiré de leur vente. En un premier temps, on utilise les valeurs les plus probables pour calculer un plan optimal, puis on recourt aux techniques de l'analyse de scénarios – décrite dans la section 3.4 – pour vérifier si le plan optimal reste inchangé lorsqu'un des paramètres incertains parcourt la plage des valeurs jugées plausibles. Dans le cas positif, on conclut à la validité du modèle déterministe et des conclusions que l'on en tire. Dans le cas contraire, il faut élaborer un modèle plus complexe. La section 7.5, de même que les chapitres 8 et 9, présentent divers modèles stochastiques pour traiter des situations où l'aléatoire doit être pris en compte.

Parmi les modèles déterministes, on distingue souvent les **modèles linéaires** à cause des outils extrêmement performants dont on dispose pour les résoudre. Nous préciserons dans la section 2.1.1 le sens précis à donner à ce terme. Pour l'instant, il nous suffira de mentionner que les modèles linéaires se représentent géométriquement par des lignes droites, par des plans, etc., et sont beaucoup plus faciles à analyser que les modèles non linéaires. L'exigence de linéarité semble au premier abord excessivement contraignante et peu susceptible d'être satisfaite dans les problèmes réels, mais nous décrirons dans la section 2.3 diverses astuces pour s'en affranchir.

1.4 La recherche opérationnelle et les facteurs qualitatifs

Appliquer la méthode scientifique en RO nécessite habituellement la collecte de données pertinentes aux problèmes à résoudre. De nos jours, ces données proviennent souvent des banques de données relationnelles compilées par les systèmes d'information. Il faut ensuite traiter ces données en utilisant les techniques de la statistique descriptive ou inférentielle pour en extraire l'information d'intérêt.

Cette phase du traitement exclut les émotions, les coups de cœur, les *a priori* et la simple devinette, mais on doit veiller à ne pas extirper de l'analyse les facteurs dits qualitatifs, comme le climat financier, les législations gouvernementales, les avancées constatées ou prévues de la technologie, le résultat d'une élection ou d'un référendum, toutes choses dont les répercussions sont difficiles à quantifier, mais dont la présence permet de calibrer les résultats obtenus lors de la résolution des modèles.

D'ailleurs, c'est l'importance relative de ces deux types de facteurs, les quantitatifs et les qualitatifs, qui détermine le poids du rôle de la RO dans la résolution d'un problème de gestion. Si les facteurs qualitatifs sont peu importants ou si la solution du modèle reste stable, quel que soit le cas de figure des facteurs qualitatifs, alors on peut quasiment automatiser la prise de décisions optimales. Les modèles de point de commande pour maintenir des niveaux adéquats de stocks sont souvent de ce type. Cependant, même dans les cas où les facteurs qualitatifs jouent un rôle prépondérant, la RO peut aider au processus décisionnel en explorant la pertinence de la solution optimale d'un modèle vis-à-vis des changements appréhendés dans les données qualitatives.

Il ne faut donc pas s'attendre à ce que la méthode scientifique, hors des laboratoires où systèmes clos et variables contrôlées sont la norme, puisse entrer de plain-pied dans le monde des affaires sans sacrifier un peu de sa pureté et, par conséquent, un peu de l'assurance de ses résultats. La précision mathématique doit faire de la place aux facteurs humains qui constituent la toile de fond de la gestion.

Le décideur avisé comprend que tous les problèmes de gestion non triviaux comportent des éléments quantitatifs dont la mesure est objective, et des éléments qualitatifs dont la mesure est subjective. Un décideur qui ne s'appuie que sur ses évaluations subjectives se prive d'outils d'analyse bien développés qui ont fait leurs preuves. Par contre, celui qui s'en tient à une application rigide des résultats obtenus de ses modèles risque de mettre de côté, à ses dépens, des aspects non quantifiables mais cruciaux. La formulation des modèles et leurs méthodes de résolution sont choses relativement faciles à enseigner. Mais l'art de circonscrire les problèmes correctement et de déterminer les objectifs à poursuivre, de même que celui de mettre en place la solution retenue, dépendent souvent de l'environnement et de la personnalité des acteurs en présence dans une organisation. Ces arts ne sont pas faciles à pratiquer et supposent, pour leur maîtrise, la maturité d'un esprit cultivé et doué pour la gestion.

Un des rôles de la RO est de trouver l'équilibre optimal entre des facteurs qui, souvent, s'opposent au sein des entreprises. Ainsi, le nombre d'ouvriers, les coûts liés à leur travail, la quantité des heures-machines disponibles sont des facteurs qui restreignent la production, tandis que les profits découlant de la production et les commandes à satisfaire poussent en sens inverse. Va-t-on passer en régime d'heures supplémentaires, acheter des machines ou se contenter de les louer ? Doit-on accroître la part de marché d'un des produits par un effort de marketing ? Est-il rentable d'investir dans un projet des capitaux empruntés au taux actuel du marché ? Comme ces questions le suggèrent, l'entreprise est une arène où s'affrontent des points de vue conflictuels.

Ainsi, la direction commerciale mesure tout selon l'étalon du chiffre d'affaires ou de la part de marché ; elle souhaite des budgets de publicité musclés et se désintéresse en partie des impératifs de la production, sauf pour déplorer les ruptures imprévues ou les accumulations exagérées de stocks. La direction de l'exploitation appelle de tous ses vœux un niveau élevé de production ; elle désire moderniser machines et outillage, dispenser des primes au rendement. La direction de la recherche et du développement ne songe qu'à remplacer par un produit amélioré celui qu'on fabrique actuellement et jette de ce fait des yeux gourmands sur les ressources financières de l'entreprise. La direction financière, de son côté, a l'habitude de ne desserrer qu'à regret les cordons de la bourse : les investissements lui paraissent toujours trop lourds, les salaires trop élevés, la recherche peu rentable ou peu prometteuse, le budget du service commercial disproportionné par rapport aux ventes conclues ; en revanche, l'accumulation de réserves et le prix des actions de la firme lui paraissent toujours trop faibles.

Heureusement, il existe une direction qui réconcilie tous ces antagonismes en définissant le critère d'après lequel on jugera du succès. C'est ce critère qui deviendra l'**objectif** à poursuivre, alors que les autres débats et circonstances seront ramenés au rang de **contraintes**.

L'utilité de la RO dans l'entreprise provient en grande partie du fait qu'elle force les décideurs à considérer leurs problèmes d'une façon rationnelle et cohérente. Il leur faut définir précisément chaque problème, non seulement pour repérer clairement l'objectif poursuivi et les variables de décision qui influent sur l'atteinte de cet objectif, mais aussi pour analyser les interactions entre ces variables. Ce processus encourage la communication dans l'organisation et un meilleur monitorage du système étudié avant même de conduire à la construction d'un modèle du système à optimiser. L'utilisation d'un modèle peut s'avérer moins coûteuse et moins dangereuse que l'expérimentation *in vivo*, qui est souvent irréversible. Les solutions optimales des modèles s'obtiennent de nos jours grâce aux ordinateurs. Les questions du type « Qu'est-ce qui se passerait si… ? », qui constituent l'analyse postoptimale des solutions obtenues, suggèrent des réponses souvent adéquates et stimulantes.

Mais comme nous l'avons vu, l'utilisation des modèles de la RO reste limitée lorsque les impondérables qualitatifs remettent en question la validité de la représentation de la réalité par le modèle. Les coûts de mise au point d'un modèle empêchent parfois la RO de faire sa marque partout où elle le devrait. L'implantation des résultats obtenus par la RO rencontre sur son chemin l'incontournable résistance au changement, qui s'explique en partie par le manque de sophistication mathématique des décideurs et par leur méconnaissance des outils dont disposent les consultants formés aux méthodes de la RO.

CHAPITRE 2

Les modèles linéaires

« Petit à petit l'oiseau fait son nid. » « Rome ne s'est pas construite en un jour. » Ces deux dictons décrivent l'approche que nous avons choisi d'adopter pour développer chez le lecteur l'habileté à traduire divers problèmes du domaine de la gestion par des relations mathématiques. Une traduction ne peut rendre toutes les nuances de l'original ; au mieux, elle n'en est que l'écho, elle laisse des zones d'ombre, elle fait souvent appel à des compromis et à des arbitrages. Les Italiens ont un proverbe qui porte jugement sur le travail de traduction : Traddutore, traditore *(traduire, c'est trahir). Il faut donc s'attendre à ce que nos efforts de traduction ne donnent pas toujours des résultats tout à fait satisfaisants. Les relations mathématiques obtenues ne constituent que des « modèles » des problèmes considérés. Malgré tout, connaître une solution optimale d'un modèle permet souvent au gestionnaire d'obtenir de précieuses indications sur la façon de se comporter pour tirer au mieux son épingle du jeu.*

Plan du chapitre

2.1 Quelques exemples de base

2.1.1 Les chaises de M. Eugène

Le contexte

Eugène Iberville, dit M. Eugène, est un designer hors pair doté d'un goût prononcé pour l'entrepreneuriat. Au cours de sa carrière, il a connu plusieurs succès couronnés par de nombreux prix. Ses dessins innovateurs de cuillers à cocktail lui ont valu une renommée internationale et lui rapportent des redevances substantielles qui ont servi à monter un atelier où il fabrique, en tirage limité et avec l'aide d'artisans doués, plusieurs des objets d'art qui font sa réputation. Il y a quelques années, un de ses designs de chaises longues a été adopté comme « le » transatlantique par beaucoup d'amateurs de bateaux de croisière. Les touristes les moins habiles arrivent à déplier ces transatlantiques sans l'aide des stewards ; de plus, ils sont confortables et occupent peu d'espace de rangement.

Depuis quelque temps, M. Eugène se spécialise dans le design du meuble de luxe. Grand admirateur de Ludwig Mies van der Rohe, M. Eugène a adapté, pour la production en courtes séries, deux modèles de ce créateur : la chaise en porte-à-faux et la chaise Barcelone. M. Eugène les a pourvues d'une armature métallique dont les pièces sont assemblées par brasage, puis enduites de laques isolantes, ce qui confère au métal un toucher chaud. Dossiers et sièges sont ensuite recouverts de cuirs de Cordoue capitonnés. Les prototypes ont séduit une clientèle d'amateurs de beaux meubles et d'ensembliers-décorateurs : M. Eugène s'est engagé à livrer d'ici 3 semaines 42 chaises en porte-à-faux et 53 chaises Barcelone. Il estime à 100 unités le marché potentiel pour chaque type de chaise.

M. Eugène se propose de consacrer à la fabrication de ces chaises toutes les heures de main-d'œuvre dont il disposera dans son atelier pendant les trois prochaines semaines. Le tableau 2.1 présente les données afférentes à ce problème de production : la chaise en porte-à-faux y est appelée chaise A, et la chaise Barcelone, chaise B ; dans la partie centrale, on retrouve les durées de fabrication (l'unité, notée dans le tableau de façon abrégée par la lettre u, correspond ici à une chaise ; dans d'autres contextes, l'unité sera un millier de pièces, une caisse de 12 bouteilles, etc.).

TABLEAU 2.1
Les chaises de M. Eugène : résumé des données de fabrication

Opération	A : en porte-à-faux	B : Barcelone	Temps disp.
Brasage	1,5 h/u	2 h/u	250 h
Laquage	30 min/u	45 min/u	100 h
Capitonnage	2 h/u	3 h/u	327 h
Profit	450 $/u	800 $/u	

La construction d'un modèle linéaire

Quelles sont les informations dont doit disposer M. Eugène pour considérer que son problème est résolu ? Il lui suffit de connaître le nombre de chaises A et le nombre de chaises B à fabriquer d'ici 3 semaines, n'est-ce pas ? Agissons comme si ces nombres nous étaient connus et dénotons-les par :

$$x_A = \text{nombre de chaises A à fabriquer d'ici trois semaines}$$

$$x_B = \text{nombre de chaises B à fabriquer d'ici trois semaines.}$$

Les variables x_A et x_B sont dites **variables de décision**.

Quel profit M. Eugène retirera-t-il de la vente de ces chaises ? Il s'agit d'additionner les bénéfices à tirer de chacun des deux types de chaises :

– pour les chaises A, il retire 450 $ par unité et en fabrique x_A unités ; cette production lui rapporte donc un profit de $(450\ x_A)$ dollars ;
– de même, les x_B chaises B lui permettent de faire un profit de $(800\ x_B)$ dollars.

Le profit total à tirer des chaises fabriquées s'élève donc à :

$$(450\ x_A + 800\ x_B) \text{ dollars.}$$

Nous dénoterons ce profit total par z et laisserons implicite l'unité monétaire :

$$z = 450\ x_A + 800\ x_B.$$

Nous cherchons évidemment à rendre z aussi grand que possible en donnant à x_A et à x_B des valeurs appropriées.

Ici, z est une fonction qui, à chaque **plan de production** (tant de chaises A, tant de chaises B), associe le nombre de dollars que M. Eugène retirerait comme profit s'il adoptait ce plan. Cette fonction z, qui traduit l'objectif de notre problème, s'appelle **fonction-objectif**. Et, comme nous cherchons à rendre z aussi grand que possible, nous écrivons :

$$\text{Maximiser } z \text{ où}$$

$$z = 450\ x_A + 800\ x_B$$

ce que généralement l'on convient d'abréger comme suit :

$$\text{Max } z = 450\ x_A + 800\ x_B.$$

S'il ne s'agissait pour M. Eugène que de maximiser z, il lui suffirait de laisser augmenter x_A ou x_B pour que z prenne une valeur aussi grande qu'il le souhaite. Mais s'attendre à de tels profits s'apparente plus au rêve de Perrette dans la fable qu'à la situation de notre designer. Il y a bien sûr des empêchements naturels, appelés **contraintes**, qui freinent le rêve d'un profit infini. Prenons en considération tour à tour chacune des contraintes.

Contraintes de demande. Il faut exiger que le plan de production satisfasse les commandes fermes :

$$x_A \geq 42 \quad \text{et} \quad x_B \geq 53$$

sans excéder le marché potentiel :

$$x_A \leq 100 \quad \text{et} \quad x_B \leq 100.$$

Contrainte de brasage. Le temps utilisé pour braser les chaises ne peut excéder les 250 heures disponibles :

$$\textit{Temps utilisé} \leq 250.$$

Or, ce temps utilisé est la somme des heures consacrées à chacun des types de chaises. Pour les chaises A, le temps nécessaire au brasage des x_A unités se calcule ainsi :

$$1{,}5 \text{ heure/(chaise A)} \times x_A \text{ (chaises A)} = 1{,}5\ x_A \text{ heures ;}$$

pour les chaises B, on procède de façon analogue :

$$2 \text{ heures/(chaise B)} \times x_B \text{ (chaises B)} = 2\ x_B \text{ heures.}$$

La contrainte associée à l'opération de brasage s'écrit donc :

$$1{,}5\ x_A + 2\ x_B \leq 250.$$

Remarquons que le membre de gauche comme le membre de droite de cette inéquation sont des heures de brasage. À gauche, il s'agit des heures de brasage utilisées pour les chaises, et à droite, des heures de brasage disponibles. On emploie le signe «≤», et non « = », car il n'est pas obligatoire que toutes les heures disponibles soient utilisées, bien qu'il ne soit pas interdit qu'il en soit ainsi.

Contrainte de laquage. Le lecteur qui, s'inspirant de la contrainte de brasage, écrirait la contrainte de laquage comme suit :

$$30\, x_A + 45\, x_B \leq 100$$

commettrait une lourde erreur, puisque le membre de gauche désigne les minutes utilisées pour le laquage et le membre de droite, les heures disponibles pour cette opération. Il faut ou bien convertir le membre de gauche en heures et écrire :

$$0{,}5\, x_A + 0{,}75\, x_B \leq 100$$

ou bien convertir en minutes les 100 heures disponibles et écrire :

$$30\, x_A + 45\, x_B \leq 6\,000.$$

Contrainte de capitonnage. Cette contrainte s'écrit tout naturellement :

$$2\, x_A + 3\, x_B \leq 327.$$

Contraintes de non-négativité et d'intégrité. Elles assurent que l'on ne défera pas des chaises déjà fabriquées et que toute chaise dont la fabrication est entamée sera complétée :

$$x_A,\, x_B \geq 0 \text{ et entiers.}$$

Le modèle se résume ainsi :

$$\text{Max } z = 450\, x_A + 800\, x_B$$

sous les contraintes :

$$x_A \geq 42 \qquad (1)$$

$$x_B \geq 53 \qquad (2)$$

$$x_A \leq 100 \qquad (3)$$

$$x_B \leq 100 \qquad (4)$$

$$1{,}5\, x_A + 2\, x_B \leq 250 \qquad (5)$$

$$0{,}5\, x_A + 0{,}75\, x_B \leq 100 \qquad (6)$$

$$2\, x_A + 3\, x_B \leq 327 \qquad (7)$$

$$x_A,\, x_B \geq 0 \qquad (8)$$

$$x_A,\, x_B \text{ entiers.} \qquad (9)$$

On distingue souvent trois types de contraintes[1] dans un tel modèle linéaire, soit les contraintes de non-négativité, d'intégrité et technologiques.

1. Il existe d'autres classifications possibles des contraintes. Par exemple, certains auteurs introduisent un 4e type de contraintes, qui force une variable particulière à prendre ses valeurs dans un intervalle fermé. Par exemple, on pourrait résumer (1) et (3) par une inéquation double «$42 \leq x_A \leq 100$» et inscrire les nombres 42 et 100 comme les valeurs minimale et maximale que l'on peut assigner à la variable x_A. On considère alors que les contraintes de non-négativité, qui reviennent à imposer une borne inférieure de 0 à toute variable, constituent un cas particulier de ce 4e type de contraintes. Certains logiciels de résolution des modèles linéaires donnent à ces bornes un traitement différent de celui accordé aux contraintes technologiques, avec le résultat que le temps de calcul nécessaire à l'obtention d'une solution optimale est souvent diminué, parfois de façon notable.

- Une **contrainte de non-négativité** est habituellement requise pour chaque variable présente dans le modèle.
- Une **contrainte d'intégrité** est ajoutée pour chaque variable dont les valeurs possibles sont, d'après le contexte, confinées aux nombres entiers.
- Toutes les autres contraintes sont qualifiées de **contraintes technologiques**. Le terme vient des premières applications historiques, souvent tirées de contextes industriels qui faisaient appel à diverses technologies. Dans le modèle des chaises, les contraintes technologiques sont numérotées de (1) à (7).

Les modèles linéaires dont *certaines variables* de décision sont astreintes aux seules valeurs entières sont appelés **modèles linéaires en nombres entiers**. Le modèle utilisé pour traduire le problème de M. Eugène est un modèle (totalement) en nombres entiers, puisque les chaises ne peuvent être vendues qu'une fois terminées. On parle de **modèle linéaire continu** quand *chaque variable* de décision peut prendre toutes les valeurs d'un intervalle, borné ou non. Nous verrons, à la section 2.1.4, un exemple de modèle linéaire continu utilisé pour décrire un problème de mélange.

Une solution optimale du modèle linéaire de M. Eugène

Des méthodes ont été mises au point pour «résoudre» les modèles linéaires, c'est-à-dire trouver des valeurs des variables de décision qui, tout en respectant chacune des contraintes, optimisent la fonction-objectif et constituent donc une «solution optimale». Mais n'anticipons pas: ces méthodes seront expliquées dans des chapitres subséquents. Nous allons toutefois fournir au lecteur une solution optimale pour chaque modèle présenté dans ce chapitre: sa curiosité légitime sera satisfaite. Nous en profiterons d'ailleurs pour introduire différents concepts qui sont rattachés aux solutions de ces modèles.

Une **solution** d'un modèle est la donnée d'une valeur numérique pour chacune des variables de décision. Par exemple, le couple (15; 61) est une solution du modèle de M. Eugène et s'interprète comme le plan de production recommandant la fabrication de 15 chaises en porte-à-faux et de 61 chaises Barcelone. Une **solution** $(x_A ; x_B)$ est dite **admissible**[2] si elle satisfait à chacune des contraintes du modèle; dans le cas contraire, elle est dite **inadmissible**. Dans le cas du modèle construit dans la présente section, les couples (15; 61), (121; 38) et (47,5; 61,2) sont des solutions inadmissibles; par contre, (50; 60) est admissible. Une **solution** admissible est dite **optimale** lorsque la valeur associée de la fonction-objectif z est la plus élevée possible dans le cas d'un modèle de maximisation, ou la moins élevée possible si l'on cherche plutôt à minimiser z. Voici l'unique solution optimale du modèle de M. Eugène[3]:

$$x_A = 42 \quad \text{et} \quad x_B = 81\,; \quad z = 83\,700.$$

Cette solution recommande de fabriquer 42 chaises en porte-à-faux et 81 chaises Barcelone. Ce plan de production assurerait à M. Eugène un profit de 83 700 $.

---

2. Certains auteurs parlent de solution **réalisable** ou **irréalisable** au lieu de solution **admissible** ou **inadmissible.**

3. La solution optimale du modèle considéré ici est entière, que l'on exige ou non l'intégrité des variables de décision. Il en est de même pour la majorité des exemples de ce chapitre. Évidemment, les modèles associés aux problèmes pratiques admettent souvent des solutions optimales non entières si l'on ne tient pas compte de l'intégrité des variables. Mais nous avons voulu éviter pour l'instant les difficultés que pose la résolution des modèles dont certaines variables doivent être entières. Ce sujet est repris au chapitre 4, où nous illustrons l'impact sur les solutions optimales (et sur le temps de calcul pour les obtenir) découlant de l'adjonction de contraintes d'intégrité.

La résolution des modèles linéaires par Excel

Nous décrivons succinctement comment utiliser le solveur d'Excel pour résoudre le modèle linéaire qui traduit le problème de M. Eugène[4]. Nous suggérons de procéder en trois étapes.

– Reporter les données du modèle dans le fichier. La figure 2.1 donne une façon de procéder.
– Cliquer sur le menu Données d'Excel, puis sur l'option Solveur. Compléter la boîte de dialogue « Paramètres du solveur » – pour la saisie des contraintes, on utilisera le bouton Ajouter. La figure 2.2 reproduit la boîte une fois complétée. Noter qu'il faut sélectionner l'option Simplex PL dans le menu déroulant Sélect. une résolution :
– Cliquer sur le bouton Résoudre, puis sur le bouton OK de la boîte « Résultat du solveur », pourvu que le message apparaissant au haut de la boîte soit : « Le solveur a trouvé une solution satisfaisant toutes les contraintes et les conditions d'optimisation. » Enfin, sauvegarder le fichier.

FIGURE 2.1
Représentation dans un fichier Excel du modèle linéaire

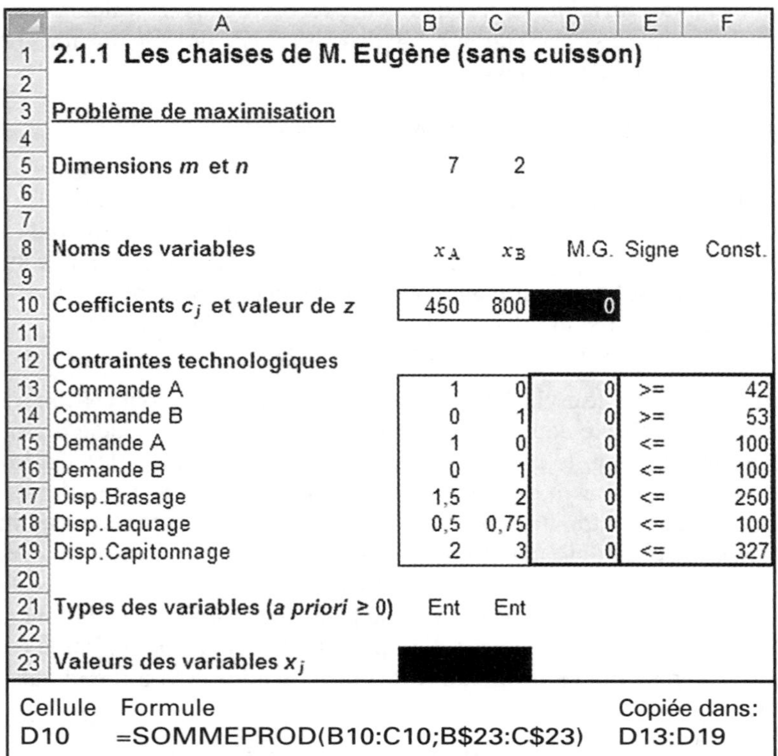

	A	B	C	D	E	F
1	**2.1.1 Les chaises de M. Eugène (sans cuisson)**					
2						
3	Problème de maximisation					
4						
5	Dimensions *m* et *n*	7	2			
6						
7						
8	Noms des variables	x_A	x_B	M.G.	Signe	Const.
9						
10	Coefficients c_j et valeur de z	450	800	0		
11						
12	Contraintes technologiques					
13	Commande A	1	0	0	>=	42
14	Commande B	0	1	0	>=	53
15	Demande A	1	0	0	<=	100
16	Demande B	0	1	0	<=	100
17	Disp.Brasage	1,5	2	0	<=	250
18	Disp.Laquage	0,5	0,75	0	<=	100
19	Disp.Capitonnage	2	3	0	<=	327
20						
21	Types des variables (*a priori* ≥ 0)	Ent	Ent			
22						
23	Valeurs des variables x_j					

Cellule	Formule	Copiée dans:
D10	=SOMMEPROD(B10:C10;B$23:C$23)	D13:D19

La figure 2.3 reproduit la solution optimale obtenue : M. Eugène réalisera le profit maximal de 83 700 dollars (D10) en fabriquant 42 chaises en porte-à-faux (B23) et 81 chaises Barcelone (C23). Les cellules D17:D19, qui correspondent aux membres gauches des contraintes (5) à (7), indiquent combien d'heures de brasage, de laquage et de capitonnage seront requises si le plan de production optimal est implanté ; on notera que les 327 heures disponibles dans le département de capitonnage sont nécessaires pour ce plan optimal. Par conséquent, ce département constitue un goulot d'étranglement et M. Eugène devrait augmenter le temps dans cet atelier s'il désirait un profit dépassant le maximum

4. Pour plus de détails, on consultera l'annexe 2A. L'approche décrite à cet endroit diffère légèrement de celle retenue ici. Dans l'annexe, certaines plages du fichier se voient attribuer un nom, ce qui exige de recourir au menu Formules d'Excel, mais facilite la documentation des fichiers. C'est cette dernière approche qui est utilisée dans la plupart des fichiers qui apparaissent sur le site web de ce manuel.

FIGURE 2.2
Boîte de dialogue « Paramètres du solveur » une fois complétée

du modèle résolu par le logiciel. Par ailleurs, il restera 250 − 225 = 25 heures inutilisées dans le département de brasage si le plan optimal de la figure 2.3 est implanté, et 18,25 heures dans le département de laquage.

	A	B	C	D	E	F
8	Noms des variables	x_A	x_B	M.G.	Signe	Const.
9						
10	Coefficients c_j et valeur de z	450	800	83 700		
11						
12	Contraintes technologiques					
13	Commande A	1	0	42	>=	42
14	Commande B	0	1	81	>=	53
15	Demande A	1	0	42	<=	100
16	Demande B	0	1	81	<=	100
17	Disp.Brasage	1,5	2	225	<=	250
18	Disp.Laquage	0,5	0,75	81,75	<=	100
19	Disp.Capitonnage	2	3	327	<=	327
20						
21	Types des variables (*a priori* ≥ 0)	Ent	Ent			
22						
23	Valeurs des variables x_j	42	81			

FIGURE 2.3
Solution optimale obtenue du solveur

Les hypothèses de la programmation linéaire

Le modèle utilisé pour traduire le problème de M. Eugène en langage mathématique est qualifié de linéaire. Mais à quelles conditions doit obéir un modèle pour être déclaré linéaire ? Et pourquoi les modèles linéaires sont-ils tant recherchés ?

Répondons d'abord à la deuxième question. Les modèles linéaires se présentent naturellement dans la modélisation de plusieurs situations de gestion, comme le démontreront amplement les exemples décrits et les problèmes proposés dans ce chapitre. De plus, il existe toute une gamme d'algorithmes efficaces pour résoudre ces modèles.

Un modèle linéaire s'écrit sous la forme générale suivante, où E dénote l'ensemble des indices j pour lesquels la variable x_j est soumise à une contrainte d'intégrité.

$$\text{Max (Min) } z = c_1x_1 + c_2x_2 + \ldots + c_nx_n$$

sous les contraintes :

$$a_{11}x_1 + a_{12}x_2 + \ldots + a_{1n}x_n \begin{pmatrix} \leq \\ \geq \\ = \end{pmatrix} b_1$$

$$a_{21}x_1 + a_{22}x_2 + \ldots + a_{2n}x_n \begin{pmatrix} \leq \\ \geq \\ = \end{pmatrix} b_2$$

$$\vdots$$

$$a_{m1}x_1 + a_{m2}x_2 + \ldots + a_{mn}x_n \begin{pmatrix} \leq \\ \geq \\ = \end{pmatrix} b_m$$

$$x_1, x_2, \ldots, x_n \geq 0$$

$$x_j \text{ est entier} \qquad \text{pour tout } j \in E.$$

Rappelons que les contraintes dont les membres droits sont $b_1, b_2, \ldots, b_m$ sont dites contraintes technologiques ; qu'un modèle linéaire est dit continu quand $E = \emptyset$.

Les **conditions de linéarité** que doit remplir un modèle pour être déclaré linéaire découlent de la forme du modèle précédent.

1. Le modèle comporte une fonction-objectif qu'il s'agit soit de maximiser, soit de minimiser. Dans le problème de M. Eugène, on cherche à maximiser le profit total qui est représenté par la fonction $z = 450\, x_A + 800\, x_B$.
2. La fonction-objectif de même que les membres gauches des contraintes technologiques s'écrivent comme des sommes dont chaque terme est un produit d'une constante et d'une variable.
3. Chaque variable est soumise à une contrainte de non-négativité.
4. Le modèle ne comporte pas de contraintes écrites sous forme d'inéquations strictes ou d'inégalités.
5. On suppose que tous les paramètres qui apparaissent dans le modèle sont déterministes et sont connus avec précision.

La condition 2 résume ce que la littérature de la RO désigne sous le nom d'hypothèses de proportionnalité et d'additivité. Nous décrivons la portée de ces deux hypothèses dans un problème général d'allocation de ressources à une gamme de produits et illustrons nos propos à l'aide du problème de M. Eugène.

- **Hypothèse de proportionnalité :** Le profit (ou le coût) provenant du produit rattaché à une variable donnée est proportionnel à la valeur de cette variable ; par exemple, le profit dû aux chaises de type A s'obtient en multipliant le nombre de chaises de ce type par le profit unitaire. De même, la portion d'une ressource consacrée à un produit est proportionnelle à la valeur de la variable associée ; par exemple, si le laquage d'une chaise A exige 0,5 heure, il faut, si la proportionnalité s'applique, 1 heure pour en laquer 2 et 50 heures pour en laquer 100.

  La proportionnalité doit être valable pour toute la gamme des valeurs possibles des variables de décision. Il n'y a donc ni coûts de mise en route, ni coûts d'exploitation, ni économies d'échelle.
- **Hypothèse d'additivité :** Le profit (ou le coût) total est la somme des profits (ou des coûts) provenant des différents produits. La quantité totale d'une ressource requise par un plan de production est la somme des quantités utilisées par les différents produits ; par exemple, le temps de laquage est la somme des heures consacrées aux chaises A et des heures consacrées aux chaises B.

Le carcan linéaire et la pratique de la modélisation

Il existe des situations où les conditions de linéarité ne sont pas toutes satisfaites, mais où il est possible de récrire le modèle sous une forme équivalente et linéaire. Nous en donnerons plusieurs exemples dans le texte et dans les problèmes de ce chapitre. La section 2.3 est consacrée à l'utilisation de variables dites binaires pour « linéariser » diverses situations qui, *a priori,* ne respectent pas les hypothèses de proportionnalité et d'additivité.

Lorsque les paramètres du modèle ne sont pas connus avec certitude, on peut parfois recourir aux techniques de l'analyse de scénarios présentée dans la section 3.4.

2.1.2 Un problème de comptabilité de gestion

Vincent Murtada est originaire d'Alep, grand centre du nord de la Syrie réputé pour être la plus vieille ville d'occupation continue au monde. Émigré au début des années 1970 à Nancy, Vincent a continué à pratiquer son métier d'ébéniste dans un atelier monté grâce à ses économies alépines. Sa spécialité, c'est le mobilier pour chambres d'enfants, en particulier les tables à langer et les berceaux de style en bois précieux ou semi-précieux (okoumé, palissandre, bois de rose, bois de ronce, etc.). En 1989, il a épousé Céline Forest, une jeune Québécoise qui s'était rendue en Europe pour y accompagner une cousine de Vincent établie depuis longtemps à Montréal. Céline eut tôt fait de convaincre son mari de venir s'établir au Québec, où elle pourrait continuer de s'occuper de ses parents vieillissants tout en poursuivant sa carrière de comptable dans une grande agence de voyages.

Vincent n'a pas tardé à monter un atelier dans son pays d'adoption ; les revenus de Céline ont permis de faire bouillir la marmite pendant que Vincent constituait un stock suffisant de tables à langer et de berceaux pour attirer les chalands, qu'il recrute surtout parmi les propriétaires de boutiques spécialisées dans les meubles pour enfants. Le marché s'est avéré porteur et Vincent n'a maintenant plus de difficulté à écouler sa production. Toutefois, son manque de capitaux, son inexpérience du recouvrement des créances et de la gestion des stocks en milieu nord-américain l'obligent à des relations suivies avec son banquier.

Aujourd'hui, 1er juin, Vincent dispose d'assez de bois et de fournitures pour fabriquer 100 tables à langer et 100 berceaux. Une table se vend 500 $ et un berceau, 800 $. Les coûts de main-d'œuvre sont de 250 $ pour une table et de 350 $ pour un berceau. Le bois et les fournitures lui coûtent 75 $ pour une table et 160 $ pour un berceau. Une grande part de la main-d'œuvre est occasionnelle, car Vincent accepte de recevoir en stage des élèves d'une école d'ébénisterie. Pendant l'année scolaire, le directeur de cette école lui confie autant d'apprentis qu'il le désire ; mais le nombre d'apprentis disponibles sera réduit au cours de la période estivale qui débute, ce qui limitera sa production de juin à un maximum de 50 tables et de 30 berceaux.

Voici un résumé de la situation financière de Vincent au 1er juin.

	Actif	**Passif**
Encaisse	20 000 $	
Comptes clients	37 000 $	
Stocks*	23 500 $	
Emprunt bancaire		30 000 $

* 23 500 = (100 × 75) + (100 × 160).

Vincent doit établir combien de tables et de berceaux il lui faut fabriquer au cours du mois de juin. Sa clientèle ne paie toutefois jamais comptant : les meubles vendus en juin ne seront payés qu'au début du mois d'août. En juin, Vincent doit recevoir 13 850 $ de comptes clients et il devra payer 1 600 $ pour le loyer de son atelier. Il aura à rembourser une partie de l'emprunt bancaire, soit 4 350 $. La dernière semaine de juin, il recevra une livraison de bois précieux valant 26 500 $, qu'il lui faudra payer en août.

Vincent veut pouvoir disposer, au début de juillet, d'au moins 15 900 $ pour acheter, en payant comptant conformément à une entente conclue depuis mars dernier, les outils d'un confrère ébéniste qui prendra sa retraite. Le banquier de Vincent exige, en contrepartie du maintien de sa marge de crédit, que le ratio actif/passif soit, au début de juillet, égal tout au moins à deux.

Malgré toutes ces contraintes, Vincent veut maximiser avec sa production de juin la contribution au profit, et il se demande comment y arriver.

Répondre aux préoccupations de Vincent, c'est déterminer le nombre de tables à langer et de berceaux qu'il devra fabriquer en juin. Dans ce but, définissons comme suit les variables de décision associées à ce problème :

x_1 = nombre de tables à langer à fabriquer et à vendre en juin

x_2 = nombre de berceaux à fabriquer et à vendre en juin.

L'objectif de Vincent consiste à maximiser le profit qu'il retirera de la production de juin. Dans le modèle, ce profit est exprimé en fonction des variables de décision tout juste définies. En premier lieu, calculons les contributions unitaires au profit :

- pour une table à langer : $500 - 250 - 75 = 175$ (dollars),
- pour un berceau : $800 - 350 - 160 = 290$ (dollars).

Le profit s'élève donc à :

$$z = 175\, x_1 + 290\, x_2.$$

Comme nous l'avons mentionné à la section précédente, cette expression reçoit le nom de fonction-objectif. Et l'on résume ainsi l'objectif à poursuivre lors de la résolution du modèle :

$$\text{Max } z = 175\, x_1 + 290\, x_2.$$

Construisons maintenant les contraintes du modèle.

Contraintes de main-d'œuvre. La disponibilité des apprentis limite à 50 et à 30 respectivement le nombre de tables et de berceaux :

$$x_1 \leq 50$$

$$x_2 \leq 30.$$

Contraintes de fournitures. Le bois et les fournitures disponibles limitent également la production de juin :

$$x_1 \leq 100$$

$$x_2 \leq 100.$$

Tout plan de production $(x_1 ; x_2)$ qui respecte les contraintes de main-d'œuvre respectera aussi les contraintes de fournitures. Ces dernières sont redondantes et n'apparaîtront pas dans le modèle.

Contrainte d'encaisse. Il faut au moins 15 900 $ en banque au début de juillet. Cette somme est égale à l'encaisse au début de juin, à laquelle s'ajoute le recouvrement partiel des comptes clients et dont il faut retrancher le remboursement partiel de l'emprunt, le loyer de juin et les coûts de la main-d'œuvre en juin :

$$20\,000 + 13\,850 - 4\,350 - 1\,600 - 250\,x_1 - 350\,x_2 \geq 15\,900$$

d'où

$$27\,900 - 250\,x_1 - 350\,x_2 \geq 15\,900$$

et enfin

$$250\,x_1 + 350\,x_2 \leq 12\,000.$$

Contrainte du ratio actif/passif. Au début de juillet, ce ratio doit être d'au moins deux. Établissons d'abord l'actif au début de juillet :

$$\begin{aligned} \textit{Encaisse} &= 27\,900 - 250\,x_1 - 350\,x_2 \\ \textit{Comptes clients} &= 37\,000 + \textit{Ventes de juin} - \textit{Sommes encaissées} \\ &= 37\,000 + (500\,x_1 + 800\,x_2) - 13\,850. \end{aligned}$$

Des stocks du début de juin, qui valent 23 500 $, on doit retrancher le bois et les fournitures qui seront utilisés en juin, puis ajouter le bois à recevoir à la fin de juin :

$$\textit{Stocks} = 23\,500 - (75\,x_1 + 160\,x_2) + 26\,500.$$

L'actif au début de juillet est la somme de ces trois éléments :

$$\begin{aligned} \textit{Actif} &= \textit{Encaisse} + \textit{Comptes clients} + \textit{Stocks} \\ &= 101\,050 + 175\,x_1 + 290\,x_2. \end{aligned}$$

Le passif au début de juillet est égal au passif au début de juin, diminué du remboursement partiel de l'emprunt et augmenté du paiement de la commande de bois reçue à la fin de juin :

$$\textit{Passif} = 30\,000 - 4\,350 + 26\,500 = 52\,150.$$

La contrainte s'écrit donc :

$$\frac{101\,050 + 175\,x_1 + 290\,x_2}{52\,150} \geq 2.$$

En multipliant les deux membres de cette contrainte par le dénominateur 52 150, on obtient :

$$175\,x_1 + 290\,x_2 \geq 3\,250.$$

Le modèle obtenu est le suivant :

$$\text{Max } z = 175\, x_1 + 290\, x_2$$

sous les contraintes :

$$x_1 \leq 50$$

$$x_2 \leq 30$$

$$250\, x_1 + 350\, x_2 \leq 12\,000$$

$$175\, x_1 + 290\, x_2 \geq 3\,250$$

$$x_1, x_2 \geq 0 \text{ et entiers.}$$

La solution optimale est :

$$x_1 = 6 \quad \text{et} \quad x_2 = 30 ; \quad z = 9\,750 \text{ (dollars).}$$

Remarque. Une **contrainte** d'un modèle est dite **redondante** lorsqu'elle est satisfaite par toute solution qui vérifie les autres contraintes du modèle. Ainsi, inclure ou non une contrainte redondante ne change en rien l'ensemble des solutions admissibles. Les contraintes de fournitures sont clairement redondantes dans le modèle de planification de production de Vincent. Parfois, la redondance d'une contrainte n'est pas évidente. Par exemple, l'inéquation

$$15\, x_1 + 22\, x_2 \leq 750$$

serait redondante si elle était ajoutée au modèle de Vincent[5].

On juge parfois approprié de conserver une contrainte redondante. Diverses raisons justifient ce choix :

- pour insister sur un aspect du modèle considéré comme important ;
- pour respecter une convention : par exemple, dans le modèle de M. Eugène construit à la section 2.1.1, on a spécifié que les variables x_j sont non négatives, même si les contraintes de demande (1) et (2) garantissent clairement la non-négativité de ces variables ;
- pour assurer la robustesse d'un modèle utilisé de façon répétitive, c'est-à-dire sa capacité d'adaptation à de nouvelles données : si Vincent recourait régulièrement au modèle ci-dessus et que la disponibilité en apprentis ou en fournitures variait considérablement d'une fois à l'autre, il serait prudent de conserver les contraintes de fournitures dans le modèle.

2.1.3 Le choix des variables de décision : Cirem

La description du problème

La production de la compagnie Cirem se réduit à deux produits périssables, P et Q, et est absorbée en entier par un grossiste. Celui-ci n'impose pas de quota à Cirem : il pourrait revendre (à profit) plus d'unités de P et de Q que ne saurait en fabriquer Cirem et il laisse cette dernière fixer à sa guise ses niveaux quotidiens de production.

Cirem vend les produits P et Q 42 $ et 48 $ l'unité respectivement. Chaque soir, les produits sont acheminés chez le grossiste par un transporteur qui réclame à Cirem 2 $ par kg transporté, moyennant un minimum quotidien garanti de 4 000 $. Les produits P et Q s'élaborent à partir des matériaux M et N selon la recette présentée au tableau 2.2.

5. Pour vérifier la redondance de cette inéquation, il suffit d'appliquer la méthode graphique exposée au chapitre 3 : on observe que la droite associée à cette inéquation ne coupe pas la région admissible.

TABLEAU 2.2
Cirem : recettes des produits P et Q

Produit	Poids unitaire (en kg)	Poids (en kg) des matériaux incorporés	
		M	N
P	7	4	3
Q	3	2	1

Le problème quotidien de Cirem est de répartir la production de la journée entre les produits P et Q de façon à tirer des matériaux M et N disponibles les revenus nets les plus élevés possible. Considérons une journée où Cirem dispose de 3 200 kg de M et de 2 400 kg de N. Et supposons que les ressources de Cirem en équipement et en main-d'œuvre lui permettent de traiter ces 5 600 kg de matériaux durant la journée.

Nous proposons deux modèles de cette situation, qui s'adaptent facilement à des disponibilités différentes des matériaux M et N.

Un premier modèle

Ce modèle comprend d'abord des variables x_P et x_Q qui dénotent le nombre d'unités à fabriquer de chaque produit. On introduit également des variables y_1 et y_2 qui permettront de tenir compte du minimum garanti de 4 000 $. Ces variables de décision se définissent comme suit :

x_P = nombre d'unités de P fabriquées par Cirem durant la journée

x_Q = nombre d'unités de Q fabriquées par Cirem durant la journée

y_1 = portion (en kg) du poids total de la production qui n'excède pas 2 000 kg

y_2 = portion (en kg) du poids total de la production qui excède 2 000 kg.

Cirem cherche un plan de production qui, à la fois, entraîne des revenus de vente aussi élevés que possible et réduit les coûts de transport. Mathématiquement, ce double objectif se traduit ainsi :

$$\text{Max } z = V - T$$

où

$$V = \text{revenus totaux de vente} = 42\, x_P + 48\, x_Q$$

$$T = \text{coûts totaux de transport.}$$

Si la quantité totale fabriquée durant la journée dépasse 2 000 kg, la variable y_1 prend la valeur 2 000, et les coûts de transport s'élèvent à :

$$T = 2\, y_1 + 2\, y_2 = (2 \times 2\,000) + 2\, y_2 = 4\,000 + 2\, y_2.$$

La formule « $T = 4\,000 + 2\, y_2$ » reste valide même si la quantité totale est inférieure à 2 000 kg, car y_2 vaut alors 0 et le minimum garanti de 4 000 $ s'applique. En résumé, l'objectif de Cirem s'écrit :

$$\text{Max } z = 42\, x_P + 48\, x_Q - 4\,000 - 2\, y_2.$$

Les contraintes, outre celles de non-négativité, sont au nombre de quatre. Les deux premières exigent que les poids des matériaux M et N incorporés dans les unités fabriquées ne dépassent pas les quantités disponibles :

$$4\, x_P + 2\, x_Q \leq 3\,200$$

$$3\, x_P + 1\, x_Q \leq 2\,400.$$

Les deux dernières forcent les variables y_1 et y_2 à jouer dans le modèle le rôle que nous avons cherché à leur donner en les définissant. On exige d'abord que la somme $y_1 + y_2$ représente le poids total de la production de la journée :

$$y_1 + y_2 = 7\,x_P + 3\,x_Q.$$

Et on limite à un maximum de 2000 la valeur que peut prendre y_1 :

$$y_1 \leq 2\,000.$$

Le problème de Cirem peut donc se modéliser comme suit :

$$\text{Max } z = 42\,x_P + 48\,x_Q - 2\,y_2 - 4\,000$$

sous les contraintes technologiques :

$$4\,x_P + 2\,x_Q \leq 3\,200$$
$$3\,x_P + 1\,x_Q \leq 2\,400$$
$$7\,x_P + 3\,x_Q - y_1 - y_2 = 0$$
$$y_1 \leq 2\,000.$$

Il faut ajouter au modèle les contraintes de non-négativité et d'intégrité requises. Noter que le coefficient négatif de y_2 dans la fonction-objectif forcera cette variable à prendre la valeur 0 quand la production totale sera inférieure à 2000 kg. On trouve comme seule solution optimale :

$$x_Q = 1\,600$$
$$y_1 = 2\,000$$
$$y_2 = 2\,800$$
$$z = 67\,200 \text{ (dollars).}$$

Le modèle recommande de consacrer toutes les ressources disponibles au seul produit Q : Cirem pourrait alors en fabriquer 1 600 unités, dont le poids total serait de $3 \times 1\,600 = 4\,800 = 2\,000 + 2\,800$ kg ; Cirem s'assurerait ainsi des revenus nets de 67200 $ pour la journée.

Certains logiciels ne permettent pas la présence d'une constante dans la fonction-objectif z. Pour contourner cet interdit, on peut tout simplement « oublier » la constante -4000 et chercher à maximiser

$$z' = 42\,x_P + 48\,x_Q - 2\,y_2.$$

Cet objectif est évidemment équivalent à celui du modèle. Le lecteur notera cependant que z' ne représente pas l'excédent des revenus sur les coûts de transport. Il est possible de conserver la fonction-objectif z du modèle tout en ne recourant pas explicitement à une constante dans son écriture ; il suffit de se donner comme objectif de

$$\text{Max } z = 42\,x_P + 48\,x_Q - 2\,y_2 - C$$

et d'ajouter au modèle la contrainte suivante :

$$C = 4\,000.$$

Nous utiliserons souvent ce truc[6] par la suite, afin de garder aux fonctions-objectifs une interprétation naturelle.

---

6. Ce truc augmente de 1 le nombre de variables et le nombre de contraintes technologiques. Généralement, cette complexité additionnelle ne porte pas à conséquence.

Un deuxième modèle

Cette fois les variables de décision sont les variables x_P et x_Q utilisées dans le modèle précédent, auxquelles s'ajoute

$$x_T = \text{coûts de transport (en dollars) pour la journée.}$$

Le lecteur constatera que le problème de Cirem peut également se modéliser comme suit :

$$\text{Max } z = 42\, x_P + 48\, x_Q - 1\, x_T$$

sous les contraintes technologiques :

$$4\, x_P + 2\, x_Q \leq 3\,200$$
$$3\, x_P + 1\, x_Q \leq 2\,400$$
$$x_T \geq 4\,000$$
$$-14\, x_P - 6\, x_Q + x_T \geq 0.$$

Il faut également inclure les contraintes de non-négativité et d'intégrité requises. La solution optimale donne :

$$x_Q = 1\,600$$
$$x_T = 9\,600$$
$$z = 67\,200 \text{ (dollars).}$$

On constate que les deux modèles ont essentiellement la même solution optimale : Cirem maximiserait ses revenus nets en approvisionnant le grossiste en produit Q seulement.

La renégociation du contrat : pénalités pour approvisionnement insuffisant

Il arrive souvent qu'il faille adapter un modèle à de nouvelles conditions qui n'avaient pas été prévues lors de la modélisation originale. Dans les situations complexes, la modélisation se fait généralement par étapes. On commence par intégrer dans le modèle ce qui semble constituer le cœur du problème, mais il faut souvent revenir sur le résultat de ce premier effort, soit que des éléments essentiels de la situation aient échappé au premier essai de modélisation, soit que l'évolution du contexte l'exige.

Montrons comment adapter les deux modèles précédents à la nouvelle situation qui va prévaloir chez Cirem. Le grossiste, désireux d'un approvisionnement quotidien en produit P, décide de renégocier l'entente qui le lie à Cirem : il exige la livraison quotidienne d'au moins 2 450 kg du produit P et d'au moins 1 800 kg de Q. Si ces minima ne sont pas atteints, il imposera une pénalité de 5 $ par kg manquant de P et une pénalité de 1,50 $ par kg manquant de Q.

La modification du premier modèle

Convenons de partir de la version utilisant la constante *C*. Et introduisons les variables de décision supplémentaires suivantes :

p_1 = portion (en kg) du poids de P n'excédant pas 2 450 kg

p_2 = portion (en kg) du poids de P excédant 2 450 kg

q_1 = portion (en kg) du poids de Q n'excédant pas 1 800 kg

q_2 = portion (en kg) du poids de Q excédant 1 800 kg.

Les pénalités quotidiennes éventuelles, qui devront être incluses dans la fonction-objectif, s'élèvent à :

$$-5\,(2450 - p_1) - 1{,}50\,(1800 - q_1) = -14950 + 5\,p_1 + 1{,}50\,q_1.$$

En fait, conformément au principe, mentionné lors de l'élaboration du premier modèle, d'éviter la présence de constantes dans la fonction-objectif, seuls les termes $5\,p_1$ et $1{,}50\,q_1$ sont ajoutés à la fonction-objectif; et la contrainte « $C = 4000$ » est remplacée par « $C = 18950$ ».

On ajoute au modèle une contrainte liant x_P aux nouvelles variables p_1 et p_2 ainsi qu'une contrainte limitant p_1 à un maximum de 2450 :

$$7\,x_P = p_1 + p_2 \quad \text{et} \quad p_1 \leq 2\,450.$$

On fait de même pour le produit Q :

$$3\,x_Q = q_1 + q_2 \quad \text{et} \quad q_1 \leq 1\,800.$$

Le modèle prend la forme suivante :

$$\text{Max } z = 42\,x_P + 48\,x_Q - 2\,y_2 + 5\,p_1 + 1{,}5\,q_1 - C$$

sous les contraintes technologiques :

$$\begin{aligned}
&4\,x_P + 2\,x_Q \leq 3\,200\\
&3\,x_P + 1\,x_Q \leq 2\,400\\
&7\,x_P + 3\,x_Q - y_1 - y_2 = 0\\
&y_1 \leq 2000\\
&7\,x_P - p_1 - p_2 = 0\\
&p_1 \leq 2450\\
&3\,x_Q - q_1 - q_2 = 0\\
&q_1 \leq 1\,800\\
&C = 18950.
\end{aligned}$$

Noter que les coefficients positifs de p_1 et q_1 dans la fonction-objectif pousseront ces variables à prendre leurs valeurs maximales 2450 et 1800 lorsque cela sera possible. La solution optimale donne :

$$\begin{aligned}
x_Q &= 1600 & &\\
q_1 &= 1800 & q_2 &= 3000\\
y_1 &= 2000 & y_2 &= 2800\\
z &= 54950 \text{ (dollars).} & &
\end{aligned}$$

Le constat : la pénalité imposée à Cirem pour les kg manquants de P n'est pas suffisamment forte pour déclencher la livraison d'unités de P. La notion d'intervalle de variation que nous introduirons à la section 3.4 montrerait que la pénalité minimale à imposer pour décider Cirem à livrer du produit P est de 8 $ le kg manquant.

La modification du deuxième modèle

Cette fois on introduit les variables de décision supplémentaires suivantes :

y_P = nombre de kg de P qu'il faudrait ajouter à ceux qui sont livrés pour atteindre les 2 450 kg de P requis pour éviter la pénalité prévue

y_Q = nombre de kg de Q qu'il faudrait ajouter à ceux qui sont livrés pour atteindre les 1 800 kg de Q requis pour éviter la pénalité prévue.

Les pénalités éventuelles, calculées selon cette approche, s'élèvent à:

$$-5\,y_P - 1{,}50\,y_Q.$$

Pour lier les nouvelles variables y_P et y_Q aux anciennes, x_P et x_Q, il suffit d'écrire:

$$y_P \geq 2\,450 - 7\,x_P \quad \text{et} \quad y_Q \geq 1\,800 - 3\,x_Q.$$

On obtient donc le modèle suivant:

$$\text{Max } z = 42\,x_P + 48\,x_Q - 1\,x_T - 5\,y_P - 1{,}5\,y_Q$$

sous les contraintes technologiques:

$$4\,x_P + 2\,x_Q \leq 3\,200$$
$$3\,x_P + 1\,x_Q \leq 2\,400$$
$$x_T \geq 4\,000$$
$$-14\,x_P - 6\,x_Q + x_T \geq 0$$
$$7\,x_P + y_P \geq 2\,450$$
$$3\,x_Q + y_Q \geq 1\,800.$$

La solution optimale donne:

$$x_Q = 1\,600 \qquad x_T = 9\,600$$
$$y_P = 2\,450$$
$$z = 54\,950 \text{ (dollars).}$$

2.1.4 Les problèmes de mélange

Les pétrochimistes se demandent périodiquement quels pétroles bruts choisir, parmi ceux qui sont disponibles sur le marché, pour en tirer une gamme optimale de produits finis: essences à différents indices d'octane, lubrifiants à viscosités diverses, naphtas, goudrons, paraffines. Les métallurgistes cherchent à produire au moindre coût les alliages recherchés par leur clientèle tout en atteignant les standards requis de résistance à la corrosion, de charge de rupture, de bonne tenue à l'usure, de facilité à l'usinage, de résistance au frottement de roulement; ils y arrivent par l'apport bien calibré d'éléments d'addition (nickel, chrome, manganèse, tungstène, cobalt, etc.), qui confèrent à l'acier des propriétés particulières ou en améliorent les propriétés normales. Les papetiers élaborent au moindre coût possible, à partir de rebuts recyclés ou désencrés et de pâte de cellulose vierge, des papiers dont les caractéristiques sont désirées par leur clientèle. Les responsables de parcs d'engraissement du bétail de boucherie et les administrateurs de porcheries ou de poulaillers cherchent à constituer les moulées les moins coûteuses possible, compte tenu des besoins alimentaires des bêtes et des coûts d'approvisionnement. Les charcutiers détenteurs des grandes marques cherchent la gamme d'ingrédients qui, tout en maintenant le goût et l'apparence de leurs produits, en permettra la fabrication au moindre coût. Il en va de même pour les brûleries de café où l'on achète, pour les mélanges qui se vendent sous marque de commerce, des cafés qui allient bon goût et coût peu élevé. Les diététiciennes responsables de l'élaboration des menus de cantine partagent les mêmes soucis d'approvisionnement peu coûteux et de respect des normes minimales alimentaires.

Dans chacune de ces situations, le modèle à construire doit permettre de répondre à la question suivante : « Combien faut-il mettre de chacun des ingrédients disponibles dans chaque mélange de façon à maximiser les profits découlant de cette production ou à en minimiser les coûts ? » Illustrons ceci par deux exemples. Le premier, plus simple, illustre une situation où les proportions des extrants dans les intrants sont fixées par le contexte; seules dépendent du décideur les quantités à utiliser et à produire. (L'exercice de révision 5(a) donne un cas où ce sont les proportions des intrants dans les extrants qui sont données.)

Les mélanges avec proportions fixes

Une raffinerie des Maritimes s'approvisionne en brut auprès de quatre producteurs. Le tableau 2.3 décrit les quantités qui seront disponibles le mois prochain, ainsi que le prix payé (l'unité ici est 1 baril de pétrole).

TABLEAU 2.3
Description des ententes avec les producteurs

Producteur	Prix (en $/u)	Minimum (en u)	Maximum (en u)
1. Nigeria	96	75 000	–
2. Gabon	100	60 000	200 000
3. Venezuela	90	50 000	–
4. Mexique	97	50 000	250 000

* Une unité correspond à 1 baril de pétrole. Les données sont valides pour le mois prochain seulement.

Elle raffine ce brut pour en extraire quatre produits : essence sans plomb (A) ; mazout (B) ; naphta (C) ; sous-produits de raffinage vendus aux industries du plastique et des produits pharmaceutiques (D). Le raffinage d'un baril de brut donne au total un baril de produits. Les proportions des quatre produits obtenus varient selon l'origine du brut : le tableau 2.4 donne la répartition d'un baril de brut pour chacun des producteurs, ainsi que le coût du raffinage d'un baril.

TABLEAU 2.4
Description de l'opération de raffinage

Producteur	A	B	C	D	Coût (en $/u)
1. Nigeria	0,22	0,20	0,05	0,53	16
2. Gabon	0,18	0,22	0,12	0,48	17
3. Venezuela	0,25	0,05	0,22	0,48	16
4. Mexique	0,20	0,26	0,14	0,40	18

Voici les contraintes de production pour le mois prochain, ainsi que le prix unitaire de chaque produit :

- au moins 200 000 barils de A, vendus 500 $ le baril ;
- au moins 100 000 barils de B, vendus 275 $ le baril ;
- au moins 40 000 barils de C, vendus 765 $ le baril ;
- les produits D se vendront 80 $ le baril.

La raffinerie ne peut traiter plus de 900 000 barils de brut mensuellement. La direction voudrait savoir combien de barils elle devrait se procurer auprès de chaque fournisseur pour s'assurer de maximiser les revenus nets des opérations de la raffinerie le mois prochain.

Il est naturel ici d'introduire les quatre variables de décision suivantes, qui permettront de fournir à la direction l'information qu'elle recherche :

$$x_i = \text{quantité de brut (en milliers de barils) achetée du producteur } i,$$

où $i = 1, 2, 3, 4$. Les minima et maxima donnés au tableau 2.3 signifient que les contraintes suivantes devront être satisfaites (noter que chacune des formules « Bornes 2 » et « Bornes 4 » sera traduite dans le fichier Excel par deux inéquations) :

MIN 1	$x_1 \geq 75$
BORNES 2	$60 \leq x_2 \leq 200$
MIN 3	$x_3 \geq 50$
BORNES 4	$50 \leq x_4 \leq 250.$

De plus, la capacité de la raffinerie impose une limite de 900 000 unités à la somme des quatre variables :

CAPACITÉ $\quad x_1 + x_2 + x_3 + x_4 \leq 900.$

On pourrait écrire le modèle en entier avec les quatre variables x_i. Mais afin de simplifier la présentation du modèle et d'en faciliter l'interprétation, nous introduirons un deuxième groupe de variables :

y_J = quantité du produit J (en milliers de barils) obtenue par raffinage et vendue,

où J = A, B, C, D. Les contraintes de production se traduisent simplement par les inéquations suivantes :

MIN A	$y_A \geq 200$
MIN B	$y_B \geq 100$
MIN C	$y_C \geq 40.$

Enfin, les liens logiques entre les variables des deux groupes sont exprimés par quatre équations :

DÉFN YA	$y_A = 0{,}22\,x_1 + 0{,}18\,x_2 + 0{,}25\,x_3 + 0{,}20\,x_4$
DÉFN YB	$y_B = 0{,}20\,x_1 + 0{,}22\,x_2 + 0{,}05\,x_3 + 0{,}26\,x_4$
DÉFN YC	$y_C = 0{,}05\,x_1 + 0{,}12\,x_2 + 0{,}22\,x_3 + 0{,}14\,x_4$
DÉFN YD	$y_D = 0{,}53\,x_1 + 0{,}48\,x_2 + 0{,}48\,x_3 + 0{,}40\,x_4.$

Expliquons brièvement la première de ces quatre contraintes. En raffinant les x_1 milliers de barils de brut provenant du Nigeria, on obtiendra $0{,}22\,x_1$ milliers de barils d'essence sans plomb. De même, les x_2 milliers de barils de brut du Gabon donneront $0{,}18\,x_2$ milliers de barils d'essence. La somme des quatre termes de ce type correspond donc à la quantité totale d'essence qui sera produite le mois prochain.

Enfin, l'objectif est de maximiser le revenu net z, qui se calcule comme l'excédent des revenus sur les dépenses et qui s'exprime en milliers de dollars :

$$\text{Max } z = -112\,x_1 - 117\,x_2 - 106\,x_3 - 115\,x_4 + 500\,y_A + 275\,y_B + 765\,y_C + 80\,y_D.$$

Les coefficients des x_i s'obtiennent comme la somme du prix d'un baril livré à la raffinerie et du coût de raffinage : par exemple,

$$-112 = -(96 + 16).$$

La solution optimale ci-dessous assure à la raffinerie un revenu net de 196 019 440 $ pour le mois prochain :

$x_1 = 75$	$x_2 = 60$	$x_3 = 605{,}238$	$x_4 = 159{,}762$
$y_A = 210{,}562$	$y_B = 100$	$y_C = 166{,}469$	$y_D = 422{,}969$
$z = 196\,019{,}440.$			

Il est possible, avons-nous déjà mentionné, de construire un modèle ne comportant que les variables x_i : il suffit en effet de remplacer chaque y_J par le membre droit de la contrainte « DÉFN Y*J*» correspondante. Mais la fonction-objectif devient alors plus lourde, moins intelligible. On parle parfois de **variables d'étape**, ou encore de **variables secondaires**, pour désigner des variables ainsi définies par des équations. Et, par contraste, on qualifie de **primaires** les **variables**, comme les x_i de notre exemple, qui servent à calculer les variables secondaires.

Les mélanges avec proportions variables soumises à des contraintes

Chaque jour, une compagnie doit produire les mélanges M_1, M_2, M_3 et M_4 à partir des liquides purs L_1, L_2 et L_3. Aujourd'hui, le responsable de la production a construit le tableau 2.5 pour planifier les opérations de mélange. Toutes les données de ce tableau sont en litres. À partir de ce tableau, on peut déduire, par exemple, que :

- 30 litres du liquide L_1 sont incorporés dans le mélange M_2 ;
- au total, 235 litres de L_1 sont utilisés ;
- 130 litres de M_2 sont fabriqués ;
- la proportion de L_2 dans M_4 est (50/250) = 20 %.

TABLEAU 2.5
Planification de la production d'une journée

	M_1	M_2	M_3	M_4	Total
L_1	75	30	0	130	**235**
L_2	40	100	80	50	**270**
L_3	120	0	100	70	**290**
Total	**235**	**130**	**180**	**250**	**795**

Supposons maintenant que le tableau 2.5 n'ait pas encore été établi et que le responsable de la production soit confronté au problème décrit dans le tableau 2.6. Les données de ce tableau s'interprètent ainsi : l'entreprise dispose de 235 litres du liquide L_1, qui lui coûte 10 $ le litre ; elle veut produire entre 100 et 500 litres du mélange M_2 qui lui rapporte 59 $/ℓ ; ce mélange M_2 doit comporter au plus 40 % de L_1 et au moins 60 % de L_2.

TABLEAU 2.6
Données d'un problème de mélange

	M_1	M_2	M_3	M_4	Disp.	Coût
L_1	AM 30 %	AP 40 %	AP 70 %	EN 30-70 %	235 ℓ	10 $/ℓ
L_2	SR	AM 60 %	AM 30 %	EG 20 %	270 ℓ	14 $/ℓ
L_3	AP 60 %	SR	EN 30-60 %	AM 20 %	290 ℓ	12 $/ℓ
Revenu	65 $/ℓ	59 $/ℓ	72 $/ℓ	47 $/ℓ		
Min.	100 ℓ	100 ℓ	–	50 ℓ		
Max.	–	500 ℓ	400 ℓ	–		

* AM = Au moins AP = Au plus EN = Entre EG = Égal SR = Sans restriction

Le lecteur vérifiera que la fabrication des mélanges selon le schéma du tableau 2.5 satisfait à toutes les contraintes de production mentionnées dans le tableau 2.6. La solution du tableau 2.5 implique un débours de 9 610 $ pour l'achat des liquides et un revenu de 47 655 $ provenant de la vente des mélanges ; elle procure donc un profit de 38 045 $. Même si rien, *a priori,* ne nous permet d'affirmer que cette solution est optimale, on peut conclure qu'une solution optimale respectant les contraintes du tableau 2.6 procurera un profit d'au moins 38 045 $.

Pour en arriver à un plan de production complètement défini, le responsable doit déterminer la quantité de chacun des 3 liquides à incorporer dans chacun des 4 mélanges. Il a donc $(3 \times 4) = 12$ décisions à prendre pour planifier sa production. On associera une variable de décision à chacune d'entre elles (*voir le tableau 2.7*). Ce tableau résume plusieurs décisions. Par exemple :

- x_{12} litres de L_1 seront incorporés à M_2 (dans le tableau 2.5, $x_{12} = 30$)[7] ;
- la somme $s_1 = (x_{11} + x_{12} + x_{13} + x_{14})$ des variables de la ligne L_1 correspond au nombre de litres de L_1 qui seront utilisés dans la production des mélanges (dans le tableau 2.5, $s_1 = 235$) ;
- au total, $t_2 = (x_{12} + x_{22} + x_{32})$ litres de M_2 seront produits (dans le tableau 2.5, $t_2 = 130$) ;
- la proportion de L_2 dans M_4 est x_{24} / t_4 (dans le tableau, cette proportion est égale à 20 %).

TABLEAU 2.7
Tableau des variables de décision

	M_1	M_2	M_3	M_4	Total
L_1	x_{11}	x_{12}	x_{13}	x_{14}	s_1
L_2	x_{21}	x_{22}	x_{23}	x_{24}	s_2
L_3	x_{31}	x_{32}	x_{33}	x_{34}	s_3
Total	t_1	t_2	t_3	t_4	

Pour obtenir une solution optimale du problème de mélange considéré ici, on peut construire le modèle mathématique (P) suivant à l'aide des variables de décision du tableau 2.6.

$$\text{Max } z = 65\, t_1 + 59\, t_2 + 72\, t_3 + 47\, t_4 - 10\, s_1 - 14\, s_2 - 12\, s_3 \qquad (10)$$

sous les contraintes :

$$x_{11} + x_{12} + x_{13} + x_{14} - s_1 = 0 \qquad (11)$$

$$x_{21} + x_{22} + x_{23} + x_{24} - s_2 = 0 \qquad (12)$$

$$x_{31} + x_{32} + x_{33} + x_{34} - s_3 = 0 \qquad (13)$$

$$x_{11} + x_{21} + x_{31} - t_1 = 0 \qquad (14)$$

$$x_{12} + x_{22} + x_{32} - t_2 = 0 \qquad (15)$$

$$x_{13} + x_{23} + x_{33} - t_3 = 0 \qquad (16)$$

$$x_{14} + x_{24} + x_{34} - t_4 = 0 \qquad (17)$$

$$x_{11} - 0{,}30\, t_1 \geq 0 \qquad x_{14} - 0{,}30\, t_4 \geq 0 \qquad x_{22} - 0{,}60\, t_2 \geq 0 \qquad (18)$$

$$x_{23} - 0{,}30\, t_3 \geq 0 \qquad x_{33} - 0{,}30\, t_3 \geq 0 \qquad x_{34} - 0{,}20\, t_4 \geq 0 \qquad (19)$$

$$x_{12} - 0{,}40\, t_2 \leq 0 \qquad x_{13} - 0{,}70\, t_3 \leq 0 \qquad x_{14} - 0{,}70\, t_4 \leq 0 \qquad (20)$$

$$x_{31} - 0{,}60\, t_1 \leq 0 \qquad x_{33} - 0{,}60\, t_3 \leq 0 \qquad x_{24} - 0{,}20\, t_2 = 0 \qquad (21)$$

7. x_{12} se lit « x un deux », et non « x douze », car la variable x est affectée ici de deux indices qui doivent se lire et s'interpréter séparément ; x_{12} réfère non pas à la douzième variable d'une liste, mais à la variable placée à l'intersection de la première ligne et de la deuxième colonne.

$s_1 \leq 235 \qquad s_2 \leq 270 \qquad s_3 \leq 290 \qquad (22)$

$t_2 \leq 500 \qquad t_3 \leq 400 \qquad (23)$

$t_1 \geq 100 \qquad t_2 \geq 100 \qquad t_4 \geq 50 \qquad (24)$

toutes les variables sont non négatives. (25)

Quelques commentaires sur ce modèle.

- Les équations (11) à (13) définissent les variables secondaires s_1, s_2 et s_3; de même, les équations (14) à (17) définissent les variables secondaires t_1 à t_4.
- Seules les variables primaires x_{ij} sont nécessaires; toutefois, les variables secondaires simplifient l'écriture et permettent de comptabiliser directement les quantités de liquides utilisées et les quantités de mélange produites.
- Les contraintes (18) à (21) servent à imposer les contraintes de proportion. Par exemple, la proportion de L_1 dans M_2 doit être au plus 40%, ce qui peut s'écrire $(x_{12}/t_2) \leq 0{,}40$. Toutefois, on écrira plutôt cette contrainte sous la forme linéaire $x_{12} - 0{,}40\ t_2 \leq 0$, forme qui peut être utilisée directement par le solveur d'Excel. Les autres contraintes de proportion contenues dans (18) à (21) s'interprètent de façon similaire.
- Les contraintes (22) à (24) imposent les bornes inférieures et supérieures appropriées aux variables s_i et t_j.

Une solution optimale du modèle (P) est décrite au tableau 2.8 : par exemple,

$$x_{11} = 140, \ldots, x_{24} = 10, \ldots, s_2 = 270, \ldots, t_4 = 50.$$

Cette solution procure un revenu de 52975 $ et un profit de 43365 $, si l'on soustrait le montant de 9610 $ à payer pour l'achat des liquides. En comparant les solutions des tableaux 2.5 et 2.8, il est facile de comprendre pourquoi la seconde procure un profit nettement supérieur : en particulier, 400 litres de M_3 sont fabriqués (le maximum permis) dans la solution optimale et seulement 180 litres dans la solution admissible du tableau 2.5 ; pourtant, M_3 est celui des quatre mélanges qui procure le revenu le plus élevé.

TABLEAU 2.8
Une solution optimale du modèle (P)

	M_1	M_2	M_3	M_4	Total
L_1	140	40	40	15	**235**
L_2	80	60	120	10	**270**
L_3	25	0	240	25	**290**
Total	**245**	**100**	**400**	**50**	**795**

Notons que des problèmes de mélange de dimension beaucoup plus grande sont résolus dans l'industrie et que ces problèmes sont très difficiles à résoudre manuellement. À titre d'exercice, on pourra tenter de trouver une solution admissible de (P) en suivant les préceptes de la logique gourmande.

2.1.5 Les variables de décision à double indice : Vitrex

Le bâtiment où la firme Vitrex entreposait ses surplus de production et qui lui permettait d'étaler sa production tout en étant toujours prête à faire face aux fluctuations fréquentes de la demande vient d'être la proie des flammes. Il faut que Vitrex s'assure de disposer d'espaces d'entreposage suffisants pour les six prochains mois, en attendant la mise en service du nouvel entrepôt dont la construction doit débuter incessamment.

Vitrex peut louer aisément les espaces nécessaires auprès de GG, spécialiste de l'entreposage et administrateur d'un immense entrepôt situé à proximité de l'usine Vitrex, en signant des baux pour autant de mois qu'elle le souhaite et pour autant de mètres carrés qu'il lui en faudra. Les coûts de location sont proportionnels à la surface louée, mais ils varient selon la durée.

Le tableau 2.9 donne les besoins minimaux en espaces d'entreposage prévus pour le semestre prochain, tandis que le tableau 2.10 décrit la structure tarifaire pour des périodes allant de 1 à 6 mois. Quels baux devrait signer Vitrex pour minimiser ses frais d'entreposage durant les six prochains mois ?

TABLEAU 2.9
Besoins minimaux en espace

Mois	**1**	**2**	**3**	**4**	**5**	**6**
Minimum (en u)	35	20	30	10	15	20

* Une unité correspond à 100 m².

TABLEAU 2.10
Coûts de location selon la durée du bail

Durée	**1 mois**	**2 mois**	**3 mois**	**4 mois**	**5 mois**	**6 mois**
Coût (en $/u)	200	360	500	625	745	850

L'objectif de Vitrex est évidemment de minimiser le coût total des baux qui assureront la satisfaction de tous ses besoins en espaces d'entreposage au cours des six prochains mois. Vitrex cherche à établir la gamme de baux à conclure avec GG. Cela suppose l'établissement d'un calendrier de début et de fin des baux, incluant le nombre de centaines de mètres carrés retenus par chacun d'eux.

Le lecteur est invité à relire attentivement le paragraphe précédent, qui constitue la clé de ce qui va suivre. En effet, après avoir bien cerné l'objectif poursuivi, il faut toujours se demander : « À quelles questions faut-il apporter réponses pour considérer comme résolu le problème du décideur ? » C'est une étape essentielle de toute modélisation qui se veut pertinente. Ici, il s'agit d'établir un calendrier de baux. On définit donc des variables de décision de la façon suivante :

x_{ij} = espace d'entreposage (en centaines de m²) loué en vertu d'un bail courant du début du mois i jusqu'à la fin du mois j.

Par exemple, dire que $x_{25} = 3$ signifie que Vitrex signera un bail prévoyant la locatio[illegible] 300 m² pour la période commençant au début du 2e mois et se terminant à la fin du 5e m[illegible]

On remarquera que la définition précédente des variables de décision a le grand m[illegible] d'être mnémonique : les indices i et j indiquent, le premier, le mois de début et, le sec[illegible] le mois de fin de chaque bail. Cette façon de dénoter les variables de décision, qui fac[illegible] grandement l'interprétation du modèle et des résultats, est d'usage courant. (Le lecteur att[illegible] aura compris que des variables telles que x_{53} et x_{62} décriraient des baux qui n'auraient aucun sens.) La fonction-objectif s'écrit :

$$\text{Min } z = 200\,(x_{11} + x_{22} + \ldots + x_{66}) + 360\,(x_{12} + x_{23} + \ldots + x_{56}) + \ldots + 850\,x_{16}.$$

Chacun des 6 mois à considérer donne lieu à une contrainte, qui vise à exiger que les baux, dans leur ensemble, satisfassent les besoins de Vitrex en espaces d'entreposage pour ce mois-là. Construisons celle qui correspond au 1er mois : comme l'espace pour répondre aux besoins de ce mois sera réservé par les baux associés aux variables x_{11}, x_{12}, x_{13}, x_{14}, x_{15} et la contrainte s'écrit :

$$x_{11} + x_{12} + x_{13} + x_{14} + x_{15} + x_{16} \geq 35.$$

space désiré pour le 2e mois sera assuré par les baux associés aux variables x_{ij} dont les ices forment des intervalles où se retrouve 2, c'est-à-dire tels que $i \leq 2 \leq j$. On écrit :

$$x_{12} + x_{13} + x_{14} + x_{15} + x_{16} + x_{22} + x_{23} + x_{24} + x_{25} + x_{26} \geq 20.$$

s autres contraintes s'obtiennent de façon similaire :

$$x_{13} + x_{14} + x_{15} + x_{16} + x_{23} + x_{24} + x_{25} + x_{26} + x_{33} + x_{34} + x_{35} + x_{36} \geq 30$$

$$x_{14} + x_{15} + x_{16} + x_{24} + x_{25} + x_{26} + x_{34} + x_{35} + x_{36} + x_{44} + x_{45} + x_{46} \geq 10$$

$$x_{15} + x_{16} + x_{25} + x_{26} + x_{35} + x_{36} + x_{45} + x_{46} + x_{55} + x_{56} \geq 15$$

$$x_{16} + x_{26} + x_{36} + x_{46} + x_{56} + x_{66} \geq 20.$$

aut ajouter, pour les variables utilisées, les contraintes de non-négativité, puisqu'il est ossible de se dédire : les mètres carrés loués par bail ne peuvent être rétrocédés au locateur.

a solution optimale donne :

$$\begin{aligned} x_{11} &= 15 \\ x_{13} &= 5 \\ x_{16} &= 15 \\ x_{33} &= 10 \\ x_{66} &= 5 \\ z &= 21\,250 \text{ (dollars).} \end{aligned}$$

Le tableau 2.11 décrit ce calendrier de baux en regard des besoins minimaux de Vitrex. Il n'y a pas de calendrier moins coûteux et c'est le seul qui soit optimal. Nous indiquerons comment prouver la justesse de ces deux dernières affirmations dans les chapitres suivants.

TABLEAU 2.11
Vitrex : solution optimale

Mois	Besoins (en u)	Espaces loués (en u)	Excédent (en u)
1	35	15 5 15	0
2	20	5 15	0
3	30	5 15 10	0
4	10	15	5
5	15	15	0
6	20	15 5	0

Évidemment, plusieurs prétendront qu'ils auraient pu trouver cette même solution par l'énumération de toutes les possibilités, sans recourir à tout ce montage que constituent l'écriture et la résolution d'un modèle. À ces derniers, nous répondons que la modélisation permet de tenir compte aisément de légères modifications ultérieures des données du problème. La **robustesse**, c'est-à-dire l'adaptabilité d'un modèle à des modifications ultérieures, est une caractéristique qui rend un modèle attrayant aux aficionados de la recherche opérationnelle. En effet, si les données du problème d'entreposage de Vitrex évoluent, il est souhaitable que le modèle permette de tenir compte sans trop d'efforts des changements mineurs apportés aux données du problème. Une modification des besoins en espaces ou du coût des baux n'occasionne pas de difficultés au détenteur d'un modèle robuste, alors que, si l'on s'appuie sur le calcul exhaustif des différentes possibilités jugées rationnelles, l'effort requis pour obtenir une solution optimale est à renouveler dès qu'une modification, même mineure, est apportée aux données.

Illustrons notre propos en supposant que les besoins minimaux en espaces d'entreposage ont été révisés à la hausse (*voir le tableau 2.12*).

TABLEAU 2.12
Vitrex : besoins minimaux révisés

Mois	**1**	**2**	**3**	**4**	**5**	**6**
Minimum (en u)	45	55	33	22	24	34

Pour obtenir la gamme optimale de baux, il suffit de modifier les seconds membres des contraintes du modèle original. Ainsi, une modification des conditions financières de location aurait entraîné une simple révision des coefficients de la fonction-objectif.

Chaque fois qu'on arrive à répondre à des questions complémentaires concernant le problème qu'il s'agissait de modéliser en n'apportant que des changements mineurs au modèle original, on peut se targuer d'avoir construit un modèle robuste. La robustesse est à coup sûr une qualité relative. Aucun modèle ne saurait résister sans changements majeurs, qui peuvent aller jusqu'à la redéfinition des variables de décision, à des modifications en profondeur de l'environnement décisionnel. Mais il n'est pas sans intérêt de se prémunir contre les changements anticipés causés par les modifications prévisibles de cet environnement. Toutefois, il n'y a pas de panacée : il est évidemment impossible de tout prévoir.

Revenons donc aux données du tableau 2.12 et modifions le second membre des contraintes du modèle original. Ce qui se fait en un tour de main. La solution optimale du nouveau modèle est :

$$
\begin{aligned}
x_{12} &= 12 \\
x_{13} &= 9 \\
x_{16} &= 24 \\
x_{22} &= 10 \\
x_{66} &= 10 \\
z &= 33\ 220 \text{ (dollars).}
\end{aligned}
$$

2.1.6 L'horaire des standardistes

Une petite compagnie téléphonique du Bas-Saint-Laurent a su échapper, depuis sa fondation, aux visées tentaculaires de sa consœur géante. Elle a certes consenti à relier son réseau à celui de sa grande rivale, mais elle a maintenu dans son fief, contre vents et marées, son autarcie administrative. Une gestion du personnel bonhomme, paternaliste disent certains, se traduisant d'une part par l'offre annuelle, à chacun des membres de son personnel, d'un séjour en famille, tous frais payés, dans sa grande hôtellerie de Boisbouscache, et d'autre part par une politique généreuse, benoîte disent les mêmes, d'assistance médicale et de soins à domicile, lui a permis de tenir à distance « l'hydre syndicale[8] » et de maintenir ainsi des salaires bien en deçà de la norme acquise par les « syndiqués va-t'en-grève[9] » de sa concurrente.

8. Propos attribués au président du conseil d'administration.

9. Voir note 8.

L'entreprise arrive ainsi à dégager, bon an mal an, de substantiels profits d'exploitation qui lui permettent de verser de généreux dividendes, d'assurer l'entretien méticuleux de son réseau, en plus d'investir dans l'acquisition du nec plus ultra en matière d'équipement. Elle vient justement de terminer l'installation, dans son central téléphonique de Withworth, d'un standard automatisé qui entraînera une réduction considérable du nombre d'employés y œuvrant.

Dans ce central, on compte présentement 50 standardistes au service de la compagnie. Ces employés ne sont pas assujettis à la politique des heures brisées : ils travaillent 9 heures d'affilée, sans pauses-café ni pauses-repas. La direction des ressources humaines dispose d'une banque de noms d'employés désireux de travailler à temps partiel, auxquels elle fait appel durant la période des fêtes, où se multiplient les appels interurbains et internationaux, et lors d'absences des standardistes réguliers.

Les nouveaux besoins minimaux en standardistes pour une journée typique ont fait l'objet, par la direction des ressources humaines, d'une estimation serrée de façon à assurer un service répondant aux normes rigoureuses de l'entreprise. Le tableau 2.13 donne les chiffres qui ont été arrêtés. Le salaire indiqué dans le tableau représente la somme versée pour une journée de 9 heures aux standardistes dont le quart de travail débute par la période de 3 heures indiquée. L'entreprise verse une prime de 5 $ aux standardistes qui prennent leur service à 18 heures ou à 21 heures. Cette prime est portée à 11 $ pour ceux qui commencent à minuit, à 3 heures ou à 6 heures.

TABLEAU 2.13 Standardistes : description des données, 1re version

Heures	0 – 3	3 – 6	6 – 9	9 – 12	12 – 15	15 – 18	18 – 21	21 – 24
Besoins	6	4	12	20	20	24	14	14
Salaire	86 $	86 $	86 $	75 $	75 $	75 $	80 $	80 $

Le directeur des ressources humaines, après avoir fait la somme du nombre de standardistes requis pour chaque période, soit

$$6 + 4 + 12 + 20 + 20 + 24 + 14 + 14 = 114,$$

a eu la joie de découvrir que cette somme est un multiple de 3. Il a communiqué cette bonne nouvelle au directeur général en ajoutant qu'il suffira, pour connaître le nombre total de standardistes requis, de diviser 114 par 3, puisque chaque standardiste assure 3 périodes consécutives de 3 heures de travail. Ce genre de raisonnement a laissé sceptique son patron, qui lui a demandé, à tout hasard, d'essayer de répartir les 38 standardistes entre les différentes périodes de travail en s'assurant du respect des besoins minimaux pour offrir un service adéquat.

Avant que le directeur ne s'attelle à cette tâche, que pense le lecteur de son approche ? Commençons par noter que le directeur des ressources humaines a mal défini l'objectif qu'il poursuit. À l'écouter, on croirait qu'il cherche à réduire le plus possible le personnel nécessaire. Ne serait-il pas plus pertinent de minimiser les coûts quotidiens en personnel tout en respectant le nombre minimal de standardistes requis pendant les différentes périodes ?

Pour atteindre cet objectif, que faut-il savoir au juste ? Il faut un horaire précis qui permette d'établir combien de standardistes prennent leur service au début de chaque période et combien le quittent au même moment. Il suffit donc de définir la valeur de chacune des variables de décision $x_0, x_3, x_6, \ldots, x_{21}$, où, par exemple,

x_0 = nombre de standardistes prenant leur service à 0 heure (minuit).

Comme le directeur général se soucie du nombre total de standardistes requis pendant une journée typique, une variable d'étape x_T, définie comme la somme des variables x_j ($j = 0, 3, 6, ..., 21$), est incluse dans le modèle. La valeur prise par x_T dans la solution optimale indiquera directement combien de standardistes travaillent durant une journée. L'objectif consiste à minimiser les coûts quotidiens z, où

$$z = 86\,x_0 + 86\,x_3 + 86\,x_6 + 75\,x_9 + 75\,x_{12} + 75\,x_{15} + 80\,x_{18} + 80\,x_{21}.$$

Le directeur des ressources humaines a vite admis que cette approche était plus rationnelle que celle qu'il proposait et il a bien hâte de voir comment vont s'écrire les contraintes qui assurent l'arrivée et le départ en nombre adéquat des standardistes nécessaires à la bonne marche du service. Après mûre réflexion, il a compris qu'il suffisait de programmer les arrivées. En effet, tout standardiste est libéré exactement 9 heures après sa prise de service.

Pour fixer les idées, considérons la période de 9 h à midi, dont les besoins minimaux en standardistes sont de 20 personnes. Les standardistes qui assurent le service pendant ces 3 heures se regroupent en 3 catégories : premièrement, ceux qui terminent leur quart de travail, c'est-à-dire qui ont commencé à 3 h et quittent à midi ; deuxièmement, ceux qui ont entrepris leur quart à 6 h et continuent jusqu'à 15 h ; et troisièmement, ceux qui viennent tout juste de prendre leur service à 9 h. La figure 2.4 (*voir page suivante*) traduit graphiquement cette idée, qui s'exprime algébriquement par l'inéquation :

$$x_3 + x_6 + x_9 \geq 20.$$

Il suffit maintenant de généraliser cette approche pour pouvoir écrire le modèle suivant :

$$\text{Min } z = 86\,x_0 + 86\,x_3 + 86\,x_6 + 75\,x_9 + 75\,x_{12} + 75\,x_{15} + 80\,x_{18} + 80\,x_{21}$$

sous les contraintes :

$$\begin{array}{l}
x_0 + x_{18} + x_{21} \geq 6 \\
x_0 + x_3 + x_{21} \geq 4 \\
x_0 + x_3 + x_6 \geq 12 \\
x_3 + x_6 + x_9 \geq 20 \\
x_6 + x_9 + x_{12} \geq 20 \\
x_9 + x_{12} + x_{15} \geq 24 \\
x_{12} + x_{15} + x_{18} \geq 14 \\
x_{15} + x_{18} + x_{21} \geq 14 \\
x_0 + x_3 + x_6 + x_9 + x_{12} + x_{15} + x_{18} + x_{21} = x_T
\end{array}$$

où toutes les variables sont non négatives et entières. Une solution optimale est :

$$\begin{array}{llll}
x_0 = 4 & x_3 = 0 & x_6 = 8 & x_9 = 12 \\
x_{12} = 0 & x_{15} = 12 & x_{18} = 2 & x_{21} = 0 \\
x_T = 38 & & & \\
z = 2\,992 \text{ (dollars).} & & &
\end{array}$$

Le directeur des ressources humaines exulte : nous venons de retrouver le résultat qu'il avait annoncé ! Il semble avoir raison quand il prétend qu'il suffit de faire la somme du nombre d'employés requis pour chaque période et de diviser cette somme par 3.

FIGURE 2.4
Standardistes : représentation schématique

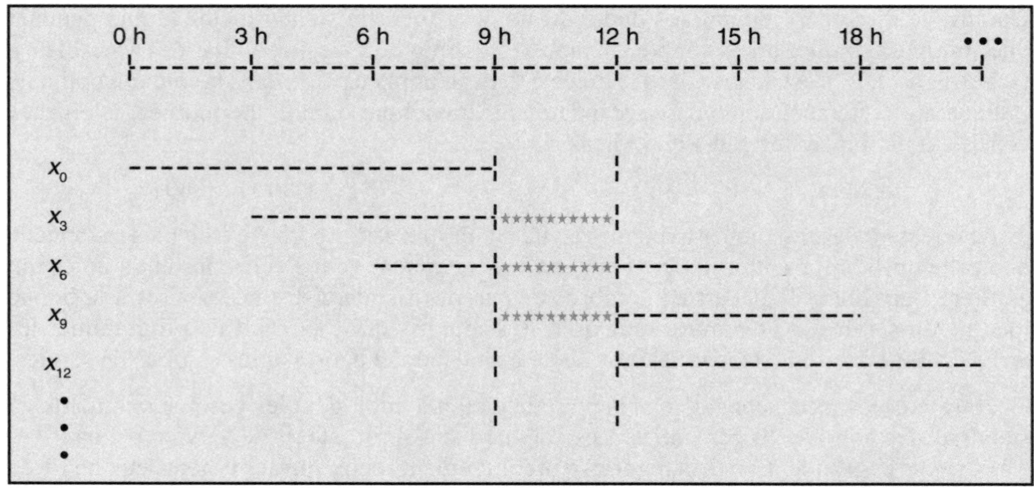

Qu'en pense le lecteur ? Pour en avoir le cœur net, proposons au directeur des ressources humaines de prévoir le nombre minimal de standardistes requis pour assurer le service dans le cas présenté au tableau 2.14, qui correspond à un jour férié. Fier de sa première réussite, le directeur propose de faire la somme des réquisitions minimales pour les différentes périodes :

$$27 + 14 + 31 + 23 + 19 + 11 + 25 + 26 = 176.$$

Le quotient obtenu en divisant 176 par 3 est 58,667. « Très bien, de corriger perfidement le directeur, il suffit dans ce cas d'arrondir le quotient à la hausse ! » Il prévoit que nos méthodes de modélisation plus sophistiquées mèneront à l'obligation de retenir les services d'au moins 59 standardistes. Il avoue tout de même qu'il aurait beaucoup de difficulté à répartir ces 59 employés entre les diverses périodes de travail de façon à assurer le niveau minimal de service requis.

TABLEAU 2.14
Standardistes : description des données, 2e version

Heures	0 – 3	3 – 6	6 – 9	9 – 12	12 – 15	15 – 18	18 – 21	21 – 24
Besoins	27	14	31	23	19	11	25	26
Salaire	105 $	105 $	105 $	90 $	90 $	90 $	100 $	100 $

Les modifications à apporter au premier modèle sont mineures. Le nouveau modèle s'obtient rapidement :

$$\text{Min } z = 105\, x_0 + 105\, x_3 + 105\, x_6 + 90\, x_9 + 90\, x_{12} + 90\, x_{15} + 100\, x_{18} + 100\, x_{21}$$

sous les contraintes :

$$\begin{array}{lr}
x_0 + x_{18} + x_{21} & \geq 27 \\
x_0 + x_3 + x_{21} & \geq 14 \\
x_0 + x_3 + x_6 & \geq 31 \\
x_3 + x_6 + x_9 & \geq 23 \\
x_6 + x_9 + x_{12} & \geq 19 \\
x_9 + x_{12} + x_{15} & \geq 11
\end{array}$$

$$
\begin{array}{rcl}
x_{12} + x_{15} + x_{18} & \geq & 25 \\
x_{15} + x_{18} + x_{21} & \geq & 26 \\
x_0 + x_3 + x_6 + x_9 + x_{12} + x_{15} + x_{18} + x_{21} & = & x_T
\end{array}
$$

où toutes les variables sont non négatives et entières. Voici une solution optimale de ce modèle :

$$
\begin{array}{llll}
x_0 = 10 & x_3 = 3 & x_6 = 18 & x_9 = 2 \\
x_{12} = 0 & x_{15} = 9 & x_{18} = 16 & x_{21} = 1 \\
x_T = 59 & & & \\
z = 5\,945 \text{ (dollars).} & & &
\end{array}
$$

Comme l'avait prévu le directeur, le nombre d'employés requis s'avère égal à 59 ! Amusant… troublant… La règle du directeur serait-elle infaillible ?

Depuis l'annonce des 12 mises à pied motivées par la modernisation de l'équipement du central, l'atmosphère s'est alourdie entre la direction et les standardistes. Ces derniers souhaitent, au moins en ce qui concerne les prochaines innovations technologiques, négocier des périodes tampons pour leur permettre de se recycler en vue de postuler un poste de niveau supérieur au sein de l'entreprise. La colère gronde, la menace de syndicalisation plane… il faut jeter du lest.

Le directeur des ressources humaines propose à la direction de réduire à 7 heures la durée du travail quotidien : les standardistes seront présents sur les lieux de travail 8 heures d'affilée, mais auront droit à une pause-repas d'une heure, qu'ils devront prendre pendant les heures d'ouverture du casse-croûte, soit 11 h à 14 h, 17 h à 20 h, 2 h à 4 h. Pour compenser en partie les coûts additionnels que ces mesures ne manqueront pas d'entraîner, le directeur propose que les prises de service se fassent plus fréquemment. Il entend ainsi grignoter, par une meilleure adéquation des ressources et des besoins, quelques postes de standardistes, ou tout au moins réaliser des économies en reportant certaines prises de service à des heures qui n'exigent pas le versement d'une prime. Les nouvelles heures de prise de service sont 7 h, 8 h, 9 h, 15 h, 16 h, 23 h et minuit. Le salaire sera de 80 $ pour une présence de 8 heures d'affilée ; s'y ajouteront des primes de 5 $ pour une prise de service effectuée à 23 h et de 10 $ pour une prise de service effectuée à minuit. L'horaire de chaque standardiste devra indiquer l'heure à laquelle il prendra son service et quand débutera sa pause-repas, soit 3 heures ou 4 heures après sa prise de service.

La norme de service a été réévaluée à la hausse et les nouveaux nombres minimaux de standardistes ont été réestimés pour chaque durée d'une heure. Le tableau 2.15 (*voir page suivante*) donne les besoins révisés. Pour appliquer sa « règle », le directeur commence par faire la somme des besoins minimaux, égale ici à 340, qu'il divise par 7. Il obtient, en arrondissant à la hausse, 49 employés.

On utilisera deux sortes de variables de décision, dénotées x_j et y_j respectivement[10], pour tenir compte du fait que la pause-repas peut avoir lieu à deux moments, soit trois heures (x_j) ou

10. Il serait également possible d'unifier l'écriture des variables en définissant des variables de décision x_{jp} à deux nombres-indices, le premier indiquant l'heure j de prise de service, le second, l'heure p du début de la pause-repas : par exemple, $x_{7;\,11}$ dénoterait le nombre de standardistes qui arrivent au travail à 7 h et prennent leur pause-repas entre 11 h et midi. S'il y avait plus de deux périodes de pause possibles, cette approche s'imposerait. Mais, ici, nous utilisons plutôt deux sortes de variables afin d'alléger la présentation du modèle.

TABLEAU 2.15
Standardistes : description des données, 3e version

Besoins minimaux en standardistes pour chaque heure								
Heure	0 – 1	1 – 2	2 – 3	3 – 4	4 – 5	5 – 6	6 – 7	7 – 8
Besoins	6	5	2	2	3	3	4	12
Heure	8 – 9	9 – 10	10 – 11	11 – 12	12 – 13	13 – 14	14 – 15	15 – 16
Besoins	20	23	24	24	20	22	24	25
Heure	16 – 17	17 – 18	18 – 19	19 – 20	20 – 21	21 – 22	22 – 23	23 – 24
Besoins	22	20	18	16	15	14	9	7

quatre heures (y_j) après l'arrivée au travail. Comme dans les modèles précédents, l'indice j indique l'heure de prise de service. Par exemple,

x_8 = nombre de standardistes qui débutent à 8 h et font une pause entre 11 h et midi

y_8 = nombre de standardistes qui débutent à 8 h et font une pause entre midi et 13 h.

Par ailleurs, on ne définit pas de variable x_j ou y_j lorsque les employés ne peuvent prendre leur pause-repas : ainsi, le modèle ne contient pas de variable y_{10}, puisque, entre 14 h et 15 h, le casse-croûte n'est pas ouvert. On introduit également une variable d'étape t qui donnera le nombre total de standardistes requis pendant une journée. La figure 2.5 aide à déterminer les variables de décision nécessaires ainsi que les contraintes dominées par au moins une autre.

Le modèle s'écrit :

$$\text{Min } z = 90\,x_0 + 80\,(y_7 + x_8 + y_8 + x_9 + y_9 + x_{15} + y_{15} + x_{16}) + 85\,(x_{23} + y_{23})$$

sous les contraintes :

$$x_0 + x_{23} + y_{23} \geq 6$$
$$x_0 + y_{23} \geq 2$$
$$x_{23} \geq 2$$
$$x_0 + y_7 \geq 12$$
$$y_7 + x_8 + y_8 \geq 20$$
$$y_8 + x_9 + y_9 \geq 24$$
$$y_7 + x_8 + y_9 \geq 20$$
$$y_7 + x_8 + y_8 + x_9 \geq 22$$
$$x_8 + y_8 + x_9 + y_9 + x_{15} + y_{15} \geq 25$$
$$x_9 + y_9 + x_{15} + y_{15} + x_{16} \geq 22$$
$$x_{15} + y_{15} + x_{16} \geq 20$$
$$y_{15} + x_{16} \geq 18$$
$$x_{15} \geq 16$$
$$x_{16} + x_{23} + y_{23} \geq 7$$
$$x_0 + y_7 + x_8 + y_8 + x_9 + y_9 + x_{15} + y_{15} + x_{16} + x_{23} + y_{23} = t$$

Salaire	90	80	80	80	80	80	80	80	80	85	85		
Variable	x_0	y_7	x_8	y_8	x_9	y_9	x_{15}	y_{15}	x_{16}	x_{23}	y_{23}	**Min.**	**Dom.**
0 h – 1 h	×									×	×	6	
1 h – 2 h	×									×	×	5	0 h – 1h
2 h – 3 h	×										×	2	
3 h – 4 h										×		2	
4 h – 5 h	×									×	×	3	0 h – 1h
5 h – 6 h	×									×	×	3	0 h – 1h
6 h – 7 h	×									×	×	4	0 h – 1h
7 h – 8 h	×	×										12	
8 h – 9 h		×	×	×								20	
9 h – 10 h		×	×	×	×	×						23	11 h – 12 h
10 h – 11 h		×	×	×	×	×						24	11 h – 12 h
11 h – 12 h				×	×	×						24	
12 h – 13 h		×	×			×						20	
13 h – 14 h		×	×	×	×							22	
14 h – 15 h		×	×	×	×	×						24	11 h – 12 h
15 h – 16 h			×	×	×	×	×	×				25	
16 h – 17 h					×	×	×	×	×			22	
17 h – 18 h							×	×	×			20	
18 h – 19 h								×	×			18	
19 h – 20 h							×					16	
20 h – 21 h							×	×	×			15	19 h – 20 h
21 h – 22 h							×	×	×			14	19 h – 20 h
22 h – 23 h							×	×	×			9	19 h – 20 h
23 h – 24 h									×	×	×	7	

FIGURE 2.5
Standardistes : 3e version, représentation schématique

Note : La colonne « Min. » donne les besoins minimaux en standardistes pour chacune des heures. Une entrée dans la colonne « Dom. » indique que la contrainte associée à la ligne est « dominée » : considérons, à titre d'exemple, la deuxième ligne, qui correspond à la période 1 h – 2 h ; les standardistes à l'œuvre entre minuit et 2 h auront pris leur service soit à 23 h la veille, soit à minuit ; satisfaire les besoins minimaux pendant les deux premières heures de la journée se traduit mathématiquement ainsi :

$$x_0 + x_{23} + y_{23} \geq 6 \quad \text{pour la période 0 h – 1 h}$$
$$x_0 + x_{23} + y_{23} \geq 5 \quad \text{pour la période 1 h – 2 h ;}$$

la 2e de ces inéquations est dominée par la 1re, en ce sens qu'elle est automatiquement satisfaite dès que l'autre l'est. Les contraintes dominées sont redondantes et ne sont pas incluses dans le modèle.

où toutes les variables sont non négatives et entières. Une solution optimale donne :

$$
\begin{aligned}
x_0 &= 3 \\
& & y_7 &= 9 \\
& & y_8 &= 11 \\
x_9 &= 2 & y_9 &= 11 \\
x_{15} &= 16 \\
x_{16} &= 18 \\
x_{23} &= 2 & y_{23} &= 1 \\
t &= 73 \\
z &= 5\ 885 \text{ (dollars).}
\end{aligned}
$$

« Pas de commentaires… » s'est empressé de déclarer le directeur des ressources humaines, bien marri de voir sa règle récusée si carrément. En effet, c'est de 73 standardistes qu'il aura besoin, plutôt que de 49 comme le prévoyait sa « règle ».

Le directeur avait joué de chance lors de ses deux premières tentatives. Mais point n'est besoin de recourir aux pauses-repas pour prendre sa «règle» en défaut. Le tableau 2.16 présente un cas où la règle bute sur les grandes fluctuations des besoins d'une période à l'autre.

TABLEAU 2.16
Standardistes: description des données, 4e version

Heures	0 – 3	3 – 6	6 – 9	9 – 12	12 – 15	15 – 18	18 – 21	21 – 24
Besoins	27	8	35	20	40	12	60	8
Salaire	86$	86$	86$	75$	75$	75$	80$	80$

Selon une solution optimale, il faut recruter au moins 95 employés:

$$x_0 = 15 \qquad x_6 = 20 \qquad x_{12} = 20 \qquad x_{15} = 28 \qquad x_{18} = 12 \qquad x_T = 95$$

alors que la règle du directeur prétend que 70 standardistes suffiraient.

2.1.7 Le choix de la fonction-objectif: la coupe de bobines-mères

La description du problème

Les papetiers fabriquent des rouleaux de papier dont la largeur est fixée par les caractéristiques des machines qu'ils utilisent. Ils les désignent sous le vocable de bobines-mères. Par contre, leurs clients réclament des rouleaux de diverses largeurs et parfois de diverses longueurs. Comme il est fréquent que ni la largeur ni la longueur des bobines-mères ne soient des multiples de celles des rouleaux commandés, les papetiers encourent souvent, pour satisfaire les commandes de leur clientèle, des pertes de papier qu'ils désignent sous le nom de chutes.

Supposons que toutes les bobines-mères dont dispose un papetier ont une largeur de 215 cm et une longueur de 250 m, et qu'il a accepté les commandes données au tableau 2.17. Comme la longueur des rouleaux commandés est identique à celle des bobines-mères, il suffit d'assurer la coupe transversale d'un certain nombre de bobines-mères.

TABLEAU 2.17
Bobines-mères: commandes déjà acceptées

Largeur (en cm)	Longueur (en m)	Nombre de rouleaux
64	250	360
60	250	180
35	250	180

Quel est l'objectif poursuivi par le papetier? S'agit-il pour lui de satisfaire les commandes acceptées? Si tel était le cas, il lui suffirait de tailler tout bonnement un seul rouleau par bobine-mère: les commandes des clients seraient évidemment satisfaites, mais exigeraient 720 bobines-mères, ce qui constituerait un gaspillage de papier. Il faut se rendre à l'évidence: l'objectif poursuivi n'est pas uniquement de remplir les commandes. Si le papetier se propose d'utiliser le moins possible de bobines-mères pour s'acquitter des commandes, comment peut-il atteindre cet objectif? Et s'il cherche plutôt à minimiser les chutes tout en remplissant les commandes, s'agit-il du même objectif, formulé différemment, ou d'un second objectif totalement distinct du premier? Et si ces objectifs s'avèrent distincts, lequel faut-il privilégier? Voilà des questions auxquelles nous nous proposons d'apporter réponse.

Mettons-nous en situation: si le papetier nous confiait la tâche de remplir les commandes, que ferions-nous? Commencerions-nous par tailler des bobines-mères sans avoir arrêté au préalable un plan de découpe précis? Sûrement pas, surtout s'il s'agit de papier fin d'un coût élevé.

Tentons d'imaginer d'éventuelles opérations de coupe pour en prédire les résultats. Prenons d'abord une bobine-mère de dimension standard.

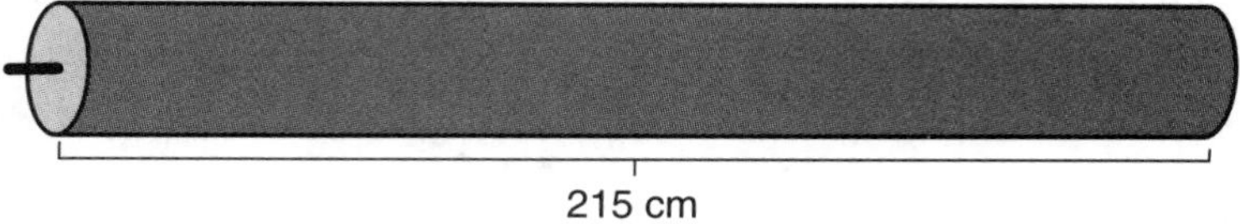

Puis, simulons la coupe de la bobine-mère en rouleaux de 35 cm :

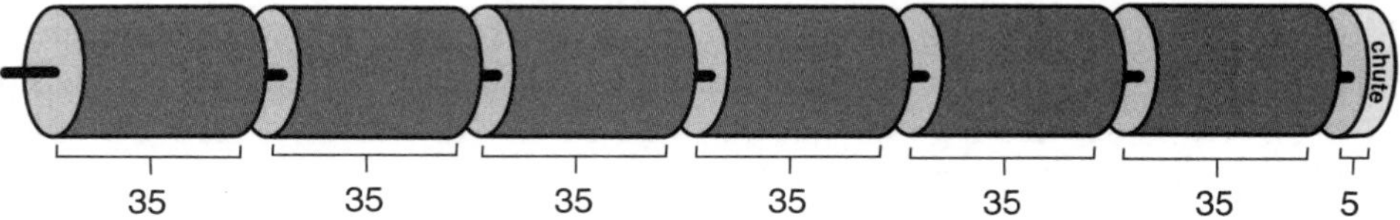

ou en rouleaux de 64 cm :

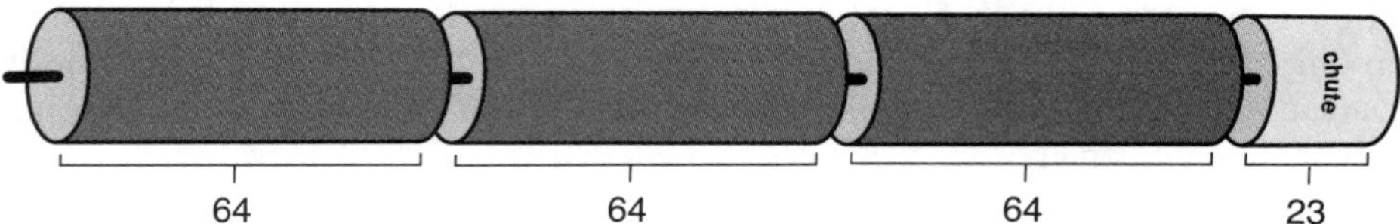

ou encore en rouleaux de 60 cm :

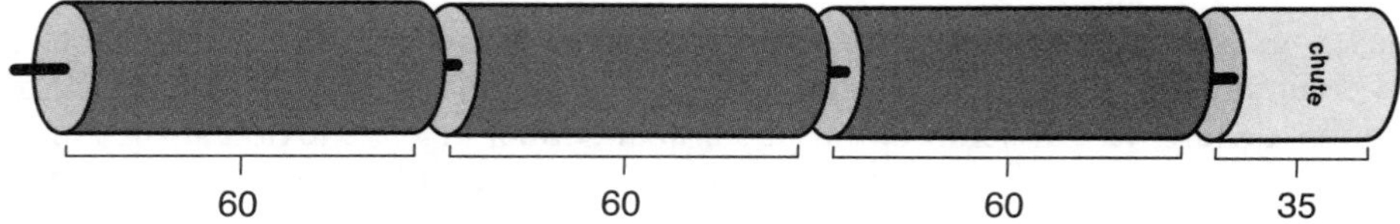

Nous ne tardons pas à remarquer l'astuce que suggère cette dernière coupe : nous obtenons, en supplément, une chute providentielle de 35 cm, qui permet de remplir une partie des commandes pour les rouleaux de cette largeur. Nous ne considérerons donc plus les plans de coupe qui produisent des chutes dont la largeur excède 35 cm. Toutefois, il ne faut pas s'attendre à obtenir tous les rouleaux de 35 cm requis comme à-côtés des plans de coupe dont la raison d'être première est l'obtention de rouleaux de 60 ou de 64 cm.

Sur cette lancée, nous sommes rapidement amenés à imaginer des plans de coupe mixtes tels que :

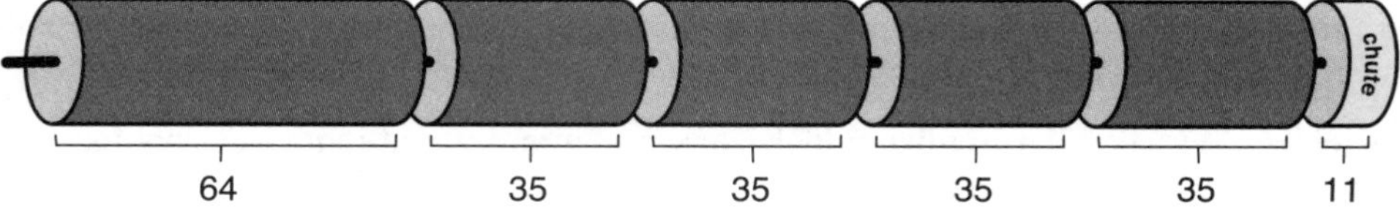

Nous finissons naturellement par dresser une liste exhaustive de tous les plans de coupe qui engendrent des chutes inférieures à 35 cm. Les résultats de cette énumération[11] sont présentés au tableau 2.18 (*voir page suivante*) (où le plan de coupe mixte illustré ci-dessus porte le numéro 6).

---

11. Le lecteur vérifiera que l'ensemble des plans de coupe coïncide avec l'ensemble des solutions $(x ; y ; z)$ entières et non négatives de : $180 < 64\,x + 60\,y + 35\,z \leq 215$.

TABLEAU 2.18
Bobines-mères : plans de coupe

	Plan de coupe									
Largeur	**1**	**2**	**3**	**4**	**5**	**6**	**7**	**8**	**9**	**10**
64 cm	3	2	2	1	1	1	0	0	0	0
60 cm	0	1	0	2	1	0	3	2	1	0
35 cm	0	0	2	0	2	4	1	2	4	6
Chutes	23	27	17	31	21	11	0	25	15	5

L'objectif du papetier est de remplir les commandes soit en minimisant les chutes, soit en minimisant le nombre de bobines-mères utilisées. Le papetier doit déterminer quels plans de coupe retenir et combien de bobines-mères découper selon chacun d'entre eux de façon à atteindre l'un ou l'autre de ces objectifs.

On pourrait prétendre que, quel que soit l'objectif visé, aucune bobine-mère ne sera découpée selon le plan de coupe 4, dont la chute s'élève à 31 cm et que le plan de coupe 7 doit être retenu, même s'il ne fournit pas de rouleaux de 64 cm, puisqu'il est le seul à ne pas produire de chute. On pourrait encore observer que le plan de coupe 1 ne fournit que des rouleaux de 64 cm, tout en produisant une chute de 23 cm, peu intéressante pour qui vise l'économie du papier.

Dans ce genre d'analyse, les possibilités à envisager se multiplient rapidement, et il est impossible d'accorder à chacune sa juste valeur dans la poursuite de l'un ou l'autre des objectifs.

Imaginons que l'on doive prévoir, de cette façon, une liste complète de plans de coupe pour des commandes plus élaborées, qui requièrent la fourniture de rouleaux d'une dizaine de largeurs différentes ! Il serait alors sage d'abandonner cette réflexion sur les plans de coupe à retenir ou à écarter, basée sur l'*a priori,* pour aborder le problème d'une manière plus systématique.

Un modèle pour minimiser le nombre de bobines-mères

Énonçons tout d'abord de façon non équivoque le premier objectif visé : minimiser le nombre de bobines-mères à découper pour satisfaire les commandes. Nous nous préoccuperons plus loin de l'autre objectif.

Comme il s'agit de déterminer quels plans seront retenus et combien de bobines-mères seront découpées, posons :

$$x_j = \text{nombre de bobines-mères découpées selon le plan de coupe numéro } j.$$

Dire que le plan de coupe numéro j n'est pas retenu revient à exiger que la variable de décision x_j soit nulle.

L'objectif visé dans ce premier modèle consiste à minimiser la somme des bobines traitées selon les divers plans de coupes :

$$\text{Min } z = x_1 + x_2 + x_3 + x_4 + x_5 + x_6 + x_7 + x_8 + x_9 + x_{10}.$$

Satisfaire les commandes se traduit par le respect des trois inéquations suivantes :

$$3\,x_1 + 2\,x_2 + 2\,x_3 + 1\,x_4 + 1\,x_5 + 1\,x_6 + 0\,x_7 + 0\,x_8 + 0\,x_9 + 0\,x_{10} \geq 360$$
$$0\,x_1 + 1\,x_2 + 0\,x_3 + 2\,x_4 + 1\,x_5 + 0\,x_6 + 3\,x_7 + 2\,x_8 + 1\,x_9 + 0\,x_{10} \geq 180$$
$$0\,x_1 + 0\,x_2 + 2\,x_3 + 0\,x_4 + 2\,x_5 + 4\,x_6 + 1\,x_7 + 2\,x_8 + 4\,x_9 + 6\,x_{10} \geq 180.$$

Expliquons la genèse de la première : le carnet de commandes exige au moins 360 rouleaux de 64 cm ; or, chaque bobine-mère donne 3 rouleaux de 64 cm si elle est découpée selon le plan 1 ; elle en donne 2 lorsque le plan 2 est retenu ; etc.

Pourquoi ne pas utiliser des signes d'égalité dans ces contraintes et écrire, dans la première, par exemple, = 360 plutôt que ≥ 360 ? Notons d'abord que, pour le client, l'essentiel est de voir ses commandes satisfaites ; il n'exige pas du papetier que celui-ci y arrive sans produire de rouleaux excédentaires. De plus, la recherche d'une gamme de plans de coupe permettant de satisfaire exactement les commandes inscrites dans le carnet exigerait, dans certains cas, soit de découper un nombre fractionnaire de bobines selon certains plans de coupe, soit de recourir à des plans qui comportent des chutes supérieures à 35 cm. En pratique, on utilise parfois des solutions fractionnaires, que l'on arrondit à la solution entière la plus proche. Mais nous avons voulu présenter ici un modèle rigoureusement représentatif du problème étudié, à titre d'illustration du processus de modélisation.

Nous venons de construire un modèle qui représente l'essentiel de la situation vécue par un papetier qui, face aux commandes de ses clients, a décidé d'utiliser le minimum de bobines-mères. Voici ce modèle :

$$\text{Min } z = x_1 + x_2 + \ldots + x_{10}$$

sous les contraintes :

$$3\,x_1 + 2\,x_2 + 2\,x_3 + \ldots + 0\,x_{10} \geq 360$$

$$0\,x_1 + 1\,x_2 + 0\,x_3 + \ldots + 0\,x_{10} \geq 180$$

$$0\,x_1 + 0\,x_2 + 2\,x_3 + \ldots + 6\,x_{10} \geq 180$$

$$x_j \geq 0 \text{ et entier} \qquad \text{pour } j = 1, 2, \ldots, 10.$$

Ce modèle admet plusieurs solutions optimales. En voici 3, qui proposent chacune d'utiliser 200 bobines-mères et qui, sans qu'on l'ait exigé, occasionnent toutes la même longueur totale de chutes, soit 2 860 cm.

Solution A	**Solution B**	**Solution C**
x_1 = 120	x_1 = 80	x_1 = 110
x_7 = 60	x_3 = 60	x_6 = 30
x_{10} = 20	x_7 = 60	x_7 = 60
z = 200	z = 200	z = 200
Chutes = 2860 cm	Chutes = 2860 cm	Chutes = 2860 cm

Un modèle pour minimiser les chutes

Retournons maintenant au second objectif proposé, soit la minimisation des chutes obtenues en satisfaisant les commandes. Le modèle s'écrit :

$$\text{Min } w = 23\,x_1 + 27\,x_2 + 17\,x_3 + \ldots + 5\,x_{10}.$$

Ici, le terme 23 x_1 représente les chutes produites par les x_1 bobines-mères traitées selon le plan de coupe 1. Les autres termes correspondent semblablement aux chutes découlant des autres plans. La somme de tous ces termes est égale au total des chutes, que nous dénotons w et que nous cherchons à minimiser.

Les contraintes restent les mêmes que précédemment puisqu'il s'agit de satisfaire les mêmes commandes. L'unique solution optimale de ce nouveau modèle est :

$$x_1 = 120$$
$$x_7 = 180$$
$$w = 2\,760.$$

Selon cette solution, le papetier utilise 300 bobines-mères : les 120 bobines découpées selon le plan 1 sont transformées en 360 rouleaux de 64 cm de largeur ; les 180 du plan 7 produisent 540 rouleaux de 60 cm et 180 rouleaux de 35 cm ; les chutes totalisent 2 760 cm.

Un troisième modèle qui intègre les deux premiers

S'il s'appuie sur la solution optimale du deuxième modèle, le papetier découpe plus de bobines-mères, produit davantage de rouleaux de 60 cm, mais engendre des chutes totales moins élevées que s'il applique l'une ou l'autre des solutions optimales du premier modèle. Comment expliquer ce paradoxe ? Tout simplement par le fait qu'aucune pénalité ne s'applique à la production de rouleaux qui ne sont pas essentiels à l'exécution des commandes. Si nous imposions une pénalité pour cette production excédentaire, en considérant par exemple comme chutes les rouleaux excédentaires, la fonction-objectif s'écrirait :

$$\text{Min } t = w + Exc_{64} + Exc_{60} + Exc_{35}$$

où

$$w = 23\,x_1 + 27\,x_2 + 17\,x_3 + \ldots + 5\,x_{10}$$
$$Exc_{64} = 64\,(3\,x_1 + 2\,x_2 + 2\,x_3 + 1\,x_4 + 1\,x_5 + 1\,x_6 - 360)$$
$$Exc_{60} = 60\,(1\,x_2 + 2\,x_4 + 1\,x_5 + 3\,x_7 + 2\,x_8 + 1\,x_9 - 180)$$
$$Exc_{35} = 35\,(2\,x_3 + 2\,x_5 + 4\,x_6 + 1\,x_7 + 2\,x_8 + 4\,x_9 + 6\,x_{10} - 180).$$

Expliquons la genèse du premier de ces termes additionnels : le nombre de rouleaux de 64 cm obtenus est donné par la somme

$$3\,x_1 + 2\,x_2 + 2\,x_3 + 1\,x_4 + 1\,x_5 + 1\,x_6;$$

comme les commandes s'élèvent à 360 rouleaux de ce type, on trouve le nombre de rouleaux de 64 cm excédentaires en retranchant 360 de la somme ci-dessus

$$3\,x_1 + 2\,x_2 + 2\,x_3 + 1\,x_4 + 1\,x_5 + 1\,x_6 - 360$$

puis la largeur totale en cm de ces rouleaux excédentaires en multipliant par 64

$$64\,(3\,x_1 + 2\,x_2 + 2\,x_3 + 1\,x_4 + 1\,x_5 + 1\,x_6 - 360).$$

Après transformations, l'expression de t se récrit :

$$\text{Min } t = 215\,(x_1 + x_2 + x_3 + \ldots + x_{10}) - 40\,140.$$

Mais minimiser cette fonction-objectif revient, n'est-ce pas, à minimiser la fonction :

$$z = x_1 + x_2 + x_3 + \ldots + x_{10},$$

ce qui ramène aux solutions optimales proposées pour atteindre le premier objectif.

Le paradoxe n'était donc qu'apparent : les deux objectifs poursuivis sont équivalents pour le modéliseur qui veut bien considérer les rouleaux excédentaires comme des chutes inutilisables.

Noter que le papetier pourrait retenir la solution $x_1 = 120$ et $x_7 = 180$ et constituer un stock de 360 rouleaux de 60 cm, surtout s'il compte recevoir sous peu de nouvelles commandes de rouleaux de cette largeur et que les frais d'entreposage de ces 360 rouleaux ne dépassent pas les économies réalisées en réduisant de 100 cm les chutes. Mais si les commandes de rouleaux de 60 cm sont rares, il s'en tiendra à minimiser le nombre de bobines-mères utilisées.

En complément

Les problèmes pratiques présentent souvent des caractéristiques qui ne se laissent pas traduire dans des modèles « simples » comme ceux décrits plus tôt dans cette section. Si l'on veut plus de réalisme, il faut accepter des modèles plus complexes. Les objectifs considérés jusqu'ici, qui étaient de minimiser les chutes ou de minimiser le nombre de bobines-mères utilisées, sont fort louables ; dans la pratique, cependant, c'est l'ensemble des coûts variables que l'on cherche à minimiser. Le passage d'un plan de coupe à un autre engendre des frais, car il faut repositionner correctement les couteaux-guillotines. Pour tenir compte de tels frais fixes, on utilise généralement des variables binaires (*voir la section 2.3.2*).

L'approche qui consiste à engendrer au préalable tous les plans de coupe possibles, bien qu'intellectuellement attrayante, est souvent inutilisable en pratique. On pourrait citer un cas où des commandes de rouleaux de 7 largeurs différentes ont entraîné plus de 800 plans de coupe distincts, et un autre cas où 50 largeurs de rouleaux ont engendré plus de 900000 plans de coupe ! Un auteur cite un exemple où, en cherchant à satisfaire des commandes de 40 largeurs distinctes à partir de bobines-mères de 200 cm, on peut générer de 10 à 100 millions de plans de coupe distincts selon la gamme des largeurs commandées…

Dans la coupe de tuyaux de plomberie, par exemple, il arrive que les matériaux à partir desquels on se propose de satisfaire les commandes existent en plusieurs longueurs différentes. En multipliant les possibilités, cela compliquerait encore davantage la tâche de celui qui essaierait de dresser la liste de tous les plans de coupe.

Dans la pratique, les modéliseurs ont mis au point des méthodes heuristiques (ou approximatives) pour choisir rapidement les plans de coupe à mettre en œuvre. Ces méthodes s'appuient sur le flair éclairé par l'expérience, les calculs, la logique. Même si elles ne donnent pas l'assurance d'une solution optimale, ces méthodes améliorent toutefois la performance, vis-à-vis de l'objectif visé, des néophytes, voire celle des connaisseurs.

Certaines méthodes qui engendrent graduellement de nouveaux plans de coupe prometteurs au cours de la résolution du problème ont donné des résultats intéressants. Toutefois, l'explication de ces méthodes dépasse le cadre de cet ouvrage.

2.1.8 Un modèle multipériode de production

Dans le problème des chaises de M. Eugène traité à la section 2.1.1, on cherche la meilleure utilisation des ressources des ateliers au cours d'une période de production délimitée de trois semaines. Rien ne laisse supposer, dans la situation décrite, que la rafale de production à planifier doive s'inscrire dans une suite répétitive. Il faut toutefois convenir que de telles situations ne sont pas les plus fréquentes dans le domaine de la production d'objets manufacturés. Le plus souvent, un gestionnaire doit inscrire une rafale de production sur un continuum temporel : il hérite des stocks du passé et il prévoit lancer d'autres rafales dans le futur.

Il est donc naturel de classer les modèles de planification de la production en deux types par rapport à l'horizon de leur mise en œuvre. Les premiers, comme celui des chaises de M. Eugène, ne tiennent compte que des ressources disponibles et de l'état du marché au moment de leur mise en œuvre. Dans les seconds, dits **modèles multipériodes**, les rafales à prévoir s'inscrivent dans un univers de ressources évolutives aux prix changeants, de commandes périodiques fluctuantes, d'héritage des stocks cumulés, etc.

Pour concrétiser notre propos, nous présentons maintenant un problème qui requiert pour sa solution un modèle multipériode. Nous traitons de la production d'un seul produit sur un horizon décisionnel limité à six mois consécutifs, afin d'éviter que le modèle résultant ne devienne inutilement lourd. Considérer simultanément plus d'un produit ou augmenter le nombre de mois signifieraient un plus grand nombre de variables de décision et de contraintes technologiques.

Le contexte

On distingue quatre types de pâtes alimentaires : les rondes (vermicelle, spaghetti, capellini), les plates (fettucine, tagliatelle, lasagne), les tubulaires (macaroni, sedani, conchigliette) et enfin les pâtes à farcir (ravioli, cannelloni, tortellini).

Le spaghetti est la pâte alimentaire la plus consommée en Amérique du Nord, où il s'en vend chaque année plus de 300 000 tonnes. Il faut dire qu'à calories égales, les pâtes coûtent moins cher que le pain. Le terme « spaghetti » lui-même n'est pas très ancien. Dérivé de *spago* (ficelle), il n'apparaît dans les écrits qu'au XIXe siècle. Mais la tradition en est beaucoup plus vieille : certains la font remonter à Marco Polo, qui aurait ramené de Chine l'utilisation des pâtes alimentaires ; d'autres disent qu'elles auraient été importées par les Maures alors qu'ils occupaient la Sicile entre les IXe et XIe siècles.

De nos jours, on fabrique les spaghettis à partir d'un mélange de semoule et d'eau chaude. La semoule est obtenue du blé dur qui, au pétrissage, se fragmente en semoule. Les grains de blé dur sont, préalablement à leur fragmentation en semoule, épierrés, triés, brossés et dégermés. On procède ensuite au tréfilage en poussant à travers un moule de plusieurs mètres de long le mélange de semoule et d'eau. Un rideau de fils de spaghetti sort de cette machine en bout de course. Tous les 50 centimètres, ces longs fils sont sectionnés. Ils sont ensuite suspendus sur des barres, puis enfournés dans des tunnels de séchage où ils passent en moyenne six heures à une température qui atteint progressivement 80 °C. Ils sont finalement ensachés avant d'être proposés à la vente.

Pastissimo, qui fabrique sous son label une large gamme de pâtes alimentaires, a accepté de fournir, en sacs de 1 kg, pendant les 6 prochains mois les spaghettis que la chaîne d'alimentation Hyper-Halli vend sous sa marque privée. À chaque fin de mois, Pastissimo mettra 4 tonnes de spaghettis ensachés à la disposition de Hyper-Halli, qui s'est engagée à en prendre livraison au prix de 1,28 $ le sac.

Pastissimo s'approvisionne en blé dur, déjà épierré, trié, brossé et dégermé, auprès de Les Grands Moulins du Sud. Les prix mensuels, qui ont fait l'objet de longues négociations entre Les Grands Moulins et Pastissimo, sont indiqués au tableau 2.19. On y trouve également les quantités minimales et maximales de blé que Pastissimo pourra affecter à son contrat avec Hyper-Halli, compte tenu des ententes préalables avec Les Grands Moulins et des besoins de Pastissimo pour les produits qu'elle met en marché sous son label.

TABLEAU 2.19
Pastissimo : l'entente avec Les Grands Moulins

Mois	Prix (en $/t)	Minimum (en t)	Maximum (en t)
1	1 000	4	6
2	975	3	4
3	1 000	5	7
4	980	2	3
5	1 020	4	7
6	1 025	5	6

Pastissimo possède un entrepôt et un magasin. Dans le premier, elle conserve les matières premières jusqu'à leur utilisation ; dans le second, elle emmagasine les produits finis jusqu'à leur livraison. Elle pratique une politique du « premier entré, premier utilisé ou premier livré ». Au début du premier mois, Pastissimo disposera dans son entrepôt de 2 tonnes de blé prêt pour le pétrissage, et désire y retrouver le même tonnage de ce blé à la fin des 6 mois. Elle peut entreposer à un coût mensuel de 20 $ la tonne les surplus de blé qu'elle ne peut traiter immédiatement. La capacité maximale de cet entrepôt est de 3 tonnes de blé. Pastissimo dispose également d'une capacité maximale de 1 tonne de sacs de spaghettis dans son magasin. Les coûts mensuels relatifs à cet emmagasinage sont évalués à 25 $ la tonne.

Pastissimo s'est engagée auprès de Hyper-Halli à libérer une partie de sa capacité de production pour le contrat temporaire de spaghettis. Le tableau 2.20 indique la capacité maximale qu'elle prévoit consacrer à ce contrat ; il donne également les coûts (en $/tonne) de production et d'ensachage des spaghettis.

TABLEAU 2.20
Pastissimo : l'entente avec Hyper-Halli

Mois	Capacité de production (en t)	Coûts (en $/t)
1	6	160
2	5	150
3	4	150
4	4	160
5	4	175
6	3	165

Le modèle linéaire

Le problème de Pastissimo se modélise de plusieurs façons. En voici une, qui recourt à un modèle linéaire comportant 4 groupes de 6 variables, soit en tout 24 variables de décision :

a_j = nombre de tonnes de blé dur achetées au début du mois j

x_j = nombre de tonnes de spaghettis produites durant le mois j

e_j = nombre de tonnes de blé dur entreposées durant le mois j

s_j = nombre de tonnes de spaghettis emmagasinées de la fin du mois j jusqu'à la fin du mois suivant

où $j = 1, 2, 3, 4, 5, 6$.

Puisque les quantités vendues à Hyper-Halli sont contractuelles, les revenus R de Pastissimo s'élèveront nécessairement à 30 720 dollars et ne seront pas assujettis aux décisions de Pastissimo :

$$R = 1{,}28 \times 4\,000 \times 6 = 30\,720.$$

L'objectif de Pastissimo se limite donc à minimiser ses coûts totaux z, qui se calculent de la façon suivante :

$$z = CAchats + CProd + CEntrB + CEmmS,$$

où

$$\begin{aligned}
CAchats &= 1\,000\, a_1 + 975\, a_2 + 1\,000\, a_3 + 980\, a_4 + 1\,020\, a_5 + 1\,025\, a_6 \\
CProd &= 160\, x_1 + 150\, x_2 + 150\, x_3 + 160\, x_4 + 175\, x_5 + 165\, x_6 \\
CEntrB &= 20\,(e_1 + e_2 + e_3 + e_4 + e_5 + e_6) \\
CEmmS &= 25\,(s_1 + s_2 + s_3 + s_4 + s_5 + s_6).
\end{aligned}$$

Les contraintes technologiques forment six groupes. Le premier exige que les achats de blé dur au début d'un mois donné appartiennent à la fourchette mentionnée dans le tableau 2.19.

$$\begin{aligned}
4 \le\; & a_1 \le 6 \\
3 \le\; & a_2 \le 4 \\
5 \le\; & a_3 \le 7 \\
2 \le\; & a_4 \le 3 \\
4 \le\; & a_5 \le 7 \\
5 \le\; & a_6 \le 6.
\end{aligned}$$

Les contraintes du 2e groupe forcent la production des différents mois à respecter la capacité maximale mentionnée dans le tableau 2.20.

$$\begin{aligned}
x_1 &\le 6 \\
x_2 &\le 5 \\
x_3 &\le 4 \\
x_4 &\le 4 \\
x_5 &\le 4 \\
x_6 &\le 3.
\end{aligned}$$

Les 3e et 4e groupes traduisent les capacités maximales de l'entrepôt et du magasin.

$$e_j \le 3 \qquad j = 1, 2, 3, 4, 5, 6$$

$$s_j \le 1 \qquad j = 1, 2, 3, 4, 5, 6.$$

Enfin, les deux derniers groupes garantissent l'équilibre entre les quantités achetées et les quantités produites, ou encore entre les quantités produites et les quantités mises à la disposition du client. Au début du mois 1, Pastissimo disposera des 2 tonnes de blé dur en entrepôt, auxquelles il faut ajouter les a_1 tonnes achetées à ce moment-là, soit en tout $2 + a_1$ tonnes. Cette matière première sera soit utilisée pour la production de spaghettis (x_1 tonnes), soit remisée en entrepôt (e_1 tonnes). Le fait que la quantité de blé utilisée doit coïncider avec la quantité disponible se traduit par l'équation[12] suivante :

$$x_1 + e_1 = 2 + a_1.$$

12. Cette équation s'écrit souvent sous la forme équivalente :

$$e_1 = 2 + a_1 - x_1$$

et s'interprète alors ainsi : Pastissimo dispose de 2 tonnes de blé dur en entrepôt ; au début du mois 1, elle en achètera a_1 tonnes, puis consacrera x_1 tonnes à la production du mois 1 ; il en restera donc $2 + a_1 - x_1$ tonnes, qui seront entreposées durant le mois 1.

De même, la quantité totale de blé utilisée au début du mois 2, soit $x_2 + e_2$ tonnes, devra être égale à la somme de ce qui provient de l'entrepôt (e_1 tonnes) et de ce qui est acheté (a_2 tonnes) :

$$x_2 + e_2 = e_1 + a_2.$$

Des équations semblables forcent l'équilibre entre achats et production au début des autres mois, compte tenu des quantités à entreposer.

$$\begin{aligned} x_3 + e_3 &= e_2 + a_3 \\ x_4 + e_4 &= e_3 + a_4 \\ x_5 + e_5 &= e_4 + a_5 \\ x_6 + 2 &= e_5 + a_6. \end{aligned}$$

Un ensemble de six équations similaires relie les quantités de spaghettis mises à la disposition de Hyper-Halli à la fin du mois aux quantités produites durant ce même mois.

$$\begin{aligned} x_1 &= s_1 + 4 \\ x_2 + s_1 &= s_2 + 4 \\ x_3 + s_2 &= s_3 + 4 \\ x_4 + s_3 &= s_4 + 4 \\ x_5 + s_4 &= s_5 + 4 \\ x_6 + s_5 &= 4. \end{aligned}$$

Une solution optimale, dont le coût est de 28 055 dollars, est décrite au tableau 2.21. Le profit net P que Pastissimo retirera de ce contrat s'élève donc à 2 665 dollars :

$$P = R - z = 30\,720 - 28\,055 = 2\,665.$$

Mois	1	2	3	4	5	6	Coûts
a_j : Achats	4	3	5	3	4	5	24 070
x_j : Production	4	5	4	4	4	3	3 825
e_j : Entrepôt – Blé	2	–	1	–	–	–	60
s_j : Magasin – Spaghettis	–	1	1	1	1	–	100

TABLEAU 2.21
Pastissimo : une solution optimale

Remarques. Convenons de poser

$$e_0 = e_6 = 2 \quad \text{et} \quad s_0 = s_6 = 0.$$

Les six dernières équations du modèle se récrivent sous la forme générique suivante :

$$x_j + s_{j-1} = s_j + 4 \qquad j = 1, 2, 3, 4, 5, 6.$$

De même, les six équations du groupe précédent se résument de la façon suivante :

$$x_j + e_j = e_{j-1} + a_j \qquad j = 1, 2, 3, 4, 5, 6.$$

Les variables d'entreposage e_j et s_j ne sont pas indispensables au modèle et peuvent être éliminées en recourant aux équations des 5e et 6e groupes de contraintes technologiques. Par exemple, les 1re et 2e équations du 5e groupe signifient que

$$\begin{aligned} e_1 &= 2 + a_1 - x_1 \\ e_2 &= e_1 + a_2 - x_2 = (2 + a_1 - x_1) + a_2 - x_2. \end{aligned}$$

On peut de cette façon mettre en évidence une à une les variables e_j, puis remplacer chaque occurrence de e_j dans le modèle par l'expression obtenue. Des formules similaires existent pour les variables s_j. En procédant ainsi, on diminue le nombre de variables et de contraintes technologiques, mais on rend plus difficile l'interprétation du modèle. Le choix entre les deux approches dépend des circonstances.

Nous avons ignoré à dessein les détails de la production des spaghettis chez Pastissimo : les capacités de production d'un mois donné sont résumées dans le tableau 2.20 par un nombre unique. En pratique, le produit à fabriquer passe souvent par différents ateliers qui, chacun, disposent de ressources limitées et imposent des restrictions quant aux quantités qui peuvent être produites. Le 2e groupe de contraintes technologiques du modèle multipériode prend alors une forme plus complexe.

Par exemple, une entreprise qui dispose de 3 ateliers dont les ressources sont limitées et qui planifie la production des 6 prochains mois construira un modèle, analogue à celui de Pastissimo, dont le 2e groupe de contraintes technologiques comporte 3×6 inéquations, celle de numéro $(h\,;j)$ exigeant que les ressources requises à l'atelier h pour la production du mois j n'excèdent pas les ressources disponibles dans cet atelier durant ce mois-là.

Nous n'avons pas inclus cet aspect dans notre exemple, afin de limiter la taille du modèle résultant. En pratique, des contraintes de ce type, et de nombreuses autres, s'ajoutent souvent au modèle, ce qui en amplifie d'autant la complexité. Mais les ordinateurs et les logiciels actuels permettent de résoudre de tels modèles dans un délai raisonnable.

Exercices de révision

1. Les roubachki de la maison Kalinine

La maison Kalinine vient de lancer un article de confection qui a toute la faveur des amateurs de jeans et de rock ; ceux-ci se l'arrachent littéralement. Il s'agit de la fameuse roubachka russe, sorte de chemise à col mao avant la lettre, qui s'enfile comme un pull grâce aux quelques boutons qui permettent d'en élargir le collet et qui s'orne de broderies rouges tout en mirlitons. La roubachka a été popularisée en Occident par les groupes rock russes qui ont déferlé sur nos scènes. La maison Kalinine en confectionne quatre modèles, qui se distinguent les uns des autres par la finesse du tissu utilisé, l'élaboration du travail de broderie, la qualité des coutures et la beauté de l'emballage.

Les données relatives à la confection de ces roubachki (pluriel de roubachka) sont présentées dans les tableaux suivants.

Durée (en min/u) des opérations de fabrication

	Modèles			
Atelier	**La Cosaque**	**L'Ukrainienne**	**La Slavonne**	**La Tatare**
Coupe	5	8	6	8
Couture	10	8	7	6
Broderie	20	15	10	25
Emballage	5	6	5	4

Coûts de fabrication et prix de vente unitaires

Main-d'œuvre	7,50 $	8,00 $	6,50 $	8,00 $
Fournitures	15,00 $	12,00 $	8,00 $	10,00 $
Emballage	2,00 $	1,50 $	1,00 $	1,50 $
Prix de vente	44,50 $	45,50 $	39,50 $	49,50 $

Main-d'œuvre disponible (en minutes) dans chaque atelier le mois prochain

Atelier	Coupe	Couture	Broderie	Emballage
Disponibilité	21 000	33 000	50 000	25 000

La demande pour chacun des modèles est jusqu'à présent supérieure à la capacité de production de Kalinine. Le carnet de commandes forcera l'entreprise à fabriquer le mois prochain au moins 1 000 L'Ukrainienne et au moins 1 300 La Slavonne.

Construire un modèle linéaire qui indique au directeur combien de roubachki de chaque modèle la maison Kalinine devrait confectionner le mois prochain pour maximiser ses profits. Résoudre.

2. La planification hebdomadaire de la production

Un directeur de la production est à planifier les opérations de la prochaine semaine, qui seront consacrées aux produits P_1, P_2, P_3, P_4 et P_5. Il n'est toutefois pas tenu de fabriquer chacun des cinq produits de la gamme. Il doit seulement respecter les contraintes suivantes :

- il ne peut excéder le temps disponible dans les divers ateliers ;
- le produit P_1 entre dans la composition de P_2 et il lui faut fabriquer au moins autant d'unités de P_1 que de P_2 ;
- une commande importante le force à fabriquer la semaine prochaine au moins 15 unités de P_4.

Le tableau suivant résume les informations pertinentes à l'exercice de planification auquel se consacre le directeur. La partie centrale donne les temps de traitement (en h/u).

Atelier	P_1	P_2	P_3	P_4	P_5	Temps disp. (en h)
1	2	6	2	2	4	250
2	1	1	1	3	1	144
3	2	2	4	4	2	160
4	3	3	11	1	2	175
Profit (en $/u)	420	610	380	550	180	

Construire un modèle linéaire qui permettra au directeur de déterminer le meilleur plan de production pour la semaine prochaine. Résoudre.

3. La verrerie vénitienne

Un importateur fait fabriquer sous sa griffe de la verrerie teintée de grand luxe dans deux ateliers vénitiens. Il leur fournit, en quantité fixe correspondant à une cuvée, un mélange secret de silice, d'alcali et de chaux, auquel est ajouté, dans une proportion fort précise, le colorant. Une fois le mélange en fusion, on s'affaire dans l'atelier à en tirer des vases, des carafes et des bonbonnières. Seul le maître de chacun des ateliers possède la virtuosité requise pour souffler les vases ; le soufflage des carafes est confié aux premiers ouvriers, et le pressage des bonbonnières, aux apprentis. Voici, pour chaque atelier, la production que permet une cuvée de mélange secret (une cuvée traitée à l'atelier M donne 100 vases, 250 carafes **et** 750 bonbonnières).

Production obtenue d'une cuvée de mélange		
Produit	**Atelier M**	**Atelier N**
Vase	100	80
Carafe	250	400
Bonbonnière	750	400
Coûts (en lires/cuvée)	2 800 000	2 400 000

Le carnet de commandes impose la fabrication d'au moins 2000 vases, 6000 carafes et 12000 bonbonnières. L'importateur cherche à répartir la production entre les deux ateliers de façon à minimiser les coûts liés à la préparation des cuvées. Il entend confier à chaque atelier un nombre entier de cuvées.

(a) Construire un modèle linéaire approprié.

(b) Donner une contrainte qui, si elle était ajoutée au modèle construit en réponse à la question (a), permettrait d'exiger qu'il y ait au moins 2 fois plus de cuvées dans l'atelier M que dans l'atelier N.

(c) Donner une contrainte qui, si elle était ajoutée au modèle construit en réponse à la question (a), permettrait d'exiger qu'il y ait au moins 2 cuvées de plus dans l'atelier M que dans l'atelier N.

(d) Quelles modifications faudrait-il apporter au modèle construit en réponse à la question (a) s'il était prévu 10 % de casse dans la fabrication des carafes et des bonbonnières ?

4. Le lancement d'un nouveau produit

La société XYZ envisage l'ajout d'un nouveau produit à la gamme de ceux qu'elle fabrique actuellement. Deux modèles du nouveau produit ont été analysés et testés par XYZ. Le modèle standard peut se fabriquer dans l'un ou l'autre des trois ateliers (A, B et C) dont dispose la société ; chaque unité de ce modèle requiert en main-d'œuvre soit 5 heures dans l'atelier A, soit 4 heures dans B, soit 5 heures dans C. Quant à l'autre modèle considéré, dit modèle de luxe, l'atelier A ne dispose pas de l'équipement nécessaire et sa fabrication devra être confiée aux ateliers B et C ; enfin, une unité de ce modèle de luxe requiert en main-d'œuvre 5 heures dans l'atelier B ou 8 heures dans C.

On peut rendre disponibles, pour la fabrication de l'un ou l'autre des modèles, 2000 heures dans l'atelier A, 8000 heures dans B et 4000 heures dans C. Le salaire horaire versé aux ouvriers est de 11,50$ dans l'atelier A, de 13$ dans B et de 12$ dans C. Le coût des matériaux et les dépenses (autres que celles engagées pour la main-d'œuvre) directement liées à la fabrication de cet article sont évalués à 10$ pour l'unité du modèle standard et à 15$ pour l'unité du modèle de luxe. L'entreprise se propose de vendre le modèle standard 135$ l'unité et le modèle de luxe 145$ l'unité. Le service du marketing estime qu'on ne peut espérer vendre plus de 2500 unités du modèle standard ni plus de 1000 unités du modèle de luxe.

Y a-t-il un profit possible ? Si oui, comment doit-on répartir la production des deux modèles entre les différents ateliers pour maximiser les profits découlant du lancement de ce produit ?

5. Les mélanges de café

(a) Un vendeur de produits alimentaires dispose de 10000 kg de café robusta, de 20000 kg de café arabica et de 5000 kg de café moka. Il veut en produire deux mélanges : le premier contiendra 1 part de robusta pour chaque part d'arabica et se vendra 2$ le kg ; le second se composera de 4 parts de moka pour chaque part d'arabica et se vendra 2,80$ le kg. Tout le café qui ne pourra être incorporé à ces mélanges sera écoulé au prix de 1,50$ le kg. Comment le vendeur doit-il s'y prendre pour maximiser le revenu qu'il tirera du café dont il dispose?

(b) On décide de modifier les règles de composition des mélanges: le premier contiendra au moins 1 part de robusta pour chaque part d'arabica; le second ne renfermera pas plus de 4 parts de moka pour chaque part d'arabica. Comment doit alors s'y prendre le vendeur pour maximiser ses revenus?

(c) On change encore d'idée. Les nouvelles règles selon lesquelles on mélangera les cafés sont les suivantes: le premier mélange comportera au plus 1 part de robusta pour chaque part d'arabica; le second n'acceptera pas moins de 4 parts de moka pour chaque part d'arabica. Comment, cette fois, doit s'y prendre le vendeur pour maximiser ses revenus?

6. Les policiers

À Antananarivo, capitale de la République malgache, on doit, malgré de graves problèmes de trésorerie, assurer la sécurité des citoyens par un service de police adéquat. Voici, pour une journée type, le nombre minimal de policiers requis par période de quatre heures.

Période	0 h – 4 h	4 h – 8 h	8 h – 12 h	12 h – 16 h	16 h – 20 h	20 h – 24 h
Minimum	24	56	90	116	40	60

Un policier prend son service une fois par jour et travaille huit heures d'affilée. Les heures de prise de service sont 0 h, 4 h, 8 h, 12 h, 16 h et 20 h. Le directeur peut demander aux policiers d'effectuer, immédiatement après leur service normal, un bloc de quatre heures supplémentaires, lesquelles sont rémunérées à un taux correspondant à 150 % du salaire horaire régulier.

(a) Si l'on ne tient compte ni des vacances ni des absences, et en supposant que chaque policier prend son service sept jours par semaine à la même heure, sans jours chômés, combien de policiers faut-il prévoir pour assurer le service de police à Antananarivo au coût quotidien le plus faible possible?

(b) Supposons que le directeur veuille s'assurer qu'un policier soit appelé à faire des heures supplémentaires 1 jour sur 3 au maximum. Comment modifiera-t-on le modèle précédent si l'on maintient l'objectif de minimiser les coûts salariaux?

(c) La prise de service quotidienne et l'astreinte fréquente aux heures supplémentaires ont provoqué de nombreuses démissions chez les policiers. Le directeur, devenu soucieux du moral de ses troupes, a convaincu la mairie d'abandonner le recours aux heures supplémentaires et d'accorder à chaque policier deux jours de congé consécutifs. Voici, selon ce nouveau régime, le nombre minimal de policiers requis pour chacune des journées d'une semaine typique.

Jour	D	L	Ma	Me	J	V	S
Minimum	175	125	120	135	140	240	270

Combien faut-il de policiers pour assurer le service minimal requis pendant une semaine typique?

(d) La mairie voudrait reprendre son droit d'accorder les congés hebdomadaires d'un policier en deux jours qui ne seraient pas nécessairement consécutifs. Déterminer l'impact de cette mesure sur le nombre de policiers requis.

7. Le papetier

Un papetier dispose de deux machines équipées de couteaux-guillotines pour couper des bobines-mères dans le sens de la largeur. La première machine coupe des bobines-mères larges de 120 cm et la seconde, des bobines-mères larges de 100 cm. Le papetier se propose de satisfaire les commandes suivantes.

Largeur en cm	40	32	30	24
Nombre de rouleaux	250	310	50	24

Il commence par établir la liste de tous les plans de coupe possibles avec chacune des deux machines.

Plans de coupe des bobines-mères de 120 cm

Largeur	**1**	**2**	**3**	**4**	**5**	**6**	**7**	**8**	**9**	**10**	**11**
40 cm	3	2	2	2	1	1	1	1	1	1	0
32 cm	0	1	0	0	2	1	1	0	0	0	3
30 cm	0	0	1	0	0	1	0	2	1	0	0
24 cm	0	0	0	1	0	0	2	0	2	3	1
Chutes	0	8	10	16	16	18	0	20	2	8	0

Largeur	**12**	**13**	**14**	**15**	**16**	**17**	**18**	**19**	**20**	**21**
40 cm	0	0	0	0	0	0	0	0	0	0
32 cm	2	2	1	1	1	0	0	0	0	0
30 cm	1	0	2	1	0	4	3	2	1	0
24 cm	1	2	1	2	3	0	1	2	3	5
Chutes	2	4	8	10	16	0	6	12	18	0

Plans de coupe des bobines-mères de 100 cm

Largeur	**1**	**2**	**3**	**4**	**5**	**6**	**7**	**8**	**9**	**10**	**11**	**12**	**13**	**14**	**15**
40 cm	2	1	1	1	1	0	0	0	0	0	0	0	0	0	0
32 cm	0	1	0	0	0	3	2	2	1	1	1	0	0	0	0
30 cm	0	0	2	1	0	0	1	0	2	1	0	3	2	1	0
24 cm	0	1	0	1	2	0	0	1	0	1	2	0	1	2	4
Chutes	20	4	0	6	12	4	6	12	8	14	20	10	16	22	4

Comment doit-il procéder dans chacun des cas suivants ?

(a) L'objectif est de minimiser les chutes.

(b) L'objectif est de minimiser le nombre total de bobines-mères utilisées.

(c) L'objectif est de minimiser le coût des bobines-mères nécessaires, sachant qu'une bobine-mère de 120 cm coûte 25 % de plus qu'une bobine de 100 cm.

(d) L'objectif est de minimiser les chutes, tout en coupant autant de bobines-mères avec la machine de 120 cm qu'avec la machine de 100 cm.

(e) L'objectif est de minimiser les chutes, tout en produisant autant de rouleaux de chaque largeur avec chacune des deux machines.

(f) L'objectif est de minimiser les chutes, tout en produisant autant de rouleaux de 40 cm avec la machine de 120 cm que de rouleaux de 30 cm avec la machine de 100 cm.

2.2 Les variables binaires

Les modéliseurs appellent **variables binaires** (ou **variables booléennes**, ou **variables bivalentes**, ou encore **variables 0-1**) les variables de décision qui ne peuvent prendre que les 2 valeurs suivantes : 0 ou 1. On peut les considérer comme des variables entières non négatives dont la valeur maximale est 1. Voici quelques exemples qui en illustrent l'application.

2.2.1 Le problème de recouvrement minimal : où implanter des franchises

Une chaîne de restaurants a décidé d'accorder des franchises dans une région divisée en 10 secteurs naturels (*voir la figure 2.6*). Elle choisit de démarrer son implantation en étant présente dans toute la région de façon à pouvoir affirmer dans sa publicité régionale : « Quel que soit le secteur où vous habitez, nous avons un restaurant près de chez vous. Ce restaurant est dans votre secteur ou dans un secteur limitrophe de celui où vous demeurez… Au plaisir de vous y accueillir ! »

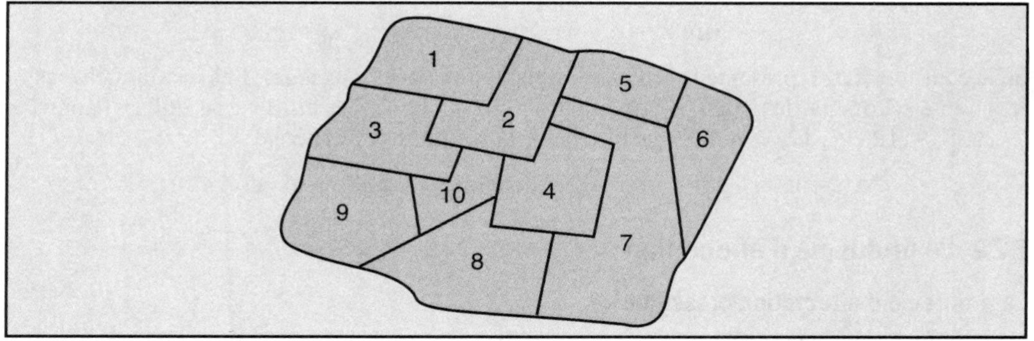

FIGURE 2.6
Franchises : division de la région en secteurs

Combien de franchises au minimum la chaîne doit-elle accorder et dans quels secteurs les restaurants seront-ils implantés ?

Les variables de décision sont les variables binaires v_j ($1 \leq j \leq 10$), définies ainsi :

$$v_j = \begin{cases} 1 & \text{si la chaîne implante une franchise dans le secteur } j \\ 0 & \text{sinon.} \end{cases}$$

(On comprendra que, pour une telle variable binaire, il suffit d'en définir la valeur 1 ; dorénavant, nous laisserons implicite le fait que la valeur 0 correspond à la condition « sinon ».) La fonction-objectif s'écrit :

$$\text{Min } z = v_1 + v_2 + \ldots + v_{10}.$$

Chaque secteur engendre une contrainte, qui garantit l'implantation d'au moins un restaurant dans ce secteur ou dans un des secteurs qui lui sont limitrophes. Par exemple, les secteurs limitrophes du secteur 1 étant les secteurs 2 et 3, la contrainte relative au secteur 1 s'écrit :

$$v_1 + v_2 + v_3 \geq 1.$$

Les autres contraintes technologiques sont :

$$v_1 + v_2 + v_3 + v_4 + v_5 + v_7 + v_{10} \geq 1$$
$$v_1 + v_2 + v_3 + v_9 + v_{10} \geq 1$$
$$v_2 + v_4 + v_7 + v_8 + v_{10} \geq 1$$
$$v_2 + v_5 + v_6 + v_7 \geq 1$$
$$v_5 + v_6 + v_7 \geq 1$$
$$v_2 + v_4 + v_5 + v_6 + v_7 + v_8 \geq 1$$
$$v_4 + v_7 + v_8 + v_9 + v_{10} \geq 1$$
$$v_3 + v_8 + v_9 + v_{10} \geq 1$$
$$v_2 + v_3 + v_4 + v_8 + v_9 + v_{10} \geq 1.$$

L'unique solution optimale recommande d'ouvrir 2 restaurants, l'un dans le secteur 3, l'autre dans le secteur 7 :

$$v_3 = v_7 = 1; \quad z = 2.$$

Si la chaîne connaît les coûts d'implantation d'un restaurant dans chaque secteur, elle peut se donner comme objectif de minimiser les coûts totaux d'implantation tout en garantissant, pour chaque secteur, l'ouverture d'un établissement dans ce secteur ou dans un secteur limitrophe. La fonction-objectif prend alors la forme suivante :

$$\text{Min } z = c_1 v_1 + c_2 v_2 + \dots + c_{10} v_{10},$$

où le coefficient c_j représente les coûts d'implantation dans le secteur j. Les contraintes restent les mêmes. Lorsque les coûts d'implantation (en centaines de milliers de dollars) sont 10, 7, 16, 8, 9, 12, 15, 12, 7 et 8 respectivement, la solution optimale est :

$$v_2 = v_5 = v_9 = 1; \quad z = 23 \text{ (centaines de milliers de dollars).}$$

2.2.2 Le problème d'affectation

Le problème d'affectation classique

Le problème d'affectation (PA) est l'un des problèmes les plus importants en recherche opérationnelle. De façon générique, il s'agit d'affecter n employés à n tâches, tout en minimisant le coût total des n affectations. Chaque employé devra effectuer exactement une tâche et chaque tâche devra être effectuée par exactement un employé.

Le tableau 2.22 indique les coûts d'affectation c_{ij} pour un (PA) avec 5 employés et 5 tâches, dénoté ($PA_{5\times5}$). Par exemple, l'entreprise subira un coût de $c_{13} = 16$ dollars si l'employé E_1 est affecté à la tâche T_3.

TABLEAU 2.22
Coûts des affectations (en dollars)

	T_1	T_2	T_3	T_4	T_5
E_1	11	3	16	8	9
E_2	5	2	7	1	6
E_3	4	1	9	4	8
E_4	8	7	6	5	5
E_5	15	4	19	6	6

Les applications du (PA) sont nombreuses. On en citera ici seulement quelques exemples.

- Le répartiteur d'une entreprise de sécurité doit affecter des voitures de patrouille à des alarmes. Le temps de réponse est un facteur essentiel et le répartiteur tente de réaliser des affectations qui minimisent le temps total de réponse. Les employés correspondent ici aux patrouilles, les tâches aux alarmes et les coûts d'affectation aux temps de déplacement.
- Une entreprise se spécialise dans le ramassage de conteneurs à déchets. Chaque jour, le service à la clientèle reçoit des appels pour la cueillette de conteneurs à différents endroits. Le répartiteur doit affecter les camions disponibles aux conteneurs. Il cherche évidemment à minimiser le temps total de déplacement des camions vers les localisations des conteneurs (temps improductif). Ainsi, les camions pourront ramasser un plus grand nombre de conteneurs pendant la journée, ce qui augmentera d'autant le revenu de la compagnie. Ici, les camions jouent le rôle des employés et les conteneurs, celui des tâches, tandis que les coûts d'affectation sont associés à des temps de déplacement.
- Une entreprise de transport pour compte d'autrui à charges entières effectue la livraison de remorques à partir de son terminus, en banlieue de Montréal, vers différentes villes aux États-Unis. Une fois rendues à destination, les remorques sont vidées de leur contenu et le répartiteur doit alors trouver de nouvelles charges à ramasser afin de ramener au terminus les remorques pleines, et non pas vides. Celles-ci effectuent donc un aller-retour à partir du terminus et, pour être efficaces, les affectations du répartiteur doivent minimiser la distance totale des déplacements à vide entre les destinations des allers et les origines des retours. Dans cet exemple, les employés sont représentés par les remorques, les tâches par les charges à ramasser, et les distances des parcours à vide constituent les coûts d'affectation.
- L'entraîneur canadien du relais 4 fois 4 nages doit affecter, en vue des prochains Jeux olympiques, chacun de ses quatre nageurs vedettes à un style de nage. Il établit d'abord un tableau indiquant pour chacun de ses poulains le temps moyen réalisé pour chacun des styles de nage. De façon à avoir des chances raisonnables de rafler une médaille, l'entraîneur doit affecter les nageurs aux styles de nage afin de minimiser la somme des temps moyens. Ici, les employés sont les nageurs, les nages représentent les tâches à effectuer et les temps moyens définissent les coûts d'affectation.

Dans les exemples précédents, le nombre d'employés n'est pas nécessairement égal au nombre de tâches. Le contexte générique du (PA) est toutefois défini dans le contexte d'une minimisation avec n employés et n tâches. On verra qu'un (PA) où le nombre d'employés n'est pas égal au nombre de tâches peut se ramener à un ($PA_{n \times n}$).

Le problème d'affectation défini par le tableau 2.22 n'est pas simple à résoudre. Le premier employé peut être affecté à 5 tâches. Lorsque ce dernier s'est vu confier une tâche, il reste 4 tâches possibles pour le second. En poursuivant ce raisonnement, on déduit aisément que le nombre de solutions admissibles d'un ($PA_{5 \times 5}$) est $5! = 120$. En général, un ($PA_{n \times n}$) possède $n!$ solutions et il serait trop long de les considérer toutes pour déterminer une solution optimale.

Le réflexe habituel des répartiteurs professionnels est d'utiliser la logique gourmande pour trouver une solution qui, selon eux, est forcément la meilleure possible. Malheureusement pour eux, et surtout pour leurs employeurs, la logique gourmande fournit une solution qui est souvent beaucoup plus coûteuse qu'une solution optimale. Selon la logique gourmande, on choisit à chaque étape l'affectation disponible la moins coûteuse. Ainsi, dans le problème du tableau 2.22, on affectera d'abord l'employé 2 à la tâche 4 et l'employé 3 à la tâche 2, car les coûts associés $c_{24} = c_{32} = 1$ correspondent à la valeur minimale du tableau. Une fois ces deux affectations effectuées, il faut éliminer de nos considérations les coûts qui se trouvent sur les lignes 2 et 3 et sur les colonnes 2 et 4. Parmi les données restantes, $c_{45} = 5$ est la plus faible : ainsi, la 3e décision consiste à confier la tâche 5 à l'employé 4. On poursuit en retenant, dans l'ordre, les affectations associées aux coûts c_{11} et c_{53}. La solution obtenue propose donc les affectations E_1-T_1, E_2-T_4, E_3-T_2, E_4-T_5 et E_5-T_3, dont le coût total est 37. On vient donc d'apprendre que z^*, le coût optimal des affectations, est au plus 37 $. Peut-on faire mieux ? En analysant quelque peu le tableau 2.22, on constate que remplacer les affectations E_1-T_1 et E_3-T_2 par les affectations E_1-T_2 et E_3-T_1 permet de réduire le coût total de 5 dollars : $(-11 - 1 + 3 + 4) = -5$. Cette nouvelle solution est-elle optimale ? On pourrait encore rechercher des échanges de deux affectations par deux autres. Mais ce type d'approche est difficile à exécuter manuellement et ne suffit pas en général à déterminer une solution optimale. La seule approche scientifique valable consiste à établir d'abord un modèle mathématique pour le (PA) et ensuite à résoudre ce dernier par un algorithme approprié.

Pour modéliser le (PA), le premier réflexe est souvent de choisir des variables de décision du type $x_i = j$ pour signifier que l'employé i effectue la tâche j. Avec de telles variables, la solution gourmande s'écrit : $x_1 = 1, x_2 = 4, x_3 = 2, x_4 = 5, x_5 = 3$. Toutefois, ces variables possèdent un défaut majeur : le modèle mathématique les mettant en jeu se résout difficilement.

Une autre façon de décrire une solution d'un (PA) est d'indiquer, pour chaque paire possible E_i-T_j, si l'employé i se voit confier ou non la tâche j. Une telle décision sera représentée par la variable binaire v_{ij} définie de la façon suivante :

$$v_{ij} = 1 \quad \text{si l'employé } i \text{ est affecté à la tâche } j.$$

Rappelons que la valeur 0, l'unique autre possibilité pour une variable binaire, est toujours définie par l'expression « sinon » et correspond au fait que la condition associée à la valeur 1 n'est pas satisfaite. Ici, dire que $v_{ij} = 0$ signifie que l'employé i n'effectuera pas la tâche j.

Le tableau 2.23 illustre les interrelations entre les variables v_{ij}. Considérons, à titre d'exemple, la ligne E_4 associée à l'employé 4 et définissons s_4 comme la somme des variables qui s'y trouvent : $s_4 = (v_{41} + v_{42} + v_{43} + v_{44} + v_{45})$. Puisque v_{4j} prend la valeur 1 si l'employé 4 effectue la tâche j, la somme s_4 représente *le nombre de tâches auxquelles sera affecté l'employé 4* et doit donc prendre la valeur 1, puisque chaque employé doit effectuer exactement une tâche. Observons maintenant la colonne T_3. En additionnant les variables présentes dans cette colonne, on obtient $t_3 = (v_{13} + v_{23} + v_{33} + v_{43} + v_{53})$ qui représente *le nombre total d'employés qui seront affectés à la tâche* 3. Cette somme doit aussi prendre la valeur 1 pour respecter les spécifications d'un $(PA_{5\times5})$. De façon générale, la somme s_i des variables de la ligne E_i, de même que le total t_j des variables de la colonne T_j, doivent être égaux à 1, quelle que soit la rangée considérée.

TABLEAU 2.23
Variables de décision pour un problème $(PA_{5\times5})$

	T_1	T_2	T_3	T_4	T_5	Somme s_i
E_1	v_{11}	v_{12}	v_{13}	v_{14}	v_{15}	= 1
E_2	v_{21}	v_{22}	v_{23}	v_{24}	v_{25}	= 1
E_3	v_{31}	v_{32}	v_{33}	v_{34}	v_{35}	= 1
E_4	v_{41}	v_{42}	v_{43}	v_{44}	v_{45}	= 1
E_5	v_{51}	v_{52}	v_{53}	v_{54}	v_{55}	= 1
Somme t_j	= 1	= 1	= 1	= 1	= 1	

Le modèle suivant constitue un modèle mathématique valide pour le problème ($PA_{5\times 5}$) décrit au tableau 2.22.

$$\text{Min } z = 11\, v_{11} + 3\, v_{12} + \ldots + 7\, v_{23} + \ldots + 6\, v_{55}$$

sous les contraintes :

$$(P) \quad \begin{cases} \boxed{\begin{array}{l} v_{11} + v_{12} + v_{13} + v_{14} + v_{15} = 1 \\ v_{21} + v_{22} + v_{23} + v_{24} + v_{25} = 1 \\ \quad \vdots \\ v_{51} + v_{52} + v_{53} + v_{54} + v_{55} = 1 \end{array}} & \textbf{Bloc A} \\ \boxed{\begin{array}{l} v_{11} + v_{21} + v_{31} + v_{41} + v_{51} = 1 \\ v_{12} + v_{22} + v_{32} + v_{42} + v_{52} = 1 \\ \quad \vdots \\ v_{15} + v_{25} + v_{35} + v_{45} + v_{55} = 1 \end{array}} & \textbf{Bloc B} \\ v_{11}, v_{12}, \ldots, v_{55} = 0 \text{ ou } 1. \end{cases}$$

Le terme ($7\, v_{23}$) de la fonction-objectif z prend la valeur 0 si $v_{23} = 0$, mais vaut 7 si $v_{23} = 1$. La fonction z évalue donc le coût total des affectations en fonction des valeurs prises par les variables de décision et il est naturel de minimiser une telle fonction. Les contraintes du bloc A imposent que les sommes s_i ($i = 1, \ldots, 5$) prennent toutes la valeur 1 tandis que celles du bloc B jouent un rôle similaire, mais cette fois-ci pour les sommes t_j ($j = 1, \ldots, 5$).

Le modèle (P) a été résolu par le solveur d'Excel. La figure 2.7 donne les paramètres du solveur utilisés : la première ligne de la boîte « Contraintes : » exige que, pour chacune des 10 contraintes technologiques de (P), le membre gauche soit égal à 1 ; l'autre[13], que les variables de décision soient des variables binaires. Voici la solution optimale obtenue : $v_{12} = v_{24} = v_{31} = v_{43} = v_{55} = 1$. Le coût de cette solution est 20 $, ce qui est nettement inférieur au coût de la solution obtenue par la méthode gourmande.

FIGURE 2.7
Paramètres du solveur pour résoudre le modèle (P)

13. Le nom xj désigne l'ensemble des variables du modèle et résume ici les variables v_{ij} ($1 \le i \le 5$ et $1 \le j \le 5$).

Le problème d'affectation non équilibré

Comme nous l'avons déjà mentionné, le nombre d'employés n'est pas égal au nombre de tâches dans plusieurs applications du problème d'affectation. Le tableau 2.24 donne les coûts unitaires d'un problème ($PA_{5\times3}$). Il est facile d'adapter le modèle linéaire (P) à cette situation: il suffit d'utiliser seulement 15 variables v_{ij} en limitant le deuxième indice j aux valeurs 1, 2 et 3; de plus, les contraintes du bloc B seront des inéquations de signe ≤. Une solution optimale recommande d'affecter les employés 3, 2 et 4 aux tâches 1, 2 et 3 respectivement.

TABLEAU 2.24
Coûts pour un problème non équilibré

	T_1	T_2	T_3
E_1	11	3	16
E_2	5	2	7
E_3	4	1	9
E_4	8	7	6
E_5	15	4	19

Mais si l'on veut recourir à un algorithme spécialisé, il faut ramener le problème ($PA_{5\times3}$) à un problème équilibré où le nombre de lignes coïncide avec le nombre de colonnes. Une façon de procéder est illustrée au tableau 2.25: on ajoute deux colonnes de « tâches fictives » dont les coûts sont nuls. Une solution optimale du problème classique d'affectation représenté au tableau 2.25 consiste à retenir les affectations suivantes: E_1-T_4, E_2-T_2, E_3-T_1, E_4-T_3 et E_5-T_5. Ici, assigner l'employé 1 à la tâche fictive 4 signifie en fait que cet employé restera sans affectation; de même, l'employé 5 n'aura aucune tâche à accomplir.

TABLEAU 2.25
Problème équilibré associé au problème ($PA_{5\times3}$) du tableau 2.24

	T_1	T_2	T_3	T_4	T_5
E_1	11	3	16	0	0
E_2	5	2	7	0	0
E_3	4	1	9	0	0
E_4	8	7	6	0	0
E_5	15	4	19	0	0

2.2.3 Les conditions logiques: l'équipe d'arpenteurs-géomètres

Une firme d'exploration minière veut recruter 6 personnes pour combler les postes vacants dans une équipe d'arpenteurs-géomètres qui doit se rendre pour de longues périodes dans le Grand Nord. On a retenu, parmi les dossiers reçus, 12 candidatures valables. Les émoluments annuels exigés par ces personnes apparaissent au tableau 2.26.

La cohésion de l'équipe est de prime importance. Des tests de personnalité et des séances d'interaction entre les candidats menés par des psychologues ont révélé que certaines combinaisons de candidats n'étaient pas souhaitables. En particulier, on désire respecter les contraintes de cohésion suivantes.

TABLEAU 2.26
Émoluments annuels (en k$) exigés par les candidats

Candidat	1	2	3	4	5	6	7	8	9	10	11	12
Émoluments	56	55	54	57	49	51	54	56	52	55	53	50

1. Si les candidats 3 et 8 sont embauchés, le candidat 9 ne peut l'être.
2. Si l'on embauche le candidat 2, il convient d'embaucher le candidat 11, et réciproquement, puisqu'ils sont mari et femme.
3. Le candidat 7 est en conflit avec les candidats 4 et 5, et on ne veut pas retenir ses services si l'un des candidats 4 ou 5, ou les deux, sont embauchés.

De plus, compte tenu des travaux à effectuer par l'équipe, on tient également à respecter les contraintes de qualification suivantes.

4. On ne peut embaucher plus de trois des cinq candidats suivants : 1, 3, 6, 10, 12.
5. On doit embaucher un et un seul des trois candidats 3, 5 et 12.

Quels candidats faut-il embaucher si l'objectif est de minimiser le total des émoluments annuels à verser aux nouveaux employés ? Les variables de décision sont les variables binaires v_j $(1 \leq j \leq 12)$, où

$$v_j = 1 \quad \text{si le candidat } j \text{ est embauché.}$$

La fonction-objectif s'écrit :

$$\text{Min } z = 56\,v_1 + 55\,v_2 + 54\,v_3 + \ldots + 50\,v_{12}$$

où z représente les émoluments totaux (en milliers de dollars) de l'équipe. Écrivons maintenant les contraintes. Tout d'abord, il s'agit d'embaucher 6 candidats :

$$v_1 + v_2 + v_3 + v_4 + v_5 + v_6 + v_7 + v_8 + v_9 + v_{10} + v_{11} + v_{12} = 6.$$

Les contraintes (1) et (2) se traduisent mathématiquement ainsi :

$$v_3 + v_8 + v_9 \leq 2$$
$$-v_2 + v_{11} = 0.$$

Quant à (3), on la traduit soit par les deux inéquations suivantes :

$$v_4 + v_7 \leq 1$$
$$v_5 + v_7 \leq 1$$

soit par la seule inéquation suivante, qui équivaut aux deux précédentes[14] :

$$v_4 + v_5 + 2\,v_7 \leq 2.$$

Les deux dernières contraintes de qualification donnent lieu à :

$$v_1 + v_3 + v_6 + v_{10} + v_{12} \leq 3$$
$$v_3 + v_5 + v_{12} = 1.$$

Une solution optimale consiste à embaucher les candidats 2, 6, 7, 9, 11 et 12, pour un coût total de 315 milliers de dollars.

14. Il faut user avec circonspection de cette astuce qui permet d'abréger l'écriture de certains modèles : on doit s'assurer qu'en remplaçant un ensemble de contraintes par leur somme, on n'affaiblit pas le modèle. En effet, la contrainte-somme est souvent moins exigeante que les contraintes originales. Par exemple, l'équation qui traduit la condition (1) et « $v_4 + v_7 \leq 1$ » ne saurait être remplacée par leur somme « $v_3 + v_4 + v_7 + v_8 + v_9 \leq 3$ » puisque $v_3 = v_8 = v_9 = 1$ satisfait à cette dernière inéquation sans satisfaire à la condition (1).

2.2.4 Les liens entre groupes de variables

La livraison de colis volumineux

Une société de transport doit livrer aujourd'hui à des clients de banlieue 5 colis volumineux qui pèsent respectivement 300, 250, 175, 225 et 150 kg. La société dispose de 3 véhicules pouvant transporter les charges utiles maximales suivantes aux coûts indiqués dans le tableau 2.27. Un véhicule ne peut livrer au cours d'une même journée que les colis dont la somme des poids ne dépasse pas sa charge utile.

TABLEAU 2.27
Charge utile et coûts quotidiens d'utilisation

Véhicule	Charge utile (en kg)	Coûts d'utilisation (en $/jour)
V_1	600	130 $
V_2	750	150 $
V_3	500	140 $

Le directeur des opérations, qui cherche à minimiser les coûts d'utilisation pour la journée, se demande quels véhicules seront utilisés et quels colis leur seront confiés. (Il n'est pas nécessaire, selon lui, de prendre en considération les distances entre les clients : le territoire de la banlieue est petit et les coûts de transport (en $/km) varieront peu, quelle que soit la façon d'attribuer les colis aux véhicules.)

Ici, les décisions sont de deux types, et il y aura deux groupes de variables. D'abord, il faut savoir si un véhicule donné sera utilisé ou non ; on introduit donc des variables binaires v_i ($i = 1, 2, 3$) définies de la façon suivante :

$$v_i = 1 \quad \text{si le véhicule } V_i \text{ est utilisé.}$$

L'attribution proprement dite des colis aux véhicules se fera en recourant à des variables binaires w_{ij} définies de la façon suivante :

$$w_{ij} = 1 \quad \text{si le véhicule } V_i \text{ livre le colis } C_j.$$

L'objectif de minimisation des coûts d'utilisation s'exprime ainsi :

$$\text{Min } z = 130\, v_1 + 150\, v_2 + 140\, v_3.$$

Enfin, les contraintes technologiques forment deux groupes. Le premier exige que chaque colis soit livré et comporte 5 équations :

$$w_{1j} + w_{2j} + w_{3j} = 1 \qquad j = 1, 2, 3, 4, 5.$$

Le second, composé de 3 inéquations, traduit l'obligation de limiter à la charge utile d'un véhicule la somme des poids des colis qu'il livrera :

$$300\, w_{11} + 250\, w_{12} + 175\, w_{13} + 225\, w_{14} + 150\, w_{15} \leq 600\, v_1$$
$$300\, w_{21} + 250\, w_{22} + 175\, w_{23} + 225\, w_{24} + 150\, w_{25} \leq 750\, v_2$$
$$300\, w_{31} + 250\, w_{32} + 175\, w_{33} + 225\, w_{34} + 150\, w_{35} \leq 500\, v_3.$$

En résolvant ce modèle, on obtient que les coûts d'utilisation mimimaux s'élèvent à 280 $. Il existe plusieurs solutions optimales : l'une d'elles recommande de confier les colis 3 et 4 au véhicule 1, les colis 1, 2 et 5 au véhicule 2 et de ne pas recourir au véhicule 3.

Si d'aventure on désirait s'assurer que les colis 3 et 4 ne seront pas livrés par le même véhicule, il suffirait d'ajouter les contraintes suivantes :

$$w_{i3} + w_{i4} \le 1 \qquad\qquad i = 1, 2, 3.$$

Les coûts d'utilisation minimaux resteraient à 280 $. Mais on appliquerait une autre solution optimale : le véhicule 1 livrerait les colis 2 et 4 ; le véhicule 2, les colis 1, 3 et 5 ; le véhicule 3 ne serait toujours pas utilisé.

Les usines d'embouteillage

Une importante société, qui met en marché une marque réputée de boissons gazeuses, veut construire deux usines d'embouteillage dans une région, dont le réseau routier est représenté par la figure 2.8. Le tableau 2.28 (*voir page suivante*) donne les plus courtes distances (en km) entre chacune des paires de villes où est concentrée la population ; la dernière ligne donne la population (en milliers d'habitants). La société veut déterminer quelles villes elle devrait retenir pour l'établissement de ses usines. Elle se donne comme objectif de maximiser le nombre de personnes de la région vivant à moins de 25 km de l'une ou l'autre de ces villes.

L'approche gourmande recommande ici de construire une première usine en E ou en F, ce qui permet de desservir une population de 364 000 personnes. Dans le premier cas, on érigera la seconde usine en M ; dans l'autre, on la placera en L. Les deux solutions donnent un total de 503 000 personnes vivant dans un rayon de moins de 25 km de l'une des usines.

Mais il est possible de faire mieux. Construisons un modèle linéaire pour traiter ce problème. La décision fondamentale est de fixer dans quelles villes seront implantées les usines. On introduit donc des variables binaires v_S (S = A, B, ..., M) définies de la façon suivante :

$$v_S = 1 \quad \text{si une usine est construite dans la ville } S.$$

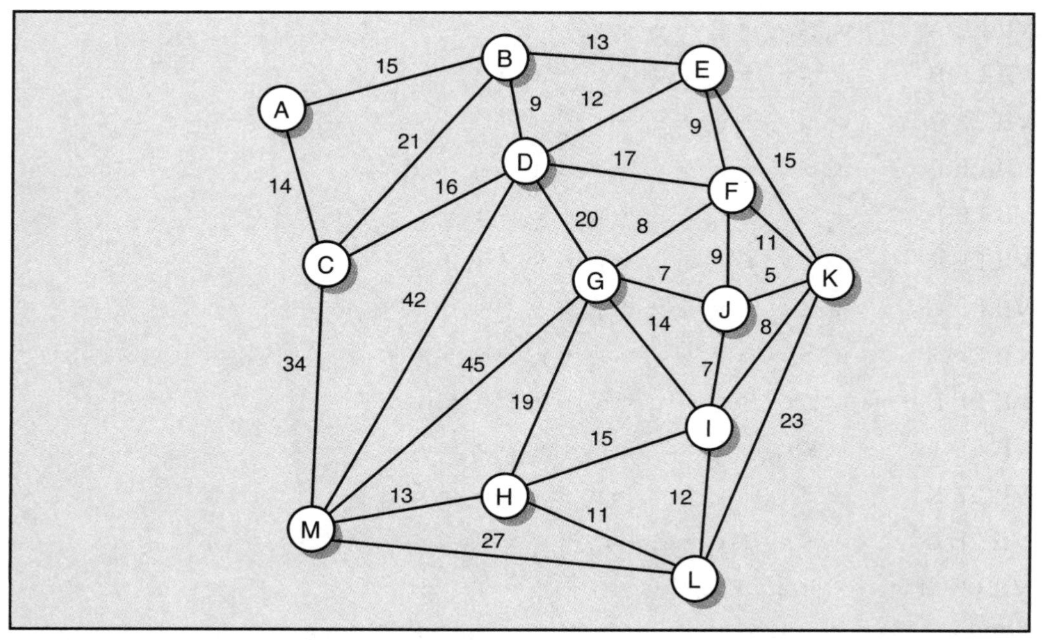

FIGURE 2.8
Usines d'embouteillage : réseau routier de la région

TABLEAU 2.28
Usines d'embouteillage: distances (en km) entre les villes

	A	B	C	D	E	F	G	H	I	J	K	L	M
A	–												
B	15	–											
C	14	21	–										
D	24	9	16	–									
E	28	13	28	12	–								
F	37	22	33	17	9	–							
G	44	29	36	20	17	8	–						
H	61	48	47	39	36	27	19	–					
I	51	36	49	33	23	16	14	15	–				
J	46	31	42	26	18	9	7	22	7	–			
K	43	28	43	27	15	11	12	23	8	5	–		
L	63	48	58	45	35	28	26	11	12	19	20	–	
M	48	51	34	42	49	40	32	13	28	35	36	24	–
Population	53	46	16	28	96	84	32	21	15	22	41	52	66

Ces variables ne suffisent pas, car elles ne permettent pas de compter combien de personnes vivent à moins de 25 km d'une ville où sera située l'une des deux usines. On ajoute donc un deuxième groupe de variables binaires:

$w_S = 1$ si S est à moins de 25 km d'une ville dans laquelle est implantée une usine.

L'objectif s'écrit:

$$\text{Max } z = 53\ w_A + 46\ w_B + 16\ w_C + \ldots + 52\ w_L + 66\ w_M.$$

Les contraintes technologiques sont:

NB USINES $v_A + v_B + v_C + v_D + v_E + v_F + v_G + v_H + v_I + v_J + v_K + v_L + v_M = 2$

VILLE A $w_A \leq v_A + v_B + v_C + v_D$

VILLE B $w_B \leq v_A + v_B + v_C + v_D + v_E + v_F$

VILLE C $w_C \leq v_A + v_B + v_C + v_D$

VILLE D $w_D \leq v_A + v_B + v_C + v_D + v_E + v_F + v_G$

VILLE E $w_E \leq v_B + v_D + v_E + v_F + v_G + v_I + v_J + v_K$

VILLE F $w_F \leq v_B + v_D + v_E + v_F + v_G + v_I + v_J + v_K$

VILLE G $w_G \leq v_D + v_E + v_F + v_G + v_H + v_I + v_J + v_K$

VILLE H $w_H \leq v_G + v_H + v_I + v_J + v_K + v_L + v_M$

VILLE I $w_I \leq v_E + v_F + v_G + v_H + v_I + v_J + v_K + v_L$

VILLE J $w_J \leq v_E + v_F + v_G + v_H + v_I + v_J + v_K + v_L$

VILLE K $w_K \leq v_E + v_F + v_G + v_H + v_I + v_J + v_K + v_L$

VILLE L $w_L \leq v_H + v_I + v_J + v_K + v_L + v_M$

VILLE M $w_M \leq v_H + v_L + v_M.$

La première de ces contraintes fixe à 2 le nombre d'usines à implanter. Les autres établissent les liens logiques entre les deux groupes de variables. Par exemple, pour que les habitants de A soient comptabilisés dans la fonction-objectif ($w_A = 1$), il faut qu'une usine se trouve dans une ville située à moins de 25 km de A. Or, quatre villes, A, B, C et D, répondent à cette condition. La contrainte « VILLE A » reprend la même idée, mais sous forme mathématique : en effet, lorsque $w_A = 1$, l'une des variables v_A, v_B, v_C ou v_D doit prendre la valeur 1, ce qui revient à dire que l'une des usines est nécessairement en A, en B, en C ou en D.

Le modèle admet plusieurs solutions optimales : on peut implanter les usines en B et en H, ou bien en D et en H, ou encore en D et en L. Dans tous les cas, les 13 villes de la région sont dans un rayon de moins de 25 km de l'une des usines et les 572 000 personnes de la région vivront suffisamment près d'une usine.

2.2.5 Le problème de la mine à ciel ouvert

Voici un problème d'ingénierie minière qui a fait l'objet de nombreux articles dans les revues de recherche opérationnelle.

Pour juger de la rentabilité d'un projet de mine à ciel ouvert, les ingénieurs miniers découpent, sur un plan, le sol et le sous-sol porteurs de minerai en gros blocs cubiques de taille uniforme. Ils estiment ensuite par carottage les revenus à tirer de l'extraction de chaque bloc. Pour extraire le minerai d'un bloc, il faut, dans les opérations à ciel ouvert, extraire les blocs qui le chapeautent. La taille des blocs est fixée en tenant compte du coefficient de friction de la pierraille engendrée par les opérations d'extraction : il ne faut pas que l'escalier de géant, qui s'enfonce dans le sol et qui est formé de banquettes et de gradins, ait une déclivité si prononcée qu'elle occasionne des éboulis, toujours périlleux. La figure 2.9 illustre la coupe verticale d'une partie d'un sous-sol minéralisé dont l'exploitation n'est possible qu'à ciel ouvert.

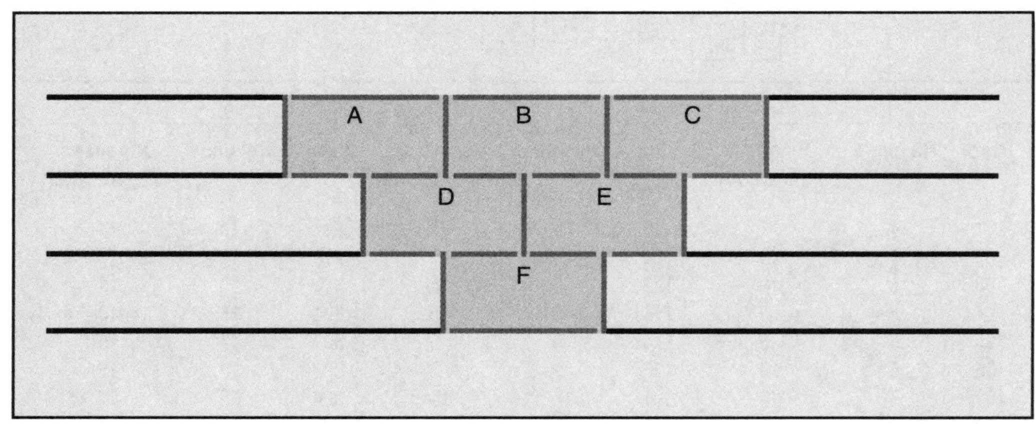

FIGURE 2.9
Mine à ciel ouvert : coupe d'une partie du sous-sol

Pour avoir accès au bloc F de la figure 2.9, il faut extraire, entre autres, les blocs de surface A, B et C, qui peuvent ne pas contenir de minerai, puis les blocs D et E, qui seront sans doute plus coûteux à extraire que les blocs situés en surface.

Imaginons un carré de 100 m de côté tracé sur la surface du sol. Il y a donc, au niveau du sol, 25 blocs de 20 m de côté. Il y en a 16 au deuxième niveau, 9 au troisième, 4 au quatrième, et au cinquième niveau, il n'y en a qu'un. Ces blocs forment une pyramide inversée de 55 blocs, tous de 20 m d'arête (*voir la figure 2.10, page suivante*). À chacun de ces blocs, les ingénieurs ont attribué deux nombres : le premier donne le revenu escompté de la vente du minerai qu'il renferme ; le second, l'investissement jugé nécessaire pour son extraction. L'objectif est de maximiser les revenus nets.

FIGURE 2.10
Mine à ciel ouvert: pyramide au-dessus d'un bloc

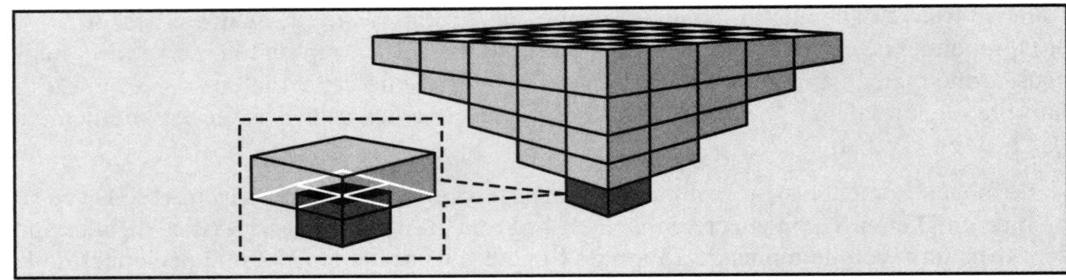

Avant de définir les variables de décision, numérotons les différents blocs (*voir la figure 2.11*). Convenons également que les revenus et les dépenses d'extraction associés aux différents blocs sont donnés au tableau 2.29. À chaque bloc, on associe une variable binaire v_j définie ainsi:

$$v_j = 1 \quad \text{si le bloc } j \text{ est extrait.}$$

FIGURE 2.11
Mine à ciel ouvert: numérotation des blocs et variables de décision

Niveau 1 (surface)

101	102	103	104	105
106	107	108	109	110
111	112	113	114	115
116	117	118	119	120
121	122	123	124	125

Niveau 2

201	202	203	204
205	206	207	208
209	210	211	212
213	214	215	216

Niveau 3

301	302	303
304	305	306
307	308	309

Niveau 4

401	402
403	404

Niveau 5

501

TABLEAU 2.29
Mine à ciel ouvert: revenus et dépenses d'extraction (en M$)

Bloc	Revenus	Dépenses d'extraction	Bloc	Revenus	Dépenses d'extraction	Bloc	Revenus	Dépenses d'extraction
101	4	7	120	6	5	214	16	13
102	4	6	121	6	5	215	12	9
103	5	6	122	6	5	216	12	16
104	5	5	123	5	5	301	15	10
105	5	5	124	5	5	302	12	15
106	5	10	125	5	5	303	10	15
107	5	9	201	10	13	304	15	12
108	5	5	202	14	10	305	15	13
109	5	5	203	14	11	306	15	11
110	5	6	204	14	21	307	15	10
111	6	5	205	0	12	308	15	12
112	5	5	206	15	12	309	13	11
113	5	5	207	15	20	401	20	26
114	5	7	208	12	15	402	20	27
115	5	5	209	12	15	403	28	20
116	5	5	210	16	12	404	30	20
117	5	5	211	15	12	501	30	23
118	5	5	212	15	12			
119	4	5	213	10	12			

L'objectif est de maximiser le revenu net total. La fonction-objectif s'écrit:

$$\text{Max } z = (4 - 7)\, v_{101} + (4 - 6)\, v_{102} + (5 - 6)\, v_{103} + \ldots + (30 - 23)\, v_{501}.$$

Chaque bloc en sous-sol engendre une contrainte: pour l'atteindre, il faut extraire les quatre blocs qui le chapeautent. Par exemple, le bloc 201 donne lieu à la contrainte

$$-4\, v_{201} + v_{101} + v_{102} + v_{106} + v_{107} \geq 0$$

et le bloc 501, à la contrainte

$$-4\, v_{501} + v_{401} + v_{402} + v_{403} + v_{404} \geq 0.$$

Une solution optimale est atteinte par l'exploitation des blocs dénotés par × dans la figure suivante, qui représente les blocs des niveaux successifs:

1	2	3	4	5
O×××O	O××O	OOO	OO	O
O××××	O×××	O××	O×	
×××××	××××	×××		
×××××	××××			
×××××				

(Par exemple: $v_{101} = 0$, $v_{102} = 1$, etc.) Le revenu net est alors de 28 millions de dollars.

Exercices de révision

1. La répartition de charges entre des camions

Écrire le modèle linéaire associé au problème de répartition de charges entre des camions décrit dans le tableau 1.1 du chapitre 1. Résoudre.

2. La rotation du personnel militaire

À intervalles réguliers, l'armée organise la rotation d'une partie de son personnel technique entre les différentes bases militaires. Elle a plusieurs raisons d'agir ainsi: permettre l'acquisition d'une expérience de travail diversifiée, donner l'occasion de suivre des cours, accéder aux demandes de mutation vers des postes où le climat est plus favorable, récompenser ou punir certains comportements.

Supposons, à titre d'exemple, que l'armée dispose d'une liste de 10 sergents d'état-major, spécialistes de la mécanique des chars d'assaut, et qu'elle souhaite réaffecter chacun au poste de l'un de ses 9 collègues. Certains de ces militaires sont célibataires, d'autres sont mariés mais n'ont pas d'enfants, d'autres encore sont mariés et ont des enfants. L'armée a évalué pour chacun les coûts de mutation à chaque poste. L'objectif est de s'assurer au moindre coût que chaque sergent occupe un nouveau poste et que tous les postes soient comblés.

Dénotons les sergents par les lettres A, B, …, H, M et N. Et désignons par *i* le poste occupé présentement par le sergent d'état-major *I*: le sergent A occupe présentement le poste « a », et ainsi de suite. Le tableau suivant présente la matrice des coûts de mutation de chaque sergent à chacun des postes. Les astérisques sur la diagonale traduisent le fait qu'un sergent ne peut conserver le poste qu'il occupe présentement.

Coûts (en k$) des affectations possibles

Sergent	a	b	c	d	e	f	g	h	m	n
	Poste									
A	*	12	15	11	17	15	11	12	10	10
B	6	*	14	12	16	11	17	18	18	16
C	8	17	*	21	17	16	14	12	10	15
D	7	16	9	*	12	18	18	14	11	14
E	7	13	8	12	*	22	19	12	13	12
F	8	8	11	14	12	*	12	17	9	18
G	6	9	13	9	11	16	*	14	13	16
H	7	14	16	11	16	22	15	*	14	18
M	11	16	17	15	17	18	21	22	*	11
N	8	9	8	13	9	7	8	9	8	*

Écrire le modèle linéaire associé à ce problème d'affectation. Résoudre.

3. Les candidatures

Le directeur des ressources humaines de la firme X a retenu, parmi les dizaines de candidatures reçues pour combler 6 postes vacants, les dossiers de 15 personnes expérimentées qui demandent, à son avis, des salaires raisonnables et qui possèdent les compétences requises. Voici, pour chacun de ces candidats, la liste des postes qu'il pourrait combler ainsi que le salaire souhaité (en milliers de dollars).

Candidat	Postes	Salaire (en k$)	Candidat	Postes	Salaire (en k$)
A	1, 5	20	I	2, 4	32
B	2, 4	30	J	1, 3, 6	23
C	3, 6	25	K	1, 2, 3	31
D	1, 2, 5	32	L	1, 3, 5	34
E	2, 3, 6	27	M	5, 6	29
F	1, 3, 5	32	N	1, 6	27
G	5, 6	23	O	3, 5	21
H	3, 4, 5	37			

Si l'objectif du directeur des ressources humaines n'est que de combler les 6 postes au moindre coût, tous les candidats qualifiés lui semblant égaux par ailleurs, à quels postulants devrait-il proposer un poste ?

4. Une chaîne de petites quincailleries franchisées

Une nouvelle chaîne de petites quincailleries franchisées veut s'implanter dans une ville qui comporte huit quartiers. Six sites distincts ont été repérés et sont à l'étude ; ceux qui sont à 10 minutes ou moins de certains quartiers sont indiqués dans le tableau suivant par le symbole ×. La dernière ligne du tableau donne les coûts (en k$) associés aux divers sites.

La chaîne cherche à s'implanter au moindre coût. Quels sont les sites qui devraient être retenus si la clientèle de chaque quartier doit pouvoir se rendre dans au moins une des quincailleries en 10 minutes ou moins ?

Quartier	Site 1	Site 2	Site 3	Site 4	Site 5	Site 6
A	×			×		
B	×	×			×	
C	×		×	×		
D		×		×		×
E			×		×	
F				×		×
G	×	×			×	
H		×				×
Coûts (en k$)	235	345	425	300	325	450

5. Le choix parmi les commandes reçues

Une entreprise a reçu huit commandes qui n'ont pas encore été acceptées. Les commandes portent sur une gamme de produits qui, chacun, requièrent les ressources des deux ateliers de l'entreprise. On dispose de 24 heures dans le premier atelier et de 30 heures dans le second.

Voici un tableau des ressources qu'il faudrait utiliser pour satisfaire les huit commandes reçues et la contribution de chacune aux frais fixes et aux profits.

Numéro de la commande	Ressources nécessaires (en h)		Contribution aux frais fixes et aux profits
	Atelier 1	Atelier 2	
1	6	2	100 $
2	2	8	400 $
3	3	2	200 $
4	4	6	800 $
5	9	3	300 $
6	6	5	600 $
7	5	6	400 $
8	1	7	500 $

Construire un modèle qui indique lesquelles des commandes doivent être retenues si l'objectif est de maximiser la contribution totale aux frais fixes et aux profits. Résoudre.

6. Un petit laboratoire technique

Le propriétaire d'un petit laboratoire technique a analysé huit mandats qui lui ont été offerts récemment par des firmes d'ingénieurs et qui, *a priori,* semblaient inintéressants. Il les a décomposés en tâches, dont certaines sont spécifiques à l'un des projets, tandis que d'autres sont communes à plus d'un projet. Il a l'impression que certains de ces huit mandats pourraient être rentables si les coûts des tâches communes étaient répartis sur l'ensemble des projets dont elles font partie.

Le tableau à la page suivante donne, pour chacun des huit mandats considérés, le revenu brut (en k$) que le laboratoire en retirerait, ainsi que le coût (en k$) des tâches qui lui sont spécifiques. Il énumère également celles des six tâches communes, notées A, B, C, D, E et F, qui font partie des divers projets.

Mandat	M1	M2	M3	M4	M5	M6	M7	M8
Revenu	120	100	100	140	200	120	200	250
Coût	40	30	20	60	60	50	110	150
Tâches	A, B	B, C, D	C, D, E	A, B, C, D	D, F	E, F	A, E	A, E, F

Le propriétaire du laboratoire estime de la façon suivante les coûts (en k$) associés à l'accomplissement de chacune des six tâches communes.

Tâche	A	B	C	D	E	F
Coût	50	80	240	110	40	90

Lesquels des huit mandats le propriétaire devrait-il accepter, sachant que le laboratoire a accès à une banque de pigistes expérimentés et qu'il pourrait réaliser, dans les délais impartis, toutes les tâches spécifiques aux différents mandats, ainsi que les six tâches communes ?

2.3 L'utilisation de variables binaires pour linéariser

Les variables binaires sont souvent utilisées conjointement avec des variables réelles non négatives pour traduire en modèles linéaires des problèmes qui, *a priori,* semblent non linéaires. La présente section est consacrée à quelques exemples simples qui illustrent comment le recours astucieux à des variables binaires permet d'agrandir considérablement le champ d'application des modèles linéaires.

2.3.1 Électro

En périodes de basses eaux ou durant l'hiver pour faire face à une demande accrue, Électro, un fournisseur d'énergie électrique, fait appel à des centrales thermiques alimentées au mazout et regroupées sur un emplacement situé près d'une grande ville où demeure une bonne part de sa clientèle. Dans chacune des quatre centrales thermiques d'Électro, des brûleurs génèrent dans une chaudière la vapeur nécessaire à l'entraînement du groupe turboalternateur qui produit l'électricité convoyée par les lignes de transport vers les consommateurs. Chez Électro, la vapeur produite par l'une ou l'autre des quatre chaudières peut être acheminée sans perte conséquente vers l'un ou l'autre des quatre groupes turboalternateurs ; cette configuration a été adoptée pour faire face aux nombreuses pannes et aux fréquents arrêts nécessités par les entretiens.

Électro a construit ces centrales au fur et à mesure de l'expansion de son réseau, de sorte que certaines centrales sont plus modernes et, partant, plus rentables que d'autres. Chaudières et groupes alternateurs ont des plages d'exploitation en dehors desquelles leur fonctionnement n'est ni économique ni sécuritaire. Le respect de ces plages assure de plus une vie utile prolongée à l'équipement. Le tableau 2.30 contient, pour les quatre chaudières et les quatre groupes turboalternateurs, les données pertinentes au problème exposé par la suite.

Le problème d'aujourd'hui consiste à produire 8 312 kWh en période de pointe tout en minimisant les coûts. Combien de vapeur produira chacune des chaudières et de quelle façon

TABLEAU 2.30
Électro : résumé des données relatives aux chaudières et aux groupes alternateurs

Chaudière	Tonnage minimal de vapeur produite	Tonnage maximal de vapeur produite	Coût de production par tonne de vapeur
A	800	1 200	9,00 $
B	650	900	8,50 $
C	425	675	7,75 $
D	360	600	7,25 $

Groupe	Tonnage minimal	Tonnage maximal	kWh par tonne de vapeur	Coût par tonne
1	500	800	4	3,00 $
2	900	1 300	3	3,40 $
3	600	900	4	3,25 $
4	500	800	3	4,00 $

sera répartie la vapeur entre les groupes, sachant qu'il est possible que certaines chaudières ou que certains groupes soient inutilisés ? Les variables de décision utilisées seront :

$v_I = 1$ si la chaudière I est activée

$w_j = 1$ si le groupe j est mis à contribution

x_I = nombre de tonnes de vapeur produites par la chaudière I

y_j = nombre de tonnes de vapeur utilisées par le groupe j

où I = A, B, C, D et où $j = 1, 2, 3, 4$.

Pour indiquer qu'il faut produire au moins 8 312 kWh, on pose :

$$4\,y_1 + 3\,y_2 + 4\,y_3 + 3\,y_4 \geq 8312.$$

Pour indiquer que les quatre chaudières doivent produire ensemble au moins autant de tonnes de vapeur qu'en utiliseront les quatre groupes, on pose :

$$x_A + x_B + x_C + x_D \geq y_1 + y_2 + y_3 + y_4.$$

Il faut forcer la variable x_A à être soit nulle, soit dans l'intervalle [800 ; 1200]. Il suffit de lier la variable x_A à la variable binaire v_A, en exigeant que l'inéquation double[15] suivante soit satisfaite :

$$800\,v_A \leq x_A \leq 1\,200\,v_A. \qquad (26)$$

En effet, si $v_A = 0$, alors $0 \leq x_A \leq 0$ selon (26), ce qui signifie que x_A est nulle et que la chaudière A non activée ne produit pas de vapeur. Par contre, si $v_A = 1$, alors x_A se situe entre 800 et 1 200 tel que voulu.

On introduit des paires semblables de contraintes pour lier x_I et v_I (où I = B, C, D), de même que des paires pour lier y_j et w_j (où $j = 1, 2, 3, 4$). Le modèle s'écrit donc :

$$\text{Min } z = 9\,x_A + 8{,}5\,x_B + 7{,}75\,x_C + 7{,}25\,x_D + 3\,y_1 + 3{,}4\,y_2 + 3{,}25\,y_3 + 4\,y_4$$

15. Les logiciels de programmation linéaire en général n'acceptent pas de telles inéquations doubles, qui devront être récrites comme deux contraintes simples avant d'être saisies. Par exemple, dans un chiffrier Excel, l'inéquation double (26) sera traduite par les deux contraintes technologiques suivantes :

$$x_A - 800\,v_A \geq 0 \quad \text{et} \quad x_A - 1\,200\,v_A \leq 0.$$

sous les contraintes :

$$4\,y_1 + 3\,y_2 + 4\,y_3 + 3\,y_4 \geq 8\,312$$
$$x_A + x_B + x_C + x_D - y_1 - y_2 - y_3 - y_4 \geq 0$$
$$800\,v_A \leq x_A \leq 1\,200\,v_A$$
$$650\,v_B \leq x_B \leq 900\,v_B$$
$$425\,v_C \leq x_C \leq 675\,v_C$$
$$360\,v_D \leq x_D \leq 600\,v_D$$
$$500\,w_1 \leq y_1 \leq 800\,w_1$$
$$900\,w_2 \leq y_2 \leq 1\,300\,w_2$$
$$600\,w_3 \leq y_3 \leq 900\,w_3$$
$$500\,w_4 \leq y_4 \leq 800\,w_4$$

où les variables x_I et y_j sont non négatives et où les variables v_I et w_j sont restreintes aux valeurs 0 et 1. Une solution optimale donne :

$$v_A = v_C = v_D = w_1 = w_3 = w_4 = 1$$
$$x_A = 929 \qquad x_C = 675 \qquad x_D = 600$$
$$y_1 = 800 \qquad y_3 = 900 \qquad y_4 = 504$$
$$z = 25\,283{,}25 \text{ (dollars).}$$

Remarques. Électro présente un cas particulier d'une situation fréquente. Dans le présent exemple, les variables x_I et y_j doivent soit être nulles, soit appartenir aux plages d'exploitation économique et sécuritaire. Autrement dit, les domaines admissibles de ces variables sont composés de deux intervalles fermés disjoints : par exemple, le domaine de x_A est la réunion des intervalles [0 ; 0] et [800 ; 1 200]. Dans certains contextes, le domaine d'une variable est formé de plus de deux intervalles fermés disjoints. L'approche utilisée dans le problème d'Électro s'adapte aisément à ces situations. À titre d'exemple, considérons une variable x dont la valeur doit impérativement appartenir à l'un des intervalles [0 ; 20], [50 ; 64] et [75 ; 81]. Il suffit alors d'introduire des variables binaires u, v et w ainsi définies :

$u = 1$ si x appartient à l'intervalle [0 ; 20]

$v = 1$ si x appartient à l'intervalle [50 ; 64]

$w = 1$ si x appartient à l'intervalle [75 ; 81].

Il reste à ajouter au modèle les deux contraintes technologiques suivantes :

$$u + v + w = 1$$
$$0\,u + 50\,v + 75\,w \leq x \leq 20\,u + 64\,v + 81\,w.$$

L'équation détermine l'intervalle auquel appartiendra la variable x. L'inéquation double force la variable x à prendre une valeur entre les bornes de cet intervalle.

2.3.2 Comment tenir compte des coûts fixes : la coupe de bobines-mères

Reprenons le problème de la coupe de bobines-mères considéré dans la section 2.1.7. Convenons cette fois de tenir compte non seulement des coûts liés aux chutes, mais également des coûts engendrés par le passage d'un plan de coupe à un autre. Convenons de plus de nous conformer à une pratique du monde manufacturier où l'on tolère, souvent tacitement, des variations de faible amplitude dans la fourniture des commandes. À ce propos, imaginons qu'aient été conclus, entre le papetier et ses clients, des accords dont il s'autorise pour se contenter de satisfaire, à quelques rouleaux près, l'ensemble des commandes de rouleaux d'une largeur donnée. Pour fixer les idées, disons qu'il se donne une marge de 10 rouleaux de 64 cm, en plus ou en moins, se contraignant à produire non pas exactement 360 rouleaux, comme l'indique le carnet de commandes, mais de 350 à 370 rouleaux de cette largeur ; et fixons à 5 rouleaux la marge de manœuvre qu'il s'accorde pour les commandes de 180 rouleaux de chacune des deux autres largeurs. Un modéliseur chevronné utiliserait vraisemblablement un modèle qui ressemble à celui que nous décrivons ci-après.

Comme dans les modèles de la section 2.1.7, les variables x_j dénotent le nombre de bobines-mères découpées selon le plan de coupe numéro j. On leur adjoint des variables binaires v_j telles que :

$$v_j = 1 \quad \text{si le plan de coupe } j \text{ est utilisé au moins une fois.}$$

La fonction-objectif prend alors l'allure suivante :

$$\text{Min } z = (c_1 \times \textit{Chutes}) + (c_2 \times \textit{Passages})$$

où

$$\begin{aligned}
c_1 &= \text{coût correspondant à chaque cm de chute} \\
\textit{Chutes} &= \text{total des chutes (en cm)} \\
&= 23\,x_1 + 27\,x_2 + 17\,x_3 + \ldots + 5\,x_{10} \\
c_2 &= \text{coût de passage d'un plan de coupe au suivant} \\
\textit{Passages} &= \text{nombre de passages d'un plan de coupe à un autre} \\
&= v_1 + v_2 + v_3 + \ldots + v_{10} - 1.
\end{aligned}$$

Les contraintes se regroupent en trois catégories.

– Celles qui visent à satisfaire la demande à quelques rouleaux près :

$$\begin{aligned}
350 &\leq 3\,x_1 + 2\,x_2 + 2\,x_3 + 1\,x_4 + 1\,x_5 + 1\,x_6 \leq 370 \\
175 &\leq 1\,x_2 + 2\,x_4 + 1\,x_5 + 3\,x_7 + 2\,x_8 + 1\,x_9 \leq 185 \\
175 &\leq 2\,x_3 + 2\,x_5 + 4\,x_6 + 1\,x_7 + 2\,x_8 + 4\,x_9 + 6\,x_{10} \leq 185.
\end{aligned}$$

– Celles qui lient chaque variable x_j à la variable v_j correspondante de façon à traduire l'obligation pour v_j de prendre la valeur 1 si et seulement si la variable x_j est positive :

$$v_j \leq x_j \leq M\,v_j,$$

où M est une constante suffisamment élevée. (Le plus grand membre droit apparaissant dans les contraintes relatives à la demande, ici 370, pourrait servir de valeur à M.) Lorsque v_j est nulle, l'inéquation double ci-dessus exige que $0 \leq x_j \leq 0$, ce qui signifie que le plan de coupe j n'est pas utilisé. Par contre, lorsque $v_j = 1$, il découle de l'inéquation double que la variable x_j est ≥ 1 et, par conséquent, qu'on recourra au plan de coupe j au moins une fois.

– Celles qui exigent que les variables x_j soient non négatives et entières, et que les variables v_j soient binaires.

Supposons que chaque changement de plan de coupe coûte 15 $ et que les chutes coûtent 2 $ le cm. Une solution optimale du modèle précédent est alors :

$$\begin{array}{lll}
x_1 = 78 & x_3 = 58 & x_7 = 61 \\
v_1 = 1 & v_3 = 1 & v_7 = 1
\end{array}$$

$$z = 5\,590 \text{ (dollars).}$$

2.3.3 Comment traiter les lots : les chaises et leur cuisson

M. Eugène, dont le problème de production de chaises a été analysé dans la section 2.1.1, envisage de cuire à l'infrarouge la laque dont sont enduites ses chaises, au lieu de la laisser sécher. Il pense qu'en améliorant ainsi le fini de ses produits, il leur conférera une meilleure image auprès de ses clients. Un tel gain, même intangible, est important à ses yeux, car ses succès reposent en grande partie sur le prestige de ses créations antérieures.

La cuisson sera effectuée dans un four à infrarouges, qui sera disponible pendant 140 heures. Ce four peut contenir un maximum de 10 chaises A à la fois, ou encore un maximum de 5 chaises B à la fois ; les chaises, au fur et à mesure que leur armature aura été enduite de laque, seront donc groupées en lots pour la cuisson. Il est impossible d'enfourner des chaises A et B simultanément, car la durée de cuisson n'est pas la même pour les deux types : les chaises A requièrent 8 heures de cuisson, tandis que les chaises B en exigent 6.

M. Eugène évalue à 100 $ le coût de cuisson d'un lot, quels que soient le type et le nombre de chaises enfournées. Il aimerait déterminer l'impact de cette opération supplémentaire de cuisson sur le profit maximal qu'il peut escompter de la production de chaises. Il se demande également si le plan de production, qui était optimal selon le modèle élaboré dans la section 2.1.1, le demeure toujours lorsqu'on tient compte de la cuisson.

Le nouveau modèle, tout comme l'ancien, utilise les variables x_A et x_B qui dénotent le nombre de chaises à produire de chaque type. Il comprend les contraintes (1) à (7) du modèle de la section 2.1.1. Nous décrivons deux façons de prendre en considération la cuisson des lots.

Contrainte de cuisson : première approche. Introduisons des variables supplémentaires L_A, r_A, L_B et r_B, où, par exemple,

$$L_A = \text{nombre de lots complets de 10 chaises A}$$

$$r_A = \text{nombre de chaises A dans un éventuel lot incomplet.}$$

Ces nouvelles variables permettent de retrouver le nombre x_A de chaises A à fabriquer :

$$x_A = 10\, L_A + r_A.$$

Si $r_A = 0$, les chaises A sont regroupées en L_A lots et nécessitent $8\, L_A$ heures de cuisson. Si r_A s'avère plus grand que 0, il faut alors prévoir un lot supplémentaire incomplet de chaises A et le temps de cuisson sera de $8\,(L_A + 1)$ heures. Nous voulons maintenant exprimer cette idée à l'aide de contraintes linéaires. Une façon d'y arriver est d'introduire la variable binaire v_A définie ainsi :

$$v_A = 1 \quad \text{s'il existe un lot incomplet de chaises A.}$$

L'algorithme de résolution tiendra compte automatiquement de l'indication du modéliseur, selon laquelle la variable v_A est une variable binaire et ne peut donc prendre que l'une ou l'autre des valeurs 0 ou 1. Toutefois, le fait que v_A prenne la valeur 1 seulement quand la condition spécifiée dans la définition est satisfaite doit se stipuler par contraintes à inclure explicitement dans le modèle recherché. Voici une contrainte double qui garantit le respect de cette condition :

$$v_A \leq r_A \leq 9\, v_A.$$

Si $v_A = 0$, alors $0 \leq r_A \leq 0$ et les x_A chaises A forment L_A lots complets. Par contre, si $v_A = 1$, alors $1 \leq r_A \leq 9$ et il existe un lot incomplet de r_A chaises A.

Le nombre d'heures consacrées à la cuisson des chaises A sera égal à $(8\, L_A + 8\, v_A)$. On utilise le même procédé pour les chaises B. Le four sera donc utilisé en tout pendant

($8\,L_A + 8\,v_A + 6\,L_B + 6\,v_B$) heures. Ce nombre d'heures d'utilisation doit être inférieur ou égal au nombre d'heures disponibles :

$$8\,L_A + 8\,v_A + 6\,L_B + 6\,v_B \leq 140.$$

Le modèle, selon cette approche, se résume ainsi :

$$\text{Max } z = 450\,x_A + 800\,x_B - 100\,L_A - 100\,v_A - 100\,L_B - 100\,v_B$$

sous les contraintes (1) à (7) ainsi que sous les contraintes suivantes :

$$x_A - 10\,L_A - r_A = 0$$
$$v_A \leq r_A \leq 9\,v_A$$
$$x_B - 5\,L_B - r_B = 0$$
$$v_B \leq r_B \leq 4\,v_B$$
$$8\,L_A + 8\,v_A + 6\,L_B + 6\,v_B \leq 140$$
$$x_A, x_B, L_A, L_B, r_A, r_B \geq 0 \text{ et entiers}$$
$$v_A, v_B = 0 \text{ ou } 1.$$

Une solution optimale donne :

$$x_A = 45 \quad \text{et} \quad x_B = 79$$
$$L_A = 4 \quad \text{et} \quad L_B = 15$$
$$v_A = 1 \quad \text{et} \quad v_B = 1$$
$$r_A = 5 \quad \text{et} \quad r_B = 4$$
$$z = 81\,350 \text{ (dollars)}.$$

Le plan de production optimal sera donc modifié si M. Eugène va de l'avant avec son idée de cuire la laque dont sont enduites les chaises : il fera 45 chaises en porte-à-faux, au lieu de 42, et 79 chaises Barcelone, au lieu de 81. La cuisson de la laque entraîne, dans l'immédiat, un manque à gagner de 2 350 $: en effet, le profit escompté, qui est de 83 700 $ sans cuisson, diminue à 81 350 $ avec cuisson.

Contrainte de cuisson : deuxième approche. Définissons cette fois les deux variables de décision supplémentaires suivantes :

$$Lot_A = \text{nombre de lots de chaises A}$$
$$Lot_B = \text{nombre de lots de chaises B.}$$

Lot_A et Lot_B sont des variables dont les valeurs sont à choisir parmi les nombres entiers non négatifs.

Une première contrainte indique que la durée totale de cuisson des lots ne doit pas dépasser les 140 heures disponibles :

$$8\,Lot_A + 6\,Lot_B \leq 140.$$

Les chaises A, au fur et à mesure que leur armature est enduite de laque, sont regroupées pour la cuisson d'abord en lots de taille 10 ; puis, s'il le faut, on forme un dernier lot résiduel comportant au plus 9 chaises. Lorsque le nombre x_A est un multiple de 10, Lot_A est donc égal à $0{,}1\,x_A$; dans le cas contraire, Lot_A est l'unique entier compris entre $0{,}1\,x_A$ et $(0{,}1\,x_A + 1)$. Ainsi :

$$0{,}1\,x_A \leq Lot_A < 0{,}1\,x_A + 1. \qquad (27)$$

Les algorithmes utilisés pour résoudre numériquement les modèles linéaires interdisent l'emploi d'inéquations strictes de signe < ou >. Il faut donc récrire la formule (27) sous une forme équivalente ne contenant pas le signe <. Notons d'abord que, puisque x_A est un nombre entier, le terme $0{,}1\ x_A$ varie par sauts de 0,1. Par conséquent :

$$Lot_A - 1 < 0{,}1\ x_A \quad \text{équivaut à} \quad Lot_A - 0{,}9 \leq 0{,}1\ x_A,$$

de sorte que la formule (27) reliant les variables entières x_A et Lot_A se récrit sous la forme équivalente suivante :

$$0{,}1\ x_A \leq Lot_A \leq 0{,}1\ x_A + 0{,}9.$$

De même, puisque les lots de type B contiennent 5 chaises au maximum, les variables entières x_B et Lot_B sont reliées par :

$$0{,}2\ x_B \leq Lot_B \leq 0{,}2\ x_B + 0{,}8.$$

Le modèle, selon cette seconde approche, se résume ainsi :

$$\text{Max } z = 450\ x_A + 800\ x_B - 100\ Lot_A - 100\ Lot_B$$

sous les contraintes (1) à (7) et :

$$8\ Lot_A + 6\ Lot_B \leq 140$$
$$0{,}1\ x_A - Lot_A \leq 0$$
$$-0{,}1\ x_A + Lot_A \leq 0{,}9$$
$$0{,}2\ x_B - Lot_B \leq 0$$
$$-0{,}2\ x_B + Lot_B \leq 0{,}8$$
$$x_A, x_B, Lot_A, Lot_B \geq 0 \text{ et entiers.}$$

Ce dernier modèle recommande, comme solution optimale, le même plan de production que le premier, soit de fabriquer 45 chaises A et 79 chaises B :

$$x_A = 45 \quad \text{et} \quad x_B = 79$$
$$Lot_A = 5 \quad \text{et} \quad Lot_B = 16$$
$$z = 81\ 350 \text{ (dollars).}$$

2.3.4 La modification par à-coups du membre droit d'une contrainte

Un manufacturier dispose de l'équipement nécessaire pour mettre en marché quatre produits alimentaires : P1, P2, P3 et P4. Ces produits requièrent l'intervention de trois ateliers distincts : A1, A2 et A3. Le tableau 2.31 présente les données relatives aux durées de production et aux disponibilités de ces ateliers au cours du prochain mois.

TABLEAU 2.31
Résumé des données de fabrication

	Temps requis (en h/u)				
Atelier	**P1**	**P2**	**P3**	**P4**	**Temps disponible**
A1	0,12	0,15	0,10	0,09	2 760 h
A2	0,10	0,09	0,15	0,10	2 500 h
A3	0,05	0,04	0,04	0,05	1 200 h
Profit	2,20 $/u	1,90 $/u	2,25 $/u	1,71 $/u	

* L'unité correspond à une caisse.

Ce qui est fabriqué au cours d'un mois n'est livré qu'à la fin du mois suivant ; en effet, une période minimale d'un mois de mûrissement et d'affinage est requise pour que les produits atteignent leur pleine saveur. L'espace d'entreposage requis pour une caisse de chaque produit est donné au tableau 2.32. Le manufacturier dispose de 4 000 m³ d'espace d'entreposage, qui lui coûtent 1 200 $ par mois. Il peut louer de l'espace supplémentaire, par tranche de 2 000 m³, aux tarifs mensuels dégressifs donnés au tableau 2.33.

Produit	P1	P2	P3	P4
Espace (en m³/u)	0,27	0,28	0,29	0,24

TABLEAU 2.32
Espace requis pour l'entreposage

Espace (en 000 m³)	2	4	6	8	10	12	14	16
Coût (en k$)	3	4,8	6,4	7,8	9	10	10,8	11,5

TABLEAU 2.33
Coûts mensuels de location

Le carnet de commandes et le maintien de ses parts de marché imposent au manufacturier de fabriquer un total d'au moins 5 000 caisses de P1 et de P2 confondus, au plus 4 000 caisses de P2, au moins 2 000 caisses de P4 et un total d'au plus 30 000 caisses des produits P1 et P3 confondus.

Les coûts d'entreposage ne sont pas linéaires et il sera nécessaire d'introduire des variables binaires. Les variables de décision sont donc x_j $(1 \leq j \leq 4)$, C et v_h $(0 \leq h \leq 8)$, où

x_j = nombre de caisses du produit j que fabriquera le manufacturier

C n'apparaît que pour représenter le coût des 4 000 m³ disponibles

$v_h = 1$ si le manufacturier loue exactement $(2 \times h)$ milliers de m³.

(Noter que $v_0 = 1$ signifie que le manufacturier n'utilise que les 4 000 m³ dont il dispose.) Le modèle suivant constitue une façon de traduire mathématiquement le problème du manufacturier :

$$\text{Max } z = 2{,}20\, x_1 + \ldots + 1{,}71\, x_4 - 3\,000\, v_1 - 4\,800\, v_2 - \ldots - 11\,500\, v_8 - C$$

sous les contraintes :

$$0{,}12\, x_1 + 0{,}15\, x_2 + 0{,}10\, x_3 + 0{,}09\, x_4 \leq 2\,760$$

$$0{,}10\, x_1 + 0{,}09\, x_2 + 0{,}15\, x_3 + 0{,}10\, x_4 \leq 2\,500$$

$$0{,}05\, x_1 + 0{,}04\, x_2 + 0{,}04\, x_3 + 0{,}05\, x_4 \leq 1\,200$$

$$0{,}27\, x_1 + 0{,}28\, x_2 + 0{,}29\, x_3 + 0{,}24\, x_4 \leq 1\,000\,(4\, v_0 + 6\, v_1 + 8\, v_2 + \ldots + 20\, v_8)$$

$$v_0 + v_1 + v_2 + v_3 + v_4 + v_5 + v_6 + v_7 + v_8 = 1$$

$$x_1 + x_2 \geq 5\,000$$

$$x_2 \leq 4\,000$$

$$x_4 \geq 2\,000$$

$$x_1 + x_3 \leq 30\,000$$

$$C = 1\,200.$$

À cette liste s'ajoutent les contraintes qui fixent les types des variables (contraintes de non-négativité, d'intégrité, de variables binaires). La 5e contrainte[16] assure que l'une des variables binaires, disons v_k, sera égale à 1 et que les autres seront nulles. Le membre droit de la 4e contrainte se réduira alors au terme associé à v_k et le manufacturier louera $(2 \times k)$ milliers de m³ d'espace supplémentaire.

Une solution optimale donne :

$$x_1 = 19\,625 \qquad x_2 = 0 \qquad x_3 = 2\,250 \qquad x_4 = 2\,000$$

$$v_2 = 1 \qquad C = 1\,200$$

$$z = 45\,657{,}50 \text{ (dollars).}$$

Comme $v_2 = 1$, cette solution recommande de louer 4 000 m³ d'espace supplémentaire.

L'approche retenue pour modifier par à-coups le membre droit de la contrainte d'entreposage mérite une présentation plus générale. L'objectif du manufacturier est de maximiser ses profits en utilisant à bon escient diverses ressources. L'une d'elles est l'espace d'entreposage, et le manufacturier dispose pour le moment de $b_0 = 4\ 000$ m³. Il doit donc respecter une contrainte du genre[17] :

$$a_1 x_1 + a_2 x_2 + \ldots + a_n x_n \leq b_0.$$

Il songe à augmenter l'espace d'entreposage et cherche le niveau de cette ressource qui lui permettrait de maximiser ses profits « en relaxant le membre droit de la contrainte associée ». Comme les contrats de location offrent l'espace supplémentaire en blocs (2 000 m³ dans l'exemple), il s'agit de permettre à b_0 de varier par à-coups, disons de b_0 à b_1, de b_1 à b_2, de b_2 à b_3, etc. Les écarts entre deux b_h consécutifs n'ont pas à être égaux, bien qu'ils le soient dans l'exemple.

Nous indiquons maintenant comment modéliser cette situation. Introduisons d'abord les coûts afférents à chacun des accroissements prévus de la ressource, à partir du seuil minimal b_0 :

$$\text{pour le passage de } b_0 \text{ à } b_h\text{ : coûts de } c_h \qquad h = 1, \ldots, p.$$

Les coûts c_h augmentent au fur et à mesure que s'accroît la quantité utilisée de la ressource :

$$0 < c_1 < c_2 < c_3 < \ldots < c_p.$$

(Dans l'exemple numérique traité précédemment : $c_1 = 3\,000$, $c_2 = 4\,800$, etc.) Puis on définit les variables binaires v_h $(0 \leq h \leq p)$:

$$v_h = 1 \text{ si le membre droit de la contrainte est égal à } b_h.$$

La contrainte de la ressource relative à l'espace d'entreposage est modifiée comme suit :

$$a_1 x_1 + a_2 x_2 + \ldots + a_n x_n \leq b_0 v_0 + b_1 v_1 + \ldots + b_p v_p.$$

La contrainte additionnelle

$$v_0 + v_1 + v_2 + \ldots + v_p = 1$$

permet de déterminer sans ambiguïté l'espace d'entreposage requis. Enfin, on ajoute à la fonction-objectif les termes suivants :

$$-c_1 v_1 - c_2 v_2 - \ldots - c_p v_p.$$

16. La 5e contrainte est, dans le cadre du modèle, équivalente à « $v_0 + v_1 + \ldots + v_8 \leq 1$ ». En effet, la somme de variables binaires, si elle est ≤ 1, est soit égale à 1, soit égale à 0. Or, ce dernier cas est impossible ici, car alors chacune des v_h $(0 \leq h \leq 8)$ prendrait la valeur 0 et la 4e contrainte forcerait les variables de production x_j $(1 \leq j \leq 4)$ à être toutes nulles, ce qui contredirait, par exemple, l'inéquation « $x_4 \geq 2000$ ».

17. Dans l'exemple numérique traité précédemment : $a_1 = 0{,}27$, $a_2 = 0{,}28$, etc.

Dans la modélisation d'un problème où il est question de faire appel à plusieurs ressources, cette démarche est répétée pour chacune des ressources que l'on souhaite modifier par à-coups.

2.3.5 Comment satisfaire à un nombre fixé de contraintes

Il arrive que les contraintes technologiques, dans leur ensemble, excluent toute solution admissible, ou encore limitent la fonction-objectif à une valeur jugée inacceptable par les gestionnaires. On cherche alors à agrandir l'ensemble des solutions admissibles. Une façon de procéder est de faire jouer à certaines contraintes technologiques un rôle de critères et d'accepter que seulement un certain nombre de ces critères puissent être satisfaits.

Les contraintes de signe « ≥ »

Nous illustrons notre propos à l'aide d'un problème classique de diète, dont toutes les contraintes en un premier temps doivent être satisfaites.

Les normes d'une diète idéale imposent des quantités minimales de glucides, de lipides et de protides. Une diététicienne, qui cherche à minimiser le coût de rations composées à partir des aliments A et B, se voit confrontée au problème linéaire suivant :

$$\text{Min } z = 5\,x_A + 6\,x_B$$

sous les contraintes :

$$120\,x_A + 200\,x_B \geq 1\,200 \qquad \text{(glucides)}$$

$$300\,x_A + 250\,x_B \geq 2\,200 \qquad \text{(lipides)}$$

$$200\,x_A + 200\,x_B \geq 1\,375 \qquad \text{(protides)}$$

$$x_A,\, x_B \geq 0.$$

La lecture de ce modèle permet de reconstituer l'essentiel du problème lié au respect intégral des trois normes. On découvre que les coûts unitaires des aliments A et B sont de 5 $ et 6 $ respectivement ; que la diète idéale impose au moins 1 200 unités de glucides, au moins 2 200 unités de lipides et au moins 1 375 unités de protides ; et que le contenu nutritionnel des aliments est réparti de la façon illustrée au tableau 2.34.

TABLEAU 2.34
Contenu nutritionnel des aliments

	Contenu d'une unité	
Substance	**Aliment A**	**Aliment B**
Glucides	120	200
Lipides	300	250
Protides	200	200

La valeur minimale de la fonction-objectif dans le modèle ci-dessus est $z = 42{,}53$. Si le coût (42,53 $) de la diète optimale est jugé trop élevé, il est possible d'améliorer la situation en exigeant seulement qu'au moins 2 des 3 contraintes technologiques soient satisfaites concomitamment. Voici comment traduire algébriquement cette exigence. On commence par définir des variables binaires v_i $(1 \leq i \leq 3)$:

$$v_i = 1 \quad \text{si on exige que la contrainte-critère numéro } i \text{ soit satisfaite.}$$

On ajoute la variable v_i comme facteur de la constante dans le membre droit de la contrainte-critère correspondante :

$$120\,x_A + 200\,x_B \geq 1\,200\,v_1$$

$$300\,x_A + 250\,x_B \geq 2200\,v_2$$
$$200\,x_A + 200\,x_B \geq 1375\,v_3.$$

Enfin, on inclut dans le modèle l'inéquation suivante, qui garantit le respect d'au moins 2 des 3 contraintes :

$$v_1 + v_2 + v_3 \geq 2.$$

Expliquons brièvement le rôle des variables binaires v_i :

- quand $v_i = 1$, la contrainte modifiée redevient la contrainte originale ;
- quand $v_i = 0$, le membre droit devient nul ; la contrainte devient alors inopérante, puisque le membre gauche est toujours ≥ 0.

La valeur minimale du modèle modifié est $z = 36{,}67$.

Les contraintes de signe « ≤ »

Considérons le modèle :

$$\text{Max } z = 4\,x_1 + 5\,x_2 + 4\,x_3$$

sous les contraintes :

$$2\,x_1 + 3\,x_2 + 4\,x_3 \leq 230$$
$$3\,x_1 + 4\,x_2 + 6\,x_3 \leq 345$$
$$4\,x_1 + 1\,x_2 + 2\,x_3 \leq 119$$
$$5\,x_1 + 7\,x_2 + 4\,x_3 \leq 234$$
$$7\,x_1 + 4\,x_2 + 8\,x_3 \leq 464$$
$$x_1, x_2, x_3 \geq 0.$$

Et supposons que l'on accepte que seulement 3 des 5 contraintes technologiques soient satisfaites. La fonction-objectif demeure inchangée. Les contraintes deviennent :

$$2\,x_1 + 3\,x_2 + 4\,x_3 \leq 230 + (1 - v_1)\,M$$
$$3\,x_1 + 4\,x_2 + 6\,x_3 \leq 345 + (1 - v_2)\,M$$
$$4\,x_1 + 1\,x_2 + 2\,x_3 \leq 119 + (1 - v_3)\,M$$
$$5\,x_1 + 7\,x_2 + 4\,x_3 \leq 234 + (1 - v_4)\,M$$
$$7\,x_1 + 4\,x_2 + 8\,x_3 \leq 464 + (1 - v_5)\,M$$

où les v_i sont des variables binaires définies comme précédemment et où M est une constante choisie de la façon indiquée ci-dessous. On ajoute l'inéquation suivante pour garantir qu'au moins 3 des contraintes initiales seront respectées :

$$v_1 + v_2 + v_3 + v_4 + v_5 \geq 3.$$

On doit choisir M de sorte que la contrainte i devienne inopérante quand v_i est nulle. Il faut que le membre droit soit alors supérieur à toute valeur possible pour le membre gauche. La valeur $M = 5000$ fait l'affaire dans le présent exemple.

Une solution optimale est :

$$v_2 = v_3 = v_5 = 1$$
$$x_1 = 10{,}08 \qquad x_2 = 78{,}69 \qquad x_3 = 0$$
$$z = 433{,}77.$$

2.3.6 Les fonctions linéaires par parties : les escomptes sur quantité

Dans diverses situations concrètes, une fonction de production ou de revenu se représente graphiquement comme une suite de segments de droite contigus, comme dans la figure 2.12(b) ci-dessous. On parle alors de **fonction linéaire par parties**. Évidemment, de telles fonctions ne respectent pas les conditions de linéarité et ne peuvent intervenir directement dans un modèle linéaire. Cependant, il est possible de les traiter en recourant à des variables binaires, comme nous l'illustrons ci-dessous à l'aide d'un exemple très simple où un fournisseur offre des escomptes de quantité pour son produit.

Notons en passant que la majorité des fonctions non linéaires rencontrées dans les modèles quantitatifs de gestion peuvent être approchées sur un intervalle donné par une fonction linéaire par parties. La figure 2.12 illustre ce phénomène. Il suffit, pour améliorer l'approximation, d'augmenter le nombre de points intermédiaires.

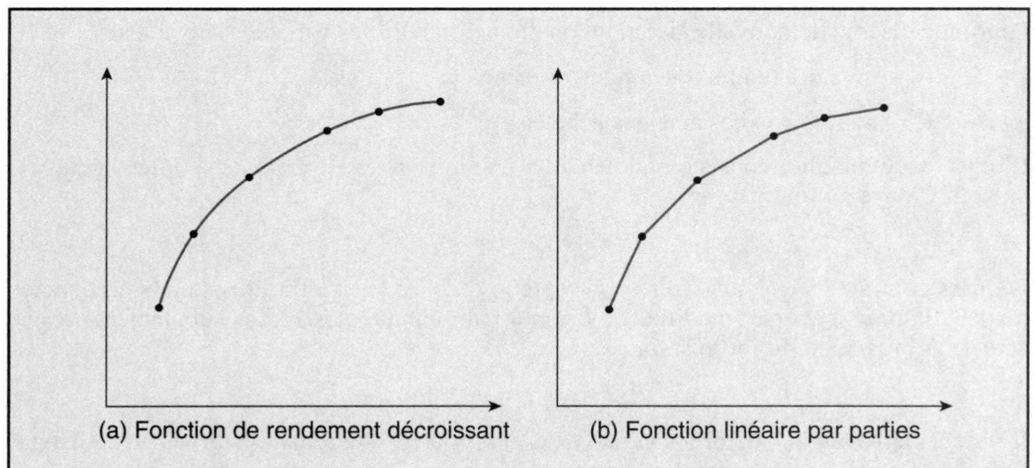

FIGURE 2.12 Approximation d'une fonction de rendement décroissant par une fonction linéaire par parties

Nous décrivons maintenant un contexte où une fonction linéaire par parties apparaît naturellement, mais en un deuxième temps, pour améliorer la solution obtenue initialement. Pour simplifier, nous avons limité à trois le nombre de segments de droite composant le graphique de notre fonction linéaire par parties.

Un meunier dispose de 8 000 kg d'une céréale A et de 9 000 kg d'une céréale B, qu'il a déjà payés. Il veut les moudre, puis les mélanger pour produire des farines f et g, la première devant contenir au moins 50 % de la céréale A, la seconde, au moins 60 % de la même céréale. La farine f rapporte 1,40 $ le kg et la farine g, 1,60 $ le kg. Le meunier désire maximiser le revenu qu'il retirera de la vente des deux farines.

Définissons les variables de décision suivantes :

$$x_{Ij} = \text{nombre de kilos de la céréale } I \text{ incorporés à la farine } j,$$

où I = A, B et j = f, g. La fonction-objectif s'écrit :

$$\text{Max } z_1 = 1{,}40\ (x_{\text{Af}} + x_{\text{Bf}}) + 1{,}60\ (x_{\text{Ag}} + x_{\text{Bg}}).$$

Les contraintes sont :

$$x_{\text{Af}} + x_{\text{Ag}} \leq 8\ 000 \qquad (28)$$

$$x_{\text{Bf}} + x_{\text{Bg}} \leq 9\ 000 \qquad (29)$$

$$x_{\text{Af}} \geq 0{,}50\ (x_{\text{Af}} + x_{\text{Bf}}) \quad \text{ou} \quad 0{,}5\ x_{\text{Af}} - 0{,}5\ x_{\text{Bf}} \geq 0 \qquad (30)$$

$$x_{Ag} \geq 0,60\ (x_{Ag} + x_{Bg}) \quad \text{ou} \quad 0,4\, x_{Ag} - 0,6\, x_{Bg} \geq 0 \tag{31}$$
$$x_{Ij} \geq 0 \quad \text{pour } I = \text{A, B et } j = \text{f, g.}$$

L'unique solution optimale recommande de ne produire que de la farine f, pour un revenu de 22 400 dollars :

$$x_{Af} = x_{Bf} = 8\,000 \quad \text{et} \quad x_{Ag} = x_{Bg} = 0,$$

ce qui laisse 1 000 kg non utilisés de la céréale B.

Puis, le meunier découvre qu'il lui serait possible de se procurer auprès d'un fournisseur entre 3 000 et 18 000 kilos supplémentaires de la céréale A aux prix suivants :

- 2,20 $/kg pour tout achat de 3 000 à 5 000 kg ;
- les 7 000 kilos suivants lui reviendraient à 2 $ chacun ;
- les 6 000 derniers kilos lui coûteraient 1,80 $ chacun.

Pour modéliser cette nouvelle situation, on ajoute d'abord les variables suivantes :

s = quantité (en kg) de céréales A achetée

C = coût (en $) des céréales achetées.

L'objectif du meunier consiste maintenant à maximiser ses revenus nets, après déduction du coût C payé au fournisseur :

$$\text{Max } z_2 = z_1 - C. \tag{32}$$

Pour les contraintes technologiques, on reprend d'abord les quatre inéquations de l'ancien modèle, la première étant modifiée de façon à tenir compte des s kilos supplémentaires de céréale A provenant du fournisseur :

$$x_{Af} + x_{Ag} \leq 8\ 000 + s. \tag{33}$$

Il reste à établir un lien entre les variables C et s. *A priori,* la relation entre C et s n'est pas linéaire, le coût des céréales n'étant pas proportionnel à la quantité achetée. Par exemple, il en coûte $2,20 \times 3\,000 = 6\,600$ dollars pour se procurer 3 000 kilos, tandis que 6 000 kilos reviennent à 13 000 dollars, ce qui correspond à 2,17 $/kg :

$$(2,20 \times 5\,000) + (2 \times 1\,000) = 13\ 000.$$

Pour contourner la difficulté, on convient de numéroter de 1 à 3 les intervalles apparaissant dans la structure tarifaire du fournisseur, c'est-à-dire les intervalles [3 000 ; 5 000],]5 000 ; 12 000] et]12 000 ; 18 000]. Puis, on introduit des variables additionnelles v_1, v_2, v_3, t_1, t_2 et t_3 définies de la façon suivante :

$$v_h = \begin{cases} 1 & \text{si } s \text{ appartient à l'intervalle numéro } h \\ 0 & \text{sinon} \end{cases}$$

$$t_h = \begin{cases} \dfrac{s - a_h}{b_h - a_h} & \text{si } s \text{ appartient à l'intervalle numéro } h \\ 0 & \text{sinon} \end{cases}$$

où a_h et b_h sont les bornes de l'intervalle numéro h. Illustrons le rôle de ces variables à l'aide de deux exemples[18]. Considérons d'abord le cas où $s = 4\,000$. Comme cette valeur appartient au premier intervalle, on posera

$$v_1 = 1 \quad \text{et} \quad v_2 = v_3 = t_2 = t_3 = 0 ;$$

18. Les motifs derrière la définition des variables v_h et t_h sont présentés dans l'annexe 2F.

de plus,

$$t_1 = (4\,000 - 3\,000) / (5\,000 - 3\,000) = 0{,}5$$

ce qui signifie que la valeur 4 000 est au milieu de l'intervalle. Supposons maintenant que $s = 6\,000$. Alors,

$$v_2 = 1 \quad \text{et} \quad v_1 = v_3 = t_1 = t_3 = 0$$

$$t_2 = (6\,000 - 5\,000) / (12\,000 - 5\,000) = 1/7.$$

De façon générale, on exigera que s appartienne à un et un seul des trois intervalles :

$$v_1 + v_2 + v_3 = 1. \tag{34}$$

De plus, t_h doit être nul dès que s est à l'extérieur de l'intervalle numéro h, ce qui se traduit par l'ensemble des trois inéquations suivantes :

$$t_h \leq v_h \qquad \text{pour } h = 1, 2, 3. \tag{35}$$

Enfin, on indique comment obtenir s et C à partir des v_h et des t_h :

$$s = 1\,000\,[3v_1 + 5v_2 + 12v_3 + 2t_1 + 7t_2 + 6t_3] \tag{36}$$

$$C = 1\,000\,[6{,}6v_1 + 11v_2 + 25v_3 + 4{,}4t_1 + 14t_2 + 10{,}8t_3]. \tag{37}$$

Le coefficient de v_h dans (36) correspond à la borne inférieure de l'intervalle numéro h ; celui de t_h, à l'étendue de ce même intervalle. On applique le même principe dans (37), mais aux valeurs de C : ainsi, 6 600 est le coût de 3 000 kilos de céréale A, tandis que $4\,400 = 2{,}20 \times 2\,000$ est le prix à payer pour passer de 3 000 à 5 000 kilos. Noter que l'on obtient la même valeur pour C, que l'on calcule à partir des prix exigés par le fournisseur ou à partir de la formule (37) : par exemple, quand $s = 6\,000$, le coût C, nous l'avons vu précédemment, est de 13 000 dollars ; et (37) donne :

$$C = 1\,000\,[0 + (11 \times 1) + 0 + 0 + (14 \times 1/7) + 0] = 11\,000 + 2\,000 = 13\,000.$$

Le modèle modifié est constitué de l'objectif (32), des contraintes (33), (29) à (31) et (34) à (37), ainsi que des contraintes spécifiant le type des variables. Une solution optimale donne :

$$s = 5\,500 \qquad C = 12\,000 \qquad v_2 = 1 \qquad t_2 = 0{,}07143 \qquad v_1 = v_3 = t_1 = t_3 = 0$$

$$x_{Ag} = 13\,500 \qquad x_{Bg} = 9\,000 \qquad x_{Af} = x_{Bf} = 0$$

$$z_2 = 24\,000 \text{ (dollars).}$$

Ainsi, le meunier achètera 5 500 kg de la céréale A et produira uniquement de la farine g. Le bénéfice net de la transaction sera de 24 000 − 22 400 = 1 600 dollars.

L'appareil des variables des v_h et des t_h n'est pas requis lorsque la structure de prix va croissante et que l'on cherche à maximiser le revenu net. À titre d'illustration, supposons que le fournisseur accepte de livrer entre 0 et 15 000 kg de céréale A et exige :

- 1,75 $ pour chacun des 5 000 premiers kilos ;
- 1,85 $ pour chacun des 5 000 kilos suivants ;
- 2,05 $ pour chacun des 5 000 derniers kilos.

Il suffirait d'ajouter aux variables de type x_{lj} les trois variables y_h ($1 \leq h \leq 3$), où

y_1 = nombre de kilos achetés du fournisseur à 1,75 $ chacun

y_2 = nombre de kilos achetés du fournisseur à 1,85 $ chacun

y_3 = nombre de kilos achetés du fournisseur à 2,05 $ chacun.

La fonction-objectif devient:

$$\text{Max } z_3 = z_1 - 1{,}75\, y_1 - 1{,}85\, y_2 - 2{,}05\, y_3.$$

Cette fois encore, on reprend les contraintes (29), (30) et (31) ainsi que les contraintes de non-négativité des x_{Ij}, auxquelles on ajoute les suivantes:

$$x_{\text{Af}} + x_{\text{Ag}} \leq 8\,000 + y_1 + y_2 + y_3$$

$$0 \leq y_h \leq 5\,000 \qquad h = 1, 2, 3.$$

En effet, la structure croissante des prix amènera le meunier à acheter d'abord la farine la moins chère avant de se tourner vers celle à 1,85 $ le kg: ainsi, tant que y_1 sera inférieure à 5 000, la variable y_2 restera nulle. De même, y_2 se rendra jusqu'à sa borne supérieure 5 000 avant que y_3 puisse prendre une valeur positive. Une solution optimale de ce dernier problème est:

$$y_1 = 5\,000 \qquad y_2 = 500 \qquad y_3 = 0$$

$$x_{\text{Ag}} = 13\,500 \qquad x_{\text{Bg}} = 9\,000 \qquad x_{\text{Af}} = x_{\text{Bf}} = 0$$

$$z_3 = 26\,325 \text{ (dollars).}$$

Exercices de révision

1. Les coûts de mise en route des aléseuses

Il y a dans un atelier cinq aléseuses qui diffèrent par la technologie utilisée, la taille, l'âge… On doit aléser dans la journée 1 500 pièces identiques. Les coûts de mise en route de chacune des aléseuses, leur capacité quotidienne de production et leur coût unitaire d'alésage se trouvent dans le tableau suivant.

Aléseuse	Coût de mise en route	Coût unitaire d'alésage	Capacité
A	1 000 $	2,00 $	600
B	500 $	4,00 $	400
C	400 $	5,00 $	500
D	600 $	2,50 $	500
E	300 $	5,50 $	400

Quelles aléseuses doit-on mettre en route et combien de pièces doit-on aléser sur chacune pour minimiser les coûts d'usinage des 1 500 pièces?

2. Le camping

Un instituteur tout juste à la retraite, convaincu de ses talents d'entrepreneur sans avoir jamais eu à les exercer, projette d'implanter un nouveau camping sur un grand terrain tout en longueur, qui lui appartient déjà, situé en bordure de mer en Caroline du Nord. Il rêve d'en faire un des campings les plus luxueux de la côte atlantique. Celui-ci accueillerait des tentes, des tentes-caravanes et des autocaravanes. Pour implanter le camping, il compte investir ses économies de 200 000 $ et recourir, selon les besoins, à un capital de 700 000 $ qu'un beau-frère met à sa disposition sans intérêts jusqu'à la fin de la première année d'opération du camping.

La construction du camping requerra, de la part de l'instituteur, la prise d'une série de décisions, emboîtées les unes dans les autres, dont voici la teneur.

Pour garantir à la clientèle des services gratuits de douche, de buanderie et de loisirs, il aura tout d'abord à choisir entre une grande salle qui serait située près du centre du terrain, ou deux salles de dimensions plus modestes qui seraient bâties aux deux extrémités du terrain. En coûts de construction et en frais d'aménagement et d'opération pendant la première année, la grande salle reviendrait à 175 000 \$ au total, tandis que chacune des deux petites salles exigerait 125 000 \$.

S'il retient l'option des deux petites salles, il pourra implanter un maximum de 20 emplacements de tentes, de 15 emplacements de tentes-caravanes et de 10 emplacements d'autocaravanes motorisées. Dans le cas où il construirait plutôt une grande salle, il ne pourrait prévoir plus de 15 emplacements pour les tentes et 10 emplacements pour les tentes-caravanes, mais il aurait alors suffisamment d'espace pour 20 emplacements d'autocaravanes. En effet, il serait présomptueux de s'attendre à ce que la clientèle des emplacements de tentes ou de tentes-caravanes, fort attachée à la proximité d'une douche et d'une buanderie, consente à se déplacer sur de fortes distances pour accéder à ces services. Par contre, une grande salle est fortement associée par la clientèle des autocaravanes à l'image d'un camping luxueux.

Le tableau ci-dessous décrit les résultats d'une étude d'achalandage menée gratuitement par le syndicat d'initiative de la ville voisine. La première ligne donne les coûts d'aménagement (en milliers de dollars) d'un emplacement selon que celui-ci est dédié aux tentes, aux tentes-caravanes (T.C.) ou aux autocaravanes (AC). La ligne suivante indique à combien de nuitées peut s'attendre l'instituteur pendant la première année d'opération pour chaque emplacement. Enfin, la dernière ligne donne le revenu net par nuitée et par emplacement, une fois les dépenses (salaires, fournitures, etc.) déduites et les impôts payés.

	Tentes	**T.C.**	**AC**
Coûts d'aménagement (en k$)	10	15	25
Nombre de nuitées	100	200	250
Revenu net (en $/nuitée)	10	16	32

L'instituteur, souhaite construire le camping le plus luxueux possible et il entend bien, sans l'avouer à son beau-frère, profiter le plus possible du capital de 900 000 \$ dont il dispose. Il se donne comme objectif à court terme de maximiser le capital investi dans le bâti des installations et dans l'aménagement des emplacements.

(a) Construire et résoudre un modèle linéaire pour représenter le problème de l'instituteur.

(b) L'instituteur sait qu'il devra commencer à rembourser son beau-frère dès la fin de la première année d'opération. Prudent, il tient à ce que les revenus nets des nuitées de cette première année représentent au moins 20 % des sommes investies. Indiquer comment modifier le modèle de la question précédente pour traduire cette nouvelle exigence.

(c) L'étude d'achalandage a mis un bémol aux rêves de notre entrepreneur en herbe. En effet, les responsables de l'étude considèrent que celui-ci devrait concentrer les efforts publicitaires de lancement autour de deux produits plutôt que de viser trop large. Ils recommandent donc que le camping n'accueille, au cours de la première année d'opération, que deux des trois clientèles visées, à choisir entre celle des tentes, celle des tentes-caravanes et celle des autocaravanes. Pour chaque clientèle choisie, il faudra aménager pour la desservir au moins 10 emplacements. Indiquer comment modifier le modèle de la question précédente pour tenir compte de cet avis des responsables de l'étude. Résoudre.

3. Des projets de confection

Un tailleur dispose des ressources suivantes : 2 000 m^2 de velours, 1 000 m^2 de tissu à doublure et 1 000 heures de main-d'œuvre. Il a 4 projets de confection en tête, mais il se rend bien compte qu'il n'a le temps d'en mener que 3 à bien. Voici quelques précisions concernant les projets.

Projet 1 : Une robe de soirée dotée d'un manteau assorti, qui ensemble requièrent 5 m^2 de doublure, 10 m^2 de velours et 20 heures de travail, pour un profit de 65 $.

Projet 2 : Un veston, qui requiert 1,5 m^2 de doublure, 2 m^2 de velours et 5 heures de travail, pour un profit de 20 $.

Projet 3 : Un pantalon, qui requiert 1,5 m^2 de velours et 4 heures de travail, pour un profit de 10 $.

Projet 4 : Un veston de soirée, qui requiert 2 m^2 de doublure, 2,1 m^2 de velours et 12 heures de travail, pour un profit de 30 $.

Le veston du projet 2 doit, pour se vendre, former un complet avec le pantalon décrit au projet 3 ; mais le pantalon peut se vendre seul. Mener à bien un projet, c'est confectionner au moins 10 unités de l'article décrit dans le projet.

Le tailleur désire maximiser ses profits. Quels projets devrait-il retenir et combien d'unités de chacun devrait-il réaliser ?

4. La mitraille

L'acier est obtenu en majeure partie par affinage de la fonte, mais aussi par refusion de ferraille récupérée ou par réduction directe de minerai de fer.

Strahlwerk met en marché deux qualités différentes d'acier, Q1 et Q2. Produire 10 tonnes de Q1 requiert 2 heures de réduction en haut fourneau et 4 heures de laminage. Produire 10 tonnes de Q2 requiert 3 heures de réduction et 3 heures de laminage. Le mois prochain, l'entreprise disposera de 5 000 heures de haut fourneau et de 6 000 heures de laminage. Le profit est de 160 $ la tonne pour l'acier Q1 et de 130 $ la tonne pour l'acier Q2.

Le carnet de commandes ne permet pas d'envisager pour le mois prochain une production supérieure à 30 000 tonnes de Q1, dont la production se fait en grande partie à partir de mitraille (ferraille de récupération). L'acier Q2 est obtenu à partir de minerai uniquement et, compte tenu de la quantité de minerai dont dispose l'aciérie, sa production le mois prochain sera limitée à 9 170 tonnes.

Pour l'acier Q1, Strahlwerk peut choisir de ne pas en fabriquer, ou d'en produire entre 5 000 et 6 000 tonnes, ou encore entre 7 000 et 8 000 tonnes, ou enfin d'en produire au moins 10 000 tonnes. En effet, la mitraille incorporée dans l'acier Q1 provient de différents fournisseurs, qui n'acceptent de livrer de la ferraille à Strahlwerk que par lots de taille suffisante. Le premier intervalle de production envisagé, soit de 5 000 à 6 000 tonnes d'acier, correspond au lot que livrerait un premier fournisseur, dont la ferraille est d'excellente qualité. Strahlwerk, si elle décidait de pousser la production de Q1 au-delà de 6 000 tonnes, pourrait faire appel à un deuxième fournisseur, dont la ferraille de qualité inférieure serait mélangée à celle du premier. La ferraille du deuxième fournisseur, utilisée seule, donnerait un acier de qualité inacceptable : Strahlwerk n'envisage donc pas de recourir au deuxième fournisseur, à moins de commander du premier un lot de taille maximale. Enfin, un nouveau fournisseur a récemment pris contact avec Strahlwerk : celle-ci n'aura pas le temps d'évaluer la qualité de la ferraille proposée et ne s'approvisionnera auprès de ce troisième fournisseur qu'en dernier recours ; dans ce cas, la taille minimale de lot imposée par le troisième fournisseur obligera à porter la production d'acier Q1 à au moins 10 000 tonnes.

(a) Quel plan de production devrait adopter Strahlwerk pour maximiser les profits du mois prochain ?

(b) Qu'adviendrait-il de ce plan optimal de production si Strahlwerk disposait le mois prochain de seulement 5825 heures de laminage ?

(c) Modifier le modèle précédent de façon à tenir compte des différents prix payés aux fournisseurs de ferraille : la marge de profit de l'acier Q1 est de 160$ la tonne de Q1 fabriquée à partir de la mitraille du premier fournisseur ; cette marge augmente de 15$ la tonne dans le cas où la mitraille provient du deuxième fournisseur, et diminue de 20$ la tonne dans le cas du troisième fournisseur. Résoudre le modèle modifié.

5. Le problème de localisation de Solex

La multinationale Solex songe à installer une ou plusieurs usines afin d'alimenter six marchés en moulées de croissance pour porcs. Le tableau suivant décrit les quatre options envisagées par le responsable du projet : la ligne « Coûts » indique les coûts d'implantation ; les deux dernières, la production minimale et maximale de chaque usine potentielle si celle-ci était implantée.

Coûts d'implantation (en k$) et production (en kt) des usines

	Usine 1	**Usine 2**	**Usine 3**	**Usine 4**
Coûts (en k$)	400	200	250	300
Prod. min. (en kt)	100	50	60	75
Prod. max. (en kt)	220	200	200	140

Les coûts variables de fabrication diffèrent d'une usine à l'autre, de même que les coûts de transport entre les diverses usines et les différents marchés. Le tableau suivant donne, pour chaque marché j et pour chaque usine i, le total des coûts variables de fabrication d'une tonne de moulée à l'usine et des coûts de transport de cette moulée jusqu'au marché. Ces coûts sont exprimés en dollars par tonne de moulée. La dernière ligne du tableau décrit la demande (en milliers de tonnes) de chacun des marchés.

Coûts variables (en $/t) et demande (en kt)

Usine	**Marché**					
	1	**2**	**3**	**4**	**5**	**6**
1	2	3	1	2	4	4
2	3	4	2	1	3	5
3	3	4	1	2	4	5
4	2	3	2	1	2	3
Demande (en kt)	40	50	25	60	80	40

Chaque marché devra pouvoir s'approvisionner auprès de 2 usines au moins, en se procurant au moins 10 000 tonnes de moulée auprès de chacune des usines par lesquelles il sera approvisionné.

Solex, qui cherche à minimiser le total z des coûts d'implantation, des coûts variables de fabrication et des coûts de transport, utilise à cette fin un modèle linéaire mixte, dont voici les variables de décision :

$v_i = 1$ si une usine est installée sur le site numéro i

$w_{ij} = 1$ si le marché j est approvisionné par l'usine i

x_{ij} = nombre de milliers de tonnes expédiées de l'usine i au marché j

où $i = 1, 2, 3, 4$, et $j = 1, 2, 3, 4, 5, 6$. Les contraintes technologiques du modèle linéaire forment six groupes.

(a) Écrire la fonction-objectif z. Décrire, en termes du contexte, ce que représente z.

(b) Les deux premiers groupes de contraintes technologiques, composés de 4 inéquations chacun, traduisent les exigences du premier tableau quant aux minima et aux maxima imposés à la production des usines qui seront implantées. Écrire les deux inéquations associées à l'usine 1.

(c) Le 3ᵉ groupe est formé de 6 équations et indique que la demande de chaque marché sera satisfaite. Donner la contrainte associée au marché 1.

(d) Le 4ᵉ groupe traduit l'exigence que chaque marché devra pouvoir s'approvisionner auprès de 2 usines au moins. Écrire l'une des contraintes de ce groupe.

(e) Les 5ᵉ et 6ᵉ groupes établissent les liens logiques entre les variables x_{ij} et w_{ij}, et entre les variables binaires v_i et w_{ij}. Écrire les contraintes de ces deux groupes.

Problèmes

1. L'usine Joubec de Trois-Rivières

Joubec inc. fabrique, dans son usine de Trois-Rivières, des tricycles, des camions et des poupées. Le carnet de commandes impose la production, le mois prochain, d'au moins 1 300 tricycles, 1 250 camions et 4 000 poupées.

Le directeur de l'usine s'est fixé comme premier objectif d'atteindre le point mort. Il définit la contribution au profit d'un jouet fabriqué dans son usine comme la différence entre le prix de vente et le coût de production (à l'exclusion des frais d'exploitation). L'usine atteint donc le point mort aussitôt que la contribution totale au profit est égale aux frais d'exploitation, lesquels s'élèvent à 41 000 $ par mois.

Voici les coûts de production et la contribution au profit de chaque jouet.

Jouet	Coût de production	Contribution au profit
Tricycle	15 $	4,00 $
Camion	5 $	1,50 $
Poupée	4 $	1,00 $

Le directeur cherche à déterminer combien de jouets de chaque sorte produire le mois prochain de façon à atteindre le point mort tout en minimisant les coûts de production. Construire et résoudre un modèle linéaire pertinent.

2. La tourbière de Rivière-du-Loup

La firme Aurora gère depuis de nombreuses années plusieurs tourbières du Québec, dont la tourbière de Rivière-du-Loup. Elle y utilise une technologie traditionnelle pour produire de la tourbe, cette matière légère et poreuse faite d'un feutrage de fibres et de fragments végétaux noirs ou bruns, plus ou moins carbonisés par les bactéries.

Aurora met en marché trois qualités de tourbe : la Qualité 3, utilisée comme litière dans les étables en raison de son pouvoir absorbant; la Qualité 2, qui sert de support aux engrais fournis aux plantes maraîchères; et la Qualité 1, destinée à l'empotage des plantes d'intérieur ou à la culture des fleurs de serre. La tourbe de Qualité 3 se commercialise en ballots de 25 kg, celle de Qualité 2 en sacs de plastique de 20 kg et celle de Qualité 1 en sachets de 5 kg.

La tourbe s'extrait au printemps sous la forme de gros parpaings que l'on empile sur le bord des fosses, où ils sont laissés à sécher au cours de l'été : 1 kg de tourbe extraite donne 100 g de tourbe séchée. La machinerie de la tourbière de Rivière-du-Loup ne permet pas d'extraire plus de 4 500 000 kg de parpaings chaque printemps. Aurora peut fixer aisément la quantité de chaque qualité de tourbe extraite : il lui suffit de choisir les emplacements adéquats et la profondeur des extractions à y pratiquer.

La tourbe séchée est défibrée à l'automne, puis emballée et conservée jusqu'à la fin de l'hiver, période à laquelle s'effectuent les livraisons. L'entrepôt permet de stocker 20 000 m^3 de tourbe sèche emballée, un emballage requérant 1 m^3, 0,75 m^3 ou 0,20 m^3 d'espace pour son entreposage selon qu'il s'agisse d'un ballot de Qualité 3, d'un sac de Qualité 2 ou d'un sachet de Qualité 1. Les défibreuses mettent 5 minutes pour préparer un ballot de tourbe de Qualité 3 ; il faut compter 8 minutes pour un sac de Qualité 2 et 3 minutes pour un sachet de Qualité 1. On dispose de 2 000 heures de défibrage pendant la période propice.

Le service du marketing impose la fabrication maximale de 15 000 ballots de Qualité 3, dont un grossiste retient, année après année, 10 000 ballots. Le même grossiste requiert 3 000 sacs de Qualité 2.

Les profits que retire Aurora de la vente de ces produits s'élèvent à 9 $ le ballot de Qualité 3, à 12 $ le sac de Qualité 2 et à 2 $ le sachet de Qualité 1.

Construire un modèle linéaire qui traduit le problème de production de la tourbière de Rivière-du-Loup. Résoudre.

3. Un micro-atelier

Un petit atelier, qui utilise deux machines-outils, se spécialise dans la fabrication de pièces de deux types : A et B. Une pièce A rapporte 5$ et une pièce B, 7$. Chaque pièce doit être usinée sur chacune des machines-outils. Le tableau suivant décrit les temps unitaires d'usinage.

Durée de l'usinage (en min/pièce)		
Machine	**Pièce A**	**Pièce B**
1	3	6
2	4	4

Les machines-outils nécessitent 1 opérateur chacune. Les opérateurs travaillent en paires, par quart de 8 heures. Les pièces dont l'usinage sur une machine est effectué durant un quart donné doivent être complétées durant ce même quart, ce qui amène parfois l'un des opérateurs à cesser le travail avant la fin de son quart. Afin de limiter autant que possible les frictions entre coéquipiers, on convient que l'écart entre les durées de travail des deux opérateurs d'une même paire ne doit pas dépasser 20 minutes.

Construire un modèle linéaire qui indique combien de pièces de chaque type produire. Résoudre.

4. Les cidres

Cidrosec détient une formule secrète d'élaboration de cidres mousseux. Elle en fabrique deux types, le Sukoe et le Polisukoe, qu'elle commercialise auprès des traiteurs, des épiceries fines et des grands restaurants. Il s'agit de produits haut de gamme qui requièrent plusieurs variétés de pommes différentes dont certaines, importées, sont cueillies avant leur pleine maturité et conservées au froid jusqu'à ce qu'elles aient perdu une bonne part de leur eau. Le moût obtenu est fermenté en présence de levures normalement associées à la pourriture noble de certains grands vins français. Pour des raisons techniques, le Sukoe doit compter pour au moins 25 % de la production annuelle de Cidrosec, mais sans dépasser la barre des 75 %. Cidrosec ne commercialise que des bouteilles qui ont au plus 1 an d'âge.

La demande annuelle, si elle n'était pas stimulée par la publicité, s'établirait comme suit : 20 000 bouteilles de Sukoe et 15 000 de Polisukoe. La publicité de Cidrosec cible tour à tour chacun de ses produits ; de plus, chaque dollar investi dans la publicité d'un cidre augmente de 1 bouteille la demande de ce cidre, sans influer sur la demande de l'autre. Le Sukoe se vend 10$ la bouteille, le Polisukoe 11,25$. Les coûts liés à la production et à la distribution s'élèvent à 5$ la bouteille pour le Sukoe et à 4$ pour le Polisukoe. Le budget qu'entend investir cette année Cidrosec dans la production, la distribution et la publicité de son cidre est limité à 295 000$.

Construire un modèle linéaire qui indique comment Cidrosec pourrait maximiser la contribution totale au profit retirée de la vente de ses cidres. Résoudre.

5. La firme Lemmi

Certains pays de la CEE, dont la Grande-Bretagne, accordent en priorité des licences d'importation aux marchands dont les activités commerciales dans le pays engendrent de l'emploi chez les ouvriers du même secteur ou de secteurs connexes à ceux où ils exercent leurs activités d'import-export. Ainsi, un importateur anglais de vêtements fabriqués au Pakistan, à Hong Kong ou en Thaïlande se verra accorder des licences d'autant plus libéralement qu'il traitera, parfois même à perte, avec des ateliers anglais pour lancer des confections. En retour de son recours aux ateliers locaux, l'importateur obtient des bons de travail qu'il échange contre l'aval du ministère du Commerce pour les licences d'importation qu'il requiert.

C'est pour des raisons similaires que la firme Lemmi a outillé à Bournemouth une usine de montage de tondeuses dont les pièces sont importées. Le fabricant pakistanais préférerait monter les tondeuses à Karachi et il ne consent qu'à regret à approvisionner l'usine de montage anglaise. Il limite, sous toutes sortes de prétextes, l'envoi de certaines pièces communes aux trois modèles de tondeuses qui intéressent le marché européen : les pistons, les roues et les cylindres sur le pourtour desquels sont montées les lames hélicoïdales. Le tableau suivant indique combien de pièces sont requises pour chaque modèle et combien, au maximum, le fabricant serait prêt à en livrer pour la prochaine rafale ; enfin, la dernière colonne donne la contribution (en £/u) aux frais d'exploitation et au profit de chaque modèle.

Modèle	Pistons	Roues	Cylindres	Profit
1	2	4	1	12
2	3	5	2	20
3	4	6	3	30
Maximum	3 400	8 000	2 000	

On dispose chez Lemmi d'assez de pièces de toutes les autres sortes pour ne pas se sentir contraint par des pénuries éventuelles au cours de la prochaine rafale. L'expérience indique qu'il faut fabriquer au moins autant d'unités du modèle 1 que des deux autres modèles ensemble, et que le nombre de tondeuses du modèle 2 doit être au moins le double du nombre de tondeuses de modèle 3.

Construire un modèle linéaire qui indique comment maximiser la contribution totale aux frais d'exploitation et au profit retirée de la vente des tondeuses montées au cours de la prochaine rafale. Résoudre.

6. CinéFam

Une jeune entreprise, CinéFam, s'approvisionne en téléviseurs de deux types, A et B, auprès d'un grand manufacturier d'appareils électroniques. CinéFam lui verse 500$ par appareil de type A et 575$ par appareil de type B.

Les téléviseurs, qui sont destinés au cinéma familial, sont modifiés dans les ateliers de CinéFam, où ils sont dotés d'un transformateur et de deux enceintes acoustiques, avant d'être revendus sous la marque CINÉ. Dans le commerce, les pièces d'un transformateur coûtent 100$ à CinéFam, alors que celles d'une enceinte acoustique lui reviennent à 60$. Un des fournisseurs du manufacturier peut lui fournir des transformateurs déjà montés pour 110$ chacun et des enceintes acoustiques déjà montées pour 70$ chacune. Mais le manufacturier exerce des pressions sur le fournisseur pour restreindre ce genre de transactions qui favorisent, selon lui, le démarrage intempestif de petits concurrents. CinéFam sait que le fournisseur, soucieux d'entretenir de bonnes relations avec le manufacturier, refusera de lui vendre plus de 100 transformateurs et plus de 200 enceintes pour la prochaine rafale.

Modifier un téléviseur chez CinéFam requiert 120 unités de production dans le cas d'un appareil de type A, et 140 unités dans le cas d'un appareil de type B. CinéFam, qui doit également compter 10 unités de production pour assembler un transformateur et 10 unités pour assembler une enceinte acoustique, dispose de 28000 unités de production pour la prochaine rafale.

CinéFam s'est engagée à livrer à ses détaillants au moins 180 CINÉ. De plus, il a été entendu que les appareils de type A compteraient pour au plus 80 % de la production de CINÉ de type B. CinéFam éprouve présentement de sérieux problèmes de liquidités et son propriétaire souhaite minimiser le capital à investir dans la prochaine rafale. Construire un modèle linéaire pour analyser la situation. Résoudre.

7. Les fournitures de vêtements militaires

Un intermédiaire, qui a ses entrées au ministère de la Défense nationale, a obtenu un intéressant contrat de fourniture de vêtements destinés aux militaires. Il devra au cours des trois prochains mois livrer des tenues estivales de campagne (produit P1), des tenues hivernales de campagne (P2) dont on a un très grand et très urgent besoin, de grandes capotes polaires (P3) et des bonnets de fourrure (P4). Il s'est engagé à livrer chaque semaine un minimum de 4300 tenues estivales, de 5000 tenues hivernales, de 3500 capotes polaires et de 12 800 bonnets de fourrure. Il faudra de plus que le nombre de bonnets soit au moins égal à la somme des unités des trois autres produits.

Comme notre intermédiaire ne dispose ni du personnel ni des machines nécessaires à la confection de ces vêtements militaires, il a prévu louer les services d'ateliers compétents. Après de brèves mais vives négociations, il a retenu quatre ateliers dont les tarifs sont indiqués dans le tableau suivant. Chaque produit devra subir, dans chacun des ateliers, un traitement dont la durée est donnée également dans le tableau. Les ateliers 1, 3 et 4 ont offert 3500 heures chacun et notre intermédiaire s'est engagé à louer au moins 2500 heures de chacun d'entre eux. L'entente avec l'atelier 2 porte sur un maximum de 1500 heures et aucun minimum n'a été spécifié.

Atelier	Durée des opérations (en mp/u)				Coût de location (en $/hp)
	P1	P2	P3	P4	
A1	2	8	4	8	24
A2	2	4	2	2	30
A3	4	6	6	6	36
A4	4	10	4	4	48

Note : Les durées sont exprimées en minutes-personnes par unité ; les coûts de location, en dollars par heure-personne.

Une tenue estivale coûte 6$ en matières premières ; le Ministère s'est engagé à la payer 26$. Les matières premières des produits P2, P3 et P4 reviennent à 14$, à 7$ et à 10$ l'unité respectivement ; le Ministère versera 30$, 19$ et 26$ l'unité respectivement pour les tenues hivernales, pour les capotes polaires et pour les bonnets de fourrure.

Les contrats avec le ministère de la Défense nationale sont souvent de fort profitables affaires, mais le Ministère est lent à honorer ses engagements financiers. Notre intermédiaire peut faire attendre ses fournisseurs, qui sont habitués aux lenteurs gouvernementales et fixent leurs prix en conséquence. Par contre, les ateliers facturent hebdomadairement et veulent être payés rapidement. Et notre intermédiaire ne dispose pas de plus de 500000$ par semaine à investir dans les frais de location.

L'intermédiaire a demandé conseil à un analyste pour planifier la confection des vêtements à livrer au Ministère. Celui-ci a construit un modèle linéaire qui vise à maximiser le profit de l'intermédiaire et dont les variables de décision se définissent ainsi :

x_j = nombre d'unités du projet P*j* à livrer au Ministère chaque semaine

y_i = nombre de minutes de main-d'œuvre louées dans l'atelier A*i* chaque semaine.

Les contraintes technologiques du modèle se regroupent en cinq catégories.

- La première comporte 4 équations « DÉFN Y*i* », où $i = 1, 2, 3, 4$, qui définissent les temps de location y_i en fonction des variables x_j. Par exemple, « DÉFN Y1 » s'écrit ainsi :

$$2\,x_1 + 8\,x_2 + 4\,x_3 + 8\,x_4 - y_1 = 0.$$

- La 2e se résume à une contrainte « BUDGET » qui exige que les coûts hebdomadaires de location ne dépassent pas le budget de notre intermédiaire.
- La 3e traduit, à l'aide de 7 inéquations, les bornes inférieures et supérieures au temps de location qui découlent des ententes avec les ateliers.
- La 4e force l'intermédiaire à livrer hebdomadairement autant d'unités de chaque produit que le demande le Ministère.
- La dernière catégorie contient une seule inéquation.

(a) Écrire la fonction-objectif.

(b) Écrire l'équation « DÉFN Y2 », qui exprime le temps de location de l'atelier 2 en fonction des variables x_j.

(c) Écrire l'inéquation « BUDGET ».

(d) Donner une contrainte de la 3e catégorie et une contrainte de la 4e catégorie.

(e) Écrire l'unique inéquation de la 5e catégorie.

8. Un appel d'offres pour l'achat d'articles

Une société d'État a décidé de procéder par appel d'offres pour se procurer divers articles. Voici les quantités requises (en centaines d'unités) des différents articles.

Article	A	B	C	D	E	F	G	H
Quantité	411	267	439	313	463	577	487	393

La société a lancé l'appel d'offres auprès des 10 firmes nationales dont le nom apparaissait sur une liste restreinte établie par un logiciel qui dresse ces listes en laissant le hasard jouer un rôle important. À partir des soumissions reçues des huit firmes qui se sont montrées intéressées, on a établi un tableau (*voir page suivante*) qui donne les prix unitaires *p* (en $), ainsi que les quantités minimales et maximales (en centaines d'unités) que les firmes acceptent de livrer.

La société d'État a comme politique, à cause des coûts fixes de commande, de ne pas traiter avec un fournisseur à moins de 100 000 $. De plus, elle a fixé, pour des raisons politiques, une limite supérieure à son chiffre d'affaires global avec chacune des huit firmes.

Chiffre d'affaires global maximal (en k$)								
Firme	**F1**	**F2**	**F3**	**F4**	**F5**	**F6**	**F7**	**F8**
Maximum	350	350	380	280	420	420	450	400

Le gestionnaire responsable de l'appel d'offres considère que la société devrait encourager les entreprises qui se sont donné la peine de préparer et déposer une soumission. Il entend donc faire affaire avec ces huit firmes et respecter tous les minima et maxima de quantités indiqués dans le tableau de la page suivante.

Comme le problème lui semblait complexe et les contraintes nombreuses, le gestionnaire a demandé à un analyste de déterminer la répartition des achats entre les huit firmes qui minimise le coût total pour la société tout en respectant les différentes conditions mentionnées ci-dessus. Celui-ci a élaboré un modèle linéaire, dont les variables de décision se définissent comme suit :

x_{Ij} = nombre de centaines d'unités de l'article *I* achetées de la firme F_j.

Les contraintes technologiques du modèle se regroupent en trois catégories.

- La 1re fixe des bornes au chiffre d'affaires global avec chacune des huit firmes.
- La 2e garantit que la société achètera suffisamment d'unités de chaque article.
- La dernière indique que la variable x_{Ij} doit respecter les quantités minimale et maximale établies à partir de la soumission de la firme F_j.

(a) Écrire la fonction-objectif. En quelles unités est exprimée cette fonction-objectif ?

(b) Donner les contraintes de la 1re catégorie qui sont associées à la firme F1.

(c) La société a besoin de 41 100 unités de l'article A. Indiquer comment traduire cette exigence dans le modèle linéaire.

(d) Donner les contraintes de la 3e catégorie qui sont associées à la variable x_{H1}.

9. Les crayons de Bleistift

À Hasselt, dans le Limbourg belge, la compagnie Bleistift fabrique des crayons jaunes. C'est la couleur traditionnelle depuis le début du XXe siècle : le graphite de grande qualité utilisé alors pour fabriquer la mine des meilleurs crayons provenait du sous-sol de Chine, où le jaune symbolisait la royauté et l'excellence.

Bleistift fabrique des crayons à mine fine ou à grosse mine. Les mines sont obtenues en mélangeant graphite et argile en des proportions variant selon la dureté désirée et l'intensité souhaitée pour le trait. Les crayons de Bleistift qui sont destinés au marché nord-américain sont munis d'une gomme à effacer ; les autres, écoulés sur le marché européen, sont sans gomme.

Pour le bois de ses crayons, Bleistift recourt au cèdre, à l'érable, au jelutong et à l'ozigo. Ces quatre essences forestières se prêtent particulièrement bien au sciage en minces lamelles, à l'usinage et aux taillages. Le fournisseur de Bleistift lui garantit une quantité suffisante d'érable et de cèdre en échange d'une commande minimale à chaque rafale de production. Le jelutong provient de l'Indonésie et l'ozigo, de l'Afrique. Ce dernier donne des crayons lourds d'allure luxueuse. Tous ces bois sont avares d'échardes et adhèrent fortement aux mines.

Bleistift se procure son bois déjà apprêté en longs blocs équarris. Les blocs sont sciés de façon précise en fines lamelles plates, lesquelles sont plongées dans un bain où elles macèrent pour s'imprégner de teinture émolliente. L'une des faces des lamelles est ensuite rayée sur sa longueur de cannelures à profil arrondi. Des cylindres de mine sont déposés dans les cannelures, la face rayée des lamelles est encollée, puis deux lamelles encollées sont placées face à face de façon à enchasser les mines. Les lamelles doubles sont taillées, à l'aide d'une fraiseuse, en longues baguettes, qui sont alors coupées en crayons de longueur standard. Ceux-ci sont polis, peints en jaune et mis à

PROBLÈME 8

Un appel d'offres pour l'achat d'articles

Article	F1			F2			F3			F4			F5			F6			F7			F8		
	p	min	max	*p*	min	max	*p*	min	max	*p*	min	max	*p*	min	max	*p*	min	max	*p*	min	max	*p*	min	max
A	2	25	200	2,1	20	100	1,9	20	50	1,95	70	100	1,95	25	200	2,2	25	400	–	–		2,1	50	100
B	–	–		9	25	150	8,1	50	80	8,5	25	175	7,9	25	100	–	–		8,4	10	80	8,8	25	120
C	7	20	120	7,2	30	250	–	–		7	20	90	7,3	25	150	7,4	10	100	7,5	30	200	7,2	25	95
D	10	10	140	10	20	75	10,3	20	200	10,4	20	200	10,2	10	250	10,5	20	120	–	–		–	–	
E	3	25	150	–	–		3,3	30	70	3,2	40	110	3,1	25	70	3	15	70	3,4	20	120	3,5	30	200
F	4	30	110	4,2	25	75	4,3	20	70	–	–		4,3	20	70	4	20	100	3,9	25	210	4	20	60
G	2	25	100	–	–		2,2	20	80	2,3	30	75	2,1	30	110	2,4	25	80	1,9	30	275	–	–	
H	8	20	50	8,2	20	50	8,3	30	100	8,2	25	200	8,3	30	100	–	–		8,3	25	100	8,3	25	150

sécher. Les crayons destinés au marché nord-américain sont ensuite munis à l'une de leurs extrémités d'une virole collée puis poinçonnée, prête à recevoir une gomme maintenue en place par gaufrage de la virole. Finalement, les crayons sont emballés par étuis de 20 crayons et placés dans des cartons de 50 étuis. Toutes ces opérations sont automatisées.

Bleistift commercialise donc ses produits en cartons de 1000 crayons. Pour la prochaine rafale, Bleistift doit choisir dans la gamme des produits suivants: crayons en cèdre à mine fine (CF) ou à grosse mine (CG), crayons en jelutong à grosse mine (JG), crayons en jelutong destinés au marché européen et donc sans gomme (JS), crayons en ozigo à grosse mine (OG), crayons en érable à mine fine (EF) et crayons en érable sans gomme destinés au marché européen (ES). Les écologistes croient que l'industrie du crayon incite des forestiers indonésiens irresponsables à pratiquer des coupes sauvages de jelutong sans se préoccuper du renouvellement de la ressource: Bleistift veut donc réduire sa production de crayons en jelutong à un maximum de 400 cartons pour cette rafale.

L'usine de Bleistift peut se voir comme une suite d'ateliers disposant chacun d'un potentiel d'unités de production. Ces ateliers sont: sciage-cannelure, mine-encollage, fraisage-polissage, peinture-séchage, gomme-virole, emballage. Le tableau suivant résume les données techniques correspondant à la fabrication des crayons. Les profits unitaires sont exprimés en francs belges par carton.

Atelier	CF	CG	JG	JS	OG	EF	ES	Potentiel
Sciag-Cann	1	3,5	2,5	2,5	4,5	4	4	22670
Mine-Encol	1,5	2	2	2	3,5	2	3	16000
Frais-Poli	2	2,5	2	2	3,5	2,5	3	18000
Peint-Séch	1	1	1	1	1,5	1	1	8000
Gomme-Viro	1	1	1	–	2	2	–	7000
Emballage	2	2	2	2	3	2	2	13300
Profit	126	185	218	141	330	224	186	

Bleistift doit commander érable et cèdre pour assurer la production d'au moins 1 million de crayons de chacune de ces deux essences. Sa part du marché nord-américain lui impose de fabriquer au moins 2000 cartons de crayons à mine fine et au plus 1500 cartons de crayons à grosse mine.

Construire un modèle linéaire pertinent. Résoudre.

10. La production de piles

Une entreprise fabrique trois types de piles : sèches de type 1 (PS1), sèches de type 2 (PS2) et à combustible (PC). Le processus de fabrication comporte trois étapes : l'assemblage, un test de qualité et un traitement d'isolation. Seules les piles qui réussissent le test de qualité sont soumises au traitement d'isolation. Au cours du mois prochain, l'entreprise disposera en temps-machine de 10000 heures pour l'assemblage, de 1300 heures pour les tests de qualité et de 7500 heures pour le traitement d'isolation. Les piles qui ratent le test de qualité sont mises au rebut, à un coût variant entre 0,10$ et 0,15$ l'unité selon le type de pile. Le tableau au bas de la page résume les informations pertinentes du procédé de fabrication.

(a) Quel est le nombre optimal de piles de chaque type à fabriquer le mois prochain si l'entreprise est assurée de vendre chaque pile qui a passé le test de qualité ?

(b) Supposons que l'entreprise puisse, avec un investissement en qualité totale, diminuer totalement le taux d'échec, de sorte qu'il ne soit même plus nécessaire de tester les piles. Dans ce contexte modifié, les coûts de production diminueraient – et les marges bénéficiaires augmenteraient. On présumera ici que l'entreprise économiserait seulement les coûts de la main-d'œuvre affectée au test, que ces personnes gagnent 9$/h et que l'entreprise peut mettre à pied ces employés sans frais. La production optimale dans ce nouveau contexte différerait-elle de celle proposée en réponse à la question (a) ? De combien augmenterait le profit optimal ?

11. La fusion de deux sociétés

Deux sociétés, X et Y, fabriquaient les mêmes produits, P1 et P2. La société X disposait d'une force de travail de 10000 heures-personnes par mois dont la productivité permettait de fabriquer 4 unités de P1 par heure-personne ou 4 unités de P2 par heure-personne. Elle payait 10$ l'heure les ouvriers affectés au produit P1 et 11$ l'heure ceux qui étaient affectés à P2. La société Y, qui disposait d'une force de travail de 6000 heures-personnes par mois, produisait 3 unités de P1 par heure-personne ou 6 unités de P2 par heure-personne. Elle payait ses employés 12$ et 9$ l'heure respectivement pour fabriquer les produits P1 et P2.

Les sociétés X et Y viennent de fusionner. La nouvelle société s'est engagée à respecter les politiques salariales en vigueur. Elle n'est pas tenue d'utiliser toute la main-d'œuvre disponible, mais la direction a promis aux employés de ne pas embaucher de nouvelle main-d'œuvre. Les employés qui conserveront leur emploi resteront dans l'usine où ils étaient avant la fusion. La direction peut toutefois muter du personnel de la fabrication d'un produit à un autre ; un employé muté recevra le salaire associé au produit qu'il fabrique.

L'objectif de la nouvelle société est de minimiser les coûts de main-d'œuvre pour les 3 prochains mois tout en fabriquant durant cette période 121500 unités de P1 et 102000 unités de P2.

Construire et résoudre un modèle linéaire qui indiquerait à la société comment atteindre son objectif.

12. Skidoo

Un pourvoyeur du Grand Nord québécois accueille, l'été, les pêcheurs de brochet et de touladi puis, l'automne, les chasseurs de gibier à panache. Il a conclu une entente avec la grande agence de voyage européenne Nomades pour organiser des randonnées en motoneige d'un mois chacune en pleine toundra pendant l'hiver, alors que sont possibles des périples qu'interdiraient, après le dégel, les efforts combinés de la *raspoutitsa* et des moustiques. Soucieux de la sécurité des âmes qu'on lui confie, le pourvoyeur prévoit des caches d'essence et de nourriture en différents points du périple.

Chaque randonneur se verra confier une motoneige. Voici le nombre de clients qui sont prévus au cours de chacun des cinq mois du prochain hiver.

Mois	**1**	**2**	**3**	**4**	**5**
Nombre de clients	50	60	40	85	25

À l'instar de plusieurs collègues, le pourvoyeur loue ses motoneiges auprès de la Société de développement crie qui dispose des capitaux nécessaires pour en financer l'achat et emploie des mécaniciens aptes à les réparer. Pour ralentir les mouvements dans son carnet de location, la Société de développement offre les tarifs de location à taux dégressifs qui sont donnés dans le tableau page suivante.

PROBLÈME 10

La production de piles

Type	**Assemblage (en s/u)**	**Test (en s/u)**	**Isolation (en s/u)**	**Profit (en $/u)**	**Taux d'échec**	**Perte (en $/u)**
PS1	30	3	15	0,25	3 %	0,10
PS2	25	4,5	22	0,20	1 %	0,13
PC	24	4	21	0,22	2 %	0,15

Note : Les temps sont en secondes par unité (par pile). Les profits sont en dollars par unité vendue ; les pertes, en dollars par unité rejetée à la suite du test de qualité.

Durée (en mois)	1	2	3	4	5
Tarif (en $/moto)	1 000	1 500	1 900	2 200	2 450

Il faut également prévoir des frais de 150$ par motoneige pour la reconduite chez le locateur en fin de location.

Quelle entente le pourvoyeur doit-il conclure avec le locateur de motoneiges pour minimiser ses coûts?

13. La politique d'achats d'ARMA

L'entreprise ARMA veut établir une politique d'achats optimale pour le premier semestre de l'an prochain. Deux occasions se présenteront pour acheter une certaine pièce qui est requise pour la production : début janvier, au coût de 5$/unité ; et début avril, au coût de 6$/unité. Les pièces achetées seront expédiées à l'entrepôt de l'entreprise ; à la fin de chaque mois, on en livrera une certaine quantité aux ateliers. Voici le nombre de pièces qui, selon le plan de production déjà établi, devront être livrées à la fin de chacun des six mois de la période de planification.

Janvier Mois 1	Février Mois 2	Mars Mois 3	Avril Mois 4	Mai Mois 5	Juin Mois 6
1 200	1 500	1 800	2 000	3 000	2 100

Le coût mensuel d'entreposage d'une pièce est évalué à 0,50$ pendant le premier trimestre et à 0,60$ pendant le second. Construire et résoudre un modèle linéaire qui déterminerait le nombre de pièces à acheter en janvier et en avril de façon à satisfaire la demande au moindre coût.

14. L'embauche de personnel chez Vallée

Chez Vallée, un fabricant de meubles, on a établi, en tenant compte du carnet de commandes, les besoins totaux en personnel des trois prochains mois :

Mois 1 : 200 mois-personnes

Mois 2 : 220 mois-personnes

Mois 3 : 230 mois-personnes.

Si l'on ne procédait à aucune embauche, le nombre d'employés, en tenant compte des départs annoncés et prévus, s'établirait comme suit :

Mois 1 : 180 mois-personnes

Mois 2 : 175 mois-personnes

Mois 3 : 170 mois-personnes.

Vallée permet à des employés expérimentés de doubler certains jours leur quart de travail ; il en coûte une prime de 2100$ par mois-personne obtenu de cette façon. Mais le syndicat ne veut pas consentir à ce que plus de 40 mois-personnes soient trouvés de cette façon chaque mois.

Vallée peut également, au début de chaque mois, procéder à l'embauche de nouveaux employés. Les besoins d'encadrement du nouveau personnel empêchent d'en recruter plus de 35 par mois et il en coûte 375$ par nouvel employé embauché. Chez Vallée, les conditions de travail sont dures et les contremaîtres exigeants. Certains nouveaux employés quittent rapidement : la direction du personnel évalue que, lorsque 10 employés sont engagés, 9 restent suffisamment longtemps pour être comptés dans la force de travail du mois de leur engagement, 8 seront comptés dans la force de travail du mois suivant et 6 dans celle du mois subséquent. La productivité d'un nouvel employé, en pourcentage de celle d'un employé bien entraîné, progresse généralement de 20 % le 1er mois à 50 % le 2e mois, pour atteindre 60 % le 3e mois.

Quelle politique d'heures supplémentaires et d'embauche Vallée devrait-elle adopter pour minimiser les coûts de personnel ?

15. La politique de rotation des ingénieurs à l'île d'Anticosti

La compagnie SMD s'est vu confier la responsabilité de travaux de génie civil sur l'île d'Anticosti. Le tableau suivant indique combien d'ingénieurs seront requis pour ces travaux au cours des mois de la prochaine saison estivale.

Mois	1 Mai	2 Juin	3 Juillet	4 Août	5 Septembre	6 Octobre
Requis	3	5	8	7	9	3

Il en coûte à SMD 5 000$ par mois pour maintenir *in situ* un ingénieur, que ses services soient requis ou non. SMD estime à 3 200$ les frais afférents au retour d'un ingénieur de l'île vers Montréal, où est situé le siège social de l'entreprise. Ajouter un ingénieur au groupe travaillant dans l'île revient à 2 000$. Toutes les rotations de personnel se font en début de mois.

SMD, qui tient à maintenir le moral de ses employés et la cohésion des équipes, s'est engagée à ne pas ajouter plus de 3 ingénieurs à la fois à l'équipe déjà en place, ni à ramener à Montréal plus du tiers des ingénieurs présents sur le site, sauf le dernier mois où toute l'équipe en place retournera à Montréal. Pour chaque ingénieur au-dessous du nombre requis, SMD doit débourser 6 000$ par mois en heures supplémentaires. Enfin, les heures supplémentaires d'un mois donné sont limitées à 30 % des heures travaillées ce mois-là en temps régulier.

Quelle politique de rotation des ingénieurs minimiserait les frais, sachant qu'en avril aucun ingénieur de SMD ne travaillera dans l'île et que, au début de novembre, tous les ingénieurs présents devront être ramenés à Montréal ?

16. L'assemblage de gadgets électroniques chez Balan

Balan assure, dans un petit atelier, le montage de deux gadgets électroniques bas de gamme destinés aux tout jeunes : chronomètres et calculatrices. Elle retire un profit de 2$ par chronomètre et de 2,50$ par calculatrice. Balan écoule ces gadgets auprès d'un grossiste, qui peut absorber toute sa production.

L'assemblage de chaque gadget requiert quatre opérations que Balan confie à autant d'ouvriers. Les durées (en minutes) de ces opérations apparaissent au tableau suivant.

Gadget	Ouvrier 1	Ouvrier 2	Ouvrier 3	Ouvrier 4
Chronomètre	3,5	3	3	3
Calculatrice	3	3,25	3,5	4

Chaque ouvrier assure un quart de 8 heures par jour, 5 jours par semaine. Toutefois, le contrôle de la qualité imposant que tout gadget dont le montage est entrepris au cours d'un quart de travail soit terminé au cours de ce même quart, certains ouvriers restent parfois inactifs pendant une partie de leur quart. Mais l'écart entre les temps de travail de deux ouvriers ne doit jamais dépasser 45 minutes.

Déterminer un plan de production qui maximise les profits de Balan.

17. Le zoo

Tous les deux jours, il faut renouveler les 5000 litres d'eau du bassin d'un zoo où évoluent deux bélugas. Pour simuler la composition de l'eau du milieu naturel de ces mammifères, il faut incorporer à l'eau chlorée de l'aqueduc 100 kg d'un produit constitué des éléments suivants :

- au moins 30 kg de plancton ;
- entre 10 et 20 kg d'un agent neutralisant du chlore ;
- au moins 30 kg de sels minéraux ;
- entre 10 et 20 kg d'un agent de stabilisation du pH.

Le zoo est en rupture de stock temporaire du produit qui respecte ces exigences. Par contre, il dispose de 5 produits, adaptés chacun à d'autres animaux aquatiques, mais dont aucun ne conviendrait tel quel aux bélugas. On cherche donc s'il est possible, en les mélangeant, d'obtenir un produit qui respecte les exigences de ces derniers. S'il existait plusieurs façons d'y arriver, le zoo chercherait évidemment la moins onéreuse. Les caractéristiques des produits dont dispose le zoo sont données dans le tableau suivant.

Répartition des constituants de chaque produit (en % du poids)

	A	B	C	D	E
% de plancton	50	45	31	25	10
% de neutralisant	10	15	27	30	25
% de sels minéraux	25	20	36	40	27
% d'agent de contrôle du pH	15	20	6	5	38
Qté disponible (en kg)	100	50	60	30	10
Coût (en $/kg)	16	14	16	12	13

Quelle sera la composition du mélange le moins coûteux?

18. Les engrais et le maraîcher

Une coopérative agricole dispose, à la fin d'août, de stocks en vrac importants de six types d'engrais, qu'elle songe à brader pour en éviter l'entreposage jusqu'à la prochaine saison de plantation. Un maraîcher, spécialiste de la culture en serres, s'est montré intéressé par un mélange que la coopérative pourrait constituer avec une partie de ses stocks d'engrais, pourvu que ce mélange possède les caractéristiques suivantes :

- teneur en azote : entre 30 et 35 % du poids du mélange ;
- teneur en chaux : entre 18 et 22 % du poids du mélange ;
- teneur en phosphore : entre 25 et 30 % du poids du mélange ;
- teneur en calcite : entre 10 et 16 % du poids du mélange.

Le maraîcher est disposé à acheter un maximum de 25 tonnes d'un tel mélange, au tarif de 7,25 $ les 100 kg. Le tableau de la page suivante décrit la composition des six engrais en stock. Il donne également les prix qu'en obtiendra la coopérative si elle les brade directement.

La coopérative, afin de maximiser les sommes obtenues en écoulant ses stock d'engrais, utilise un modèle linéaire, dont les variables de décision se définissent comme suit :

x_T = poids (en kg) du mélange préparé pour le maraîcher

x_j = nombre de kg de l'engrais j à mettre dans le mélange

y_j = nombre de kg de l'engrais j qui seront bradés directement.

Les contraintes technologiques du modèle se regroupent en quatre catégories.

- La première contient une seule équation, « DÉFN XT », qui définit la variable d'étape x_T en fonction des variables x_j.
- La deuxième, formée de 4 paires d'inéquations, force le mélange à respecter les exigences du maraîcher.
- La troisième limite à 25 tonnes le poids total du mélange.
- La dernière interdit à la coopérative d'utiliser plus d'engrais qu'elle n'en dispose.

(a) Écrire la fonction-objectif.

(b) Écrire les contraintes des 1re et 3e catégories.

(c) Donner les 2 inéquations de la 2e catégorie qui sont associées à l'azote.

(d) Donner l'équation de la 4e catégorie qui se rapporte à l'engrais 1.

19. Le chocolatier-confiseur

Un chocolatier-confiseur reçoit une commande de 3000 assortiments de chocolats. Pour les confectionner, il a convenu d'y placer trois sortes de chocolats, dénotés chocolats 1, 2 et 3, dont chaque kg lui coûte 4 $, 1,45 $ et 2,40 $ respectivement. Chaque assortiment doit peser un kg et se vendra 8 $.

PROBLÈME 18

Les engrais et le maraîcher

Engrais	Composition des engrais (en % du poids de l'engrais)					Stock (en kg)	Prix bradés (en $/100 kg)
	Azote	Chaux	Phosphore	Calcite	Autre		
1	9	2	27	16	46	7 500	7,50
2	10	6	37	15	32	6 000	6,00
3	27	12	40	11	10	3 000	6,50
4	39	24	12	25	0	12 000	7,50
5	38	17	28	5	12	10 000	6,25
6	0	40	0	0	60	11 000	7,75

Les chocolats 1 doivent représenter entre 10 et 20 % du poids d'un assortiment. Les chocolats 1 et 2 présents dans un assortiment ne doivent pas peser plus de 800 g. Au moins la moitié du poids d'un assortiment doit provenir des chocolats 1 et 3.

Comment le chocolatier-confiseur doit-il répartir ses achats entre les trois sortes de chocolats pour maximiser les revenus nets qu'il tirera de la vente des assortiments ?

20. Les mélanges de SOS

La compagnie SOS fabrique quatre mélanges (M1, M2, M3 et M4) à partir de trois liquides de base (A, B et C). Le tableau ci-dessous indique combien de litres au maximum SOS pourrait se procurer de chacun des liquides et quel prix elle les paierait.

Prix et disponibilité des liquides de base

Liquide	Disponibilité (en litres)	Prix d'achat (en $/ℓ)	Prix de vente (en $/ℓ)
A	350	1,50	1,75
B	425	2,00	2,25
C	375	3,25	3,30

Voici les conditions que doit respecter SOS dans la composition des mélanges.

Proportion des liquides dans les mélanges

Liquide	M1	M2	M3	M4
A	AM 30 %	AP 50 %	–	40 %
B	25 %	AM 32 %	AP 40 %	AM 10 %
C	AM 20 %	AP 36 %	AM 25 %	AM 30 %

* AM : au moins AP : au plus

Le marché peut absorber toute la production de SOS pourvu que les prix de ses mélanges soient maintenus aux niveaux actuels : 2,50 $ le litre pour M1 ; 3,25 $ le litre pour M2 ; 3,85 $ le litre pour M3 ; 2,65 $ le litre pour M4. SOS peut également revendre les liquides de base directement sur le marché sans les incorporer à l'un ou l'autre des mélanges ; elle les offrirait alors aux prix unitaires indiqués dans la dernière colonne du premier des tableaux ci-dessus.

Comment SOS doit-elle s'y prendre pour maximiser les contributions aux coûts d'exploitation et aux profits, sachant qu'elle veut s'assurer que la production de M2 représente au moins 40 % de la production totale des quatre mélanges ?

21. La construction d'un horaire pour la livraison de colis

Dans une entreprise de livraison de petits colis, le répartiteur attribue chaque jour aux différents livreurs une charge de travail conformément aux règles suivantes :

- un quart de travail nécessairement continu : les heures de service assignées à un livreur sont consécutives ;
- les prises de service se font entre 9 h et 15 h, au début des heures, c'est-à-dire à 9 h, à 10 h, etc. ;
- si un livreur est appelé au travail, on lui attribue au moins 2 heures ;
- si un quart dure 6 heures ou plus, on accorde à l'employé une heure à répartir en pauses (ainsi, un employé qui est convoqué pour 6 heures de service en travaille 5 seulement, mais est payé pour 6).

Les livreurs sont payés 10 $ l'heure, et une prime de 12 $ est accordée à tout employé convoqué pour moins de 6 heures de service. Les frais d'administration occasionnés par chaque prise de service s'élèvent à 5 $. La productivité moyenne d'un livreur est de 40 kg de colis à l'heure. Le répartiteur est à préparer l'horaire des livreurs de son centre de tri pour le lendemain. Le tableau suivant donne le poids total (en kg) des colis attendus dont il faudra assurer l'acheminement durant chacune des 8 périodes d'une heure de la journée.

Période Début	1 9 h	2 10 h	3 11 h	4 12 h	5 13 h	6 14 h	7 15 h	8 16 h
Poids	320	250	400	480	440	400	450	600

Combien de livreurs le répartiteur devra-t-il convoquer à chaque heure, et pour combien d'heures chacun, si l'entreprise a pour objectif de minimiser les coûts associés à la main-d'œuvre ?

22. Le pentathlon

Les athlètes qui s'inscriront au pentathlon lors des prochains jeux d'Alma devront terminer cinq épreuves en course contre la montre. André, un pentathlonien aguerri, a mesuré à de nombreuses reprises l'effort qu'il doit fournir dans chacune des épreuves, selon la performance qu'il veut atteindre. Il considère qu'un athlète dispose, au début d'un pentathlon, d'un « budget énergétique » de 100 points qu'il lui faut investir à bon escient de façon à abaisser le plus possible le temps total requis pour compléter l'ensemble des épreuves.

Pour fixer les idées, André peut atteindre au cours de chaque épreuve l'un des niveaux suivants : surhomme, champion, expert, adepte. L'effort à fournir (en points) selon le niveau désiré est donné dans la 1re partie du tableau suivant. On trouvera en 2e partie de ce même tableau les temps (en minutes) d'André pour chacun de ces niveaux.

Effort à fournir et temps selon l'épreuve

Niveau	Effort à fournir (en points)				
	A	B	C	D	E
S : Surhomme	20	30	15	40	50
C : Champion	15	20	12	35	40
E : Expert	10	16	10	30	35
A : Adepte	8	12	8	26	30
	Temps (en minutes)				
S : Surhomme	65	100	75	63	45
C : Champion	72	110	80	66	47
E : Expert	75	115	84	68	48
A : Adepte	78	125	88	71	49

Comment André devrait-il investir son budget énergétique de façon à terminer le plus rapidement possible l'ensemble des cinq épreuves ?

23. La société Volauvent

Depuis la déréglementation dans le domaine du transport aérien, il est possible, sous certaines conditions assez libérales, de créer une compagnie aérienne qui se consacre à fournir des services concurrents sur le réseau de son choix. Volauvent a obtenu le mandat de desservir une fois par jour, au départ de Montréal, les villes suivantes : Rivière-du-Loup, Matane, Baie-Comeau, Val-d'Or, Jonquière et Lac-Mégantic. Les autorités de l'aéroport de Montréal n'ont prévu que 2 aires d'embarquement pour les vols de Volauvent aux heures suivantes : 6 h, 8 h, 10 h et 13 h. Volauvent ne peut donc inscrire à l'horaire plus de 2 départs à chacune de ces heures.

Le nombre de passagers empruntant un vol donné et, partant, le profit que Volauvent en retirera, varient selon l'heure de départ. À la suite d'une analyse de marché, Volauvent a estimé les profits attendus (en k$) de chaque vol selon l'heure de départ et selon la destination. Le tableau ci-dessous résume les résultats obtenus.

Vol	6 h	8 h	10 h	13 h
Rivière-du-Loup	11	10	11	12
Matane	14	14	12	13
Baie-Comeau	9	8	7	8
Val-d'Or	5	3	–2	2
Jonquière	13	14	10	12
Lac-Mégantic	8	7	6	4

(a) À quelle heure doit-on prévoir les vols quotidiens obligatoires entre Montréal et chacune des villes que dessert Volauvent, si l'objectif est de maximiser les profits quotidiens attendus ?

(b) Combien Volauvent serait-elle prête à débourser pour obtenir que l'aéroport mette une aire d'embarquement supplémentaire à sa disposition à 6 h ?

24. Des appels d'offres pour des projets de grande envergure

Le gouvernement d'un petit pays récemment décolonisé vient de lancer des appels d'offres pour la réalisation de huit projets de grande envergure. La liste restreinte des entreprises invitées à soumissionner, établie en collaboration avec les organismes prêteurs, comporte 10 entreprises de travaux publics. Chaque firme a déposé une offre de service pour chacun des huit projets. Le tableau ci-dessous décrit les offres reçues (les soumissions sont en centaines de milliers de dollars).

Entreprise	Projet							
	1	2	3	4	5	6	7	8
A	50	100	117	130	60	45	248	335
B	40	110	120	125	65	50	245	340
C	55	95	130	120	75	55	250	340
D	50	102	126	128	65	53	245	336
E	40	98	132	126	64	54	246	339
F	45	96	123	122	63	53	243	333
G	55	111	119	123	67	51	248	335
H	45	104	121	127	72	49	241	338
I	48	96	124	119	57	52	243	337
J	38	103	123	129	74	48	244	330

Il a été convenu qu'aucune firme ne se verrait attribuer plus de deux projets, car aucune, de l'avis des organismes prêteurs, ne saurait en mener à bien plus de deux dans les délais impartis.

Les entreprises A, B, C et D sont aux mains des nationaux; E et F appartiennent à des intérêts étrangers, mais leur siège social est situé dans la capitale nationale; enfin, G, H, I et J sont des entreprises de l'ancienne métropole qui, avant l'accession du pays à l'indépendance, ont réalisé avec succès – et avec profit – plusieurs grands projets. Une règle secrète stipule qu'au plus trois des projets 1 à 6 seront attribués aux entreprises G, H, I et J de l'ancienne métropole. Enfin, les projets 4 et 8 sont jugés porteurs d'avenir et les politiciens locaux insistent discrètement pour qu'au moins l'un d'entre eux soit accordé aux entreprises nationales A, B, C ou D.

Déterminer à quelles entreprises doivent être attribués les différents projets, si l'objectif est de minimiser le coût total des projets tout en respectant les deux règles secrètes.

25. Le transport routier au Sahel

Une firme de transport routier dispose de quatre camions pour acheminer le matériel nécessaire au forage d'une série de puits dans le Sahel. Le tableau suivant présente le tonnage de fret que peut transporter chaque camion.

Camion	1	2	3	4
Tonnage maximal	2	3	6	7

Les objets à transporter ont été regroupés dans sept conteneurs dont voici le poids en tonnes et la priorité d'acheminement (celle-ci est indiquée par un numéro peint sur le conteneur et est d'autant plus grande que le numéro est élevé).

Conteneur	1	2	3	4	5	6	7
Poids (en t)	3	4	2	1	2	3	4
Priorité	5	2	7	4	3	8	3

Construire et résoudre un modèle linéaire qui indiquerait comment allouer les conteneurs aux divers camions de façon à ce que le premier convoi des quatre camions amène à pied d'œuvre des conteneurs dont la somme des priorités soit maximale.

26. *World News*

Le quotidien *World News* de New York désire s'implanter dans la métropole québécoise, dont les citoyens ont une réputation bien établie de dévorer les journaux. Les éditeurs du *World News* sont conscients que leur quotidien ne se taillera pas d'emblée une part du lectorat suffisante pour attirer les insertions publicitaires locales. Le service du marketing de *World News* va donc tâter le marché en installant une boîte distributrice à quelques carrefours bien choisis du quartier Côte-des-Neiges, retenu pour sa représentativité des lecteurs de journaux montréalais. L'évolution des ventes indiquera la vitesse de pénétration du marché, sans que *World News* n'ait à assumer les coûts élevés de recrutement et de formation d'une équipe de distributeurs et de camelots. Les coûts d'achat et d'installation d'une boîte distributrice sont évalués à 650$. Pour alléger le modèle, limitons notre étude au quartier représenté à la figure ci-dessous. Sur chaque arête est reporté le nombre de ménages qui vivent sur le tronçon de rue correspondant: par exemple, il y a 123 ménages sur le tronçon A–B, et 46 sur le tronçon A–C. Supposons enfin que *World News* ait alloué un budget maximal de 2600$ à l'achat et à l'installation de boîtes distributrices dans ce quartier.

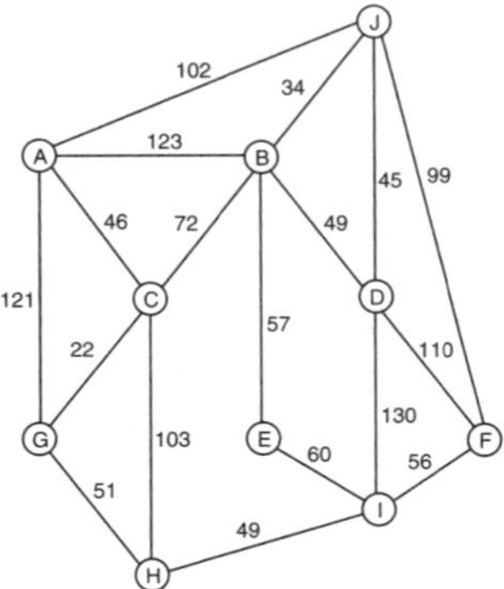

Construire et résoudre un modèle linéaire qui permettra de choisir les intersections où installer les boîtes distributrices de façon à maximiser le nombre de ménages vivant sur un tronçon dont l'une des extrémités se verra attribuer une boîte distributrice.

27. La maison Tapisrouge

La maison Tapisrouge vend et assure l'entretien de machines à café destinées aux édifices à bureaux. Un des meilleurs arguments de vente de Tapisrouge est l'assurance d'un service après-vente ultrarapide. Lorsque Tapisrouge peut assurer à un client potentiel qu'un des préposés à l'entretien est installé à moins d'une heure de route de sa place d'affaires, les chances de lui vendre une machine à café augmentent fortement. Le tableau suivant donne le nombre espéré de machines à café vendues dans chacune des localités, selon qu'un préposé à l'entretien s'en trouve ou non à moins d'une heure de route.

	A	B	C	D	E	F
Oui	120	150	200	300	200	180
Non	50	70	120	120	90	75

L'entretien d'une machine à café coûte 2000$ par année à Tapisrouge, qui en retire 5000$. De plus, maintenir un atelier entraîne des dépenses annuelles de 210 000$ en salaire pour le préposé et en frais afférents. Les ateliers de ces préposés pourraient être installés dans les seules localités suivantes: A, B, C, D, E. Pour éviter les quiproquos, toutes les machines d'une même localité devront être entretenues par un même préposé. Enfin, le prochain tableau donne la durée (en minutes) du déplacement entre chacune des paires de localités du territoire desservi par Tapisrouge.

	A	B	C	D	E
B	50				
C	100	160			
D	55	80	10		
E	150	47	48	85	
F	120	22	42	40	75

Si Tapisrouge veut maximiser ses revenus annuels nets espérés, combien de préposés lui faut-il recruter et où ces derniers doivent-ils s'installer?

28. Les déchets dangereux

Récemment, le Conseil municipal d'une grande métropole a voté à l'unanimité le principe de concentrer déchets et rebuts dangereux pour l'environnement dans quelques sites d'enfouissement permanents.

Le maire a demandé aux fonctionnaires municipaux de lui indiquer où implanter ces sites de façon à ne pas gaspiller l'argent des contribuables. Ils ont répondu qu'il faudrait « respecter le principe d'accessibilité » selon lequel tout citoyen devrait trouver au moins un site d'enfouissement dans son quartier ou dans un des quartiers limitrophes de celui où il réside.

Le maire a voulu connaître combien de sites il faudrait prévoir pour respecter ce principe. Voici une carte de la métropole où apparaissent les limites des divers quartiers.

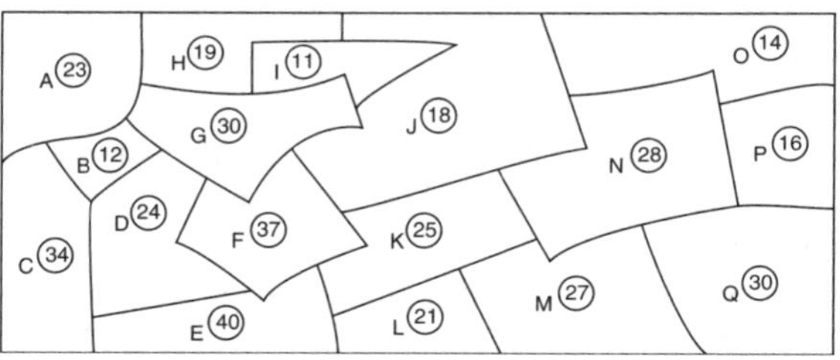

Si, par exemple, un site est implanté dans le quartier K, le principe d'accessibilité sera respecté pour les citoyens des quartiers E, F, J, K, L, M et N.

Le maire, qui désire minimiser le nombre de sites tout en respectant l'avis de ses fonctionnaires, a trouvé qu'il suffirait d'en implanter un dans les quartiers E, G et N.

(a) Comment a-t-il établi ce fait?

Mais la construction de sites d'enfouissement dans les quartiers G et N s'est avérée impossible : ces quartiers sont très densément peuplés, les terrains libres y sont très rares et, partant, très chers, et les mesures à prendre pour assurer la sécurité des sites qu'on y implanterait seraient trop coûteuses. Le maire a donc suggéré aux fonctionnaires d'adopter une autre approche : construire un à un les sites nécessaires au respect du principe d'accessibilité en évitant les quartiers G et N, mais en s'assurant de minimiser progressivement l'insatisfaction des citoyens qui ne trouveraient pas, au début tout au moins, de site dans leur quartier ou dans un quartier limitrophe. En bon politicien, le maire juge que l'insatisfaction des citoyens d'un quartier est directement proportionnelle au nombre de citoyens qui y demeurent. Voici, en milliers de citoyens, la population des divers quartiers de la métropole.

A	B	C	D	E	F	G	H	I	J	K	L	M	N	O	P	Q
23	12	34	24	40	37	30	19	11	18	25	21	27	28	14	16	30

(b) Comment doit-on s'y prendre pour construire un à un (un chaque année) les sites d'enfouissement nécessaires au respect du principe d'accessibilité en réduisant le plus rapidement possible l'insatisfaction résiduelle des citoyens ?

29. Un réseau de concessionnaires d'automobiles

Un importateur de voitures d'une marque étrangère veut implanter un réseau de concessionnaires dans une région dont la carte apparaît ci-dessous. Chacun se verra attribuer, en exclusivité, un territoire qui comprendra, outre la ville où il sera implanté, un certain nombre de villes de la région situées à 20 km ou moins de celle-ci. L'importateur tient à ce que le bassin de population d'un territoire n'excède pas 4 fois la population de la ville où se trouvera le concessionnaire.

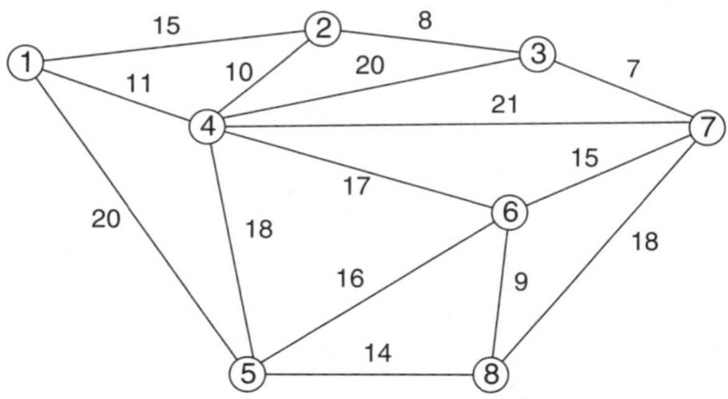

Le tableau suivant donne les distances entre chaque paire de villes par la voie la plus courte et la population de chaque ville (en milliers d'habitants).

Ville	1	2	3	4	5	6	7	8
1	0	15	23	11	20	28	30	34
2	15	0	8	10	28	27	15	33
3	23	8	0	18	36	22	7	25
4	11	10	18	0	18	17	21	26
5	20	28	36	18	0	16	31	14
6	28	27	22	17	16	0	15	9
7	30	15	7	21	31	15	0	18
8	34	33	25	26	14	9	18	0
Population (en 000)	80	40	60	50	20	30	45	65

L'importateur prévoit accorder 1 concession par année, jusqu'à ce que chacune des 8 villes de la région soit desservie par un concessionnaire situé à 20 km ou moins. Il désire toutefois que le nombre de consommateurs potentiels desservis augmente le plus rapidement possible.

Combien de concessionnaires faudra-t-il pour couvrir la région et quel sera l'ordre d'implantation ? Dans quelles villes seront-ils implantés et quelles villes chacun se verra-t-il attribuer ?

30. L'agence Axe

Les habitants d'une petite ville s'affairent à mettre sur pied la 12e édition du Festival estival. Deux mesures vont être prises pour remédier à la baisse des visiteurs constatée au cours des dernières années.

- Le festival se déroulera durant deux week-ends consécutifs ; on compte que la belle température a plus de chance d'être au rendez-vous que si l'on joue son va-tout sur un seul week-end.
- L'effort publicitaire sera fortement accru ; on retiendra les services de l'agence Axe à laquelle on allouera un budget de 61 500 $.

Le tableau qui suit montre les résultats d'une étude réalisée par Axe à propos de la ventilation du budget de publicité. La dernière colonne, « Auditoire », donne le nombre de visiteurs potentiels touchés chaque fois que l'on recourt au médium correspondant. On considère, en première analyse, que l'auditoire total associé à un médium est proportionnel au nombre de fois que l'on y recourt.

Médium	Coût unitaire	Maximum	Auditoire
0. Spots tv locale (15 sec.)	1800 $	10	10000
1. Spots tv locale (30 sec.)	2500 $	10	12000
2. Quotidien national (1/8 p.)	3000 $	5	8500
3. Quotidien national (1/4 p.)	4000 $	5	9000
4. Hebdo régional (1/4 p.)	1400 $	3	2000
5. Hebdo régional (1/2 p.)	1800 $	3	2400
6. Spots radio locale (15 sec.)	250 $	25	1200
7. Spots radio locale (30 sec.)	325 $	20	1600
8. Affiches	3 $	1000	100
9. Autocollants	1 $	5000	50

Axe suggère d'investir au moins 5000 $ dans les affiches et les autocollants, qui sont un excellent moyen de toucher la population des régions environnantes. Les messages télévisés sont garantis à condition d'y recourir au moins 5 fois dans le cas des publicités de 15 secondes et au moins 6 fois dans le cas des publicités de 30 secondes.

À la radio, il faut s'engager à passer un total d'au moins 20 annonces des 2 types pour que celles-ci puissent être prévues à l'horaire au coût indiqué. La direction du festival insiste pour qu'au moins 10000 $ soient affectés aux messages télévisés et radiophoniques. De plus, il faut investir au moins 9 000 $ pour la publicité dans les journaux, qui appuient le festival par de nombreux reportages réalisés à titre gracieux. De quelle façon Axe va-t-elle répartir le budget pour atteindre le plus grand nombre possible de visiteurs potentiels ?

31. Le rachat de l'usine d'un concurrent

Un fabricant d'appareils électroménagers de luxe vient de racheter l'usine de son principal concurrent avec lequel il partage le créneau des appareils électroménagers montés à la main. Le voici pourvu d'une meilleure part de marché et propriétaire d'une nouvelle usine qu'il a vite reconvertie pour la production des appareils de sa marque. Les deux usines dont il dispose maintenant n'ont toutefois pas les mêmes caractéristiques, comme le montrent les données suivantes sur les taux de production.

Temps requis (en h) pour produire un appareil

Usine	Type d'appareil*			Coûts de production (en $/h)
	1	2	3	
A	2	4	3	350
B	4	3	2	300
Commandes	1 000	500	1 200	

* 1 : cuisinière 2 : réfrigérateur 3 : laveuse

Le nombre d'heures disponibles est de 1 900 dans l'usine A et de 4 200 dans l'usine B pour la période de production considérée.

(a) Combien d'appareils de chaque sorte doit-on fabriquer dans chaque usine si l'objectif est de minimiser les coûts de production ?

(b) Le fabricant désire que la production de chaque article ne soit entreprise que dans l'une des deux usines. Montrer qu'il serait impossible d'y arriver.

(c) Le fabricant décide d'ajouter un certain nombre d'heures supplémentaires afin de concentrer la production de chaque type d'appareils dans une seule usine. Les heures supplémentaires reviennent cependant à 100 $ de plus que les heures en temps régulier de la même usine. Déterminer combien d'heures supplémentaires devront être ajoutées dans chaque usine et décrire un plan de production optimal.

32. L'impartition des colis chez Transport Albert

La Société Transport Albert offre, conjointement avec d'autres sociétés, un service interurbain de transport de colis. Le schéma suivant décrit les opérations. Lorsqu'un client expéditeur situé dans la zone d'action d'un terminus T1 fait appel à ce service, une camionnette va cueillir le colis et l'achemine au terminus T1. Le colis est ensuite chargé dans une remorque, puis transbordé de terminus en terminus jusqu'à ce qu'il arrive au terminus T*n* le plus près du destinataire. Il est alors chargé dans une camionnette qui assure la livraison finale au destinataire.

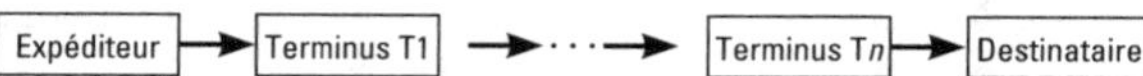

Margaret, qui travaille au terminus de Boucherville de Transport Albert, est responsable de la répartition des colis entre les camionnettes chargées de la livraison aux destinataires. Chaque matin, elle attribue à des camionneurs indépendants les divers colis rendus en fin de course qui sont arrivés à son terminus durant la nuit précédente. Margaret est assistée dans cette tâche par un logiciel de routage conçu par un consultant. Le logiciel engendre un grand nombre de routes de livraisons admissibles, dont la durée minimale est fixée à 5 heures: pour chaque route, le logiciel décrit de façon détaillée l'itinéraire à suivre et en calcule la durée espérée (en heures). Margaret, qui se tient au courant des travaux routiers et des conditions particulières de la circulation qui rendraient certaines routes impraticables ou plus onéreuses qu'à l'ordinaire, choisit quelques-unes des routes produites par le logiciel et les offre à des camionneurs indépendants. Un camionneur ne peut, une journée donnée, accepter plus d'une route. De plus, chaque colis doit être attribué à une et à une seule route.

Supposons, pour alléger le modèle, que seulement 10 colis, numérotés de 0 à 9, ont été reçus la nuit dernière au terminus de Boucherville et que Margaret a retenu, après analyse, les 20 routes décrites dans les tableaux suivants. Dans chaque cas, la durée espérée (en heures) de la route est donnée sur la dernière ligne. Les nombres de la partie centrale indiquent quels colis seraient transportés sur chaque route et dans quel ordre ils devraient être livrés: par exemple, le camionneur auquel serait attribuée la route numéro 1 livrerait d'abord le colis 5, puis le colis 1 et enfin le colis 0.

Routes suggérées par le logiciel

Colis	1	2	3	4	5	6	7	8	9	10
0	3	5			4	1		1	3	
1	2		1			3				
2		2		1					1	1
3		3								3
4			3		1		2	3		
5	1			2						
6		4	2		3		1			
7					2				4	4
8		1		3				2		2
9						2	3		2	
Durée (en h)	6	9,5	7	8	7	5	6	8	7	8

Routes suggérées par le logiciel

Colis	11	12	13	14	15	16	17	18	19	20
0			3			2				4
1						1			3	2
2	2						3	3		
3	1			3	3	4				
4		1					1	1	1	
5		3	1						5	1
6		2		1				2		
7									4	3
8	3				1	3	2			
9			2	2	2	5			2	
Durée (en h)	6	6	6	7	6,5	8	5	5	9	6

(a) Construire et résoudre un modèle linéaire, si l'objectif de Margaret est de minimiser le nombre de camionneurs indépendants avec lesquels elle fera affaire aujourd'hui.

(b) Indiquer comment modifier le modèle précédent si l'objectif est plutôt de minimiser la durée espérée totale des livraisons à effectuer aujourd'hui. Résoudre le nouveau modèle.

(c) Indiquer comment modifier le modèle précédent si Margaret tient à ce que le colis 2 soit livré au tout début de la journée. Résoudre.

(d) Indiquer comment modifier le modèle (b) si Margaret désire plutôt minimiser la durée espérée de la route la plus longue. Résoudre.

33. La Maisonnée

La Maisonnée, une entreprise de fabrication et d'assemblage de maisons préfabriquées, est à planifier sa production de l'an prochain. Elle proposera à sa clientèle trois modèles de maison dont les caractéristiques sont décrites au tableau suivant: l'unité est une maison; la 2e colonne donne la demande prévue pour l'an prochain; les deux dernières, le coût des matériaux et le prix de vente.

Modèle	Demande	Main-d'œuvre (en h/u)	Matériaux (en $/u)	Vente (en $/u)
A	38 u	490	20 000	52 300
B	28 u	588	40 000	77 180
C	31 u	637	30 000	92 295

L'an prochain, les coûts de publicité et de vente s'élèveront à 75 000 $; les frais d'entretien de l'usine à 100 000 $. La Maisonnée estime le coût de pénurie à 2 000 $ par maison en deçà de la demande prévue. Les ouvriers, qui travaillent 35 heures par semaine et 42 semaines par an, toucheront, avantages sociaux compris, 35$ l'heure. Les heures supplémentaires, plafonnées à 100 heures par ouvrier pour l'année, seront payées au tarif de 53$ l'heure.

La Maisonnée emploie actuellement 40 ouvriers et se réserve le droit d'embaucher ou de débaucher le nombre d'ouvriers nécessaires à la maximisation de ses revenus annuels. Embaucher un employé coûte 1 500$, en débaucher un, 5 000$. Les ouvriers sont à toutes fins utiles polyvalents et interchangeables. Chacun reçoit son plein salaire s'il n'est pas débauché, même s'il se retrouve sans travail pendant une partie de l'année.

(a) Si l'objectif de la Maisonnée est de maximiser ses revenus nets, combien fabriquera-t-elle de maisons de chaque modèle l'an prochain et combien d'ouvriers aura-t-elle à son emploi ?

(b) La Maisonnée envisage de lancer un modèle de luxe l'an prochain dont le prix de vente serait de 108 500$ et dont la demande est évaluée à 20 maisons. La Maisonnée n'attribue aucun cas de pénurie à la demande non satisfaite de ce nouveau modèle. Chaque maison de luxe requerrait 900 heures de main-d'œuvre ; les matériaux utilisés coûteraient 35 000$. Si la décision était prise de lancer ce modèle, il faudrait, pour justifier les achats d'outillage, en fabriquer au moins 5. La Maisonnée doit-elle lancer ce modèle ? Si oui, que devient le plan de production optimal ?

34. La bonnetterie

Une bonnetterie fabrique 4 tricots : T1, T2, T3 et T4. Chaque tricot doit passer dans chacun des 4 ateliers de l'entreprise. Le tableau suivant résume les données quantitatives pertinentes aux opérations des ateliers.

Atelier	Durée des opérations (en h/tricot)				Temps disponible (en h/mois)
	T1	T2	T3	T4	
1	0,9	1,0	0,6	0,3	800
2	0,7	0,8	1,2	0,5	700
3	1,0	0,5	0,5	1,5	650
4	0,3	0,2	0,5	0,4	700
Profit/tricot	25$	20$	18$	45$	

Il est possible de retenir les services d'un contractuel qu'on pourrait employer à bon escient dans les ateliers 1 ou 4 selon les besoins, à raison d'un maximum de 176 heures par mois, en contrepartie d'une somme forfaitaire de 1 000$ que la bonnetterie lui verserait si elle recourait à ses services.

Le tricot T1 ne peut être produit que si T2 l'est également. Les tricots T3 et T4 ne peuvent être fabriqués tous les deux au cours d'un même mois. La fabrication de T3, si elle est entreprise, requiert un débours de 500$ pour la mise en route de la chaîne de production. Enfin, si la bonnetterie entreprend la fabrication du tricot T4, elle doit en faire au moins 275 unités.

Dans ces circonstances, que doit faire la bonnetterie pour maximiser le profit au cours du mois prochain ?

35. Le marchand de primeurs

Un marchand de primeurs cherche à déterminer quelles quantités de fruits et de légumes il doit se procurer pour maximiser ses profits tout en répondant le mieux possible à la demande anticipée de sa clientèle. Il lui faut tenir compte des facteurs suivants :

- les frais d'exploitation de son commerce : 500$ par jour ;
- les coûts de commande : les fruits et légumes ne se commandent que par lots entiers ; il faut une commande différente pour chaque produit et les coûts de commande s'élèvent à 15$;
- les coûts de pénurie ;
- les frais de livraison : la livraison des fruits et des légumes commandés n'a lieu que tous les quatre jours ; les frais de livraison s'élèvent à 400$ par charge, complète ou non, du camion de livraison ; le volume maximal d'une charge du camion de livraison est de 30 m³.

Le tableau de la page suivante résume les données à prendre en compte pour les quatre prochains jours.

Le marchand, afin de déterminer quels produits il doit commander et en quelles quantités, utilise un modèle linéaire, dont voici les variables de décision :

x_j = nombre de lots commandés du produit j

v_j = 1 si au moins un lot du produit j est commandé

p_j = nombre d'unités du produit j en pénurie

s_j = nombre d'unités invendues du produit j

y_C = nombre de charges de camions nécessitées par la livraison

C = constante introduite pour tenir compte des frais d'exploitation.

La fonction-objectif z, que le marchand cherche à maximiser, s'écrit sous la forme :

$$z = Lots - Comm - Pénurie - Invendus - 400\, y_c - C$$

où

$$Lots = c_{x1}x_1 + c_{x2}x_2 + c_{x3}x_3 + \ldots + c_{x7}x_7$$

$$Comm = 15\,(v_1 + v_2 + v_3 + v_4 + v_5 + v_6 + v_7)$$

$$Pénurie = 2{,}50\, p_1 + 2\, p_2 + 1{,}50\, p_3 + \ldots + 2{,}70\, p_7$$

$$Invendus = c_{s1}s_1 + c_{s2}s_2 + c_{s3}s_3 + \ldots + c_{s7}s_7.$$

Le modèle contient, outre les contraintes d'intégrité et de non-négativité, quatre groupes de contraintes.

- Le premier, qui se réduit à une équation, fixe à 300$ les frais d'exploitation pour la période de 4 jours considérée :

$$C = 2000.$$

PROBLÈME 35

Produit	Volume (en m³/lot)	Taille d'un lot (en u/lot)	Coût d'achat (en $/lot)	Prix de vente (en $/u)	Demande (en u/jour)	Coût de pénurie (en $/u)
1- Ananas	1,50	50	75	3,00	390	2,50
2- Fraises	0,24	40	58	2,50	980	2,00
3- Pommes	0,50	275	115,50	0,50	4 920	1,50
4- Choux	0,81	30	9	1,00	660	2,30
5- Prunes	0,20	50	18	0,40	2 100	1,00
6- Céleris	0,75	40	54	1,50	760	1,80
7- Avocats	0,20	25	23,25	1,25	530	2,70

– Le second, qui se réduit à une inéquation, exige que les charges respectent, en volume, la capacité maximale du camion :

$$1{,}5\, x_1 + 0{,}24\, x_2 + 0{,}5\, x_3 + \ldots + 0{,}2\, x_7 - 30\, y_c \leq 0.$$

– Le troisième comprend 7 inéquations, une pour chaque produit, et relie les variables x_j, p_j et s_j. Par exemple, la contrainte associée aux fraises s'écrit :

ACHATS 2 $\quad x_2 \leq 98\, v_2.$

– Le quatrième comprend 7 équations, une pour chaque produit, et relie les variables x_j, p_j et s_j. Par exemple, la contrainte associée aux fraises s'écrit :

VENTES 2 $\quad 40\, x_2 + p_2 - s_2 = \text{constante}.$

(a) Déterminer les coefficients c_{x2} et c_{s2} des variables x_2 et s_2 dans la fonction-objectif z.

(b) Déterminer le membre droit de l'équation « VENTES 2 ».

(c) Indiquer comment a été obtenu le coefficient 98 de la variable v_2 dans l'inéquation « ACHATS 2 ». Écrire la contrainte « ACHATS 1 » associée aux ananas.

(d) D'après le contexte, les variables x_j et v_j doivent soit être toutes deux nulles, soit être toutes deux positives. La contrainte « ACHATS j » force x_j à prendre la valeur 0 quand v_j est égale à 0. Mais le modèle, tel que décrit ci-dessus, n'exige pas la réciproque explicitement. Indiquer pourquoi, à l'optimum, la variable v_j sera nécessairement nulle si x_j l'est.

36. Les modèles réduits de Mercedes

La société Pérégo, située en banlieue de Québec, consacre l'essentiel de ses activités à la fabrication d'une large gamme de jouets luxueux pour enfants. Elle fabrique, entre autres, des modèles réduits de Mercedes destinés à agrémenter les loisirs des enfants de richards. Ces véhicules offrent à leurs jeunes passagers le confort et le luxe qui ont fait la réputation de la marque Mercedes. La copie des détails est sourcilleuse et ce n'est qu'en soulevant le capot que l'illusion retombe un peu : le moteur est à alimentation électrique.

Pérégo monte ses mini-Mercedes sur deux chaînes de production, A et B, qui chacune peuvent produire au plus un lot par semaine. Les lots confiés à la chaîne A doivent comporter entre 12 et 16 unités ; ceux confiés à la chaîne B, entre 22 et 28 unités. Ces tailles minimales et maximales s'expliquent à la fois par l'espace disponible pour stocker les pièces et par la mutation temporaire à cette tâche de montage des équipes d'ouvriers requis. Mettre en route une chaîne entraîne des frais qui s'élèvent à 1 800 $ pour A et à 4 000 $ pour B. Pérégo doit débourser ces coûts de mise en route dès qu'un lot est lancé sur l'une ou l'autre des chaînes. De plus, il en coûte en frais variables 800 $ pour monter une mini-Mercedes sur la chaîne A et 825 $ pour effectuer la même tâche sur la chaîne B.

Une fois montée, une mini-Mercedes doit séjourner au moins une semaine en entrepôt pour assurer le durcissement adéquat de la peinture et l'atténuation des senteurs de colle. Entreposer une voiture revient à 30 $ par semaine.

La saison tire à sa fin et Pérégo s'est engagée à livrer 100 modèles réduits de Mercedes d'ici six semaines selon le rythme décrit au tableau suivant. Il y a présentement 7 mini-Mercedes en entrepôt. Tout véhicule qui serait monté en excédent des 93 unités nécessaires pour répondre aux commandes serait expédié en Californie au début de la semaine 6 et y serait soldé à un prix représentant pour Pérégo un manque à gagner de 260 $ par rapport au prix régulier obtenu au Québec.

Semaine	1	2	3	4	5	6
Commandes	0	6	40	18	31	5

Comment doit-on organiser la production des quatre prochaines semaines pour minimiser les coûts tout en répondant aux commandes ? On considérera que les livraisons se font nécessairement en début de semaine ; que, de même, les véhicules des lots fabriqués la semaine j sont placés en entrepôt au début de la semaine $j + 1$ et sont disponibles pour livraison au début de la semaine $j + 2$.

37. La production de l'Agent X chez Blanchex

La société Blanchex fabrique une gamme de produits destinés à l'industrie papetière. Une de ses spécialités est un agent de blanchiment, dit Agent X, dont l'efficacité s'atténue en vieillissant. Cette caractéristique en garantit la rapide innocuité pour l'environnement où il est rejeté après usage.

La production de l'Agent X se fait uniquement par rafales. Blanchex peut lancer au plus une rafale par mois, laquelle donne entre 225 et 300 tonnes. Les frais fixes associés à une rafale s'élèvent à 17000$, tandis que les coûts variables de production sont de 120$ la tonne. Le carnet de commandes de Blanchex indique les quantités minimales suivantes d'agent X à livrer à la fin des quatre prochains mois.

Fin du mois	1	2	3	4
Livraisons (en tonnes)	100	140	150	50

Blanchex doit réduire le prix de vente de l'Agent X au fur et à mesure de son vieillissement. Ce coût, équivalant à un coût d'entreposage, s'élève à 200$ la tonne par mois.

Si Blanchex prévoit se trouver en rupture de stock au pays, il lui est toujours possible de s'approvisionner à un coût de 300$ la tonne auprès de sa filiale norvégienne. Ce coût élevé provient des frais de transport que doit assumer la société sans pouvoir les transmettre à ses clients. Chez Blanchex, cette dépense est assimilée à un coût de pénurie.

Quel plan de production Blanchex doit-elle adopter pour l'horizon des quatre mois à venir : combien de tonnes d'Agent X doit-on produire et quand faut-il le faire ; combien de tonnes d'Agent X se procurera-t-on auprès de la filiale norvégienne ? On présumera que, au début du mois 1, Blanchex ne dispose pas d'Agent X en stock au pays.

38. L'affectation des capitaux

Un notaire joue le rôle de courtier entre ceux qui recherchent des fonds en deuxième hypothèque et les rentiers qui disposent de capitaux qu'ils sont prêts à risquer sur ce marché. Six clients du notaire cherchent présentement à contracter une deuxième hypothèque sur leur propriété. Le notaire s'est vu proposer des fonds par sept rentiers. Voici les montants des hypothèques désirées et les taux proposés par les rentiers selon le risque qu'ils ont attribué aux clients du notaire après l'étude de leur dossier.

Hypothèque		**Taux proposés (en %)**						
(en k$)	**N°**	**R1**	**R2**	**R3**	**R4**	**R5**	**R6**	**R7**
40	H1	10	11	12	13	11	13	14
60	H2	11	12	13	13	11	13	12
80	H3	12	14	13	10	12	13	13
90	H4	11	10	11	11	11	12	12
100	H5	13	11	10	10	12	11	13
120	H6	12	12	12	10	13	12	12
Capitaux (en k$)		45	145	90	180	160	200	40

Le notaire a promis à ses clients qu'ils obtiendraient les fonds désirés.

(a) Si le notaire désire limiter le total des frais financiers des hypothèques consenties par les rentiers, quels rentiers devront prêter combien et à quels clients ?

(b) Si le notaire veut maximiser les revenus que tireront les rentiers des hypothèques consenties, quels rentiers devront prêter combien et à quels clients ?

(c) Si chacune des sommes qui constituera une hypothèque doit être avancée à un même taux à choisir entre 10 %, 11 %, 12 %, 13 % ou 14 % (bien que ce taux puisse varier d'une hypothèque à l'autre), quels rentiers devront prêter combien et à quels clients, si le notaire vise à minimiser le total des intérêts payés par ses clients ?

(d) Si chaque demandeur d'hypothèque doit payer en intérêts une même proportion de l'hypothèque qui lui sera consentie, quels rentiers prêteront combien et à quels clients, si le notaire vise à minimiser le total des intérêts payés aux rentiers ?

(e) Supposons que pour chaque hypothèque il ne faille qu'un seul prêteur. Quels rentiers prêteront combien et à quels clients, si le notaire désire minimiser le total des intérêts payés aux rentiers ?

39. Les heures supplémentaires

Dans une usine, on fabrique trois produits grâce aux ressources de main-d'œuvre disponibles dans trois ateliers. Voici le nombre d'heures nécessaires pour la fabrication d'une unité de chacun des produits, le profit en découlant et les heures disponibles dans les ateliers.

Produit	**Atelier 1**	**Atelier 2**	**Atelier 3**	**Profit**
P1	2	1,0	1,0	4$/u
P2	1	1,0	1,0	3$/u
P3	2	2,5	1,5	6$/u
Heures	900	300	1 200	

(a) Déterminer un plan optimal de production si l'objectif poursuivi est de maximiser les profits.

(b) Il est possible ou bien de recourir aux heures supplémentaires au coût de 2$ l'heure pour le deuxième atelier et de 1$ l'heure pour le troisième atelier, ou bien de récupérer les heures qui restent disponibles pour les consacrer à une autre production, où chaque heure de l'atelier 2 rapporterait 1$ et chaque heure de l'atelier 3 rapporterait 0,75$. Si l'objectif demeure la maximisation des profits, combien d'heures feront l'objet de ces transactions dans les deuxième et troisième ateliers ?

(c) Supposons que les heures à ajouter dans les ateliers 2 et 3 ainsi que les heures de ces ateliers qui pourraient être dérivées vers une autre production ne puissent l'être que par lots de 10 à la fois avec, dans chaque atelier, un ajout ou une dérivation d'au plus 4 lots. Combien de lots feraient l'objet des deux types de transaction dans chaque atelier si les coûts des ajouts ou les profits résultant des dérivations sont les suivants ?

Nombre de lots	Coûts (en $) de l'ajout				Profits (en $) associés à la dérivation			
	1	2	3	4	1	2	3	4
Atelier 2	20	35	48	60	10,00	17	25	33
Atelier 3	10	18	27	36	7,50	14	20	25

40. Les roues de bicyclettes

Un manufacturier de roues de bicyclettes approvisionne quatre fabricants de vélos répartis sur le territoire national. Son usine, bien qu'amortie depuis fort longtemps, a beaucoup de peine à soutenir la vive lutte commerciale que lui imposent des concurrents dont les usines sont dotées d'un équipement plus moderne et plus productif. L'expertise du personnel a permis jusqu'à maintenant de maintenir la rentabilité des opérations, mais cet avantage sur la concurrence s'effrite au fil des ans. Le manufacturier compte réagir en construisant une ou plusieurs usines plus modernes. Six sites, ou emplacements potentiels qui pourraient convenir à l'érection d'une usine, ont été repérés. Le tableau suivant résume les caractéristiques des usines envisagées : la partie centrale donne les coûts de transport (en cents par roue) entre les sites et les fabricants ; l'avant-dernière colonne, la capacité annuelle prévue de l'usine ; la dernière, les frais annuels d'exploitation et d'amortissement.

Site	A	B	C	D	Capacité annuelle	Frais annuels
1	50	20	25	30	15 000	250 000 $
2	40	35	30	40	10 000	135 000 $
3	90	70	40	50	22 000	265 000 $
4	20	60	30	20	32 000	320 000 $
5	80	30	20	60	18 000	185 000 $
6	40	70	30	20	27 000	220 000 $

Les coûts de production d'une roue varieraient d'un site à l'autre et dépendraient à la fois des coûts de la main-d'œuvre locale et de l'importance des capacités de production envisagées.

Coûts de production selon le site (en $/roue)						
Site	1	2	3	4	5	6
Coût	2,00	2,25	1,85	1,80	1,90	1,90

Voici enfin la demande annuelle de chacun des fabricants.

Fabricant	A	B	C	D
Demande	35 000	20 000	45 000	10 000

(a) Le manufacturier cherche à minimiser la somme des coûts annuels de transport, des frais d'exploitation et des coûts de production. Où devrait-il construire de nouvelles usines ? Et quels plans de transport et de production devrait-il adopter ?

Amender le modèle obtenu en (a) pour tenir compte, tour à tour, de chacune des conditions suivantes.

(b) Le manufacturier souhaite approvisionner le client B à partir d'une seule usine.

(c) Si une usine est érigée, elle devra fonctionner à 90 % de sa capacité à tout le moins.

(d) En plus des coûts de transport et de production indiqués dans les tableaux précédents, il faudrait assumer une taxe locale de 50 000 $ par année si l'on expédiait des roues au fabricant A à partir de l'usine qui serait érigée sur le site 6.

(e) Une étude plus approfondie du site 6 a révélé que la construction d'une usine y serait plus coûteuse que prévu. En effet, des spéculateurs ont eu vent des intentions du manufacturier, et le prix des terrains s'est envolé. Le manufacturier se demande s'il ne serait pas plus rentable d'y construire une usine moins importante que celle qui avait été prévue. Il envisage trois versions, dont une correspond au projet initial en ce qui concerne la capacité annuelle de 27 000 roues. Le tableau ci-dessous résume les caractéristiques des trois versions.

Version	Capacité annuelle	Frais annuels	Coût unitaire de production
6M	15 000	200 000 $	2,00 $
6N	20 000	250 000 $	1,95 $
6P	27 000	350 000 $	1,90 $

41. Des automobiles de location à déplacer

Loulou, une firme de location de véhicules implantée dans une grande ville, propose à sa clientèle deux types de véhicules : des petites voitures et des grosses voitures. Les clients de Loulou louent un véhicule en se présentant dans l'un ou l'autre des sept bureaux de location où Loulou assure un service 24 heures par jour. Des voitures des deux types sont disponibles dans chaque bureau.

Loulou profite des heures creuses du petit matin pour faire déplacer les véhicules encore disponibles entre les différents parcs de voitures, rétablissant ainsi la répartition estimée optimale pour minimiser le nombre de refus dans l'ensemble des bureaux de location durant la journée qui débute. Loulou confie les déplacements des voitures à une entreprise indépendante : celle-ci se charge de recruter des chauffeurs à temps partiel, de déterminer leur affectation aux différents trajets, de les déplacer, si nécessaire, d'un bureau de location à l'autre et de les payer. Loulou assume les frais d'essence des voitures déplacées, puisqu'il est plus simple de faire le plein à ses bureaux. Tout compris, Loulou débourse 1,30 $ pour chaque kilomètre parcouru par les voitures déplacées.

Ce matin, Loulou dispose de 165 petites voitures et de 175 grosses voitures qui ne sont pas louées. Ces voitures sont réparties comme suit entre les différents points de location.

Bureau de location	**1**	**2**	**3**	**4**	**5**	**6**	**7**
Petites voitures	14	9	40	5	12	20	65
Grosses voitures	23	12	20	20	32	24	44

D'après l'achalandage prévu par Loulou, la répartition optimale serait la suivante.

Bureau de location	**1**	**2**	**3**	**4**	**5**	**6**	**7**
Petites voitures	20	10	30	15	30	20	40
Grosses voitures	15	10	25	30	45	30	20

Enfin, le prochain tableau donne les distances (en km) entre les divers points de location.

	Au point					
Du point	**1**	**2**	**3**	**4**	**5**	**6**
2	12	–				
3	16	7	–			
4	19	10	5	–		
5	13	16	19	14	–	
6	5	18	21	16	8	–
7	10	9	12	9	7	9

Déterminer combien de voitures de chaque type devraient être déplacées entre les différents bureaux, de sorte que la répartition après ces déplacements coïncide avec la répartition optimale déterminée par Loulou à partir de l'achalandage prévu.

42. La Belle au bois dormant

Un grand magasin prépare sa vente « La Belle au bois dormant », qui se tiendra au début de février. Ce sera la foire des rabais, on y soldera matelas et sommiers, rideaux et stores, draps et oreillers. L'acheteur du magasin a reçu le mandat de se procurer trois types d'oreillers : en duvet d'eider (A), en duvet d'oie (B), en mousse de polyuréthane (C). Les quantités désirées par la direction du service des achats sont données dans le tableau suivant.

Type	**A**	**B**	**C**
Quantité désirée	600	1 500	1 200

Quatre fabricants d'oreillers ont fait parvenir à l'acheteur des échantillons accompagnés d'une liste de prix. Ils se sont engagés à fabriquer dans les délais impartis un certain nombre d'oreillers. Il revient à l'acheteur de passer la commande et d'indiquer à chaque fournisseur combien d'oreillers de chaque type il devra fabriquer.

Propositions des fabricants : nombre total d'oreillers			
Fabricant 1	**Fabricant 2**	**Fabricant 3**	**Fabricant 4**
1 000	3 000	1 200	3 000

L'acheteur a établi, à partir des listes de prix de ses fournisseurs potentiels, le bénéfice que pourrait retirer le magasin en passant une commande chez l'un ou l'autre d'entre eux.

	Bénéfice par oreiller			
Fabricant	**1**	**2**	**3**	**4**
Type A	2,48 $	2,50 $	–	2,49 $
Type B	1,33 $	1,32 $	1,35 $	–
Type C	2,01 $	2,00 $	2,02 $	1,96 $

* Un tiret signifie que le fabricant ne produit pas ce type d'oreiller.

L'objectif de l'acheteur est de maximiser les bénéfices du magasin.

(a) Comment doit-il répartir les commandes s'il désire, de façon à augmenter la gamme des oreillers A et B mis en vente, en commander au moins 200 de tout fabricant qui lui en a proposés ?

(b) Comment doit-il répartir les commandes si les prix proposés et les marges bénéficiaires des oreillers A et B ne sont valables qu'à condition que toute commande d'oreillers de l'un ou l'autre de ces 2 types soit d'au moins 200 unités ? (Chaque fabricant a indiqué qu'il se refuserait d'honorer toute commande d'oreillers A ou B qui serait inférieure à 200 unités, vu les coûts élevés de lancement d'une rafale.)

(c) En plus des différentes contraintes imposées en (b) à l'acheteur, le fabricant 1 vient d'indiquer que les seules commandes d'oreillers de type C qu'il acceptera sont soit 300 unités, soit entre 800 et 900 unités. Il prévient l'acheteur qu'il refusera toute autre demande. Il lui explique que sa conduite n'est pas dictée par le simple caprice : ce type d'oreiller ne fait pas souvent partie des commandes de sa clientèle, mais il dispose présentement de matériaux qui suffiraient à la fabrication de 300 oreillers de ce type ; pour profiter des remises sur quantité offertes par son propre fournisseur, il doit acheter les matériaux nécessaires à la fabrication d'au moins 500 oreillers. Il ajoute que ses installations d'entreposage ne lui permettent pas de commander les matériaux requis pour en fabriquer plus de 600, en plus des 300 pour lesquels il dispose déjà des matériaux nécessaires. Comment l'acheteur doit-il répartir ses commandes ?

43. L'entretien des appareils

Une compagnie aérienne dispose de 5 appareils gros-porteurs (A, B, C, D, E) dont elle fait, pour en garantir la rentabilité, un usage intensif: location à d'autres compagnies, affrètements fréquents, location pour le transport de marchandises, vols nolisés, etc. Elle en assure, en accord avec les normes de sécurité du ministère des Transports, l'entretien régulier grâce à son équipe de mécaniciens. Pour les révisions plus lourdes, prévues par le fabricant, elle fait appel à ce dernier qui lui dépêche les techniciens requis. Ces révisions sont regroupées de façon à faire le meilleur usage possible des techniciens du fabricant. Le répartiteur doit mettre chaque appareil à leur disposition pour la période de trois semaines consécutives que dure la révision d'un appareil.

Pour la prochaine révision, chaque appareil sera donc immobilisé durant trois semaines consécutives, à déterminer selon les plages indiquées dans la section de droite du tableau ci-dessous: par exemple, l'appareil A pourrait être mis à la disposition des techniciens au plus tôt au début de la semaine n° 1 et au plus tard au début de la semaine n° 3. Comme chaque appareil a des antécédents d'utilisation différents, l'ampleur de la révision varie de l'un à l'autre: la section centrale du tableau indique combien de techniciens seront requis pendant chacune des semaines que dure la révision.

	Nombre de techniciens requis			Sem. de disponibilité	
Appareil	1re sem.	2e sem.	3e sem.	au plus tôt	au plus tard
A	4	3	2	n° 1	n° 3
B	3	2	3	n° 2	n° 4
C	4	3	3	n° 3	n° 5
D	1	4	5	n° 1	n° 3
E	6	5	3	n° 2	n° 4

Le fabricant a indiqué au répartiteur le nombre maximal de techniciens qui pourraient se rendre dans les ateliers de la compagnie aérienne pour y effectuer la révision des appareils. Le répartiteur a tenu à ce que les révisions soient regroupées de façon qu'elles s'effectuent dans une plage maximale de sept semaines: il lui faut profiter des sept semaines que dure la saison morte pour remettre les appareils en état.

Nombre maximal de techniciens disponibles							
Semaine	1	2	3	4	5	6	7
Nombre	12	8	10	12	15	12	10

(a) Écrire un modèle qui permet d'atteindre l'objectif suivant: terminer au plus tôt la révision des 5 gros-porteurs.

(b) Écrire un modèle qui permet d'atteindre l'objectif suivant: minimiser le nombre de techniciens requis au cours de la semaine pendant laquelle il en faut le plus.

(c) Écrire un modèle qui permet d'atteindre l'objectif suivant: minimiser le total des fluctuations d'une semaine à l'autre du nombre de techniciens requis au cours des semaines où s'effectueront les révisions.

Modifier le modèle obtenu en (a) pour tenir compte, tour à tour, de chacune des conditions suivantes.

(d) La révision de l'appareil B ne débute pas avant celle de l'appareil D.

(e) La révision de l'appareil B commence au début de la même semaine que celle de l'appareil E.

(f) La révision de l'appareil D ne commence pas au début de la même semaine que celle de l'appareil A.

(g) La révision de l'appareil C ne peut débuter avant que ne soit terminée celle de l'appareil D.

(h) La révision d'un seul gros-porteur commence au début de la première semaine, 2 révisions commencent au début de la deuxième semaine et aucune révision ne commence au début de la troisième semaine.

(i) Les révisions des gros-porteurs A, B et D se terminent à la fin de trois semaines consécutives.

44. Les ciments éburnéens

Par une politique vigoureuse de nationalisation et d'intégration des grandes industries qui se trouvaient sur son territoire, Éburne s'est libérée de l'emprise, trop prépondérante à son avis, qu'exerçait sur son économie l'ancienne puissance coloniale. C'est ainsi qu'elle a acquis deux cimenteries de ciment Portland bâties aux extrémités d'un axe nord-sud qui partage Éburne en deux, et dont l'alimentation en calcaire et en argile est assurée par des carrières situées à proximité de chacune. Le gypse nécessaire à la fabrication du ciment Portland doit être importé.

Chacune de ces cimenteries disposait d'un entrepôt, situé dans le voisinage de sa concurrente, qui visait à maintenir sa part de marché dans l'ensemble du pays. Les entrepôts permettaient de stocker, à peu de frais, le ciment ensaché sous des conditions favorables d'hygrométrie. On pouvait aussi, pour répondre aux besoins du marché de proximité, entreposer sur les lieux mêmes de chacune des cimenteries une partie du ciment produit. Le nouveau gestionnaire, nommé par le gouvernement d'Éburne, a décidé que, dorénavant, les marchés éburnéens ne seront approvisionnés qu'à partir des seuls entrepôts, bien que l'on puisse continuer à stocker, avant de l'acheminer vers l'un ou l'autre des entrepôts, une partie du ciment sur les lieux de sa production. Le ciment produit au cours d'un mois donné et qu'il est prévu d'expédier vers les entrepôts en fin de mois n'est pas considéré comme étant entreposé à la cimenterie, mais bien en attente d'expédition.

La politique d'intégration recherchée par le nouveau gestionnaire vise à utiliser de façon optimale les cimenteries et les entrepôts, tout en répondant à la demande. Voici la situation qui prévaudra au cours des prochains mois.

La capacité maximale de production mensuelle sera de 10 000 tonnes à la cimenterie A et de 12 000 tonnes à la cimenterie B. Voici les coûts prévus de production (en $/t), qui varieront selon les prix du gypse sur le marché international.

Mois	**1**	**2**	**3**
Cimenterie A	125	120	127
Cimenterie B	121	124	122

Et voici la demande (en kt), qu'il faut impérativement satisfaire.

Mois	**2**	**3**	**4**
Entrepôt 1	15	9	14
Entrepôt 2	6	8	11

Les capacités maximales d'entreposage des entrepôts 1 et 2 sont de 16 et 12 kt respectivement; celles des cimenteries A et B sont de 3 et 2 kt. Au début du mois 1, on retrouvera 1 500 tonnes de ciment dans l'entrepôt 1 et 1 700 tonnes dans l'entrepôt 2, tandis que dans les cimenteries, toute la production du mois précédent aura été expédiée vers les entrepôts.

Quant aux coûts d'entreposage, qui sont ici exprimés en dollars par tonne, ils varient d'un mois à l'autre selon l'endroit où le ciment se trouve entreposé. Ils dépendent en effet du degré d'hygrométrie moyen de l'endroit et sont naturellement plus élevés en période de mousson qu'en saison sèche.

Mois	**Ciment. A**	**Ciment. B**	**Entr. 1**	**Entr. 2**
2	0,75	0,85	1,50	1,75
3	1,00	1,75	2,00	2,50
4	2,00	2,50	1,50	1,85

Voici les coûts d'expédition (en $/t). La variation de ces coûts s'explique par la disparité des distances entre les cimenteries et les entrepôts, et par les difficultés accrues de transport en saison des pluies. Les délais d'expédition sont assez courts pour les considérer comme pratiquement inexistants : le ciment est expédié en fin de mois et est disponible en entrepôts pour satisfaire la demande du mois suivant.

Cimenterie	**Fin du mois**	**Entrepôt 1**	**Entrepôt 2**
A	1	4,00	1,00
	2	5,00	0,50
	3	3,75	0,75
B	1	1,25	3,50
	2	0,75	4,50
	3	0,85	3,25

CHAPITRE 3

La résolution des modèles linéaires continus

Plan du chapitre

3.1 La résolution graphique de modèles comportant deux variables de décision

À la façon des explorateurs d'antan, qui abordaient une *terra incognita* par la côte (car les côtiers se montraient souvent plus ouverts que les peuplades de l'intérieur au commerce avec des étrangers) et qui, avant de pousser plus loin leurs incursions, se familiarisaient dans cette atmosphère conviviale avec la langue et les coutumes de la région, le lecteur entreprendra l'étude de la programmation linéaire par celle, plus aisée, de modèles linéaires continus ne comportant que deux variables de décision. La représentation graphique de ces modèles développera son intuition et lui facilitera l'acquisition des définitions et des concepts nécessaires à l'abord de modèles linéaires réalistes, lesquels comportent souvent un nombre imposant de variables de décision. C'est également par l'étude de ces modèles linéaires simples qu'il apprendra à repérer ceux qui admettent une ou plusieurs solutions optimales et à déterminer les caractéristiques de ces solutions optimales. Dans ce contexte allégé, il s'initiera à une justification graphique du théorème fondamental de la programmation linéaire et débusquera les concepts qui sous-tendent l'algorithme du simplexe, l'une des méthodes les plus fréquemment utilisées pour résoudre les modèles linéaires continus et dont on donnera une brève description à la section 3.3.

3.1.1 La Fonderie Rivière-Bleue : description du problème

La résolution graphique des modèles linéaires continus comportant deux variables de décision sera expliquée par le truchement du problème de la Fonderie Rivière-Bleue (FRB), qui constitue l'exemple de base de ce chapitre.

Il n'y a pas si longtemps, on retrouvait au Québec un réseau de fonderies régionales dont la survivance était assurée par les coûts élevés du transport, des grands centres vers ces régions, des objets qu'elles moulaient. Des marchands de métaux de rebut les alimentaient en fonte de récupération régionale : blocs-moteurs, pièces usées ou cassées de machinerie agricole, tuyauteries démontées à la suite de démolitions ou d'incendies. Ces fonderies se consacraient surtout à la production de tuyaux de drainage agricole ou de plomberie, car la fonte de récupération ne permet pas la coulée de pièces usinables.

Le réseau de ces fonderies s'est clairsemé : l'industrie du plastique a créé des ersatz de faible poids pour la plupart des produits que ces fonderies mettaient en marché. L'argument des coûts de transport n'est plus aussi valable qu'auparavant. La Fonderie Rivière-Bleue a échappé jusqu'à maintenant à la fermeture. Les raisons de sa survivance ? Tout d'abord le fait que le village de Rivière-Bleue est situé dans un coin du Québec qui n'a pas connu le vigoureux développement industriel de régions moins excentriques, comme la Beauce et l'Estrie. Et puis, les habitants y ont gardé leurs valeurs traditionnelles : beaucoup de maisons neuves s'y voient encore dotées d'une tuyauterie en fonte ; chez les agriculteurs de la région, c'est l'essentiel des installations de plomberie pour l'adduction d'eau aux abreuvoirs à bestiaux et pour l'évacuation des eaux usées qui est encore réalisé avec ce matériau. Ajoutons que le propriétaire de la fonderie, Aurèle Fournier, est un débrouillard de première force : une grande part de l'électricité qu'utilise sa fonderie provient d'une turbine qu'entraîne l'eau d'un barrage, aménagé sur un affluent de la rivière Bleue, mais érigé durant le vide juridique qui a précédé l'avènement du ministère de l'Environnement. Et Aurèle ne s'est pas contenté du moulage des tuyaux en fonte. Il y a ajouté les accessoires : les U, les Y, les T, les coudes, etc. Il coule aussi, avec grand succès commercial, de lourds poids en fonte de forme circulaire qui épousent les jantes arrière et avant des roues de tracteurs de ferme. Boulonnées sur les jantes arrière, ces gueuses, facilement montées et déposées, permettent d'assurer une meilleure traction et d'éviter le traditionnel remplissage des chambres à air par des solutions salines qui rendent les crevaisons onéreuses et interdisent les déplacements rapides lors des charrois routiers. Boulonnées sur les jantes avant, les gueuses préviennent les cabrements, source fréquente d'accidents fatals provoqués par le renversement du tracteur lors des travaux de force.

Nous arrivons à la fonderie en pleine planification des opérations de la semaine prochaine. Voici les commandes enregistrées jusqu'à maintenant : 18 tonnes de tuyauterie (tuyaux et accessoires), 30 tonnes de gueuses. Toutefois, Aurèle ne s'est pas engagé à effectuer à la fin de la semaine prochaine la livraison intégrale de tous les articles commandés. Et il n'est pas question de constituer des stocks dont le financement risquerait d'obérer les comptes de la fonderie.

À la fonderie, le père d'Aurèle se consacre aux opérations de modelage : il fournit les modèles et l'équipement nécessaire au moulage, telles que les boîtes à noyaux, les raclettes, etc. L'équipe du moulage, qui prépare les moules en sable de fonderie et assure la coulée de la fonte en fusion ainsi que le décochage des pièces après leur refroidissement, est bien rodée et assumerait sans difficultés, selon Aurèle, tous les travaux requis pour la production des commandes de la semaine prochaine. Là où il risque d'y avoir des goulots d'étranglement, c'est d'abord à l'atelier d'ébarbage des bruts de fonderie, où l'on procède à l'arasement des inévitables morfils et aspérités, ainsi qu'à l'atelier de peinture, où les articles ébarbés sont revêtus d'enduits qui facilitent leur commercialisation.

La semaine prochaine, la main-d'œuvre disponible sera de 200 heures à l'atelier d'ébarbage et de 60 heures à l'atelier de peinture. Il faut compter 10 heures la tonne pour l'ébarbage de la tuyauterie et 5 heures la tonne pour celui des gueuses. À l'atelier de peinture, on requiert 2 heures la tonne pour la tuyauterie et 3 heures la tonne pour les gueuses. La contribution aux coûts d'exploitation et au profit d'une tonne de tuyauterie est de 1 000 $. La tonne de gueuses apporte une contribution de 1 200 $.

3.1.2 (FRB) : le modèle linéaire

Quelles sont les commandes (en tonnes) qu'Aurèle devrait satisfaire la semaine prochaine, s'il veut maximiser la contribution totale aux coûts d'exploitation et au profit ? Les variables de décision seront :

x_1 = nombre de tonnes de tuyauterie à fabriquer durant la semaine

x_2 = nombre de tonnes de gueuses à fabriquer durant la semaine.

Le problème de planification de la Fonderie se traduit par le modèle linéaire (FRB) suivant :

$$\text{Max } z = 1\,000\, x_1 + 1\,200\, x_2 \qquad (0)$$

sous les contraintes :

$$10\, x_1 + 5\, x_2 \leq 200 \qquad \text{(ébarbage)} \quad (1)$$

$$2\, x_1 + 3\, x_2 \leq 60 \qquad \text{(peinture)} \quad (2)$$

$$x_1 \leq 18 \qquad \text{(demande de tuyauterie)} \quad (3)$$

$$x_2 \leq 30 \qquad \text{(demande de gueuses)} \quad (4)$$

$$x_1, x_2 \geq 0. \qquad (5)$$

À chaque couple de valeurs des variables de décision x_1 et x_2, on associe un point $(x_1 ; x_2)$ du plan cartésien : le point $(x_1 ; x_2)$ s'interprète comme la proposition d'un plan de production indiquant la quantité de tuyauterie et de gueuses à fabriquer au cours de la semaine prochaine. On peut parler du **point** $(x_1 ; x_2)$ comme s'il s'agissait du **plan de production** $(x_1 ; x_2)$ ou encore de la **solution** $(x_1 ; x_2)$. Bien que l'idéal soit de réserver le terme «point» à la représentation géométrique, le terme «solution» à l'approche algébrique et le terme «plan de production» à l'interprétation du modèle dans la réalité, on convient généralement d'utiliser les trois termes l'un pour l'autre, quel que soit le contexte.

Un **point**, solution ou plan de production $(x_1 ; x_2)$ est dit **admissible** s'il satisfait à chacune des contraintes du modèle linéaire. Par exemple, le point (5 ; 10) est admissible selon le modèle linéaire (0)-(5) proposé pour la Fonderie. Mais le point (5 ; 20) n'est pas admissible : en effet, peinturer 5 tonnes de tuyaux et 20 tonnes de gueuses nécessiterait $(2 \times 5) + (3 \times 20) = 70$ heures, ce qui dépasse les 60 heures de main-d'œuvre disponibles dans cet atelier. Il s'agit de la seule contrainte qui serait violée par le plan de production (5 ; 20) ; mais cela suffit pour que ce point n'appartienne pas à l'ensemble des points admissibles.

Trouver graphiquement une solution optimale d'un modèle linéaire continu à deux variables de décision suppose qu'on puisse :

- construire le graphique de la **région admissible**, c'est-à-dire de l'ensemble des solutions admissibles ;
- repérer sur ce graphique une solution optimale.

3.1.3 (FRB) : la construction de la région admissible

Nous cherchons, dans un premier temps, à nous doter d'une représentation graphique de l'ensemble des solutions admissibles. Notons d'abord que la contrainte (5) de non-négativité fixe 0 comme borne inférieure des variables de décision x_1 et x_2. Elle a pour effet de cantonner au premier quadrant la recherche des points admissibles. Cette contrainte accompagne la plupart des modèles linéaires, et c'est habituellement la première que l'on prend en considération lors du tracé d'un graphique.

Notons également que les contraintes technologiques du modèle de la Fonderie Rivière-Bleue s'écrivent toutes sous la forme suivante :

$$a\,x_1 + b\,x_2 \leq c. \tag{6}$$

Par exemple, dans la contrainte (1), il suffit de poser : $a = 10$, $b = 5$ et $c = 200$. Pour la contrainte (3), on posera : $a = 1$, $b = 0$ et $c = 18$.

Pour préciser le procédé qui mène à la représentation graphique des points vérifiant ce type de contrainte, choisissons tout d'abord la contrainte (1). Et considérons la droite

$$10\,x_1 + 5\,x_2 = 200 \tag{7}$$

que l'on appelle **droite associée à la contrainte** (1). La représentation graphique de l'équation (7) s'obtient en repérant 2 points qui vérifient cette équation, puis en traçant la droite qui passe par ces points. Afin de faciliter les calculs, on choisit ici les 2 points de façon que chacun ait une coordonnée nulle. Pour le premier, on pose $x_1 = 0$ et on résout l'équation résultante, soit $5\,x_2 = 200$: on obtient ainsi (0 ; 40) comme premier point de (7). De même, en posant $x_2 = 0$, on obtient le point (20 ; 0). La droite associée à la contrainte (1) est illustrée à la figure 3.1.

Tout point du premier quadrant situé sur la droite (7) propose un plan de production qui, s'il était adopté par Aurèle, utiliserait les 200 heures de main-d'œuvre disponibles dans l'atelier d'ébarbage. Par exemple, le point (10 ; 20) est situé sur la droite (7) ; le plan de production associé utilise $(10 \times 10) + (5 \times 20) = 200$ heures à l'atelier d'ébarbage.

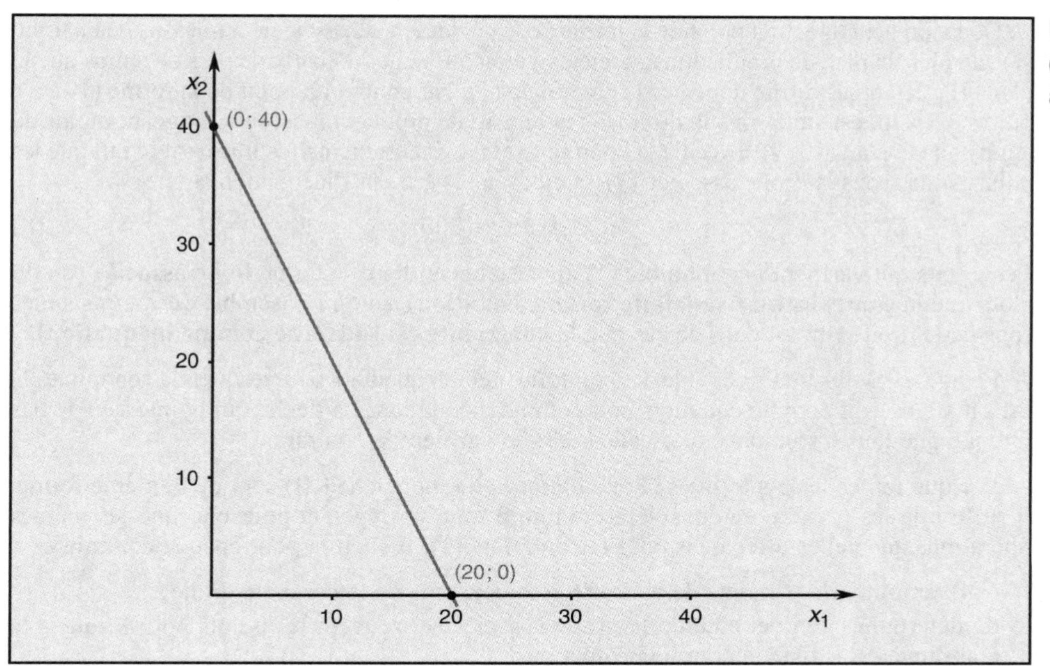

FIGURE 3.1
(FRB) : droite associée à la contrainte (1)

La figure 3.2 présente la droite (7), ainsi que trois points de la forme (10 ; x_2). Le plus élevé de ces points, soit (10 ; 30), est situé au-dessus de la droite (7) ; de plus, le plan de production associé exigerait $(10 \times 10) + (5 \times 30) = 250$ heures à l'atelier d'ébarbage et ne satisfait donc pas à la contrainte (1). Par contre, le point (10 ; 10) est situé sous la droite (7) et le plan de production associé, exigeant seulement 150 heures à l'atelier d'ébarbage, satisfait à la contrainte (1).

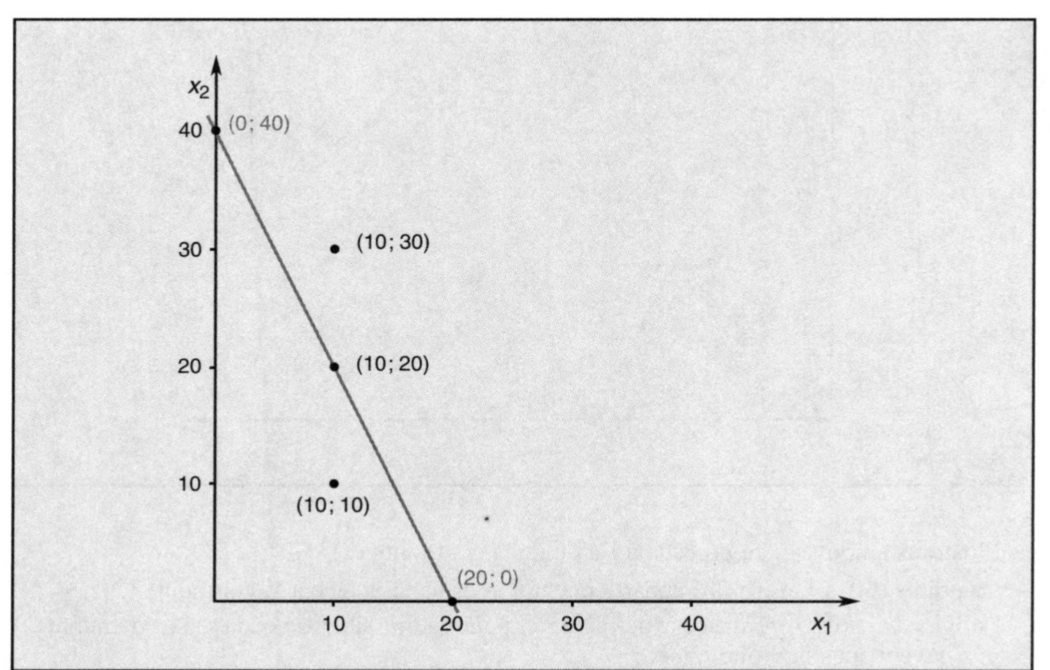

FIGURE 3.2
(FRB) : test d'admissibilité selon la contrainte (1)

De façon générale, tout point de la forme $(10\,; x_2)$, où $x_2 > 20$, est situé au-dessus de la droite (7) ; de plus, le plan de production associé exigerait à l'atelier d'ébarbage plus de temps que le plan (10 ; 20) et ne vérifie donc pas la contrainte (1). Par contre, un point de la forme $(10\,; x_2)$, où $0 < x_2 < 20$, est situé sous la droite (7) et le plan de production associé, exigeant moins de temps que le plan (10 ; 20), vérifie la contrainte (1). Ces commentaires illustrent le fait que les points situés sous la droite associée (7), et eux seuls, vérifient l'inéquation stricte :

$$10\,x_1 + 5\,x_2 < 200. \tag{8}$$

Les points qui vérifient la contrainte (1) appartiennent donc soit à la droite associée (on dit alors que la **contrainte** est **satisfaite comme équation**), soit à l'ensemble des points situés sous cette droite (on dit dans ce cas que la **contrainte** est **satisfaite comme inéquation**).

La figure 3.3 illustre l'ensemble des points du premier quadrant pour lesquels la contrainte (1) est satisfaite, soit comme équation, soit comme inéquation. La flèche qui pointe vers le bas indique que tous les points situés sous la droite vérifient la contrainte.

Puisque toutes les contraintes technologiques du modèle (FRB) sont de la même forme, il suffira de les prendre en considération tour à tour, en répétant pour chacune les mêmes opérations que celles effectuées pour la contrainte (1). Il s'agira, pour chaque contrainte :

- de déterminer deux points de la droite associée, puis de tracer cette droite ;
- de déterminer de quel côté de la droite associée se trouvent les points pour lesquels la contrainte est satisfaite comme inéquation ;
- de tracer une flèche pointant vers ce côté.

FIGURE 3.3
(FRB) : solutions admissibles selon les contraintes (5) et (1)

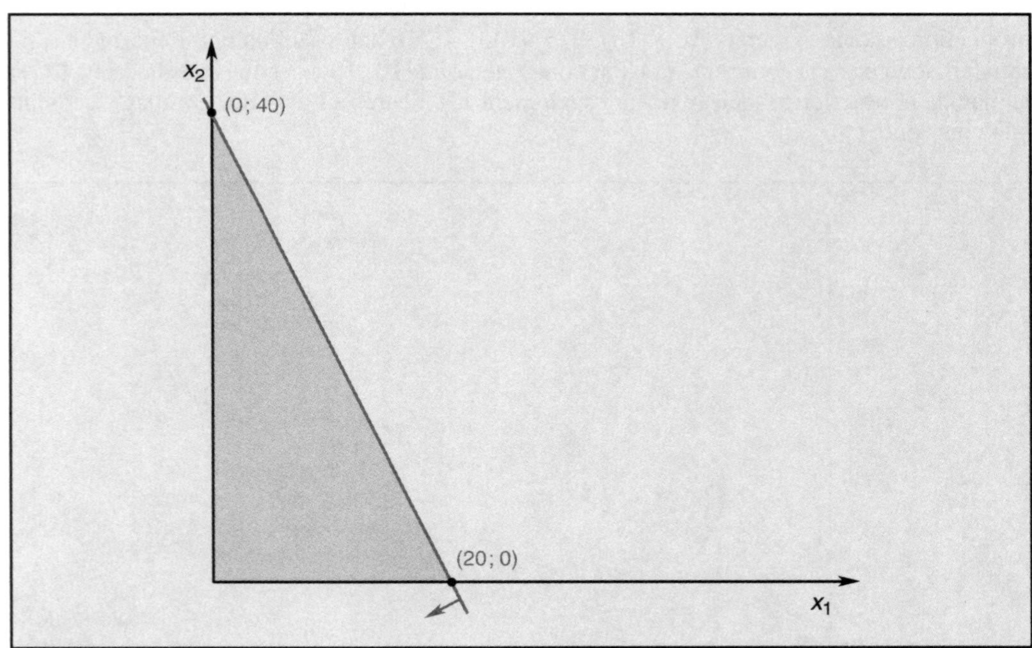

Illustrons à nouveau ce procédé à l'aide de la contrainte (2) :

- les points (30 ; 0) et (0 ; 20) appartiennent à la droite associée à la contrainte (2) ;
- l'origine O = (0 ; 0) vérifie cette dernière ; les points admissibles selon la seule contrainte (2) se trouvent sous la droite tracée ;
- la flèche est donc placée sous la droite.

Le résultat graphique de la prise en considération des contraintes (5), (1) et (2) est illustré par la figure 3.4. Le numéro porté sur chaque droite indique la contrainte considérée. On note que certains points du premier quadrant sont admissibles selon la contrainte (1), mais pas selon (2); ils sont représentés dans la figure 3.4 par le triangle ombré PAB.

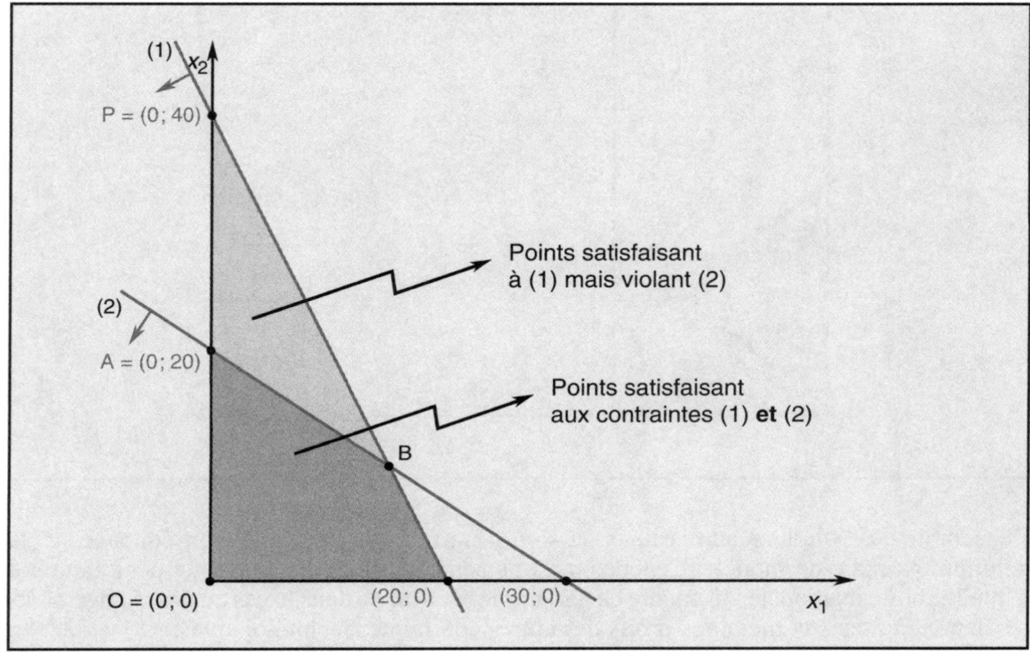

FIGURE 3.4
(FRB): solutions admissibles selon les contraintes (5), (1) et (2)

On considère tour à tour les différentes contraintes technologiques, mettant ainsi en évidence l'effet successif de chacune sur l'ensemble des solutions admissibles. Cet ensemble va généralement rétrécir; au mieux, il demeurera stable[1]. L'ensemble des points qui n'ont pas été éliminés après la prise en considération de toutes les contraintes constitue la région admissible. Cet ensemble est parfois vide[2].

La contrainte (3) fixe 18 comme borne supérieure des valeurs admissibles de la variable x_1 ; cette borne traduit le fait que la production de tuyauterie de la semaine prochaine ne pourra excéder la demande de 18 tonnes. La prise en considération graphique d'une contrainte de ce type se fait aisément: la droite associée est verticale; de plus, (3) est satisfaite comme inéquation par tout point $(x_1 ; x_2)$ tel que $x_1 < 18$. Le résultat est illustré à la figure 3.5 (*voir page suivante*).

La contrainte (4) fixe 30 comme borne supérieure des valeurs admissibles de la variable x_2. La prise en considération graphique de (4) se fait par le tracé de la droite horizontale d'équation $x_2 = 30$ et par l'exclusion des points situés au-dessus de cette droite. La prise en considération de la contrainte (4), à ce stade-ci, n'occasionne pas l'élimination de nouveaux points. Tous les points qui ne la vérifient pas ont déjà été déclarés non admissibles lors de la prise en considération graphique des contraintes précédentes. On constate que le nombre d'heures disponibles à l'atelier de peinture est insuffisant pour satisfaire une demande de 30 tonnes de gueuses. La **contrainte** (4) est donc **redondante** en présence des autres contraintes du modèle (FRB). La prise en considération d'une contrainte redondante ne réduit pas

1. Nous verrons un exemple de ce phénomène lors de l'analyse de l'impact de la contrainte (4).
2. L'ensemble des points admissibles selon les deux contraintes suivantes est vide: $x_1 \leq 4$ et $x_1 \geq 7$.

FIGURE 3.5
(FRB) : solutions admissibles selon les contraintes (5), (1), (2) et (3)

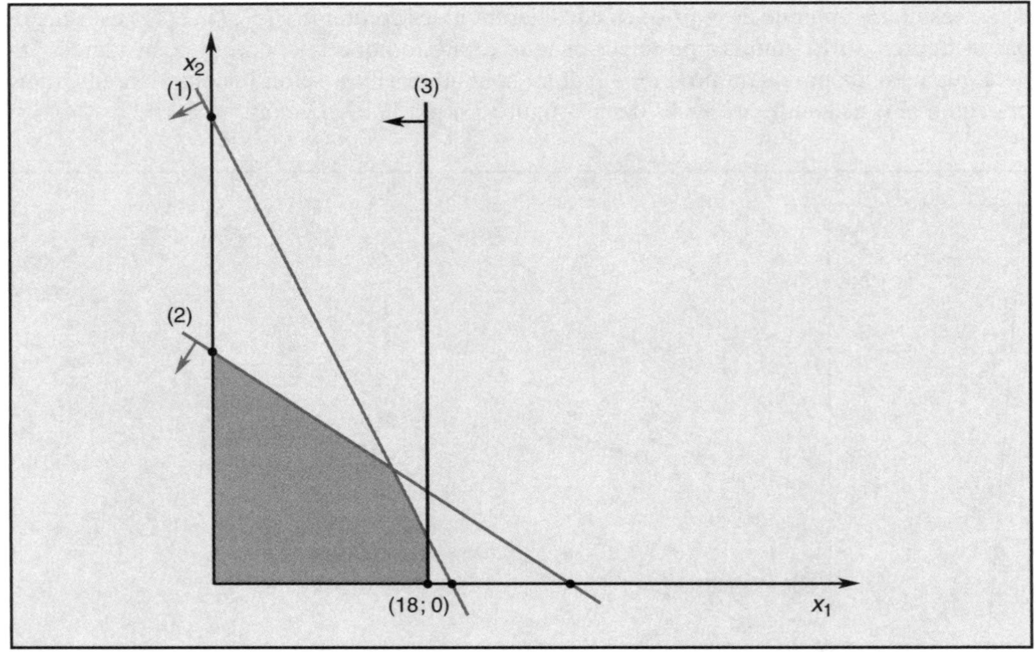

l'ensemble des solutions admissibles, et s'en départir n'aurait pas de conséquence sur la solution optimale du modèle. Cependant, la présence d'une telle contrainte peut ajouter à l'intelligibilité du modèle, ou encore en garantir la robustesse dans le cas où des changements seraient apportés aux membres droits des autres contraintes technologiques.

La prise en considération des diverses contraintes du modèle (FRB) permet d'établir l'ensemble des solutions admissibles illustré à la figure 3.6.

FIGURE 3.6
(FRB) : la région admissible

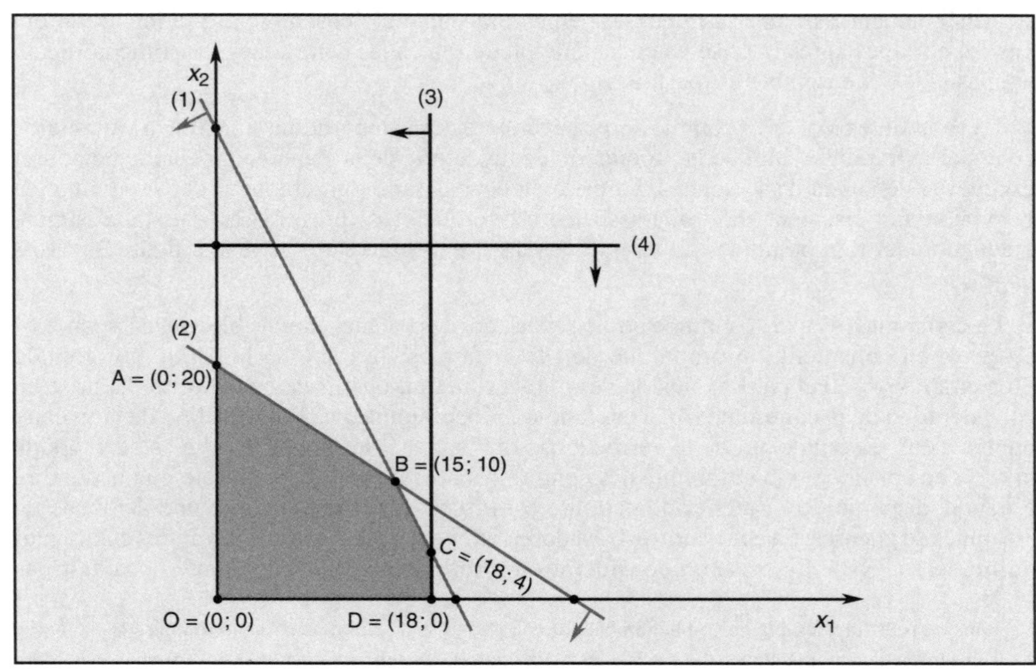

En résumé, le repérage graphique de l'ensemble des solutions admissibles d'un modèle linéaire comportant deux variables de décision se fait par la prise en considération successive des contraintes. L'ensemble des points non éliminés lorsque ce processus prend fin constitue la région admissible.

La construction de la région admissible est un premier pas vers l'obtention d'une solution optimale et permet souvent de faire des remarques pertinentes à propos du problème posé. Par exemple :

– Si Aurèle décidait de fabriquer 18 tonnes de tuyauterie pour satisfaire à la demande maximale pour ce produit, il resterait à l'atelier de peinture des heures de main-d'œuvre inutilisées. En effet, la valeur maximale de x_2 dans l'ensemble des solutions admissibles telles que $x_1 = 18$ est atteinte au point C. En ce point,

$$x_1 = 18 \quad \text{et} \quad 10\,x_1 + 5\,x_2 = 200,$$

d'où $x_2 = 4$. Si Aurèle voulait satisfaire entièrement à la demande de tuyauterie, il devrait aussi produire 4 tonnes de gueuses pour maximiser la contribution aux coûts d'exploitation et au profit. Cette contribution s'élèverait alors à 22 800 $:

$$(1\,000 \times 18) + (1\,200 \times 4) = 22\,800.$$

Notons enfin que le plan de production (18 ; 4) requiert seulement 48 des 60 heures disponibles dans l'atelier de peinture.

– Le point A = (0 ; 20) est le point de la région admissible dont la 2e coordonnée est la plus grande ; Aurèle ne pourra donc fabriquer plus de 20 tonnes de gueuses et la demande ne pourra être entièrement satisfaite pour ce produit. Le plan de production associé au point (0 ; 20) épuiserait tout le temps disponible dans l'atelier de peinture puisque

$$2\,x_1 + 3\,x_2 = (2 \times 0) + (3 \times 20) = 60.$$

Par contre, il resterait 100 heures inutilisées dans l'autre atelier.

– Sous prétexte de forcer le personnel de la Fonderie à fournir un effort soutenu, Aurèle pourrait chercher un plan de production qui utilise toutes les heures disponibles dans les ateliers d'ébarbage et de peinture. La figure 3.6 indique que B est le seul point admissible à remplir cette condition. Le point B appartient aux droites associées à (1) et à (2) : par conséquent, il satisfait à ces contraintes comme équations et ses coordonnées, x_1 et x_2, constituent une solution du système suivant :

$$10\,x_1 + 5\,x_2 = 200 \quad \text{et} \quad 2\,x_1 + 3\,x_2 = 60.$$

On vérifie aisément que l'unique solution de ce système est $x_1 = 15$ et $x_2 = 10$. Produire 15 tonnes de tuyaux et 10 tonnes de gueuses résulte en une contribution de 27 000 $ aux coûts d'exploitation et au profit.

Cette courte analyse a permis de trouver 3 points admissibles, soit les points C = (18 ; 4), A = (0 ; 20) et B = (15 ; 10), correspondant à des plans de production dont la contribution aux coûts d'exploitation et au profit est respectivement de 22 800 $, de 24 000 $ et de 27 000 $. Le plan de production correspondant au point B s'avère le plus rentable des trois. Mais s'agit-il d'une solution optimale du modèle (FRB) ?

3.1.4 (FRB) : la recherche d'une solution optimale

Nous venons de construire la région admissible du modèle linéaire (FRB) associé au problème de FRB. Cet ensemble contient un nombre infini de points. Nous indiquons maintenant comment repérer une solution optimale, c'est-à-dire un point $(x_1^* ; x_2^*)$ vérifiant toutes les contraintes et permettant à $z^* = 1\,000\,x_1^* + 1\,200\,x_2^*$ de prendre la meilleure valeur possible.

En fixant z à une valeur p choisie arbitrairement, on obtient la droite

$$1\,000\, x_1 + 1\,200\, x_2 = p. \tag{9}$$

Cette droite est appelée **courbe de niveau** ou encore **courbe d'indifférence** de la fonction z. Elle représente les points du plan qui donnent à z la valeur p.

La figure 3.7[3] illustre les courbes de niveau obtenues lorsque l'on pose p égal successivement à 6 000 et à 12 000. Tous les points de la ligne pointillée de gauche donnent à z la valeur 6 000, mais seuls sont admissibles ceux qui appartiennent au segment [P ; P'], où P = (0 ; 5) et P' = (6 ; 0). De même, le segment [Q ; Q'], où Q = (0 ; 10) et Q' = (12 ; 0), représente l'ensemble des points admissibles pour lesquels z prend la valeur 12 000 : par exemple, si l'on adoptait le plan de production correspondant au point (6 ; 5) de ce segment, la contribution aux coûts d'exploitation et au profit s'élèverait à $(1\,000 \times 6) + (1\,200 \times 5) = 12\,000$ dollars.

Tracer une première courbe de niveau permet d'obtenir une illustration de la pente de z qui dépend du rapport des coefficients 1 000 et 1 200 de x_1 et x_2 dans la fonction-objectif. En tracer une deuxième permet de déterminer la direction dans laquelle la valeur de z augmente. Ainsi, en augmentant petit à petit la valeur de p dans l'équation (9), on obtient des droites parallèles, chacune plus à droite et plus haute que les précédentes[4].

Comme l'objectif ici est de maximiser la fonction-objectif z, on détermine une solution optimale en recherchant la courbe de niveau la plus élevée qui comporte au moins un point de la région admissible. Tel qu'illustré à la figure 3.7, on obtient ainsi l'optimum $(x_1^* ; x_2^*) = (15 ; 10)$.

FIGURE 3.7 (FRB) : courbes de niveau de la fonction-objectif

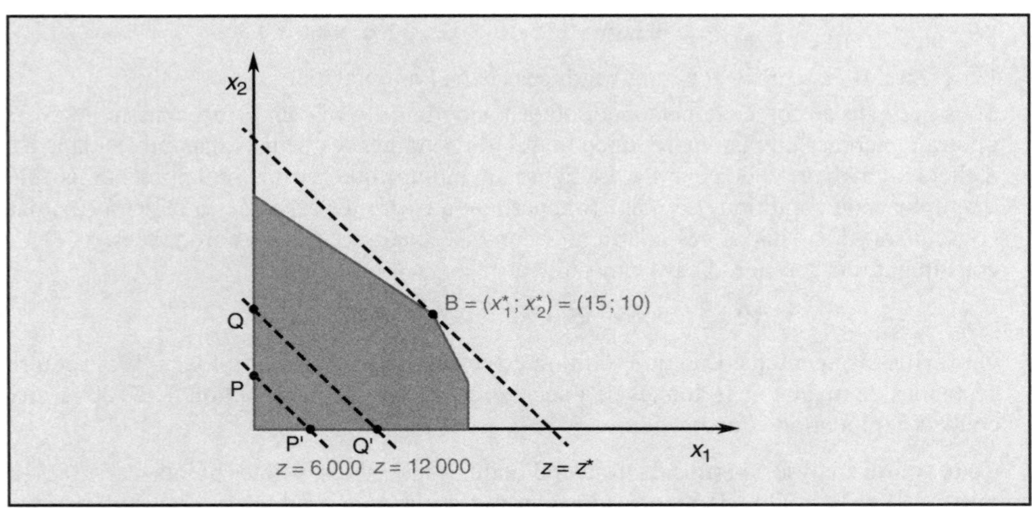

3. La contrainte redondante (4) a été omise dans la figure 3.7. Il en sera de même dans les autres figures décrivant la région admissible du problème (FRB).

4. Ici, les courbes de niveau successives, correspondant à des valeurs croissantes de p, s'étagent de façon que la dernière tracée soit toujours au-dessus des précédentes. Ce phénomène exige que le quotient des coefficients de x_1 et de x_2 dans la fonction-objectif soit positif. Pour la fonction-objectif $z = 2\,x_1 - 3\,x_2$, cette condition n'est pas remplie et, par exemple, la courbe de niveau obtenue pour $p = 12$ est située sous celle obtenue pour $p = 6$.

Le modèle (FRB) n'admet qu'une solution optimale : il s'agit du point (x_1* ; x_2*) situé à l'intersection des droites associées aux contraintes (1) et (2). Nous avons noté précédemment qu'il s'agit du point B = (15 ; 10). En ce point B, la fonction-objectif z prend la valeur 27 000 :

$$z^* = (1\ 000 \times 15) + (1\ 200 \times 10) = 27\ 000.$$

Décrivons brièvement cette solution optimale du modèle de la Fonderie Rivière-Bleue qui vient d'être obtenue :

- Aurèle devrait produire 15 tonnes de tuyauterie et 10 tonnes de gueuses ;
- la contribution aux coûts d'exploitation et au profit s'élèverait à 27 000 $;
- toutes les heures disponibles dans les ateliers d'ébarbage et de peinture seraient utilisées ;
- il ne serait pas avantageux de satisfaire ni la demande maximale de tuyauterie ni celle des gueuses.

En résumé, une fois la région admissible construite, un point optimal s'obtient comme suit[5] :

- tracé de 2 courbes de niveau ;
- repérage visuel d'un point optimal ;
- calcul des coordonnées de ce point optimal ;
- calcul de la valeur z^* prise par z en ce point.

3.1.5 La résolution d'un deuxième exemple

Ce second exemple diffère du premier sous deux aspects : l'objectif propose la minimisation d'une fonction linéaire ; certaines contraintes technologiques sont de signe « ≥ » et l'origine O = (0 ; 0) du plan n'est pas une solution admissible.

$$\text{Min } z = 3\,x_1 + 4\,x_2 \qquad (10)$$

sous les contraintes :

$$x_1 + x_2 \geq 9 \qquad (11)$$

$$x_1 - x_2 \leq 9 \qquad (12)$$

$$x_1 + 3\,x_2 \geq 17 \qquad (13)$$

$$x_1 \geq 3 \qquad (14)$$

$$x_2 \leq 10 \qquad (15)$$

$$x_1\,,\, x_2 \geq 0.$$

Dans un premier temps, nous construisons la région admissible. Les contraintes de non-négativité garantissent que les solutions admissibles appartiennent toutes au premier quadrant : l'analyse graphique peut donc se limiter à cette portion du plan. La figure 3.8 (*voir page suivante*) présente les droites associées aux différentes contraintes technologiques (11)-(15). Sur chacune est reportée une flèche indiquant de quel côté sont les points qui vérifient la contrainte correspondante.

Le polygone ABCDE, qui constitue la région admissible, est reproduit à la figure 3.9 (*voir page suivante*), accompagné des courbes de niveau $z = 65$ et $z = 31$. Comme l'objectif est de minimiser la fonction z, l'optimum est atteint sur la courbe de niveau la plus à gauche

5. Cette méthode achoppe parfois sur le manque de soin apporté au tracé des courbes de niveau, plusieurs points pouvant alors sembler optimaux. Pour lever l'ambiguïté, il suffit de comparer les valeurs prises par z en chacun de ces points-candidats.

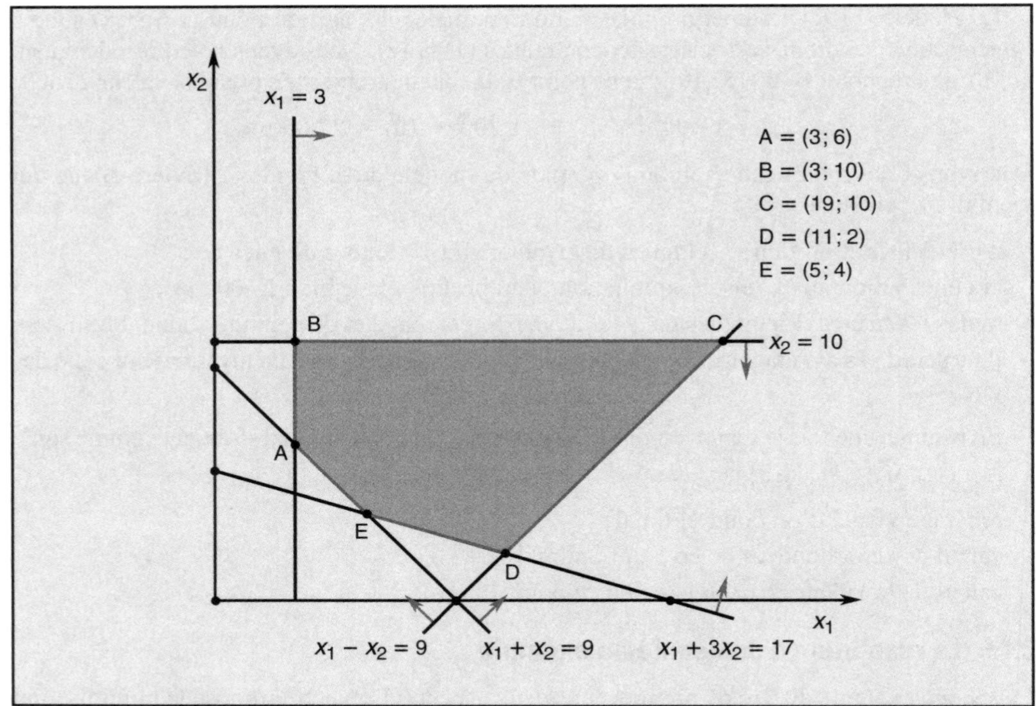

FIGURE 3.8
Exemple 2 : construction de la région admissible

et la plus basse possible qui a un point commun avec la région admissible. Le graphique indique le sommet E = (5 ; 4) comme celui où s'obtient la solution optimale recherchée. On confirme ce résultat en évaluant la fonction-objectif en chacun des sommets adjacents à E :

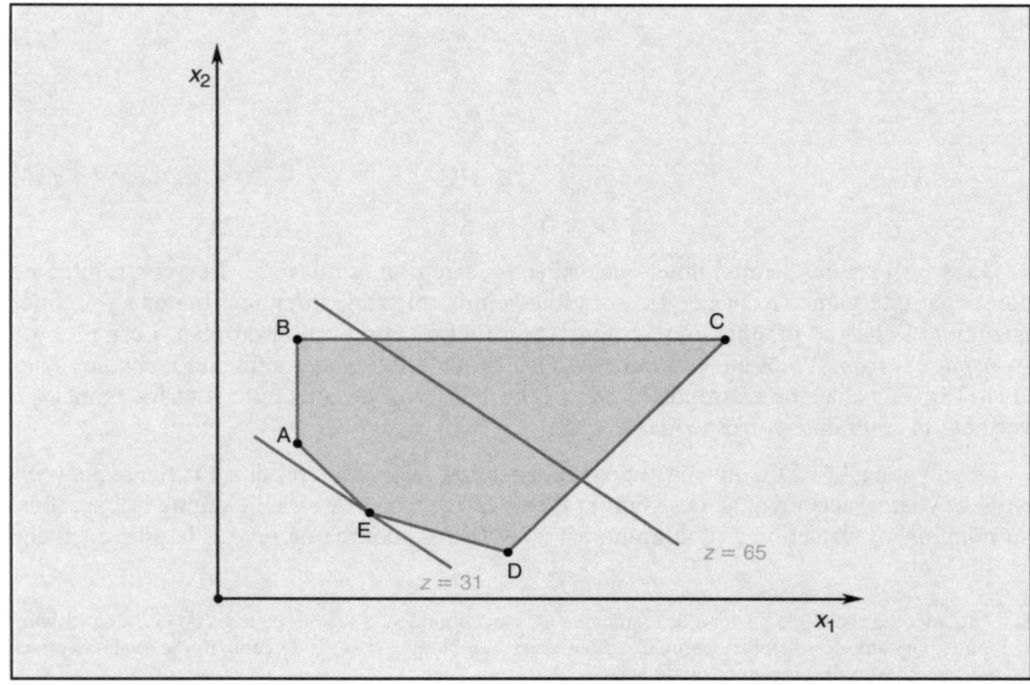

FIGURE 3.9
Exemple 2 : repérage graphique de la solution optimale

$$\begin{array}{ll} \text{en A} = (3\,;6) & z = (3 \times 3) + (4 \times 6) = 33 \\ \text{en E} = (5\,;4) & z = (3 \times 5) + (4 \times 4) = 31 \\ \text{en D} = (11\,;2) & z = (3 \times 11) + (4 \times 2) = 41. \end{array}$$

On notera que, si l'objectif (10) était remplacé par

$$\text{Min } z' = 3\,x_1 + 3\,x_2, \tag{16}$$

la valeur minimale 27 serait atteinte aux sommets A = (3 ; 6) **et** E = (5 ; 4). De plus, tout point du segment [A ; E] donnerait à z' cette même valeur 27 et serait également optimal. Cette multiplicité des solutions optimales provient du fait que les courbes de niveau $3\,x_1 + 3\,x_2 = p$ sont parallèles à la droite associée à la contrainte (11).

Exercices de révision

1. Un polygone à 6 sommets

Soit le modèle linéaire suivant.

$$\begin{array}{l} \text{Max } z = 4\,x_1 + 5\,x_2 \\ \text{sous les contraintes :} \\ \quad \begin{array}{rcrcr} -x_1 & + & 2\,x_2 & \leq & 12 \\ 3\,x_1 & + & 5\,x_2 & \leq & 52 \\ x_1 & + & x_2 & \leq & 14 \\ x_1 & & & \leq & 12 \end{array} \\ \quad x_1,\, x_2 \geq 0. \end{array}$$

(a) Tracer le graphique cartésien de la région admissible de ce modèle.

(b) Déterminer les 6 sommets de la région admissible. Évaluer la fonction-objectif z en chacun des sommets. En quel point la fonction-objectif z atteint-elle son maximum ?

(c) Tracer deux courbes de niveau de z. Déterminer graphiquement la solution optimale du modèle. Vérifier que le point trouvé en réponse à la question précédente est bien l'optimum du modèle.

2. Un parallélogramme

Répondre aux trois questions du problème précédent, mais en considérant cette fois le modèle suivant.

$$\begin{array}{l} \text{Max } z = 2\,x_1 + x_2 \\ \text{sous les contraintes :} \\ \quad \begin{array}{rcrcr} 2\,x_1 & + & 2\,x_2 & \geq & 20 \\ 2\,x_1 & + & 2\,x_2 & \leq & 35 \\ & & x_2 & \geq & 5 \\ & & x_2 & \leq & 8 \end{array} \\ \quad x_1\,,\, x_2 \geq 0. \end{array}$$

3. Les cartes de souhait de Biancia

Depuis de nombreuses années, la Québécoise Biancia complète sa gamme de cartes de souhaits en se procurant, auprès des deux principaux fabricants (A et B) qui approvisionnent le marché français, une partie de leurs surplus de la saison précédente. Les achats de Biancia se font à l'aveuglette, car la taille de ses importations n'est pas suffisante pour justifier qu'elle se rende en France pour y opérer une sélection.

Bon an mal an, Biancia écoule 40 % des cartes achetées de A dans des boutiques de cadeaux, 15 % chez des fleuristes et 20 % chez des libraires. Des cartes qu'elle achète de B, Biancia en vend 25 % dans les boutiques de cadeaux, 30 % chez les fleuristes et 25 % chez les libraires. Pour les autres cartes, elle ne trouve pas preneur, soit que ces cartes illustrent des thèmes trop près de la vie française pour être bien compris ici, soit que les termes dans lesquels les souhaits sont rédigés portent à sourire de ce côté-ci de l'Atlantique. Pour ne citer que l'exemple favori de Biancia, que pensez-vous de : « Joyeuses Pâques, mon petit sussucre fondant... de ton gros LapinLoup » ?

Selon Biancia, les proportions « historiques » de cartes écoulées auprès de chaque type de magasins, qui sont indiquées ci-dessus, seront respectées cette année encore. L'analyse des ventes des dernières années a permis d'établir des prévisions pour les résultats de la prochaine campagne : Biancia s'attend à vendre au plus 8 000 cartes aux magasins de cadeaux; les fleuristes lui en prendront au plus 6 000 et les libraires, au plus 5 000. Enfin, elle prévoit réaliser cette année un profit de 61 ¢ pour chacune des cartes qu'elle se sera procurées chez A et qu'elle réussira à vendre. Ce profit sera de 65 ¢ pour les cartes vendues qui auront été achetées de B. Chaque carte classée comme invendable entraîne une perte de 21 ¢ si elle provient de A, et de 22 ¢ si elle provient de B.

Biancia, dont l'objectif est naturellement de maximiser les profits liés à cette importation annuelle, planifie ses commandes à l'aide d'un modèle linéaire dont les variables de décision x_A et x_B se définissent ainsi :

$$x_J = \text{nombre de cartes achetées du fabricant } J.$$

Le modèle comprend 3 contraintes technologiques :

$$0{,}40\ x_A + 0{,}25\ x_B \leq 8\,000$$
$$0{,}15\ x_A + 0{,}30\ x_B \leq 6\,000$$
$$0{,}20\ x_A + 0{,}25\ x_B \leq 5\,000.$$

Les variables x_A et x_B devraient, logiquement, être soumises à des contraintes d'intégrité, mais Biancia ne tient pas compte de ces contraintes, car le profit ou la perte associés à une carte sont minimes et ne portent pas à conséquence.

(a) Construire la région admissible du modèle linéaire continu utilisé par Biancia.

(b) Écrire la fonction-objectif.

(c) Déterminer une solution optimale. Quel profit Biancia peut-elle espérer retirer cette année des cartes importées ?

3.2 Le théorème fondamental de la programmation linéaire

Le **modèle linéaire continu** général s'écrit sous la forme suivante :

$$\text{Max(Min) } z = \sum_{j=1}^{n} c_j x_j \tag{17}$$

sous les contraintes :

$$\sum_{j=1}^{n} a_{ij}\, x_j \begin{pmatrix} \leq \\ \geq \\ = \end{pmatrix} b_i \qquad i = 1, \ldots, m \tag{18}$$

$$x_j \geq 0 \qquad j = 1, \ldots, n. \tag{19}$$

Les m contraintes technologiques (18) et les n contraintes de non-négativité (19) font intervenir n variables de décision $x_1, \ldots, x_n$. Les coefficients c_j, a_{ij} *et* b_i sont des nombres réels. Les nombres entiers m et n sont appelés **dimensions** du modèle.

Dans les deux exemples considérés dans la section précédente, la solution optimale coïncide avec un sommet – dans le contexte de la programmation linéaire, on parlera le plus souvent de **points extrêmes**. Il ne s'agit pas d'un hasard, mais d'une propriété fondamentale des modèles linéaires continus. Ce résultat général, appelé **théorème fondamental de la programmation linéaire,** s'énonce comme suit :

Si un modèle linéaire continu admet au moins une solution optimale, l'une d'entre elles correspond à un point extrême.

Nous ferons deux commentaires sur ce théorème. Le premier, c'est qu'un modèle linéaire continu peut ne pas admettre de solution optimale. C'est le cas premièrement quand le modèle ne possède aucune solution admissible et deuxièmement quand la fonction-objectif n'est pas bornée. Un exemple de la première situation a déjà été donné dans la note 2 (*voir page 131*). La deuxième est illustrée dans la figure 3.10 ci-dessous. La section ombrée de cette figure représente l'ensemble des solutions admissibles selon les contraintes (20) à (22) suivantes :

$$-2x_1 + 3x_2 \leq 6 \qquad (20)$$

$$x_2 \geq 1 \qquad (21)$$

$$x_1, x_2 \geq 0. \qquad (22)$$

Soit maintenant la fonction-objectif z, que l'on cherche à maximiser :

$$z = x_1 + x_2. \qquad (23)$$

La figure 3.10 donne la courbe de niveau $z = 12$, ainsi que la direction dans laquelle z augmente ; on constate visuellement que z pourrait prendre une valeur aussi grande que voulu dans l'ensemble des solutions admissibles. Le calcul algébrique arrive à la même conclusion : il suffit de poser $x_2 = 1$ et de donner à x_1 une valeur aussi grande que voulu. On vérifie aisément que les contraintes (20) à (22) sont satisfaites par tous les points de la forme $(x_1 ; 1)$. Par contre, le sommet $(0 ; 1)$ serait l'unique solution optimale si l'objectif était de minimiser z, ou encore de maximiser $z' = -x_1 - x_2$.

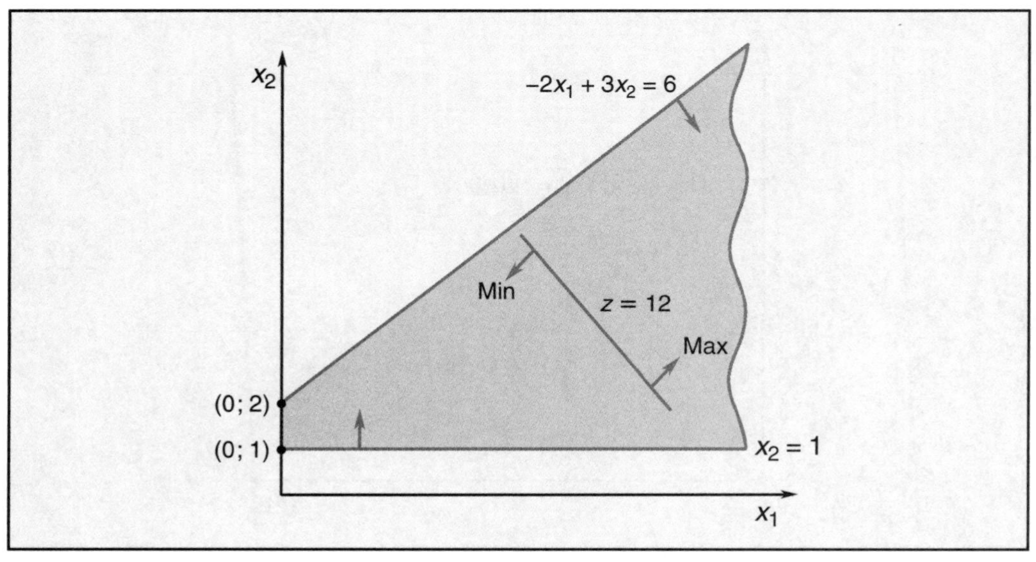

FIGURE 3.10
Exemple de modèle linéaire dont la région admissible n'est pas bornée

On peut tirer deux leçons de ces remarques. D'abord, la fonction-objectif z d'un modèle linéaire dont la région admissible n'est pas bornée peut parfois – la formule (23) en est un exemple – prendre des valeurs aussi grandes que l'on veut. On dit alors que le **modèle linéaire** est **non borné**. Parfois, même si la région admissible n'est pas bornée, la valeur de la fonction-objectif z admet une borne, et le modèle possède une solution optimale qui correspond à un sommet.

Enfin, on peut dégager de l'analyse précédente l'intuition nécessaire pour admettre le résultat suivant, qui se démontre rigoureusement en recourant à des outils mathématiques qui dépassent le cadre de ce manuel :

Tout modèle linéaire continu borné dont la région admissible n'est pas vide possède au moins une solution optimale.

Les deux résultats généraux qui précèdent permettent d'affirmer qu'il n'y a que trois types de modèles linéaires continus :

- ceux qui admettent au moins une solution optimale correspondant à un point extrême ;
- ceux dont la région admissible est l'ensemble vide ;
- ceux qui ne sont pas bornés.

Le solveur d'Excel retourne un message différent dans chacun de ces cas. De plus, la solution optimale affichée par Excel, lorsqu'il en existe, correspond toujours à un point extrême de la région admissible.

Notre deuxième commentaire sur le théorème fondamental concerne le fait que certains modèles linéaires continus possèdent des solutions optimales qui ne sont pas des points extrêmes. Il suffirait, pour en obtenir un exemple, de reprendre le problème de la Fonderie tout en fixant le profit des gueuses à 500 dollars la tonne. Tel qu'illustré dans la figure 3.11, les courbes de niveau de la fonction-objectif $z' = 1000\ x_1 + 500\ x_2$ sont parallèles à la droite associée à la contrainte (1) et le profit maximal est de 20 000 \$. Ainsi, tout point du segment [B ; C], et en particulier B et C, décrit un plan de production optimal. Le théorème fondamental est donc vérifié dans cet exemple, puisque les sommets B et C constituent des solutions optimales. Noter que le théorème n'affirme pas que toute solution optimale d'un modèle linéaire continu correspond à un point extrême.

FIGURE 3.11
Analyse graphique du modèle (FRB') obtenu en fixant à 500\$/t le profit des gueuses

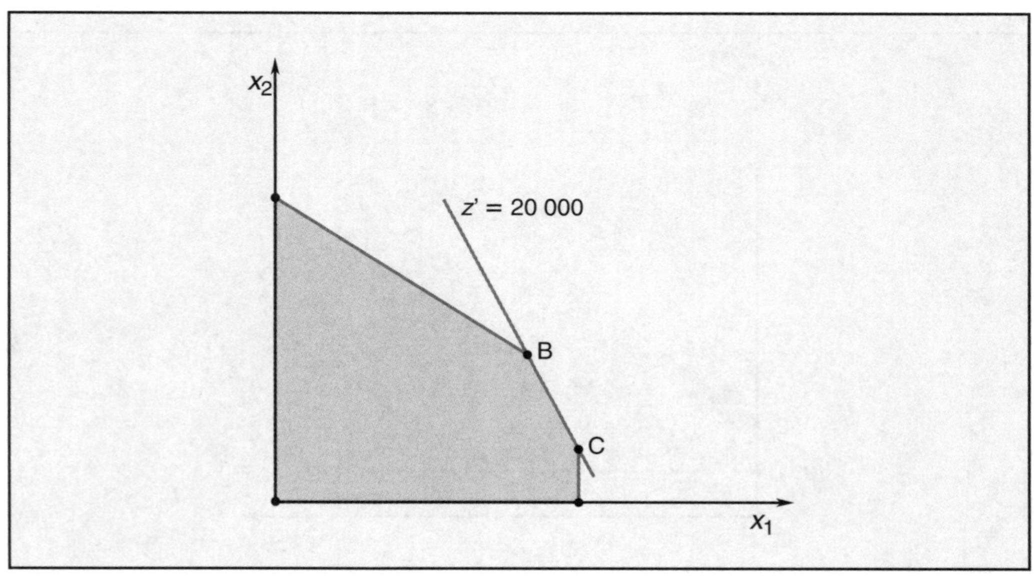

Exercices de révision

1. **Solutions optimales multiples**

Soit le modèle linéaire suivant.

$$\text{Max } z = 3x_1 + 3x_2$$

sous les contraintes :

$$\begin{aligned} x_1 + x_2 &\leq 8 \\ x_1 &\leq 6 \\ x_2 &\leq 5 \\ x_1, x_2 &\geq 0. \end{aligned}$$

(a) Tracer le graphique cartésien de la région admissible de ce modèle.

(b) Déterminer les sommets de la région admissible, puis évaluer la fonction-objectif z en chacun d'entre eux. Vérifier que la fonction-objectif z atteint sa valeur maximale en deux de ces sommets.

(c) Donner 4 solutions optimales de ce modèle.

2. **Solutions optimales multiples dans un modèle de minimisation**

Soit (P), le modèle linéaire suivant.

$$\text{Min } z = 30x_1 + 36x_2$$

sous les contraintes :

$$\begin{aligned} 6x_1 + 3x_2 &\leq 69 \\ 5x_1 + 6x_2 &\geq 52 \\ 3x_1 - 6x_2 &\leq 12 \\ x_2 &\leq 7 \\ x_1, x_2 &\geq 0. \end{aligned}$$

(a) Tracer le graphique de la région admissible de ce modèle. Déterminer les sommets du polygone obtenu.

(b) Évaluer la fonction-objectif z en chacun des sommets de la région admissible. Vérifier que z atteint sa valeur minimale en deux de ces sommets.

3.3 La méthode du simplexe

L'algorithme du simplexe est une des méthodes les plus utilisées en recherche opérationnelle. C'est G.B. Dantzig qui conçut cet algorithme et qui, dans un article[6] paru en 1949, en a fait la première description. Depuis lors, l'algorithme du simplexe a fait l'objet de centaines d'articles scientifiques et, sous diverses moutures, a servi à la résolution de plusieurs modèles linéaires relatifs à des problèmes de gestion, de diététique, de transport, d'affectation, etc. Aujourd'hui, grâce à la puissance des ordinateurs et aux raffinements des procédés de calcul mis au point par de multiples chercheurs, on résout des modèles linéaires comportant des dizaines de milliers de variables et de contraintes. L'algorithme du simplexe intervient

6. G.B. Dantzig, « Programming of Independent Activities : A Mathematical Model », *Econometrica*, vol. 17, 1949, p. 200-211.

fréquemment comme sous-routine d'autres algorithmes, telle la méthode de séparation et d'évaluation progressive utilisée pour la résolution de modèles linéaires en nombres entiers (*voir le chapitre 4*). Les notions mathématiques rattachées à l'algorithme du simplexe ont permis d'attaquer et de résoudre plusieurs problèmes théoriques et de démontrer de nombreux résultats fondamentaux de la recherche opérationnelle.

Nous poursuivons plusieurs objectifs dans cette section :

- présenter succinctement les concepts qui sous-tendent l'algorithme du simplexe ;
- montrer, à l'aide d'un exemple numérique simple, comment résoudre un modèle linéaire continu par l'algorithme du simplexe ;
- décrire la boîte Résultat du solveur affiché par Excel après la résolution d'un modèle linéaire continu.

La maîtrise des principales notions exposées dans ce chapitre facilitera la compréhension de plusieurs concepts présentés dans les chapitres 4, 5 et 6.

3.3.1 Les variables d'écart et d'excédent

L'algorithme du simplexe recherche une solution optimale des programmes linéaires continus écrits sous la forme suivante :

$$
\begin{aligned}
&\text{Max (Min) } z = c_1 x_1 + c_2 x_2 + \dots + c_n x_n \\
&\text{sous les contraintes :} \\
&a_{11} x_1 + a_{12} x_2 + \dots + a_{1n} x_n = b_1 \\
&a_{21} x_1 + a_{22} x_2 + \dots + a_{2n} x_n = b_2 \\
&\qquad \vdots \\
&a_{m1} x_1 + a_{m2} x_2 + \dots + a_{mn} x_n = b_m \\
&x_1, x_2, \dots, x_n \geq 0.
\end{aligned}
\qquad \text{(PLS)}
$$

Le sigle PLS signifie **Programme Linéaire Standard**. Un modèle sous forme PLS met en présence n variables non négatives et comporte m contraintes technologiques, toutes de signe « = ». On supposera que, dans tout PLS, le nombre n de variables n'est pas inférieur au nombre m de contraintes technologiques : $n \geq m$.

Tout modèle linéaire continu peut se ramener à un modèle équivalent sous forme PLS. À titre d'illustration, nous indiquons maintenant comment transformer le modèle (FRB) en un modèle équivalent sous forme PLS. Nous considérons d'abord la contrainte (1) :

$$10\, x_1 + 5\, x_2 \leq 200. \qquad (1)$$

Cette contrainte s'interprète comme suit : le nombre d'heures utilisées par un plan de production dans l'atelier d'ébarbage ne peut excéder le nombre d'heures disponibles dans cet atelier pendant la période de production envisagée. En bref :

$$\textit{Temps utilisé} \leq \textit{Temps disponible}. \qquad (24)$$

Convenons de scinder le temps disponible dans l'atelier d'ébarbage de la façon suivante :

$$\textit{Temps utilisé} + \textit{Temps inutilisé} = \textit{Temps disponible}.$$

Le temps inutilisé est une quantité variable qui dépend du plan de production (x_1 ; x_2) considéré ; il sera noté e_1. Ainsi, la contrainte (1) de (FRB) est équivalente à :

$$(10\, x_1 + 5\, x_2) + e_1 = 200 \quad \text{et} \quad e_1 \geq 0. \qquad (1')$$

La variable e_1, qui est une variable non négative comme toutes les autres variables du modèle (FRB), sera dite **variable d'écart** associée à la contrainte (1). Elle représente l'écart entre les membres droit et gauche de la contrainte, comme on le constate facilement en transformant l'équation de (1') de la façon suivante :

$$e_1 = 200 - (10\,x_1 + 5\,x_2). \tag{25}$$

La figure 3.12 illustre la contrainte (1) de (FRB). Le plan de production (5 ; 9) utilise 95 des 200 heures disponibles dans l'atelier d'ébarbage. Le temps inutilisé dans cet atelier par la mise en œuvre de ce plan est donc 105 heures :

$$e_1 = 200 - [\,(10 \times 5) + (5 \times 9)\,] = 105.$$

Ainsi, le point (5 ; 9) satisfait à la contrainte (1) comme inéquation et confère à e_1 une valeur positive. Si l'on retient le plan de production (8 ; 24), la contrainte (1) sera satisfaite comme équation et la variable e_1 prendra la valeur 0. De façon générale, tout point de la droite associée à la contrainte (1) donne une valeur nulle à la variable d'écart e_1, puisque les deux membres de la contrainte prennent alors la même valeur et que, par conséquent, l'écart e_1 entre ces deux membres est 0. Résumons : les plans de production (5 ; 9) et (8 ; 24) satisfont à la contrainte (1) ; de plus, la valeur de e_1, dans chaque cas, est non négative. Le plan (30 ; 25), quant à lui, viole la contrainte (1) et force e_1 à prendre une valeur négative, ce qui est inacceptable en présence de la contrainte de non-négativité imposée à e_1.

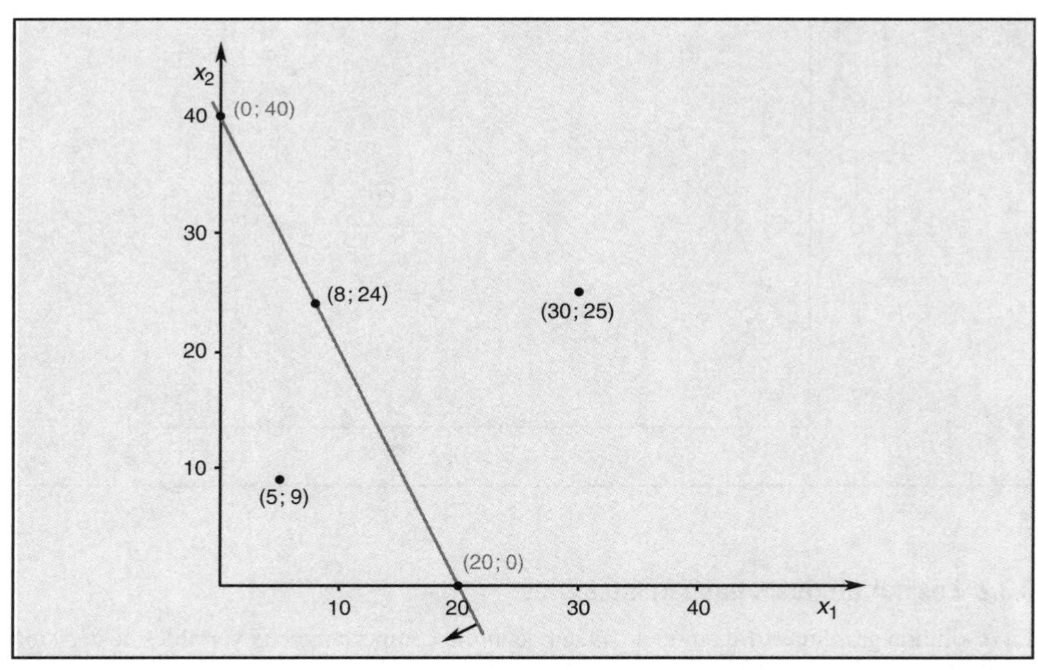

FIGURE 3.12
Contrainte (1) de (FRB) et variable d'écart associée

Pour transformer (FRB) en un modèle équivalent sous forme PLS, il suffit d'introduire des variables non négatives e_1, e_2, e_3 et e_4, et de remplacer les inéquations (1) à (4) par les équations (1') à (4'). Le modèle résultant est le modèle (FRB=) décrit au début de la section 3.3.2.

Certains modèles linéaires continus comportent des contraintes technologiques de signe « ≥ ». La récriture sous forme d'égalité d'une telle contrainte fait intervenir une variable non négative dite variable d'excédent. À titre d'illustration, considérons la contrainte (26), qui impose de produire au total au moins 137 unités des deux produits :

$$x_1 + x_2 \geq 137. \tag{26}$$

En pratique, le membre gauche de (26) représente la quantité totale des deux produits qui est fabriquée, tandis que le membre droit précise la quantité minimale que l'on doit produire. Cette contrainte se récrit de la façon suivante :

$$(x_1 + x_2) - e_{26} = 137 \quad \text{et} \quad e_{26} \geq 0. \tag{26'}$$

L'équation de (26') s'interprète comme suit :

quantité totale produite – quantité excédentaire produite = quantité minimale à produire.

Il est donc naturel que la variable e_{26} soit appelée **variable d'excédent** associée à la contrainte (26). La figure 3.13 illustre la contrainte (26). Les plans de production associés aux points Q et N satisfont à la contrainte (26) et confèrent chacun une valeur non négative à la variable d'excédent e_{26} ; par contre, le plan associé au point P lui conférerait une valeur négative, car il ne respecterait pas la quantité minimale imposée.

FIGURE 3.13
Contrainte (26) et variable d'excédent associée

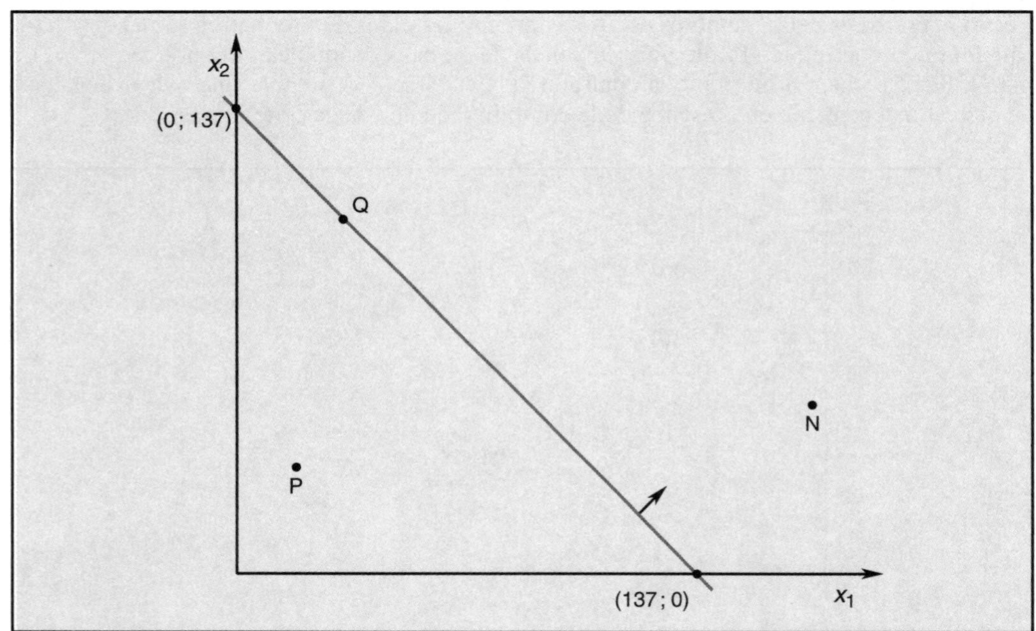

3.3.2 Les solutions de base admissibles

La résolution graphique d'un modèle linéaire continu comportant deux variables de décision a fait l'objet de la section 3.1. Toutefois, la plupart des modèles linéaires continus rencontrés dans la pratique comportent beaucoup plus de variables de décision et l'on ne peut recourir à la méthode graphique pour en trouver une solution optimale. L'algorithme du simplexe se fait fort de chercher et de trouver, s'il en existe, une solution optimale à tout modèle linéaire continu, quel qu'en soit le nombre de variables de décision. Évidemment, plus ce nombre est élevé, plus le temps de calcul tendra à s'allonger. Mentionnons cependant qu'aujourd'hui, on peut résoudre à l'aide de l'algorithme du simplexe un modèle linéaire continu un million de fois plus rapidement qu'il y a 20 ans. Il n'est donc pas surprenant qu'avec cet algorithme des modèles comportant plusieurs centaines de milliers de variables et des dizaines de milliers de contraintes technologiques soient maintenant résolus de façon routinière.

Au cœur de l'algorithme du simplexe se trouve la notion de **solution de base admissible**. Illustrons-la en recourant au modèle (FRB) écrit sous forme PLS. Nous désignerons cette nouvelle écriture par (FRB=).

$$\text{Max } z = 1\,000\, x_1 + 1\,200\, x_2 \qquad (0)$$

sous les contraintes :

$$\begin{aligned} 10\, x_1 + 5\, x_2 + e_1 &= 200 && (27)\\ 2\, x_1 + 3\, x_2 + e_2 &= 60 && (28)\\ x_1 + e_3 &= 18 && \text{(FRB=)}\ (29)\\ x_2 + e_4 &= 30 && (30)\\ x_1, x_2, e_1, e_2, e_3, e_4 &\geq 0. && (31) \end{aligned}$$

Les variables d'écart e_1 et e_2 représentent le temps inutilisé, la première dans l'atelier d'ébarbage et la seconde, dans l'atelier de peinture. Les variables d'écart e_3 et e_4 représentent la portion non satisfaite de la demande de chacun des produits ; par exemple, si le plan de production retenu est (8 ; 12), la production de tuyauterie est de $18 - 8 = 10$ tonnes en deçà de la demande de ce produit.

Le modèle (FRB=) comporte six variables, alors que le modèle (FRB) n'en comporte que deux. Cependant, à toute solution admissible (x_1 ; x_2 ; e_1 ; e_2 ; e_3 ; e_4) de (FRB=) correspond une solution admissible (x_1 ; x_2) de (FRB) ; et réciproquement, pourvu que les variables d'écart e_1, e_2, e_3 et e_4 soient calculées en recourant aux équations (27) à (30). Pour illustrer cette affirmation, considérons la solution admissible (9 ; 14). La solution correspondante de (FRB=) s'obtient en posant $x_1 = 9$ et $x_2 = 14$ dans les équations (27) à (30) et en résolvant pour les variables d'écart :

$$e_1 = 200 - (10 \times 9) - (5 \times 14) = 40$$

$$e_2 = 60 - (2 \times 9) - (3 \times 14) = 0$$

$$e_3 = 18 - 9 = 9$$

$$e_4 = 30 - 14 = 16.$$

Ainsi, à la solution admissible (9 ; 14) de (FRB) correspond la solution admissible (9 ; 14 ; 40 ; 0 ; 9 ; 16) de (FRB=). Cette dernière explicite certaines conséquences de la solution (9 ; 14) : par exemple, si l'on implante ce plan de production, 40 des 200 heures de l'atelier d'ébarbage resteront inutilisées et l'atelier de peinture sera utilisé à pleine capacité. Inversement, le plan de production (10 ; 18) viole la 2e contrainte de (FRB) et la variable d'écart associée à cette contrainte prend une valeur négative :

$$e_2 = 60 - (2 \times 10) - (3 \times 18) = -14.$$

Rappelons que, pour résoudre (FRB) graphiquement, il suffit de trouver un point extrême qui maximise la fonction-objectif z. Le tableau 3.1 (*voir page suivante*) donne les solutions de (FRB=) qui correspondent aux cinq points extrêmes de (FRB). On notera que ces cinq solutions partagent trois caractéristiques fondamentales :

1. les valeurs des 6 variables sont non négatives ;
2. les égalités (27) à (30) de (FRB=) sont satisfaites par les valeurs des variables ;
3. au moins[7] 2 des 6 variables prennent la valeur 0.

---

7. Dans certains **modèles** linéaires continus – qualifiés de **dégénérés** – plus de deux des droites associées aux contraintes se rencontrent en un même sommet et alors plus de deux variables sont nulles. Voir l'annexe 3B.

TABLEAU 3.1
Points extrêmes de (FRB) et solutions admissibles de (FRB=)

N°	Point extrême de (FRB)	Solution admissible de (FRB=)
0	O = (0; 0)	(0; 0; 200; 60; 18; 30)
1	A = (0; 20)	(0; 20; 100; 0; 18; 10)
2	B = (15; 10)	(15; 10; 0; 0; 3; 20)
3	C = (18; 4)	(18; 4; 0; 12; 0; 26)
4	D = (18; 0)	(18; 0; 20; 24; 0; 30)

Les deux premières de ces caractéristiques signifient que les solutions associées aux points extrêmes sont des solutions admissibles de (FRB=). La troisième s'explique par le fait que chacun des points extrêmes de l'ensemble des points admissibles de (FRB) appartient à deux des droites associées aux contraintes, à choisir parmi l'ensemble des contraintes technologiques et des contraintes de non-négativité. Par exemple, les variables e_1 et e_3 sont nulles dans la solution n° 3 : on en déduit que les contraintes (1) et (3) de (FRB) sont satisfaites comme équations et donc que le point extrême correspondant à cette solution est situé à l'intersection des droites associées aux contraintes (1) et (3). De même, les variables e_2 et x_1 sont nulles dans la solution n° 1 et le point extrême correspondant est situé à l'intersection de la droite associée à la contrainte (2) et de l'axe vertical, qui est la droite associée à la contrainte de non-négativité «$x_1 \geq 0$».

Une solution admissible de (FRB=) qui possède les trois caractéristiques énoncées plus haut est appelée **solution de base admissible**. L'emploi du terme «base» est lié au langage de l'algèbre linéaire. Disons ici simplement que la notion de solution de base admissible est le pendant algébrique de la notion géométrique de point extrême. À chaque solution de base admissible correspond un seul point extrême[8].

Nous nous intéressons maintenant à une méthode **algébrique** qui permettra de résoudre le modèle (FRB=). Il suffira de trouver, parmi les solutions admissibles de ce modèle, une solution qui correspond à un point extrême de (FRB) et qui maximise z. Mais la méthode algébrique devra traiter des modèles de dimension supérieure à 2 et ne pourra donc dépendre trop directement de l'analyse graphique effectuée dans le cas de (FRB). Soyons plus précis. Il s'agira ici de trouver une solution optimale de (FRB=) sans s'appuyer sur des conclusions tirées de l'analyse graphique de (FRB) autres que celle-ci : dans la solution optimale, au moins 2 des 6 variables sont nulles. La recherche d'une solution optimale d'un modèle linéaire continu se ramène donc à la recherche d'une solution de base admissible qui optimise la fonction-objectif z.

Pour résoudre (FRB=), on doit en particulier sélectionner 2 des 6 variables de ce modèle et leur attribuer *a priori* une valeur nulle – on les qualifiera de **variables hors base** et les 4 autres seront dites **variables de base**. Lorsqu'on effectue ce choix, des difficultés de trois ordres peuvent se présenter.

Difficulté du premier ordre

Choisir 2 variables parmi 6 peut se faire de 15 façons différentes : en effet, $C_2^6 = 6!/(2! \times 4!) = 15$. Le nombre de façons possibles de choisir augmente très rapidement avec la taille du modèle. Par exemple, un modèle linéaire continu comportant 50 variables de décision et 20 contraintes technologiques de signe «≤» sera transformé en un modèle PLS par l'ajout de 50 variables d'écart ; lors de la résolution de ce dernier modèle, on aura à sélectionner 50 des 70 variables, ce qui peut se faire de C_{50}^{70} façons différentes, où

$$C_{50}^{70} = 161\ 884\ 603\ 662\ 657\ 876 = 1{,}62 \times 10^{17}.$$

8. Par contre, dans des situations de dégénérescence (*voir l'annexe 3B*), un même point extrême correspond à plusieurs solutions de base admissibles distinctes.

Difficulté du deuxième ordre

Le choix des 2 variables hors base arrêté, il reste à calculer la valeur de chacune des 4 variables de base, ce qui implique la résolution d'un système comportant 4 équations linéaires à 4 inconnues. Par exemple, si l'on pose $e_2 = e_3 = 0$ dans (FRB=), les 4 contraintes technologiques se ramènent au système linéaire suivant :

$$10\,x_1 + 5\,x_2 + e_1 = 200 \quad (32)$$

$$2\,x_1 + 3\,x_2 = 60 \quad (33)$$

$$x_1 = 18 \quad (34)$$

$$x_2 + e_4 = 30. \quad (35)$$

Résolvons le système (32)-(35). D'abord, $x_1 = 18$ d'après (34). Nous remplaçons maintenant x_1 par sa valeur 18 dans (33) pour obtenir la valeur de x_2 :

$$3\,x_2 = 60 - (2 \times 18) = 24,$$

ce qui implique que $x_2 = 24 / 3 = 8$. Enfin, il résulte de (32) et de (35) respectivement que

$$e_1 = 200 - (10 \times 18) - (5 \times 8) = -20$$

$$e_4 = 30 - 8 = 22.$$

Lorsqu'on pose $e_2 = e_3 = 0$, la solution résultante de (FRB=) est donc (18 ; 8 ; –20 ; 0 ; 0 ; 22). Cette solution comporte bien 2 variables nulles ; cependant, elle n'est pas admissible, car la contrainte de non-négativité de la variable e_1 est violée. Une telle solution est dite **solution de base**. Il ne s'agit toutefois pas d'une solution de base *admissible* comme celles présentées au tableau 3.1. Considérons la figure 3.14 : toute solution de base de (FRB=) correspond à l'intersection de 2 des droites (incluant les deux axes), tandis qu'une solution de base admissible correspond à un point *admissible* situé à l'intersection de 2 droites, c'est-à-dire à un point extrême.

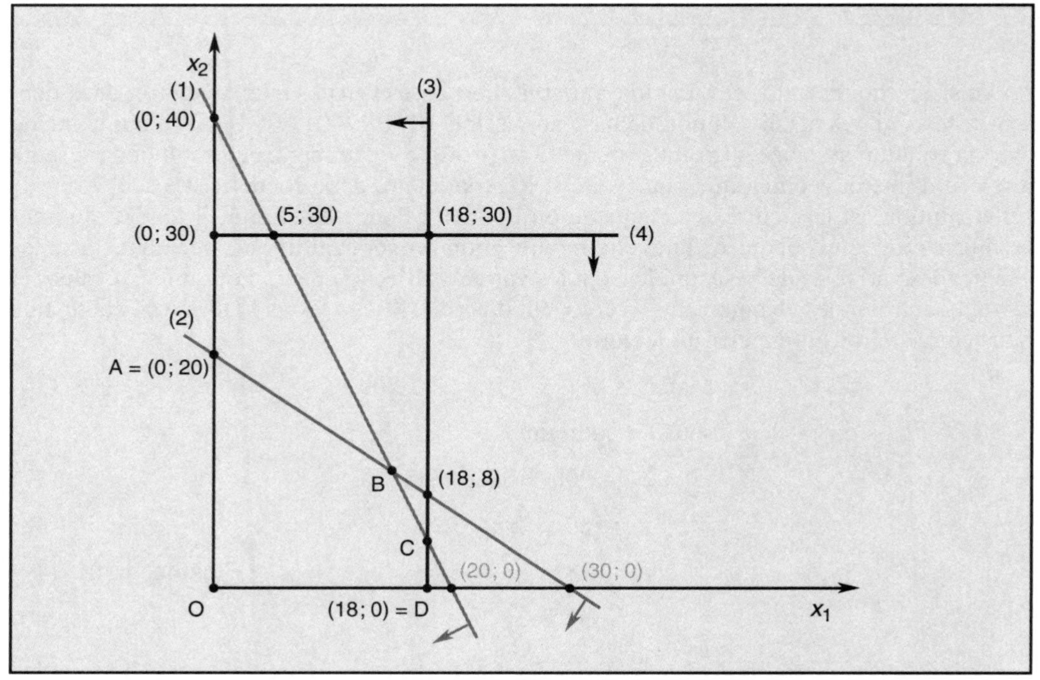

FIGURE 3.14
Solutions de base de (FRB) et points associés

En résumé, la difficulté du deuxième ordre découle du fait qu'en posant 2 variables égales à 0, on doit résoudre un système linéaire d'équations pour trouver les valeurs résultantes des autres variables, valeurs qu'on ne peut anticiper et qui, dans certains cas, sont négatives.

Difficulté du troisième ordre

Parmi toutes les façons de fixer 2 des variables à la valeur 0, il faut en trouver une qui conduit à une solution de base admissible **maximisant** la valeur de z. Dans le cas de (FRB=), il suffirait d'énumérer les 15 façons possibles et de résoudre les 15 systèmes d'équations associés. En pratique, toutefois, comme nous l'avons vu, le nombre de solutions de base admissibles est trop élevé pour procéder ainsi. Il faut donc mettre au point une procédure systématique qui, pour la vaste majorité des modèles linéaires continus, trouve une solution de base optimale après l'examen d'un nombre restreint de solutions. C'est là le défi qu'a relevé avec brio G.B. Dantzig.

3.3.3 Les lexiques

Pour résoudre (FRB=), la programmation linéaire prescrit de sélectionner 2 des variables en présence et de leur donner *a priori* la valeur 0. Mais, tel qu'illustré ci-dessus, certains choix de variables hors base résultent en un système dans lequel certaines des variables de base prennent une valeur négative. Comment effectuer le choix tout en étant certain d'obtenir une solution admissible ? Nous indiquerons ci-dessous comment procéder. Mais, auparavant, considérons le tableau 3.2. Poser $x_1 = x_2 = 0$ dans les équations (27)-(30) résulte dans le système donné dans la colonne de droite, dont la résolution est immédiate.

TABLEAU 3.2
Équations de (FRB=) quand $x_1 = x_2 = 0$

Équations de (FRB=)		Système résultant quand $x_1 = x_2 = 0$
$10\,x_1 + 5\,x_2 + e_1 = 200$	(27)	$e_1 = 200$
$2\,x_1 + 3\,x_2 + e_2 = 60$	(28)	$e_2 = 60$
$x_1 + e_3 = 18$	(29)	$e_3 = 18$
$x_2 + e_4 = 30$	(30)	$e_4 = 30$

Ainsi, en choisissant x_1 et x_2 comme variables hors base et en posant $x_1 = x_2 = 0$, on obtient sans efforts ni calculs la solution de base admissible (0 ; 0 ; 200 ; 60 ; 18 ; 30), qui coïncide avec la solution associée au point extrême O = (0 ; 0). Évidemment, cette solution présente fort peu d'intérêt économique pour Aurèle, le propriétaire de la fonderie. Le seul atout de cette solution est la facilité avec laquelle on l'obtient. Pour l'améliorer, il faudra modifier la valeur de x_1 ou celle de x_2, une telle modification provoquant des changements dans les valeurs des variables de base, qui ici sont les variables d'écart e_1 à e_4. Pour mieux évaluer et surtout contrôler ces changements, il convient d'écrire (FRB=) sous la forme suivante, que nous conviendrons d'appeler un **lexique**.

$$\text{Max } z = 0 + 1\,000\,x_1 + 1\,200\,x_2 \quad (36)$$

sous les contraintes :

$$e_1 = 200 - 10\,x_1 - 5\,x_2 \quad (37)$$

$$e_2 = 60 - 2\,x_1 - 3\,x_2 \quad (38)$$

$$e_3 = 18 - x_1 \qquad \text{(Lexique n° 0)} \quad (39)$$

$$e_4 = 30 - x_2 \quad (40)$$

$$x_1, x_2, e_1, e_2, e_3, e_4 \geq 0. \quad (41)$$

Le Lexique nº 0, défini par les formules (36) à (41), est un modèle mathématique équivalent à (FRB=) : l'équation (36), qu'on appellera la **fonction-objectif du lexique**, reprend la fonction-objectif (0) de (FRB=) ; les contraintes (37) à (40) s'obtiennent de (27) à (30) en transférant les termes en x_1 et en x_2 dans le membre droit.

À un lexique, on associera une solution de base **admissible** : il suffit, en effet, de donner la valeur 0 aux variables hors base x_1 et x_2. Les valeurs des variables de base e_1 à e_4 sont alors les valeurs numériques apparaissant à droite des signes d'égalité. Par exemple :

$$e_1 = 200 - (10 \times 0) - (5 \times 0) = 200.$$

On retrouve ainsi la solution de base (0 ; 0 ; 200 ; 60 ; 18 ; 30). Rappelons que, dans le tableau 3.1, cette solution porte le numéro 0 et correspond au point extrême O = (0 ; 0) de (FRB). De plus, lorsque les variables x_1 et x_2 prennent la valeur 0, la fonction-objectif prend la valeur 0, ce qui est indiqué explicitement dans (36) par la valeur numérique apparaissant immédiatement à la droite du signe d'égalité. Nous attribuons au lexique (36)-(41) le nº 0, car il s'agit du lexique initial qui sera analysé par l'algorithme du simplexe lors de la résolution de (FRB=).

Plusieurs lexiques différents peuvent être associés à un même modèle linéaire continu, chacun correspondant à une solution de base admissible. L'algorithme du simplexe construit itérativement des lexiques, appelés **Lexique nº 1**, **Lexique nº 2**, etc., de sorte que, à chaque étape, la valeur de la fonction-objectif pour la solution de base associée augmente – ou à tout le moins, ne diminue pas. Voici les caractéristiques d'un **lexique** (disons le Lexique nº i) :

1. le lexique comporte $1 + m$ équations, où m est le nombre de contraintes technologiques du modèle PLS initial, ainsi qu'une contrainte globale de non-négativité ; la 1re équation est dite **fonction-objectif** du lexique, les m autres sont dites **contraintes technologiques** du lexique ;
2. l'ensemble des variables du lexique coïncide avec l'ensemble des variables du modèle PLS initial ; chaque variable est assujettie à une contrainte de non-négativité ;
3. les variables du lexique sont réparties en deux catégories, m **variables de base** et $(n - m)$ **variables hors base** ;
4. la fonction-objectif du lexique est équivalente à la fonction-objectif du modèle PLS initial et s'écrit sous la forme
$$z = z_i + \text{(fonction linéaire des variables hors base)};$$
5. les m contraintes technologiques d'un lexique sont équivalentes, dans leur ensemble, à celles du modèle PLS initial ; chacune est de la forme :
$$\text{variable} = \text{valeur} + \text{(fonction linéaire des variables hors base)},$$
où la valeur numérique immédiatement à droite du signe d'égalité est non négative et où la variable du membre gauche est une variable de base ;
6. chacune des m variables de base du lexique apparaît comme membre gauche dans une et une seule des m contraintes technologiques.

Pour déterminer la **solution de base associée à un lexique**, il suffit de donner aux variables hors base la valeur 0 et à chaque variable de base la valeur numérique apparaissant dans la même contrainte qu'elle, immédiatement après le signe d'égalité. Comme l'illustre le Lexique nº 0 de (FRB=), la solution de base associée à un lexique est nécessairement admissible.

Les caractéristiques 2, 4 et 5 garantissent qu'un lexique forme un modèle équivalent au modèle PLS initial. La forme des équations exigée par la caractéristique 5 nous assure que la solution de base associée à un lexique est admissible. De plus, la caractéristique 4 implique que cette solution de base admissible donne à la fonction-objectif la valeur z_i ; dans un modèle de maximisation comme (FRB), cette valeur z_i est automatiquement une borne inférieure de la valeur optimale à déterminer. Enfin, on peut montrer que, pour un modèle linéaire continu (P) sous forme (PLS),

si (P) admet une solution optimale, (P) admet une solution optimale qui est une solution de base admissible.

Les avantages d'un lexique sont multiples. D'abord, un lexique permet d'obtenir sans calculs une solution de base admissible du problème à résoudre. De plus, comme nous le verrons dans la section suivante, un lexique indique comment construire des solutions admissibles «adjacentes» à la solution de base associée. Enfin, même si la solution (0 ; 0 ; 200 ; 60 ; 18 ; 30) associée au Lexique nº 0 de (FRB=) ne peut satisfaire Aurèle, les contraintes technologiques du lexique décrivent comment modifier les variables de base si les variables hors base sont augmentées. C'est d'ailleurs cette possibilité qui explique l'importance de la forme des équations du lexique. À titre d'exemple, supposons qu'Aurèle désire porter à 5 tonnes la production de tuyauterie et à 10 tonnes celle des gueuses. Les équations (37) à (40) deviennent alors :

$$e_1 = 200 - (10\times5) - (5\times10) = 100 \qquad e_2 = 60 - (2\times5) - (3\times10) = 20$$

$$e_3 = 18 - 5 = 13 \qquad e_4 = 30 - 10 = 20$$

$$z = 0 + (1\,000\times5) + (1\,200\times10) = 17\,000.$$

On obtient ainsi une nouvelle solution admissible, soit (5 ; 10 ; 100 ; 20 ; 13 ; 20), qui donne à z la valeur 17 000. Si le plan de production associé était implanté par Aurèle, il resterait $e_1 = 100$ heures inutilisées dans l'atelier d'ébarbage et $e_2 = 20$ heures inutilisées dans l'atelier de peinture ; de plus, $e_3 = 13$ tonnes de tuyauterie seraient produites en deçà des 18 tonnes que pourraient absorber le marché et $e_4 = 20$ parts de marché pour les gueuses seraient non comblées ; enfin, Aurèle réaliserait alors un profit de $z = 17\,000$ dollars. Avouons cependant que ces conclusions ne requièrent pas vraiment la connaissance du lexique. Un gestionnaire avisé y serait arrivé aisément. Le Lexique nº 0 est d'une forme simple, très similaire au modèle initial (FRB=), et les conclusions qu'on en tire sont «évidentes». On verra toutefois par la suite que l'on peut calculer plusieurs autres lexiques associés à (FRB=) et que ceux-ci donnent des informations beaucoup moins évidentes sur les interrelations entre les variables et sur le profit qui en résulte. À titre d'exemple, voici le lexique associé au point extrême A = (0 ; 20) de (FRB). Nous indiquerons à la section suivante comment construire ce lexique.

$$\text{Max } z = 24\,000 + 200\,x_1 - 400\,e_2 \tag{42}$$

sous les contraintes :

$$e_1 = 100 - 6{,}67\,x_1 + 1{,}67\,e_2 \tag{43}$$

$$x_2 = 20 - 0{,}67\,x_1 - 0{,}33\,e_2 \tag{44}$$

$$e_3 = 18 - x_1 \qquad \text{(Lexique nº 1)} \tag{45}$$

$$e_4 = 10 + 0{,}67\,x_1 + 0{,}33\,e_2 \tag{46}$$

$$x_1, x_2, e_1, e_2, e_3, e_4 \geq 0. \tag{47}$$

De ce lexique, on déduit immédiatement que :

- la solution de base associée, obtenue en posant $x_1 = e_2 = 0$ dans les contraintes (43) à (46), est (0 ; 20 ; 100 ; 0 ; 18 ; 10) et correspond au point extrême A ;
- d'après (42), cette solution admissible assure un profit de 24 000 dollars ;
- selon (43), il resterait 100 heures inutilisées dans l'atelier d'ébarbage si le plan de production associé au point A était implanté ;

– la solution de base associée n'est pas optimale d'après (42) : il suffit en effet d'augmenter la valeur de x_1 tout en maintenant à 0 la valeur de e_2 pour obtenir une solution admissible assurant un profit supérieur à 24 000 dollars.

Cette dernière conclusion constitue un des principaux avantages des lexiques et elle est liée à la notion d'amélioration marginale, notion que nous définissons et analysons à la section 3.3.5.

3.3.4 Le calcul d'un lexique adjacent

Deux **lexiques** d'un même modèle linéaire sont dits **adjacents** si leurs listes de variables de base sont les mêmes dans toutes les contraintes technologiques, sauf une. Par exemple, les Lexiques n°s 0 et 1 de (FRB=) sont adjacents : en effet, les variables de base du Lexique n° 0 sont

$$e_1, e_2, e_3 \text{ et } e_4,$$

tandis que celles du Lexique n° 1 sont

$$e_1, x_2, e_3 \text{ et } e_4;$$

seule la 2e variable de base diffère. Le terme *adjacent* s'explique par l'interprétation géométrique suivante : dans le cas où le modèle comporte 2 variables de décision, dire que des lexiques sont adjacents signifie, sauf dans des cas particuliers liés à la dégénérescence, que les solutions de base associées correspondent à des points extrêmes adjacents. Ainsi, aux lexiques adjacents n°s 0 et 1 de (FRB=) correspondent les points extrêmes voisins O et A.

Le théorème fondamental de la programmation linéaire stipule que, si un modèle linéaire continu admet une ou plusieurs solutions optimales, au moins l'une d'entre elles correspond à un point extrême. La logique de la méthode du simplexe repose sur ce théorème. Ainsi, à partir d'un point extrême initial, l'algorithme du simplexe indique comment passer d'un point extrême à un autre qui lui est adjacent, chaque passage permettant d'améliorer la fonction-objectif, ou tout au moins de ne pas la détériorer. Dans le cas de (FRB=), le point O est le point extrême initial utilisé par la méthode du simplexe. En se référant à la figure 3.6, on voit que les points extrêmes adjacents à O sont A et D. Pour passer de O à A, il suffit d'augmenter la valeur de la variable x_2 tout en laissant la variable x_1 égale à 0. À l'inverse, pour passer de O à D, il faut augmenter la valeur de x_1 tout en maintenant x_2 à la valeur 0. On verra dans les sections suivantes que la méthode du simplexe choisit, lors de l'analyse du lexique associé au point O, d'augmenter la valeur de x_2 plutôt que celle de x_1, car le profit unitaire de x_2 est supérieur à celui de x_1. On devra donc vérifier l'optimalité du point A. Cette analyse se fera par le biais du lexique associé à ce point. On explique dans cette section l'**opération de pivotage** qui consiste à calculer un lexique adjacent. On illustre cette opération en calculant le lexique associé au point extrême A, nommé Lexique n° 1, à partir du lexique associé au point extrême O, le Lexique n° 0.

Rappelons la terminologie déjà présentée : les variables de base d'un lexique sont les variables situées à gauche du signe d'égalité, et les variables hors base sont situées à droite de ce signe. Si l'on fait exception du cas des solutions de base dégénérées, les variables de base prennent une valeur positive lorsque les variables hors base sont posées égales à 0. Le tableau 3.3 indique le statut des variables pour les Lexiques n°s 0 et 1 de (FRB=).

TABLEAU 3.3
Variables de base et hors base pour les points extrêmes O et A

	x_1	x_2	e_1	e_2	e_3	e_4
O	HB (= 0)	HB (= 0)	B (= 200)	B (= 60)	B (= 18)	B (= 30)
A	HB (= 0)	B (= 20)	B (= 100)	HB (= 0)	B (= 18)	B (= 10)

Note : « B » indique une variable de base et « HB », une variable hors base.

On remarque que, dans le tableau 3.3, seules les variables x_2 et e_2 ont un statut différent dans les deux cas considérés. Selon la terminologie de l'algorithme du simplexe, on dira que la variable x_2 **entre dans la base** et que la variable e_2 **sort de la base** lors du passage du Lexique n° 0 au Lexique n° 1. Rappelons le Lexique n° 0 :

$$\text{Max } z = 0 + 1\,000\, x_1 + 1\,200\, x_2 \qquad (36)$$

sous les contraintes :

$$e_1 = 200 - 10\, x_1 - 5\, x_2 \qquad (37)$$

$$e_2 = 60 - 2\, x_1 - \mathbf{3}\, x_2 \qquad (38)$$

$$e_3 = 18 - x_1 \qquad \text{(Lexique n° 0)} \quad (39)$$

$$e_4 = 30 - x_2 \qquad (40)$$

$$x_1, x_2, e_1, e_2, e_3, e_4 \geq 0. \qquad (41)$$

On procède ainsi pour calculer le lexique adjacent.

1. Dans l'équation (38) où apparaît la variable sortante, on transfère la variable entrante x_2 à gauche et la variable sortante e_2 à droite du signe d'égalité :

$$3\, x_2 = 60 - 2\, x_1 - e_2$$

$$x_2 = (60/3) - (2/3)\, x_1 - (1/3)\, e_2$$

$$x_2 = 20 - 0{,}67\, x_1 - 0{,}33\, e_2. \qquad (48)$$

L'équation résultante de cette 1re étape est appelée **équation pivot** : les calculs des autres étapes utiliseront (48) comme équation charnière. Le coefficient 3 de la variable entrante x_2 dans l'équation (38) de la variable sortante est appelé **pivot** de l'itération.

2. On modifie les membres droits des autres équations du lexique de façon à ce que les seules variables qui y apparaissent soient x_1 et e_2, les variables hors base du Lexique n° 1. Plus précisément, on utilise l'équation pivot (48) pour remplacer x_2 par le membre droit de (48). On obtient ainsi les récritures suivantes :

– récriture de (36) :

$$z = 0 + 1\,000\, x_1 + 1\,200\,(20 - 0{,}67\, x_1 - 0{,}33\, e_2)$$

$$z = 24\,000 + 200\, x_1 - 400\, e_2; \qquad (49)$$

– récriture de (37) :

$$e_1 = 200 - 10\, x_1 - 5\,(20 - 0{,}67\, x_1 - 0{,}33\, e_2)$$

$$e_1 = 100 - 6{,}67\, x_1 + 1{,}67\, e_2; \qquad (50)$$

– récriture de (39) : la variable x_2 est absente du membre droit de (39) et cette équation demeure inchangée ;

– récriture de (40) :

$$e_4 = 30 - (20 - 0{,}67\, x_1 - 0{,}33\, e_2)$$

$$e_4 = 10 + 0{,}67\, x_1 + 0{,}33\, e_2. \qquad (51)$$

Le lexique adjacent recherché est défini par les équations (48) à (51), par l'équation (39), de même que par les contraintes de non-négativité. Il a déjà été donné à titre d'exemple à la fin de la section 3.3.3 sous le titre de Lexique n° 1.

Le choix de x_2 comme variable entrante reposait sur la valeur du c_j de cette variable et n'a pas nécessité de recourir à l'analyse graphique de la région admissible de (FRB).

Toutefois, c'est par l'analyse graphique que nous avons conclu que la variable e_2 prenait la valeur 0 au point A, alors que cette variable était positive au point O, ce qui nous a permis de déduire qu'il fallait sortir cette variable de la base pour passer du Lexique nº 0 au Lexique nº 1. À la section 3.3.6, on apprendra comment choisir la variable sortante en s'appuyant uniquement sur des arguments algébriques, et ceci, quel que soit le nombre de variables du lexique.

Si le nombre de variables dans un lexique est élevé, l'opération de pivotage peut nécessiter une grande quantité d'opérations arithmétiques. Toutefois, comme les ordinateurs actuels peuvent effectuer des millions d'opérations arithmétiques à la seconde, l'opération de pivotage sera de courte durée, même pour des lexiques de grande taille.

3.3.5 Augmentation d'une variable hors base et amélioration marginale

Le Lexique nº 1 calculé à la section précédente correspond à la solution de base admissible (0; 20; 100; 0; 18; 10) et est associé au point extrême A. Le plan de production proposé implique la fabrication de la plus grande quantité possible de gueuses, soit 20 tonnes. En effet, avec cette production, tout le temps disponible à l'atelier de peinture est utilisé. Ce plan de production de 0 tonne de tuyauterie et de 20 tonnes de gueuses, qui met l'accent sur le produit dont le profit unitaire est le plus élevé, est obtenu en recourant à la logique gourmande, qui prescrit d'accorder la priorité à l'activité la plus rentable. Le calcul d'un plan de production selon cette logique est facile à programmer. Toutefois, vérifier l'optimalité d'une telle solution demande l'élaboration d'arguments mathématiques plus sophistiqués qui se retrouvent au cœur de la méthode du simplexe.

Test d'optimalité du point extrême A

Un gestionnaire qui cherche à améliorer le plan de production de 0 tonne de tuyauterie et de 20 tonnes de gueuses se demandera s'il est possible d'obtenir un profit plus élevé en augmentant la production de tuyauterie. Il comprend qu'il lui faudra dans ce cas diminuer la production des gueuses, car le temps disponible dans l'atelier de peinture est épuisé par la production de 20 tonnes de gueuses. Il s'agit d'un calcul arithmétique simple, se dit-il : une tonne de tuyauterie requiert 2 heures dans l'atelier de peinture ; pour chaque tonne de tuyauterie, il lui faudra économiser 2 heures dans cet atelier, c'est-à-dire baisser de 2 heures le temps consacré à la production de gueuses ; comme une tonne de gueuse nécessite 3 heures dans cet atelier, fabriquer une tonne de tuyauterie implique de diminuer de 2/3 de tonne la production de gueuses. L'effet net sur le profit se calcule donc de la façon suivante :

$$(1\,000 \times 1) + 1\,200 \times (-2/3) = +200.$$

Noter que l'on retrouve ainsi le coefficient +200 de la variable hors base x_1 dans la fonction-objectif (42), lequel coefficient résume donc l'impact financier d'augmenter la production de tuyauterie d'une unité et sera qualifié de **profit marginal**. De façon générale, le coefficient de la variable hors base x_j dans la fonction-objectif d'un lexique est appelé **amélioration marginale** de x_j (ou **profit marginal, coût marginal, utilité marginale**… si z représente un profit, un coût, une utilité…). Cette terminologie provient du fait que, dans un contexte de maximisation comme dans notre exemple, ce coefficient représente le taux d'augmentation de la valeur de z découlant d'une augmentation à la marge de la variable x_j.

Les commentaires du paragraphe précédent montrent qu'il est rentable d'augmenter la production de tuyauterie tout en utilisant l'atelier de peinture à pleine capacité. Algébriquement, il s'agit d'augmenter x_1 tout en exigeant que e_2 reste nulle ; géométriquement (*voir la figure 3.15, page suivante*), on se déplace sur la droite associée à la contrainte (2). On voit bien dans la figure 3.15 que l'on s'arrêtera au sommet B – sinon, on sortirait de la région admissible. Nous verrons à la section suivante comment obtenir le même résultat de façon algébrique.

FIGURE 3.15
Augmentation marginale de la variable x_1 au point extrême A

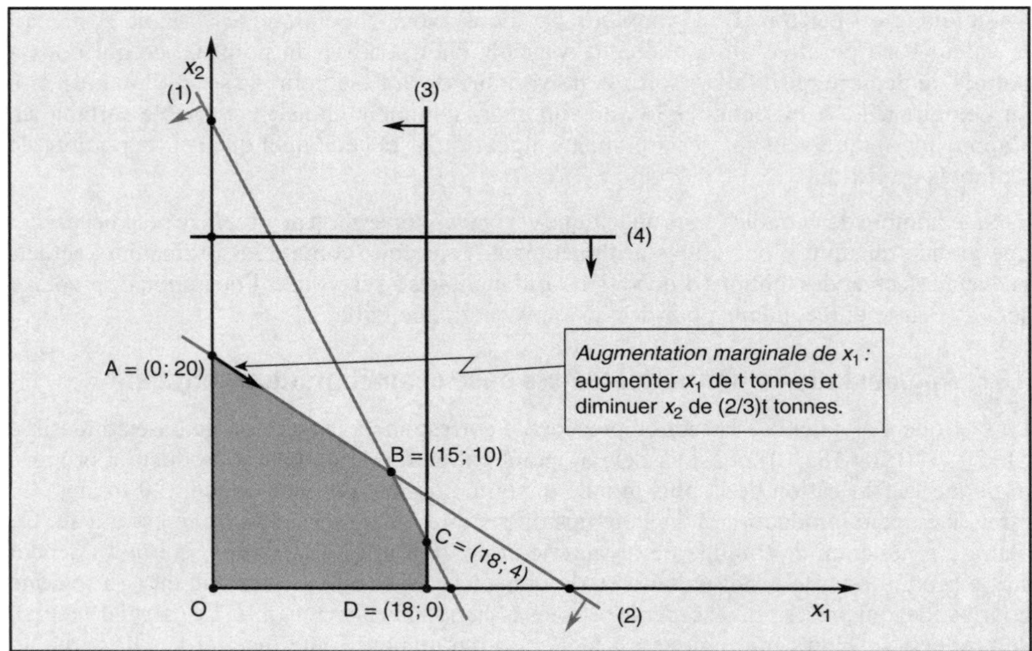

La fonction-objectif d'un lexique donne essentiellement deux informations importantes :

1. la valeur prise par la fonction-objectif, si la solution de base associée au lexique est implantée ;
2. les améliorations marginales des variables hors base du lexique.

De plus, des commentaires qui précèdent, on conclut que, dans le cas d'un problème de maximisation d'un profit, une solution de base d'un lexique est optimale si tous les profits marginaux des variables hors base sont négatifs ou nuls. Par contre, un profit marginal positif indique généralement[9] que la solution de base associée au lexique considéré n'est pas optimale. Si l'on cherche plutôt à minimiser un coût, tous les coûts marginaux devront être positifs ou nuls, pour que l'on puisse déclarer optimale la solution de base d'un lexique. On reviendra sur ce point dans les sections subséquentes.

Considérons maintenant la fonction-objectif du Lexique n° 0 donnée par la formule (36) :

$$\text{Max } z = 0 + 1\,000\, x_1 + 1\,200\, x_2 . \qquad (36)$$

Dans le Lexique n° 0, les profits marginaux des variables x_1 et x_2 valent 1 000 $ et 1 200 $ respectivement. On pourrait augmenter simultanément les valeurs de x_1 et de x_2, ce qui occasionnerait une augmentation plus rapide de la valeur de z. Une telle modification apportée aux valeurs de x_1 et x_2 implique géométriquement un déplacement à l'intérieur de la région admissible à partir du point (0 ; 0). Des méthodes, appelées méthodes de points intérieurs, ont été développées avec succès dans les années 1980 pour implanter ce genre d'approche. Ces méthodes reposent sur des notions mathématiques associées à la programmation non linéaire et débordent du cadre de ce manuel. Une des difficultés rencontrées dans ces méthodes vient du fait qu'il faut s'assurer que le point obtenu après le déplacement appartient à la région admissible. La méthode du simplexe, telle que décrite par G.B. Dantzig, prescrit plutôt d'augmenter la valeur d'une seule variable hors base dans

9. Des exceptions peuvent survenir dans les cas de dégénérescence (*voir l'annexe 3B*).

un lexique dont la solution de base n'est pas optimale. L'idée de Dantzig, simple mais efficace, implique un déplacement sur la frontière de la région admissible, déplacement dont on peut aisément contrôler l'amplitude afin de demeurer dans la région admissible. La méthode du simplexe reste encore aujourd'hui l'une des méthodes les plus efficaces pour résoudre des modèles linéaires continus.

La propriété principale d'une solution optimale est qu'il n'existe aucune autre solution admissible qui confère à la fonction-objectif une meilleure valeur. La contrepartie de cette affirmation est qu'une solution ne peut être optimale dès que l'on peut prouver l'existence d'une solution de meilleure qualité. C'est sur ce plan que se situe l'importance des améliorations marginales. Le théorème suivant résume les idées de la section.

Théorème I. Soit (P) un modèle linéaire continu de forme PLS.

a. *S'il s'agit d'un modèle de maximisation, la solution de base associée à un lexique est optimale lorsque les profits marginaux de toutes les variables hors base sont négatifs ou nuls.*

b. *S'il s'agit d'un modèle de minimisation, la solution de base associée à un lexique est optimale lorsque les coûts marginaux de toutes les variables hors base sont positifs ou nuls.*

Ce théorème découle du fait que tout lexique équivaut au modèle initial (P). En particulier, la fonction-objectif du lexique équivaut à la fonction-objectif de (P). Par conséquent, dans un contexte de maximisation, lorsque toutes les variables hors base d'un lexique possèdent un profit marginal négatif ou nul, il n'existe aucune autre solution admissible donnant à la fonction-objectif du lexique, et donc à la fonction-objectif de (P), une meilleure valeur que celle conférée à ces 2 fonctions-objectifs par la solution de base associée au lexique. Il s'ensuit que cette solution est optimale, autant pour le lexique que pour le modèle initial (P). Le théorème I indique la direction dans laquelle s'engage la recherche de l'algorithme du simplexe. On verra que, pourvu que le modèle soit borné, cet algorithme produit essentiellement une suite de lexiques dont le dernier ne contient que des profits marginaux négatifs ou nuls dans le cas d'un problème de maximisation (positifs ou nuls s'il s'agit d'un problème de minimisation).

3.3.6 L'algorithme du simplexe

L'organigramme de la figure 3.16 (*voir page suivante*) décrit les principales étapes de l'algorithme du simplexe. Nous ajoutons ci-après quelques commentaires dans le but de préciser chacune de ces étapes.

Construction d'un lexique initial

Dans le cas du modèle (FRB), toutes les contraintes technologiques sont de signe «$\leq$» et le Lexique n° 0 de (FRB=) peut être obtenu en choisissant les variables d'écart de ces contraintes comme variables de base. En général, toutefois, il n'est pas toujours possible d'effectuer un tel choix initial. En effet, si le modèle à résoudre comporte des contraintes de signe «$\geq$» ou «$=$», on doit le plus souvent lui adjoindre d'autres types de variables pour démarrer l'algorithme du simplexe; de plus, la solution de base associée au lexique initial alors obtenu n'est pas admissible. Il faut, dans un tel cas, exécuter une phase préliminaire qui consiste essentiellement à rechercher une solution de base admissible, ainsi que le lexique correspondant. Le lecteur se reportera à l'annexe 3A pour plus de détails à ce sujet.

Test d'optimalité

Comme le théorème I l'affirme, la solution de base associée au lexique sous considération est optimale si les profits marginaux de toutes les variables hors base sont négatifs ou nuls dans le cas d'un modèle de maximisation, ou si les coûts marginaux de toutes les variables

FIGURE 3.16
Principales étapes de l'algorithme du simplexe

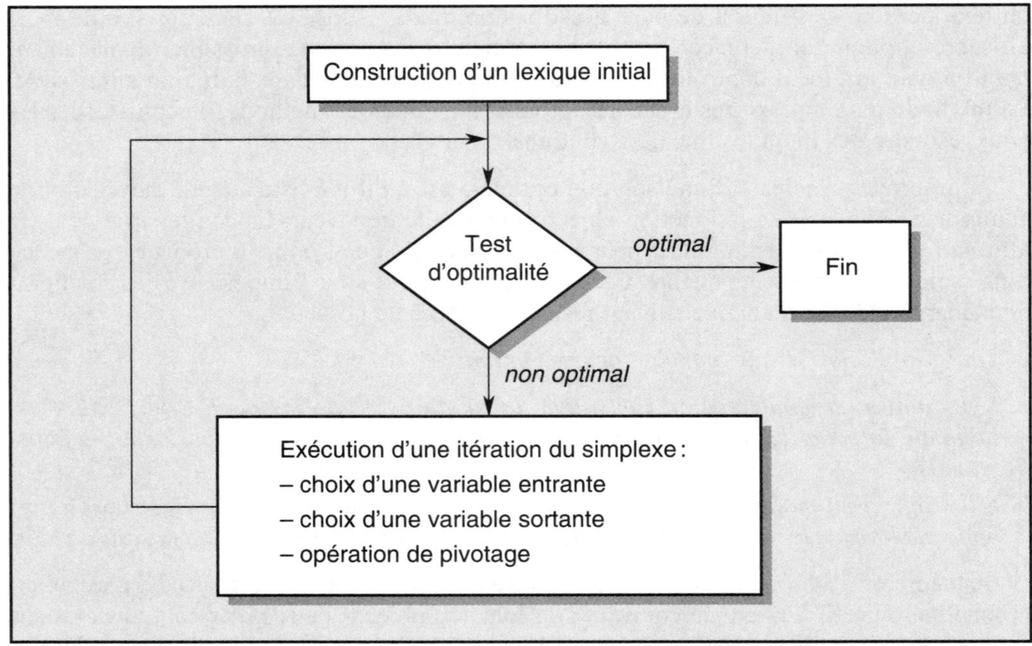

hors base sont positifs ou nuls dans le cas d'un modèle de minimisation. Dans l'affirmative, l'algorithme se termine. Sinon, une autre itération de l'algorithme du simplexe est exécutée pour déterminer un nouveau lexique et une nouvelle solution de base.

Exécution d'une itération du simplexe

- Choix d'une variable entrante

  La variable hors base qui entre dans la base est choisie parmi celles dont l'amélioration marginale est positive (négative dans un contexte de minimisation). Plusieurs critères de choix ont été analysés et testés dans la littérature scientifique. Nous recommandons, lors de l'exécution manuelle de l'algorithme du simplexe, de recourir au **critère MAM** (meilleure amélioration marginale), c'est-à-dire de retenir comme variable entrante l'une des variables hors base dont l'amélioration marginale est du bon signe et est la plus élevée possible en valeur absolue. C'est l'approche que nous utiliserons.

- Choix d'une variable sortante

  On verra ci-après comment déterminer la variable sortante lors de l'exécution détaillée des calculs de l'algorithme du simplexe sur le modèle (FRB=). Essentiellement, on cherche à augmenter marginalement le plus possible la variable entrante. Il en résulte, sauf exceptions[10], qu'une ou plusieurs variables de base, qui étaient positives dans la solution de base associée au lexique courant, deviennent nulles. On choisit, pour sortir de la base, l'une des variables de base qui sont ainsi devenues nulles.

---

10. Deux cas sont possibles. Dans le premier, qui est illustré à l'annexe 3C, quelle que soit l'augmentation marginale apportée à la variable entrante, aucune variable de base ne devient nulle ; le problème à résoudre est alors non borné. Dans le second, qui correspond à une situation de dégénérescence, l'une des variables de base du lexique courant était nulle et tend à diminuer quand la variable entrante augmente; la limite à l'augmentation de la variable entrante est alors 0, de sorte que toutes les variables conserveront la même valeur dans le lexique subséquent, mais les variables entrante et sortante échangeront leur statut.

– Opération de pivotage

Cette opération a été décrite à la section 3.3.4 lors du calcul d'un lexique adjacent.

Nous exécutons maintenant l'algorithme du simplexe pour résoudre le modèle (FRB=).

Construction du lexique initial pour le modèle (FRB=)

Tel que décrit à la section 3.3.3, le lexique suivant est utilisé comme lexique initial pour résoudre le modèle (FRB=) par l'algorithme du simplexe.

$$\text{Max } z = 0 + 1\,000\, x_1 + 1\,200\, x_2 \qquad (36)$$

sous les contraintes :

$$e_1 = 200 - 10\, x_1 - 5\, x_2 \qquad (37)$$

$$e_2 = 60 - 2\, x_1 - 3\, x_2 \qquad (38)$$

$$e_3 = 18 - x_1 \qquad \text{(Lexique n° 0)} \quad (39)$$

$$e_4 = 30 - x_2 \qquad (40)$$

$$x_1, x_2, e_1, e_2, e_3, e_4 \geq 0. \qquad (41)$$

Test d'optimalité

On ne peut conclure que la solution de base (0 ; 0 ; 200 ; 60 ; 18 ; 30) associée au Lexique n° 0 est optimale, car la fonction-objectif de ce lexique comporte au moins un profit marginal positif. Il faut donc effectuer une itération.

Exécution de la 1re itération

– Choix d'une variable entrante

La variable x_2 entre dans la base, car il s'agit de la variable hors base dont le profit marginal est le plus grand. On convient donc que x_2 augmentera et que l'autre variable hors base, ici x_1, restera nulle. Les équations du lexique deviennent alors :

$$z = 0 + 1\,200\, x_2 \qquad (52)$$

$$e_1 = 200 - 5\, x_2 \qquad (53)$$

$$e_2 = 60 - 3\, x_2 \qquad (54)$$

$$e_3 = 18 \qquad (55)$$

$$e_4 = 30 - x_2. \qquad (56)$$

Ces équations, qui décrivent l'impact sur les variables de base de l'augmentation apportée à la variable entrante x_2, sont appelées **équations de changement**.

– Choix d'une variable sortante

Les contraintes de non-négativité associées à chacune des variables de base induisent des limites à l'augmentation de la variable entrante x_2 et expliquent le choix de la variable qui sort de la base.

$$e_1 = 200 - 5\, x_2 \geq 0 \qquad \text{d'où } x_2 \leq 200 / 5 = 40 \qquad (57)$$

$$e_2 = 60 - 3\, x_2 \geq 0 \qquad \text{d'où } x_2 \leq 60 / 3 = 20 \qquad (58)$$

$$e_3 = 18 \geq 0 \qquad \text{aucune limite sur } x_2 \qquad (59)$$

$$e_4 = 30 - x_2 \geq 0 \qquad \text{d'où } x_2 \leq 30 / 1 = 30. \qquad (60)$$

Comme toutes les variables de base doivent être non négatives, x_2 doit respecter chacune des conditions (57) à (60). L'augmentation marginale la plus grande que l'on peut donner à la variable x_2 correspond donc à *la plus petite* des limites apparaissant dans les formules (57) à (60). On dira que la valeur 20 est l'**augmentation marginale maximale** de la variable x_2 dans le Lexique nº 0.

Il est évidemment avantageux d'augmenter le plus possible la variable entrante x_2. On posera donc $x_2 = 20$ tout en maintenant nulle la variable x_1. Et alors, selon (58), $e_2 = 60 - (3 \times 20) = 0$: la variable e_2 sera donc la variable qui sortira de la base. De plus, il résulte de (57) que $e_1 = 100$, et de (60), que $e_4 = 10$; ces variables e_1 et e_4 resteront dans la base. Enfin, la variable e_3 gardera la même valeur et le même statut dans les Lexiques nºs 0 et 1.

En général, la **variable qui sort de la base** d'un lexique est l'une de celles qui prennent la valeur 0 sous l'augmentation marginale maximale de la variable entrante. Ici, le seul choix possible consiste à sortir e_2 de la base. Toutefois, si plus d'une variable devient nulle et s'offre comme variable sortante, il faut recourir à un critère pour choisir entre les différentes candidates. La façon de procéder est donnée à l'annexe 3B.

– Opération de pivotage

Comme x_2 entre dans la base et que e_2 en sort, l'équation pivot est obtenue en isolant la variable x_2 dans l'équation (38) :

$$x_2 = (60 - 2\,x_1 - e_2)\,/\,3 = 20 - 0{,}67\,x_1 - 0{,}33\,e_2.$$

Les calculs requis par ce pivotage ont été décrits à la section 3.3.4. Le lexique résultant est répété ici (avec des flèches indiquant les variables entrante et sortante de la prochaine itération).

$$\text{Max } z = 24\,000 + 200\,\overset{\uparrow}{x_1} - 400\,e_2 \qquad (42)$$

sous les contraintes :

$$\rightarrow\ e_1 = 100 - \mathbf{6{,}67}\,x_1 + 1{,}67\,e_2 \qquad (43)$$

$$x_2 = 20 - 0{,}67\,x_1 - 0{,}33\,e_2 \qquad (44)$$

$$e_3 = 18 - x_1 \qquad \text{(Lexique nº 1)} \quad (45)$$

$$e_4 = 10 + 0{,}67\,x_1 + 0{,}33\,e_2 \qquad (46)$$

$$x_1, x_2, e_1, e_2, e_3, e_4 \geq 0. \qquad (47)$$

Test d'optimalité

On ne peut conclure que la solution de base (0 ; 20 ; 100 ; 0 ; 18 ; 10) associée au Lexique nº 1 soit optimale, car la fonction-objectif de ce lexique comporte au moins un profit marginal positif. Il faut donc effectuer une itération supplémentaire.

Exécution de la 2e itération

– Choix d'une variable entrante

La variable x_1 entre dans la base, car il s'agit de la variable hors base dont le profit marginal est le plus grand.

– Choix d'une variable sortante

On décide donc de faire augmenter x_1, tout en maintenant nulle l'autre variable hors base e_2. Les équations de changement associées à l'augmentation marginale de x_1 dans le Lexique nº 1 sont données ci-après. Les contraintes de non-négativité associées à chacune des variables de base ont été inscrites à la droite des équations de changement, ce qui nous permettra d'expliquer le raisonnement mathématique sous-jacent au choix de la variable qui sort de la base.

$$e_1 = 100 - 6{,}67\, x_1 \geq 0 \qquad \text{d'où } x_1 \leq 100 \,/\, 6{,}67 = 15 \qquad (61)$$

$$x_2 = 20 - 0{,}67\, x_1 \geq 0 \qquad \text{d'où } x_1 \leq 20 \,/\, 0{,}67 = 30 \qquad (62)$$

$$e_3 = 18 - x_1 \geq 0 \qquad \text{d'où } x_1 \leq 18 \qquad (63)$$

$$e_4 = 10 + 0{,}67\, x_1 \geq 0 \qquad \text{aucune limite sur } x_1. \qquad (64)$$

L'augmentation marginale maximale de la variable x_1 est donnée par (61). Lorsque $x_1 = 15$ et $e_2 = 0$, la variable e_1 devient nulle : ce sera la variable sortante.

- Opération de pivotage

  Comme x_1 entre dans la base et que e_1 en sort, l'équation pivot est obtenue en isolant x_1 dans l'équation (43) :

$$x_1 = (100 - e_1 + 1{,}67\, e_2) \,/\, 6{,}67 = 15 - 0{,}15\, e_1 + 0{,}25\, e_2. \qquad (65)$$

  Il faut maintenant modifier les membres droits des autres équations du lexique, de façon à ce que seules les variables e_1 et e_2, hors base dans le Lexique nº 2, y apparaissent. Il suffit de remplacer x_1 par le membre droit de (65) dans ces équations. Par exemple,

$$z = 24\,000 + 200\,(15 - 0{,}15\, e_1 + 0{,}25\, e_2) - 400\, e_2 = 27\,000 - 30\, e_1 - 350\, e_2.$$

  Voici le lexique résultant :

$$\text{Max } z = 27\,000 - 30\, e_1 - 350\, e_2 \qquad (66)$$

sous les contraintes :

$$x_1 = 15 - 0{,}15\, e_1 + 0{,}25\, e_2 \qquad (67)$$

$$x_2 = 10 + 0{,}10\, e_1 - 0{,}50\, e_2 \qquad (68)$$

$$e_3 = 3 + 0{,}15\, e_1 - 0{,}25\, e_2 \qquad \text{(Lexique nº 2)} \quad (69)$$

$$e_4 = 20 - 0{,}10\, e_1 + 0{,}50\, e_2 \qquad (70)$$

$$x_1, x_2, e_1, e_2, e_3, e_4 \geq 0. \qquad (71)$$

Test d'optimalité

La solution de base (15 ; 10 ; 0 ; 0 ; 3 ; 20) associée au Lexique nº 2 est optimale, car la fonction-objectif de ce lexique ne comporte aucun profit marginal positif. D'après (66), cette solution de base rapporte à Aurèle, le propriétaire de la fonderie, un profit total de 27 000 $. On peut déduire d'autres informations intéressantes à partir de la formule (66). Toute valeur autre que 0 donnée à e_1 ou à e_2 entraîne une diminution du profit en dessous de 27 000 $: par conséquent, la solution de base (15 ; 10 ; 0 ; 0 ; 3 ; 20) associée au Lexique nº 2 est l'**unique** solution optimale[11] du modèle (FRB=). Les valeurs des variables d'écart dans le lexique optimal donnent à Aurèle de précieuses informations sur la gestion de la production de la fonderie : puisqu'il est optimal de poser $e_1 = e_2 = 0$, on doit utiliser les deux ateliers à pleine capacité pour maximiser le profit ; les valeurs des variables e_3 et e_4 indiquent l'écart entre la production optimale de tuyauterie et de gueuses et les commandes de ces deux produits.

La fonction-objectif z_2 du Lexique nº 2 est qualifiée de **certificat d'optimalité** : dès que z_2 est connue, il est immédiat qu'on obtient une solution optimale de (FRB=) en posant $e_1 = e_2 = 0$ et

11. Par contre, quand le profit (ou coût) marginal d'une variable hors base est nul **et** que cette variable, lorsque considérée comme variable entrante, peut prendre une valeur positive, on montre que le modèle possède plusieurs solutions optimales. Cette situation est analysée à l'annexe 3D.

que le profit maximal est égal à 27 000 $. Bien plus, le seul fait de savoir que e_1 et e_2 constituent une liste des variables hors base d'une solution optimale accélérerait considérablement la résolution de (FRB=) : il suffirait en effet de poser $e_1 = e_2 = 0$ dans le Lexique nº 0 et de résoudre le système d'équations résultant, ce qui est rapide. Mais, *a priori,* on ne connaît pas cette liste des variables hors base et le nombre de façons de choisir une telle liste augmente très rapidement avec la taille du modèle. L'algorithme du simplexe réussit le plus souvent à établir la liste des variables hors base d'une solution optimale et le lexique correspondant après un nombre assez faible d'itérations. L'expérience montre que le nombre d'itérations nécessaires à l'obtention d'un lexique optimal est en moyenne 1,5 fois le nombre de contraintes technologiques du modèle à résoudre. Cette statistique explique le succès connu par la méthode du simplexe : dans bien des cas, un problème contenant 100 000 variables et 100 contraintes technologiques pourra être résolu en exécutant seulement 150 itérations. Même si l'opération de pivotage est fastidieuse à exécuter manuellement, un ordinateur moderne pourra calculer les 150 lexiques très rapidement.

Cohérence des différents lexiques

Lors de l'exécution des calculs de l'algorithme du simplexe, on a rencontré, dans les lexiques, trois écritures différentes de la fonction-objectif du modèle (FRB=). Le tableau 3.4 indique la valeur prise par ces fonctions (notées z_0, z_1 et z_2 dans le tableau) en différents points de l'ensemble admissible du modèle (FRB), soit les points extrêmes O et B et le point intérieur I = (3 ; 5). On notera que les fonctions z_0, z_1 et z_2 prennent la même valeur en chacun des points, ce qui découle de l'équivalence mathématique de ces fonctions-objectifs. Par exemple, il est évident que z_0 prend la valeur 0 lorsqu'elle est évaluée en O, car x_1 et x_2 sont nulles en ce point ; toutefois, le fait que z_1 prenne aussi la valeur 0 au point O n'est pas évident *a priori.* Donnons quelques exemples de calculs détaillés qui conduisent aux résultats du tableau 3.4 :

en O, $z_1 = 24\,000 + (200 \times 0) - (400 \times 60) = 24\,000 - 24\,000 = 0$

en I, $z_0 = 0 + (1\,000 \times 3) + (1\,200 \times 5) = 9\,000$

en I, $z_1 = 24\,000 + (200 \times 3) - (400 \times 39) = 24\,000 + 600 - 15\,600 = 9\,000$

en I, $z_2 = 27\,000 - (30 \times 145) - (350 \times 39) = 27\,000 - 4\,350 - 13\,650 = 9\,000$

en B, $z_2 = 27\,000 - (30 \times 0) - (350 \times 0) = 27\,000$.

TABLEAU 3.4
Trois écritures de la fonction-objectif du modèle (FRB=)

Point	O	B	I
Coordonnées (x_1 ; x_2)	(0 ; 0)	(15 ; 10)	(3 ; 5)
Variables d'écart (e_1 ; e_2 ; e_3 ; e_4)	(200 ; 60 ; 18 ; 30)	(0 ; 0 ; 3 ; 20)	(145 ; 39 ; 15 ; 25)
$z_0 = 0 + 1\,000\,x_1 + 1\,200\,x_2$	0	27 000	9 000
$z_1 = 24\,000 + 200\,x_1 - 400\,e_2$	0	27 000	9 000
$z_2 = 27\,000 - 30\,e_1 - 350\,e_2$	0	27 000	9 000

Le point intérieur I = (3 ; 5) rapporte un profit de 9 000 $, les fonctions-objectifs z_0, z_1 et z_2 du tableau 3.4 concordent sur ce fait. Toutefois, la logique qui prévaut pour en arriver à ce montant diffère selon que l'on effectue les calculs à l'aide de l'une ou de l'autre de ces fonctions. La première, z_0, utilise une approche directe, comme le ferait un comptable : on additionne le profit (3 × 1 000) découlant de la fabrication de 3 tonnes de tuyauterie à celui (5 × 1 200) associé à la production de 5 tonnes de gueuses. La fonction z_2 donne le même résultat de 9 000 $, mais les calculs reposent sur une logique différente. On a déjà expliqué que poser $e_1 = 1$ équivaut en pratique à baisser de 1 unité le nombre d'heures disponibles dans l'atelier d'ébarbage. Selon le Lexique n° 2, l'amélioration marginale de la variable e_1 est –30 : mathématiquement, cette valeur représente la baisse de profit résultant des changements que l'on devra apporter au plan optimal (15 ; 10) si l'on pose ($e_1 = 1$ et $e_2 = 0$). En pratique, on conclut qu'une heure de moins à l'atelier d'ébarbage signifie pour la fonderie un manque à gagner de 30 \$. Dans la même veine, utiliser une heure de moins dans l'atelier de peinture implique une réduction du profit de 350 \$. Le plan de production (3 ; 5) laisse inutilisées 145 heures dans l'atelier d'ébarbage et 39 heures dans l'atelier de peinture, alors que le plan optimal utilise toutes les heures disponibles de ces deux ateliers. On peut en déduire que ce plan (3 ; 5) implique un manque à gagner de $(145 \times 30) + (39 \times 350) = 18\,000$ dollars par rapport au profit maximum de 27 000 \$. Le profit associé au plan de production (3 ; 5) est donc égal à $27\,000 - 18\,000 = 9\,000$ dollars.

3.3.7 L'algorithme du simplexe et le solveur d'Excel

Pour résoudre le modèle linéaire continu (FRB) à l'aide du logiciel Excel, on procède selon la procédure décrite à la section 2.1.1. Cependant, la boîte de dialogue « Résultat du solveur » est légèrement différente lorsque le modèle est continu (*voir la figure 3.17*). Cliquer sur le bouton OK de la boîte pour conserver la solution optimale calculée par le solveur.

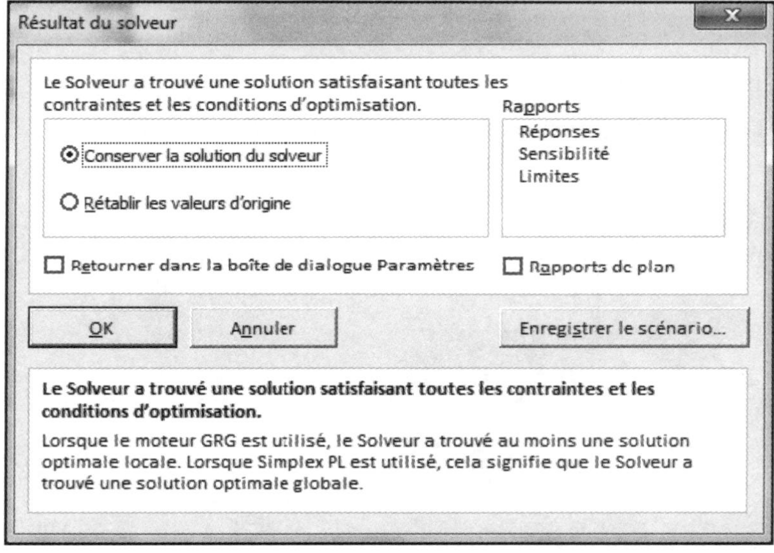

FIGURE 3.17
Boîte de dialogue « Résultat du solveur » dans le cas d'un modèle continu

Noter que la boîte de dialogue de la figure 3.17 offre de produire l'un ou l'autre des trois rapports suivants : Réponses, Sensibilité, Limites. Pour obtenir l'un d'entre eux, il suffit de cliquer sur son nom dans la section supérieure droite avant de cliquer sur le bouton OK. Nous décrivons dans la section suivante comment interpréter le second de ces rapports.

Exercices de révision

1. Variables d'écart et d'excédent

Soit (P), le modèle linéaire suivant.

$$\text{Max } z = 6x_1 + 4x_2 + 2x_3$$

sous les contraintes :

$$\begin{array}{rcrcrcr} 6\,x_1 & + & x_2 & + & 5\,x_3 & \leq & 21 \\ 2\,x_1 & + & 2\,x_2 & + & 2\,x_3 & \geq & 5 \\ 3\,x_1 & - & x_2 & + & 4\,x_3 & \geq & 5 \\ x_1 & + & 2\,x_2 & - & 2\,x_3 & \geq & 5 \end{array}$$
$$x_1,\, x_2,\, x_3 \geq 0.$$

(a) En introduisant les variables d'écart et d'excédent requises, écrire (P) sous la forme d'un modèle (P=) équivalent dont les contraintes technologiques sont des équations.

(b) Évaluer les variables d'écart et d'excédent en chacun des points suivants:

$$P = (0\,;4\,;2) \quad Q = (2\,;1\,;0) \quad R = (4\,;0\,;4) \quad S = (5\,;1\,;-2).$$

Lesquels parmi ces points sont admissibles?

2. **Pivotages et sommets**

Soit (P), un modèle linéaire dont les contraintes sont:

$$\begin{array}{rcrcr} & & x_2 & \leq & 4 \\ x_1 & + & x_2 & \leq & 8 \\ x_1 & & & \leq & 6 \end{array}$$
$$x_1\,,\, x_2 \geq 0.$$

La région admissible de (P) est le polygone OABCD ci-dessous.

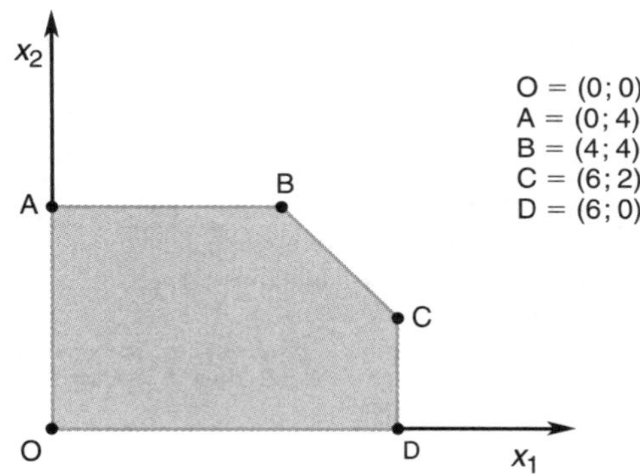

(a) En introduisant les variables d'écart et d'excédent requises, écrire (P) sous la forme d'un modèle (P=) équivalent dont les contraintes technologiques sont des équations.

(b) Évaluer les différentes variables d'écart en chacun des sommets de la région admissible. Vérifier que chacun de ces sommets vérifie comme équations 2 contraintes (technologiques ou de non-négativité).

(c) Donner la variable entrante et la variable sortante lorsque l'on pivote de O à D.

(d) Donner la variable entrante et la variable sortante lorsque l'on pivote de B à C.

(e) Donner la variable entrante et la variable sortante lorsque l'on pivote de C à B.

3. **Un lexique initial**

Soit (P), le modèle linéaire suivant.

$$\text{Max } z = 3\,x_1 + 7\,x_4$$
sous les contraintes:

$$\begin{aligned} 3x_1 - 4x_2 + 6x_3 + 2x_4 &\leq 18 \\ x_1 + x_2 + x_3 + 3x_4 &\leq 21 \\ x_1 + 3x_2 + 3x_4 &\leq 15 \\ 4x_1 + x_2 - 2x_3 + 2x_4 &\leq 12 \\ x_1, x_2, x_3, x_4 \geq 0. \end{aligned}$$

(a) En introduisant les variables d'écart et d'excédent requises, écrire (P) sous la forme d'un modèle (P=) équivalent dont les contraintes technologiques sont des équations.

(b) Donner le lexique initial associé à ce modèle.

4. Une première itération du simplexe

Reprenons le modèle linéaire du problème précédent. Et convenons que le critère MAM est retenu.

(a) Déterminer la variable entrante, la variable sortante et le pivot de la première itération du simplexe.

(b) Donner la solution de base associée au Lexique n° 1 résultant de la 1re itération. Donner également la valeur de z pour cette solution de base.

5. Variables entrante et sortante

Considérons le lexique suivant obtenu lors de la résolution par l'algorithme du simplexe d'un modèle linéaire continu.

$$\text{Max } z = 1\,320 + x_2 - 0{,}5\,e_2 - 1{,}5\,e_4$$

sous les contraintes :

$$\begin{aligned} e_1 &= 144 - 0{,}4\,x_2 + 0{,}3\,e_2 + 0{,}1\,e_4 \\ x_1 &= 48 + 0{,}2\,x_2 - 0{,}4\,e_2 + 0{,}2\,e_4 \\ e_3 &= 696 - 1{,}6\,x_2 + 0{,}7\,e_2 - 0{,}1\,e_4 \\ x_3 &= 168 - 0{,}8\,x_2 + 0{,}1\,e_2 - 0{,}3\,e_4 \\ & x_1, x_2, x_3, e_1, e_2, e_3, e_4 \geq 0. \end{aligned}$$

(a) Quelle est la solution de base associée à ce lexique ?

(b) Indiquer pourquoi ce lexique n'est pas optimal. Déterminer la variable entrante, la variable sortante, ainsi que le pivot (utiliser le critère MAM).

(c) Donner la solution de base associée au lexique subséquent. De combien la fonction-objectif z augmente-t-elle à la suite de cette itération ?

3.4 La notion d'amélioration marginale et l'analyse de scénarios

Les modèles linéaires sont, nous l'avons mentionné au chapitre 2, présumés déterministes : on suppose en effet que tous les coefficients de la fonction-objectif, ainsi que ceux des contraintes technologiques, sont connus avec précision et ne varient nullement. Par exemple, le modèle (FRB) étudié précédemment dans ce chapitre prend comme hypothèse implicite que l'atelier d'ébarbage dispose la semaine prochaine de 200 heures exactement, et celui de peinture de 60 heures. En pratique, ces valeurs ne sont pas nécessairement fixées. Différents incidents pourraient survenir qui réduiraient le temps disponible dans l'un ou l'autre des ateliers, ou encore Aurèle pourrait l'augmenter en recourant au temps supplémentaire.

Aurèle considère que le modèle (FRB) constitue une bonne approximation du problème réel auquel il est confronté, et il est prêt à en implanter la solution optimale. Par contre, il serait intéressé par toute information sur les stratégies à adopter au cas où certaines données évolueraient dans un sens ou l'autre. En particulier, il apprécierait connaître la valeur d'une heure additionnelle dans chacun de ses deux ateliers, car il envisage de négocier avec certains employés une présence accrue la semaine prochaine. De même, il se demande si le plan optimal serait affecté s'il modifiait légèrement ses marges bénéficiaires. Un des avantages des modèles linéaires continus, c'est qu'il est parfois possible de répondre à ce type de question sans se voir obligé d'incorporer les changements envisagés dans le modèle initial et de résoudre le modèle modifié.

Deux approches existent pour déterminer les conséquences d'un changement dans une des données d'un modèle linéaire continu. Premièrement, on peut calculer la nouvelle solution optimale à partir du lexique optimal. On peut également utiliser les intervalles de variation offerts par les logiciels, ce qui demande moins d'efforts mais fournit parfois moins d'information. Nous exposerons ci-après ces deux approches, tour à tour. Noter que les sous-sections illustrant le calcul des intervalles de variation peuvent être omises sans nuire à la continuité – leur titre est d'ailleurs précédé d'un astérisque, conformément à la convention mentionnée en avant-propos.

3.4.1 L'analyse de scénarios – Un exemple

Supposons qu'Aurèle apprenne que, par malheur, il disposera la semaine prochaine de 145 heures de moins dans le premier atelier et de 39 heures de moins dans le deuxième. Le plan de production optimal (15; 10) ne sera plus admissible dans ce nouveau contexte et Aurèle devra s'ajuster à la nouvelle réalité. Pour trouver le nouveau plan de production optimal, on posera $e_1 = 145$ et $e_2 = 39$ dans les équations (66) à (70) du Lexique n° 2, obtenant ainsi la solution admissible (3; 5; 145; 39; 15; 25) de (FRB=): Aurèle devrait donc fabriquer 3 tonnes de tuyauterie et 5 tonnes de gueuses. Le profit optimal, qui s'élèverait alors à 9 000 dollars, se calcule de deux façons:

$$z = (1\,000 \times 3) + (1200 \times 5) = 27\,000 - (30 \times 145) - (350 \times 39) \;=\; 9\,000.$$

Cette conclusion concernant la nouvelle situation – facilement dérivée du lexique optimal du modèle initial (FRB) – illustre un phénomène surprenant: pour déterminer une solution optimale d'un modèle donné, on peut, dans certains cas, utiliser le lexique optimal d'un problème connexe qui ressemble au problème à résoudre à quelques valeurs près. C'est là l'idée fondamentale de ce que l'on appelle l'analyse de scénarios. On utilise aussi les termes analyse postoptimale et analyse de sensibilité. En anglais, on parle de *What if analysis,* un type de raisonnement commun à plusieurs disciplines scientifiques.

Cette approche suppose évidemment que toutes les variables de base restent non négatives. Si ce n'est pas le cas, il faut modifier le modèle initial et reprendre le chemin des itérations.

*Modification du membre droit b_i d'une contrainte technologique: calcul de l'intervalle de variation

Aurèle s'interroge sur l'impact de quelques heures en plus ou en moins dans l'atelier d'ébarbage, sous l'hypothèse que rien ne change dans l'autre atelier. Mais il ne sait pas exactement combien d'heures seraient ajoutées ou retranchées.

Convenons de noter Δ le changement envisagé dans le temps disponible dans le premier atelier, et (FRB') le modèle linéaire continu traduisant le nouveau problème auquel est confronté Aurèle. Le modèle (FRB') est obtenu de (FRB) en remplaçant la contrainte (1) par l'inéquation suivante:

$$10\,x_1 + 5\,x_2 \leq 200 + \Delta. \tag{1'}$$

La présence d'un paramètre Δ nous empêche de recourir à l'ordinateur pour calculer une solution optimale de (FRB'). Nous contournerons la difficulté en utilisant à bon escient la formule suivante de (FRB=), qui traduit la contrainte (1) de (FRB):

$$10\,x_1 + 5\,x_2 + e_1 = 200 \quad \text{et} \quad e_1 \geq 0. \tag{72}$$

Dans le modèle (FRB'=), l'inéquation (1') sera récrite de la façon suivante:

$$10\,x_1 + 5\,x_2 + e_1' = 200 + \Delta \quad \text{et} \quad e_1' \geq 0. \tag{72'}$$

Le passage de (FRB) à (FRB') se fait donc simplement en posant $e_1 = e_1' - \Delta$. Nous cherchons maintenant les valeurs de Δ telles que, dans la solution optimale de (FRB'), les deux ateliers soient utilisés à pleine capacité, c'est-à-dire telles que $e_1' = e_2 = 0$. Comme les Lexiques n°s 0 et 2 sont équivalents mathématiquement, les équations (67) à (70) de ce dernier permettent de conclure que:

$$x_1 = 15 - 0{,}15\,e_1 = 15 - 0{,}15\,(e_1' - \Delta) = 15 - 0{,}15\,(0 - \Delta) = 15 + 0{,}15\,\Delta \tag{73}$$

$$x_2 = 10 + 0{,}10\,e_1 = 10 - 0{,}10\,\Delta \tag{74}$$

$$e_3 = 3 + 0{,}15\,e_1 = 3 - 0{,}15\,\Delta \tag{75}$$

$$e_4 = 20 - 0{,}10\,e_1 = 20 + 0{,}10\,\Delta. \tag{76}$$

Pour que le système (73) à (76) décrive une solution admissible de (FRB'), il faut que les variables x_1, etc., soient non négatives, ce qui induit des conditions sur la valeur du paramètre Δ:

$$x_1 = 15 + 0{,}15\,\Delta \geq 0\text{: d'où } \Delta \geq -15 / 0{,}15 = -100 \tag{77}$$

$$x_2 = \;\; 0 - 0{,}10\,\Delta \geq 0\text{: d'où } \Delta \leq 10 / 0{,}10 = 100 \tag{78}$$

$$e_3 = \;\; 3 - 0{,}15\,\Delta \geq 0\text{: d'où } \Delta \leq 3 / 0{,}15 = 20 \tag{79}$$

$$e_4 = 20 + 0{,}10\,\Delta \geq 0\text{: d'où } \Delta \geq -20 / 0{,}10 = -200. \tag{80}$$

En résumé, il faut que

$$-100 \leq \Delta \leq 20, \tag{81}$$

autrement dit que le temps 200 + Δ disponible dans le 1er atelier soit compris entre 100 et 220 heures. L'intervalle [100 ; 220] que nous venons de calculer est qualifié d'**intervalle de variation** du membre droit de la 1re contrainte technologique. Enfin, d'après (66),

$$z' = 27000 - 30\,e_1 - 350\,e_2 = 27\,000 - 30\,(e_1' - \Delta) - 350\,e_2 = 27\,000 + 30\,\Delta - 30\,e_1' - 350\,e_2.$$

Ainsi, pourvu que $-100 \leq \Delta \leq 20$, le plan de production (15 + 0,15 Δ ; 10 – 0,10 Δ) est une solution admissible[12] et optimale de (FRB').

La formule du paragraphe précédent indique que disposer d'une heure de plus à l'atelier d'ébarbage signifie pour la fonderie un profit supplémentaire de 30 $. En général, dans le contexte d'un problème de planification de la production où des ressources sont allouées à des produits afin de maximiser les profits, on parlera de **valeur marginale de la ressource**. Par exemple, on dira que le coefficient 30 de la variable d'écart e_1 dans la fonction-objectif du lexique *optimal* est la valeur marginale du temps disponible à l'atelier d'ébarbage.

---

12. Considérons le cas où Δ = 10. Le plan optimal mentionné devient (16,5 ; 9) et requiert (10 × 16,5) + (5 × 11) = 210 heures dans le 1er atelier. Pour cette solution (16,5 ; 9), $e_1' = 0$ et $e_1 = -10$. Ce résultat, qui peut surprendre, indique seulement que (16,5 ; 9) est une solution de (FRB'), mais n'est pas une solution admissible du modèle initial (FRB).

* Modification du coefficient c_j d'une variable dans la fonction-objectif : calcul de l'intervalle de variation

Les coefficients c_j des variables dans la fonction-objectif constituent l'une des données les plus critiques d'un modèle linéaire. En particulier, ces coefficients ont un impact direct sur l'inclusion ou l'exclusion d'une variable dans l'ensemble des variables de base d'un lexique optimal. Situons-nous dans un contexte où les variables x_j représentent la quantité optimale du produit Pj à produire et le coefficient c_j, le profit unitaire associé. Si les coefficients c_j des variables x_1, x_3 et x_7 sont très élevés par rapport aux autres c_j, il est probable (sans que ce soit certain) que les produits P1, P3 et P7 apparaîtront dans tout plan optimal. Toutefois, dans le cas contraire où les profits de ces trois produits sont nettement plus petits que les autres, la production de P1, P3 et P7 ne sera probablement pas lancée. Un tel changement de cap peut avoir des conséquences importantes sur l'organisation de la chaîne de montage, sur la constitution de la force de travail, sur la satisfaction de la clientèle, etc.

Les coefficients c_j peuvent varier significativement d'un horizon de planification à un autre. Supposons que les profits unitaires c_j soient obtenus comme la différence entre un revenu de vente et un coût de production. En pratique, les revenus peuvent changer à la suite d'une baisse du dollar états-unien, d'une renégociation des prix de vente avec les clients, de la faillite de certains clients, etc. De même, les coûts de production peuvent être directement affectés par la hausse ou la baisse du prix du baril de pétrole, un scandale à la Bourse de Pékin, un changement de gouvernement, etc. À chaque nouvel horizon de planification, le gestionnaire doit prendre des décisions en fonction de paramètres différents de ceux en vigueur lors de la période précédente. Il doit, en particulier, être en mesure de s'ajuster rapidement aux variations des profits unitaires, variations que nous analysons ci-après.

Revenons à la fonderie. Le plan de production optimal consistant à fabriquer 15 tonnes de tuyauterie et 10 tonnes de gueuses satisfait Aurèle à un détail près. Après une analyse minutieuse avec un de ses fils qui suit un cours de recherche opérationnelle, il est convaincu qu'il est optimal de fabriquer plus de tuyauterie que de gueuses, même si le profit unitaire des gueuses dépasse celui de la tuyauterie. Mais certains de ses amis, des gens d'affaires eux aussi, trouvent étrange sa façon de planifier ses opérations. Or, à court terme, l'environnement économique de la fonderie va être perturbé significativement par l'arrivée d'un concurrent sur le marché et par une renégociation de la convention collective avec les employés. C'est pourquoi Aurèle voudrait mieux comprendre l'impact sur le plan optimal de production d'une variation des profits unitaires.

Son fils lui a signalé qu'il est plus facile d'effectuer une analyse où une seule des marges unitaires subit des variations, tandis que l'autre reste inchangée. Considérons d'abord la situation où le profit unitaire de la tuyauterie est modifié à la baisse. Nous avons déjà vérifié que, dans la situation actuelle, il est optimal de fabriquer plus de tuyauterie que de gueuses. Mais, si le profit unitaire de la tuyauterie diminue suffisamment, il deviendra rentable de fabriquer plus de gueuses que de tuyauterie ; à la limite, si le profit unitaire de la tuyauterie devient très faible, la fonderie fabriquera seulement des gueuses. À l'inverse, si c'est le profit unitaire des gueuses qui est diminué de beaucoup, il deviendra rentable de fabriquer le plus possible de tuyauterie, soit 18 tonnes, et de produire des gueuses seulement durant les heures qui resteraient inutilisées par ces 18 tonnes de tuyauterie.

La figure 3.18 illustre géométriquement les commentaires précédents. La courbe de niveau $z = 12\,000$ correspond à la fonction-objectif actuelle $z = 1\,000\,x_1 + 1\,200\,x_2$; comme nous l'avons vu à la section 3.1, l'optimum de z est atteint au sommet B = (15 ; 10). Considérons une nouvelle fonction-objectif z' obtenue en diminuant le profit unitaire de la tuyauterie, tout en laissant celui des gueuses inchangé. Si l'on pousse la courbe de niveau de z' vers le haut, sans changer sa direction, la nouvelle solution optimale est le point extrême A = (0 ; 20) ; par conséquent, on maximise z' en ne fabriquant que des gueuses. Dans la fonction-objectif

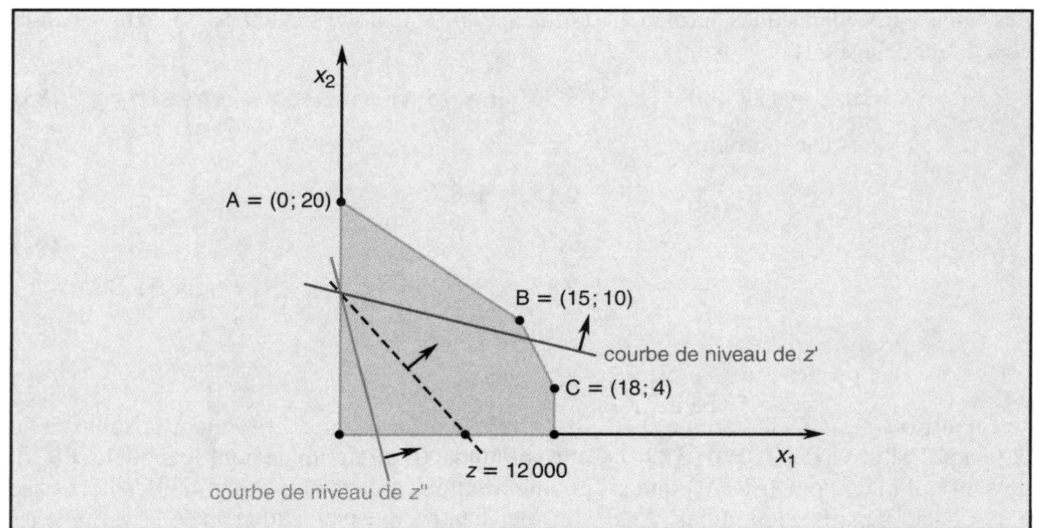

FIGURE 3.18 (FRB): région admissible et variations des profits unitaires

z'', le profit unitaire des gueuses est diminué et celui de l'autre produit garde sa valeur actuelle. On vérifie que le point extrême C = (18 ; 4) est optimal pour z'' : à la suite de ce changement, il devient optimal de fabriquer encore plus de tuyauterie que dans le plan (15 ; 10) qui maximise z.

En utilisant des arguments géométriques, on pourrait être plus précis et calculer l'augmentation et la diminution minimales du profit unitaire de la tuyauterie ou des gueuses qui entraînent un changement du plan de production optimal. Nous nous contenterons ici d'utiliser des arguments algébriques pour obtenir cette information.

Convenons de noter (FRB') le modèle obtenu en modifiant le profit unitaire de la tuyauterie, sans toucher à celui des gueuses ; et Δ le changement apporté à la valeur du coefficient de x_1 dans la fonction-objectif. Le modèle (FRB') coïncide avec (FRB), sauf que la fonction-objectif z est remplacée par

$$z' = (1\,000 + \Delta)\, x_1 + 1\,200\, x_2. \tag{82}$$

Une première constatation s'impose : modifier uniquement la fonction-objectif d'un modèle linéaire n'a pas d'impact sur la région admissible puisque les contraintes demeurent inchangées. Les équations (67) à (70) du Lexique n° 2 demeurent donc valides avec la nouvelle fonction-objectif z'. Toutefois l'équation (66) n'est plus valide, car elle a été obtenue à partir de la fonction-objectif originale z de (FRB). De plus, (82) ne peut constituer la fonction-objectif d'un lexique dans lequel x_1 et x_2 sont des variables de base ; toutefois on peut la récrire de la façon suivante :

$$z' = (1\,000\, x_1 + 1\,200\, x_2) + \Delta\, x_1 = z + \Delta\, x_1. \tag{83}$$

Puisque l'équation (66) donne une récriture valide de z, on obtient que

$$z' = 27\,000 - 30\, e_1 - 350\, e_2 + \Delta\, x_1.$$

En remplaçant x_1 par le membre droit de (67), on déduit que

$$z' = 27\,000 - 30\, e_1 - 350\, e_2 + \Delta\,(15 - 0{,}15\, e_1 + 0{,}25\, e_2).$$

Après quelques manipulations algébriques, cette dernière équation se récrit

$$z' = (27\,000 + 15\,\Delta) - (30 + 0{,}15\,\Delta)\, e_1 - (350 - 0{,}25\,\Delta)\, e_2. \tag{84}$$

Les calculs précédents nous permettent d'affirmer que le lexique suivant est un lexique valide pour le modèle (FRB').

$$\text{Max } z' = (27\,000 + 15\,\Delta) - (30 + 0{,}15\,\Delta)\, e_1 - (350 - 0{,}25\,\Delta)\, e_2 \qquad (85)$$

sous les contraintes :

$$x_1 = 15 - 0{,}15\, e_1 + 0{,}25\, e_2 \qquad (86)$$

$$x_2 = 10 + 0{,}10\, e_1 - 0{,}50\, e_2 \qquad (87)$$

$$e_3 = 3 + 0{,}15\, e_1 - 0{,}25\, e_2 \qquad \text{(Lexique FRB'2)} \quad (88)$$

$$e_4 = 20 - 0{,}10\, e_1 + 0{,}50\, e_2 \qquad (89)$$

$$x_1, x_2, e_1, e_2, e_3, e_4 \geq 0. \qquad (90)$$

En attribuant, dans le lexique (FRB'2), la valeur 0 à e_1 et à e_2, on obtient la solution de base admissible (15 ; 10 ; 0 ; 0 ; 3 ; 20). Cette solution, qui est optimale pour le modèle (FRB), ne sera optimale pour (FRB'2) que si les améliorations marginales des variables hors base e_1 et e_2 sont négatives ou nulles. Analysons dans un premier temps le cas de la variable e_1. Il s'agit d'exiger que

$$-\,(30 + 0{,}15\,\Delta) \leq 0$$

$$30 + 0{,}15\,\Delta \geq 0$$

$$\Delta \geq -30/0{,}15 = -200.$$

De même, la condition sur l'amélioration marginale de e_2 signifie que $\Delta \leq 1400$. En résumé, la solution de base du Lexique (FRB'2) est optimale pourvu que $-200 \leq \Delta \leq 1400$. On peut donc affirmer que la solution de base (15 ; 10 ; 0 ; 0 ; 3 ; 20) demeure optimale pour (FRB'2) en autant que le profit unitaire de la tuyauterie se situe dans l'intervalle [1000 − 200 ; 1000 + 1400], c'est-à-dire dans l'intervalle [800 ; 2400], appelé **intervalle de variation du c_j de x_1**.

Par contre, lorsque $\Delta = -300$, c'est-à-dire lorsque le profit unitaire de la tuyauterie baisse à $(1000 + \Delta) = (1000 - 300) = 700$, la valeur marginale de e_1 devient $-(30 + 0{,}15 \times (-300)) = +15$ et il est rentable d'entrer la variable e_1 dans la base. Pour trouver la valeur maximale que l'on peut alors donner à e_1, il faut faire un calcul de limite similaire à celui effectué lors de l'étape « Choix d'une variable sortante » pendant l'exécution de l'algorithme du simplexe. Le lecteur vérifiera qu'ici la limite est 100 et qu'elle est associée à la contrainte de non-négativité de x_1. Si, dans le Lexique (FRB'2), on donne à e_1 la valeur 100 et à e_2 la valeur 0, on obtient que

$$x_1 = 15 - 0{,}15\, e_1 + 0{,}25\, e_2 = 15 - (0{,}15 \times 100) + (0{,}25 \times 0) = 0\,;$$

de même, $x_2 = 20$, $e_3 = 18$ et $e_4 = 10$. Ainsi, lorsque le profit unitaire de la tuyauterie est égal à 700 dollars, la solution de base (0 ; 20 ; 100 ; 0 ; 18 ; 10)

- est admissible pour les modèles (FRB) et (FRB') ;
- donne à la fonction-objectif modifiée z' la valeur 24 000 : en effet, d'après (84),

$$\begin{aligned} z' &= \{27\,000 + 15\Delta\} - \{(30 + 0{,}15\Delta) \times 100\} - \{(350 - 0{,}25\Delta) \times 0\} \\ &= \{27\,000 + 15 \times (-300)\} - \{-15 \times 100\} - 0 \\ &= 24\,000\,; \end{aligned}$$

- est « meilleure » que la solution (15 ; 10 ; 0 ; 0 ; 3 ; 20), puisque cette dernière donne à la fonction-objectif modifiée la valeur $z' = 27\,000 + 15 \times (-300) = 22\,500$.

Ces calculs confirment notre intuition initiale : une baisse trop grande du profit unitaire de la tuyauterie conduit à une nouvelle solution optimale où seules les gueuses sont fabriquées.

Les intervalles de variation calculés par le solveur d'Excel

Les intervalles de variation calculés dans les deux sous-sections précédentes donnent des informations intéressantes pour le gestionnaire. Mais, l'approche algébrique utilisée pour les obtenir repose sur la connaissance d'un lexique optimal et exige des calculs fastidieux qui s'alourdissent exagérément lorsque la taille du problème augmente. Il est évidemment plus commode de confier cette tâche à un ordinateur.

La figure 3.19 reproduit la boîte de dialogue « Résultat du solveur » dans le cas d'un modèle linéaire continu admettant une solution optimale. On observe dans le coin supérieur droit une liste de trois rapports. Pour obtenir l'un ou l'autre de ces rapports, il suffit de cliquer sur son nom avant de cliquer sur OK ; le solveur insère alors dans le fichier une feuille additionnelle pour chacun des rapports demandés. Les tableaux 3.5 et 3.6 (*voir pages suivantes*) résument les informations les plus importantes du rapport de sensibilité.

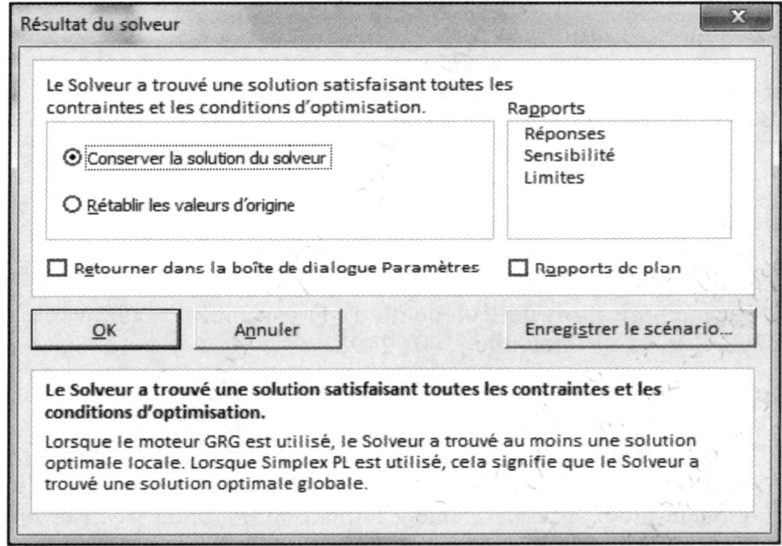

FIGURE 3.19
Boîte de dialogue « Résultat du solveur » dans le cas d'un modèle continu

Nous commentons maintenant brièvement les différents éléments du tableau 3.5. Noter que les quatre lignes correspondent aux quatre contraintes technologiques du modèle.

- **Finale Valeur** : il s'agit de la valeur prise par le membre gauche de la contrainte lorsqu'on l'évalue au point optimal calculé par le solveur ; dans le cas du modèle (FRB), ce dernier est le point (15 ; 10) et, par exemple, le membre gauche de l'inéquation (1) associée à l'atelier d'ébarbage est égal à $10\,x_1 + 5\,x_2 = (10 \times 15) + (5 \times 10) = 200$.
- **Valeur Marginale** : elle indique de combien est affectée la fonction-objectif lorsque le membre droit de la contrainte est augmenté ou diminué de une unité – pourvu que l'on reste à l'intérieur des marges indiquées dans les deux dernières colonnes. Noter que cette valeur marginale est égale, au signe près, au coefficient de la variable d'écart correspondante dans la fonction-objectif du lexique optimal[13].
- **Contrainte à droite** : il s'agit du membre droit de la contrainte dans le modèle initial. Noter que la différence entre les valeurs dans les 4e et 2e colonnes coïncide avec la valeur de la variable d'écart correspondante dans la solution optimale.

13. De façon générale, la valeur marginale d'une ressource associée à une contrainte de signe ≤ ou ≥ est positive quand une augmentation du membre droit dans le modèle initial résulte en une amélioration de la valeur optimale de la fonction-objectif, et négative dans le cas contraire.

– **Marge Supérieure** et **Marge Inférieure**. À titre d'exemple, considérons la ligne « Ébarbage » et notons (FRB') le modèle obtenu en modifiant de Δ heures le membre droit de la contrainte associée, tout en laissant inchangés tous les autres paramètres du modèle. Les données des deux dernières colonnes signifient que le lexique optimal de (FRB') contiendra la même liste de variables de base que (FRB) pourvu que Δ appartienne à l'intervalle [–100 ; 20]. L'intérêt de cette information – qui peut paraître bien technique à première vue – est d'abord que la solution optimale de (FRB') se calcule à partir du lexique optimal de (FRB), mais surtout que la valeur marginale de la ressource est valide pour un tel Δ. Le nombre 1E+30 qui apparaît dans les deux dernières lignes doit être interprété ici comme une valeur arbitrairement grande.

TABLEAU 3.5
Rapport de sensibilité pour les membres droits des contraintes technologiques

Nom	Finale Valeur	Valeur Marginale	Contrainte à droite	Marge Supérieure	Marge Inférieure
Ébarbage M.G.	200	30	200	20	100
Peinture M.G.	60	350	60	40	12
Dem tuyauterie M.G.	15	0	18	1E+30	3
Dem gueuses M.G.	10	0	30	1E+30	20

On appelle **intervalle de variation**[14] **du membre droit** d'une contrainte technologique l'ensemble des valeurs de ce membre droit pour lesquelles la solution optimale du modèle modifié se calcule à partir du lexique optimal du modèle initial. Par exemple, l'intervalle de variation du membre droit de l'inéquation (1) associée à l'atelier d'ébarbage est [200 − 100 ; 200+20], soit l'intervalle [100 ; 220].

Les valeurs marginales des ressources donnent des indications très précieuses au gestionnaire. Ainsi, la valeur marginale de la ressource « temps à l'atelier d'ébarbage » vaut 30 $/h : ainsi, augmenter de Δ heures le temps disponible à cet atelier permettrait à la fonderie de réaliser un profit supplémentaire de 30 Δ dollars, pourvu que $\Delta \leq 20$. Pour déterminer comment modifier concrètement le plan optimal pour réaliser un tel gain, il faut cependant recourir au lexique optimal[15]. Enfin, les valeurs marginales des ressources « Demande » sont nulles d'après le tableau 3.5. Ce phénomène est facile à expliquer concrètement. Par exemple, avec les données actuelles, il n'est pas optimal de saturer un marché de 18 tonnes de tuyauterie ; pousser à 19 tonnes la demande pour ce produit ferait seulement passer de 3 à 4 tonnes la demande non satisfaite, le plan de production (15 ; 10) restant toujours optimal et le profit demeurant inchangé à 27 000 dollars.

Selon le rapport de sensibilité, l'ajout d'un bloc de 20 heures dans le premier atelier résulte en une augmentation de z de $30 \times 20 = 600$ dollars. Que peut en conclure Aurèle sur le salaire à offrir à ses employés pour les inciter, par exemple, à faire du temps supplémentaire? La réponse dépend de plusieurs facteurs qui n'ont pas été élucidés jusqu'ici. Et surtout de la réponse à la question suivante : dans le calcul des contributions unitaires 1 000 et 1 200 des deux produits, a-t-on imputé le coût du travail dans les ateliers, ou les a-t-on plutôt exclus, considérant qu'il s'agit de frais fixes ? Il n'est pas illogique pour un gestionnaire de traiter certains coûts d'opération comme fixes et, dans un tel cas, il est inutile d'en tenir compte explicitement dans le modèle puisque ajouter une constante c

14. On parle aussi d'**intervalle de sensibilité**.

15. Ici, chaque heure additionnelle se traduit par une augmentation de 0,15 tonne de tuyauterie et une diminution de 0,10 tonne de gueuses, l'effet net s'établissant à $(0{,}15 \times 1000) + (-0{,}10 \times 1200) = 30$ dollars.

à la fonction-objectif z n'a pas d'impact sur la solution optimale. Il faut cependant être cohérent dans l'interprétation des résultats avec les choix effectués lors de la modélisation. Revenons à notre exemple et convenons, pour simplifier, de ne considérer que l'aspect salarial de la question : si les coefficients 1 000 et 1 200 de la fonction-objectif ont été obtenus en retranchant des revenus un salaire de s dollars l'heure, Aurèle serait prêt à verser aux employés un total de $(30 + s) \times 20$ dollars ; dans le cas contraire où aucun salaire n'a été pris en compte dans le calcul des coefficients 1 000 et 1 200, le bloc vaut seulement 600 dollars pour Aurèle.

Nom	Finale Valeur	Valeur Marginale	Objectif Coefficient	Marge Supérieure	Marge Inférieure
Valeurs des variables xj x1	15	0	1000	1400	200
Valeurs des variables xj x2	10	0	1200	300	700

TABLEAU 3.6
Rapport de sensibilité pour les coefficients c_j de la fonction-objectif

Les marges inférieure et supérieure du tableau 3.6 s'interprètent de façon analogue à celles du tableau précédent. Par exemple, le plan de production (15 ; 10) reste optimal lorsque la contribution unitaire du premier produit varie de Δ dollars, où $-200 \leq \Delta \leq 1400$; par contre, le profit maximal passe alors à $27\,000 + 15\,\Delta$ dollars. On appelle **intervalle de variation d'un coefficient** c_j l'ensemble des valeurs de ce coefficient pour lesquelles la solution optimale du modèle modifié est inchangée. Par exemple, l'intervalle de variation du coefficient c_1 de la variable x_1 est [1000–200 ; 1000+1400], soit l'intervalle [800 ; 2400].

La **valeur marginale** d'une variable se définit comme l'écart entre la contribution unitaire du produit associé et la valeur marginale des ressources consommées pour fabriquer une unité de ce produit. Elle coïncide avec le coefficient de cette variable dans la fonction-objectif du lexique optimal. Dans le tableau 3.6, x_1 et x_2 admettent une valeur marginale nulle : par exemple,

$$(\text{Valeur marginale de } x_2) = 1\,200 - (5 \times 30) - (3 \times 350) = 0.$$

On aurait pu aussi observer que x_2 est la variable de base dans le lexique optimal et s'éviter ce calcul. La notion de valeur marginale devient intéressante quand certaines variables de décision n'apparaissent pas dans la base du lexique optimal. À titre d'exemple, supposons qu'Aurèle envisage l'introduction d'un 3e produit qui requiert 5 heures dans l'atelier d'ébarbage et 2 heures dans celui de peinture ; supposons également qu'il fixe à 800 dollars la contribution unitaire de ce produit. On vérifie que (15 ; 10 ; 0) est une solution optimale de ce nouveau problème et que les valeurs marginales du temps dans les deux ateliers restent 30 et 350, comme dans le tableau 3.5. La valeur marginale de x_3 se calcule donc comme suit :

$$(\text{Valeur marginale de } x_3) = 800 - (5 \times 30) - (2 \times 350) = -50.$$

Ainsi, il ne serait pas avantageux pour Aurèle de lancer la fabrication de ce produit, s'il considère seulement la rentabilité à court terme.

Nous terminons avec quelques commentaires sur les tableaux fournis par le rapport de sensibilité. D'abord, les intervalles pour les marges affichés dans les tableaux 3.5 et 3.6 sont valides seulement lorsqu'*un seul* membre droit b_i ou *un seul* coefficient c_j sont modifiés. On ne peut combiner des changements à plusieurs b_i ou à plusieurs c_j, même si chacun d'entre eux se situe à l'intérieur de l'intervalle correspondant. Par exemple, il est raisonnable de croire que le plan optimal de production de la fonderie ne serait pas affecté si le profit unitaire de la tuyauterie était légèrement augmenté, ou encore si celui des gueuses était abaissé de quelques dollars ; par contre, si on effectue simultanément ces deux changements, il est possible que l'écart de rentabilité entre les deux produits devienne suffisant pour justifier une hausse de la production de la tuyauterie[16].

Ensuite, lorsqu'un coefficient c_j est augmenté ou diminué légèrement, le modèle modifié admet *la même* solution optimale, mais la valeur de z est affectée. Par exemple, Aurèle produira toujours 15 tonnes de tuyauterie et 10 tonnes de gueuses s'il établit à 1 400 $/t la marge pour le produit numéro 2 ; par contre, son profit augmentera de 200 × 10 = 2 000 dollars. Noter d'ailleurs que

$$z' = (1\,000 \times 15) + (1\,400 \times 10) = 29\,000 = 27\,000 + 2\,000.$$

Par contre, et la valeur de z et la solution optimale changent lorsque le membre droit d'une contrainte technologique est modifié.

L'analyse post-optimale et les tableaux de sensibilité sont réservés en principe aux modèles continus. Cependant, ces outils donnent parfois des indications utiles dans des contextes où sont présentes des contraintes d'intégrité – sous réserve de tenir compte de ces dernières dans l'interprétation concrète des résultats. Nous illustrons notre propos à l'aide du modèle (Ch) des chaises de M. Eugène décrit à la figure 2.1. Le tableau 3.7 donne l'un des rapports de sensibilité du modèle continu (Ch-C) obtenu de (Ch) en omettant les contraintes d'intégrité. On observe, en comparant les colonnes « Finale Valeur » et « Contrainte à droite », que le plan optimal requiert les 327 heures disponibles pour le capitonnage, mais n'utilise pas toutes les heures disponibles pour les deux autres opérations. De plus, la valeur marginale associée semble indiquer que l'ajout d'une heure pour l'opération de capitonnage résulterait en une augmentation de 266,67 $ du profit de M. Eugène. Cependant, lorsque le membre droit de l'inéquation « Disp. Capitonnage » est posé égal à 328 au lieu de 327, on obtient le même plan optimal $(x_A ; x_B) = (42 ; 81)$ et, par conséquent, le même profit de 83 700 dollars que dans la figure 2.3. Que se passe-t-il ? Le mystère s'éclaircit quand la substitution de 328 à 327 est effectuée dans le modèle (Ch-C) : la solution optimale devient alors (42 ; 81,333) et la fonction-objectif prend la valeur 83 967. Évidemment, il ne s'agit pas là d'une solution que M. Eugène pourrait implanter. Cependant, on observe que les modèles (Ch) et (Ch-C) donnent tous deux la même solution optimale (42 ; 82) et la même valeur maximale $z = 84\,500$ si l'on augmente de 3 le membre droit de la contrainte « Disp. Capitonnage » : puisque 84 500 – 83 700 = 800 = 3 × 266,67, l'interprétation de la valeur marginale s'applique au problème des chaises de M. Eugène, mais à la condition de procéder par bloc de 3 heures. De même, le plan optimal de la figure 2.3 recommande de fabriquer le minimum permis de 42 chaises A, et augmenter de 3 les commandes de ce modèle entraînerait une diminution du profit de 3 × 83,33 = 250 dollars.

---

16. Par exemple, la solution B = (15 ; 10) reste optimale si le profit unitaire de la tuyauterie augmente de 1 000 dollars la tonne, ou encore si celui des gueuses diminue de 600 dollars. Mais B n'est plus optimal lorsque ces deux changements sont combinés. En effet, dans ce dernier cas, la fonction-objectif s'écrit :

$$z' = (1\,000 + \Delta_1)\, x_1 + (1\,200 + \Delta_2)\, x_2, \text{ où } \Delta_1 = 1\,000 \text{ et } \Delta_2 = -600.$$

En effectuant un calcul analogue à celui qui nous a mené de (82) à (84), on vérifie que

$$z' = 36\,000 - 240\, e_1 + 200\, e_2.$$

Le lexique associé (FRB'2) n'est donc pas optimal et e_2 serait la variable entrante…

Nom	Finale Valeur	Valeur Marginale	Contrainte à droite	Marge Supérieure	Marge Inférieure
Commande A	42	−83,33	42	42	28,5
Commande B	81	0	53	28	1E+30
Demande A	42	0	100	1E+30	58
Demande B	81	0	100	1E+30	19
Disp. Brasage	225	0	250	1E+30	25
Disp. Laquage	81,75	0	100	1E+30	18,25
Disp. Capitonnage	327	266,67	327	37,5	84

TABLEAU 3.7
Rapport de sensibilité pour les membres droits du modèle (Ch-C)

Enfin, il est recommandé de ne pas chercher à interpréter les rapports de sensibilité lorsque certaines marges de l'un ou l'autre des tableaux sont nulles. L'explication de ce phénomène dépend du tableau où se trouvent ces valeurs nulles et dépasse le cadre de ce manuel.

Exercices de révision

1. **Intervalle de variation d'un membre droit**

   Calculer l'intervalle de variation du membre droit de la 2e contrainte technologique de (FRB).

2. **Intervalle de variation d'un coefficient c_j**

   Calculer l'intervalle de variation du coefficient de la variable x_2 dans la fonction-objectif de (FRB).

3 **L'adjonction d'un 3e produit chez FRB**

Considérons le modèle continu (FRB3) obtenu en ajoutant un 3e produit qui requiert 5 heures dans l'atelier d'ébarbage et 2 heures dans celui de peinture et dont la contribution unitaire aux coûts d'exploitationet au profit est de 900 dollars. On supposera que la demande pour ce produit est limitée à 25 unités pour la période de planification considérée.

(a) Résoudre ce modèle à l'aide de l'algorithme du simplexe.

(b) Calculer l'intervalle de variation du membre droit de la 2e contrainte technologique de (FRB3).

(c) Calculer l'intervalle de variation du coefficient c_3 de la variable x_3, où x_3 représente le nombre d'unités du 3e produit.

Problèmes

1. Les jouets

Un manufacturier a présenté au récent Toy Fair de Hong Kong deux nouveaux jouets qui y ont connu un éclatant succès. L'engouement a été tel qu'il n'arrive pas à satisfaire à la demande et est en train de négocier avec d'autres ateliers pour leur proposer des ententes de sous-traitance. En attendant la conclusion de ces accords, il veut, au cours du mois qui vient, faire le plus d'argent possible avec les ressources de son usine. Le manufacturier réalise un profit de 4 $ pour chaque jouet A et de 3 $ pour chaque jouet B qu'il fabrique. Chacun de ces nouveaux jouets requiert les prestations des travailleurs de deux ateliers : un jouet A requiert 4,5 minutes de travail en atelier 1, et 2,25 minutes en atelier 2 ; pour un jouet B, ces durées passent à 3,2 minutes en atelier 1, et à 3,3 minutes en atelier 2. Le manufacturier dispose pour le prochain mois de 725 heures de main-d'œuvre dans l'atelier 1, et de 610 heures dans l'atelier 2.

Le manufacturier, qui s'est déjà engagé à livrer 10 000 jouets B à la fin du mois prochain, cherche à déterminer combien de jouets de chaque sorte il devrait fabriquer ce mois-là pour utiliser au mieux les ressources de ses deux ateliers.

(a) Construire un modèle linéaire pour représenter le problème de production du manufacturier.

(b) Résoudre graphiquement la relaxation continue de ce modèle. (La **relaxation continue** est le modèle linéaire continu obtenu en omettant les contraintes d'intégrité.)

(c) Donner une solution optimale du problème du manufacturier.

2. Les arbustes

Une agence de reboisement recrute des travailleurs pour assurer la plantation d'arbustes au rythme de 18000 par jour. Son bassin de recrutement comprend à la fois des planteurs expérimentés et des étudiants, qu'elle attire par la voie des journaux. L'agence exige de chaque planteur expérimenté qu'il plante 70 arbustes à l'heure et qu'il obtienne un taux de reprise de 98 %. Les étudiants doivent chacun planter 40 arbustes à l'heure et obtenir un taux de reprise de 95 %. L'agence verse 8$ l'heure aux planteurs d'expérience et 6$ l'heure aux étudiants ; une journée comprend 10 heures de travail. Pour chaque arbuste qui ne reprend pas, l'agence devra remettre 2$ au propriétaire de la plantation.

L'agence a accès à un bassin de 16 planteurs expérimentés et de 30 étudiants. La direction se demande combien de ces personnes l'agence doit recruter si elle cherche à minimiser les coûts engagés pour assurer la plantation de 18 000 arbustes par jour.

(a) Construire un modèle linéaire pour représenter le problème de l'agence.

(b) Résoudre graphiquement la relaxation continue de ce modèle.

(c) Donner une solution optimale du problème de l'agence.

3. Fabrication de deux produits

Une manufacture consacre ses ressources à la fabrication des deux produits, P1 et P2, dont les prix de vente respectifs sont de 32$ et de 20$. La demande du mois prochain ne saurait excéder 65 unités de P1 et 60 unités de P2. La fabrication des produits requiert deux opérations menées chacune dans un atelier approprié. Le tableau suivant donne la durée (en heures/unité) de ces opérations ; il indique également pendant combien d'heures chacun des ateliers sera disponible le mois prochain.

Atelier	Temps requis (en h/u)		Disponibilité (en h)
	P1	P2	
Assemblage	1	0,5	75
Contrôle de la qualité	1,5	0,8	150

Le directeur des opérations a décidé de modéliser le problème d'allocation des ressources. Il a d'abord défini les variables de décision suivantes :

x_j = le nombre d'unités du produit Pj à fabriquer durant le prochain mois,

où $j = 1, 2$. Et il a identifié les contraintes technologiques suivantes :

$$\begin{aligned} x_1 + 0{,}5\,x_2 &\leq 75 && (1)\\ 1{,}5\,x_1 + 0{,}8\,x_2 &\leq 150 && (2)\\ x_1 &\leq 65 && (3)\\ x_2 &\leq 60. && (4)\end{aligned}$$

(a) Le directeur des opérations cherche à maximiser le montant des ventes totales (exprimé en dollars). Écrire la fonction-objectif qui traduit cet objectif.

(b) Résoudre graphiquement le modèle linéaire continu constitué de la fonction-objectif obtenue à la question (a), des contraintes (1) à (4), ainsi que des contraintes de non-négativité sur les variables x_1 et x_2.

(c) La fabrication des produits nécessite le recours à un matériau de base : chaque unité de P1 exige 2 kg de ce matériau, tandis qu'une unité de P2 en exige 1 kg seulement. La manufacture pourra disposer de 150 kg de ce matériau le mois prochain. Écrire une contrainte qui traduit l'utilisation de cette ressource. L'ajout de cette contrainte modifie-t-elle la solution optimale obtenue à la question (b) ?

(d) On prévoit recourir aux heures supplémentaires dans l'atelier d'assemblage pour augmenter la production. Définir la variable de décision appropriée représentant le nombre d'heures supplémentaires et modifier les contraintes obtenues jusqu'ici pour tenir compte de cette possibilité.

(e) En plus du recours aux heures supplémentaires dans l'atelier d'assemblage, on se propose de stimuler la demande par une campagne publicitaire : chaque dollar de publicité pour P1 en accroît la demande de 10 unités ; chaque dollar de publicité pour P2 en accroît la demande de 15 unités. Le budget maximal de publicité est 100$. Définir les variables de décision appropriées et modifier les contraintes obtenues jusqu'à maintenant pour tenir compte de la possibilité de faire de la publicité.

(f) Le directeur de la production se rend compte qu'il doit modifier l'objectif poursuivi : il s'agira dorénavant de maximiser les ventes nettes (exprimées en dollars), c'est-à-dire les ventes totales moins les coûts engagés en salaires, en publicité et en achat du matériau de base. Écrire la nouvelle fonction-objectif, sachant que les heures supplémentaires sont rémunérées à 150 % du tarif des heures régulières, que ces dernières sont rétribuées à raison de 8$ chacune et que le matériau de base revient à 3$/kg.

4. Un polygone irrégulier

Considérons l'ensemble des contraintes linéaires suivantes :

$$\begin{aligned} 6\,x_1 - x_2 &\geq 28\\ -\,x_1 + x_2 &\leq 2\end{aligned}$$

$$\begin{array}{rcrcr} & & x_2 & \leq & 11 \\ 4\,x_1 & + & x_2 & \leq & 59 \\ x_1 & - & x_2 & \leq & 6 \\ 2\,x_1 & - & 5\,x_2 & \leq & 0 \\ \multicolumn{5}{l}{x_1\,,\,x_2 \geq 0.} \end{array}$$

(a) Tracer le graphique de la région admissible de cet ensemble de contraintes. Déterminer les sommets du polygone obtenu.

(b) En quel(s) point(s) de la région admissible trouvée en réponse à la question (a) les fonctions-objectifs suivantes atteignent-elles leur maximum ?

$$\begin{array}{rcrcr} z_1 & = & +4\,x_1 & + & 7\,x_2 \\ z_2 & = & -5\,x_1 & + & 5\,x_2 \\ z_3 & = & -3\,x_1 & + & 2\,x_2 \\ z_4 & = & +3\,x_1 & - & 2\,x_2 \\ z_5 & = & +3\,x_1 & + & 12\,x_2 \end{array}$$

(c) En quel(s) point(s) de la région admissible trouvée en réponse à la question (a) les fonctions-objectifs z_h $(1 \leq h \leq 5)$ atteignent-elles leur minimum ?

5. Un segment de droite

Soit le modèle linéaire suivant :

Min $z = 3\,x_1 - 7\,x_2$

sous les contraintes :

$$\begin{array}{rcrcr} 7\,x_1 & + & 13\,x_2 & \geq & 99 \\ 7\,x_1 & + & 14\,x_2 & \geq & 105 \\ -5\,x_1 & + & 30\,x_2 & \geq & 45 \\ 5\,x_1 & + & 3\,x_2 & \leq & 60 \\ 4\,x_1 & + & 8\,x_2 & \leq & 60 \\ \multicolumn{5}{l}{x_1\,,\,x_2 \geq 0.} \end{array}$$

(a) Tracer le graphique cartésien de la région admissible.

(b) Déterminer les sommets de la région admissible, puis évaluer la fonction-objectif z en chacun d'entre eux. Lequel de ces sommets est l'unique optimum du modèle ?

6. Fonctions-objectifs comportant un paramètre

Considérons l'ensemble des contraintes linéaires suivantes :

$$\begin{array}{rcrcr} 3\,x_1 & - & x_2 & \geq & 15 \\ x_1 & - & x_2 & \geq & 1 \\ x_1 & + & x_2 & \leq & 23 \\ x_1 & - & 2\,x_2 & \leq & 5 \\ \multicolumn{5}{l}{x_1\,,\,x_2 \geq 0.} \end{array}$$

(a) Tracer le graphique de la région admissible *Adm* de cet ensemble de contraintes. Déterminer les sommets du polygone obtenu.

(b) Déterminer c_1 de sorte que le point (12 ; 11) soit, dans la région *Adm* trouvée en réponse à la question précédente, l'unique maximum de la fonction-objectif $z = c_1\,x_1 + 11\,x_2$.

(c) Déterminer c_2 de sorte que tout point sur le segment de droite joignant (7 ; 6) et (12 ; 11) soit, dans la région *Adm*, un minimum de la fonction-objectif $z = 6\,x_1 + c_2\,x_2$.

7. Modification d'un membre droit et solution optimale

Soit (P), le modèle linéaire continu suivant :

Max $z = c_1\,x_1 + c_2\,x_2$

sous les contraintes :

$$\begin{array}{rcrcrr} 2\,x_1 & + & 5\,x_2 & \geq & 10 & (1) \\ 2\,x_1 & + & 2\,x_2 & \leq & 10 & (2) \\ -2\,x_1 & + & 3\,x_2 & \leq & 0 & (3) \\ x_1 & & & \leq & 5 & (4) \\ \multicolumn{5}{l}{x_1\,,\,x_2 \geq 0.} & (5) \end{array}$$

(a) Déterminer graphiquement l'ensemble des solutions admissibles de (P). Énumérer les sommets de cette région admissible.

(b) Résoudre le modèle (P) dans le cas où $c_1 = 3$ et $c_2 = 4$: donner une solution optimale et la valeur de la fonction-objectif pour cette solution.

(c) Indiquer comment serait modifiée la réponse à la question (b) si le membre droit de la contrainte (2) passait de 10 à 12 : déterminer d'abord la région admissible du modèle modifié (P'), puis donner la nouvelle solution optimale et la valeur de z correspondante.

(d) Résoudre le modèle (P) dans le cas où $c_1 = 4$ et $c_2 = 3$.

(e) Indiquer comment serait modifiée la réponse à la question précédente si le membre droit de la contrainte (2) passait de 10 à 12.

8. Variations d'un membre droit

Soit (P), le modèle linéaire suivant :

Max $z = 3\,x_1 + x_2$

sous les contraintes :

$$\begin{array}{rcrcr} x_1 & + & 2\,x_2 & \leq & b_1 \\ -\,x_1 & + & x_2 & \leq & 2 \\ x_1 & - & x_2 & \leq & 3 \\ x_1 & & & \leq & 5 \\ \multicolumn{5}{l}{x_1\,,\,x_2 \geq 0.} \end{array}$$

Lorsque $b_1 = 13$, la fonction-objectif z atteint sa valeur maximale 19 au point (5 ; 4).

(a) Tracer les figures qui permettront de calculer la valeur optimale de z lorsque b_1 augmente de 9 à 12, par pas de 1.

(b) De combien augmente, à chacun de ces pas, la valeur optimale de z ?

(c) Que se passe-t-il lorsque $b_1 = 21$?

(d) Que se passe-t-il lorsque $b_1 = 7$?

9. Recherche graphique d'un maximum

Pour chacun des modèles linéaires continus suivants, tracer sur un graphique cartésien la région admissible et en énumérer les points extrêmes ; puis, déterminer une solution optimale.

(a) Max $z = 8x_1 + 5x_2$
sous les contraintes :

$$\begin{aligned} 11x_1 + 5x_2 &\leq 198 \\ -6x_1 + 9x_2 &\leq 63 \\ x_2 &\leq 11 \end{aligned}$$

$x_1, x_2 \geq 0.$

(b) Max $z = -3x_1 + 6x_2$
sous les contraintes :

$$\begin{aligned} 4x_1 + x_2 &\geq 16 \\ 4x_1 + x_2 &\leq 40 \\ 4x_1 - x_2 &\geq 8 \\ 4x_1 - x_2 &\leq 32 \\ x_2 &\leq 8 \end{aligned}$$

$x_1, x_2 \geq 0.$

(c) Max $z = -3x_1 + 6x_2$
sous les contraintes :

$$\begin{aligned} 6x_1 + 2x_2 &\leq 108 \\ -4x_1 + 12x_2 &\geq 48 \\ -3x_1 + 11x_2 &\geq 0 \\ 6x_1 - 2x_2 &\geq 24 \\ -5x_1 + 15x_2 &\leq 60 \end{aligned}$$

$x_1, x_2 \geq 0.$

(d) Max $z = 14x_1 + 3x_2$
sous les contraintes :

$$\begin{aligned} -6x_1 + 4x_2 &\leq 4 \\ 16x_1 + 4x_2 &\leq 224 \\ -6x_1 + 4x_2 &\leq 48 \\ x_2 &\geq 6 \end{aligned}$$

$x_1, x_2 \geq 0.$

10. Recherche graphique d'un minimum

Pour chacun des modèles linéaires continus suivants, tracer sur un graphique cartésien la région admissible et en énumérer les points extrêmes ; puis, déterminer une solution optimale.

(a) Min $z = 12x_1 + 18x_2$.
sous les contraintes :

$$\begin{aligned} x_1 + x_2 &\geq 18 \\ -5x_1 + 10x_2 &\leq 90 \\ x_1 &\leq 14 \end{aligned}$$

$x_1, x_2 \geq 0.$

(b) Min $z = -6x_1 + 13x_2$
sous les contraintes :

$$\begin{aligned} x_1 - x_2 &\geq 1 \\ 8x_1 - 4x_2 &\leq 108 \\ -x_1 + 4x_2 &\leq 32 \\ 6x_1 - 3x_2 &\leq 81 \\ x_2 &\geq 5 \end{aligned}$$

$x_1, x_2 \geq 0.$

(c) Min $z = -35x_1 + 15x_2$
sous les contraintes :

$$\begin{aligned} 3x_1 + 2x_2 &\geq 45 \\ x_1 + 2x_2 &\geq 26 \\ 7x_1 - 3x_2 &\leq 92 \\ x_2 &\leq 13 \end{aligned}$$

$x_1, x_2 \geq 0.$

(d) Min $z = 32x_1 + 18x_2$
sous les contraintes :

$$\begin{aligned} 2x_1 - 3x_2 &\geq 3 \\ 9x_1 - 4x_2 &\geq 61 \\ 9x_1 - 4x_2 &\leq 99 \\ -2x_1 + 3x_2 &\geq 16 \end{aligned}$$

$x_1, x_2 \geq 0.$

11. Condition d'optimalité sur un coefficient c_j

Soit (P), le modèle linéaire continu suivant :

Max $z = c_1 x_1 + 3x_2$
sous les contraintes :

$$\begin{aligned} x_1 - 2x_2 &\leq 2 \\ -2x_1 + x_2 &\leq 2 \\ x_1 + x_2 &\geq 1 \end{aligned}$$

$x_1, x_2 \geq 0.$

(a) Tracer la région admissible de (P) et donner les coordonnées des points extrêmes de cette région.

(b) Le modèle possède-t-il une solution optimale lorsque $c_1 = -1$? Si oui, en donner une ; sinon, expliquer pourquoi.

(c) À un professeur qui lui demande de trouver une valeur de c_1 pour laquelle le point (0 ; 2) est un point optimal de (P), un étudiant répond qu'il n'en existe « évidemment » pas puisque, dit-il, « la valeur de c_1, quelle qu'elle soit, n'aura aucune influence sur la valeur de la fonction-objectif z, car elle sera multipliée par 0, la 1re coordonnée du point ». Commenter brièvement.

(d) Trouver l'ensemble des valeurs de c_1 pour lesquelles le point (0 ; 2) est un point optimal de (P).

12. Sommets de la région admissible et pivotages

Soit le système de contraintes linéaires suivant.

$$\begin{aligned} 2x_1 - 3x_2 &\leq 6 && (1) \\ -3x_1 + 3x_2 &\leq 9 && (2) \\ x_2 &\leq 4 && (3) \\ 7x_1 + 9x_2 &\leq 63 && (4) \\ x_1 &\geq 0 && (5) \\ x_2 &\geq 0. && (6) \end{aligned}$$

La figure suivante indique les droites associées aux diverses inéquations (1)-(6).

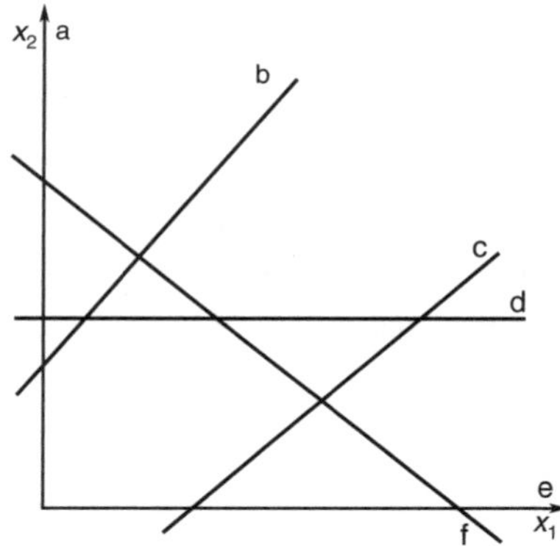

(a) Associer chacune des droites *a*, *b*, ..., *f* à l'une des contraintes (1)-(6).

(b) Déterminer, sur le graphique, l'ensemble des solutions admissibles du système (1)-(6). Combien de solutions de base admissibles cet ensemble contient-il ? Calculer les coordonnées de chacune de ces solutions de base.

(c) Écrire les contraintes (1)-(4) sous forme d'équations à l'aide de variables d'écart. Calculer les valeurs prises par les variables d'écart au point (6 ; 1).

(d) Soit le modèle linéaire (P) proposant de maximiser la fonction-objectif $z = 4\,x_1 + 12\,x_2$ sous les contraintes (1)-(6). Déterminer graphiquement la solution optimale de (P).

(e) Supposons que l'on veuille suivre sur le graphique le déroulement de l'algorithme du simplexe lors de la résolution algébrique de (P). Déterminer, pour chaque lexique, le point correspondant à la solution de base, la variable entrante, ainsi que la variable sortante. (Il n'est pas nécessaire d'effectuer les calculs relatifs aux pivotages ; on présumera que la variable entrante est choisie selon le critère MAM de la meilleure amélioration marginale.)

13. Région admissible et variables d'écart

Soit le modèle linéaire suivant :

Max $z = -\,3\,x_1 + 7\,x_2$

sous les contraintes :

$$\begin{aligned} -2\,x_1 &+ x_2 \le 4 \\ x_1 &- 3\,x_2 \le 12 \\ & \quad x_2 \le 10 \\ x_1 & \qquad \le 18 \\ x_1, & \; x_2 \ge 0. \end{aligned}$$

(a) Déterminer graphiquement la région admissible.

(b) Écrire le Lexique n° 0 en utilisant les variables d'écart requises. Quelle est la solution de base associée ?

(c) Évaluer les différentes variables d'écart en chacun des sommets de la région admissible. Montrer que chacun de ces sommets vérifie comme équations 2 contraintes (technologiques ou de non-négativité).

(d) Évaluer les différentes variables d'écart en chacun des points suivants du 1er quadrant :

$$P = (6\,;4) \quad Q = (2\,;21) \quad R = (2\,;8) \quad S = (20\,;6).$$

Lesquels de ces points sont admissibles ?

(e) Déterminer les variables entrante et sortante lors de la 1re itération, si l'on utilise le critère MAM.

(f) Donner la solution de base associée au Lexique n° 1 résultant de la 1re itération. À quel sommet de la région admissible cette solution correspond-elle ?

14. Variables d'écart

Soit le modèle linéaire suivant :

Max $z = x_1 + 2\,x_2 + 3\,x_3 + 4\,x_4$

sous les contraintes :

$$\begin{aligned} 2\,x_1 + 4\,x_2 + 7\,x_3 + 2\,x_4 &\le 60 \\ x_1 + x_2 + 2\,x_3 + 5\,x_4 &\le 40 \\ 3\,x_1 + 2\,x_2 + x_3 + 2\,x_4 &\le 50 \\ x_1, x_2, x_3, x_4 \ge 0. \end{aligned}$$

(a) Écrire le Lexique n° 0 en utilisant les variables d'écart requises. Quelle est la solution de base associée ?

(b) Évaluer les différentes variables d'écart en chacun des points suivants :

$$P = (1\,;1\,;1\,;1) \quad Q = (2\,;4\,;8\,;0) \quad R = (7\,;5\,;9\,;2)$$

Lesquels de ces points sont admissibles ?

(c) Déterminer les variables entrante et sortante lors de la 1re itération, si l'on utilise le critère MAM.

(d) Donner la solution de base associée au Lexique n° 1 résultant de la 1re itération.

15. Variables d'écart et fonction-objectif à minimiser

Reprendre le modèle du problème précédent, mais en supposant que l'objectif est cette fois de minimiser *z*, où

$$z = 5\,x_1 - 7\,x_2 - 21\,x_3 + 13\,x_4.$$

Et répondre aux quatre questions du problème précédent.

16. Liste des sommets visités par l'algorithme du simplexe

Soit (P), le modèle linéaire dont l'objectif est de maximiser *z*, où

$$z = 3\,x_1 + 6\,x_2$$

et dont les contraintes sont celles données dans l'exercice de révision 2 de la section 3.3.

(a) Déterminer graphiquement la solution optimale du modèle (P). Décrire la solution de base associée à cette solution optimale.

(b) Écrire le Lexique n° 0 en utilisant les variables d'écart requises. Quelle est la solution de base associée ?

(c) Donner la succession des sommets visités par l'algorithme du simplexe si le critère MAM est utilisé. Indiquer de combien *z* s'accroît à chaque itération.

***(d)** Quelle est la variable entrante lors de la 2e itération et quelle est son amélioration marginale dans le Lexique n° 1 ?

***(e)** Quelles sont les valeurs marginales des deux variables hors base du Lexique n° 2 ?

17. Une itération d'un modèle de maximisation

Considérons le lexique suivant, obtenu lors de la résolution par l'algorithme du simplexe d'un modèle linéaire.

Max $z = 189 - 10\,x_1 + 8\,x_3 + 3{,}5\,e_3$

sous les contraintes :

$$\begin{aligned} x_4 &= 21 - x_1 \\ e_2 &= 6 - 3\,x_1 + x_3 + e_3 \\ x_2 &= 12 - x_1 + 0{,}5\,e_3 \\ e_4 &= 30 + 5\,x_1 - 5\,x_3 - 2{,}5\,e_3 \end{aligned}$$

$x_1, x_2, x_3, x_4, e_2, e_3, e_4 \geq 0.$

(a) Quelle est la solution de base associée à ce lexique ? Quelle est la valeur de z pour cette solution ?

(b) Effectuer une itération du simplexe (choisir la variable entrante selon le critère MAM).

(c) Donner la solution de base associée au lexique résultant de cette itération. De combien z augmente-t-elle à la suite de cette itération ?

(d) Cette dernière solution est-elle optimale ? Pourquoi ?

18. Une itération d'un modèle de minimisation

Considérons le lexique suivant, obtenu lors de la résolution par l'algorithme du simplexe d'un modèle linéaire.

Min $z = 168 - x_2 + 1{,}25\,e_2$

sous les contraintes :

$$\begin{aligned} e_1 &= 60 - x_2 - e_2 \\ x_4 &= 12 - x_2 + 0{,}625\,e_2 \\ x_3 &= 12 - 0{,}125\,e_2 \\ x_1 &= 24 + 0{,}500\,e_2 \end{aligned}$$

$x_1, x_2, x_3, x_4, e_1, e_2 \geq 0.$

(a) Quelle est la solution de base associée à ce lexique ? Quelle est la valeur de z pour cette solution ?

(b) Effectuer une itération du simplexe (choisir la variable entrante selon le critère MAM).

(c) Donner la solution de base associée au lexique résultant de cette itération. De combien z augmente-t-elle à la suite de cette itération ?

(d) Cette dernière solution est-elle optimale ? Pourquoi ?

19. Calcul de la solution de base résultant d'une itération

Pour chacun des lexiques suivants, déterminer les variables entrante et sortante si l'on utilise le critère MAM ; puis, calculer la solution de base associée au lexique résultant de l'itération, ainsi que la valeur correspondante de la fonction-objectif z. (Il n'est pas nécessaire d'effectuer le pivotage.)

(a) Max $z = 84 - 1{,}5\,x_2 + 0{,}5\,x_3 - 3{,}5\,e_3$

sous les contraintes :

$$\begin{aligned} e_1 &= 12 - 0{,}5\,x_2 - 0{,}5\,x_3 + 0{,}5\,e_3 \\ e_2 &= 96 - 6\,x_2 - 5\,x_3 + e_3 \\ x_1 &= 12 - 0{,}5\,x_2 - 0{,}5\,x_3 - 0{,}5\,e_3 \\ e_4 &= 10 - x_3 \end{aligned}$$

$x_1, x_2, x_3, e_1, e_2, e_3, e_4 \geq 0.$

(b) Max $z = 560 + 28\,x_1 - 16\,e_2 - 68\,e_3$

sous les contraintes :

$$\begin{aligned} e_1 &= 200 - 5\,x_1 + 3\,e_2 + 10\,e_3 \\ e_4 &= 10 - 0{,}5\,e_2 - 1{,}5\,e_3 \\ x_2 &= 20 - x_1 + e_3 \\ x_3 &= 10 + x_1 - 0{,}5\,e_2 - 2{,}5\,e_3 \end{aligned}$$

$x_1, x_2, x_3, e_1, e_2, e_3, e_4 \geq 0.$

(c) Max $z = 1040 + 35\,x_2 - 9\,x_3 + 20\,e_3 - 52\,e_4$

sous les contraintes :

$$\begin{aligned} e_1 &= 220 - 5\,x_2 - 2\,e_3 + 7\,e_4 \\ e_2 &= 40 - 5\,x_2 + x_3 - 2\,e_3 + 4\,e_4 \\ x_1 &= 20 - x_3 + e_3 - e_4 \\ x_4 &= 20 - e_4 \end{aligned}$$

$x_1, x_2, x_3, x_4, e_1, e_2, e_3, e_4 \geq 0.$

(d) Min $z = 960 + 44\,x_2 - 10\,x_4 - 6\,x_5 + 48\,e_4$

sous les contraintes :

$$\begin{aligned} e_1 &= 320 - 5{,}50\,x_2 - 3\,x_4 + x_5 - 2\,e_4 \\ e_2 &= 40 - 5{,}25\,x_2 - 3\,x_4 + 2\,x_5 - 4\,e_4 \\ x_3 &= 0 + 0{,}25\,x_2 \\ x_1 &= 20 - x_4 - x_5 + e_4 \end{aligned}$$

$x_1, x_2, x_3, x_4, x_5, e_1, e_2, e_4 \geq 0.$

20. Résolution par l'algorithme du simplexe d'un modèle à trois variables de décision

Résoudre le modèle linéaire suivant à l'aide de l'algorithme du simplexe, en choisissant la variable entrante selon le critère MAM.

Max $z = 3\,x_1 + x_2 + 7\,x_3$

sous les contraintes :

$$\begin{aligned} x_1 + x_2 + x_3 &\leq 3 \\ 2\,x_1 + 2\,x_2 + 3\,x_3 &\leq 6 \\ x_1 + 4\,x_2 + 2\,x_3 &\leq 8 \end{aligned}$$

$x_1, x_2, x_3 \geq 0.$

21. Un modèle continu à deux variables de décision

Considérons le modèle linéaire suivant :

Max $z = 6\,x_1 + 4\,x_2$

sous les contraintes :

$$x_1 + 2\,x_2 \geq 12 \quad (1)$$

$$3\,x_1 - 2\,x_2 = 12 \quad (2)$$

$$\begin{array}{lllll} -x_1 & + & 2x_2 & \leq & 4 \qquad (3) \\ x_1 & & & \geq & 6 \qquad (4) \end{array}$$

$$x_1, x_2 \geq 0.$$

Le graphique ci-dessous donne les droites associées aux 4 contraintes technologiques de ce modèle linéaire.

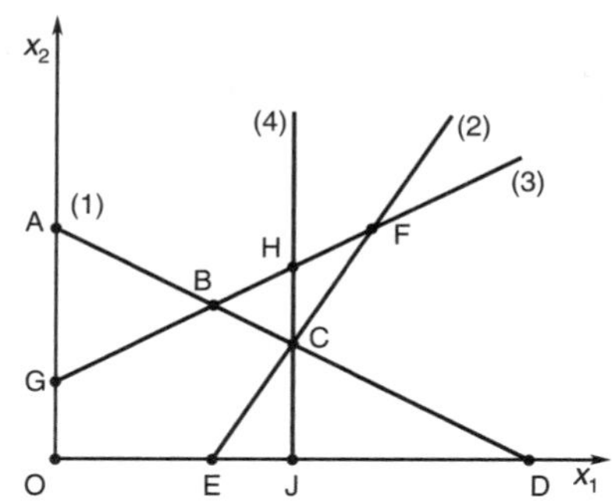

Point	A	B	C	D	E	F	G	H	J
x_1	0	4	6	12	4	8	0	6	6
x_2	6	4	3	0	0	6	2	5	0

(a) Quelle est la région admissible du modèle linéaire ? Donner les coordonnées x_1 et x_2 de trois solutions admissibles.

(b) Quelle est la solution optimale du modèle linéaire ? Que vaut z pour cette solution ?

Voici un lexique obtenu en appliquant l'algorithme du simplexe au modèle linéaire précédent :

Max $z = 48 + 12\,e_4$

sous les contraintes :

$$\begin{array}{lllll} x_2 & = & 3 & + & 1{,}5\,e_4 \\ x_1 & = & 6 & + & 1{,}0\,e_4 \\ e_3 & = & 4 & - & 2{,}0\,e_4 \\ e_1 & = & 0 & + & 2{,}0\,e_4 \end{array}$$

$$x_1, x_2, e_1, e_3, e_4 \geq 0.$$

(c) Donner la solution de base associée à ce lexique, ainsi que la valeur correspondante de la fonction-objectif z. À quel point de la figure correspond cette solution ?

(d) Indiquer pourquoi le lexique n'est pas optimal. Déterminer la variable entrante, la variable sortante, ainsi que le pivot. Calculer la solution de base associée au lexique subséquent.

22. La gamme de produits associée à une solution optimale

Un manufacturier, dont la gamme comprend 10 produits différents, doit planifier la prochaine période. La fabrication de chacun des 10 produits requiert une opération dans les 4 ateliers de son usine. Même si tout le temps disponible dans les ateliers était consacré à un seul produit, toutes les unités fabriquées pourraient être écoulées.

Le manufacturier, qui utilise un modèle linéaire continu pour planifier sa production de façon à maximiser ses profits, prétend optimiser l'utilisation de ses ressources en fabriquant 6 des 10 produits. Commenter.

23. Résolution graphique et itérations

Soit (P), le modèle linéaire continu suivant :

Max $z = 4\,x_1 + 3\,x_2$

sous les contraintes :

$$\begin{array}{lllll} x_1 & - & 2x_2 & \leq & 1 \\ -x_1 & + & 5x_2 & \leq & 8 \\ 2x_1 & + & x_2 & \leq & 20 \end{array}$$

$$x_1, x_2 \geq 0.$$

(a) Déterminer graphiquement l'ensemble des solutions admissibles de (P) : tracer la région admissible de (P) et donner les coordonnées des points extrêmes de cette région.

(b) Résoudre graphiquement le modèle (P) : donner les coordonnées d'une solution optimale et la valeur de z en ce point. Existe-t-il une seule ou plusieurs solutions optimales ? (S'il en existe plusieurs, donner les coordonnées de deux autres solutions optimales.)

(c) Lors de la première itération de l'algorithme du simplexe, quelle variable entre dans la base et laquelle en sort si l'on choisit la variable entrante selon le critère MAM ? Toujours lors de cette première itération, à quel point extrême aboutira l'algorithme ?

(d) Combien d'itérations, en tout, seront nécessaires pour atteindre la solution optimale ?

(e) Quelles seront les variables de base dans le lexique final ? Donner les valeurs de ces variables de base.

(f) Considérons la fonction-objectif $z' = 3\,x_1 + 3\,x_2$. La solution optimale trouvée à la question (b) est-elle optimale pour z' ? Quelle est la valeur optimale de z' ?

24. Modèles dont tous les sommets sont visités

(a) Trouver graphiquement la solution optimale du modèle linéaire suivant :

Max $z = 30\,x_1 + 2\,x_2$

sous les contraintes :

$$\begin{array}{lllll} x_1 & & & \leq & 2 \\ 50\,x_1 & + & x_2 & \leq & 200 \end{array}$$

$$x_1, x_2 \geq 0.$$

(b) Résoudre ce modèle par l'algorithme du simplexe et montrer que le critère MAM amènera ici à visiter chacun des points extrêmes avant d'atteindre le point optimal.

***(c)** Construire un modèle linéaire à 3 variables de décision qui présentera cette même caractéristique.

*25. Changement de fonction-objectif

Dans la section 2.1.7, nous avons introduit deux modèles linéaires pour le problème des bobines-mères. Considérons d'abord le second modèle, celui où l'on cherche à minimiser les chutes. Le tableau au bas de cette page donne un lexique optimal de la relaxation continue de ce modèle, laquelle est obtenue en omettant les contraintes d'intégrité.

Nous nous intéressons maintenant au premier modèle, celui où l'on cherche à minimiser le nombre de bobines-mères et dont la fonction-objectif s'écrit $z_1 = x_1 + x_2 + x_3 + \ldots + x_{10}$.

(a) Déterminer les améliorations marginales des variables hors base pour la fonction-objectif z_1.

(b) Vérifier que la solution de base associée au lexique n'est pas optimale pour z_1.

(c) Indiquer comment obtenir une solution qui exige moins de bobines-mères : déterminer la variable entrante (selon le critère MAM), le pivot, la variable sortante ; puis, donner la solution de base associée au lexique résultant du pivotage, de même que la valeur correspondante de la fonction-objectif z.

On notera que la solution obtenue en (c) coïncide avec la solution A donnée dans la section 2.1.7.

PROBLÈME 25
Changement de fonction-objectif

Base	Valeur	x_2	x_3	x_4	x_5	x_6	x_8	x_9	x_{10}	e_1	e_3
z_2	2760	11,667	1,667	23,333	13,333	3,333	25	15	5	7,667	0
x_1	120	$-2/3$	$-2/3$	$-1/3$	$-1/3$	$-1/3$	0	0	0	$1/3$	0
e_2	360	1	-6	2	-5	-12	-4	-11	-18	0	3
x_7	180	0	-2	0	-2	-4	-2	-4	-6	0	1

Note : Ce tableau se lit ainsi : $z_2 = 2760 + 11{,}667\ x_2 + 1{,}667\ x_3 + 23{,}333\ x_4 +$ etc.

CHAPITRE 4

La programmation linéaire en nombres entiers

Plan du chapitre

4.1 Introduction, définitions et notations

Qu'un plan de production optimal propose la fabrication de 12 011,78 chaises n'entachera pas la pertinence d'un modèle linéaire aux yeux de l'utilisateur averti. Celui-ci arrondira à 12 012 chaises – peut-être même à 12 000 –, conscient qu'en pratique les coefficients apparaissant dans les contraintes technologiques ne sont pas toujours connus précisément et que le fait d'arrondir ne rendra probablement pas le plan de production irréalisable. Certains contextes n'offrent cependant pas la même latitude au gestionnaire. Un promoteur immobilier, face à une solution optimale dictant l'érection de 2,8 immeubles d'habitation et de 7,9 maisons individuelles, ne pourra probablement pas arrondir ces chiffres à 3 et à 8 sans violer une ou plusieurs contraintes ; et il n'est pas évident, *a priori,* qu'il atteindrait le profit optimal en érigeant seulement 2 immeubles d'habitation et 7 maisons individuelles.

Dans les modèles considérés au chapitre 2, les contraintes sont de trois types : technologiques, de non-négativité et d'intégrité[1]. L'algorithme du simplexe permet de résoudre les modèles linéaires où interviennent des contraintes des deux premiers types seulement. Dans ce chapitre, nous indiquons comment tenir compte des contraintes du troisième type et étudions les modèles linéaires dont au moins une variable est confinée aux valeurs entières. Ces derniers sont dénommés modèles, ou encore problèmes, linéaires en nombres entiers et notés PLE.

Un modèle linéaire comportant n variables de décision x_j $(j = 1, \ldots, n)$ s'écrit sous la forme générale suivante :

$$\text{Max(Min) } z = \sum_{j=1}^{n} c_j x_j \qquad (1)$$

sous les contraintes :

$$\text{(PL)} \qquad \sum_{j=1}^{n} a_{ij}\, x_j \begin{pmatrix} \leq \\ \geq \\ = \end{pmatrix} b_i \qquad i = 1, \ldots, m \quad (2)$$

$$x_j \geq 0 \qquad j = 1, \ldots, n \quad (3)$$

$$x_j \text{ entier} \qquad j \in E \quad (4)$$

où l'ensemble E regroupe les indices des variables qui doivent être entières. Les modèles de programmation linéaire (PL) sont classés selon une typologie basée sur cet ensemble E.

- **Modèles linéaires continus,** notés PLC : quand $E = \emptyset$, où $\emptyset$ dénote l'ensemble vide.
- **Modèles linéaires en nombres entiers,** notés PLE : quand $E \neq \emptyset$. Les modèles PLE sont dits **totalement en nombres entiers** (PLTE) quand $E = \{1 ; \ldots ; n\}$ et **mixtes** (PLM) quand $E \neq \{1 ; \ldots ; n\}$.

Dans un modèle PLTE, chaque variable est restreinte aux valeurs entières. Dans un PLM, certaines variables sont astreintes à prendre des valeurs entières, tandis que d'autres sont continues, en ce sens qu'elles peuvent prendre des valeurs réelles non entières. Voici un exemple de modèle PLM :

1. Une contrainte du type « $v = 0$ ou 1 » peut être considérée comme une combinaison de contraintes des trois types énumérés. Nous reviendrons sur ce sujet, plus loin dans cette section.

$$\text{Max } z = 2\,x_1 + 4\,x_2 + x_3 + 5\,x_4$$

sous les contraintes :

$$\begin{aligned} 3\,x_1 + 4\,x_2 + 2\,x_3 + x_4 &\le 24 \\ 2\,x_1 + x_2 + x_3 + 5\,x_4 &= 16 \\ x_1, x_2, x_3, x_4 &\ge 0 \\ x_2, x_4 &\text{ entiers.} \end{aligned}$$

Pour qu'une solution de ce modèle soit admissible, il faut que les variables x_2 et x_4 prennent une valeur entière. Ici, $E = \{2\,;\,4\}$. Puisque les variables x_1 et x_3 ne sont pas astreintes à des contraintes d'intégrité, le modèle est mixte.

Les variables binaires peuvent être considérées comme des variables entières soumises à la contrainte d'appartenir à l'intervalle [0 ; 1]. En effet, la contrainte

$$x_j = 0 \text{ ou } 1$$

est évidemment équivalente à

$$x_j \ge 0 \quad \text{et} \quad x_j \le 1 \quad \text{et} \quad x_j \text{ entier.}$$

Les modèles linéaires comportant des variables binaires sont donc, en un sens, des PLE particuliers. Lorsque toutes les variables sont binaires, on parlera de **modèle linéaire en variables binaires** (PLB) : ainsi, un PLB est un PLTE dont chaque variable est astreinte à prendre soit la valeur 0, soit la valeur 1.

Le chapitre 2 présente plusieurs exemples de modèles linéaires en nombres entiers. Citons entre autres les modèles suivants.

- **Modèles PLTE :** les chaises de M. Eugène (*section 2.1.1*) ; le problème de comptabilité de gestion (*section 2.1.2*) ; l'horaire des standardistes (*section 2.1.6*) ; la coupe de bobines-mères (*section 2.1.7*).
- **Modèles PLB :** les problèmes de recouvrement minimal (*section 2.2.1*) et d'affectation (*section 2.2.2*) ; l'équipe d'arpenteurs-géomètres (*section 2.2.3*).
- **Modèles PLM :** Électro (*section 2.3.1*) ; le problème de diète où au moins 2 des 3 contraintes technologiques doivent être satisfaites (*section 2.3.5*) ; les escomptes sur quantité (*section 2.3.6*).

Les chercheurs en recherche opérationnelle ont consacré, comme en témoignent les centaines d'articles parus depuis 1960 dans les revues scientifiques, beaucoup d'efforts à l'étude et à la résolution des modèles PLE. Ces modèles, en effet, sont importants en pratique et souvent fort difficiles à résoudre. Ce chapitre se veut une initiation à la résolution des modèles PLE et ne traite que de leurs principales propriétés. Une méthode générale de résolution des PLE, appelée *méthode de séparation et d'évaluation progressive* (SÉP), sera décrite succinctement, d'abord de façon géométrique, puis de façon algébrique.

4.2 L'ajout de contraintes d'intégrité et leur représentation graphique

4.2.1 Exemple 1 : le modèle continu (P_0) associé

Voici un premier modèle PLTE ne comportant que 2 variables de décision, ce qui permettra d'illustrer géométriquement nos propos.

$$\text{Max } z = 10\,x_1 + 50\,x_2 \tag{5}$$

sous les contraintes :

$$-x_1 + 2\,x_2 \leq 5 \tag{6}$$

$$x_1 + 2\,x_2 \leq 14 \tag{7}$$

$$x_1 \leq 8 \tag{8}$$

$$x_1, x_2 \geq 0 \tag{9}$$

$$x_1, x_2 \text{ entiers.} \tag{10}$$

Convenons de noter (P) ce modèle, et (P_0) le modèle continu obtenu de (P) en omettant les contraintes d'intégrité (10). On dira que (P_0) est la **relaxation continue**[2] de (P). Au départ, nous analysons (P_0) graphiquement. Par la suite, les contraintes d'intégrité seront ajoutées une à une, ce qui nous donnera l'occasion de commenter l'impact de chacune sur l'ensemble des solutions admissibles et sur la valeur optimale de z.

La figure 4.1 indique la région admissible de (P_0), ses points extrêmes, ainsi que le point optimal B = (4,5 ; 4,75).

FIGURE 4.1
Résolution graphique du modèle continu (P_0)

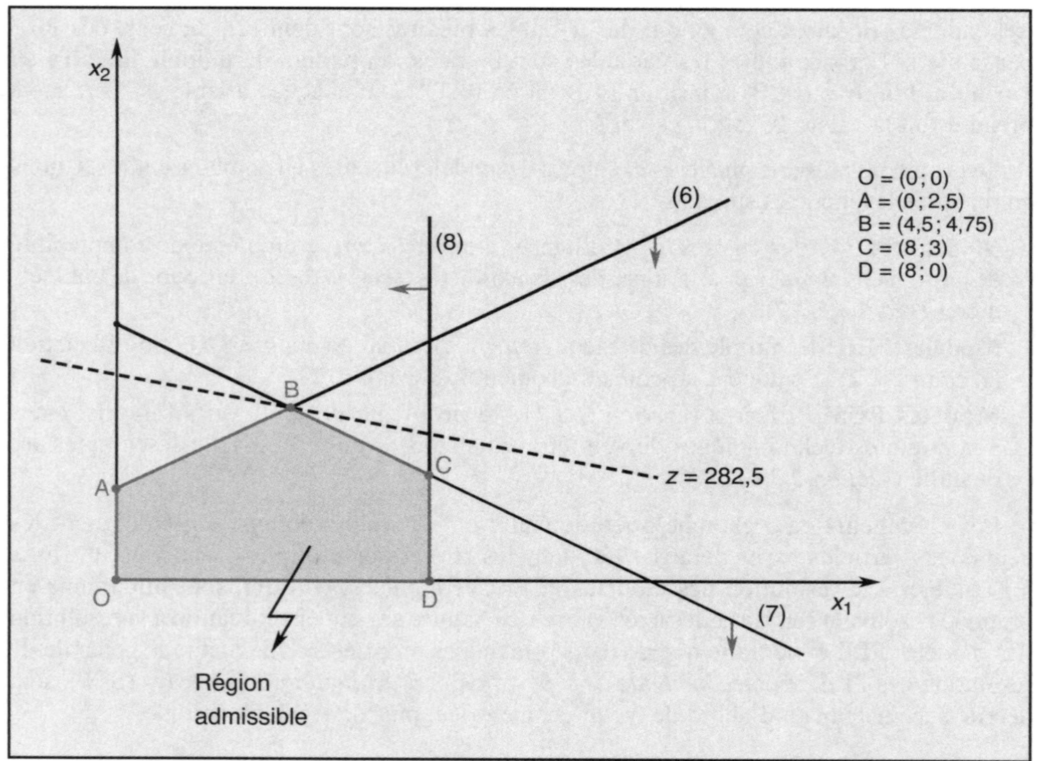

2. La notion de relaxation n'est pas définie ici dans toute sa généralité. (Le lecteur intéressé consultera G.L. Nemhauser et L.A. Wolsey, *Integer and Combinatorial Optimization,* Wiley-Intersciences, 1988.) Dans ce chapitre, les seules relaxations considérées sont celles obtenues en omettant, comme dans l'exemple 1, une ou plusieurs contraintes d'intégrité.

4.2.2 Exemple 1 : l'ajout d'une contrainte d'intégrité

Ajoutons à (P_0) la contrainte « x_1 entier » et notons (Px_1) le modèle obtenu. On dira que (Px_1) est une **restriction** de (P_0), ou encore que (P_0) est une **relaxation** de (Px_1).

Les solutions admissibles du modèle mixte (Px_1) sont les points de la région admissible de (P_0) dont la première coordonnée x_1 prend une valeur entière. Elles sont représentées à la figure 4.2. Chaque point des segments *a, b, ..., i* est une solution admissible de (Px_1). Le tracé de courbes de niveau permet le repérage du point optimal de (Px_1) : il s'agit du point E = (5 ; 4,5).

Notons enfin que le maximum z_1 = 275 du modèle mixte (Px_1) est inférieur au maximum z_0 = 282,5 de la relaxation continue (P_0). Cette relation était prévisible : en fait, on aurait pu, sans résoudre (Px_1) ni (P_0), affirmer que

$$z_1 \leq z_0. \tag{11}$$

En effet, toute solution admissible de (Px_1) vérifie les contraintes de (P_0). La valeur prise par z en une telle solution est donc nécessairement inférieure ou égale au maximum z_0 de (P_0). En particulier, la valeur z_1 prise par z en une solution optimale de (Px_1) est inférieure ou égale à z_0.

En général, lorsqu'on ajoute des contraintes à un modèle de maximisation, la valeur optimale du nouveau modèle est inférieure ou égale[3] à celle du modèle original. Cette propriété est un élément important de la méthode de séparation et d'évaluation progressive que nous présentons à la section 4.3.

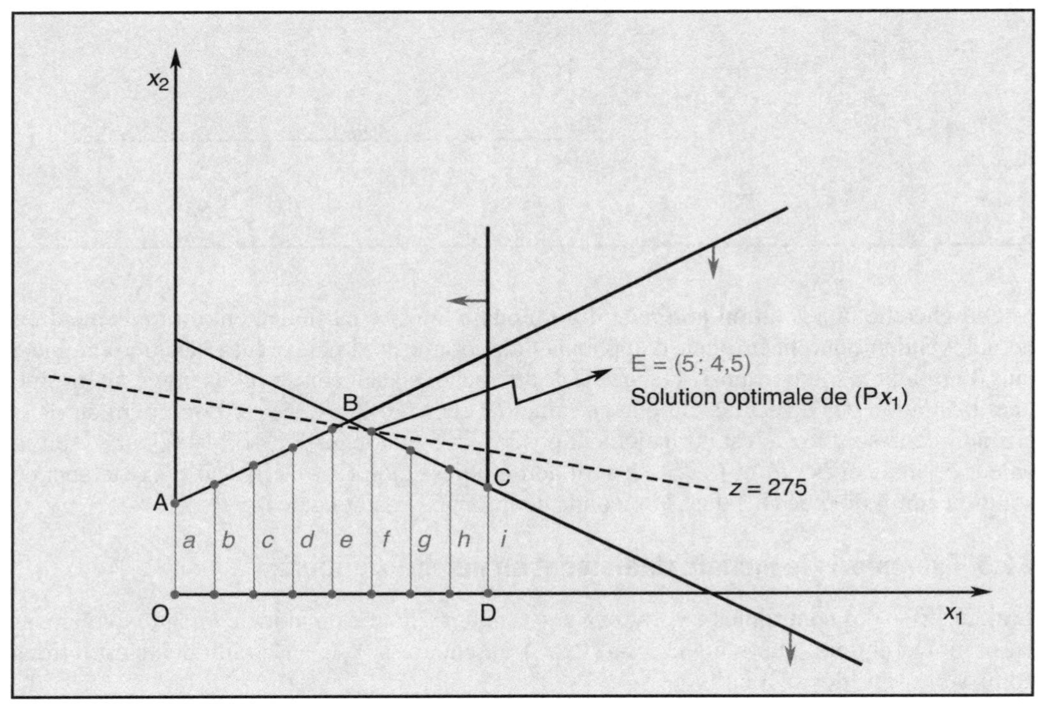

FIGURE 4.2
Résolution de (Px_1)

3. Supérieure ou égale s'il s'agit d'un modèle de minimisation.

Ajoutons maintenant à (P_0) la contrainte «x_2 entier» et notons (Px_2) le nouveau modèle. Pour déterminer une solution optimale de (Px_2), on procède comme précédemment :

- sélection, dans l'ensemble des solutions admissibles de (P_0), de ces solutions qui vérifient la contrainte supplémentaire «x_2 entier» ;
- repérage d'une solution optimale par le tracé de courbes de niveau.

La figure 4.3 illustre ces étapes. L'ensemble des solutions admissibles de (Px_2) est formé des segments $p, q, \ldots, t$. La solution optimale de (Px_2) est le point F = (6 ; 4) où $z = 260$.

FIGURE 4.3
Résolution de (Px_2)

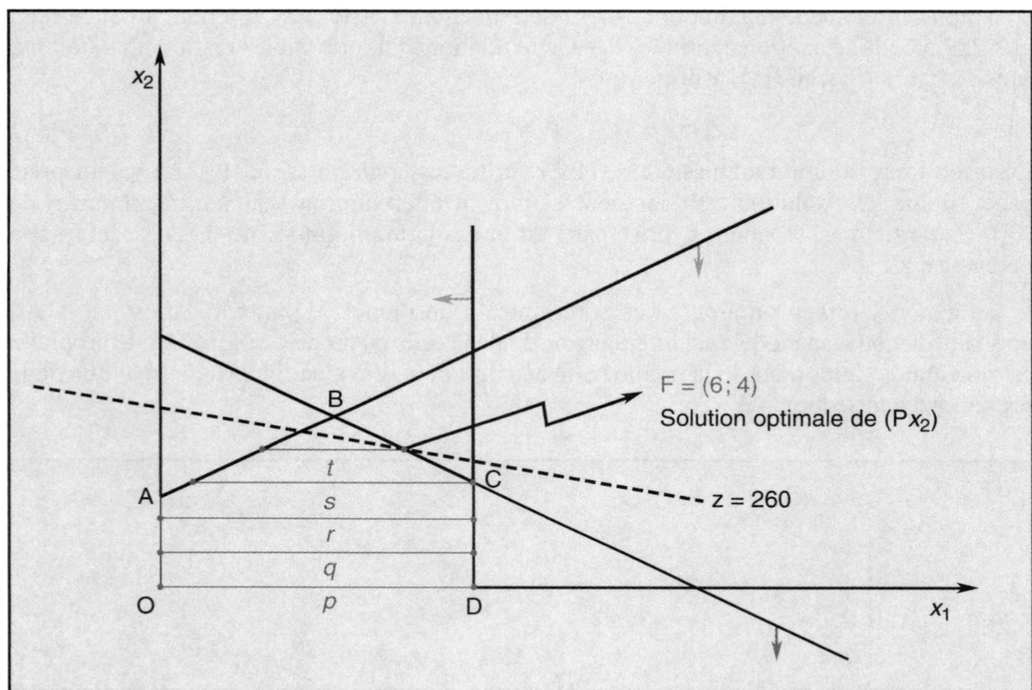

Qui cherche une solution optimale d'un modèle linéaire partiellement ou totalement en nombres entiers pourrait être tenté d'appliquer l'algorithme du simplexe à la relaxation continue, puis d'arrondir la solution ainsi obtenue. Cette approche est dangereuse et l'exemple 1 constitue une illustration des difficultés qu'elle entraîne : $(x_1 ; x_2) = (4{,}5 ; 4{,}75)$ est l'optimum de (P_0) ; arrondir cette solution, c'est normalement poser $x_2 = 5$ et donner à x_1 soit la valeur 4, soit la valeur 5 ; mais ni (4 ; 5) ni (5 ; 5) ne sont admissibles selon (P). De fait, il n'existe aucune solution admissible de (P_0) dont la seconde coordonnée x_2 soit égale à 5.

4.2.3 Exemple 1 : le modèle totalement en nombres entiers

L'ajout à (P_0) des contraintes «x_1 entier» et «x_2 entier» donne un modèle linéaire totalement en nombres entiers, que nous notons (Px_1x_2) ou encore (P). L'ensemble de ses solutions admissibles est illustré à la figure 4.4.

On constate que le point F = (6 ; 4) est la solution optimale de (Px_1x_2). Il n'était toutefois pas nécessaire de résoudre directement ce dernier modèle pour en arriver à cette conclusion. En effet, le fait que la solution optimale F de (Px_2) vérifie la contrainte additionnelle d'intégrité «x_1 entier» suffit à garantir que F est également solution optimale de (Px_1x_2). Notons z_2 et z^*, respectivement les valeurs maximales de z dans l'ensemble des solutions admissibles

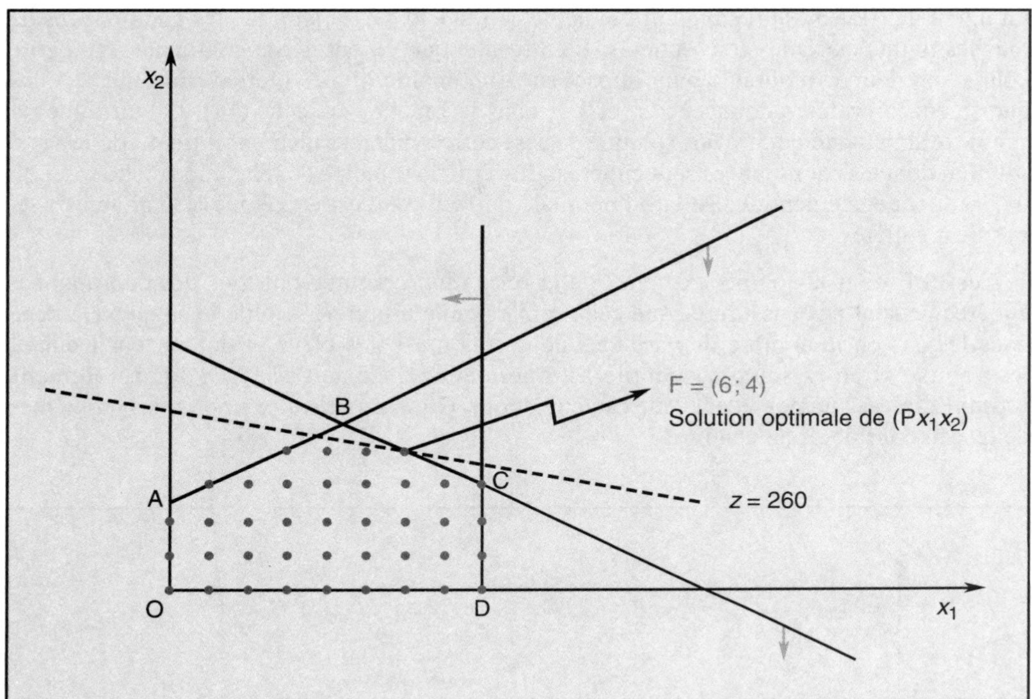

FIGURE 4.4
Résolution de (Px_1x_2)

de (Px_2) et de (Px_1x_2). Puisque (Px_2) est une relaxation de (Px_1x_2), le même principe qui a donné l'inégalité (11) garantit ici que

$$z^* \leq z_2. \tag{12}$$

Par ailleurs, le point F = (6 ; 4) est une solution admissible de (Px_1x_2), et la valeur de z en ce point ne peut dépasser la valeur maximale de (Px_1x_2) :

$$z_2 \leq z^*. \tag{13}$$

Il résulte de (12) et (13) que $z_2 = z^*$. L'exemple 1 traité ici illustre un principe général important, que nous qualifierons de **principe de relaxation**.

Soient (P+) et (P–) des modèles dont le second est obtenu du premier en omettant certaines contraintes. Toute solution optimale de (P–) qui vérifie les contraintes de (P+) omises dans (P–) est optimale également pour (P+).

4.2.4 Exemple 2

L'exemple 1 suggère la conclusion suivante : ajouter des contraintes d'intégrité à un modèle linéaire de type PLC peut en modifier la structure et la ou les solutions optimales. Mais il existe des modèles linéaires où l'ajout de contraintes d'intégrité n'a aucun impact sur l'optimalité d'une solution. En voici un exemple :

$$\text{Max } z = c_1 x_1 + c_2 x_2 \tag{14}$$

sous les contraintes :

$$-3\,x_1 + 4\,x_2 \leq 8 \tag{15}$$

$$x_1 + 4\,x_2 \leq 24 \tag{16}$$

$$x_1 + \,x_2 \leq 12 \tag{17}$$

$$x_1, x_2 \geq 0. \tag{18}$$

La figure 4.5 illustre la région admissible de ce modèle. On notera que les coordonnées de tous les points extrêmes sont entières. Il en résulte que l'ajout d'une contrainte d'intégrité pour x_1 ou pour x_2 n'aurait aucun impact sur l'optimalité d'une solution. En effet, quelles que soient les valeurs données à c_1 et à c_2 dans la fonction-objectif (14), l'algorithme du simplexe aboutira toujours à une solution de base correspondant à un point extrême, donc à une solution dont les coordonnées sont entières. En vertu du principe de relaxation, cette solution de base sera également une solution optimale du PLE où il est exigé que les variables x_1 et x_2 soient entières.

Ces PLE dont les points extrêmes de la relaxation continue ont tous des coordonnées entières ne sont pas aussi rares que cette remarquable propriété semble le suggérer, même dans les cas où le nombre de variables de décision est très élevé et où, par conséquent, les points extrêmes sont en quantité astronomique. Il existe des PLE, dits **totalement unimodulaires**, qui possèdent cette caractéristique. Citons, à titre d'exemples, les problèmes de réseau considérés au chapitre 5.

FIGURE 4.5
Région admissible de l'exemple 2

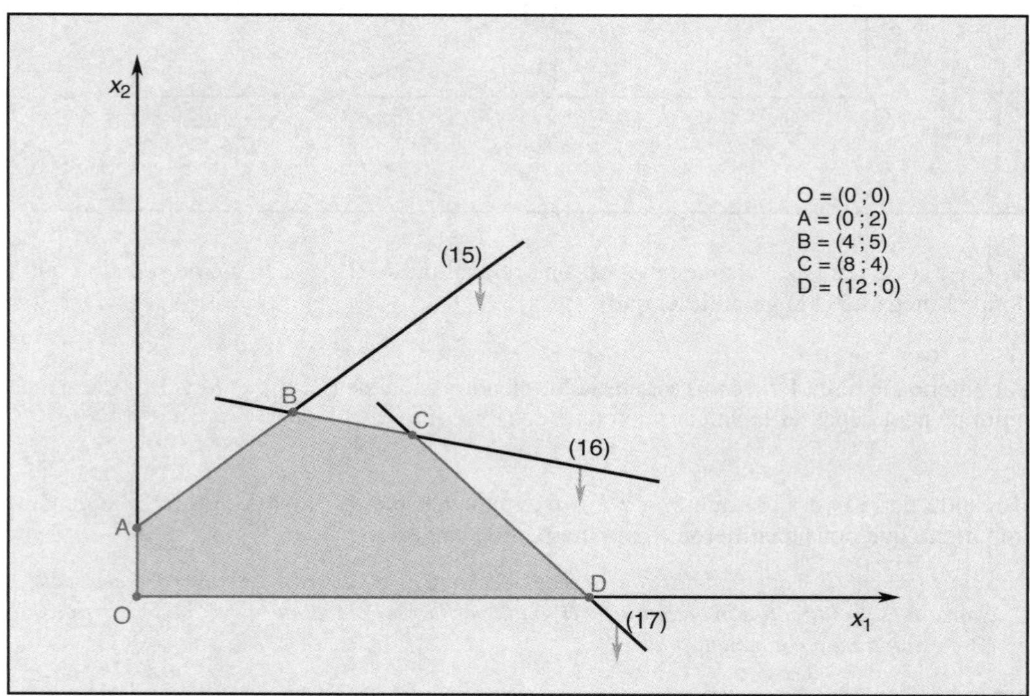

4.2.5 Exemple 3: un modèle sans solution admissible entière

Ajouter des contraintes d'intégrité à un modèle linéaire continu entraîne parfois des conséquences étonnantes. Considérons l'exemple suivant:

$$\text{Max } z = x_1 + x_2$$

sous les contraintes:

$$\text{(P3)} \qquad \begin{aligned} 4\,x_1 - 4\,x_2 &\geq 1 \\ 4\,x_1 + 2\,x_2 &\leq 3 \\ x_1, x_2 &\geq 0. \end{aligned}$$

Le modèle (P3) admet comme solution optimale :

$$x_1 = 7/12 \qquad x_2 = 1/3 \qquad z = 11/12.$$

Si (P3) était transformé en un PLTE par l'ajout des contraintes

$$x_1, x_2 \text{ entiers,}$$

l'ensemble des solutions admissibles de ce modèle PLTE serait vide ! L'ajout de contraintes d'intégrité a donc modifié fondamentalement (P3), le modèle linéaire originel.

4.3 La méthode de séparation et d'évaluation progressive

Il existe une méthode générale pour résoudre de façon exacte les modèles linéaires en nombres entiers : il s'agit de la méthode de séparation et d'évaluation progressive[4], appelée *méthode SÉP*. Nous décrivons ici cette méthode à l'aide de deux exemples. Le premier ne comporte que 2 variables de décision et servira à illustrer géométriquement la méthode SÉP. Le deuxième montre le fonctionnement de la méthode SÉP sur un PLE de plus grande taille. Un aspect particulier de la méthode SÉP, soit la réoptimisation après l'ajout d'une contrainte, est approfondi à l'annexe 4B.

4.3.1 La méthode SÉP : présentation dans le cadre d'un exemple à 2 variables

L'exemple 1 de la section précédente est un modèle linéaire totalement en nombres entiers, noté (P). Comme ce modèle ne comporte que 2 variables de décision, son optimum a pu être déterminé à l'aide d'arguments géométriques. Nous montrons maintenant comment résoudre ce même modèle de façon algébrique.

La première étape de l'application de la méthode SÉP au modèle (P) consiste à enlever les contraintes d'intégrité (10), puis à résoudre la relaxation continue (P_0) ainsi obtenue[5].

Souvent, dans un contexte où l'on recourt à la méthode SÉP, plusieurs modèles linéaires continus différents devront être résolus pour obtenir une solution optimale du PLE considéré. Il est pratique, pour résumer les calculs intermédiaires, de décrire la solution optimale proposée d'un modèle particulier sous le format suivant, où n'apparaissent que la valeur de z et celles des variables non nulles.

Nœud générique P_h

$P_h : z_h$ = valeur optimale
Valeurs des variables non nulles

Par exemple, voici comment serait décrite la solution optimale de (P_0).

Nœud P_0

$P_0 : z_0 = 282{,}5$
$x_1 = 4{,}50$
$x_2 = 4{,}75$

4. En anglais : *branch-and-bound method.*

5. Lorsque (P) contient des variables binaires, on doit remplacer toute contrainte du type « $v = 0$ ou 1 » par la condition équivalente « $v \geq 0$ et $v \leq 1$ et v entier » avant de procéder au retrait des contraintes d'intégrité. Ainsi, la relaxation (P_0) contient, outre la contrainte usuelle de non-négativité, une inéquation du type « $v \leq 1$ » pour toute variable binaire v de (P).

La solution optimale de (P_0) viole les contraintes d'intégrité associées aux variables x_1 et x_2. Résoudre (P_0) n'est cependant pas sans intérêt : puisque (P_0) est une relaxation de (P), il en résulte que les valeurs maximales z^* de (P) et z_0 de (P_0) sont liées par l'inégalité suivante :

$$z^* \leq z_0 = 282{,}5. \tag{19}$$

Cela conclut la première étape. Commence maintenant la deuxième, dite **étape de séparation** : la région admissible de (P) sera séparée en sous-régions dont aucune ne devra contenir la solution optimale de (P_0). Cette séparation nécessite le choix d'une variable, dite **variable de séparation**, qui ne respecte pas la contrainte d'intégrité qui lui est imposée dans (P).

Dans la solution optimale de (P_0), 2 variables prennent une valeur non entière, alors qu'elles sont soumises à une contrainte d'intégrité dans le modèle (P). L'une d'entre elles servira de variable de séparation. Laquelle ? Il nous faut un critère pour effectuer ce choix. La littérature scientifique en propose quelques-uns, allant des très élémentaires aux très sophistiqués. L'étude approfondie de ces critères dépasse le cadre de ce manuel. Nous en présentons ici deux des plus simples.

- **Critère de la variable la plus distante :** selon ce critère, la variable de séparation est celle dont la valeur s'écarte le plus de l'entier le plus près.
- **Critère du meilleur c_j :** selon ce critère, la variable de séparation est celle dont le coefficient dans la fonction-objectif est le plus élevé s'il s'agit d'une maximisation, et le moins élevé, s'il s'agit d'une minimisation.

Lorsque plusieurs variables sont jugées également intéressantes selon le critère adopté, on applique l'autre critère à l'ensemble de ces variables. S'il y a encore égalité, on choisit au hasard, ou selon tout autre critère jugé pertinent.

4.3.2 L'exemple 1 et le critère de la variable la plus distante

La solution optimale de (P_0) contient des variables qui ne vérifient pas les contraintes d'intégrité. On passe donc à l'étape de séparation. L'écart entre la valeur de x_1 et l'entier le plus près est 0,50 ; dans le cas de x_2, cet écart s'établit à 0,25. La variable de séparation suggérée par le critère de la variable la plus distante est donc x_1. Le modèle linéaire courant, ici (P_0), est « divisé » en deux restrictions, ou sous-modèles, définies de la façon suivante[6] :

(P_1) : (P_0) auquel on adjoint la contrainte « $x_1 \leq 4$ »

(P_2) : (P_0) auquel on adjoint la contrainte « $x_1 \geq 5$ ».

Cette **séparation** du modèle (P) est **exhaustive**, en ce sens que toute solution admissible de (P) vérifie au moins l'une des contraintes additionnelles. En effet, dans toute solution admissible de (P), la variable x_1 prend une valeur entière et vérifie donc soit l'inéquation « $x_1 \leq 4$ » de (P_1), soit l'inéquation « $x_1 \geq 5$ » de (P_2). Ainsi, aucune solution admissible de (P) ne sera écartée lors de la séparation. La solution optimale de (P_0) le sera cependant, puisqu'elle n'est admissible ni selon (P_1), ni selon (P_2).

La figure 4.6 illustre graphiquement les régions admissibles des modèles (P_1) et (P_2). La section ombrée représente la partie de la région admissible de (P_0) qui est retranchée lors de la séparation. Noter que cette section contient la solution optimale B = (4,5 ; 4,75) de (P_0), qui sera donc écartée, conformément aux commentaires du paragraphe précédent.

6. Ce n'est pas la seule séparation possible. Une des premières à avoir été étudiée dans la littérature prescrivait la création de 3 restrictions. Dans le présent exemple, cette approche ajouterait au modèle (P_0) tour à tour chacune des 3 contraintes suivantes : $x_1 = 4$; $x_1 \leq 3$; $x_1 \geq 5$.

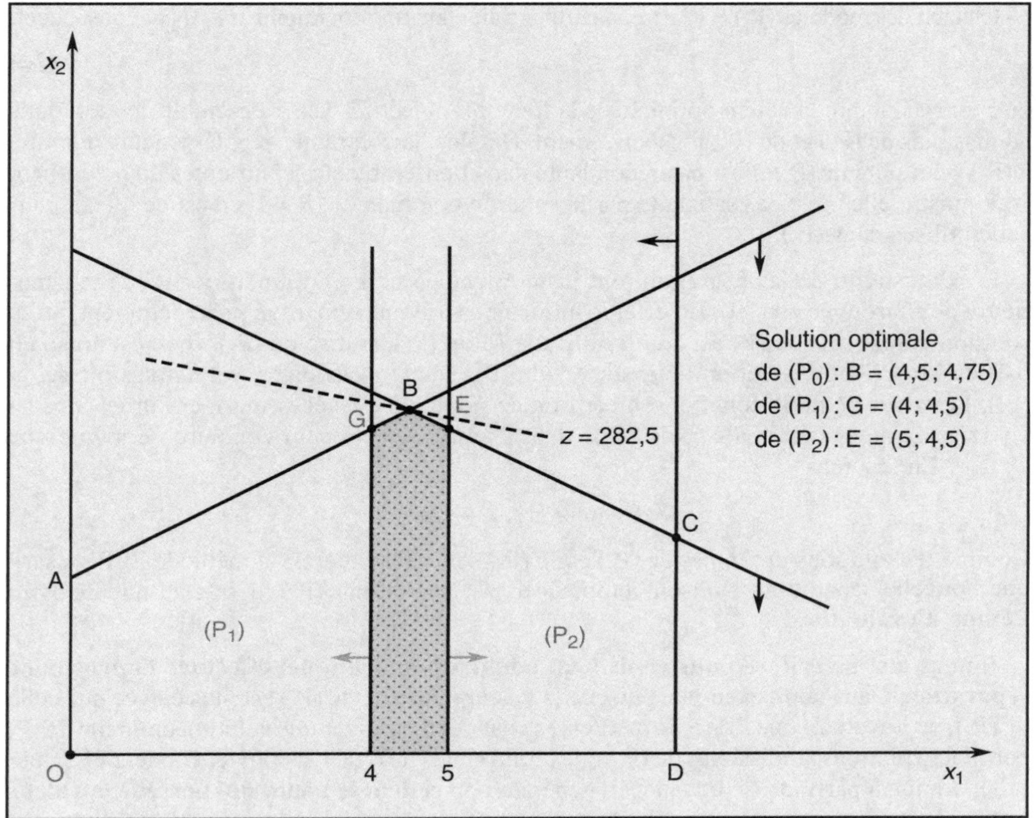

FIGURE 4.6
Exemple 1 : interprétation graphique de la séparation selon x_1

Les modèles continus (P_1) et (P_2) sont résolus[7] à l'aide de l'algorithme du simplexe. Les résultats obtenus sont résumés à la figure 4.7, qualifiée d'**arbre d'énumération**. Le modèle (P_0) est dit le **nœud-père** ; (P_1) et (P_2) sont appelés **nœuds-fils**. On dira également que (P_0) est de niveau 0 ; que (P_1) et (P_2) sont de niveau 1.

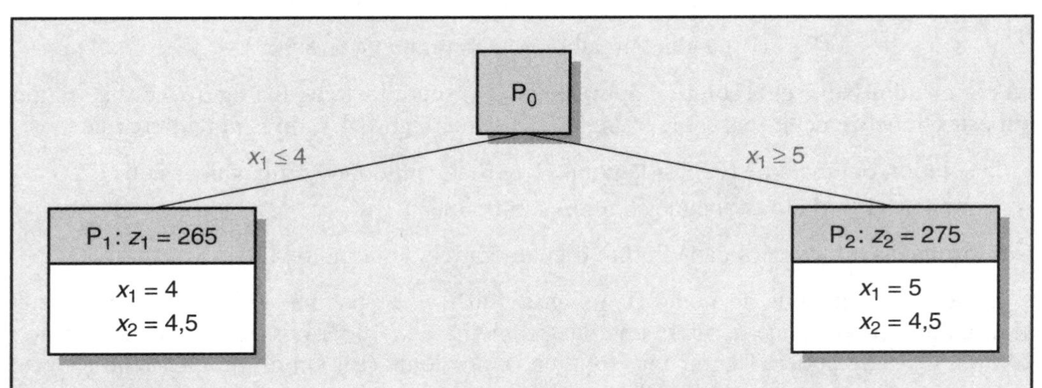

FIGURE 4.7
Exemple 1 : arbre d'énumération après la première séparation

7. Dans certaines versions de la méthode SÉP, on ne résout dans un premier temps qu'un seul des modèles (P_1) ou (P_2). L'autre sera résolu ultérieurement, si nécessaire.

Chacun des modèles (P_1) et (P_2) se construit en ajoutant une contrainte à (P_0) : par conséquent,

$$z_1 \leq z_0 \quad \text{et} \quad z_2 \leq z_0, \tag{20}$$

où z_1 et z_2 dénotent la valeur optimale de la fonction-objectif z dans l'ensemble des solutions admissibles de (P_1) et de (P_2) respectivement. De plus, la contrainte supplémentaire adjointe à (P_0) pour obtenir (P_1) n'est pas redondante dans l'ensemble des contraintes du nœud-père (P_0), puisqu'elle n'est pas satisfaite par la solution optimale de (P_0). Il en est de même pour celle utilisée dans (P_2).

L'exhaustivité de la séparation tout juste effectuée permet d'améliorer la borne supérieure de z^* trouvée en (19). En effet, comme nous l'avons remarqué précédemment, toute solution admissible de (P) est admissible soit selon (P_1), soit selon (P_2). Il en est ainsi, en particulier, de toute solution optimale $\boldsymbol{x}^*$ de (P). Dans le cas où $\boldsymbol{x}^*$ est admissible selon (P_1), la valeur z^* de la fonction-objectif en ce point $\boldsymbol{x}^*$ est nécessairement inférieure ou égale à la valeur maximale z_1 de (P_1) ; dans l'autre cas, on peut conclure de même que $z^* \leq z_2$. En résumé :

$$z^* \leq \max\{z_1 ; z_2\} = 275. \tag{21}$$

Comme les solutions optimales de (P_1) et de (P_2) sont non entières, la méthode SÉP prescrit une nouvelle séparation. Doit-on commencer par (P_1) ou par (P_2) ? C'est ici que démarre l'**étape d'évaluation.**

Il nous faut un **critère pour choisir un nœud à partir duquel effectuer la prochaine séparation**. Dans notre exemple, puisque la valeur optimale de (P_2) est plus élevée que celle de (P_1), on « évalue » que l'on a de meilleures chances de trouver une solution optimale de (P) parmi les solutions admissibles de (P_2) que parmi celles de (P_1). On convient donc d'effectuer la séparation à partir de (P_2). De façon générale[8], on **retient le nœud qui possède la valeur optimale la plus élevée lorsqu'il s'agit d'une maximisation**, et la moins élevée lorsqu'il s'agit d'une minimisation.

Venons-en à la séparation à partir de (P_2). Comme seule x_2 prend une valeur non entière dans la solution optimale de (P_2), il s'agira nécessairement de la variable de séparation. À partir de (P_2), deux nœuds-fils sont créés :

(P_3) : (P_2) auquel on adjoint la contrainte « $x_2 \leq 4$ »

(P_4) : (P_2) auquel on adjoint la contrainte « $x_2 \geq 5$ ».

La région admissible et la solution optimale de (P_3) sont illustrées à la figure 4.8. La section qui est retranchée cette fois est le triangle EJH. De la figure 4.8, on peut déduire que :

- la solution optimale de (P_3) est le point H = (6 ; 4) qui donne à z la valeur 260 ;
- le modèle (P_4) n'admet aucune solution admissible.

Ces résultats sont résumés dans l'arbre d'énumération de la figure 4.9.

Le « × » en dessous du nœud (P_4) signifie qu'il n'est pas nécessaire d'effectuer une séparation à partir de ce dernier : un sous-problème de (P_4) ne possédera aucune solution admissible et ne pourra fournir une solution optimale de (P). On dit que le nœud (P_4) est « éliminé ». De même, le nœud (P_3) est éliminé, mais pour une autre raison : la solution optimale proposée en (P_3) est entière et dominera toute solution admissible de (P) que l'on pourrait trouver en effectuant des séparations à partir de (P_3).

8. Le nœud à partir duquel on effectuera la prochaine séparation peut être choisi selon d'autres critères.

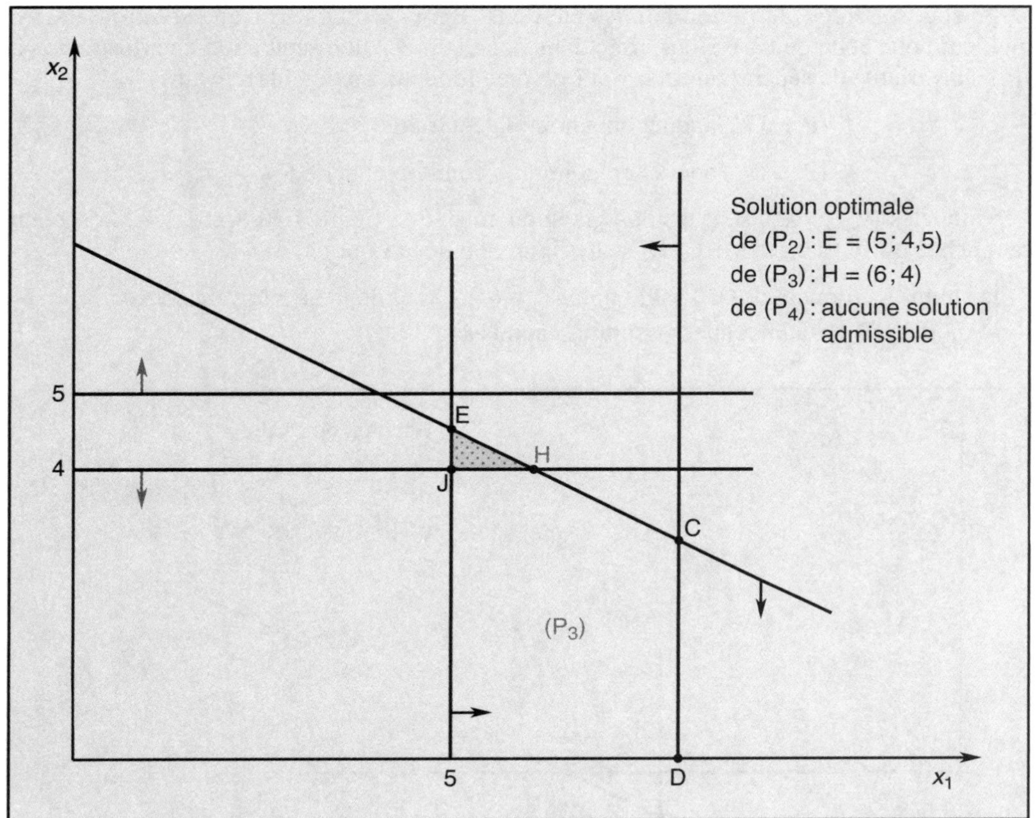

FIGURE 4.8
Exemple 1 : interprétation graphique de la séparation à partir de (P_2)

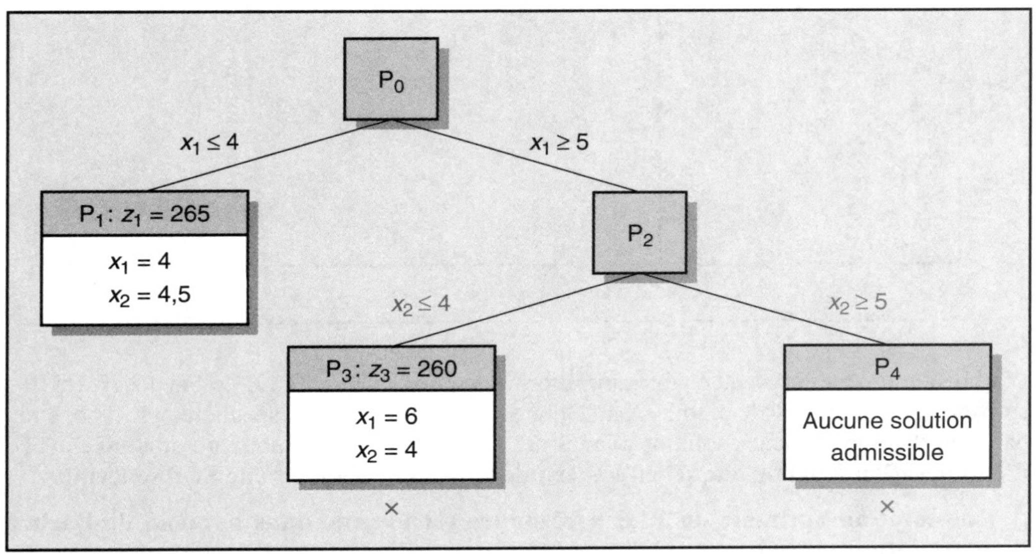

FIGURE 4.9
Exemple 1 : arbre d'énumération après 2 séparations

Puisque la solution optimale de (P_3) est admissible selon (P), on conclut aussitôt que $z^* \geq z_3 = 260$. Combinée avec (21), cette inégalité signifie que

$$260 \leq z^* \leq 275. \qquad (22)$$

Puisque $z_1 > 260$, la région admissible de (P_1) *pourrait* contenir une solution entière meilleure que celle de (P_3). Nous effectuons donc la prochaine séparation à partir du nœud (P_1) : la variable de séparation est x_2, et l'on crée les deux nœuds-fils suivants :

(P_5) : (P_1) auquel on adjoint la contrainte « $x_2 \leq 4$ »

(P_6) : (P_1) auquel on adjoint la contrainte « $x_2 \geq 5$ ».

Les modèles (P_5) et (P_6) sont résolus graphiquement à la figure 4.10. Cette fois, la section retranchée est le triangle MKG. De cette figure, on déduit que :

- la solution optimale de (P_5) est le point K = (4 ; 4) qui donne à z la valeur 240 ;
- le modèle (P_6) n'admet aucune solution admissible.

FIGURE 4.10
Exemple 1 : interprétation graphique de la séparation à partir de (P_1)

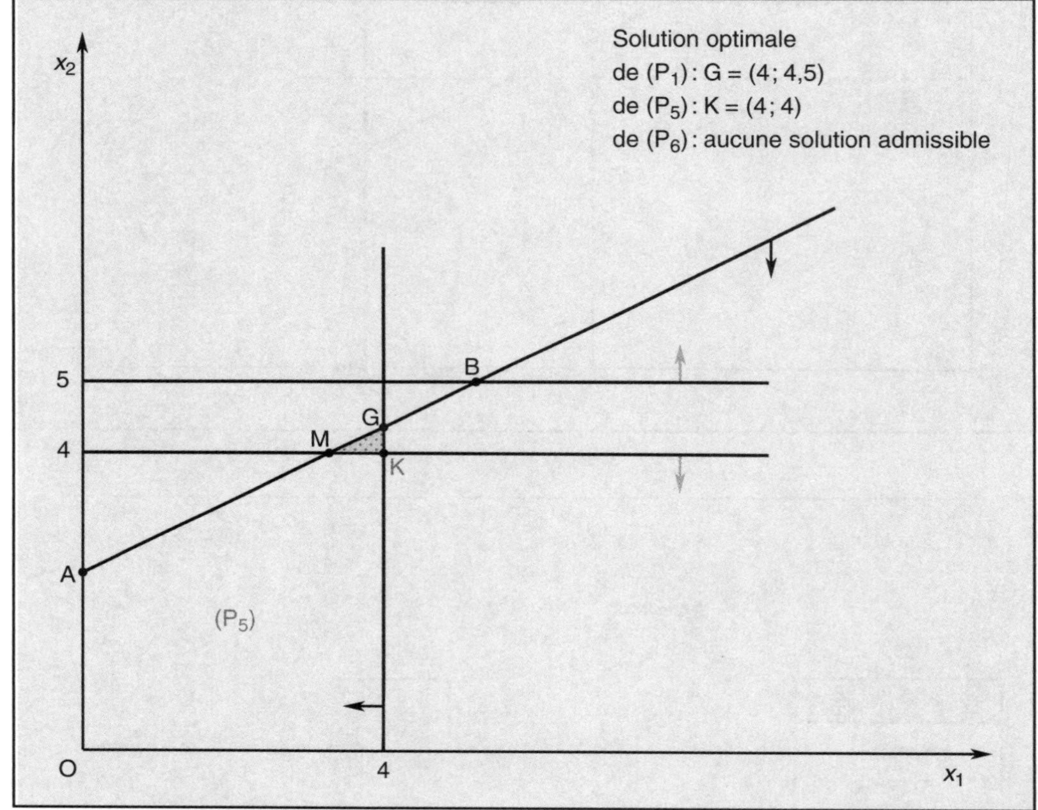

L'arbre d'énumération prend maintenant la forme décrite à la figure 4.11. Les nœuds (P_5) et (P_6) sont eux aussi éliminés : le premier, parce que sa solution optimale est entière et le deuxième, parce qu'il n'admet aucune solution admissible. **Quand il n'existe aucun nœud dans l'arbre d'énumération à partir duquel effectuer une séparation, la méthode SÉP se termine.**

Une solution optimale du PLE à résoudre est fournie dans le nœud de l'arbre d'énumération possédant la meilleure solution entière. Comme l'objectif, ici, est de maximiser z, on cherche, dans la figure 4.11, la solution entière qui donne à z la valeur la plus élevée. C'est au nœud (P_3) qu'on la trouve : ainsi, le point (6 ; 4) est une solution optimale de (P) et la valeur optimale z^* est 260.

FIGURE 4.11
Exemple 1 : arbre d'énumération après 3 séparations

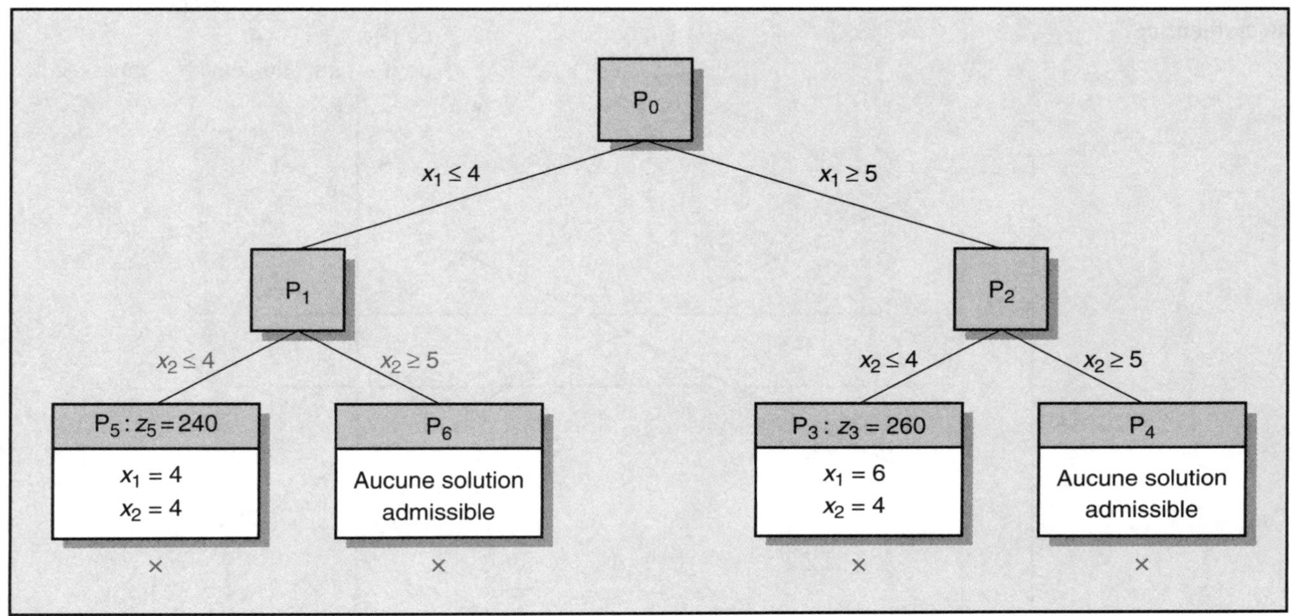

Pour résoudre (P), un modèle ne contenant que 2 variables soumises à des contraintes d'intégrité, il a fallu résoudre 7 modèles continus. Cet exemple illustre clairement le fait que la résolution d'un PLE est souvent beaucoup plus ardue que celle d'un modèle linéaire continu. Nous reviendrons plus tard sur l'efficacité de la méthode SÉP.

4.3.3 L'exemple 1 et le critère du meilleur c_j

Reprenons la méthode SÉP au début, immédiatement après la résolution de (P_0). Si l'on adopte le critère du meilleur c_j, la variable de séparation est x_2. On crée donc, à partir du nœud (P_0), les deux nœuds-fils suivants :

(P_1) : (P_0) auquel on adjoint la contrainte « $x_2 \leq 4$ »

(P_2) : (P_0) auquel on adjoint la contrainte « $x_2 \geq 5$ ».

Ces deux problèmes sont résolus graphiquement à la figure 4.12 (*voir page suivante*). Le triangle ombré BPH est retranché lors de cette séparation. La solution optimale de (P_1) est le point H = (6 ; 4). Le problème (P_2) n'admet aucune solution admissible. On obtient ainsi l'arbre d'énumération présenté à la figure 4.13 (*voir page suivante*).

La méthode SÉP se termine cette fois dès le niveau 1, car il n'est évidemment plus utile de séparer à partir de (P_1) ni à partir de (P_2). On trouve la même solution optimale (6 ; 4) que précédemment.

On observe ici que la quantité de calculs effectués dans la méthode SÉP, en particulier le nombre de modèles continus résolus, dépend fortement du critère adopté pour effectuer le choix de la variable de séparation. Retenir le meilleur critère n'est pas toujours facile ; ce choix relève souvent de l'art, du flair et de l'expérimentation.

FIGURE 4.12
Exemple 1 : le critère du meilleur c_j

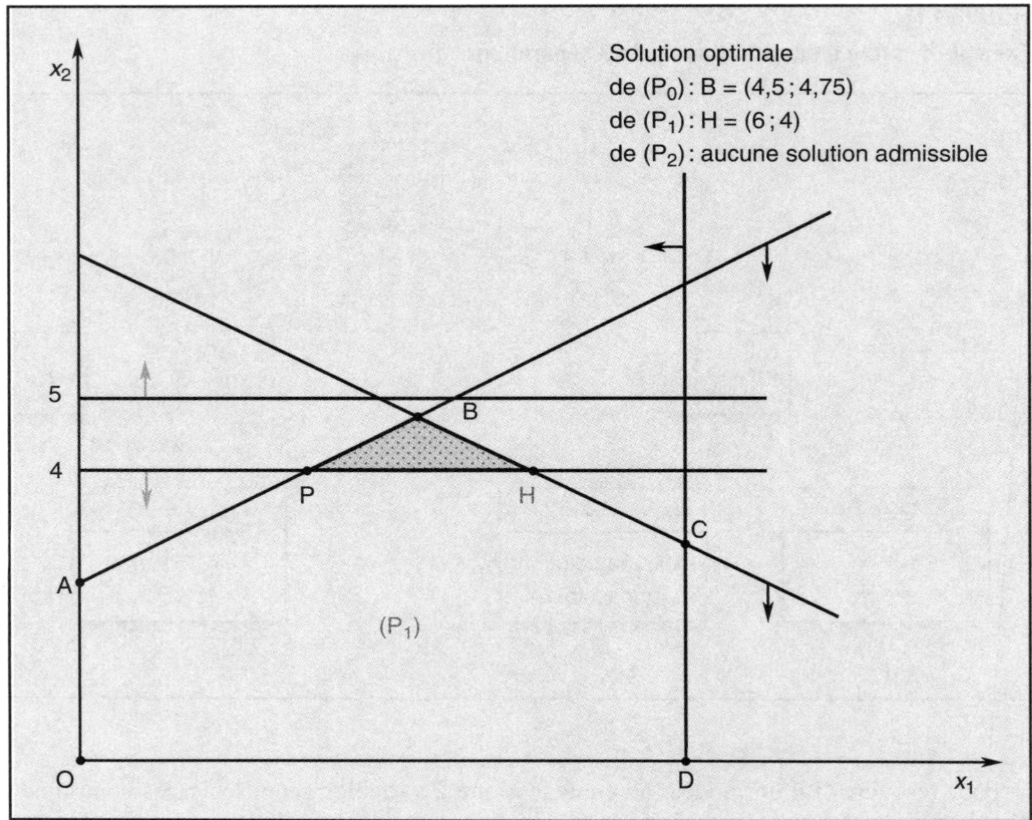

FIGURE 4.13
Arbre d'énumération pour le critère du meilleur c_j

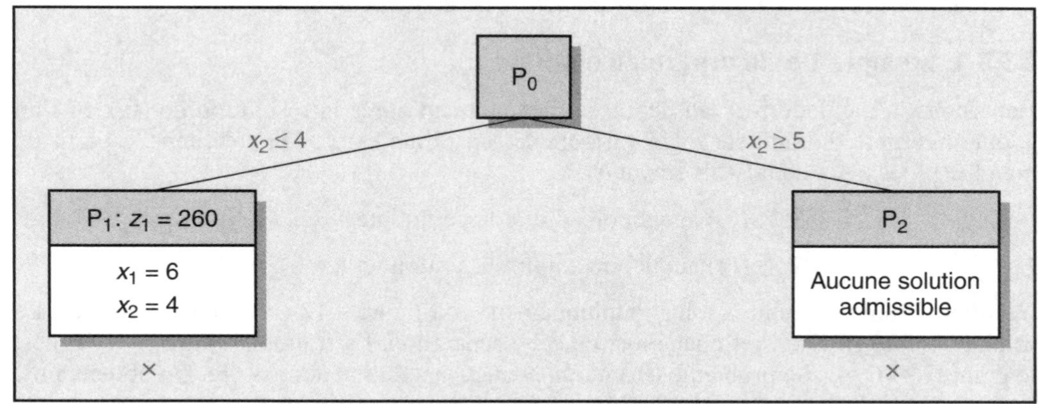

4.3.4 Exemple 4 : le plan de production pour des appareils électroniques

Certains modèles linéaires ont pour objet l'établissement d'un plan de production optimal dans un contexte de ressources limitées. Supposons, pour fixer les idées, que l'on planifie la fabrication de 7 produits électroniques coûteux qui font appel à des ressources de 3 sortes. Le tableau 4.1 précise les données de ce problème. Les paramètres utilisés s'interprètent de la façon suivante :

c_j : profit unitaire associé au produit j

a_{ij} : quantité de la ressource i utilisée pour chaque unité du produit j

b_i : quantité disponible de la ressource i.

Nº	1	2	3	4	5	6	7	b_i
c_j	14	4	13	12	3	20	4	
a_{1j}	8	9	4	2	6	6	9	200
a_{2j}	5	1	3	5	0	2	1	150
a_{3j}	5	4	6	4	1	4	2	175

TABLEAU 4.1 Données de production des appareils électroniques

Pour modéliser ce problème, on introduit des variables $x_1, \ldots, x_7$, où x_j représente le nombre d'unités du produit j à fabriquer. L'objectif est de maximiser le profit total sans utiliser plus de ressources qu'il y en a de disponibles. Nous exigerons que les variables de décision soient entières, un appareil électronique devant être entier pour être vendu et engendrer le profit c_j mentionné dans le tableau des données. Le modèle mathématique correspondant à cet exemple s'écrit ainsi :

$$\text{Max } z = \sum_{j=1}^{7} c_j x_j \tag{23}$$

sous les contraintes :

(P4E)

$$\sum_{j=1}^{7} a_{ij} x_j \leq b_i \qquad i = 1, 2, 3 \tag{24}$$

$$x_j \geq 0 \qquad j = 1, \ldots, 7 \tag{25}$$

$$x_j \text{ entier} \qquad j = 1, \ldots, 7. \tag{26}$$

Le modèle (P4E) est totalement en nombres entiers. En l'absence des contraintes d'intégrité (26), le problème se ramène à un modèle continu (P4C) que l'on peut résoudre par l'algorithme du simplexe. Le tableau 4.2 présente une solution optimale de (P4C).

x_1	x_2	x_3	x_4	x_5	x_6	x_7	z
0	0	0	15,625	0	28,125	0	750

TABLEAU 4.2 Solution optimale de (P4C)

Cette solution n'est pas admissible selon (P4E), car 2 des 7 variables prennent des valeurs non entières. Malgré tout, elle fournit une borne supérieure $\bar{z} = 750$ à la valeur maximale z^* prise par z dans l'ensemble des solutions admissibles de (P4E), puisque (P4C) est une relaxation de (P4E).

Si l'on arrondit à la baisse les variables du tableau 4.2 en posant

$$x_4 = 15 \quad \text{et} \quad x_6 = 28 \quad \text{et} \quad \text{(les autres variables sont nulles)}, \tag{27}$$

on obtient une solution entière qui est encore admissible selon (P4E), car, en produisant moins, on ne peut qu'utiliser moins de ressources. Ainsi, (27) décrit une solution admissible de (P4E) qui donne à z la valeur $z = 740$. Il résulte de ce qui précède que

$$740 = \underline{z} \leq z^* \leq \bar{z} = 750. \tag{28}$$

On pourrait être tenté d'arrondir chaque variable non entière à l'entier le plus près. Cependant, si l'on pose $x_4 = 16$ et $x_6 = 28$, la 3e contrainte n'est plus satisfaite puisque

$$(4 \times 16) + (4 \times 28) = 176 > 175.$$

Dans un modèle de production comportant un grand nombre de variables et de contraintes, les bornes $\underline{z}$ et $\bar{z}$ de la formule $\underline{z} \leq z^* \leq \bar{z}$ analogue à (28) risquent d'être éloignées l'une de l'autre. Tenter de resserrer l'intervalle $[\underline{z}\,;\,\bar{z}]$ en arrondissant tantôt à la baisse, tantôt à la hausse, peut causer des difficultés, comme nous venons de l'illustrer, et conduire à des ajustements fastidieux, voire difficiles. De plus, si les profits unitaires c_j étaient exprimés en millions de dollars, l'écart 750 – 740 = 10 indiquerait qu'une solution optimale de (P4E) pourrait rapporter jusqu'à 10 millions de dollars de plus que la solution heuristique (27) trouvée en arrondissant à la baisse. Dans un tel cas, il serait tout à fait justifié d'utiliser la méthode SÉP pour trouver le véritable optimum.

La méthode SÉP présentée ici permet de construire un arbre d'énumération à partir du nœud (P_0) associé à la relaxation continue du modèle (P). Après chaque séparation, on met à jour les bornes (28), ainsi que la liste des **nœuds en attente**. Cette liste démarre avec (P_0) comme unique nœud. Un nœud, une fois séparé, est évidemment retiré de la liste des nœuds en attente, mais les 2 nœuds-fils lui sont ajoutés. Un **nœud** (P_h) peut être **éliminé** de cette liste, sans être séparé, pour l'une ou l'autre des trois raisons suivantes.

1. Le modèle (P_h) n'admet aucune solution admissible. Le nœud (P_4) de la figure 4.9 constitue un exemple de ce cas.
2. La solution optimale de (P_h) satisfait à toutes les contraintes d'intégrité du modèle (P). Le nœud (P_3) de la figure 4.9 constitue un exemple de ce cas.
3. La valeur optimale z_h de (P_h) n'est pas plus intéressante que la valeur de z pour une solution admissible de (P) déjà connue. Le nœud (P_3), qui apparaît dans la liste des nœuds en attente de la figure 4.15, est ainsi éliminé de la liste de la figure 4.16 (*voir page 200*) après la découverte de la solution optimale de (P_{11}), dont la valeur $z_{11} = 741$ coïncide avec celle de (P_3).

4.3.5 L'exemple 4 et le critère de la variable la plus distante

Le modèle (P4C) constitue le nœud (P_0) de l'arbre d'énumération. Si l'on utilise le critère de la variable la plus distante, c'est x_4 qui servira de variable de séparation au niveau 0 de l'arbre. La figure 4.14 illustre l'arbre d'énumération après 2 séparations. La 2e séparation a été effectuée à partir du nœud (P_2), car z_2 est plus élevé que z_1. Elle s'est faite selon x_6, puisque c'est la seule variable non entière dans la solution optimale de (P_2). Le nœud (P_4) est ensuite éliminé parce qu'il ne possède aucune solution admissible.

La prochaine séparation s'effectue à partir de (P_1), car $z_1 > z_3$, et selon x_6. Après la création des nœuds (P_5) et (P_6), les décisions suivantes mènent à la figure 4.15.

- (P_6) est éliminé, car sa solution est entière. Noter que celle-ci ne peut être une solution optimale de (P4E), car on connaît déjà une solution admissible de (P4E), calculée en arrondissant à la baisse, qui assure un profit de 740.
- Les nœuds en attente sont alors (P_3) et (P_5). La séparation se fait à partir de (P_5), car $z_5 > z_3$, et selon x_3.

La figure 4.15 contient 3 nœuds en attente : (P_3), (P_7) et (P_8). Étant donné que $z_7 > z_3$ et que $z_7 > z_8$, la prochaine séparation s'effectue à partir de (P_7). Par la suite, le nœud le plus prometteur est (P_8) et l'on sépare selon x_4. On obtient ainsi l'arbre de la figure 4.16. La solution optimale de (P_{11}) est entière. Puisque $z_{11} = 741$ est supérieure ou égale à la valeur z_h de tous les nœuds (P_h) encore en attente, la méthode SÉP se termine. Une solution optimale de (P4E) est la solution entière associée à la valeur z_h la plus élevée. Ici, on la trouve au nœud (P_{11}) :

$$x_3 = 1 \quad \text{et} \quad x_4 = 14 \quad \text{et} \quad x_6 = 28 \quad \text{(les autres variables sont nulles).} \qquad (29)$$

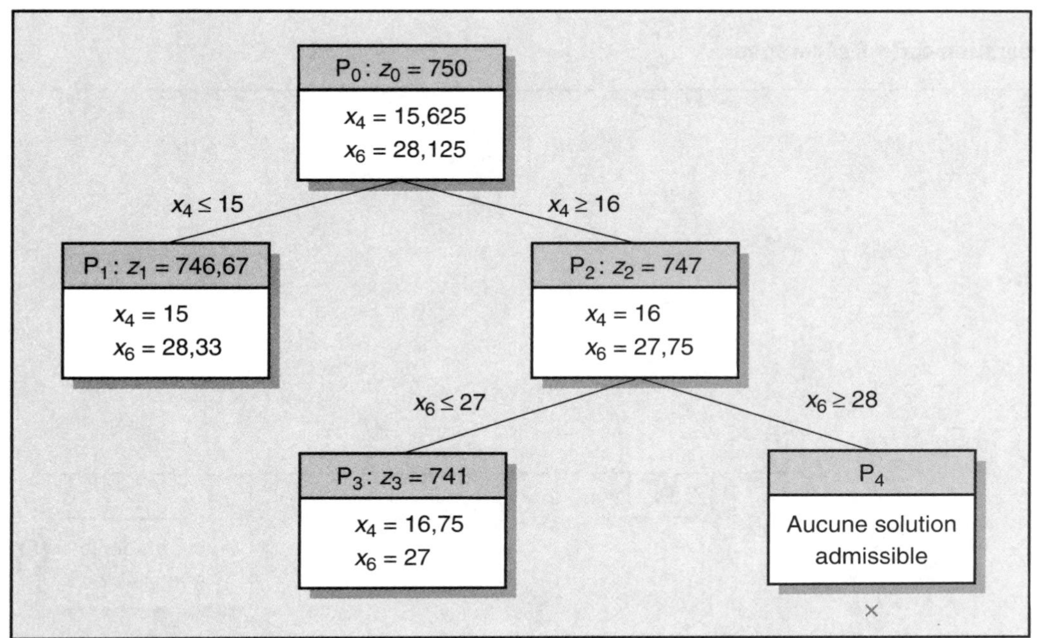

FIGURE 4.14
Exemple 4 : arbre d'énumération après 2 séparations

FIGURE 4.15
Exemple 4 : arbre d'énumération après 4 séparations

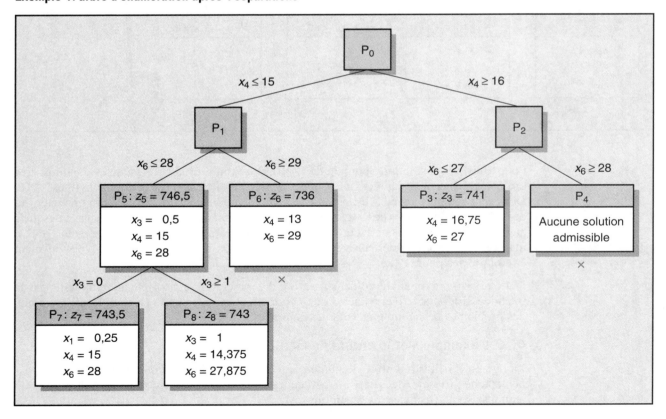

P_0

$x_4 \leq 15$

$x_4 \geq 16$

P_1

P_2

$x_6 \leq 28$

$x_6 \geq 29$

$x_6 \leq 27$

$x_6 \geq 28$

$P_5 : z_5 = 746{,}5$
$x_3 = 0{,}5$
$x_4 = 15$
$x_6 = 28$

$P_6 : z_6 = 736$
$x_4 = 13$
$x_6 = 29$
×

$P_3 : z_3 = 741$
$x_4 = 16{,}75$
$x_6 = 27$

P_4
Aucune solution admissible
×

$x_3 = 0$

$x_3 \geq 1$

$P_7 : z_7 = 743{,}5$
$x_1 = 0{,}25$
$x_4 = 15$
$x_6 = 28$

$P_8 : z_8 = 743$
$x_3 = 1$
$x_4 = 14{,}375$
$x_6 = 27{,}875$

FIGURE 4.16
Exemple 4 : arbre d'énumération après 6 séparations

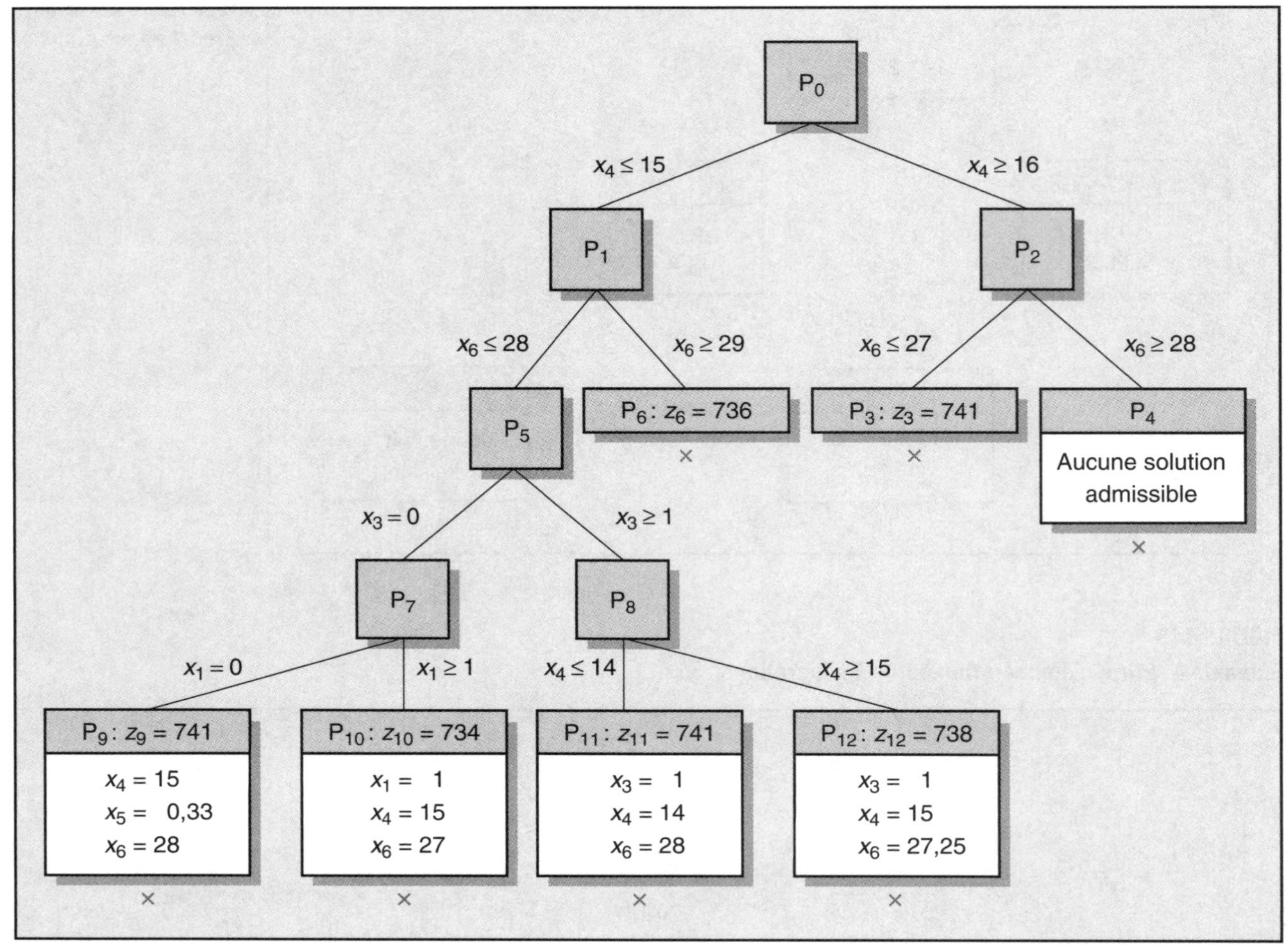

Pour trouver une solution optimale de (P4E), il a fallu résoudre 13 modèles continus. Les ordinateurs exécutent rapidement les calculs nécessaires à la construction de la figure 4.16. Dans cet exemple et avec le critère utilisé, l'énumération a été efficace. En effet, la majorité des solutions admissibles de (P4E) ont été éliminées implicitement : les nœuds à partir desquels aucune séparation n'a été effectuée contenaient plusieurs solutions admissibles selon (P4E), mais le jeu des bornes inférieures et supérieures a permis d'affirmer que celles-ci ne pouvaient être optimales pour (P4E).

Le niveau maximal atteint dans un arbre d'énumération est corrélé au temps pris par la méthode SÉP pour arriver à une solution optimale. Les spécialistes classent les PLE comme des problèmes beaucoup plus complexes que les PLC.

4.3.6 L'exemple 4 et le critère du meilleur c_j

La figure 4.17 illustre l'arbre d'énumération obtenu lors de la résolution de l'exemple 4 par la méthode SÉP selon le critère du meilleur c_j. Les indices des nœuds indiquent l'ordre selon lequel se sont effectuées les séparations.

FIGURE 4.17
Exemple 4: arbre d'énumération pour le critère du meilleur c_j

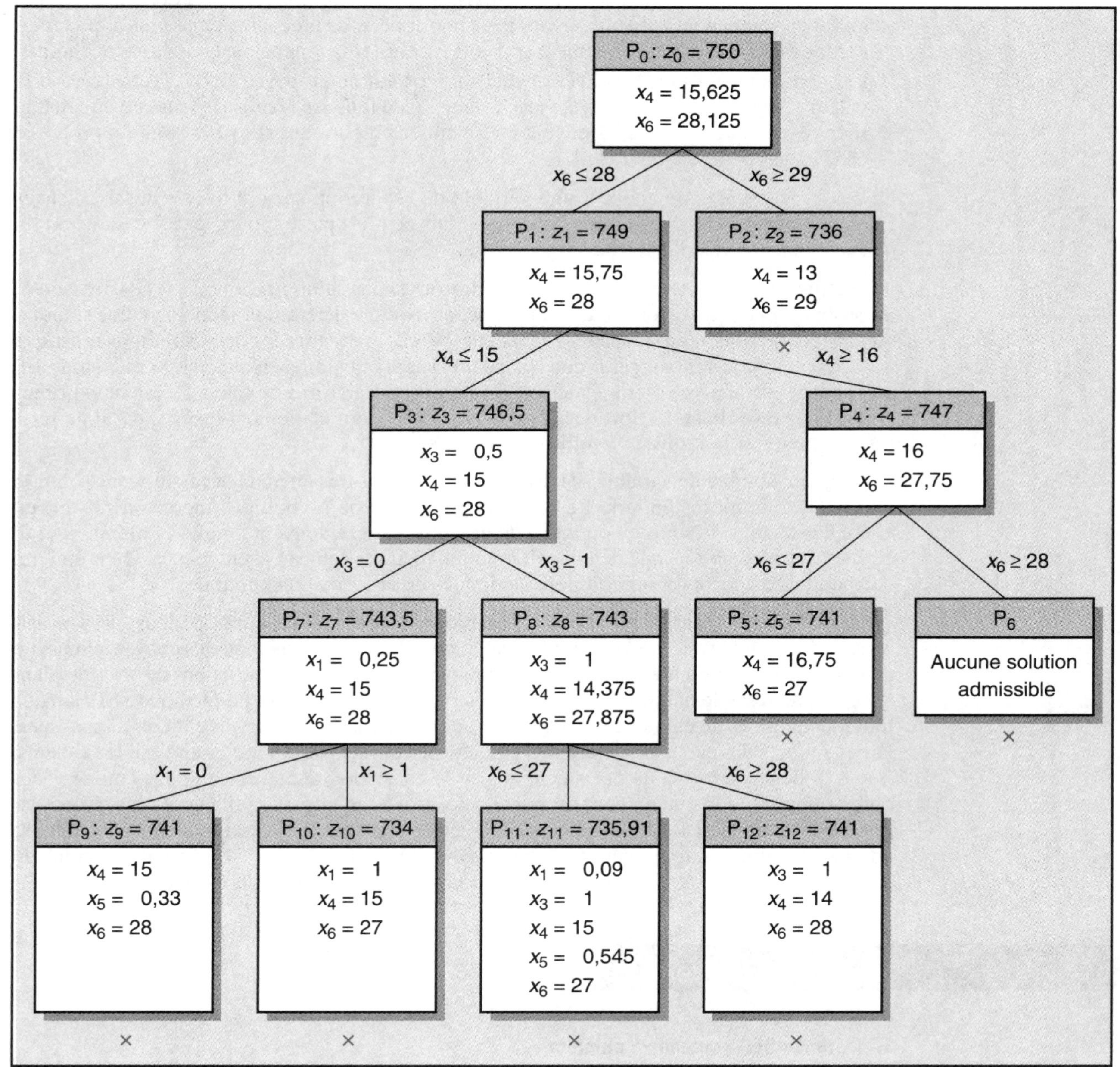

- Le nœud (P_2) peut être éliminé immédiatement après la 1re séparation, car sa solution est entière. Cette solution ne peut être optimale pour (P4E) : en effet, elle donne à z la valeur 736 et l'on connaît déjà une solution entière, soit la solution (27), qui assure un profit s'élevant à 740.
- Après la 2e séparation, les nœuds en attente sont (P_3) et (P_4) ; on effectue la séparation suivante à partir de (P_4), car $z_4 > z_3$, ce qui entraîne la création des nœuds (P_5) et (P_6).

- Le nœud (P_6) est immédiatement éliminé, car il n'admet aucune solution admissible. Mais (P_5) ne pourra être éliminé qu'après que (P_{12}) aura été résolu.
- Après avoir construit (P_5) et (P_6), on sépare à partir de (P_3) pour obtenir (P_7) et (P_8), qui, tous deux, admettent une solution optimale non entière. La prochaine séparation s'effectue à partir de (P_7), car $z_7 > z_8$. On obtient (P_9) et (P_{10}). Ce dernier nœud peut aussitôt être éliminé.
- Les derniers nœuds créés sont (P_{11}) et (P_{12}). La solution proposée en (P_{12}) est entière et la valeur z_{12} est supérieure ou égale aux valeurs z_h de tous les nœuds (P_h) encore en attente. Il en résulte que ces nœuds peuvent être maintenant éliminés et que la solution proposée en (P_{12}) est optimale pour (P4E).

Les deux critères de choix d'une variable de séparation se sont avérés aussi efficaces l'un que l'autre dans la résolution de (P4E). Mais ce n'est pas toujours le cas, comme on l'a constaté dans l'exemple 1.

L'utilisation de la méthode SÉP a permis de trouver une solution optimale de (P4E) assurant un profit de 741 $. En arrondissant à la baisse, on avait pu déterminer facilement une solution admissible de (P4E) qui donnait à z la valeur 740. L'écart entre les deux solutions n'est que de 1 $, ce qui pourrait suggérer que les calculs supplémentaires exigés par la méthode SÉP ne valaient pas la peine d'être exécutés. Toutefois, si les profits unitaires c_j étaient exprimés en millions de dollars, l'effort de calcul additionnel serait clairement justifié, car il permettrait d'améliorer le profit de 1 million de dollars.

Le grand nombre de variables de décision rend parfois très onéreux le calcul d'une solution optimale en nombres entiers. Le problème de la coupe de bobines-mères en fournit un exemple ; de plus, la solution optimale en nombres entiers, souvent longue à obtenir, devrait être révisée chaque fois que de nouvelles commandes de rouleaux sont reçues. On préférera, dans un tel cas, arrondir les solutions optimales de la relaxation continue.

La méthode de séparation et d'évaluation progressive s'articule autour de deux idées principales. La première consiste à séparer la relaxation continue en sous-modèles ou restrictions. La deuxième repose sur une évaluation du potentiel qu'a chacune des restrictions de posséder dans sa région admissible une solution optimale du modèle PLE original. La méthode SÉP, lorsque tout fonctionne bien, énumère explicitement un petit nombre de solutions entières admissibles. Par exemple, bien que le modèle (P4E) admette des milliers de solutions admissibles entières, il a suffi de résoudre 13 modèles continus et de considérer quelques solutions entières pour obtenir une solution entière dont on sait avec certitude qu'elle est optimale. L'évaluation des restrictions a mené en effet à conclure qu'aucune branche ne pouvait contenir une solution admissible entière qui donnerait à z une valeur supérieure à $z^* = 741$. Et cette conclusion s'obtient sans que l'on ait à calculer les coordonnées des autres solutions entières.

Exercices de révision

1. Méthode SÉP et nœuds à éliminer

Soit (P) le modèle linéaire suivant.

$$\text{Max } z = 12\,x_1 + 36\,x_2$$

sous les contraintes :

$$\begin{aligned} 2\,x_1 \;+\; 3\,x_2 &\leq 20 \\ -6\,x_1 \;+\; 4\,x_2 &\leq 5 \\ x_1\,,\, x_2 &\geq 0 \\ x_1\,,\, x_2 &\text{ entiers.} \end{aligned}$$

(a) Tracer la région admissible de la relaxation continue (P_0) de ce modèle linéaire. Déterminer graphiquement la solution optimale de (P_0) ; calculer la valeur maximale z_0 de (P_0).

(b) Déterminer graphiquement la solution optimale $\boldsymbol{x}^*$ de (P) ; calculer la valeur maximale z^* de (P).

(c) Résoudre le modèle (P) par la méthode SÉP et donner l'arbre d'énumération. Représenter graphiquement les séparations effectuées.

2. Le critère du meilleur c_j

Résoudre les modèles PLTE suivants par la méthode SÉP selon le critère du meilleur c_j.

(a) Max $z = 2x_1 + x_2 + 4x_3 + 5x_4$

sous les contraintes :

$$\begin{array}{rcrcrcrcr} x_1 & + & 3x_2 & + & 2x_3 & + & 5x_4 & \leq & 10 \\ 2x_1 & + & 16x_2 & + & x_3 & + & x_4 & \geq & 4 \\ -3x_1 & + & x_2 & + & 5x_3 & - & 10x_4 & \geq & 4 \end{array}$$

$x_1, x_2, x_3, x_4 \geq 0$

x_1, x_2, x_3, x_4 entiers.

(b) Min $z = 7x_1 + 8x_2 + 3x_3 + 6x_4$

sous les contraintes :

$$\begin{array}{rcrcrcrcr} -x_1 & + & 2x_2 & + & 3x_3 & + & x_4 & \geq & 210 \\ 2x_1 & - & x_2 & + & 2x_3 & + & x_4 & \leq & 20 \\ x_1 & + & x_2 & - & x_3 & + & x_4 & \leq & 18 \end{array}$$

$x_1, x_2, x_3, x_4 \geq 0$

x_1, x_2, x_3, x_4 entiers.

3. Le critère de la variable la plus distante

Résoudre les modèles du problème précédent par la méthode SÉP, en prenant, comme variable de séparation, celle dont la valeur s'écarte le plus de l'entier le plus près.

4.4 L'ajout de contraintes pour accélérer la méthode SÉP

La méthode SÉP exige parfois de nombreuses séparations. Quand des contraintes d'intégrité sont imposées à des milliers de variables, le nombre de séparations peut littéralement exploser. On peut alors se croire obligé de baisser les bras et de recourir à des heuristiques qui donnent rapidement des solutions qui, sans être optimales, sont de bonne qualité. On réussit tout de même parfois à accélérer la méthode SÉP en ajoutant des contraintes dont on est sûr qu'elles seront satisfaites par toute solution admissible du modèle PLE, donc par la solution optimale recherchée. L'élaboration de telles contraintes s'appuie sur la connaissance du contexte d'où provient le modèle à résoudre, ou encore sur des considérations abstraites générales. Eh oui ! Des contraintes additionnelles facilitent, dans certains cas, la résolution d'un modèle en nombres entiers.

Nous présentons, dans cette section, deux exemples de modèles linéaires PLE où l'ajout de contraintes *ad hoc* permet de diminuer le nombre de séparations requises. Il existe cependant une approche plus générale et plus abstraite, celle des coupes, qui s'applique en principe à tout modèle PLE.

4.4.1 Les pâtisseries de Millefeuille

Millefeuille inc. envisage de construire une pâtisserie dans une ou plusieurs des trois villes suivantes du Nouveau-Brunswick : Edmundston, Fredericton et Saint John. Les coûts de construction sont évalués à 2,3 M$, à 2,75 M$ et à 2,5 M$ respectivement. Les pâtisseries construites auront une capacité annuelle de 400 000 mini-gâteaux chacune et approvisionneront trois grandes chaînes d'alimentation, dénotées ici A, B et C. Millefeuille considère que les pâtisseries auront une durée de vie de 25 ans et que les demandes annuelles des chaînes A, B et C, constantes pendant cette période, seront respectivement 300 000, 200 000 et 100 000 mini-gâteaux. Le tableau 4.3 indique, dans chacune des pâtisseries potentielles, les coûts afférents à la production d'un mini-gâteau et à son expédition jusqu'à l'entrepôt de chaque chaîne.

TABLEAU 4.3 Les pâtisseries de Millefeuille : coûts unitaires de production et d'expédition

N°	Ville	Chaîne A	Chaîne B	Chaîne C
1	Edmundston	28 ¢	32 ¢	27 ¢
2	Fredericton	36 ¢	28 ¢	33 ¢
3	Saint John	39 ¢	36 ¢	22 ¢

Millefeuille utilise le modèle linéaire (P) suivant pour analyser ce problème.

$$\text{Min } z = \mathit{Constr} + \mathit{ProdExp}$$

sous les contraintes :

$$y_{1A} + y_{1B} + y_{1C} \leq 400\,000\ v_1 \qquad (30)$$

$$y_{2A} + y_{2B} + y_{2C} \leq 400\,000\ v_2 \qquad (31)$$

$$y_{3A} + y_{3B} + y_{3C} \leq 400\,000\ v_3 \qquad (32)$$

$$y_{1A} + y_{2A} + y_{3A} = 300\,000 \qquad (33)$$

$$y_{1B} + y_{2B} + y_{3B} = 200\,000 \qquad (34)$$

$$y_{1C} + y_{2C} + y_{3C} = 100\,000 \qquad (35)$$

$$y_{iJ} \geq 0 \text{ et entier} \qquad \text{tout } (i\,;J) \qquad (36)$$

$$v_i = 0 \text{ ou } 1 \qquad \text{tout } i \qquad (37)$$

où

$$\mathit{Constr} = 2\,300\,000\ v_1 + 2\,750\,000\ v_2 + 2\,500\,000\ v_3$$

représente les coûts de construction et où *ProdExp* représente les coûts totaux actualisés de production et d'expédition. Millefeuille considère que la demande annuelle des chaînes sera constante pendant la période de 25 ans utilisée pour cet exercice de planification ; que, de plus, le plan de production et d'expédition demeurera le même d'une année à l'autre. Par conséquent, les dépenses futures sont actualisées à un taux annuel, fixé à 12 % par la direction : les coûts totaux actualisés de production et d'expédition s'obtiennent en multipliant les coûts annuels par la valeur actuelle $V = 7{,}843$ d'une annuité de fin de période de 25 versements annuels de 1 $. Ainsi,

$$\begin{aligned} \mathit{ProdExp} &= V\,(0{,}28\ y_{1A} + 0{,}32\ y_{1B} + 0{,}27\ y_{1C} + 0{,}36\ y_{2A} + \ldots + 0{,}22\ y_{3C}) \\ &= 2{,}196\ y_{1A} + 2{,}510\ y_{1B} + 2{,}118\ y_{1C} + 2{,}823\ y_{2A} + \ldots + 1{,}725\ y_{3C}. \end{aligned}$$

L'analyste responsable de ce projet de localisation remarque d'abord que son modèle (P) ressemble à un problème de transport classique entre trois origines et trois destinations; cependant, la capacité des origines dépend de décisions stratégiques préliminaires. En effet, selon la décision d'implanter ou non une pâtisserie sur le site numéro *i,* c'est-à-dire selon que la variable v_i prendra la valeur 1 ou 0, la capacité de l'origine numéro *i* sera égale à 400 000 mini-gâteaux ou à 0. Or, comme nous le verrons au chapitre 5, les contraintes d'intégrité sont redondantes dans un tel contexte: un problème de transport classique dont tous les membres droits sont entiers possède nécessairement une solution optimale entière dès qu'il admet une solution optimale. L'analyste en conclut que, lors de l'application de la méthode SÉP au modèle (P), il lui suffira de séparer selon les variables v_1, v_2 ou v_3.

La figure 4.18 montre l'arbre d'énumération obtenu en séparant seulement selon les variables binaires v_i et en utilisant le critère du meilleur c_j. Nous avons ajouté le tableau 4.4 (*voir page suivante*), qui décrit la séquence des séparations de façon compacte. Les tableaux de ce type sont fort utiles pour présenter les résultats de la méthode SÉP lorsque le nombre de séparations commence à augmenter. À la racine de l'arbre, on retrouve une solution optimale de la relaxation continue (P_0):

$$v_1 = 1 \quad \text{et} \quad v_2 = v_3 = 0{,}25 \quad \text{et} \quad z = 4\,914\,438.$$

La 1re séparation se fait selon la variable, à choisir entre v_2 et v_3, dont le coefficient dans la fonction-objectif *z* est le meilleur. Rappelons que les coûts de construction aux sites 2 et 3 sont

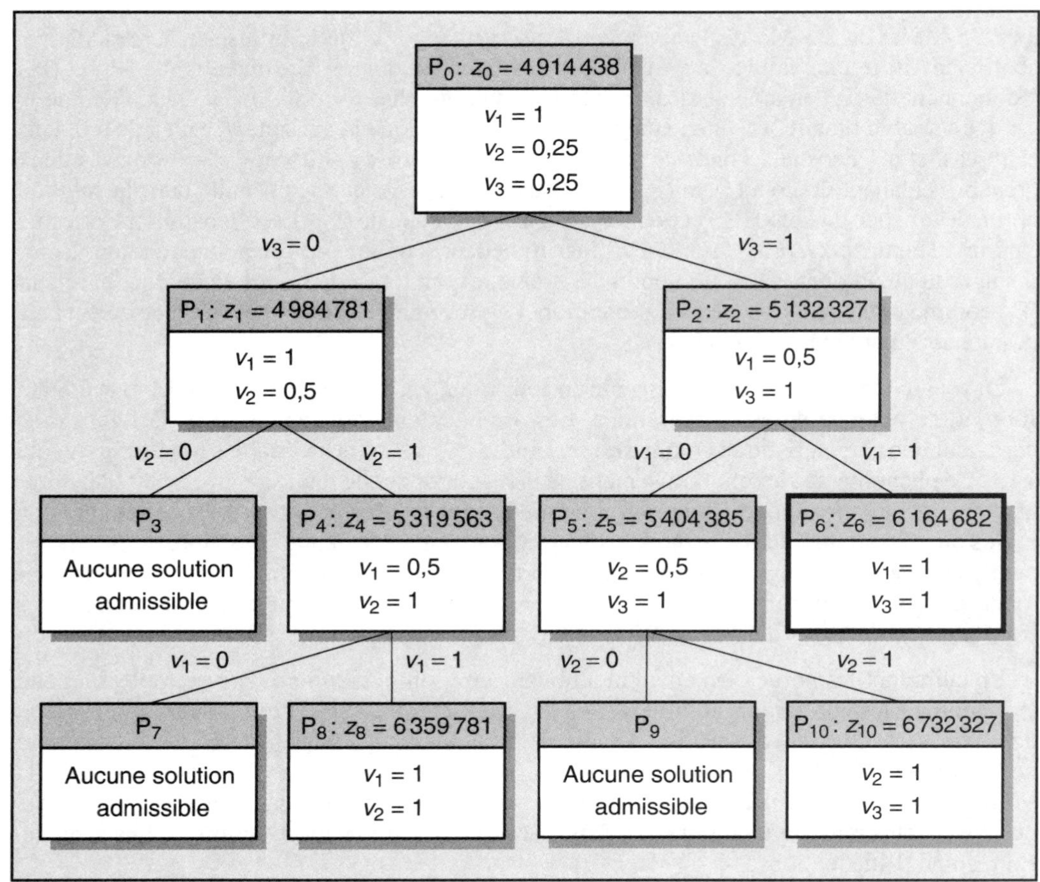

FIGURE 4.18
Les pâtisseries de Millefeuille: arbre d'énumération

TABLEAU 4.4
Les pâtisseries de Millefeuille : séquence des séparations

Séparation Nœud	Contraintes	Valeurs optimales	Nœuds éliminés	$\underline{z} \leq z^* \leq \bar{z}$	Nœuds en attente
		$z_0 = 4\,914\,438$		$4\,914\,438 \leq z^*$	P_0
P_0	$v_3 = 0$	$z_1 = 4\,984\,781$		$4\,984\,781 \leq z^*$	P_1 P_2
	$v_3 = 1$	$z_2 = 5\,132\,327$			
P_1	$v_2 = 0$		$Adm = \varnothing$	$5\,132\,327 \leq z^*$	P_2 P_4
	$v_2 = 1$	$z_4 = 5\,319\,563$			
P_2	$v_1 = 0$	$z_5 = 5\,404\,385$		$5\,319\,563 \leq z^* \leq 6\,164\,682$	P_4 P_5
	$v_1 = 1$	$z_6 = 6\,164\,682$	$\mathbf{x}_6^*$ adm		
P_4	$v_1 = 0$		$Adm = \varnothing$	$5\,404\,385 \leq z^* \leq 6\,164\,682$	P_5
	$v_1 = 1$	$z_8 = 6\,359\,781$	$z_8 \geq z_6$		
P_5	$v_2 = 0$		$Adm = \varnothing$	$z^* = 6\,164\,682$	Aucun
	$v_2 = 1$	$z_{10} = 6\,732\,327$	$z_{10} \geq z_6$		

de 2,75 M$ et de 2,5 M$ respectivement. Puisqu'il s'agit ici de minimiser z, le « meilleur » coefficient est le plus faible : la variable de séparation est donc v_3. Les nœuds-fils (P_1) et (P_2) s'obtiennent de (P_0) en ajoutant les contraintes additionnelles « $v_3 \leq 0$ » et « $v_3 \geq 1$ ». Comme v_3 est une variable binaire, ces inéquations signifient en fait que la variable v_3 est égale à 0 dans le 1er cas, et à 1 dans le second ; c'est pourquoi on a inscrit « $v_3 = 0$ » et « $v_3 = 1$ » sur les deux branches émanant du nœud-père (P_0). D'ailleurs, on observe que v_3 est nulle dans la solution optimale affichée du nœud (P_1) et prend la valeur 1 dans celle de (P_2). La 2e séparation s'effectue à partir du nœud qui, *a priori*, semble le plus prometteur ; comme nous cherchons à minimiser z, il s'agit du nœud dont la solution optimale donne le coût total z le moins élevé. Ici, on retient (P_1) comme point de départ de la 2e séparation. La procédure se poursuit jusqu'à ce que la liste des nœuds en attente soit vide.

La solution optimale, qui recommande de construire des pâtisseries à Edmundston et à Saint John, a été obtenue après 5 séparations. Les 5 nœuds qui sont séparés dans la figure 4.18 partagent une caractéristique commune : la somme $v_1 + v_2 + v_3$ des variables binaires est égale à 1,5. Ce phénomème s'explique aisément : la demande annuelle totale s'élève à 600 000 mini-gâteaux, ce qui correspond à une fois et demie la capacité des pâtisseries. Par conséquent, à moins que ce soit interdit par le modèle (P_h) – et rappelons qu'aucune contrainte d'intégrité ne peut y apparaître –, l'algorithme conclut qu'il faut construire 1,5 pâtisserie. Ce qui, évidemment, est absurde dans le contexte. Mais l'ordinateur ne tient compte que des contraintes explicitement incluses dans les différents modèles (P_h).

En cumulant les bornes, on en vient à obtenir une solution entière. Par exemple, le nœud (P_6) contient les contraintes additionnelles « $v_3 = 1$ » et « $v_1 = 1$ », ce qui assure un minimum de 2 pâtisseries. Celles-ci suffiront à répondre à la demande et l'autre variable binaire sera nécessairement nulle. Il en est de même pour (P_8) et (P_{10}), les deux autres nœuds dont la solution optimale est entière : les contraintes sur les branches menant à ces nœuds forcent 2 des 3 variables binaires à prendre la valeur 1, ce qui garantit la construction de 2 pâtisseries. En résumé, l'inéquation

$$v_1 + v_2 + v_3 \geq 2 \tag{38}$$

est redondante, puisqu'une seule pâtisserie ne saurait suffire à la tâche. Qu'arrive-t-il si l'on ajoute (38) au modèle (P) ? On pourrait croire qu'on ne fait qu'alourdir inutilement le modèle, mais il n'en est rien. Le modèle (P') ainsi obtenu se résout en une seule séparation, comme l'illustre la figure 4.19. L'ajout de la contrainte (38) permet donc d'accélérer la résolution du modèle. Il en est ainsi parce que plusieurs des modèles (P_h) rencontrés dans l'arbre de la figure 4.18 ne satisfont pas à l'inéquation (38) et sont automatiquement éliminés lors de la résolution de (P').

Il est à noter que, dans le tableau 4.4, la valeur optimale z_0 de la relaxation (P_0) sert de borne inférieure initiale de z^*. Or, cette borne z_0 = 4 914 438 est très éloignée de l'optimum z^* = 6 164 682 et plusieurs séparations sont nécessaires pour la hausser jusqu'à l'optimum z^*. Par contre, après l'ajout de (38), la borne initiale z_0 = 6 164 438 est très près de z^* et une seule séparation suffit.

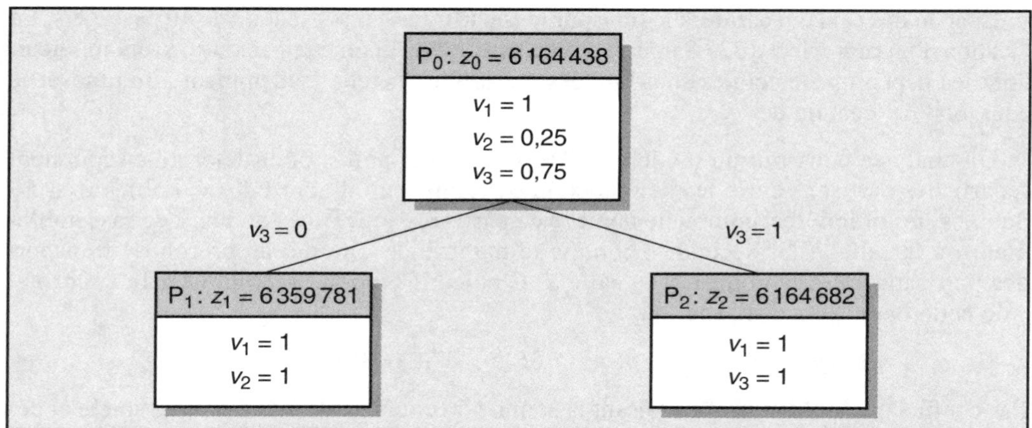

FIGURE 4.19
Les pâtisseries de Millefeuille : arbre d'énumération de (P')

4.4.2 Deux meetings préélectoraux simultanés

Les partis politiques, soucieux de leur image médiatique, s'assurent de la présence d'une claque considérable constituée de leurs plus chauds partisans afin de survolter l'auditoire de leurs meetings préélectoraux.

La campagne du Parti du consensus social est dirigée par un organisateur hors pair rompu au métier et à ses ficelles. Le parti tiendra ce soir, trois jours avant le scrutin, un meeting dans deux salles situées dans des comtés ruraux limitrophes où les sondeurs hésitent à prédire de quel côté penchera la victoire. La presse sera au rendez-vous. L'organisateur a prévu la présence de membres influents du parti dans chacune des salles. Pour bien les accueillir et s'assurer que la couverture télévisuelle montre une foule en liesse, on y amènera de chauds partisans regroupés au cours de l'après-midi en six points de rassemblement. Le tableau 4.5 (*voir page suivante*) donne le nombre de personnes qui se trouveront en chacun des six points, ainsi que les distances (en kilomètres) entre ces points et les deux salles où se tiendront les meetings. Ces salles peuvent accueillir chacune un maximum de 600 partisans.

L'organisateur s'est engagé auprès des partisans à leur assurer le transport par car entre les points de rassemblement et les salles de meeting. Après la soirée, les cars les ramèneront aux points de rassemblement.

Les partisans réunis aux points 3 et 4 sont reconnus pour leur enthousiasme débordant, parfois délirant, toujours bruyant. L'organisateur les répartira en deux groupes de même

TABLEAU 4.5
Meetings préélectoraux simultanés : les données

Point de rassemblement	Nombre de partisans	Distance à la salle A	Distance à la salle B
1	125	15	30
2	250	25	18
3	225	10	12
4	175	18	25
5	230	10	12
6	100	17	5

taille. De plus, il a prévu que chaque salle accueillera au total sensiblement le même nombre de partisans : la différence de taille de ces groupes ne saurait excéder 75.

Chacun des cars qui assurera le transport des partisans a une capacité de 40 passagers. La location d'un car revient à 325 $ pour la soirée, plus 1 $ du kilomètre parcouru. L'organisateur, dont les dépenses électorales sont limitées par la loi, cherche évidemment à minimiser le coût total de location des cars.

Un analyste construit un modèle PLTE, noté (P) ci-après, pour déterminer comment répartir les partisans entre les deux meetings. Il introduit d'abord des variables x_{iJ} et y_{iJ} définies, les premières, comme le nombre de partisans acheminés du point de rassemblement i à la salle J, les secondes, comme le nombre de cars qui assureront le transport des partisans entre le point i et la salle J. L'objectif consiste à minimiser le coût total z de cette opération partisane, où

$$z = 355\,y_{1A} + 375\,y_{2A} + 345\,y_{3A} + 361\,y_{4A} + \ldots + 385\,y_{1B} + \ldots + 335\,y_{6B}.$$

Les coefficients s'obtiennent en faisant la somme du coût fixe de 325 $ pour la soirée et des coûts variables liés à la distance parcourue. On notera qu'un car doit faire 2 fois la distance entre le point de rassemblement et la salle, à l'aller et au retour. En résumé, le coefficient c_{1A} de la variable y_{1A} se calcule ainsi :

$$c_{1A} = 325 + (2 \times 15) = 355.$$

Le modèle comporte quatre groupes de contraintes technologiques.

– Le 1er est formé de 6 équations et traduit le fait que les partisans rassemblés en un point donné se retrouveront soit à la salle A, soit à la salle B. Voici, à titre d'exemple, la contrainte associée au point de rassemblement numéro 1 :

  DISP PR1 $\qquad x_{1A} + x_{1B} = 125.$

– Le 2e groupe, qui se réduit à 2 inéquations, indique que le nombre de partisans amenés à un meeting ne dépassera pas la capacité de la salle :

  MAX MEET A $\qquad x_{1A} + x_{2A} + x_{3A} + x_{4A} + x_{5A} + x_{6A} \leq 600$

  MAX MEET B $\qquad x_{1B} + x_{2B} + x_{3B} + x_{4B} + x_{5B} + x_{6B} \leq 600.$

– Le 3e groupe traduit les exigences de l'organisateur quant à l'équilibre à maintenir entre les assistances dans les deux salles :

  ÉQUILIBR34 $\qquad x_{3A} + x_{4A} = x_{3B} + x_{4B}$

  ÉCART1 $\quad (x_{1A} + x_{2A} + x_{3A} + x_{4A} + x_{5A} + x_{6A}) - (x_{1B} + x_{2B} + x_{3B} + x_{4B} + x_{5B} + x_{6B}) \leq 75$

  ÉCART2 $\quad (x_{1B} + x_{2B} + x_{3B} + x_{4B} + x_{5B} + x_{6B}) - (x_{1A} + x_{2A} + x_{3A} + x_{4A} + x_{5A} + x_{6A}) \leq 75.$

– Enfin, le 4e groupe comporte 12 inéquations et établit les liens logiques entre les variables x_{iJ} et y_{iJ}. Il s'agit d'exiger que le nombre de partisans transportés du point de rassemblement i à la salle J ne dépasse pas la capacité totale des cars voyageant entre i et J, qui est égale à 40 fois le nombre de cars utilisés. Par exemple, la contrainte associée aux variables x_{1A} et y_{1A} s'écrit :

LIEN XY 1A $\qquad x_{1A} \leq 40\, y_{1A}$.

Le tableau 4.6 décrit une solution optimale du modèle (P), dont le coût est $z^* = 10\,917$. S'appuyant sur les résultats obtenus, l'analyste annonce donc à l'organisateur que le transport des partisans coûtera 10 917 dollars.

TABLEAU 4.6
Meetings préélectoraux simultanés : une solution optimale

Variable	1	2	3	4	5	6
x_{iA}	125	–	25	175	230	–
y_{iA}	4	–	1	5	6	–
x_{iB}	–	250	200	–	–	100
y_{iB}	–	7	5	–	–	3

Résoudre le modèle (P) par la méthode SÉP exige un très grand nombre de séparations. Le progiciel Storm indique qu'il analyse plus de 50 000 nœuds avant de trouver la solution optimale du tableau 4.6. Et pourtant, il s'agit d'un modèle comportant seulement 24 variables de décision et 23 contraintes technologiques. Cette fois encore, il est possible d'accélérer la résolution du modèle par l'ajout de contraintes redondantes judicieusement choisies. Notons d'abord qu'au moins 4 cars devront être envoyés au point de rassemblement numéro 1, car 125 partisans seront présents à cet endroit, et la capacité d'un car est de 40 personnes. Par conséquent, l'inéquation suivante

MINCAR PR 1 $\qquad y_{1A} + y_{1B} \geq 4$

est satisfaite par toute solution admissible de (P). On peut écrire des inéquations analogues pour chacun des 5 autres points de rassemblement. Convenons donc de noter (P') le modèle PLTE obtenu de (P) en lui adjoignant les contraintes « MINCAR PR h », où $1 \leq h \leq 6$. Toute solution admissible de (P) est une solution admissible de (P'), et réciproquement. Par contre, les relaxations continues de ces deux modèles ne sont pas du tout équivalentes. De fait, la solution du tableau 4.6 est une solution optimale de la relaxation continue de (P'). Ainsi, résoudre le modèle (P') n'exige aucune séparation !

Exercices de révision

1. Les premières séparations du modèle pour les meetings préélectoraux

Reprenons le modèle (P) utilisé par l'analyste pour représenter le problème de minimiser les coûts de transport le jour des deux meetings préélectoraux simultanés.

(a) Effectuer les 10 premières séparations lorsqu'on résout (P) selon le critère de la variable la plus distante. Utiliser le format du tableau 4.4 (*voir page 206*) pour présenter la séquence des séparations ; donner la liste des valeurs des variables y_{iJ} dans les solutions optimales des différents modèles (P_h) considérés lors des 10 premières séparations.

(b) Écrire les 6 contraintes « MINCAR PR h », où $h = 1, 2, \ldots, 6$.

(c) Indiquer brièvement pourquoi les contraintes « MINCAR PR h » accélèrent la méthode SÉP.

2. L'impact de l'absence d'une contrainte redondante

Résoudre, par la méthode SÉP selon le critère de la variable la plus distante, le modèle (P") obtenu de (P) en ajoutant seulement les contraintes « MINCAR PR *h* », où $1 \leq h \leq 5$. Utiliser le format du tableau 4.4 (*voir page 206*) pour présenter la séquence des séparations.

3. Les bennes d'asphalte

Une entreprise de bitumage a vu ses opérations compromises par une grève des employés de son usine d'asphalte. Elle mène présentement des travaux sur l'autoroute de l'Ouest et tout dépassement de la date d'achèvement promise entraînerait une lourde amende. L'entreprise, qui a un urgent besoin de 1 050 bennes d'asphalte, a négocié avec trois concurrents. Chacun d'entre eux réclame, en sus des tarifs normaux, un forfait à verser avant la livraison de la première benne. Le tableau suivant résume les données pertinentes à la situation : l'avant-dernière colonne donne le nombre maximal de bennes et la dernière, le prix (en dollars par benne).

Concurrent	Forfait	Maximum	Prix
A	5 000 $	500 u	500 $/u
B	4 000 $	900 u	450 $/u
C	6 000 $	400 u	435 $/u

(a) Formuler un modèle linéaire PLTE qui indique à l'entreprise combien de bennes elle devrait acheter de chacun des concurrents pour minimiser les coûts d'acquisition des bennes requises.

(b) Résoudre le modèle par la méthode SÉP selon le critère du meilleur c_j et donner l'arbre d'énumération.

(c) L'entreprise, qui a besoin de 1 050 bennes, devra recourir à 2 concurrents au moins. On pourrait donc ajouter au modèle considéré en (a) une contrainte qui traduise cette exigence « évidente ». Résoudre le modèle augmenté à l'aide de la méthode SÉP. Pourquoi moins de séparations sont-elles nécessaires lorsque la contrainte additionnelle est présente ?

Problèmes

1. Résolution d'un modèle PLTE à deux variables

Soit (P) le modèle linéaire suivant :

$$\text{Max } z = -6x_1 + 12x_2$$

sous les contraintes :

$$\begin{aligned} 2x_1 + 3x_2 &\leq 24 \\ 2x_1 - x_2 &\geq 4 \\ x_1, x_2 &\geq 0 \\ x_1, x_2 &\text{ entiers.} \end{aligned}$$

(a) Tracer la région admissible de la relaxation continue (P_0) de ce modèle linéaire. Déterminer graphiquement la solution optimale de (P_0) ; calculer la valeur maximale z_0 de (P_0).

(b) Déterminer graphiquement la solution optimale $\boldsymbol{x}^*$ de (P) ; calculer la valeur maximale z^* de (P).

(c) Résoudre le modèle (P) par la méthode SÉP et donner l'arbre d'énumération. Représenter graphiquement les séparations effectuées.

2. Modèle à deux variables et critères de choix de la variable de séparation

Soit (P) le modèle linéaire suivant :

$$\text{Max } z = 7x_1 + 5x_2$$

sous les contraintes :

$$\begin{aligned} 8x_1 + 20x_2 &\leq 104 \\ 60x_1 + 20x_2 &\leq 480 \\ x_2 &\leq 4 \\ x_1, x_2 &\geq 0 \\ x_1, x_2 &\text{ entiers.} \end{aligned}$$

(a) Tracer la région admissible de la relaxation continue (P_0) de ce modèle linéaire. Déterminer graphiquement la solution optimale de (P_0) ; calculer la valeur maximale z_0 de (P_0).

(b) Déterminer graphiquement la solution optimale $\boldsymbol{x^*}$ de (P) ; calculer la valeur maximale z^* de (P).

(c) Résoudre le modèle (P) par la méthode SÉP selon le critère du meilleur c_j. Donner la séquence des séparations.

(d) Résoudre le modèle (P) par la méthode SÉP selon le critère de la variable la plus distante. Donner la séquence des séparations.

3. Résolution d'un modèle PLTE de minimisation comportant deux variables

Répondre aux 4 questions du problème précédent, mais en prenant cette fois pour (P) le modèle de minimisation suivant :

Min $z = 7x_1 + 5x_2$

sous les contraintes :

$$\begin{array}{rcrcr} 6x_1 & - & 6x_2 & \geq & 3 \\ 6x_1 & + & 14x_2 & \geq & 59 \\ 10x_1 & - & 7x_2 & \leq & 68 \\ & & x_2 & \leq & 6 \end{array}$$

$x_1, x_2 \geq 0$

x_1, x_2 entiers.

4. La solution arrondie et la solution optimale

Soit (P) le modèle linéaire totalement en nombres entiers suivant :

Max $z = 270x_1 + 280x_2$

sous les contraintes :

$$\begin{array}{rcrcr} 5x_1 & + & 6x_2 & \leq & 84 \\ 6x_1 & + & 5x_2 & \leq & 80 \\ x_1 & + & x_2 & \leq & 16 \end{array}$$

$x_1, x_2 \geq 0$

x_1, x_2 entiers.

(a) Résoudre la relaxation continue (P_0) de ce modèle.

(b) Arrondir correctement la solution optimale de (P_0) pour obtenir une solution admissible de (P).

(c) Résoudre le modèle (P) par la méthode SÉP.

(d) Comparer les résultats obtenus en (b) et en (c). Commenter à l'aide d'un graphique.

5. L'impact des contraintes d'intégrité sur la solution optimale

Soit (P) le modèle linéaire totalement en nombres entiers suivant :

Max $z = 2x_1 + 2x_2$

sous les contraintes :

$$\begin{array}{rcrcr} -2x_1 & + & 3x_2 & \geq & 1 \\ -13x_1 & + & 21x_2 & \leq & 13 \end{array}$$

$x_1, x_2 \geq 0$

x_1, x_2 entiers.

Indiquer pourquoi les solutions optimales de (P) et de sa relaxation continue (P_0) diffèrent à ce point.

6. Le critère du meilleur c_j et les problèmes de maximisation

Résoudre les modèles PLTE suivants par la méthode SÉP selon le critère du meilleur c_j.

(a) Max $z = x_1 + 12x_2 - 3x_3 + 4x_4 + 41x_5$

sous les contraintes :

$$\begin{array}{rcrcrcrcrcr} 11x_1 & + & 2x_2 & & & + & 7x_4 & + & 2x_5 & \leq & 33 \\ & & 9x_2 & & & & & + & 3x_5 & \geq & 18 \\ x_1 & + & x_2 & + & x_3 & & & & & \leq & 9 \\ & & 2x_2 & + & 3x_3 & + & 4x_4 & + & 7x_5 & \leq & 80 \end{array}$$

$x_1, x_2, x_3, x_4, x_5 \geq 0$

x_1, x_2, x_3, x_4, x_5 entiers.

(b) Max $z = 4\,x_1 - 2\,x_2 + 10\,x_3 + 6\,x_4 + 9\,x_5$

sous les contraintes :

$$\begin{array}{rcrcrcrcrcr} 2x_1 & - & x_2 & + & 7x_3 & + & 5x_4 & + & 4x_5 & \leq & 6 \\ x_1 & + & 3\,x_2 & + & 2x_3 & - & 4x_4 & + & x_5 & \leq & 0 \end{array}$$

$x_1, x_2, x_3, x_4, x_5 \geq 0$

x_1, x_2, x_3, x_4, x_5 entiers.

7. Le critère de la variable la plus distante et les problèmes de maximisation

Résoudre les modèles du problème précédent par la méthode SÉP en prenant comme variable de séparation celle dont la valeur s'écarte le plus de l'entier le plus près.

8. Le critère du meilleur c_j et les problèmes de minimisation

Résoudre les modèles PLTE suivants par la méthode SÉP selon le critère du meilleur c_j.

(a) Min $z = 5\,x_1 + 2\,x_2 + 4\,x_3 + x_4$

sous les contraintes :

$$\begin{array}{rcrcrcrcr} x_1 & - & 11x_2 & + & 2x_3 & + & 16x_4 & \geq & 31 \\ 3x_1 & - & x_2 & + & 2x_3 & + & 2x_4 & \leq & 48 \\ 11x_1 & + & x_2 & - & 2x_3 & + & 29x_4 & \leq & 32 \end{array}$$

$x_1, x_2, x_3, x_4 \geq 0$

x_1, x_2, x_3, x_4 entiers.

(b) Min $z = 5x_1 + 2x_2 + 3x_3 + 8x_4 + 9x_5 + 4x_6$

sous les contraintes :

$$\begin{array}{rcrcrcrcrcrcr} -2x_1 & + & 3x_2 & + & 5x_3 & + & 4x_4 & + & 6x_5 & + & 2x_6 & \geq 7 \\ 3x_1 & - & 4x_2 & + & 2x_3 & + & x_4 & + & x_5 & + & 6x_6 & \geq 13 \\ 3x_1 & - & 3x_2 & - & 5x_3 & - & 2x_4 & + & 2x_5 & + & 9x_6 & \leq 11 \end{array}$$

$x_1, x_2, x_3, x_4, x_5, x_6 \geq 0$

$x_1, x_2, x_3, x_4, x_5, x_6$ entiers.

9. Le critère de la variable la plus distante et les problèmes de minimisation

Résoudre les modèles du problème précédent par la méthode SÉP en prenant comme variable de séparation celle dont la valeur s'écarte le plus de l'entier le plus près.

10. Un modèle mixte

Résoudre le modèle suivant par la méthode SÉP en utilisant le critère de la variable la plus distante.

Max $z = 4x_1 + 5x_2 + 8x_3 + 3x_4$

sous les contraintes :

$$\begin{array}{rcrcrcrcr} x_1 & + & 2x_2 & + & x_3 & + & x_4 & \leq & 22 \\ 2x_1 & + & 5x_2 & - & 3x_3 & + & 4x_4 & \geq & 15 \\ -2x_1 & - & 2x_2 & + & x_3 & + & 4x_4 & \geq & 0 \\ 3x_1 & + & 5x_2 & + & x_3 & + & 7x_4 & \leq & 32 \end{array}$$

$x_1, x_2, x_3, x_4 \geq 0$

x_1, x_2 entiers.

11. Modèle PLTE et arbre d'énumération

Le modèle PLTE (P) ci-dessous a été résolu par la méthode SÉP selon le critère du meilleur c_j. La figure de la page suivante donne l'arbre d'énumération obtenu après 3 séparations.

Max $z = x_1 + 42x_2 - 3x_3 + 4x_4 + 40x_5$

sous les contraintes :

$$\begin{array}{rcrcrcrcrcr} 7x_1 & + & 2x_2 & & & + & 7x_4 & + & x_5 & \leq & 34 \\ & & 9x_2 & & & & & + & 3x_5 & \geq & 18 \\ x_1 & + & x_2 & + & x_3 & & & & & \leq & 11 \\ 11x_1 & + & 5x_2 & + & 3x_3 & + & 4x_4 & + & 5x_5 & \leq & 119 \end{array}$$

$x_j \geq 0 \qquad j = 1, 2, 3, 4, 5$

x_j entier $\qquad j = 1, 2, 3, 4, 5.$

(a) Quels nœuds de l'arbre d'énumération doivent être éliminés ?

(b) Trouver, à partir de l'arbre, des bornes $\underline{z}$ et $\bar{z}$ telles que

$$\underline{z} \leq z^* \leq \bar{z}$$

où z^* est la valeur optimale du modèle (P).

(c) Indiquer à partir de quel nœud et selon quelle variable se fera la prochaine séparation.

12. Un arbre d'énumération partiel

Le modèle (P) ci-dessous a été résolu par la méthode SÉP selon le critère de la variable la plus distante (exceptionnellement, on a retenu, dans les cas d'égalité entre plusieurs variables, celle de ces variables dont l'indice est le plus petit). La figure de la page suivante donne l'arbre d'énumération obtenu après 5 séparations.

Max $z = 2x_1 + 3x_2 + 5x_3 + 8x_4 + 12x_5$

sous les contraintes :

$$\begin{array}{rcrcrcrcrcr} 12x_1 & + & 8x_2 & + & 5x_3 & + & 3x_4 & + & 2x_5 & \leq & 39 \\ x_1 & - & x_2 & + & x_3 & - & x_4 & + & 5x_5 & \leq & 48 \\ -x_1 & - & 3x_2 & & & + & x_4 & + & x_5 & \leq & 0 \end{array}$$

$x_j \geq 0 \qquad j = 1, 2, 3, 4, 5$

x_j entier $\qquad j = 1, 2, 3, 4, 5.$

(a) Quels nœuds de l'arbre d'énumération doivent être éliminés ?

(b) Trouver, à partir de l'arbre, des bornes $\underline{z}$ et $\bar{z}$ telles que

$$\underline{z} \leq z^* \leq \bar{z}$$

où z^* est la valeur optimale du modèle (P).

(c) Décrire la prochaine séparation : à partir de quel nœud (P_h) s'effectue cette séparation ? quelle est la variable de séparation ? quelles contraintes sont adjointes à (P_h) sur chacune des branches émergeant de (P_h) ?

13. Arbre d'énumération partiel et problème de minimisation

Le modèle (P) ci-dessous a été résolu par la méthode SÉP selon le critère de la variable la plus distante. La figure de la page suivante illustre l'arbre d'énumération obtenu après 3 séparations.

Min $z = 150x_1 + 61x_2 + 210x_3 + 120x_4$

sous les contraintes :

$$\begin{array}{rcrcrcrcr} x_1 & + & x_2 & + & 2x_3 & + & x_4 & \geq & 33 \\ 4x_1 & + & 2x_2 & + & 8x_3 & + & 4x_4 & \geq & 172 \\ x_1 & & & + & x_3 & + & x_4 & \leq & 48 \\ 3x_1 & + & 5x_2 & + & 2x_3 & + & 2x_4 & \geq & 125 \end{array}$$

$x_j \geq 0 \qquad j = 1, 2, 3, 4$

x_j entier $\qquad j = 1, 2, 3, 4.$

(a) Quels nœuds de l'arbre d'énumération doivent être éliminés ? Lesquels sont en attente ?

(b) Trouver, à partir de l'arbre, des bornes $\underline{z}$ et $\bar{z}$ telles que

$$\underline{z} \leq z^* \leq \bar{z}$$

où z^* est la valeur optimale du modèle (P).

(c) Décrire la prochaine séparation : à partir de quel nœud (P_h) s'effectue cette séparation ? quelle est la variable de séparation ? quelles contraintes sont adjointes à (P_h) sur chacune des branches émergeant de (P_h) ?

(d) De cette 4e séparation résultent deux nœuds, (P_7) et (P_8). La solution optimale de (P_8) est entière, mais pas celle de (P_7) :

$$\mathbf{x}_7^* = (0\,;17\,;14{,}5\,;5{,}5) \text{ et } z_7 = 4\,742$$

$$\mathbf{x}_8^* = (0\,;18\,;16\,;2) \text{ et } z_8 = 4\,698.$$

Quels sont, après la 4e séparation, les nœuds en attente ? Mettre à jour les inégalités $\underline{z} \leq z^* \leq \bar{z}$.

14. Un arbre dont les nœuds ne sont pas numérotés

Le modèle (P) ci-dessous a été résolu par la méthode SÉP selon le critère de la variable la plus distante. Un arbre d'énumération partiel, dans lequel les numéros des nœuds ont été effacés, est reproduit à la figure de la page suivante.

Max $z = 80x_1 + 140x_2 + 40x_3 + 60x_4 + 220x_5$

sous les contraintes :

$$\begin{array}{rcrcrcrcrcr} x_1 & + & 2x_2 & & & + & x_4 & + & 2x_5 & \leq & 18 \\ & & 4x_2 & + & 2x_3 & + & 2x_4 & + & x_5 & \geq & 18 \\ x_1 & + & x_2 & + & x_3 & & & & & \leq & 12 \\ & & 2x_2 & + & 5x_3 & + & 5x_4 & + & 7x_5 & \leq & 80 \end{array}$$

$x_j \geq 0 \qquad j = 1, 2, 3, 4, 5$

x_j entier $\qquad j = 1, 2, 3, 4, 5.$

(a) Calculer la valeur optimale z_0 de la relaxation continue (P_0) à partir des renseignements fournis dans l'arbre de la figure de la page suivante.

PROBLÈME 11
Modèle PLTE et arbre d'énumération

$P_0 : z_0 = 972,4$ — $x_2 = 10,2$; $x_5 = 13,6$

$x_2 \le 10$: $P_1 : z_1 = 972$ — $x_2 = 10$; $x_5 = 13,8$

$x_2 \ge 11$: $P_2 : z_2 = 942$ — $x_2 = 11$; $x_5 = 12$

$x_5 \le 13$: $P_3 : z_3 = 940,6$ — $x_2 = 10$; $x_4 = 0,143$; $x_5 = 13$

$x_5 \ge 14$: $P_4 : z_4 = 971,6$ — $x_2 = 9,8$; $x_5 = 14$

$x_2 \le 9$: $P_5 : z_5 = 970$ — $x_2 = 9$; $x_5 = 14,8$

$x_2 \ge 10$: P_6 — Aucune solution admissible

PROBLÈME 12
Un arbre d'énumération partiel

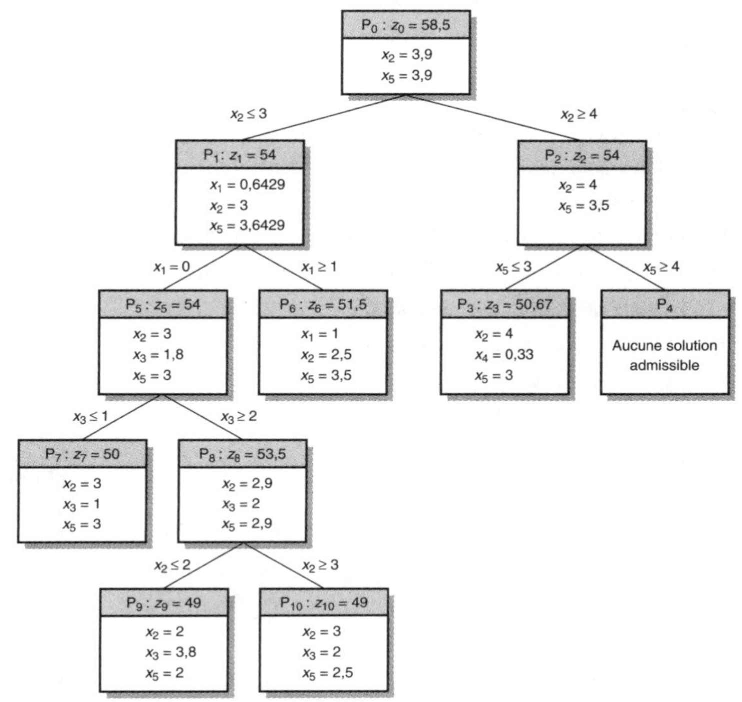

PROBLÈME 13
Arbre d'énumération partiel et problème de minimisation

PROBLÈME 14
Un arbre dont les nœuds ne sont pas numérotés

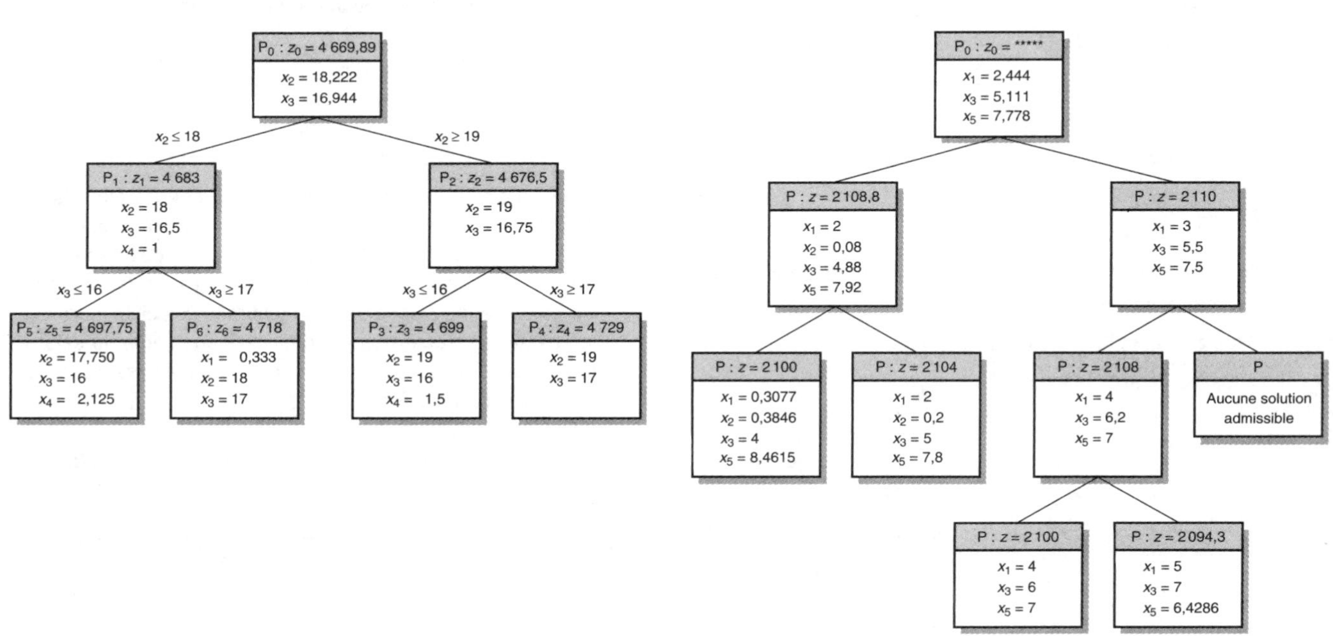

(b) Construire la séquence des séparations, en indiquant explicitement, à chaque étape, quels nœuds sont éliminés, lesquels restent en attente et quelles sont les meilleures bornes $\underline{z}$ et $\bar{z}$ telles que

$$\underline{z} \leq z^* \leq \bar{z}.$$

(c) Décrire la prochaine séparation : à partir de quel nœud (P_h) s'effectue-t-elle ? quelle est la variable de séparation ? quelles contraintes sont adjointes à (P_h) sur chacune des branches émergeant de (P_h) ?

(d) Écrire explicitement le modèle linéaire associé à ce nœud (P_h) à partir duquel s'effectuera la prochaine séparation.

15. La méthode SÉP et les cas d'égalité

(a) Résoudre le modèle suivant par la méthode SÉP selon le critère du meilleur c_j.

Min $z = 20x_1 + 10x_2 + 20x_3 + 60x_4 + 60x_5$

sous les contraintes :

$$\begin{array}{rrrrrcl}
3x_1 & + x_2 & & + 2x_4 & + x_5 & \geq & 61 \\
-x_1 & + x_2 & + 3x_3 & + 5x_4 & + 7x_5 & \geq & 136 \\
 & & x_3 & + x_4 & + x_5 & \leq & 52 \\
4x_1 & & + 3x_3 & + 7x_4 & + 7x_5 & \geq & 192 \\
x_j \geq 0 & & & & & & j = 1, 2, 3, 4, 5 \\
x_j \text{ entier} & & & & & & j = 1, 2, 3, 4, 5.
\end{array}$$

(b) Résoudre le modèle PLTE suivant par la méthode SÉP selon le critère de la variable la plus distante.

Max $z = 3\,x_1 + 27\,x_2 - 3\,x_3 + 15\,x_4 + 37\,x_5$

sous les contraintes :

$$\begin{array}{rrrrrcl}
7x_1 & + 2x_2 & & + 8x_4 & + 7x_5 & \leq & 60 \\
-x_1 & + x_2 & + 3x_3 & + 5x_4 & + 7x_5 & \geq & 48 \\
x_1 & + x_2 & + x_3 & + x_4 & + x_5 & \leq & 24 \\
4x_1 & & + 3x_3 & + 7x_4 & + 7x_5 & \leq & 96 \\
x_j \geq 0 & & & & & & j = 1, 2, 3, 4, 5 \\
x_j \text{ entier} & & & & & & j = 1, 2, 3, 4, 5.
\end{array}$$

(c) Résoudre le modèle suivant par la méthode SÉP selon le critère du meilleur c_j.

Max $z = x_1 + 12x_2 - 3x_3 + 4x_4 + 12x_5$

sous les contraintes :

$$\begin{array}{rrrrrcl}
x_1 & + 4x_2 & + 4x_3 & + 4x_4 & & \leq & 35 \\
 & 9x_2 & & & + 3x_5 & \geq & 18 \\
11x_1 & + 2x_2 & & + 7x_4 & + 2x_5 & \leq & 34 \\
 & 2x_2 & + 3x_3 & + 4x_4 & + 7x_5 & \leq & 80 \\
x_j \geq 0 & & & & & & j = 1, 2, 3, 4, 5 \\
x_j \text{ entier} & & & & & & j = 1, 2, 3, 4, 5.
\end{array}$$

(d) Résoudre le modèle suivant par la méthode SÉP selon le critère de la variable la plus distante.

Min $z = 20x_1 + 70x_2 + 49x_3 - 2x_4$

sous les contraintes :

$$\begin{array}{rrrrcl}
-20x_1 & - 10x_2 & + 10x_3 & + 20x_4 & \leq & 81 \\
20x_1 & + 30x_2 & + 10x_3 & + 20x_4 & \geq & 177 \\
x_1 & + x_2 & + x_3 & - x_4 & \leq & 0 \\
x_1 & & & & \leq & 5 \\
x_j \geq 0 & & & & & j = 1, 2, 3, 4 \\
x_j \text{ entier} & & & & & j = 1, 2, 3, 4.
\end{array}$$

16. Un problème d'embauche

CIGER vient d'obtenir un important contrat de fournitures pour le ministère des Postes. Elle doit livrer, d'ici un mois, 8 000 unités de A et 12 000 unités de B. La firme ne dispose présentement d'aucun ouvrier qu'elle puisse affecter à ces productions et elle n'a pas de stock de ces produits. CIGER devra donc recourir à l'embauche de personnel de deux spécialités si elle veut livrer les productions requises dans le délai imparti. Les ouvriers de chacune des spécialités peuvent être affectés à l'une ou l'autre des productions, bien que la productivité des ouvriers de la spécialité 1 soit meilleure lorsqu'ils sont affectés à la production du produit A, tout comme la productivité des ouvriers de la spécialité 2 est plus élevée lorsqu'ils sont affectés à la production du produit B. Le tableau suivant indique le nombre d'unités de A ou de B produites en un jour par un employé de chacune des spécialités qui serait affecté toute la journée à la production d'un seul des deux produits. Enfin, un employé de la spécialité 1 qui, par exemple, partage également sa journée de travail entre la production de A et celle de B, produit 30 unités de A et 24 unités de B.

Production en situation d'exclusivité

Spécialité	A	B
1	60	48
2	48	64

CIGER a exploré le marché de l'embauche où elle n'a pu dénicher que quelques candidats intéressés à postuler. Le tableau suivant donne des informations sur ces candidats : d'abord, le nombre de candidats trouvés ; puis, les frais d'embauche (en $/candidat), le nombre maximal de jours que les candidats accepteraient de travailler et enfin le salaire (en $/jour). Aussitôt les productions requises assurées, les ouvriers seront mis à pied.

Spécialité	Nombre	Frais	Maximum	Salaire
1	12	150 $	20 jours	200 $/j
2	8	200 $	25 jours	210 $/j

(a) Formuler un modèle linéaire pour déterminer combien d'employés de chaque spécialité CIGER devra recruter pour minimiser ses coûts de production et comment elle devra les répartir.

(b) Résoudre le modèle par la méthode SÉP et donner l'arbre d'énumération.

17. Les panneaux de bois

Dans une usine de meubles, trois équipes se répartissent la production des feuilles de placage et des feuilles de fixation utilisées pour fabriquer des panneaux de bois.

Une feuille se fabrique en pulvérisant sur des gabarits un mélange de résine et de particules d'okoumé. Les feuilles de placage s'obtiennent en polissant la meilleure face des feuilles les mieux réussies. Les autres feuilles deviennent des feuilles de fixation. Un autre atelier transforme ces feuilles en panneaux de bois: un panneau est assemblé à partir d'une feuille de fixation placée en sandwich, puis collée entre deux feuilles de placage.

On dispose, pour la prochaine période de production, de 40 000 kg de particules d'okoumé et de 16 000 kg de résine. Ces ressources doivent être réparties entre les trois équipes de façon à maximiser le nombre total de panneaux produits par l'usine. Les équipes fabriquent les panneaux par rafales et chacune utilise sa propre recette de production. Le tableau suivant résume quelques données concernant ces recettes.

	Matériaux requis (en kg/rafale)		**Nombre de feuilles par rafale**	
Équipe	**Particules**	**Résine**	**Placage**	**Fixation**
A	40	20	16	6
B	60	24	12	9
C	40	22	12	9

On ajoute aux particules d'okoumé de la sciure d'essences moins nobles, de façon à s'assurer que toutes les feuilles aient le même poids. Les feuilles de placage ou de fixation excédentaires que l'on ne peut incorporer aux panneaux produits sont entreposées en attente d'une prochaine période de production de panneaux.

Il faut confier à l'équipe B au moins autant de rafales que l'on en confiera au total aux équipes A et C. De plus, le nombre de rafales confiées à l'équipe A ne peut excéder de plus de 20 le nombre de rafales confiées à l'équipe C.

Combien de rafales faudra-t-il confier à chacune des équipes pour maximiser le nombre de panneaux que l'on pourra produire avec les ressources disponibles si l'on possède 2 500 feuilles de placage en stock?

(a) Formuler un modèle linéaire PLTE qui indique à l'entreprise comment répartir la production entre les trois équipes pour maximiser le nombre total de panneaux.

(b) Résoudre le modèle par la méthode SÉP et donner l'arbre d'énumération.

18. Le rapatriement des pèlerins

On dit des courtiers qui consolident les demandes de transport maritime pour ensuite les proposer aux armateurs que ce sont « des amiraux de flotte de bateaux en papier ». Les courtiers œuvrant dans le domaine du transport routier jouent un rôle équivalent en rassemblant les demandes de leur clientèle pour ensuite les confier à des entreprises de transport. Ils justifient leurs cachets en assumant la responsabilité de la bonne exécution des désirs de leurs clients (respect des délais, assurance d'arrivée à destination, etc.).

Voici le détail d'une proposition que vient d'accepter un courtier. Il s'agit de rapatrier 715 pèlerins que leur transporteur états-unien, en faillite, a laissés en panne à Sainte-Anne-de-Beaupré le 27 juillet, le lendemain de la fête de sainte Anne: 340 d'entre eux doivent se rendre à New York, 180 à Chicago et 195 à St-Louis.

Le courtier a négocié avec trois transporteurs, qui ont proposé des itinéraires et des tarifs, tout en précisant le nombre maximal de passagers par car selon la destination envisagée. En effet, les transporteurs ne veulent pas que les cars soient bondés pour effectuer de longs trajets, en raison de contraintes liées au confort des passagers, à l'approvisionnement en eau des toilettes, à la capacité de la citerne des eaux usées, etc. Le tableau ci-dessous résume les ententes intervenues; la dernière ligne indique combien de cars au maximum sont offerts par les divers transporteurs. Les prix donnés dans la partie centrale du tableau sont valables, en autant que les cars soient utilisés à pleine capacité; par exemple, le transporteur 1 exige en réalité 33 × 35 = 1 155 dollars pour un car à destination de New York, quel que soit le nombre de passagers.

	Transporteur		
	1	**2**	**3**
Provenance	**Nombre maximal de passagers par car**		
1. New York	35	36	30
2. Chicago	30	32	35
3. St-Louis	25	27	22
	Coût (en $ par passager rapatrié)		
1. New York	33	32	38
2. Chicago	39	37	40
3. St-Louis	45	44	47
Nombre de cars	10	10	7

L'objectif du courtier est de minimiser la somme des débours consentis aux transporteurs. Il utilise à cette fin le modèle PLTE suivant, noté (P) ci-après.

– Variables de décision:

x_{ij} = nombre de cars du transporteur j à destination de la ville i

où i = 1 (New York), 2 (Chicago), 3 (St-Louis) et où j = 1, 2, 3.

– Objectif: minimiser le coût total z, où

$$z = 1\,155x_{11} + 1\,170x_{21} + 1\,125x_{31} + 1\,152x_{12} + 1\,184x_{22} + 1\,188x_{32} + 1\,140x_{13} + 1\,400x_{23} + 1\,034x_{33}.$$

– Contraintes technologiques :

NEW YORK	$35\,x_{11} + 36\,x_{12} + 30\,x_{13} \geq 340$
CHICAGO	$30\,x_{21} + 32\,x_{22} + 35\,x_{23} \geq 180$
ST-LOUIS	$25\,x_{31} + 27\,x_{32} + 22\,x_{33} \geq 195$
DISP 1	$x_{11} + x_{21} + x_{31} \leq 10$
DISP 2	$x_{12} + x_{22} + x_{32} \leq 10$
DISP 3	$x_{13} + x_{23} + x_{33} \leq 7.$

(a) Effectuer les 10 premières séparations lorsqu'on résout (P) selon le critère du meilleur c_j. Utiliser le format du tableau 4.4 (*voir page 206*) pour présenter la séquence des séparations ; donner la liste des valeurs des variables de décision dans les solutions optimales des différents modèles (P_h) considérés lors de ces séparations.

(b) Le modèle (P) exige un grand nombre de séparations. Pour accélérer la méthode SÉP, on ajoute les contraintes suivantes, qui sont redondantes dans le modèle PLTE (P), mais qui, dans leur ensemble, ne sont satisfaites par aucune des solutions optimales des différents nœuds (P_h) considérés à la question précédente :

MIN CAR NY	$x_{11} + x_{12} + x_{13} \geq 10$
MIN CAR CH	$x_{21} + x_{22} + x_{23} \geq 6$
MIN CAR SL	$x_{31} + x_{32} + x_{33} \geq 8.$

Indiquer comment ont été calculés les membres droits. Expliquer succinctement pourquoi ces trois inéquations sont redondantes dans le modèle PLTE (P).

(c) Résoudre, selon le critère du meilleur c_j, le modèle obtenu à la question précédente.

(d) L'efficacité des trois contraintes additionnelles varie selon les données du problème. Supposons qu'il y ait 160 pèlerins à destination de Chicago et que le transporteur 1 offre seulement 7 cars. Calculer les membres droits des inéquations dans ce nouveau contexte ; puis, résoudre selon le critère du meilleur c_j.

CHAPITRE 5

Les problèmes de réseaux

Les problèmes liés aux réseaux de transport n'ont cessé d'alimenter la RO en applications et de susciter le développement de méthodes de résolution. Les premiers cas traités, qualifiés de nos jours de «problèmes de transport classiques», étaient de structure simple : il s'agissait d'acheminer des biens directement entre des origines et des destinations en tenant compte des seuls coûts de transport. Au fil des ans se sont imposées des structures plus complexes, apparentées certes au problème de transport classique, mais comportant des «points de transbordement». Les spécialistes de la RO ont mis au point des algorithmes efficaces pour résoudre ces nouveaux modèles regroupés sous le nom de ***problèmes de réseaux****. Les deux premières sections sont consacrées à la présentation d'exemples de réseaux, de plus en plus élaborés. Puis, à la section 5.3, nous présentons les problèmes de transport classique, d'affectation et de chemin le plus court comme des cas particuliers de réseaux. Enfin, la section 5.4 décrit quelques exemples de situations pour lesquelles la modélisation graphique développée pour les réseaux s'avère très utile, même si la structure des problèmes de réseaux n'est pas respectée intégralement.*

Plan du chapitre

5.1 Un premier exemple : la compagnie Nitrobec

5.1.1 L'énoncé du problème de Nitrobec

La compagnie Nitrobec fabrique, à partir de nitrocellulose, un explosif industriel utilisé pour les travaux de génie civil. Le procédé de Nitrobec requiert des solvants inflammables, et les explosifs obtenus doivent se manipuler avec grand soin. Le souci de réduire les risques a amené Nitrobec à répartir sa production dans deux petites usines de la région port-neuvoise, T et U, installées à l'écart des habitations et accessibles par des routes privées. Nitrobec s'approvisionne en nitrocellulose auprès de deux fournisseurs, F et G, qui lui consentent des prix que justifie l'importance de ses commandes. Nitrobec vient d'acheter 450 tonnes de nitrocellulose du premier fournisseur et 495 tonnes du second.

Le tableau 5.1 donne les coûts de transport pour acheminer la nitrocellulose des fournisseurs aux usines. Ces coûts sont assumés par Nitrobec. La capacité de production de chacune des usines est amplement suffisante pour traiter toute la nitrocellulose achetée.

TABLEAU 5.1
Coûts de transport de la nitrocellulose (en $/t)

Fournisseur	Usine T	Usine U
F	9	10
G	8	11

Nitrobec considère qu'une tonne de nitrocellulose donne une tonne d'explosifs : la perte de poids subie par la nitrocellulose lors des traitements en usine est à peu près compensée par le poids des produits chimiques ajoutés pour l'obtention des explosifs. La compagnie écoule ses explosifs à partir de trois arsenaux, A, B et C. Ces arsenaux requerront respectivement 350, 200 et 395 tonnes d'explosifs pour satisfaire la demande de leur clientèle au cours du prochain mois. Les coûts de transport des usines aux arsenaux, également assumés par Nitrobec, sont donnés au tableau 5.2.

TABLEAU 5.2
Coûts de transport des explosifs (en $/t)

Usine	Arsenal A	Arsenal B	Arsenal C
T	14	5	6
U	17	6	5

Nitrobec a dû limiter les tonnages d'explosifs qui empruntent chaque mois les routes menant des usines aux arsenaux. Ces limites, qui sont données au tableau 5.3, résultent moins de la condition des routes que des ententes conclues avec des riverains inquiets des mesures prises pour assurer le transport sécuritaire des explosifs. Nitrobec envisage d'organiser subrepticement des transports d'explosifs entre certains arsenaux en empruntant des routes pour lesquelles les riverains n'ont pas encore manifesté leur opposition au transit d'explosifs. On pourrait ainsi, croit-on chez Nitrobec, diminuer le total des coûts de transport. Le tableau 5.4 donne les coûts de transport pour les trajets interarsenaux envisagés. Ces coûts de transport sont symétriques ; en effet, le transport d'une tonne d'explosifs est aussi coûteux à effectuer de l'arsenal i à l'arsenal j que de l'arsenal j à l'arsenal i.

TABLEAU 5.3
Limites de poids (en t/mois)

Usine	Arsenal A	Arsenal B	Arsenal C
T	170	180	190
U	200	150	250

TABLEAU 5.4
Coûts de transport interarsenaux (en $/t)

Arsenal	A	B	C
A	–	3	–
B	3	–	2
C	–	2	–

Nitrobec doit organiser, au moindre coût, le transport de la nitrocellulose et des explosifs, tout en respectant les contrats avec les fournisseurs, en n'excédant pas les limites de poids prescrites sur les routes et en satisfaisant la demande d'explosifs.

5.1.2 La construction du réseau de Nitrobec

Pour résoudre le problème de Nitrobec, on pourrait modéliser sous forme linéaire la fonction-objectif et les contraintes de Nitrobec, puis résoudre le modèle linéaire obtenu à l'aide de l'algorithme du simplexe.

Toutefois, la définition des variables de décision pertinentes, puis l'écriture de la fonction-objectif et des contraintes seront grandement facilitées si l'on trace d'entrée de jeu une illustration du réseau de transport de la nitrocellulose et des explosifs. La description du problème de Nitrobec suggère tout naturellement la configuration sommaire présentée à la figure 5.1. Celle-ci permet de visualiser les possibilités de cheminement de la nitrocellulose, puis des explosifs. En fait, comme nous allons le montrer dans la section 5.1.4, cette figure déclenche à elle seule l'écriture du modèle linéaire. Notons d'abord les points suivants.

– Le réseau de la figure 5.1 est constitué de cercles et de liens. Un lien représente un trajet direct servant à l'acheminement de nitrocellulose ou d'explosifs. Dans le cas du lien type présenté à la figure 5.2, on parlera de l'**arc** $(i\,;j)$, de **sommet initial** i et de **sommet terminal** j. On le notera souvent $i \to j$; on dira qu'il émerge du sommet i et qu'il est incident au sommet j. Les sommets se désignent aussi sous le nom de **nœuds**.
– Pour décrire un plan de transport, il suffit de préciser, pour chaque arc $i \to j$, le nombre x_{ij} de tonnes de nitrocellulose ou d'explosifs qui sont acheminées par cet arc. L'expression « flot sur l'arc $i \to j$ » renvoie à la valeur prise par la variable x_{ij}.

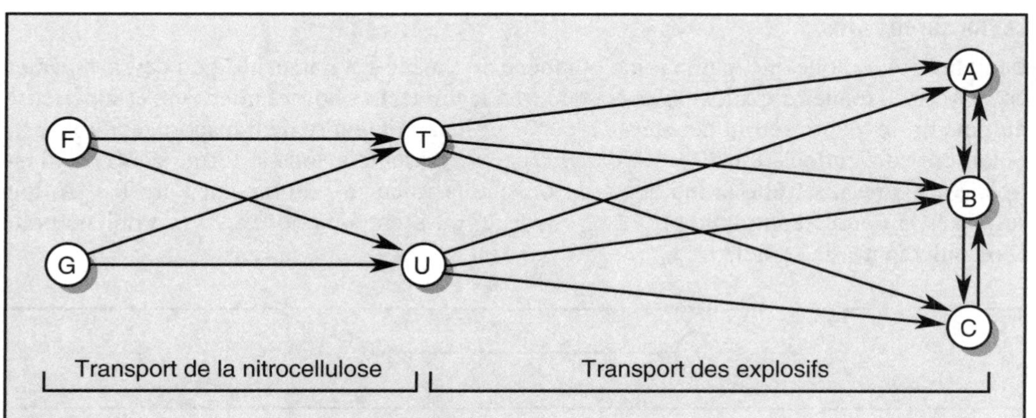

FIGURE 5.1
Réseau sommaire de Nitrobec

FIGURE 5.2
Arc générique d'un réseau

La facilité de la modélisation graphique d'un problème de réseau dépend du choix de ce qui constitue le flot. Dans le problème de Nitrobec, il est naturel de convenir que le flot est formé de nitrocellulose ou d'explosifs.

Il faut reporter, sur la figure du réseau qui s'élabore, toutes les données pertinentes au flot, telles que son coût unitaire et les limites inférieures et supérieures à respecter sur certains arcs. La figure 5.3 résultante constitue la modélisation graphique du problème de Nitrobec. On notera la présence, aux deux extrémités du réseau de cette figure, d'arcs « virtuels » qui indiquent les sommets qui « émettent » ou « reçoivent » un certain nombre d'unités de flot. Le rôle de ces sommets particuliers et des arcs virtuels sera décrit à la section suivante.

FIGURE 5.3
Réseau de Nitrobec

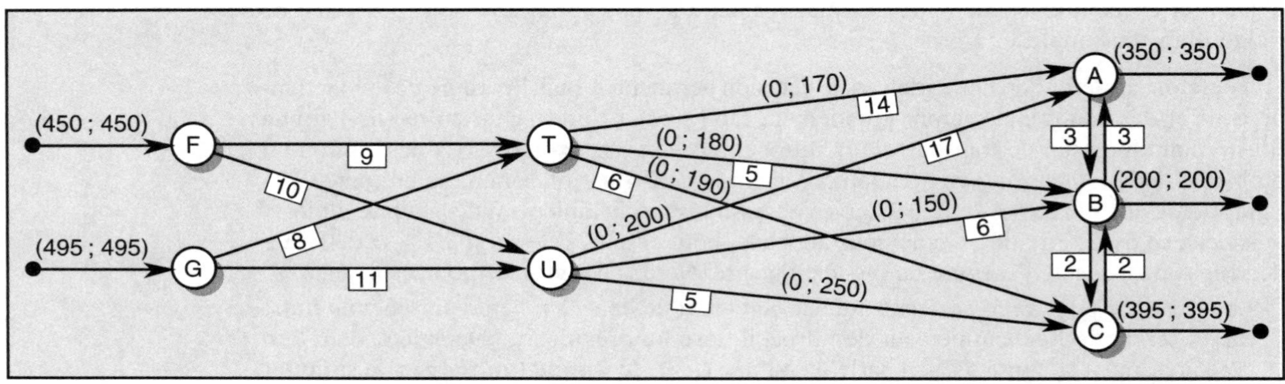

5.1.3 Les conventions graphiques des réseaux

Les restrictions imposées à l'écoulement du flot sont indiquées sur les arcs de la figure 5.3. Expliquons les conventions du code graphique utilisé. Ce code, repris dans tous les exemples de ce chapitre, constitue le vocabulaire de la modélisation graphique.

Le flot sur les arcs

La figure 5.4 indique que, par la route qui mène de l'usine T à l'arsenal A, on devra expédier entre 0 et 170 tonnes d'explosifs, au coût de 14 $ la tonne. Les bornes inférieure et supérieure du flot sur un tel arc seront dénotées m_{TA} et M_{TA} ; le coût unitaire de transport sera noté c_{TA}. Selon ces conventions, l'arc T → A de Nitrobec se présentera sous la forme générale illustrée à la figure 5.5. Celle-ci indique à la fois que la valeur x_{TA} du flot sur l'arc T → A doit respecter la double contrainte $m_{TA} \leq x_{TA} \leq M_{TA}$ et qu'il en coûtera ($c_{TA} \times x_{TA}$) dollars pour l'« écoulement » de ce flot.

FIGURE 5.4
Arc T → A de Nitrobec

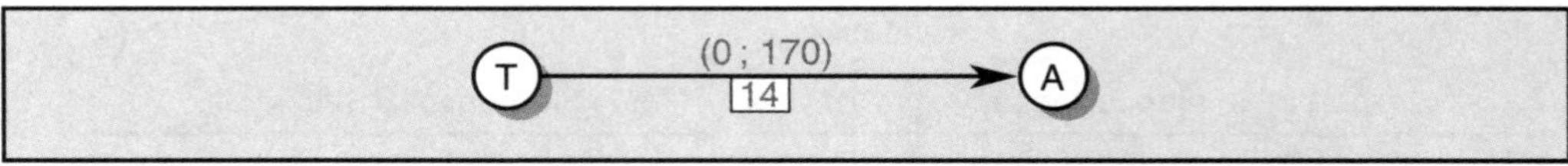

FIGURE 5.5
Arc T → A de Nitrobec (notation algébrique)

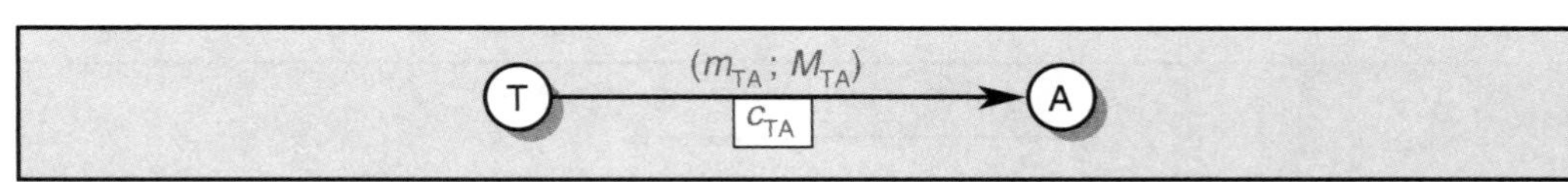

Sur l'arc F → T de la figure 5.3, aucune borne n'est inscrite. Cela signifie que le contexte n'impose aucune restriction à la valeur x_{FT} du flot entre F et T, autre que d'être non négative.

Le flot net émergeant d'un sommet et le flot net incident à un sommet

Les notions de **flot net émergeant d'un sommet** et de **flot net incident à un sommet** jouent un rôle central dans les réseaux. Pour un sommet *i* du réseau, ces flots nets seront notés FNE(*i*) et FNI(*i*). Ils se définissent comme suit :

$$\text{FNE}(i) = (\text{Flot total émergeant du sommet } i) - (\text{Flot total incident au sommet } i)$$
$$\text{FNI}(i) = (\text{Flot total incident au sommet } i) - (\text{Flot total émergeant du sommet } i).$$

Pour le sommet T de la figure 5.3,

$$\text{FNE(T)} = (x_{TA} + x_{TB} + x_{TC}) - (x_{FT} + x_{GT})$$
$$\text{FNI(T)} = (x_{FT} + x_{GT}) - (x_{TA} + x_{TB} + x_{TC}).$$

De ces définitions, il résulte immédiatement que

$$\text{FNE}(i) = -\text{FNI}(i). \qquad (1)$$

Les sommets de transbordement

Selon l'énoncé du problème de Nitrobec, la nitrocellulose acheminée vers une usine en ressortira, après traitement, sous forme d'explosifs dont le poids sera égal à celui de la nitrocellulose utilisée : ainsi, en chacune des usines T et U, le flot émergeant total est égal au flot incident total. Autrement dit, les flots nets des sommets T et U sont nuls :

$$\text{FNE(T)} = \text{FNI(T)} = 0 \quad \text{et} \quad \text{FNE(U)} = \text{FNI(U)} = 0.$$

De tels sommets sont qualifiés de sommets de transbordement, ou de sommets de transit, ou encore de sommets intermédiaires. On dit qu'il y a conservation du flot aux sommets de transbordement T et U.

Les sommets émetteurs

Les fournisseurs agissent dans le réseau comme des sources engendrant le flot. On dira que les sommets associés sont des sommets émetteurs. L'arc • → F des figures 5.3 et 5.6 représente graphiquement l'entrée dans le réseau des explosifs produits par le fournisseur F (on parlera *d'émission de flot par le sommet* F). Cet **arc** est qualifié de **virtuel** ; il ne s'écoule pas de flot par l'arc de la figure 5.6 ; la présence de cet arc dans le réseau indique seulement qu'une certaine quantité de nitrocellulose devra émerger de F, sans avoir transité par ce sommet.

Comme les bornes inférieure et supérieure sont toutes deux égales à 450, c'est nécessairement 450 tonnes de nitrocellulose qui seront émises par F, autrement dit, qui seront achetées du fournisseur F.

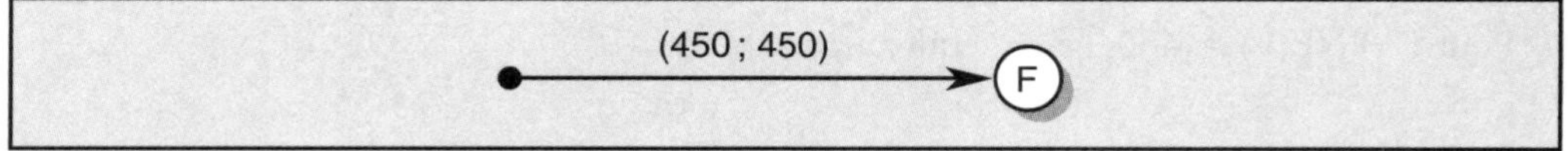

FIGURE 5.6
Émission de flot

Les sommets récepteurs

Les arsenaux agissent dans le réseau comme des destinations finales des biens acheminés. On dira que les sommets associés sont des sommets récepteurs. La figure 5.7 (*voir page suivante*) représente le fait qu'à l'arsenal A, des explosifs sortent du réseau ; on parlera de *réception de flot par le sommet* A. L'arc A → • également est virtuel. Il précise que l'arsenal A doit recevoir exactement 350 tonnes d'explosifs. Souvent, la quantité de flot qui parviendra en un sommet n'est pas fixée *a priori* et est déterminée lors de la résolution du modèle ; dans un tel cas, les bornes diffèrent.

FIGURE 5.7
Réception de flot

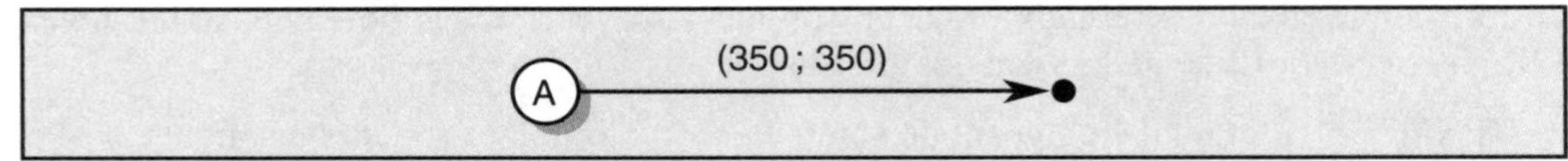

Nitrobec et la terminologie des réseaux : un résumé

- Les sommets F et G émettront un total de 945 unités de flot destinées aux sommets récepteurs A, B et C. Ces unités transiteront par l'un ou l'autre des sommets de transbordement T et U.
- Le flot[1] sera acheminé par les arcs $i \to j$ du réseau. Sur chaque arc où c'est approprié sont reportés les coûts inhérents à l'écoulement unitaire du flot et l'intervalle des valeurs qui lui sont permises.
- La quantité de flot incidente en un sommet de transbordement est toujours égale à celle qui en émerge ; puisque 945 unités de flot sont émises de F et G, alors, forcément, les sommets récepteurs A, B et C recevront au total 945 unités de flot. On dit que le **flot** est **conservé**.

5.1.4 Le modèle linéaire associé au réseau de Nitrobec

Les variables de décision

À chaque arc non virtuel $i \to j$ du réseau est associée une variable de décision x_{ij} qui donne la valeur du flot sur l'arc $i \to j$. Par exemple, dans le problème de Nitrobec, x_{FT} dénote le nombre de tonnes de nitrocellulose achetées du fournisseur F et livrées à l'usine T :

$$x_{\text{FT}} = \text{nombre d'unités de flot transportées du sommet F au sommet T.}$$

L'écriture de la fonction-objectif

L'objectif de Nitrobec est de minimiser le coût total du transport de la nitrocellulose et des explosifs. Ce coût total z s'obtient en calculant les produits $c_{ij} \times x_{ij}$ pour tous les arcs $i \to j$ du réseau, puis en effectuant la somme de ces produits. L'objectif du modèle linéaire s'écrit donc :

$$\text{Min } z = 9\, x_{\text{FT}} + 10\, x_{\text{FU}} + \ldots + 14\, x_{\text{TA}} + 5\, x_{\text{TB}} + \ldots + 3\, x_{\text{BA}} + 2\, x_{\text{BC}} + 2\, x_{\text{CB}}.$$

Les contraintes associées aux sommets

Le flot émis par un sommet émetteur k doit respecter les bornes indiquées sur l'arc virtuel $\bullet \to k$. De façon générale, pour le sommet émetteur de la figure 5.8, on exige que $m_{\bullet k} \leq \text{FNE}(k) \leq M_{\bullet k}$. Dans le cas de Nitrobec, les bornes inférieures et supérieures sont égales pour tous les sommets émetteurs : la double inéquation générale est donc remplacée par une équation.

- Pour F : FNE(F) = 450, ce qui équivaut à

$$x_{\text{FT}} + x_{\text{FU}} = 450.$$

- Pour G : FNE(G) = 495, ce qui équivaut à

$$x_{\text{GT}} + x_{\text{GU}} = 495.$$

1. Le terme « flot » sert à désigner soit le flot total qui circule dans le réseau, soit le flot qui emprunte un arc.

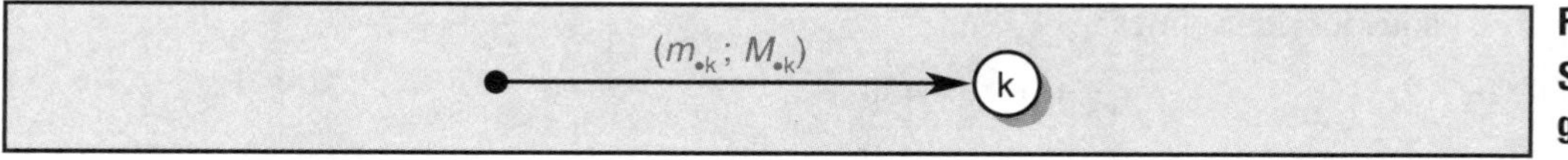

FIGURE 5.8
Sommet émetteur générique

Le flot incident à tout sommet récepteur k doit respecter les bornes indiquées sur l'arc virtuel $k \to \bullet$. De façon générale, pour le sommet de la figure 5.9, on exige que $m_{k\bullet} \leq \text{FNI}(k) \leq M_{k\bullet}$. Dans le cas de Nitrobec, les bornes inférieures et supérieures sont égales pour tous les sommets récepteurs : la double inéquation générale est donc remplacée par une équation. Par exemple, l'arsenal A donne lieu à la contrainte FNI(A) = 350, ce qui se récrit de la façon suivante :

$$x_{\text{TA}} + x_{\text{UA}} + x_{\text{BA}} - x_{\text{AB}} = 350.$$

Aux deux autres arsenaux, B et C, sont associées des contraintes analogues.

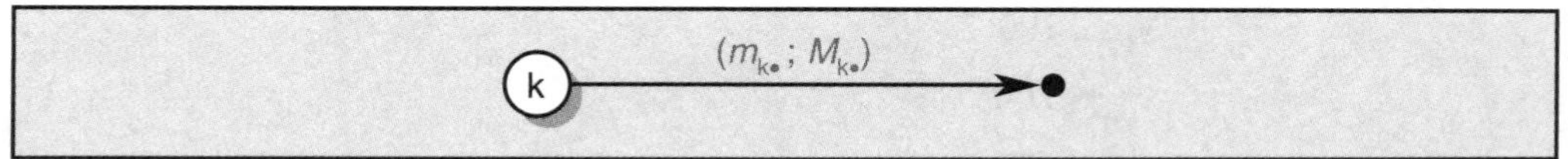

FIGURE 5.9
Sommet récepteur générique

On exigera enfin que FNE(k) = 0 pour tout sommet de transbordement. Le réseau de Nitrobec contient 2 sommets de transbordement, T et U. Les contraintes associées s'écrivent

$$x_{\text{TA}} + x_{\text{TB}} + x_{\text{TC}} - x_{\text{FT}} - x_{\text{GT}} = 0$$
$$x_{\text{UA}} + x_{\text{UB}} + x_{\text{UC}} - x_{\text{FU}} - x_{\text{GU}} = 0.$$

Ces contraintes sont souvent appelées **contraintes de conservation du flot**.

Le sommet A sert aussi de sommet de transbordement pour certaines des tonnes d'explosifs destinées à B. Toutefois, comme le flot net incident à ce sommet est positif, A est classé non pas parmi les sommets de transbordement, mais parmi les sommets récepteurs.

Les contraintes associées aux arcs

Il faut d'abord exiger que, sur tout arc, le flot x_{ij} soit non négatif. De plus, chaque fois qu'on reporte sur un arc une limite inférieure ou une limite supérieure pour le flot qui peut l'emprunter, il faut traduire ces bornes par les contraintes appropriées. En général, pour un arc de la forme présentée à la figure 5.10, on doit adjoindre au modèle les contraintes

$$x_{ij} \geq m_{ij} \quad \text{et} \quad x_{ij} \leq M_{ij}\,. \qquad (2)$$

Ces inéquations prennent la forme suivante dans le cas de l'arc T → A de Nitrobec :

$$0 \leq x_{\text{TA}} \leq 170.$$

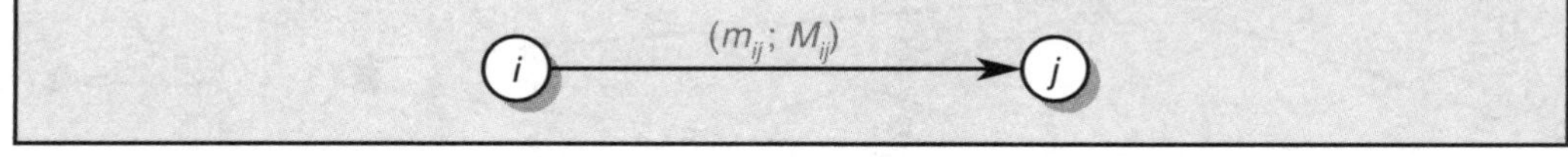

FIGURE 5.10
Bornes d'un arc générique

Le modèle linéaire de Nitrobec : un résumé

Le modèle (R) associé au problème de Nitrobec s'écrit

$$\text{Min } z = 9\,x_{\text{FT}} + 10\,x_{\text{FU}} + \ldots + 14\,x_{\text{TA}} + 5\,x_{\text{TB}} + \ldots + 3\,x_{\text{BA}} + 2\,x_{\text{BC}} + 2\,x_{\text{CB}}$$

sous les contraintes:

$$x_{FT} + x_{FU} = 450$$
$$x_{GT} + x_{GU} = 495$$
$$x_{TA} + x_{TB} + x_{TC} - x_{FT} - x_{GT} = 0$$
$$x_{UA} + x_{UB} + x_{UC} - x_{FU} - x_{GU} = 0$$
$$-x_{AB} + x_{TA} + x_{UA} + x_{BA} = 350$$
$$-x_{BA} - x_{BC} + x_{TB} + x_{UB} + x_{AB} + x_{CB} = 200$$
$$-x_{CB} + x_{TC} + x_{UC} + x_{BC} = 395$$
$$x_{TA} \leq 170$$
$$x_{TB} \leq 180$$
$$x_{TC} \leq 190$$
$$x_{UA} \leq 200$$
$$x_{UB} \leq 150$$
$$x_{UC} \leq 250$$
$$x_{ij} \geq 0 \text{ pour tous les arcs du réseau.}$$

5.1.5 Une solution optimale du problème de Nitrobec

Une solution optimale du problème de Nitrobec, dont le coût total s'élève à 15 685 $, a été reportée sur le réseau de la figure 5.11 : les arcs A → B et B → C, dont le flot est nul dans la solution optimale, ont été omis pour alléger; les valeurs des variables de décision x_{ij} se lisent directement sur la figure:

$$x_{FT} = 45 \ \ldots \ x_{UA} = 5 \ \ldots \ x_{BA} = 175 \ \ldots$$

On constate que 450 et 495 tonnes de nitrocellulose partiront de F et de G respectivement:

$$\text{FNE(F)} = 45 + 405 = 450 \quad \text{et} \quad \text{FNE(G)} = 495.$$

FIGURE 5.11
Solution optimale du problème de Nitrobec

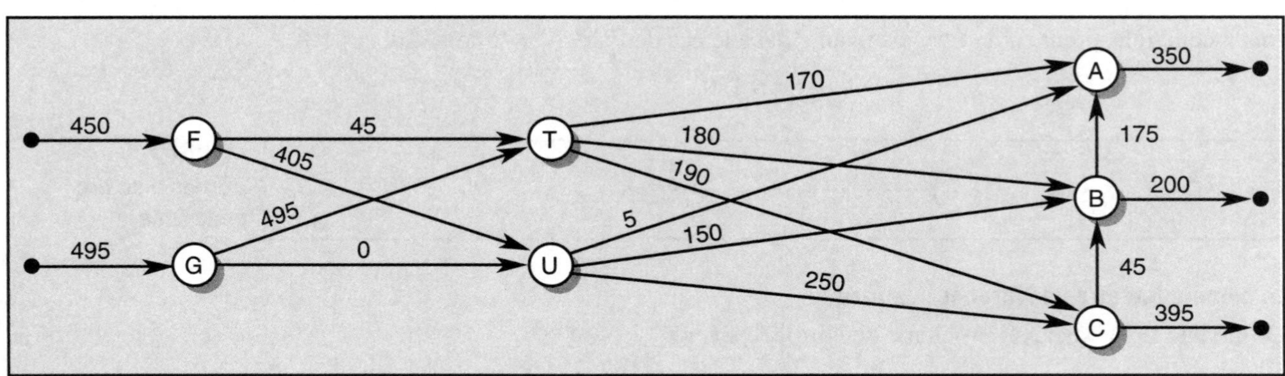

Il y aura 45 + 495 = 540 tonnes de nitrocellulose qui entreront à l'usine T, où seront produites 540 tonnes d'explosifs. Ces 540 tonnes d'explosifs seront acheminées de T vers A, B et C. On vérifie que FNE(T) = 0. Il en va de même pour U. Le flot net incident au sommet B satisfait à la contrainte imposée :

$$-x_{BA} - x_{BC} + x_{TB} + x_{UB} + x_{AB} + x_{CB} = -175 - 0 + 180 + 150 + 0 + 45 = 200.$$

En fait, 375 tonnes d'explosifs arriveront en B ; 200 tonnes y resteront pour satisfaire la demande locale et 175 tonnes repartiront vers A, où elles seront entreposées avant d'être vendues. On vérifie facilement qu'il y a un intérêt économique à utiliser B comme point de transit pour expédier des explosifs en A : en effet, le transport d'une tonne d'explosifs de T vers A via B coûte 5 + 3 = 8 dollars, tandis que le transport d'une tonne d'explosifs envoyée directement de T à A coûte 14 dollars.

5.1.6 Le modèle général de réseau

Dans le réseau de Nitrobec, les sommets se regroupent naturellement en trois catégories disjointes : ceux qui sont reliés au monde extérieur par un arc virtuel et servent à l'émission (F et G) ou à la réception (A, B et C) du flot, et ceux qui n'ont aucun contact direct avec l'extérieur et ne font que transmettre le flot (T et U). Dans les applications classiques des modèles de réseau, il est utile conceptuellement de classifier les sommets en trois types (émetteurs, récepteurs, de transbordement) comme nous l'avons fait dans la présentation de cet exemple. Cependant, certains modèles plus complexes ou plus sophistiqués contiennent des sommets qui jouent plusieurs rôles et il devient impossible de déterminer le type de ces sommets. Il en est ainsi du sommet D_6 de la figure 5.24 (*voir page 240*) et du sommet D de la figure 5.33 (*voir page 248*), qui sont à la fois émetteurs et récepteurs.

Le flot émis par un fournisseur, de même que celui reçu par un arsenal sont fixés *a priori* dans l'exemple de Nitrobec. Il n'en sera pas toujours ainsi, et il sera alors utile d'associer une variable de décision à chacun des arcs virtuels. Dans le cas de Nitrobec, on introduirait par exemple une variable $x_{\bullet F}$; les bornes reportées sur l'arc $\bullet \rightarrow$ F se traduiraient par l'inéquation double $450 \leq x_{\bullet F} \leq 450$ et la 1re contrainte technologique du modèle (R) de la page précédente s'écrirait : $x_{\bullet F} - x_{FT} - x_{FU} = 0$. Dans un tel contexte, il convient de redéfinir les flots nets pour y inclure le flot sur les arcs virtuels : ainsi, on poserait

$$\text{FNI*(F)} = x_{\bullet F} - x_{FT} - x_{FU}$$

$$\text{FNI*(A)} = x_{TA} + x_{UA} - x_{AB} + x_{BA} - x_{A\bullet}.$$

Les contraintes de conservation de flot exigent alors que le flot net FNI* soit nul en tout sommet, que celui-ci soit émetteur, récepteur ou de transbordement.

Un réseau est constitué des éléments suivants :

- des sommets ;
- des arcs $i \rightarrow j$, qui représentent la transmission ou l'écoulement du flot entre les sommets i et j ;
- des **arcs virtuels émetteurs** de la forme $\bullet \rightarrow i$ et des **arcs virtuels récepteurs** de la forme $i \rightarrow \bullet$ (les premiers traduisent l'entrée dans le modèle d'un certain nombre d'unités de flot ; les seconds, le retour des unités de flot dans l'univers extérieur au modèle) ;
- pour tout arc a, un triplet $(c_a ; m_a ; M_a)$: la 1re coordonnée, c_a, représente le coût unitaire de transmission du flot et est un nombre réel quelconque ; les deux autres représentent des bornes inférieure et supérieure sur le nombre d'unités qui peuvent transiter par l'arc et doivent être des nombres entiers non négatifs ou, dans le cas du dernier, l'infini.

Si aucun coût n'est associé au passage du flot sur l'arc a, on posera $c_a = 0$. De même, en l'absence de borne inférieure, on présumera que la borne inférieure m_a est nulle. Enfin, M_a sera noté • quand le modèle ne contient pas de borne supérieure explicite pour le flot sur l'arc a (il existe toujours implicitement une telle borne, car la situation concrète représentée par le modèle ne peut admettre l'infini).

À un tel réseau est associé un modèle linéaire (RG) comportant, pour tout arc a, une variable de décision x_a définie de la façon suivante:

$$x_a = \text{nombre d'unités qui transitent par l'arc } a.$$

L'objectif est de minimiser le coût total de transmission du flot dans le réseau[2]:

$$\text{Min } z = \sum_{\text{arc } a} c_a x_a.$$

Les contraintes sont de trois types.

– Le flot doit être conservé en tout sommet i: FNI*(i) = 0.
– Le flot transmis par un arc doit respecter les bornes: $m_a \leq x_a \leq M_a$.
(Si l'arc a ne possède pas de borne supérieure, on se contentera d'exiger que $x_a \geq m_a$.)
– Les variables x_a doivent être non négatives.

Lorsque le modèle admet au plus un arc entre deux sommets donnés[3], les notations x_a, m_a et M_a associées à un arc $a = (i \rightarrow j)$ sont le plus souvent récrites sous la forme simplifiée x_{ij}, m_{ij} et M_{ij}.

Les contraintes d'intégrité sont redondantes dans un modèle de réseau – en autant que toutes les bornes soient entières. On peut montrer en effet qu'un tel modèle, s'il possède au moins une solution optimale, possède une solution optimale dans laquelle toutes les variables de décision prennent des valeurs entières. (Toutefois, il peut exister d'autres solutions optimales non entières.) Cette propriété des modèles de réseaux est appelée **unimodularité**.

Dans un réseau, rien ne se perd, rien ne se crée: la somme des flots sur les divers arcs virtuels récepteurs est toujours égale au flot total transitant par l'ensemble des arcs virtuels émetteurs.

Les modèles du type (RG) sont des modèles linéaires continus et, à ce titre, se résolvent par l'algorithme du simplexe. Cependant, la structure particulière adoptée par les coefficients des contraintes a permis la formulation d'algorithmes plus rapides, qui résolvent des modèles de réseaux comportant des dizaines de milliers de sommets et des centaines de milliers d'arcs.

Nous n'utilisons pas ici la structure particulière de (RG) et recourons au solveur d'Excel. Pour alléger la saisie des données, nous utilisons un gabarit, nommé Gabarit-Reseaux.xlsx, qui se trouve sur le site web de ce manuel. À l'ouverture, ce chiffrier se présente sous la forme de la figure 5.12. Avant de commencer la saisie, on clique sur Options pour activer le contenu actif qui a été désactivé. Puis, on clique sur le bouton Nouveau problème.

On entre alors le titre, ainsi que les paramètres de la plage I7:I8, on indique s'il s'agit d'un problème de minimisation ou de maximisation, puis on clique sur le bouton Saisie

2. La notation « $\Sigma_{\text{arc } a}$ » signifie que, pour tout arc a du réseau, on doit faire le produit du coût unitaire c_a par le flot x_a, puis additionner les produits ainsi obtenus.

3. Nous donnons à la figure 5.33 (*voir page 248*) un exemple de réseau où plusieurs arcs partagent le même sommet initial et le même sommet terminal.

Avertissement de sécurité Du contenu actif a été désactivé. Options...

K18 f_x

	A	B	C	D	E	F	G	H	I
1	**Problème de réseau**								
2									
3	Nouveau problème				Appuyer sur la touche "Enter" pour valider une entrée				
4									
5	Paramètres :		Titre du problème :						
6									
7			Nombre de sommets :						
8			Nombre d'arcs :						
9			Problème de max (profit) ou de min (coût) :						Min
10									
11	Saisie des données								

FIGURE 5.12
Chiffrier Gabarit-Reseau.xlsx à l'ouverture

des données. En réponse, une macro affiche un tableau, où l'usager entre une description des différents arcs du réseau traité. La figure 5.13 reproduit le tableau, une fois rempli, dans le cas de Nitrobec : la ligne 14 donne les titres ; les autres lignes, de 15 à 33, sont associées aux arcs de la figure 5.3. La colonne « Nom » permet à l'usager de documenter les arcs, ce qui, dans certains cas, facilite grandement l'interprétation du tableau (*voir en particulier la figure 5.30, et la solution du problème 12*).

	A	B	C	D	E	F	G	H	I
13	**Données concernant les arcs**							Solution optimale	
14	No	Nom	S. initial	S. terminal	Coût un.	Borne inf.	Borne sup.	Flot	Coût
15	1	Fournisseur F	.	F	0	450	450		
16	2	Fournisseur G	.	G	0	495	495		
17	3	Lien F-T	F	T	9	0	.		
18	4	Lien F-U	F	U	10	0	.		
19	5	Lien G-T	G	T	8	0	.		
20	6	Lien G-U	G	U	11	0	.		
21	7	Lien T-A	T	A	14	0	170		
22	8	Lien T-B	T	B	5	0	180		
23	9	Lien T-C	T	C	6	0	190		
24	10	Lien U-A	U	A	17	0	200		
25	11	Lien U-B	U	B	6	0	150		
26	12	Lien U-C	U	C	5	0	250		
27	13	Lien A-B	A	B	3	0	.		
28	14	Lien B-A	B	A	3	0	.		
29	15	Lien B-C	B	C	2	0	.		
30	16	Lien C-B	C	B	2	0	.		
31	17	Arsenal A	A	.	0	350	350		
32	18	Arsenal B	B	.	0	200	200		
33	19	Arsenal C	C	.	0	395	395		
34								z* =	
35–36	Construction du modèle			Résolution du modèle					

FIGURE 5.13
Tableau des données concernant les arcs dans le cas de Nitrobec

Une fois qu'il a terminé la saisie des données, l'usager clique sur les boutons Construction du modèle, puis Résolution du modèle. Le premier déclenche l'ajout d'une feuille nommée Modèle qui contient le modèle linéaire associé au réseau décrit au tableau des données concernant les arcs. Le second active le solveur d'Excel : si celui-ci affiche qu'il « a trouvé une solution satisfaisant toutes les contraintes et les conditions d'optimalité », l'usager obtient une solution optimale en cliquant sur le bouton OK de la boîte Résultat du solveur. Cette solution optimale est affichée par le solveur dans la plage de la feuille Modèle qui contient les variables x_{ij} du modèle (RG); elle est également reproduite par une macro à la droite du tableau des données concernant les arcs. La figure 5.14 donne les résultats obtenus dans le cas de Nitrobec.

FIGURE 5.14
Nitrobec: une solution optimale

	A	B	C	D	E	F	G	H	I
12									
13	Données concernant les arcs							Solution optimale	
14	No	Nom	S. initial	S. terminal	Coût un.	Borne inf.	Borne sup.	Flot	Coût
15	1	Fournisseur F	.	F	0	450	450	450	0
16	2	Fournisseur G	.	G	0	495	495	495	0
17	3	Lien F-T	F	T	9	0	.	45	405
18	4	Lien F-U	F	U	10	0	.	405	4050
19	5	Lien G-T	G	T	8	0	.	495	3960
20	6	Lien G-U	G	U	11	0	.	0	0
21	7	Lien T-A	T	A	14	0	170	170	2380
22	8	Lien T-B	T	B	5	0	180	180	900
23	9	Lien T-C	T	C	6	0	190	190	1140
24	10	Lien U-A	U	A	17	0	200	5	85
25	11	Lien U-B	U	B	6	0	150	150	900
26	12	Lien U-C	U	C	5	0	250	250	1250
27	13	Lien A-B	A	B	3	0	.	0	0
28	14	Lien B-A	B	A	3	0	.	175	525
29	15	Lien B-C	B	C	2	0	.	0	0
30	16	Lien C-B	C	B	2	0	.	45	90
31	17	Arsenal A	A	.	0	350	350	350	0
32	18	Arsenal B	B	.	0	200	200	200	0
33	19	Arsenal C	C	.	0	395	395	395	0
34								z* =	15 685

5.2 Quelques exemples supplémentaires

Nous présentons maintenant quelques applications qui se modélisent comme des modèles de réseaux. Notre but est d'indiquer l'ampleur du champ d'application de ces modèles et d'en illustrer la versatilité.

5.2.1 Une nouvelle version du problème de Nitrobec

La description du contexte modifié

La récession économique qui se prolonge a forcé Nitrobec à rationaliser l'ensemble de ses activités. La direction en est venue à la décision de vendre ses trois arsenaux à un investisseur intéressé par le marché des explosifs. Le nouveau propriétaire et Nitrobec ont convenu, pour le mois prochain, des approvisionnements décrits au tableau 5.5, aux tarifs indiqués dans le tableau. Par exemple, l'arsenal A devra recevoir entre 100 et 400 tonnes d'explosifs, qui seront payés à Nitrobec 350 $ la tonne.

Nitrobec a décidé en outre de réviser les quantités de nitrocellulose qu'elle achètera de ses fournisseurs F et G. Le tableau 5.6 donne les nouvelles quantités que Nitrobec entend

TABLEAU 5.5
Approvisionnements convenus pour les arsenaux

Arsenal	A	B	C
(Min; Max)	(100; 400)	(0; 300)	(150; 400)
Prix (en $/t)	350	360	355

acheter. Par exemple, Nitrobec devra acheter de G entre 150 et 495 tonnes de nitrocellulose au prix de 235 $ la tonne.

Fournisseur	F	G
(Min ; Max)	(100 ; 450)	(150 ; 495)
Prix d'achat (en $/t)	220	235

TABLEAU 5.6
Nouvelles données pour les fournisseurs

La direction de Nitrobec a fait réaliser une étude des coûts de production des explosifs dans chacune de ses deux usines et il s'est avéré que ces coûts diffèrent : produire une tonne d'explosifs revient à 22 $ en T et à 25 $ en U. Pour éviter le grippage des appareils, il faut produire une certaine quantité d'explosifs dans chaque usine : on évalue à 100 tonnes d'explosifs par mois la production minimale de T et à 200 tonnes celle de U. De plus, le départ de certains ouvriers spécialisés a réduit la capacité des deux usines ; la capacité de traitement de T n'est plus que de 400 tonnes de nitrocellulose et celle de U a chuté à 420 tonnes. L'étude de Nitrobec a montré la justesse des coûts de transport des fournisseurs vers les usines, puis des usines aux arsenaux, des capacités des arcs entre les usines et les arsenaux, et des coûts de transport entre ces derniers.

Il s'agit de construire un modèle mathématique qui permette à Nitrobec de maximiser le revenu net total à tirer de la vente des explosifs aux arsenaux A, B et C, tout en respectant les contraintes concernant l'achat de la nitrocellulose chez les fournisseurs, la production des explosifs dans les deux usines, la demande des arsenaux et les arcs du réseau.

Le réseau

Les composantes du réseau ressemblent à celles de la version originelle de Nitrobec. Un sommet est d'abord associé à chacun des fournisseurs F et G, à chacune des usines T et U et à chacun des arsenaux A, B et C. Les arcs sont à peu près les mêmes que ceux de la figure 5.3. Il y a toutefois une nouveauté : la quantité de nitrocellulose traitée par chaque usine est assujettie à une borne inférieure et à une borne supérieure. Ainsi, les sommets T et U sont encore des sommets de transbordement, mais il faut contrôler les tonnages qui y transitent. Comment s'y prendre pour tenir compte d'une telle situation ? La figure 5.15 illustre la façon usuelle de procéder. Les sommets associés à T et à U sont dédoublés. Tout le flot qui arrive en T devra se rendre en T' en respectant les bornes indiquées sur l'unique arc émergeant de T. Il en va de même pour U. Les arcs T → T' et U → U' représentent le cheminement de la nitrocellulose, lors de sa transformation en explosifs, à l'intérieur des murs des usines.

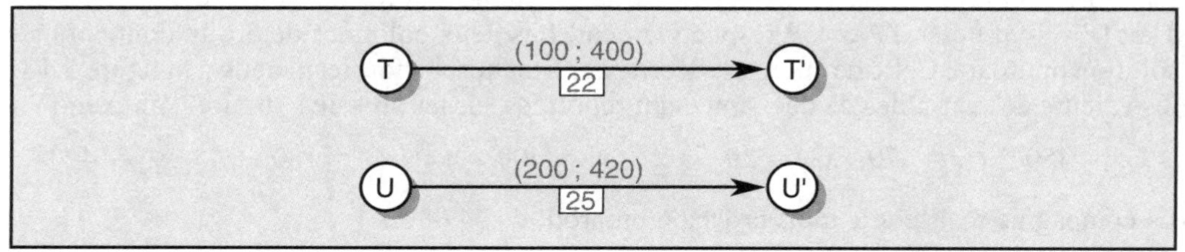

FIGURE 5.15
Sommets de transbordement soumis à des bornes : dédoublement

La figure 5.16 (*voir page suivante*) donne le modèle graphique associé aux nouvelles données du problème de Nitrobec. Aux « arcs » émergeant de A, de B et de C sont associés des coûts négatifs, car il s'agit de revenus unitaires réalisés par Nitrobec.

FIGURE 5.16
Réseau du problème modifié de Nitrobec

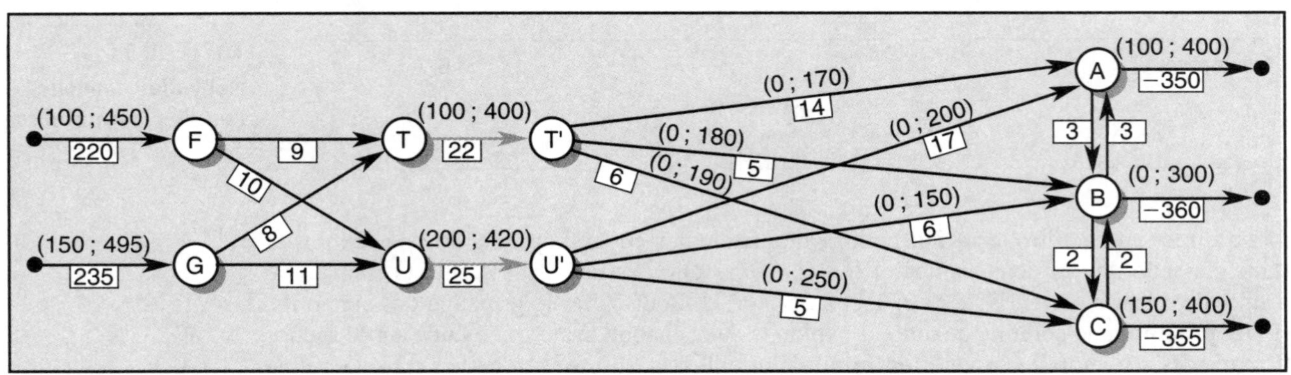

Le modèle linéaire

Nous décrivons ici un modèle dans lequel une variable de décision est associée à tout arc, virtuel ou non, comme dans le modèle (RG) présenté à la section 5.1.6. L'objectif du modèle linéaire associé à la nouvelle situation de Nitrobec consiste à minimiser[4] la fonction-objectif z', où

$$z' = 220\, x_{\bullet F} + 235\, x_{\bullet G} + 9\, x_{FT} + \ldots + 22\, x_{TT'} + 25\, x_{UU'} + 14\, x_{TA} + \ldots - 355\, x_{C\bullet}.$$

Les contraintes sont de trois types.

– Le flot doit être conservé en tout sommet: par exemple,

$$x_{\bullet F} - x_{FT} - x_{FU} = 0$$

$$x_{FU} + x_{GU} - x_{UU'} = 0$$

$$x_{T'C} + x_{U'C} + x_{BC} - x_{CB} - x_{C\bullet} = 0.$$

– Le flot transmis par un arc doit respecter les bornes: par exemple,

$$100 \leq x_{\bullet F} \leq 450$$

$$100 \leq x_{TT'} \leq 400$$

$$0 \leq x_{TA} \leq 170.$$

– Les variables doivent être non négatives.

Une solution optimale

La figure 5.17 reproduit le chiffrier associé au problème modifié de Nitrobec. Les sommets T' et U' y sont notés TP et UP respectivement. Les deux colonnes de droite donnent une solution optimale. Cette dernière est décrite également sous forme visuelle à la figure 5.18, les valeurs des variables de décision étant reportées sur les arcs de la figure. Par exemple,

$$x_{\bullet F} = 450 \quad x_{\bullet G} = 370 \quad x_{FT} = 30 \quad \ldots \quad x_{TT'} = 400 \quad \ldots \quad x_{T'B} = 180 \quad \ldots \quad x_{C\bullet} = 400.$$

La compagnie réalisera le mois prochain un profit de 74 080 $.

---

4. On pourrait tout aussi bien maximiser $z'' = -z' = -220\, x_{\bullet F} - 235\, x_{\bullet G} - 9\, x_{FT} - \ldots + 355\, x_{C\bullet}$. Cependant, certains logiciels sont restreints aux modèles de réseau dont l'objectif est de minimiser le coût total, ce qui nous oblige à exprimer les revenus par des valeurs négatives ; ils imposent également que, en présence de « coûts négatifs », tout arc virtuel émetteur soit muni d'une borne supérieure explicite. Ici, nous respecterons ces exigences techniques, même si le gabarit-réseau offre l'option de maximiser la fonction-objectif.

Données concernant les arcs							Solution optimale	
No	Nom	S. initial	S. terminal	Coût un.	Borne inf.	Borne sup.	Flot	Coût
1	Fournisseur F	.	F	220	100	450	450	99000
2	Fournisseur G	.	G	235	150	495	370	86950
3	Lien F-T	F	T	9	0	.	30	270
4	Lien F-U	F	U	10	0	.	420	4200
5	Lien G-T	G	T	8	0	.	370	2960
6	Lien G-U	G	U	11	0	.	0	0
7	Usine T	T	TP	22	100	400	400	8800
8	Usine U	U	UP	25	200	420	420	10500
9	Lien T-A	TP	A	14	0	170	30	420
10	Lien T-B	TP	B	5	0	180	180	900
11	Lien T-C	TP	C	6	0	190	190	1140
12	Lien U-A	UP	A	17	0	200	20	340
13	Lien U-B	UP	B	6	0	150	150	900
14	Lien U-C	UP	C	5	0	250	250	1250
15	Lien A-B	A	B	3	0	.	0	0
16	Lien B-A	B	A	3	0	.	70	210
17	Lien B-C	B	C	2	0	.	0	0
18	Lien C-B	C	B	2	0	.	40	80
19	Arsenal A	A	.	-350	100	400	120	-42000
20	Arsenal B	B	.	-360	0	300	300	-108000
21	Arsenal C	C	.	-355	150	400	400	-142000
							z* =	-74 080

FIGURE 5.17
Nitrobec modifié : données sur les arcs et solution optimale

FIGURE 5.18
Solution optimale du problème de Nitrobec modifié

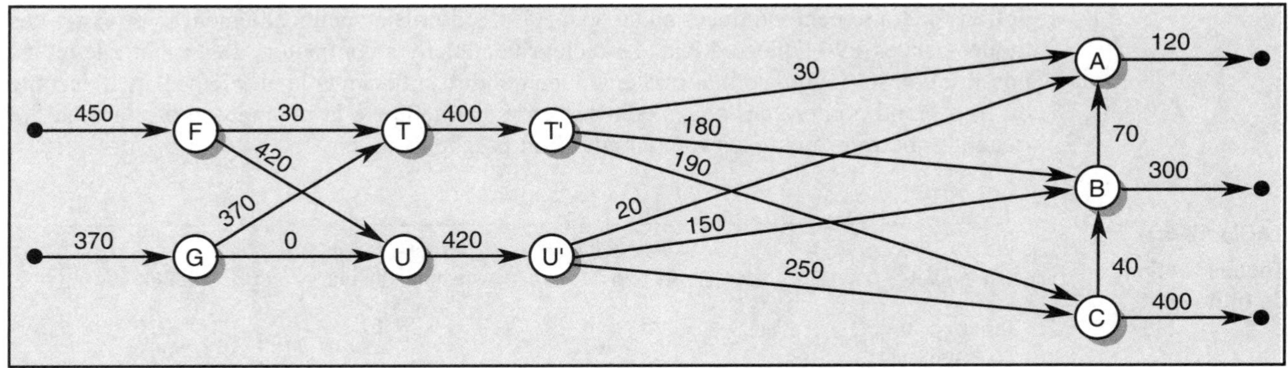

Cet exemple illustre deux notions utiles pour la modélisation graphique.

– Lorsque la quantité de flot qui transite par un sommet de transbordement est assujettie à une borne inférieure ou à une borne supérieure, on dédouble le sommet de transbordement et l'on crée un arc entre les deux sommets obtenus. Cet arc portera l'indication de la borne inférieure ou de la borne supérieure.
– Lorsqu'un revenu est associé au flot reçu par un sommet, il convient de le traduire dans le réseau par un coût négatif.

5.2.2 La maison Cordon-Bleu

La description du problème

Depuis près de 90 ans, la maison Cordon-Bleu propose à Paris, sept jours par semaine, des cours de cuisine gastronomique destinés à une clientèle de stagiaires en provenance des cinq continents. On peut s'y inscrire pour la journée, la semaine, le mois ou le semestre. En fait, la plupart des stagiaires ne s'inscrivent chez Cordon-Bleu que pour un ou deux jours, question de prétendre avoir côtoyé les grands de la cuisine française. La Maison fournit l'équipement culinaire et les ingrédients nécessaires à la confection des plats et des pièces montées. Les stagiaires peuvent consommer sur place le fruit de leurs efforts. La Maison permet à chaque stagiaire de porter la toque de chef: Cordon-Bleu, comme l'assure la publicité, est une école qui ne manque pas de panache !

Chaque stagiaire, après les activités de la journée, remet sa toque au responsable de la lingerie. Les toques défraîchies sont confiées chaque soir à une communauté religieuse de la proche banlieue, qui les renvoie chez Cordon-Bleu à temps pour qu'elles puissent servir aux stagiaires inscrits le matin du troisième jour qui suit celui de leur précédente utilisation.

Profitant des vacances annuelles de la Maison, le responsable de la lingerie a confié plus de 500 toques défraîchies à une ravaudeuse pour que cette dernière les reprise et les rapièce. Malheureusement, le moment pour faire effectuer cette tâche, que la ravaudeuse ne pourra mener à bien que huit jours après le redémarrage des cours, s'est avéré mal choisi. Un nombre inattendu de stagiaires se sont inscrits à la dernière minute pour les premiers jours de la rentrée, et le responsable ne peut compter que sur les 100 toques qu'il tenait en réserve pour la rentrée. Le responsable a donc envisagé de toute urgence des façons de pallier cette difficulté : tout d'abord, il pourra confier chaque soir une partie des toques sales au service de buanderie de la Maison, qui ne pourra par contre traiter plus de 25 toques qui seront rendues disponibles pour les stagiaires dès le lendemain matin. De plus, un dégraisseur spécialisé du quartier pourra aussi dépanner le responsable, qui disposera donc des trois options de traitement indiquées au tableau 5.7. Cordon-Bleu peut également se procurer des toques neuves à 90 F pièce. Mais le directeur financier a recommandé d'en acheter le moins possible, car les toques sont normalement en nombre suffisant et le problème actuel découle du trop grand nombre de toques confiées en même temps à la ravaudeuse. Le tableau 5.8 donne les besoins en toques au cours des huit prochains jours.

TABLEAU 5.7
Toques : options de traitement

Traitement	Sale le soir du jour	Prête à servir le matin du jour	Coût/toque
1. Sur place	I	I + 1	5 F
2. Dégraisseur	I	I + 2	3 F
3. Communauté	I	I + 3	2 F

TABLEAU 5.8
Toques : besoins pour les huit prochains jours

Jour	1	2	3	4	5	6	7	8
Besoins	80	60	75	80	45	70	35	65

Si la maison Cordon-Bleu veut minimiser les dépenses supplémentaires engagées pour faire face à la situation, tout en disposant de suffisamment de toques chaque matin en attendant le retour de celles qui ont été confiées à la ravaudeuse, comment le responsable doit-il s'y prendre ? On supposera que toutes les toques doivent être propres et prêtes à une utilisation future au plus tard le matin du onzième jour.

Les composantes du réseau

Quel lien y a-t-il entre le problème de la maison Cordon-Bleu et un problème de réseau ? Pour créer ce lien, il suffit d'associer toques sales à nettoyer ou toques propres à un flot à transmettre par des arcs dont les extrémités sont soit les matins, soit les soirs des premiers jours après le retour des vacances. Dans un réseau, c'est aux sommets que le débit du flot peut se modifier. En effet, le flot incident peut y être absorbé ou dirigé vers d'autres sommets. Le nombre des toques propres et celui des toques non disponibles changent matin et soir : des toques propres ou fraîchement lavées sont disponibles en lingerie chaque matin ; les toques salies durant une journée s'ajoutent le soir aux toques non disponibles. À chaque matin et à chaque soir correspondra donc un sommet du réseau.

Pour fixer les idées, schématisons ce qui arrive aux toques d'une journée à l'autre. La figure 5.19 représente le flot des toques lors de la 4e journée. Les sommets M_i et S_j représentent le matin *i* et le soir *j*. Le stock de toques propres le 4e matin est constitué :

- de toques propres non portées lors de la 3e journée ; on représente ces toques par le flot sur l'arc $M_3 \rightarrow M_4$, de coût nul ;
- de toques sales le soir S_1 et lavées dans la communauté religieuse au coût de 2 F la pièce ; ces toques, redevenues disponibles au matin M_4, sont représentées par le flot sur l'arc $S_1 \rightarrow M_4$, de coût unitaire 2 ;
- de toques sales le soir S_2 qui ont été confiées au dégraisseur au coût unitaire de 3 F ; ces toques constituent le flot sur l'arc $S_2 \rightarrow M_4$, de coût unitaire 3 ;
- de toques sales le soir S_3 lavées sur place ; on leur associe le flot sur l'arc $S_3 \rightarrow M_4$, de coût unitaire 5. Ce flot est borné supérieurement par 25.

De ces toques propres le matin M_4, exactement 80 seront utilisées au cours de la 4e journée. On traduit cela par le flot qui emprunte l'arc $M_4 \rightarrow S_4$; une borne inférieure et une borne supérieure, égales toutes deux à 80, assureront le flot de 80 toques requis sur cet arc.

Le premier matin, la Maison dispose de 100 toques propres, dont 80 serviront au cours de la première journée et 20 resteront disponibles pour le deuxième matin. Des 80 toques

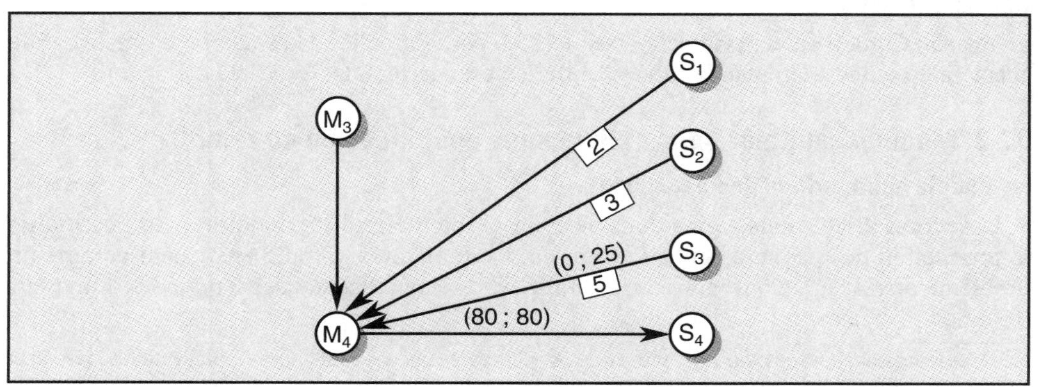

FIGURE 5.19
Schéma du flot de toques le jour 4

sales le premier soir, 25 tout au plus pourront être rendues disponibles pour le deuxième matin. Si l'on n'achetait pas de toques neuves, il n'y aurait que 45 toques disponibles pour la deuxième journée d'activité, qui en requiert 60. Combien de nouvelles toques doit-on acheter pour en avoir suffisamment tout au long des huit premiers jours ?

On répondra à cette question en faisant jouer à M_1 le rôle de sommet émetteur. De plus, afin de distinguer les 100 toques propres déjà disponibles des toques neuves que la maison Cordon-Bleu devra acheter, deux arcs virtuels distincts seront incidents au sommet M_1, comme l'indique la figure 5.20. Les anciennes toques emprunteront l'arc vertical • → M_1 dont le coût est nul et dont les bornes sont (0 ; 100). L'arc horizontal • → M_1 achemine les toques neuves qui, rappelons-le, reviennent à 90 F chacune.

FIGURE 5.20
Toques : le matin 1

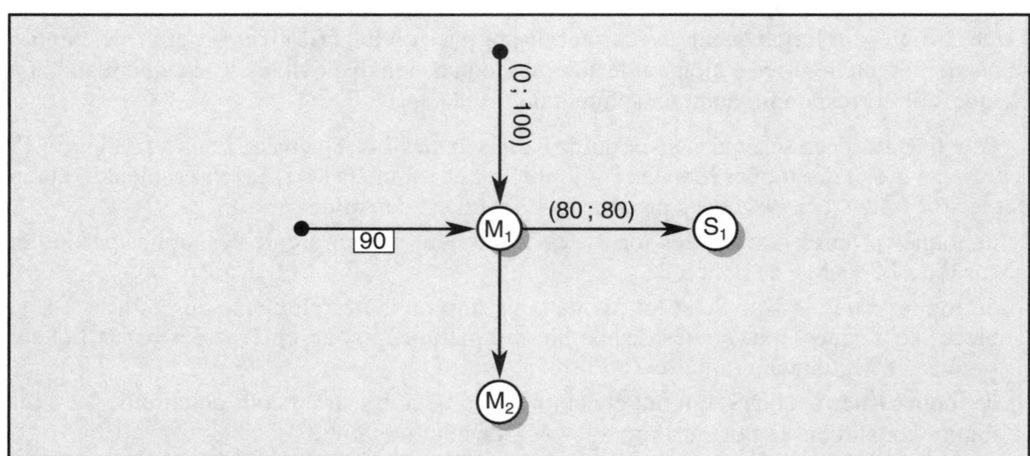

La modélisation graphique

La figure 5.21 illustre le réseau associé au problème de la maison Cordon-Bleu. Les coûts de certains arcs, qui étaient nuls, ont été omis. Le sommet M_{11} est le seul sommet récepteur du réseau. (Le flot sur chacun des arcs $S_8 \rightarrow M_9$ et $S_8 \rightarrow M_{10}$ est nécessairement nul à l'optimum ; on aurait donc pu se dispenser d'indiquer ces arcs sur la figure.)

Une solution optimale

La maison Cordon-Bleu devra débourser 4 135 F pour faire face à la situation d'urgence. Elle achètera 30 toques. Un plan optimal d'entretien est décrit au tableau 5.9.

5.2.3 Modèles multipériodes et livraisons anticipées ou en retard

Le modèle multipériode de Pastissimo

À la section 2.1.8, nous avons considéré un problème multipériode de planification de la production de spaghettis chez Pastissimo. Ce problème se traite également comme un problème de réseau[5]. Convenons, en effet, de représenter chacune des 6 périodes d'un mois

5. Cette représentation sous forme de réseau est possible parce que les contraintes de production se résument à des inéquations de la forme « $p_j \leq c_j$ », où c_j est une constante donnant la capacité globale de production de Pastissimo durant le mois j. Dans les modèles multipériodes plus complexes, il est le plus souvent impossible de traiter le problème de planification de la production comme un problème de réseau. L'exercice de révision 2 de la section 5.4 indique comment construire un modèle linéaire qui traduit une situation de ce type.

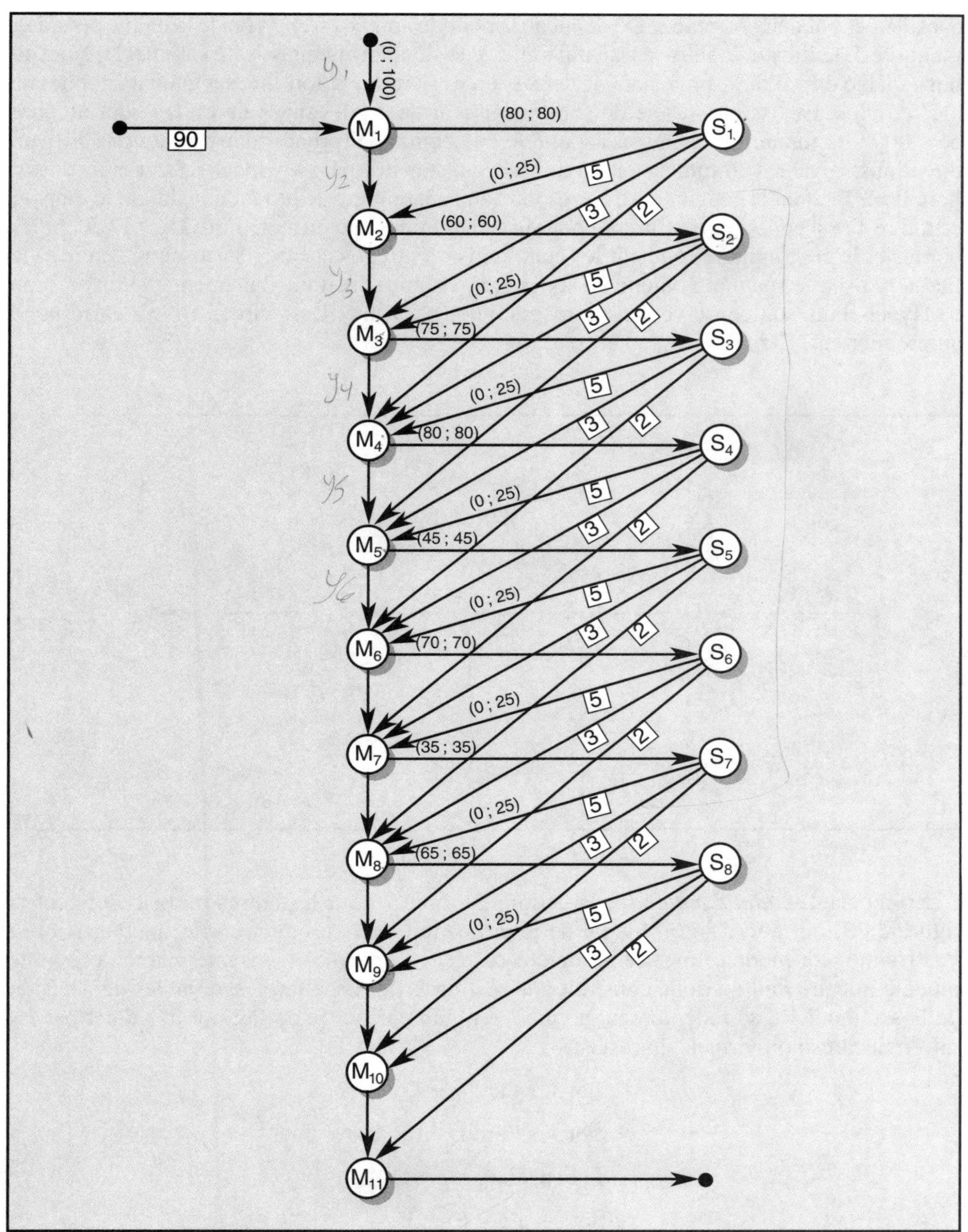

FIGURE 5.21
Toques : le réseau

TABLEAU 5.9
Toques : plan optimal d'entretien

Jour ou soir	1	2	3	4	5	6	7	8	Total
Utilisées pendant le jour	80	60	75	80	45	70	35	65	510
Traitées sur place	10	5	25	–	–	–	–	–	40
Confiées au dégraisseur	70	55	45	65	20	40	–	–	295
Confiées à la communauté	–	–	5	15	25	30	35	65	175

considérées par deux sommets, D_j (début de la période numéro j) et F_j (fin de la même période). La figure 5.22 illustre le sous-réseau qui traite de la situation au mois 1. Le sommet D_1 émet du flot – du blé dur en fait – provenant de deux sources : l'entrepôt fournit exactement 2 tonnes de blé ; de plus, Pastissimo achète de son fournisseur de 4 à 6 tonnes de blé au coût unitaire de 1 000 $ la tonne. Le blé ainsi disponible au sommet D_1 prend l'une ou l'autre des deux directions suivantes : 6 tonnes au maximum sont transformées en spaghettis et empruntent l'arc $D_1 \to F_1$, dont le coût unitaire correspond au coût unitaire de production durant le mois 1 ; ce qui reste est conservé en entrepôt pour usage ultérieur et emprunte l'arc $D_1 \to D_2$, dont les bornes et le coût unitaire reflètent les conditions d'entreposage chez Pastissimo. Enfin, à la fin du mois 1, le spaghetti obtenu au sommet F_1 est soit mis immédiatement à la disposition de Hyper-Halli, soit conservé dans le magasin de Pastissimo. L'arc virtuel $F_1 \to \bullet$ correspond au premier cas, l'arc $F_1 \to F_2$, au second.

FIGURE 5.22
Pastissimo : structure du réseau (mois 1)

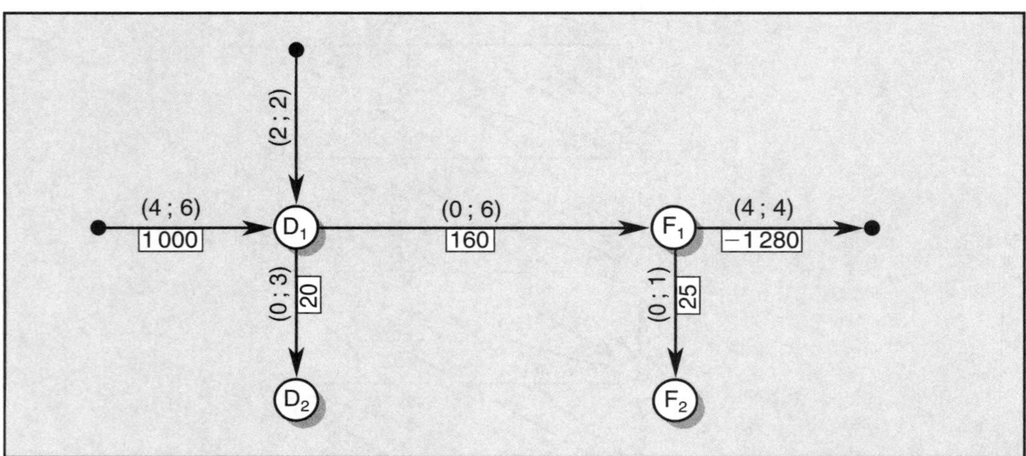

En répétant, *mutatis mutandis,* la cellule du mois 1 pour les autres mois, on obtient la figure 5.23, qui décrit le problème de planification de la production de spaghettis chez Pastissimo. Le modèle linéaire associé à ce réseau est en fait – à une nuance près – le modèle linéaire multipériode construit à la section 2.1.8. En effet, les variables de décision de la section 2.1.8 se redéfinissent comme le nombre d'unités de flot qui transitent par les différents arcs non virtuels du réseau :

a_j : flot sur l'arc $\bullet \to D_j$

p_j : flot sur l'arc $D_j \to F_j$

e_j : flot sur l'arc $D_j \to D_{j+1}$

s_j : flot sur l'arc $F_j \to F_{j+1}$.

Le modèle de la section 2.1.8 ne traitait que des coûts engagés par Pastissimo, tandis que le réseau tient compte explicitement des revenus que retirera Pastissimo de la vente des spaghettis à Hyper-Halli. La fonction-objectif du modèle de réseau représente donc le profit net de Pastissimo.

Les bornes (2 ; 2) sur les arcs • → D_1 et D_6 → • garantissent que Pastissimo détiendra exactement 2 tonnes de blé dur en entrepôt tant au début qu'à la fin de la tranche de 6 mois considérée. Les bornes sur les autres arcs traduisent dans le langage des réseaux les contraintes de bornes qui constituent les quatre premiers groupes de contraintes technologiques de ce modèle multipériode. Quant aux équations des cinquième et sixième groupes de contraintes du modèle de la section 2.1.8, elles correspondent aux contraintes de conservation de flot associées aux sommets D_j et F_j.

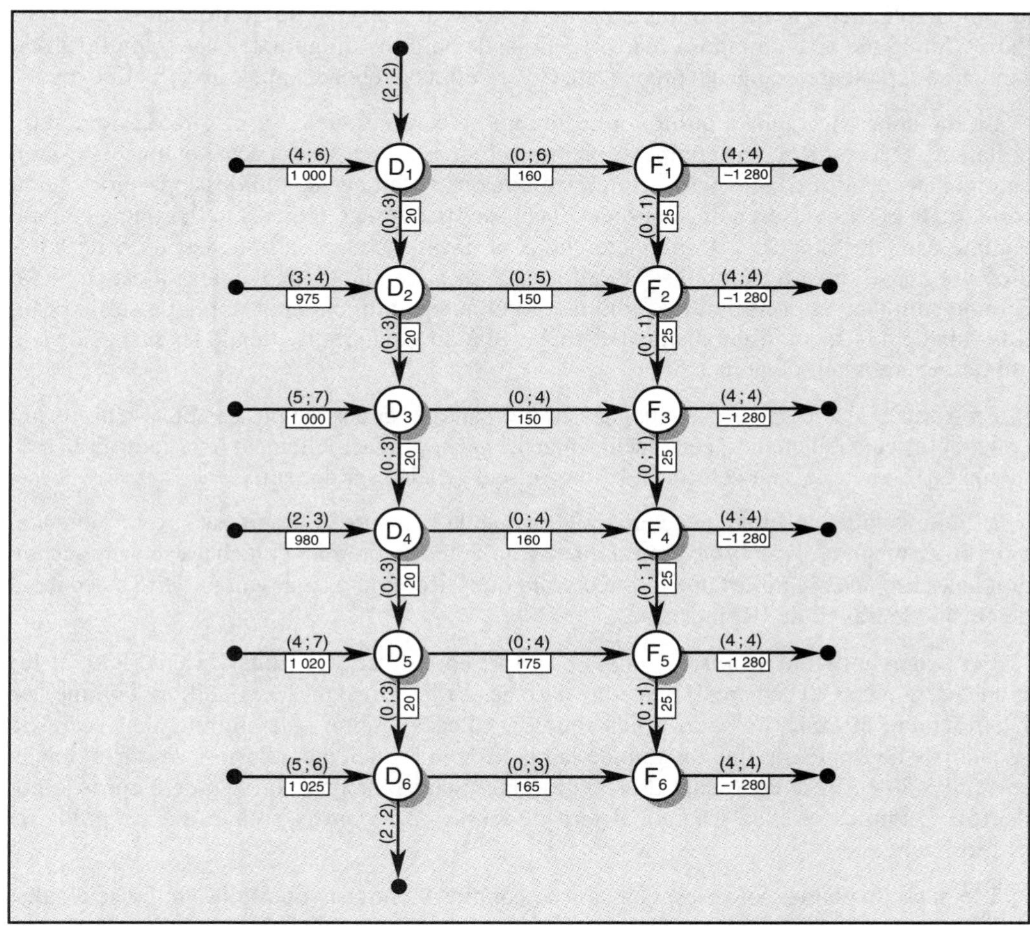

FIGURE 5.23
Modèle multipériode de Pastissimo : le réseau

Un problème de planification avec livraisons anticipées ou en retard

Dans certaines situations commerciales, il est possible d'expédier au client un certain nombre d'unités en dehors de la période où il les requiert. Ainsi, on livre parfois à l'avance, transférant le poids de conserver les stocks au client, lequel, évidemment, exigera alors une compensation monétaire. De même, certaines entreprises se permettent des livraisons en retard : par exemple, les unités requises à la période j seront reçues par le client à la période $j + 1$, le fabricant lui accordant une compensation appelée « coût de pénurie ». Considérons l'exemple suivant, où apparaissent de telles livraisons hors période.

La perte de poids est une préoccupation sociale majeure dans les pays occidentaux, car la surcharge pondérale présente un risque démontré pour la santé. Mais c'est surtout le préjudice esthétique qui incite à entreprendre des régimes amaigrissants qui s'appuient sur la réduction des apports caloriques et sur l'augmentation des dépenses énergétiques. Ces régimes entraînent une sensation permanente de faim qui donne naissance à des boulimies soudaines. La diminution abrupte des apports caloriques aboutit, croit-on, après une perte de poids éphémère, à une modification du rendement énergétique de l'organisme. Après l'arrêt du régime ou au moindre écart, la reprise de poids est fulgurante et se traduit par une surcharge supérieure à celle qui préexistait. C'est l'effet de rebond, appelé aussi « effet yoyo ».

La méthode Montignac, qui a voulu rompre ce cercle vicieux, a inspiré de nombreux imitateurs. Récemment, une équipe de pharmacologues français a cru détecter un coupe-faim naturel dans le raifort, cette plante condimentaire qui ne fait que de timides apparitions sur la carte des chefs. Le raifort a un apport de 70 calories par 100 grammes. On l'emploie comme légume dans des potées où l'on ajoute choux et navets; coupé en tranches, c'est un hors-d'œuvre qui se substitue au radis. Le raifort sert aussi de plante médicinale: il est employé comme stimulant antiscorbutique, comme diurétique et antigoutteux; appliqué sur la peau, il la rubéfie à la façon d'un sinapisme; mélangé à du vinaigre, il atténue les taches de son qui désespèrent tant de jeunes filles.

En Alsace, toutefois, et en Allemagne, surtout, sans parler des régions des États-Unis où ont émigré plusieurs Allemands, cette racine blanche hachée industriellement tient souvent lieu de moutarde. Le peuple s'en délecte; il la mange seule, étalée sur du pain.

L'huile volatile sulfurée que contient la racine de la plante lui donne sa saveur piquante, mais elle a un pouvoir lacrymogène si intense qu'après un premier épluchage mécanique, on doit laisser reposer le raifort une journée avant que les ouvrières puissent parfaire au couteau de cuisine le travail de l'éplucheuse.

Les Allemands ont 1 000 hectares de raifort en culture, les États-Uniens, 500, et les Français, quelque 20 hectares. On récolte 6 tonnes à l'hectare dans les conditions habituelles. L'épluchage élimine 18 % du poids récolté. Chez Fauchon – le traiteur de luxe et le spécialiste de l'épicerie fine du coin de la place de la Madeleine à Paris –, le raifort haché se vend 3,50 euros le contenant de 150 grammes; chez Auchan[6], on le paie 2 euros le pot de 150 grammes et chez Casino, il faut débourser 2,25 euros pour le même poids de raifort haché.

L'équipe de pharmacologues, convaincue comme Montignac que l'obésité est le résultat d'une réaction en chaîne qui prend sa source dans le choix des aliments, a publié à Paris, à la rentrée de septembre, des recettes à base de raifort haché. Immédiat a été l'engouement pour le nouveau régime et soudaine la rupture des stocks de raifort haché. Meerrettich S.A., une entreprise agroalimentaire alsacienne, a flairé la bonne affaire et vient de retenir à l'avance une grande partie de la production d'un agriculteur de la région. Il s'agit de faire vite: la clientèle réclame le raifort haché nouveau, et la prise des parts de marché portera d'autant plus à conséquence que les trois distributeurs, Fauchon, Auchan et Casino, font affaire avec le grossiste qui achètera les pots de raifort de Meerrettich.

---

6. Auchan et Casino sont des équivalents français du Walmart nord-américain.

La récolte débutera le 21 novembre et, dès le début de décembre, Meerrettich recevra les premières livraisons de raifort épluché. Le tableau 5.10 donne les prix (en euros la tonne) convenus entre l'agriculteur et Meerrettich. L'augmentation des prix s'explique par les frais d'entreposage chez l'agriculteur et par les pertes habituelles attribuables au vieillissement des tubercules. Enfin, le tableau 5.11 résume l'entente conclue entre le grossiste et Meerrettich pour des livraisons fermes en fin de mois.

TABLEAU 5.10
Achats de raifort épluché

Début	Tonnage maximal retenu	Prix garanti (en €/t)
1. Décembre	20	10 000
2. Janvier	15	10 500
3. Février	15	10 800
4. Mars	20	11 000
5. Avril	25	11 800
6. Mai	20	12 400

TABLEAU 5.11
Livraisons de pots de raifort

Fin	Tonnage (en raifort haché)	Prix (en €/t)
1. Décembre	12	20 000
2. Janvier	19	22 500
3. Février	15	23 500
4. Mars	20	24 000
5. Avril	25	25 000
6. Mai	10	26 000

Des clauses du contrat d'approvisionnement liant Meerrettich et le grossiste prévoient que :

– Meerrettich peut anticiper les livraisons de 1 ou 2 mois.

  Meerrettich souhaitait cette clause parce que son espace d'entreposage ne lui permet pas de stocker plus de 10 tonnes de tubercules épluchés. Dans le cas d'une livraison anticipée de 1 mois, Meerrettich accordera au grossiste un remboursement de 30 euros par tonne de raifort haché ; ce remboursement augmentera à 50 euros la tonne dans le cas d'une livraison anticipée de 2 mois.

– Le grossiste consent des livraisons en retard de 1 mois pour compléter les commandes qu'il a passées chez Meerrettich, mais il recevra en contrepartie un rabais de 20 euros la tonne pour le raifort livré en retard.

  Cette clause découle du quasi-monopole temporaire de Meerrettich dans le domaine du raifort. Le grossiste voudra sans doute la renégocier à la fin des 6 mois en abolissant la possibilité de livrer en retard ou en augmentant significativement la pénalité.

Meerrettich prévoit que la conjoncture continuera d'être favorable pour le raifort après la fin mai et souhaite avoir en stock, à ce moment-là, 8 tonnes de tubercules épluchés. Si l'entreprise se voit forcée d'entreposer du raifort épluché, elle le fera à un coût mensuel de 200 euros la tonne.

La préparation du raifort comporte plusieurs étapes : hachage, ajout de vinaigre, macération, mise en pot, pose des étiquettes, etc. Meerrettich connaît sa capacité de traitement, laquelle est comprise dans une fourchette allant de 14 à 18 tonnes par mois. Les coûts de traitement (en euros la tonne de tubercules épluchés) s'élèvent à 1 300 euros pour chacun des deux premiers mois; ils grimpent à 1 500 euros pour les deux mois suivants (les congés scolaires imposent le recours à des ouvriers de la liste de rappel), puis reviennent à 1 300 euros au cours des derniers mois.

Meerrettich est à la recherche d'une politique optimale d'achat, de stockage, de production et de livraison. Ce problème est représenté à la figure 5.24. À chacun des 6 mois considérés sont associés trois sommets, D_j (début), F_j (fin) et L_j (livraison). Les arcs de la forme $F_j \rightarrow L_{j+1}$ ou $F_j \rightarrow L_{j+2}$ représentent les livraisons anticipées; les arcs de la forme $F_j \rightarrow L_{j-1}$, les livraisons en retard. Une politique optimale, qui assure à Meerrettich un profit de 1 035 880 euros, est décrite au tableau 5.12.

Certains pourraient être tentés de traduire les livraisons anticipées par des arcs de la forme $F_j \rightarrow F_{j+1}$ ou $F_j \rightarrow F_{j+2}$, et les livraisons en retard par des arcs de la forme $F_j \rightarrow F_{j-1}$. Les sommets L_j deviendraient alors inutiles, le réseau résultant comporterait seulement deux sortes

FIGURE 5.24
Meerrettich : le réseau

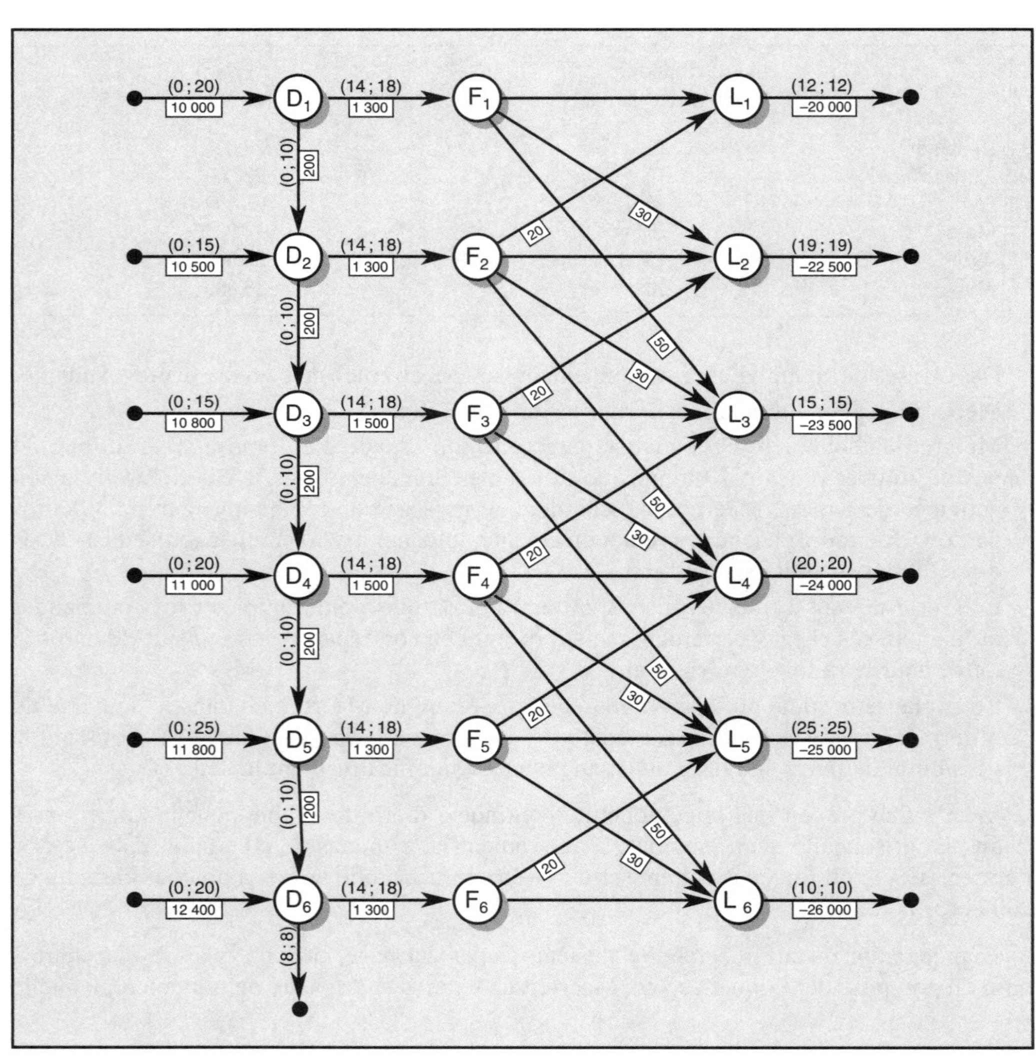

Mois *j*		**1**	**2**	**3**	**4**	**5**	**6**
Achats	$\bullet \to D_j$	20	15	15	20	25	14
Production	$D_j \to F_j$	18	17	15	18	18	15
Entrepôt	$D_j \to D_{j+1}$	2	0	0	2	9	8
Livraison en période	$F_j \to L_j$	12	15	13	18	18	10
Livraison anticipée	$F_j \to L_{j+1}$	4	0	0	0	0	–
Livraison anticipée	$F_j \to L_{j+2}$	2	2	2	0	–	–
Livraison en retard	$F_j \to L_{j-1}$	–	0	0	0	0	5

TABLEAU 5.12
Meerrettich : une solution optimale

de sommets et prendrait la forme du réseau de la figure 5.25. Cette approche est cependant incorrecte. En effet, rien n'empêche une même unité de flot de transiter par les arcs $F_3 \to F_2$ et $F_2 \to F_1$, ce qui correspond à une livraison accusant un retard de deux mois, une possibilité interdite par le contexte. De même, des livraisons anticipées de trois mois ou plus s'obtiendraient en concaténant suffisamment d'arcs de la forme $F_j \to F_{j+1}$: par exemple, la suite $F_1 \to F_2 \to F_3 \to F_4$ autoriserait des livraisons anticipées de trois mois... Enfin, le réseau de la figure 5.25 confond les unités de flot qui transitent par l'arc unique $F_1 \to F_3$ et celles qui empruntent la suite $F_1 \to F_2 \to F_3$; or, le premier cas traduit une livraison anticipée de deux mois, alors que le second consisterait en quelque sorte à livrer un mois à l'avance puis, à la fin de ce mois, à déclarer que cette unité est réaffectée à la demande du mois suivant. Dans le présent exemple, le problème est théorique, car l'arc $F_1 \to F_3$, de coût unitaire 50, sera choisi de préférence à la suite $F_1 \to F_2 \to F_3$, dont le coût unitaire est 30 + 30 = 60. Mais dans d'autres contextes, où le coût de l'arc unique est plus élevé que celui de la suite, la solution à coût minimal d'un réseau du type considéré à la figure 5.25 risque de présenter des éléments paradoxaux.

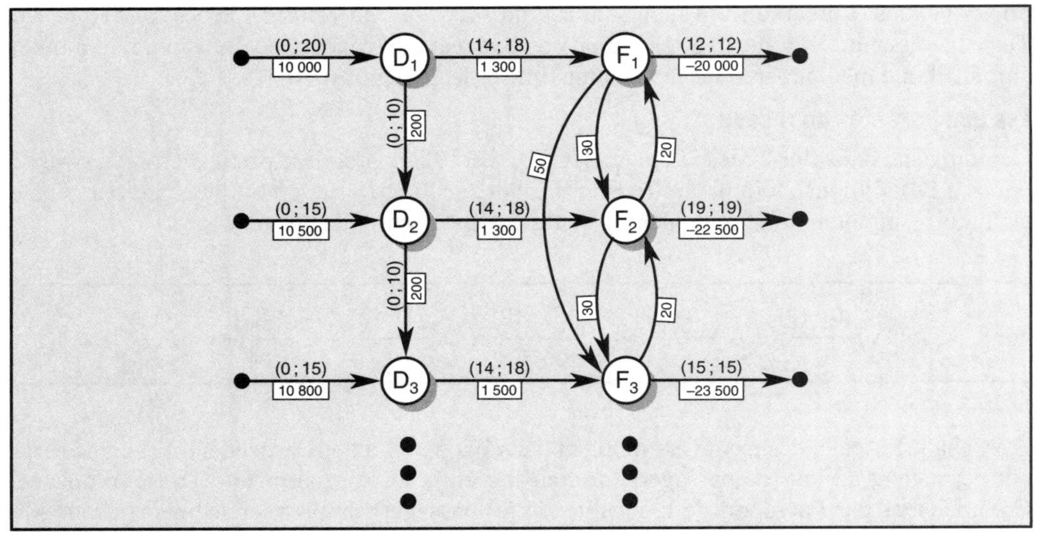

FIGURE 5.25
Livraisons anticipées ou en retard : un réseau erroné

5.2.4 La société Air Taxi

La description du problème

Une société aérienne exploite un service de taxi aérien qui dessert les villages de la Basse-Côte-Nord. Aujourd'hui, l'avion visitera, dans l'ordre, les localités A, B, C, D, E et F. L'ordre inverse sera suivi demain. Les tableaux 5.13 et 5.14 (*voir page suivante*) donnent, l'un la grille des tarifs entre les diverses localités, l'autre le nombre de voyageurs munis d'un billet qui souhaitent s'envoler aujourd'hui.

TABLEAU 5.13
Prix des billets (en $)

	Destination				
Départ	**B**	**C**	**D**	**E**	**F**
A	115	225	380	410	505
B	–	160	310	355	410
C	–	–	180	230	305
D	–	–	–	100	155
E	–	–	–	–	105

TABLEAU 5.14
Nombre de billets vendus

	Destination				
Départ	**B**	**C**	**D**	**E**	**F**
A	2	4	0	5	3
B	–	1	3	0	4
C	–	–	0	5	3
D	–	–	–	4	0
E	–	–	–	–	2
Total	2	5	3	14	12

La capacité de l'appareil est de 12 passagers. Air Taxi n'honorera donc pas tous les billets vendus. Lorsqu'un voyageur muni d'un billet se voit refuser l'accès à l'avion, Air Taxi lui verse un dédit de 10 $. Combien de voyageurs de chaque localité devraient monter aujourd'hui dans l'appareil de façon à maximiser les revenus d'Air Taxi ?

Les composantes du réseau

L'avion visite dans l'ordre les villes A, B, C, D, E et F. Une première partie du réseau (*voir la figure 5.26*) s'impose tout naturellement. Le flot sur l'arc $I \to J$, de borne supérieure égale à 12, correspond au nombre de passagers du vol entre les villes I et J.

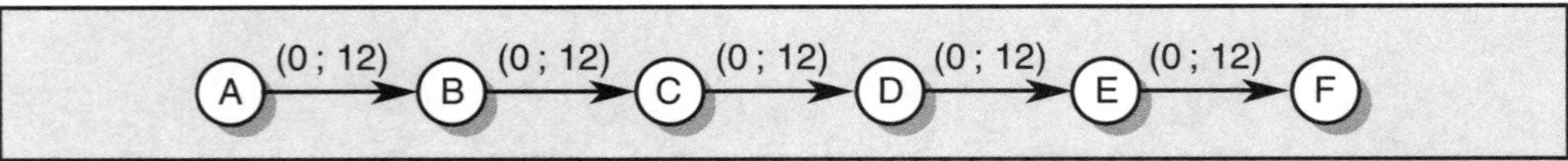

FIGURE 5.26
Air Taxi : les segments de vol

À chaque escale, des passagers montent dans l'appareil ou en descendent. Il faut des arcs qui permettent au flot (de passagers) de transiter entre les aéroports de départ et d'arrivée. Commençons par l'aéroport de la localité A : les passagers du premier segment reliant A à B, représentés par le flot qui emprunte l'arc A → B, ne se rendent pas tous au même endroit. La figure 5.27, qui illustre cet aspect du problème, ne tient toutefois pas compte de tous les aspects de celui-ci. Qu'advient-il des détenteurs de billets qui n'ont pu monter dans l'appareil ? Comment va-t-on comptabiliser les dédits que la société Air Taxi devra payer à ces derniers ?

Pour indiquer ce qu'il advient des voyageurs munis d'un billet, on doit retrouver une structure analogue à celle de la figure 5.28. L'arc AB → A sera emprunté par les passagers qui désirent se rendre de A à B et qui pourront effectivement monter dans l'avion. Mais quel est le sommet terminal du second arc à émerger de AB ? Il ne peut s'agir du sommet A.

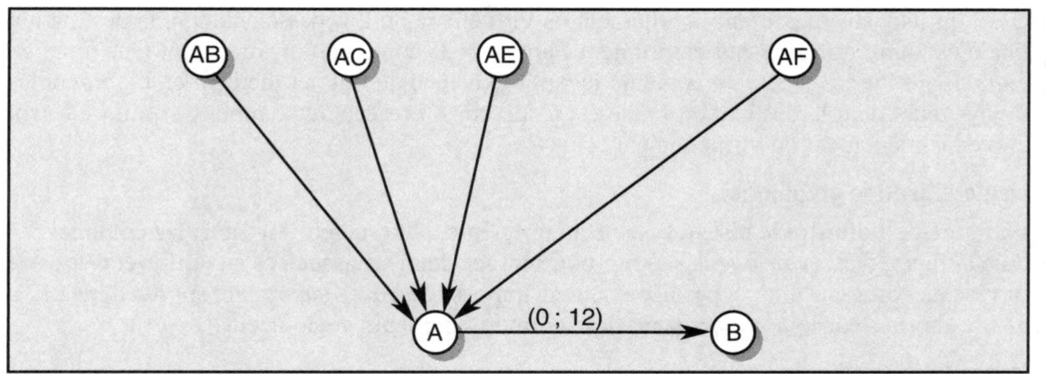

FIGURE 5.27
Air Taxi: le matin à l'aéroport A

Les 2 voyageurs qui souhaitent se rendre de A à B doivent soit être admis à monter dans l'appareil en A, soit se voir payer un dédit. Pour imposer une telle répartition dans le réseau, il suffit d'amener au sommet B tous les voyageurs qui désiraient s'y rendre, soit en leur permettant l'accès à l'appareil, soit en les y déplaçant de façon virtuelle par le biais d'un arc AB → B. Selon la figure 5.28, toute unité de flot qui emprunte l'arc AB → A rapporte un profit de 115 $; le flot sur AB → B représente les voyageurs munis d'un billet de A à B qui ne pourront monter dans l'avion et le coût unitaire de cet arc correspond au dédit de 10 $. Comme le sommet AB émet 2 unités de flot et que le sommet B doit recevoir un flot net de 2 unités, les 2 voyageurs se retrouveront en B, soit réellement s'ils ont pris l'avion, soit virtuellement s'ils ont reçu le dédit de 10 $. Tout semble baigner dans l'huile.

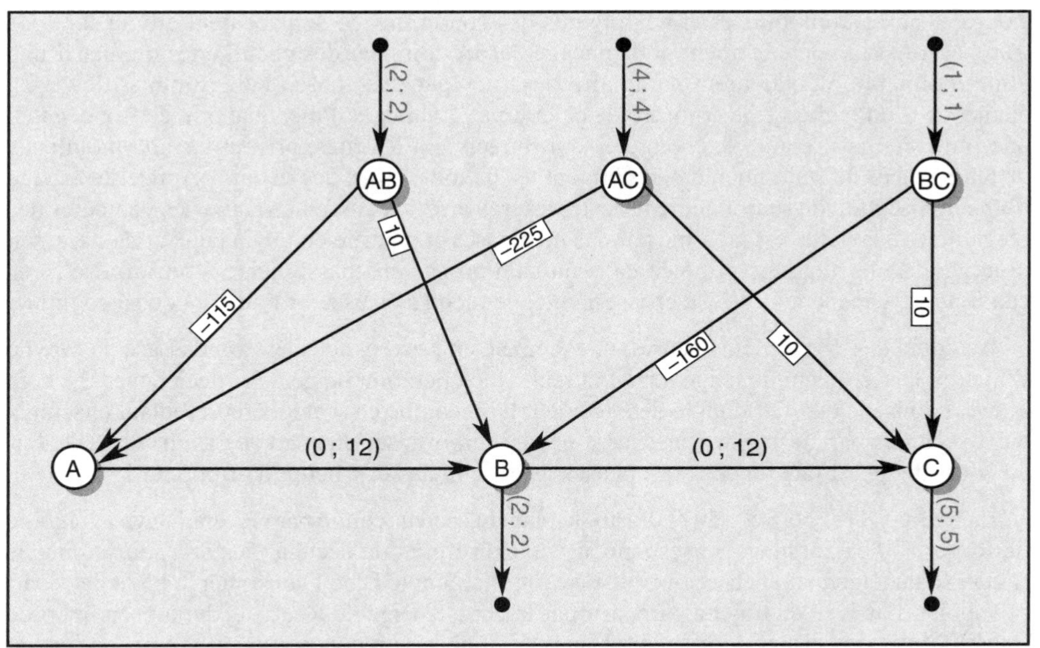

FIGURE 5.28
Contrôle des dédits

On procède de la même manière pour tenir compte des voyageurs qui désirent se rendre en C. L'arc A → B convoie, entre autres, les voyageurs qui voleront de A à C en faisant escale à B. Rien dans le réseau ne distingue, sur l'arc A → B, une unité de flot dont la destination finale est B et une unité dont la destination finale est C. Mais comme le sommet B exige un flot net de 2 unités, les 2 voyageurs qui voulaient se rendre à B devront sortir du réseau en B, qu'ils y soient parvenus réellement ou virtuellement. Les passagers dont la destination finale est autre que B et qui empruntent l'arc A → B continueront forcément leur route en empruntant l'arc B → C. De la même façon, l'exigence de flot net incident en C forcera les 5 voyageurs dont la destination finale est C à sortir du réseau au sommet C, qu'ils y soient parvenus réellement ou virtuellement…

La modélisation graphique

La figure 5.29 illustre le réseau associé au problème de la société Air Taxi ; les colonnes 3 à 7 de la figure 5.30 (*voir page 246*) reproduisent les données associées aux différents arcs de ce réseau. Noter qu'il n'est pas nécessaire d'imposer de borne supérieure sur les lignes 12 à 33 : les bornes sur le flot émergeant des sommets émetteurs y suppléent.

Une solution optimale

Les deux dernières colonnes de la figure 5.30 décrivent une solution optimale. Celle-ci recommande de verser 130 $ en dédits : 3 des 5 voyageurs munis d'un billet entre A et E se verront refuser l'accès à l'avion ; Air Taxi versera également 1 dédit sur la liaison BC, 4 sur la liaison BF, 4 sur la liaison CE et 1 sur la liaison DE. Noter que l'avion ne sera pas plein entre A et B, de même qu'entre E et F.

5.2.5 Nevera Nieve

La description du problème

Nevera Nieve est titulaire d'un contrat de déneigement des rues d'un quartier du centre-sud de Montréal, qui l'oblige à lancer une opération neige[7] quand il tombe plus de 12 cm de neige en 24 heures. Une opération neige comporte plusieurs étapes. Les premières visent à assurer aux automobilistes et aux piétons des conditions de déplacement qui ne sont pas trop hasardeuses : déneigement et déglaçage des trottoirs par des chenillettes munies d'une lame inclinable, déblaiement sommaire des rues par des chasse-neige munis d'étraves, épandage d'un mélange de chlorure de calcium et d'abrasifs. Puis, quand le ciel se dégage, une lutte s'engage contre les congères qui rétrécissent les rues, privent les automobilistes de leurs places de stationnement et obligent les piétons à bien des détours. Après l'affichage d'une interdiction de stationnement sur les artères visées, et le remorquage des véhicules des récalcitrants, la neige est rabattue par des niveleuses et répartie en un ou deux andains, selon la largeur de la rue, puis projetée dans un camion par un chasse-neige à turbofraise[8]. Les camions se succèdent à côté du chasse-neige, de façon à en assurer l'activité quasi continue.

Au cours des 48 dernières heures, une tempête en provenance des Grands Lacs, la pire de l'hiver, a laissé 41 cm de neige sur Montréal. Une opération neige a été déclenchée. Nevera Nieve a divisé le quartier dont le déneigement lui incombe en secteurs représentant chacun la tâche pour un quart de travail d'un chasse-neige à turbofraise. Un quart de travail dure 8 heures, au cours duquel il faut aménager 2 pauses de 15 minutes et 1 heure d'arrêt pour le repas.

La figure 5.31 (*voir page 247*) illustre le plan du secteur confié par Nevera Nieve à l'équipe de Roger T. Les sommets correspondent aux carrefours du secteur ; les arcs, aux tronçons routiers à déneiger par le chasse-neige. Le carrefour dénoté D doit constituer le point de départ et le point d'arrivée du trajet à parcourir par le chasse-neige de Roger T. durant son quart de travail. Deux arcs distincts, de même sommet initial et de même sommet terminal, indiquent que la neige est rabattue en 2 andains latéraux, qui nécessiteront chacun un passage du chasse-neige. Deux arcs de sens contraire entre le même couple de sommets indiquent qu'il s'agit d'un boulevard à 2 travées, chacune à parcourir par le chasse-neige dans le sens autorisé.

---

7. C'est ainsi que l'on désigne, à Montréal, l'ensemble des travaux de déneigement exécutés lors d'une averse de neige.

8. Appelé communément « souffleuse ».

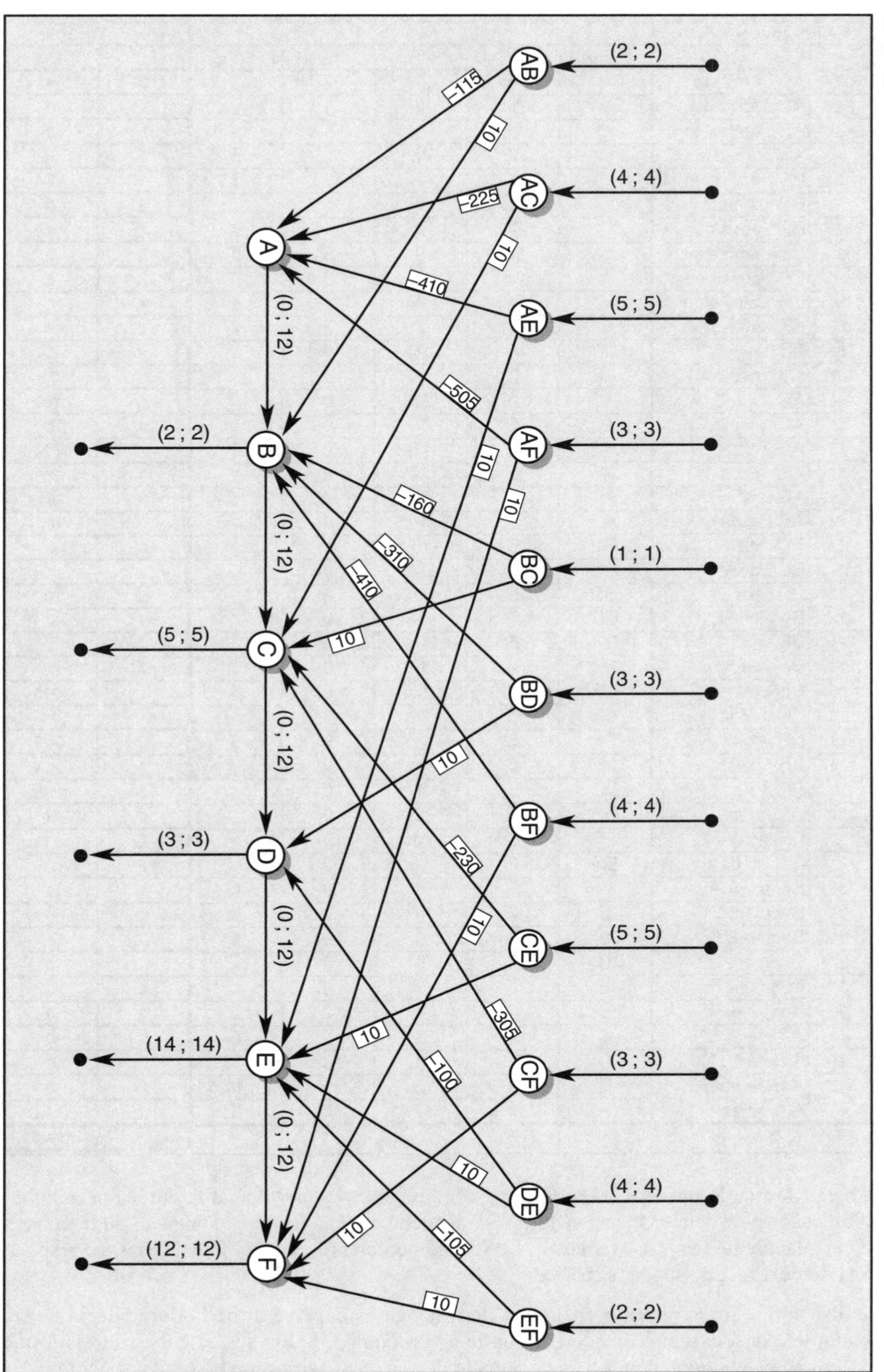

FIGURE 5.29
Réseau pour la société Air Taxi

FIGURE 5.30
Données et solution optimale du problème de la société Air Taxi

Données concernant les arcs							Solution optimale	
No	Nom	S. initial	S. terminal	Coût un.	Borne inf.	Borne sup.	Flot	Coût
1	AB : émission	.	AB	0	2	2	2	0
2	AC : émission	.	AC	0	4	4	4	0
3	AE : émission	.	AE	0	5	5	5	0
4	AF : émission	.	AF	0	3	3	3	0
5	BC : émission	.	BC	0	1	1	1	0
6	BD : émission	.	BD	0	3	3	3	0
7	BF : émission	.	BF	0	4	4	4	0
8	CE : émission	.	CE	0	5	5	5	0
9	CF : émission	.	CF	0	3	3	3	0
10	DE : émission	.	DE	0	4	4	4	0
11	EF : émission	.	EF	0	2	2	2	0
12	AB : vol	AB	A	-115	0	.	2	-230
13	AB : dédit	AB	B	10	0	.	0	0
14	AC : vol	AC	A	-225	0	.	4	-900
15	AC : dédit	AC	C	10	0	.	0	0
16	AE : vol	AE	A	-410	0	.	2	-820
17	AE : dédit	AE	E	10	0	.	3	30
18	AF : vol	AF	A	-505	0	.	3	-1515
19	AF : dédit	AF	F	10	0	.	0	0
20	BC : vol	BC	B	-160	0	.	0	0
21	BC : dédit	BC	C	10	0	.	1	10
22	BD : vol	BD	B	-310	0	.	3	-930
23	BD : dédit	BD	D	10	0	.	0	0
24	BF : vol	BF	B	-410	0	.	0	0
25	BF : dédit	BF	F	10	0	.	4	40
26	CE : vol	CE	C	-230	0	.	1	-230
27	CE : dédit	CE	E	10	0	.	4	40
28	CF : vol	CF	C	-305	0	.	3	-915
29	CF : dédit	CF	F	10	0	.	0	0
30	DE : vol	DE	D	-100	0	.	3	-300
31	DE : dédit	DE	E	10	0	.	1	10
32	EF : vol	EF	E	-105	0	.	2	-210
33	EF : dédit	EF	F	10	0	.	0	0
34	Segment AB	A	B	0	0	12	11	0
35	Segment BC	B	C	0	0	12	12	0
36	Segment CD	C	D	0	0	12	12	0
37	Segment DE	D	E	0	0	12	12	0
38	Segment EF	E	F	0	0	12	8	0
39	Arrivée en B	B	.	0	2	2	2	0
40	Arrivée en C	C	.	0	5	5	5	0
41	Arrivée en D	D	.	0	3	3	3	0
42	Arrivée en E	E	.	0	14	14	14	0
43	Arrivée en F	F	.	0	12	12	12	0
							z* =	-5920

Chaque arc de la figure 5.31 porte deux nombres. Le premier donne la durée, en minutes, d'un passage de déneigement; cette valeur tient compte à la fois de la longueur du tronçon et de la quantité de neige à y ramasser. Le second nombre, placé entre parenthèses, correspond à la durée d'un passage hors service.

Roger T., un employé occasionnel dont les gains dépendent de la durée de sa tâche, s'inquiète de l'exiguïté du secteur confié à son équipe. Selon ses calculs, il ne faut que 348 minutes pour compléter le déneigement de son territoire si l'on ne tient pas compte des

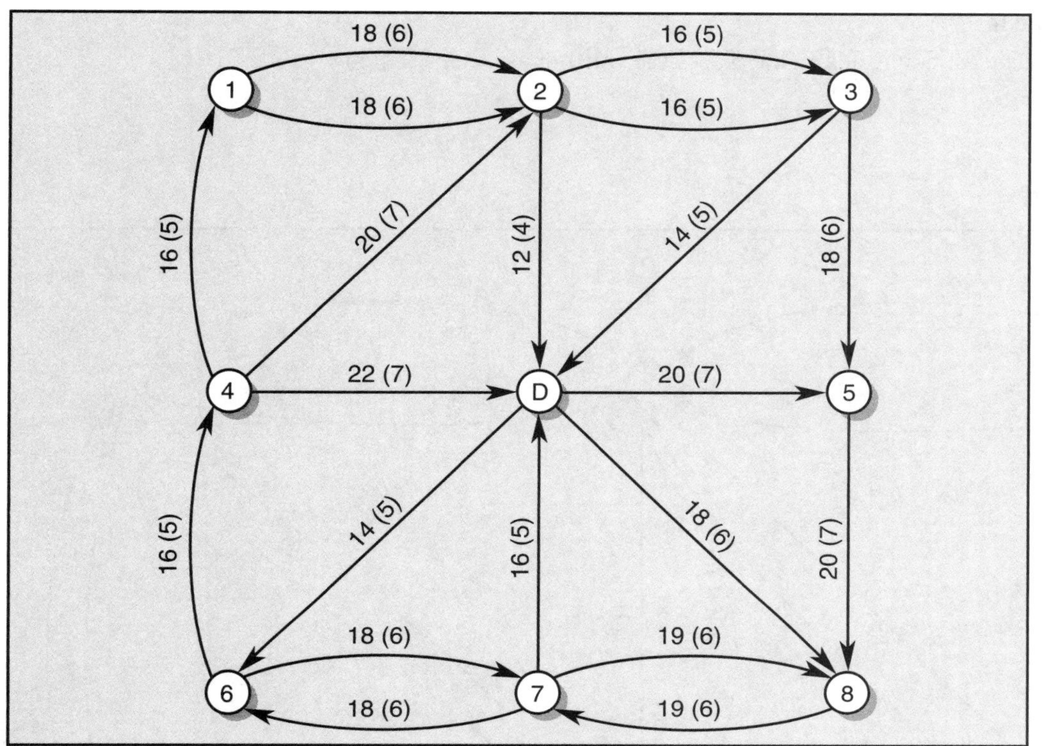

FIGURE 5.31
Secteur confié à Roger T.

éventuels passages hors service. Chez Nevera Nieve, on craint toutefois que les passages hors service provoquent un dépassement des 390 minutes de travail prévues et entraînent le paiement d'heures supplémentaires.

Les composantes du réseau

Sommets et arcs du réseau à construire s'associent naturellement aux sommets et arcs de la figure 5.31. Le sommet D, d'où part le chasse-neige et où il termine sa tournée, sert à la fois de sommet émetteur et de sommet récepteur. On ajoute donc des arcs virtuels • → D et D →•. Et, puisque Roger T. dispose d'un seul chasse-neige, on reporte des bornes (1 ; 1) sur ces arcs virtuels.

Le chasse-neige circulera plus d'une fois sur certains tronçons. Et le flot sur un arc indiquera le nombre de passages du chasse-neige sur le tronçon correspondant. Le coût d'une unité de flot se compte en minutes. Prenons, par exemple, le cas du tronçon entre les sommets 4 et 1. La première unité de flot qui y circule « coûte » 16 minutes, tandis que les subséquentes ne « coûtent » que 5 minutes. Mais comment distinguer le premier passage des passages subséquents, sinon en dédoublant l'arc associé ?

Dans la figure 5.32, l'arc de coût 16 correspond au passage de déneigement, passage que l'on force en imposant une borne inférieure et une borne supérieure égales à 1 ; l'autre arc servira aux passages hors service du chasse-neige ; leur nombre ne peut être prédit *a priori*.

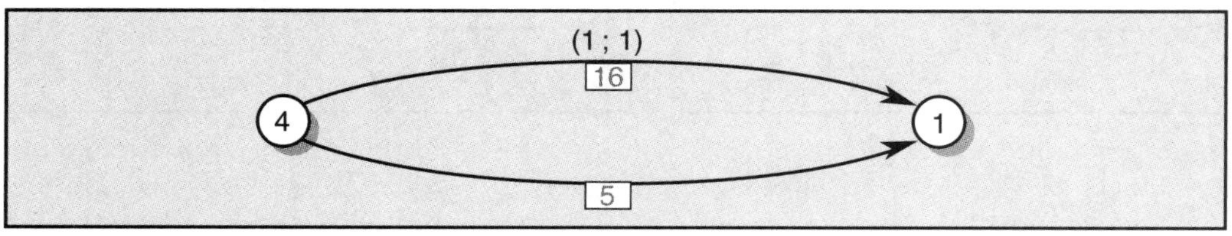

FIGURE 5.32
Pour distinguer le premier passage des passages subséquents

La modélisation graphique

Le réseau de Nevera Nieve est donné à la figure 5.33, et le chiffrier associé, à la figure 5.34.

FIGURE 5.33
Réseau de Nevera Nieve

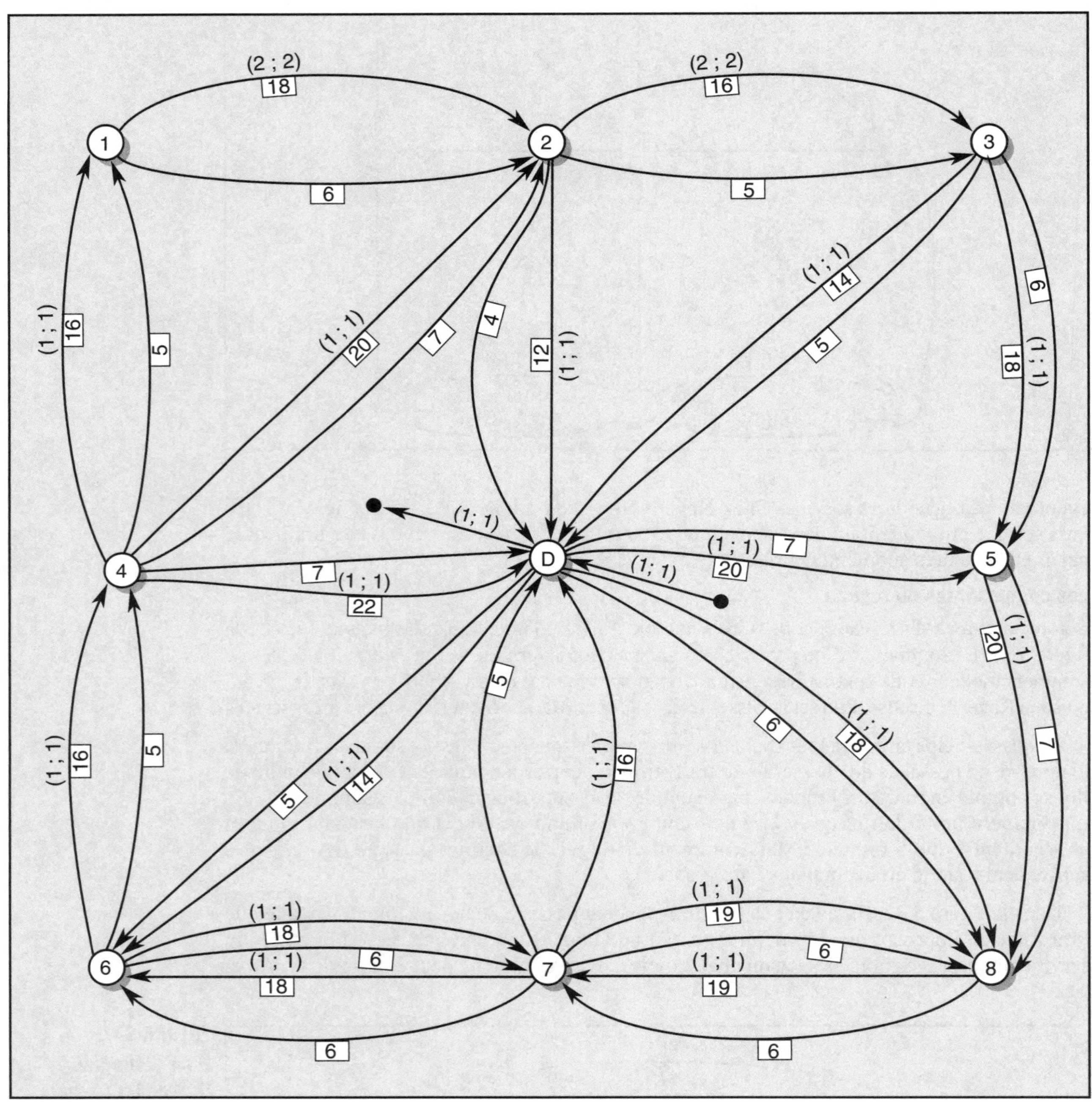

Données concernant les arcs							Solution optimale	
No	Nom	S. initial	S. terminal	Coût un.	Borne inf.	Borne sup.	Flot	Coût
1	DEPOT E	.	D	0	1	1	1	0
2	DEPOT R	D	.	0	1	1	1	0
3	SERV D5	D	5	20	1	1	1	20
4	SERV D6	D	6	14	1	1	1	14
5	SERV D8	D	8	18	1	1	1	18
6	SERV 12	1	2	18	2	2	2	36
7	SERV 23	2	3	16	2	2	2	32
8	SERV 2D	2	D	12	1	1	1	12
9	SERV 35	3	5	18	1	1	1	18
10	SERV 3D	3	D	14	1	1	1	14
11	SERV 41	4	1	16	1	1	1	16
12	SERV 42	4	2	20	1	1	1	20
13	SERV 4D	4	D	22	1	1	1	22
14	SERV 58	5	8	20	1	1	1	20
15	SERV 64	6	4	16	1	1	1	16
16	SERV 67	6	7	18	1	1	1	18
17	SERV 76	7	6	18	1	1	1	18
18	SERV 78	7	8	19	1	1	1	19
19	SERV 7D	7	D	16	1	1	1	16
20	SERV 87	8	7	19	1	1	1	19
21	HSER D5	D	5	7	0	.	0	0
22	HSER D6	D	6	5	0	.	1	5
23	HSER D8	D	8	6	0	.	0	0
24	HSER 12	1	2	6	0	.	0	0
25	HSER 23	2	3	5	0	.	0	0
26	HSER 2D	2	D	4	0	.	0	0
27	HSER 35	3	5	6	0	.	0	0
28	HSER 3D	3	D	5	0	.	0	0
29	HSER 41	4	1	5	0	.	1	5
30	HSER 42	4	2	7	0	.	0	0
31	HSER 4D	4	D	7	0	.	0	0
32	HSER 58	5	8	7	0	.	1	7
33	HSER 64	6	4	5	0	.	3	15
34	HSER 67	6	7	6	0	.	0	0
35	HSER 76	7	6	6	0	.	2	12
36	HSER 78	7	8	6	0	.	0	0
37	HSER 7D	7	D	5	0	.	0	0
38	HSER 87	8	7	6	0	.	3	18
							z* =	410

FIGURE 5.34
Données et solution optimale du problème de Nevera Nieve

Une solution optimale

La figure 5.35 (*voir page suivante*) illustre une solution optimale du problème de Nevera Nieve. Sur cette figure, chaque arc en foncé correspond à un passage de déneigement; chaque arc en pâle, à un passage hors service. Un ordre optimal de visite des carrefours donne le trajet suivant:

$$D \to 5 \to 8 \to 7 \to 6 \to 4 \to 2 \to 3 \to 5 \to 8 \to 7 \to 6 \to 4 \to 1 \to$$
$$2 \to D \to 8 \to 7 \to 6 \to 4 \to 1 \to 2 \to 3 \to D \to 6 \to 4 \to D \to 6 \to 7 \to 8 \to D.$$

Il existe plusieurs autres trajets optimaux. Le parcours d'un trajet optimal requerra 410 minutes, ce qui excède de 20 minutes la durée du quart de travail.

FIGURE 5.35
Solution optimale de Nevera Nieve

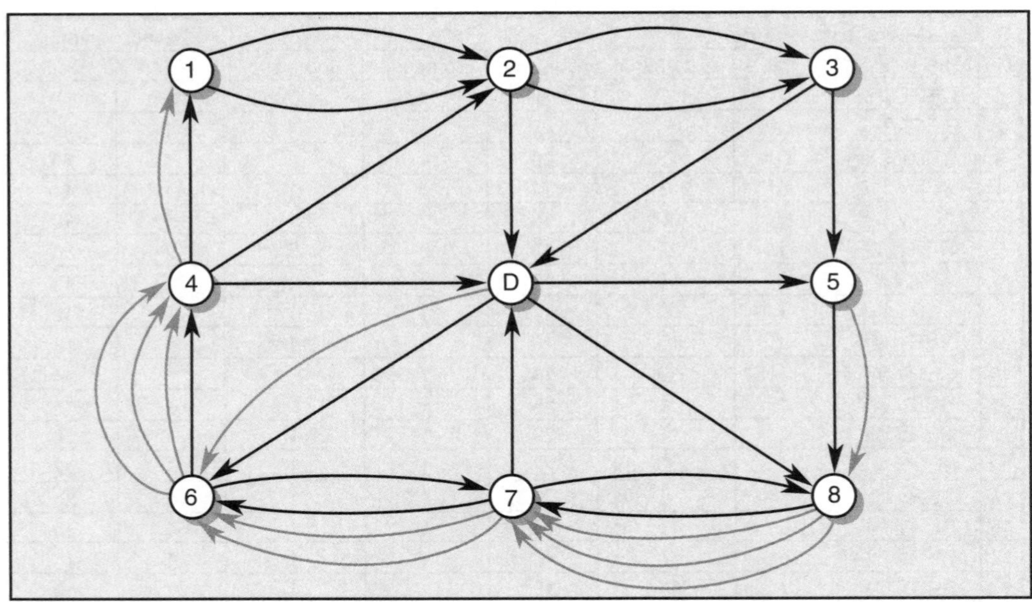

Le réseau de Nevera Nieve possède une solution admissible parce qu'il est possible, à partir de tout sommet, de se rendre à tout autre. On dit alors que le réseau est fortement connexe. Si d'aventure on supprimait l'arc 8 → 7 de la figure 5.31, il ne serait pas possible de repartir du carrefour 8. Le problème n'aurait pas de solution. Évidemment, les réseaux de déneigement sont toujours fortement connexes.

Exercices de révision

1. Érébus et les châteaux de neige

La construction de châteaux de neige durcie faisait partie jusqu'à tout récemment des traditions du Carnaval de la ville A, de la Fête des neiges de B et du Mardi gras de C. Mais depuis que des pluies intempestives ont, ces dernières années, raviné et ravalé façades et créneaux et que le soleil de mardis gras tardifs a sublimé tourelles et mâchicoulis, échauguettes et chemins de ronde, on a recours, pour l'érection des châteaux, aux parpaings de glace fabriqués dans les deux glacières, G_1 et G_2, de la compagnie Érébus.

Les parpaings sont expédiés des glacières aux villes A, B et C par camion, et Érébus a l'habitude de mesurer les quantités à livrer en charges de camion. Érébus a analysé les plans fournis par les comités organisateurs des trois villes et estime leurs besoins en parpaings de la façon suivante.

Ville	Nombre de charges
A	entre 100 et 110
B	entre 200 et 220
C	entre 180 et 185

La glacière G_1 ne peut être exploitée économiquement que si sa production se situe entre 150 et 200 charges. De même, c'est dans la fourchette de 275 à 300 charges que G_2 obtient les meilleurs résultats.

Les coûts d'acheminement d'une charge de parpaings entre glacières et villes sont donnés au tableau suivant.

	Ville		
Glacière	**A**	**B**	**C**
G_1	500 $	800 $	400 $
G_2	600 $	825 $	425 $

Le prix de 825 $ entre G_2 et B ne peut être maintenu que si au moins 100 charges sont acheminées sur cette route. De plus, les camions qui livrent les parpaings de G_1 à la ville A doivent emprunter un traversier, et Érébus estime que 75 charges tout au plus peuvent être acheminées par cette route.

Tracer un réseau qui illustre ce problème et indiquer une façon d'organiser le transport des parpaings qui minimise le coût total d'approvisionnement des villes.

2. La collecte de déchets domestiques

Une petite municipalité du nord de la France est divisée en quatre secteurs où les déchets domestiques sont ramassés cinq jours sur sept, du lundi au vendredi. Ces collectes fréquentes coûtent cher à la ville, mais la pression des écologistes est forte et les habitants sont fiers de déclarer qu'ils vivent dans la ville la plus propre de France. Une fois ramassés, les déchets sont acheminés à deux centres de transbordement où ils sont transférés dans des camions de plus fort tonnage, pour finalement être transportés vers trois sites d'enfouissement. Le tableau suivant résume les données pertinentes au transport des déchets.

	S1	S2	S3	S4	D1	D2	D3	Min	Max	Coût
T1	15	12	18	11	3	7	5	30	70	8
T2	9	7	8	6	2	8	7	30	60	12
Min	10	20	22	30	20	20	20			
Max	10	20	22	30	50	60	40			
Coût					3	6	5			

Voici comment interpréter les entrées de ce tableau.

- Les sept premières colonnes, S1 à D3, sont associées aux secteurs de la ville et aux sites d'enfouissement; les lignes T1 et T2, aux centres de transbordement.
- Considérons la ligne Ti (i = 1, 2). On trouve dans la colonne Sj (j = 1, 2, 3, 4) le coût de transport (en euros par tonne) des déchets du secteur Sj vers le centre Ti, et dans la colonne Dj (j = 1, 2, 3) le coût de transport (en €/t) de Ti vers le site Dj.
- Les lignes *Min* et *Max* indiquent les quantités minimale et maximale (en tonnes par jour) de déchets qui peuvent être ramassées dans les différents secteurs, ou qui peuvent être reçues par les sites d'enfouissement, tandis que la ligne *Coût* donne le coût de traitement (en €/t) des déchets à chacun des sites.
- De même, les valeurs des colonnes *Min* et *Max* correspondent aux capacités minimale et maximale (en tonnes par jour) des centres T1 et T2; celles de la dernière colonne, au coût de transbordement (en €/t) des déchets aux centres T1 et T2.

On remarque que les minima et maxima des colonnes S1 à S4 coïncident : c'est que les fonctionnaires municipaux ont constaté que, dans chacun des secteurs, la quantité réelle de déchets ramassés varie peu d'un jour à l'autre et ils ont décidé, aux fins de l'analyse, de prendre comme minimum et maximum d'un secteur la moyenne observée la dernière année dans celui-ci.

Les élus municipaux ont demandé aux fonctionnaires d'élaborer une politique optimale de transport des déchets. Déterminer, à l'aide d'un réseau approprié, un plan de transport des déchets à moindre coût.

3. La société Kola

La noix de kola, fruit du kolatier, représente l'une des seules denrées tropicales à emprunter les circuits commerciaux reliant les régions humides de l'Afrique de l'Ouest aux pays du Sahel. La mastication de ces noix ambrées et rougeâtres en forme de galets permet d'en extraire caféine et théobromine, stimulants légers et coupe-faim efficaces. Ces noix entrent aussi dans la composition de certaines boissons gazeuses et, à ce titre, elles font l'objet d'exportations de la Sierra Leone, du Libéria, de la Côte-d'Ivoire et du Ghana vers les pays industrialisés. Le commerce de gros de la noix de kola est aux mains des Haoussas, qui sont en même temps les principaux transporteurs dans ces contrées. Diffusées en Afrique de l'Ouest, les noix atteignent les consommateurs en bout de ligne par l'entremise de petits « tabliers » qui en assurent la distribution à l'unité.

Un spéculateur haoussa, El Hadj Babandiga, qui achète la récolte de kola de nombreux producteurs et les stocks de petits commerçants-ramasseurs, possède un entrepôt bien gardé d'une capacité de 6 500 sacs de noix de kola. Le stockage lui revient chaque mois à 50 FCFA (francs Communauté financière africaine) le sac ; ces frais comprennent les coûts de gardiennage, les pertes de poids et de qualité, les dommages causés par les rongeurs. Les sacs de kola sont achetés en début de mois et les ventes sont comptabilisées en fin de mois.

Le tableau ci-dessous donne les prévisions de El Hadj Babandiga quant au prix de vente (V) et au prix d'achat (A) d'un sac de noix de kola pour les 10 prochains mois. La demande mensuelle s'élèvera à 2 000 sacs pour chacun des 5 premiers mois, et à 4 000 sacs pour chacun des 5 mois suivants. El Hadj s'oblige, en vue de garder sa part de marché, à livrer chaque mois au moins 70 % de la demande. Pour ne pas perdre une commande, la livraison doit s'effectuer à la fin du mois de sa réception. Quant à l'offre, elle dépasse la capacité de l'entrepôt : El Hadj pourrait, s'il le jugeait à propos, se procurer 6 500 sacs de noix chaque mois.

Prix prévus (en 000 FCFA) à l'achat (A) et à la vente (V) d'un sac de noix de kola

Mois	1	2	3	4	5	6	7	8	9	10
A	18	24	20	20	19	23	22	23	19	20
V	20	20	23	17	22	22	23	24	19	18

L'entrepôt est vide présentement. Dans 10 mois, ce sera le ramadan et El Hadj se rendra à La Mecque ; il souhaite que son entrepôt soit vide le jour de son départ en pèlerinage. Quelles quantités de sacs El Hadj devrait-il acheter et vendre au cours de chacun des 10 mois pour maximiser ses profits ? (On ne tiendra pas compte des effets de l'actualisation.)

4. La Société nationale de niobium de Laputa

La Société nationale de niobium de Laputa (SNNL) exploite deux mines, situées l'une au Brobdingnag, l'autre au Yahoo, deux anciennes colonies laputiennes. Le tableau suivant résume les données pertinentes relatives à ces mines.

Mine	Située au	Coûts (en $/t)	Min (en t)	Max (en t)
M	Brobdingnag	180	5 000	7 500
N	Yahoo	300	2 000	8 000

Les coûts sont exprimés en dollars laputiens par tonne de minerai extraite. Les minima représentent des seuils historiques que la SNNL tient à respecter pour des raisons autant politiques qu'économiques. Non seulement permettent-ils une exploitation efficace des mines, mais ils assurent également un niveau « acceptable » d'emploi. La direction de la SNNL juge qu'il serait imprudent de fixer la production des mines au-dessous de ces minima historiques. La population pourrait alors réagir négativement et la SNNL risquerait de perdre les avantages léonins dus à sa situation antérieure de représentant de la puissance impériale et à une certaine inertie des dirigeants locaux. Les maxima indiqués découlent des capacités des installations des mines.

Le minerai de la mine M contient 4 % de niobium ; celui de N, 5 % de niobium. Le minerai des deux mines est transformé en lingots de niobium pur dans trois usines qui appartiennent également à la SNNL. La principale usine est située au Laputa même. Les deux autres ont été construites dans les ex-colonies au moment de la décolonisation, surtout à des fins politiques. Le tableau ci-dessous indique combien il en coûte, en dollars laputiens, pour transporter une tonne de minerai d'une mine à une usine.

Usine	Située au	Coûts de transport du minerai (en $/t)	
		de M	de N
U	Laputa	40	60
V	Brobdingnag	12	–
W	Yahoo	–	15

Les usines V et W des ex-colonies ne sont pas trop éloignées de la mine locale et s'approvisionnent uniquement à celle-ci. Pendant longtemps, ces usines ne pouvaient écouler leur production que sur leur marché local. Malheureusement pour les ouvriers laputiens, une longue grève à l'usine U a obligé récemment la SNNL à ouvrir le marché laputien à la production de W et, encore maintenant, une entente implicite force la SNNL à expédier de W au Laputa entre 25 et 70 tonnes de niobium pur. Le tableau qui suit donne les coûts de transport d'une tonne de métal pur. Les deux dernières lignes indiquent les minima et maxima que SNNL doit respecter sur les trois marchés nationaux.

Usine	Située au	Coûts de transport du minerai (en $/t)		
		vers L	vers B	vers Y
U	Laputa	25	150	160
V	Brobdingnag	–	40	–
W	Yahoo	110	–	45
Minimum (en t)		375	75	75
Maximum (en t)		450	100	75

On trouvera à la figure de la page suivante un réseau qui illustre graphiquement le problème de SNNL. Ce réseau est incomplet, car ni les coûts ni les bornes n'y ont été reportés.

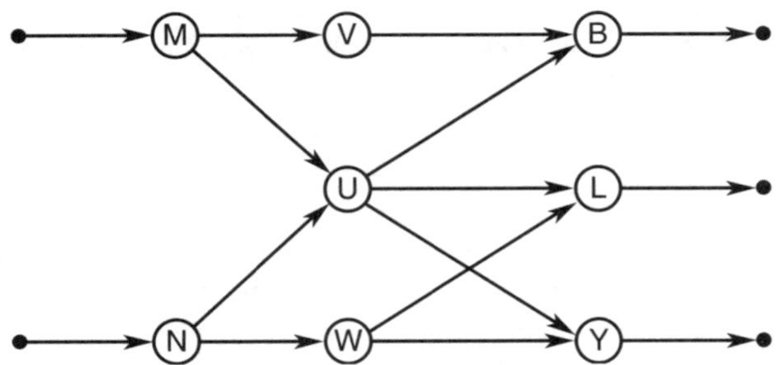

(a) Compléter le réseau en inscrivant, sur les arcs, les bornes et les coûts unitaires pertinents. (On suggère de prendre comme unité de flot la tonne de métal pur et de convertir en fonction de cette unité les données exprimées en tonnes de minerai.)

(b) Le prix de vente du lingot de niobium diffère selon le pays où il est écoulé : au Laputa, le kilogramme de niobium pur se transige à 60 $; dans les ex-colonies, on offre 63 $/kg. Indiquer comment modifier le réseau pour tenir compte de ces écarts de prix.

(c) Les coûts de traitement diffèrent d'une usine à l'autre : en U, il en coûte 23 $ pour obtenir un kilogramme de niobium pur; la même quantité de métal exige 26 $ en V et 23,50 $ en W. L'usine U pourrait, si c'était rentable pour SNNL, traiter toute la production des mines M et N. Par contre, V et W ont une capacité limitée : V ne peut traiter plus de 3 750 tonnes de minerai, tandis que la capacité de W n'est que de 2 900 tonnes. Enfin, les usines n'opèrent de façon efficace que si certains seuils minimaux sont respectés : ces minima sont de 200 tonnes de niobium pur pour U, de 50 tonnes pour V et de 85 tonnes pour W. Indiquer comment modifier le réseau en (b) pour tenir compte de ces nouvelles données.

5. La planification de la production chez Assemblor

Assemblor fabrique, dans son usine de Longueuil, le produit P à partir de diverses composantes provenant de fournisseurs situés les uns dans la région métropolitaine de Montréal, les autres en Ontario, en Colombie-Britannique et aux États-Unis. La capacité de l'usine est de 200 unités de P par semaine.

Le directeur de l'usine veut planifier la production des six prochaines semaines. Le tableau ci-dessous décrit la demande prévue pour cette période. La première ligne donne le nombre d'unités qu'Assemblor s'est engagé à livrer à des clients réguliers. Ceux-ci absorbent en effet une partie importante de la production de l'usine et assurent sa stabilité financière. La direction d'Assemblor consent donc à répondre à leurs commandes, même si parfois elle encourt ainsi un manque à gagner. La seconde ligne indique la quantité maximale d'unités qu'Assemblor pourrait écouler en sus des commandes des clients réguliers.

Demande (en unités) du produit P

Semaine	**1**	**2**	**3**	**4**	**5**	**6**
Commandes	154	209	108	117	132	145
Demande additionnelle	70	70	60	60	75	75
Total	224	279	168	177	207	220

Les livraisons se font à la fin de chaque semaine. Les unités qui ne sont pas livrées une semaine donnée sont entreposées à l'usine. L'usine peut conserver un maximum de 50 unités, le coût de stockage étant évalué à 3 $ par unité et par semaine. Le lundi de la semaine 1, l'usine aura en stock 20 unités du produit P.

L'un des fournisseurs attitrés de l'usine de Longueuil vient de subir un bris d'équipement et sa capacité de production sera diminuée considérablement pendant quelques semaines. La pièce X, que ce fournisseur est le seul à fabriquer en Amérique du Nord, constitue une composante clé du produit P. Le directeur a donc appelé le fournisseur et, après de vives négociations, assorties d'un rappel de la longue et fructueuse collaboration entre les deux entreprises, il a été convenu que le fournisseur respecterait le calendrier de livraisons suivant, si Assemblor le juge à propos.

Calendrier de livraisons de la composante X

Semaine	**1**	**2**	**3**	**4**	**5**	**6**
Nombre d'unités	420	240	240	280	240	340

Les livraisons de ce fournisseur se font le lundi matin. Les quantités indiquées dans le tableau constituent des maxima. La commande reçue une semaine donnée ne peut excéder le nombre d'unités mentionné dans le tableau. Par contre, le directeur d'Assemblor pourrait ne pas exiger ce maximum, ce qui, d'ailleurs, ferait l'affaire du fournisseur, qui pourrait ainsi satisfaire les demandes d'autres clients.

Une unité de P exige deux pièces X. L'usine de Longueuil peut stocker jusqu'à 200 pièces X, à un coût de 1 $ par unité et par semaine. Enfin, le lundi de la semaine 1, l'usine aura en stock 30 pièces X.

Le directeur de l'usine a recouru à un modèle de réseau pour l'assister dans la planification de la production des six prochaines semaines. La figure suivante donne le cœur du modèle utilisé par le directeur. Celui-ci doit tenir compte du fait que la capacité de son usine baissera de 20 % les semaines 1 et 2, à cause de jours fériés.

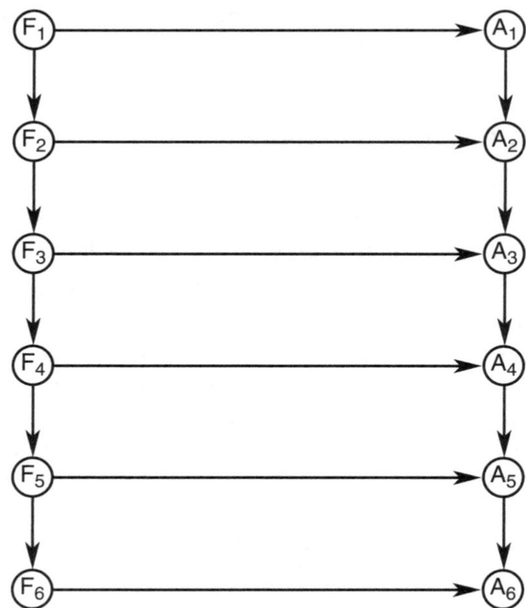

(a) Décrire ce que représente le flot sur les arcs $F_1 \rightarrow A_1$, $F_1 \rightarrow F_2$ et $A_1 \rightarrow A_2$.

(b) Compléter le réseau partiel donné ci-dessus. Ajouter les arcs virtuels manquants et reporter sur les arcs les bornes et les coûts unitaires pertinents.

(c) Assemblor réalise un profit de 50 $ par unité de P vendue au « prix affiché ». Elle offre par ailleurs à ses clients réguliers une réduction de 17 $ l'unité sur ce prix affiché. Indiquer comment modifier le réseau de la question précédente pour traduire cette réduction de prix.

(d) L'usine pourrait s'approvisionner en pièces X auprès d'un fournisseur européen. Celui-ci pourrait livrer, à partir du début de la semaine 3, jusqu'à 20 pièces X par semaine, à un coût unitaire dépassant de 20 $ celui du fournisseur habituel. Indiquer comment modifier le réseau de la question précédente pour tenir compte de cette possibilité.

(e) La convention collective des ouvriers de l'usine de Longueuil permet à la direction d'exiger du temps supplémentaire de ses employés. Les heures additionnelles autorisées par la convention représentent normalement une production de 35 unités de P par semaine. (Ce maximum de 35 unités est abaissé de 20 % durant les semaines 1 et 2.) Chaque unité de P produite pendant les heures supplémentaires revient à 43 $ de plus que celles produites en temps régulier, ce qui réduit d'autant la marge bénéficiaire de l'entreprise. Indiquer comment modifier le réseau de la question précédente pour tenir compte de cette possibilité.

5.3 Quelques cas particuliers de réseaux

Nous traitons maintenant quatre cas particuliers importants du problème de réseau : le problème de transport classique, le problème d'affectation, le problème du chemin le plus court et le problème du flot maximal. L'importance de ces problèmes s'explique, d'une part, par leur grand nombre d'applications pratiques et, d'autre part, par l'existence d'algorithmes très performants capables de les résoudre en un temps raisonnable, même lorsque le nombre de sommets ou d'arcs est très grand.

Nous nous contenterons ici de donner un exemple d'application de chacun de ces problèmes et de montrer qu'il s'agit d'un cas particulier du problème de réseau. En effet, le modèle présenté à la section 5.1 est une généralisation efficace de tous ces cas particuliers et suffit en théorie à les résoudre. Le lecteur intéressé par les algorithmes qui servent à résoudre ces problèmes dans la pratique se référera à l'un des nombreux textes spécialisés dédiés à ce sujet[9].

5.3.1 Le problème de transport classique

Nous commençons par l'exposé d'une situation présentant les caractéristiques des modèles regroupés par la recherche opérationnelle sous l'appellation **problèmes de transport** et qui, en raison de leur structure spéciale, ont fait l'objet d'études approfondies.

L'entreprise Sporcau, spécialiste de la saucisse de porc, dispose de trois laboratoires où elle élabore son produit, et de cinq centres de distribution d'où elle ravitaille sa clientèle. Le marché de la saucisse de porc est devenu fort concurrentiel et, récemment, l'entreprise a vu se resserrer ses marges. Elle a donc entrepris une étude pour abaisser ses coûts. Les coûts de transport, en particulier, sont rapidement apparus comme plus élevés que ceux des concurrents. Jusqu'ici, l'horaire quotidien d'acheminement des produits entre laboratoires et centres de distribution était dressé par un répartiteur averti armé de son bon sens et de son flair. Chez Sporcau, on pense qu'il s'agit là du maillon faible de la chaîne de contrôle des coûts de transport et l'on veut que le répartiteur adopte une méthode qui mènera à un horaire quotidien optimal.

Les laboratoires fonctionnent sept jours sur sept. Les viandes qu'on y conditionne sont livrées aux centres de distribution où s'approvisionnent tous les clients de Sporcau, du supermarché à la boucherie de quartier. Une carcasse de porc livrée le jour 1 dans un laboratoire réapparaît sous forme de saucisses le jour 3 sur les étals du rayon de la charcuterie des clients.

9. Pour une description élémentaire des algorithmes spécialisés, voir, par exemple, Nobert, Ouellet et Parent, « Méthodes de planification en transport », Les Presses de l'Université de Montréal, 2e édition, 2014.

Chaque centre de distribution enregistre les commandes de sa clientèle et les communique à la direction de l'entreprise, qui assure un approvisionnement adéquat. Le transport, au tarif kilométrique âprement négocié et incompressible de 2 $ la tonne, est confié aux camions réfrigérés de la société Dicam. Les distances entre laboratoires et centres de distribution sont données dans le tableau 5.15.

TABLEAU 5.15
Tableau des distances (en km)

Labo	Centre				
	C_1	C_2	C_3	C_4	C_5
L_1	50	400	50	250	200
L_2	250	250	150	300	350
L_3	100	450	250	450	400

Chaque laboratoire s'approvisionne en carcasses de porc désossées auprès de coopératives d'éleveurs de son voisinage, qui lui en fournissent chaque jour une quantité convenue. Les pertes de poids consécutives à la transformation de la chair à saucisse en saucisses sont compensées par le poids des additifs alimentaires et celui des emballages. Le tableau 5.16 donne les quantités qui sont disponibles (en tonnes de chair à saucisse) dans les laboratoires, et celles qui sont requises (en tonnes de saucisses) dans les centres de distribution. Sporcau recherche un plan d'acheminement à coût minimal des laboratoires aux centres de distribution.

TABLEAU 5.16
Quantités disponibles et requises (en tonnes)

Laboratoire	L_1	L_2	L_3	Total
Disponibilité S_i	240	160	260	660

Centre	C_1	C_2	C_3	C_4	C_5	Total
Demande D_j	120	130	145	125	140	660

Dans les problèmes considérés dans les premières sections de ce chapitre, les biens étaient tantôt acheminés vers des points de transbordement avant leur réexpédition vers une destination ultime, tantôt expédiés directement vers leurs points de chute ; et les quantités acheminées étaient parfois soumises, sur les routes empruntées, à des restrictions minimales ou maximales. Les saucisses de Sporcau, par contre, sont toutes expédiées directement des 3 origines (ici les laboratoires) aux 5 destinations (ici les centres de distribution) selon des coûts de transport directement proportionnels aux quantités transportées et sans que leur soient imposées, sur les routes empruntées, des conditions quant à leur poids maximal ou minimal.

La figure 5.36 (*voir page suivante*) illustre le réseau de transport chez Sporcau. Les coûts unitaires sont exprimés en centaines de dollars : par exemple, il en coûte 1 centaine de dollars pour transporter, au tarif de 2 $ le km, une tonne de saucisses sur les 50 km qui séparent le laboratoire L_1 du centre C_1. Par convention, les bornes inférieure et supérieure de tout arc virtuel sont égales. En effet, l'algorithme traditionnellement utilisé pour résoudre les problèmes de transport classique utilise de façon cruciale le fait que le problème est équilibré, en ce sens que l'offre totale coïncide avec la demande totale. Évidemment, cet équilibre entre offre et demande implique que tout laboratoire expédiera la totalité de ce qui est disponible et que la demande en tout centre sera comblée sans excédent, autrement dit que les contraintes en tout sommet émetteur (les laboratoires) et en tout sommet récepteur (les centres) seront satisfaites comme équations.

Le tableau 5.17 (*voir page suivante*) décrit une solution optimale, dont le coût total s'élève à 2 810 unités, soit 281 000 dollars.

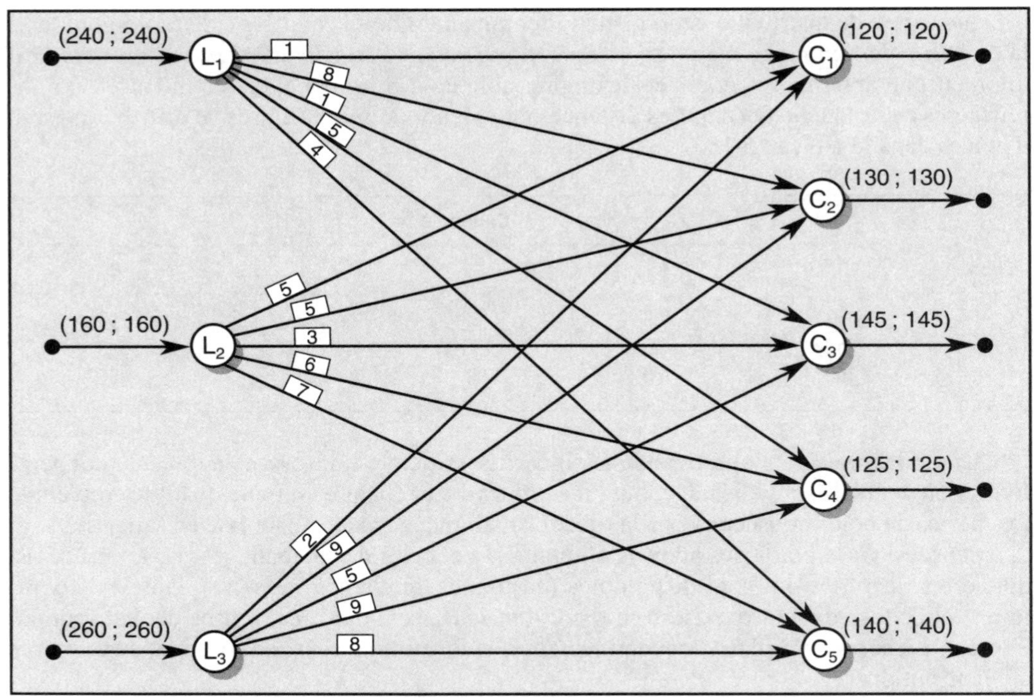

FIGURE 5.36
Sporcau : réseau de transport

TABLEAU 5.17
Une solution optimale du problème de Sporcau

	C_1	C_2	C_3	C_4	C_5	Total
L_1	–	–	145	–	95	240
L_2	–	130	–	30	–	160
L_3	120	–	–	95	45	260
Total	120	130	145	125	140	660

5.3.2 Le problème d'affectation

Le problème d'affectation introduit à la section 2.2.2 se présente également comme un modèle de réseau. La figure 5.37 décrit les arcs d'un réseau qui traduit le cas particulier considéré dans le tableau 2.22 : à chaque employé E_i est associé un sommet émetteur E*i* ; à chaque tâche T_j est associé un sommet récepteur T*j* ; le réseau ne contient aucun sommet de transbordement ; de plus, tout sommet émetteur E_i est relié à tout sommet récepteur T*j* par un arc E*i* → T*j*, sur lequel est reporté le coût de l'affectation de l'employé E_i à la tâche T_j. On notera que les bornes inférieure et supérieure des arcs virtuels sont toujours (1 ; 1) : en effet, tel qu'indiqué dans la section 2.2.2, dans le modèle traditionnel d'affectation, le nombre n d'employés coïncide avec le nombre de tâches et chaque employé devra effectuer exactement une tâche, tout comme chaque tâche devra être effectuée par exactement un employé.

Le réseau de la figure 5.37 a trouvé la même solution optimale déjà obtenue et décrite à la section 2.2.2.

5.3.3 Le problème du chemin le plus court

La résolution d'un problème de transport force souvent à trouver les trajets les plus courts, ou de plus faibles coûts, entre plusieurs paires de points, ce qui constitue autant de problèmes du chemin le plus court. Pour expédier un colis d'une ville A vers un pays lointain, lorsqu'il

Données concernant les arcs							Solution optimale	
No	Nom	S. initial	S. terminal	Coût un.	Borne inf.	Borne sup.	Flot	Coût
1	Arc 01	.	E1	0	1	1	1	0
2	Arc 02	.	E2	0	1	1	1	0
3	Arc 03	.	E3	0	1	1	1	0
4	Arc 04	.	E4	0	1	1	1	0
5	Arc 05	.	E5	0	1	1	1	0
6	Arc 06	E1	T1	11	0	.	0	0
7	Arc 07	E1	T2	3	0	.	1	3
8	Arc 08	E1	T3	16	0	.	0	0
9	Arc 09	E1	T4	8	0	.	0	0
10	Arc 10	E1	T5	9	0	.	0	0
11	Arc 11	E2	T1	5	0	.	0	0
12	Arc 12	E2	T2	2	0	.	0	0
13	Arc 13	E2	T3	7	0	.	0	0
14	Arc 14	E2	T4	1	0	.	1	1
15	Arc 15	E2	T5	6	0	.	0	0
16	Arc 16	E3	T1	4	0	.	1	4
17	Arc 17	E3	T2	1	0	.	0	0
18	Arc 18	E3	T3	9	0	.	0	0
19	Arc 19	E3	T4	4	0	.	0	0
20	Arc 20	E3	T5	8	0	.	0	0
21	Arc 21	E4	T1	8	0	.	0	0
22	Arc 22	E4	T2	7	0	.	0	0
23	Arc 23	E4	T3	6	0	.	1	6
24	Arc 24	E4	T4	5	0	.	0	0
25	Arc 25	E4	T5	5	0	.	0	0
26	Arc 26	E5	T1	15	0	.	0	0
27	Arc 27	E5	T2	4	0	.	0	0
28	Arc 28	E5	T3	19	0	.	0	0
29	Arc 29	E5	T4	6	0	.	0	0
30	Arc 30	E5	T5	6	0	.	1	6
31	Arc 31	T1	.	0	1	1	1	0
32	Arc 32	T2	.	0	1	1	1	0
33	Arc 33	T3	.	0	1	1	1	0
34	Arc 34	T4	.	0	1	1	1	0
35	Arc 35	T5	.	0	1	1	1	0
							z* =	20

FIGURE 5.37
Le réseau du problème d'affectation du tableau 2.22

n'y a pas de vol direct entre la ville A et la destination finale du colis, il faut trouver une séquence de vols pour acheminer le colis au moindre coût. Les sommets du réseau sont alors les aéroports et les arcs sont les vols entre les paires d'aéroports pertinents.

La figure 5.38 (*voir page suivante*) illustre un réseau de transport abstrait ; les nombres reportés sur les différents arcs indiquent la longueur de l'arc. Pour trouver le chemin le plus court entre les villes A et D, il suffira de considérer les nombres reportés sur les arcs comme des coûts unitaires, puis d'ajouter des arcs virtuels • → A et D → • munis tous deux de bornes (1 ; 1) – en fait, on fait comme si une unité était émise en A et reçue en D. La figure 5.39 (*voir page suivante*) donne le réseau résultant. Une solution optimale consiste à emprunter la séquence A → 2 → 5 → 7 → D.

FIGURE 5.38 Un réseau de transport abstrait

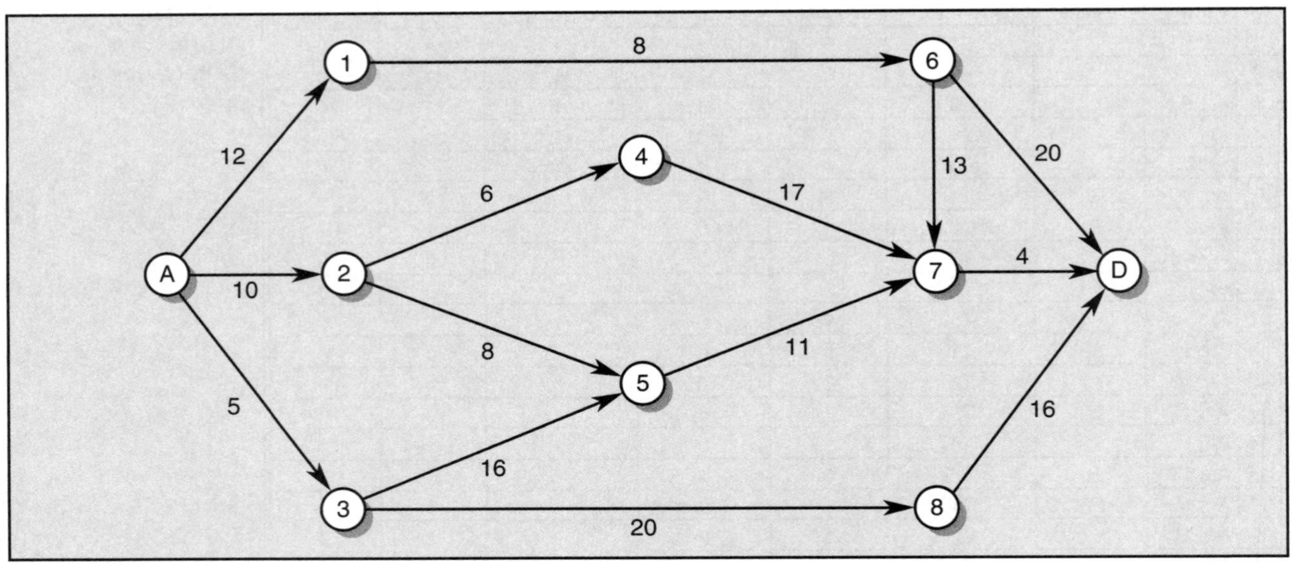

FIGURE 5.39 Le problème du chemin le plus court dans le réseau de transport abstrait

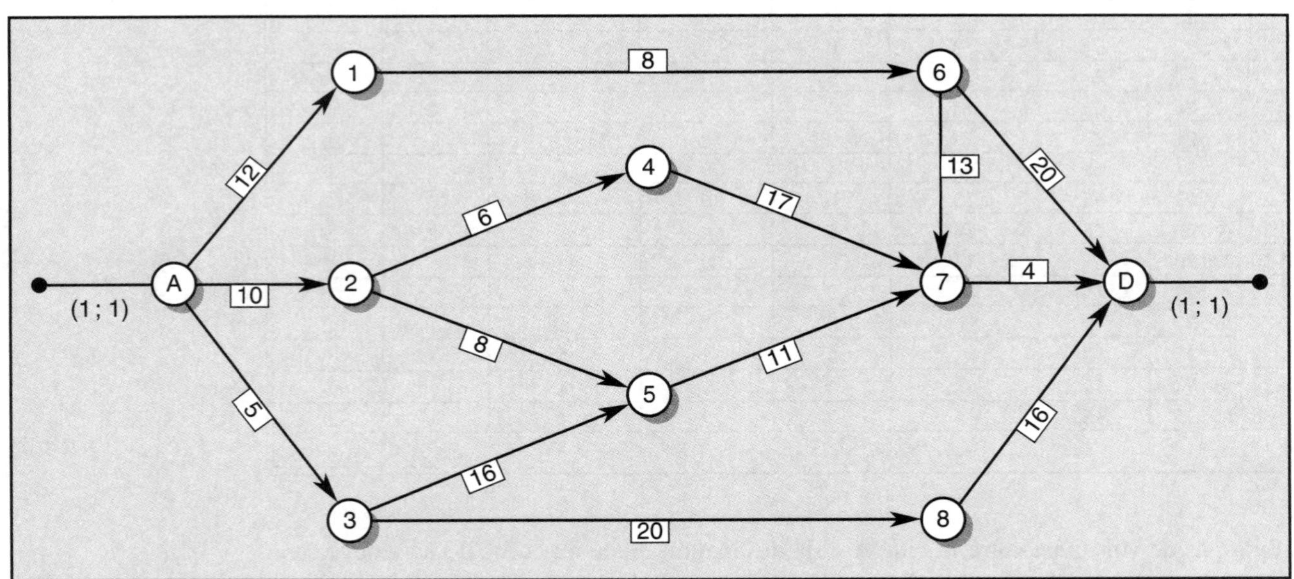

5.3.4 Le problème du flot maximal

Dans plusieurs situations réelles, aucune notion de coût n'est associée aux unités de flot qui circulent dans le réseau et celui-ci admet un seul sommet émetteur, la **source**, et un seul sommet récepteur, le **puits**. L'objectif poursuivi est d'acheminer la plus grande quantité possible de flot de la source vers le puits. Cette quantité de flot est contrainte seulement par la présence de bornes supérieures sur le flot transmis par certains arcs du réseau. Le problème du flot maximal fut l'un des premiers à faire l'objet d'études en théorie des réseaux.

Un exemple : l'expédition scientifique du CNRS

Manaus, situé sur le Rio Negro près de sa confluence avec l'Amazone, est une ville désormais perdue dans la jungle brésilienne, mais qui a connu, au début du siècle dernier, des heures fabuleuses. C'était avant que l'hévéa, essence indigène du Brésil, ne soit acclimaté en Indonésie dont les immenses plantations provoquèrent une chute brutale des cours du caoutchouc.

À la belle époque, avant l'effondrement des cours, certains planteurs de Manaus ne buvaient à table que du meilleur champagne; plusieurs familles expédiaient régulièrement, pour le lavage et l'entretien, leur lingerie fine à Paris. Manaus accueillit Caruso, qui y chanta sous la coupole de l'opéra le plus fastueux du monde, dont les sièges étaient décorés de feuilles d'or, et les parquets, recouverts de marbre de Carrare.

De nos jours, Manaus est resté le point de départ obligé de nombreuses expéditions anthropologiques, géologiques, botaniques et même entomologiques, comme celles du CNRS qui étudient, à l'aide d'un parachute inversé flottant sur la cime des grands arbres et déplacé par ballon, les insectes vivant dans les hautes houppes de la forêt amazonienne.

La dernière expédition du CNRS fait face à un problème : il s'agit d'expédier de toute urgence par avion la plus grande partie possible de son matériel de Buenos Aires à Manaus. Il y a des points de transit obligatoires et des tonnages maximaux à respecter. Le tableau 5.18 les résume.

TABLEAU 5.18
Tonnages maximaux entre les aéroports

	À				
De	**A**	**B**	**C**	**D**	**Manaus**
Buenos Aires	15	22	30	–	–
A	–	30	35	12	–
B	–	–	20	10	10
C	–	–	–	10	10
D	–	–	–	–	40

Quel est le tonnage maximal qui peut parvenir à Manaus ? Le flot est le matériel scientifique transporté de Buenos Aires à Manaus. Les sommets du réseau sont les aéroports et les arcs en sont les vols. Le réseau qui modélise le problème du CNRS est reproduit à la figure 5.40. Nous y avons également donné une solution optimale du problème : à droite des bornes est reportée la valeur du flot si ce dernier est positif. Le tonnage maximal s'élève à 52 tonnes.

FIGURE 5.40
Réseau des vols pour le problème du CNRS

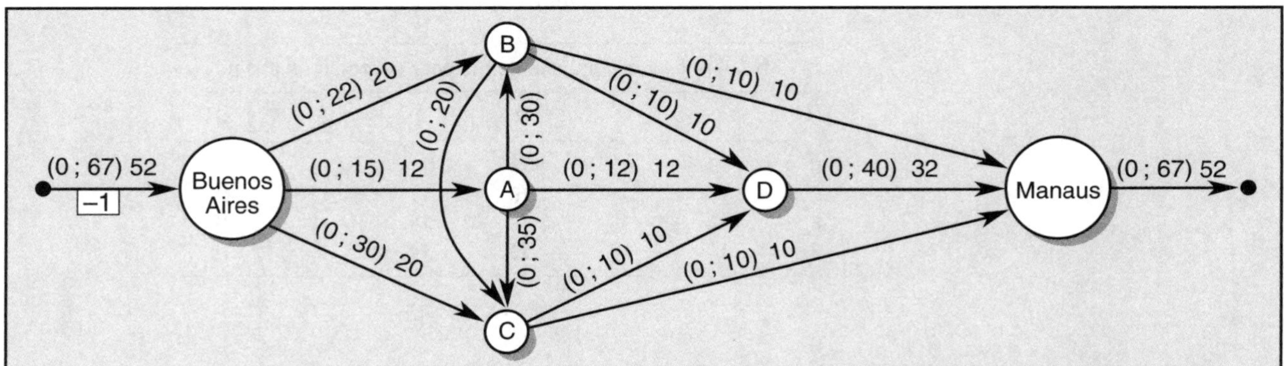

Exercices de révision

1. Les hauts fourneaux

Une fonderie comporte quatre hauts fourneaux à alimentation multiple. On peut y enfourner du minerai, des voitures compactées ou de la ferraille. Mais le coût du traitement varie selon le haut fourneau et le matériau. Le tableau suivant donne ces coûts, en dollars par tonne de matériau traitée.

	Matériau		
Haut fourneau	**Minerai**	**Voitures**	**Ferraille**
1	500	325	370
2	450	330	360
3	475	345	380
4	510	310	350

Voici la capacité quotidienne de traitement des hauts fourneaux.

Haut fourneau	1	2	3	4
Nombre de tonnes	270	185	205	245

Et voici la quantité de matériaux à traiter quotidiennement.

Matériau	Minerai	Voitures	Ferraille
Nombre de tonnes	450	275	180

Déterminer un plan de production dont le coût soit minimal.

2. La livraison des berlingots de lait

Au cours des vacances estivales, une laiterie assure la livraison des berlingots de lait remis aux jeunes qui fréquentent les six camps d'été du club Grands-Frères dans les Laurentides. La laiterie dispose de deux camions (C_1 et C_2) et de deux fourgonnettes (F_1 et F_2) qui effectuent déjà une tournée quotidienne de distribution dans cette région. Le tableau suivant donne le nombre de kilomètres supplémentaires qui seraient imposés à chaque véhicule, en plus de sa tournée habituelle, pour desservir un camp.

	Nombre de km supplémentaires pour desservir un camp					
	1	**2**	**3**	**4**	**5**	**6**
C_1	18	16	18	14	16	19
C_2	15	14	16	11	17	16
F_1	13	16	18	18	11	18
F_2	16	10	19	14	19	15

Les camions desserviront 2 camps chacun et les fourgonnettes, 1 camp chacune. La direction de la laiterie, qui cherche à minimiser le total des kilomètres supplémentaires parcourus, se demande quel véhicule devrait livrer les berlingots à chacun des camps.

(a) Représenter ce problème par un réseau comportant 4 sommets émetteurs, un pour chaque véhicule. Résoudre.

(b) Cette situation se traite également comme un problème d'affectation où $n = 6$. Déterminer les sommets émetteurs et récepteurs d'un réseau d'affectation qui traduit ce problème. Résoudre.

3. La compagnie Abitibus

La compagnie Abitibus possède une vingtaine d'autobus qui transportent les passagers aux quatre coins du Québec. Sa clientèle principale est constituée d'hommes et de femmes d'affaires qui vivent en région éloignée et viennent à Montréal pour rencontrer des clients. Abitibus dessert, entre autres, la ligne Montréal-Amos. Le trajet dans une direction prend sept heures et inclut un arrêt dans le pittoresque parc La Vérendrye. Le directeur de l'exploitation, qui vient d'entrer en fonction, veut remanier l'horaire des autobus sur cette ligne de façon à tenir compte des suggestions de quelques clients assidus. Il a commencé par établir les heures de départ de Montréal et d'Amos.

Trajet	Départ de Montréal	Arrivée à Amos
A	6 h 00	13 h 00
B	7 h 00	14 h 00
C	11 h 30	18 h 30
D	18 h 00	1 h 00
E	0 h 00	7 h 00

Trajet	Départ d'Amos	Arrivée à Montréal
1	6 h 00	13 h 00
2	8 h 30	15 h 30
3	15 h 15	22 h 15
4	18 h 00	1 h 00
5	1 h 00	8 h 00

Une fois les heures de départ établies, il faut apparier les trajets de façon à obtenir des allers-retours. Pour des raisons syndicales, le chauffeur et l'agent de bord doivent se reposer au moins 4 heures entre l'aller et le retour, mais ne peuvent rester plus de 24 heures en attente du retour.

Le directeur dispose, à Amos, tout comme à Montréal, d'équipages mis en disponibilité récemment à cause d'une baisse de la demande sur d'autres lignes. Pour chaque aller-retour choisi, il pourra donc, à sa guise, faire appel à un équipage d'Amos ou de Montréal.

Abitibus veut minimiser le temps d'attente total des employés entre les allers et les retours. Déterminer comment apparier les trajets et où résideront les équipages pour atteindre cet objectif.

5.4 Les problèmes apparentés

L'approche de modélisation graphique n'est pas confinée aux problèmes de réseaux. Il existe de nombreuses situations pratiques qui admettent une représentation graphique, mais qui ne respectent pas la structure des modèles de réseaux sous un ou plusieurs des aspects suivants :

- la non-conservation du flot aux sommets ;
- la non-conservation du flot sur les arcs ;
- la présence de contraintes supplémentaires.

Même dans ces situations, la modélisation graphique reste souvent fort utile pour élaborer un modèle linéaire. Nous donnons ci-dessous deux exemples qui illustrent l'avantage de recourir à la représentation visuelle offerte par le réseau lors de l'écriture du modèle linéaire.

5.4.1 Xanada : première version

L'énoncé du problème

À Xanada, pays de cocagne béni des dieux, peuplé d'éphèbes et de belles houris, où abondent le lait et le miel, il n'y a ni chicanes linguistiques, ni inflation débridée, ni impôts. L'État tire ses revenus d'une taxe sur les exportations. Par contre, les possibilités d'investissement s'y sont réduites, au fil des ans, comme une peau de chagrin.

Un investisseur qui vient d'y élire domicile dispose d'un capital de 500 000 $ qu'il désire faire fructifier le plus possible au cours des 8 prochaines années. Le tableau 5.19 donne les seuls types de placement qui s'offrent à lui. Ces placements seront également offerts au début de chacune des 8 années à venir.

TABLEAU 5.19
Code d'investissement à Xanada

Type	Maximum permis (en 000 $)	Durée de l'investissement	Rendement* pour la durée	Réinvestissement immédiat
1	100	1 an	9 %	Permis
2	Illimité	2 ans	6 %	Permis
3	50	3 ans	10 %	Permis

* Les rendements donnés dans le tableau s'interprètent comme suit : par exemple, si l'investisseur place 1 $ au début de l'an *i* dans un placement de type 3, il recevra 1,10 $ à la fin de l'an *i* + 2. Le maximum permis de 50 000 $ s'applique à l'achat de titres de type 3 au début d'une année donnée ; il est cependant possible d'accumuler des titres de type 3 au-delà de 50 000 $, à condition d'étaler leur achat sur plus d'une année ; par exemple, il serait permis d'investir 40 000 $ dans le type 3 au début de chacune des 3 premières années, ce qui amènerait l'investisseur à posséder pour 120 000 $ de ces titres pendant la 3e année.

Quelles sommes l'investisseur devrait-il engager dans les divers types de placement au cours des 8 prochaines années afin d'augmenter le plus possible son capital ?

Les composantes du réseau

Qu'est-ce qui constitue le flot dans cet exemple ? Il s'agit d'un flot monétaire qu'on veut faire fructifier le plus possible entre le début de l'an 1 et la fin de l'an 8. Ce flot se déplace en empruntant des arcs qui représentent des investissements de diverses durées. Il semble donc naturel de définir les arcs du réseau de la façon illustrée à la figure 5.41.

FIGURE 5.41
Xanada : arc typique

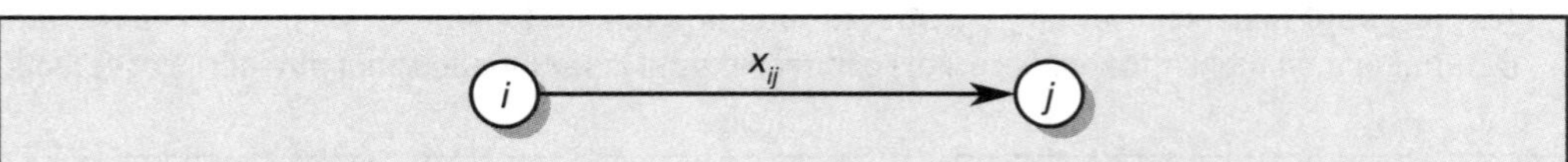

Dans cette figure, x_{ij} est un montant (en milliers de dollars) investi au début de l'an *i* pour une durée de $(j - i)$ années. Il faut évidemment que $(j - i) \leq 3$. Les montants maximaux permis pour chaque type de placement fournissent les bornes supérieures à reporter sur les arcs appropriés. Par exemple, la figure 5.42 représente un placement de type 3 fait au début de l'an 2. Le taux de 10 % reporté sous cet arc n'est pas un coût d'écoulement du flot. Il représente plutôt un taux d'accroissement du flot le long de l'arc 2 → 5. En effet, dire que *x* milliers de dollars empruntent l'arc 2 → 5 signifie que les *x* milliers de dollars partis du sommet 2 seront devenus 1,10 *x* milliers de dollars en aboutissant au sommet 5. Le flot sur les arcs et aux sommets de transbordement n'est donc pas conservé.

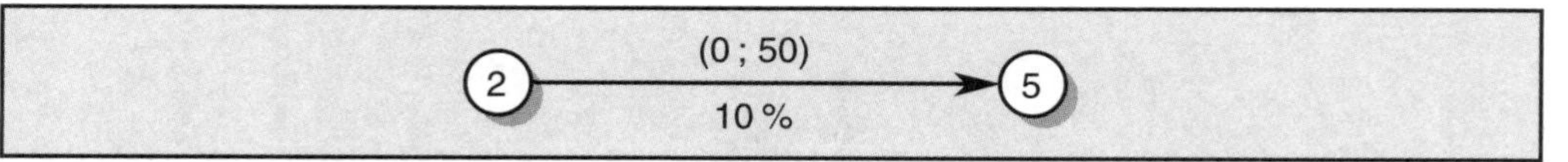

FIGURE 5.42
Xanada : arc pour un investissement de type 3

Il faut également permettre qu'une partie des sommes qui sont ou qui deviennent disponibles au début d'une année ne soit pas investie sur-le-champ. La figure 5.43 montre la façon de s'assurer que y milliers de dollars ne seront pas investis pendant l'année i. Un montant de y milliers de dollars qui ne serait pas investi pendant n années se représenterait par un flot de y unités le long de n arcs consécutifs, tous de la forme indiquée à la figure 5.43.

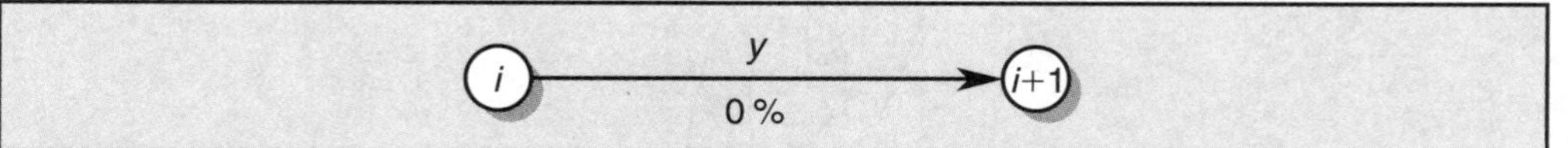

FIGURE 5.43
Xanada : arc pour un montant non investi

La modélisation graphique

La figure 5.44 (*voir page suivante*) donne une représentation graphique du problème de l'investisseur. Le sommet 1, correspondant au début de l'an 1, est le seul sommet émetteur ; 500 unités de flot (500 000 $) y sont émises. Le sommet 9, correspondant au début de l'an 9 ou encore à la fin de l'an 8, est l'unique sommet récepteur. Le flot n'est pas conservé : le flot incident au sommet 9 est supérieur aux 500 unités émises par le sommet 1. Les arcs émergeant d'un sommet représentent les différentes possibilités de placement au début de l'année correspondante.

La modélisation algébrique

Écrivons, à partir du modèle graphique, les contraintes qui régissent l'écoulement du flot sur les arcs et le transit du flot aux sommets. Les bornes inférieures et supérieures du flot sur les arcs découlent directement du modèle graphique. Toutefois, la gestion du flot aux différents sommets est plus délicate.

Pour le sommet émetteur 1 $\quad y_{12} + x_{12} + x_{13} + x_{14} = 500.$

Pour les sommets 2 à 8 Le montant disponible au début de l'an i doit être égal au total des sommes investies dans chacun des types possibles et de l'argent non investi pendant cette année-là. Par exemple, pour le sommet 4,

$$1{,}10\, x_{14} + 1{,}06\, x_{24} + 1{,}09\, x_{34} + y_{34} = y_{45} + x_{45} + x_{46} + x_{47}$$

c'est-à-dire

$$1{,}10\, x_{14} + 1{,}06\, x_{24} + 1{,}09\, x_{34} + y_{34} - y_{45} - x_{45} - x_{46} - x_{47} = 0.$$

Pour le sommet récepteur 9 La fonction-objectif vise à faire fructifier le plus possible les 500 000 $ initiaux ou, ce qui est équivalent, à maximiser le montant z incident au sommet 9, où

$$z = 1{,}10\, x_{69} + 1{,}06\, x_{79} + 1{,}09\, x_{89} + y_{89}.$$

Le modèle mathématique de Xanada s'écrit

$$\text{Max } z = 1{,}10\, x_{69} + 1{,}06\, x_{79} + 1{,}09\, x_{89} + y_{89}$$

sous les contraintes technologiques :

$$y_{12} + x_{12} + x_{13} + x_{14} = 500$$

$$1{,}09\, x_{12} + y_{12} - y_{23} - x_{23} - x_{24} - x_{25} = 0$$

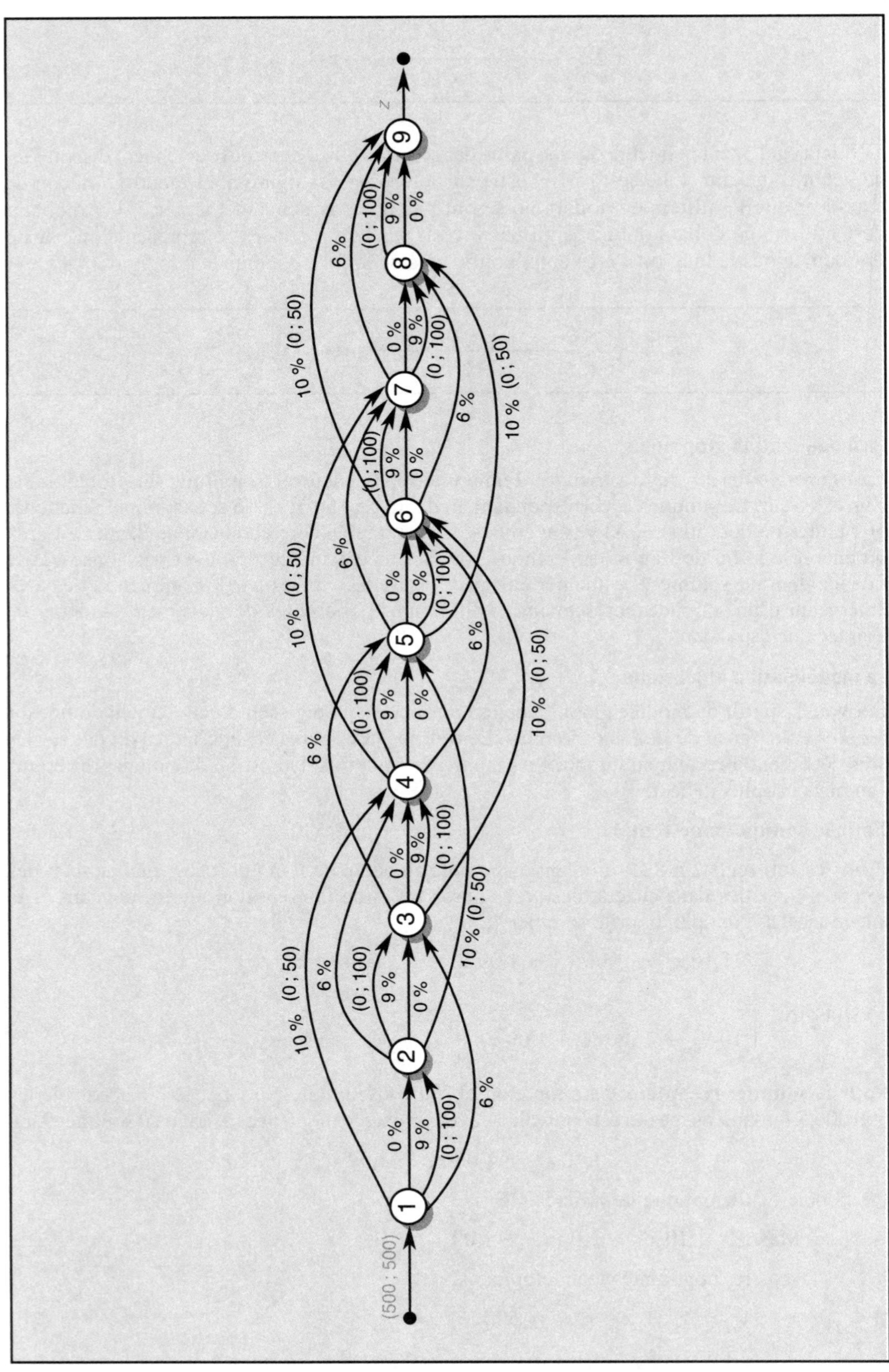

FIGURE 5.44
Réseau du problème Xanada

$$1{,}06\,x_{13} + 1{,}09\,x_{23} + y_{23} - y_{34} - x_{34} - x_{35} - x_{36} = 0$$
$$1{,}10\,x_{14} + 1{,}06\,x_{24} + 1{,}09\,x_{34} + y_{34} - y_{45} - x_{45} - x_{46} - x_{47} = 0$$
$$1{,}10\,x_{25} + 1{,}06\,x_{35} + 1{,}09\,x_{45} + y_{45} - y_{56} - x_{56} - x_{57} - x_{58} = 0$$
$$1{,}10\,x_{36} + 1{,}06\,x_{46} + 1{,}09\,x_{56} + y_{56} - y_{67} - x_{67} - x_{68} - x_{69} = 0$$
$$1{,}10\,x_{47} + 1{,}06\,x_{57} + 1{,}09\,x_{67} + y_{67} - y_{78} - x_{78} - x_{79} = 0$$
$$1{,}10\,x_{58} + 1{,}06\,x_{68} + 1{,}09\,x_{78} + y_{78} - y_{89} - x_{89} = 0$$
$$x_{i;\,i+1} \le 100 \qquad i = 1, \ldots, 8$$
$$x_{i;\,i+3} \le 50 \qquad i = 1, \ldots, 6.$$

La valeur maximale de z est de 686,3375 milliers de dollars. Voici les valeurs des variables de base d'une solution de base optimale :

$x_{12} = 100$	$x_{13} = 362{,}7273$	$x_{14} = 37{,}2727$	
$x_{23} = 100$		$x_{25} = 9$	
$x_{34} = 100$	$x_{35} = 356{,}2182$	$x_{36} = 37{,}2727$	
$x_{45} = 100$		$x_{47} = 50$	
$x_{56} = 100$	$x_{57} = 396{,}4912$		
$x_{67} = 100$		$x_{69} = 50$	
$x_{78} = 100$	$x_{79} = 484{,}2807$		
$x_{89} = 100$			$y_{89} = 9.$

5.4.2 Xanada : changements au code d'investissement

Le gouvernement de Xanada vient de resserrer le code d'investissement : dorénavant, le maximum de 50 000 \$ s'appliquera à l'ensemble des titres de type 3 possédés par une même personne.

De quelle façon cette nouvelle règle affectera-t-elle les projets de notre investisseur ? Remarquons tout d'abord que le réseau de la figure 5.44 constitue encore une représentation graphique adéquate du problème d'investissement. Le modèle linéaire est le même que précédemment, sauf qu'il faut ajouter les quatre contraintes suivantes :

$$x_{14} + x_{25} + x_{36} \le 50$$
$$x_{25} + x_{36} + x_{47} \le 50$$
$$x_{36} + x_{47} + x_{58} \le 50$$
$$x_{47} + x_{58} + x_{69} \le 50.$$

Noter qu'en présence de ces nouvelles contraintes, les bornes « $x_{i\,;\,i+3} \le 50$ » deviennent redondantes. La valeur maximale de z pour le modèle modifié est de 685,4653 milliers de dollars, soit 872,20 \$ de moins qu'auparavant. Voici les valeurs des variables de base d'une solution de base optimale :

$x_{12} = 100$	$x_{13} = 370{,}9091$	$x_{14} = 29{,}0909$
$x_{23} = 100$		$x_{25} = 9$

$x_{34} = 100$ $x_{35} = 402{,}1636$
$x_{45} = 100$ $x_{47} = 41$
$x_{56} = 100$ $x_{57} = 445{,}1934$
$x_{67} = 100$ $x_{69} = 9$
$x_{78} = 100$ $x_{79} = 526{,}005$
$x_{89} = 100$ $y_{89} = 9.$

5.4.3 Le supermarché Provi

L'énoncé du problème

La caissière en chef d'un supermarché Provi est à préparer l'horaire du vendredi des caissiers et des emballeurs. Les heures d'ouverture du vendredi vont de 8 h à minuit. Le nombre de postes à combler, selon la période de la journée et selon le type d'employé, est donné au tableau 5.20. La caissière en chef doit prévoir, à même le personnel sous sa direction, un certain nombre de postes de préposés à l'étalage, car il est d'usage dans l'entreprise d'utiliser des caissiers ou des emballeurs comme préposés à l'étalage afin de minimiser les coûts salariaux totaux. (Les préposés à l'étalage ont pour la plupart beaucoup d'ancienneté et, selon la convention collective en vigueur, la direction jouit d'une marge de manœuvre fort étroite dans la confection de leur horaire ; la mutation temporaire de caissiers ou d'emballeurs en préposés à l'étalage ajoute de la souplesse à un système d'affectation qui, autrement, serait très rigide et entraînerait des coûts salariaux inutilement élevés.) Les besoins en préposés à l'étalage indiqués au tableau 5.20 ont été fournis par le gérant et sont traités par la caissière en chef comme des contraintes à respecter.

TABLEAU 5.20
Besoins en personnel du supermarché Provi

Tâche	8 h – 12 h	12 h – 16 h	16 h – 20 h	20 h – 24 h
Caissier	6	15	12	2
Préposé à l'étalage	8	4	2	6
Emballeur	4	12	12	1

Caissiers et emballeurs travaillent huit heures d'affilée. Les premières équipes prennent leur service à 8 h, les deuxièmes renforcent les premières à midi, et les troisièmes commencent leur quart de travail à 16 h. Le salaire horaire d'un caissier est de 10 $ tandis que celui d'un emballeur est de 8 $. Selon les besoins, caissiers et emballeurs peuvent être mutés en préposés à l'étalage. Selon la convention collective, ces mutations, qui sont les seules permises, doivent s'effectuer obligatoirement à 8 h, à midi, à 16 h ou à 20 h, et pour des durées de 4 ou de 8 heures.

Combien de caissiers et d'emballeurs doit-on retrouver dans chaque équipe de façon à minimiser, le vendredi, les coûts de main-d'œuvre ? Et comment les répartir entre les 3 tâches ?

Le modèle graphique

Voici des questions auxquelles il faut apporter une réponse avant de considérer comme résolu le problème de Provi.

- Combien de caissiers et d'emballeurs commenceront leur travail à 8 h, à midi et à 16 h ?
- Combien de caissiers et d'emballeurs seront mutés en préposés à l'étalage à 8 h, à midi, à 16 h et à 20 h ?

L'objectif du modèle consiste à minimiser la somme des salaires versés à l'ensemble des employés qui combleront les postes décrits au tableau 5.20. Les contraintes assurent que les équipes comportent suffisamment d'employés pour accomplir adéquatement les trois tâches mentionnées. La construction d'un réseau facilitera l'écriture du modèle recherché. Voyons comment tracer une représentation graphique de la situation.

Le flot qui circule sur les arcs s'associe naturellement à des employés affectés aux différentes tâches à divers moments de la journée. L'arrivée de nouveaux employés et leur affectation ont lieu aux quatre heures. Les points de contrôle du flot que constituent les sommets seront de la forme I_t, où I est soit C (caissier), soit E (emballeur), soit P (préposé à l'étalage) et où $t = 8, 12, 16, 20, 24$. On retrouvera également des sommets notés F_t représentant la fin de la période t.

Le modèle graphique devra permettre de contrôler le nombre d'employés affectés à chacune des trois tâches pendant chacune des périodes de quatre heures considérées. Convenons de noter x_t et y_t respectivement le nombre de caissiers et d'emballeurs qui commencent leur quart de travail à l'heure $t = 8, 12, 16$. Et considérons, à titre d'exemple, la période de 16 à 20 h.

La figure 5.45 indique la façon retenue pour s'assurer qu'il y aura suffisamment de caissiers pendant cette période. À 16 h, x_{16} caissiers, dont le salaire quotidien est de 80 $, commencent leur quart et les x_8 caissiers qui ont commencé à 8 h quittent le travail. Ces mouvements de personnel correspondent aux arcs • → C_{16} et C_{16} → •. Les gens qui constituent le flot sur l'arc $C_{16} \rightarrow C_{20}$ sont les caissiers qui sont au travail de 16 à 20 h. Il en faut au moins 12 d'après la borne inférieure reportée sur l'arc.

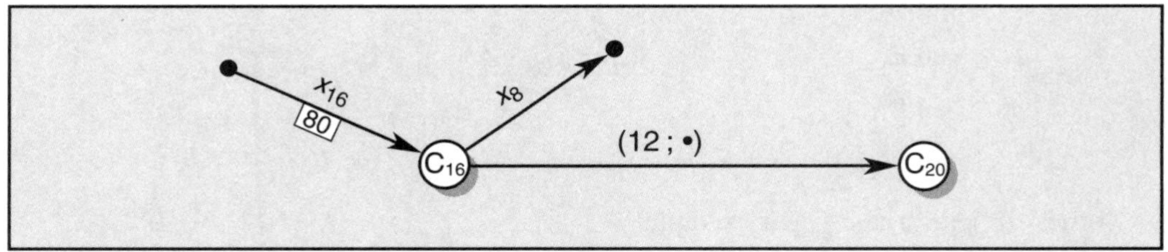

FIGURE 5.45
Régulation du nombre de caissiers entre 16 h et 20 h

La figure 5.46 (*voir page suivante*) indique comment traiter graphiquement les mutations de tâches. Les caissiers mutés en préposés à l'étalage pour la période de 16 à 20 h seront représentés par le flot qui emprunte l'arc $C_{16} \rightarrow P_{16}$. De façon générale, une mutation sera toujours représentée par un arc dont les sommets initial et terminal admettent le même indice t. Le flot incident au sommet P_{16} donne le nombre total de caissiers et d'emballeurs qui seront affectés à l'étalage à partir de 16 h. Afin de s'assurer qu'il y en aura au moins 2, on ajoute un sommet F_{20} et l'on crée un arc $P_{16} \rightarrow F_{20}$ sur lequel est reportée la borne inférieure 2. Puis, les caissiers et emballeurs employés temporairement comme préposés à l'étalage retournent à leurs tâches normales, ce qui se traduit par les arcs $F_{20} \rightarrow C_{20}$ et $F_{20} \rightarrow E_{20}$. Mais l'agglomération, sur l'arc $P_{16} \rightarrow F_{20}$, de caissiers et d'emballeurs pose difficulté, car il n'est pas possible de les distinguer ni dans le flot incident au sommet F_{20} ni dans le flot émergeant de F_{20}. Il faudra exiger que le flot sur l'arc $F_{20} \rightarrow C_{20}$ soit égal à celui sur l'arc $C_{16} \rightarrow P_{16}$. Aux contraintes habituelles de conservation de flot dans un réseau, il faudra donc ajouter l'équation $x_{C16;\,P16} = x_{F20;\,C20}$. Le problème de Provi ne s'écrit pas comme un modèle de réseau et les algorithmes spécialisés dans la résolution des modèles de transbordement ne pourront pas servir pour le résoudre. Il faudra donc recourir à l'algorithme du simplexe. La représentation graphique aidera toutefois à écrire le modèle linéaire de Provi.

FIGURE 5.46
Régulation des mutations

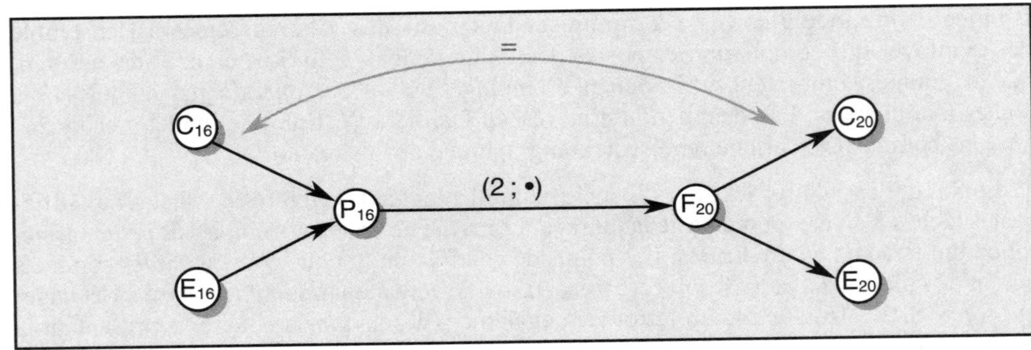

Le modèle graphique du problème de Provi apparaît à la figure 5.47. Le choix de la même variable x_8 comme flot incident au sommet émetteur C_8 et comme flot émergeant du sommet récepteur C_{16} permet de s'assurer d'emblée que les caissiers qui ont pris leur service à 8 h quittent tous le travail à 16 h, et ce, sans avoir à l'exiger par des contraintes additionnelles.

Du réseau représenté à la figure 5.47, on déduit aisément un modèle linéaire, dont voici quelques éléments.

– La fonction-objectif s'écrit :

$$\text{Min } z = 80\,(x_8 + x_{12} + x_{16}) + 64\,(y_8 + y_{12} + y_{16}).$$

– Contraintes de conservation de flot aux sommets : par exemple,

en C_8: $\quad x_{C8;\,P8} + x_{C8;\,C12} - x_8 = 0$

en E_{16}: $\quad x_{E16;\,P16} + x_{E16;\,E20} + y_8 - x_{F16;\,E16} - x_{E12;\,E16} - y_{16} = 0$

en P_{12}: $\quad x_{P12;\,F16} - x_{C12;\,P12} - x_{E12;\,P12} = 0$

en F_{16}: $\quad x_{F16;\,C16} + x_{F16;\,E16} - x_{P12;\,F16} = 0.$

– Bornes sur les variables : par exemple,

$$x_{C12;\,C16} \geq 15$$
$$x_{P8;\,F12} \geq 8$$
$$x_{E16;\,E20} \geq 12.$$

– Contraintes additionnelles :

$$x_{C8;\,P8} - x_{F12;\,C12} = 0$$
$$x_{C12;\,P12} - x_{F16;\,C16} = 0$$
$$x_{C16;\,P16} - x_{F20;\,C20} = 0.$$

Trois autres équations similaires sont associées aux emballeurs. Elles sont omises ici parce que redondantes : la conservation du flot en chacun des sommets et la régulation des mutations des caissiers assurée par les trois contraintes additionnelles ci-dessus entraînent que les emballeurs mutés en préposés à l'étalage retourneront nécessairement à leur titre d'emballeur avant de sortir du réseau en un des sommets E_t.

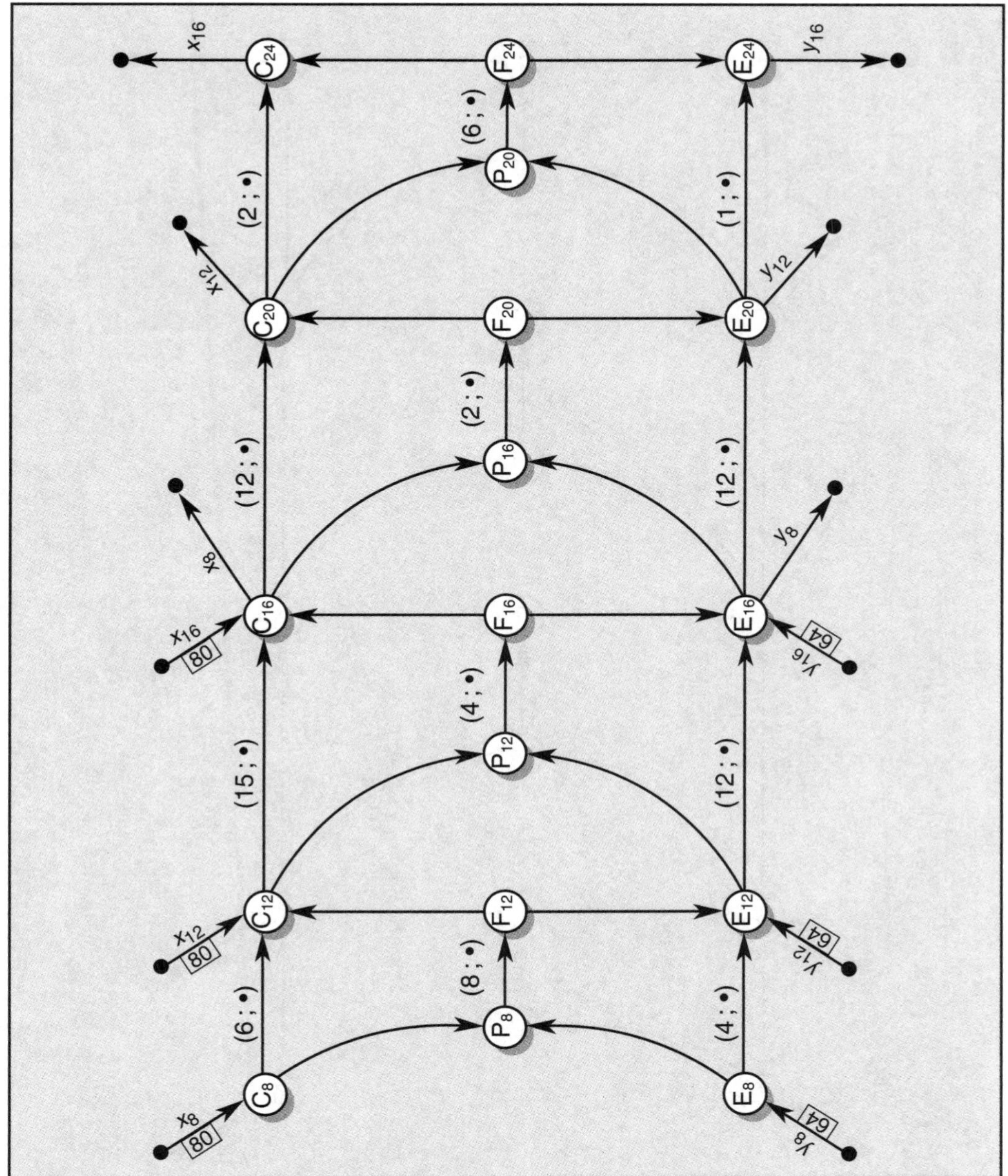

FIGURE 5.47
Modèle graphique complet de Provi

La figure 5.48 (*voir page suivante*) illustre une solution optimale du problème de Provi, dont le coût salarial s'élève à 3 104 \$. Le gestionnaire peut aisément visualiser le déroulement des activités à partir de cette représentation graphique. Indiquons, par exemple, comment interpréter le flot aux sommets C_{12} et C_{16} : 10 caissiers commencent leur quart de travail à 12 h ; puisque 6 autres caissiers ont commencé leur journée à 8 h, au total 16 caissiers sont disponibles à midi ; 15 d'entre eux combleront une tâche de caissier entre 12 et 16 h, et le 16e sera muté en préposé à l'étalage pendant cette même période.

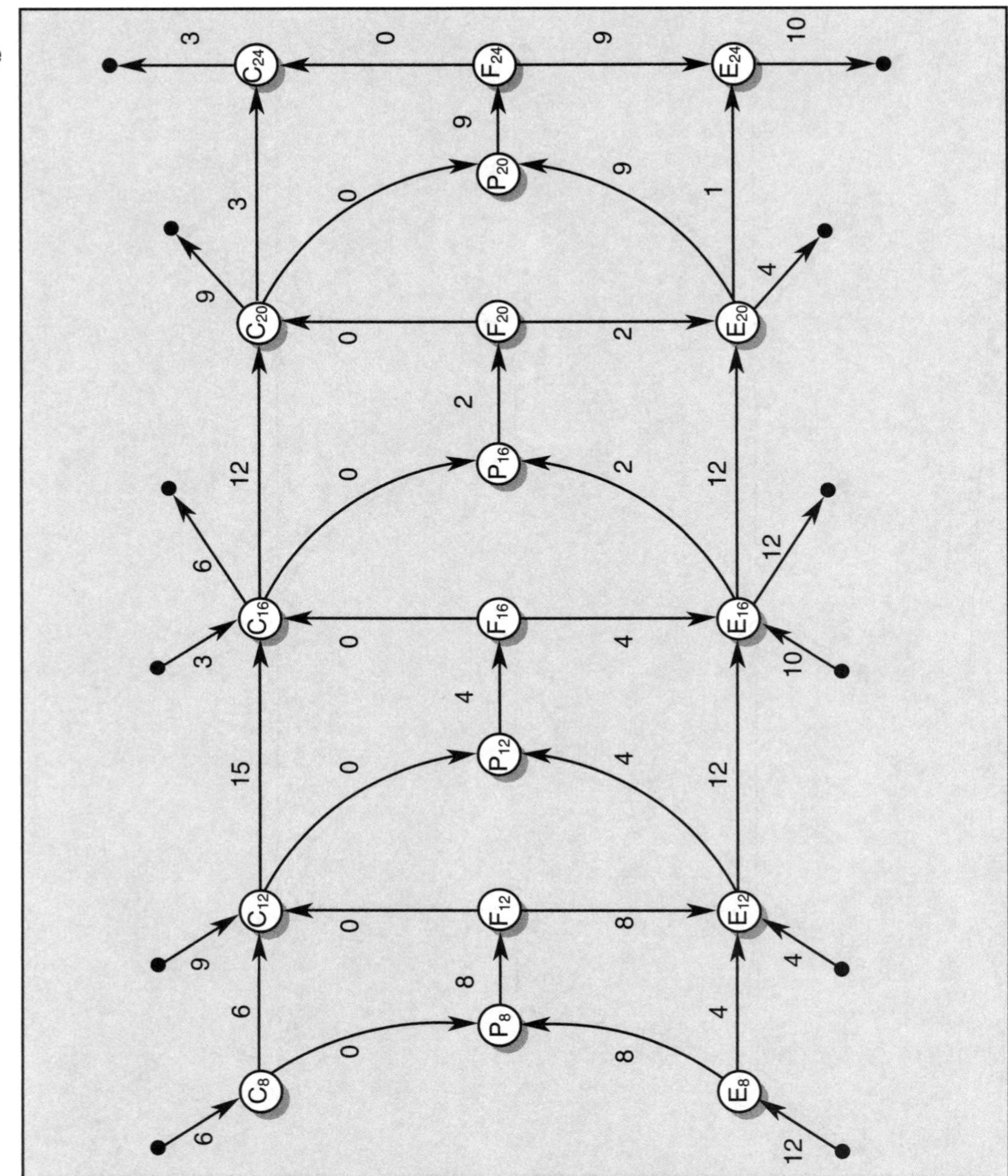

FIGURE 5.48
Une solution optimale de Provi

Exercices de révision

1. La compagnie Chimex

La compagnie Chimex inc. fabrique les engrais chimiques P_1 et P_2 dans des usines U_1 et U_2 situées dans l'Ouest canadien, plus précisément en Alberta. Ces engrais sont utilisés dans la culture du blé à grande échelle. Dans chaque usine, la production de P_1 et celle de P_2 se font de façon complètement indépendante l'une de l'autre, si bien que chaque usine possède des installations particulières pour P_1 et d'autres pour P_2. Le tableau ci-dessous donne les capacités (en milliers de tonnes) de chaque usine, ainsi que les coûts de production (en dollars par tonne) des engrais.

Usine	**Capacité de production (en kt)**		**Coûts de production (en $/t)**	
	P_1	**P_2**	**P_1**	**P_2**
U_1	60	50	14	15
U_2	100	50	17	13

À cause des frais importants de mise en train, une rafale de production, une fois lancée, doit durer 6 jours. Le 7e jour, tout l'engrais produit est amené dans des entrepôts, dénotés E_1 et E_2, érigés non loin des usines. Les coûts de transport (en $/t) des usines aux entrepôts sont donnés dans le tableau suivant. Noter que ces coûts sont les mêmes, quel que soit l'engrais transporté.

Usine	**E_1**	**E_2**
U_1	4	7
U_2	6	3

Les engrais doivent demeurer une semaine dans les entrepôts afin que certaines vapeurs toxiques aient le temps de s'en échapper. Les entrepôts étant équipés en filtres efficaces et en bouches d'aération bien aménagées, les rejets des entrepôts dans l'environnement ne sont pas dommageables. Il est toutefois important, selon les experts de Chimex, que les engrais P_1 et P_2 soient entreposés dans des sections distinctes munies chacune de leurs propres filtres. En effet, si les vapeurs de P_1 et P_2 se mélangeaient, il se produirait des réactions chimiques complexes dont les dérivés sont dangereux et dommageables pour l'environnement. Chaque entrepôt a donc une capacité de stockage propre à chaque engrais, tel que l'indique le tableau suivant. Chimex doit aussi tenir compte de coûts afférents aux nettoyages des filtres et des bouches d'aération. Ces coûts sont directement proportionnels à la quantité d'engrais entreposée et sont aussi indiqués dans le tableau.

Entrepôt	**Capacité de stockage (en kt)**		**Coûts de stockage (en $/t)**	
	P_1	**P_2**	**P_1**	**P_2**
E_1	60	35	3	2
E_2	40	50	1	4

Après une semaine d'entreposage, les engrais peuvent être enfin acheminés, en un jour, à leurs destinations finales, deux clients importants dénotés C_1 et C_2. Les coûts de transport (en $/t) des entrepôts vers les clients, qui sont les mêmes quel que soit l'engrais transporté, sont donnés dans le tableau suivant.

Entrepôt	**C_1**	**C_2**
E_1	8	5
E_2	4	9

Chimex doit lancer lundi prochain des rafales de production pour répondre aux commandes décrites dans le tableau suivant. Chimex veut évidemment maximiser le profit total qu'il retirera de ces rafales de production.

Client	Demande minimale (en kt)		Prix de vente aux clients (en $/t)	
	P_1	P_2	P_1	P_2
C_1	40	30	70	80
C_2	50	45	95	60

(a) Tracer un modèle graphique qui décrit le modèle de production de Chimex.

(b) Choisir, dans le modèle construit en (a), un sommet de transbordement et donner la contrainte technologique qui, dans le modèle linéaire associé, indique que le flot net émergeant de ce sommet est nul.

(c) Choisir, dans le modèle construit en (a), un sommet émetteur et donner la contrainte technologique qui, dans le modèle linéaire associé, indique que le flot net émergeant de ce sommet satisfait aux bornes reportées dans le modèle.

***(d)** Un chimiste indépendant, après une analyse approfondie, a avisé Chimex qu'il n'était pas vraiment nécessaire de séparer les engrais dans deux sections distinctes des entrepôts. Selon lui, les risques sont à toutes fins utiles inexistants. Comme il n'est plus nécessaire de cloisonner les entrepôts, Chimex peut maintenant prendre en considération une capacité globale de stockage par entrepôt, et non pas deux comme précédemment, alors qu'il fallait distinguer les capacités en fonction de l'engrais considéré.

Est-il encore possible de résoudre le problème de Chimex comme un problème de transbordement, sachant, premièrement, que la capacité globale d'un entrepôt est la somme des capacités données au troisième tableau et, deuxièmement, que les coûts d'entreposage ont été réévalués à la lumière de l'avis de l'expert indépendant et sont maintenant fixés à 2 $/t, quels que soient l'engrais ou l'entrepôt considérés ?

Si oui, donner le nouveau modèle graphique. Sinon, donner un modèle linéaire qui traduit le nouveau problème.

2. Les trois conditionnements de Pastissimo

Le modèle linéaire de la section 2.1.8, qui permettait de résoudre le problème multipériode de Pastissimo, a pu être traduit dans la section 5.2.3 en un modèle de réseau, en particulier parce qu'il s'agissait de planifier la fabrication d'un seul produit. Mais, lorsqu'il y en a plusieurs, le modèle de réseau ne peut incorporer toutes les contraintes et l'on doit recourir à un « modèle apparenté ».

Reprenons le contexte de la section 2.1.8, mais supposons que Pastissimo fournisse à la chaîne Hyper-Halli les spaghettis en sacs de 1 kg, de 4 kg et de 7 kg, à des prix de 1,28 $/u, de 5,02 $/u et de 8,81 $/u respectivement. Supposons, de plus, que Pastissimo ait pris les engagements suivants :

– elle livrera chaque mois au moins 80 sacs de chaque format, au plus 2 000 sacs de 1 kg et au plus 500 sacs des deux autres formats ;
– le nombre de sacs de 7 kg livrés un mois donné ne sera pas inférieur à 10 % du nombre total de sacs livrés ce mois-là ;
– les mois 1 et 2, elle accordera un rabais de 0,20 $/u pour les sacs de 1 kg.

Enfin, l'emmagasinage du spaghetti revient à 25 $/t par mois, quel que soit le format.

Construire, en s'appuyant sur le modèle de réseau de la section 5.2.3, un modèle linéaire pour analyser cette situation. Résoudre.

Problèmes

1. L'importation de voitures de luxe

Un importateur de voitures de marque Masserati fait transiter les véhicules qu'il importe par deux ports, A et B, avant de les stocker dans trois entrepôts à partir desquels il alimente, au fur et à mesure des commandes, les cinq concessionnaires de son réseau. Son objectif est de minimiser les coûts relatifs à l'acheminement des voitures entre les ports et les concessionnaires.

Voici le nombre de Masserati que les divers concessionnaires réclameront, selon lui, pendant la prochaine saison.

Concessionnaire	C_1	C_2	C_3	C_4	C_5
Nombre de véhicules	110	40	60	40	35

Les deux tableaux suivants donnent les coûts unitaires de transport entre les ports (P), les entrepôts (E) et les concessionnaires (C). (Un tiret indique l'impossibilité de se rendre à un entrepôt à partir d'un port, ou encore chez un concessionnaire à partir d'un entrepôt.)

	E_1	E_2	E_3
P_A	120	105	–
P_B	180	–	150

	C_1	C_2	C_3	C_4	C_5
E_1	125	135	–	150	–
E_2	130	–	200	140	120
E_3	–	150	180	–	130

Le transit des voitures des entrepôts aux concessionnaires est assuré par des camions spécialisés dont les capacités maximales pour la prochaine saison sont indiquées au tableau suivant.

Nombre maximal de véhicules acheminés de E_i à C_j					
	C_1	C_2	C_3	C_4	C_5
E_1	60	100	–	70	–
E_2	70	–	80	75	60
E_3	–	55	50	–	45

Pour obtenir des tarifs raisonnables de la part des transitaires dans les ports, l'importateur doit faire entrer au moins 100 véhicules dans chaque port; de plus, les licences d'importation qu'il détient le limitent à un maximum de 200 véhicules dans chaque port.

Présentement, l'entrepôt 1 contient 40 véhicules en stock; l'entrepôt 2 en contient 60. Tracer un réseau qui décrit le problème de l'importateur. Résoudre.

2. Sanivac

Sanivac loue des toilettes mobiles de chantier, dont certaines sont isolées et chauffées. Un chantier, situé en A, disposait de 6 toilettes Sanivac, toutes isolées et chauffées. Un second chantier, situé en B, disposait de 8 toilettes Sanivac non isolées ni chauffées. Les travaux sur ces deux chantiers étant très avancés, on a demandé à Sanivac de retirer ses toilettes des deux sites.

Sanivac a prévu d'acheminer toutes ces toilettes en C ou en D, où s'ouvriront bientôt des chantiers. Elle devra en apporter au moins 6 en C et au moins 5 en D. De plus, une entente avec un chef de chantier oblige Sanivac à installer en C au moins 2 toilettes isolées et chauffées. Le tableau suivant donne les coûts de transport (en $) d'une toilette entre les sites mentionnés.

	C	D
A	50	30
B	40	95

(a) Construire un réseau qui traduit le problème de Sanivac et qui vise à minimiser les coûts de transport des toilettes.

(b) Modifier le réseau de la question précédente de façon à tenir compte du fait suivant: il y a déjà 5 toilettes Sanivac en C et 3 en D, dont aucune n'est isolée ni chauffée.

(c) Modifier le réseau de la question précédente de façon à tenir compte du fait suivant: le transporteur sur la route A-C requiert une toilette isolée et chauffée, qu'il utilisera pendant quelque temps; il transportera cette toilette à ses frais et versera en contrepartie 175 $ à Sanivac.

(d) Modifier le réseau de la question précédente de façon à tenir compte du fait suivant: les toilettes, qui se retrouveront en C ou en D et qui seront excédentaires aux minima requis (soit 6 en C et 5 en D), pourront y être remises à neuf; pour effectuer ce travail, il en coûte 125 $ par toilette en C et 135 $ par toilette en D; Sanivac exige qu'au moins 4 toilettes soient réparées au total.

(e) Modifier le réseau de la question précédente de façon à tenir compte du fait suivant: en C, remettre une toilette à neuf revient à 110 $ pour chacune des deux premières, et à 125 $ pour chaque toilette supplémentaire.

3. La maison Olga

La maison Olga, comme la maison Kalinine (*voir la section 2.1, exercice de révision 1*), vend des chemises russes très recherchées appelées roubachki. Toutefois, contrairement à sa célèbre concurrente, la maison Olga ne les fabrique pas elle-même, mais s'approvisionne auprès de trois ateliers, A, B et C. La maison Olga vend quatre modèles de roubachka. Le tableau suivant donne les quantités désirées par la direction du service des achats de Olga pour le prochain trimestre.

La Cosaque	L'Ukrainienne	La Slavonne	La Tatare
600	1 100	900	1 200

Les fournisseurs de la maison Olga ont des capacités de production mensuelles qui, tous modèles confondus, s'établissent à 700, 300 et 1 000 roubachki pour l'atelier A, B et C respectivement.

À partir des listes de prix fournies par chacun des trois fournisseurs potentiels, Olga a établi le bénéfice qu'elle pourrait retirer en passant commande chez l'un ou l'autre d'entre eux.

Bénéfice par roubachka (en $)				
Atelier	**La Cosaque**	**L'Ukrainienne**	**La Slavonne**	**La Tatare**
A	21	10	–	16
B	–	–	13	17
C	18	12	13	16

Note : Un trait (–) indique que l'atelier correspondant ne fabrique pas le modèle indiqué.

(a) Comment la maison Olga devrait-elle répartir ses commandes pour le prochain trimestre, si son objectif est de maximiser ses bénéfices ?

(b) Adapter le réseau obtenu à la question (a) pour tenir compte du fait que la maison Olga s'est engagée à commander mensuellement au moins 200 roubachki de l'atelier A et au moins 100 roubachki de l'atelier B.

(c) À la suite d'une opération promotionnelle visant à stimuler les ventes de roubachki L'Ukrainienne, la maison Olga s'est engagée à commander au cours du trimestre au moins 600 chemises de ce modèle à chacun des fournisseurs qui lui en a proposées. Adapter en conséquence le réseau obtenu à la question (a).

(d) L'atelier C vient d'aviser la maison Olga que, pour des raisons hors de son contrôle, il ne pourrait fournir mensuellement plus de 250 roubachki pour les modèles La Slavonne et La Tatare ensemble. Modifier le réseau obtenu à la question (a) afin de tenir compte de ce changement.

4. Le nettoyage de bureaux

Dans une grande métropole, on assiste depuis quelques années à une flibuste commerciale entre les entreprises de nettoyage de bureaux : celles-ci se disputent âprement les clients à coups d'escomptes et de rabais, rétroactifs parfois, et tentent de débaucher les meilleurs employés de leurs concurrents à coups d'offres d'augmentation de salaire. Un entrepreneur peu délicat a décidé de faire ses choux gras de cette guérilla en mettant sur pied une entreprise qui offrira aux diverses entreprises de nettoyage des travailleurs déjà entraînés dont il assurera le recrutement et le débauchage et dont il louera les services au plus offrant. Il pense recruter par la voie des petites annonces dans les quotidiens et vise tout particulièrement les travailleurs au noir, les chômeurs et les assistés sociaux, auxquels il garantirait une mensualité de 250 $ aussi longtemps que durerait leur emploi. Ces travailleurs ne recevraient, au cours des quelques jours nécessaires à leur entraînement, que des frais de déplacement et de restauration.

L'entrepreneur a étudié plusieurs scénarios pour prévoir le capital maximal dont il aurait besoin au cours des 10 prochains mois pour exploiter sa boîte en l'absence même de tout revenu. Le tableau suivant décrit le scénario qui, pour le moment, lui semble le plus plausible. Les deux premières lignes donnent les coûts, en dollars, de recrutement et d'entraînement (R + E) et de mise à pied (D) d'un employé, lesquels varieront d'un mois à l'autre ; la troisième ligne, le nombre de personnes qui répondront à son annonce et seront disponibles au début du mois indiqué ; la quatrième, le nombre de travailleurs entraînés dont il aura besoin au cours du mois indiqué. Ajoutons que l'entrepreneur désire s'assurer d'avoir 50 travailleurs à son emploi pendant le 10e mois.

Mois	1	2	3	4	5	6	7	8	9	10
R + E	100	200	150	75	100	90	125	75	125	150
D	125	150	125	100	100	110	100	125	75	125
Réponses	60	40	30	10	50	40	20	10	15	20
Besoins	50	75	100	75	50	25	50	100	45	–

L'entrepreneur cherche à déterminer combien de travailleurs il devrait engager et mettre à pied chaque mois pour minimiser ses dépenses, tout en répondant à la demande prévue dans le scénario qu'il a retenu comme étant le plus plausible.

(a) Compléter le réseau de la page suivante en reportant les coûts sur les différents arcs.

(b) Résoudre.

5. Hatitudes, la multinationale du chapeau de feutre de luxe

La société Hatitudes se targue d'être la première multinationale du chapeau de feutre de luxe. Elle achète sa matière première dans quatre pays : Maroc, Australie, Équateur et Nouvelle-Zélande. Elle y dispose de réseaux d'acheteurs pour se procurer les poils de chèvre, de lapin de garenne, de lama et de mouton de la meilleure qualité, dont un mélange constitue la matière première des feutres de bonne qualité. C'est ainsi qu'à Casablanca, à Dawson, à Guayaquil et à Auckland, la société dispose d'un atelier de soufflage pour éliminer par ventilation les impuretés et les poils les plus grossiers (le jarre). Les acheteurs sont rémunérés selon le poids des poils résiduels (la bourre).

Le tableau suivant indique les prix d'achat (en €/quintal), le total des coûts de transport et de droits douaniers à l'exportation (en €/quintal), ainsi que le nombre minimal et maximal de quintaux de bourre à expédier l'an prochain de chacun des ports vers la principale usine, située à Paris, où sera effectué le mélange homogène des bourres. Pour ce processus de mélange, qui est long et fort délicat, Hatitudes débourse 950 €/quintal. Une partie du mélange sera traitée

PROBLÈME 4
Le nettoyage de bureaux

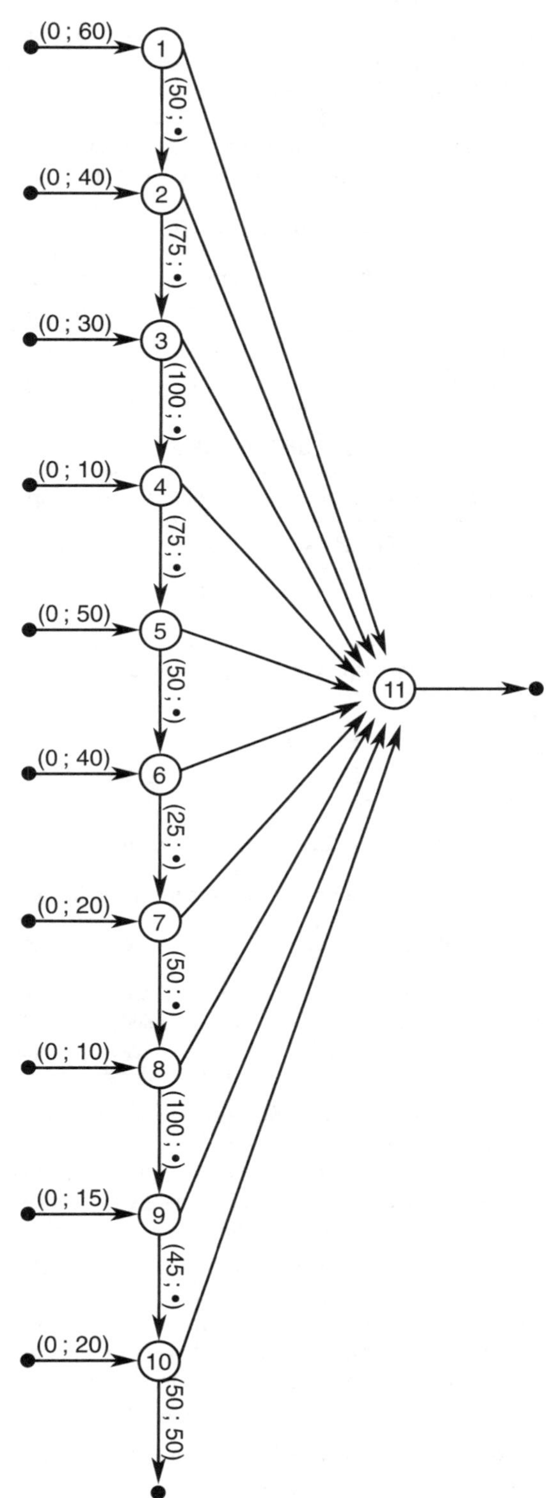

sur place, tandis que l'autre partie sera expédiée à New York par avion, au coût de 75 €/quintal pour la suite du traitement.

	Casablanca	Dawson	Guayaquil	Auckland
Prix d'achat	1 600	2 000	5 600	1 800
Transp. + douane	100	180	160	180
Min	30	45	30	55
Max	35	50	40	65

Note : Prix et coûts sont en € /quintal ; Min et Max, en quintaux ; 1 quintal équivaut à 100 kg.

Les quantités minimales et maximales de poils de chaque type découlent des proportions secrètes, mais assez lâches, que Hatitudes désire respecter dans la préparation du feutre. Enfin, sauf en Équateur, où elle s'approvisionne en poil de lama, l'offre est supérieure à la demande.

Dans l'usine de Paris, comme dans celle de New York, les chapeliers de la société bâtissent des cloches de feutre, puis les roulent et les frottent sur des tables chauffantes où les poils commencent à s'agglomérer dans un premier feutrage. Les cloches sont ensuite foulées par des passages renouvelés entre des rouleaux arrosés d'eau bouillante acidulée où elles terminent leur feutrage et acquièrent leur imperméabilité. Ces opérations reviennent à 20 €/cloche à Paris et à 25 €/cloche à New York. Après séchage, ces cloches, d'un poids de 200 g chacune, sont expédiées dans 5 ateliers-entrepôts pour y subir les dernières opérations préalables à leur mise en marché. À Paris, la capacité de traitement ne dépasse pas 40 000 cloches, alors qu'à New York, on peut traiter 45 000 cloches.

Trois des ateliers-entrepôts sont en Europe, à Londres, à Milan et à Reims, et les deux autres aux États-Unis, à Boston et à Houston. Les coûts de transport des cloches de feutre des usines aux ateliers-entrepôts sont indiqués dans le tableau suivant. Hatitudes prévoit que la demande se situera dans une fourchette de 10 000 à 15 000 chapeaux dans chacun des 3 ateliers-entrepôts européens, et dans une fourchette de 16 000 à 24 000 chapeaux dans chacun des 2 ateliers-entrepôts états-uniens. Tant en Europe qu'aux États-Unis, les valeurs maximales prévues pour les ventes sont inférieures à la capacité de traitement des ateliers-entrepôts correspondants.

Coûts du transport (en €/kg)

	Londres	Milan	Reims	Boston	Houston
Paris	2	4	2	–	–
New York	–	–	–	2	3

Voici un résumé du traitement qui se déroule dans les ateliers-entrepôts. Des chimistes obtiennent par dosage de colorants les nuances à la mode pour les diffuser dans toute l'épaisseur du feutre. Certains feutres sont poncés au papier de verre pour obtenir du feutre ras. Pour d'autres, on tire le poil à l'aide d'une peau rugueuse de requin avant de le tondre : on obtient ainsi des feutres taupés. Les cônes de feutre sont ensuite ramollis dans une « marmite », puis formés à la main sur des moules de bois choisis selon la mode du moment et de l'endroit, et selon les tours de tête de la clientèle. Enfin, on ajoute les bourdalous, les cuirs coupe-sueur et les bordures.

On demande d'organiser le flot de la bourre de façon à en tirer, au cours de l'année, les revenus les plus élevés possible, tout en s'assurant que le nombre de chapeaux produits par chaque atelier-entrepôt soit situé dans la fourchette des ventes prévues pour cet endroit. Hatitudes vend sa production à de nombreux détaillants qui versent pour un chapeau en moyenne 65 € aux États-Unis et 60 € en Europe. Ajoutons que Hatitudes doit payer 20 €/quintal pour importer la bourre aux États-Unis.

6. Les perruques Sanchez

Les Égyptiens nobles avaient la tête rasée, mais portaient lors des grandes cérémonies des perruques de crin ou de plantes tressées. Les Sumériens, les Assyriens et les Mèdes se livraient aux mêmes pratiques. À Rome comme à Byzance, les hommes portaient perruque pour cacher leur calvitie et les femmes, pour orner leur tête de coiffures sophistiquées. Au XVIe siècle apparaissent des perruques composées d'un canepin sur lequel les cheveux sont enfilés à l'aiguille. Plus tard, la couronne de cheveux naturels est cousue sur une calotte de tissu noir. À partir de 1660, même en Nouvelle-France, il devient inconvenant pour un homme de qualité de sortir sans sa perruque. C'est l'âge d'or de la perruque. Les perruquiers donnent libre cours à leur imagination et leurs chefs-d'œuvre prennent des proportions énormes, telle que la perruque *in-folio*, sorte de monument massif étagé en une cascade de boucles. La perruque est alors poudrée et la queue, portée en catogan. La fabrication des perruques n'a de cesse de se raffiner. Souchard, vers 1820, implante les cheveux sur des vessies de porc, et Caron, sur des tricots de soie importée de Chine.

Frappé de plein fouet entre les deux guerres mondiales par la mode des cheveux courts et des crânes dégarnis, le marché de la perruque refleurit dans les années 1950. Les cheveux traités sont alors importés surtout des Indes et de Hong Kong.

L'atelier Victor Sanchez, à Bruxelles, accueille dans ses petits salons feutrés une clientèle hétéroclite fortunée. Les victimes de pelade et d'alopécie, les travestis, les rescapés de traitements de chimiothérapie, les snobs, les acteurs, les juives orthodoxes... s'y côtoient à la recherche d'une solution à leur problème. Chez les Sanchez, on est perruquier de père en fils. Victor et ses frères, Manuel qui pratique son métier à Paris et Armando qui est établi à Londres, s'approvisionnent en cheveux naturels auprès de deux fournisseurs, le premier de Manille, le second du Jawalapuri. L'exportation de cheveux naturels est considérée comme illicite aux Philippines, tout comme aux Indes : en effet, on juge dégradante la pratique, à relent colonial, de vendre ses cheveux. Victor et ses frères refusent de dévoiler le nom de leurs fournisseurs clandestins.

Victor et ses frères, qui travaillent en coopérative et s'approvisionnent en commun auprès de leurs fournisseurs, fixent leurs commandes en fonction de la capacité de traitement et du carnet de commandes de chacun. Ils font face aux aléas du marché en s'échangeant parfois des perruques, dont il ne reste à compléter que l'ajustement au tour de tête du client.

Les tableaux suivants résument les données pertinentes aux commandes des frères Sanchez au cours de l'an prochain. Dans le dernier tableau, la capacité des ateliers est exprimée en perruques pour l'année ; le coût de fabrication, en euros par perruque ; les ventes minimales et maximales, en perruques pour l'année ; le prix moyen, en euros par perruque.

ACHAT DE CHEVEUX NATURELS

Fournisseur	Coût (en €/kg)	Quantité min (en kg)	Quantité max (en kg)
Manille	75	800	1 200
Jawalapuri	86	600	1 400

COÛTS DE TRANSPORT

Coûts de transport des cheveux naturels (en €/kg)

	Bruxelles	Paris	Londres
Manille	7	8	9
Jawalapuri	9	10	5

Coûts de transport (en €/kg) entre les ateliers

	Bruxelles	Paris	Londres
Bruxelles	–	20	23
Paris	20	–	19
Londres	23	19	–

DONNÉES RELATIVES AUX ATELIERS

	Fabrication		Ventes pour l'année		
Atelier	Capacité	Coût	Min	Max	Prix moyen
Bruxelles	3 000	350	1 500	3 200	1 200
Paris	2 500	400	1 800	2 600	1 600
Londres	1 800	375	1 400	2 500	1 300

On notera que les Sanchez, afin de maintenir active chacune de leurs filières, tiennent à garantir à chaque fournisseur de cheveux des commandes minimales. De plus, pour fabriquer une perruque, les frères Sanchez comptent en moyenne une masse de 250 g de cheveux naturels.

Les frères Sanchez cherchent à maximiser le revenu net qu'ils retireront de leur commerce au cours de l'année prochaine. Construire et résoudre un réseau approprié. (On suggère de prendre le kilogramme de cheveux comme unité de flot et de convertir les données des deux derniers tableaux en fonction de cette unité avant de les intégrer dans le réseau.)

7. Le problème d'affectation des chauffeurs de Trans-Europe

L'entreprise de placement Trans-Europe met des chauffeurs de camion à la disposition de compagnies de transport européennes. Ces compagnies clientes utilisent des camions de différentes tailles et pourvus de divers équipements techniques. De plus, les destinations des camions varient d'un client à l'autre et la maîtrise par le chauffeur de la langue des pays de départ et d'arrivée s'avère fort souhaitable. L'affectation d'un chauffeur à une tâche est donc soumise à plusieurs contraintes. Le client verse le salaire du chauffeur et remet à Trans-Europe une commission, qui dépend de la tâche.

Trans-Europe s'est vu proposer 15 tâches pour la semaine prochaine. Le tableau suivant donne la somme (en €) que recevra Trans-Europe pour chacune de ces tâches, si elle réussit à trouver un chauffeur pour l'accomplir.

Tâche	1	2	3	4	5	6	7	8
Commission	321	273	150	126	192	225	141	243
Tâche	9	10	11	12	13	14	15	
Commission	300	234	210	180	405	210	330	

Les affectations des chauffeurs se font le samedi pour la semaine à venir. Trans-Europe doit assumer les coûts des déplacements pour amener un chauffeur retenu à l'endroit où il sera requis le lundi suivant par la compagnie cliente. Un chauffeur peut se voir attribuer au plus une tâche ; s'il reste sans affectation durant une semaine donnée, il reçoit de Trans-Europe une prime de chômage qui varie selon ses qualifications.

Le tableau suivant donne, pour chaque chauffeur, la prime de chômage (en €) qu'il recevra de Trans-Europe s'il n'est affecté à aucune des tâches proposées pour la semaine, ainsi que la liste des tâches qu'il pourrait accomplir. À droite de chacune de ces tâches est donné le coût (en €) que doit assumer Trans-Europe pour l'amener à pied d'œuvre. Par exemple, le chauffeur B peut être affecté aux tâches 4, 8 ou 15 ; Trans-Europe devra débourser 40 € pour son déplacement dans le premier cas, 60 dans le deuxième cas, et 40 dans le troisième et dernier cas.

Chauffeur	**Prime de chômage (en €)**	**Tâche**		**Tâche**		**Tâche**		**Tâche**	
		n°	**coût**	**n°**	**coût**	**n°**	**coût**	**n°**	**coût**
B	100	4	40	8	60	15	40		
C	80	2	20	3	16	5	22	12	34
D	75	2	150	6	175	9	200	12	100
E	125	3	100	8	105	11	40	15	20
F	150	2	10	5	22				
G	110	4	62	7	51	8	46	15	12
H	90	1	75	3	80	8	14	12	42
I	80	4	28	7	16	8	22	15	29
J	75	1	76	9	80	11	14	14	22
K	60	3	125	8	160	11	145	14	160
L	110	4	36	7	20	8	42	15	50
M	120	4	60	7	6	10	12	13	20
N	85	2	10	5	28	6	15	14	32
O	135	4	12	7	14	8	26		

(a) Comment Trans-Europe doit-elle procéder pour maximiser le profit net de la semaine prochaine si elle n'est pas tenue de fournir un chauffeur pour chacune des tâches ? Donner la valeur optimale de ce profit net et indiquer quelle tâche sera attribuée à quel chauffeur ; énumérer, s'il y a lieu, les chauffeurs en chômage et les tâches qui ne trouveront pas preneur.

(b) Indiquer comment sont modifiés le profit net optimal et l'affectation optimale obtenus à la question précédente si Trans-Europe doit verser un dédit pour toute tâche pour laquelle elle ne peut fournir de chauffeur. Le dédit associé à une tâche donnée correspond au tiers de la commission, augmenté d'un montant forfaitaire de 100 € ; par exemple, le dédit pour la tâche 1 s'élève à $(321/3) + 100 = 207$ euros.

(c) Indiquer comment sont modifiés le profit net optimal et l'affectation optimale obtenus à la question précédente, si la direction de Trans-Europe a pris l'engagement secret d'attribuer la semaine prochaine une tâche à chacun des chauffeurs B, G et L.

(d) Indiquer comment sont modifiés le profit net optimal et l'affectation optimale obtenus à la question précédente, si toutes les tâches 1 à 5, de même qu'au moins 4 des tâches 10 à 14, doivent se voir attribuer un chauffeur adéquat. En effet, Trans-Europe pratique une politique du « premier arrivé premier servi » pour inciter ses clients à lui acheminer les demandes de chauffeurs le plus tôt possible. Or, un même transporteur T1 a proposé les tâches 1, 2, 3, 4 et 5 au tout début de la semaine, tandis qu'un transporteur T2 a proposé le lendemain les tâches 10, 11, 12, 13 et 14. Trans-Europe aimerait donner priorité, de la façon tout juste indiquée, à ces dix tâches et cherche à évaluer l'impact économique de cette contrainte.

8. La production de turbines

La direction d'une usine de turbines électriques a accepté de livrer 53 turbines durant les quatre prochains mois. Le coût de production d'une turbine est de 12 millions de dollars en heures régulières ; ce coût augmente de 50 % pour les unités produites durant les heures supplémentaires.

Mois	**Nombre de turbines à livrer**	**Capacité de production (en turbines) en heures régulières**	**Capacité de production (en turbines) durant les heures supplémentaires**
1	14	10	6
2	9	10	6
3	18	10	6
4	12	10	6

Entreposer une turbine pendant 1 mois revient à 100 000 $. La capacité de stockage de l'usine est de 8 turbines. Au début du mois 1, l'usine détiendra 2 turbines en stock. La direction désire qu'il n'y en ait aucune à la fin de la période de planification.

Déterminer un plan optimal de production pour les quatre prochains mois.

9. La Belle au bois dormant

La question (a) du problème 42 du chapitre 2, « La Belle au bois dormant », se traite également comme un problème de réseau. Tracer un réseau qui traduit graphiquement ce problème ; puis, résoudre.

10. La répartition de véhicules récréatifs

Des copains, A, B, C, D et E, doivent se répartir cinq véhicules récréatifs qui leur sont prêtés pour la fin de semaine par le pourvoyeur dont ils sont les hôtes. Chacun a décidé d'attribuer les 65 points dont il dispose selon la préférence qu'il accorde à chacun des véhicules, notés V_1, V_2, V_3, V_4 et V_5.

	V_1	V_2	V_3	V_4	V_5
A	15	30	20	–	–
B	–	30	10	–	25
C	10	–	35	20	–
D	–	20	30	15	–
E	–	–	–	25	40

Il n'est pas obligatoire que chaque copain obtienne un véhicule ni que chaque véhicule trouve preneur. L'objectif est de maximiser le total des préférences attribuées par le groupe de copains.

(a) Tracer un réseau qui permet de répartir les véhicules. Résoudre.

Modifier le réseau construit en (a) pour tenir compte, tour à tour, de chacune des conditions suivantes, qui sont indépendantes. Résoudre.

(b) Il faut que 2 ou 3 des véhicules V_2, V_3, V_4 et V_5 soient attribués.

(c) Un des véhicules, à choisir entre V_2, V_3, V_4 et V_5, doit être remis à un autre groupe de vacanciers et ne pourra être mis à la disposition du groupe des cinq copains.

(d) Il faut qu'au plus 3 des 4 véhicules V_1, V_3, V_4 et V_5 soient attribués au groupe de copains, tout en assurant un véhicule à au moins l'un des copains B ou C.

11. La société Volauvent

Le problème 23 du chapitre 2, « La société Volauvent », se traite également comme un problème d'affectation. Déterminer les sommets émetteurs et récepteurs. Résoudre.

12. La répartition de modules entre différents programmeurs

Le responsable d'un projet informatique vient de terminer l'analyse de l'implantation d'un nouveau système. Il doit maintenant répartir le travail entre les 8 programmeurs de l'entreprise.

Il a divisé le travail à effectuer en 5 modules, chacun devant être réalisé en entier par une seule personne. De plus, il désire confier chaque module à un employé différent. Le tableau suivant indique, pour chaque programmeur, le temps nécessaire pour compléter chacun des modules, ainsi que son salaire hebdomadaire.

Déterminer comment affecter, au coût minimal, les programmeurs aux modules sachant que, les modules 1 et 2 exigeant une plus grande expérience, l'analyste tient à ce qu'ils soient confiés aux employés 1, 2 ou 3.

	Nombre de semaines nécessaires pour compléter le module					
Employé	**1**	**2**	**3**	**4**	**5**	**Salaire (en $/sem.)**
1	20	18	18	18	16	700
2	24	24	22	21	20	600
3	24	24	21	20	20	600
4	32	30	30	24	24	550
5	36	32	28	30	30	400
6	38	32	32	32	30	400
7	38	35	32	32	28	400
8	40	36	32	32	28	375

13. Air Madagascar

À Madagascar, quand vient le moment du départ pour les grandes vacances, les expatriés et leurs dépendants se ruent vers les aéroports. Généralement, ils ont déjà tout prévu plusieurs mois à l'avance pour ce jour J : les billets d'avion ont été retenus, les arrangements de gardiennage ont été arrêtés, les bagages sont ficelés depuis longtemps... Cette année toutefois dans la région administrative d'Antsiranana, des grèves perlées du personnel scolaire de soutien ont été accompagnées, précédées ou suivies de celles des enseignants, des étudiants et même des élèves. Cet embrouillamini a rendu impossible une planification rationnelle des départs en vacances scolaires. En effet, il a été impossible aux autorités de fixer longtemps à l'avance, comme d'habitude, le jour où débuteraient les vacances du niveau primaire, celui où débuteraient celles du niveau secondaire et enfin celui où débuteraient celles du niveau universitaire. Après avoir reporté à la rentrée d'octobre les examens de tous les niveaux, les autorités ont souhaité établir pour le début des vacances les dates les plus tardives possible afin de compenser au mieux les retards cumulés dans l'enseignement.

C'est ainsi que le flot des départs était resté endigué jusqu'à l'annonce impromptue d'une date commune, le 12 juillet, pour la fin de l'année scolaire dans les trois niveaux d'enseignement. Aussitôt ce feu vert donné par les autorités, on se précipita, soucieux de ne pas « perdre » une seule journée de vacances, chez les différentes agences de voyage de la place pour faire ses réservations pour les vols d'Air Madagascar (mieux connu sous le nom d'Air Mad), seule compagnie aérienne qui dessert Arrachart, l'aéroport d'Antsiranana. Tous ces vols ont comme destination Ivato, l'aéroport d'Antananarivo, d'où s'effectuent les envolées internationales. Les agences vendirent, pour la plupart des vols, plus de billets qu'il n'y avait de sièges disponibles. Une panne survenue dans le système informatique d'Air Mad empêcha la détection de cette survente.

Le tableau suivant résume la situation pour les vols de la journée du 12 juillet.

Départ du vol	Nombre de billets vendus	Nombre de sièges
10 h	67	50
12 h	61	40
14 h	48	50
16 h	52	40
18 h	45	50
20 h	62	40

La direction d'Air Mad, soucieuse d'atténuer la grogne des passagers qui ne pourraient s'envoler à l'heure prévue sur leur billet, a pris deux mesures.

- L'avion de type combi qui part chaque soir à 22 heures d'Antsiranana pour acheminer vers Ivato des produits vivriers et halieutiques de la région d'Antsiranana accordera 70 sièges pour les passagers qui n'auraient pas trouvé place dans les vols de la journée.
- Air Mad versera un forfait pour tout retard à l'embarquement prévu. Le tableau suivant donne le montant de ces forfaits (pour fixer les idées, si le départ d'un passager, prévu pour midi, était retardé jusqu'à 18 heures, Air Mad verserait au passager en guise de compensation une somme de 130 000 Ariary).

Retard (en heures)	2	4	6	8	10	12
Forfait (en kAr*)	60	90	130	180	240	300

* kAr : milliers d'Ariary.

Air Mad vise à minimiser la somme totale à verser en forfaits au cours de la journée du 12 juillet. On demande d'établir et de résoudre un réseau qui permettra de planifier les départs des passagers. Combien de ceux qui devaient partir à l'heure i devront plutôt partir à l'heure j ?

14. Les équipes de vérification des travaux de génie civil

Le directeur des ressources humaines (DRH) d'un bureau régional de vérification des travaux de génie civil a mis au point un système de formation des équipes qui se rendront sur le terrain pour mener à bien les mandats récemment confiés au bureau régional. Chacun des 17 ingénieurs juniors à l'emploi du bureau lui a confié sous le sceau du secret un avis chiffré de −10 à +10 de l'intérêt qu'il trouverait à faire partie d'une des équipes terrain selon qu'elle serait dirigée par tel ou tel des cinq ingénieurs seniors du bureau. D'autre part, chaque ingénieur senior a remis au directeur des ressources humaines un avis chiffré de −10 à +10 de l'intérêt qu'il aurait à retrouver dans son équipe chacun de ces ingénieurs juniors. Un avis de +10 dénote un très vif intérêt, tandis qu'un avis de 0 dénote l'indifférence.

Le tableau ci-dessous résume les données recueillies par le directeur des ressources humaines. Par exemple, le junior J14 rêve de travailler avec le senior S1, car il accorde une cote parfaite de 10 à cette hypothèse ; par contre S1 a associé à J14 un avis de 0, ce qui signifie que ce junior le laisse indifférent.

Le directeur des ressources humaines, pour qui l'harmonie dans les équipes est un facteur important de réussite, cherche à maximiser le total des cotes d'intérêt des différentes équipes qu'il formera. Pour obtenir la cote d'une équipe, il additionne les avis donnés dans le tableau ci-dessous, tout en accordant une pondération double à l'opinion des seniors.

PROBLÈME 14
Les équipes de vérification des travaux de génie civil

	Avis fournis par les juniors																
	J1	**J2**	**J3**	**J4**	**J5**	**J6**	**J7**	**J8**	**J9**	**J10**	**J11**	**J12**	**J13**	**J14**	**J15**	**J16**	**J17**
S1	2	−8	−3	4	0	4	9	−1	−2	−7	6	−3	3	10	5	−6	−3
S2	−2	−5	4	4	1	0	6	−4	4	−4	4	−2	3	9	7	5	1
S3	4	1	6	8	9	5	3	−7	2	−1	−1	0	2	9	0	8	−2
S4	3	8	0	−8	−4	−7	2	−3	1	−3	4	1	2	8	7	6	−3
S5	6	9	5	−4	−1	−5	1	7	7	0	2	1	2	9	−6	−2	4
	Avis fournis par les seniors																
S1	1	5	−8	−6	1	0	−2	1	−2	−5	7	−6	−2	0	−4	7	2
S2	0	4	−7	5	0	2	4	−4	−3	−4	1	4	0	4	−4	2	1
S3	3	−4	−5	−2	1	−3	−7	−3	1	0	−4	−5	4	5	1	0	−1
S4	2	1	−4	3	1	−8	−10	5	2	−5	1	−6	1	1	2	−1	0
S5	1	−1	−5	4	0	1	−2	−3	4	1	−1	−7	3	0	−2	1	3

Chaque senior se verra affecter deux ou trois juniors dans son équipe. Chaque junior, à l'exception de J13 et J14, **pourrait** être affecté à deux équipes tout au plus. Les juniors J13 et J14, qui doivent suivre des cours de formation continue, recevront au plus une seule affectation. Comme les juniors J15, J16 et J17 ont suivi de tels cours tout récemment, ils devraient faire partie soit de 1 équipe, soit de 2 équipes, à choisir parmi celles dirigées par les seniors S3, S4 ou S5; il n'est toutefois pas question que ces trois juniors se retrouvent dans une même équipe.

Répétons que l'objectif que poursuit le DRH est de maximiser la satisfaction globale des membres des cinq équipes de vérification des travaux de génie civil.

(a) Indiquer comment former des équipes de façon à optimiser cette satisfaction globale.

(b) Si la pondération des indices de satisfaction des seniors envers les juniors avait trois fois plus de poids que celle des juniors envers les seniors, quelle serait la composition des équipes qui en résulterait?

15. L'affectation de tracteurs à des remorques

Un répartiteur d'une entreprise de transport à charges entières dispose de cinq tracteurs, notés T1 à T5, pour aller chercher cinq des dix remorques, notées R0 à R9, qui se trouvent présentement dans trois régions des États-Unis. Le tableau ci-dessous donne le revenu brut associé à chacune des remorques si un tracteur lui était attribué, ainsi que la région où chacune est située.

Remorque	Revenu (en $)	Région
R0	3600	1
R1	3100	1
R2	2900	1
R3	3000	2
R4	2500	2
R5	2700	2
R6	3200	3
R7	4500	3
R8	3800	3
R9	2700	3

Le répartiteur doit affecter chaque tracteur à une seule remorque. Il doit tenir compte à la fois du revenu brut que procureront les remorques qui se verront attribuer un tracteur et pourront ainsi être conduites à destination, et de la distance à lège que devra parcourir le tracteur. Pour simplifier, supposons que le coût encouru pour les trajets à lège est proportionnel à la distance parcourue par le tracteur pour rejoindre la remorque qui lui est attribuée et s'élève à 2$ du kilomètre. Le tableau suivant donne la distance (en km) qui sépare chaque tracteur de chacune des remorques.

	R0	R1	R2	R3	R4
T1	146	267	88	150	54
T2	296	69	107	192	194
T3	298	95	261	15	229
T4	109	272	82	7	228
T5	275	130	273	220	84

	R5	R6	R7	R8	R9
T1	118	210	23	2	165
T2	300	13	241	2	128
T3	66	214	75	258	284
T4	93	298	286	272	167
T5	219	189	83	75	97

(a) Construire un modèle de réseau qui permettra à l'entreprise de maximiser ses revenus nets. (Les sommets émetteurs seront associés aux tracteurs; la forme des données associées aux divers arcs devra être précisée clairement.) Résoudre le modèle à l'aide du gabarit-réseau.

(b) Modifier le modèle de la question (a) de façon à ce que les conditions suivantes soient prises en compte:

- dans chacune des régions 1 et 2, au moins une remorque se verra attribuer un tracteur;
- dans la région 3, au moins deux remorques se verront attribuer un tracteur;
- le tracteur 1 ne peut être affecté aux remorques R7 et R8.

Résoudre le nouveau modèle à l'aide du gabarit-réseau.

(c) Modifier le modèle de la question (b) de façon à ce que la condition additionnelle suivante soit prise en compte: dans la région 3, toute remorque au-delà du minimum de deux qui se verra attribuer un tracteur fera encourir une pénalité de 500$ à la compagnie de transport. Résoudre.

(d) Modifier le modèle de la question (c) de façon à ce que la condition additionnelle suivante soit prise en compte: dans les régions 1 et 3, au plus trois remorques au total se verront attribuer un tracteur. Résoudre.

16. La location d'un yacht

Un plaisancier loue son yacht durant les vacances estivales par le biais d'une annonce dans *Mer et Vacances*. Le bateau est offert du 1er mai au 31 août et la durée minimale de location est de 15 jours. Les personnes intéressées doivent indiquer la période de location désirée et le prix qu'elles sont prêtes à payer pour disposer du yacht pendant cette période.

Voici l'ensemble des propositions reçues par le plaisancier cette année en réponse à son annonce.

Proposition	Période	Prix (en €)
1	1er juillet – 31 juillet	6 000
2	1er juillet – 31 août	9 000
3	1er mai – 31 août	18 000
4	1er juillet – 15 juillet	3 000
5	1er août – 31 août	5 500
6	16 juillet – 15 août	6 000
7	16 mai – 15 juillet	8 000
8	1er mai – 15 août	17 500
9	1er mai – 15 mai	7 000
10	1er mai – 15 juin	7 500
11	1er mai – 30 juin	10 000
12	1er juin – 30 juin	5 500
13	1er juin – 15 juillet	7 000
14	16 mai – 15 juin	4 500
15	16 juillet – 31 août	8 500
16	1er juin – 15 juin	5 000
17	16 juin – 30 juin	3 500
18	1er juillet – 15 juillet	3 000

Le plaisancier cherche à déterminer quel ensemble de propositions lui assurerait un revenu maximal.

(a) Compléter le réseau ci-dessous en ajoutant le ou les arcs qui manquent. Résoudre.

(b) Comment devrait être modifié le réseau construit en (a) si le plaisancier possédait 2 yachts semblables ? Résoudre.

17. L'horaire des employés d'un cinéma le jour de Noël

Le propriétaire d'un cinéma comportant plusieurs salles a, par inadvertance, accordé un congé à tous ses employés le jour de Noël. Comme son cinéma sera ouvert ce jour-là, il les a appelés et leur a demandé de lui indiquer à quelles heures et pour quel salaire ils accepteraient de travailler le jour de Noël. Certains employés ont offert leurs services à des conditions qui sont décrites dans les tableaux ci-après. Le propriétaire cherche à déterminer lesquelles de ces offres il devrait retenir pour minimiser ses coûts.

(a) Le propriétaire aura besoin d'une caissière de 13 h à 22 h. Le tableau suivant donne les conditions soumises par les sept caissières qui lui ont fait une offre. Compléter le réseau ci-dessous. Résoudre.

Caissière	1	2	3	4	5	6	7
Horaire	13-18	13-15	15-19	15-22	18-22	16-21	21-22
Salaire	60 $	31 $	45 $	85 $	55 $	53 $	12 $

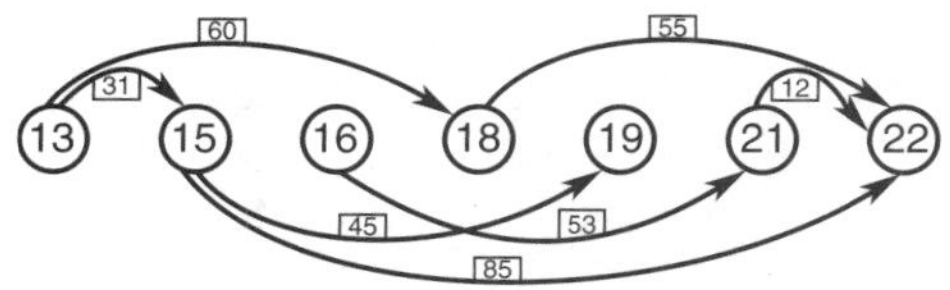

(b) Le propriétaire aura besoin de 2 projectionnistes de 13 h à 23 h. Le tableau suivant donne les conditions soumises par les neuf projectionnistes qui ont fait une offre. Adapter le réseau construit en (a) pour traiter ce nouveau problème. Résoudre.

Project.	1	2	3	4	5	6	7	8	9
Horaire	17-21	13-19	16-19	18-22	19-23	13-17	18-23	17-23	13-21
Salaire	68 $	90 $	38 $	61 $	56 $	60 $	63 $	105 $	120 $

18. L'importation de grenadilles

Depuis de nombreuses années, Gilles de Paris importe en saison des grenadilles malgaches, dont la récolte se fait de novembre à mars. Il s'agit d'un fruit fragile, mieux connu en Amérique du Nord sous le nom de *fruit de la passion,* car les organes sexuels des fleurs rappellent le marteau et les clous qui ont servi à la crucifixion du Christ. Une fois cueillies, les grenadilles ont une vie commerciale fort courte, ce qui force Gilles à confier les grenadilles au transport aérien. Toutefois, la société Air Madagascar, qui garantit un vol de

PROBLÈME 16
La location d'un yacht

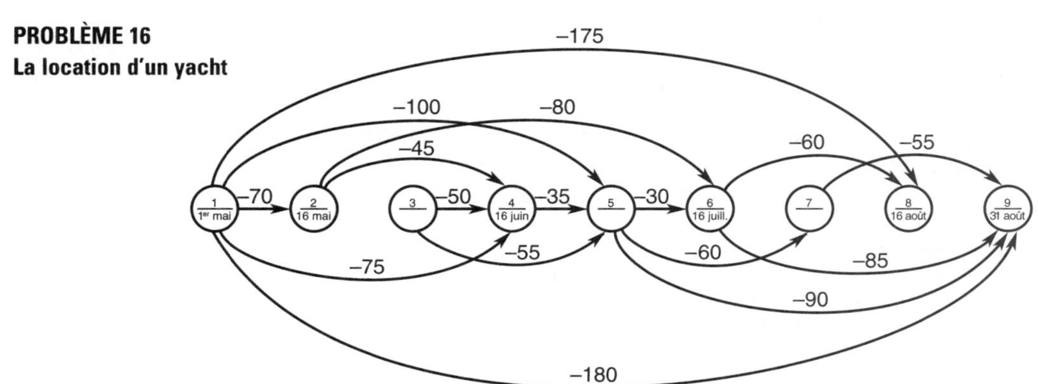

combi par jour entre l'aéroport d'Ivato et Orly, n'accepte le fret agricole que comme complément de charge. C'est ainsi que Gilles n'apprend que le lundi la quantité maximale de grenadilles dont la société peut garantir l'acheminement chaque jour de la semaine à venir, ainsi que le coût de transport en vigueur selon la journée.

Le tableau suivant donne les quantités maximales (en quintaux) et le coût de livraison à Rungis (en €/quintal) pour chaque jour de la semaine qui débute, le jour 1 correspondant à lundi.

Jour	**1**	**2**	**3**	**4**	**5**	**6**	**7**
Max	125	200	400	700	400	525	300
Coût	17	11	8	14	18	7	20

Gilles vend ses grenadilles aux grossistes de Rungis au prix de 55 €/quintal. Il ne transige qu'avec les grossistes qui lui passent commande au moins une semaine à l'avance. S'il ne peut remplir au jour convenu une commande acceptée, il se garde l'option de le faire le jour suivant ou deux jours plus tard. Dans le premier cas, il consent une remise de 3 €/quintal et dans le second, une remise de 5 €/quintal. Gilles peut aussi garder sous réfrigération à Orly des grenadilles au coût quotidien de 1 €/quintal. La chambre froide est suffisamment grande pour contenir tous les fruits en surplus un jour donné.

Voici les commandes fermes (en quintaux) qu'il a acceptées pour la semaine prochaine.

Jour	**1**	**2**	**3**	**4**	**5**	**6**	**7**
Commandes	300	250	350	400	200	400	500

Comment Gilles de Paris doit-il gérer le flot de grenadilles de la semaine prochaine pour maximiser son revenu net?

19. Le voyagiste et les forfaits dans les Rocheuses

Un voyagiste a négocié auprès de transporteurs et d'hôteliers des excursions-séjours qu'il offrira, à la dernière minute, au public montréalais et torontois appâté par les réductions de prix qu'il propose régulièrement à sa clientèle. Le tableau suivant donne les coûts pour le transport aérien et terrestre à partir de Dorval (Montréal) et de Pearson (Toronto) vers chacun des quatre sites des Rocheuses canadiennes qui lui ont proposé des forfaits hébergement et ski.

	Coût (en $) d'un billet pour le transport aller-retour			
Départ	**Site A**	**Site B**	**Site C**	**Site D**
de Montréal	400	430	440	455
de Toronto	350	380	395	395

Les quatre hôteliers qui ont proposé les forfaits s'attendent à recevoir un nombre de clients correspondant à un nombre-cible. Une pénalité sera imposée au voyagiste pour chaque personne en deçà de la cible; de même, le voyagiste encourra une pénalité – plus faible – pour chaque personne au-delà de la cible. Enfin, chaque hôtelier requiert que le nombre de clients que lui proposera le voyagiste soit compris dans la fourchette:

[cible – 10; cible + 20].

Voici, pour chaque site, le nombre-cible, le coût par personne du forfait et les pénalités prévues.

			Pénalité (en $) par client	
Site	**Nombre-cible**	**Coût (en $) d'un forfait**	**en trop**	**en moins**
A	60	335	20	45
B	55	330	35	40
C	30	325	25	30
D	20	330	15	20

Si, par exemple, le voyagiste proposait 75 personnes pour le site A, le coût total des forfaits s'élèverait à $(75 \times 335) + (15 \times 20) = 25\,425$ dollars. Et s'il proposait 50 personnes pour le même site, les forfaits lui coûteraient $(50 \times 335) + (10 \times 45) = 17\,200$ dollars.

Un bon battage publicitaire a suffi pour rameuter 90 Montréalais et 70 Torontois. Le voyagiste cherche comment répartir cette clientèle entre les quatre sites. Il désire minimiser le coût total des déplacements et des forfaits, et tient à offrir une excursion-séjour à chacun de ses 160 clients.

(a) Présenter sous la forme d'un modèle de réseau le problème du voyagiste s'il ne tenait pas compte des pénalités.

(b) Indiquer comment modifier le réseau de la question (a) pour tenir compte des pénalités.

20. Les monteurs de ligne

Hydro-Québec modernisera, au cours de la saison estivale, une partie de son réseau d'alimentation dans la région de Wassanipi. Cette région est difficile d'accès en raison de sa situation nordique et du faible entretien de la route qui y mène.

Il y aura 4 monteurs sur le site au début avril. Au début octobre, il devra y en avoir 4 également. Voici combien de monteurs il conviendrait de maintenir sur place durant chacun des mois de la période d'avril à septembre.

Mois	**Avril**	**Mai**	**Juin**	**Juillet**	**Août**	**Sept.**
Nombre de monteurs	6	7	4	7	4	2

Amener un nouveau monteur sur le site coûte 500 $; débaucher un monteur revient à 800 $. Quand un monteur travaille sur le site au début d'un mois, il y travaille au moins jusqu'à la fin de celui-ci. Les nouveaux monteurs recrutés commencent au début du mois. Disposer de monteurs en sus du nombre requis revient à 1 000 $ par mois et par monteur. Ne pas disposer du nombre requis de monteurs entraîne des frais de 2 000 $ par mois et par monteur en deçà du nombre requis, car il faut alors recourir aux heures supplémentaires.

Une entente conclue avec le syndicat des monteurs empêche à la fois d'amener plus de 3 nouveaux monteurs sur le site au début d'un mois et de débaucher en fin de mois plus de 2 des monteurs qui y travaillent.

(a) Comment planifier embauches et débauches pour minimiser les coûts liés à la présence de monteurs pour la période d'avril à septembre ?

(b) Modifier le réseau pour tenir compte de la contrainte additionnelle suivante : Hydro-Québec veut avoir chaque mois au maximum 1 personne en sus ou en deçà du nombre requis pendant ce mois.

21. Les plaques tournantes

Ni le télécopieur, ni Internet, ni la livraison postale de première classe n'ont réussi à supplanter les entreprises qui recrutent des courriers-cyclistes pour l'acheminement personnalisé de documents dont la transmission est urgente selon les critères du milieu des affaires ou de l'administration publique.

Grégoire, un ancien courrier-cycliste kamikaze pour qui tous les tronçons des voies montréalaises étaient des sens uniques dont la direction s'avérait toujours… la sienne, est maintenant à la tête d'un regroupement de courriers-cyclistes qui propose des tarifs « imbattables » à sa clientèle, grâce au déploiement astucieux des cyclistes sur le terrain et à l'acheminement du courrier interzone en passant par des plaques tournantes P1 et P2 où le courrier est consolidé.

Grégoire a divisé le centre-ville en six zones : A, B, C, D, E et F. Il a établi un centre de tri dans chacune de ces zones. Le courrier dont l'envoyeur et le destinataire appartiennent à une même zone est acheminé directement par le service intrazone, sans passer par le centre de zone. Tout courrier interzone est amené d'abord au centre de tri de la zone de cueillette, puis transite par l'une ou l'autre des plaques tournantes, avant de repartir vers le centre de tri de la zone du destinataire. Grégoire a emprunté le concept de plaque tournante aux grandes sociétés de courrier international : DHL, FedEx, US Parcel, etc.

Ces plaques tournantes se justifient économiquement : un premier tri du courrier par zone, effectué dans une plaque tournante, permet de l'acheminer, une fois consolidé, sous une même enveloppe en empruntant la route la plus courte entre la plaque tournante et chaque centre de zone.

Pour comprendre le rôle d'une plaque tournante, considérons deux centres de tri, X et Y, que l'on veut relier. On peut évidemment emprunter le chemin le plus court entre X et Y. Mais on peut également aller de X à un point P (plaque tournante), puis de P à Y. Ainsi, tout déplacement entre deux centres de tri se remplace par deux déplacements consécutifs entre une plaque tournante P et un centre. On peut donc remplacer d'innombrables déplacements directs entre les centres de tri par un nombre relativement petit de déplacements, chacun ayant une plaque tournante comme point de transbordement et offrant de ce fait une possibilité de consolidation des objets à transporter (ou de regroupement des passagers dans le cas du transport en commun).

Pour décider de l'affectation d'un courrier interzone à l'une ou l'autre des deux plaques tournantes, Grégoire utilise le critère consistant à minimiser la distance totale des déplacements interzones prévus au cours de l'heure à venir, tout en tenant compte des demandes d'intervention déjà acceptées ou en cours d'exécution. Mais le poids du courrier à transiter entre une zone et une plaque tournante n'excède jamais la capacité d'un cycliste.

Voici la localisation selon des coordonnées cartésiennes (mesurées en hectomètres) de chaque centre de zone et des deux plaques tournantes.

A	B	C	D	E	F	P1	P2
(3 ; 6)	(6 ; 22)	(64 ; 10)	(42 ; 33)	(46 ; 8)	(7 ; 0)	(0 ; 0)	(40 ; 24)

Grégoire assimile le territoire urbain à un quadrillé de pâtés rectangulaires séparés par des rues. Il adopte donc la géométrie dite de Manhattan pour calculer les distances. Par exemple, la distance d(C ; P2) entre les points C et P2 est de 38 hm :

$$d(C ; P2) = |64 - 40| + |10 - 24| = 24 + 14 = 38.$$

Ce procédé permet de dresser le tableau des distances (en hm) entre centres de zone et plaques tournantes. (On suppose ici qu'il n'y a pas de sens uniques à respecter ; dans le cas contraire, la distance de C à P2 pourrait différer de celle de P2 à C.)

	A	B	C	D	E	F
P1	9	28	74	75	54	7
P2	55	36	38	11	22	57

(a) Déterminer quelle ou quelles plaques tournantes devront assurer l'acheminement en vrac entre un centre de zone et chacun des autres (un transbordement obligatoire prenant place en P1 ou en P2) pour que la longueur totale des déplacements (en hm) à bicyclette soit minimale.

(b) Grégoire revit maintenant sous l'avatar d'un camionneur qui veut transporter, entre les mêmes points A, B, C, D, E et F considérés à la question précédente, les quantités reportées au tableau suivant (la donnée à l'intersection de la ligne *I* et de la colonne *J* indique le nombre de charges complètes d'un camion à transporter de *I* vers *J*).

	De					
Vers	**A**	**B**	**C**	**D**	**E**	**F**
A	–	10	8	6	5	7
B	12	–	6	4	9	6
C	7	9	–	8	6	9
D	13	12	11	–	16	14
E	8	6	9	11	–	7
F	12	5	6	8	9	–

Il faut de plus peser en P1 ou en P2 chaque charge en cours d'acheminement et Grégoire désire que le nombre total de charges pesées en P1 ne diffère pas trop de celui en P2. Plus précisément, il tient à ce qu'entre 125 et 135 des 249 charges à transporter soient pesées en P1.

Quelles sont les charges à peser en chacune des plaques tournantes P1 et P2 de façon à minimiser la distance totale parcourue en charge par les camions qui seront utilisés pour ces charrois ?

***(c)** La solution optimale de la question précédente propose que les charges à acheminer entre deux points passent, dans certains cas, en partie par P_1 et en partie par P_2. Pour éviter les confusions de juridiction qu'engendrent ces situations, il a été décidé d'affecter tout le trafic entre *I* et *J* à une même plaque tournante, qu'il s'agisse du trafic de *I* à *J* ou du trafic de *J* à *I*.

Construire, pour déterminer une telle affectation, un modèle linéaire qui minimiserait le coût total de déplacement des charges, sachant que le nombre de charges à peser en P1 doit appartenir à la fourchette 125-135.

22. Les arbres de Noël

PGL s'est porté acquéreur au mois d'octobre 2008 d'une plantation d'arbres de Noël dont toute la surface était recouverte de sapins. En avril précédent, le vendeur s'était procuré, chez un pépiniériste, 9 000 jeunes pousses de sapin Tannenbaum de 5 ans pour remplacer les 9 000 arbres de différents âges abattus en novembre 2007.

La saison de croissance des sapins va de mai à octobre. Jusqu'à 5 ans, une pousse de Tannenbaum ne requiert que le faible espace au sol offert en pépinière. Elle profite toutefois suffisamment au cours de sa sixième saison de croissance pour devenir un arbre de Noël commercialisable. L'âge d'un sapin correspond à son nombre de saisons de croissance.

Au moment où PGL a acheté la plantation, on y comptait, en plus des jeunes pousses, 6 000 sapins de 7 ans, 3 000 sapins de 8 ans qui atteignent dès cet âge leur pleine valeur commerciale, 1 000 sapins de 9 ans et 500 sapins de 10 ans.

Chaque printemps, PGL pourra planter autant de pousses de 5 ans qu'il aura abattu de sapins au cours du mois de novembre précédent. Le coût actualisé de l'achat d'une pousse de 5 ans chez le pépiniériste et de sa plantation le printemps prochain s'élèvera à 4,50 $. La valeur nominale de ce coût ne devrait pas changer au cours des prochaines années : actualisé au taux de 10 %, le coût serait donc de 4,09 $ au printemps 2010, et de 3,72 $ au printemps 2011.

Le terrain de la plantation appartient à un constructeur dont PGL, au moment de l'achat de la plantation, connaissait l'intention de le consacrer, au printemps 2012, à l'agrandissement du stationnement du centre commercial adjacent qu'il est en train de rénover. PGL cherche évidemment à planifier récoltes et plantations pour maximiser les revenus actualisés qu'il retirera de la plantation. Voici les prix (actualisés au taux de 10 %) prévus pour un arbre de Noël pendant la période évoquée.

Prix actualisé (en $) d'un arbre en novembre de l'an...				
Âge	**2008**	**2009**	**2010**	**2011**
8 ans et +	15	13,64	12,40	11,27
7 ans	12	10,91	9,92	9,02
6 ans	8	7,27	6,61	6,01

Comment PGL devrait-il gérer la plantation pour en tirer le maximum de revenus actualisés avant de remettre le terrain au constructeur, sachant qu'il ne pourra commercialiser plus de 15 000 sapins par année ?

23. La Sonel

La Société Nationale d'Électricité, appelée familièrement la Sonel, impartit l'entretien de son réseau de distribution dans deux régions excentriques à des entreprises du secteur privé qui mettent à sa disposition, pour des périodes d'une année, des équipes composées chacune de huit personnes. La Sonel a procédé récemment à un appel d'offres ; les entreprises étaient appelées à indiquer les forfaits annuels attendus pour la mise à disposition de 1 équipe pour une période de 1 an dans l'une ou l'autre des deux régions. Le tableau de la page suivante donne la liste des entreprises qui ont répondu à l'appel d'offres, le nombre d'équipes dont chacune dispose et le forfait annuel (en 000 $ par équipe) demandé dans chaque région.

(a) La Sonel, qui requiert 37 équipes dans la région 1 et 43 dans la région 2, cherche à déterminer combien d'équipes retenir des diverses entreprises dans chaque région. Construire un modèle de réseau qui représente cette situation.

(b) La Sonel a vécu récemment quelques expériences malheureuses : des équipes inexpérimentées s'avéraient incapables d'exécuter correctement certaines tâches difficiles. La Sonel souhaite dorénavant s'assurer, dans chacune des deux régions, les services d'au moins une équipe à l'emploi de l'une des entreprises possédant une longue expérience des réseaux électriques, soit les entreprises A, B, C ou D. Modifier

PROBLÈME 23
La Sonel

Entreprise	A	B	C	D	E	F	G	H	I	J
Nombre	20	18	10	6	12	14	17	19	12	11
Forfait 1	240	280	300	340	240	280	260	300	280	260
Forfait 2	260	260	320	300	240	260	300	280	340	240

le réseau obtenu à la question précédente pour tenir compte de cette contrainte additionnelle.

***(c)** Dans le but de maintenir au fil des ans une saine concurrence, la Sonel se préoccupe de faire appel à un nombre minimal d'entreprises différentes. Dans la région 1, elle fera affaire cette année avec au moins 5 entreprises ; ce nombre minimal sera de 6 dans la région 2. Elle désire toujours embaucher dans chaque région au moins une équipe à l'emploi de l'une des quatre entreprises qui ont une longue expérience des réseaux électriques. Modifier le réseau obtenu à la question (b) pour représenter cette situation.

24. Simiex

Simiex est le fabricant de jouets de luxe qui a mis en marché la poupée qui parle en marchant et le robot qui range les jouets de son petit propriétaire. Comme chaque année, le directeur du marketing prépare la foire du jouet de Hong Kong et a décidé de consacrer les disponibilités excédentaires de production dans les usines A et B à la fabrication d'une console de jeux électroniques qui s'intègre dans le berceau des bouts de chou. Voici, pour chacun des trois prochains mois et pour chaque usine, la capacité et les coûts unitaires de production de ces consoles.

Usine	Mois 1	Mois 2	Mois 3
A	4 500 u	6 000 u	3 400 u
B	5 100 u	5 600 u	4 500 u
A	90 $/u	80 $/u	75 $/u
B	100 $/u	90 $/u	85 $/u

Le directeur du marketing a conclu une entente avec un distributeur qui dispose de quatre points de vente. Simiex s'est engagée à livrer, en chacun des quatre points de vente, 2 500 consoles à la fin de chacun des deux premiers mois, et 2 200 consoles à la fin du dernier mois. Le distributeur s'est toutefois engagé :

- à accepter, en échange d'un escompte de 2 $ la console, de recevoir en retard une partie de ses commandes, pourvu que ce retard n'excède pas 1 mois ;
- à accepter de recevoir à l'avance certaines des unités commandées en contrepartie d'un dédommagement de 1 $ la console pour chaque mois de livraison anticipée.

Le tableau suivant donne les coûts unitaires de transport (en dollars par console) entre les usines et les points de vente du distributeur.

Usine	PV1	PV2	PV3	PV4
A	9	6	7	12
B	10	11	12	13

Quel plan de production et quel plan de livraison devra adopter Simiex pour minimiser les coûts de production et de livraison des consoles ?

25. La descente du Colorado en radeau

Plusieurs petites entreprises organisent, à la saison des basses eaux, des descentes du Colorado en radeau qui s'étalent sur plusieurs jours. Les radeaux sont échoués sur la rive à l'heure des repas. Les touristes passent les nuits bien au chaud dans des tentes dressées sur la rive. Divers points de départ et d'arrivée sont proposés aux touristes.

Les Lanctôt sont propriétaires de l'une de ces entreprises. Leur spécialité est l'accueil des familles, auxquelles ils consentent des rabais intéressants. Lors d'une excursion, ils cherchent à favoriser l'intégration du groupe en répartissant les membres d'une même famille de façon qu'il y en ait au plus deux qui soient sur le même radeau durant le premier jour. Par la suite, chacun peut garder sa place ou l'échanger contre celle d'un passager d'un autre radeau.

Sept familles, dont les tailles sont données au tableau suivant, seront de la prochaine excursion.

Famille	A	B	C	D	E	F	G
Taille	3	4	5	3	6	4	5

Six radeaux semblables sont disponibles pour l'expédition. Mais il faudra réserver de l'espace sur certains pour transporter les bagages et l'équipement de camping. Voici donc le nombre de touristes que chaque radeau peut transporter.

Radeau	1	2	3	4	5	6
Nombre de places	5	6	9	7	3	0

(a) Est-il possible, le premier jour, de répartir les familles de façon à respecter la contrainte d'intégration désirée par les Lanctôt ?

(b) Comment peut-on y arriver tout en minimisant le nombre total de membres d'une même famille qui se retrouveront sur le même radeau ?

(c) Si la famille G se désiste et qu'une famille H comportant 4 personnes se présente au départ de l'excursion, comment devra-t-on répartir l'ensemble des touristes ?

26. Les manches de bois de Cerbère

Cerbère fabrique, dans quatre petites usines régionales, des manches de bois cylindriques destinés aux outils de jardinage et aux balais. Le tableau suivant donne les coûts de fabrication (en dollars par manche), ainsi que les productions mensuelles minimale et maximale des usines.

Usine	Coût de fabrication (en $/u)	Production mensuelle (en u)	
		maximale	minimale
U	1,00	20 000	6 000
V	1,10	15 000	4 000
W	1,15	22 000	7 000
X	1,05	16 000	4 000

Les manches sont en frêne et il faut compter 500 g de bois brut par manche usiné. Cerbère se procure le bois requis auprès de 2 scieries, S et T, qui peuvent lui fournir tout le bois désiré. La scierie S réclame, pour le bois de frêne brut, 25 ¢ le kg et T, 21 ¢ le kg. Pour obtenir ces prix avantageux, Cerbère a dû s'engager à acheter chaque mois de S au moins 4,5 tonnes de bois et de T, au moins 2 tonnes. Cerbère assume les frais de transport du bois acheté jusqu'à ses usines. Voici les coûts de transport par kg de bois brut.

Coût de transport (en ¢/kg) d'une scierie à une usine

Scierie	Usine			
	U	V	W	X
S	3	2	5	6
T	4	3	4	7

L'usinage du frêne en manches occasionne des copeaux dont le poids s'élève à 25 % du poids du bois brut. Les copeaux sont vendus 5 ¢ le kg à une usine d'aggloméré qui en assure l'enlèvement et le transport.

Les manches sont expédiés à cinq grossistes. Voici les coûts de transport, assumés par Cerbère, d'un millier de manches des usines aux grossistes.

Coût de transport (en $/ku) d'une usine à un grossiste

Usine	Grossiste				
	A	B	C	D	E
U	30	33	39	32	34
V	31	32	38	39	33
W	28	33	37	38	32
X	32	30	32	31	32

Le tableau suivant indique le prix demandé par Cerbère aux grossistes (en dollars par 1 000 manches), ainsi qu'une estimation de la demande mensuelle des grossistes.

Grossiste	Prix de vente (en $/ku)	Demande mensuelle (en u)	
		maximale	minimale
A	5 500	14 000	10 000
B	5 510	12 000	9 000
C	5 480	6 000	4 000
D	5 405	8 000	4 000
E	5 505	4 000	2 000

Cerbère cherche à établir un plan de production mensuel qui maximise ses profits.

(a) Où chaque usine doit-elle se procurer le bois non ouvré nécessaire à ses activités ?

(b) Combien de manches chaque usine doit-elle fabriquer ?

(c) Combien de manches chaque usine doit-elle acheminer vers chaque grossiste ?

Construire un réseau qui traduit ce contexte. (Prendre comme unité de flot le kg de bois brut.) Résoudre.

***27. Les ciments éburnéens**

Le problème 44 du chapitre 2, « Les ciments éburnéens », se traite également comme un problème de réseau. Tracer un réseau qui traduit graphiquement ce problème ; puis, résoudre.

***28. La robinetterie NévéGlace**

La robinetterie NévéGlace exploite deux ateliers, A et B, où elle fabrique baignoires et lavabos de grand luxe. En A, elle dispose chaque semaine de 70 heures régulières et de 30 heures supplémentaires. Les disponibilités hebdomadaires de l'atelier B sont de 75 heures régulières et de 40 heures supplémentaires. Chaque atelier peut produire en une heure soit 3 baignoires, soit 5 lavabos. Enfin, les coûts de production dans l'un et l'autre ateliers s'élèvent à 100 $ l'heure régulière et à 150 $ l'heure supplémentaire.

Le carnet de commandes de NévéGlace se résume pour l'instant à deux commandes, que NévéGlace ne s'est pas engagée à satisfaire : le client T désire 225 baignoires et 525 lavabos ; le client W souhaite la livraison de 255 baignoires et de 365 lavabos. Le prix de vente d'une baignoire s'élève à 290 $; celui d'un lavabo, à 200 $.

Il en coûte à NévéGlace la même somme pour expédier une baignoire ou un lavabo. Le prix varie cependant selon l'atelier et selon le client. Le tableau ci-dessous donne les coûts unitaires d'expédition que doit assumer la robinetterie. (Le coût élevé entre A et W provient du fait que le transport aérien est de rigueur sur cette route.)

Coût d'expédition d'une baignoire ou d'un lavabo		
de l'atelier	**à T**	**à W**
A	10 $	150 $
B	18 $	8 $

(a) Quel atelier doit fournir quel client et en quelles quantités pour maximiser les revenus nets de NévéGlace ? (Suggestion : utiliser comme flot sur les arcs les heures de travail dans l'un ou l'autre des ateliers.)

(b) Les commandes de T et de W viennent d'être révisées à la hausse : T réclame maintenant 321 baignoires et 625 lavabos ; W, 300 baignoires et 425 lavabos. Par inadvertance, NévéGlace a accepté ces commandes et s'est engagée à payer un dédit de 50 $ par baignoire manquante et de 25 $ par lavabo manquant. Comment s'y prendra-t-elle maintenant pour maximiser ses revenus nets ?

(c) Quel plan de production et d'expédition NévéGlace devrait-elle retenir pour maximiser ses revenus nets si les commandes fermes et les dédits mentionnés en (b) étaient maintenus, mais que les prix étaient modifiés de la façon suivante : les baignoires sont vendues, à W comme à T, 290 $ chacune pour les 180 premières, et 275 $ pour chaque baignoire supplémentaire ; les lavabos sont offerts au prix de 200 $ chacun pour les 300 premiers et de 185 $ pour chaque lavabo supplémentaire ?

29. La briqueterie de Pierre Ratsimandrana

Le renversement en 2002 du dictateur malgache Didier Ratsiraka a éclairci l'horizon des entrepreneurs d'Antananarivo, assujettis par ce dernier pendant 20 ans aux sautes d'humeur et d'orientation d'une bureaucratie marxisante, tatillonne et tentaculaire. Pierre Ratsimandrana, propriétaire d'une briqueterie et d'une scierie, a vu ses affaires prospérer grâce au climat libéral qui s'est instauré avec l'avènement d'une nouvelle équipe gouvernementale préoccupée par le développement économique de la Grande Île. Sa scierie fournit au secteur de la construction domiciliaire, qui est en plein boom, du bois d'œuvre d'eucalyptus abattu dans ses plantations situées dans les régions côtières. Sa briqueterie a innové en abandonnant la cuisson des briques conventionnelles, dont le marché était saturé du fait de la pléthore de producteurs artisanaux, pour se repositionner en mettant en marché la brique « climatisée », une invention de Pierre Ratsimandrana.

Ce matériau de construction s'obtient en incorporant à l'argile, avant son moulage en brique, du bran de scie d'eucalyptus que Pierre Ratsimandrana obtient comme sous-produit des opérations de sa scierie. Alors que la production traditionnelle exige d'importantes quantités de bois de chauffe et que les briques obtenues sont de piètre qualité, Pierre enfourne les briques « vertes » (on désigne ainsi le parallélépipède d'argile avant cuisson) dans un nouveau four qui atteint des températures inaccessibles aux fours traditionnels. Ce four optimise la cuisson des briques en chauffant à une température constante de 900 °C tout en consommant la moitié moins d'énergie qu'un four traditionnel. Incorporé dans la masse argileuse, le bran de scie chargé à dessein d'humidité dégage, en brûlant lors de la cuisson, des bulles de gaz qui restent emprisonnées dans les briques. Le poids d'une brique climatisée est inférieur de 20 % à celui d'une brique conventionnelle, et son coefficient d'isolation en est le double. Ce sont là des avantages certains dans cette région équatoriale au relief accidenté, où le transport est coûteux et où la température connaît de fortes variations dans une même journée.

Pierre Ratsimandrana fournit à une coopérative paysanne, dont il a retenu les services, la sciure d'eucalyptus à incorporer dans l'argile selon des proportions strictes. Les paysans tirent l'argile du fond de leurs champs, profitant de la saison sèche pour en ramener le niveau au-dessous de celui de la rivière qui fournira lors de la saison des pluies l'eau nécessaire à leurs rizières. Les membres de la coopérative, dont les familles sont aidées par les étudiants en vacances scolaires, fabriquent les briques vertes en recourant aux moules standardisés que Pierre met à leur disposition. Les livraisons de la coopérative se font au début du mois. Pierre versera 55 000 FMG (francs malgaches) pour chaque lot de 1 000 briques vertes séchées qu'il commandera et qui sera livré au four au début du premier mois. Cette somme sera diminuée de 5 000 FMG par mois : ainsi, le millier de briques lui reviendra à 50 000 FMG le deuxième mois et à 45 000 FMG le troisième mois. Les briques vertes sont cuites immédiatement ou sont stockées pour être cuites ultérieurement. La cuisson se fait par lot de 50 000 briques et requiert 24 heures ; de plus, il faut compter 24 heures additionnelles pour le refroidissement et la sortie du four. Pierre évalue à 15 le nombre maximal de lots de cuisson pour chacun des 4 mois que dure la saison sèche.

Une autre innovation de Pierre Ratsimandrana a été d'installer un atelier où, en réponse aux commandes des clients, on polit à l'abrasif deux faces opposées d'une brique. Cette opération, dont le coût s'élève à 15 FMG par brique, assure le scellement de ces faces et facilite l'ajout subséquent des enduits de couleur dont les Malgaches sont friands. Les briques polies se vendent 125 FMG chacune, soit 25 FMG de plus qu'une brique non polie. Ce sont les ouvriers de la scierie qui fournissent la main-d'œuvre de l'atelier de polissage.

Le tableau suivant donne la demande prévue pour les quatre mois de la saison sèche.

Mois	Nombre de lots de 50 000 briques			
	Polies		Non polies	
	Min	Max	Min	Max
1	7	9	1	2
2	9	11	1	2
3	8	10	0	1
4	12	14	0	1

Le coût de production d'une brique est moins élevé au cours des mois 3 et 4 qu'au cours des deux premiers mois. En effet, Pierre utilise alors des hyacinthes d'eau séchées : celles-ci sont retirées des cours d'eau et sont mises à sécher dès le début de la saison sèche ; elles sont prêtes à brûler au début du troisième mois au plus tôt. Le coût de revient de cette matière ligneuse est de loin inférieur au coût du charbon de bois auquel il lui faut recourir en grande partie au cours des deux premiers mois. Le coût de cuisson d'une brique verte passe ainsi de 40 FMG durant les mois 1 et 2 à 25 FMG durant les deux derniers mois.

Pierre dispose, au début du premier mois, d'un stock de 3 lots de 50 000 briques cuites non polies et de 2 lots de briques polies. Il compte reconstituer le double de ce stock en fin de saison sèche pour éviter les ruptures de stock au cours de la prochaine saison des pluies.

Indiquer à Pierre une politique de commande et de production qui lui permettra de maximiser ses revenus nets durant la période de quatre mois que dure la saison sèche.

CHAPITRE 6

L'optimisation multicritère

« La différence entre l'homme et l'animal est que l'homme est capable d'établir des priorités ! »

Mikhaïl Moiseyevich Botvinnik (1911-1995), sixième champion du monde des échecs.

Plan du chapitre

6.1 La multiplicité des critères décisionnels

Dans la plupart des situations de la vie courante, on doit prendre des décisions en considérant plusieurs critères différents. Supposez par exemple que vous êtes entre amis et que vous avez décidé d'aller au restaurant. Vous aimez la cuisine française, mais un de vos amis trouve que, souvent, la nourriture y est difficile à digérer. Un autre aime bien le raffinement des mets asiatiques et, selon ses dires, accorde moins d'importance que vous à la quantité, mais opte plutôt pour la qualité. Le budget d'un troisième est limité, car il est dans une mauvaise passe sur le plan financier et il ne veut pas que le repas soit trop dispendieux. La majorité des restaurants sont situés dans un endroit de la ville où il est difficile de se garer, d'autant plus que les stationnements publics affichent complet la plupart du temps le vendredi soir. Les plus frileux du groupe ne veulent pas marcher, car il fait −20 °C à l'extérieur. Quel restaurant choisir ? Diplomatie, négociation, gentillesse et un peu d'humour sont les ingrédients qui permettront de trouver un compromis.

Votre conjoint et vous avez décidé d'acheter une maison. Votre appartement en ville est trop petit, d'autant plus que la famille va bientôt s'agrandir. Vous cherchez une maison en banlieue comme des milliers d'autres couples. Depuis des mois, vous réfléchissez à la localisation de votre futur nid d'amour, c'est le facteur le plus important selon l'avis de tous. De plus, vous devez prendre en considération votre budget (trop limité), la proximité de garderies, le voisinage, le style de maison, le temps et le coût de transport pour vous rendre au travail, le coût du chauffage, le choix entre une maison neuve (très chère) ou une maison usagée (rénovations à effectuer), votre goût personnel et celui de votre conjoint, l'opinion des beaux-parents, etc. Vous tentez de rationaliser le tout, mais en fin de compte, comme vous le dit votre ami agent d'immeuble, c'est l'émotion qui aura le dernier mot.

La maison est achetée. L'excitation est à son comble. La demeure choisie est toutefois un peu plus loin que prévu de votre lieu de travail. Il faut donc acheter une voiture. Quelle automobile choisir ? Vous savez bien que vous ne pourrez acheter une voiture sport avec le petit qui s'en vient. Il faut une voiture économique, mais quelle marque choisir ? louer ou acheter ? voiture hybride ou non ? neuve ou usagée ? quelle couleur ? américaine ou japonaise ? traction intégrale ou non ? Des heures et des heures de plaisir à magasiner, à rêver. Rien ne presse, il reste encore huit mois avant que l'enfant naisse…

La vie de tous les jours fournit de nombreux exemples de prise de décision où l'on doit tenir compte de plusieurs critères. Les gestionnaires d'entreprises, les responsables de la planification des transports en commun, les répartiteurs de compagnies de transport, les directeurs et administrateurs d'hôpitaux, les administrateurs publics, les ministres ou sous-ministres doivent tous constamment prendre des décisions, tout en jonglant avec de nombreux critères décisionnels différents et souvent contradictoires. Considérons un camionneur qui doit planifier un itinéraire entre le terminus situé à Boucherville, au Québec, et une usine en banlieue de Los Angeles, aux États-Unis. Bien que simple en apparence, le choix du trajet dépend de plusieurs facteurs et s'avère en pratique plus compliqué que prévu. Est-ce qu'il faut minimiser la longueur en kilomètres du parcours ou bien minimiser sa durée, qui elle, est plus difficile à prédire *a priori* ? Souvent, ces deux objectifs ne conduisent pas au même chemin. Est-ce que l'on roulera le plus possible sur les autoroutes ou bien empruntera-t-on aussi des routes secondaires ? Dans le premier cas, le trajet pourra être moins long, mais plus coûteux à cause des nombreux postes de péage ; dans l'autre, le chemin offrira au conducteur des paysages panoramiques qui briseront la monotonie de ce long voyage.

Considérons maintenant le cas de Sylvie, qui doit construire le calendrier de travail d'un groupe d'employés d'entrepôt pour une période de deux semaines. Elle doit établir l'horaire de chacun des 120 employés en respectant leur contrat, leur convention collective, les différentes tâches à exécuter, celles-ci variant d'une heure à l'autre dans la journée. Les quarts de travail durent huit heures, mais c'est Sylvie qui détermine à quelle heure chacun débutera. Les employés ont des préférences quant à l'heure à laquelle ils entrent au travail et aux tâches qu'on leur confie. Les patrons ont des préférences quant au choix des employés qui effectueront certaines tâches plus difficiles, demandant plus de dextérité ou plus d'expérience. Le coût total d'exécution des tâches et la qualité du travail exécuté dépendent grandement de l'horaire que Sylvie doit établir. Plaire aux patrons, aux employés et aux clients, voilà la tâche de Sisyphe à laquelle s'attaque Sylvie : une semaine complète et trois gommes à effacer sont requises pour en arriver à un horaire admissible, qui sera valide pour deux semaines seulement.

Une municipalité régionale de comté (MRC) du nord du Québec doit se doter d'usines de tri-compostage pour le traitement des déchets domestiques. Doit-on construire une ou deux usines ? Et où doit-on la ou les localiser ? Une firme de consultants externe, engagée pour aider les élus municipaux à prendre une décision éclairée, dépose une analyse qui fait intervenir plusieurs critères. Bâtir deux usines, au lieu d'une seule, puis assurer leur bon fonctionnement coûte plus cher ; par contre, les coûts de transport des déchets, à partir des municipalités vers les usines, puis de celles-ci vers les sites d'élimination, seront moindres. Dans ce type de décision stratégique, il faut penser à long terme et les coûts doivent être amortis sur une période de 20 à 30 ans. Bâtir deux usines pollue plus, mais crée des emplois locaux, si rares dans cette région éloignée. Il faut penser aux environnementalistes, au budget de la MRC, aux différents groupes politiques qui s'activent en vue des prochaines élections, etc.

La plupart des problèmes décisionnels étudiés aux chapitres précédents ne comportaient qu'un seul critère, à partir duquel les solutions admissibles étaient comparées et une solution optimale, trouvée. Dans bien des cas toutefois, nous aurions pu donner d'autres critères pertinents. La présence de plusieurs critères pour évaluer, quantifier et comparer les décisions admissibles complique grandement la tâche du décideur. Il existe en effet rarement une solution qui soit optimale selon tous les critères. Les spécialistes de la recherche opérationnelle ont développé des méthodes scientifiques pour rationaliser le processus de décision en présence de plusieurs fonctions-objectifs. Nous en décrivons quelques-unes dans le présent chapitre.

6.2 La compagnie Leurres magiques

6.2.1 Le contexte et le modèle

Louis Tremblay est un pêcheur chevronné, selon lui, mais surtout maniaque, selon d'autres. Son épouse, trop souvent seule au fil des ans, devait se résigner à laisser son mari sillonner les nombreux lacs et rivières du Québec à la recherche de poissons trophées. Louis, qui en est aux dernières années de sa vie professionnelle, prévoyait jusqu'à récemment pratiquer ses activités halieutiques avec encore plus de ferveur quand il serait à la retraite.

La vie de Louis a toujours été orchestrée en fonction de la saison de pêche. De la fin avril à la mi-septembre, Louis planifiait ses excursions en fonction des dates d'ouverture de la pêche, différentes d'une espèce à l'autre. Ainsi, de la fin avril à la mi-mai, Louis concentrait ses efforts sur le touladi, appelé communément *truite grise,* (nom scientifique *Salvelinus namaycush,* qui signifie « salmonidé de grande profondeur ») et sur la truite mouchetée ou arc-en-ciel, truites présentes dans des lacs situés à proximité de son camp de pêche. Au milieu du mois de mai, Louis attaque le doré, un poisson savoureux dont il tente de faire la plus grande provision possible, tout en respectant les quotas imposés par le ministère des Forêts, de la Faune et des Parcs. Vers la fin de juin, aux alentours de la Saint-Jean-Baptiste, Louis sort ses leurres à achigan, mot amérindien (*at-chigan*) signifiant « celui qui combat ». Quiconque attrape pour la première fois un achigan en devient aussitôt fanatique tellement ses acrobaties aériennes et sa force sont spectaculaires. Pour Louis, « livre pour livre », c'est le plus fort. De la mi-juillet à la mi-septembre, Louis choisit ses sorties de pêche en fonction de sa famille, de ses amis, de ses humeurs, de son intuition et de la température. De toute évidence, choisir l'espèce « optimale » à pêcher une journée donnée est un problème d'optimisation multicritère très complexe, problème encore non résolu malgré les efforts acharnés de nombreux adeptes de la pêche depuis des temps immémoriaux. La saison terminée, Louis remise avec soin ses coffres, en nombre toujours plus grand, ses cannes et ses moulinets. Il tombe alors dans une profonde rêverie, dépression diront d'autres, lisant un nombre incalculable de revues spécialisées sur la pêche en eau douce. Il montera aussi, pendant le long hiver québécois, des mouches artificielles en prévision de ses sorties de pêche à la truite le printemps prochain. L'hiver sera long…

Toutefois, au printemps 2012, un événement, d'une importance capitale selon lui, mais anodin selon d'autres, changea à tout jamais ses plans de retraite. Louis se trouvait sur son plan d'eau favori, le lac des Trente et Un Milles (dont la longueur réelle est bien moindre, mais ceci est une autre histoire) pour pêcher la truite grise. Au printemps, les lacs ne sont pas encore stratifiés en zones de température et il est possible d'attraper la grise en surface, alors qu'en juillet, il faut la pêcher à quelques dizaines de mètres de profondeur. En sortant sa cuillère favorite de l'un de ses coffres à pêche, il fit tomber par inadvertance dans le lac un leurre conçu pour l'achigan, leurre trapu, rond, de couleur brune, dont la bavette lui donne une action erratique. Puisque c'est un leurre flottant, il ne se dépêche pas pour le rattraper, d'autant plus que le lac est calme comme un miroir. Survint alors un des plus beaux moments de la vie de Louis. Comme dans un film projeté au ralenti, Louis vit un énorme touladi émerger tranquillement de l'eau, ouvrir toute grande sa gueule et avaler le leurre à achigan. Il n'en croyait pas ses yeux, et pourtant, c'était réel. De retour à son camp de pêche, Louis passa la soirée à réfléchir à l'incident. Pourquoi une grosse grise s'était-elle attaquée à un leurre à achigan ? se demandait-il sans cesse. Dans un éclair de génie, il se rappela que le leurre tombé à l'eau avait plusieurs défauts, à la suite des nombreuses prises qu'il avait effectuées avec ce dernier : un des trépieds était tordu, la peinture du leurre était égratignée, sinon absente, à plusieurs endroits et l'un des coins de la bavette rectangulaire en plastique était sectionné. Louis, très tôt le lendemain matin, on s'en doute bien, retourna dans la baie Matte du lac des Trente et Un Milles et accrocha au bout de son fil de pêche un leurre de pêche similaire à celui que la grise avait avalé le jour précédent. Après deux heures de pêche à la traîne, aucun touladi n'avait donné signe de vie, ce que, paradoxalement, Louis espérait. Il ramena son leurre au bateau, prit une pince et un couteau dans son coffre à pêche et entreprit de modifier le leurre afin de lui donner un aspect semblable au leurre perdu le jour précédent : il coupa un coin de la bavette, fit des entailles dans la peinture à plusieurs endroits et tordit le trépied arrière, bien qu'il ne fût plus certain si c'était bien le trépied arrière qu'il fallait modifier. Louis remit le leurre à l'eau en l'éloignant considérablement du bateau et, à l'aide de son GPS, ajusta sa vitesse de traîne à environ deux kilomètres à l'heure, comme le veut la théorie. Son cœur battait. Une minute (une éternité) s'écoula et la corde de Louis se tendit sous l'effet d'une forte secousse. Après une heure de combat avec une énorme grise, Louis réussit à la hisser dans le bateau : 7,6 kilos de pure beauté. Après avoir mis précieusement la truite dans la glacière, Louis s'empressa de refaire le même trajet et le résultat ne se fit pas attendre : une autre grise, cette fois-ci de cinq kilos, vint rejoindre l'autre dans la glacière. Louis avait atteint son quota de grises pour la journée. Il quitta donc la baie Matte pour se rendre à une baie moins profonde où l'achigan à petite bouche abonde. Très rapidement, il attrapa plusieurs petits achigans qu'il remit tous à l'eau, car la saison de pêche à cette espèce n'était pas encore ouverte. Louis rentra à son camp de pêche très satisfait de sa journée. Il avait capturé deux belles grises avec un leurre de son invention, un nouveau leurre qui, en plus, s'avérait efficace pour l'achigan.

De retour à sa résidence, Louis contacta Gilles pour lui faire part de son excursion de pêche. Il l'invita à dîner en lui disant qu'il avait un projet en tête, projet qui pourrait les rendre riches tous les deux. Gilles, un homme d'affaires prospère à qui tout réussit, ne fut pas difficile à convaincre, et quelques mois plus tard, la société Leurres magiques inc. (LM) fut créée. En cette époque où la magie a la cote – on n'a qu'à penser aux films *Le Seigneur des anneaux* et aux romans sur la vie d'Harry Potter –, Gilles et Louis étaient certains que ce nom accrocherait l'imaginaire des pêcheurs en mal de sensations fortes. En moins d'une année, ils avaient monté leur entreprise de toutes pièces. Il s'agissait d'une compagnie de peu d'envergure comparativement aux compagnies états-uniennes et finlandaises qui dominent le marché des leurres de pêche. Ils préféraient commencer petit au début, bien contrôler leurs frais d'exploitation, ne pas trop s'endetter et engranger des profits pendant quelques années avant de penser à augmenter substantiellement la production. Pour cette raison, Louis proposa à Gilles de mettre en marché seulement deux leurres. Le premier, appelé l'*Irrésistible,* est semblable au leurre modifié par Louis au printemps 2012 lors de son premier essai. L'Irrésistible était le produit censé assurer un revenu de base important à la compagnie. Des tests subséquents avaient prouvé son efficacité et, la publicité aidant, plusieurs magasins de chasse et pêche s'étaient montrés intéressés à passer des commandes importantes. Le deuxième produit, appelé la *Belle* (Louis voulait un nom masculin et féminin, comme si les deux leurres formaient un couple, espérant ainsi que les pêcheurs achèteraient les deux à la fois), avait des couleurs plus vives, mais moins variées que l'Irrésistible. La Belle se voulait un leurre plus attrayant avec des formes rondes et une bavette moins carrée. Elle aussi avait été testée avec succès, mais Louis craignait davantage la réaction des pêcheurs. De plus, son coût de production était substantiellement plus élevé à cause du matériau de base utilisé dans la fabrication du corps de l'appât.

Deux années se sont écoulées et la compagnie Leurres magiques est stable financièrement, sans toutefois réaliser des profits spectaculaires. Depuis le début, Gilles est responsable de la planification des opérations. Il se base sur son expérience et sur son intuition. Toutefois, il n'est pas certain que tout se déroule de façon aussi efficiente que possible. Les pièces nécessaires à la fabrication des leurres sont d'abord achetées auprès de fournisseurs indépendants, puis assemblées dans l'atelier de montage. Par la suite, dans l'atelier de peinture, les unités de Belle et d'Irrésistible sont peintes selon leur patron respectif. Dans cet atelier, on effectue aussi les altérations imaginées par Louis : tordage du trépied, incisions dans la robe de couleurs et modification de la bavette. Le tableau 6.1 indique les données pertinentes à la production mensuelle de Leurres magiques. Celle-ci est mesurée en dizaines de leurres, car la mise en marché se fait par boîtes de 10.

TABLEAU 6.1
Données de production dans les deux ateliers de LM

Atelier	Irrésistible	Belle	Temps disponible
Montage	4 h/u	6 h/u	220 h
Peinture	6 h/u	3 h/u	210 h
Prix de vente	100 $/u	300 $/u	
Profit	60 $/u	30 $/u	
Minimum	–	5 u	
Maximum	30 u	–	

* 1 unité correspond à une boîte, soit 10 leurres.

Les motifs de couleur sur la robe de la Belle sont moins diversifiés. On peut donc colorier la robe d'une boîte de Belles en 3 heures, tandis que la même opération nécessite 6 heures par boîte dans le cas de l'Irrésistible. À l'inverse, le montage de la Belle est plus long, principalement à cause de la minutie nécessaire à l'obtention d'une forme parfaitement ronde.

D'après les contacts de Louis, le marché pour l'Irrésistible est limité à un maximum de 30 unités par mois, soit 300 leurres. Louis veut en outre mettre sur les rayons des magasins d'articles de pêche un minimum de 5 unités de Belle chaque mois afin de faire connaître ce leurre. Il craint toutefois un peu la réaction des pêcheurs, car le prix de vente de Belle, 300 $ la boîte de 10, est trois fois plus élevé que le prix de vente unitaire de l'Irrésistible. De toute façon, se dit Louis, même si l'on vendait beaucoup moins de Belles que d'Irrésistibles, les profits de Leurres magiques seraient quand même intéressants, puisque la marge unitaire du second est le double de celle de la Belle, dont le coût de fabrication est élevé à cause de son format plus imposant.

Après deux années d'existence de l'entreprise, Gilles suggère à Louis d'entamer une révision en profondeur des opérations de LM. D'après lui, la façon de procéder actuelle est correcte, mais il croit que l'on pourrait faire encore mieux. Il engage donc un étudiant en gestion qui doit compléter un stage dans une entreprise afin de terminer son baccalauréat. Le mandat donné à Ibrahim est d'analyser les opérations de Leurres magiques par la lorgnette des outils scientifiques qu'il a appris durant ses études et de proposer le « meilleur » plan de production mensuel. Gilles a montré à Ibrahim le tableau 6.1 afin de lui expliquer le problème à résoudre. Il lui précise également qu'il aimerait que l'on tienne compte d'une contrainte supplémentaire. Le succès de Belle auprès des pêcheurs s'est avéré plus important que prévu, si bien que ses ventes sont supérieures à celles de l'Irrésistible depuis les débuts de la compagnie. Cependant, Louis croit qu'il s'agit d'une tendance éphémère et qu'à long terme, la tendance se renversera – d'ailleurs, les premières commandes de la troisième année semblent confirmer cette intuition. Louis demande donc à Ibrahim de préparer un plan de production mensuel où la production de Belles dépasse d'au plus 20 boîtes celle d'Irrésistibles.

Ibrahim, étudiant sérieux et appliqué, réalise rapidement qu'un modèle de programmation linéaire pourrait représenter adéquatement le problème de LM. Après avoir retrouvé son livre de base de RO dans ses cartons (il vient de déménager), et avoir révisé les chapitres concernant la programmation linéaire, Ibrahim met au point le modèle suivant.

Variables de décision :

x_1 = nombre de boîtes d'Irrésistibles produites mensuellement

x_2 = nombre de boîtes de Belles produites mensuellement.

Contraintes :

Atelier de montage	$4x_1 + 6x_2 \leq 220$	(1)
Atelier de peinture	$6x_1 + 3x_2 \leq 210$	(2)
Diff. Belle-Irr.	$-x_1 + x_2 \leq 20$	(3)
Max Irrésistible	$x_1 \leq 30$	(4)
Min Belle	$x_2 \geq 5$	(5)
Non-négativité	$x_1, x_2 \geq 0$	(6)
Intégrité	x_1, x_2 entiers.	(7)

Fonctions-objectifs du modèle :

À la lumière du tableau 6.1, Ibrahim réalise que Gilles et Louis lui proposent en fait deux fonctions-objectifs différentes. Pour optimiser les opérations de LM, on pourra soit maximiser le *revenu mensuel* des ventes, soit maximiser le *profit mensuel,* ce qui conduit aux deux fonctions-objectifs suivantes :

Revenu mensuel $\quad \text{Max } z_1 = 100\,x_1 + 300\,x_2 \quad (8)$

Profit mensuel $\quad \text{Max } z_2 = 60\,x_1 + 30\,x_2. \quad (9)$

La présence de deux fonctions-objectifs rend Ibrahim quelque peu perplexe, mais d'après lui, le calcul d'une solution optimale sera aisé, compte tenu de la très petite taille du problème à résoudre. Il construit d'abord l'ensemble *ADM-C* des solutions qui satisfont aux contraintes (1) à (6) – cet ensemble est illustré à la figure 6.1. Pour l'instant, Ibrahim ne tient pas compte de la contrainte (7) forçant les variables à prendre des valeurs entières et c'est pourquoi il a accolé la lettre C, pour continu, à l'abréviation « ADM ».

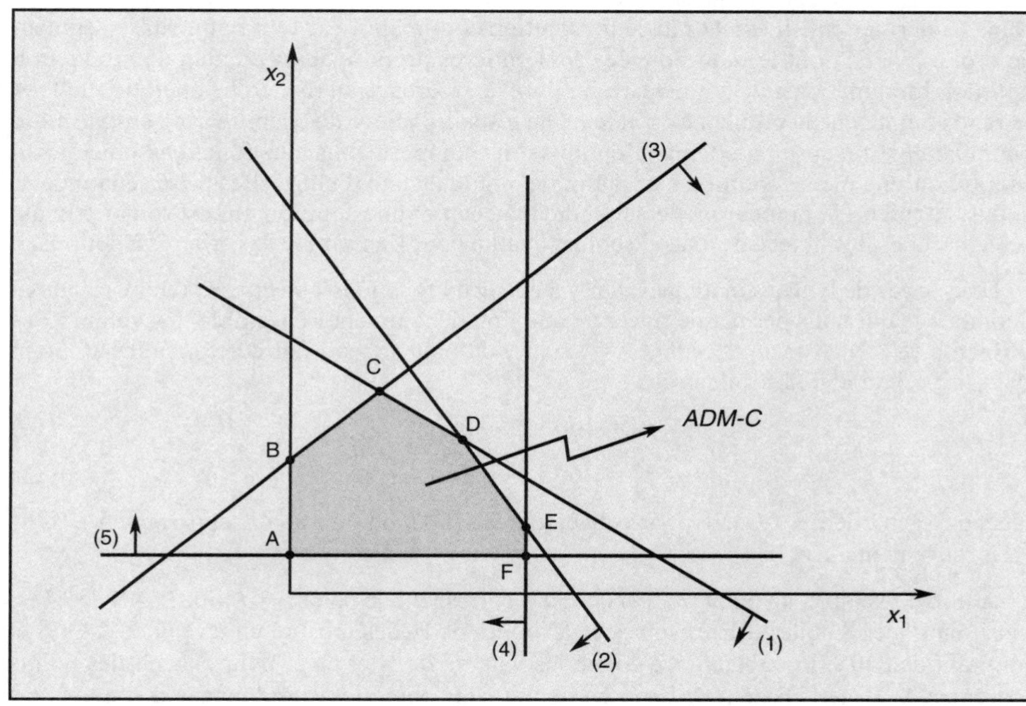

FIGURE 6.1
Ensemble des solutions admissibles du modèle (1)-(6)

Le sous-ensemble des points de *ADM-C* dont les coordonnées sont entières, qui sera noté *ADM,* constitue l'ensemble des solutions admissibles du modèle (1)-(7). Les points extrêmes de la région *ADM-C* sont : A, B, … , F. Le tableau 6.2 donne les coordonnées de ces points, de même que les valeurs prises par les fonctions-objectifs z_1 et z_2 en ces différents points.

TABLEAU 6.2
Coordonnées des points extrêmes du domaine *ADM-C* de LM

Point	**A**	**B**	**C**	**D**	**E**	**F**
Coordonnées	(0 ; 5)	(0 ; 20)	(10 ; 30)	(25 ; 20)	(30 ; 10)	(30 ; 5)
z_1 (Revenu)	1 500	6 000	**10 000**	8 500	6 000	4 500
z_2 (Profit)	150	600	1 500	**2 100**	**2 100**	1 950

Puisque tous les points extrêmes de *ADM-C* ont des coordonnées entières, ils font partie de l'ensemble *ADM* et, selon le théorème fondamental de la programmation linéaire, on peut affirmer à partir du tableau 6.2 ce qui suit.

- Le point extrême C est l'unique solution optimale si LM veut maximiser son revenu mensuel. Il faudra alors fabriquer 10 boîtes d'Irrésistibles et 30 boîtes de Belles, pour un revenu de 10 000 $.
- Dans le cas où l'on désire plutôt maximiser le profit mensuel, les points extrêmes D et E sont optimaux. Le premier correspond à la fabrication de 25 boîtes d'Irrésistibles et de 20 boîtes de Belles, et le second, à celle de 30 boîtes d'Irrésistibles et de 10 boîtes de Belles. Ces deux plans de production assurent à LM le même profit, soit 2 100 $.

6.2.2 L'ensemble des valeurs des objectifs

Ibrahim est encore une fois perplexe. Les solutions optimales diffèrent selon la fonction-objectif retenue. Qui plus est, on fabrique nettement plus de Belles que d'Irrésistibles si l'on maximise le revenu, tandis qu'on procède à l'inverse si l'on vise plutôt à augmenter le profit. Dans ce dernier cas, il existe plusieurs solutions optimales, car tout point sur le segment de droite [D ; E] dont les coordonnées sont entières propose aussi un plan de production optimal. Ibrahim consulte à nouveau son livre de référence en recherche opérationnelle et se rend compte que le problème qu'il tente de résoudre relève du chapitre sur l'*optimisation multicritère*. Lorsqu'un problème d'optimisation comporte plusieurs fonctions-objectifs, il est rare qu'une même solution soit optimale pour chacune d'entre elles prise séparément. Habituellement, le preneur de décision devra accepter une solution qui est sous-optimale selon certains des objectifs, mais de bonne qualité pour l'ensemble des critères à optimiser.

Dans le cas de Leurres magiques, il n'y a que deux fonctions-objectifs à prendre en considération, ce qui nous permet de tracer ce que l'on dénommera l'**ensemble des valeurs des objectifs** (*EVO*). À chaque point $P = (x_1 ; x_2)$ du plan x_1x_2 on fait correspondre un point $z_P = (z_1 ; z_2)$ du plan des valeurs :

$$z_1 = 100\,x_1 + 300\,x_2 \qquad (10)$$

$$z_2 = 60\,x_1 + 30\,x_2. \qquad (11)$$

Quand P appartient à *ADM-C* (respectivement à *ADM*), on dira que z_P appartient à *EVO-C* (respectivement à *EVO*).

À titre d'exemple, au point (8 ; 12) de *ADM* correspond le point $z = (4400 ; 840)$ de *EVO* : ainsi, fabriquer 8 boîtes d'Irrésistibles et 12 boîtes de Belles procure un revenu de 4 400 $ et un profit de 840 $. Le tableau 6.2 donne les valeurs de z_1 et de z_2 pour chacun des points extrêmes A, B, … , F de *ADM* ; on en déduit sans peine les coordonnées des points z_A, z_B, … , z_F de *EVO* qui correspondent à ces points extrêmes.

La figure 6.2 représente l'ensemble *EVO-C* associé à l'ensemble *ADM-C*. On peut montrer que *EVO-C* est le polygone « engendré » par les points extrêmes z_A, z_B, …, z_F. Ce point technique est traité à l'annexe 6A.

Plus on se déplace vers la droite dans l'ensemble *EVO,* plus le revenu mensuel augmente ; de même, le profit mensuel augmente lorsqu'on se déplace vers le haut. Comme le point z_C est le point le plus à droite de l'ensemble *EVO*, aucun autre point ne donne à z_1 une valeur aussi grande et on peut donc affirmer que le point extrême C est l'unique solution optimale si l'objectif poursuivi est de maximiser le revenu mensuel. De même, les points z_D et z_E sont les points les plus hauts de *EVO* et leurs coordonnées z_2 sont égales. Par conséquent, quand on cherche à maximiser le profit mensuel, les points extrêmes D et E sont tous deux optimaux et tout point sur le segment de droite [D ; E] s'avère optimal également.

Ces conclusions auraient pu être obtenues à partir de l'ensemble *ADM* en y traçant des courbes de niveaux des fonctions-objectifs z_1 et z_2. Toutefois, l'ensemble *EVO* permet de voir directement les valeurs prises par les fonctions-objectifs aux différents points extrêmes de

ADM. En se déplaçant de z_F vers z_E sur le segment $[z_F ; z_E]$, on observe que le revenu **et** le profit augmentent. Dans un tel cas, on dira que le point E **domine** le point F ou encore que le point F **est dominé** par le point E. Le point F ne peut donc être optimal lorsque l'on prend en considération les deux objectifs simultanément. À l'analyse de *EVO*, on observe de plus que les points extrêmes A, B et E sont eux aussi dominés : par exemple, E est dominé par D, car même si ces deux points conduisent à un profit mensuel identique, D est supérieur à E quant au revenu qu'il permet de réaliser. En conclusion, seuls les points extrêmes C et D et les points sur le segment de droite les reliant ne sont dominés par aucun autre point. Les points de *EVO* situés sur le segment $[z_D ; z_C]$ constituent ce que l'on dénomme dans la littérature les **optimums de Pareto**. On observe que le segment $[z_D ; z_C]$ est celui, parmi les segments de droite tracés à la figure 6.2, qui se situe le plus en haut et le plus à droite du polygone *EVO-C*.

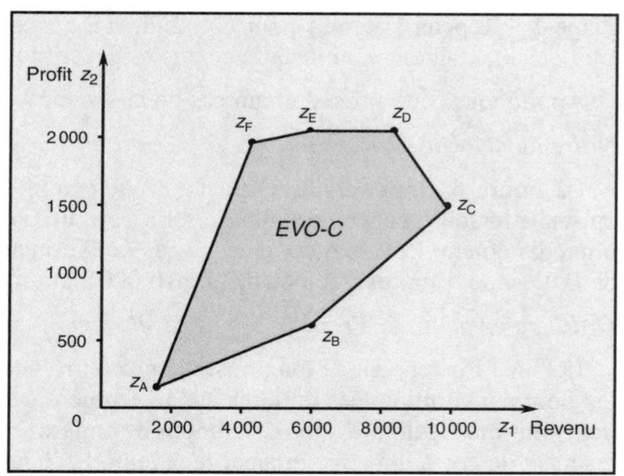

FIGURE 6.2
Ensemble des valeurs des objectifs *EVO-C* pour LM

Les optimums de Pareto constituent les seules solutions intéressantes pour un gestionnaire dans un contexte d'optimisation multicritère. Dans le cas de la société Leurres magiques, Ibrahim pourrait se contenter de fournir à son employeur le segment $[z_D ; z_C]$ et de laisser Louis et Gilles choisir parmi ces points, choix qui pourrait se baser sur des critères autres que le profit et le revenu mensuels. Nous introduirons d'ailleurs plus loin dans ce chapitre une troisième fonction-objectif.

Pour tracer un polygone *EVO-C* comme celui de la figure 6.2, il faut être en présence de seulement deux fonctions-objectifs et tous les points extrêmes de l'ensemble admissible *ADM-C* doivent être connus. Lorsqu'un modèle linéaire comporte plus de 2 variables de décision, il est difficile, sinon impossible, de calculer tous les points extrêmes. De plus, en pratique, le décideur considère souvent plus de deux critères. Les experts en RO ont donc développé diverses méthodes pour aider le gestionnaire à prendre des décisions éclairées dans un contexte d'optimisation multicritère. Nous en présentons quelques-unes dans ce qui suit.

6.2.3 La méthode hiérarchique

Les points extrêmes C et D ne sont pas dominés, de même que tous les points sur le segment les reliant. Comment proposer une solution à Louis et à Gilles ? Tel que mentionné, on pourrait simplement montrer à nos deux compères l'ensemble des solutions non dominées et les laisser choisir celle qu'ils préfèrent. C'est toutefois, d'un point de vue scientifique, plutôt insatisfaisant, avouons-le. Les spécialistes de la RO ont développé des méthodes pour permettre au décideur de prendre une décision rationnelle. Une première façon de procéder, appelée **méthode hiérarchique**, consiste en les étapes suivantes.

Étape 0 : Ordonner et numéroter les fonctions-objectifs selon un ordre décroissant de priorité ; on attribuera le numéro 1 à la fonction-objectif qui est jugée la plus importante. Définir Opt_0 comme la région admissible du modèle et poser $h = 1$.

Étape 1 : Déterminer, parmi les solutions appartenant à Opt_{h-1}, celles qui optimisent la fonction-objectif numéro h. Noter Opt_h l'ensemble de ces solutions et v_h la valeur optimale de la fonction-objectif numéro h.

Étape 2 : Répéter l'étape 1 pour $h = 2, 3$, etc., jusqu'à ce qu'une solution optimale unique soit atteinte ou jusqu'à ce que toutes les fonctions-objectifs aient été considérées.

Appliquons cette procédure au cas de la société Leurres magiques.

Ordre de priorité : 1. Revenu 2. Profit

La figure 6.2 nous indique que le point extrême C = (10 ; 30) est l'unique solution optimale lorsqu'on cherche à maximiser le revenu. La méthode hiérarchique se termine donc immédiatement. Elle suggère dans ce cas de fabriquer 10 boîtes d'Irrésistibles et 30 boîtes de Belles, pour un revenu mensuel de 10 000 $ et un profit mensuel de 1 500 $.

Ordre de priorité : 1. Profit 2. Revenu

Lorsque l'on choisit de maximiser le profit mensuel en premier, la figure 6.2 indique que les points à coordonnées entières sur le segment de droite [D ; E] constituent l'ensemble des solutions optimales pour la fonction numéro 1. Il faut ensuite déterminer lequel ou lesquels de ces points maximisent le revenu. La figure 6.2 indique que le point extrême D = (25 ; 20) est alors l'unique solution optimale. La méthode hiérarchique se termine donc en suggérant à Louis et à Gilles de produire 25 boîtes d'Irrésistibles et 20 boîtes de Belles, pour un profit mensuel de 2 100 $ et un revenu mensuel de 8 500 $.

Pour effectuer l'étape 1 dans le cas où $h > 1$, il suffit d'ajouter au modèle les contraintes suivantes :

$$\text{(Valeur de la fonction-objectif numéro } s) = v_s \qquad s = 1, \ldots, h - 1. \tag{12}$$

Ainsi, dans le problème de LM, pour trouver une solution optimale selon le revenu mensuel parmi les solutions qui maximisent le profit mensuel, il suffit d'ajouter au modèle la contrainte :

$$60\,x_1 + 30\,x_2 = 2\,100. \tag{13}$$

La figure 6.3 indique les résultats obtenus à l'aide du solveur d'Excel lorsque le revenu est maximisé tout en imposant un profit de 2 100 $: LM réalisera un revenu de 8 500 $ en fabriquant 25 boîtes d'Irrésistibles et 20 boîtes de Belles.

FIGURE 6.3
Revenu maximum lorsque le profit est fixé à 2 100 $

Fichier : LeurresM.xlsx — Feuille : H2 Pr-Rev

	A	B	C	D	E	F
8	**Nom de la variable**	x_1	x_2	M.G.	Signe	Const.
9						
10	**Coefficients c_j et valeur de z**	100	300	8 500		
11						
12	**Contraintes technologiques**					
13	Atelier de montage	4	6	220	<=	220
14	Atelier de peinture	6	3	210	<=	210
15	Différence Belle-Irrésistible	-1	1	-5	<=	20
16	Maximum Irrésistible	1	0	25	<=	30
17	Minimum Belle	0	1	20	>=	5
18	Valeur du profit	60	30	2 100	=	2 100
19						
20	**Type de la variable (*a priori* ≥ 0)**	Ent	Ent			
21						
22	**Valeur de la variable**	25	20			

Cellule	Formule	Copiée dans :
D10	=SOMMEPROD(B10:C10;B$22:C$22)	D13:D18

6.2.4 La méthode de pondération

Dans le cas de Leurres magiques, deux fonctions-objectifs doivent être considérées et il y a seulement 2 ordonnancements possibles. Il a donc été facile d'analyser tous les cas. Si l'on devait prendre en considération p objectifs, il y aurait $p\,!$ façons de les ordonner et, même pour des valeurs relativement petites de p, le nombre de possibilités serait trop élevé. Il faudrait alors se fier au jugement du décideur pour déterminer les ordonnancements à analyser.

Une autre façon de lever l'ambiguïté occasionnée par la présence de plusieurs fonctions-objectifs est d'utiliser une fonction-objectif unique obtenue en pondérant chacun des objectifs en présence. On parle alors de **fonction-objectif pondérée**. Dans le cas de la compagnie Leurres magiques, la fonction-objectif pondérée prend la forme générale :

$$\text{Max } z = (w_1\, z_1) + (w_2\, z_2), \tag{14}$$

où w_1 et w_2 sont des paramètres non négatifs qui seront fixés par le décideur. Une valeur élevée pour le ratio $R = w_1/w_2$ signifie que, pour ce décideur, le revenu est plus important que le profit. On arrivera à la conclusion inverse lorsque R sera petit. Si $w_1 = 1$ et $w_2 = 0$, la fonction-objectif pondérée coïncide avec le revenu z_1, tandis que si $w_1 = 0$ et $w_2 = 1$, on retrouve la fonction z_2 de profit.

L'utilisation d'une fonction-objectif pondérée comporte une difficulté importante. Considérons par exemple la fonction suivante :

$$\text{Max } z = (w_1\,\text{Profit}) + (w_2\,\text{NbClientsSatisfaits}) + (w_3\,\text{NbHeuresTravaillées}). \tag{15}$$

La fonction-objectif (15) met en jeu des dollars, des personnes et des heures. Quelle est l'unité propre à z ? Quelle signification doit-on donner au fait que z prend la valeur 157 ?

Dans le cas de Leurres magiques, la fonction-objectif pondérée (14) est essentiellement une somme pondérée de dollars de revenu et de dollars de profit ; l'unité de mesure associée est donc des dollars. Mais comment interpréter le fait que la fonction z définie par (14) prend la valeur 3 000 ? Une façon de contourner cette difficulté est de supposer que le poids w_1 prend toujours la valeur 1. Ceci n'occasionne aucune perte de généralité[1], car il suffit de diviser les membres gauche et droit par w_1 pour obtenir une nouvelle fonction-objectif équivalente à l'ancienne, mais dont le coefficient de z_1 est égal à 1. Considérons donc la fonction-objectif obtenue en posant $w_1 = 1$ et $w_2 = 2$:

$$\text{Max } z = z_1 + 2\, z_2. \tag{16}$$

Si l'on augmente d'une unité le profit z_2 tout en laissant fixe le revenu z_1, alors la fonction (16) augmente de 2. De même, si l'on augmente de deux unités le revenu z_1, tout en laissant z_2 inchangée, alors z augmente également de deux. On peut donc conclure que, si le décideur choisit la pondération « $w_1 = 1$ et $w_2 = 2$ », alors pour lui, un dollar de profit vaut deux dollars de revenu.

Dans ce qui suit, nous supposons que $w_1 = 1$. On récrira la fonction-objectif pondérée sous la forme

$$\text{Max } z = z_1 + w\, z_2. \tag{17}$$

Le poids w associé au profit z_2 représente donc la valeur d'un dollar de profit par rapport à un dollar de revenu. Après manipulations, (17) se récrit :

$$\text{Max } z = [100 + 60\, w]\, x_1 + [300 + 30\, w]\, x_2. \tag{18}$$

1. Sauf si $w_1 = 0$, mais alors la fonction-objectif z_1 n'est pas considérée et l'on se retrouve avec un problème d'optimisation à un seul critère.

Il est facile de prouver qu'un point extrême dominé ne peut être optimal lorsqu'une fonction-objectif pondérée est utilisée. Par conséquent, dans le cas du problème de LM, les seuls points extrêmes optimaux possibles sont C ou D. Notre analyse peut, sans perte de généralité, se limiter aux points extrêmes C et D. Le tableau 6.3 donne les valeurs prises par la fonction (18) aux points C et D, selon le poids w accordé au profit z_2. Lorsque $w = 1$, c'est-à-dire lorsqu'on considère qu'un dollar de profit équivaut à un dollar de revenu, la fonction (18) s'écrit $z = 160\,x_1 + 330\,x_2$. Afin de maximiser la valeur d'un tel objectif, il est préférable d'augmenter la valeur de x_2 plutôt que celle de x_1. Comme le point C possède la deuxième coordonnée la plus élevée de tous les points extrêmes, il n'est pas surprenant que C soit optimal dans ce contexte. Pour contrer cette tendance, il faudra augmenter la pondération accordée au profit. Le tableau 6.3 indique que C est optimal quand la pondération accordée au profit est inférieure à 2,5. En outre, plus cette pondération se rapproche de 2,5, plus se réduit l'écart entre les valeurs de z prises en C et en D. Lorsque $w = 2{,}5$, C et D sont tous deux optimaux, de même que tous les points du segment les reliant. Enfin, quand w dépasse 2,5, c'est le point D qui se révèle optimal. Fournir un tel tableau à Gilles et à Louis, c'est en quelque sorte avoir résolu leur problème décisionnel. Il ne leur reste plus qu'à déterminer si la pondération qu'ils accordent au profit est inférieure ou supérieure à 2,5.

TABLEAU 6.3
Points optimaux de LM selon différentes pondérations du profit

w	C = (10 ; 30)	D = (25 ; 20)	Points optimaux
0	**10000**	8500	C
1	**11500**	10600	C
1,5	**12250**	11 650	C
2	**13000**	12700	C
2,5	**13750**	**13750**	segment [C ; D]
3	14500	**14800**	D
4	16000	**16900**	D

6.2.5 La méthode d'optimisation par objectifs

Une des méthodes les plus utilisées pour résoudre les problèmes d'optimisation multicritère est dénommée en anglais ***goal programming***, ce que l'on traduira par **optimisation par objectifs**. Supposons qu'Ibrahim a montré à Gilles et à Louis les analyses faites à l'aide des méthodes hiérarchique et de pondération. Ils comprennent qu'aucune solution ne leur procure simultanément le profit maximum (2 100 $) et le revenu maximum (10 000 $) et qu'ils devront accepter une solution de compromis. Pour déterminer une telle solution, Gilles et Louis pourraient se demander ce qui constitue pour un eux un profit acceptable ou un revenu acceptable et rechercher une solution qui ne dévie pas trop de ces **cibles**, de ces *objectifs*. Supposons, aux fins de cette discussion, qu'ils seraient prêts à accepter un profit mensuel se rapprochant de 2 000 $. Mathématiquement, on peut modéliser ce souhait ainsi :

$$(60\,x_1 + 30\,x_2) + d_P^- - d_P^+ = 2\,000, \tag{19}$$

où le premier terme $(60\,x_1 + 30\,x_2)$ représente le profit et où d_P^- et d_P^+ sont des variables de décision non négatives, appelées **variables de déviation**. Si, pour une solution donnée $(x_1 ; x_2)$, le profit est supérieur à la cible de 2 000 $, d_P^- sera nulle et l'on assignera à d_P^+ une valeur positive ; par exemple, quand le profit est de 2 025 $, on posera $d_P^- = 0$ et $d_P^+ = 25$. Dans le cas contraire où le profit réalisé est inférieur à 2 000 $, d_P^- prend une valeur positive et d_P^+ est nulle. Enfin, si l'objectif profit est atteint exactement, les deux variables de déviation s'annulent[2].

2. En théorie, on pourrait donner des valeurs non nulles aux deux variables de déviation, mais cela ne peut se produire à l'optimum. Voir, par exemple, les fonctions-objectifs (20) et (21).

Afin d'illustrer le potentiel de l'optimisation par objectifs, nous introduisons ici une troisième fonction-objectif que Gilles et Louis désirent prendre en considération dans la recherche d'une solution efficiente. En effet, pour nos deux compères, il est important que le nombre d'heures travaillées par leurs employés se rapproche le plus possible du temps disponible au total dans les deux ateliers, soit 430 heures. Leurs employés ne sont pas syndiqués et les relations de travail sont harmonieuses. Ils ne voudraient pas que la situation change, d'autant plus que les employés sont maintenant bien formés et produisent des leurres de qualité. Le tableau 6.4 indique les objectifs mensuels sur lesquels ils se sont entendus après discussion.

TABLEAU 6.4
Cibles fixées pour les trois objectifs de LM

Fonction-objectif	Cible	Variable de déviation négative	Variable de déviation positive
Profit	2000$	d_P^-	d_P^+
Revenu	9500$	d_R^-	d_R^+
Temps travaillé	430 h	d_H^-	d_H^+

Comme on l'a vu précédemment, le profit baisse lorsque le revenu se rapproche de sa valeur maximale de 10 000$. De même, le revenu tend à diminuer quand le profit est près de 2 100$. Le tableau 6.4 signifie que Gilles et Louis sont prêts à accepter, par rapport aux maxima possibles, une baisse de profit de 100$ et une baisse de revenu de 500$. Ils souhaitent toutefois que les employés travaillent les 430 heures prévues.

À l'aide de la notion d'objectif, plusieurs modèles mathématiques peuvent être utilisés pour déterminer des optimums de Pareto parmi lesquels Gilles et Louis pourront choisir. La fonction-objectif générale d de tels modèles, qu'il s'agit de minimiser, prend la forme :

$$d = (w_P^- d_P^-) + (w_P^+ d_P^+) + (w_R^- d_R^-) + (w_R^+ d_R^+) + (w_H^- d_H^-) + (w_H^+ d_H^+), \qquad (20)$$

où w_P^-, w_P^+, w_R^-, …, w_H^+ sont des paramètres non négatifs, dits **pénalités de déviation**, qui seront fixés par l'usager. La fonction-objectif (20) permet de pénaliser différemment, pour un objectif donné, une déviation positive ou négative, de même qu'elle permet d'accorder une pondération plus ou moins grande aux différents objectifs. Un profit (ou un revenu) supplémentaire par rapport à l'objectif fixé peut être considéré comme indésirable, car il entraîne automatiquement une baisse de revenu (ou de profit). D'une certaine façon, la fonction-objectif (20) combine la notion d'objectif à l'idée de pondération sous-jacente à la méthode du même nom. Nous illustrons maintenant la méthode en analysant quelques ensembles de valeurs plausibles pour les pénalités de déviation.

Scénario n° 1

Convenons, comme premier scénario, d'accorder une pénalité égale à toutes les déviations. Le modèle mathématique à résoudre, noté (P_1), s'écrit alors :

$$\text{Min } d = d_P^- + d_P^+ + d_R^- + d_R^+ + d_H^- + d_H^+ \qquad (21)$$

sous les contraintes :

contraintes (1) à (5)

$$60x_1 + 30x_2 + d_P^- - d_P^+ = 2\,000 \qquad (22)$$

$$100x_1 + 300x_2 + d_R^- - d_R^+ = 9\,500 \qquad (23)$$

$$10x_1 + 9x_2 + d_H^- - d_H^+ = 430 \qquad (24)$$

$$x_1, x_2, d_P^-, d_P^+, d_R^-, d_R^+, d_H^-, d_H^+ \geq 0 \qquad (25)$$

$$x_1, x_2 \text{ entiers.} \qquad (7)$$

Les contraintes (22), (23) et (24) définissent les cibles fixées pour les trois fonctions-objectifs. Pour un objectif donné, par exemple le profit, au plus une des deux variables de déviation d_P^- et d_P^+ prendra une valeur positive dans une solution optimale, de façon à minimiser la somme des pénalités de déviation encourues. De plus, puisque les variables x_1 et x_2 sont restreintes à prendre une valeur entière et puisque les objectifs sont entiers, les variables de déviation prendront nécessairement une valeur entière dans ce modèle. Dans la contrainte (24), l'expression $(10\,x_1 + 9\,x_2)$ est obtenue en additionnant les membres gauches des contraintes (1) et (2) et représente donc le nombre d'heures travaillées au total dans les deux ateliers. De plus, comme (1) et (2) sont des inéquations de signe «$\leq$», $(10x_1 + 9x_2)$ ne peut excéder la somme 220 + 210 des membres droits, qui coïncide avec la cible 430 de (24) ; par conséquent, la variable de déviation positive d_H^+ est nécessairement nulle dans toute solution admissible.

Voici une solution optimale du modèle (P_1) :

- $x_1 = 16$, $x_2 = 26$, $d_P^- = 260$, $d_R^- = 100$, $d_H^- = 36$; les autres variables de décision sont nulles ;
- la somme d des déviations vaut 396 à l'optimum.

Scénario n° 2

Gilles et Louis constatent que la fonction-objectif (21) attribue la même pénalité à toute déviation. Ils réalisent que, quand il s'agit des objectifs de profit ou de revenu, pénaliser une déviation positive semble *a priori* absurde ; il leur semble donc raisonnable d'annuler les pénalités w_P^+ et w_R^+. De plus, un dollar de profit est plus intéressant pour eux qu'un dollar de revenu ; ils se rappellent d'ailleurs les résultats du tableau 6.3, selon lesquels l'équilibre entre les points C et D est atteint lorsqu'on accorde au profit un poids 2,5 fois plus important qu'au revenu ; ils conviennent donc de poser $w_P^- = 2{,}5$ et $w_R^- = 1$. Finalement, après réflexion, Gilles et Louis décident de prendre $w_H^+ = 7{,}5$ comme pénalité pour les heures en excédent des 430 heures désirées et $w_H^- = 5$ comme pénalité pour les déviations négatives. Et ils demandent à Ibrahim d'utiliser la fonction-objectif suivante :

$$\text{Min } d = 2{,}5\, d_P^- + d_R^- + 5\, d_H^- + 7{,}5\, d_H^+. \tag{26}$$

Un plan optimal pour cette nouvelle fonction d consiste à fabriquer 22 boîtes d'Irrésistibles et autant de boîtes de Belles. Si ce plan de production est implanté, le profit s'élèvera à 1 980 \$ et le revenu, à 8 800 \$ seulement. Les employés travailleront 418 heures au total.

D'après Gilles et Louis, cette solution est intéressante. D'abord, il s'agit d'un nouveau plan de production, différent de ceux associés aux points C et D sur lesquels ont abouti nos analyses antérieures, sauf le scénario n° 1 qui, de toute façon, n'est pas réaliste. De plus, il s'agit d'une solution de compromis où aucune des trois cibles fixées n'est atteinte précisément.

Scénario n° 3

Gilles et Louis sont très tentés d'implanter ce plan de production, car les déviations par rapport aux objectifs de profit et de temps sont minimes. Cependant, ils sont frappés par la forte détérioration de leurs revenus. En effet, à la diminution de 500 \$ qu'ils acceptaient *a priori* en fixant le revenu cible à 9 500 \$ s'ajoute une déviation de 700 \$. Ils demandent à Ibrahim de tester ce qu'il adviendrait au modèle si l'on exigeait que la déviation négative d_R^- ne dépasse pas 500 \$. Aussitôt dit, aussitôt fait. Cette fois, la solution optimale est : $x_1 = 19$, $x_2 = 24$, $d_P^- = 140$, $d_R^- = 400$, $d_H^- = 24$ et les autres variables sont nulles. Gilles et Louis sont déçus de voir s'accroître ainsi la déviation négative d_P^-. Une valeur de 100 \$ leur semble une limite à ne pas excéder.

Scénario nº 4

Ibrahim teste enfin un quatrième scénario obtenu du précédent en ajoutant la contrainte «$d_P^- \leq 100$». Le nouveau modèle n'admet aucune solution admissible. Malheureusement, des compromis seront nécessaires entre le profit et le revenu souhaités par Gilles et Louis.

Après avoir fait toutes ces analyses, il faut maintenant se demander quelle est **la** solution qu'Ibrahim devrait suggérer à Gilles et à Louis. Essentiellement, la question est mal posée. La réponse ne peut consister ici en une solution unique, mais plutôt en un ensemble de solutions parmi lesquelles les décideurs feront un choix définitif. Les recommandations qu'Ibrahim devrait faire sont :

- fabriquer 10 boîtes d'Irrésistibles et 30 boîtes de Belles (point C) si le revenu mensuel est le seul objectif jugé pertinent ;
- opter pour un plan de production sur le segment reliant les points D et E si l'accent est mis seulement sur le profit mensuel ;
- choisir le plan associé au point C s'ils accordent une pondération moindre que 2,5 à l'objectif de profit ;
- opter pour le plan associé au point D si la pondération de l'objectif de profit est supérieure à 2,5 ;
- choisir un point sur le segment [C ; D] si cette pondération est 2,5 exactement ;
- fabriquer 22 boîtes d'Irrésistibles et autant de boîtes de Belles s'ils se fixent comme cibles un revenu mensuel de 9 500 $, un profit mensuel de 2 000 $ et 430 heures travaillées au total dans les deux ateliers et que les pénalités sont celles données à la formule (26) ;
- fabriquer 19 boîtes d'Irrésistibles et 24 boîtes de Belles s'ils ajoutent aux conditions du point précédent la contrainte que le revenu ne soit pas inférieur à 9 000 $ par mois.

Exercices de révision

1. Optimums de Pareto et problèmes de maximisation

Considérer l'ensemble des contraintes suivantes :

$$x_1 + x_2 \leq 8 \qquad (1)$$

$$-2x_1 + 3x_2 \leq 9 \qquad (2)$$

$$x_1 - x_2 \leq 4 \qquad (3)$$

$$x_1 + x_2 \geq 1 \qquad (4)$$

$$x_1, x_2 \geq 0. \qquad (5)$$

(a) Tracer l'ensemble *ADM* des solutions admissibles des contraintes (1) à (5).

(b) Calculer les coordonnées des points extrêmes de *ADM*.

(c) Supposons que l'on cherche à *maximiser* les deux fonctions-objectifs $z_1 = 2x_1 + 3x_2$ et $z_2 = x_1 + x_2$. Tracer l'ensemble *EVO* des valeurs de z_1 et z_2 pour les solutions de *ADM*.

(d) Déterminer les optimums de Pareto de l'ensemble *EVO*.

2. Optimums de Pareto et problèmes de minimisation

Considérer les contraintes et les fonctions-objectifs de l'exercice 1. On suppose cette fois qu'il faut *minimiser* les fonctions z_1 et z_2. Déterminer les optimums de Pareto de l'ensemble *EVO*.

3. **La méthode hiérarchique**

   Supposons que la méthode hiérarchique soit utilisée pour calculer une solution efficiente au problème d'optimisation multicritère de l'exercice 1. Calculer une solution à l'aide du solveur d'Excel en ordonnant les fonctions-objectifs de la façon suivante :

   (a) z_1 suivie de z_2. **(b)** z_2 suivie de z_1.

4. **La méthode de pondération**

   Supposons que la méthode de pondération soit utilisée pour calculer une solution efficiente du problème d'optimisation multicritère de l'exercice 1.

   (a) Écrire la fonction-objectif pondérée z sous la forme $z = 1\, z_1 + w\, z_2$.

   (b) À l'aide du solveur d'Excel, trouver un optimum de Pareto quand $w = 3$.

5. **La méthode hiérarchique et Leurres magiques**

   Supposons que la méthode hiérarchique soit utilisée pour calculer un optimum de Pareto du problème de la compagnie Leurres magiques. On considérera ici les objectifs de revenu (z_1), de profit (z_2) et d'heures travaillées au total dans les deux ateliers (z_3), tels que définis dans la section 6.2. Calculer une solution à l'aide du solveur d'Excel en ordonnant les fonctions-objectifs de la façon suivante :

   (a) z_1, suivie de z_3 puis de z_2. **(b)** z_2, suivie de z_3 puis de z_1.

6. **La méthode de pondération et Leurres magiques**

   Supposons que la méthode de pondération soit utilisée pour calculer un optimum de Pareto du problème de la compagnie Leurres magiques. On considérera ici les objectifs de revenu (z_1), de profit (z_2) et d'heures travaillées au total dans les deux ateliers (z_3), tels que définis dans la section 6.2.

   (a) Écrire la fonction-objectif pondérée z sous la forme $z = 1\, z_1 + w_2\, z_2 + w_3\, z_3$.

   (b) Poser $w_2 = 2$ et $w_3 = 4$. À l'aide du solveur d'Excel, trouver un optimum de Pareto.

6.3 La compagnie TransAmérica

6.3.1 Le contexte et le modèle

La compagnie québécoise TransAmérica se spécialise dans le transport de charges entières. On retrouve souvent sur les semi-remorques de ce type d'entreprise le sigle TL, abréviation de *Truck Load*. Dans le milieu, on réfère à TransAmérica par l'acronyme TA et toutes les remorques de TA arborent fièrement le logo « *TA*... », dont le *T* et le *A* sont écrits en grosses lettres rouges stylisées. TransAmérica s'est forgé sa réputation grâce à la livraison de charges hors normes, nécessitant des remorques plus larges que les remorques usuelles de 53 pieds que l'on trouve sur les routes et autoroutes d'Amérique du Nord. Les clients de TA sont peu nombreux mais fidèles, car le service offert par TA est considéré par les experts comme l'un des meilleurs du genre. L'entreprise est rentable.Toutefois, la crise pointe à l'horizon : une récession s'annonce aux États-Unis, le prix du pétrole est à la hausse et, surtout, il y a une pénurie de chauffeurs. TransAmérica doit disposer de chauffeurs expérimentés, car les charges qu'on lui confie sont très onéreuses. Les chauffeurs doivent être d'habiles conducteurs ; ils doivent aussi être prudents, car les accidents sont extrêmement dommageables pour la réputation de TA ; ils doivent respecter les limites de vitesse afin de ménager le tracteur ; enfin, ils doivent avoir une bonne connaissance du réseau routier, car le chemin le plus court d'un point à un autre n'est pas toujours celui suggéré par les logiciels commerciaux, à cause de la dimension des charges transportées. De tels chauffeurs sont difficiles à dénicher et TA s'assure de bien traiter ses chauffeurs afin qu'ils ne soient pas tentés d'aller voir ailleurs. Il faut les chouchouter, accéder à la plupart de leurs demandes (de plus en plus nombreuses) et surtout, évidemment, bien les rémunérer. Les chauffeurs ont des préférences quant au type de voyages qu'on leur confie. Parmi celles-ci, on retrouve l'absence ou la présence de manutention : certains chauffeurs sont en méforme physique à cause de toutes ces années passées assis derrière un volant et préfèrent éviter les voyages où des efforts physiques sont nécessaires. Par contre, d'autres, souvent plus jeunes, veulent se maintenir en forme et souhaitent au contraire qu'on leur confie les voyages où des efforts physiques sont exigés, d'autant plus qu'une prime leur est alors accordée. La région où s'effectue le voyage est un autre critère important : certains sont habitués à conduire dans certaines régions et préfèrent nettement que leur trajet passe dans des endroits connus, ce qui leur permet de ne pas se perdre et les aide à éviter les pièges de la circulation, toujours de plus en plus dense. Finalement, le nombre de kilomètres parcourus est un facteur déterminant du salaire des chauffeurs et plusieurs préfèrent les voyages les plus longs. Plusieurs autres facteurs entrent aussi en considération lors de l'affectation des voyages, mais ceux mentionnés précédemment comptent parmi les plus importants.

Martin est le répartiteur le plus expérimenté de TA. Une de ses tâches principales est de préparer ce que, dans le milieu, on appelle la *répartition de fin de semaine.* C'est un vrai casse-tête hebdomadaire. Tous les vendredis soirs, à partir de 17 heures environ, Martin doit planifier les voyages qui partiront du terminus de TA le samedi et ceux qui partiront le dimanche. Un voyage, dans le jargon du métier, est essentiellement une remorque pleine que l'on doit amener à destination. Il s'agit « simplement » pour Martin d'affecter les couples chauffeurs-tracteurs aux voyages déjà constitués. Le terme *couple* n'est pas trop fort, car, même si les chauffeurs ne sont pas propriétaires de leurs tracteurs, ils travaillent presque toujours avec le même véhicule et des heures et des heures d'intimité, ça crée des liens.

Martin utilise une macro Excel pour déterminer quels voyages partiront le samedi et lesquels partiront le dimanche. Le moment du départ dépend de la distance à parcourir et de la plage horaire dans laquelle doit se situer l'arrivée à destination. En faisant des hypothèses sur la vitesse moyenne et sur le délai à la frontière, en tenant compte également des règles de conduite imposées aux chauffeurs, on peut déduire la durée du voyage et donc l'heure et la journée de départ qui permettent de respecter la plage horaire imposée par le consignataire. Il faut s'assurer de ne pas se tromper dans les calculs, car les clients sont exigeants et TA veut maintenir son excellente réputation. L'affectation des voyages aux chauffeurs est une opération qui stresse beaucoup Martin : il est pressé par le temps et il doit prendre en considération plusieurs facteurs.

Après consultation de sa base de données et l'exécution de la macro, Martin obtient les informations suivantes : 5 chauffeurs *peuvent* partir le samedi et 8 voyages *doivent* partir cette journée-là, sinon des pénalités de retard seront imposées à TransAmérica. Le tableau 6.5 (*voir page suivante*) résume les données concernant ces voyages ; les lignes C1 à C5 sont associées aux 5 chauffeurs et les colonnes aux 8 voyages. À l'intersection de la ligne Ci et de la colonne Vj, on retrouve une mesure, dénotée In_{ij}, de l'*insatisfaction* qu'éprouverait le chauffeur Ci s'il était affecté au voyage Vj. Le psychologue engagé pour mesurer la perception des voyages par les chauffeurs a réfléchi longuement avant de décider s'il valait mieux mesurer la satisfaction ou l'insatisfaction des chauffeurs. Toutefois, la nature humaine étant ce qu'elle est, les chauffeurs ont davantage tendance à se plaindre des affectations de Martin qu'à le féliciter. Le psychologue a donc opté pour l'insatisfaction, qu'il mesure par une cote dont le maximum est 100. Il est surpris des valeurs élevées obtenues, ce qui, d'une certaine façon, corrobore son intuition et révèle simplement que les chauffeurs ont tendance, dès qu'une caractéristique d'un voyage leur déplaît, à lui accorder une très mauvaise cote.

L'avant-dernière ligne du tableau 6.5 indique le profit associé à chacun des 8 voyages, calculé selon la longueur, l'expéditeur et le consignataire, le poids, le type de charge et la surtaxe sur l'essence qui varie selon la destination finale de chaque voyage. La ligne «Pénalité» indique, pour chacun des 8 voyages, la pénalité encourue par TA s'il n'est pas effectué le samedi, car alors, le consignataire ne recevra pas la charge du voyage dans la plage horaire désirée. Cette pénalité dépend essentiellement de l'importance du consignataire et des torts que subira ce dernier.

TABLEAU 6.5 TransAmérica : données sur les chauffeurs et les voyages

	V1	V2	V3	V4	V5	V6	V7	V8
C1	81	50	60	72	85	43	97	30
C2	39	29	91	78	50	82	20	88
C3	99	90	80	85	80	50	72	50
C4	94	80	78	55	60	84	64	71
C5	81	73	84	65	92	34	70	73
Profit	760	1 080	665	795	1 270	617	1 365	1 175
Pénalité	96	144	120	108	168	78	180	156

En se basant sur les données du tableau 6.5, Martin doit affecter chaque chauffeur à un voyage. Il doit prendre en considération l'insatisfaction des chauffeurs et les pénalités qui doivent être minimisées, de même que le profit qui doit être maximisé. C'est un problème d'une grande complexité pour Martin et son intuition lui dit que ses choix ne sont pas toujours optimaux. De toute façon, pour lui, la notion de solution optimale n'est pas évidente dans un contexte où plusieurs fonctions-objectifs sont considérées simultanément. Martin a raison d'être perplexe. Il y a 56 façons de choisir les 5 voyages qui seront effectués et les 3 qui ne le seront pas[3]. Et, pour chacune de ces 56 possibilités, on doit résoudre un problème d'affectation 5×5 qui possède $5 \times 4 \times 3 \times 2 \times 1 = 120$ solutions admissibles.

Martin est un amateur de sudokus et aime bien jouer avec les nombres. Son premier réflexe, pour minimiser l'insatisfaction totale des chauffeurs, est de localiser la plus petite insatisfaction du tableau et de retenir l'affectation correspondante : ainsi, le chauffeur 2 effectuerait le voyage 7, pour une insatisfaction de 20. Puis, Martin raye les lignes C2 et V7 du tableau. En répétant cette opération, il obtient la solution gourmande SOL-G dont les affectations sont C2-V7, C1-V8, C5-V6, C4-V4 et C3-V3, pour une insatisfaction totale de 219. Martin ne fait pas trop confiance à cette façon de procéder, car l'affectation C3-V3 est mauvaise et, d'après lui, le problème est trop complexe pour être résolu de façon aussi simpliste. Cependant, pour lui, trouver le profit total maximum ou la pénalité totale minimale est l'enfance de l'art : il suffit de choisir les 5 voyages les plus profitables pour maximiser

3. Il s'agit de choisir 3 objets parmi 8. Le nombre de façons de procéder est donné par une formule classique de l'analyse combinatoire :

$$\binom{8}{3} = \frac{8!}{3! \times 5!} = \frac{8 \times 7 \times 6}{3 \times 2 \times 1} = 8 \times 7 = 56.$$

les profits et de choisir les 3 voyages les moins pénalisants pour minimiser la somme des pénalités. En procédant ainsi, on obtient pour TA un profit total maximum de 5 685 $ et un minimum de 282 $ en pénalités. Toutefois, même si l'on connaît les voyages à effectuer, cela n'indique pas les affectations optimales des chauffeurs.

Le problème de TransAmérica peut difficilement être résolu par une approche à tâtons comme celle utilisée par Martin. L'approche scientifique de la recherche opérationnelle préconise d'abord de traduire le problème de TA sous forme d'un modèle mathématique, que nous dénoterons (P_{TA}).

Variables de décision du modèle :

Les variables du modèle sont toutes des variables binaires définies par :

$$w_{ij} = 1 \text{ si le chauffeur C}i \text{ est affecté au voyage V}j$$

$$v_j = 1 \text{ si le voyage V}j \text{ est effectué}$$

où $i = 1, \ldots, 5$ et $j = 1, \ldots, 8$.

Contraintes du modèle :

$$w_{i1} + w_{i2} + \ldots + w_{i8} = 1 \qquad i = 1, \ldots, 5 \qquad (27)$$

$$w_{1j} + w_{2j} + \ldots + w_{5j} = v_j \qquad j = 1, \ldots, 8 \qquad (28)$$

$$w_{ij}, v_j = 0 \text{ ou } 1 \qquad i = 1, \ldots, 5 ; j = 1, \ldots, 8. \qquad (29)$$

Les contraintes (27) et (28) sont habituelles dans un problème où l'on doit affecter des individus (ici les chauffeurs) à des tâches (ici les voyages). D'après (27), chaque chauffeur sera affecté à un et à un seul voyage. L'équation (28) signifie qu'un voyage sera affecté à un chauffeur, et donc effectué, si la variable v_j prend la valeur 1, mais qu'il ne sera pas effectué si v_j vaut 0. Puisque le nombre de voyages excède de 3 celui des chauffeurs, exactement trois des variables v_j prendront la valeur 0.

Fonctions-objectifs du modèle :

Insatisfaction totale $\quad \text{Min } z_{In} = 81\, w_{11} + 50\, w_{12} + \ldots + 80\, w_{35} + \ldots + 73\, w_{58}$ (30)

Profit total $\quad \text{Max } z_{Pr} = 760\, v_1 + 1\,080\, v_2 + \ldots + 1\,175\, v_8$ (31)

Pénalités évitées $\quad \text{Max } z_{PE} = 96\, v_1 + 144\, v_2 + \ldots + 156\, v_8.$ (32)

Si le chauffeur C1 est affecté au voyage V1, alors la variable w_{11} prend la valeur 1 et l'on obtient une insatisfaction de 81 points pour ce chauffeur. Les autres termes de la fonction-objectif (30) s'interprètent similairement. Elle mesure donc l'insatisfaction totale des chauffeurs. De même, la fonction-objectif (31) mesure le profit total.

Chaque terme de (32) correspond à une pénalité évitée ou non par TA selon qu'un voyage est effectué ou non. Considérons le 1er terme : si le voyage est effectué ($v_1 = 1$), TA évite la pénalité de 96 $ associée au voyage 1, et s'il ne l'est pas ($v_1 = 0$), elle devra verser cette pénalité. La valeur que prendra la fonction-objectif z_{PE} est donc le montant total des 5 pénalités que TA n'aura pas à payer pour les 5 voyages qui seront effectués.

Le modèle (27) à (32) traduit le problème de Martin sous une forme mathématique. La figure 6.4 (*voir page suivante*) illustre comment représenter ce modèle (P_{TA}) comme un problème de transbordement si l'on considère chacune des fonctions-objectifs séparément. Les commentaires suivants expliquent le lien entre le modèle (P_{TA}) et le problème de transbordement décrit à la figure 6.4.

FIGURE 6.4
Modèle (P_{TA}) représenté comme un problème de transbordement

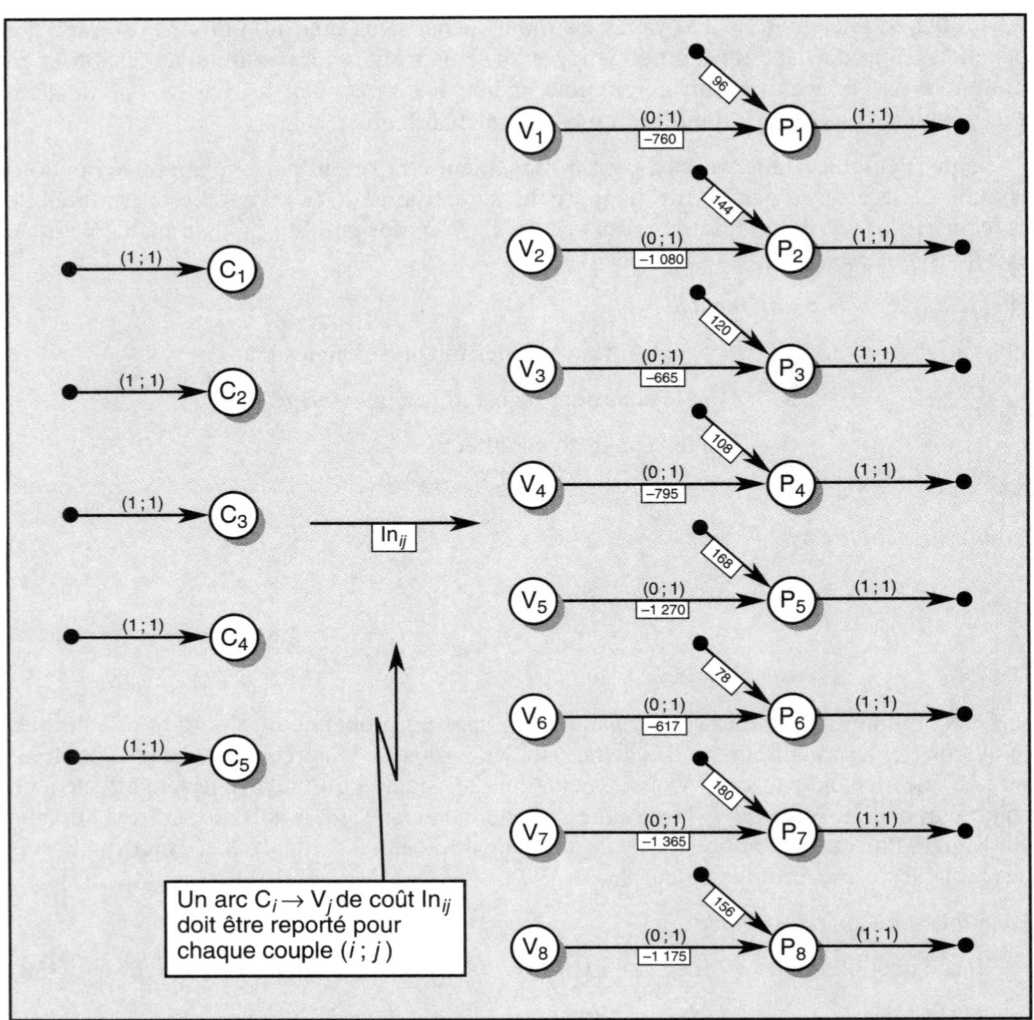

- Exactement une unité de flot doit être émise du sommet C*i*, car le chauffeur C*i* doit être affecté à un voyage, ce qui est imposé par la contrainte (27) dans le modèle (P_{TA}).
- Une unité de flot émergera du sommet V*j* si le voyage V*j* est affecté à un chauffeur; dans l'affirmative, le voyage V*j* sera effectué et un coût de $-Pr_j$ sera encouru, ce qui est équivalent à un profit de Pr_j.
- Exactement une unité de flot doit être reçue au sommet P*j*. Cette unité proviendra soit de l'arc V*j* → P*j*, soit de l'arc • → P*j*; le premier correspond au cas où le voyage V*j* est effectué, le second au cas contraire et alors TA subira la pénalité Pe_j qui a été reportée sur l'arc • → P*j*. La contrainte (28) de (P_{TA}) traduit cette exigence.
- Pour considérer l'une des fonctions-objectifs du modèle (P_{TA}) lors de la résolution du problème de transbordement, il suffit d'y insérer seulement l'un des trois coûts possibles, soit le coût insatisfaction, soit le « coût » profit, soit le coût pénalités.

Le modèle (P_{TA}) a été résolu par le solveur d'Excel pour chacune des trois fonctions-objectifs considérées séparément. Le tableau 6.6 indique les résultats obtenus. Noter que TA paiera au moins 282 $ en pénalités :

$$\begin{aligned}\text{(min des pénalités à payer)} &= \text{(somme des pénalités)} - \text{(max des pénalités évitées)}\\ &= (96 + 144 + \ldots + 156) - 768\\ &= 1\,050 - 768\\ &= 282.\end{aligned}$$

TABLEAU 6.6 **Solutions optimales du modèle (P_{TA}) selon les trois fonctions-objectifs**

Objectif	Solution optimale	Affectations optimales	z_{In}	z_{Pr}	z_{PE}
Insatisfaction	OPT-In	C1-V2, C2-V7, C3-V8, C4-V4, C5-V6	**209**	5 032	666
Profit	OPT-Pr	C1-V5, C2-V4, C3-V7, C4-V2, C5-V8	388	**5 685**	756
Pénalités évitées	OPT-PE	C1-V8, C2-V3, C3-V5, C4-V2, C5-V7	351	5 555	**768**

Il est difficile, à partir de ces résultats, de proposer une solution au problème de Martin. Les trois solutions optimales diffèrent beaucoup, tant au niveau des valeurs des fonctions-objectifs que des affectations proposées aux chauffeurs, lesquelles sont pratiquement différentes pour chacun des chauffeurs dans les trois cas. La solution OPT-In, qui minimise les insatisfactions des chauffeurs, est la pire lorsqu'il s'agit de maximiser le profit ou les pénalités évitées. Elle est meilleure, toutefois, que la solution SOL-G calculée par Martin selon la logique gourmande. La solution OPT-Pr, qui domine sur le plan du profit, est la moins satisfaisante des trois pour les chauffeurs. Enfin, OPT-PE, qui arrive deuxième à la fois pour l'insatisfaction et le profit, semblerait à première vue une solution de compromis.

6.3.2 La méthode hiérarchique

Dans notre recherche d'une solution efficiente du modèle (P_{TA}), nous allons d'abord utiliser la méthode hiérarchique, qui consiste à traiter les objectifs en présence un à un, par ordre de priorité décroissante. Dans le cas de TransAmérica, il y a 3 fonctions-objectifs et donc $3! = 6$ façons de les ordonner. Il est rare en pratique que l'analyste considère tous les ordonnancements possibles. La plupart du temps, le preneur de décision accorde une plus grande importance à certains objectifs. Le problème de TA possède une caractéristique intéressante qui nous guidera dans l'application de la méthode hiérarchique. Supposons dans un premier temps que Martin considère le profit comme prioritaire par rapport aux deux autres objectifs. Tel qu'expliqué précédemment, toute solution qui implique les 5 voyages les plus profitables est forcément optimale pour cette fonction-objectif, *quelles que soient les affectations des chauffeurs*. Les voyages V2, V4, V5, V7 et V8 maximisent le profit. Il y a $5! = 120$ façons d'affecter les 5 chauffeurs à ces voyages, ce qui signifie qu'il y a 120 solutions optimales différentes lorsqu'il s'agit de maximiser le profit. Certaines d'entre elles, toutefois, seront préférables pour le critère insatisfaction. Par contre, en optimisant le profit, on détermine de façon univoque quels voyages seront effectués et, indirectement, on fixe les pénalités à verser. On peut raisonner de façon similaire si l'on veut maximiser en premier lieu la somme des pénalités évitées : toute solution qui met en jeu les 5 voyages dont les pénalités sont les plus faibles est optimale pour cette fonction-objectif, *quelles que soient les affectations des chauffeurs,* et détermine le profit de façon univoque. Profitant de cette propriété du problème de TransAmérica, nous allons analyser seulement 2 des 6 ordonnancements possibles des objectifs. Compte tenu de la pénurie de chauffeurs dans l'industrie, Martin place toujours en deuxième le critère insatisfaction des chauffeurs.

Ordre de priorité : 1. Profit *2. Insatisfaction* *3. Pénalités*

Selon cet ordre, le profit total est maximisé en premier. On sait déjà que la valeur maximale du profit est de 5 685 $. On choisira ensuite, parmi les solutions optimales obtenues à l'aide de ce premier objectif, une solution qui minimise l'insatisfaction. Il suffit de résoudre le modèle défini par l'objectif (30), les contraintes (27) à (29) et la contrainte (33) suivante qui fixe le profit à sa valeur maximale :

$$760\ v_1 + 1\,080\ v_2 + \ldots + 1\,175\ v_8 = 5\,685. \quad (33)$$

Une solution optimale de ce dernier modèle, dont l'insatisfaction totale est égale à 245, consiste à retenir les affectations suivantes : C1-V2, C2-V7, C3-V8, C4-V5 et C5-V4. Ainsi, fixer le profit à 5 685 $ implique une augmentation de 245 – 209 = 36 points par rapport à l'insatisfaction minimale. Selon la logique de la méthode hiérarchique, il faut maintenant trouver une solution qui maximise la somme des pénalités évitées lorsque le profit est fixé à 5 685 $ et l'insatisfaction, à 245 points. Mais, ici, les pénalités ont été fixées indirectement en optimisant le profit et le critère des pénalités n'aura donc aucun impact sur la solution.

Ordre de priorité : 1. Pénalités *2. Insatisfaction* *3. Profit*

Pour respecter cet ordre, il faut minimiser l'insatisfaction tout en fixant le montant des pénalités évitées à sa valeur maximale de 768 $. Il faut donc résoudre le modèle défini par (30), (27) à (29) et la contrainte (34) donnée ci-après :

$$96\ v_1 + 144\ v_2 + \ldots + 156\ v_8 = 768. \quad (34)$$

La solution fournie par le solveur d'Excel, pour laquelle $z_{In} = 263$, recommande les affectations suivantes : C1-V3, C2-V7, C3-V8, C4-V5 et C5-V2. Selon la méthode hiérarchique, il faut maintenant maximiser le profit après avoir fixé les pénalités évitées à 756 $ et l'insatisfaction à 263 points. De nouveau, le 3e critère n'aura aucun impact sur la solution, car le profit a été déterminé indirectement lors de l'optimisation des pénalités.

Le tableau 6.7 compare les solutions obtenues en adoptant l'un ou l'autre des ordres de priorité ; un signe positif pour l'écart sur un critère donné signifie que la solution associée au deuxième ordre est supérieure selon ce critère. On constate que la deuxième solution rapporte un profit de 130 $ de moins et une insatisfaction supplémentaire de 18 points, mais permet d'éviter 12 $ de plus en pénalités. Il est vraisemblable que les propriétaires de TA préféreront la première.

TABLEAU 6.7
Comparaison des solutions découlant des deux ordres de priorité

Ordre	z_{In}	z_{Pr}	z_{PE}
1. Pr, In, PE	**245**	**5 685**	756
2. PE, In, Pr	263	5 555	**768**
Écart 2 vs 1	–18	–130	**+12**

Une solution efficiente au problème de TA pourrait aussi être obtenue à l'aide de la méthode de pondération. Afin que l'unité de la fonction-objectif pondérée soit le dollar, il faudra associer un coût aux points d'insatisfaction. Le lecteur est référé à l'exercice de révision 1 (*voir page 315*) pour l'application de cette méthode au cas de TA.

6.3.3 La méthode d'optimisation par objectifs : minimiser la déviation maximale

Nous savons déjà que la répartition de la fin de semaine stresse beaucoup Martin. Il ne parvient pas à trouver une solution qui satisfera en même temps patrons, chauffeurs et clients. En fin de compte, c'est toujours lui qui reçoit le blâme et il trouve la situation injuste. Il décide d'organiser avec ses patrons une séance de réflexion. Après quelques heures de discussion animée, une conclusion s'impose : il faut trouver une solution de compromis, acceptable en regard des trois objectifs, même si elle doit ne pas être optimale selon certains d'entre eux. Les patrons suggèrent à Martin de tenter de trouver une solution qui dévierait le moins possible de valeurs cibles préétablies pour chacun des objectifs. Dans un premier temps, le consensus fut de fixer chaque valeur cible à environ 10 % de la valeur optimale correspondante.

La cible théorique pour l'insatisfaction serait égale à 209 + (0,1 × 209) = 229,9 ; Martin arrondit cette valeur et la fixe en pratique à 230. De même, il remarque que 5 685 − (0,1 × 5 685) = 5 116,5 et décide de viser un profit de 5 116 $. Enfin, Martin est conscient que la direction de TA raisonne en termes de pénalités versées et serait disposée à verser comme pénalité totale jusqu'à 10 % de plus que le minimum de 282 $; il conclut qu'une solution qui comporterait des pénalités de 282 + (0,1 × 282) = 310,2 dollars serait acceptable, ce qui signifie qu'il doit prendre comme cible de pénalités évitées un montant d'environ 1 050 − 310 = 740 dollars.

Martin a donc surmonté une première difficulté, mais il n'est pas au bout de ses peines pour autant. Soit d_{In}^-, d_{In}^+, d_{Pr}^-, d_{Pr}^+, d_{PE}^-, d_{PE}^+, les déviations négatives et positives pour les objectifs **In**satisfaction, **Pr**ofit et **P**énalités **É**vitées. Et soit D_{max}, la valeur maximale de ces déviations. On recherche une solution pour laquelle la valeur de D_{Max} est minimale. La fonction-objectif à optimiser est donc une fonction de type goulot d'étranglement « Max Min », fonction qui en soi n'est pas linéaire, mais que l'on peut traiter dans le cadre de la programmation linéaire. Pour satisfaire aux exigences des patrons de Martin, il suffit de résoudre le modèle suivant dénoté (P_{TAD}). Les contraintes (39) à (44) imposent que D_{Max} soit au moins aussi grande que chacune des variables de déviation. Les contraintes (36) à (38) définissent les valeurs cibles des trois objectifs, valeurs à partir desquelles les valeurs des variables de déviation seront calculées. Il faut aussi de toute évidence prendre en considération les contraintes du modèle original, soit les contraintes (27) à (29).

$$\text{Min } z = D_{max} \tag{35}$$

sous les contraintes suivantes :

contraintes (27) à (29)

$$81\,w_{11} + 50\,w_{12} + \ldots + 73\,w_{58} + d_{In}^- - d_{In}^+ = 230 \tag{36}$$

$$760\,v_1 + 1\,080\,v_2 + \ldots + 1\,175\,v_8 + d_{Pr}^- - d_{Pr}^+ = 5\,116 \tag{37}$$

$$96\,v_1 + 144\,v_2 + \ldots + 156\,v_8 + d_{PE}^- - d_{PE}^+ = 740 \tag{38}$$

$$D_{max} \geq d_{In}^- \tag{39}$$

$$D_{max} \geq d_{In}^+ \tag{40}$$

$$D_{max} \geq d_{Pr}^- \tag{41}$$

$$D_{max} \geq d_{Pr}^+ \tag{42}$$

$$D_{max} \geq d_{PE}^- \tag{43}$$

$$D_{max} \geq d_{PE}^+ \tag{44}$$

$$d_{In}^-, d_{In}^+, d_{Pr}^-, d_{Pr}^+, d_{PE}^-, d_{PE}^+, D_{max} \geq 0. \tag{45}$$

Le tableau 6.8 (*voir page suivante*) décrit une solution optimale du modèle (P_{TAD}). Dans la section 6.2, alors qu'il s'agissait de minimiser la fonction-objectif (21), une somme pondérée de déviations, nous avons mentionné que, dans toute solution optimale, au maximum une des deux variables de déviation associées à l'un ou l'autre des objectifs prendrait une valeur positive.

Cette propriété n'est plus nécessairement valide dans le cas où l'on cherche à minimiser la déviation maximale, comme l'illustre le tableau 6.8. Puisque $d_{In}^{-} = 2$ et $d_{In}^{+} = 36$, la valeur de l'insatisfaction pour la solution proposée est, d'après (36), égale à $(230 + 36 - 2) = 264$. On aurait obtenu le même niveau d'insatisfaction en posant $d_{In}^{-} = 1$ et $d_{In}^{+} = 35$, ou encore $d_{In}^{-} = 0$ et $d_{In}^{+} = 34$ (noter que la valeur de D_{max} reste inchangée dans les deux cas).

TABLEAU 6.8
Une solution optimale du modèle (P_{TAD})

Affectations optimales	d_{In}^{-}	d_{In}^{+}	d_{Pr}^{-}	d_{Pr}^{+}	d_{PE}^{-}	d_{PE}^{+}	D_{max}
C1-V3, C2-V2, C3-V8, C4-V4, C5-V7	2	36	36	0	32	0	36

La faiblesse de la fonction-objectif (35) est que la valeur de D_{max} est insensible aux petites variations des déviations qui ne sont pas maximales. Pour régler le problème, il suffit d'introduire dans z une pénalité pour toute déviation non nulle. Par exemple, minimiser une fonction du type

$$z' = M\,D_{max} + d_{In}^{-} + d_{In}^{+} + d_{Pr}^{-} + d_{Pr}^{+} + d_{PE}^{-} + d_{PE}^{+}\,, \tag{46}$$

où M est une constante positive suffisamment grande, interdira *a priori* que les déviations négative et positive associées à un même critère soient toutes deux non nulles. Illustrons cette affirmation par le cas de la solution du tableau 6.8. Celle-ci donne à z' la valeur $36M + 106$:

$$z' = (M \times 36) + 2 + 36 + 36 + 0 + 32 + 0 = 36M + 106. \tag{47}$$

En posant $d_{In}^{-} = 0$ et $d_{In}^{+} = 34$, on obtient une solution où les niveaux des trois critères sont les mêmes, mais où z' est moins élevée :

$$z' = (M \times 36) + 0 + 34 + 36 + 0 + 32 + 0 = 36M + 102. \tag{48}$$

Par conséquent, dans un modèle où il s'agit de minimiser (46), la solution considérée en (47) sera nécessairement dominée par celle de (48).

Le tableau 6.9 donne une solution optimale du modèle obtenu en remplaçant (35) par (46) et en posant $M = 1\,000$. Celle-ci, en plus de conduire à une insatisfaction totale de $(230 + 28 - 0) = 258$ points, procure un profit de 5 080 $ et entraîne des pénalités totalisant $1\,050 - (740 - 32) = 1\,050 - 708 = 342$ dollars. D'après Martin, cette solution se rapproche plutôt bien de la cible de 5 116 dollars pour le profit, mais s'éloigne un peu trop des cibles 230 et 740 pour l'insatisfaction et les pénalités évitées ; elle s'éloigne encore beaucoup plus des valeurs optimales 209 et 768 pour ces deux mêmes objectifs. Enfin, elle propose de ne pas effectuer les deux voyages les moins pénalisants.

TABLEAU 6.9
Optimum du modèle avec la fonction-objectif (48)

Affectations optimales	d_{In}^{-}	d_{In}^{+}	d_{Pr}^{-}	d_{Pr}^{+}	d_{PE}^{-}	d_{PE}^{+}	D_{max}
C1-V8, C2-V7, C3-V3, C4-V4, C5-V2	0	28	36	0	32	0	36

Nous avons analysé, dans cette section, trois approches servant à déterminer une « bonne » solution du problème de TransAmérica. Les deux premières sont associées à la méthode hiérarchique. La solution obtenue avec l'ordre Profit-Insatisfaction-Pénalités s'avère préférable : elle entraîne une insatisfaction de 245 points, un profit (maximal) de 5 685 $ et des pénalités de 294 $, près du minimum absolu de 282 $. De plus, elle domine les solutions obtenues à partir du modèle (P_{TAD}). Plusieurs autres approches auraient pu être utilisées pour trouver une solution efficiente au problème de TA. Le lecteur se reportera aux exercices de révision 1 et 2.

Exercices de révision

1. La méthode de pondération et TransAmérica

Supposons que la méthode de pondération soit utilisée pour calculer un optimum de Pareto du problème de la compagnie TransAmérica. On considère ici les objectifs d'insatisfaction (z_{In}), de profit (z_{Pr}) et de pénalités évitées (z_{PE}), tels que définis dans la section 6.3.

(a) Écrire la fonction-objectif pondérée z sous la forme $z = 1\, z_{Pr} - w_{In}\, z_{In} + w_{PE}\, z_{PE}$. (Le signe négatif du 2e terme découle du fait que le sens de l'optimisation de l'insatisfaction est contraire à celui du profit, qui fait office de référence dans la fonction-objectif pondérée.)

(b) Poser $w_{In} = 8$ et $w_{PE} = 10$. À l'aide du solveur d'Excel, trouver un optimum de Pareto pour le problème de TA.

2. La méthode d'optimisation par objectifs et TransAmérica

Supposons que la méthode d'optimisation par objectifs soit utilisée pour calculer un optimum de Pareto du problème de la compagnie TransAmérica. On considère ici les objectifs d'insatisfaction (z_{In}), de profit (z_{Pr}) et de pénalités évitées (z_{PE}), tels que définis dans la section 6.3.

(a) Supposons que les valeurs cibles des objectifs d'insatisfaction, de profit et de pénalités évitées soient 250, 5600 et 765 respectivement. Supposons de plus que les pénalités à accorder aux déviations négatives et positives soient 0, 1, 4, 0, 9 et 0 respectivement. À l'aide du solveur d'Excel, trouver une solution efficiente du problème de TA.

(b) Supposons que les valeurs cibles des trois objectifs soient celles données en (a). À l'aide du solveur d'Excel, trouver une solution efficiente du problème de TA qui minimise la déviation maximale par rapport à ces trois valeurs. Il faudra s'assurer de minimiser aussi la somme des variables de déviation.

(c) Comparer les solutions obtenues en (a) et en (b).

(d) Expliquer pourquoi, dans la question (a), trois des pénalités de déviation ont été posées égales à 0.

Problèmes

1. Optimums de Pareto d'un modèle abstrait

Considérer l'ensemble des contraintes suivantes :

$$
\begin{array}{rcrcrr}
5\,x_1 & + & 4\,x_2 & \geq & 20 & (1)\\
5\,x_1 & - & 9\,x_2 & \leq & 45 & (2)\\
12\,x_1 & + & 13\,x_2 & \leq & 156 & (3)\\
x_1 & & & \leq & 10 & (4)\\
 & & x_2 & \leq & 8 & (5)\\
\multicolumn{5}{l}{x_1\,,\ x_2 \geq 0.} & (6)
\end{array}
$$

(a) Tracer l'ensemble *ADM* des solutions admissibles des contraintes (1) à (6).

(b) Calculer les coordonnées des points extrêmes de *ADM*.

(c) Supposons que l'on cherche à *maximiser* les fonctions-objectifs $z_1 = 4\,x_1 + 2\,x_2$ et $z_2 = 24\,x_1 + 26\,x_2$. Tracer l'ensemble *EVO* des valeurs de z_1 et z_2 pour les solutions de *ADM*.

(d) Déterminer les optimums de Pareto de l'ensemble *EVO*.

2. La méthode hiérarchique appliquée à un modèle abstrait

Supposons que la méthode hiérarchique soit utilisée pour calculer une solution efficiente au problème d'optimisation multicritère du problème 1. Calculer une solution à l'aide du solveur d'Excel en ordonnant les fonctions-objectifs de la façon suivante :

(a) z_1 suivie de z_2. **(b)** z_2 suivie de z_1.

3. La méthode de pondération appliquée à un modèle abstrait

Supposons que la méthode de pondération soit utilisée pour calculer une solution efficiente au problème d'optimisation multicritère du problème 1.

(a) Écrire la fonction-objectif pondérée z sous la forme $z = 1\, z_1 + w\, z_2$.

(b) Soit $w = 0{,}5$. À l'aide du solveur d'Excel, trouver un optimum de Pareto qui maximise z.

(c) Comparer les optimums obtenus aux questions 2(a), 2(b) et 3(b). Puis, commenter en indiquant les raisons qui justifient l'une ou l'autre de ces solutions.

4. Un problème abstrait comportant trois variables et trois objectifs

On considère les 3 fonctions-objectifs suivantes :

$$\begin{aligned} z_1 &= 3\,x_1 + 9\,x_2 + 7\,x_3 \\ z_2 &= 6\,x_1 + 1\,x_2 + 5\,x_3 \\ z_3 &= 4\,x_1 + 19\,x_2 + 6\,x_3 \end{aligned}$$

que l'on cherchera à maximiser sous l'ensemble de contraintes (1) à (5) :

$$\begin{aligned} 2\,x_1 + 6\,x_2 + 4\,x_3 &\leq 200 \quad (1) \\ 3\,x_1 + 9\,x_2 + 3\,x_3 &\leq 150 \quad (2) \\ 1\,x_1 + 6\,x_2 + 9\,x_3 &\leq 400 \quad (3) \\ x_2 &\geq 5 \quad (4) \\ x_1, x_2, x_3 &\geq 0. \quad (5) \end{aligned}$$

(a) Pour chacune des trois fonctions-objectifs, calculer une solution optimale à l'aide du solveur d'Excel. Donner un tableau indiquant les valeurs prises par z_1, z_2 et z_3 en chacune de ces trois solutions. Commenter.

(b) Soit $w = 1\ z_1 + w_2\ z_2 + w_3\ z_3$. Écrire w en fonction des variables de décision x_1, x_2 et x_3, ainsi que des poids w_2 et w_3.

(c) Soit $w_2 = 2$ et $w_3 = 4$. À l'aide du solveur d'Excel, trouver une solution qui maximise w.

(d) Convenons de fixer à 260, 200 et 300 respectivement les valeurs cibles pour les fonctions-objectifs z_1, z_2 et z_3. À l'aide du solveur d'Excel, trouver une solution optimale telle que la déviation maximale soit la moins élevée possible. On s'assurera de retenir, parmi les solutions qui minimisent la déviation maximale, l'une de celles dont les déviations pour un même objectif sont aussi faibles que possible.

(e) À l'aide du solveur d'Excel, trouver une solution efficiente qui minimise la somme des déviations positives et négatives par rapport aux valeurs cibles données en (d).

5. Les pommes de terre

Une société de distribution d'aliments congelés transforme des pommes de terre en frites, en juliennes et en flocons à purée. La société se procure auprès de deux fournisseurs les pommes de terre qu'elle transforme. Chaque kilogramme de pommes de terre du premier fournisseur, constituées en majeure partie de la variété Katahdin, donne, après transformation, 200 g de frites, 200 g de juliennes et 300 g de flocons ; les 300 g restants constituent des pertes irrécupérables. Chaque kilogramme provenant du second fournisseur, qui ne produit que des pommes de terre de la variété Kennébec, donne 250 g de frites, 100 g de juliennes, 270 g de flocons et 380 g de pertes irrécupérables.

Les besoins de la clientèle approvisionnée par la société limitent la production de frites à 18 000 kg tout au plus, celle de juliennes, à 12 000 kg et celle de flocons, à 24 000 kg. Les fournisseurs ne pratiquent pas les mêmes prix, de sorte qu'un kilogramme de pommes de terre acheté du premier producteur rapporte à la société, après transformation, un profit correspondant à 6/5 du profit provenant d'un kilogramme de pommes de terre du second producteur. Les deux producteurs sont des amis du propriétaire de la société et celui-ci voudrait bien, quoiqu'il est peu probable que ce soit possible, acheter le plus possible de chacun des deux producteurs.

(a) Soit x_j la quantité (en kg) de pommes de terre achetées du producteur j, où $j = 1, 2$. En utilisant ces deux variables, écrire les contraintes technologiques qui traduisent les limites imposées à la production de frites, juliennes et flocons à purée.

(b) Tracer l'ensemble admissible *ADM* découlant des contraintes établies en (a) et calculer les coordonnées de ses points.

(c) Déterminer les points extrêmes qui maximisent le profit (z_1), ceux qui maximisent la quantité achetée du premier producteur (z_2) et enfin ceux qui maximisent la quantité achetée du second producteur (z_3). Commenter l'intérêt de chacune de ces solutions relativement aux objectifs de la société.

(d) Tracer l'ensemble *EVO* si les fonctions-objectifs z_1 et z_2 sont considérées. Déterminer les optimums de Pareto de cet ensemble.

(e) Répondre à la question (d), mais en utilisant z_1 et z_3 comme fonctions-objectifs.

(f) Répondre à la question (d), mais en utilisant z_2 et z_3 comme fonctions-objectifs.

(g) À la suite de pressions des producteurs, la compagnie décide de négliger pour l'instant l'objectif de profit et décide de fixer comme cibles l'achat de 50 000 kg et 55 000 kg des premier et second producteurs respectivement. En utilisant le solveur d'Excel, trouver une solution telle que la déviation maximale par rapport à ces deux valeurs cibles soit la moins élevée possible. On s'assurera de retenir, parmi les solutions qui minimisent la déviation maximale, l'une de celles dont les déviations pour un même objectif sont aussi faibles que possible.

(h) Les gestionnaires de la compagnie, après réflexion, considèrent qu'un quatrième objectif serait pertinent. En effet, le responsable du marketing suggère l'idée que, plus les produits de la société seront présents sur le marché, plus son nom circulera, ce qui sera bénéfique à long terme. Il voudrait donc déterminer une solution qui, dans un premier temps, maximise la production totale de frites, juliennes et flocons à purée, tout en ne dépassant pas la demande de chacun des produits. Cette solution devrait aussi être le plus profitable possible. Trouver une telle solution.

(i) Comparer les optimums obtenus aux questions précédentes. Puis, commenter en indiquant les raisons qui justifient l'une ou l'autre de ces solutions.

6. Les affiches de Vunéon

Vunéon produit, à la demande de publicitaires de boissons énergétiques, de grandes affiches autocollantes destinées aux panneaux d'affichage. Chez Vunéon, on dispose hebdomadairement de 2500 heures de main-d'œuvre dans l'atelier M.I. où s'effectuent les travaux de montage et d'imprimerie des affiches, et de 800 heures à l'atelier S.C., responsable de la séparation des couleurs. Le contrôle de la qualité (C.Q.) est effectué par un technicien qui assure 40 heures de présence par semaine. Vunéon propose à sa clientèle deux types d'affiche : la trois couleurs et la sept couleurs. Voici les données pertinentes à la production de ces affiches.

Type	Profit (en $/u)	Temps requis (en h/u)		
		S.C.	M.I.	C.Q.
Trois couleurs	500	1,0	0,5	0,04
Sept couleurs	750	1,5	1,0	0,10
Temps disp. (en h)		800	2 500	40

Les affiches trois couleurs ont été conçues de façon à attirer principalement l'attention des baby-boomers. Par contre, la sept couleurs est plus tape-à-l'œil et vise une clientèle plus jeune. Comme les boissons énergétiques sont surtout populaires chez les jeunes qui les utilisent pour faire plus longtemps la fête ou pour se réveiller lors d'un cours plus difficile, le responsable du marketing estime que chaque affiche de trois couleurs a un impact de 20 personnes, tandis que celle à sept couleurs réussit à attirer l'attention de 60 personnes. Cette mesure d'impact est évidemment approximative, mais d'après l'expérience du responsable du marketing et d'après plusieurs études universitaires, elle donne des résultats assez fiables.

(a) Soient x_1 et x_2 le nombre d'affiches trois couleurs et sept couleurs qui seront produites. En utilisant ces deux variables, écrire les contraintes technologiques qui traduisent les limites imposées aux quantités d'affiches à produire par les temps disponibles dans les trois ateliers.

(b) Déterminer une solution qui maximise le profit total hebdomadaire de Vunéon.

(c) Déterminer une solution qui maximise l'impact total des affiches produites.

(d) Utiliser la méthode hiérarchique pour trouver une solution efficiente au problème de Vunéon. Les deux ordres possibles devront être testés. Commenter l'intérêt des solutions obtenues.

(e) Soit z une fonction-objectif pondérée de la forme $z = z_1 + w\, z_2$, où z_1 dénote la fonction de profit et z_2, la fonction d'impact. Exprimer z en fonction des variables de décision x_1 et x_2, puis donner la signification pratique du poids w.

(f) Analyser les solutions obtenues en faisant varier la valeur de w. En particulier, déterminer une valeur critique w_c telle que la solution optimale diffère selon que $w < w_c$ ou $w > w_c$. Interpréter w_c en termes du contexte.

7. Un plan d'affaires

Webprice a le projet de monter une entreprise de vente en ligne de produits alimentaires. Elle a choisi de s'implanter dans une région du grand sud des États-Unis et a sélectionné huit sites où elle pourrait installer une épicerie traditionnelle qui servirait de base à l'infrastructure de commandes en ligne et de livraisons à domicile dans les localités avoisinantes. Elle s'est adressée à une société de capital de risque qui s'est montrée intéressée à son projet. Pour étoffer sa demande de financement, Webprice a monté un dossier de présentation de son plan d'affaires décrivant l'implantation projetée de ses points de vente. Elle a donc recueilli divers renseignements à propos des huit sites envisagés pour implanter un plan de vente, et des dix-huit villes de la région ciblée ; ceux-ci sont résumés dans les deux tableaux ci-dessous. Le premier donne, pour chacun des huit sites envisagés, le budget estimé (en M$) de l'implantation d'une épicerie. Le second donne, en 2e colonne, le nombre de foyers (arrondi à la centaine près) dans chacune des 18 villes considérées ; dans les autres colonnes, les × indiquent les villes que chaque site d'implantation éventuel pourrait desservir économiquement.

Site	**1**	**2**	**3**	**4**	**5**	**6**	**7**	**8**
Budget (en M$)	1,5	1,4	2,1	2,3	1,6	2,4	2,3	2,4

Ville	Nombre de foyers	1	2	3	4	5	6	7	8
A	24 500	×					×		
B	32 300				×				×
C	28 200		×			×			
D	14 600							×	×
E	19 300		×		×	×	×		
F	16 600							×	×
G	12 400		×		×			×	
H	11 600		×	×					
I	14 700		×	×					
J	31 800	×			×	×	×		
K	19 400	×						×	
L	18 700				×				×
M	13 300	×						×	
N	16 100			×				×	
O	33 400		×			×			
P	30 600			×	×				
Q	25 700				×	×	×		
R	26 800					×	×		

Un × indique que la ville pourrait être desservie économiquement par le site.

(a) Webprice cherche d'abord à trouver le nombre minimal s_m de sites qui lui permettraient de rejoindre tous les foyers de la région visée. Calculer le coût de cette solution.

(b) Montrer qu'il existe une seule liste de s_m sites qui assurent une couverture universelle, où s_m est la valeur minimale trouvée à la question précédente.

(c) Webprice craint que l'investissement requis pour son projet ne semble élevé aux gens de la société de capital de risque. Elle a déniché un emplacement, noté 9 ci-après, d'où elle pourrait desservir les villes A, C, F, H et R. L'emplacement 9 n'est pas sur le marché présentement, mais un prix suffisant pourrait éventuellement convaincre le propriétaire de s'en départir. Quel montant maximal Webprice serait-elle prête à investir dans cet emplacement additionnel ?

(d) Lors de la présentation du dossier, il a été convenu que Webprice analyserait la possibilité de démarrer son entreprise avec deux emplacements. Mais un doute subsistait quant à l'objectif à retenir : devrait-on maximiser le nombre z_F de foyers rejoints ou minimiser le capital z_B que Webprice devra investir initialement ? Après discussion, il a été convenu que l'on utiliserait la méthode d'optimisation par objectifs et que l'on se fixerait des cibles de 250 000 foyers rejoints et de 3,5 M$ d'investissement initial. Construire et résoudre un modèle linéaire pertinent, sachant que les deux parties s'entendent pour considérer équivalentes une baisse de 10 000 foyers rejoints et une augmentation de 0,1 M$ de l'investissement initial.

8. Le gestionnaire d'une caisse de retraite

Le gestionnaire d'une caisse de retraite dispose d'un capital de 50 M$ qu'il doit investir dans des fonds mutuels. Il a analysé 16 titres et a obtenu les résultats résumés dans le tableau ci-dessous. Le « risque » mentionné dans ce tableau est un indice dont la valeur est plus élevée quand le titre est jugé plus risqué ; par exemple, le titre 2 est considéré plus risqué que le premier.

L'indice global de risque d'un portefeuille est défini comme la moyenne pondérée des indices des titres choisis. Par exemple, si le gestionnaire investissait 12,5 M$ dans le premier fonds, 27,5 M$ dans le fonds 9 et 10 M$ dans le dernier fonds, l'indice global de son portefeuille serait égal à 39,7 :

Indice de risque = [(12,5 × 27) + (27,5 × 41) + (10 × 52)] / 50 = 39,7.

Noter que le revenu espéré en un an d'un tel portefeuille serait de 2,097 M$:

Revenu espéré = (12,5 × 0,0420) + (27,5 × 0,0408) + (10 × 0,0450) = 2,097.

Le gestionnaire, s'il retient un titre, y investira entre 2 M$ et 10 M$. De plus, il se donne les règles suivantes afin de diversifier ses placements autant géographiquement que selon le secteur principal d'activité.

R1. Il veut investir au moins 50 % de son capital dans des titres basés aux États-Unis.

R2. Il veut investir au plus 20 % de son capital dans des titres basés dans les pays émergents.

R3. Il n'investira pas dans le fonds 2 s'il retient les fonds 7 et 8.

R4. Il n'investira pas dans le fonds 1 s'il retient les fonds 4 ou 5.

(a) Construire et résoudre un modèle linéaire approprié si l'objectif du gestionnaire est de maximiser le revenu espéré en un an de son portefeuille.

(b) La récente crise financière a appris au gestionnaire qu'il lui faut également tenir compte du niveau de risque de son portefeuille. Après avoir optimisé séparément rendement et risque, il se fixe comme cibles un revenu espéré de 2 150 000 $ et un indice global de risque de 36 points. Construire et résoudre le modèle linéaire qu'il utilisera, sachant qu'il serait prêt à échanger un revenu supplémentaire de 0,1 M$ contre une diminution de 2 points de l'indice global de risque du portefeuille.

9. Les vendeurs de *FÉÉ*

La compagnie Fournitures Équipements Électroniques, connue dans la région du Saguenay–Lac-Saint-Jean sous l'acronyme *FÉÉ*, se spécialise dans la vente de matériel électronique haut de gamme. *FÉÉ* est à la recherche de 5 vendeurs qui

PROBLÈME 8

N°	1	2	3	4	5	6	7	8
Rendement espéré	4,20 %	4,18 %	4,05 %	4,22 %	4,21 %	4,00 %	4,14 %	4,10 %
Risque	27	30	42	32	36	40	33	38
Région*	1	1	1	1	1	1	1	1
N°	**9**	**10**	**11**	**12**	**13**	**14**	**15**	**16**
Rendement espéré	4,08 %	4,24 %	4,25 %	4,20 %	4,60 %	4,70 %	4,55 %	4,50 %
Risque	41	37	52	31	48	62	54	52
Région*	2	2	2	2	3	3	3	3

* 1 = États-Unis ; 2 = Europe et Japon ; 3 = Pays émergents.

devront travailler dans l'une de ses 5 succursales de la région. À cause de l'exode des jeunes vers les grands centres, la région du Saguenay–Lac-Saint-Jean, comme plusieurs autres régions éloignées du Québec, souffre d'un manque chronique de personnes qualifiées et *FÉÉ* a dû mandater une agence pour dénicher les 5 vendeurs manquants. Celle-ci recrute les employés potentiels principalement parmi les immigrants francophones fraîchement arrivés au Québec. Le gouvernement, afin de faciliter l'intégration des nouveaux venus dans la société québécoise, verse une prime à l'agence chaque fois que celle-ci réussit à placer un immigrant en région. Après quelques semaines de recherches et d'interviews, l'agence a trouvé 5 candidats qui satisfont aux exigences de *FÉÉ* et qui seraient prêts à aller vivre au Saguenay–Lac-Saint-Jean. *FÉÉ* devra défrayer les coûts de déplacement des candidats, coûts qui dépendent à la fois des endroits où demeurent actuellement ces personnes et de la succursale où ils seront affectés. Le tableau suivant montre ces coûts.

Coûts de déplacement (en $)

Candidat	Succ. 1	Succ. 2	Succ. 3	Succ. 4	Succ. 5
1	1 030	1 157	1 268	1 980	1 376
2	1 218	1 400	1 200	1 558	1 667
3	1 173	1 300	1 502	1 700	1 690
4	1 254	1 800	1 854	1 306	1 150
5	1 902	1 500	1 407	1 461	1 305

L'agence de recrutement a fait passer des tests psychologiques aux candidats pour déterminer leur adaptabilité à chacune des succursales. En effet, la ville où est située une succursale et les vendeurs déjà en place sont des facteurs importants à considérer lorsqu'on cherche à déterminer la facilité avec laquelle un candidat pourra s'adapter à l'équipe. Les résultats de ces tests s'expriment par une cote sur 100, la note la plus haute représentant une adaptabilité parfaite. Le tableau suivant donne les cotes des 5 candidats.

Coefficients d'adaptabilité

Candidat	Succ. 1	Succ. 2	Succ. 3	Succ. 4	Succ. 5
1	55	66	92	72	40
2	71	81	67	60	69
3	72	69	55	72	63
4	66	46	55	91	82
5	89	43	59	38	80

Selon le profil psychologique des candidats et selon le type de clientèle de chacune des succursales, l'agence a établi de concert avec des dirigeants de *FÉÉ* un estimé du volume des ventes mensuelles pour chaque candidat en fonction de la succursale où il serait affecté (*voir le tableau suivant*).

Volumes des ventes (en $)

Candidat	Succ. 1	Succ. 2	Succ. 3	Succ. 4	Succ. 5
1	8 200	6 500	5 100	8 400	8 900
2	7 000	5 600	8 900	7 600	8 100
3	9 100	8 600	7 200	6 500	7 400
4	8 800	8 300	7 900	7 500	6 700
5	8 400	5 600	6 200	7 500	9 500

Le problème que *FÉÉ* doit résoudre est complexe. Chaque candidat doit être placé dans une et une seule succursale et chaque succursale doit recevoir un seul candidat. De plus, *FÉÉ* doit prendre en considération trois fonctions-objectifs différentes : minimiser les coûts de déplacement, maximiser l'adaptabilité tout comme le volume des ventes. Dans chacun des trois cas, il s'agit de résoudre un problème d'affectation (*voir la section 2.2.2*).

(a) Trouver des affectations optimales des candidats aux succursales si l'objectif consiste à minimiser les coûts de déplacement (z_1). Indiquer la valeur optimale de z_1.

(b) Trouver des affectations optimales s'il s'agit plutôt de maximiser l'adaptabilité (z_2). Indiquer la valeur optimale de z_2.

(c) Enfin, trouver des affectations optimales si *FÉÉ* cherche à maximiser le volume des ventes (z_3). Indiquer la valeur optimale de z_3.

(d) Utiliser la méthode hiérarchique pour déterminer un optimum de Pareto du problème de *FÉÉ*. On traitera les trois ordres suivants :

- z_1 suivie de z_2, puis de z_3
- z_2 suivie de z_3, puis de z_1
- z_3 suivie de z_2, puis de z_1.

(e) Construire un tableau permettant de comparer les valeurs prises par les trois solutions obtenues en (a), (b) et (c) pour chacune des trois fonctions-objectifs. À l'analyse de ce tableau, déterminer des poids à accorder aux objectifs et utiliser la méthode de pondération pour déterminer un optimum de Pareto. On supposera que le poids de z_1 est 1 ; de plus, on devra justifier le choix des poids retenus.

(f) Supposer que les cibles pour les objectifs z_1, z_2 et z_3 soient de 6 800 $ en coûts de déplacement, de 350 points d'adaptabilité et de 40 000 $ de ventes. Trouver une solution qui minimise la déviation maximale par rapport à ces cibles. On s'assurera de retenir, parmi les solutions qui minimisent la déviation maximale, l'une de celles dont les déviations pour un même objectif sont aussi faibles que possible.

(g) Considérer les mêmes cibles que celles utilisées à la question (f). À l'aide du tableau construit en (e), déterminer des pénalités de déviation plausibles à accorder aux variables de déviation et trouver une solution qui minimise la somme pondérée des pénalités de déviation.

10. Pollution

André Péloquin est sur la corde raide. Son crédit bancaire s'est resserré depuis quelques mois. De plus, il est surveillé de près par le ministère de l'Environnement qui fait enquête sur les émissions de CO_2 et de NO_2 répandues par son usine dans l'atmosphère. André a fait les promesses suivantes:

- il s'est engagé auprès du ministère de l'Environnement à garder ses émissions de gaz à effet de serre autour de 6000 points par semaine;
- il a promis à des clients privilégiés de produire chaque semaine environ 200 unités du produit P2 et 2000 unités du produit P3.

De plus, son banquier exige des revenus d'au moins 5000$ par semaine.

Les deux tableaux ci-après décrivent les données relatives à la production hebdomadaire de P1, P2 et P3. Le premier donne, dans sa partie centrale, les temps de fabrication (en h/u); la dernière colonne indique combien d'heures sont disponibles par semaine dans chacun des ateliers. La dernière ligne du 2e tableau indique qu'André doit produire un minimum de 1500 unités de P1 par semaine.

Atelier	P1	P2	P3	Disp. (en h)
A	0,20	0,2	0,4	1500
B	0,25	0,4	0,5	1500
C	2	4	1	5000

Produit	P1	P2	P3
Prix de vente (en $/u)	1	3	2
Pollution (en points/u)	2	1	2
Min (en u/semaine)	1500	–	–

André doit planifier sa production en prenant en considération, d'une part, ses contraintes de production, et d'autre part, ses promesses. Il accorde des pondérations de 1, 3 et 2 respectivement aux cibles d'émissions de gaz, de quantités produites de P2 et de P3.

(a) Trouver une solution efficiente qui satisfait aux contraintes et permet à André de respecter ses promesses.

(b) André n'aime pas les résultats obtenus en (a) et il décide d'accorder plutôt un poids de 10 à tout excédent de pollution au-delà de la cible de 6000 points. Il ne veut toutefois pas pénaliser une production en deçà de cette cible. Il considère également que sa promesse sur la production de P2 est deux fois plus importante que celle faite au sujet de P3. Trouver une solution en fonction de ces nouvelles pondérations. Commenter.

11. Surplus actuariel

Chez Van Damme inc., le surplus actuariel de la caisse de retraite s'élève à 8 millions de dollars et la loi prescrit qu'on doit en disposer. Cette somme provient de deux sources:

- 5 M$ sont attribués aux cotisations excédentaires de l'entreprise;
- 3 M$ sont attribués aux cotisations excédentaires des employés.

La lutte pour le partage de ce surplus a été féroce, et feutrée à la fois, entre les différents camps: la direction, les participants syndiqués, les participants cadres non syndiqués, les retraités et les bénéficiaires. Certains se seraient octroyés un long congé de cotisation, d'autres auraient souhaité une bonification du régime des soins dentaires, d'autres encore préféraient une augmentation des bénéfices de l'assurance-voyage, les retraités désiraient avoir une augmentation du taux d'indexation de leurs pensions, d'autres enfin appelaient de leurs vœux la construction d'un centre de loisirs et un allongement de la période de vacances annuelles. De nombreuses séances de négociation, des compromis de dernière minute et la menace d'un arbitrage judiciaire en cas de mésentente ont finalement débouché sur les deux propositions suivantes:

- proposition n° 1: création d'un centre de culture physique au sein de l'entreprise et financement d'un généreux plan de préretraite; c'est la proposition favorite de la direction;
- proposition n° 2: bonification du régime de soins dentaires, abolition des franchises pour les soins médicaux, assurance-voyage intégrale s'appliquant tant aux retraités qu'aux employés et une indexation complète des pensions selon l'indice des prix à la consommation; c'est la proposition favorite des employés, des retraités et des bénéficiaires.

La direction et les employés ont engagé un spécialiste financier pour analyser le partage des 8 M$ entre ces deux propositions. Les contraintes que l'analyste doit prendre en considération sont les suivantes.

1. Le montant total attribué aux deux propositions n'excédera pas le surplus actuariel.
2. On consacrera à la proposition 1 au plus 50 % du surplus actuariel.
3. On consacrera à la proposition 2 au plus 75 % du surplus actuariel.
4. Le montant attribué à la proposition 1 dépasse d'au plus 2 M$ celui attribué à la proposition 2.
5. Le montant attribué à la proposition 1, plus les deux tiers du montant attribué à la proposition 2, ne doit pas dépasser 120 % des cotisations excédentaires de l'entreprise.

Soient x_1 et x_2 les montants (en M$) attribués aux deux propositions.

(a) Traduire les contraintes 1 à 5 en termes mathématiques en utilisant les variables x_1 et x_2; tracer l'ensemble *ADM* des solutions admissibles.

(b) Calculer les coordonnées des points extrêmes de l'ensemble *ADM*.

(c) La direction préférerait utiliser l'objectif de maximiser $z_1 = x_1$, tandis que les employés choisiraient plutôt de maximiser $z_2 = x_2$. Posons $z = p_1 z_1 + p_2 z_2$, où p_1 et p_2 sont des pondérations attribuées aux fonctions-objectifs z_1 et z_2. On supposera que ces pondérations sont non négatives et que $p_1 + p_2 = 1$. Analyser graphiquement les solutions optimales obtenues si $p_1 \leq p_2$.

(d) Analyser graphiquement les solutions optimales obtenues si $p_1 > p_2$.

(e) La direction propose aux employés d'utiliser une solution de compromis. Trouver dans l'ensemble *ADM* les points $(x_1 ; x_2)$ qui représentent les meilleurs compromis pour les deux parties.

(f) Dans un élan de magnanimité (dit-elle...), la direction consent à une valeur cible de 4,5 pour la proposition 1 et à une valeur cible de 3,5 pour la proposition 2. Déterminer, à l'aide du solveur d'Excel, une solution qui minimise une somme pondérée des déviations par rapport à ces valeurs cibles. Dans le choix des pénalités de déviation, on prendra en considération le fait que les employés et la direction ont contribué respectivement à 3/8 et à 5/8 du surplus actuariel.

12. Forage de puits artésiens.

Un récent incendie venu de la forêt d'alentour a ravagé un des gros villages côtiers d'un comté situé sur la Basse-Côte-Nord. Les tentatives de maîtriser le feu dévastateur qui a laissé 32 familles sans toit étaient vouées à l'échec. La pompe à incendie a rapidement asséché son réservoir de 10 000 litres.

La catastrophe a ému la population. Dans cette région du Québec, l'approvisionnement de chaque foyer en eau potable dépend encore du puits à faible rendement creusé dans l'arrière-cour. Aiguillonné par la pression populaire, le ministre des Travaux publics, qui se trouve être le député du comté, a décidé de munir les principaux villages de son comté d'un puits artésien à haut débit. Un lobbying intense auprès de ses collègues du cabinet et, en particulier, du premier ministre, lui a permis d'obtenir leur accord à cette mesure qui sera sans doute très appréciée de ses commettants. Le ministère des Travaux publics a lancé un appel d'offres pour forer un puits artésien dans chacun des huit gros villages côtiers du comté, dont aucun n'est accessible par la route.

Le fonctionnaire responsable du projet a retenu en un premier temps les offres de huit entreprises, que nous noterons ci-après A, B, ..., H. Au Ministère, on veut profiter de la courte saison favorable qu'offre l'été à ces latitudes pour mener à bien les forages. Malheureusement, l'approbation indispensable du Conseil du trésor a tardé et on juge improbable qu'une entreprise complète plus d'un puits cette année. Or, le Ministre tient beaucoup, pour des raisons politiques, à ce que les puits soient disponibles avant les prochaines élections, qui pourraient se tenir le printemps prochain. En conséquence, chacune des huit entreprises A à H se verra confier le forage d'un seul et d'un seul des huit puits prévus.

Le Ministre a confié à son attaché politique le mandat d'analyser la situation. Celui-ci devra évidemment tenir compte des coûts exigés par les entreprises pour chacun des forages envisagés. Mais d'autres facteurs devront être considérés. En particulier, le Ministre attache beaucoup d'importance aux retombées locales de ce projet. Bien d'autres facteurs subjectifs interviendront également dans la décision et l'attaché les résume en un indice. En effet, l'attaché sait que les entreprises, serrées par les courts délais entre l'annonce officielle du projet et la date de fin des appels d'offres, ont privilégié le forage dans l'un ou l'autre des villages et bâclé les portions de leurs soumissions associées aux autres villages ; que l'équipement de certaines entreprises est utilisé dans d'autres chantiers, ce qui retardera le début des travaux et diminuera la probabilité de compléter le forage avant la fin de la saison.

Les trois tableaux suivants résument les données quantitatives utilisées par l'attaché. Les villages impliqués dans cette opération y sont désignés par V1, V2,..., V8. Le premier tableau donne les montants (en k$) exigés par les entreprises pour exécuter les différents forages ; le deuxième, les retombées locales attendues (en k$) ; le troisième, les cotes attribuées par l'attaché à chacune des combinaisons entreprise-village. Plus la cote d'une combinaison est élevée, plus l'attaché serait tenté de la favoriser.

(a) L'attaché considère dans son analyse trois objectifs : minimiser le montant total des soumissions, maximiser les retombées locales, et maximiser le total des cotes. Pour chacun des objectifs, écrire un modèle **linéaire** pour déterminer une solution qui optimise cet objectif pris séparément. Résoudre.

Montants des soumissions (en k$)

	V1	V2	V3	V4	V5	V6	V7	V8
Entreprise A	121	118	127	144	146	118	127	135
Entreprise B	130	135	139	135	129	121	133	130
Entreprise C	135	121	127	148	140	145	124	133
Entreprise D	130	118	118	136	148	140	130	133
Entreprise E	130	140	127	135	129	122	130	130
Entreprise F	118	136	135	135	148	142	133	130
Entreprise G	130	118	118	136	145	145	138	140
Entreprise H	127	127	125	132	126	127	140	132

Retombées locales (en k$)								
	V1	**V2**	**V3**	**V4**	**V5**	**V6**	**V7**	**V8**
Entreprise A	25	28	27	18	17	31	25	23
Entreprise B	25	23	21	23	26	30	24	25
Entreprise C	23	30	27	16	20	18	28	24
Entreprise D	25	31	31	22	16	20	25	24
Entreprise E	25	20	27	23	26	29	25	25
Entreprise F	31	22	23	23	31	19	24	25
Entreprise G	21	18	31	20	18	18	21	20
Entreprise H	27	27	28	24	27	27	20	24

Cotes de l'attaché								
	V1	**V2**	**V3**	**V4**	**V5**	**V6**	**V7**	**V8**
Entreprise A	69	72	63	46	44	72	63	55
Entreprise B	60	55	51	50	61	69	57	48
Entreprise C	55	69	63	42	50	45	66	57
Entreprise D	60	52	77	54	42	50	60	57
Entreprise E	60	50	63	55	56	68	60	52
Entreprise F	72	54	55	55	42	48	57	60
Entreprise G	60	80	48	54	45	45	52	50
Entreprise H	63	63	65	58	57	63	50	58

(b) L'attaché veut utiliser la méthode hiérarchique pour obtenir un optimum de Pareto. Écrire et résoudre les trois modèles requis s'il privilégie un ordre à saveur économique, c'est-à-dire s'il considère les objectifs dans l'ordre de priorité : soumissions, retombées locales et cotes.

(c) Écrire et résoudre les trois modèles requis s'il privilégie plutôt un ordre à saveur politique, c'est-à-dire s'il retient l'ordre de priorité : cotes, retombées locales et soumissions.

(d) L'attaché est d'avis qu'il devrait plutôt rechercher un équilibre entre les trois critères considérés. Il croit que le Ministre acceptera volontiers que le total des soumissions atteigne 1 M$ et qu'il serait satisfait si les retombées locales s'élevaient à 222 k$. Enfin, l'attaché se fixe une cible de 500 points pour le total des cotes. Construire un modèle linéaire pour calculer un optimum de Pareto, si l'attaché était prêt à échanger une augmentation de 5 000 dollars du total des soumissions contre une augmentation de 1 000 dollars des retombées locales et s'il accordait moitié moins d'importance à la cible de 500 points comme total des cotes qu'à la cible de 222 k$ de retombées locales. Résoudre.

CHAPITRE 7

La gestion de projets

Plan du chapitre

La sortie de l'Arche des premiers chantiers navals et l'édification de la tour de Babel évoquent, la première, un projet complété à temps qui a permis de soustraire aux affres de la noyade la famille de Noé et son environnement faunique, et la seconde, une entreprise qui, la planification ayant fait défaut, n'a jamais été menée à terme. Plus près de nous, la construction des pyramides égyptiennes ou incasiques, la guerre des Gaules ou celle de 1939-1945 montrent que l'allocation à bon ou à mauvais escient des ressources a souvent, dans les sociétés humaines, suscité le leadership de ceux, pharaons, Incas ou généraux, dont le talent est de prévoir et de planifier. L'instinct et le geste impulsif ont fréquemment cédé le pas, avec profit, à l'action réfléchie et au geste étudié.

La planification fait partie de la vie moderne ; elle se fait spontanément dans les petites choses, comme un geste de civilisation, comme on fait de la prose sans le savoir. L'homme d'expérience planifie rapidement un départ en voyage d'affaires : un petit tour chez son agent de voyages, une courte visite à la banque, la préparation de sa valise et de son porte-documents, l'appel d'un taxi, et le voilà fin prêt. Parfois, l'action s'appuie sur des procédés plus élaborés qui relèvent du talent organisationnel ou de techniques de la recherche opérationnelle : les modèles d'horaires considérés dans la section 2.1.6 en ont fourni des exemples. Pour les projets encore plus complexes, dont le caractère non répétitif empêche l'établissement par expérimentation d'une planification optimale, projets qui requièrent de grands moyens et la coordination du travail de nombreux individus, l'effort de planification est encore plus justifié. On pense alors à :

- préciser l'objectif ;
- déterminer les opérations ou les tâches nécessaires pour atteindre cet objectif ;
- estimer la durée de chaque tâche et les ressources exigées par chacune ;
- estimer les risques et prévoir les marges nécessaires pour les pallier ;
- calculer la durée totale et le coût total du projet ;
- dresser un calendrier d'échelonnement des tâches.

Pour arriver à franchir ces étapes, qui résument le processus de la planification, des méthodes de plus en plus élaborées ont été mises au point graduellement dans le milieu industriel, avant d'envahir rapidement la plupart des domaines où s'exerce l'activité humaine. Partout où le temps perdu ou gagné a une signification monétaire, ces méthodes ont trouvé un créneau favorable à leur application. La naissance de la planification par l'utilisation des réseaux a fait son apparition avec le taylorisme : on la doit à Gantt.

Depuis, on a fait mieux que les diagrammes de Gantt, ces tableaux constitués de réglettes coulissantes, dont chacune représente une tâche à accomplir dans l'exécution d'un projet. Il existe, parmi la panoplie des diverses méthodes proposées aux planificateurs modernes, deux prétendantes principales au titre de méthode reine : le *PERT* et le *CPM*. Voici quelques mots sur chacune.

Le *CPM* (*Critical Path Method,* ou méthode du chemin critique) a été mis au point par Kelly et Walker pour la compagnie DuPont de Nemours. Sa première application date de 1957. Le *CPM* se fonde sur l'idée que la durée d'un projet peut se compresser par l'accélération de certaines tâches, ce qui implique l'acceptation d'une dépense supplémentaire.

Le *PERT* (*Program Evaluation and Review Technique*) a pris son départ en 1958 au Bureau des programmes spéciaux de la marine états-unienne, pour être mis en œuvre la première fois dans la gestion du gigantesque projet que constituaient la conception, la fabrication et le lancement de la fusée Polaris, ancêtre du programme spatial états-unien. Dans le *PERT,* la durée des tâches est considérée comme incertaine et, pour chaque tâche, trois évaluations de sa durée sont obtenues. Celles-ci sont converties en une seule, bientôt assortie de la variance de la distribution attribuée à la durée. De cet ensemble de durées entachées d'incertitude émerge la probabilité de respecter les dates fixées aux diverses étapes d'un projet.

Dans la pratique, ces deux méthodes ont fini par se fondre. Elles seront présentées ici comme concourantes et synergiques.

7.1 Un exemple : le projet RESO

Le recours à un système bien documenté d'aide à la décision s'appuie, dans plusieurs firmes, sur un réseau micro-informatique. L'implantation d'un tel réseau constitue ce que nous convenons d'appeler un **projet**, c'est-à-dire un ensemble de tâches ordonnées dans le temps, admettant un démarrage et une fin. À titre d'exemple, nous avons choisi d'étudier un projet d'implantation de réseau micro-informatique, que nous appellerons par la suite projet RESO et qui compte trois phases.

- **Phase 1 :** la planification, c'est-à-dire l'évaluation initiale, la prise en considération des différentes approches possibles et l'analyse des coûts relatifs à chaque approche. Cette phase se termine par l'approbation du budget nécessaire à la mise en œuvre de l'approche retenue.
- **Phase 2 :** la mise en place du matériel, l'installation du logiciel, puis la formation du personnel.
- **Phase 3 :** l'élaboration des procédures pour assurer le fonctionnement adéquat du réseau.

Chacune de ces phases se ramifie en plusieurs **tâches**, qui sont énumérées et décrites au tableau 7.1 (*voir page suivante*). Notons que les serveurs mentionnés dans la tâche G sont des unités dépositaires des ressources communes (fichiers, imprimantes, etc.) et qui coordonnent le trafic sur le réseau ; que les ponts de la tâche K sont des unités qui assurent la liaison entre différents serveurs ou différents réseaux. La durée prévue pour chaque tâche apparaît à la dernière colonne du tableau.

L'avant-dernière colonne donne, pour chaque tâche, une liste de tâches dont le parachèvement est nécessaire et suffisant à son démarrage. Par exemple, la structure du réseau et le plan de formation, tâches dénotées B et C respectivement, devront être complètement élaborés avant que l'on puisse passer à l'analyse des coûts, D ; mais celle-ci pourra démarrer dès que seront terminées les tâches B et C.

On voit que la tâche A doit précéder la tâche B et que celle-ci doit précéder la tâche D : il en résulte que A précède nécessairement D. Mais A est dite **prédécesseur lointain** de D, puisque B s'intercale entre A et D. Dans le tableau 7.1, la liste des prédécesseurs « immédiats » de E inclut B et C : mais, puisque B et C précèdent D, laquelle précède E, les tâches B et C sont des prédécesseurs lointains de E et il est donc redondant de les inscrire dans la liste des prédécesseurs de E. Idéalement, dans une liste de prédécesseurs, on évite les prédécesseurs lointains et l'on se limite aux seuls **prédécesseurs immédiats**, afin de ne pas alourdir la description et l'analyse du projet. Cet objectif d'épuration n'est pas facile à atteindre lorsque le projet est complexe, et les tâches, enchevêtrées. L'élimination de tous les prédécesseurs lointains est souvent fastidieuse et difficile[1]. La présence de certains prédécesseurs lointains, dans une liste qu'on souhaiterait cantonner aux seuls prédécesseurs immédiats de chaque tâche, n'entache toutefois pas la validité des démarches et des calculs subséquents.

La tâche A, n'admettant pas de prédécesseurs immédiats, est une tâche initiale du projet. (Ici, A est l'unique tâche initiale ; beaucoup de projets en admettent plus d'une.) Les tâches M, P et Q ne sont prédécesseurs immédiats d'aucune tâche du projet ; ce sont donc des tâches qui s'effectueront en fin de projet, dont le parachèvement signalera le moment où le projet s'achèvera.

---

1. Il existe des algorithmes permettant d'éliminer toute redondance. Voir, par exemple, J.D. Wiest et F.K. Levy, *A Management Guide to PERT/CPM,* 2e édition, p. 22-25.

TABLEAU 7.1
Projet RESO : implantation d'un réseau micro-informatique

Code	Description	Prédécesseur(s) immédiat(s)	Durée (en jours)
A	Évaluation initiale	–	5
B	Élaboration de la structure du réseau	A	10
C	Élaboration du plan de formation du personnel	A	3
D	Analyse des coûts	B, C	5
E	Révision des plans et approbation du budget	B, C, D	5
F	Mise en place du câblage	E	5
G	Montage des serveurs	F	5
H	Montage des stations de travail	G	3
I	Installation du logiciel d'exploitation du réseau	H	4
J	Montage des lignes téléphoniques	G	5
K	Montage des ponts	G	3
L	Documentation de la structure du réseau	I, J, K	5
M	Formation du personnel	L	8
N	Négociation de la politique d'entretien	H, J, K	2
O	Élaboration des procédures d'exploitation	L, N	5
P	Élaboration des procédures de copies de sécurité	O	5
Q	Élaboration des procédures d'entretien et de réparation	O	5

Il est commode de représenter graphiquement les tâches et leur ordonnancement en s'appuyant sur la liste des prédécesseurs immédiats de chaque tâche. La plus courante de ces représentations fait correspondre chaque tâche à un arc, sans toutefois établir de relation entre la durée d'une tâche et la longueur de l'arc correspondant ; par exemple, pour indiquer que A est un prédécesseur immédiat de B, l'arc correspondant à B prend son départ là où aboutit l'arc associé à A.

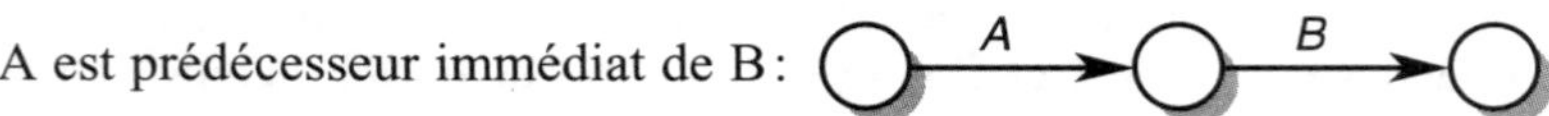

Cette convention souffre cependant des exceptions, que nous expliquerons à la section 7.2 et qui entraîneront l'introduction de tâches fictives.

Les deux cercles occupant les extrémités d'un arc sont appelés respectivement **sommet initial** et **sommet terminal** de cet arc. On convient de numéroter ces sommets de telle sorte que le numéro attribué au sommet terminal d'un arc soit toujours supérieur à celui du sommet initial. On attribue le numéro 1 au sommet initial de la tâche ou des tâches qui n'ont pas de prédécesseurs immédiats. Ce sommet représente le **démarrage du projet**.

7.2 La construction du réseau

Nous indiquons maintenant comment représenter graphiquement l'ordonnancement des tâches d'un projet. Avant de traiter le projet RESO, nous introduisons quelques trucs de construction d'une telle représentation graphique grâce à l'exemple simple décrit au tableau 7.2. Nous reviendrons par la suite au projet RESO.

D'après le tableau 7.2, T et W sont prédécesseurs immédiats de X. Selon la convention énoncée ci-dessus, le sommet initial de l'arc correspondant à X doit donc coïncider à la fois avec le sommet terminal de T et avec celui de W. Il en résulte que les arcs T et W convergent vers un même sommet terminal.

Tâche	Prédécesseur(s) immédiat(s)
T	–
U	–
W	U
X	T, W
Y	U
Z	X, Y
R	U
S	X, Y, R

TABLEAU 7.2
Projet abstrait : prédécesseurs immédiats

T et W sont prédécesseurs immédiats de X :

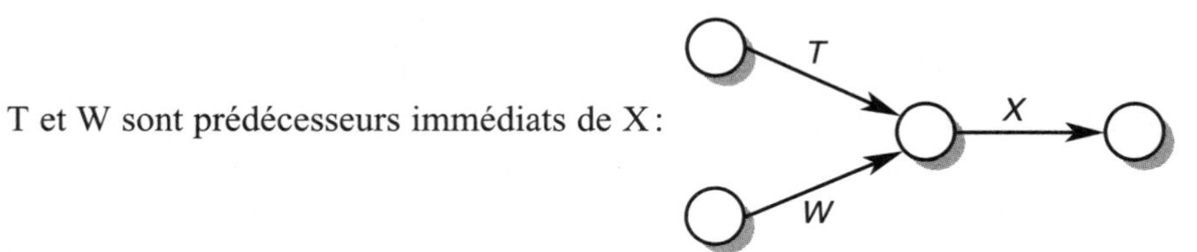

Les arcs X et Y admettent également un sommet terminal commun, qui sert de sommet initial à Z. La figure ci-dessous donne une façon de traduire les relations d'antériorité du sous-projet formé des tâches T à Z. Cette figure constitue ce qu'on convient de désigner sous le nom de **réseau**.

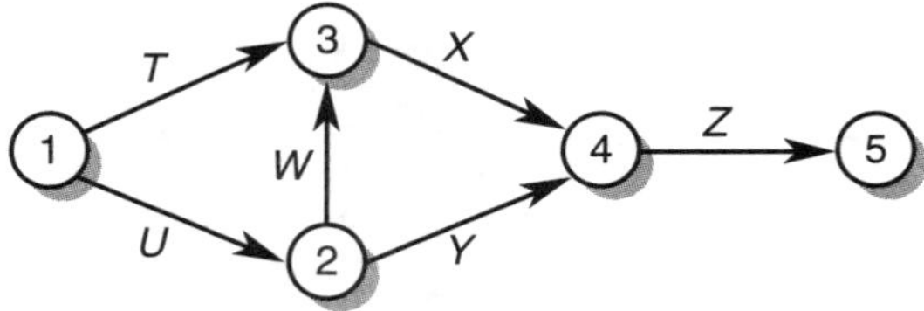

La prise en considération des tâches R et S présente une difficulté particulière. En effet, les arcs X, Y et R devraient, selon ce qui vient d'être convenu, partager le même sommet terminal, qui serait le sommet initial de S. Or, le sommet terminal de X et de Y est le sommet initial de Z.

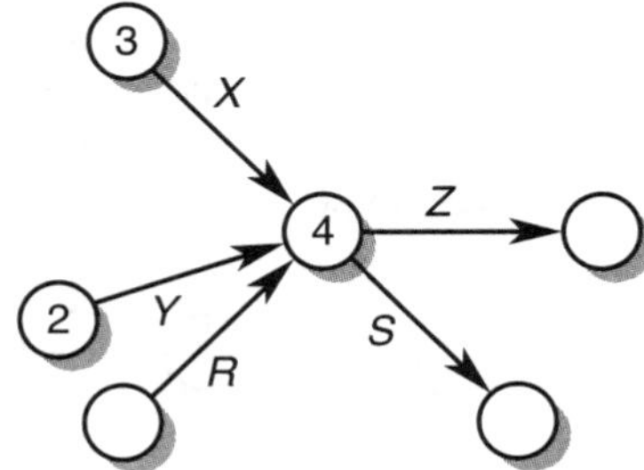

Le sous-réseau ci-dessus, s'il était utilisé pour représenter le projet abstrait, exigerait que R précède Z, bien que R ne fasse pas partie, dans le tableau 7.2, de la liste des prédécesseurs immédiats de Z. Il faut éviter que la structure du réseau induise de telles relations d'antériorité entre des arcs qui ne correspondent pas à des contraintes d'antériorité entre les tâches correspondantes. Nous dédoublons donc le sommet terminal des tâches X, Y et R, et ajoutons, entre les deux sommets obtenus, une **tâche fictive** F, dont la durée est nulle.

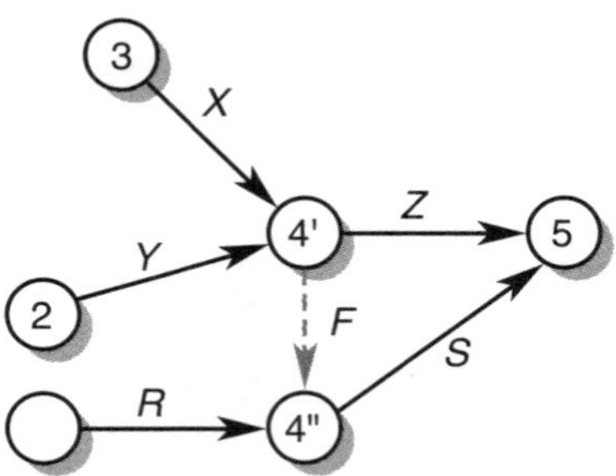

La présence d'un arc allant du sommet 4' au sommet 4" indique que X et Y sont des prédécesseurs immédiats de S. L'absence d'arc allant en sens inverse permet à la tâche Z de démarrer, dès que X et Y sont parachevées, que la tâche R soit terminée ou non.

Le dédoublement des sommets 4' et 4" permet de distinguer les prédécesseurs immédiats de Z de ceux de S ; l'ajout de la tâche fictive F assure que les tâches X et Y, de sommet terminal 4', précèdent S dont le sommet initial est 4". Le recours à une tâche fictive s'impose chaque fois que deux tâches admettent, comme ensembles de leurs prédécesseurs immédiats, des ensembles différents et non disjoints. Ici, les tâches Z et S partagent deux prédécesseurs immédiats, soient X et Y, alors que R est prédécesseur immédiat de S, sans l'être de Z.

Pour compléter le réseau du projet abstrait, il suffit d'ajouter les arcs T, U et W, en faisant coïncider le sommet initial de R avec le sommet terminal de U.

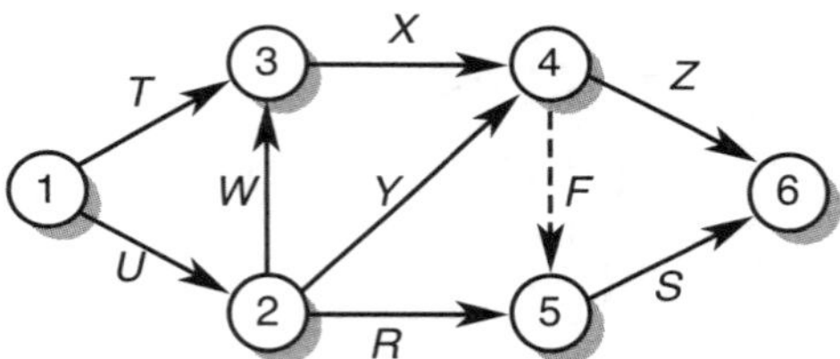

Nous avons renuméroté les sommets pour obéir aux conventions suivantes : **les numéros accordés à l'ensemble des sommets sont consécutifs et commencent par 1 ; le numéro attribué au sommet initial de tout arc est inférieur à celui attribué à son sommet terminal**.

Revenons maintenant au projet RESO d'implantation d'un réseau micro-informatique. Puisque la tâche initiale A est prédécesseur immédiat de B et de C, les arcs associés à B et à C admettent le même sommet initial. Et, comme l'analyse des coûts, tâche D, admet comme prédécesseurs immédiats les tâches B et C, il faut que B et C partagent également le même sommet terminal. Le tracé du réseau débute donc comme suit.

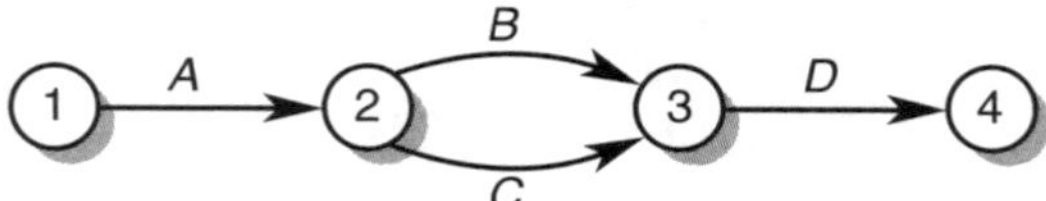

Le tableau 7.1 indique que E admet trois prédécesseurs immédiats : B, C et D. Les deux premiers sont redondants, puisqu'ils précèdent D ; ce sont des prédécesseurs lointains de E. On pourrait les éliminer de la liste des prédécesseurs immédiats de E sans que le tracé du réseau en soit modifié. La phase 1 de planification du réseau se traduit par le sous-réseau suivant.

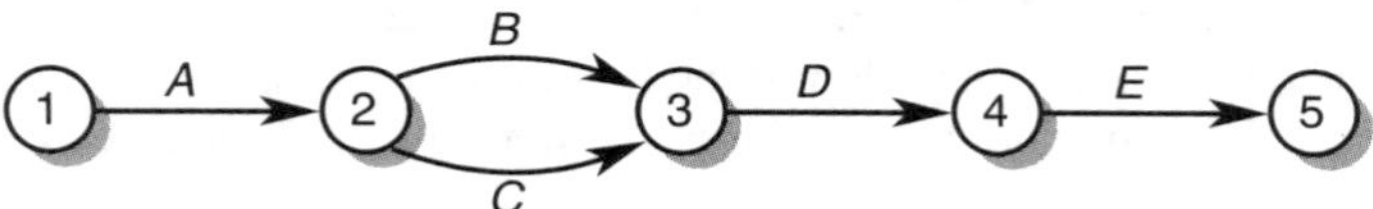

La mise en place du câblage, tâche F, démarre du sommet 5 où aboutit E. Suit le montage des serveurs, soit la tâche G. Trois tâches émanent du sommet terminal de G.

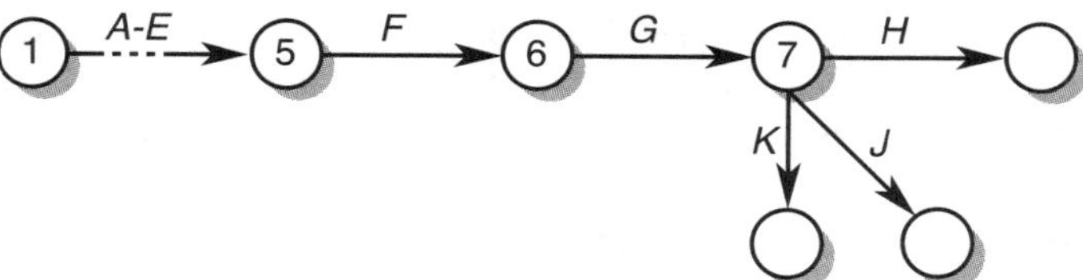

On doit relier les sommets terminaux des arcs H, K et J, puisque les tâches correspondantes admettent toutes N comme successeur immédiat. Ceux de K et J coïncideront, car ces tâches apparaissent toujours conjointement dans les listes de prédécesseurs immédiats. Mais celui de H sera isolé étant donné que I est successeur immédiat de la seule tâche H. Enfin, un arc fictif F1 sera ajouté entre ces sommets.

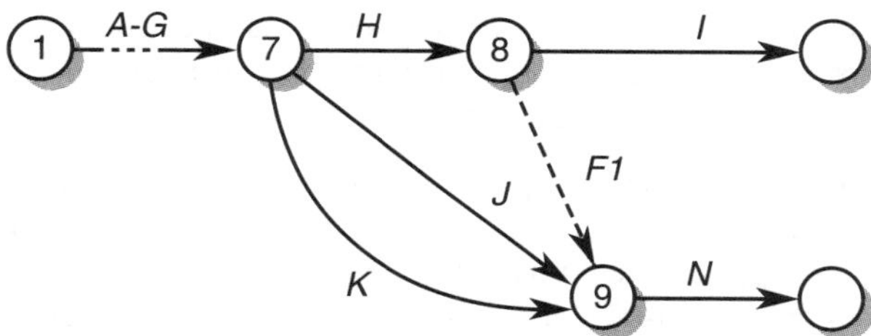

Une deuxième tâche fictive, F2, allant du sommet 9 au sommet terminal de I, assure que la tâche de documentation, L, démarre après le parachèvement non seulement de I, mais également de J et de K. L'arc F3, joignant les sommets terminaux de L et de N, garantit que l'élaboration des procédures d'exploitation, tâche O, ne débutera qu'après le parachèvement de L et de N. (L'existence d'un successeur immédiat M, propre à la seule tâche L, interdit de donner à L et à N un même sommet terminal.)

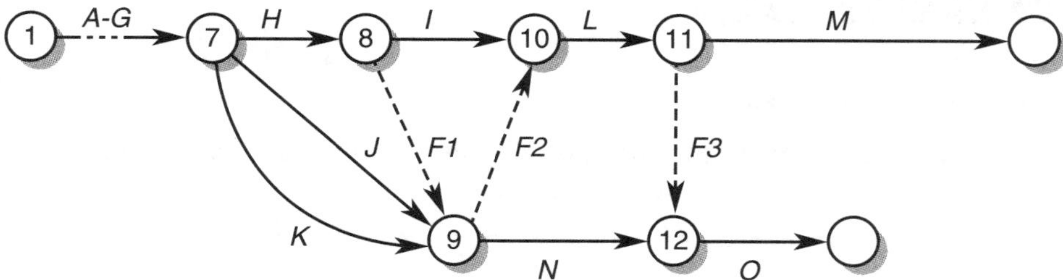

Il reste à tracer les arcs P et Q. Leur sommet initial sera le sommet terminal de leur prédécesseur immédiat commun O. Puis, on convient de donner aux arcs M, P et Q un même sommet terminal, qui sera le **sommet terminal du réseau** et correspond au parachèvement du projet. Retenons que le réseau d'un projet n'a qu'un sommet de démarrage et qu'un sommet de parachèvement. Le réseau suivant illustre le réseau complet du projet RESO.

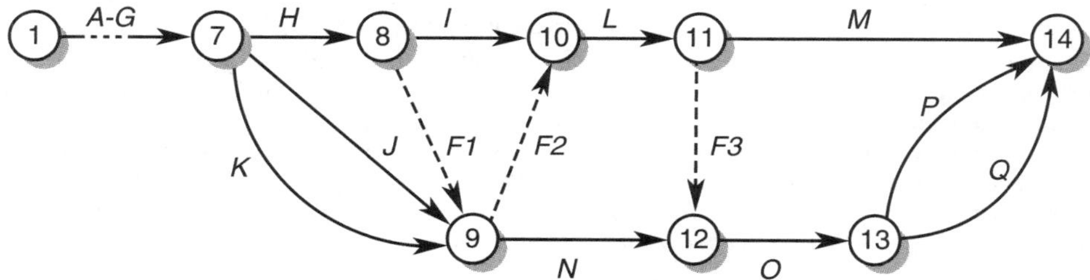

Le réseau précédent obéit aux conventions suivantes :

- les n sommets sont numérotés de 1 à n ;
- les sommets 1 et n représentent respectivement le **démarrage** et le **parachèvement** du projet : le sommet 1 n'est terminal pour aucun arc, le sommet n n'est initial pour aucun arc, et tout autre sommet est à la fois terminal pour au moins un arc et initial pour un ou plusieurs autres arcs ;
- le numéro attribué au sommet initial d'un arc est inférieur à celui attribué à son sommet terminal.

Il est toujours possible de construire un réseau respectant ces conventions, pourvu que le projet étudié ne comporte pas de cycle[2]. Évidemment, la présence d'un cycle rend contradictoire la structure des prédécesseurs immédiats, et impossible à parachever le projet correspondant. Nous présumerons dans ce qui suit que chaque réseau respecte les trois conventions énoncées ci-dessus[3].

Notons que, parfois, plusieurs réseaux différents, mais équivalents, correspondent à un même projet. Par exemple, dans le réseau de la figure 7.4 (*voir page 339*), on pourrait inverser les numéros des sommets terminaux des arcs F et D.

Nous avons illustré la construction de réseaux à l'aide de deux exemples. Il existe des procédures systématiques, qui suggèrent l'adjonction automatique d'arcs fictifs entre les sommets terminaux des tâches admettant un même successeur immédiat ; une fois le réseau construit, on élimine ceux des arcs fictifs qui sont inutiles. Le lecteur intéressé par cette approche consultera avec profit le chapitre 2 de *A Management Guide to PERT/CPM* de J.D. Wiest et F.K. Levy.

Exercices de révision

1. Construction du réseau représentant un projet

Soit un projet dont les tâches satisfont aux relations de prédécesseurs indiquées au tableau suivant. Tracer un réseau qui représente ce projet.

Tâche	A	B	C	D	E	F	G	H	M
P. I.*	G, H	H	H, M	–	–	–	D	D, E, F	E

* Prédécesseurs(s) immédiat(s)

2. Un cycle est une suite $t_1, t_2, \ldots, t_m$ de tâches telles que le sommet terminal de t_m coïncide avec le sommet initial de t_1 et que t_h ($h = 1, \ldots, m-1$) est prédécesseur immédiat de t_{h+1}.
3. Voici une méthode infaillible pour numéroter les sommets d'un réseau sans cycle de façon à respecter ces conventions. On accorde le premier numéro au sommet correspondant au démarrage du projet, c'est-à-dire au sommet qui n'est le sommet terminal d'aucun arc. Puis, on biffe tous les arcs qui émanent de ce sommet. On se retrouve alors avec au moins un sommet qui, dans le réseau ainsi obtenu, n'est le sommet terminal d'aucun arc. On donne à ce ou ces sommets les numéros suivant le dernier numéro accordé. On biffe ensuite tous les arcs qui émanent de chacun des sommets que l'on vient de numéroter. Et l'on reprend le processus jusqu'à ce que le sommet terminal du réseau ait reçu un numéro.

2. Autre projet et autre réseau

Soit un projet dont les tâches satisfont aux relations de prédécesseurs indiquées au tableau suivant. Tracer un réseau qui représente ce projet.

Tâche	A	B	C	D	E	F	G	H
P. I.	–	–	A	A, B	C, D	D	D, H	B

7.3 Durée minimale d'un projet et chemin critique

Le réseau d'un projet permet au gestionnaire de visualiser les relations entre les différentes tâches à réaliser pour mener ce projet à bien. Son tracé l'amène à examiner les relations d'antériorité et de postériorité entre les tâches : ainsi, d'aucunes sont considérées comme prédécesseurs immédiats ou prédécesseurs lointains de certaines autres ; les mêmes sont vues comme successeurs immédiats ou successeurs lointains d'autres tâches. Par exemple, tracer le réseau du projet RESO a forcé les responsables à préciser explicitement que la tâche O, l'élaboration des procédures d'exploitation, ne peut démarrer qu'une fois terminées les tâches L et N ; c'est ainsi que le tracé du réseau d'un projet trouve une première justification dans le fait qu'il oblige à un examen approfondi des relations entre les tâches à accomplir.

Le réseau sert également de point de départ à la mise en œuvre de divers algorithmes liés soit à l'ordonnancement optimal des tâches, soit au déroulement optimal du projet. Parmi ces algorithmes, expliquons d'abord celui qui permet d'établir la durée minimale d'un projet, sous l'hypothèse que la durée de chaque tâche est connue à l'avance.

Plusieurs approches équivalentes ont été proposées pour le calcul de la durée minimale d'un projet. Nous avons retenu celle qui détermine, pour chaque sommet-étape *s*, le **moment au plus tôt** où se terminera l'ensemble des tâches aboutissant au sommet *s*. Ce moment au plus tôt sera noté E(*s*), pour refléter la terminologie anglo-saxonne qui qualifie ce moment de *Earliest*, littéralement « au plus tôt ». On dénote ce moment tantôt sous une forme que nous qualifierons d'absolue (par exemple, 1er avril 2015 ou demain à 15 heures), tantôt sous une forme, appelée forme relative, où le temps se mesure à partir du moment où démarre le projet : dans ce dernier cas, E(*s*) représente le nombre minimal de périodes (jours, semaines, etc.) entre le démarrage du projet et le parachèvement de toutes les tâches dont *s* est le sommet terminal.

Reprenons l'exemple du tableau 7.2 pour adjoindre à chaque tâche sa durée : le tableau 7.3 donne le résultat de cet effort. Adoptons la forme relative et indiquons comment calculer les moments E(*s*) des 6 étapes du réseau de la page 328 qui représente ce projet abstrait.

TABLEAU 7.3
Projet abstrait : durée des tâches

Tâche	T	U	W	X	Y	Z	R	S	F
Sommets	1 3	1 2	2 3	3 4	2 4	4 6	2 5	5 6	4 5
Durée	7	4	4	5	6	8	4	6	0

Pourvu que la numérotation des sommets respecte les trois conventions mentionnées à la section précédente, le calcul des E(*s*) se fera selon l'ordre croissant des numéros. Tout d'abord, comme le sommet 1 correspond au début du projet,

$$E(1) = 0. \tag{1}$$

Déterminons maintenant E(2) : l'arc U est le seul qui aboutisse en 2 et cette tâche U dure 4 périodes ; par conséquent,

$$E(2) = E(1) + (\text{durée de U}) = 0 + 4 = 4.$$

Pour atteindre le sommet 3, il faut que les tâches T et W soient parachevées ; d'où

$$E(3) \geq E(1) + (\text{durée de T}) = 0 + 7 = 7$$

et

$$E(3) \geq E(2) + (\text{durée de W}) = 4 + 4 = 8.$$

Le moment au plus tôt où seront complétées toutes les tâches aboutissant au sommet 3 intervient 8 périodes après le démarrage du projet : E(3) = 8. De même,

$$E(4) = \max\{4 + 6\,;\, 8 + 5\} = 13 \tag{2}$$

$$E(5) = \max\{4 + 4\,;\, 13 + 0\} = 13$$

$$E(6) = \max\{13 + 8\,;\, 13 + 6\} = 21.$$

Le sommet 6, qui correspond au parachèvement du projet, ne peut être atteint avant le moment 21. Le projet ne peut donc se terminer en moins de 21 périodes. C'est la **durée minimale du projet**.

Le calcul des moments au plus tôt s'effectue le plus souvent grâce à un logiciel. On peut, en adoptant la méthode tout juste illustrée, les calculer directement sur le réseau si la durée de chaque tâche y a été reportée. Voici le résultat de ces calculs dans le cas de l'exemple précédent.

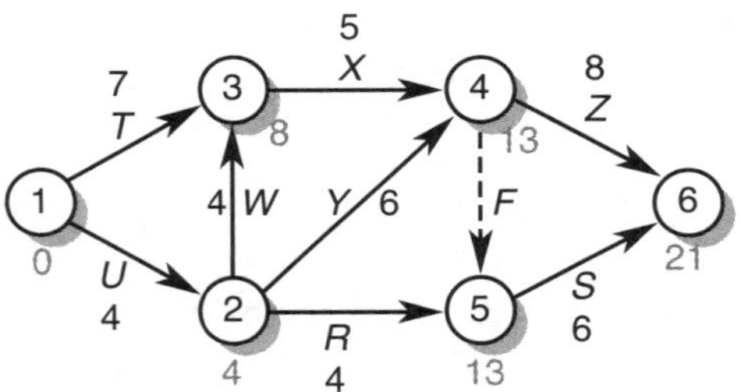

La tâche S pourrait s'étaler sur plus des 6 périodes prévues au tableau 7.3, sans que la fin du projet en soit nécessairement retardée : en effet, si S durait 7 ou 8 périodes, il serait encore possible d'atteindre le sommet 6 au moment 21, puisque l'on dispose de 8 périodes entre les sommets 5 et 6. On appelle **marge** d'une tâche le nombre de périodes supplémentaires qu'on pourrait lui consacrer sans que soit retardé le parachèvement du projet. Dans notre exemple, la marge de S est de deux périodes. On qualifie de **tâches critiques** celles dont la marge est nulle : tout prolongement de leur durée retarde le parachèvement du projet.

Nous indiquons maintenant comment déterminer les tâches critiques et calculer la marge positive des tâches non critiques. Mais tout d'abord, définissons, pour le sommet *s,* le **moment au plus tard** dénoté par L(*s*), vocable inspiré de l'anglais où L rappelle *Latest,* c'est-à-dire « au plus tard ». Le moment L(*s*), c'est l'instant le plus tardif où devront être complétées toutes les tâches aboutissant en *s,* si la durée du projet doit rester minimale. Dès qu'un sommet *s* est atteint après son moment L(*s*), on sait que la durée du projet dépassera la durée minimale prévue.

Les moments au plus tard, L(s), se calculent successivement en suivant à rebours l'ordre des numéros attribués aux sommets s. Commençons par le sommet terminal 6 :

$$L(6) = \text{durée minimale du projet} = 21. \quad (3)$$

Le sommet 5 doit être atteint au plus tard au moment 15, sinon les 6 périodes qu'exige la tâche S amèneraient la fin du projet au-delà du moment 21 :

$$L(5) = L(6) - (\text{durée de S}) = 21 - 6 = 15.$$

Chacun des 2 arcs émanant du sommet 4 induit une contrainte sur L(4) :

$$L(4) \leq L(5) - (\text{durée de F}) = 15 - 0 = 15$$

$$L(4) \leq L(6) - (\text{durée de Z}) = 21 - 8 = 13.$$

Ainsi, L(4) = 13. De même,

$$L(3) = L(4) - (\text{durée de X}) = 13 - 5 = 8$$

$$L(2) = \min \{8 - 4; 13 - 6; 15 - 4\} = 4 \quad (4)$$

$$L(1) = \min \{4 - 4; 8 - 7\} = 0.$$

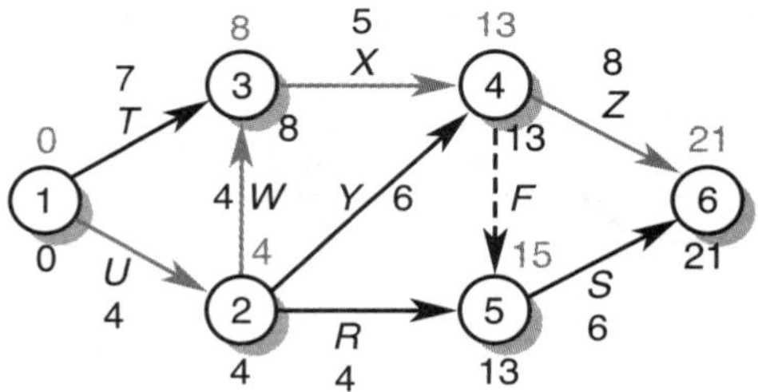

L'exécution de la tâche S peut se faire n'importe quand entre les moments 13 et 21, sans que la fin du projet soit retardée. On dispose de 8 périodes pour une tâche dont la durée est de 6 périodes : la marge de la tâche S est donc égale à 2 périodes.

De façon générale, si t est une tâche de sommet initial s et de sommet terminal s', la **marge**[4] de t se définit comme suit :

$$\text{marge de } t = L(s') - E(s) - (\text{durée de } t). \quad (5)$$

Dans l'exemple du tableau 7.3,

$$\text{marge de S} = L(6) - E(5) - 6 = 21 - 13 - 6 = 2$$

$$\text{marge de Z} = L(6) - E(4) - 8 = 21 - 13 - 8 = 0$$

$$\text{marge de T} = L(3) - E(1) - 7 = 8 - 0 - 7 = 1.$$

4. La **marge** introduite ici est qualifiée de **totale** par certains auteurs. On parle également de **marge libre** pour désigner le délai pour démarrer une tâche sans affecter les marges des tâches subséquentes. Par exemple :

$$\text{marge totale de R} = L(5) - E(2) - (\text{durée de R}) = 7;$$

si l'on utilise ces 7 périodes de marge et que l'on entreprenne R à la date E(2) + 7 = 11, le parachèvement du projet ne sera pas retardé, mais la marge de S sera ramenée à 0 ; pour ne pas entamer la réserve que constitue la marge de S, il faut que R débute assez tôt pour être achevée à la date E(5) = 13 ; on pose donc la définition suivante :

$$\text{marge libre de R} = E(5) - E(2) - (\text{durée de R}) = 5.$$

Répétons que les **tâches** dont la marge est nulle sont dites **critiques**. Dans tout projet, il existe au moins un **chemin critique**, c'est-à-dire une suite de tâches critiques échelonnées entre le premier et le dernier sommet du réseau telles que le sommet initial de chacune, sauf la première, est le sommet terminal de la précédente. La somme des durées de tâches qui définissent un chemin critique, parfois appelée **longueur** du chemin critique, coïncide avec la durée minimale du projet. Dans l'exemple du tableau 7.3, la suite des tâches U → W → X → Z forme un chemin critique dont la longueur est égale à la durée minimale du projet, soit 21 périodes :

$$(\text{durée de U}) + (\text{durée de W}) + (\text{durée de X}) + (\text{durée de Z}) = 4 + 4 + 5 + 8 = 21.$$

La figure 7.1 indique les moments au plus tôt et au plus tard des divers sommets-étapes du projet RESO. Le projet a une durée minimale de 57 jours. Les 2 suites de tâches

A → B → D → E → F → G → H → I → L → F3 → O → P

et

A → B → D → E → F → G → H → I → L → F3 → O → Q

constituent autant de chemins critiques de longueur 57.

FIGURE 7.1
Moments au plus tôt et au plus tard pour le projet RESO

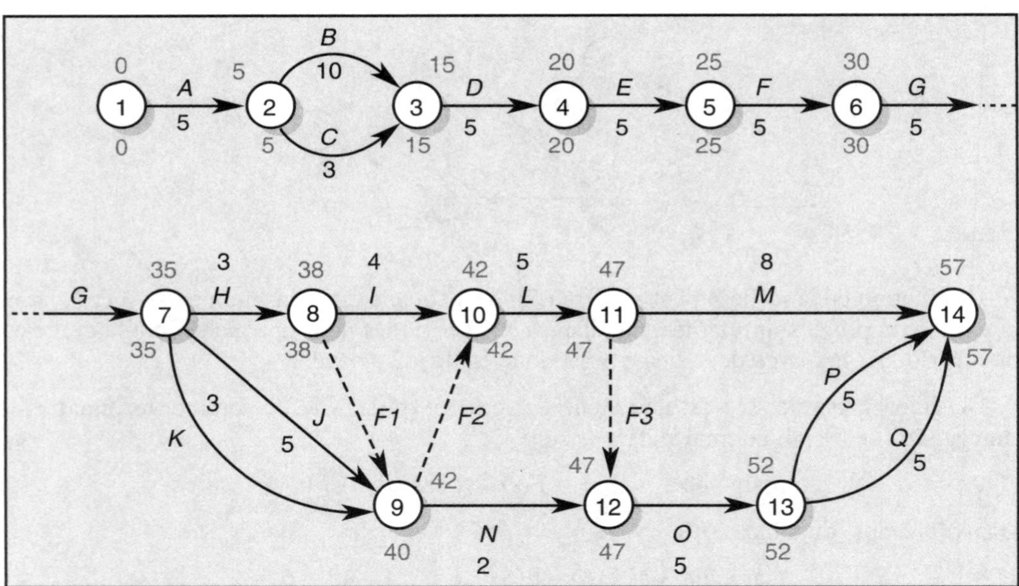

Les figures 7.2 et 7.3 illustrent l'utilisation d'un gabarit Excel, disponible sur le site web de ce manuel, qui permet de calculer la durée minimale d'un projet et de déterminer les chemins critiques. On procédera comme suit (*voir le « Guide d'utilisation des gabarits » pour plus de détails*).

- Ouvrir le fichier Gabarit-Projets.xls.
- Activer la macro du fichier : cliquer sur Options…, puis sur Activer ce contenu.
- Se placer dans la feuille Données et cliquer sur Nouveau problème.
- Entrer le titre en C5, ainsi que les valeurs des paramètres en E7 et E8 ; sélectionner l'une des deux options de E9.

– Cliquer sur Saisie des données et compléter le tableau des données concernant les tâches.
– Cliquer sur Résolution du modèle.

	A	B	C	D	E
13	**Données concernant les tâches**				
14	Code	Nom	S. initial	S. terminal	Durée
15	A	Évaluation initiale	1	2	5
16	B	Élaboration de la structure du réseau	2	3	10
17	C	Élaboration du plan de formation	2	3	3
18	D	Analyse des coûts	3	4	5
19	E	Révision et approbation du budget	4	5	5
20	F	Mise en place du câblage	5	6	5
21	G	Montage des serveurs	6	7	5
22	H	Montage des stations de travail	7	8	3
23	I	Installation du logiciel d'exploitation	8	10	4
24	J	Montage des lignes téléphoniques	7	9	5
25	K	Montage des ponts	7	9	3
26	L	Documentation de la structure du réseau	10	11	5
27	M	Formation du personnel	11	14	8
28	N	Négociation de la politique d'entretien	9	12	2
29	O	Procédures d'exploitation	12	13	5
30	P	Procédures de copies de sécurité	13	14	5
31	Q	Procédures d'entretien et de réparation	13	14	5
32	F1	Tâche fictive 1	8	9	0
33	F2	Tâche fictive 2	9	10	0
34	F3	Tâche fictive 3	11	12	0

FIGURE 7.2
Tableau du gabarit pour le projet RESO : feuille Données

	A	B	C	D	E	F	G
4	**Résultats concernant les tâches**						
5	Code	Durée	Début au + tôt	Fin au + tôt	Début au + tard	Fin au + tard	Marge
6	A	5	0	5	0	5	0
7	B	10	5	15	5	15	0
8	C	3	5	8	12	15	7
9	D	5	15	20	15	20	0
10	E	5	20	25	20	25	0
11	F	5	25	30	25	30	0
12	G	5	30	35	30	35	0
13	H	3	35	38	35	38	0
14	I	4	38	42	38	42	0
15	J	5	35	40	37	42	2
16	K	3	35	38	39	42	4
17	L	5	42	47	42	47	0
18	M	8	47	55	49	57	2
19	N	2	40	42	45	47	5
20	O	5	47	52	47	52	0
21	P	5	52	57	52	57	0
22	Q	5	52	57	52	57	0
23	F1	0	38	38	42	42	4
24	F2	0	40	40	42	42	2
25	F3	0	47	47	47	47	0
26							
27	Durée minimale du projet =		57				

FIGURE 7.3
Tableau du gabarit pour le projet RESO : feuille Résultats

Dans la figure 7.3, les moments renvoient aux tâches, et non aux sommets comme dans la figure 7.1. Soit t, une tâche dont les sommets initial et terminal sont s et s' respectivement. On définit les moments au plus tôt, les moments au plus tard et la marge de t de la façon suivante :

- le début et la fin au plus tôt, notés ES(t) et EF(t) respectivement conformément à l'usage anglo-saxon – ES : *Earliest Start* ; EF : *Earliest Finish* –, sont calculés à partir du moment au plus tôt du sommet initial s :

$$\text{ES}(t) = \text{E}(s) \quad \text{et} \quad \text{EF}(t) = \text{ES}(t) + (\text{durée de } t); \tag{6}$$

- le début et la fin au plus tard, notés respectivement LS(t) et LF(t) – L pour *Latest* –, découlent du moment au plus tard du sommet terminal s' :

$$\text{LF}(t) = \text{L}(s') \quad \text{et} \quad \text{LS}(t) = \text{LF}(t) - (\text{durée de } t); \tag{7}$$

- la marge d'une tâche est l'écart entre le début au plus tard et le début au plus tôt (ou entre la fin au plus tard et la fin au plus tôt) :

$$\text{marge de } t = \text{LS}(t) - \text{ES}(t) = \text{LF}(t) - \text{EF}(t). \tag{8}$$

Par exemple,

$$\text{ES(N)} = \text{E}(10) = 40 \quad \text{et} \quad \text{EF(N)} = 40 + 2 = 42$$

$$\text{LF(N)} = \text{L}(13) = 47 \quad \text{et} \quad \text{LS(N)} = 47 - 2 = 45$$

$$\text{marge de N} = 45 - 40 = 47 - 42 = 5.$$

Exercices de révision

1. Réseau-1

Soit un projet comportant 13 tâches dont les relations d'antériorité et les durées sont données au tableau suivant.

Tâche	Prédécesseur(s) immédiat(s)	Durée (en jours)	Tâche	Prédécesseur(s) immédiat(s)	Durée (en jours)
A	–	8	H	C	7
B	A	2	I	D	8
C	A	6	J	G, H, I	10
D	A	6	K	C	7
E	B	7	L	K	6
F	B	4	M	J, L	5
G	E, F	4			

(a) Tracer un réseau qui représente ce projet.

(b) Calculer la durée minimale de ce projet.

(c) Calculer les marges des différentes tâches. Déterminer le ou les chemins critiques.

2. Réseau-2

Répondre aux trois questions de l'exercice précédent, mais en considérant cette fois le projet décrit au tableau suivant.

Tâche	Prédécesseur(s) immédiat(s)	Durée (en jours)	Tâche	Prédécesseur(s) immédiat(s)	Durée (en jours)
A	–	7	J	C	8
B	A	2	K	H, J	6
C	B	5	L	K	11
D	C	6	M	F, G	9
E	C	7	N	G	12
F	D, E	4	O	G, I	11
G	E	4	P	M, N, O	5
H	C	5	Q	L, M, N, O	6
I	H	9			

3. Réseau-3

Répondre aux trois questions de l'exercice 1, mais en considérant cette fois le projet décrit au tableau suivant.

Tâche	Prédécesseur(s) immédiat(s)	Durée (en semaines)	Tâche	Prédécesseur(s) immédiat(s)	Durée (en semaines)
A	–	3	F	C, D	5
B	–	5	G	D, E	3
C	A, B	3	H	F	4
D	B	1	I	C, D	7
E	C	4	J	G, H, I	6

7.4 La compression de la durée d'un projet

Lorsqu'il s'agit de fixer la durée d'une tâche, la coutume veut que, de toutes les durées possibles, l'on retienne celle qui s'avérerait la moins onéreuse. En y consacrant les ressources nécessaires, il est possible, si le projet revêt un caractère urgent, de diminuer la durée de certaines des tâches qui le constituent. On parlera alors d'accélérer ces tâches pour compresser la durée du projet.

Nous indiquons, à l'aide de deux exemples, comment analyser de telles situations. Le premier concerne une vérification externe dans le cadre d'une émission d'actions[5].

*7.4.1 Analyse *ad hoc* de l'accélération de certaines tâches : un exemple

Une entreprise doit procéder, dans un mois environ, à une émission de 5 millions d'actions par voie de prospectus simplifié. Les avocats et les courtiers ont déjà indiqué qu'ils pourront respecter l'échéance fixée. Comme le précise la Loi québécoise sur les valeurs mobilières, des états financiers vérifiés doivent être inclus dans le prospectus.

5. Les données de base nous ont été communiquées par MM. Michel Hébert et André Vincent de Samson, Bélair, Deloitte & Touche. Nous les avons modifiées quelque peu à des fins pédagogiques.

Le tableau 7.4 décrit les diverses tâches que comporte ce projet de vérification, leur durée, ainsi que les relations d'antériorité. La vérification doit être complétée le plus tôt possible, car, à compter du 23e jour ouvrable, tout délai repousse la date à laquelle l'entreprise cliente disposera des fonds recueillis; compte tenu des taux d'intérêt à court terme, on évalue à 4 000 $ par jour de retard le manque à gagner subi par le client.

TABLEAU 7.4
Émission d'actions par voie de prospectus simplifié

Code	Description	Prédécesseur(s) immédiat(s)	Durée (en jours)
A	Obtention du mandat d'émission	–	0
B	Élaboration de la stratégie de vérification	A	2
C	Élaboration et approbation du budget de la vérification	B	2
D	Sélection du personnel (incluant le personnel spécialisé en informatique)	B	0,5
E	Formation du personnel (pré-audit)	A, D	0,5
F	Sélection des échantillons	B	1
G	Établissement des travaux préparatoires effectués par le client	B, F	0,5
H	Coordination et exécution des travaux de vérification informatique	C, D, F	3
I	Coordination et exécution des mandats confiés à des cabinets affiliés	H	10
J	Coordination et exécution du travail chez le client	E, H	20
K	Revue des dossiers complétés chez le client	J	3
L	Revue des dossiers confiés à des cabinets affiliés	I	2
M	Revue des états financiers du client	P, K, L	2
N	Rencontre avec le client pour corriger les erreurs éventuelles	M	1
O	Préparation du rapport destiné aux actionnaires et au comité de vérification	N	1
P	Exécution par le client des travaux préparatoires	G	3

La figure 7.4 représente le réseau associé à ce projet. Notons que l'obtention du mandat correspond au démarrage du projet et est en réalité une étape plutôt qu'une tâche: on la représentera par le sommet initial du réseau. D'après les calculs effectués sur le réseau, la durée minimale du projet est de 34 jours ouvrables; en effet, le chemin critique

$$B \rightarrow C \rightarrow H \rightarrow F3 \rightarrow J \rightarrow K \rightarrow M \rightarrow N \rightarrow O$$

a une longueur de 34 jours:

$$2 + 2 + 3 + 0 + 20 + 3 + 2 + 1 + 1 = 34.$$

Il s'est avéré que cette durée de 34 jours était inacceptable pour le client. Il a donc fallu imaginer divers scénarios pour raccourcir la durée totale de la vérification.

Scénario 1 *Le client utilise un ordinateur qui n'est pas compatible avec l'équipement du cabinet des experts comptables. La mise au point d'un logiciel d'accès aux fichiers des stocks permettrait aux comptables de diminuer de 80 heures le temps exigé par la sélection des articles en stock depuis plus de 6 mois et par les tests de calcul (50 heures de sélection à 120 $/h et 30 heures de calcul à 75 $/h). La tâche J, coordination et exécution du travail chez le client, serait alors ramenée à 10 jours. Par contre, la tâche H, coordination et exécution des travaux de vérification informatique, exigerait 4 jours supplémentaires et coûterait 18 000 $ de plus: il faudrait acheter un logiciel dédié valant 3 000 $ et investir 15 000 $ dans sa programmation.*

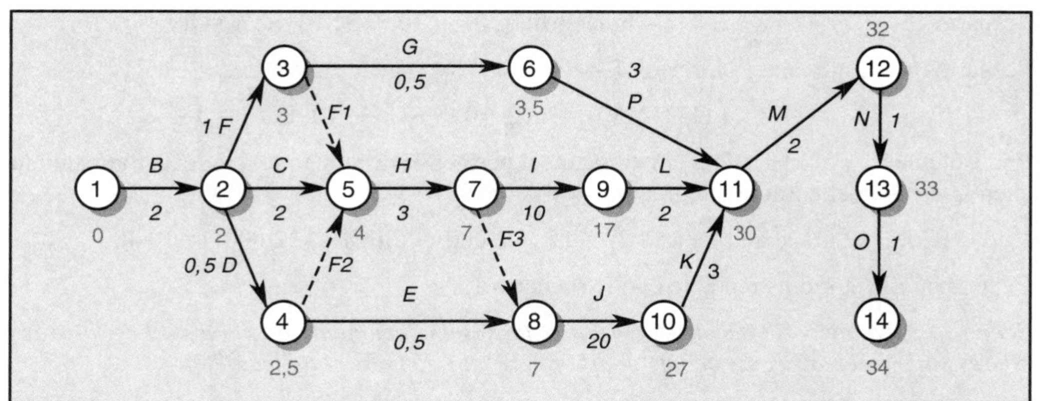

FIGURE 7.4
Émission d'actions : réseau et moments au plus tôt

Ce scénario coûte 9 750 $:

$$\text{Coût additionnel net} = 15\,000 + 3\,000 - (50 \times 120) - (30 \times 75) = 9\,750.$$

Par contre, il permet de gagner 6 jours, car toute modification de la durée des tâches critiques H et J se répercute directement sur la durée du projet :

$$(\text{Durée minimale du projet selon le scénario 1}) = 34 - 10 + 4 = 28.$$

La figure 7.5 donne les moments au plus tôt selon ce scénario. Ainsi, le développement d'un logiciel d'accès augmenterait les coûts de 9 750 $, mais permettrait d'accélérer le projet de 6 jours, ce qui ferait épargner 24 000 $ au client. D'où un gain net de 14 250 $.

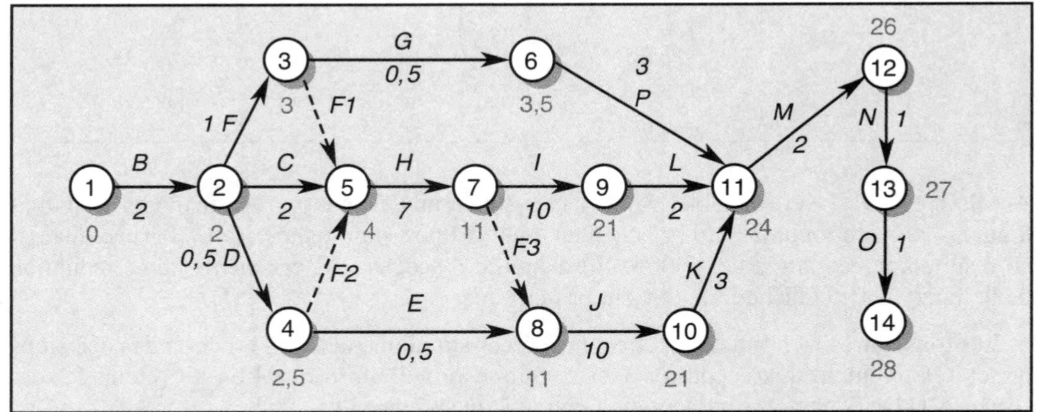

FIGURE 7.5
Émission d'actions : moments au plus tôt selon le scénario 1

Scénario 2 *On pourrait confier la vérification de la succursale de New York du client au cabinet local. Les taux en vigueur sur la place de New York excèdent de 30 % ceux du cabinet de Montréal et cette vérification aurait coûté 32 000 $ selon les tarifs de Montréal. Confier une partie de la vérification au cabinet affilié de New York permettrait de gagner 5 jours sur la tâche J, coordination et exécution du travail chez le client (4 jours seulement si le scénario 2 est jumelé au scénario 1), n'aurait aucun impact sur la durée de la tâche I, coordination et exécution des mandats confiés à des cabinets affiliés, et allongerait d'une journée la tâche L, revue des dossiers confiés à des cabinets affiliés.*

Jumeler le scénario 2 au scénario 1 ne permet pas de diminuer davantage la durée minimale du projet, mais en augmente les coûts. En effet, que l'on retienne les 2 scénarios ou seulement le premier, le délai minimal entre les sommets 7 et 11 du réseau est de 13 jours.

Scénario 1 : $E(11) - E(7) = \max\{0 + 10 + 3 ; 10 + 2\} = 13$

Scénarios 1 et 2 jumelés : durée de J = 10 − 4 = 6 et durée de L = 3

$$E(11) - E(7) = \max\{0 + 6 + 3 ; 10 + 3\} = 13.$$

Pris isolément, le scénario 2 est intéressant : il permet de diminuer de 5 jours la longueur du chemin critique et entraîne un gain net de 10 400 $:

$$(\text{Gain net grâce au scénario 2}) = (5 \times 4\,000) - (30\,\% \times 32\,000) = 10\,400.$$

Cependant, il est moins rentable que le scénario 1.

Scénario 3 *On pourrait accélérer certaines tâches en demandant au personnel de faire des heures supplémentaires. Les coûts additionnels sont donnés au tableau 7.5.*

TABLEAU 7.5
Scénario 3 : heures supplémentaires

Tâche	Durée (en jours) normale	Durée (en jours) accélérée	Coût additionnel (en $/jour)
C	2	1,5	1 000
F	1	0,5	1 000
H	{ 3 7	2,5 5,5 }	1 000
I	10	8,5	1 300
J	[20 15 10 6	16 12 8 4,5]	1 000
L	{ 2 3	1,5 2,5 }	1 000

Accélérer C et H s'avère rentable, car ces tâches sont critiques : une journée en moins raccourcit d'autant la durée minimale du projet. Il en coûte 1 000 $ pour gagner cette journée, mais il en résulte une économie de 4 000 $. Il est inutile d'accélérer F, car même après réduction de la durée de C, la tâche F ne devient pas critique.

Les trois autres tâches doivent être considérées simultanément, en fonction des décisions prises relativement aux scénarios 1 et 2. Supposons d'abord que l'on ait retenu le seul scénario 1. Deux chemins mènent du sommet 7 au sommet 11 :

F3 → J → K : (durée totale selon le scénario 1) = 13 jours

I → L : (durée totale selon le scénario 1) = 12 jours.

En accélérant de 2 jours la tâche J et de 1 jour le chemin I → L, on retranche encore 2 jours à la durée minimale du projet. En résumé, tel qu'illustré à la figure 7.6, le scénario 3 permet de gagner 4 jours sur les 28 jours que nécessitait le scénario 1 :

C : accélération de 0,5 jour, coût de 500 $

H : accélération de 1,5 jour, coût de 1 500 $

J : accélération de 2 jours, coût de 2 000 $

I : accélération de 0,5 jour, coût de 650 $

L : accélération de 0,5 jour, coût de 500 $.

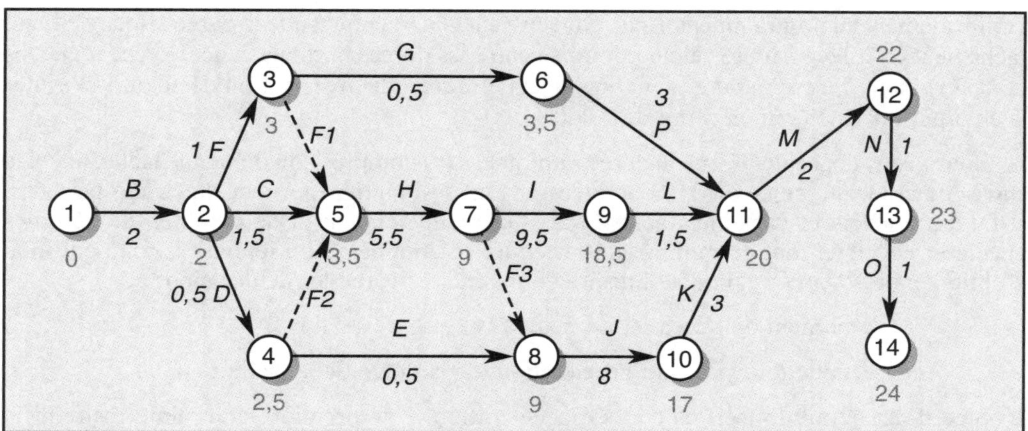

FIGURE 7.6
Émission d'actions : moments au plus tôt selon les scénarios 1 et 3 jumelés

Les heures supplémentaires coûteront 5 150 \$. En jumelant les scénarios 1 et 3, on économisera 25 100 \$:

(Gain net obtenu par 1 et 3 jumelés) = 14 250 + (28 − 24) × 4 000 – 5 150 = 25 100.

On vérifie facilement que toute autre combinaison de scénarios est moins rentable que celle tout juste analysée ; de fait,

- scénario 3 seul : durée : 29 jours gain net : 15 000 \$
- scénarios 2 et 3 : durée : 25 jours gain net : 22 400 \$
- les trois scénarios combinés : durée : 24 jours gain net : 16 200 \$.

Le meilleur choix est de retenir le scénario 1 et de payer des heures supplémentaires pour l'exécution des tâches C, H, I, J et L (accélérer I d'un demi-jour seulement).

7.4.2 Un modèle linéaire général pour l'accélération

Lorsque le nombre de tâches augmente et que les possibilités d'accélération se multiplient, il devient impossible d'analyser une à une chaque combinaison de scénarios. Le recours à une méthode systématique s'impose : nous recourrons à un modèle linéaire pour déterminer les tâches à accélérer.

Reprenons le projet abstrait décrit aux tableaux 7.2 et 7.3. Les tâches dont l'accélération est possible et les coûts afférents, si une telle décision était prise, sont donnés au tableau 7.6. Par exemple, la durée de la tâche T pourrait être réduite de 7 à 4 périodes, mais en contrepartie, on devrait alors débourser 10 000 \$ au lieu des 7 000 \$ qu'il en coûte lorsqu'on exécute T

TABLEAU 7.6
Projet abstrait : coûts d'accélération des tâches

	Programme normal		Programme accéléré		
Tâche	**Durée**	**Coût (en \$)**	**Durée**	**Coût (en \$)**	**Coût d'accélération (en \$/période)**
T	7	7 000	4	10 000	1 000
U	4	20 000	4	20 000	–
W	4	4 000	2	8 000	2 000
X	5	10 000	4	14 000	4 000
Y	6	12 000	4	17 000	2 500
Z	8	8 000	5	14 000	2 000
R	4	8 000	3	11 000	3 000
S	6	18 000	5	21 000	3 000

conformément au programme normal. On convient généralement que la durée effective d'une tâche peut être fixée à toute valeur comprise entre les durées normale et accélérée, et que les coûts évoluent *linéairement* en fonction de cette durée effective : si l'on décidait d'exécuter T en 5 périodes, le coût en serait de 9 000 $.

Nous avons déjà calculé que la durée minimale sans compression d'aucune tâche, appelée **durée normale** du projet, est de 21 périodes. Si l'on désirait ramener cette durée à 18 périodes, il faudrait accélérer certaines tâches. Mais lesquelles choisir et de combien de périodes accélérer chacune, tout en minimisant les coûts additionnels ? La réponse à cette question s'obtient en résolvant un modèle linéaire dont voici les variables de décision :

x_j : moment où l'on atteint l'étape j $\qquad j = 1, \ldots, 6$

Acc_t : réduction, grâce à l'accélération, de la durée de la tâche t $\qquad t = \text{T}, \ldots, \text{S}.$

L'objectif est de minimiser les coûts d'accélération. Une première contrainte restreint la durée totale du projet à un maximum de 18 périodes :

$$x_6 \leq 18.$$

À chaque tâche correspondent deux contraintes. La première en limite l'accélération à l'écart de durée entre les programmes normal et accéléré. Par exemple,

$$\text{Acc}_\text{T} \leq 7 - 4.$$

La seconde exige que le délai entre les sommets initial et terminal d'une tâche ne soit pas inférieur à sa durée effective. Par exemple,

$$x_3 - x_1 \geq 7 - \text{Acc}_\text{T},$$

contrainte que l'on récrit sous la forme équivalente suivante :

$$-x_1 + x_3 + \text{Acc}_\text{T} \geq 7.$$

Le modèle linéaire complet est reproduit à la figure 7.7. La solution optimale propose d'accélérer la tâche W de 1 période et la tâche Z, de 2 périodes. Le coût de cette compression s'élève à 6 000 $.

FIGURE 7.7
Projet abstrait : modèle linéaire pour l'accélération du projet du tableau 7.6

```
ON CHERCHE À MINIMISER LA FONCTION-OBJECTIF
          1 Acc_T + 2 Acc_W + 4 Acc_X + 2.5 Acc_Y + 2 Acc_Z + 3 Acc_R + 3 Acc_S
SOUS LES CONTRAINTES SUIVANTES :
        FIN PROJET      :  x_6 ≤ 18
        MAXACCEL U      :  Acc_U ≤ 0
        DUREE U         :  - x_1 + x_2 + Acc_U ≥ 4
        MAXACCEL T      :  Acc_T ≤ 3
        DUREE T         :  - x_1 + x_3 + Acc_T ≥ 7
        MAXACCEL W      :  Acc_W ≤ 2
        DUREE W         :  - x_2 + x_3 + Acc_W ≥ 4
        MAXACCEL Y      :  Acc_Y ≤ 2
        DUREE Y         :  - x_2 + x_4 + Acc_Y ≥ 6
        MAXACCEL R      :  Acc_R ≤ 1
        DUREE R         :  - x_2 + x_5 + Acc_R ≥ 4
        MAXACCEL X      :  Acc_X ≤ 1
        DUREE X         :  - x_3 + x_4 + Acc_X ≥ 5
        DUREE F         :  - x_4 + x_5 ≥ 0
        MAXACCEL Z      :  Acc_Z ≤ 3
        DUREE Z         :  - x_4 + x_6 + Acc_Z ≥ 8
        MAXACCEL S      :  Acc_S ≤ 1
        DUREE S         :  - x_5 + x_6 + Acc_S ≥ 6
        NON-NÉGATIV     :  0 ≤ x_J        J = 1 À 6
                           0 ≤ Acc_T      T = T, U, W, X, Y, Z, R, S.
```

Exercices de révision

1. *CPM*

Considérons un projet dont les tâches satisfont aux relations de prédécesseurs indiquées au tableau suivant.

Tâche	P. I.	Durée	Tâche	P. I.	Durée
A	–	2	L	D, E	5
B	A	3	M	L, K	8
E	–	6	G	D, E	8
K	–	5	F	D, E	7
D	A	4	H	B, F	6

(a) Déterminer la durée minimale du projet.

(b) Établir le ou les chemins critiques.

(c) On se propose d'investir pour accélérer les tâches B et K d'une période chacune. Commenter cette proposition.

(d) On se propose d'accélérer la durée de la tâche H. Commenter cette proposition.

(e) On se propose de déplacer du personnel de G vers les tâches H et M, rallongeant ainsi la durée de G de 2 périodes pour accélérer H et M de 1 période chacune. Commenter cette proposition.

2. *CPM* et conditions logiques

Considérons un projet dont les tâches satisfont aux relations de prédécesseurs indiquées au tableau suivant.

Tâche	P. I.	Durée	Tâche	P. I.	Durée
A	–	5	F	E, I	5
B	–	7	G	D, E, H	12
C	–	8	H	A	13
D	A, B	11	I	C	5
E	B, C	10			

(a) Tracer un réseau qui représente ce projet et déterminer la durée minimale du projet.

(b) Calculer les marges des différentes tâches.

(c) Déterminer tous les chemins critiques du projet.

(d) Certaines tâches pourraient être accélérées. Le tableau suivant donne les durées accélérées, ainsi que les coûts d'accélération. Construire un modèle linéaire dont la solution optimale indiquerait comment compléter le projet en 27 périodes au moindre coût.

Tâche	Durée normale	Durée accélérée	Coût par période	Tâche	Durée normale	Durée accélérée	Coût par période
A	5	5	–	F	5	4	12
B	7	5	17	G	12	10	27
C	8	5	15	H	13	9	23
D	11	8	12	I	5	4	9
E	10	8	16				

Indiquer comment modifier le modèle de la question précédente pour traduire, tour à tour et indépendamment, chacune des conditions suivantes. *(On introduira les variables binaires pertinentes. On présumera que, pour toute tâche* t, *la variable* Acc_t *est entière, où* Acc_t *indique de combien de périodes est réduite la tâche* t.*)*

(e) L'accélération des tâches B et C se fait en formant des équipes supplémentaires. Comme on puisera dans le même bassin d'employés, on ne pourra accélérer B si C est accélérée.

(f) Si C ou D sont accélérées, alors B ne pourra être accélérée.

(g) La tâche H, si elle est accélérée, devra durer entre 9 et 11 périodes.

(h) On pourrait compresser davantage la durée de G : il serait, en effet, possible de la réduire de 10 à 7 périodes à un coût forfaitaire de 85.

7.5 La méthode *PERT*: durée aléatoire des tâches

Jusqu'ici, nous avons présumé que les durées des différentes tâches étaient fixes ou, comme dans la dernière section, relevaient du responsable du projet. La plupart des projets réels contiennent un certain nombre de tâches dont la durée dépend de facteurs incontrôlables et peut être considérée comme aléatoire. Les variations prévisibles sont parfois faibles par rapport à la durée utilisée dans les calculs et peuvent être négligées en première approximation. D'autres fois, on doit incorporer explicitement l'aspect aléatoire dans l'analyse quantitative, car le parachèvement du projet peut être retardé de façon substantielle par une tâche critique dont la durée s'avère, « par hasard », beaucoup plus longue que prévu. La prise en considération de l'aléatoire en gestion de projets relève d'une méthode connue sous l'acronyme *PERT* (*Program Evaluation and Review Technique*).

La méthode *PERT* fut élaborée à la fin des années 1950 pour gérer la mise au point du missile Polaris. Les aspects novateurs, voire révolutionnaires, de cette arme créaient des problèmes technologiques exigeant des recherches dont les résultats étaient difficiles à prévoir. Une grande incertitude régnait quant à la durée de plusieurs tâches. Les responsables étaient certes convaincus de pouvoir résoudre tous les problèmes liés à l'aboutissement du projet, mais ils ne pouvaient éliminer *a priori* la possibilité que des complications inattendues perturbent complètement tout échéancier construit à partir de durées « normales » ou « attendues », qui auraient été attribuées une fois pour toutes aux diverses tâches. Il fallait tenir compte explicitement de l'aspect aléatoire associé à la durée de plusieurs des tâches.

Ils décidèrent que la durée de chaque tâche serait décrite par une variable aléatoire à choisir dans une famille suffisamment riche pour couvrir la très grande variété de situations envisageables. En particulier, on exigeait que cette famille englobe des variables dont la fonction de densité est asymétrique (*voir la figure 7.8*) : en effet, les retards provoqués par l'imprévu et les vents adverses sont souvent plus longs que les avances dues à la bonne chance ou à un Éole collaborateur.

Cette exigence d'asymétrie excluait le modèle normal, car toute variable normale est distribuée symétriquement par rapport à sa valeur centrale, laquelle en est à la fois le mode, la médiane et la moyenne. Le choix se porta sur la famille des variables de distribution bêta : on y retrouve, entre autres, des variables aléatoires unimodales prenant leurs valeurs dans un intervalle précisé [*opt*; *pess*], les bornes *opt* et *pess* représentant respectivement la plus courte et la plus longue des durées concevables, celles observées quand tout va bien ou

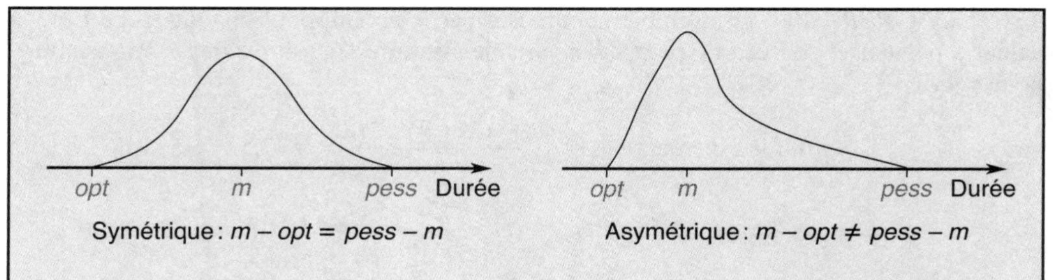

FIGURE 7.8
Fonctions de densité symétrique et asymétrique

quand tout va mal. Les paramètres de la loi bêta sont choisis de façon que leur espérance mathématique (on dit aussi leur moyenne) μ s'obtienne comme une somme pondérée du mode *m* et des valeurs extrêmes *opt* et *pess* (*voir le graphique de droite de la figure 7.8*) :

$$\mu = \frac{opt + 4\,m + pess}{6}. \tag{9}$$

On convient également que l'écart type σ se calcule selon la formule suivante :

$$\sigma = \frac{pess - opt}{6}. \tag{10}$$

Qu'on puisse fixer *a priori* une valeur extrême *pess* est considéré par certains comme un excès d'optimisme ; c'est, en effet, présumer que, même si les problèmes se multiplient et les délais s'additionnent, la tâche sera nécessairement complétée dans un délai d'au plus *pess* périodes. Il est concevable que, lorsque tout va vraiment mal, une tâche ne puisse être menée à terme : la durée en serait alors aussi longue que l'on veut… pour ne pas dire infinie. Une telle situation ne présente aucun intérêt pratique, car il est évidemment inutile de planifier l'ordonnancement des différentes tâches d'un projet si l'une d'entre elles ne peut être complétée. On conviendra donc que chacune des tâches considérées admet une durée maximale au-delà de laquelle elle ne peut se prolonger.

Revenons à l'exemple du tableau 7.2 et supposons cette fois que les durées des différentes tâches sont incertaines ou, comme le disent les statisticiens, aléatoires. Le tableau 7.7 donne, pour chaque tâche, trois **durées** : la première, qualifiée d'**optimiste**, indique combien de périodes au minimum seront nécessaires pour compléter la tâche, même si tout va bien ; la deuxième, notée *m* (pour **modale**), est la durée **la plus probable** ; la dernière, qualifiée de **pessimiste**, correspond à la durée maximale, c'est-à-dire lorsque rien ne fonctionne correctement et que les retards s'accumulent.

TABLEAU 7.7
Projet abstrait : version *PERT*

Tâche	Sommets		Durée		
			opt	***m***	***pess***
T	1	3	5	7	12
U	1	2	3	4	5
W	2	3	1	4	7
X	3	4	3	5	7
Y	2	4	4	6	8
Z	4	6	5	8	14
R	2	5	3	4	7
S	5	6	4	6	11
F	4	5	0	0	0

L'analyse *PERT* d'un tel exemple commence par le calcul, pour chaque tâche t, de la valeur espérée μ_t et de l'écart type σ_t de la variable aléatoire D_t, « durée de t ». Par exemple, pour la tâche T,

$$\text{durée espérée} = \mu_T = \frac{5 + (4 \times 7) + 12}{6} = 7{,}5$$

$$\text{écart type de la durée} = \sigma_T = \frac{12 - 5}{6} = 1{,}167.$$

On détermine ensuite les moments espérés au plus tôt et au plus tard en appliquant aux durées espérées les algorithmes de la section 7.3. Par exemple (*voir la figure ci-après*) :

$$\begin{aligned}
E(2) &= E(1) + \mu_U = 0 + 4 &&= 4\\
E(4) &= \max\{E(2) + \mu_Y\,;\, E(3) + \mu_X\} = \max\{4 + 6\,;\, 8 + 5\} &&= 13\\
L(4) &= \min\{L(5) - \mu_F\,;\, L(6) - \mu_Z\} = \min\{15 - 0\,;\, 21{,}5 - 8{,}5\} &&= 13.
\end{aligned}$$

La marge d'une tâche se calcule comme dans le cas déterministe. Par exemple :

$$\begin{aligned}
\text{marge de U} &= L(2) - E(1) - \mu_U &&= 4 - 0 - 4 &&= 0\\
\text{marge de S} &= L(6) - E(5) - \mu_S &&= 21{,}5 - 13 - 6{,}5 &&= 2.
\end{aligned}$$

Le réseau comporte 4 **tâches** de marge nulle, soit U, W, X et Z, qui seront qualifiées de **critiques**. Tout chemin formé de tâches critiques échelonnées entre le premier et le dernier sommet est dit **chemin critique**. Dans notre exemple, U → W → X → Z est l'unique chemin critique.

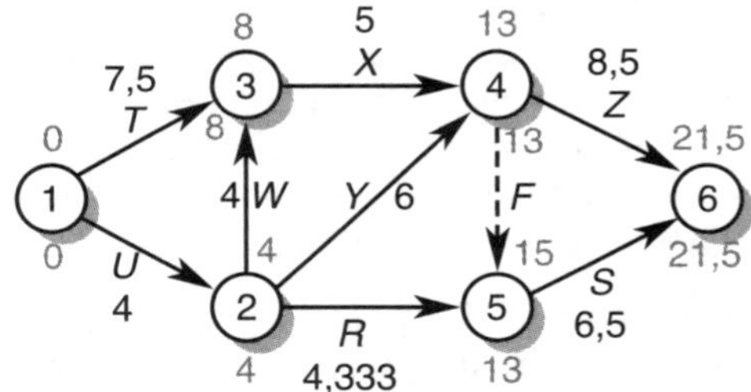

La durée totale, ou **longueur**, D d'un tel chemin est une variable aléatoire égale à la somme des durées des différentes tâches qui le constituent :

$$D = D_U + D_W + D_X + D_Z$$

où, par exemple, D_U dénote la durée de la tâche U. La longueur espérée du chemin U → W → X → Z est donc

$$\begin{aligned}
E(D) &= \mu_U + \mu_W + \mu_X + \mu_Z\\
&= 4 + 4 + 5 + 8{,}5\\
&= 21{,}5.
\end{aligned}$$

Pour calculer l'écart type de la longueur D, il faut soit introduire explicitement la covariance entre les durées des différentes tâches, soit admettre l'hypothèse que ces durées sont des variables aléatoires indépendantes. Pour des raisons de commodité, il est d'usage de retenir cette dernière approche. Nous discutons à l'annexe 7A du réalisme, du bien-fondé de cette hypothèse. Mais, pour l'instant, indiquons quelles informations on peut en tirer. Tout d'abord, il en résulte que la variance de D s'obtient comme la somme des variances des durées des tâches formant le chemin :

$$\begin{aligned}\text{Var}(D) &= \text{Var}(D_U) + \text{Var}(D_W) + \text{Var}(D_X) + \text{Var}(D_Z)\\ &= \left(\frac{5-3}{6}\right)^2 + \left(\frac{6}{6}\right)^2 + \left(\frac{4}{6}\right)^2 + \left(\frac{9}{6}\right)^2\\ &= 3{,}8056\\ \sigma_D &= \sqrt{3{,}8056} = 1{,}9508.\end{aligned}$$

De plus, il suit du théorème de limite central[6] que D obéit approximativement à une loi normale, ce qui permet d'estimer la probabilité pour que la durée totale du chemin dépasse une valeur fixée. Par exemple,

$$\begin{aligned}\text{P}(D > 24) &= \text{P}\left(\frac{D-21{,}5}{1{,}9508} > \frac{24-21{,}5}{1{,}9508}\right)\\ &= \text{P}(\text{Z} > 1{,}282)\\ &= 10\ \%.\end{aligned}$$

Cette probabilité s'obtient à partir d'une table de loi normale centrée réduite, ou encore à l'aide d'un tableur. Ainsi, dans Excel, la formule

=1-LOI.NORMALE.N(24;21,5;3,80556^0,5;1)

renvoie la valeur 0,1000028.

Nous venons de montrer qu'il y a 10 % de chances pour que les tâches U, W, X et Z, exécutées dans cet ordre, exigent plus de 24 périodes pour leur parachèvement. La probabilité pour que le projet, dans son ensemble, nécessite plus de 24 périodes est donc, au minimum, de 10 %.

Pourrait-on être plus précis et calculer cette probabilité, au lieu d'affirmer simplement qu'elle est de 10 % ou plus ? Malheureusement, pour la majorité des projets réels, la réponse est négative. Illustrons, toujours à l'aide du même exemple, les difficultés que nous devrions surmonter pour déterminer la probabilité cherchée.

Le projet s'étalera sur plus de 24 périodes, dès que l'un des chemins menant du sommet 1 au sommet terminal 6 du réseau sera de longueur supérieure à 24. Outre le chemin critique U → W → X → Z déjà considéré, un seul chemin, soit T → X → Z, est susceptible en pratique de retarder le projet au-delà de 24 périodes[7]. La probabilité pour que la durée totale du projet dépasse 24 périodes est donc égale, en première approximation, à celle de l'événement « $D > 24$ ou $D' > 24$ », où D' est la longueur du chemin T → X → Z. Cet événement composite peut se réaliser de plusieurs façons : un seul ou les deux chemins considérés peuvent être de longueur supérieure à 24. De plus, les longueurs D et D' ne sont pas des variables indépendantes, puisque les deux chemins ont des tâches en commun. Pour déterminer P($D > 24$ ou $D' > 24$), on devra faire intervenir explicitement les durées des différentes tâches composant les chemins, ce qui implique des calculs enchevêtrés et fastidieux. Dans un projet lilliputien comme celui utilisé ici à titre d'exemple, on saurait, avec un peu d'efforts, obtenir la probabilité cherchée. Mais dans les projets réels, les chemins du type T → X → Z, qualifiés de

---

6. En toute rigueur, on ne devrait pas invoquer ici le théorème de limite central, le nombre de termes indépendants composant la somme D étant trop faible. Dans les projets pratiques, le nombre de tâches constituant un chemin critique est le plus souvent suffisamment élevé pour justifier le recours à ce théorème : en effet, la longueur D du chemin est alors la somme d'un grand nombre de variables, supposées indépendantes, et sa fonction de densité peut être approchée par celle d'une loi normale.

7. En adaptant la méthode utilisée dans le cas de la longueur D du chemin critique, on vérifie facilement que $\text{P}(D' > 24) = 6{,}8\ \%$, où $D' = D_T + D_X + D_Z$.

quasi critiques, se multiplient, et le calcul des probabilités liées à la durée totale du projet s'avère inextricable. La simulation permet toutefois d'estimer ces probabilités – on trouvera à la section 8.2.4 un exemple de recours à la simulation pour évaluer l'impact des chemins quasi critiques sur la durée minimale d'un projet; le cas du projet abstrait est traité dans l'exercice de révision 2 de la section 8.2.

Lorsqu'on s'interroge sur la durée totale d'un projet, on convient généralement de ne tenir compte explicitement que du chemin critique; si d'aventure il y en a plusieurs, on retient uniquement celui dont la longueur admet la variance la plus élevée. Évidemment, les résultats numériques ainsi obtenus risquent de n'être que des approximations des valeurs réelles.

De façon générale, les résultats obtenus par la méthode *PERT* devront être interprétés avec grande circonspection: en effet, les différentes hypothèses sous-jacentes sont souvent satisfaites de façon fort imparfaite dans les projets pratiques; de plus, les algorithmes de calcul utilisés constituent une simplification des procédures exactes dérivées théoriquement du modèle, lesquelles sont trop complexes pour être mises en œuvre. Nous discutons à l'annexe 7A de l'impact sur la pertinence du modèle *PERT* de tous ces raccourcis et accommodements.

Les réseaux considérés dans les sections précédentes présument que l'on peut énumérer à l'avance la liste des tâches, que les prédécesseurs d'une tâche donnée sont connus à l'avance et doivent être tous complétés avant que ne démarre cette tâche. Divers auteurs ont cherché à assouplir ces contraintes. Par exemple, on a considéré des modèles où l'on admet des relations entre les tâches de l'un ou l'autre des types suivants:

(FD ; n) la tâche t' doit démarrer au moins n périodes après la fin de t

(DD ; n) la tâche t' doit démarrer au moins n périodes après le début de t

(FF ; n) la fin de t' doit survenir au moins n périodes après celle de t

(DF ; n) la fin de t' doit survenir au moins n périodes après le début de t.

Notons que la relation de prédécesseur immédiat considérée dans les sections précédentes est du type (FD; 0). Le modèle *Decision CPM* de Crowston et Thompson[8] va plus loin: il intègre au réseau des nœuds de décision, c'est-à-dire des nœuds dont un seul des arcs qui en émanent sera choisi. De tels nœuds de décision permettent de traiter les projets où certaines tâches peuvent être effectuées de plusieurs façons et où l'on cherche à la fois l'ordonnancement des tâches et la façon la plus rentable de les accomplir. Les nœuds de décision offrent également le choix entre exécuter ou omettre une tâche donnée. Par exemple, dans un projet de recherche et développement, un échec lors des tests signifie que le produit doit être revu et éventuellement modifié, tandis qu'un succès permet de passer à la phase suivante. Divers modèles, tel le *GERT*[9], traitent ces situations aléatoires à l'aide de nœuds probabilistes. Ces différentes extensions offrent une plus grande flexibilité, mais sont plus complexes à utiliser. Aucune n'a supplanté les modèles *CPM* et *PERT*, qui continuent à être largement employés.

La construction du réseau présuppose que nous avons réussi à décomposer le projet en tâches bien délimitées, entre lesquelles les relations de prédécesseur et de successeur sont bien définies. Tous les modèles, quantitatifs ou autres, exigent que la réalité soit ainsi circonscrite dans un cadre conceptuel plus ou moins rigide. L'essentiel est que ce processus ne trahisse

---

8. W. Crowston et G.L. Thompson, « Decision CPM : A Method for Simultaneous Planning, Scheduling and Control of Projects », *Operations Research*, vol. 15, 1967, p. 407-426.

9. A.A.B. Pritsker et W.W. Happ, « GERT : Graphical Evaluation and Review Technique, Part I : Fundamentals, Part II : Probabilistic and Industrial Engineering Applications », *Journal of Industrial Engineering*, vol. XVII, 1966. Voir aussi le volume de A.A.B. Pritsker, *Modeling and Analysis Using Q-GERT Networks*, John Wiley & Sons, 1977.

pas le problème à analyser, que les aspects clés sur lesquels seront basées les décisions soient représentés fidèlement dans le modèle. Les modèles de réseaux en gestion de projets offrent un compromis intéressant. Ils décrivent graphiquement les interrelations entre les tâches du projet, ce qui permet au gestionnaire de visualiser le projet dans sa globalité ; de plus, les logiciels fournissent à faible coût les principaux résultats numériques dont le gestionnaire a besoin pour gérer le projet. Par contre, certains aspects de la réalité leur échappent. Pour obtenir plus de réalisme, il faudrait accepter une plus grande complexité. Les modèles de réseaux allient simplicité et efficacité ; utilisés à bon escient, ils sont fort utiles dans la gestion des projets.

Exercices de révision

1. *PERT*-1

Considérons à nouveau le projet analysé à l'exercice de révision 1 de la section 7.3, mais supposons cette fois que les durées des différentes tâches soient incertaines et que les valeurs optimistes (*opt*), les plus probables (*m*) et pessimistes (*pess*) soient celles données au tableau suivant.

Tâche	P. I.	Durée (en jours)			Tâche	P. I.	Durée (en jours)		
		opt	*m*	*pess*			*opt*	*m*	*pess*
A	–	5	8	11	H	C	4	7	11
B	A	2	2	3	I	D	6	8	10
C	A	4	6	8	J	G, H, I	6	10	21
D	A	3	6	8	K	C	6	7	8
E	B	6	7	8	L	K	4	6	8
F	B	3	4	6	M	J, L	4	5	9
G	E, F	3	4	5					

(a) Calculer la durée espérée de chaque tâche.

(b) Calculer la durée espérée minimale du projet.

(c) Calculer la marge de chaque tâche. Déterminer le ou les chemins critiques.

2. *PERT*-2

Soit un projet dont les relations d'antériorité et les durées sont données au tableau suivant.

Tâche	P. I.	Durée (en jours)			Tâche	P. I.	Durée (en jours)		
		opt	*m*	*pess*			*opt*	*m*	*pess*
A	–	4	5	6	G	E	3	4	5
B	A	2	2	3	H	E	2	3	4
C	A	3	3	3	I	F, G	2	3	5
D	A	4	5	8	J	F, G, H	3	6	10
E	B, C	3	4	5	K	I	2	2	3
F	C, D	3	5	7	L	J, K	5	8	13

(a) Calculer, pour chaque tâche t, la valeur espérée μ_t et l'écart type σ_t de la variable D_t, « durée de t ».

(b) Tracer un réseau qui représente ce projet et calculer la durée espérée minimale du projet.

(c) Déterminer l'unique chemin critique. Calculer la valeur espérée et l'écart type de la variable D représentant la longueur de ce chemin.

(d) Calculer la probabilité pour que la durée totale du projet excède 33 périodes.

3. *PERT-3*

Soit un projet dont les relations d'antériorité et les durées sont données au tableau suivant.

Tâche	P. I.	Durée (en jours)			Tâche	P. I.	Durée (en jours)		
		opt	*m*	*pess*			*opt*	*m*	*pess*
A	–	2	3	5	E	F, H	6	7	9
B	A	3	4	6	F	G	7	8	11
C	B, H	4	5	7	G	–	8	9	12
D	H	13	14	15	H	–	9	11	12

(a) Calculer, pour chaque tâche t, la valeur espérée μ_t et l'écart type σ_t de la variable D_t, « durée de t ».

(b) Tracer un réseau qui représente ce projet et calculer la durée espérée minimale du projet.

(c) Déterminer tous les chemins critiques. Pour chacun, calculer la valeur espérée μ_i et l'écart type σ_i de la variable D_i, « longueur du chemin critique numéro i »; calculer également la probabilité pour que D_i soit supérieure ou égale à 26 périodes.

***(d)** Que peut-on dire de la probabilité pour que le projet soit achevé en 26 périodes ou plus ?

Problèmes

1. Modifications à apporter à un réseau

Indiquer en quoi le réseau suivant n'est pas conforme à la description qui suit. Puis, indiquer quelles modifications il faudrait apporter au réseau pour le rendre conforme à la description.

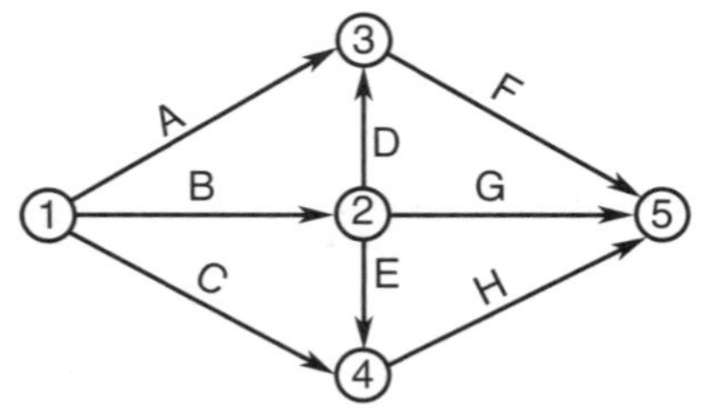

Tâche	A	B	C	D	E	F	G	H
P. I.	–	–	–	B	B	A, D, H	B	C, E

2. Énumération des chemins d'un réseau

Retrouver, dans le réseau suivant, tous les chemins possibles. Calculer la durée de chacun et indiquer le chemin critique.

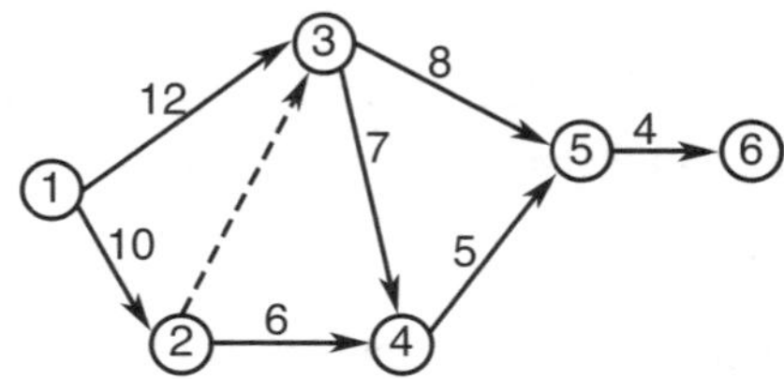

3. Chemin critique

Soit un projet dont les tâches satisfont aux relations de prédécesseurs indiquées au tableau suivant.

Tâche	L	M	G	H	S	T
P. I.	–	L	M	M	T, G, H	L
Durée	3	2	5	1	3	4

(a) Tracer un réseau pour représenter ce projet.

(b) Calculer la date d'achèvement au plus tôt du projet.

(c) Déterminer un chemin critique.

4. Moments au plus tôt et au plus tard

Soit un projet dont les tâches satisfont aux relations de prédécesseurs indiquées au tableau suivant.

Tâche	L	M	N	H	S	T	P
P. I.	–	L	L	M, N	M, H	N	S, H, T
Durée	8	5	4	6	7	9	12

(a) Tracer un réseau pour représenter ce projet.

(b) Calculer les moments au plus tôt ES et EF de chaque tâche.

(c) Calculer les moments au plus tard LS et LF de chaque tâche.

(d) Déterminer un chemin critique.

5. Marge des tâches

Soit un projet dont les tâches satisfont aux relations de prédécesseurs indiquées au tableau suivant.

Tâche	A	B	C	D	E	F	G	H
P. I.	–	A	A	A	B	B, C, D	B	E, F
Durée	3	4	6	2	7	12	8	7

(a) Tracer un réseau pour représenter ce projet.

(b) Trouver le(s) chemin(s) critique(s).

(c) Calculer les marges des tâches F et G.

6. Suppression d'une tâche

Soit un projet dont les tâches satisfont aux relations de prédécesseurs indiquées au tableau suivant.

Tâche	A	B	C	D	E	F
P. I.	–	A	A	B	D	C
Durée	5	4	3	6	7	8
Tâche	G	H	I	J	K	L
P. I.	E, F	F	F	H, I	J, G	K
Durée	4	5	4	6	7	2

(a) Tracer un réseau pour représenter ce projet.

(b) Trouver le chemin critique.

(c) La durée minimale du projet serait-elle modifiée si la tâche J était supprimée, K admettant alors H, I et G comme prédécesseurs immédiats ? Quels seraient alors le ou les chemins critiques ?

7. Modification de la durée des tâches et chemin critique

Le réseau suivant représente un projet comportant huit tâches. Les nombres reportés sur les arcs désignent la durée (en jours) des tâches correspondantes.

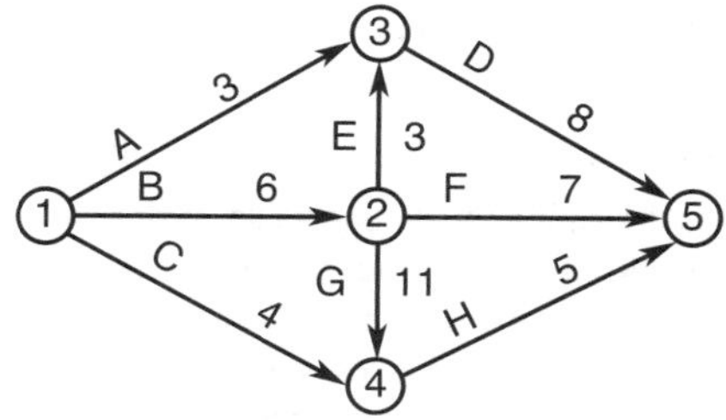

(a) De combien de jours faudrait-il modifier la durée de la tâche A pour qu'elle appartienne à un chemin critique ?

(b) De combien de jours faudrait-il modifier la durée de G pour qu'elle ne fasse plus partie d'un chemin critique ?

(c) Les tâches B, G et H constituent un chemin critique, dont la durée est de 22 jours. Si l'on décidait d'augmenter la durée de B et de diminuer celle de H d'un même nombre de jours, jusqu'où pourrait-on poursuivre cette opération tout en gardant B $\rightarrow$ G $\rightarrow$ H comme chemin critique ?

8. Tâche critique

Le réseau suivant représente un projet comportant onze tâches. Les nombres reportés sur les arcs désignent la durée (en jours) des tâches correspondantes.

Quelle devrait être la durée minimale de K pour que cette tâche appartienne à un chemin critique ?

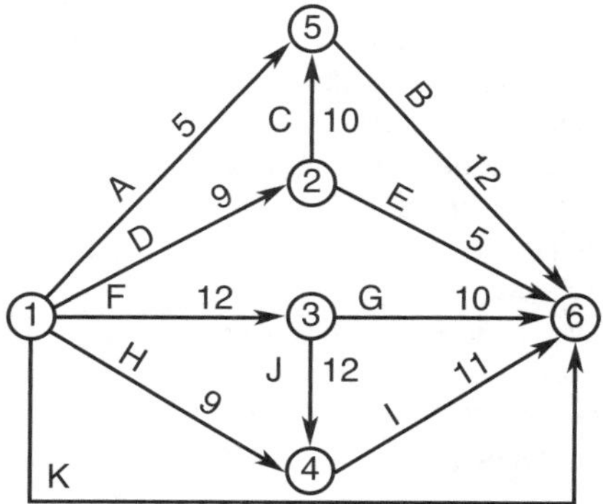

9. Chemin critique et modèle linéaire

Le réseau qui suit représente un projet comportant neuf tâches. Les nombres reportés sur les arcs désignent la durée (en jours) des tâches correspondantes.

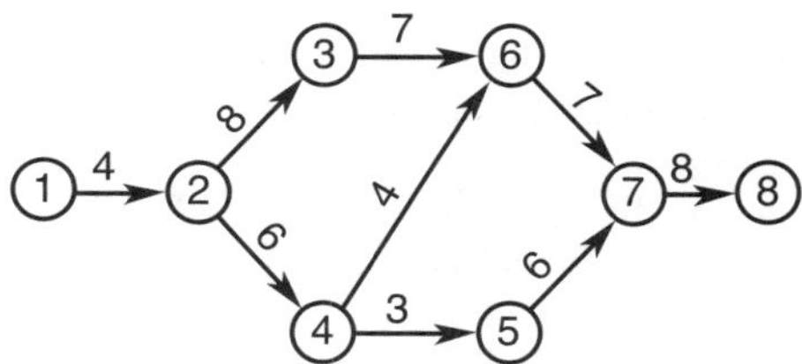

(a) Déterminer les tâches dont la marge est nulle.

(b) Déterminer l'unique chemin critique de ce projet.

***(c)** Déterminer ce chemin critique grâce à un modèle linéaire de recherche du chemin le plus long.

10. Hydro-Québec[10]

Un client industriel d'Hydro-Québec déplorait que la fréquence des pannes sur le réseau électrique alimentant son usine était anormalement élevée et notait que ces pannes provoquaient des chutes de tension nuisibles à ses procédés de production. Hydro-Québec s'engagea à effectuer les travaux nécessaires à la résolution du problème.

Code	Description	P. I.	Durée
A	Offre de services au client et entente	–	21
B	Mandat d'analyse fonctionnelle	A	5
C	Analyse d'installations similaires et historique	B	24
D	Délai : établissement de la liste des fournisseurs	B	10
E	Étude des installations du client	B	24
F	Révision du mandat pour diagnostic	B	24
G	Analyse fonctionnelle des besoins	B	14
H	Mandat d'ingénierie	D	26
I	Collecte d'information et dessins existants	G	19
J	Relevés de l'existant	G	14
K	Rapport diagnostique	F	10
L	Établissement de la liste des fournisseurs d'ingénierie	C, E	10
M	Délai : début des schémas avant l'analyse comparative	I	13
N	Schémas des concepts et tableaux	H, I, J, K, L	16
O	Analyse comparative des divers scénarios	H, K, L, M	11
P	Dessins d'implantation (génie civil)	N, O	31
Q	Délai : début des dessins avant estimation et tableaux	O	15
R	Estimation des qualités et des coûts	N, Q	21
S	Tableaux comparatifs des concepts	N, Q	21
T	Analyse de risque	P	23
U	Analyse de la valeur	O, S, T	10
V	Révision des dessins de la solution retenue	R, T	21
W	Rapport technique	U, V	10
X	Estimation des quantités et des coûts	W	10
Y	Rapport d'avant-projet	X	20
Z	Recommandation du projet	Y	60

La réparation proprement dite des installations physiques fut précédée d'une « étude d'avant-projet » dont les objectifs étaient d'analyser l'état des câbles et des structures souterraines alimentant l'usine du client, de poser un diagnostic et, enfin, d'explorer les solutions envisageables. L'étude d'avant-projet fut décomposée en 26 tâches, qui sont énumérées au tableau ci-contre : celui-ci donne, pour chaque tâche, la liste de ses prédécesseurs immédiats (P. I.) ainsi que sa durée (en jours).

Construire un réseau pour représenter cet avant-projet. Combien de jours ouvrables exige-t-il et quelles en sont les tâches critiques ? Calculer les marges des tâches non critiques.

11. Planification familiale en Tataouine

Ce projet a pour but de maîtriser la croissance démographique dans la région de Tataouine en Tunisie. En effet, l'analyse des indicateurs démographiques des différents gouvernorats montre que celui de Tataouine présente les plus hauts taux de fécondité, de natalité et d'accroissement naturel de tout le pays. Une analyse plus approfondie a relevé que l'insuffisance des services de planification familiale, ainsi que la faible utilisation des méthodes contraceptives sont à l'origine de cette fécondité.

L'objectif du projet est de réduire l'Indice synthétique de fécondité de 5,5 à 4,8. La mise en place de toutes les ressources humaines et matérielles, ainsi que l'élaboration des supports de communication se fera pendant le premier semestre du projet. Le démarrage effectif des activités de planification familiale et d'information, d'éducation, de communication aura lieu à partir du deuxième semestre. La supervision débutera dès le démarrage des activités du terrain jusqu'à la fin du projet, selon un calendrier préétabli. Les ressources humaines et matérielles nécessaires pour mener à bien le projet sont les suivantes.

- Une équipe de six personnes sera constituée pour la gestion du projet ; elle sera formée de fonctionnaires de l'ONFP à un niveau central. La direction du projet sera au sein de la direction de la santé familiale.
- On aura recours à des personnes-ressources pour les activités de formation, la production des supports de sensibilisation et l'évaluation du projet.
- Des infirmières, des éducatrices, des sages-femmes de supervision et des chauffeurs sont nécessaires pour les activités de terrain.
- Des véhicules, du matériel médical et d'éducation, des contraceptifs et du matériel de formation sont les principales ressources matérielles du projet.

Le projet se décompose en 13 macrotâches :

A Démarrer le projet

B Recruter le personnel

10. Cet exemple fut élaboré à partir de données fournies par Michel Blouin et Luc Lamy de la division P.E.C.C. et Support, région Saint-Laurent. Certains éléments ont cependant été modifiés afin de simplifier le problème. En particulier, le projet réel utilisait des relations de prédécesseurs avec délais entre les tâches, du type décrit à la fin de la section 7.5. Des « tâches » D, M et Q, représentant des délais, ont été ajoutées dans la présente formulation, afin de restreindre au seul type (FD ; 0) les relations entre tâches et de permettre ainsi de calculer la durée minimale du projet et les marges à l'aide des outils mathématiques décrits à la section 7.3.

C Former les infirmières
D Équiper les centres en véhicules et en matériel
E Approvisionner les nouveaux points de services en contraceptifs
F Démarrer les activités de planification familiale
G Superviser les activités de planification familiale
H Former les éducateurs et les éducatrices
I Fournir le matériel éducatif nécessaire au personnel
J Diffuser les émissions de radio et les messages publicitaires
K Diffuser un sketch radiophonique pour les hommes
L Faire des rencontres pour les femmes
M Faire des rencontres pour les hommes.

Le démarrage du projet, A, consiste à constituer l'équipe, à établir des contacts avec les partenaires potentiels et à mettre en place un système d'information de gestion dans l'analyse du projet. Les autres macrotâches sont décomposées en tâches, qui sont décrites au tableau de la page suivante, avec leurs prédécesseurs immédiats et leur durée (en jours).

Construire un réseau pour représenter ce projet. Déterminer la durée minimale du projet, ainsi que tous les chemins critiques. Calculer les marges des différentes tâches.

12. Belladone

Belladone veut remettre à neuf son système de récupération et de traitement des eaux usées. Voici une description du réseau des tâches envisagées, ainsi que les coûts à assumer pour accélérer certaines tâches.

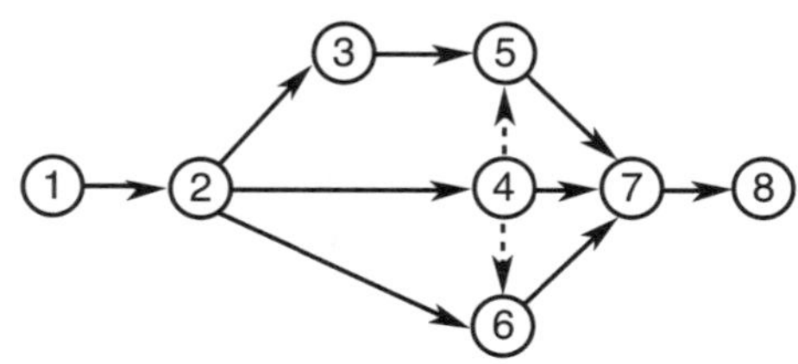

Tâche	Durée normale (en jours)	Accélération maximale (en jours)	Coût d'accélération (en $/jour)
1-2	12	0	–
2-3	4	1	500
2-4	16	4	200
2-6	14	0	–
3-5	24	6	300
4-7	4	0	–
5-7	32	14	100
6-7	10	5	800
7-8	2	0	–

(a) Donner le chemin critique.

(b) Combien en coûterait-il au minimum pour accélérer la durée du projet de 1 jour ? de 2 jours ?

(c) Calculer la durée minimale du projet si l'on ne tient pas compte des coûts à assumer.

13. Implantation d'un progiciel de gestion de la paie et des ressources humaines

Une entreprise en forte croissance éprouvait des problèmes dans ses services de la paie et des ressources humaines. En effet, les systèmes associés à la paie avaient atteint leurs limites et ne permettaient plus de suivre la croissance. Quant aux systèmes de gestion des ressources humaines, ils étaient hétéroclites, nécessitant trop souvent des opérations manuelles longues et lourdes. En 1997, la vice-présidence du service des ressources humaines décidait d'acheter un progiciel, dont quatre modules seraient implantés : Ressources humaines, Avantages sociaux, Saisie du temps et Paie.

Le projet comportait deux phases d'implantation : la phase 1 devait être consacrée à la solution des problèmes du traitement de la paie et visait entre autres à éliminer les difficultés liées au passage à l'an 2000 ; la phase 2 devait résoudre les besoins de gestion des ressources humaines. Préalablement à ces deux phases, une étude préliminaire de trois mois était prévue afin de confirmer le déroulement de chacune des phases et de dresser la liste des modifications qui devraient être apportées au progiciel pour l'adapter aux besoins particuliers de l'entreprise.

Afin de ne pas compromettre l'échéancier global du projet, la vice-présidence des ressources humaines exigea que l'étude préliminaire soit réalisée en trois mois, soit 60 jours ouvrables. Le tableau de la page 355 énumère les différentes tâches à accomplir durant cette étude préliminaire. Il donne, pour chaque tâche, la liste de ses prédécesseurs immédiats (P. I.) ainsi que sa durée (en jours).

Le démarrage du projet se décomposait en trois tâches : planifier le projet de façon détaillée, rassembler les intervenants pour le lancement officiel du projet et démarrer la négociation du contrat avec le fournisseur de services.

L'approche d'analyse retenue consistait à comparer les processus d'affaires de l'entreprise avec ceux que proposait le progiciel. La première étape portait donc sur les écarts. Ensuite, pour chacun des écarts, il s'agissait de trouver des solutions : changement des façons de faire de l'entreprise, adaptations du progiciel, etc. Les processus à analyser avaient été regroupés de façon à suivre les modules du progiciel : Ressources humaines, Avantages sociaux, Saisie du temps et Paie. Afin de repérer correctement les écarts, l'analyse devait se faire dans cet ordre. Par exemple, il était nécessaire d'avoir repéré les écarts dans le champ des ressources humaines avant de s'intéresser à ceux liés aux avantages sociaux. Par contre, il n'était pas nécessaire d'avoir trouvé une solution pour chaque écart observé avant de passer à l'analyse des processus du module suivant.

PROBLÈME 11

Planification familiale en Tataouine

Code	Description	P. I.	Durée
A	Démarrer le projet	–	15
B1	Personnel : établir les critères de sélection	A	2
B2	Personnel : préparer et faire paraître les annonces	B1	2
B3	Personnel : traiter les dossiers	B2	10
B4	Personnel : embaucher	B3	10
C1	Infirmières, 1re session : organiser la session de formation	B4	3
C2	Infirmières, 1re session : donner la formation théorique	C1	20
C3	Infirmières, 1re session : donner le stage pratique	C2	40
C4	Infirmières, 1re session : évaluer les connaissances acquises	C3, I4	1
C5	Infirmières, 2e session : organiser la session de formation	C4, D3, H2	3
C6	Infirmières, 2e session : donner la formation théorique	C5	20
C7	Infirmières, 2e session : donner le stage pratique	C6	40
C8	Infirmières, 2e session : évaluer les connaissances acquises	C7	1
D1	Véhicules et matériel : déterminer les types et les quantités	A	5
D2	Commander et réceptionner le matériel	D1	80
D3	Distribuer l'équipement	D2	10
E1	Établir les besoins en contraceptifs	A	1
E2	Acheter les contraceptifs	E1	80
E3	Distribuer les contraceptifs	E2	606
F1	Organiser l'itinéraire des équipes mobiles	E1	1
F2	Dispenser les services de planification familiale	F1	600
G1	Affecter une sage-femme de supervision supplémentaire	C4, D3, H2	1
G2	Planifier la supervision	G1	1
G3	Superviser	G2	595
H1	Organiser la session de formation des éducateurs et éducatrices	C1	3
H2	Dispenser la formation	H1	20
I1	Identifier les besoins en matériel éducatif	C1	1
I2	Sélectionner et imprimer les supports	I1	5
I3	Acheter télés, magnétos, trousses	I2	10
I4	Distribuer le matériel	I3	5
J1	Développer le contenu des émissions et des messages publicitaires	I4	10
J2	Produire les émissions et les messages publicitaires	J1	20
J3	Diffuser les émissions et les messages publicitaires	J2	620
J4	Évaluer la réception	C8, J3, K3	5
K1	Écrire le synopsis du sketch	B4	5
K2	Conclure un contrat de sous-traitance avec un réalisateur	K1	20
K3	Diffuser le sketch	K2	620
K4	Évaluer la réception	C8, J3, K3	5
L1	Planifier les rencontres pour les femmes	H2	2
L2	Faire les visites à domicile	L1	600
L3	Tenir les réunions de groupes	L1	600
M1	Informer les leaders d'opinion dans chaque village pour les impliquer	H2	5
M2	Identifier et impliquer des partenaires clés pour les rencontres	H2	10
M3	Faire les rencontres individuelles et de groupes avec les hommes	M2, M1	600

	Tâche	P. I.	Durée
	Démarrage		
A	Planification de l'étude préliminaire	–	7
B	Lancement du projet	A	3
C	Négociation du contrat	A	40
	Analyse des processus		
	Processus Ressources humaines		
D	Identification des écarts	B	8
E	Solutions aux écarts	D	3
	Processus Avantages sociaux		
F	Identification des écarts	D	6
G	Solutions aux écarts	F	3
	Processus Saisie du temps		
H	Identification des écarts	F	7
I	Solutions aux écarts	H	5
	Processus Paie		
J	Identification des écarts	H	8
K	Solutions aux écarts	J	4
	Élaboration des stratégies		
L	Stratégie de conversion	D, F, H, J	20
M	Stratégie d'essais	D, F, H, J	12
N	Stratégie de formation	D, F, H, J	7
O	Stratégie de communication	D, F, H, J	7
P	Architecture technologique	B	10
Q	Stratégie d'implantation	E, G, I, K, L M, N, O, P	12
	Installation du progiciel		
R	Installation des équipements	P	5
S	Installation du progiciel	C, R	5
	Planification des phases à venir		
T	Planification détaillée Phase 1	Q	5
U	Planification globale Phase 2	Q	3

Après avoir analysé les processus, il était nécessaire d'élaborer des stratégies: conversion, essais, formation et communication. La mise en œuvre de ces stratégies ne pouvait débuter avant que les écarts pour chacun des processus aient été repérés. L'architecture technologique pouvait être élaborée concomitamment aux analyses des processus et à l'élaboration des stratégies. La stratégie d'implantation, un document qui précise le contenu de chaque phase, décrivait comment devait se dérouler la transition entre l'ancien et le nouveau système. Pour pouvoir l'élaborer, il fallait qu'il n'y ait plus d'inconnue: tous les écarts devaient être résolus et toutes les stratégies devaient être élaborées.

Il était alors possible de planifier de façon détaillée la phase 1, qui devait démarrer aussitôt. La phase 2 ne débutant qu'un an plus tard environ, une planification globale suffisait.

(a) Construire un réseau pour représenter le projet et déterminer combien de jours exigera cette étude préliminaire.

(b) Donner tous les chemins critiques de ce projet.

(c) Calculer les marges des tâches C, D, E et M.

(d) Certaines tâches d'analyse des processus pouvaient être accélérées en faisant participer des utilisateurs. Ceux-ci pouvaient collaborer au projet sans formation préalable, car ils connaissaient bien le contexte de l'entreprise. Le coût de l'accélération de ces tâches était donc proportionnel à la durée de la collaboration des utilisateurs.

Tâche	Durée normale	Durée accélérée	Coût d'accélération (en k$/jour)
D	8	6	1
F	6	5	1,4
H	7	4	1,2
I	5	4	1
J	8	5	1,5

Exemple: La tâche H pouvait être accélérée de 0 à 3 jours et il en coûtait 1 200$ par jour d'accélération.

Certaines tâches de démarrage, d'élaboration de stratégies et de planification pouvaient être accélérées par l'ajout de consultants spécialisés en implantation de progiciels. Dans ce cas, il s'agissait d'un coût fixe: en effet, les consultants devaient se familiariser avec le contexte de l'entreprise et du projet, et il n'était pas envisagé de limiter leur intervention.

Tâche	Durée normale	Durée accélérée	Coût d'accélération (en k$)
A	7	5	5
L	20	14	15
M	12	10	6
O	7	5	5
P	10	7	7
Q	12	8	10
T	5	4	5
U	3	2	3

Exemple: Le recours à un consultant permettait d'accélérer la tâche L de 6 jours, à un coût de 15 000$. Ce montant devait être déboursé en entier si l'entreprise décidait d'utiliser un consultant dans le cadre de cette tâche.

Déterminer quelles tâches devaient être accélérées pour que l'étude soit complétée en 60 jours.

14. *CPM* et *PERT*

Soit un projet dont les tâches satisfont aux relations de prédécesseurs indiquées au tableau de la page suivante.

(a) Tracer un réseau pour représenter ce projet.

(b) Calculer la durée minimale de ce projet.

(c) Quelles sont les tâches critiques?

(d) À supposer que chacune des tâches de A à G (respectivement de AA à GG) puisse être accélérée de 1 période à un coût de 200$ (respectivement de 100$), indiquer comment compléter le projet en 100 périodes au moindre coût.

Tâche	P. I.	Durée	Tâche	P. I.	Durée
A	–	7	R	N	28
B	A	9	S	P, Q	5
C	A	4	T	R	5
D	B	12	U	N, O	2
E	A	12	V	S	8
F	D	7	W	T, U	2
G	D	8	X	U	2
H	E	14	Y	W, X	9
I	E	7	Z	Y	2
J	E	3	AA	Z	4
K	C	13	BB	Z	3
L	C	14	CC	Z	4
M	C	14	DD	Z	2
N	F, G	2	EE	AA, BB	6
O	H	9	FF	CC, DD	12
P	H, I, J	10	GG	EE, FF	5
Q	K, L, M	4			

(e) À supposer que les durées optimiste et pessimiste de chaque tâche soient d'une période de moins et d'une période de plus respectivement que la durée indiquée, celle-ci devenant la durée la plus probable, quelle serait la probabilité pour que le projet dure moins de 120 périodes ?

15. Cheminée d'épuration

Une firme d'ingénieurs a proposé à une entreprise de pâtes et papiers de construire et d'installer une cheminée d'épuration. Le tableau ci-dessous décrit ce projet : sous la rubrique « Durée normale » sont donnés, pour chaque tâche, le nombre de semaines requises de même que le coût (en milliers de dollars) si la tâche devait être exécutée au rythme le plus économique ; sous la rubrique « Compression » sont donnés, pour chaque tâche, la durée minimale (en semaines) ainsi que le coût additionnel (en k$/semaine) pour l'accélérer.

Tâche	Durée normale		Compression	
	Nombre de semaines	Coût (en k$)	Durée minimale	Coût additionnel
1-2	4	50	2	18
2-3	5	80	4	28
2-4	4	40	3	12
2-5	9	50	8	12
3-6	5	30	3	10
4-6	7	20	5	7,2
5-7	6	100	5	28
6-7	4	70	2	21,2

Le contrat qui lie la firme d'ingénieurs à l'entreprise comporte une clause d'honoraires variables selon la durée totale du projet. Cette clause se justifie par l'image de « bon citoyen corporatif » que mériterait l'entreprise en accédant promptement aux demandes des écologistes, qui réclament haut et fort qu'elle devance les dispositions d'une loi à l'étude en se conformant dès maintenant aux normes sévères de respect de l'environnement qui seront édictées. Le tableau suivant donne les honoraires (en k$) que recevrait la firme selon la durée du projet.

Durée (en sem.)	19	18	17	16	15	14
Honoraires	825	835	850	875	910	990

Quel échéancier la firme d'ingénieurs devrait-elle proposer ? Comment s'y prendra-t-elle pour arriver à cette proposition ?

16. Le choix entre deux types de compression

Le réseau suivant représente un projet comportant quatre tâches.

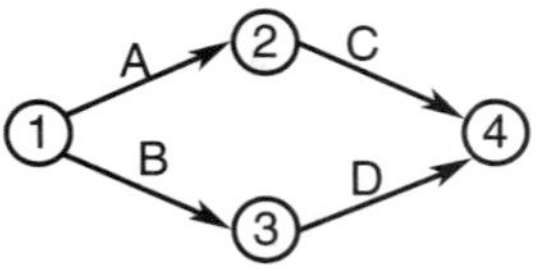

À chacune de ces tâches correspondent trois durées, selon que la tâche s'accomplit normalement, de façon « pressée » ou de façon accélérée. Le tableau suivant donne, pour chaque tâche, la durée et les dépenses selon le rythme auquel elle est exécutée.

Tâche	Durée normale	Durée pressée	Durée accélérée
A	3 mois : 1 M$	2 mois : 2 M$	1 mois : 4 M$
B	4 mois : 2 M$	3 mois : 4 M$	2 mois : 6 M$
C	5 mois : 3 M$	4 mois : 5 M$	2 mois : 7 M$
D	6 mois : 2 M$	5 mois : 4 M$	3 mois : 6 M$

Construire et résoudre un modèle linéaire indiquant comment procéder pour parachever ce projet le plus vite possible sans excéder le budget de 14 M$.

17. *PERT-4*

Soit un projet dont les tâches satisfont aux relations de prédécesseurs indiquées au tableau suivant.

Tâche	Prédécesseur(s) immédiat(s)	Durée (en jours)		
		opt	*m*	*pess*
A	–	6	9	15
B	–	9	12	14
C	A	2	4	6
D	A	5	7	11
E	B, C	4	5	7
F	E	8	12	16
G	D, F	5	7	9
H	E	4	5	8

(a) Tracer un réseau pour représenter ce projet.

(b) Pour chaque tâche t, calculer la valeur espérée μ_t et l'écart type σ_t de la variable aléatoire D_t, « durée de t ».

(c) Calculer les moments espérés au plus tôt et au plus tard des différentes tâches.

(d) Calculer la marge de chaque tâche. Lesquelles sont critiques ?

(e) Déterminer l'unique chemin critique du réseau. Calculer la valeur espérée μ_D et l'écart type σ_D de la longueur D de ce chemin.

(f) Quelle est la probabilité pour que le parachèvement du projet exige 42 jours ou plus ?

18. ***PERT*-5**

Soit un projet dont les tâches satisfont aux relations de prédécesseurs indiquées au tableau suivant.

Tâche	Prédécesseur(s) immédiat(s)	Durée (en semaines)		
		opt	*m*	*pess*
A	–	2	3	6
B	A	3	4	6
C	B, H, K	4	5	7
D	A	4	6	8
E	C, D	6	7	10
F	C	7	8	11
G	–	8	9	12
H	–	9	10	12
I	G	4	6	11
J	C, I	6	7	8
K	G	3	4	8

(a) Tracer un réseau pour représenter ce projet.

(b) Calculer les moments espérés au plus tôt et au plus tard des différents sommets.

(c) Déterminer l'unique chemin critique du réseau. Calculer la valeur espérée μ_D et l'écart type σ_D de la longueur D de ce chemin.

(d) Quelle est la probabilité pour que le projet soit parachevé en 30 semaines ou plus ?

19. ***PERT*-6**

Soit un projet dont les tâches satisfont aux relations de prédécesseurs indiquées au tableau suivant.

(a) Tracer un réseau pour représenter ce projet.

(b) Calculer les moments espérés au plus tôt et au plus tard des différents sommets.

(c) Déterminer tous les chemins critiques du réseau. Pour chacun, calculer la valeur espérée μ_i et l'écart type σ_i de la variable D_i, longueur du chemin critique numéro i; calculer également la probabilité pour que D_i soit supérieure ou égale à 32 périodes.

Tâche	Prédécesseur(s) immédiat(s)	Durée		
		opt	*m*	*pess*
A	–	9	12	16
B	–	5	7	9
C	–	9	11	13
D	A, B	2	4	6
E	A, B	3	5	6
F	B	6	7	8
G	B, C	4	6	8
H	B, C	9	10	12
I	D	11	14	16
J	D, E, F, G, H	7	9	10
K	H	6	7	8

(d) Que peut-on dire de la probabilité pour que le projet soit parachevé en 32 périodes ou plus ?

20. Gisement de kimberlite

Depuis longtemps, on a repéré au Canada des traces de kimberlite, la roche mère du diamant. Certes, on n'a pas encore trouvé l'équivalent du Cullinan, cette pierre de 621,2 grammes découverte le 26 janvier 1905 dans le Transvaal et qui a donné naissance, à Amsterdam, à 105 pierres gemmes, dont la plus grosse pèse 530,2 carats. Elle est connue maintenant comme la *Star of Africa* et brille de tous ses feux sur le sceptre royal britannique.

Il y a des indices de kimberlite en Abitibi, dans l'île Perrot, dans les Territoires du Nord-Ouest et dans le territoire de Nunavut, où des indices sérieux ont mené récemment à la mise en exploitation d'un gisement que l'on croit porteur de brillantes perspectives. Voici la liste des macrotâches qu'il faudra exécuter pour lancer l'exploitation du gisement.

A Étude d'impact environnemental
A' Démarches pour l'obtention du permis d'exploitation
B Ouverture d'une piste d'accès de 20 km
B' Érection de deux ponts sur la piste d'accès
C Transport à pied d'œuvre d'une foreuse-sondeuse
C' Installation de la foreuse-sondeuse
D Construction de bâtiments pour loger les ouvriers sondeurs
E Pavage de la piste d'accès
F Construction d'un canal d'adduction d'eau
G Travaux de sondage pour repérer les endroits propices où forer les puits
H Forage de deux puits
J Transport du matériel d'exploitation (monte-charges, matériel d'aération, etc.)
K Descente du matériel d'exploitation au fond des puits
L Construction des bureaux et des logements pour les mineurs
M Traçage des galeries
N Construction de la laverie et des tables de tri

Tâche	Prédécesseur(s) immédiat(s)	Durée (en jours)		
		opt	*m*	*pess*
A	A'	100	125	160
A'	–	100	110	130
B	A	90	100	120
B'	A	60	70	100
C	B, B'	10	12	15
C'	C	15	20	25
D	B, B'	20	30	35
E	B, B'	10	12	15
F	B, B'	30	35	50
G	D	40	50	75
H	G	100	120	200
J	E	30	40	60
K	J	10	15	25
L	E	75	90	100
M	L, K	60	75	80
N	E	30	40	55

(a) Tracer un réseau approprié.

(b) Calculer la durée espérée du projet. Déterminer un chemin critique.

(c) Quelle est la probabilité pour que le projet dure moins de 550 jours ?

(d) Sachant que les tâches A, A', B, B', D, E, G, H, J, K, L et M pourraient être accomplies chacune en 10 jours de moins en dépensant dans chaque cas 1 000$ par jour d'accélération, comment répartirait-on de façon optimale un budget de 100 000$ pour abréger le plus possible la durée espérée du projet ?

(e) Supposons que les tâches mentionnées en (d) puissent être abrégées de 15 jours en dépensant 1 000$ pour chacune des 5 premières journées gagnées, 2 500$ pour chacune des 5 suivantes et 5 000$ pour chacune des 5 dernières. Quelles sont les tâches à abréger et de combien de jours chacune si le budget total disponible pour la compression s'élève à 650 000$?

21. La vérification externe

Dans une monographie destinée aux experts-comptables états-uniens, Krogstad, Grudnitsky et Bryant ont fait une description du réseau des tâches associées à un projet de vérification externe d'une grande société. Un associé d'un cabinet canadien d'experts-comptables songe à s'inspirer de cet exemple pour planifier une mission de vérification récemment obtenue. Il prévoit faire la vérification des systèmes en cours d'exercice afin de réduire le délai de publication des états financiers vérifiés. Voici la liste des différentes tâches qui font partie de ce mandat.

- A Planification
- B Vérification du système Ventes-Clients-Encaissements
- C Vérification du système Achats-Fournisseurs-Décaissements
- D Vérification du système Salaires
- E Vérification du dénombrement des stocks
- F Mise en marche des procédés de vérification de fin d'exercice
- G Vérification des liquidités
- H Vérification de l'évaluation des stocks
- I Vérification des comptes clients
- J Vérification des autres actifs à court terme
- K Vérification des comptes fournisseurs
- L Vérification des autres charges et produits
- M Vérification des actifs immobilisés
- N Vérification des placements de portefeuille
- O Vérification des dettes à long terme
- P Obtention de la lettre de déclaration
- Q Révision du dossier de mission
- R Obtention de la lettre de confirmation d'avocat
- S Rédaction du rapport du vérificateur et des autres rapports
- T Préparation des déclarations fiscales
- U Rencontre associé, responsable et direction

Le tableau suivant décrit les relations de prédécesseurs immédiats entre ces tâches et donne leurs durées estimées par l'associé.

Tâche	Prédécesseur(s) immédiat(s)	Durée (en heures)		
		opt	*m*	*pess*
A	–	10	12	18
B	A	25	30	40
C	A	25	30	40
D	A	7	10	15
E	B, C	12	25	36
F	D, E	5	11	17
G	B, C	16	20	36
H	E	80	150	160
I	G	16	30	48
J	F	10	15	20
K	H	20	30	40
L	H, I, J	8	14	20
M	J	18	24	26
N	L	2	3	4
O	J	10	15	25
P	K, M, N, O	1	1	1
Q	K, M, N, O	15	20	30
R	K, L, M, O	1	1	1
S	P, Q, R	15	24	30
T	P, Q, R	18	24	30
U	S, T	5	6	7

(a) Construire un réseau pour représenter la mission de vérification.

(b) Déterminer la durée espérée de cette mission et indiquer un chemin critique.

(c) Si les trois durées associées à la tâche H pouvaient être diminuées de moitié, la durée espérée de la mission de vérification serait-elle raccourcie de 75 heures ? Pourquoi ?

CHAPITRE 8

La simulation

« Le hasard ne favorise que les esprits préparés. »

Louis Pasteur

Plan du chapitre

8.1 Les principes et les outils de la simulation

Les décideurs doivent souvent faire face à des situations complexes, dont la modélisation résiste aux techniques analytiques de la RO. Les différents modèles développés par les spécialistes de la RO reposent généralement sur des hypothèses plus ou moins contraignantes. Or, les problèmes réels, souvent, respectent ces hypothèses de façon imparfaite, et le recours à un modèle analytique implique une simplification de la réalité. La question est de savoir si le modèle donne une représentation suffisamment réaliste de la situation pour que les solutions qu'on en tire puissent être implantées concrètement et soient efficientes. Quand la réponse est négative, il faut écarter le modèle analytique. La simulation s'offre alors comme substitut.

Parfois, on utilise la simulation, même si un modèle analytique pertinent existe et qu'il pourrait répondre aux questions du gestionnaire. C'est que le modèle est complexe et exige le recours à un spécialiste extérieur à l'organisation, alors que le gestionnaire peut analyser lui-même la situation par le biais d'un modèle de simulation.

La simulation constitue une méthode d'examen des processus administratifs et opérationnels fréquemment utilisée. Les patients des cliniques de consultations externes et les arrivants en salles d'urgence, les visiteurs dans les édifices dont les ascenseurs sont programmables selon diverses affectations, les clients d'une caisse populaire qui attendent leur tour pour accéder à un guichet sont tous des gens qui sollicitent des services dont la simulation contribue à l'amélioration. Dans ce chapitre, nous expliquerons et illustrerons l'approche empruntée par la simulation et nous traiterons du rôle central qu'y jouent les nombres dits pseudo-aléatoires. Plusieurs des exemples présentés ne seront, par souci pédagogique, habillés que de quelques-unes des contingences habituelles du quotidien d'un gestionnaire. Une fois les concepts de base maîtrisés, quelques exemples plus élaborés seront tirés du monde de la gestion pour initier le lecteur à la pratique de la simulation.

8.1.1 Un premier exemple : les ventes hebdomadaires de Scherzo

Jean Tremblay, propriétaire-fondateur de Scherzo, « le rendez-vous des audiophiles branchés », est dépositaire, depuis son lancement il y a 10 ans, d'une marque haut de gamme de chaînes haute fidélité destinées à l'usage privé. La publicité de ces chaînes s'appuie sur divers adjuvants. Tout d'abord, elle fait grand cas de la capacité d'autorégulation des différents haut-parleurs en fonction de la forme de la salle d'écoute et de la disposition des objets qui la meublent. De plus, elle assure que ces chaînes ajustent automatiquement la luminosité de leurs cadrans de contrôle à la lumière ambiante grâce à des capteurs dédiés. Enfin, elle vise les biens nantis qui considèrent que « la qualité l'emporte sur le prix ». La nouveauté du produit et l'étroitesse du marché limitèrent les ventes durant les premières années de sa commercialisation, mais l'impact de ces facteurs s'est atténué au fil des ans, de sorte que Scherzo juge qu'un régime de croisière prévaut depuis au moins quatre ans quant au nombre de chaînes qu'il vend hebdomadairement. Tremblay, qui craint les pénuries de stock, maintient dans sa boutique, bon an mal an, de 4 à 6 chaînes dont il doit assumer les coûts d'entreposage et de financement.

Le manufacturier vient de lancer un nouveau modèle et il propose à Scherzo la garantie d'un prix d'achat ferme pour la prochaine année, pourvu que le détaillant lui commande le même nombre de chaînes chaque semaine. À la fin de l'année, prix d'achat et taille de la commande hebdomadaire seront renégociés. Le manufacturier, qui a fait cette offre à tous les dépositaires de sa marque, espère de cette façon faciliter la planification de sa production et automatiser ses circuits de livraison. Jean Tremblay, quoique alléché par la proposition, aimerait concilier, autant que faire se peut, des coûts d'entreposage peu élevés et le maintien en magasin d'un nombre suffisant de chaînes pour être capable de répondre à la demande en tout temps. Toujours disposer d'au moins une chaîne lui semble important, car il craint les ruptures de stock, qui sont préjudiciables tant à la profitabilité du magasin qu'à sa réputation auprès de son exigeante clientèle. Il souhaite, avant de s'engager auprès du manufacturier, procéder à une analyse serrée des conséquences, sur les coûts et sur le niveau de service, d'une politique de commandes identiques à toutes les semaines.

Jean Tremblay a calculé que le prix ferme annoncé par le manufacturier lui laisserait une marge unitaire de 3 215 $. Il évalue à 50 $ par semaine le coût d'entreposage d'une chaîne, et à 500 $ par unité le coût de pénurie encouru lorsqu'il manque une vente en raison d'une rupture de stock.

Il est convaincu que les ventes du nouveau modèle vont être comparables à celles de l'ancien qu'il remplace. Et, justement, Scherzo dispose de données sur les ventes des 200 dernières semaines. Le tableau 8.1 synthétise cette information.

TABLEAU 8.1 Distribution du nombre *X* de chaînes vendues chaque semaine

Nombre de chaînes vendues	0	1	2	3	4	5	6	Total
Nombre de semaines	10	40	30	60	30	20	10	200

Le nombre moyen de chaînes vendues par semaine s'est élevé à 2,8 pour cette période :

$$\{(10 \times 0) + (40 \times 1) + (30 \times 2) + (60 \times 3) + (30 \times 4) + (20 \times 5) + (10 \times 6)\}/200 = 2{,}8.$$

Jean Tremblay envisage donc, s'il accepte l'offre du manufacturier, de fixer à 2 ou 3 chaînes sa commande hebdomadaire pour le nouveau modèle. Mais auparavant, il aimerait connaître l'impact de cette décision sur son revenu net pour l'an prochain, ainsi que sur le niveau de service.

Pour analyser la situation, il a construit un fichier Excel, dont une partie est reproduite à la figure 8.1. On notera que, pour alléger, plusieurs lignes n'ont pas été affichées ; de même, la colonne C, dont le rôle sera expliqué seulement à la section suivante, est temporairement masquée. Chaque ligne représente une semaine de l'année à venir. La colonne D

FIGURE 8.1 Simulation de la prochaine année chez Scherzo

Fichier : Scherzo.xlsx — Feuilles : TComm=3 et Fig1&5

	A	B	D	E	F	G
1	Taille de la commande :		TComm =	3		
2						
3	Semaine	Stock début	Demande	Pénurie	Stock fin	Revenu net
4	1	3	1	0	2	3 115
5	2	5	6	1	0	15 575
6	3	3	3	0	0	9 645
7	4	3	2	0	1	6 380
8	5	4	6	2	0	11 860
54	51	26	3	0	23	8 495
55	52	26	3	0	23	8 495

Cellule	Formule	Copiée dans :
B4	=TComm	— — —
B5	=TComm+F4	B6:B55
E4	=MAX(D4-B4;0)	E5:E55
F4	=MAX(B4-D4;0)	F5:F55
G4	=ProfitU*MIN(D4;B4)-CPénurie*E4-CStock*F4	G5:G55

donne une valeur possible pour la demande de la semaine correspondante. Nous verrons à la section 8.1.3 comment ont été obtenus les nombres de la plage D4:D55. Pour l'instant, nous nous intéressons à leur utilisation.

Notre objectif est de décrire comment sont calculées les données des colonnes B, E, F et G. Mentionnons auparavant que ces données, tirées de la feuille TComm=3, concernent le cas où Jean Tremblay fixe à 3 unités la commande hebdomadaire. L'autre possibilité envisagée, celle où le manufacturier livre à Scherzo seulement 2 chaînes par semaine, est traitée dans la feuille TComm=2 et sera considérée ultérieurement, à la section 8.1.3. De plus, nous donnons à la cellule E1 le nom «TComm», mais en limitant le nom à la feuille: on place le curseur dans cette cellule, on choisit le menu Formules d'Excel, on clique sur l'option Définir un nom et on complète la boîte de dialogue comme dans la figure 8.2.

FIGURE 8.2
Définition de la constante TComm

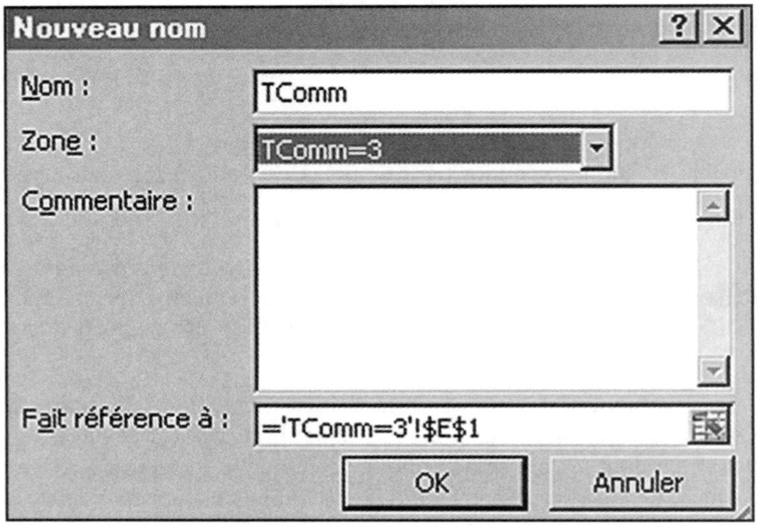

Nouveau nom

Nom : TComm

Zone : TComm=3

Commentaire :

Fait référence à : ='TComm=3'!E1

OK | Annuler

Revenons au calcul des cellules des colonnes B, E, F et G. Tout d'abord, la colonne B donne le stock en magasin au début de la semaine, immédiatement après la livraison de la commande. La première semaine, avant qu'arrive la commande, Scherzo n'aura rien en inventaire; la valeur reportée en B4, qui représente le stock au début de la semaine 1, est donc égale à la taille TComm de la commande, soit 3. Pour les autres semaines, il faudra également tenir compte des unités en inventaire à la fin de la semaine précédente. Par exemple, la formule en B5 s'écrit:

=TComm+F4,

car au début de la semaine 2, une fois la commande arrivée, le stock sera composé des 3 unités reçues (TComm) et des chaînes invendues à la fin de la semaine 1 (F4). Le recours en F4 à la fonction Max d'Excel est une façon commode d'exprimer succinctement les deux cas de figures suivants.

- Si B4-D4 < 0, la demande (D4) de la semaine 1 a dépassé le stock disponible (B4) et il ne reste aucune chaîne en magasin à la fin de la semaine 1. Dans ce cas, MAX(B4-D4;0) = 0 et la formule reportée en F4 donne le résultat voulu.
- Si B4-D4 ≥ 0, Scherzo a pu satisfaire la demande et il reste en inventaire B4-D4 chaînes. Par conséquent, MAX(B4-D4;0) = B4-D4 et, cette fois encore, la formule en B4 est correcte.

Considérons maintenant la colonne E. Scherzo subira une rupture de stock seulement lorsque le nombre d'unités disponibles au début de la semaine (colonne B) sera inférieur à la demande de cette même semaine (colonne D). Et, dans ce cas, le nombre de ventes perdues (colonne E) sera égal à la différence entre les cellules correspondantes des colonnes D et B. D'où la formule suivante pour la cellule E4, la fonction Max d'Excel résumant encore les deux cas à envisager :

=MAX(D4-B4;0).

Enfin, en colonne G, pour obtenir le revenu net d'une semaine, on calcule d'abord le revenu que Scherzo tirera des ventes de la semaine, puis on retranche de cette somme les coûts de pénurie, ainsi que les coûts de stockage. Pour la semaine 1, ces calculs se traduisent par la formule

=ProfitU*MIN(D4;B4)-CPénurie*E4-CStock*F4

qui est inscrite en G4. Ici, ProfitU, CPénurie et CStock sont les noms de cellules de la feuille Données et représentent les paramètres du modèle. Pour le cas traité par Jean Tremblay,

ProfitU = 3125 et CPénurie = 500 et CStock = 50.

8.1.2 Les nombres pseudo-aléatoires

Il nous reste à indiquer comment obtenir les données de la colonne D. Jean Tremblay ne sait pas de façon précise à combien d'unités s'élèvera la demande de chacune des semaines, mais il croit que les 52 valeurs de l'année prochaine se distribueront essentiellement selon les proportions du tableau 8.1. Il lui faut donc « simuler » 52 fois une variable X obéissant à la loi de probabilité décrite dans ce tableau. Imaginons que notre détaillant dispose d'une roulette, comme celle reproduite à la figure 8.3, comportant 100 cases, et non 37 comme les roulettes des casinos. Pour obtenir son échantillon de 52 valeurs de X, il lui suffirait de répéter 52 fois l'opération suivante : faire tourner la roulette et lancer la boule, noter le numéro qui sort, puis convertir ce numéro en une valeur de X en utilisant la règle de correspondance décrite à la figure 8.3. Par exemple, si la boule s'arrête à la case 13, il conclura que la demande X de la semaine s'élèvera à 1 chaîne.

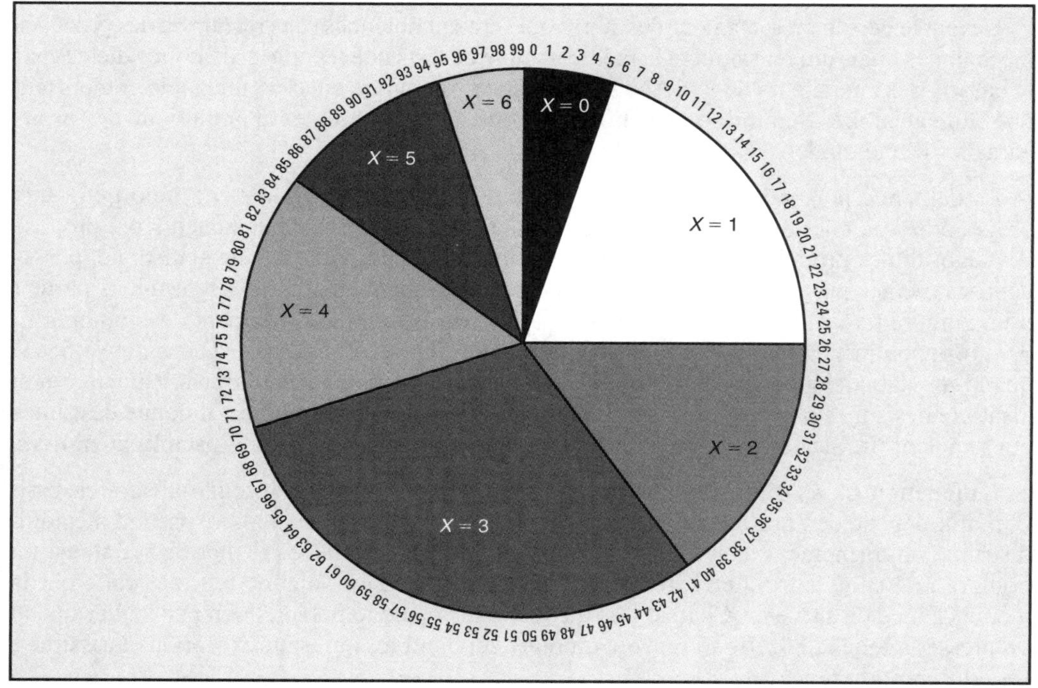

FIGURE 8.3
Roulette de probabilité

Cette procédure est longue et fastidieuse. Et on aimerait la confier à l'ordinateur. Évidemment, il faudra remplacer le mécanisme physique qu'est la roulette par un équivalent virtuel.

Mais auparavant, introduisons le vocabulaire pertinent. Une **suite** de nombres est dite **aléatoire** si ces nombres représentent des valeurs prises par une suite X_1, X_2, X_3, X_4, … de variables aléatoires indépendantes et de même distribution. Une suite aléatoire, c'est, par exemple, une suite engendrée par les résultats des lancers d'un dé ou d'une pièce de monnaie. On parle souvent de **nombres aléatoires** pour abréger, ou encore de **chiffres aléatoires** quand les nombres sont réduits à un seul chiffre.

Pendant longtemps, les statisticiens ont cru que l'obtention de nombres ou de chiffres aléatoires exigeait de recourir à un dé ou à un mécanisme similaire, comme la roulette, n'obéissant qu'aux seules lois du hasard. Student, pour obtenir des suites de chiffres aléatoires, utilisait un jeu de cartes comportant dans les mêmes proportions les chiffres 0 à 9, qu'il prenait soin de brasser longuement avant d'y prélever la suite désirée. Des urnes, contenant des balles numérotées, furent longtemps utilisées pour l'obtention de nombres aléatoires. Cette pratique est encore en vigueur de nos jours dans le monde des loteries. En effet, pour que le public reste confiant que les numéros gagnants sont obtenus de façon aléatoire, les administrateurs de loteries en confient le tirage à des bouliers mécaniques déclenchés à distance, qu'ils font tourner devant les caméras de télévision. Mais l'équiprobabilité des numéros n'est garantie que si toutes les boules sont parfaitement homogènes, exactement de même poids et de même rayon (toutes qualités quasi impossibles à obtenir), et que si elles sont longuement mélangées. En les remplaçant fréquemment, on évite en partie les biais à long terme, que pourraient observer des parieurs astucieux et qui seraient dus à des différences d'homogénéité, de poids ou de rayon entre les boules. Même les lancers successifs d'une pièce de monnaie ne fournissent pas une suite aléatoire de piles et de faces. En effet, deux chercheurs de l'université de Stanford ont montré en 2004 que, dans 51 % des cas, une pièce lancée affichera à l'arrivée le même côté qu'elle présentait à la vue au départ. Pour en savoir plus sur ce sujet, le lecteur consultera avec profit le site [www.sciencenews.org] pour y lire l'article intitulé « Toss out the Toss-up: Bias in Heads-or-Tails ».

Devant le besoin pressant pour des suites qui seraient obtenues sans recourir à des procédés mécaniques, mais qui réussiraient la même gamme de tests que les suites aléatoires dictées par le hasard, des chercheurs de la RAND Corporation ont publié en 1955 une table comportant une suite aléatoire d'un million de chiffres provenant de la traduction numérique des bruits parasites d'une diode.

La demande pour des suites aléatoires fiables, faciles à engendrer et à incorporer aux programmes où elles avaient un rôle à jouer, se fit très forte. Divers chercheurs ont proposé des algorithmes produisant des suites de nombres qui, d'un point de vue statistique, possèdent les mêmes propriétés que les suites aléatoires. Généralement, ces algorithmes partent d'un nombre fixé, appelé **amorce** et noté x_0, puis construisent itérativement des nombres x_1, x_2, … en appliquant à chaque étape une même formule. Un tel algorithme est considéré efficace quand un statisticien, armé de tous les tests disponibles, ne peut montrer le caractère non aléatoire des suites obtenues. Mais l'algorithme est déterministe, même s'il donne des suites qui semblent être aléatoires. C'est pourquoi on préfère parler alors de suites **pseudo-aléatoires**.

La fonction Alea() d'Excel fait appel à un générateur de nombres pseudo-aléatoires, dont l'amorce dépend de l'horloge interne de l'ordinateur. Elle fournit un nombre pseudo-aléatoire distribué uniformément dans l'intervalle [0 ; 1[. Autrement dit, le résultat de Alea() est un nombre réel situé entre 0 et 1, 0 étant possible, et toutes les valeurs de l'intervalle ont la même chance de survenir. Chaque fois qu'Excel recalcule le fichier, et en particulier quand on presse la touche F9, Alea() renvoie un nouveau nombre, qui, sauf exceptions rarissimes, sera différent du précédent.

Cette propriété de la fonction Alea() est un élément clé de la simulation et nous l'utiliserons à bon escient à la figure 8.7 (*voir page 368*). Cependant, un de ses effets pervers est que la demande affichée à la figure 8.1 ne pourra être reproduite par le lecteur. S'il ouvre le fichier Scherzo.xlsx et examine la feuille TComm=3, il verra une liste de 52 demandes hebdomadaires obéissant à la loi de probabilité du tableau 8.1, mais différente de la suite apparaissant dans la colonne D de la figure. Pour contourner cette difficulté, nous avons ajouté au fichier des feuilles qui donnent une version «gelée» de chacune des figures 1, 5, 6, 7 et 8. À cette fin, nous avons d'abord inséré des feuilles additionnelles, nommées Fig1&5, Fig6, etc. Ensuite, nous avons modifié le mode de calcul d'Excel: cliquer sur le menu Fichier, sur Options et sur Formules, sélectionner l'option Manuel dans la section Calcul du classeur et cliquer sur OK. Nous avons alors reproduit les feuilles TComm=3, etc. Par exemple, pour la première, nous avons placé le curseur dans la feuille TComm=3, nous avons pressé les touches Ctrl-A (pour sélectionner l'ensemble de la feuille) et Ctrl-C (pour amorcer la copie); puis, nous avons placé le curseur dans la cellule A1 de la feuille Fig1&5 et effectué un «collage spécial»: cliquer sur le menu Accueil, puis sur l'icône Coller et sur la première icône de la ligne «Coller des Valeurs» et enfin sur OK[1]. Enfin, nous avons remis Excel en mode de calcul automatique.

8.1.3 De retour chez Scherzo – la simulation

La simulation des 52 semaines d'une année

Revenons à la simulation de la demande chez Scherzo. Comme on le voit à la figure 8.4 (*voir page suivante*), les paramètres monétaires du modèle sont inscrits dans la plage D4:D6 de la feuille Données. Par exemple, le profit unitaire du détaillant se retrouve en D4, et cette cellule porte le nom «ProfitU». De plus, la plage A15:A21, nommée «ValeursX», contient la liste des valeurs possibles de la demande. Enfin, on a reporté en C15:C21, sous le nom «CumulX», les probabilités cumulées $P(X<x)$ associées aux différentes valeurs. Par exemple,

$$P(X < 4) = P(X < 3) + P(X = 3) = 0{,}400 + 0{,}300 = 0{,}700$$

la probabilité 0,300 provenant des données du tableau 8.1 : $P(X = 3) = 60/200 = 0{,}300$.

Il nous reste, avons-nous dit précédemment, à expliquer comment est obtenue la demande hebdomadaire qui apparaît dans la colonne D de la figure 8.1. La figure 8.5 (*voir page suivante*) indique comment nous avons procédé. Dans un premier temps, nous avons généré 52 nombres pseudo-aléatoires entre 0 et 1 : il nous a suffi d'écrire la formule

=ALEA()

dans chacune des cellules de la plage C4:C55. Puis, nous avons converti chaque nombre ainsi obtenu en une demande pour la semaine correspondante en utilisant la fonction Recherche d'Excel. Par exemple, en D4, on a inscrit:

=RECHERCHE(C4;CumulX;ValeursX).

Cette formule commande de chercher la plus grande valeur de la plage CumulX qui est inférieure ou égale au contenu de la cellule C4, puis de renvoyer la valeur correspondante de la plage ValeursX: puisque le nombre pseudo-aléatoire 0,214 est compris entre les probabilités

1. Si Excel était en mode de calcul automatique, le fait de cliquer sur OK amènerait Excel à recalculer toutes les formules du fichier et, en particulier, à générer de nouveaux nombres pseudo-aléatoires dans la colonne C de la feuille TComm=3 (cette colonne est masquée dans la figure 8.1). Or, comme nous le verrons à la figure 8.5 (*voir page suivante*), chaque demande de la colonne D est obtenue à partir de la cellule correspondante de la colonne C; ainsi, chaque figure, nécessitant un clic sur OK, entraînerait une modification de la demande; les résultats de chaque figure dépendraient donc d'une liste différente de nombres pseudo-aléatoires et référeraient à une situation différente. C'est ce phénomène qui nous oblige à modifier le mode de calcul.

FIGURE 8.4
Paramètres de la simulation de Jean Tremblay

Fichier : Scherzo.xlsx — Feuille : Données

ProfitU | fx | 3215

	A	B	C		D	E
4	Profit unitaire :		ProfitU	=	3 215 $	
5	Coût de stockage :		CStock	=	50 $	
6	Coût de pénurie :		CPénurie	=	500 $	
7						
8	Taille de la commande :		TComm	=	3 ou 2	
9						
10						
11	X : nombre de chaînes vendues durant une semaine donnée					
12						
13	Distribution de la variable X					
14	x	P(X=x)	P(X<x)			
15	0	0,050	0,000			
16	1	0,200	0,050			
17	2	0,150	0,250			
18	3	0,300	0,400			
19	4	0,150	0,700			
20	5	0,100	0,850			
21	6	0,050	0,950			
22	Total	1,000				

Plage	Nom	Plage	Nom
D4	ProfitU	A15:A21	ValeursX
D5	CStock	C15:C21	CumulX
D6	CPénurie		

cumulées 0,050 et 0,250, Excel reporte en D4 la valeur 1 correspondant à 0,050. De même, pour la semaine 3 (ligne 6), on observe que 0,400 est la dernière valeur de la plage CumulX à ne pas excéder le nombre 0,536 apparaissant en C6 ; par conséquent, on retrouve en D6 la valeur 3 correspondant à 0,400.

FIGURE 8.5
Génération de la demande pour les 52 semaines d'une année

Fichier : Scherzo.xlsx — Feuilles : TComm=3 et Fig1&5

	A	B	C	D	E	F	G
1	Taille de la commande :			TComm =	3		
2							
3	Semaine	Stock début	Nb ps-aléat.	Demande	Pénurie	Stock fin	Revenu net
4	1	3	0,214	1	0	2	3 115
5	2	5	0,995	6	1	0	15 575
6	3	3	0,536	3	0	0	9 645
7	4	3	0,262	2	0	1	6 380
8	5	4	0,993	6	2	0	11 860
54	51	26	0,654	3	0	23	8 495
55	52	26	0,695	3	0	23	8 495

Cellule	Formule	Copiée dans :
C4	=ALEA()	C5:C55
D4	=RECHERCHE(C4;CumulX;ValeursX)	D5:D55

La simulation d'une année dans le cas où la commande est fixée à 2 unités

La figure 8.5 décrit une année typique quand la commande hebdomadaire est de 3 unités. Mais que se passerait-il si Jean Tremblay la fixait plutôt à 2 chaînes par semaine ? Pour répondre à cette question, on pourrait tout simplement recopier la feuille TComm=3, mais en remplaçant 3 par 2 dans la cellule E1 qui contient le paramètre TComm, tout en veillant à créer une version locale du nom TComm (il suffit de placer le curseur dans la cellule E1 de la nouvelle feuille et de procéder comme à la figure 8.2).

Cette approche, quoique correcte, n'est pas recommandée. En effet, les écarts que l'on observerait entre les résultats obtenus dans les deux situations pourraient provenir des différences entre les échantillons de la demande utilisés dans les deux feuilles ; ou au contraire, ces différences pourraient cacher des écarts réels. La règle générale en statistique est d'apparier, quand le contexte le permet, les données utilisées pour comparer deux groupes. Dans notre exemple, il s'agit de lier les cellules de la plage C4:C55 de la feuille TComm=2 aux cellules correspondantes de la feuille TComm=3. Il suffit pour cela d'inscrire la formule

='TComm=3'!C4

en C4, puis de la copier dans la plage C5:C55. La figure 8.6 décrit comment nous avons procédé.

Fichier: Scherzo.xlsx — Feuilles : TComm=2 et Fig6

	A	B	C	D	E	F	G
1	Taille de la commande :			TComm =	2		
2							
3	Semaine	Stock début	Nb ps-aléat.	Demande	Pénurie	Stock fin	Revenu net
4	1	2	0,214	1	0	1	3 165
5	2	3	0,995	6	3	0	8 145
6	3	2	0,536	3	1	0	5 930
7	4	2	0,262	2	0	0	6 430
8	5	2	0,993	6	4	0	4 430
54	51	2	0,654	3	1	0	5 930
55	52	2	0,695	3	1	0	5 930

Cellule	Formule	Copiée dans :
C4	='TComm=3'!C4	C5:C55
D4	=RECHERCHE(C4;CumulX;ValeursX)	D5:D55

FIGURE 8.6
Simulation de la prochaine année quand TComm=2

Itérations : la simulation d'une année 1 000 fois

Jean Tremblay comprend que la demande apparaissant dans la colonne D des figures 8.5 et 8.6 n'est que l'une des innombrables possibilités, que reprendre les calculs mènerait à une autre suite de nombres pseudo-aléatoires et résulterait éventuellement en une année fort différente en ce qui concerne les ventes et le revenu net. Pour se prémunir autant que possible contre les risques inhérents à toute décision basée sur l'aléatoire, il décide de répéter 1 000 fois l'analyse effectuée jusqu'ici. À cette fin (*voir la figure 8.7 de la page suivante*), il utilise la commande Table de données… d'Excel. Mais auparavant, il crée une feuille Simul et inscrit dans la colonne A les numéros 1 à 1 000 ; puis, il complète la plage B3:H3 de la façon suivante.

– Les cellules B3 et D3 sont liées aux données de la feuille TComm=3 et leur calcul s'explique facilement par le titre apparaissant à la première ligne : B3 contient le revenu total des 52 semaines analysées dans la feuille TComm=3 et D3, le stock moyen à la fin des différentes semaines.

- La cellule F3 donne le niveau de service pour l'année décrite à la feuille TComm=3. On calcule d'abord la proportion de la demande à laquelle Scherzo ne pourra répondre à cause des ruptures de stock : il suffit de diviser la demande totale pendant l'année (la somme de la colonne E de la feuille TComm=3) par le nombre d'unités en pénurie pendant l'ensemble de l'année (la somme de la colonne D). Le niveau de service s'obtient ensuite en soustrayant cette fraction de 1.
- Les formules en C3, E3 et G3 sont semblables à celles de B3, D3 et F3 respectivement, sauf qu'elles réfèrent aux données de la feuille TComm=2. Par exemple, celle de la cellule C3 s'écrit :

=SOMME('TComm=2'!G4:G55).

Le recours à la commande Table de données… d'Excel se fait en trois étapes :

- sélectionner la plage A3:H1003 ;
- cliquer sur le menu Données, puis Analyse de scénarios, puis enfin sur la commande Table de données… ;
- entrer l'adresse A3 dans la case Cellule d'entrée en colonne :, puis cliquer sur OK.

Excel remplace alors le contenu de la cellule d'entrée A3 par le premier élément de la liste A4:A1003 apparaissant dans la colonne de gauche de la plage sélectionnée, calcule les valeurs résultantes des cellules B3:H3 de la première ligne de la plage sélectionnée, puis place les résultats dans les cellules correspondantes de la ligne 4. L'opération est répétée pour les autres valeurs de la liste A4:A1003, chacun des 1 000 numéros donnant lieu à 7 résultats qui sont placés dans les colonnes B à H de la même ligne. Notre utilisation de la commande Table de données… présente la particularité de prendre une cellule d'entrée qui n'est pas liée aux formules de la plage B3:H3 de la première ligne : ainsi, l'étape de substitution revient ici à ne rien faire et le logiciel se limite en pratique à recalculer les cellules B3 à H3. Chaque fois, Excel génère une nouvelle suite de nombres pseudo-aléatoires dans la feuille TComm=3, analyse les opérations d'une année dans les contextes où la taille de la commande est fixée à 3 ou à 2 unités, et résume ce qui s'est passé par les sept résultats numériques reportés dans les colonnes B à H. En bref, la commande amène Excel à simuler 1 000 fois la prochaine année.

FIGURE 8.7
Mille copies de la prochaine année chez Scherzo

Fichier : Scherzo.xlsx — Feuilles : Simul et Fig7

	A	B	C	D	E	F	G	H
1		Revenu annuel net		Stock hebdomadaire moyen		Niveau de service		Écart
2	Taille de la commande	TComm = 3	TComm = 2	TComm = 3	TComm = 2	TComm = 3	TComm = 2	RAN(3) - RAN(2)
3		394 095	313 160	10,8	0,5	92,4%	72,2%	80 935
4	1	373 755	317 110	12,1	1,1	95,5%	78,2%	56 645
5	2	441 645	308 060	4,7	0,3	92,3%	67,1%	133 585
6	3	404 060	301 765	8,8	0,9	94,4%	71,1%	102 295
7	4	450 025	309 210	4,7	0,3	94,8%	68,0%	140 815
8	5	479 845	304 960	3,1	0,3	95,0%	64,6%	174 885
1001	998	424 900	310 110	7,8	0,5	93,3%	69,3%	114 790
1002	999	398 595	317 710	11,2	0,8	100,0%	78,2%	80 885
1003	1000	438 660	310 660	8,6	0,7	97,3%	70,3%	128 000

Cellule	Formule
B3	=SOMME('TComm=3'!G4:G55)
D3	=MOYENNE('TComm=3'!F4:F55)
F3	=1-SOMME('TComm=3'!E4:E55)/SOMME('TComm=3'!D4:D55)
H3	=B3-C3

8.1.4 L'interprétation des résultats de la simulation

Il reste à analyser les résultats de la simulation décrite précédemment. La figure 8.8 indique une façon de procéder. On observe, sans surprise, qu'une commande plus élevée signifie un meilleur niveau de service. La première option, celle où Scherzo se ferait livrer 3 unités chaque semaine, assurerait en effet un excellent niveau de service, 97,4 % en moyenne, mais il resterait souvent des chaînes invendues à la fin d'une semaine. Selon la figure 8.8, le stock hebdomadaire moyen pour l'ensemble des 1 000 années simulées s'établit dans ce cas à 8,2 unités, comparativement à 0,7 unité pour l'autre option. Celle-ci, cependant, ne garantit pas un niveau de service adéquat ; il est de seulement 71,2 % en moyenne sur les 1 000 années considérées et descend aussi bas que 58,0 % dans le pire des cas. En résumé, la direction de Scherzo doit arbitrer entre l'entreposage fréquent de chaînes invendues associé à une commande de 3 unités et les nombreuses ruptures de stock provoquées par l'autre option.

La décision de Jean Tremblay sera probablement influencée de façon décisive par les revenus annuels nets découlant des deux options. Et alors, la première est nettement favorisée. En effet, selon les cellules C7 et B4 de la figure 8.8, le revenu maximal est de 323 k$ si la commande est de 2 chaînes par semaine, alors que ce montant est dépassé dans plus de 95 % des cas quand la commande hebdomadaire est plutôt fixée à 3 chaînes.

Fichier : Scherzo.xlsx — Feuilles : Résultats et Fig8

	A	B	C	D	E	F	G	H
1		Revenu annuel net		Stock hebdomadaire moyen		Niveau de service		Écart
2	Taille de la commande	TComm = 3	TComm = 2	TComm = 3	TComm = 2	TComm = 3	TComm = 2	RAN(3) - RAN(2)
3	Minimum	286 585	283 890	1,0	0,1	86,8%	58,0%	-36 260
4	5e centile	361 673	299 906	2,4	0,3	92,2%	63,4%	46 777
5	Médiane	438 920	309 478	7,4	0,6	98,0%	70,7%	129 900
6	95e centile	484 363	318 063	17,3	1,4	100,0%	81,1%	180 887
7	Maximum	492 590	323 110	25,7	3,4	100,0%	94,5%	191 080
8	Moyenne μ	433 278	309 164	8,2	0,7	97,4%	71,2%	124 115
9	Écart type	37 762	5 595	4,6	0,4	2,7%	5,4%	41 443
10	Intervalle à 90% pour μ : B.Inf	431 314	308 872	8,0	0,7	97,3%	70,9%	121 959
11	Intervalle à 90% pour μ : B.Sup	435 242	309 455	8,5	0,7	97,5%	71,5%	126 270

Cellule	Formule	Copiée dans :
B3	=MIN(Simul!B4:B1003)	C3:H3
B4	=CENTILE(Simul!B4:B1003;0,05)	C4:H4
B5	=MEDIANE(Simul!B4:B1003)	C5:H5
B6	=CENTILE(Simul!B4:B1003;0,95)	C6:H6
B7	=MAX(Simul!B4:B1003)	C7:H7
B8	=MOYENNE(Simul!B4:B1003)	C8:H8
B9	=ECARTYPE(Simul!B4:B1003)	C9:H9
B10	=B $8-1,645*B$9/1000^0,5	C10:H10
B11	=B $8+1,645*B$9/1000^0,5	C11:H11

FIGURE 8.8
Résultats de la simulation

Si Scherzo devait retenir la première option, il subsisterait une grande incertitude sur le plan financier. En effet, pour les 1 000 années considérées par le modèle de simulation, le revenu annuel net s'étale de 286 585 $ à 492 590 $, avec une valeur moyenne de 433 278 $ et un écart type de 37 762 $ (*voir la colonne B de la figure 8.8, ou encore la figure 8.9 de la page suivante*). Jean Tremblay aimerait sans doute négocier avec le manufacturier la possibilité de « sauter une semaine » de temps à autre, c'est-à-dire que sa commande soit annulée certaines semaines, de façon à diminuer les coûts de stockage prévus, et ainsi augmenter son profit attendu.

FIGURE 8.9
Distribution du revenu annuel net (en k$) quand la commande est de 3 unités

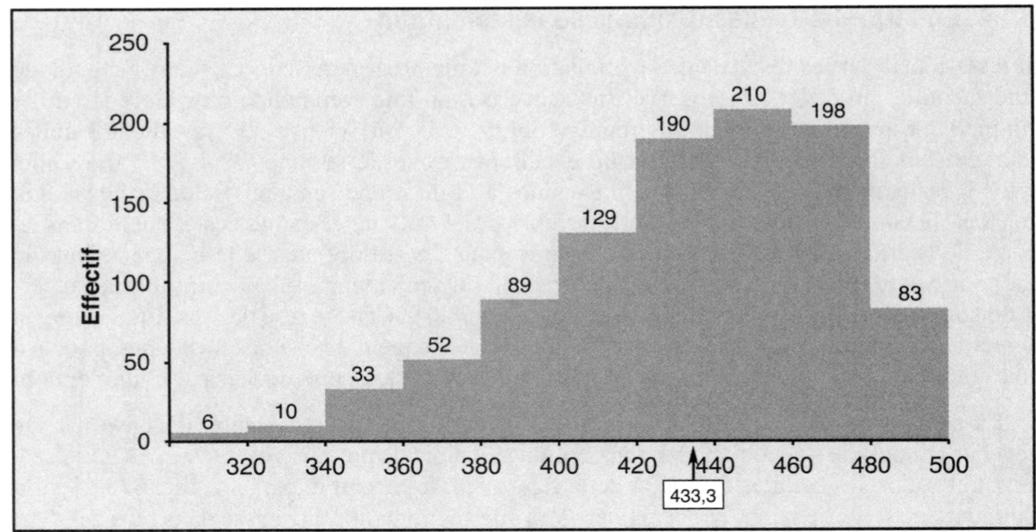

Il existe des contextes plus complexes pour les problèmes de planification des stocks. Les quantités commandées peuvent varier d'une période à l'autre et être traitées comme une variable de décision; le délai de livraison peut être aléatoire. Le modèle de simulation présenté dans cette section s'adapte sans trop de problèmes à ces situations, ce qui permet de bien analyser l'impact des différents facteurs et de prendre des décisions éclairées.

Exercice de révision

Scherzo modifié

Reprenons le contexte du détaillant Scherzo, mais supposons que la distribution de la demande du nouveau modèle soit donnée par le tableau ci-dessous.

Distribution du nombre *X* de chaînes vendues chaque semaine

x	0	1	2	3	4	5	6	Total
$P(X = x)$	0,05	0,08	0,12	0,20	0,25	0,22	0,08	1

Comme la demande s'élève en moyenne à 3,5 chaînes par semaine, Jean Tremblay cherchera à négocier avec le manufacturier la possibilité que sa commande varie d'une semaine à l'autre. Mais auparavant, il aimerait évaluer l'impact de cette option sur son revenu annuel net et sur son niveau de service. Refaire l'analyse de la présente section pour comparer les deux politiques suivantes:

- La commande hebdomadaire est constante à 4 unités par semaine;
- Jean Tremblay obtient du manufacturier que sa commande soit de 3 chaînes une semaine et de 4 la semaine suivante.

8.2 Les applications classiques de la simulation en gestion

8.2.1 La simulation mathématique et la gestion

La simulation au quotidien

Qui n'a pas, au cours de sa petite enfance, simulé le comportement des adultes en se glissant dans les chaussures de ses parents ou en endossant leurs vêtements pour jouer au professeur, à l'éducatrice de maternelle, au docteur ou au pompier? Cette imitation à saveur d'apprentissage ne s'observe pas que chez les enfants. Les étudiants, afin d'acquérir des habiletés sans courir de risques, simulent souvent les gestes de la profession qu'ils se préparent à embrasser. Citons le cas des internes et des étudiants en sciences infirmières qui expérimentent sur des oranges le protocole des injections sous-cutanées. Des apprentis comptables québécois, supervisés par leurs professeurs, animent chaque printemps des séances de rédaction de déclarations d'impôts pour aider les contribuables à s'orienter dans le labyrinthe des lois fiscales provinciales et fédérales. La méthode des cas, familière aux étudiants en administration, leur propose des situations simulées dont ils discutent les tenants et aboutissants, guidés par un professeur, dans le but d'acquérir des habiletés de gestionnaire, sans avoir à risquer le capital d'un employeur. Les généraux organisent, à défaut de vraies campagnes, des manœuvres militaires où ils raffinent *in vivo* stratégies et tactiques proposées dans les collèges d'état-major. Conduire dans une galerie de jeux électroniques une similivoiture de course, c'est vivre en simulation quelques-unes des sensations d'un pilote de Formule 1, mais sans s'exposer aux risques inhérents à cette activité.

La modélisation d'une situation complexe passe souvent par la simulation. Par exemple, les mesures de la performance d'un nouveau modèle d'avion ne sont pas accessibles pour l'instant aux calculs analytiques, bien que chacune des lois physiques sous-jacentes au comportement en vol soit bien connue. C'est l'interaction des nombreux facteurs en jeu qui rend cette approche hors d'atteinte. On préférera recourir à une soufflerie à paramètres variables qui agira sur un modèle réduit de l'appareil.

Ailleurs, on teste aussi la résistance de nouvelles peintures aux assauts climatiques dans des environnements simulés où on accélère l'alternance des saisons. Les fabricants de mobiliers simulent, grâce à des robots, les usages abusifs auxquels les clients risquent de soumettre leurs produits. Des mannequins truffés d'instruments de télémétrie mesurent, lors d'impacts sous différents angles de frappe, le degré de sécurité des nouveaux modèles de voitures. Des bandes de roulement mobiles pour pneus indiquent aux fabricants quelles garanties, ni trop généreuses ni trop chiches, ils devraient accorder aux automobilistes. Les activités des chaînes de restauration rapide font l'objet de simulations dans le but de trouver moyens et astuces pour les accélérer ou en assurer un déroulement plus harmonieux et moins gourmand en personnel, tout en maintenant le niveau de service souhaité par la clientèle.

La simulation en recherche opérationnelle : une définition

Simuler, c'est épouser les caractéristiques essentielles d'une réalité, mais sans risquer les aléas d'une vraie mise en scène. Les risques d'une mésaventure sont souvent suffisamment élevés pour imposer l'expérimentation par simulation d'une procédure avant son implantation; citons, en guise de preuves, les cas d'injections sous-cutanées mal administrées ou l'instauration de décisions administratives ou financières aux effets pervers imprévus.

La RO, toutefois, donne au mot « simulation » un sens plus restreint que celui que lui prêtent les situations tout juste décrites. Au sens de la RO, la **simulation** est une technique numérique expérimentale, recourant généralement à la puissance de calcul d'un ordinateur, utilisée pour étudier le comportement d'un processus dont le déroulement dépend le plus souvent de l'intervention du hasard.

Une simulation est donc un type de modèle mathématique qui, cherchant à imiter une situation du monde réel, se propose d'estimer le comportement d'une ou de plusieurs variables aléatoires. Son intérêt repose sur le fait d'observer les variations dans les variables de sortie comme fonction de celles des variables d'entrée. Après de nombreuses itérations, la simulation fait apparaître la distribution des résultats possibles. Un de ses précieux avantages est d'apporter réponse à des questions du genre : *mais qu'arriverait-il si... ?* sans avoir à construire ou à modifier un système physique. Par exemple, un supermarché étudiera par simulation l'effet de l'ajout ou du retrait de caissiers sur la longueur des files d'attente de la clientèle. Sans la simulation, il faudrait installer des caisses supplémentaires ou en retrancher et observer *in vivo* ce qui arriverait.

Remarquons que la mise au point d'un modèle de simulation élaboré est souvent onéreuse. Le montage en est long et difficile ; il faut colliger des statistiques, s'assurer que la réalité y est décrite avec suffisamment de détails pour garantir la validité du modèle. Un modèle de simulation suggère davantage qu'il permet de conclure. Il ferme quelques portes, mais en laisse plusieurs ouvertes. Il n'y a pas de modèle de simulation type, contrairement aux problèmes d'affectation, de transport, de réseau ou de gestion de projets pour lesquels nous proposons des gabarits sur le site web de ce manuel.

La simulation statique et la simulation dynamique

Dans certaines applications de la simulation, le système est repris à l'état vierge au début de chaque itération ; on ne tient aucunement compte des modifications que de précédentes itérations auraient pu entraîner. Ces **simulations**, dites **statiques**, n'ont pas de mémoire. Elles se déroulent presque hors du temps. Par exemple, il est possible de déterminer l'aire sous une courbe par un modèle de simulation. Supposons (*voir la figure 8.10*) que nous nous intéressions à l'aire A sous la courbe f entre a et b ; et soit M, une constante supérieure à toutes les valeurs de f dans l'intervalle $[a ; b]$. Pour calculer A, il suffit de connaître la valeur du quotient A/R, où $R = M(b - a)$ est l'aire totale du rectangle. Ce quotient A/R représente la probabilité théorique qu'un point du rectangle soit situé sous la courbe f. Or, cette probabilité peut être estimée en générant des couples pseudo-aléatoires $(x ; y)$, où $a \leq x \leq b$ et $0 \leq y \leq M$. La proportion de ces couples qui satisfont à la condition « $y < f(x)$ » donne une bonne approximation du quotient A/R, pourvu que le nombre d'itérations soit suffisamment grand. Il

FIGURE 8.10
Déterminer l'aire sous une courbe par la simulation

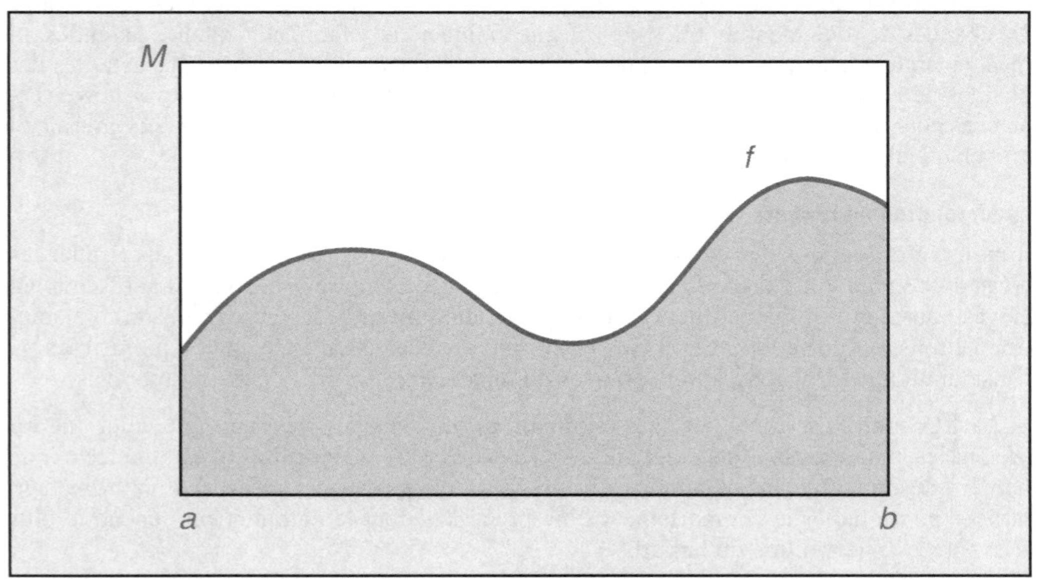

s'agit d'un modèle typique de simulation statique : en effet, les coordonnées x et y de chaque couple sont générées indépendamment de la position des couples précédents au-dessous ou au-dessus de la courbe.

Au contraire, dans la simulation des commandes chez Scherzo, le système tenait compte chaque semaine de l'état des stocks à la fin de la semaine précédente, bien que les pénuries fussent oubliées semaine après semaine, puisque la prise de commandes pour livraison en retard n'était pas permise. Le fait de tenir compte d'événements qui se sont réalisés au cours d'un ou de plusieurs essais précédents détermine un type de **simulations**, dites **dynamiques** : lors d'une itération donnée, on prend en compte des résultats obtenus lors de précédentes itérations. Ces simulations dynamiques où le présent n'ignore pas le passé constituent le champ d'application naturel des techniques de simulation dans le domaine de la gestion. Le système simulé est, à chaque itération, repris dans l'état où l'avait laissé l'itération précédente.

Quelques domaines d'application en gestion de la simulation dynamique

Avant de passer aux exemples de cette section et de la suivante, précisons quelle place la simulation dynamique occupe dans le monde des affaires. Elle y joue un rôle pour expérimenter la demande d'un produit, la durée du délai d'attente pour un réassort, la durée entre deux pannes, l'intervalle entre deux arrivées dans une banque, la durée d'un service, le temps pris pour compléter une tâche dans un projet, le nombre d'employés qui seront absents un jour donné. La simulation dynamique est utile dans plusieurs domaines : on s'en sert chez les financiers pour simuler les conséquences de mouvements de caisse successifs, en marketing pour rechercher les meilleurs canaux de distribution d'un produit doté de caractéristiques statistiques observées empiriquement, en gestion des ressources humaines pour simuler ce que réserve l'avenir aux employés selon la pyramide des âges, selon les politiques d'embauche, de départs en perfectionnement, de congés de maternité ou de paternité, ou selon l'évolution de la masse salariale et des avantages sociaux. La simulation dynamique aide à décider du nombre de places à prévoir à quai pour les cargos selon l'achalandage, le climat, le temps de déchargement et de chargement, la densité du trafic. On s'en sert aussi pour prédire les sommes que prélèveront les postes de péage d'une autoroute à construire après avoir simulé divers endroits où les placer, ou encore pour déterminer le nombre de guichetiers nécessaires à la fluidité des activités des banques et des épiceries.

Simuler les arrivées des malades et la durée de leur séjour aide à donner à un futur hôpital les dimensions qui lui éviteront l'engorgement ou la sous-utilisation de ses locaux. La simulation permet de jauger, dans les grands magasins, diverses politiques de réapprovisionnement selon les coûts de pénurie, de commande, d'entreposage, d'obsolescence, et selon les aléas des délais d'approvisionnement, tout en tenant compte de la distribution aléatoire de la demande. Dans les aéroports, on met au point, par simulation dynamique, le système de gestion des quais d'embarquement offerts aux compagnies aériennes, celui des pistes à réserver pour tel ou tel type d'appareils, et celui de la priorité à accorder aux décollages prévus et aux atterrissages requis. La simulation dynamique laisse prévoir l'impact, sur l'environnement et sur le tissu économique, d'une nouvelle autoroute ou d'une centrale nucléaire. On s'en sert encore pour étudier les conséquences sur le climat d'un futur barrage hydroélectrique.

Un modèle de simulation permet de comparer, sous différents climats et diverses latitudes, les deux systèmes de coupe forestière habituellement préconisés, la coupe à blanc et la coupe sélective. Les désavantages de la première sont l'abattage concomitant de troncs arrivés à maturité et d'arbres jeunes dont la rentabilité est marginale, la longue période de régénération avant une nouvelle coupe, de même que la fuite de la faune, avec peu d'espoir de sa reconstitution en finesse et en diversité, sans compter les vigoureuses protestations des écologistes.

Ses avantages sont l'aisance de construction des chemins de sortie du stock ligneux et la facilité accrue de l'abattage. La coupe sélective présente, quant à elle, l'avantage de ne récolter que des arbres arrivés à maturité, mais n'écarte pas le désavantage de la transmission accélérée de mycoses propagées par le pourrissement des souches des arbres prélevés, qui restent isolées au sein des arbres restés debout.

Les épidémiologistes utilisent, dans leurs travaux sur le traitement préventif ou curatif des maladies infectieuses, des modèles mathématiques de diffusion de rumeurs, qui reposent sur des systèmes d'équations différentielles simples à écrire, mais difficiles à résoudre. La simulation vient à leur secours pour tester divers scénarios de vaccination. La gestion du cheptel faunique, qui fluctue selon le climat et la présence plus ou moins forte de prédateurs dont le nombre dépend lui-même de la quantité de proies disponibles, est simulée pour tester divers scénarios de calendrier des saisons de chasse.

Des modèles de simulation servent, à Montréal et à New York, entre autres, au déploiement optimisé des ambulances : on analyse d'abord le cheminement des appels et leur fréquence selon les moments de la journée et de l'année. Pour chaque appel reçu, l'urgence d'intervenir s'évalue par un bref questionnaire, puis un numéro de priorité est accordé à l'intervention. Ensuite, on décide d'amener le médecin vers le patient, ou le patient vers l'hôpital. Par simulation, on estime les répercussions du comportement du système ambulancier sur l'objectif poursuivi, qui peut être de minimiser la durée d'attente pour le malade, ou encore le laps de temps écoulé entre le départ de l'ambulance et son retour en position d'intervention, ou enfin le pourcentage d'appels qui dépassent le temps d'attente jugé acceptable par la population cible. Pour atteindre au moindre coût l'objectif retenu, ces simulations servent à l'examen des moyens à prendre : soit une répartition plus ou moins ventilée des ambulances selon l'heure ou la saison, soit une augmentation du parc ambulancier, soit une formation plus poussée des équipes paramédicales d'intervention, soit une combinaison de ces moyens.

On simule le démarrage des usines à procédés industriels complexes, comme les alumineries et les papeteries, pour détecter au préalable, dans le but d'y parer, les goulots d'étranglement de la chaîne de production. La simulation permet de prévoir les conséquences sur la circulation des véhicules de la construction d'une autoroute ou de l'ajout d'une simple bretelle. Les systèmes d'ascenseurs complexes installés dans les grands édifices sont programmés en accord avec les résultats de simulations d'acheminement des usagers selon divers scénarios d'ascenseurs dédiés à des gammes précises d'étages. Le convoyage et la distribution des bagages dans les aérogares font aussi l'objet de simulations pour étudier les correctifs à apporter. Burger King a développé un modèle de simulation pour répondre à des questions du genre : doit-on installer une seconde allée de service à l'auto ou quel serait l'allongement des files d'attente si l'on ajoutait un nouveau type de hamburger au menu ? Des compagnies, dont Merck, Kodak et United Airlines, ont utilisé des modèles de simulation avant d'arrêter leur choix entre plusieurs projets d'investissement. On compare la valeur actualisée nette (VAN) de chacun en simulant plusieurs scénarios plausibles de taux d'intérêt et divers mouvements de caisse.

Plusieurs sociétés doivent fixer le niveau de leurs stocks sans connaître précisément quelle sera la demande. Il existe certes des modèles analytiques de gestion du stock d'un même article, mais s'il y a des interactions entre les demandes de plusieurs articles, on fait appel à la simulation. Certaines entreprises gagnent leur pain en répondant à des appels d'offres. Si la soumission est trop basse, on obtient le contrat, mais le profit est faible, voire négatif ; par contre, si le montant de la soumission est trop élevé, le contrat est attribué à un concurrent. Dans certains cas, la simulation apporte un éclairage intéressant au problème. Nous en verrons un exemple dans le problème 8 de ce chapitre.

Nous présentons maintenant plusieurs exemples simples pour que le lecteur puisse apprécier l'utilité de la simulation dynamique dans des environnements de gestion. Plusieurs approches s'offraient à nous pour ces exemples :

- chiffrier Excel avec diverses astuces plus ou moins subtiles ;
- modules d'extension (*add-ins*) spécialisés, tels @RISK et Crystal Ball ;
- logiciels spécialisés, tels GPSS et SIMAN ;
- programmation en VBA (macros ajoutées à un chiffrier Excel).

Les trois dernières approches, qui exigent toutes un investissement assez considérable, sont pertinentes pour qui fait de la simulation sur une base intensive, le choix entre elles s'effectuant sur la base du type de problèmes traités, de la compétence technique de l'usager, des ressources informatiques à sa disposition. Dans un contexte d'introduction à la simulation, Excel suffit à présenter les principes de base de la simulation.

8.2.2 La simulation et les files d'attente

Les gestionnaires de plusieurs entreprises se soucient du temps que leurs clients passent en attente de service. On essaie parfois de réduire le plus possible cette perte de temps en assignant à chaque client une heure précise de rendez-vous. C'est le cas des cliniques, des grandes banques d'affaires, des ateliers de mécanique automobile, etc. Il y a cependant des entreprises qui n'adoptent pas de politique de rendez-vous, parce que le service recherché chez elles est de courte durée ou encore de nature impulsive. C'est le cas des épiceries, des succursales de la Société des alcools, des boutiques de vêtements, des dépanneurs, etc. Depuis quelques années, on propose aux clients qui se présentent dans les banques ou les services gouvernementaux une seule file d'attente commune qui alimente les différents guichets disponibles. Ce procédé permet d'éviter que des clients malchanceux, se retrouvant précédés dans leur file par des gens réclamant un service de longue durée, perdent patience et remettent *sine die* leur demande de service.

Le contexte

Nous décrivons maintenant un contexte où se forme une file d'attente que l'entreprise de service espère suffisamment courte pour ne pas décourager le client potentiel. Lavex, ouvert dix heures par jour, six jours par semaine, offre un service professionnel de lavage de voitures, de limousines, de camionnettes et de véhicules sport. Les clients choisissent entre quatre types de lavage, du court « LGV » complété en 6 minutes au « De luxe » exigeant pas moins de 15 minutes. Le tableau 8.2 résume les données recueillies au fil des ans par le propriétaire de Lavex, Claude Richard, quant à la répartition des choix des clients.

TABLEAU 8.2
Types de lavage chez Lavex

Nº	Description	Durée Y (en min)	Proportion
1	Lavage à grande vitesse (LGV)	6	0,35
2	Le Complet	10	0,20
3	L'Intégral	12	0,30
4	Le De luxe	15	0,15

Claude Richard a observé également un taux d'arrivée moyen de 5 véhicules à l'heure. Inspiré par un cours de statistique suivi à l'université, il s'est demandé s'il était en présence d'un processus de Poisson. Quelques tests statistiques simples ont confirmé que le nombre de véhicules se présentant en une heure obéissait à une loi de Poisson. Il en a déduit que le délai X (en minutes) entre deux arrivées successives était une variable exponentielle de moyenne 60/5 = 12 minutes. Les manuels de statistique donnent les fonctions de densité et de répartition des lois exponentielles. Il nous suffira ici de savoir que le lien entre une valeur x de cette variable et la probabilité cumulée p est donnée par la formule suivante :

$$p = \mathrm{P}(X < x) \quad \text{si et seulement si} \quad x = -12 \ln(1 - p).$$

Une journée typique chez Lavex

Notre propriétaire, qui cherche toujours à améliorer ses opérations, désire analyser une journée typique. Il a noté en effet que la durée moyenne $E(Y)$ du lavage

$$E(Y) = (0{,}35 \times 6) + (0{,}20 \times 10) + (0{,}30 \times 12) + (0{,}15 \times 15) = 9{,}95$$

s'écartait peu du délai moyen de 12 minutes entre l'arrivée de deux véhicules. Il est heureux du taux élevé d'utilisation de son équipement. D'un autre côté, il constate que, parfois, plusieurs véhicules arrivent dans un court laps de temps et qu'une file d'attente se forme. Certains clients potentiels, découragés par l'attente prolongée qu'ils prévoient, s'en vont immédiatement sans faire laver leur véhicule. D'où un manque à gagner, que Claude Richard regrette amèrement.

La figure 8.11 reproduit l'organigramme utilisé par Claude Richard pour disséquer une journée typique et examiner le comportement de ses différents clients potentiels. À partir de ce schéma, il a effectué une analyse de simulation. Dans le but de simplifier, il a retenu comme critère que les clients restent tant que le nombre de véhicules dans la file (en comptant éventuellement celui qui serait en train de se faire laver) est de 2 ou moins, et quittent les lieux dès que la file contient 3 véhicules.

La figure 8.12 (*voir page 378*) illustre une des journées dont il a considéré les données. Nous expliquons, à l'aide de deux exemples, comment notre gestionnaire a procédé. Prenons d'abord le véhicule numéro 6.

- Le délai inscrit en B8 est déterminé de façon pseudo-aléatoire, en recourant à la formule appropriée associée aux lois exponentielles. Le nom MoyenneX réfère à une cellule qui contient la valeur moyenne 12 de la variable X.
- Le temps d'arrivée t_{arr} = 38,0 est la somme du temps d'arrivée du client précédent, soit 32,3, et du délai x = 5,7 calculé en B8.
- Au moment de cette arrivée, c'est-à-dire lorsque t = 38, il y a trois véhicules dans la file : le numéro 3, dont le lavage prendra fin à l'instant 44,5, et les numéros 4 et 5 qui attendent. Par conséquent, le client quitte immédiatement. Pour calculer la longueur de la file, nous comparons l'instant t_{arr} = 38,0 avec les moments t_{fin} de la plage[2] I$3:I7. Nous avons traduit cette opération en recourant à la fonction Nb.Si d'Excel, tout en respectant scrupuleusement sa syntaxe exotique : la formule en D8 indique de tester, pour $3 \leq j \leq 7$, si Ij > C8 et de retourner le nombre de cas où l'inéquation est vérifiée.
- La cellule E8 indique que le client, rebuté par la longueur de la file, quitte précipitamment les lieux ; le reste de la ligne est vide, puisque logiquement, le client n'attendra pas ni ne choisira un type de lavage. Techniquement, nous avons utilisé la fonction Si d'Excel : le critère « D8=3 » étant satisfait, c'est la première des deux valeurs qui est renvoyée par Excel. Ainsi, Excel affiche en E8 le message « Quitte ».

---

2. La copie de la plage I$3:I3 apparaissant dans la formule en D4 donnera une plage débutant toujours en I3 et se terminant en I4, I5, etc.

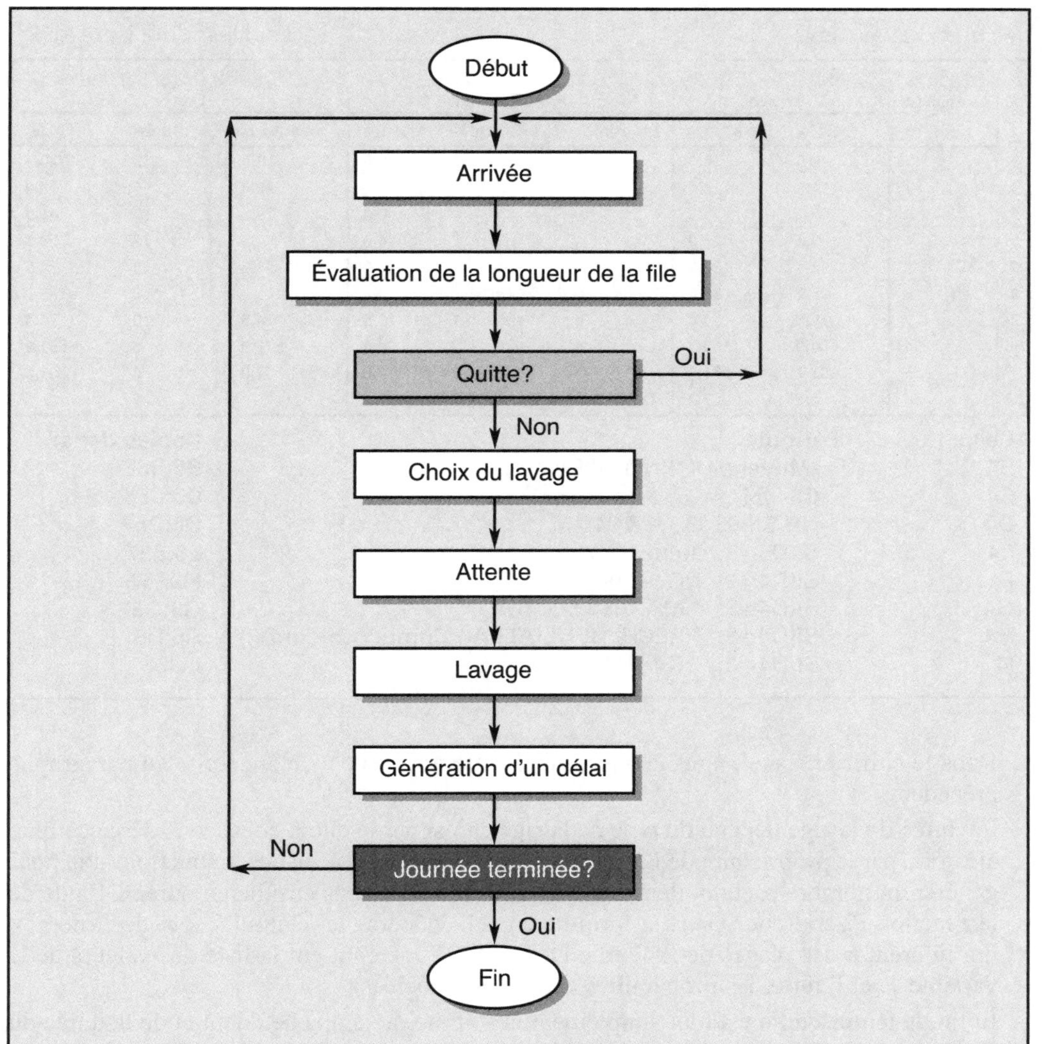

FIGURE 8.11
Schéma d'analyse d'une journée typique

Le client numéro 7, notre second exemple, trouve une file plus courte et fera laver son véhicule. Détaillons les calculs effectués.

- Les cellules B9 et C9 s'obtiennent comme dans l'exemple précédent. En particulier, $t_{arr} = 38{,}0 + 16{,}0 = 54{,}0$.
- Quand le client 7 se présente, c'est-à-dire lorsque $t = 54$, le lavage du véhicule 3 est terminé et la file compte seulement deux véhicules. Conformément au critère retenu par le propriétaire, le client 7 acceptera d'entrer dans la file. Son temps d'attente a sera égal à l'écart entre son temps d'arrivée $t_{arr} = 54{,}0$ et l'instant $t_{fin} = 74{,}5$ où sera complété le lavage du véhicule 5 qui le précède dans la file : $a = 74{,}5 - 54{,}0 = 20{,}5$.
- Le lavage du véhicule 7 ne peut commencer avant qu'il n'arrive ni avant que soit complété le lavage de tous les véhicules qui le précèdent. C'est pourquoi le temps $t_{déb}$ est défini comme le maximum du temps d'arrivée t_{arr} et des temps t_{fin} de la plage I$3:I8. Une fois $t_{déb}$ connu, il est très facile de calculer le temps d'attente : $a = 74{,}5 - 54{,}0 = 20{,}5$.

FIGURE 8.12
Simulation pour une journée typique chez Lavex

Fichier : Lavex.xlsx — Feuilles : JourT et Fig12

	A	B	C	D	E	F	G	H	I
1	Véhicule	Arrivée		File d'attente			Lavage		
2	numéro	Délai X	Temps t_{arr}	Nb Véhic.	Quitte?	Attente	Début $t_{déb}$	Durée	Fin t_{fin}
3	1	8,5	8,5	0		0,0	8,5	12	20,5
4	2	14,8	23,4	0		0,0	23,4	6	29,4
5	3	6,2	29,5	0		0,0	29,5	15	44,5
6	4	0,4	29,9	1		14,6	44,5	15	59,5
7	5	2,4	32,3	2		27,2	59,5	15	74,5
8	6	5,7	38,0	3	Quitte				
9	7	16,0	54,0	2		20,5	74,5	10	84,5
56	54	0,0	565,3	2		10,6	575,9	6	581,9
57	55	31,7	597,0	0		0,0	597,0	6	603,0
58	56	6,2	603,2	Fin de la journée					

Cellule	Formule	Copiée dans:
B4	=-MoyenneX*LN(1-ALEA())	B5:B58
C4	=C3+B4	C5:C58
D4	=NB.SI(I$3:I3;">"&C4)	D5:D57
E4	=SI(D4=3;"Quitte";" ")	E5:E57
F4	=SI(D4=3;" ";G4-C4)	F5:F57
G4	=SI(D4=3;" ";MAX(I$3:I3;C4))	G5:G57
H4	=SI(D4=3;" ";RECHERCHE(ALEA();CumulY;ValeursY))	H5:H57
I4	=SI(D4=3;" ";G4+H4)	I5:I57

Dans le chiffrier Excel, nous avons préféré cette approche à celle décrite au paragraphe précédent.

– La durée du lavage dépend du type de lavage choisi par le client et est considérée comme aléatoire par le propriétaire de Lavex. Techniquement, nous utilisons la fonction Alea pour générer un nombre pseudo-aléatoire, que nous transformons ensuite en durée à l'aide de la fonction Recherche. Dans la formule en H4, ValeursY et CumulY sont des « noms » qui réfèrent à des plages de la feuille Données ; l'une contient la liste des valeurs de la variable *Y*, et l'autre, les probabilités cumulées associées.
– Enfin, le temps de fin est tout simplement la somme du temps de début et de la durée du lavage : $t_{fin} = t_{déb} + y$.

Le 55e client est le dernier de la journée. Le suivant se présenterait à l'instant t = 603,2 minutes, après la fin de la journée qui survient en $t = 60 \times 10 = 600$ minutes. Le lecteur notera que le lavage du dernier véhicule se termine à l'instant $t = 603$, soit après la fin de la journée. C'est que la politique de Lavex est de refuser les clients qui se présentent après l'heure limite, mais de compléter le lavage de tous les véhicules qui se trouvent dans la file d'attente à l'heure de fermeture. (En pratique, des accommodements raisonnables sont parfois possibles pour des clients légèrement en retard ; cependant, dans une approche informatique, le critère est appliqué de façon stricte.)

Claude Richard analyse maintenant les résultats obtenus. Il constate d'abord que 6 des 55 clients potentiels ont quitté sans faire laver leurs véhicules, pour un taux de 10,9 %. De plus, le temps d'attente des 49 clients s'étale de 0 à 27,2 minutes, avec une moyenne de 6 minutes et un écart type de 6,6 minutes. Claude Richard, qui se demande si la journée qu'il vient de simuler est vraiment représentative, construit le tableau 8.3 et il observe que seulement 20,4 % des clients de cette journée supposément typique choisissent le lavage n° 3, alors qu'en théorie, il devrait y en avoir 30 %. Bien plus, le lavage n° 1, celui qui exige le

Type de lavage	1	2	3	4	
Durée *Y*	6	10	12	15	Moyenne
Proportion théorique	35,0 %	20,0 %	30,0 %	15,0 %	9,95
Proportion JourT	40,8 %	22,4 %	20,4 %	16,3 %	9,59

TABLEAU 8.3
Distribution de la durée de lavage pendant une journée typique

moins de temps, est surreprésenté dans son échantillon. D'ailleurs, la durée moyenne échantillonnale de 9,59 minutes s'écarte passablement de la moyenne théorique, qui est de 9,95 minutes. Il décide donc d'approfondir son analyse en simulant non plus une seule journée, mais 1 000.

Itérations : la simulation d'une journée 1 000 fois

Claude Richard reprend donc son chiffrier, avec comme objectif de simuler 1 000 journées. Il fait cependant face à un problème inédit. Dans la journée typique représentée à la figure 8.12, il savait quand arrêter, le critère étant simplement que le temps d'arrivée dépasse la durée totale de 600 minutes d'une journée d'opération. Mais dans une version automatisée où 1 000 jours seront générés, il ne peut contrôler manuellement le nombre de cas traités en une journée donnée. Un truc simple consiste à utiliser un grand nombre de lignes, suffisamment pour garantir que le temps d'arrivée sur la dernière dépasse la limite de 600 minutes. Dans la feuille JourS du fichier Lavex.xlsx, nous avons fixé à 80 le nombre maximal de véhicules qui pourraient venir en une journée. Ensuite, nous avons procédé essentiellement comme dans la feuille JourT (*voir la figure 8.12*), mais en modifiant les formules de la plage D4:I82 de façon à tester si la journée est terminée ou non. Par exemple, la formule en D4 s'écrit cette fois

=SI(C4<=600;NB.SI(I$3:I3;">"&C4);" ").

La condition « C4<=600 » indique à Excel de comparer le temps d'arrivée en C4 à la durée de la journée. Si ce temps d'arrivée ne dépasse pas la limite de 600 minutes, on est dans la situation antérieure et Excel appliquera la formule « NB.SI(I$3:I3;">"&C4) », qui est identique à celle qu'on trouve dans la cellule D4 de la feuille JourT. Dans le cas contraire, la journée est terminée et on veut refuser le client : techniquement, Excel inscrira des blancs dans le reste de la ligne, et en particulier dans la cellule en colonne D de la ligne.

Il est évident que le deuxième véhicule arrivera tôt dans la journée, certainement avant la fin planifiée à l'instant $t = 600$. Nous pourrions sans risque reporter les modifications des formules à une ligne ultérieure. Mais laquelle ? Pour simplifier, nous avons choisi la ligne 4 (véhicule n° 2) comme point de départ des modifications, même si nous savions qu'il aurait suffi de démarrer les changements un peu plus bas.

Une fois la feuille JourS complétée, nous disposons d'un gabarit pour simuler des journées. Pour en obtenir 1 000, il suffit d'utiliser la commande Table de données... d'Excel. La figure 8.13 (*voir page suivante*) indique comment procéder et reproduit les caractéristiques de quelques-unes des 1 000 journées de notre échantillon. Dans un premier temps, nous avons complété la ligne 3, dont l'arrière-plan est en gris. Les formules reportées dans la partie inférieure de la figure 8.13 résument bien notre approche et nous nous contenterons de quelques brefs commentaires.

– La cellule B3 donne le nombre de clients potentiels pendant la journée décrite par la version courante de la feuille JourS. En effet, la colonne C de cette feuille contient les temps d'arrivée ; de plus, tout véhicule qui arrive avant la limite de 600 minutes fera partie de la liste des clients potentiels. Ainsi, la fonction Nb.Si, qui compte combien de cellules de la plage C3:C82 satisfont à la condition «<=600», renvoie concrètement le nombre de clients potentiels.

– Collectivement, les quatre cellules de la plage F3:I3 décrivent la distribution de la longueur de la file d'attente pour la journée analysée dans la feuille JourS. Par exemple, la première donne la proportion des clients potentiels qui trouvent une file vide à leur arrivée : en effet, le numérateur «NB.SI(JourS!$D3:$D82;F2)» compte le nombre de lignes dans la feuille JourS dont la valeur en colonne D est égale à 0.

– La feuille Simul contient également, pour chaque journée de l'échantillon, la distribution des durées de lavage ce jour-là. Ces résultats apparaissent dans les colonnes J à M, qui ne sont pas reproduites dans la figure 8.13 afin d'alléger. Nous avons procédé essentiellement comme dans le cas précédent : nous avons reporté en J3 la formule

=NB.SI(JourS!$H3:$H82;J2)/($B3*(1-$C3))

que nous avons ensuite copiée dans la plage K3:M3. Le dénominateur «$B3*(1-$C3)» est le produit du nombre de clients potentiels et de la proportion de ceux qui ne quittent pas ; il représente le nombre de véhicules qui seront lavés durant la journée.

FIGURE 8.13
Simulation de 1 000 journées

Fichier : Lavex.xlsx — Feuilles : Simul et Fig13

	A	B	C	D	E	F	G	H	I
1	Journée	N^{bre} de clients	Proportion	Temps d'attente		Distribution de la longueur de la file			
2	numéro	potentiels	qui quitte	moyen	maximal	0	1	2	3
3		58	8,6%	8,0	24,9	22,4%	37,9%	31,0%	8,6%
4	1	65	15,4%	8,5	26,4	15,4%	33,8%	35,4%	15,4%
5	2	50	12,0%	7,7	22,9	28,0%	28,0%	32,0%	12,0%
6	3	52	21,2%	7,1	25,6	26,9%	30,8%	21,2%	21,2%
1000	997	45	13,3%	5,5	20,4	35,6%	28,9%	22,2%	13,3%
1001	998	49	6,1%	7,0	26,5	26,5%	40,8%	26,5%	6,1%
1002	999	57	15,8%	7,8	25,6	17,5%	40,4%	26,3%	15,8%
1003	1000	51	17,6%	8,4	25,6	25,5%	25,5%	31,4%	17,6%

Cellule	Formule	Copiée dans :
B3	=NB.SI(JourS!C3:C82;"<=600")	---
C3	=NB.SI(JourS!E3:E82;"Quitte")/B3	---
D3	=MOYENNE(JourS!F3:F82)	---
E3	=MAX(JourS!F3:F82)	---
F3	=NB.SI(JourS!$D3:$D82;F2)/$B3	G3:I3

Les résultats de la simulation sont résumés à la figure 8.14. Les formules reportées dans la partie inférieure parlent d'elles-mêmes et ne nécessitent pas de commentaires (les deux dernières sont une application directe de la formule classique pour les bornes d'un intervalle de confiance pour une moyenne). On constate que le nombre de clients potentiels varie beaucoup d'un jour à l'autre, s'échelonnant de 30 à 73 dans l'échantillon de la figure 8.13. Il en est de même pour la proportion de gens qui quittent les lieux sans attendre : celle-ci est nulle dans au moins un cas, mais peut atteindre 31,8 %, un taux très élevé qui, sans doute, dérange Claude Richard. Le temps d'attente s'élève en moyenne à un peu moins de 7 minutes. Mais certains clients devront patienter bien plus longtemps, comme le montre la colonne E : ainsi, dans 500 des 1 000 journées considérées, au moins un client devra faire la queue pendant 23,3 minutes.

Les intervalles de confiance sont étroits, ce qui signifie que la taille 1 000 utilisée ici est suffisante pour donner un portrait précis du problème réel. Ainsi, en moyenne, 49,8 véhicules se présentent par jour chez Lavex, avec une marge d'erreur de ± 0,4 véhicule. De même, le taux moyen de refus d'attendre s'établirait à 11,3 %, avec une marge d'erreur de ± 0,3 %.

Fichier: Lavex.xlsx								Feuilles: RésultS et Fig14
A	B	C	D	E	F	G	H	I
	N^bre de clients	Proportion	Temps d'attente		Distribution de la longueur de la file			
	potentiels	qui quitte	moyen	maximal	0	1	2	3
Minimum	30	0,0%	1,0	9,3	8,5%	13,6%	0,0%	0,0%
5e centile	38	2,3%	4,3	17,7	16,3%	21,7%	13,3%	2,3%
Médiane	50	11,3%	6,8	23,3	28,6%	32,7%	25,5%	11,3%
95e centile	62	21,2%	9,7	28,2	44,7%	44,7%	38,6%	21,2%
Maximum	73	31,8%	11,5	29,9	66,7%	54,2%	51,6%	31,8%
Moyenne μ	49,8	11,3%	6,9	23,2	29,6%	33,1%	26,0%	11,3%
Écart type	7,2	5,7%	1,6	3,1	9,1%	6,9%	7,7%	5,7%
Intervalle à 90% pour μ : B.Inf	49,4	11,0%	6,8	23,0	29,2%	32,7%	25,6%	11,0%
Intervalle à 90% pour μ : B.Sup	50,1	11,6%	7,0	23,3	30,1%	33,4%	26,4%	11,6%

Cellule	Formule	Copiée dans:
B3	=MIN(Simul!B4:B1003)	C3:M3
B4	=CENTILE(Simul!B4:B1003;0,05)	C4:M4
B8	=MOYENNE(Simul!B4:B1003)	C8:M8
B9	=ECARTYPE(Simul!B4:B1003)	C9:M9
B10	=B$8-1,645*B$9/1000^0,5	C10:M10
B11	=B$8+1,645*B$9/1000^0,5	C11:M11

FIGURE 8.14 Résultats de la simulation

Le tableau 8.4 donne la distribution moyenne des durées de lavage pour l'échantillon de 1 000 jours décrit dans la feuille Fig13 du fichier Lavex.xlsx: par exemple, le lavage LGV, dont la durée est de 6 minutes, a été choisi par 34,7 % des clients recensés durant ces 1 000 journées. On constate que les proportions moyennes s'écartent peu des valeurs théoriques. D'ailleurs, les intervalles de confiance pour les quatre modalités de la variable Y sont relativement étroits. On notera cependant que la borne inférieure du troisième coïncide – au niveau de précision considéré – avec la valeur théorique: ainsi, le lavage n° 3 tend à être légèrement surreprésenté dans plusieurs des journées de notre échantillon.

TABLEAU 8.4 Distribution expérimentale de la durée *Y* de lavage

Durée *Y*	**6**	**10**	**12**	**15**
Distribution théorique	35,0 %	20,0 %	30,0 %	15,0 %
Borne inférieure	34,3 %	19,8 %	30,0 %	14,5 %
Valeur moyenne	34,7 %	20,2 %	30,3 %	14,8 %
Borne supérieure	35,1 %	20,5 %	30,7 %	15,1 %

Les opérations du lave-auto ont été simplifiées à dessein, afin de ne pas alourdir inutilement la présentation. Il est possible, cependant, d'ajouter divers éléments de réalisme. On pourrait, par exemple, tenir compte sans difficulté de taux d'arrivée variables selon la période de la journée, ou encore de l'hypothèse que la proportion des clients potentiels qui quittent sans faire laver leur véhicule dépend de la longueur de la file d'attente. En pratique, il faut arbitrer entre la pertinence du modèle et sa complexité. Simplifier exagérément donne une analyse inutile, car le comportement du modèle s'écarte trop de la réalité. Par contre, inclure tous les détails anecdotiques résulte en un modèle inextricable. On se limitera donc aux aspects de la réalité qui influencent significativement les conclusions recherchées par le ou les commanditaires de la simulation.

8.2.3 La gestion des stocks

Le cas Scherzo présenté à la section 8.1 n'illustrait que partiellement les concepts et les problèmes habituellement rattachés à la gestion des stocks: l'aléatoire y faisait une timide apparition dans la fluctuation de la demande hebdomadaire ; la politique de réapprovisionnement examinait seulement deux possibilités, soit commander 2 ou 3 chaînes chaque semaine, et une fois arrêtée, elle devait rester fixe pour toute l'année. Le recours à la simulation pour établir la politique de commande optimale équivalait à l'intervention d'un rouleau compresseur pour écraser une mouche.

Voici une situation plus touffue où le recours à la simulation aidera le gestionnaire qui cherche à arrêter une politique de réapprovisionnement, alors qu'il est soumis non seulement à une demande aléatoire, mais également à des délais aléatoires d'attente entre le moment où il passe la commande et le moment de la réception en magasin des articles commandés. Nous garderons toutefois ce second exemple à l'abri des complications supplémentaires qu'aurait occasionnées l'étude de la gestion d'un stock d'articles périssables comme les fruits, ou sujets à l'obsolescence comme les vêtements, ou dont les ventes sont soumises soit à des variations saisonnières comme les contenants d'antigel, ou encore sujets à la dégradation progressive comme les médicaments. Le produit traité ici est la batterie de cuisine version grand luxe en acier inoxydable.

Un grand magasin, ouvert sept jours sur sept, dispose de données historiques concernant les ventes de cet article. Il en a tiré la distribution statistique donnée dans le tableau 8.5. Quand le nombre de batteries en stock atteint le point de réapprovisionnement au cours d'une journée, on passe une commande le lendemain matin. On trouvera dans la partie inférieure du tableau 8.5 la distribution historique du délai de réception. Ce dernier est comptabilisé à partir du jour où la commande est faite : par exemple, on parlera d'un délai de 1 jour quand une commande est livrée le lendemain de son émission, c'est-à-dire le surlendemain du jour où le niveau du stock est tombé au point de réapprovisionnement.

TABLEAU 8.5
Distribution historique de la demande *D* et du délai *R* de réception

d	**0**	**1**	**2**	**3**	**4**	**5**	**6**	**7**
$P(D = d)$	0,01	0,01	0,02	0,04	0,06	0,10	0,10	0,12
d	**8**	**9**	**10**	**11**	**12**	**13**	**14**	**15**
$P(D = d)$	0,12	0,12	0,10	0,10	0,05	0,03	0,01	0,01

r	**1**	**2**	**3**	**4**
$P(R = r)$	0,45	0,35	0,15	0,05

La direction s'interroge sur sa politique de gestion des stocks. Pour l'instant, le point de réapprovisionnement est fixé à 20 unités, et la taille de la commande, à 100. Précisons que la batterie est vendue au prix de 525 $, alors que le magasin la paie 250 $ à son fournisseur ; que passer une commande coûte 200 $ à l'entreprise ; que le coût de stockage est évalué à 0,25 $ par unité et par jour, et le coût de pénurie, à 25 $ l'unité.

Nous conviendrons, pour ne pas alourdir inutilement le modèle, que la portion de la demande qui ne peut être satisfaite le jour même à cause d'une rupture de stock est définitivement perdue. Nous indiquerons au problème 17 comment procéder quand une partie des clients qui ne peuvent obtenir immédiatement une batterie acceptent, en échange d'un rabais, de revenir chercher le produit quelques jours plus tard.

La direction désire comparer les coûts associés à différentes politiques de gestion des stocks : quel est le point de réapprovisionnement idéal, c'est-à-dire quel est le niveau minimal du stock qui, une fois atteint ou dépassé, déclenche une commande ; et, quand ce point est atteint, combien de batteries commander ? On cherche évidemment la politique qui maximisera le revenu net espéré des ventes de ce produit.

Karine Nguyen, qui s'est vu confier la tâche d'analyser la question, a décidé de recourir à la simulation. Dans un premier temps, elle a construit l'organigramme de la figure 8.15 (*voir page suivante*) qui décortique l'évolution du stock une journée donnée. Noter qu'elle a intercalé la boîte « Quantité reçue » entre celles associées aux stocks en début de journée et à l'ouverture : elle présume donc que les commandes sont reçues tôt le matin, avant l'arrivée des clients – ou fait comme si cette hypothèse était suffisamment près de la réalité pour ne pas entacher la validité de ses résultats. Elle a ensuite traduit chacune des étapes de son organigramme en langage informatique et a construit le fichier Gestion-Stocks.xlsx. Dans la première feuille, nommée Données, elle a placé les divers paramètres de son modèle, lesquels sont énumérés au tableau 8.6.

TABLEAU 8.6
Paramètres du modèle de simulation en gestion des stocks

Description	Nom	Plage	Valeur
Marge unitaire de profit	MargeU	G6	275
Coût de stockage	CStock	G8	0,25
Coût de pénurie	CPénurie	G9	25
Coût de commande	CComm	G10	200
Taille de la commande	TComm	G12	100
Point de réapprovisionnement	PComm	G13	20
Stock au début de la période	StockDéb	G14	60
Valeurs de la variable *D*	ValeursD	B18:Q18	0 à 15
Probabilités cumulées de *D*	CumulD	B20:Q20	
Valeurs de la variable *R*	ValeursR	B24:E24	1 à 4
Probabilités cumulées de *R*	CumulR	B26:E26	

La feuille Simul, dont des extraits sont reproduits dans la figure 8.16 (*voir page 385*), est le cœur de son modèle. Karine y simule une période de 5 000 journées selon la logique de l'organigramme de la figure 8.15. Mais avant de regarder les formules, analysons le fonctionnement du modèle.

Intéressons-nous, dans un premier temps, à l'émission d'une commande. Comme l'indiquent les cellules G6 ou K6, le point de réapprovisionnement est atteint le 4e jour, ce qui implique qu'une commande doit être émise le lendemain matin. On retrouve donc un « Oui » en I7. Pour déterminer la date de réception, un délai pseudo-aléatoire R a été généré : dans l'exemple numérique considéré ici, $R = 3$, de sorte que la commande sera reçue le jour $j = 5 + 3 = 8$. On reporte cette valeur en J7, et la quantité 100 à recevoir en C10. À la fermeture du 5e jour, il restera 7 unités en stock, ce qui est inférieur au point de réapprovisionnement. Mais évidemment, il serait inutile de faire une deuxième commande dès le lendemain. D'un point de vue informatique, il s'agit de comparer la valeur critique 20 non pas au stock à la fermeture la veille, mais plutôt au « stock au livre » constitué à la fois des unités en magasin ce soir-là et de celles commandées et en attente de livraison. Ainsi, en K7, on constate que la valeur 107 est supérieure au point de réapprovisionnement et on conclut qu'une commande n'est pas nécessaire.

Un autre point mérite d'être commenté. La demande du 6e jour s'élève à 9 batteries, mais il en reste seulement 7 en stock (voir cellules E8 et D8). Parmi les 9 clients, 7 seulement obtiendront le produit désiré et 2 repartiront bredouilles. Dans le fichier, on retrouve les valeurs 7 en F8, et 2 en H8. On dira que, le jour 6, la *demande brute* fut de 9 unités, et la *demande satisfaite*, de 7 unités.

FIGURE 8.15
Schéma d'analyse d'une période de 5 000 jours

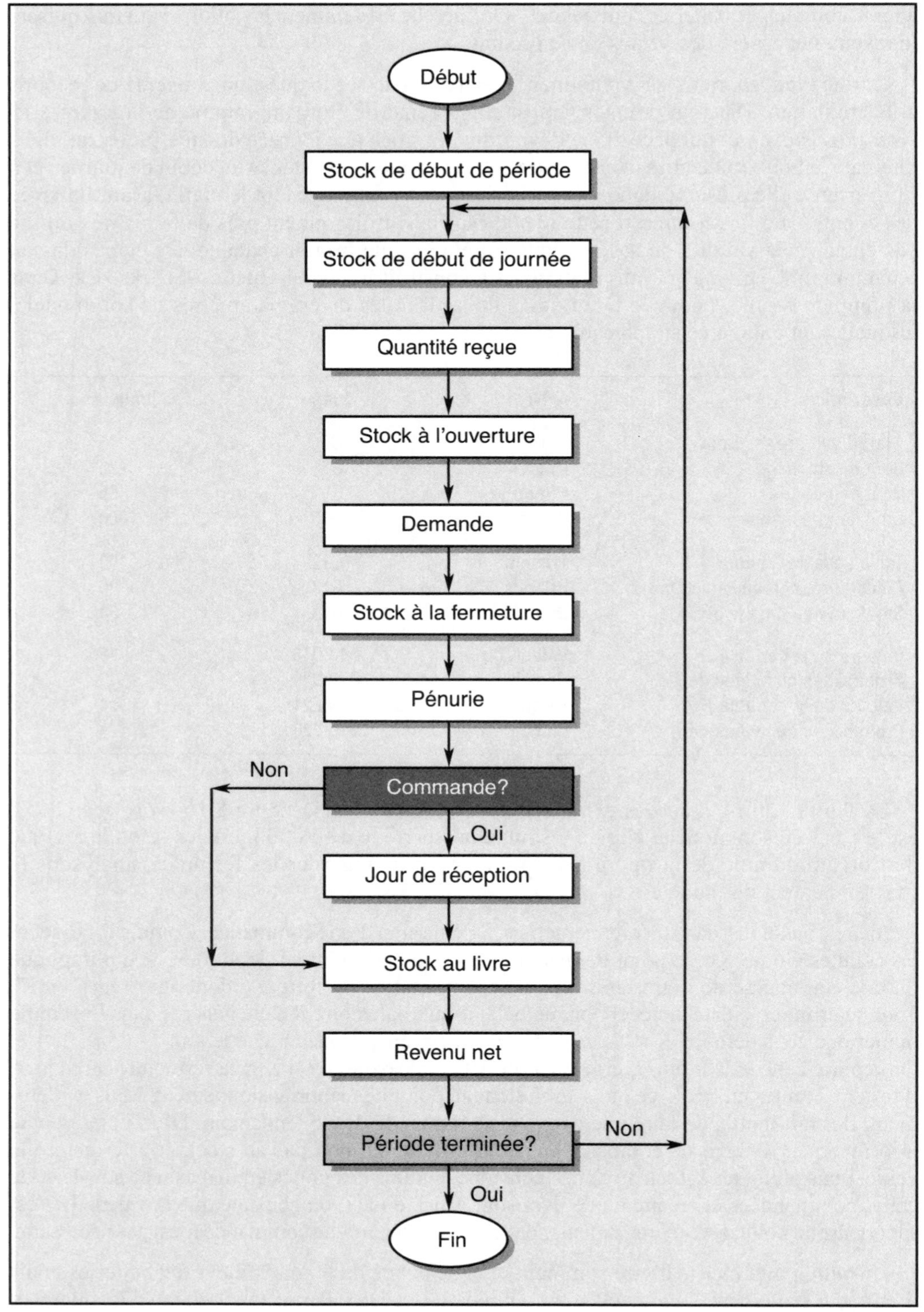

FIGURE 8.16
Simulation de 5 000 jours

Fichier : Gestion-Stocks.xlsx — Feuilles : Simul et Fig16

	A	B	C	D	E	F	G	H	I	J	K	L	M
1	Jour	Stock	Quantité	Stock	Demande		Stock	Pénurie	Comm	Jour	Stock	Coûts	Revenus
2	N°	début	reçue	ouvert.	brute	satisf.	ferm.		?	récept.	au livre	gestion	nets
3	1	60	0	60	8	8	52	0			52	14,00	2 186,00
4	2	52	0	52	8	8	44	0			44	12,00	2 188,00
5	3	44	0	44	13	13	31	0			31	9,38	3 565,63
6	4	31	0	31	11	11	20	0			20	6,38	3 018,63
7	5	20	0	20	13	13	7	0	Oui	8	107	203,38	3 371,63
8	6	7	0	7	9	7	0	2			100	50,88	1 874,13
9	7	0	0	0	6	0	0	6			100	150,00	-150,00
10	8	0	100	100	11	11	89	0			89	23,63	3 001,38
5001	4999	9	100	109	9	9	100	0			100	26,13	2 448,88
5002	5000	100	0	100	12	12	88	0			88	23,50	3 276,50

Cellule	Formule	Copiée dans :
B7	=G6	B4:B5002
C7	=TComm*NB.SI(J3:J6;A7)	C8:C5002
D7	=B7+C7	D3:D5002
E7	=RECHERCHE(ALEA();CumulD;ValeursD)	E3:E5002
F7	=MIN(E7;D7)	F3:F5002
G7	=D7-F7	G3:G5002
H7	=MAX(E7-D7;0)	H3:H5002
I7	=SI(K6<=PComm;"Oui";" ")	I4:I5002
J7	=SI(I7="Oui";A7+RECHERCHE(ALEA();CumulR;ValeursR);" ")	J4:J5002
K7	=K6-F7+SI(I7="Oui";TComm;0)	K4:K5002
L7	=CStock*(D7+G7)/2+CPénurie*H7+CComm*(I7="Oui")	L3:L5002
M7	=MargeU*F7-L7	M3:M5002

Nous expliquons maintenant brièvement les diverses formules de la figure 8.16. Nos propos seront basés sur les données de la ligne 7, qui correspond au jour numéro 5.

– Le stock à l'ouverture du magasin (D7) est la somme des unités restant la veille au soir (G6, repris en B7) et de celles reçues le matin même (C7). Dans la colonne C, deux valeurs seulement apparaissent, 0 et 100, cette dernière survenant quand une commande placée antérieurement est livrée ce matin-là. Techniquement, il s'agit de vérifier si l'on retrouve en colonne J le numéro de la journée associée à la ligne dans les cellules des 4 lignes précédentes. Karine a utilisé à cette fin la fonction Nb.Si d'Excel : ainsi, la plage J3:J6 étant vide et le numéro 5 y apparaissant 0 fois, on retrouve la valeur 0 en C7 ; par contre, la plage J6:J9 contient 1 fois le numéro 8 et la quantité affichée en C10 est égale à 100.
– Pour obtenir la demande brute, on génère d'abord un nombre pseudo-aléatoire entre 0 et 1, qui est ensuite transformé en valeur de la variable D à l'aide de la fonction Recherche. Il s'agit de l'approche déjà utilisée dans la cellule H4 de la figure 8.12. Les ventes de la journée ne coïncident pas nécessairement avec la demande, car le nombre de batteries écoulées une journée donnée ne peut excéder la quantité disponible en magasin. C'est pourquoi on définit la demande satisfaite (F7) comme le minimum du stock à l'ouverture (D7) et de la demande brute (E7). On notera que, le jour 6, le stock à l'ouverture (D8) s'élève à 7 batteries seulement et que la demande brute (E8) de 9 unités est décomposée en une demande satisfaite (F8) de 7 unités et une pénurie (H8) de 2 unités.
– Une commande est émise et un « Oui » affiché en colonne I de la ligne subséquente quand le stock au livre est inférieur ou égal au point de réapprovisionnement 20. Ainsi, ce niveau

critique est atteint le jour 4 (voir K6) et une commande sera préparée le lendemain (voir I7). Le stock au livre (K7) le soir du jour 5 sera la somme du nombre de batteries physiquement en magasin (G7) et des 100 commandées et en attente de livraison.

– Dans les coûts de gestion de la colonne L, on inclut les coûts de stockage, de pénurie et de commande de la journée considérée. Ce dernier coût est égal à 200 $ ou à 0 $ selon qu'un « Oui » est affiché ou non en colonne I ; techniquement, on multiplie le coût de commande 200 par la valeur logique de la formule « I7="Oui" ». Le calcul du coût de stockage quotidien s'effectue, comme c'est la coutume, à partir de la valeur moyenne entre le stock à l'ouverture du magasin (D7) et celui à la fermeture (G7). Enfin, le revenu net est défini comme l'écart entre les revenus des ventes et les coûts de gestion. On notera que la formule en M7 réfère à la demande satisfaite (F7) et non à la demande brute (E7), car seuls les clients qui obtiennent le produit recherché contribuent aux ventes du magasin.

La feuille Simul complétée, Karine s'attaque à l'analyse de l'impact des deux paramètres, la taille de la commande TComm et le point de réapprovisionnement PComm. Le tableau 8.7 résume les résultats qu'elle obtient. On constate – sans surprise – qu'une augmentation de l'un ou l'autre de ces paramètres se traduit par une diminution du nombre total d'unités en pénurie et par une augmentation du nombre total d'unités en stock ; que plus la taille de la commande est grande, plus le nombre de commandes durant la période est faible. Un résultat moins évident *a priori* est que la taille de la commande a une influence très faible sur la valeur moyenne du revenu net quotidien pendant l'ensemble de la période.

Lorsqu'on compare deux lignes du tableau 8.7, les fluctuations aléatoires de la demande peuvent expliquer des écarts d'environ 27 $ dans le revenu quotidien moyen[3]. Ainsi, les variations de revenus observées dans le tableau sont, à quelques exceptions près, peu ou pas significatives, pourvu que PComm soit supérieur à 20. Un tableau où est analysé conjointement l'impact des paramètres TComm et PComm sur le revenu quotidien moyen donne à peu près le

TABLEAU 8.7
Analyse de sensibilité sur les paramètres TComm et PComm

TComm	PComm	Nombre de commandes	Nombre total d'unités — Pénurie	Nombre total d'unités — Stock	Demande totale	Revenu net moyen
100	10	357	3 074	234 091	38 805	1 924
	15	370	1 879	249 184	38 879	1 998
	20	379	1 132	268 534	39 022	2 050
	25	385	383	294 961	38 854	2 084
	30	388	189	312 815	38 954	2 100
	35	385	72	337 431	38 558	2 084
	40	387	30	363 572	38 677	2 092
	45	392	8	386 969	39 154	2 118
	50	386	0	412 603	38 604	2 087
100	20	377	957	268 582	38 664	2 041
150		255	687	393 692	38 856	2 066
200		193	399	520 325	38 860	2 080
250		153	467	640 451	38 698	2 062
300		128	284	765 656	38 564	2 061
350		110	222	895 786	38 462	2 053
400		96	222	1 025 542	38 409	2 044
450		87	245	1 154 614	39 253	2 083
500		78	188	1 271 111	38 750	2 053

3. Voir la plage A34:G49 de la feuille Tab7 du fichier Gestion-Stocks.xlsx

même message[4]. Pour décider de la taille de la commande ou du point de réapprovisionnement, la direction du magasin aurait avantage à prendre en considération d'autres facteurs, tels que le niveau de service désiré, l'espace disponible en magasin, etc.

Il serait possible de raffiner l'analyse de Karine, mais au prix d'une complexité accrue du modèle. On pourrait, en effet, procéder comme dans l'exemple de Scherzo et insister pour que les valeurs de la variable *D*, de même que celles de *R*, soient obtenues à partir des *mêmes* nombres pseudo-aléatoires dans les simulations associées aux différentes valeurs des deux paramètres. On éliminerait ainsi un facteur de variabilité et, avec ce nouveau modèle plus puissant et capable de détecter des écarts plus petits, on pourrait éventuellement considérer comme significatifs les écarts qu'on observerait. Mais il n'est pas sûr que la précision additionnelle vaille l'effort consenti, car une petite différence, même si elle est statistiquement significative, peut être jugée sans intérêt en pratique.

8.2.4 Le modèle *PERT* et les chemins quasi critiques

Les techniques associées au modèle *PERT* tiennent compte de l'incertitude entourant la durée des tâches. Dans la version élémentaire décrite à la section 7.5, on utilise les durées espérées et on considère seulement le chemin critique de variance maximale. Mais il ne faut pas oublier que d'autres chemins peuvent retarder le parachèvement du projet. Il faudrait donc examiner la durée de tous les chemins qui mènent du début à la fin du projet. En pratique, on se limite le plus souvent aux chemins dont la plupart des tâches ont de faibles marges.

La durée d'une tâche n'obéit pas toujours à une loi bêta tel que supposé dans la section 7.5. D'autres distributions obtenues à partir de données historiques peuvent être plus pertinentes. En particulier, on observe parfois que la distribution de la durée d'une tâche adopte la forme triangulaire de la figure 8.17, où les points *opt, m* et *pess* correspondent respectivement aux durées optimiste, modale et pessimiste. Dans d'autres contextes, c'est une loi normale ou encore une loi uniforme qui convient le mieux.

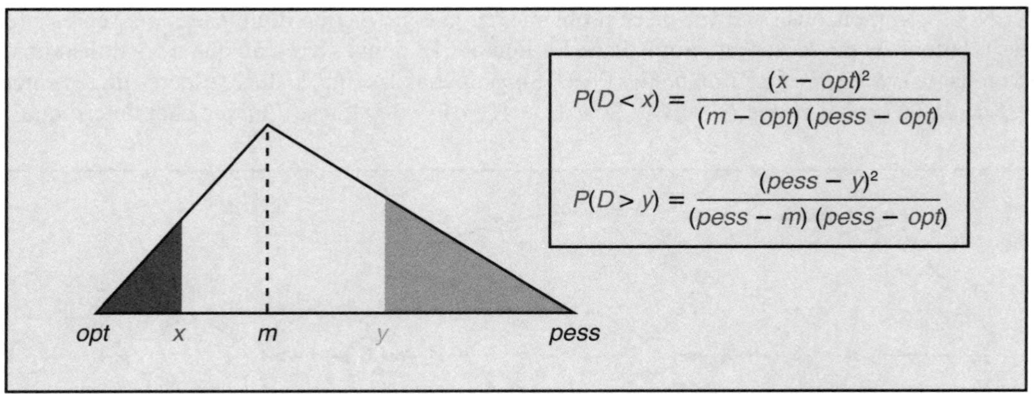

$P(D < x) = \frac{(x - opt)^2}{(m - opt)(pess - opt)}$
$P(D > y) = \frac{(pess - y)^2}{(pess - m)(pess - opt)}$
opt
x
m
y
pess

FIGURE 8.17
Loi triangulaire pour la durée d'une tâche

Voici un exemple où les durées sont supposées triangulaires et où l'on considère tous les chemins possibles. Anna Serguievna veut agrandir la cuisine de la grande maison qu'elle habite sur la Rive-Sud de Montréal. Elle a signé une entente avec un entrepreneur en bâtiment et lui demande de parachever les travaux durant son absence. En effet, elle se rendra en vacances à Sotchi durant tout le mois de juin et considère que les 21 jours ouvrables de ce mois devraient suffire.

4. Voir la plage J1:T12 de la feuille Tab7 du fichier Gestion-Stocks.xlsx.

Le tableau 8.8 donne la liste des différentes tâches à accomplir. Les tâches E, F et G seront confiées à des sous-traitants, dont il s'agit de prévoir la disponibilité en leur proposant un horaire d'intervention le plus serré possible. Même si l'entrepreneur a une longue expérience de ce type de projet, la durée de certaines tâches est difficile à prévoir. En effet, la durée peut varier selon le temps qu'il fera, la disponibilité des matériaux et la ponctualité des ouvriers.

L'entrepreneur a l'habitude de recourir à un modèle de simulation pour estimer la durée des projets qu'il entreprend, de façon à ne pas faire de promesses trop optimistes à ses clients. Il aime aussi repérer les tâches qui risquent fort d'être critiques, de façon à les confier aux meilleurs de ses ouvriers.

TABLEAU 8.8 Projet d'Anna Serguievna : liste des tâches

Tâche	Description	Prédécesseur(s) immédiat(s)	Durée (en jours)		
			opt	*m*	*pess*
A	Solage	—	3	4	7
B	Bâti	A	2	4	7
C	Commander fenêtres	—	8	13	14
D	Murs	B	1	2	5
E	Électricité	D, M	3	4	7
F	Plomberie	D, M	2	4	7
G	Gaz	D, M	2	3	6
H	Plâtre	E, F, G, C	2	3	6
I	Monter fenêtres	H	2	3	4
J	Carrelage du plancher	I, T	2	4	7
K	Céramique sur murs	I, T	2	4	6
L	Peinture et nettoyage	J, K	1	3	5
M	Négociations avec sous-traitants	—	5	8	11
T	Toit	B	9	12	17

Nous commençons l'analyse de ce problème par la construction d'un réseau qui représente les relations de prédécesseurs immédiats. La figure 8.18 donne le réseau que nous utiliserons. Notons (*voir la feuille* PERT *du fichier* PERT-Serguievna.xlsx) que la durée espérée de ce projet est de 28,667 jours et que A → B → D → E → H → I → J → L est l'unique chemin critique.

FIGURE 8.18 Projet d'Anna Serguievna : le réseau

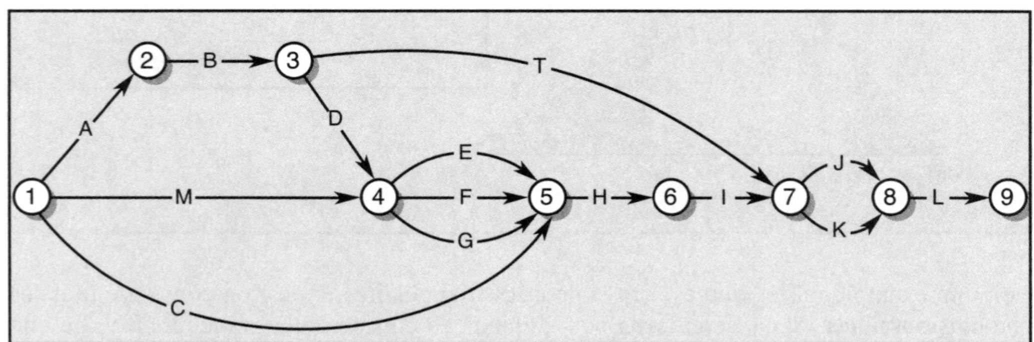

Nous cherchons maintenant à déterminer l'influence des autres chemins du réseau sur la durée du projet. Tout d'abord, nous engendrons des durées pseudo-aléatoires pour les différentes tâches. La figure 8.19 indique comment nous avons procédé. Analysons plus en détail le déroulement des calculs dans le cas de la tâche T. Nous avons d'abord calculé un paramètre $k = (m - opt)/(pess - opt)$ qui représente la proportion de l'intervalle $[opt\,; pess]$ située à la gauche de la valeur modale m. Puis, nous avons engendré de façon pseudo-aléatoire une probabilité cumulée p, que nous avons placée en F19. Il fallait ensuite transformer la valeur observée $p = 0{,}242$ en une durée d : en pratique, il s'agissait de résoudre l'équation

$$\mathrm{P}(D < d) = p = 0{,}242$$

c'est-à-dire d'exprimer d en fonction de p. Comme le montre la figure 8.17, la formule pour la probabilité cumulée $p = \mathrm{P}(D < d)$ diffère selon que la durée d est à gauche ou à droite de la valeur modale m. Techniquement, il s'agit de comparer p avec la valeur du paramètre $k = 0{,}375$ (*voir E19 dans la figure 8.19*). Ici, $p < k$ et on prend la formule pour x dans la figure 8.17 :

$$p = \mathrm{P}(D < d) = \frac{(d - opt)^2}{(m - opt)\,(pess - opt)}$$

$$(d - opt)^2 = p\,(m - opt)\,(pess - opt) = p\,k\,(pess - opt)^2$$

$$d = opt + (pess - opt)\sqrt{pk}\,.$$

La portion « B19+(D19-B19)*RACINE(E19*F19) » de la formule en G19 traduit cette dernière équation. Le cas où la durée d est à droite de la valeur modale m est traité dans l'exercice de révision 1.

Fichier : PERT-Serguievna.xlsx — Feuilles : T et Fig19

	A	B	C	D	E	F	G
5	Tâche	*opt*	*m*	*pess*	*k*	Alea	Durée
6	A	3	4	7	0,250	0,985	6,6
7	B	2	4	7	0,400	0,659	4,7
8	C	8	13	14	0,833	0,650	12,4
9	D	1	2	5	0,250	0,482	2,5
10	E	3	4	7	0,250	0,525	4,6
11	F	2	4	7	0,400	0,776	5,2
12	G	2	3	6	0,250	0,570	3,7
13	H	2	3	6	0,250	0,410	3,3
14	I	2	3	4	0,500	0,187	2,6
15	J	2	4	7	0,400	0,879	5,7
16	K	2	4	6	0,500	0,790	4,7
17	L	1	3	5	0,500	0,072	1,8
18	M	5	8	11	0,500	0,158	6,7
19	T	9	12	17	0,375	0,242	11,4

Cellule	Formule	Copiée dans :
E6	=(C6-B6)/(D6-B6)	E7:E19
F6	=ALEA()	F7:F19
G6	=SI(F6<=E6;B6+(D6-B6)*RACINE(E6*F6); D6-(D6-B6)*RACINE((1-E6)*(1-F6)))	G7:G19

FIGURE 8.19
Projet d'Anna Serguievna : la génération des durées des tâches

La suite est relativement simple. Nous avons calculé la longueur de tous les chemins du réseau. Par exemple (*voir la formule de C2 dans la figure 8.20, page suivante*), nous avons posé :

$$(\textit{longueur du chemin}\ \mathrm{ABTJL}) = d_A + d_B + d_T + d_J + d_L,$$

FIGURE 8.20
Projet d'Anna Serguievna : la longueur des chemins

Fichier : PERT-Serguievna.xlsx — Feuilles : Chemins et Fig20

	A	B	C	D
1	N°	Chemin	Longueur	Critique?
2	1	ABTJL	30,1	0
3	2	ABTKL	29,2	0
4	3	ABDEHIJL	31,8	0
5	4	ABDEHIKL	36,5	1
6	5	ABDFHIJL	32,3	0
7	6	ABDFHIKL	31,4	0
8	7	ABDGHIJL	30,9	0
9	8	ABDGHIKL	30,0	0
10	9	MEHIJL	24,7	0
11	10	MEHIKL	23,7	0
12	11	MFHIJL	25,2	0
13	12	MFHIKL	24,3	0
14	13	MGHIJL	23,8	0
15	14	MGHIKL	22,8	0
16	15	CHIJL	30,7	0
17	16	CHIKL	24,8	0
18	Durée du projet		36,5	

Cellule	Formule	Copiée dans :
C2	=T!G6+T!G7+T!G19+T!G15+T!G17	— — —
D2	=SI(C2=C$18;1;0)	D3:D17
C18	=MAX(C2:C17)	— — —

où d_t dénote la durée de la tâche t. Nous avons engendré 1 000 instances du réseau et avons résumé les résultats obtenus dans deux tableaux. Dans la simulation reproduite aux figures 8.21 et 8.22, les chemins ABDEHIKL et CHIJL monopolisent le statut de chemin critique dans 99,1 % des cas. Les tâches communes à ces deux chemins, soit H, I et L, ont une probabilité de 99 % et plus d'être critiques.

FIGURE 8.21
Projet d'Anna Serguievna : la simulation

Fichier : PERT-Serguievna.xlsx — Feuilles : Simul et Fig21

	A	B	C	D	E	F	O	P	Q
1	Chemin	ABTJL	ABTKL	ABDEHIJL	ABDEHIKL	ABDFHIJL	MGHIKL	CHIJL	CHIKL
2	Critique?	0	0	0	1	0	0	0	0
3	1	0	0	0	0	0	0	1	0
4	2	0	0	0	1	0	0	0	0
5	3	0	0	0	1	0	0	0	0
6	4	0	0	0	0	0	0	1	0
7	5	0	0	0	0	0	0	1	0
8	6	0	0	0	0	0	0	1	0
9	7	0	0	0	1	0	0	0	0
1001	999	0	0	0	1	0	0	0	0
1002	1000	0	0	0	1	0	0	0	0

Cellule	Formule
B2	=Chemins!$D2
C2	=Chemins!$D3

Fichier: PERT-Serguievna.xlsx							Feuilles: Résultats et Fig22	
	A	B	C	D	E	F	G	H	I
1	Pourcentage de cas où le chemin est critique								
2	Chemin	ABTJL	ABTKL	ABDEHIJL	ABDEHIKL	ABDFHIJL	ABDFHIKL	ABDGHIJL	ABDGHIKL
3	TC	0,8%	0,1%	0,0%	89,5%	0,0%	0,0%	0,0%	0,0%
4	Chemin	MEHIJL	MEHIKL	MFHIJL	MFHIKL	MGHIJL	MGHIKL	CHIJL	CHIKL
5	TC	0,0%	0,0%	0,0%	0,0%	0,0%	0,0%	9,6%	0,0%
6									
7	Pourcentage de cas où la tâche est critique								
8	Tâche	A	B	C	D	E	F	G	
9	TC	90,4%	90,4%	9,6%	89,5%	89,5%	0,0%	0,0%	
10	Tâche	H	I	J	K	L	M	T	
11	TC	99,1%	99,1%	10,4%	89,6%	100,0%	0,0%	0,9%	

Cellule	Formule	Copiée dans:
B3	=MOYENNE(Simul!B3:B1002)	C3:I3
B5	=MOYENNE(Simul!J3:J1002)	C5:G5
B9	=SOMME($B3:$I3)	C9
B11	=SOMME($D3:$I3;$B5:$I5)	C11
H11	=B3+C3	------

FIGURE 8.22 Projet d'Anna Serguievna: les résultats

Exercices de révision

1. La fonction inverse de la fonction de répartition d'une loi triangulaire

Revenons aux durées pseudo-aléatoires de la plage G7:G19 de la figure 8.19. Indiquer comment calculer la durée d à partir de la probabilité cumulée p dans le cas où $p > k$. Illustrer avec la tâche A.

2. Les chemins quasi critiques d'un projet abstrait

Considérons le projet abstrait traité dans la section 7.5. Déterminer, pour chaque tâche, la probabilité qu'elle soit critique. (On supposera que la durée d'une tâche obéit à une loi triangulaire dont les valeurs minimale, modale et maximale sont les durées optimiste, la plus probable et pessimiste de la tâche.)

3. Les congélateurs

La Maison Bertrand et Marchand maintient un stock important de congélateurs de 150 litres dont elle assure la vente et l'installation. L'expert-comptable qui conseille la Maison a finalement convaincu la direction que le maintien d'un niveau élevé du stock dans le seul but de ne pas perdre de ventes n'est pas une politique économiquement saine, car un stock représente un capital immobilisé qui ne produit pas de bénéfice financier palpable. L'expert-comptable prétend qu'il faut privilégier un sage équilibre entre les dépenses d'entreposage et le manque à gagner dû aux ventes perdues.

Entreposer un congélateur revient à 25 $ par mois et il y a présentement, au début du mois de mai, 25 congélateurs en stock. Le comptable estime que le coût d'une vente perdue est de 100 $. La direction a établi qu'une vente réussie assure un profit de 175 $. À la demande de la direction, le comptable a examiné les ventes mensuelles de congélateurs au cours des cinq dernières années. Voici la distribution qu'il a obtenue (la ligne « Effectif » indique combien, parmi les 60 mois considérés, ont connu des ventes de v congélateurs exactement).

v	8	9	10	11	12	13	14	15	16
Effectif	3	5	6	8	8	12	12	5	1

La direction souhaite indiquer à son fournisseur un nombre constant d'appareils à livrer au début de chaque mois, de façon à maximiser le profit mensuel net espéré provenant des ventes de congélateurs. On testera les politiques consistant à commander de 7 à 15 congélateurs par mois ; on simulera 2 000 mois et on considérera que les 500 premiers constituent une période de transition, de sorte qu'on les ignorera dans le calcul du revenu net moyen. (On pourra, pour simplifier l'analyse, ne pas appliquer le principe de la page 367 et utiliser des nombres pseudo-aléatoires différents pour les différentes politiques.)

8.3 Quelques applications additionnelles

8.3.1 La redondance

Comme systèmes destinés à fonctionner le plus longtemps possible sans l'intervention d'un réparateur, on peut citer le télescope Hubble, les satellites de communication en orbite autour de la planète Terre, les modules de survie destinés aux aventuriers de tout poil et sous toutes latitudes et, plus prosaïquement, les machines dont le démontage pour accéder aux pièces défectueuses est onéreux en temps de réparation et en production perdue. Pour réduire le nombre des interventions d'entretien ou de dépannage, les designers de ces machines installent, dans les modules sensibles, plusieurs composantes identiques en parallèle, de sorte que le module ne tombera pas en panne, tant qu'au moins une de ses composantes continuera à fonctionner.

Dans un des modules de commande du haut fourneau d'une aciérie, on a installé 12 composantes en parallèle. Le module fonctionnera donc jusqu'à ce que toutes les composantes soient tombées en panne. La durée de vie de chaque composante obéit à une loi dont la moyenne est de 200 heures, et l'écart type, de 55 heures.

Le modèle de simulation est facile à concevoir. Il suffit, dans un premier temps, d'engendrer 12 durées de vie, dont chacune assume la distribution précitée, la valeur maximale de ces 12 durées donnant l'heure où le module tombera en panne ; puis, on répète l'opération suffisamment de fois pour obtenir une estimation fiable. Mais il y a de multiples distributions de moyenne 200 et d'écart type 55. Laquelle choisir pour décrire la durée de vie D d'une composante ? Une loi normale, une loi triangulaire, une loi lognormale ? Bien que toutes ces distributions soient pertinentes, la dernière présente l'avantage de ne pas engendrer de valeurs négatives, qu'il faudrait tronquer puisqu'une durée de vie est par essence non négative ; de plus, elle est asymétrique et admet une queue à droite, une caractéristique fréquente des histogrammes qui décrivent les historiques des durées de vie. Il en est de même des lois triangulaires, pourvu que la valeur minimale soit positive et que la valeur modale soit décalée vers la gauche.

Pour illustrer l'influence de la distribution de la durée D, nous estimerons l'espérance de vie d'un module sous trois hypothèses, à savoir que D obéit à une loi normale, à une loi triangulaire ou à une loi lognormale. Les paramètres des deux dernières sont choisis de sorte que $\mathrm{E}(D) = 200$ et $\mathrm{Var}(D) = 55$. La façon de procéder, qui dépasse le cadre de ce manuel, est indiquée dans la feuille Données du fichier Redondance.xlsx.

Dans un premier temps, nous calculons le nombre d'heures de fonctionnement d'un module particulier. On notera que, conformément au principe général énoncé à la section 8.1.3 (*voir page 367*), les mêmes nombres pseudo-aléatoires sont utilisés par les trois lois que nous voulons comparer. C'est pourquoi les trois formules de la plage C4:E4 de la figure 8.23 réfèrent à la même cellule B4, où est reportée une probabilité cumulée qui sera transformée en durées. Ici, contrairement aux exemples traités précédemment, nous recourons non pas à la fonction Recherche, mais plutôt à des fonctions inverses. Dans les cellules C4 et E4, il nous a suffi de faire appel à des fonctions d'Excel. La formule utilisée en D4, qui n'est pas reproduite ici, est analogue à celle de la cellule G6 de la figure 8.19.

Comme le montre la figure 8.23, nous avons engendré 12 durées pseudo-aléatoires en prenant comme hypothèse successivement que *D* obéit à une loi normale, à une loi triangulaire et à une loi lognormale. Dans chacun des trois cas, le maximum des 12 valeurs, qui se trouve dans la ligne 16, représente le temps de fonctionnement du module sous l'hypothèse considérée.

Nous avons également inclus la moyenne des 12 durées. Dans le cas particulier considéré à la figure 8.23, la durée moyenne des 12 composantes coïncide presque avec la moyenne théorique 200 si la loi est supposée lognormale, mais est quelque peu supérieure à 200 sous les deux autres hypothèses. On observe également que l'étendue entre les valeurs extrêmes est nettement plus petite dans la colonne E :

C (normale) étendue = 353,1 – 92,8 = 260,3

D (triangulaire) étendue = 337,4 – 109,3 = 228,1

E (lognormale) étendue = 236,2 – 167,3 = 68,9.

Ce dernier phénomène est typique et se retrouve dans la majorité des simulations de la feuille Durée.

Fichier : Redondance.xlsx — Feuilles : Durée et Fig23

	A	B	C	D	E
3	Composante	Alea	Normale	Triangulaire	Lognormale
4	1	0,153	143,7	142,5	179,0
5	2	0,685	226,5	225,4	199,7
6	3	0,997	353,1	337,4	236,2
7	4	0,653	221,7	219,4	198,5
8	5	0,588	212,2	207,8	196,0
9	6	0,931	281,5	291,0	214,8
10	7	0,026	92,8	109,3	167,3
11	8	0,464	195,1	188,0	191,6
12	9	0,925	279,1	288,6	214,2
13	10	0,668	223,9	222,3	199,1
14	11	0,573	210,2	205,3	195,5
15	12	0,922	277,9	287,3	213,8
16	Durée maximale		353,1	337,4	236,2
17	Moyenne		226,5	227,0	200,5

Cellule	Formule	Copiée dans :
B4	=ALEA()	B5:B15
C4	=LOI.NORMALE.INVERSE.N(B4;200;55)	C5:C15
E4	=LOI.LOGNORMALE.INVERSE.N (B4;Données!B$32;Données!B$33)	E5:E15
C16	=MAX(C4:C15)	D16:E16
C17	=MOYENNE(C4:C15)	D17:E17

FIGURE 8.23
Redondance : durée (en h) d'un module

La durée de fonctionnement d'un module est aléatoire. Pour en estimer la distribution, nous reproduisons le comportement de 1 000 modules à l'aide de la commande Table de données… d'Excel. La figure 8.24 (*voir page suivante*) résume les résultats obtenus.

La principale conclusion qu'on tire de cette masse d'information est que le module tombera en panne bien plus tôt si l'on suppose que la durée de vie des composantes obéit à une loi lognormale. De plus, l'écart entre les valeurs moyennes sous les hypothèses de loi normale et de loi triangulaire, bien qu'il soit statistiquement significatif[5], est faible. Enfin, le cas particulier traité à la figure 8.23 appartient aux 5 derniers centiles de la distribution.

FIGURE 8.24
Redondance : résultats

Fichier : Redondance.xlsx — Feuilles : Résultats et Fig24

	A	B	C	D	E
1		Normale	Triangulaire	Lognormale	Écart = T - N
2	Minimum	198	191	192	-73
3	5ᵉ centile	242	245	204	-12
4	Médiane	286	296	216	7
5	95ᵉ centile	348	336	235	9
6	Maximum	420	348	258	9
7	Moyenne µ	290,0	294,1	217,5	4,1
8	Écart type	33,0	28,0	9,6	9,1
9	Intervalle à 90% pour µ : B.Inf	288,3	292,6	217,0	3,6
10	Intervalle à 90% pour µ : B.Sup	291,7	295,6	218,0	4,6

8.3.2 Les surréservations

Les hôtels, et d'autres organisations comme les compagnies aériennes, offrent à leurs clients la possibilité de faire des réservations. Certains clients indélicats, non seulement ne respectent pas la réservation qu'ils ont effectuée, mais ne se soucient pas de l'annuler suffisamment à l'avance pour que la chambre puisse être mise à la disposition d'un autre client. Et, à moins d'exiger des arrhes, il est impossible de les pénaliser. Les hôtels se protègent des clients défaillants en annulant leurs réservations s'ils n'ont pas donné signe de vie avant une certaine heure. Cependant, l'hôtel ne réussit pas toujours à trouver preneur pour la chambre que n'occupera pas celui qui l'avait réservée. Certains hôteliers acceptent plus de réservations que l'hôtel n'a de chambres, cherchant ainsi à s'assurer de louer toutes les chambres, même si quelques annulations surviennent. Toutefois, cette politique présente des inconvénients : parfois, l'hôtelier ne pourra honorer toutes les réservations, et les clients refusés seront mécontents et le manifesteront bruyamment. La stratégie à adopter pour maximiser le nombre de chambres occupées tout en évitant les pertes dues aux annulations n'est pas évidente.

En effet, afficher complet relève de la chance et le nombre de chambres occupées est une variable aléatoire dont la distribution n'est pas aisément cernable : il y a les clients attendus qui ne viennent pas, mais aussi les clients inattendus qui se présentent sans avoir réservé, et les départs probables. En haute saison, le responsable des réservations se fie à son instinct pour estimer le nombre de clients qui voudront inopinément prolonger la durée de leur séjour, le nombre de clients défaillants et le nombre de clients inattendus. Finalement, il

5. Afin de vérifier que cet écart est statistiquement significatif, nous avons inclus dans la feuille où est effectuée la simulation une colonne où est donné l'écart E entre les durées de fonctionnement du module dans les cas « Normale » et « Triangulaire ». Puis, dans les feuilles Résultats et Fig24, nous avons compilé les statistiques usuelles de cette variable E. On note que l'intervalle de confiance [3,6 ; 4,6] de la valeur moyenne de E ne contient pas 0. Par conséquent, à un seuil $\alpha = 10$ %, on peut rejeter l'hypothèse selon laquelle le module fonctionnerait en moyenne le même nombre d'heures, que la durée de vie des composantes obéisse à une loi normale ou à une loi triangulaire. (*Pour une application plus détaillée de cette procédure, voir la section 8.3.3, et en particulier la figure 8.29, où l'on vérifie explicitement que l'écart entre deux valeurs moyennes est significatif.*)

lui faut fixer chaque jour le nombre de réservations qu'il acceptera. Ce nombre dépendra de son attitude face au risque. S'il est réfractaire au risque, le nombre de réservations ne dépassera pas 2 % ou 3 % du nombre total des chambres disponibles. Cette option, bien qu'elle diminue la possibilité de refuser une chambre aux clients qui ont réservé, augmente le risque que des chambres restent inoccupées, ce qui entraîne une perte de revenus pour l'hôtel. Par contre, le responsable qui cherche à tout prix la maximisation du revenu fera libéralement de la surréservation et sera parfois amené à refuser une chambre à un client ayant une réservation. Il s'ensuivra des scènes désagréables, prolongées par l'hostilité du bouche-à-oreille subséquent.

On a vite constaté qu'il fallait, pour trouver une politique de surréservation viable, regarder du côté des modèles de simulation adaptés à un hôtel particulier, aux caractéristiques de sa clientèle, à la saison et à la tenue d'événements spéciaux dans la région. Ces modèles de simulation doivent prévoir la possibilité que certains clients restent plus d'une nuit et que le prix de location d'une chambre puisse varier selon le nombre de ses occupants.

Le problème posé par les clients défaillants concerne aussi les compagnies de location de voitures et les compagnies aériennes. En 1977, American Airlines fut la première à offrir des sièges intercontinentaux à 55 % du prix habituel en échange d'une réservation faite au moins 30 jours à l'avance et requérant un séjour minimal de 7 jours à destination. Dès la fin de 1978, les autres compagnies avaient concocté des offres similaires. En 1985, American Airlines proposa une remise de 75 % du prix habituel, pour une réservation faite 30 jours à l'avance, mais sans possibilité de remboursement. Certains billets aller-retour vendus à rabais exigent que le passager passe le dimanche à destination, séparant ainsi ceux qui voyagent pour leur plaisir et qui peuvent prolonger leur séjour de ceux qui voyagent par affaires et qui requièrent plus de flexibilité. Le revenu par passager par kilomètre de vol baissa certes, mais le revenu total augmenta à cause de la hausse du nombre de passagers. Depuis, les modèles de réduction de prix se sont davantage sophistiqués. Par exemple, au fur et à mesure qu'approche la date du vol, on modifie le prix du billet selon le nombre de sièges encore disponibles.

Certains hôtels copient depuis lors ce type de politique. Le client cède sa liberté d'honorer ou non une réservation en échange d'un prix déterminé par le délai de sa réservation et du dépôt d'arrhes, pouvant aller jusqu'au prix convenu, non remboursables. Les grandes chaînes font appel en dernier recours à des agences qui offrent à prix cassés des chambres de dernière minute.

Nous allons développer un modèle de simulation pour les vols assurés par RealAir entre deux villes. Cette petite compagnie utilise des avions d'un seul type, qui offrent tous 260 sièges par vol dans une classe unique. Elle minimise ainsi non seulement les frais d'entretien et de stockage de pièces détachées, mais aussi les exigences de qualification de son personnel volant et rampant. Le service à bord est spartiate et payant : boissons chaudes ou viennoiseries, rien n'est gratuit ; pas de distribution de journaux depuis qu'on a observé que le passager qui paie son journal ne le laisse pas dans la cabine en partant – ce qui signifie du nettoyage en moins. Le moins de béton possible : les escales prennent au plus 20 minutes. Ce sont les agents de bord qui remettent la cabine en état pour le prochain départ. RealAir, qui pratique des prix raisonnables et permet les réservations de dernière minute, songe à réévaluer sa politique de réservations, car le nombre de clients défaillants augmente. L'entreprise envisage d'accepter entre 290 et 305 réservations par vol ; aux personnes refusées lorsque plus de 260 clients se présenteront au départ d'un vol donné, elle offrirait un repas en attente du prochain vol ou, pour les plus récalcitrants, un siège chez l'un de ses concurrents. La direction de RealAir estime à 250 $ la perte associée à chaque réservation non honorée. Enfin, elle juge que chaque siège non occupé au décollage lui coûte 190 $ en perte de revenus.

Nous proposons maintenant un modèle de simulation pour le problème de RealAir, basé sur l'hypothèse que le nombre de clients défaillants pour un vol donné obéit à une loi binomiale B(*NbRéserv*; *PropDéf*), où *NbRéserv* est le nombre de réservations acceptées par RealAir pour ce vol et où *PropDéf* est la proportion, sur l'ensemble des vols de RealAir, des clients qui réservent et ne se présentent pas. On supposera, pour fixer les idées, que *PropDéf* = 0,12.

Les formules de la figure 8.25 indiquent comment calculer le coût total pour un vol typique.

– On engendre une probabilité cumulée (cellule B3), que l'on transforme ensuite en un nombre de clients défaillants par la formule suivante :

=CRITERE.LOI.BINOMIALE(A3;PropDéf;B3)-1.

Comme dans l'exemple précédent (*voir la figure 8.23*), la conversion d'une probabilité cumulée en une valeur s'effectue en recourant à une fonction inverse. Dans le cas des lois binomiales, Excel fournit la fonction Critere.Loi.Binomiale, qui cependant est décalée de 1 par rapport à la fonction Recherche, d'où le terme «-1» à la fin de la formule[6]. De plus, tel qu'indiqué précédemment, *PropDéf* = 0,12 ; mais nous avons voulu donner au chiffrier une forme générale qui permette éventuellement d'analyser l'influence de ce facteur sur les coûts. De nouveau, les **mêmes** nombres pseudo-aléatoires sont utilisés dans les diverses situations que nous voulons comparer. C'est pourquoi nous avons reporté dans les cellules B4, B5 et B6 la formule « =B$3 ».

– Le recours en D3 à la fonction Max d'Excel est une façon commode d'exprimer succinctement les deux cas de figures possibles, selon que le nombre *Pr* de clients avec réservation présents au départ du vol sera supérieur ou non à 260, le nombre de sièges disponibles. Notons d'abord que *Pr* = 290 – *NbDéf*. Si *Pr* > *NbSièges,* les clients en excédent devront être compensés ; leur nombre s'élèvera à

290 – *NbDéf* – *NbSièges*.

FIGURE 8.25
Surréservations : calcul du coût total pour un vol typique

Fichier : Surréservations.xlsx — Feuilles : Un vol et Fig25

	A	B	C	D	E	F	G	H
1	Nombre de		Nombre de	Dédits		Sièges vides		Coût
2	réservations	Alea	défaillants	Nombre	Coût (en $)	Nombre	Coût (en $)	total (en $)
3	290	0,826	39	0	0	9	2205	2 205
4	295	0,826	40	0	0	5	1225	1 225
5	300	0,826	40	0	0	0	0	0
6	305	0,826	41	4	1 200	0	0	1 200

Cellule	Formule	Copiée dans :
B3	=ALEA()	———
B4	=B$3	B5:B6
C3	=CRITERE.LOI.BINOMIALE(A3;PropDéf;B3)-1	C4:C6
D3	=MAX(A3-C3-NbSièges;0)	D4:D6
E3	=CtDédit*D3	E4:E6
F3	=MAX(NbSièges-A3+C3;0)	F4:F6
G3	=CtVide*F3	G4:G6
H3	=E3+G3	H4:H6

6. La feuille Note du fichier Surréservations.xlsx indique comment procéder si l'on utilise la fonction Recherche. On notera que la plage B73:B76 de cette feuille présente les **mêmes** nombres pseudo-aléatoires que la plage B3:B6 de la feuille Un vol, de sorte que les nombres de clients défaillants coïncident dans les deux feuilles.

La formule en D3 donne le même résultat dans ce cas, puisque la cellule A3 contient la valeur 290 et que le nombre de clients défaillants se trouve en C3. Par contre, si $Pr \leq NbSièges$, RealAir ne refusera personne et, dans ce cas, la formule en D3 renvoie la valeur 0 voulue puisque

$$\text{A3-C3-NbSièges} = Pr - NbSièges \leq 0.$$

Enfin, le coût des dédits s'obtient en multipliant le coût unitaire $CtDédit = 300$ par le nombre de personnes refusées, qui se trouve en colonne D.

- Les colonnes F et G s'expliquent de façon similaire. Le coût en G3 est le produit du coût unitaire $CtVide = 245$ et du nombre de sièges vides. Ce dernier se calcule lui aussi différemment selon que *Pr* est supérieur ou non au nombre de sièges disponibles.
- Enfin, le coût total pour un vol donné est la somme des coûts associés aux dédits (colonne E) et aux sièges vides (colonne G).

L'analyse précédente est répétée 1 000 fois à l'aide de la commande Table de données... d'Excel. La figure 8.26 donne le nombre de dédits, ainsi que le coût total, pour les 4 stratégies envisagées par RealAir et pour les 1 000 vols simulés.

Fichier: Surréservations.xlsx — Feuilles: Simul et Fig26

	A	B	C	D	E	F	G	H	I
1		Nombre de dédits				Coût total (en $)			
2	N°Réserv	290	295	300	305	290	295	300	305
3		0	0	0	4	2 205	1 225	0	1 200
4	1	0	2	7	11	490	600	2 100	3 300
5	2	0	0	0	4	2 205	1 225	245	1 200
6	3	0	2	6	11	735	600	1 800	3 300
7	4	0	1	5	9	980	300	1 500	2 700
8	5	0	0	2	6	1 715	735	600	1 800
9	6	0	1	6	10	735	300	1 800	3 000
10	7	0	0	3	8	1 470	245	900	2 400
1002	999	0	0	0	3	2 450	1 470	490	900
1003	1000	5	9	13	18	1 500	2 700	3 900	5 400

FIGURE 8.26
Surréservations: dédits et coûts pour 1 000 vols

Il reste à analyser les résultats obtenus. Les principales statistiques des données de la feuille Simul sont reproduites à la figure 8.27. On observe en particulier que la médiane du nombre de dédits est 0 quand le nombre de réservations est fixé à 290: autrement dit, si RealAir retient cette option, aucun passager ne sera refusé dans au moins 50 % des vols. La situation reste très intéressante à 295 réservations, mais se dégrade à 305. Enfin, la stratégie la moins coûteuse consiste à accepter 295 réservations (on peut montrer, en utilisant une procédure semblable à celle décrite dans la note 5, que l'écart entre les options 295 et 290 est significatif à un seuil $\alpha = 10$ %).

Fichier: Surréservations.xlsx — Feuilles: Résultats et Fig27

	A	B	C	D	E	F	G	H	I
1		Nombre de dédits				Coût total (en $)			
2	N°Réserv	290	295	300	305	290	295	300	305
3	Minimum	0	0	0	0	0	0	0	0
4	5e centile	0	0	0	1	0	0	245	490
5	Médiane	0	1	5	9	1 225	980	1 500	2 700
6	95e centile	6	10	14	19	3 009	3 185	4 200	5 700
7	Maximum	10	15	19	24	5 390	4 500	5 700	7 200
8	Moyenne μ	0,8	2,6	5,6	9,5	1 377	1 251	1 813	2 893
9	Écart type	1,9	3,5	4,8	5,4	985	953	1 325	1 588
10	Intervalle à 90% pour μ : B.Inf	0,7	2,4	5,3	9,3	1 326	1 202	1 744	2 810
11	Intervalle à 90% pour μ : B.Sup	0,9	2,8	5,8	9,8	1 428	1 301	1 882	2 975

FIGURE 8.27
Surréservations: résumé des résultats

8.3.3 Les pannes des machines de la société Cranex

La société Cranex manufacture des carpettes dont l'envers est enduit d'un produit antidérapant dont elle détient le brevet. Les machines qui déposent cet enduit sur le dos des carpettes ont été mises au point par des ingénieurs de Cranex et, comme toutes les machines artisanales, elles connaissent des pannes fréquentes. La durée X entre deux pannes successives, mesurée en semaines, obéit à une loi triangulaire dont la valeur modale coïncide avec la valeur maximale et dont la fonction de densité est décrite par la formule suivante :

$$f(x) = 2x/25 \quad \text{si } 0 \leq x \leq 5.$$

On vérifie facilement que la fonction de répartition F de X est :

$$F(x) = x^2/25 \quad \text{si } 0 \leq x \leq 5.$$

Aussitôt qu'une machine tombe en panne, une équipe de mécaniciens s'emploie à la réparer. La durée Y d'un dépannage, qui jusqu'ici n'a jamais excédé quatre jours, obéit à la distribution de probabilité suivante.

y	1	1,5	2	2,5	3	3,5	4
$P(Y = y)$	0,08	0,12	0,15	0,30	0,20	0,10	0,05

Une panne entraîne des pertes de 3 000 $ par jour, tant que le dépannage n'est pas terminé. Cranex pourrait s'abonner à un service d'entretien et de prévention qui garantirait, en échange d'une prime annuelle de 50 000 $, que la durée V entre deux pannes, mesurée en semaines, obéisse à une loi dont la fonction de densité est décrite par la formule suivante :

$$f(v) = v/32 \quad \text{si } 0 \leq v \leq 8.$$

On vérifie facilement que la fonction de répartition F de V est :

$$F(v) = v^2/64 \quad \text{si } 0 \leq v \leq 8.$$

De plus, si ce service était utilisé, la durée W d'un dépannage, mesurée en jours, serait modifiée comme suit.

w	1	1,5	2	2,5	3
$P(W = w)$	0,10	0,25	0,40	0,20	0,05

Nous allons analyser si Cranex devrait retenir le service d'entretien et de prévention. Nous supposerons, pour simplifier, que l'usine de Cranex fonctionne 365 jours par année. Dans un premier temps, nous calculons le coût annuel dû aux pannes pour une année typique, sans et avec le service. La figure 8.28 indique comment procéder.

Conformément au principe général plusieurs fois mentionné, nous utilisons les mêmes nombres pseudo-aléatoires pour les deux situations que nous voulons comparer. Il y a deux sources d'incertitude dans ce problème : l'intervalle entre deux pannes et la durée de la réparation. Les nombres pseudo-aléatoires de la colonne B serviront à calculer les intervalles aléatoires X et V apparaissant dans les colonnes D et H, tandis que ceux de la colonne C sont liés aux durées aléatoires Y et W et interviennent dans les formules des colonnes E et I.

FIGURE 8.28
Cranex : calcul du coût total pour une année typique

Fichier : Cranex.xlsx — Feuilles : AnnéeT et Fig28

	A	B	C	D	E	F	G	H	I	J	K
1				Sans le service d'entretien et de prévention				Avec le service d'entretien et de prévention			
2	N°	Nb pseudo-aléatoire		Intervalle X	Durée Y	Coût	Horloge	Intervalle V	Durée W	Coût	Horloge
3		pour X et V	pour Y et W	(en sem.)	(en jours)	(en $)	(en jours)	(en sem.)	(en jours)	(en $)	(en jours)
4	1	0,307	0,634	2,8	2,5	7 500	21,9	4,4	2,0	6 000	33,0
5	2	0,614	0,481	3,9	2,5	7 500	51,8	6,3	2,0	6 000	78,9
6	3	0,734	0,637	4,3	2,5	7 500	84,3	6,9	2,0	6 000	128,9
7	4	0,996	0,976	5,0	4,0	12 000	123,2	8,0	3,0	9 000	187,8
8	5	0,818	0,276	4,5	2,0	6 000	156,9	7,2	1,5	4 500	239,9
9	6	0,022	0,142	0,7	1,5	4 500	163,6	1,2	1,5	4 500	249,7
10	7	0,478	0,626	3,5	2,5	7 500	190,3	5,5	2,0	6 000	290,4
11	8	0,036	0,968	0,9	4,0	12 000	200,9	1,5	3,0	9 000	304,0
12	9	0,972	0,011	4,9	1,0	3 000	236,4	7,9	1,0	3 000	360,2
13	10	0,210	0,197	2,3	1,5	4 500	253,9	3,7	1,5	4 500	387,4
14	11	0,420	0,299	3,2	2,0	6 000	278,6				
15	12	0,581	0,919	3,8	3,5	10 500	308,8				
16	13	0,244	0,185	2,5	1,5	4 500	327,6				
17	14	0,893	0,517	4,7	2,5	7 500	363,2				
18	15	0,195	0,202	2,2	2,0	6 000	380,6				
19	Durée totale des pannes et coût pour l'année				35,5	106 500			19,5	58 500	

Cellule	Formule	Copiée dans :
B4	=ALEA()	B4:C18
D4	=5*RACINE(B4)	D5:D18
E4	=RECHERCHE(C4;CumulY;ValeursY)	E5:E18
F4	=3000*E4	F5:F18
G4	=7*D4+E4	---------
G5	=G4+7*D5+E5	G6:G18
H4	=8*RACINE(B4)	H5:H18
E19	=SOMME(E4:E18)	F19, I19, J19

L'intervalle X entre deux pannes dans le contexte où Cranex ne retient pas le service est lié à la probabilité cumulée $p = P(X < x)$ par l'équation

$$p = F(x) = x^2/25\,;$$

il en résulte que

$$x = \sqrt{25p} = 5\sqrt{p}.$$

D'où la formule en D4, dans laquelle la probabilité cumulée p est remplacée par le nombre pseudo-aléatoire contenu dans la cellule B4. La même valeur est utilisée pour calculer en H4 l'intervalle V.

La panne associée à l'intervalle calculé en colonne D coûtera 3 000 y dollars, où y est le nombre de jours requis pour la réparation et est obtenu à l'aide de la fonction Recherche d'Excel à partir de la distribution de la variable Y. Ce coût est reporté en colonne F.

Enfin (*voir la colonne G*), on met à jour une horloge h qui indique le nombre de jours écoulés depuis le début de l'année. Au départ, $h = 0$. Après chaque panne, h est augmentée de $7x + y$, où x est la valeur en colonne D et représente le nombre de semaines entre l'avant-dernière panne et la dernière.

Les formules des colonnes H, I, J et K sont analogues à celles des colonnes D, E, F et G, mais s'appliquent dans le contexte où Cranex a recours au service d'entretien et de prévention.

On simule les pannes une à une et on analyse leurs effets, tant que l'horloge n'a pas atteint 365 jours. Dans l'année typique traitée à la figure 8.28, Cranex va connaître 10 ou 15 pannes selon qu'elle retient ou non le service d'entretien et de prévention. L'écart des coûts est égal à 106 500 – 58 500 = 48 000 dollars et ne compense pas la prime de 50 000 $.

Mais l'année analysée est-elle représentative ? Qu'arriverait-il si l'on engendrait une autre suite de nombres pseudo-aléatoires ? Pour répondre à ces questions, nous allons produire 1 000 années à l'aide de la commande Table de données... d'Excel. Mais auparavant, notons que la plage H14:K18 de la figure 8.28 a été effacée manuellement. En effet, les formules copiées à partir des cellules H4:K4 simulent des pannes, des durées et des coûts, même si l'année est terminée. Évidemment, ces données ne sont pas pertinentes et la somme de la cellule J19 ne doit pas en tenir compte. Par conséquent, dans un contexte où 1 000 années seront simulées et analysées, il nous faut une procédure automatique pour « effacer » les données associées aux pannes qui surviendraient après la fin de l'année. Une façon de procéder consiste à les remplacer par des blancs dès que l'horloge dépasse 365 jours, ce que nous réalisons facilement en modifiant toutes les formules des lignes 5 et suivantes.

En pratique, nous avons créé une feuille additionnelle AnnéeS qui, à un détail près, reproduit la feuille AnnéeT. En effet, à partir de la ligne 5, les formules des colonnes B à K commencent par tester si l'année est terminée ou non. Par exemple, la formule

=ALEA()

de la cellule B5 est remplacée, dans la feuille AnnéeS, par

=SI(OU(G4>365;G4=" ");" ";ALEA()).

La condition initiale teste si l'horloge a dépassé les 365 jours de l'année lors de la dernière panne, ou encore si la fin de l'année avait été atteinte antérieurement. Si oui, l'année est terminée et il ne faut pas engendrer de pannes additionnelles : on inscrit des blancs dans toutes les cellules de la ligne. Sinon, l'année continue et l'on procède comme dans la feuille AnnéeT.

Nous avons simulé 1 000 années et, pour chacune, nous avons noté les coûts annuels sans et avec le service, ainsi que l'écart entre les deux. La figure 8.29 résume les résultats obtenus. On constate d'abord que le coût annuel total varie davantage dans le contexte « sans service ». Ainsi, l'adoption par Cranex du service se traduirait par une baisse de l'écart type de 22,7 %, et de l'étendue de 22,2 % :

$$(\text{étendue « sans »}) = 138\,000 - 70\,500 = 67\,500$$

$$(\text{étendue « avec »}) = 88\,500 - 36\,000 = 52\,500$$

$$\text{Baisse} = 1 - (\text{étendue « avec »}) / (\text{étendue « sans »}) = 1 - (52\,500 / 67\,500) = 0{,}222.$$

FIGURE 8.29
Cranex : résultats

Fichier : Cranex.xlsx — Feuilles : Résultats et Fig29

	A	B	C	D
1		Coût annuel (en $)		
2		Sans	Avec	Écart
3	Minimum	70 500	36 000	25 500
4	5e centile	89 925	45 000	37 500
5	Médiane	106 500	57 000	49 500
6	95e centile	123 000	72 000	61 500
7	Maximum	138 000	88 500	78 000
8	Moyenne µ	106 620	57 210	49 410
9	Écart type	10 221	7 902	7 445
10	Intervalle à 90% pour µ : B.Inf	106 088	56 799	49 023
11	Intervalle à 90% pour µ : B.Sup	107 152	57 621	49 797

De plus, l'écart moyen (*voir cellule D8*) s'élève à 49 410 $ et est légèrement inférieur à la prime de 50 000 $. Cette dernière relation est statistiquement significative à un niveau de 90 %, puisque la valeur de la prime est supérieure à la borne supérieure 49 797 de l'intervalle pour l'écart moyen. D'un point de vue strictement monétaire et à court terme, Cranex n'a donc pas intérêt à avoir recours au service d'entretien et de prévention. Cependant, le « coût net » moyen du service est seulement de 50 000 − 49 410 = 590 dollars. La direction ne devrait probablement pas tenir compte de cette somme, qui est dérisoire, et considérer plutôt les avantages qualitatifs liés au service. Elle pourrait, par exemple, chercher à mesurer l'impact de la diminution du nombre et de la durée des pannes sur la gestion des opérations, sur la qualité du service aux clients, etc.

Exercices de révision

1. Surréservations et stratégie plus fine

Reprendre le contexte des vols de RealAir et construire un modèle de simulation pour choisir entre les stratégies consistant à fixer à *NbRéserv* le nombre de réservations acceptées pour un vol, où le paramètre *NbRéserv* varie de 291 à 297 par pas de 1. On supposera que le nombre de clients défaillants pour un vol donné obéit à une loi binomiale B(*NbRéserv*;0,12).

2. Surréservations et données historiques

Reprendre le contexte des vols de RealAir et construire un modèle de simulation pour choisir entre les stratégies consistant à fixer à *NbRéserv* le nombre de réservations acceptées pour un vol, où le paramètre *NbRéserv* varie de 260 à 275 par pas de 5. On supposera que le nombre *D* de clients défaillants pour un vol donné obéit à une loi dont la distribution est donnée par le tableau suivant, qui provient des données historiques de la compagnie.

d	0	1	2	3	4	5	6	7	8	9	10	11	12
P(*D* = *d*)	1 %	3 %	7 %	10 %	11 %	12 %	12 %	13 %	13 %	9 %	4 %	3 %	2 %

3. Le restaurant L'Astrance

L'Astrance est l'un de ces grands restaurants où le chef préfère l'exceptionnel des plats à l'opulence du décor. Pas d'argenterie dans cette salle de 30 tables qui ouvre en soirée seulement, six jours par semaine. Chaque table peut accueillir quatre convives. Pas de carte, mais un menu surprise, dépendant du marché du jour, de l'inspiration et du talent éblouissant du chef. On ne commande pas un plat, mais on confie ses réticences gustatives ou alimentaires au maître d'hôtel qui fait le menu à la tête du client. Ce concept permet une gestion simplifiée des stocks, le chef s'assurant de toujours vider son garde-manger. Son défi tient dans sa capacité d'improvisation et dans l'exigence d'un réseau très fourni de petits producteurs. On ne fait qu'un seul service qui débute vers 20 h 30 et il faut impérativement réserver pour s'assurer d'une table. La demande est très forte et, pour chaque soir et parfois longtemps à l'avance, toutes les tables sont réservées. Mais certains clients qui avaient réservé ne se présentent pas. Pour limiter le risque de se retrouver trop souvent avec de nombreuses tables inoccupées, le chef a arrêté la politique suivante : accepter les 40 premières réservations et refuser toutes les autres.

Cette politique a une contrepartie embarrassante. Il arrive que des réservations ne puissent être honorées ; le chef, après s'être excusé des inconvénients subis par les clients, leur offre de revenir un autre soir, en leur garantissant que, cette fois-là, leur réservation aura priorité et qu'il leur offrira un rabais. Pour l'instant, celui-ci est fixé à 200 $, mais le chef se demande s'il ne devrait pas l'augmenter ou encore modifier sa politique de réservations.

Les clients de L'Astrance sont de fins gourmets qui réclament des vins fins. Le revenu d'une tablée est distribué selon une loi triangulaire, dont les valeurs minimale, modale et maximale sont 300 $, 450 $ et 800 $ respectivement.

Analyser le revenu net du restaurant par soir pour des dédits variant de 200 $ à 400 $, par pas de 50 $, et pour un nombre de réservations acceptées variant de 35 à 40, par pas de 1. On supposera que le nombre de clients qui se présentent un soir donné obéit à une loi binomiale $B(n; p)$, où n est le nombre de réservations acceptées et où $p = 0{,}8$; que les gens des différentes tablées dépensent indépendamment des gens des autres tablées.

Problèmes

1. Le congrès de l'Association internationale de marketing

En vue du prochain congrès de l'Association internationale de marketing qui se tiendra en mars à Montréal dans huit mois, le conseil d'administration de l'Association va, comme c'est son habitude, réserver dans les grands hôtels de la ville hôte des chambres qu'elle proposera ensuite aux congressistes. L'Association offre 50 $ par nuitée aux hôteliers, qui se bousculent au portillon pour s'assurer de cette clientèle qui tombe à pic durant une période traditionnellement creuse pour l'hôtellerie montréalaise. En revanche, ces réservations sont fermes et l'Association devra assumer le coût de chacune des chambres pour laquelle elle ne trouverait pas preneur chez les congressistes. Si le nombre de congressistes était supérieur au nombre de chambres réservées par l'Association, il faudrait alors retenir des chambres supplémentaires au coût de 80 $ la nuitée. Comme le congrès dure quatre jours, il faut assurer trois nuitées à chaque congressiste.

(a) En s'appuyant sur les données des derniers congrès, l'Association estime que le nombre de congressistes sera distribué selon une loi normale dont la valeur espérée est 4 500 et l'écart type, 250. Combien de chambres l'Association doit-elle réserver pour minimiser les coûts espérés associés au logement des congressistes, sachant qu'il est extrêmement rare qu'un congressiste accepte de partager sa chambre ? On simulera la situation en effectuant 1 000 essais.

(b) L'un des organisateurs considère que, sur plusieurs plans, le prochain congrès se distingue des précédents et que l'incertitude concernant le nombre de congressistes est plus grande que d'habitude. Répondre à la question précédente, mais en supposant que le nombre de congressistes obéit à une loi triangulaire dont les valeurs minimale, modale et maximale sont 2 300, 4 000 et 7 000 respectivement.

2. Une chaîne de montage en nanotechnologie

Richard Feynman, Prix Nobel de physique, a montré en 1959 que l'ensemble des connaissances humaines pourrait être stocké dans un cube dont l'arête mesurerait une centaine de microns. (Un micron, c'est un millionième de mètre.) Il obtint ce résultat en supposant que les connaissances humaines sont contenues dans 150 millions de manuels dont chaque lettre est représentée par 6 bits et que chaque bit est décrit par un cube de 5 atomes de côté. Les biologistes savent, depuis les travaux de Crick et de Watson, que toute l'information qui définit l'organisation et le comportement d'une créature vivante est stockée dans une fraction de cellule sous la forme d'une chaîne moléculaire d'ADN, au taux de 50 atomes par bit. Le poids total de toute l'information disponible dans Internet a récemment été établi à 0,2 millionième d'once.

Il est récemment venu à l'esprit des scientifiques que des ordinateurs, des machines et des outils pourraient être construits à l'échelle atomique. Il s'agit de réarranger les atomes un par un en utilisant des microscopes à balayage à effet de tunnel développés depuis 1980. Le matériau de choix est le fullerène, un arrangement d'atomes de carbone récemment découvert.

Transportons-nous dans ce nanomonde, dans lequel le secret est roi et l'espionnage industriel est prince, où l'on manipule des objets de diamètre inférieur au millième de celui d'un cheveu humain. Une chaîne de montage, dont il faut taire le nom et l'emplacement, assemble trois nanocomposantes distinctes A, B et C pour en faire un objet qui joue un rôle important dans la recherche pharmaceutique de pointe. Les composantes A proviennent du laboratoire éponyme ; il en est de même pour les composantes B et C. Ces trois laboratoires fonctionnent de façon indépendante et recourent à des banques de personnel différentes. La durée de la journée de travail dans les ateliers et sur la chaîne est de 10 heures, car on ne dispose pas d'assez de techniciens de haut vol pour assurer les trois quarts de travail que l'on désirerait implanter. Des efforts sérieux ont été tentés pour équilibrer la production des trois laboratoires, puisque toute composante qui, plus de 10 heures après sa fabrication, n'a pas été encore assemblée, est attaquée par l'oxydation et doit être mise au rebut. La production quotidienne du laboratoire A varie entre 45 et 65, celle de B, entre 42 et 72 composantes, et enfin, celle de C, entre 40 et 68 composantes.

Pour une journée donnée, notons Y le nombre de nano-objets assemblés sur la chaîne de montage et X_J le nombre de composantes J produites dans le laboratoire J (où J = A, B, C). Alors, $Y = \min(X_A\,;\, X_B\,;\, X_C)$. On s'intéresse à la distribution de probabilité de la variable aléatoire Y, sachant que les variables X_J obéissent à des lois uniformes discrètes. Ce problème, difficile à résoudre analytiquement, se traite bien par la simulation.

(a) Simuler 1 000 journées et calculer les statistiques de la distribution expérimentale de la production quotidienne Y.

(b) Chaque composante A mise au rebut occasionne des pertes de 875 $; le coût de mise au rebut est de 560 $ l'unité pour les composantes B et de 1 200 $ l'unité pour les composantes C. Chaque nano-objet Y assemblé rapporte un profit de 3 600 $. On demande d'estimer la distribution des revenus quotidiens nets de la chaîne de montage.

3. Les télescopes de Celistron

Celistron met en marché un télescope doté d'un ordinateur intégré qui pointe l'objectif vers l'objet de Messier que l'astronome amateur souhaite observer. Messier, un savant français du XVIIIe siècle, a compilé un catalogue, étoffé au cours des ans, qui présente une liste des plus beaux objets du ciel. Celistron vend l'instrument 2 345 $, tandis que le coût de revient en est de 1 678 $. La garantie stipule que, si l'ordinateur tombe en panne avant 24 mois à compter de la date d'achat, Celistron remplacera gratuitement l'instrument en entier. Un télescope de remplacement jouit de la même garantie que l'original. Des données historiques ont permis à Celistron de trouver la distribution du nombre d'années écoulées jusqu'à ce que l'ordinateur d'un télescope tombe en panne. Elle a constaté qu'une distribution normale de moyenne $\mu = 4$ et d'écart type $\sigma = 1{,}5$ s'adaptait fort bien aux données historiques.

Utiliser un modèle de simulation afin d'estimer, pour un télescope vendu donné, le nombre de télescopes qui devront être accordés gratuitement et les coûts afférents.

(a) Simuler la vente de 1 000 télescopes et calculer le nombre total *ReplT* de télescopes donnés gratuitement en remplacement, le coût de la garantie, ainsi que le revenu net par télescope vendu.

(b) Analyser la variabilité et la convergence de l'estimé du quotient *ReplT*/ *Ventes*, où *Ventes* est le nombre de télescopes vendus. Poser *Ventes* égal à 1 000, à 2 000 et à 5 000 successivement; répéter 20 fois.

4. La somme de deux dés

Dans un casino, le joueur, puis le croupier, lancent deux dés. Le joueur gagne si son résultat, obtenu en faisant la somme des points de ses deux dés, est supérieur au résultat du croupier; sinon, il perd. Estimer, en simulant 2 000 parties, la probabilité qu'a le joueur de gagner.

5. Craps

Voici les règles du craps. Le joueur lance deux dés. Si la somme résultante est 2, 3 ou 12, le joueur a perdu. Si la somme est 7 ou 11, il gagne. Dans les autres cas, le joueur continue à lancer les dés jusqu'à ce qu'il sorte soit le premier résultat qu'il a tiré, soit un 7 : il perd si c'est un 7 et gagne si c'est le résultat initial.

La popularité de ce jeu, qui ne se dément pas, repose sur divers facteurs dont ceux-ci : les règles sont simples, l'adresse n'y joue aucun rôle et la probabilité p de gagner est à peine inférieure à 50 %.

Simuler 10 000 parties afin de fournir un estimé de cette probabilité p. Évaluer également le nombre maximal de lancers dans ces 10 000 parties, de même que le nombre moyen de lancers dans une partie.

6. La grippe aviaire

Le Tamiflu est un médicament miracle contre la grippe aviaire, que plus de 60 nations se sont procuré à 65 $ la dose pour protéger la portion de leur population la plus à risque. Gros coup financier pour la firme Hoffmann-La Roche, détentrice du brevet, qui avait la partie belle devant l'affolement des autorités sanitaires. Ce médicament antiviral devait agir comme un ralentisseur de la dissémination du virus grippal sous sa forme humaine et aviaire. Puis, le virus de la grippe aviaire a évolué et il est devenu résistant au Tamiflu. Entre-temps, chez plusieurs Japonais, l'ingestion de Tamiflu a provoqué des hallucinations et des comportements anormaux, y compris l'autodestruction. Exit le Tamiflu.

Mais la crainte d'une pandémie de grippe demeure. Si une personne déjà atteinte du virus de la grippe humaine contractait aussi le virus de la grippe aviaire, les deux virus pourraient se réassortir, ce qui risquerait de mener à la création d'une nouvelle souche de grippe contre laquelle aucun humain n'a acquis d'immunité. Et si le nouveau virus s'avérait transmissible d'une personne à une autre, une pandémie serait possible. Les gouvernements se tiennent donc aux aguets.

Des essais cliniques d'un vaccin contre la grippe aviaire ont donné des résultats probants dans un laboratoire de Melbourne; une firme états-unienne prétend détenir un vaccin; Sanofi-Pasteur a aussi déposé une demande de brevet. Mais l'existence d'un vaccin efficace ne garantit pas que tout est réglé. Par exemple, si la pandémie se déclarait, pourrait-on éviter une pénurie de vaccins ? Deux solutions ont été envisagées : l'une repose sur le développement des capacités de production de doses de vaccin dans les laboratoires existants, l'autre consiste à améliorer l'efficacité du vaccin pour que de plus petites doses suffisent à prémunir les humains contre la grippe.

La ministre de la Santé d'une démocratie occidentale a décidé de jouer la carte de la prudence. Elle a joint le plus grand laboratoire de son pays pour que ce dernier lui indique le délai entre le moment où 25 millions de doses d'un vaccin lui seraient commandées et le moment où il pourrait en assurer la livraison aux autorités médicales. Au laboratoire en question, on a identifié trois causes d'allongement de ce délai. La première provient du fait que les vaccins sont produits par lots dont la durée d'incubation est variable; en pratique, on compte de 6 à 14 jours, en tout, pour fabriquer un lot donné.

Le tableau suivant donne la distribution de probabilité de cette durée *D*.

Distribution de probabilité de la durée *D* de fabrication d'un lot

d	6	7	8	9	10	11	12	13	14
P(*D* = *d*)	0,04	0,08	0,12	0,16	0,20	0,20	0,10	0,05	0,05

La deuxième cause est l'incertitude quant au nombre de doses fournies par un lot. Selon l'expérience du laboratoire, le nombre de doses dans un lot donné obéit habituellement à une loi triangulaire. Dans le cas du vaccin antigrippe, les valeurs minimale, modale et maximale de cette distribution sont estimées à 800 000, à 1 000 000 et à 1 500 000 respectivement. Enfin, la troisième cause est l'inspection obligatoire de chaque lot, qui est rigoureuse et dont le verdict est sans appel. Il y a une probabilité de 0,1 qu'un lot soit rejeté.

On demande d'estimer la distribution de la durée du délai pour répondre à une commande de 25 millions de doses: simuler 1 000 commandes de ce type, compiler le délai requis dans chaque cas, puis calculer les statistiques de cette variable (valeurs minimale, médiane, maximale, moyenne, etc.). On supposera, pour simplifier, que la fabrication d'un lot commence le lendemain du jour où le précédent est terminé; de plus, on ne tiendra pas compte du temps d'inspection des lots.

7. Les tapis roulants

Le tapis volant, moyen de transport des contes persans, n'est accessible qu'aux poids légers adeptes de nos tapis roulants. Voilà le message publicitaire télévisé qu'a fait préparer un fabricant de tapis roulants, qui en lance un nouveau modèle, dénommé AliBaba. Il en a fabriqué 5 000, au coût unitaire de 345 $, qu'il pense offrir au public au prix d'environ 600 $ l'unité tout au long des deux premiers mois du prochain hiver. Pour assurer sa survie financière dans le milieu compétitif des articles de sport, il lui faudra solder les invendus à moitié prix sous une marque différente. À ce prix cassé, les tapis roulants s'envoleront, il en est convaincu. Même si le fabricant se dit confiant d'écouler 3 500 tapis au cours des deux mois ciblés, des doutes persistent quant au chiffre réel des ventes durant cette courte période.

Le profit de l'opération AliBaba dépend donc des deux variables aléatoires suivantes: la demande *D* pendant les deux mois ciblés et le prix de vente initial *Pr*. Le fabricant désire simuler cette opération pour estimer l'impact de ces deux facteurs sur son profit net.

Son expérience lui suggère d'adopter pour *D* une distribution triangulaire dont les valeurs minimale, modale et maximale seraient 2 000, 3 500 et 6 000 unités respectivement. La demande pourrait s'élever jusqu'à 6 000 tapis si tous les astres s'alignent favorablement, mais elle pourrait également être limitée à 2 000 unités seulement. Enfin, toute demande excédant 5 000 unités ne pourra être satisfaite et sera perdue pour notre fabricant, car celui-ci n'aura pas la possibilité de lancer une rafale de dernière minute si le lancement du tapis AliBaba est couronné de succès.

Il reste à fixer le prix de lancement. Les conditions climatiques en début d'hiver, le manque possible de mordant de la campagne publicitaire et la réaction des compétiteurs auront un rôle à jouer lorsqu'il lui faudra fixer le prix initial *Pr* de vente au public. Le fabricant pense le situer quelque part entre 500 $ et 700 $.

Construire un modèle de simulation pour éclairer le fabricant sur le bénéfice net de la vente du lot de 5 000 tapis. On supposera que la variable *Pr* obéit à une loi uniforme U[500; 700].

8. Un appel d'offres

Un viaduc de l'une des principales voies d'accès de Montréal s'est effondré à Laval. Il y a eu mort d'homme. Les politiciens se sont affolés, le ministre des Transports jure ses grands dieux qu'il n'y est pour rien. Il faut rebâtir cette structure de toute urgence, car le détournement de la circulation automobile nécessite aux heures de pointe un important déploiement policier pour réorienter le flot des véhicules. La durée de transit a été allongée, ce qui entraîne des coûts supplémentaires en essence, augmente la fatigue des conducteurs et met leur patience à rude épreuve, avec à la clé une hausse importante des accidents. La colère populaire gronde.

Un appel d'offres a été lancé auprès des cinq plus importantes entreprises de travaux d'infrastructure de la région, dont la société Panzetta qui a décidé de présenter une soumission. Panzetta attribuera le coût de l'étude préliminaire et de l'analyse du cahier des charges aux frais généraux. Chez Panzetta, on estime qu'il en coûtera 12 100 000 $ pour reconstruire le viaduc. Les journaux assurent que les cinq entreprises retenues feront chacune une soumission.

Le ministère des Transports accordera le contrat au moins-disant et lui versera, par tranches synchronisées avec l'avancement des travaux, le montant de sa soumission. Panzetta a une longue histoire de compétition avec les quatre autres sociétés, que nous dénoterons par A, B, C et D. Il pense que le montant des soumissions de ses compétiteurs adoptera une distribution triangulaire dont les valeurs minimale (*a*), modale (*m*) et maximale (*b*) sont des multiples du coût estimé du projet. Plus précisément, Panzetta fixe ainsi ces paramètres:

$$a = 0{,}9 \times \mathit{Co\hat{u}tP}$$
$$m = 1{,}3 \times \mathit{Co\hat{u}tP}$$
$$b = 2{,}5 \times \mathit{Co\hat{u}tP},$$

où $\mathit{Co\hat{u}tP}$ = 12 100 milliers de dollars. Comme la concertation entre les soumissionnaires est illégale, il croit que les montants de ses concurrents seront indépendants les uns des autres.

Panzetta songe à faire une soumission dont le montant, un multiple de 250 000 $, sera compris entre 14 et 17 millions. Panzetta a décidé de recourir à une simulation pour déterminer la stratégie qui maximise son profit espéré. Dans ce but, elle commencera par simuler le montant des soumissions des quatre concurrents, puis elle estimera la probabilité d'obtenir le contrat pour les différents montants envisagés pour sa soumission.

9. Les soles du restaurant Les deux Gauloises

À l'origine, le restaurant Les deux Gauloises était une simple crêperie où le cidre était la seule boisson servie. Depuis, le menu a beaucoup changé ; la carte comporte désormais des spécialités de la cuisine normande et les vins de Bordeaux jouent un rôle plus important que le cidre. Le restaurant reçoit chaque jeudi des soles fraîches en provenance de la mer du Nord. Ces soles, de taille quasi uniforme, lui coûtent 10 $ l'unité. Le restaurant en tire le double. Les soles qui n'ont pas été servies le samedi soir entrent dans des plats cuisinés, genre fruits de mer au gratin, qui sont congelés et servis la semaine suivante. Le restaurant estime qu'il n'en tire alors que 6 $ chacune. La demande pour les soles fraîches varie d'une semaine à l'autre et il ne semble pas possible de détecter de tendance saisonnière. Voici des données historiques concernant la demande de soles entre le jeudi et le samedi, données qui sont basées sur les 100 dernières semaines et qui prennent en compte toutes les commandes des clients, même celles qu'il a fallu refuser faute d'un stock suffisant.

Demande	40	50	60	70	80
Nombre de semaines	10	15	25	30	20

(a) Le fournisseur de soles souhaite que le restaurant stabilise sa demande hebdomadaire. Pour arriver à découvrir la taille optimale de la commande, le restaurant veut simuler des commandes hebdomadaires constantes de 40, 50, 60, 70 et 80 soles. Laquelle de ces commandes assurerait le revenu net espéré le plus élevé ?

(b) Le propriétaire aimerait éviter autant que possible de tomber en rupture de stock de soles, car les clients déçus lui adressent alors des reproches plus ou moins vifs. Répondre à la question précédente, mais en incluant un coût de pénurie variant de 0,50 $ à 2 $, par pas de 0,25 $.

10. Le marketing des petits pois

Consommés frais par Louis XIV, les petits pois se retrouvent maintenant surtout en conserve ou en surgélation, car ils gardent mal leur fraîcheur. Le choix du moment de leur récolte est un domaine réservé aux experts. Il faut faire vite : le moment optimal est éphémère et les délais les font passer avec rapidité d'extra-fins à très fins, puis à fins et à mi-fins. La chute des prix est parallèle à ces changements de catégories. La récolte industrielle est donc mécanisée. Une récolteuse dotée d'un peigne ramasse cosses, feuilles et tiges. En chambre de battage, des batteurs disposés dans un cylindre font éclater les gousses, libérant les petits pois qui sont projetés sur des filets à maille. Ils tombent sur un tapis, puis débarrassés des derniers résidus végétaux, ils sont récupérés dans une trémie qui les répartit dans des boîtes de conserve de 140 g, 280 g ou 560 g.

Deux producteurs de petits pois en boîte, P1 et P2, se partagent le marché de cette légumineuse. P1 possède présentement 56 % du marché. Durant les 40 prochains trimestres, les deux concurrents investiront pour accroître ou maintenir leur part de marché. Afin de simplifier, convenons que chacun a le choix, pour chaque trimestre, entre une campagne publicitaire normale ou une campagne intense. Les résultats de chacun de ces types de campagne sont des changements dans les parts de marché détenues par les deux producteurs. Ces changements sont distribués selon des lois triangulaires, dont le tableau suivant donne les paramètres. Les données du tableau s'interprètent de la façon suivante : si aucun des deux concurrents ne fait de campagne intense, l'évolution de la part de marché de P1 se situera entre une baisse d'au plus 4 % et une augmentation d'au plus 4 % ; et s'il y a campagne intense chez P1 seulement, la part de marché de ce dernier pourrait grimper au plus de 6 % ; etc.

Changement dans la part de marché de P1

Campagne intense ?	**Minimum**	**Mode**	**Maximum**
Ni P1, ni P2	−0,04	0	0,04
Seulement P2	−0,06	−0,02	0,01
Seulement P1	−0,01	0,02	0,06
P1 et P2	−0,05	0	0,05

Chaque producteur introduit un élément d'incertitude dans le choix entre campagne intense ou normale afin que, lorsqu'il se limite à une campagne normale, le concurrent ne puisse tirer avantage de la situation. En pratique, chacun base sa stratégie sur l'attitude de P2 lors du trimestre précédent. Le tableau suivant donne la probabilité que l'un ou l'autre des concurrents fasse une campagne intense durant un trimestre donné, étant donné le style de campagne menée par P2 durant le trimestre précédent.

	Trimestre précédent	
Trimestre courant	**P2 intense**	**P2 normale**
P(P1 intense | ...)	70 %	60 %
P(P2 intense | ...)	40 %	50 %

Analyser l'évolution de la part de marché de P1 sous l'hypothèse que le producteur P2 a mené une campagne normale durant le dernier trimestre : simuler 1 000 périodes de 40 trimestres et compiler la part de marché de P1 après 4, 8 et 40 trimestres ; donner les statistiques de ces trois variables.

11. Le quotidien *Les Échos*

Le propriétaire d'un dépanneur a comme politique de s'assurer que toute personne désireuse de se procurer le quotidien *Les Échos* puisse toujours en trouver un exemplaire dans son établissement. Mais il se retrouve souvent avec des invendus. Il se procure chaque jour 250 copies du quotidien ; il les paie 0,45 $ l'unité et les vend 1 $. Les invendus, qui ne sont pas repris par la maison de distribution, lui font donc perdre 0,45 $ chacun. Il se demande combien d'exemplaires se procurer chaque jour de façon à maximiser son profit quotidien espéré. Il veut cependant maintenir un excellent service et estime à 0,20 $ le coût de pénurie.

Le plus souvent, il écoule dans son dépanneur environ 225 exemplaires. Il ne se rappelle pas que le chiffre de ses ventes quotidiennes ait dépassé 250, bien que ce chiffre n'ait jamais chuté sous la barre des 140 exemplaires. En compulsant les rubans de sa caisse enregistreuse, il a établi que les ventes quotidiennes obéissent approximativement à une loi triangulaire dont les valeurs minimale, modale et maximale sont 140, 225 et 250 exemplaires. Simuler les ventes de 1 000 journées et déterminer la meilleure politique d'achat.

12. Le juste-à-temps

La doctrine du juste-à-temps, d'inspiration japonaise, a fait le bonheur des manufacturiers dont les opérations dépendent d'une chaîne de montage. Cette doctrine élimine les coûts d'entreposage des pièces à monter et réduit la durée des manutentions. Camions ou wagons se présentent sur les lieux de la chaîne de montage pour alimenter cette dernière en différents portails d'accès.

Dans une manufacture dont la chaîne de montage en activité continue est alimentée par camions, on a compilé le nombre de camions arrivant en une heure donnée au quai de débarquement situé sur le site de la manufacture. Voici la distribution obtenue.

x	0	1	2	3	4	5
$P(X = x)$	0,05	0,10	0,30	0,35	0,15	0,05

Le déchargement se fait grâce à des monte-charges qui pénètrent à l'intérieur des remorques pour y prélever les palettes. Il faut une heure à une équipe, comportant quatre manutentionnaires, pour assurer le déchargement d'un camion. Le quai de débarquement est desservi pour l'instant par 3 équipes, mais la direction envisage de porter à 4 le nombre d'équipes.

On estime qu'il en coûte 150 $ l'heure quand un camion doit attendre en file qu'on le décharge. C'est la manufacture qui assume ces coûts, puisque les fournisseurs de pièces détachées se sont fait garantir par contrat que leurs camions seraient déchargés sans attente.

(a) Estimer le coût horaire moyen de cette entente contractuelle dans le contexte où 3 équipes de quatre manutentionnaires s'activent à décharger les camions. On supposera que l'entreprise fonctionne en continu, 24 heures par jour, qu'au démarrage du processus de simulation, 2 camions sont en attente de déchargement et que les camions arrivent en début d'heure. On simulera 1 000 périodes de 100 jours consécutifs.

(b) Répondre à la même question, mais en supposant cette fois qu'il y a 4 équipes.

(c) Supposons maintenant que l'entreprise fonctionne 16 heures par jour, 7 jours par semaine. Estimer, en simulant 2 000 journées, le coût horaire moyen dans les contextes où il y a 3 et 4 équipes. On supposera comme précédemment que les camions arrivent en début d'heure et que la distribution du nombre de camions arrivant au quai de débarquement la première (Y) ou la dernière (D) heure d'un jour donné est la suivante.

y ou d	0	1	2	3	4	5
$P(Y = y)$	0	0	0,30	0,30	0,25	0,15
$P(D = d)$	0,10	0,25	0,30	0,25	0,10	0

13. Le tir aux pigeons

Un tireur de pigeons d'argile ne quitte le stand de tir qu'après avoir abattu 20 pigeons. Il utilise un fusil à double canon (le tir de chacun des canons est commandé par une gâchette indépendante). Le tireur dispose donc au maximum de deux coups pour atteindre un pigeon.

Les pigeons sont relâchés un à un, et le temps entre deux lancers consécutifs obéit à une loi uniforme dont les valeurs minimale et maximale sont 7 et 13 secondes. Il lui faut pour viser et tirer entre 1 et 5 secondes, et la durée exacte se distribue selon une loi triangulaire dont la valeur modale est de 2 secondes. Enfin, le temps requis (en secondes) pour que le tireur recharge son fusil et se mette en position de tir obéit également à une loi triangulaire dont les paramètres sont 5, 7 et 12 secondes.

L'habileté du tireur lui permet d'atteindre un pigeon avec une probabilité de 0,80 à chaque coup de fusil. S'il n'est pas en position au moment du lancer d'un pigeon, il préfère ne pas tirer et attendre le prochain ; par contre, s'il effectue au moins un tir sur un pigeon, il se hâtera de recharger son arme.

Combien met-il de temps en moyenne pour abattre les 20 pigeons ? Combien de pigeons sont lancés et combien de tirs sont nécessaires en moyenne ? Simuler la situation, en prenant soin de prévoir des paramètres pour les valeurs minimale et maximale des variables L (temps entre deux lancers) et R (temps pour recharger), ainsi que pour la probabilité p qu'un coup de feu soit un succès.

14. Les rendez-vous de l'ophtalmologiste

Une ophtalmologiste qui pratique en clinique communautaire reçoit sa clientèle du lundi au vendredi entre 8 h 15 et 13 h environ. Sa réceptionniste accorde, trois mois à l'avance, des rendez-vous de 15 minutes en 15 minutes à des patients dont elle fixe l'arrivée au moins 10 minutes avant l'heure prévue pour la consultation dans le cabinet du médecin. Le dernier rendez-vous est accordé pour 12 h 45 à un patient que l'on prie de se présenter au plus tard à 12 h 35. Cet horaire serré est cependant rarement respecté : il suffit que quelques consultations se prolongent au-delà du quart d'heure prévu pour que des patients aient à ronger leur frein dans la salle d'attente en épluchant de vieux magazines défraîchis. L'ophtalmologiste, dont l'un des objectifs est de maximiser le nombre de patients reçus, se rend bien compte des désagréments découlant de ce carnet de rendez-vous aussi tassés. Mais elle justifie sa politique en mentionnant qu'environ un patient sur 10 renonce à son rendez-vous sans prévenir.

Bien que l'ophtalmologiste ne puisse prévoir, au moment où le rendez-vous est accordé, la durée exacte de la consultation qui sera nécessaire, un examen de ses dossiers montre que cette durée est distribuée selon une loi triangulaire tronquée. En effet, sauf en cas de nécessité, l'ophtalmologiste met fin, au bout de 20 minutes et de façon parfois péremptoire, à toute consultation qui s'est prolongée jusque-là. Mais la durée des consultations, si elle n'était pas ainsi tronquée de façon unilatérale par le médecin, obéirait à une loi triangulaire dont les valeurs minimale, modale et maximale sont 12, 15 et 28 minutes. De plus, l'ophtalmologiste refuse d'honorer les rendez-vous des derniers patients dès que le début de la consultation dépasserait 13h05; elle demande alors à sa réceptionniste de leur fixer une autre date en donnant priorité aux patients ainsi éconduits.

Soucieuse d'améliorer ses relations professionnelles avec sa clientèle, relations qui sont ponctuées de proche en proche par les bruyantes protestations de certains patients lassés par les trop longues attentes ou par leur renvoi à 13 h 05, l'ophtalmologiste a décidé de modifier sa politique de rendez-vous, que, d'ailleurs, ses collègues de clinique jugent fort cavalière.

(a) Elle voudrait d'abord des statistiques sur les conséquences de la politique actuelle. Simuler 1 000 journées de pratique professionnelle; compiler le nombre de patients traités par jour, le nombre de patients refusés, ainsi que l'attente moyenne des patients; de plus, déterminer l'attente moyenne des patients dont le rendez-vous est fixé à 10 h, à midi. On supposera, pour simplifier, que tout patient qui se présente respecte scrupuleusement l'heure d'arrivée fixée par la réceptionniste.

(b) L'ophtalmologiste envisage de modifier sa politique de la façon suivante: elle commencerait sa journée à 8 h précises ; les rendez-vous seraient fixés à des intervalles de 20 minutes, les patients étant toujours invités à se présenter 10 minutes à l'avance; le dernier rendez-vous serait fixé à 12h40; elle ne se permettrait plus de mettre fin de façon prématurée à une consultation qui se prolonge; elle refuserait de commencer une nouvelle consultation si la précédente se terminait après 13 h; enfin, elle demanderait à sa réceptionniste de joindre les gens la veille de leur rendez-vous, ce qui, selon des gestionnaires à qui elle en a parlé, permettrait de réduire à 1 sur 20 le taux de personnes qui ne se présentent pas à leur rendez-vous. Refaire la simulation dans ce nouveau contexte et compiler les mêmes statistiques que dans la question précédente.

15. Coïncidence d'anniversaires dans un groupe

Le calcul des probabilités produit plusieurs résultats qui semblent contre-intuitifs au profane. Par exemple, quelqu'un prétend que, dans un groupe de 35 personnes choisies au hasard, il s'en trouve au moins deux qui ont la même date d'anniversaire. Seriez-vous prêt à gager contre lui? Le pari vous paraîtrait-il plus attirant si le groupe comportait 30 personnes? Vous auriez tort de vous engager dans de tels paris. En effet, on peut montrer que vos chances de gagner sont seulement de 29,37 % dans le deuxième cas où il y a $n = 30$ personnes. Et elles baissent à 18,56 % quand $n = 35$. En fait, dès que n est supérieur à 23, vos chances sont inférieures à 50 %. Surprenant? Peut-être, mais évitez de miser quand les chances sont contre vous, même si vous ne le croyez pas...

(a) Simuler 5 000 groupes de taille n pour estimer la probabilité que, dans un groupe de taille n, au moins deux personnes aient la même date d'anniversaire. Faire varier n de 20 à 25 par pas de 1. On se limitera aux années de 365 jours et on supposera que tous les jours sont équiprobables; pour vérifier si au moins 2 dates coïncident dans un groupe, engendrer n nombres entre 1 et 365, les ranger à l'aide la fonction Rang d'Excel, puis compiler le nombre de fois que chacun des numéros de 1 à n revient dans la liste des rangs.

(b) Un professeur de statistique a l'habitude de demander aux étudiants, lors de la première séance de son cours, quelles sont, d'après eux, les chances que deux d'entre eux au moins aient la même date d'anniversaire: plus de 1 sur 3? moins de 1 sur 2? Il affirme ensuite que la probabilité est supérieure à 50 % et, devant l'incrédulité de certains, leur offre de gager. Les étudiants, « sans tricher, n'est-ce pas », doivent inscrire leur date de naissance sur un bout de papier et les données seront compilées à la pause. Quelle est la probabilité que le professeur gagne le pari si la classe comporte 35 étudiants? si elle en comporte 40? Que deviennent ces probabilités si le professeur s'inclut dans le groupe? Simuler 1 000 groupes pour estimer la probabilité dans les quatre situations envisagées.

(c) Simuler 2 000 groupes de taille n pour estimer la probabilité que, dans un groupe de taille n, au moins trois personnes aient la même date d'anniversaire. Faire varier n de 85 à 90 par pas de 1.

16. Les machines à sous

Les premiers fabricants de machines à sous sont apparus en Californie à la fin du XIXe siècle. Ces machines ont connu un véritable âge d'or à l'occasion de la ruée vers le métal du même nom. Elles ont suivi les prospecteurs au Klondike à la même époque. En 1906, un tremblement de terre détruisit San Francisco et les usines des fabricants de machines à sous. Les religieux prétendirent que Dieu avait décidé de frapper un grand coup pour mettre fin au jeu et à la prostitution; et, en 1909, les machines à sous furent déclarées illégales en Californie. Leur interdiction s'étendit au Nevada en 1910, où elles furent toutefois de nouveau légalisées en 1912 et réintroduites, mais sous une forme modifiée.

En effet, les nouvelles machines ne distribuaient plus de pièces de monnaie. Pour calmer la nervosité des législateurs, les fabricants les présentaient comme des machines à distribuer de la gomme à mâcher, les cartes à jouer des anciennes machines étant remplacées par une « barre de gomme à mâcher » ou par d'innocents fruits comme des cerises, des prunes, des oranges, « les essences des gommes à mâcher ». Les vignettes accolées sur les facettes des disques des machines modernes sont la survivance de ce camouflage. La cloche est à la fois une reproduction de la Liberty Bell, dont la sonnerie signala aux habitants de Philadelphie la Déclaration d'indépendance des États-Unis, et une réminiscence de la marque de commerce des premières machines à sous.

La prohibition de l'alcool, votée en 1920, força la fermeture des bars et entraîna de ce fait le déclin des machines à sous. Toutefois, les *speakeasies*, ces bars clandestins administrés par les mafieux et abreuvés par les Bronfman, par les pêcheurs des îles françaises de Saint-Pierre et Miquelon de connivence avec les Kennedy, amorcèrent le retour en force des machines à sous. La pègre en prit donc le contrôle entre les années 1919 et 1933. (Au Québec, elle ne desserra cet étau qu'avec la création de la Régie des alcools, des courses et des jeux.)

De 1890 à 1950, les machines étaient munies d'un levier (d'où leur surnom de « bandits manchots », *one-armed bandits*) qui actionnait le roulement de trois disques présentant chacun dix facettes. Les disques, lancés par l'abaissement du levier, tournaient indépendamment les uns des autres. Par la suite, les machines sont devenues électromécaniques : l'impulsion du levier n'actionnait plus la machine, mais déclenchait l'action d'un moteur électrique qui entraînait la rotation des disques. Le nombre de disques se diversifia, le nombre de facettes augmenta : il y eut des machines avec 3 disques comportant chacun de 10 à 84 facettes ($84^3 = 592\ 704$ résultats possibles dans le cas extrême), des machines à 4 disques présentant de 20 à 63 facettes chacun (jusqu'à $63^4 = 15\ 752\ 961$ résultats), des machines à 5 disques de 22 facettes ($22^5 = 5\ 153\ 632$ résultats). Les disques tournaient indépendamment les uns des autres. Les machines modernes sont à puces et les disques sont quasi virtuels ; elles génèrent des nombres pseudo-aléatoires, qui sont traduits en diverses combinaisons de facettes.

Considérons une machine avec 3 disques virtuels comportant chacun 22 facettes, toutes aussi virtuelles. Le tableau suivant donne, pour chacun des disques, la répartition des sept symboles utilisés. On suppose que le joueur reçoit le montant indiqué dans la colonne de droite quand les trois disques affichent le même symbole, qu'il gagne 2 $ quand il obtient une cerise et 5 $ quand il en obtient deux.

Symbole	Disque de gauche	Disque central	Disque de droite	Prix
Globe	1	1	1	500 $
Barre	1	2	1	100 $
Prune	3	3	1	50 $
Cloche	2	4	4	20 $
Orange	5	2	5	15 $
Cerise	3	2	2	10 $
Citron	7	8	8	0 $

(a) Considérons un joueur qui s'installe devant la machine. Déterminer son gain espéré net après 200 essais, sachant que la mise exigée est de 1 $ par coup.

(b) Nous prenons maintenant le point de vue du propriétaire de la machine à sous. Simuler ce qu'il retire de sa machine quand 1 000 joueurs misent 200 fois chacun.

(c) Charles arrive à son bar préféré à 19 h précises, comme tous les soirs. Après une courte discussion avec le barman, il s'installe devant une machine à sous avec 20 pièces de 1 $. Il joue 20 coups, puis répond toujours affirmativement à la question de la machine lui demandant s'il veut réinvestir ses gains pour continuer à jouer. Il n'a jamais encaissé les prix gagnés ; il vient « donner » 20 $ à la machine en échange d'une période plus ou moins longue pendant laquelle il peut assouvir son besoin compulsif de jouer ; jamais, cependant, il n'ajoute de l'argent s'il est malchanceux et accumule peu ou pas de prix lors des 20 coups initiaux. Déterminer la distribution du nombre de coups qu'il jouera avec ses 20 $.

*** 17. Rupture de stock et rabais**

Reprendre le problème de gestion des stocks de la section 8.2.3, mais supposer qu'en cas de rupture de stock, 70 % des clients acceptent, en échange d'un rabais de 50 $, de revenir au magasin quelques jours plus tard et d'acheter la batterie. (On supposera que, si un jour donné n clients sont incapables d'obtenir la batterie désirée à cause d'une rupture de stock, alors le nombre X de ceux d'entre eux qui accepteront de revenir obéit à une loi binomiale $B(n\,;\,0{,}70)$.)

*** 18. Les quatre relais d'un panneau de contrôle**

Le panneau de contrôle du laminoir d'une aciérie permet d'actionner quatre relais électromécaniques de conception identique, difficiles d'accès et sujets à des pannes relativement fréquentes. La durée de vie de ces relais, comptée en heures d'utilisation, obéit à une loi uniforme dont les valeurs minimale et maximale sont 150 et 200 heures. La politique actuelle de l'aciérie est de remplacer tout relais tombé en panne par un relais neuf qui coûte 850 $. Le directeur de la production songe à remplacer les quatre relais par des relais neufs, aussitôt qu'une panne de relais survient. Il prétend que cette nouvelle politique réduira la fréquence et le coût des pannes.

La réparation résultant de la défaillance d'un relais exige une heure. Remplacer les quatre relais, aussitôt que l'un d'eux tombe en panne, occasionnerait un arrêt de la production d'une durée de deux heures. La direction évalue à 1 000 $ l'heure les pertes dues aux arrêts de production pendant les réparations.

(a) À combien, en moyenne, revient la présente politique de dépannage du panneau de contrôle par heure de production de l'aciérie ?

(b) À combien, en moyenne, reviendrait, si elle était adoptée, la nouvelle politique de dépannage du panneau de contrôle ?

(c) Laquelle de ces politiques devrait-on recommander d'adopter ? (Pour simplifier, on pourra utiliser des nombres pseudo-aléatoires différents dans l'analyse des deux politiques.)

CHAPITRE 9

Théorie de la décision

Plan du chapitre

9.1 Pourquoi formaliser la prise de décision ?

Les êtres humains prennent continuellement des décisions. Dans certains cas, ils agissent de façon routinière, sans vraiment réfléchir, comme lorsque, au volant de leur automobile, ils choisissent de tourner à un carrefour. Parfois, l'automatisme est tellement fort qu'ils prennent le chemin habituel, même lorsque leur destination change. Quand une certaine réflexion est exigée, les gens procèdent en général en s'appuyant sur des bases purement intuitives. Il en est ainsi le plus souvent dans les situations personnelles comme, par exemple, la décision de prendre ou non un parapluie ou encore celle d'étudier ou non la RO un soir donné.

Cependant, diverses circonstances nécessitent une réflexion plus structurée. Il en est ainsi, en particulier, quand les enjeux sont élevés, quand il s'agit d'une décision de groupe, et enfin, quand la décision implique de façon importante d'autres personnes ou groupes que le décideur. Par exemple, les responsables du secteur public (fonctionnaires ou politiques), dont les décisions touchent l'ensemble de la population, sentent souvent le besoin de justifier « rationnellement » pourquoi ils ont retenu telle option plutôt que telle autre. De même, les gestionnaires du privé doivent rendre des comptes au conseil d'administration ou aux actionnaires, car leurs choix affectent la rentabilité de l'entreprise et concernent donc le conseil et les actionnaires.

De nombreux chercheurs et praticiens du XXe siècle ont réfléchi au processus de prise de décision. Leurs travaux ont été publiés dans diverses revues scientifiques et leurs théories ont été mises en pratique dans un grand nombre de situations. Des revues, comme *Interfaces* et *Operations Research,* présentent régulièrement des applications « réussies » des méthodes qu'ils ont élaborées. Les industries pétrolière et pharmaceutique ont servi de cadre à plusieurs d'entre elles. Ainsi, un article récent[1] décrit comment la compagnie Bayer utilise les outils de la théorie de la décision pour évaluer la faisabilité technique et le potentiel commercial de nouvelles molécules. Le spectre des applications est cependant bien plus étendu, comme le montre la compilation de Corner et Kirkwood[2]. Ces auteurs classent les articles qu'ils ont recensés en cinq grandes catégories, selon le domaine d'application.

- Énergie : mises à l'enchère de concessions, sélection de produits ou de projets, réglementation, sélection d'un site pour une raffinerie, choix d'une technologie.
- Services et industries manufacturières : engagement de dépenses, planification de produit, stratégie, divers.
- Secteur médical.
- Secteur public.
- Divers.

Les méthodes de la théorie de la décision ont parfois été contestées[3]. Cependant, nous chercherons ici plutôt à les décrire et à en donner quelques applications typiques. Nous commençons par un exemple classique : une entreprise doit-elle répondre à un appel d'offres et, si oui, à quel prix doit-elle soumissionner ? Nous nous servirons de ce premier exemple pour introduire le vocabulaire de la théorie de la décision et exposer ses principales méthodes. En particulier, nous indiquerons comment utiliser la puissance de l'ordinateur pour effectuer une analyse de sensibilité : la décision optimale change-t-elle quand certains

1. Jeffrey S. Stonebraker, « How Bayer Makes Decisions to Develop New Drugs », *Interfaces*, vol. 31(6), 2002, p. 77-90.
2. James L. Corner et Craig W. Kirkwood, « Decision Analysis Applications in the Operations Research Literature, 1970-1989 », *Operations Research*, vol. 39, nº 2, 1991, p. 206-219.
3. Voir, par exemple, Marc Willinger, « La rénovation des fondements de l'utilité et du risque », *Revue économique*, vol. 1, 1990, p. 5-48 ; ou encore Salvador Barberà, Peter J. Hammond et Christian Seidl (dir.), *Handbook of Utility Theory*, Kluwer Academic Publishers, 1998 et 2004.

paramètres du problème varient? Ensuite, nous donnerons un deuxième exemple plus complexe où sera analysé le lancement d'un nouveau produit. Enfin, nous ferons appel, à la section 9.7, à la notion d'utilité pour prendre en compte l'aversion de certains décideurs pour le risque.

En terminant, précisons que, souvent, la théorie de la décision n'apporte pas une réponse précise et définitive au problème considéré. Elle constitue plutôt une façon systématique de réfléchir à des problèmes difficiles, une approche structurée qui favorise l'échange et la discussion.

9.2 Les arbres de décision: un exemple

9.2.1 La description du contexte

Joseph Ahmaranian a débuté dans la pizza. Peu lui importaient le prix de la farine et du fromage, le cours du salami ou de la pâte de tomates. Il parlait plutôt horaires et loyers. Cherchant à utiliser à plein temps les capacités de production de ses pizzerias, il proposait en effet des prix réduits pour des pizzas livrées pendant les heures creuses ou commandées d'avance. Ainsi, fours et véhicules étaient utilisés toute la journée et non pas seulement en soirée ou le midi. Pour minimiser les frais de loyer, il installait ses pizzerias dans des locaux peu voyants et ne s'intéressait en fait qu'aux commandes téléphoniques. Attirer le chaland de passage n'était pas sa priorité. Il a réalisé une forte plus-value en vendant sa chaîne de pizzerias à une société états-unienne. Profitant d'une chute des prix sur le marché immobilier dans la région de Québec, il a placé ce capital en immeubles à logements multiples et a fondé Les immeubles de la falaise inc.

Plus tard, Joseph Ahmaranian a été engagé comme conseiller d'une chaîne d'hôtels en difficulté, qu'il a remise sur pied. Comme il avait pris soin d'échanger ses services contre des actions privilégiées de la chaîne et que celle-ci était devenue fort rentable, il a réalisé un gain appréciable en vendant ses parts et a ajouté un grand immeuble à logements à son parc immobilier. Recruté, en échange d'un intéressement au capital, par un armateur de croisières pour sauver une entreprise qui périclitait, il a remis l'affaire à flot. Encore une fois, en fin de mandat, un capital investi dans l'immobilier.

Au début des années 1990, il a ouvert une chaîne de cybercafés: le client achetait du temps de connexion à un distributeur automatique avant de pouvoir s'installer devant un ordinateur. L'ordinateur indiquait au client pendant combien de temps il pouvait rester connecté, ce temps étant calculé en fonction du nombre de clients déjà installés ou en attente. On incitait ainsi la clientèle à venir tout au long de la journée et non aux seules heures du lunch ou de la soirée. Un seul employé par cybercafé suffisait pour assurer la surveillance et les légers dépannages. Un technicien en informatique faisait la tournée des cybercafés pour assurer l'entretien des appareils et effectuer les réparations majeures. Joseph a revendu ces cafés dès qu'il a senti qu'Internet devenait accessible chez les utilisateurs. Un gros profit converti à nouveau en édifices à logements.

La société Les immeubles de la falaise possède maintenant près de 2 500 logements et compte environ 50 employés. En plus du personnel de bureau, Joseph Ahmaranian s'est entouré de concierges, de manœuvres pour assurer le déneigement des stationnements et l'entretien des pelouses, de plâtriers, de plombiers, d'électriciens, d'un chauffagiste, etc. Il dispose, pour les gros œuvres, d'un réseau de sous-traitants compétents. La variété de son parc immobilier et la diversité de sa clientèle, qui compte des personnes seules, des familles, des personnes âgées et quelques handicapés, l'ont incité à développer de nombreux gabarits et macros implantés sur

Excel rendant ainsi la gestion plus souple et plus sécuritaire. Toutefois, chaque outil fonctionne en autarcie, et il doit souvent saisir plusieurs fois les mêmes données. Il sait qu'il lui faut un système de gestion intégré. Il a préparé un cahier des charges, dans lequel il a résumé, au meilleur de sa connaissance, les caractéristiques du système dont il voudrait se doter.

Il a demandé à quelques firmes informatiques de Québec de lui soumettre une proposition. Il tient à confier le contrat à l'une d'entre elles, car il accorde beaucoup d'importance au service après-vente et est convaincu, d'après les renseignements qu'il a recueillis, de pouvoir faire confiance aux firmes qu'il a sélectionnées.

Édouard Thibault est le président fondateur de MicroSolutions inc., l'une des entreprises retenues par Joseph Ahmaranian. Édouard est indépendant de fortune, grand rêveur, et entrepreneur chevronné. Il a 33 ans, les mèches en bataille ou, comme il préfère qu'on le dise, les cheveux aux quatre vents. Look décontracté et barbe de deux jours, il aborde sans faux-semblants les défis qu'il suscite. Comme Obélix dans le chaudron du druide, il est tombé dans l'informatique dès son enfance. Il dirige MicroSolutions qu'il a bâtie sur ses fonds propres. Il est passionné de musique, mais consacre peu de temps à ce loisir, partagé qu'il est entre son travail très exigeant et sa famille.

Édouard se targue d'être rationnel, de prendre des décisions après avoir analysé soigneusement la situation et pesé le pour et le contre. Il aimerait obtenir le contrat de Les immeubles de la falaise. Le problème, comme toujours, c'est qu'il doit agir en situation d'incertitude. Dans le cas présent, il ne connaît ni combien de concurrents soumissionneront à ce projet, ni combien ils exigeront. De plus, le coût de réalisation du projet peut varier, divers imprévus pouvant survenir. S'il offre de réaliser le contrat pour un montant trop faible, il risque d'y engloutir plus d'argent qu'il n'en retirera. Par contre, s'il demande trop, le contrat lui échappera probablement. Il lui faut donc trouver un équilibre entre le risque de ne pas obtenir le contrat et celui de se retrouver avec un contrat déficitaire. Une analyse sommaire lui a permis de ramener à trois les questions auxquelles il lui faut répondre pour bien analyser la situation.

- Y aura-t-il, oui ou non, une autre firme informatique qui soumissionnera ? En effet, Joseph Ahmaranian a pris contact avec un nombre limité d'entreprises et il est possible, quoique peu probable, qu'aucun des concurrents potentiels ne soit intéressé par le projet, ou encore qu'aucun ne dispose pour l'instant de ressources suffisantes pour le compléter dans les délais fixés par Joseph Ahmaranian. Dans un tel cas, MicroSolutions pourrait gonfler le montant exigé et éliminer les risques de déficit.
- Si un ou plusieurs concurrents se manifestent, à combien s'élèvera la soumission la plus basse ? Édouard est convaincu que le choix de Joseph Ahmaranian se fera essentiellement sur le montant demandé pour réaliser le projet et que le plus bas soumissionnaire est assuré de remporter le contrat.
- Enfin, combien en coûterait-il à MicroSolutions pour réaliser le projet ?

Il est difficile d'évaluer avec certitude ce que feront les concurrents. Il en est de même pour le coût de réalisation du projet. Après étude du cahier des charges, Édouard a limité, plus ou moins arbitrairement, à trois montants le coût de réalisation du projet : 185, 210 ou 235 milliers de dollars. Enfin, il estime que la préparation de la soumission lui reviendra à 5 000 $.

9.2.2 L'arbre de décision

Il reste à Édouard à évaluer les probabilités associées aux différentes réponses possibles aux trois questions ci-dessus. Nous reviendrons sur ce point à la section 9.4. Mais auparavant, nous indiquons comment Édouard peut représenter graphiquement le problème auquel il est confronté. Nous conviendrons d'abord :

- de tracer un carré – nous dirons un **point de décision** – quand le choix entre les différentes **options** offertes dépend seulement du décideur, ici Édouard ;
- de tracer un cercle – nous dirons un **nœud d'événements** – quand des facteurs externes, indépendants de la volonté du décideur, interviennent.

Dans un premier temps, Édouard doit décider s'il dépose ou non une soumission ; puis, dans le cas positif, quelle somme il demandera. La figure 9.1 représente graphiquement ces diverses options (comme nous l'expliquerons à la section 9.4, Édouard limite à trois les montants qu'il envisage d'indiquer dans son offre : 200, 215 et 240 milliers de dollars).

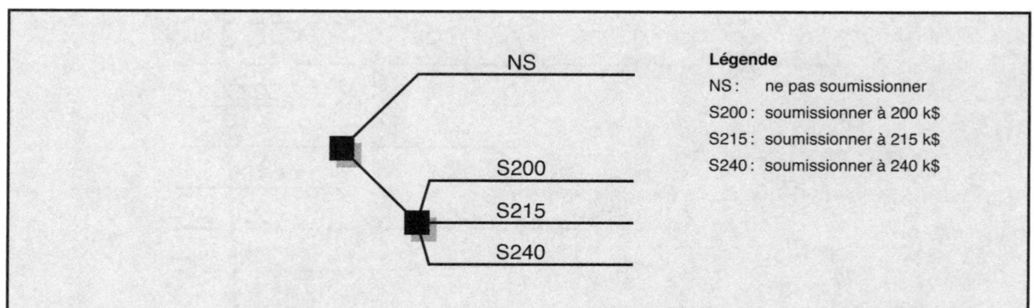

FIGURE 9.1
Problème de MicroSolutions : les choix d'Édouard

Une fois qu'Édouard aura choisi l'une des quatre options de la figure 9.1, la suite des événements ne relèvera pas de lui. Il ne peut influencer ses concurrents, ni contrôler complètement le coût de réalisation du projet. Il se rend compte, après réflexion, qu'une seule chose importe dans l'ensemble des décisions que prendront ses concurrents : obtiendra-t-il, oui ou non, le contrat ? Qu'aucun concurrent ne se présente ou que deux déposent des offres, peu importe… en autant que sa soumission soit inférieure à toutes les autres. Les deux premiers des trois éléments d'incertitude énumérés à la page précédente se résument donc en pratique en un seul pour l'analyse de la situation. La figure 9.2 (*voir page suivante*), qu'on appellera **arbre de décision**, décrit graphiquement le problème auquel est confronté Édouard. On observera que les trois options où Édouard présente un soumission sont suivies d'un premier nœud d'événements qui indique si MicroSolutions obtiendra (OC) ou n'obtiendra pas (NC) le contrat, et que l'événement OC est dans chaque cas suivi d'un second nœud qui donne le coût du projet en milliers de dollars (C185, C210 et C235). Le point de décision à la gauche de l'arbre sera appelé la **racine** de l'arbre ; chaque trait émanant d'un point de décision ou d'un nœud d'événements sera qualifié de **branche** ; enfin, chacune des branches qui se prolongent jusqu'à l'extrémité droite de la figure sera qualifiée de **feuille**. Par exemple, de la racine sortent deux branches, notées S et NS, qui traduisent l'alternative offerte à Édouard de présenter ou non une soumission ; les nœuds qui suivent l'événement OC comportent chacun trois feuilles, qui correspondent aux trois coûts de réalisation du projet envisagés par Édouard.

9.2.3 Les résultats conditionnels

La prochaine étape consiste à calculer le profit ou la perte associée à chacune des feuilles de l'arbre de décision. Considérons le cas où Édouard choisit de soumissionner à 215 k$, où il emporte le contrat et où la réalisation du projet lui coûte 185 k$. Le profit s'élèvera alors à 25 k$:

revenu	215 k$
préparer la soumission	– 5
réaliser le projet	– 185
profit	25 k$.

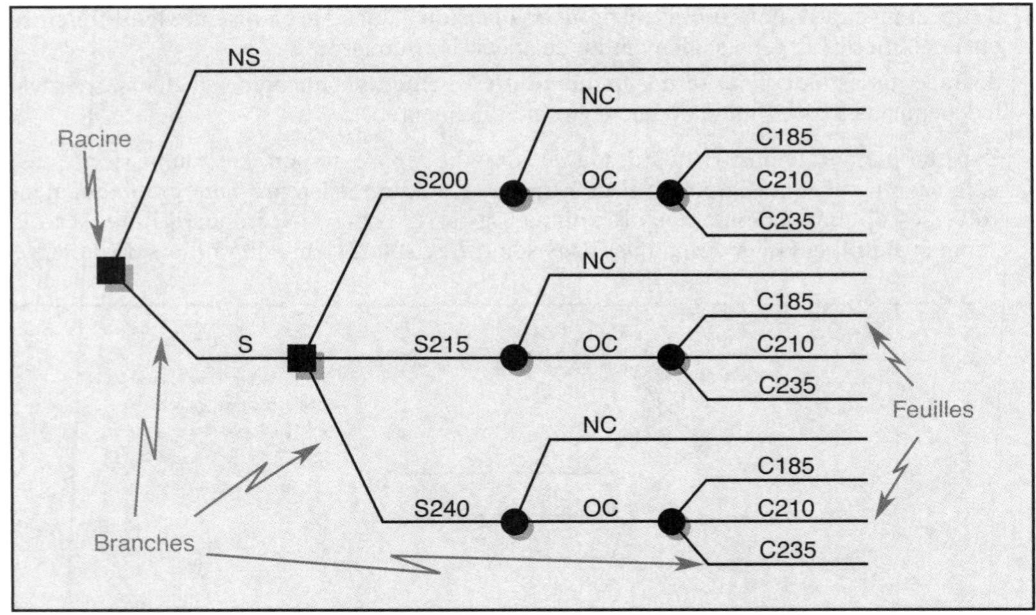

FIGURE 9.2
Problème de MicroSolutions : arbre de décision

On dira que 25 est le **résultat conditionnel** associé à la feuille[4] S – S215 – OC – C185. Les résultats conditionnels des différentes feuilles de l'arbre sont reportés dans la figure 9.3.

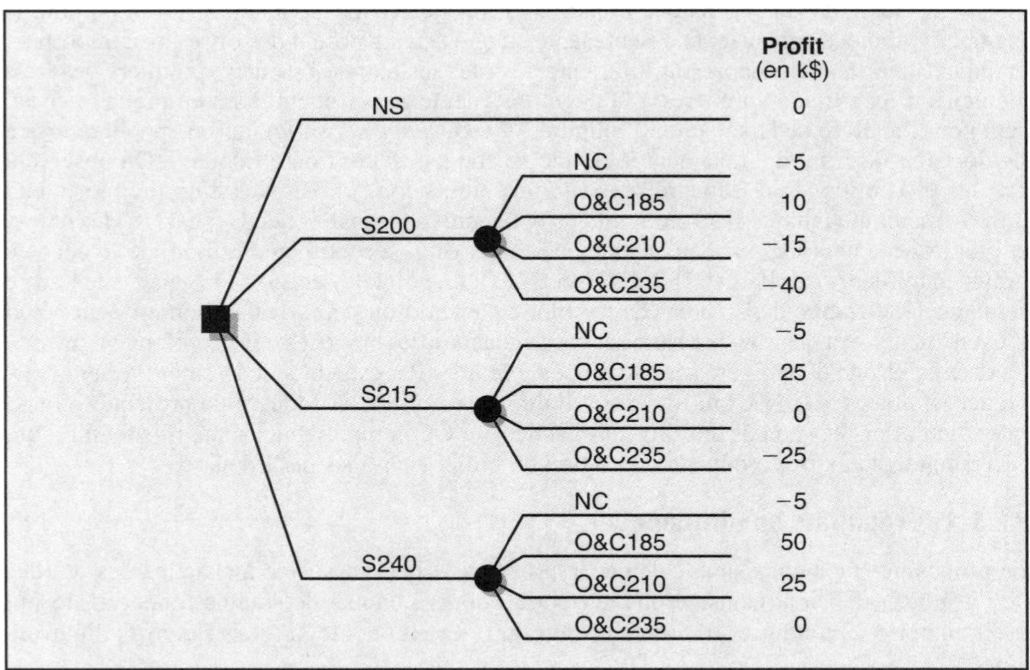

FIGURE 9.3
Problème de MicroSolutions : arbre avec résultats conditionnels

4. Une feuille est définie comme une branche qui se prolonge jusqu'à l'extrémité droite de la figure. Mais comme il y a plusieurs feuilles portant l'appellation « C185 » dans la figure 9.2, il nous faut une façon de les différencier. Lorsque nous voudrons parler de la feuille C185 située à la droite de la branche OC, elle-même à la droite de l'option S215, nous parlerons plus concisément de la feuille S – S215 – OC – C185. De façon générale, une feuille sera **nommée** par le chemin menant de la racine à la feuille. Mais rappelons-le, la feuille se limite au trait à l'extrême-droite de l'arbre.

Celle-ci donne un arbre plus simple qui traduit le problème de MicroSolutions en considérant un seul point de décision, chaque branche de ce point unique étant suivie d'un seul nœud d'événements. En effet, il est correct de considérer qu'Édouard a une seule décision à prendre, qui consiste à choisir entre quatre options – ne pas soumissionner (NS), soumissionner à 200 k$, soumissionner à 215 k$ et soumissionner à 240 k$ – et que dans les trois derniers cas, quatre événements sont possibles (O&C185 signifie qu'il obtient le contrat et qu'il lui en coûtera 185 k$ pour le réaliser). On utilisera l'une ou l'autre des deux versions équivalentes de l'arbre de décision, selon les circonstances.

9.3 Équivalent-certain et critères de décision non probabilistes

9.3.1 L'équivalent-certain d'un nœud d'événements

Choisir entre les quatre options décrites à la figure 9.3 exige d'arbitrer entre gains potentiels et pertes appréhendées. Ainsi, la branche NS assure un résultat nul en toutes circonstances, tandis que la branche S200 peut résulter en un gain ou une perte. Il est encore plus difficile de choisir entre soumissionner à 200 ou à 215 milliers de dollars, les deux options présentant gains et pertes. L'approche traditionnelle en théorie de la décision consiste à remplacer chaque nœud d'événements par un résultat unique, appelé **équivalent-certain**, tel que le décideur soit indifférent entre obtenir le résultat avec certitude ou devoir assumer les conséquences du nœud. Par exemple, l'équivalent-certain du nœud S200 de l'arbre 9.3 est un montant de x milliers de dollars tel qu'Édouard serait indifférent entre les deux branches de la figure 9.4. Autrement dit, Édouard, s'il était confronté au point de décision de l'arbre 9.4, serait prêt à décider en tirant à pile ou face.

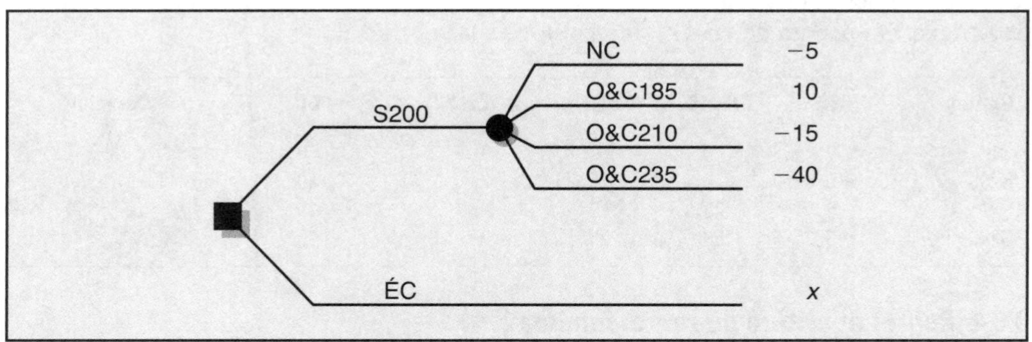

FIGURE 9.4
Équivalent-certain du nœud S200 de l'arbre 9.3

Mais comment obtient-on les équivalents-certains des différents nœuds d'un arbre comme celui de la figure 9.3 ? Cette question est difficile et admet plusieurs réponses. On appelle **critère de décision** une méthode systématique pour déterminer l'équivalent-certain d'un nœud d'événements. Dans la présente section, nous décrivons trois critères qui n'exigent pas de connaître les probabilités des différents événements impliqués. Nous verrons dans la section 9.4 un critère qui tient compte des probabilités, puis dans la section 9.7, un critère qui incorpore l'attitude du décideur face au risque.

9.3.2 Le critère optimiste de profit maximax

Le premier critère dont nous parlons reflète une attitude résolument optimiste chez le décideur : le nœud est remplacé par le meilleur des résultats associés aux différents événements qui le composent. Dans un contexte de profit, le meilleur résultat est évidemment le plus élevé.

Ainsi, l'équivalent-certain du nœud S200 des figures 9.3 et 9.4 est 10 milliers de dollars. De même, les équivalents-certains des nœuds S215 et S240 sont 25 k$ et 50 k$ respectivement. L'arbre 9.3 équivaut donc, selon ce critère optimiste, à celui représenté à la figure 9.5. Tout décideur confronté au point de décision de la figure 9.5 choisirait l'option S240. On notera que la stratégie recommandée par ce critère consiste à retenir le *max*imum des équivalents-certains, qui correspondent chacun au *max*imum des résultats apparaissant dans le nœud. On parlera du **critère de profit maximax**.

FIGURE 9.5
Problème de MicroSolutions : équivalents-certains selon le critère optimiste

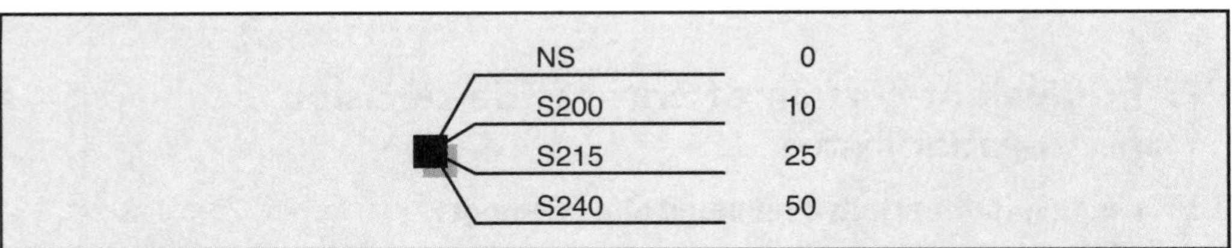

9.3.3 Le critère pessimiste de profit maximin

Le prochain critère suppose au contraire une attitude pessimiste chez le décideur : l'équivalent-certain d'un nœud est cette fois le pire des résultats associés aux différents événements qui le composent. Dans un contexte de profit, le pire résultat est évidemment le moins élevé. Ainsi, l'équivalent-certain du nœud S200 des figures 9.3 et 9.4 est −40 k$.

Le tableau 9.1 résume le problème de MicroSolutions et son analyse selon le critère pessimiste : la partie centrale énumère les différents résultats conditionnels et l'avant-dernière colonne donne les équivalents-certains des quatre options envisagées par Édouard ; enfin, la dernière colonne indique l'option recommandée par le critère. On remarquera qu'on retient le *max*imum des équivalents-certains, qui correspondent chacun au *min*imum des résultats de la ligne. On parlera du **critère de profit maximin**.

TABLEAU 9.1
Problème de MicroSolutions et le critère pessimiste

Option	NC	O&C185	O&C210	O&C235	ÉC	Décision
NS	0	0	0	0	0	NS
S200	−5	10	−15	−40	−40	
S215	−5	25	0	−25	−25	
S240	−5	50	25	0	−5	

9.3.4 Regret et critère de regret minimax

Les deux critères qui précèdent sont excessifs : le décideur est obnubilé par un seul résultat, le meilleur dans le premier cas, le pire dans le second. Il serait évidemment plus prudent de tenir compte de l'ensemble des résultats conditionnels. La notion de regret fournit une mesure relative qui situe un résultat par rapport aux autres. Supposons, par exemple, qu'Édouard décide de soumissionner à 200 k$, qu'il obtienne le contrat et que réaliser le projet lui coûte 185 k$. Son profit s'élèvera à 10 k$, ce qui est modérément intéressant. Mais Édouard constatera *a posteriori* que, s'il avait plutôt retenu l'option S240, son profit aurait bondi à 50 k$. L'écart 50 − 10 = 40 entre la meilleure option *a posteriori* et celle effectivement retenue est le regret associée à la feuille S200 − O&C185 de l'arbre 9.3. De façon générale, on définit le **regret** comme le manque à gagner découlant d'une décision. Pour calculer le regret, il faut se placer *a posteriori*, dans la situation où les conséquences de la décision sont connues. Enfin, lorsque la décision s'avère optimale, le regret est nul.

La figure 9.6 donne les regrets pour le problème de MicroSolutions. Comme l'indique la formule au bas de la figure, le regret dans une cellule est la différence entre le meilleur résultat conditionnel de la colonne et le résultat conditionnel correspondant.

Fichier: MicroSolutions.xlsx — Feuille: Regrets

	A	B	C	D	E
6	Option	NC	O&C185	O&C210	O&C235
7		Résultats conditionnels			
8	NS	0	0	0	0
9	S200	-5	10	-15	-40
10	S215	-5	25	0	-25
11	S240	-5	50	25	0
12		Regrets			
13	NS	0	50	25	0
14	S200	5	40	40	40
15	S215	5	25	25	25
16	S240	5	0	0	0

Cellule	Formule	Copiée dans:
B13	=MAX(B$8:B$11)-B8	B13:E16

FIGURE 9.6
Problème de MicroSolutions: calcul des regrets

Dans un contexte de regret, le critère pessimiste définit l'équivalent-certain d'un nœud comme le plus élevé des regrets impliqués. Le tableau 9.2 décrit comment appliquer ce critère au problème de MicroSolutions. L'équivalent-certain de chaque nœud est le plus grand regret de la ligne correspondante. Par exemple, si Édouard retient l'option NS de ne pas soumissionner, les regrets seront 0, 50, 25 ou 0 selon l'événement qui se réalisera; l'équivalent-certain de la première ligne est donc 50. On détermine de même les équivalents-certains des autres lignes. Notre décideur, qui est pessimiste, mais pas masochiste pour autant, préférera l'option S240, dont l'équivalent-certain est le plus intéressant. On notera que la stratégie recommandée par cette approche consiste à retenir le *min*imum des équivalents-certains, qui correspondent chacun au *max*imum des résultats apparaissant sur la ligne. On parlera du **critère de regret minimax**.

TABLEAU 9.2
Problème de MicroSolutions: le critère de regret minimax

Option	NC	O&C185	O&C210	O&C235	ÉC	Décision
NS	0	50	25	0	50	
S200	5	40	40	40	40	
S215	5	25	25	25	25	
S240	5	0	0	0	5	S240

9.3.5 Les paradoxes des critères non probabilistes

Les critères non probabilistes ont l'avantage d'être simples à appliquer et peu exigeants en données. Cependant, ils mènent à des paradoxes en certaines circonstances et doivent alors être remplacés, par exemple par le critère de Bayes qui, malheureusement, requiert que le décideur évalue les probabilités associées aux différents événements considérés. Nous traitons de ce dernier critère dans la section suivante. Auparavant, voici deux exemples où les recommandations des trois critères présentés dans cette section seraient jugées peu pertinentes par la plupart des décideurs.

Considérons d'abord le problème dont les résultats conditionnels sont donnés dans la partie gauche du tableau 9.3. Selon le critère optimiste maximax, O1 est l'option optimale, puisque c'est elle qui, dans le meilleur des cas, donne le résultat conditionnel le plus élevé. Cependant, la majorité des décideurs préféreront l'option O2, car cette dernière est beaucoup plus avantageuse que O1 quand E2 survient, et seulement marginalement moins intéressante quand l'issue est E1.

TABLEAU 9.3
Critères optimiste et pessimiste : un exemple paradoxal

	Résultats conditionnels (profit en k$)			Maximax		Maximin	
Option	**E1**	**E2**	**E3**	**ÉC**	**Décision**	**ÉC**	**Décision**
O1	901	0	0	901	**O1**	0	
O2	900	900	0	900		0	
O3	1	9	1	9		1	**O3**

De même, si vous étiez impliqué personnellement dans la décision, choisiriez-vous l'option O3 suggérée par le critère maximin ? Probablement pas. Vous préféreriez sans doute O2… à moins que l'événement E3 soit presque certain.

Ainsi, intuitivement, la meilleure option est O2, alors que les critères optimiste et pessimiste recommandent O1 et O3 respectivement. Le critère de regret minimax, quant à lui, favorise[5] l'option O2. Il donne donc un résultat « correct » dans l'exemple du tableau 9.3. Il existe cependant des situations où même ce critère conduit à des paradoxes. Considérons, à titre d'exemple, les données du tableau 9.4. Dans la partie supérieure du tableau, où trois options sont considérées, l'option O2 s'avère la meilleure selon le critère de regret minimax. Mais si on enlève l'option O3 – qui de toute façon n'est pas retenue –, la stratégie optimale change : c'est maintenant O1 qui serait la meilleure. Évidemment, il est absurde que le fait d'enlever une option non optimale ait un impact sur la décision. C'est pourquoi on introduit des critères plus sophistiqués, comme le critère de Bayes et le critère de l'utilité espérée décrits dans les sections 9.4 et 9.7. Comme nous le verrons, ces derniers présentent toutefois l'inconvénient d'exiger plus de données de la part du décideur. On n'a rien pour rien !

TABLEAU 9.4
Critère de regret minimax : un exemple paradoxal

	Résultats conditionnels			Regrets			Minimax	
Option	**E1**	**E2**	**E3**	**E1**	**E2**	**E3**	**ÉC**	**Décision**
O1	6	0	2	0	7	7	7	
O2	1	2	6	5	5	3	5	**O2**
O3	0	7	9	6	0	0	6	
O1	6	0	2	0	2	4	4	**O1**
O2	1	2	6	5	0	0	5	

Exercices de révision

1. Les critères non probabilistes

Un gestionnaire est confronté à un problème de décision comportant trois options et quatre issues possibles. Le tableau suivant donne les résultats conditionnels de ce problème.

5. Voir l'exercice de révision 3 pour l'application du critère de regret minimax aux données du tableau 9.3.

Option	Résultats conditionnels (profit en k$)			
	E1	E2	E3	E4
O1	200	125	100	−50
O2	150	−50	20	60
O3	−45	80	35	110

(a) Calculer l'équivalent-certain de chaque option si le gestionnaire utilise le critère optimiste. Déterminer la meilleure option selon ce critère.

(b) Calculer les différents équivalents-certains si le gestionnaire retient plutôt le critère pessimiste. Déterminer la meilleure option dans ce contexte.

(c) Construire le tableau des regrets pour ce problème.

(d) Quelle est la meilleure option si le gestionnaire applique le critère de regret minimax ?

2. Les critères non probabilistes dans un contexte de minimisation

Répondre aux quatre questions de l'exercice précédent, mais en utilisant le tableau ci-dessous et en supposant que, cette fois, les résultats conditionnels représentent les coûts associés à chaque combinaison option-issue.

Option	Résultats conditionnels (coûts en k$)			
	E1	E2	E3	E4
O1	40	50	90	10
O2	80	50	40	40
O3	10	50	30	90

3. Le critère de regret minimax

Appliquer le critère de regret minimax aux données du tableau 9.3.

9.4 Le critère de Bayes

Les trois critères étudiés à la section précédente présentent, nous l'avons vu, des aspects paradoxaux qui en limitent l'intérêt pratique. En fait, il serait pertinent de tenir compte des probabilités des différents événements dans le calcul des équivalents-certains, tout le monde en convient ; mais obtenir ces probabilités est souvent une tâche fort ardue. Par exemple, dans le problème de MicroSolutions, y a-t-il 1 chance sur 5, 1 sur 10, ou encore 1 sur 20 qu'aucun concurrent ne soumissionne ? Difficile de répondre à cette question.

Il existe des procédures systématiques pour assister un décideur dans l'estimation des probabilités subjectives dont il a besoin dans le cadre du critère de Bayes présenté ci-après. Le lecteur intéressé en trouvera une description dans divers manuels[6]. Nous supposerons ici qu'Édouard a déjà déterminé les diverses probabilités nécessaires à l'analyse de son problème.

6. Voir, par exemple, H. Raiffa, *Decision Analysis : Introductory Lectures on Choices under Uncertainty*, Addison-Wesley, 1970, chapitre 5. Ou encore, G. Laporte et R. Ouellet, *Théorie de la décision*, 2e édition, Éditions Sciences & Culture inc., 1986, section 3.5.

Plus précisément, nous admettrons qu'il évalue à 1 chance sur 10 qu'aucun concurrent ne soumissionne et que, dans le cas où une ou plusieurs autres firmes déposeraient une offre de service, le montant de la plus basse soumission obéirait à la distribution[7] décrite dans le tableau 9.5. La figure 9.7 représente ces mêmes probabilités sous la forme d'un arbre. On notera que les valeurs reportées sur les branches de l'arbre sont des **probabilités conditionnelles**. Par exemple,

$$30\,\% = \mathrm{P}(\mathrm{Int1} \mid \mathrm{Conc}).$$

Le membre droit de cette formule se lit « probabilité de Int1 étant donné Conc » et correspond à la probabilité pour que la plus basse soumission se retrouve dans le 1er intervalle si un ou plusieurs concurrents se manifestaient. La **probabilité conjointe** pour qu'il y ait de la concurrence *et* que la plus basse soumission soit comprise entre 201 et 214 milliers de dollars a été reportée à la droite de la feuille Conc – Int1 et se calcule comme suit :

$$\mathrm{P}(\mathrm{Conc\ et\ Int1}) = \mathrm{P}(\mathrm{Conc}) \times \mathrm{P}(\mathrm{Int1} \mid \mathrm{Conc}) = 90\,\% \times 30\,\% = 27\,\%.$$

Le lecteur trouvera un bref rappel du calcul des probabilités conditionnelles et du théorème de Bayes dans la section des compléments sur le site web de ce manuel.

TABLEAU 9.5
Distribution de la plus basse soumission des concurrents

Montant (en k$)	Code	Probabilité
201 – 214	Int1	30 %
216 – 239	Int2	60 %
241 et +	Int3	10 %

FIGURE 9.7
Probabilités associées aux actions des concurrents

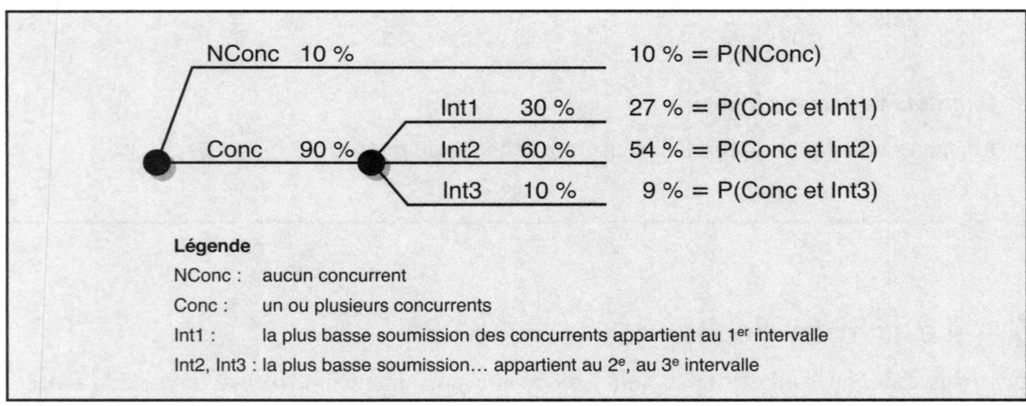

9.4.1 Calcul des probabilités associées à chaque option

On aura noté le lien entre les trois montants envisagés par Édouard pour sa soumission et les trois intervalles du tableau 9.5. En fait, Édouard a choisi les bornes de ces intervalles de sorte que les données du tableau lui permettent de déterminer précisément ses chances d'obtenir le contrat, quelle que soit sa décision. Supposons, par exemple, qu'il soumissionne à 215 k$. Il obtiendra le contrat, sauf si un ou plusieurs concurrents se manifestent et que la plus basse des offres déposées appartient à la fourchette 201 – 214. La non-obtention du contrat dans le contexte d'une soumission à 215 k$ correspond à la deuxième feuille de l'arbre 9.7 et

7. Pour simplifier, on suppose ici que la plus basse soumission ne peut en aucun cas coïncider avec l'un des trois montants qu'Édouard envisage pour sa propre soumission.

sa probabilité est égale à celle reportée à la droite de cette feuille : ainsi, P(NC | S215) = 0,90 × 0,30 = 0,27, où NC dénote, comme dans la figure 9.2, l'événement « Ne pas obtenir le contrat ». Par conséquent, P(OC | S215) = 1 – 0,27 = 0,73. On calcule de même les probabilités d'obtention du contrat associées aux deux autres montants envisagés par Édouard :

soumission à 200 k$: P(OC | S200) = 1

soumission à 240 k$: P(OC | S240) = 1 − 0,27 − 0,54 = 0,19.

Reportons ces probabilités dans l'arbre de décision d'Édouard. Noter que les probabilités qui apparaissent dans la figure 9.8 ci-dessous sont des probabilités conditionnelles : par exemple, sur la branche S – S215 :

27 % = P(NC | S et S215)

40 % = P(C185 | S et S215 et OC).

Enfin, nous avons préféré la version de la figure 9.2, dans laquelle l'incertitude est éclatée en deux éléments (obtention ou non du contrat, coût de réalisation du projet). Utiliser l'approche de la figure 9.3 aurait exigé de calculer les probabilités des événements OC&C185, etc., pour les trois dernières branches, ce qui n'est pas difficile, mais présente peu d'intérêt.

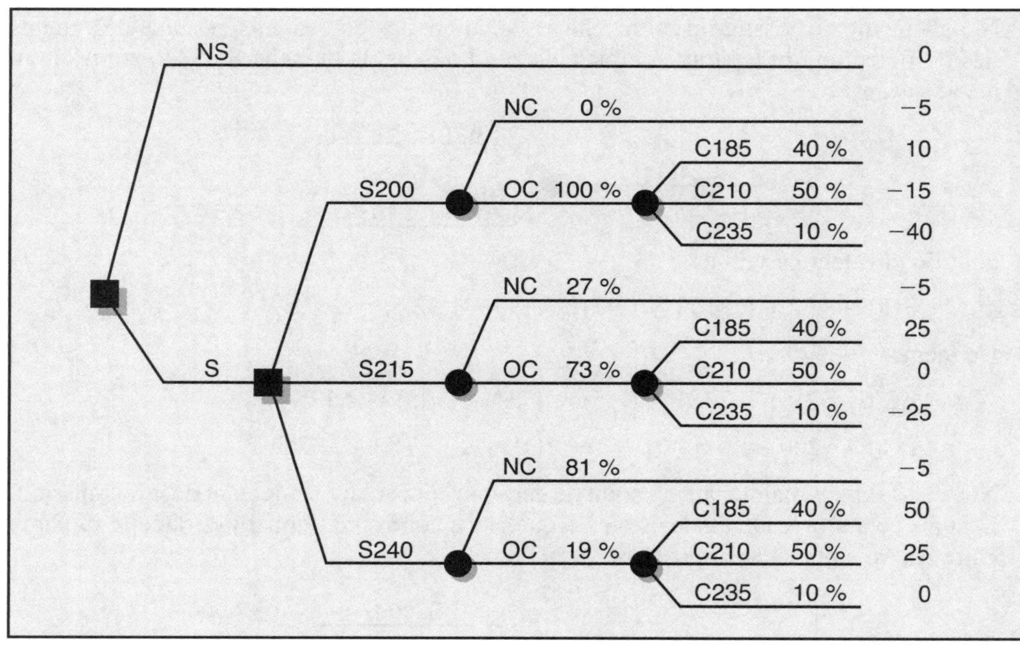

FIGURE 9.8
Problème de MicroSolutions : arbre de décision avec probabilités

9.4.2 Le critère de Bayes

Édouard doit, à chaque point de décision de la figure 9.8, choisir entre les options offertes. Il sera tout naturellement porté à tenir compte des probabilités. Dans un tel contexte, on utilise généralement le **critère de Bayes**, qui propose de prendre comme équivalent-certain d'un nœud la somme pondérée des résultats conditionnels, les probabilités des différentes branches servant de poids.

Au départ, Édouard doit choisir entre une option, NS, qui comporte une seule feuille et une autre, S, qui se subdivise à plusieurs reprises. Le choix en ce point de décision n'est pas évident pour le moment. Nous contournerons cette difficulté en considérant en premier lieu les nœuds d'événements situés à l'extrême droite qui traduisent l'incertitude quant au coût de réalisation du projet. Il s'agit de la procédure standard pour « résoudre » un arbre complexe : on traite d'abord le niveau le plus à droite, puis on se rend à la racine en progressant d'un niveau à chaque étape. Illustrons cet algorithme avec le problème de MicroSolutions.

– Nous considérons, dans un premier temps, les nœuds associés au coût de réalisation du projet. Celui de la branche S – S240 – OC est de la forme

S–S240–OC			
	C185	40 %	50
	C210	50 %	25
	C235	10 %	0

et, selon le critère de Bayes, son équivalent-certain est

$$\text{ÉC(S}-\text{S240}-\text{OC)} = (40\,\% \times 50) + (50\,\% \times 25) + (10\,\% \times 0) = 32{,}5.$$

De même,

$$\text{ÉC(S}-\text{S215}-\text{OC)} = (40\,\% \times 25) + (50\,\% \times 0) + 10\,\% \times (-25) = 7{,}5$$

$$\text{ÉC(S}-\text{S200}-\text{OC)} = (40\,\% \times 10) + 50\,\% \times (-15) + 10\,\% \times (-40) = -7{,}5.$$

– Nous « reculons » ensuite d'un niveau et calculons les équivalents-certains des nœuds liés à l'obtention du contrat. Tel que calculé ci-dessus, la branche S–S240 équivaut au nœud suivant :

S–S240			
	NC	81 %	−5
	OC	19 %	32,5

dont l'équivalent-certain est

$$\text{ÉC(S}-\text{S240)} = 81\,\% \times (-5) + (19\,\% \times 32{,}5) = 2{,}125.$$

De même,

$$\text{ÉC(S}-\text{S215)} = 27\,\% \times (-5) + (73\,\% \times 7{,}5) = 4{,}125$$

$$\text{ÉC(S}-\text{S200)} = 0\,\% \times (-5) + 100\,\% \times (-7{,}5) = -7{,}5.$$

– Nous en sommes maintenant au point de décision concernant le montant de la soumission. D'après ce qui précède, la décision à laquelle est confronté Édouard se ramène au choix entre les trois branches ci-dessous.

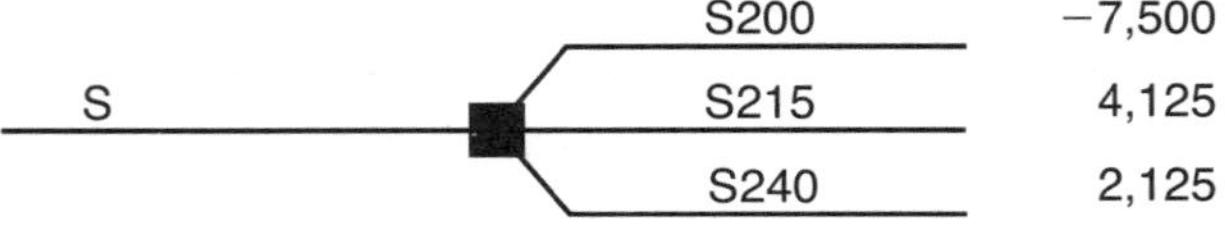

La décision s'impose d'elle-même, une fois le problème récrit sous cette forme : MicroSolutions, si elle dépose une soumission, exigera 215 k$ pour le projet, pour un profit espéré de 4 125 $.

– Nous voici enfin à la racine de l'arbre : la branche NS résulte nécessairement en un profit de 0 $, tandis que la branche S offre, comme nous venons de le voir, un profit espéré de 4 125 $. Édouard retiendra donc cette dernière option.

La figure 9.9 résume notre analyse du problème de MicroSolutions. On a reporté près de chaque nœud d'événements son équivalent-certain ; de même, on a reporté près de chaque point de décision l'équivalent-certain de l'option retenue ; enfin, on a inscrit un trait double sur les branches représentant les options écartées.

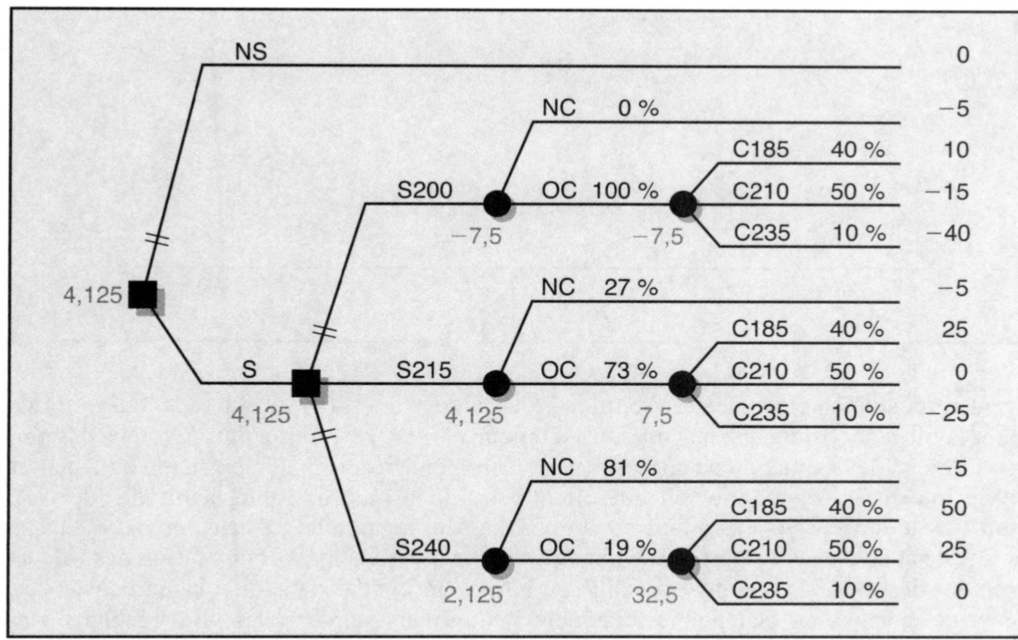

FIGURE 9.9
Problème de MicroSolutions : arbre de décision résolu

Il est parfois utile de décrire de façon visuelle les recommandations de l'analyse effectuée. Les figures 9.10 et 9.11 (*voir page suivante*) donnent de telles représentations dans le cas du problème de MicroSolutions. La première, appelée **arbre de stratégie**, reprend l'arbre de décision résolu, mais en élaguant les options qui ne sont pas retenues. La seconde, appelée **profil de risque**, est un diagramme en bâtons décrivant la distribution des différents résultats conditionnels possibles, si le décideur adopte la stratégie optimale.

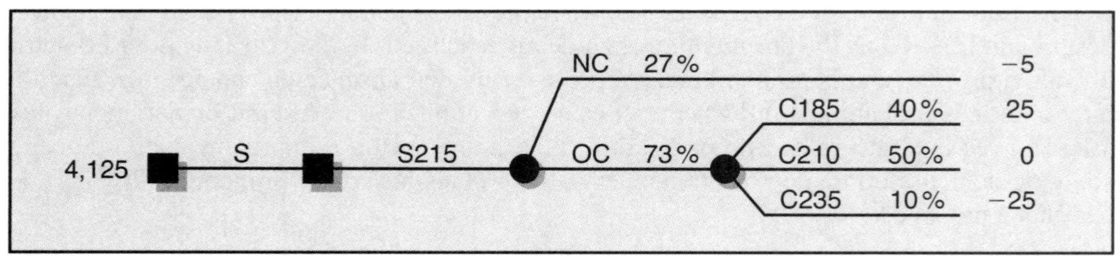

FIGURE 9.10
Problème de MicroSolutions : arbre de stratégie

9.4.3 Commentaires sur le critère de Bayes

Édouard ne réalisera pas un gain de 4 125 $ avec ce projet. Comme le montre le profil de risque de la figure 9.11, les seuls résultats possibles sont une perte de 25 k$, une perte de 5 k$, un résultat nul, ou encore un gain de 25 k$. L'équivalent-certain 4,125 représente une valeur espérée : si MicroSolutions déposait un grand nombre de soumissions dans le cadre d'appels d'offres identiques à celui de Les immeubles de la falaise, elle réaliserait des gains et des pertes coïncidant avec les quatre valeurs apparaissant dans le profil de risque et, **en moyenne**, elle dégagerait un surplus de 4 125 $ par projet. Mais, on s'en doute, Les immeubles de la falaise ne recommenceront pas de sitôt l'exercice de se doter d'un système de gestion informatique intégré.

FIGURE 9.11
Problème de MicroSolutions : profil de risque

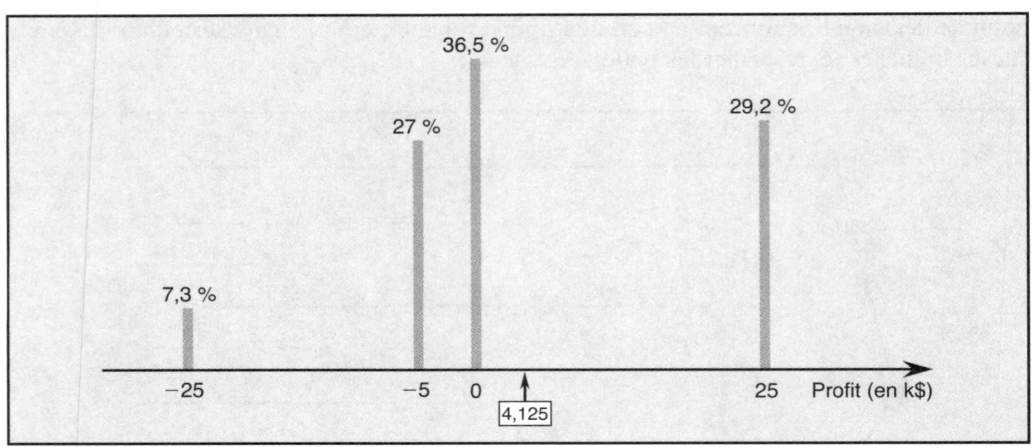

Est-il raisonnable pour MicroSolutions d'appliquer le critère de Bayes, c'est-à-dire de jouer la moyenne, alors que la situation est unique et ne se reproduira plus ? Notons d'abord que l'unicité de la situation ne constitue pas un problème insurmontable. On n'a qu'à penser aux primes d'assurance-vie : chaque client est unique (état de santé, habitudes de vie), mais l'assureur réussit, en s'appuyant sur des données actuarielles, à calculer les primes au plus juste et à dégager des profits. Enfin, arrêter une décision après comparaison des valeurs espérées des diverses options est valide ou non selon le contexte, selon les circonstances. Jouer la moyenne est acceptable seulement si l'on peut supporter les pires résultats sans trop de dommages. Ainsi, Édouard, s'il éprouvait des difficultés temporaires de liquidités et qu'une perte de 25 000 $ le mettait en défaut de paiement, serait réticent à soumissionner à 215 000 $ et préférerait sans doute l'option S240 dont le pire résultat est une perte de 5 k$. Il est possible d'incorporer l'aversion au risque dans une approche rationnelle. Nous introduisons à la section 9.7 la notion d'utilité, qui permet de tenir compte de l'attitude du décideur face au risque dans le calcul des équivalents-certains.

9.4.4 Analyse de sensibilité

L'utilisation du critère de Bayes dans les problèmes réels achoppe souvent sur l'obtention des probabilités. Nous l'avons mentionné au début de la section, il est difficile pour Édouard d'évaluer précisément la probabilité de la présence ou de l'absence de concurrents. Jusqu'à quel point ces probabilités influencent-elles sa décision ? Édouard serait évidemment plus à l'aise avec la stratégie décrite par l'arbre de la figure 9.10 s'il était convaincu que cette stratégie demeure optimale pour toutes les valeurs plausibles de la probabilité P(Conc) de l'événement Conc.

L'analyse de sensibilité permet de réfléchir de façon systématique à l'impact des probabilités sur les décisions. Les figures 9.12 à 9.14 indiquent comment calculer la stratégie optimale en fonction de la probabilité P(NConc). Nous utilisons cette fois la version à un seul point de décision et un seul niveau d'incertitude (comme dans la figure 9.3) afin de mettre en évidence le lien entre la probabilité P(NConc) et la décision. Notre approche est basée sur la commande Table de données… du menu Données d'Excel. Les programmes commerciaux d'analyse de décision, tel TreePlan, comportent des procédures automatiques pour effectuer l'analyse de sensibilité. Nous préférons recourir à une feuille Excel, afin de décrire explicitement le lien entre la probabilité et la décision.

Nous calculons d'abord les équivalents-certains des quatre options en fonction d'une liste de valeurs pour la probabilité P(NConc). Il suffit d'appliquer la commande Table de données… d'Excel, ce qui se fait en quatre étapes, illustrées à la figure 9.12 :

- inscrire la liste des valeurs considérées de P(NConc) dans la plage A20:A27 de la feuille Sens1 du fichier MicroSolutions.xlsx;
- sélectionner la plage A19:E27;
- cliquer sur le menu Données, puis Analyse de scénarios, puis enfin sur la commande Table de données…;
- entrer l'adresse E4 dans la case Cellule d'entrée en colonne, puis cliquer sur OK.

Excel remplace alors le contenu de la cellule d'entrée E4 par le premier élément de la liste (ici c'est la probabilité 0 % apparaissant en A20), calcule les valeurs résultantes[8] des cellules B19:E19 de la première ligne de la plage sélectionnée, puis place les résultats dans la plage B20:E20. L'opération est répétée pour les autres valeurs de la liste A20:A27, chaque probabilité de la liste donnant lieu à quatre équivalents-certains qui sont placés dans les colonnes

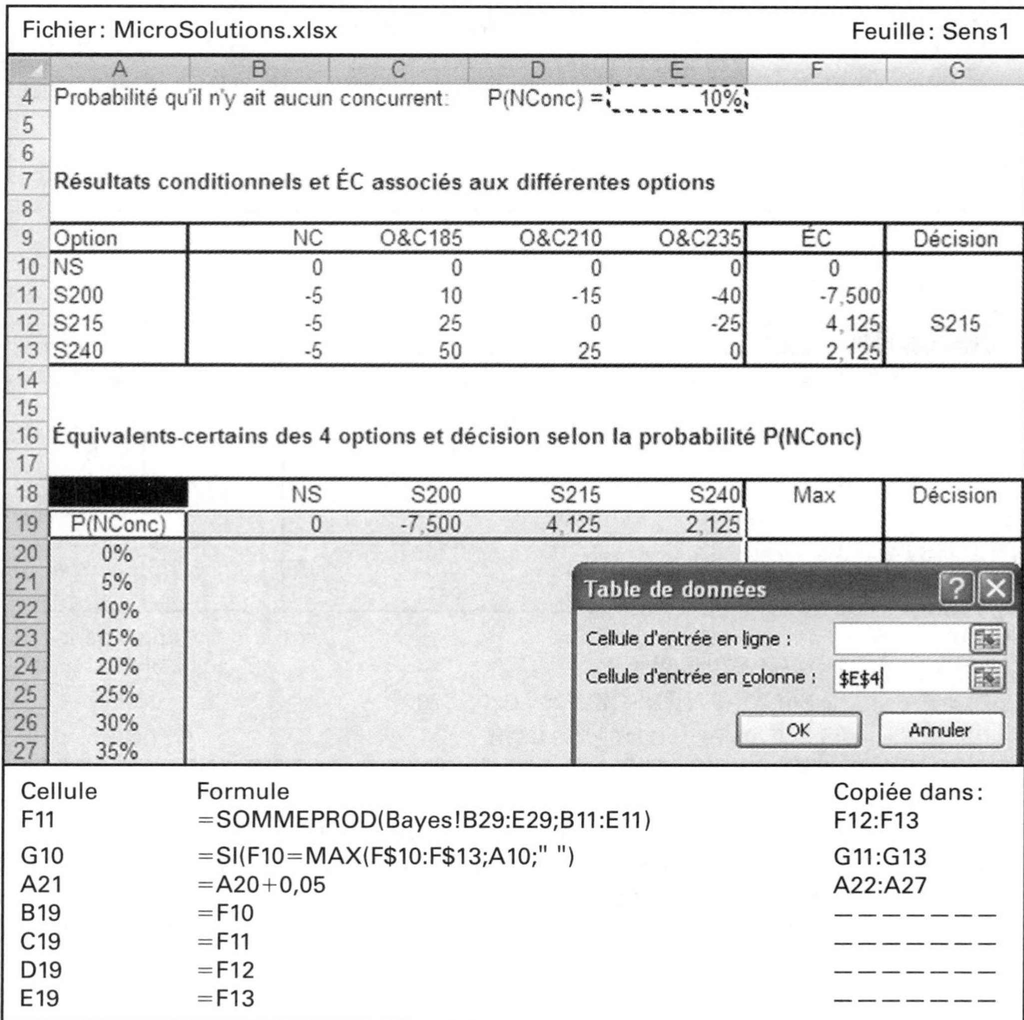

Cellule	Formule	Copiée dans:
F11	=SOMMEPROD(Bayes!B29:E29;B11:E11)	F12:F13
G10	=SI(F10=MAX(F$10:F$13;A10;" ")	G11:G13
A21	=A20+0,05	A22:A27
B19	=F10	———————
C19	=F11	———————
D19	=F12	———————
E19	=F13	———————

FIGURE 9.12
Analyse de sensibilité sur P(NConc): la commande Table de données…

8. Le lien entre la probabilité P(NConc) = 10 % en E4 et les équivalents-certains en B19:E19 n'apparaît pas explicitement dans la figure 9.12. Il y est seulement indiqué (*voir la formule de la cellule F11*) que les équivalents-certains dépendent des probabilités associées aux événements NC, O&C185, etc. Le calcul de ces dernières est effectué dans la feuille Bayes du fichier MicroSolutions.xlsx, conformément aux principes présentés précédemment dans la section 9.4.1.

B à E de la même ligne. Le tableau ainsi obtenu est reproduit à la figure 9.13. Nous avons ajouté deux colonnes à ce tableau, la première donnant le maximum des quatre équivalents-certains d'une ligne, la seconde indiquant quelle est l'option optimale pour la probabilité inscrite en colonne A. On constate que la meilleure stratégie pour Édouard est de soumissionner à 215 k$ en autant que la probabilité P(NConc) ne dépasse pas 15 %, et à 240 k$ quand elle est d'au moins 20 %.

FIGURE 9.13
Analyse de sensibilité sur P(NConc) : les résultats (partie 1)

Fichier : MicroSolutions.xlsx — Feuille : Sens1

	A	B	C	D	E	F	G
4	Probabilité qu'il n'y ait aucun concurrent:			P(NConc) =	10%		
5							
6							
7	**Résultats conditionnels et ÉC associés aux différentes options**						
8							
9	Option	NC	O&C185	O&C210	O&C235	ÉC	Décision
10	NS	0	0	0	0	0	
11	S200	-5	10	-15	-40	-7,500	
12	S215	-5	25	0	-25	4,125	S215
13	S240	-5	50	25	0	2,125	
14							
15							
16	**Équivalents-certains des 4 options et décision selon la probabilité P(NConc)**						
17							
18		NS	S200	S215	S240	Max	Décision
19	P(NConc)	0	-7,500	4,125	2,125		
20	0%	0	-7,500	3,750	-1,250	3,750	S215
21	5%	0	-7,500	3,938	0,438	3,938	S215
22	10%	0	-7,500	4,125	2,125	4,125	S215
23	15%	0	-7,500	4,313	3,813	4,313	S215
24	20%	0	-7,500	4,500	5,500	5,500	S240
25	25%	0	-7,500	4,688	7,188	7,188	S240
26	30%	0	-7,500	4,875	8,875	8,875	S240
27	35%	0	-7,500	5,063	10,563	10,563	S240

Cellule	Formule	Copiée dans :
F20	=MAX(B20:E20)	F21:F27
G20	=SI(F20=B20;"NS";SI(F20=C20;"S200"; SI(F20=E20;"S215";"S240")))	G21:G27

Nous avons procédé à une analyse plus fine pour déterminer ce qui se passe entre 15 % et 20 %. D'après les résultats reproduits aux figures 9.14 et 9.15[9], le changement de stratégie a lieu entre 16,66 % et 16,67 % : ainsi, l'option S215 est optimale tant que la probabilité pour qu'il n'y ait aucun concurrent ne dépasse pas 16,67 %. Enfin, pourvu que seule la

9. Les formules des plages F32:G37 et F57:G67 des figures 9.14 et 9.15 s'obtiennent en copiant celles de F20 et G20. Pour alléger, nous avons choisi de ne pas les reproduire.

valeur P(NConc) soit incertaine, il suffit à Édouard de déterminer si cette probabilité est inférieure ou non à 1/6 pour déterminer si c'est S215 ou bien S240 qui est l'option la plus rentable. Il n'est pas nécessaire d'être plus précis pour prendre une décision éclairée.

Fichier: MicroSolutions.xlsx — Feuille: Sens1

	A	B	C	D	E	F	G
30		NS	S200	S215	S240	Max	Décision
31	P(NConc)	0	-7,500	4,125	2,125		
32	15%	0	-7,500	4,313	3,813	4,313	S215
33	16%	0	-7,500	4,350	4,150	4,350	S215
34	17%	0	-7,500	4,388	4,488	4,488	S240
35	18%	0	-7,500	4,425	4,825	4,825	S240
36	19%	0	-7,500	4,463	5,163	5,163	S240
37	20%	0	-7,500	4,500	5,500	5,500	S240

FIGURE 9.14
Analyse de sensibilité sur P(NConc): les résultats (partie 2)

	A	B	C	D	E	F	G
55		NS	S200	S215	S240	Max	Décision
56	P(NConc)	0	-7,500	4,125	2,125		
57	16,60%	0	-7,500	4,373	4,353	4,373	S215
58	16,61%	0	-7,500	4,373	4,356	4,373	S215
59	16,62%	0	-7,500	4,373	4,359	4,373	S215
60	16,63%	0	-7,500	4,374	4,363	4,374	S215
61	16,64%	0	-7,500	4,374	4,366	4,374	S215
62	16,65%	0	-7,500	4,374	4,369	4,374	S215
63	16,66%	0	-7,500	4,375	4,373	4,375	S215
64	16,67%	0	-7,500	4,375	4,376	4,376	S240
65	16,68%	0	-7,500	4,376	4,380	4,380	S240
66	16,69%	0	-7,500	4,376	4,383	4,383	S240
67	16,70%	0	-7,500	4,376	4,386	4,386	S240

FIGURE 9.15
Analyse de sensibilité sur P(NConc): utilisation du solveur

Les figures 9.16 et 9.17 (*voir page suivante*) présentent une analyse de sensibilité pour mesurer l'impact de l'incertitude quant au coût de réalisation du projet. La première décrit la commande Table de données... pour cette deuxième analyse, tandis que la seconde donne les résultats obtenus. On constate que l'option S215 s'impose, sauf dans le coin inférieur droit du tableau. Le lecteur notera que nous avons pris soin de relier les probabilités des trois événements C185, C210 et C235 associés aux trois coûts envisagés par Édouard pour la réalisation du projet: en effet, les marges du tableau énumèrent diverses valeurs des probabilités P(C210) et P(C235) des deux derniers, tandis que, dans la cellule C6 où se trouve la valeur de P(C185), nous avons inscrit la formule « = 1-D6-E6 », qui traduit le fait que, selon Édouard, les événements C185, C210 et C235 sont exhaustifs et mutuellement exclusifs.

On pourrait également faire une analyse de sensibilité sur les paramètres monétaires du problème, par exemple en mesurant l'impact sur la décision optimale du coût de la soumission, actuellement fixé à 5 k$ par Édouard. On constaterait que la meilleure option est de soumissionner à 215 k$ en autant que le coût de la soumission ne dépasse pas 9 125 $, et de ne pas soumissionner à partir de ce montant.

FIGURE 9.16
Analyse de sensibilité sur le coût de réalisation : la commande Table de données…

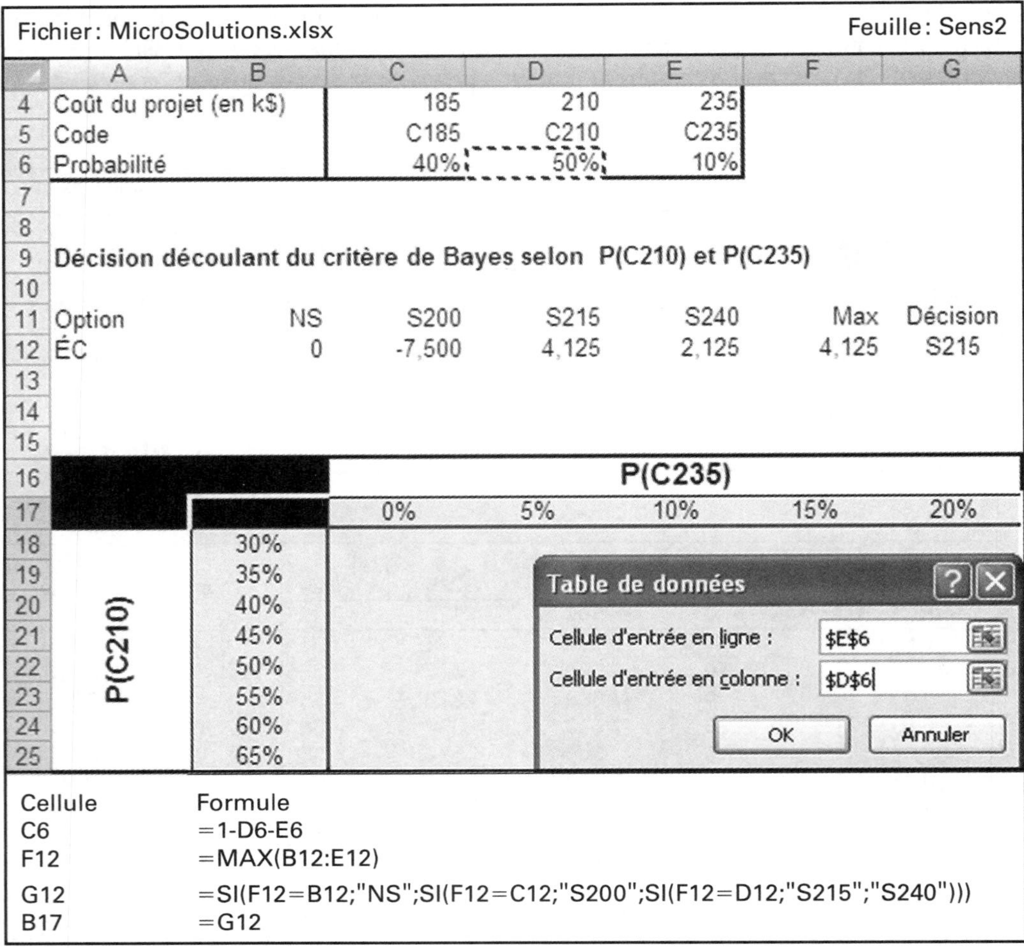

Fichier : MicroSolutions.xlsx — Feuille : Sens2

	A	B	C	D	E	F	G
4	Coût du projet (en k$)		185	210	235		
5	Code		C185	C210	C235		
6	Probabilité		40%	50%	10%		
7							
8							
9	Décision découlant du critère de Bayes selon P(C210) et P(C235)						
10							
11	Option	NS	S200	S215	S240	Max	Décision
12	ÉC	0	-7,500	4,125	2,125	4,125	S215
13							
14							
15							
16			P(C235)				
17			0%	5%	10%	15%	20%
18	P(C210)	30%					
19		35%					
20		40%					
21		45%					
22		50%					
23		55%					
24		60%					
25		65%					

Cellule	Formule
C6	=1-D6-E6
F12	=MAX(B12:E12)
G12	=SI(F12=B12;"NS";SI(F12=C12;"S200";SI(F12=D12;"S215";"S240")))
B17	=G12

FIGURE 9.17
Analyse de sensibilité sur le coût de réalisation : les résultats

Fichier : MicroSolutions.xlsx — Feuille : Sens2

	A	B	C	D	E	F	G
16			P(C235)				
17			0%	5%	10%	15%	20%
18	P(C210)	30%	S215	S215	S215	S215	S215
19		35%	S215	S215	S215	S215	S215
20		40%	S215	S215	S215	S215	S215
21		45%	S215	S215	S215	S215	S240
22		50%	S215	S215	S215	S215	S240
23		55%	S215	S215	S215	S240	S240
24		60%	S215	S215	S215	S240	S240
25		65%	S215	S215	S240	S240	S240

Exercices de révision

1. **Le critère du meilleur résultat espéré**

Reprenons les données de l'exercice de révision 1 de la section 9.3 et supposons que les probabilités associées aux quatre issues possibles soient celles apparaissant dans le tableau ci-dessous.

Issue	E1	E2	E3	E4
Probabilité	15 %	35 %	30 %	20 %

(a) Calculer l'équivalent-certain de chaque option si le gestionnaire utilise le critère de Bayes.

(b) Quelle est la meilleure option selon ce critère ?

2. **L'expert rapatrié prématurément**

Une firme canadienne a décroché, il y a deux ans, l'aval de la Banque mondiale et d'un pays de la côte ouest de l'Afrique pour recruter au Canada des gestionnaires chargés de mettre en place une usine textile située dans les faubourgs de la capitale de ce pays. La firme a proposé des experts, s'est rendue responsable de leur déménagement et de leur établissement dans le pays d'accueil, les coûts afférents étant répercutés intégralement à la Banque.

La mission des experts devait durer cinq ans. Au bout de 18 mois, la firme a décidé de mettre fin sans avertissement au mandat du directeur de projet, prétextant un manque de convergence entre la perception de ce dernier et celle de l'administrateur de la firme. La Banque a regretté ce geste impromptu, mais le droit de gestion du projet étant garanti à la firme, elle n'a pu faire prévaloir son désir de maintenir le directeur en poste.

Le directeur mis à pied a dû assumer les frais de son rapatriement et de celui de sa famille. Les enfants ont été retirés en pleine année scolaire de l'école américaine qu'ils fréquentaient dans le pays d'accueil, sans que le directeur ne puisse récupérer un centime des onéreux frais de scolarité versés en début d'année. Revenu au Canada, il est resté sans emploi pendant un an, alors qu'il ne pouvait se prévaloir de l'assurance-emploi. Il n'a pas pu reprendre sa maison qu'il avait louée pour cinq ans lors de son départ pour l'étranger. Le statut d'exemption d'impôt, qui lui avait été accordé sur la base d'un séjour minimal de deux ans dans le pays d'accueil, lui fut retiré à son retour et il se vit réclamer tous les impôts non versés depuis son départ. Bref, une catastrophe financière.

Il a décidé de retenir les services d'un avocat prestigieux pour intenter une poursuite de 750 000 $ contre son ex-employeur. La firme lui a offert, comme règlement final et définitif du litige, une compensation de 235 000 $, dont 200 000 $ reviendrait à l'expert, le solde représentant les honoraires de l'avocat. Ce dernier, fort de la jurisprudence qu'il a analysée soigneusement, estime toutefois à 50 % les chances pour que, dans le cadre d'un procès, le juge tranche en faveur de l'expert. Il y aurait alors 60 % des chances pour que le juge accorde la somme de 750 000 $ réclamée et 40 % des chances pour qu'il alloue la moitié de cette somme. Dans les deux cas, le juge condamnerait la firme aux dépens, c'est-à-dire que celle-ci devrait rembourser l'expert pour tous ses frais judiciaires, incluant les honoraires de l'avocat. Si le juge lui donnait tort, l'ex-directeur de projet, en plus de ne rien recevoir de son ex-employeur, devrait verser à l'avocat des honoraires de 50 000 $ et débourser 20 000 $ en frais de cour.

Que devrait faire l'expert, s'il accepte de laisser de côté sa colère légitime contre la firme et applique sans état d'âme le critère de Bayes ?

9.5 La valeur espérée d'une information parfaite

9.5.1 Un exemple : connaissance du coût de réalisation du projet

L'analyse de sensibilité révèle parfois que certaines valeurs plausibles entraînent un changement de stratégie. Par exemple, supposons qu'Édouard soit indécis quant au coût de réalisation du projet et qu'il considère que la probabilité P(C235) d'un coût élevé, qu'il a fixée *a priori* à 10 %, pourrait bien atteindre 15 %, voire 20 %. Il hésite donc entre les options S215 et S240 et aimerait préciser la valeur de P(C235). Il lui serait bien sûr possible de faire une analyse plus poussée du cahier des charges préparé par Joseph Ahmaranian, ou encore de consulter un expert… Mais dans tous les cas, il encourrait des frais et diminuerait l'incertitude sans toutefois la réduire à zéro.

Le prix maximal qu'Édouard serait prêt à débourser pour une information sur ce sujet est la **valeur espérée de l'information** (VEI), que l'on définit ainsi :

$$\text{VEI} = (\text{Gain espéré avec l'info}) - (\text{Gain espéré sans l'info}).$$

Il est souvent délicat de mesurer exactement le premier terme du membre droit. On contourne la difficulté en calculant plutôt la **valeur espérée d'une information parfaite** (VEIP). Dans l'exemple considéré ici, une information parfaite indiquerait avec certitude lequel des trois événements C185, C210 ou C235 se réalisera. D'après la formule ci-dessus, sa valeur est

$$\text{VEIP} = \text{PEC} - 4{,}125$$

où PEC, le **profit espéré en certitude**, est le gain espéré avec l'information parfaite et où 4,125 est le gain espéré à la racine de l'arbre de la figure 9.9.

9.5.2 Le profit espéré en certitude

La figure 9.18 reproduit un arbre qui permet de déterminer la valeur du PEC. Tout d'abord, le décideur prendra connaissance de l'information parfaite : la branche P185 de la racine dénote l'événement « On prédit que le coût sera de 185 k$ » ; les deux autres branches sont définies de façon similaire. Ensuite, le décideur choisira la meilleure option (en tenant compte évidemment de l'information obtenue). On notera que les branches OC donnent lieu cette fois à un seul résultat, et non pas à un nœud d'événements comme précédemment. C'est qu'en présence d'une information parfaite sur le coût, un et un seul des trois événements C185, C210 ou C235 se réalisera ; par exemple, sur la branche P185, obtenir le contrat signifie le réaliser à un coût de 185 k$ et le gain est alors de 10, 25 ou 50 milliers de dollars, selon que MicroSolutions a soumissionné à 200, à 215 ou à 240 milliers de dollars.

Pour résoudre l'arbre 9.18, on considère d'abord les nœuds d'événements à droite, dont on calcule les équivalents-certains. Voici comment ont été obtenus les trois premiers :

$$\text{ÉC(P185 – S200)} = 0\,\% \times (-5) + (100\,\% \times 10) = 10$$

$$\text{ÉC(P185 – S215)} = 27\,\% \times (-5) + (73\,\% \times 25) = 16{,}9$$

$$\text{ÉC(P185 – S240)} = 81\,\% \times (-5) + (19\,\% \times 50) = 5{,}45.$$

On se déplace ensuite vers la gauche et, en chacun des trois points de décision, on retient l'option qui offre le meilleur équivalent-certain. Par exemple, sur la branche P185, le décideur doit choisir entre les options NS, S200, S215 et S240 dont les équivalents-certains sont 0, 10, 16,9 et 5,45 milliers de dollars respectivement ; on sélectionne donc la troisième et on reporte son équivalent-certain à côté du point de décision ; enfin, on trace des traits doubles sur les branches des options qui ont été écartées. Sur la branche P210, soumissionner à 240 k$ constitue la meilleure option. Enfin, dans le cas où un coût de 235 k$ est prédit pour le projet, il vaudrait mieux ne pas soumissionner.

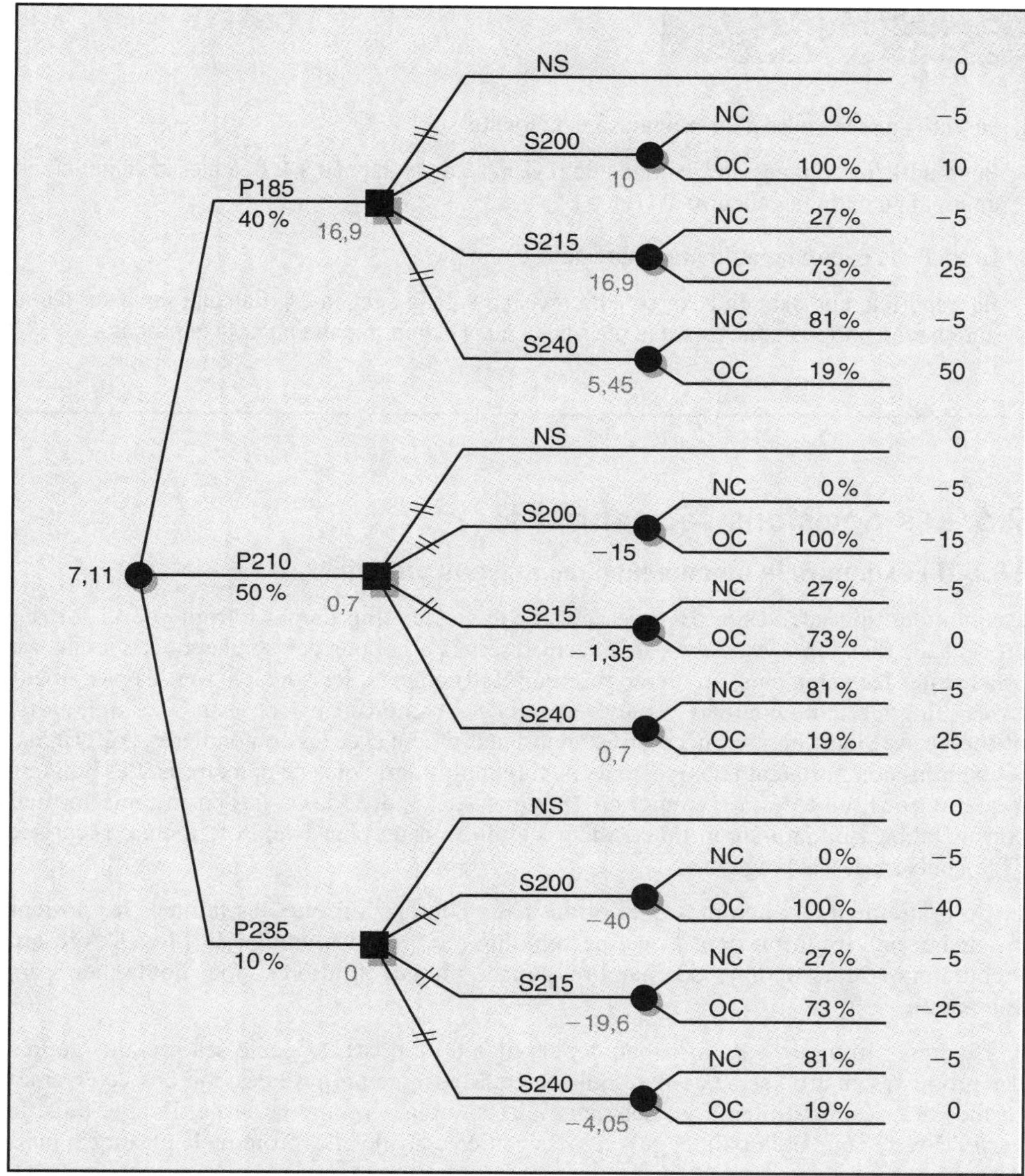

FIGURE 9.18
Profit espéré en certitude

On se déplace à gauche une fois de plus. Nous voici à la racine de l'arbre, dont l'équivalent-certain est par définition le profit en certitude. Ainsi,

$$\text{PEC} = (40\,\% \times 16{,}9) + (50\,\% \times 0{,}7) + (10\,\% \times 0) = 7{,}11.$$

La valeur espérée d'une information parfaite est donc

$$\text{VEIP} = \text{PEC} - 4{,}125 = 7{,}110 - 4{,}125 = 2{,}985.$$

Conclusion : une information parfaite sur le coût de réalisation du projet vaut 2 985 $. Par conséquent, Édouard devrait ne pas entreprendre une étude dont le coût dépasse cette somme ; il devrait également refuser d'engager tout expert qui lui réclamerait plus de 2 985 $ pour évaluer le coût du projet.

Exercices de révision

1. **La VEIP dans le cadre d'un tableau sans contexte**

   Reprendre les données de l'exercice de révision 1 de la section 9.4. Calculer la valeur d'une information parfaite concernant l'issue E*i*.

2. **La VEIP et l'expert rapatrié prématurément**

   Reprendre le contexte de l'exercice de révision 2 de la section 9.4. Calculer la valeur d'une information parfaite concernant la possibilité que l'expert gagne ou perde le procès.

9.6 Les décisions séquentielles

9.6.1 Un exemple : le lancement d'un nouveau produit

Les boutons sont arrivés en Europe vers le XIIe siècle, empruntant la route de la soie en provenance de Chine. Au début, ils étaient réservés à la cour des seigneurs et servaient à ornementer les vêtements, au même titre que les broderies, les soutaches et les passementeries. En effet, la boutonnière est arrivée après les boutons. Ce sont les croisés qui, partis d'Europe avec leurs boutons décoratifs, revinrent d'Orient avec les boutonnières. À l'origine, les boutons comportaient une tige, mais ils furent plus tard dotés de deux trous. Les boutons à quatre trous, inventés à Quimper en 1854 par Alexandre Massé qui en tira une fortune considérable, vinrent assurer, grâce à leur stabilité sur un plan fixe, la fermeture sécurisée des manteaux et des braguettes.

Contrairement aux hommes qui portent leurs boutons à droite, les femmes les portent à gauche, une tradition dont l'origine remonte aux grandes dames du Moyen Âge qui recouraient à leurs femmes de chambre, pour la plupart droitières, pour boutonner leurs vêtements.

Boutons Mosaïque S.A. distribue depuis plus d'un quart de siècle ses produits auprès des grossistes en articles de couture. La société Mosaïque propose des boutons de diverses formes réalisés aussi bien avec des matériaux naturels, comme la corne, l'os, le buis, le verre, la terre cuite et l'opaline, qu'avec des matières artificielles, comme le plastique, mais délicatement ouvrées par des artisans du monde entier.

Boutons Mosaïque explore présentement la possibilité de lancer une collection de boutons en imitation d'aventurine. Elle en confierait la fabrication à la verrerie Miotti de Murano qui détient le secret de fabrication de ce type de verre opacifié par l'adjonction, selon la couleur désirée, de cristaux de silicate de cuivre, de mica chromatique, de fuchsite ou d'hématite. L'aventurine, dont le nom provient de l'italien *per avventura,* s'obtient en ajoutant les cristaux précités dans du verre en fusion. Le mélange est cuit très lentement dans un four à l'atmosphère privé d'air. On brise ensuite le creuset pour dégager les blocs d'aventurine. Polis, les petits cabochons d'aventurine, dont Boutons Mosaïque songe à faire des boutons de luxe, ont un aspect chatoyant et pailleté qui rappelle la labradorite.

La marge sur une telle gamme de produits de qualité est appréciable : la responsable du projet envisage de fixer le prix de vente des boutons à 4,90 € l'unité, tandis qu'elle se fait fort de les obtenir à 2,30 € l'unité de la verrerie Miotti. Par contre, la réaction du marché est difficile à prévoir et peut varier considérablement. On pourrait diminuer l'incertitude en procédant à une étude de marché, mais celle-ci entraînerait un délai et risquerait d'attirer les imitateurs, nombreux dans le milieu de la mode, où la mise en marché de la copie précède parfois celle de l'original ! Si l'on teste le marché, il faudra faire vite et, selon les résultats obtenus, abandonner le projet ou s'empresser de retenir sous exclusivité les services de la verrerie Miotti.

Aux fins de l'analyse, la responsable du projet limite à trois les résultats que pourrait donner le lancement de la nouvelle gamme : Grand succès (GS : ventes de 600 000 boutons), Réussite modérée (RM : 300 000 boutons), Échec (Éc : 100 000 boutons). Elle estime à 45 %, à 35 % et à 20 % respectivement les probabilités *a priori* de ces résultats, dans un contexte où aucune étude préalable du marché n'aurait été effectuée. Enfin, elle considère deux options de fabrication, notées ci-après F600 et F300 (fabriquer 600 ou 300 milliers de boutons) ; en effet, elle ne juge pas qu'il soit possible de négocier avec la verrerie Miotti une commande inférieure à 300 000 boutons.

Boutons Mosaïque pourrait, si la direction le juge à propos, profiter du prochain Salon du prêt-à-porter de Düsseldorf qui aura lieu du 18 au 21 octobre prochain pour faire une enquête auprès des participants. Il lui en coûterait 40 000 euros environ. Deux réactions sont possibles de la part des grossistes présents au Salon auxquels on présenterait des échantillons de la nouvelle gamme : engouement ou indifférence. La responsable du projet considère que les grossistes tendent à minimiser l'importance de certains accessoires, dont les boutons. Elle se rappelle qu'ils ont plusieurs fois fait la fine bouche devant des gammes que Boutons Mosaïque a lancées malgré leur avis défavorable et qui se sont avérées des succès ; par contre, ils sont meilleurs pour prédire les échecs. Voulant en avoir le cœur net, elle a fouillé les dossiers de l'entreprise et compilé des données historiques concernant d'autres études de marché menées dans différentes foires ou Salons. Voici les résultats obtenus : parmi les gammes qui, plus tard, se sont révélées un grand succès sur le marché, 60 % ont suscité l'engouement lors du test et 40 % se sont butées à l'indifférence ; les probabilités sont également de 60 % pour l'engouement lors du test et de 40 % pour l'indifférence parmi les gammes qui, plus tard, ont connu une réussite modérée sur le marché ; enfin, ces mêmes probabilités sont de 10 % et de 90 % respectivement dans le cas des gammes qui furent un échec sur le marché.

9.6.2 L'arbre de décision

La figure 9.19 (*voir page suivante*) donne un arbre de décision qui représente le problème auquel est confrontée Boutons Mosaïque. Voici quelques commentaires sur la structure de cet arbre. Dans un premier temps, il faut déterminer si l'on procédera ou non à une étude de marché lors du Salon de Düsseldorf. En effet, dans le cas positif, la responsable du projet s'inspirera de la réponse obtenue pour fixer la quantité à fabriquer ; si l'on décidait *a priori* combien de boutons seront fabriqués, le test ne servirait à rien… De plus, Boutons Mosaïque doit se commettre sur la quantité à fabriquer avant de connaître la demande. C'est bien malheureux, ça crée un risque de se retrouver avec des invendus et d'essuyer une perte, mais n'est-ce pas la règle en affaires ?

Les résultats conditionnels des diverses feuilles de l'arbre de la figure 9.19 représentent le profit net (en milliers d'euros) que Boutons Mosaïque retirera de ce projet selon les circonstances. Voici deux exemples de calcul des profits (en euros).

- Feuille NÉ – F600 – RM : $300\,000 \times 4{,}90 - 600\,000 \times 2{,}30 = 90\,000$.
- Feuille Ét – PP – F300 – GS : $300\,000 \times 4{,}90 - 300\,000 \times 2{,}30 - 40\,000 = 740\,000$.

Les probabilités de la branche NÉ font partie des données du problème. Quant aux probabilités des branches Ét – PP et Ét – PN, elles sont obtenues en appliquant la formule de Bayes[10]. Comme les événements GS, RM et Éc forment une partition de l'ensemble fondamental de tous les résultats possibles, la probabilité que l'étude donne une réponse positive est

$$\begin{aligned} P(PP) &= P(GS) \times P(PP \mid GS) + P(RM) \times P(PP \mid RM) + P(Éc) \times P(PP \mid Éc) \\ &= (0{,}45 \times 0{,}6) + (0{,}35 \times 0{,}6) + (0{,}20 \times 0{,}1) \\ &= 0{,}50. \end{aligned}$$

De plus, les probabilités *a posteriori* en cas de réponse positive s'obtiennent en divisant par P(PP) le terme correspondant de la formule ci-dessus. Par exemple,

$$P(GS \mid PP) = P(GS) \times P(PP \mid GS)/P(PP) = (0{,}45 \times 0{,}6)/0{,}5 = 0{,}54.$$

Les probabilités de la branche Ét – PN se calculent de façon analogue.

FIGURE 9.19
Boutons Mosaïque : l'arbre de décision

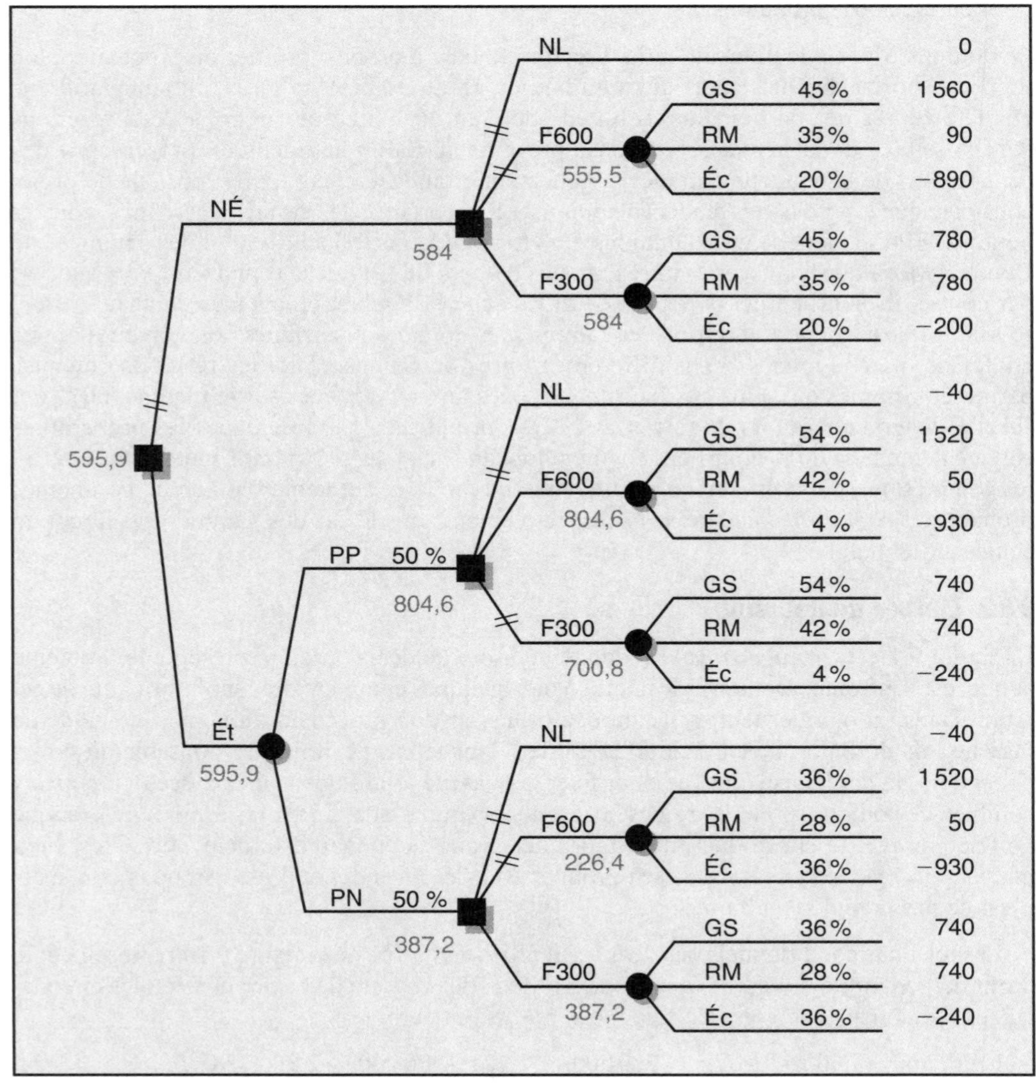

10. Pour plus de détails, voir l'annexe 9A.

La résolution de l'arbre se fait, comme d'habitude, en commençant par la fin, c'est-à-dire de droite à gauche. Tout d'abord, on calcule les équivalents-certains des nœuds associés à la demande. Par exemple,

$$\text{ÉC}(\text{NÉ}-\text{F600}) = (0{,}45 \times 1\,560) + (0{,}35 \times 90) + 0{,}20 \times (-890) = 555{,}5.$$

Ensuite, on sélectionne la meilleure option en chacun des points de décision concernant la quantité à fabriquer. Sur la branche NÉ, on doit choisir entre les options NL, F600 et F300, dont les équivalents-certains sont égaux à 0, à 555,5 et à 584 respectivement. Évidemment, la meilleure option est F300, et on inscrit son équivalent-certain à côté du point de décision. De même, si le test donne une réponse positive, Boutons Mosaïque sera confrontée à des équivalents-certains de −40, de 804,6 et de 700,8 ; elle retiendra alors l'option F600. Enfin, sur la branche Ét − PN, la meilleure option est F300. On notera qu'une réponse positive des grossistes incitera Boutons Mosaïque à commander à la verrerie Miotti un lot plus important, ce qui est raisonnable mais nécessitait une confirmation.

La prochaine étape consiste à calculer l'équivalent-certain de la branche Ét :

$$\text{ÉC}(\text{Ét}) = (0{,}5 \times 804{,}6) + (0{,}5 \times 387{,}2) = 595{,}9.$$

Enfin, nous en sommes à la racine de l'arbre. Sans l'étude de marché, la meilleure option est F300, dont l'équivalent-certain est égal à 584. Avec l'étude, l'équivalent-certain augmente à 595,9. Il est donc rentable d'effectuer une enquête au Salon de Düsseldorf. La figure 9.20, qui donne l'arbre de stratégie de ce problème, résume les décisions que devrait arrêter Boutons Mosaïque. Enfin, la figure 9.21 (*voir page suivante*) donne le profil de risque de cette stratégie optimale.

Notons que la stratégie décrite à la figure 9.20 est la meilleure si la direction de Boutons Mosaïque désire maximiser le profit espéré. Rien ne garantit cependant que l'entreprise obtiendra ainsi le meilleur résultat possible. Quand le hasard est inhérent à la situation analysée, une décision rationnelle et correcte conduit parfois à un résultat qui, *a posteriori,* s'avère non optimal. Si l'avenir était connu, le décideur retiendrait évidemment l'option qui offre le meilleur résultat. Mais, en contexte d'incertitude, cette information n'est pas disponible au moment de prendre la décision. Plusieurs auteurs, dont Howard, insistent sur l'importance de distinguer « décision » et « résultat » : « *The most important distinction needed for decision analysis is that between decision and outcome.* [...] *If you listen carefully to ordinary speech, you will see that this distinction is usually not observed.* [...] *Making the distinction allows us to separate action from consequence and hence improve the quality of action*[11]. »

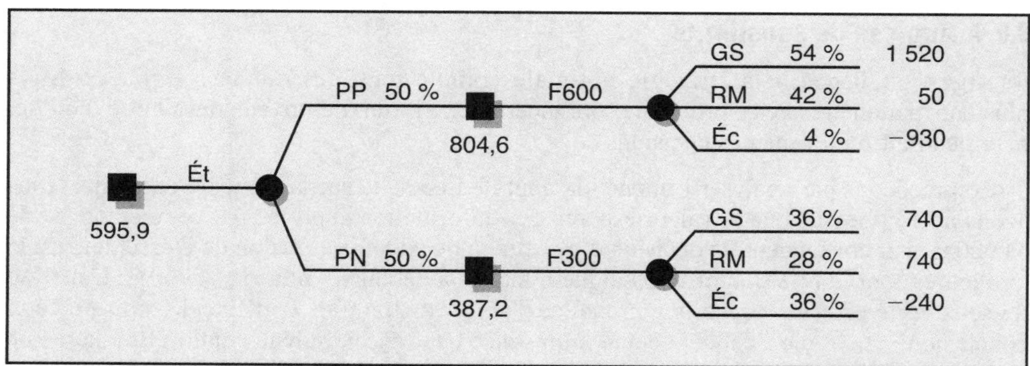

FIGURE 9.20
Boutons Mosaïque : l'arbre de stratégie

11. R.A. Howard, « Decision Analysis : Practice and Promise », *Management Science*, vol. 34, 1988, p. 682.

FIGURE 9.21
Boutons Mosaïque : profil de risque

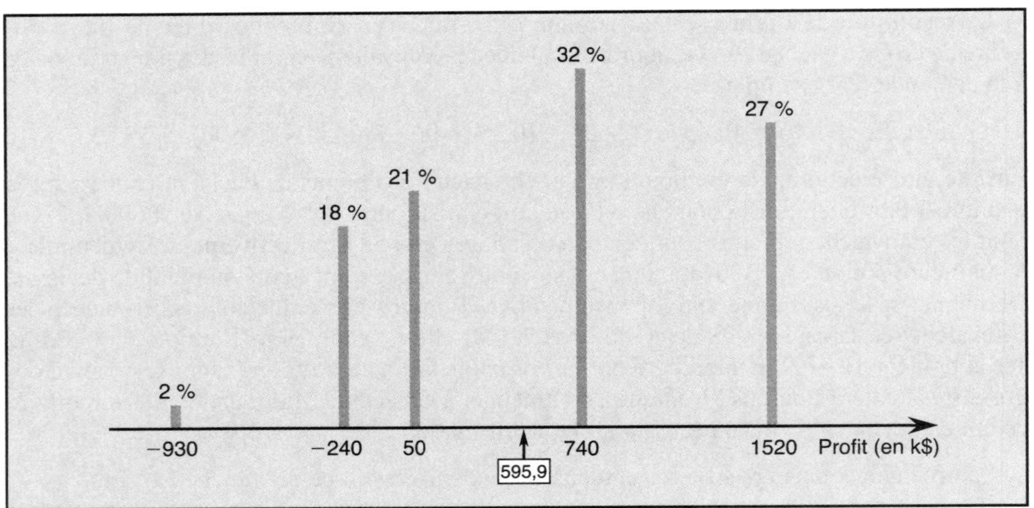

9.6.3 La valeur espérée d'une information imparfaite

L'enquête, malgré son coût de 40 k€, permet de faire passer le profit espéré de 584 à 595,9 milliers d'euros. La valeur espérée de l'information apportée par cette étude est donc de 51,9 k€ :

$$\text{VEÉt} = (595{,}9 - 584) + 40 = 51{,}9.$$

Autrement dit, il serait rentable pour Boutons Mosaïque d'investir jusqu'à un maximum de 51 900 € pour consulter les participants au Salon de Düsseldorf.

On retrouve le même résultat en appliquant la formule générale de la section 9.5. Rappelons que, selon cette formule,

$$\text{VEÉt} = (\text{Gain espéré avec l'info}) - (\text{Gain espéré sans l'info}).$$

Le dernier terme du membre droit est l'équivalent-certain de la branche NÉ, soit 584. Le premier terme est l'équivalent-certain d'une version de la branche Ét dans laquelle on ne tient pas compte du coût de l'étude : il s'agit donc d'additionner 40 à tous les résultats conditionnels de la branche Ét de la figure 9.19, ce qui revient à augmenter de 40 l'équivalent-certain calculé dans cette figure. Par conséquent,

$$\text{VEÉt} = (595{,}9 + 40) - 584 = 51{,}9.$$

9.6.4 Analyse de sensibilité

La figure 9.20 décrit la stratégie optimale compte tenu des données utilisées. Mais plusieurs paramètres de ce problème sont incertains. Si l'un d'entre eux devait être modifié, maintiendrait-on les mêmes décisions ?

Commençons par analyser l'impact du coût de l'enquête sur la stratégie optimale. Nous avons noté ci-dessus que la valeur espérée de l'information apportée par cette étude est de 51 900 € ; par conséquent, la décision d'effectuer une enquête au Salon de Düsseldorf est la meilleure, pourvu que Boutons Mosaïque n'ait pas à débourser plus de 51 900 €. L'analyse de sensibilité effectuée avec la commande Table de données… d'Excel confirme cette conclusion[12] : tant que l'enquête coûte moins de 51 900 €, on retient l'option Ét à la racine de l'arbre ; mais, à partir de 51 901 €, l'option NÉ présente un équivalent-certain plus élevé et devrait être préférée à sa concurrente Ét.

12. Voir la feuille Sens1 du fichier Boutons.xlsx, qui se trouve sur le site web de ce manuel.

Nous nous intéressons maintenant à l'impact du prix de vente des boutons. La responsable l'a fixé à 4,90 € l'unité et l'analyse quantitative effectuée ci-dessus utilise ce revenu unitaire pour déterminer la stratégie optimale décrite à la figure 9.20. Mais comme on le constate à la lecture de la figure 9.22, la décision de mener ou non une enquête au Salon de Düsseldorf dépend du paramètre RevUn, le prix de vente unitaire. À 4 € l'unité, les profits espérés de la vente des boutons ne permettent pas de compenser le coût de 40 k€ de l'enquête, et il est préférable de ne pas effectuer cette étude. Mais à mesure que la valeur du paramètre RevUn s'éloigne de 4 €, l'option Ét devient de plus en plus intéressante ; et elle dépasse sa concurrente NÉ entre 4,60 € et 4,80 € – plus précisément à 4,75 €. Cependant, si l'on accroît encore le prix de vente unitaire, on observe un renversement de stratégie : en effet, à partir de 5,80 €, l'équivalent-certain de l'option NÉ excède celui de Ét. La raison en est que la situation la plus favorable, soit fabriquer 600 000 boutons et connaître un grand succès, a plus de chance de survenir sur la branche NÉ (45 %) que sur la branche Ét (50 % × 54 % = 27 %) et que cette situation F600 – GS, lorsque RevUn est suffisamment élevé, a un poids prépondérant dans la décision d'effectuer ou non l'étude.

Fichier : Boutons.xls — Feuille : Sens2

	A	B	C	D	E
31	RevUn	NÉ	Ét – PP	Ét – PN	Racine
32	4,00	F300	F300	F300	NÉ
33	4,20	F300	F300	F300	NÉ
34	4,40	F300	F600	F300	NÉ
35	4,60	F300	F600	F300	NÉ
36	4,80	F300	F600	F300	Ét
37	5,00	F300	F600	F300	Ét
38	5,20	F600	F600	F300	Ét
39	5,40	F600	F600	F300	Ét
40	5,60	F600	F600	F300	Ét
41	5,80	F600	F600	F300	NÉ
42	6,00	F600	F600	F300	NÉ

FIGURE 9.22
Analyse de sensibilité sur RevUn, le prix de vente unitaire

Notre dernier objectif est de déterminer l'influence des probabilités *a priori* sur la stratégie optimale. Notons d'abord que celles-ci apparaissent à la fois au numérateur et au dénominateur de la formule de Bayes qui sert à calculer les probabilités *a posteriori*. Par conséquent, le lien entre les probabilités *a priori* et les équivalents-certains de la branche Ét de l'arbre est complexe et pourrait difficilement être explicité par une formule algébrique. Ici, la puissance de l'ordinateur est un atout essentiel.

La figure 9.23 (*voir page suivante*) indique, pour diverses valeurs des probabilités d'un succès et d'une réussite modérée[13], si Boutons Mosaïque devrait ou non effectuer une enquête au Salon de Düsseldorf et quel est l'écart entre les équivalents-certains des branches Ét et NÉ à la racine de l'arbre. Une première remarque : la région où l'option Ét est préférée à sa concurrente NÉ présente une forme irrégulière, plutôt bizarre. Autre observation plus intéressante : la cellule associée aux probabilités P(GS) = 45 % et P(RM) = 35 % utilisées par la responsable est collée sur la frontière où change la décision d'effectuer ou non l'enquête : il faudra donc réviser soigneusement ces valeurs et s'assurer de leur exactitude. Enfin, l'écart ÉC(Ét) – ÉC(NÉ) diminue quand la probabilité de RM augmente alors que celle de GS reste stable. Autrement dit, dans le tableau des écarts, on observe que les valeurs baissent quand

13. Les cellules G103 et G113 sont affichées en noir, car elles correspondent à une situation où la probabilité combinée des événements GS et RM dépasse 100 %, ce qui est évidemment impossible.

on se déplace de gauche à droite sur une même ligne. Une analyse plus fine révèle que, dans le cas où P(GS) = 45 %, les équivalents-certains des deux branches Ét et NÉ augmentent avec P(RM), mais que la croissance du premier est plus lente[14], ce qui explique, pour cet exemple, la diminution des écarts.

FIGURE 9.23
Analyse de sensibilité sur les probabilités *a priori*

Fichier: Boutons.xlsx — Feuille: Sens3

	A	B	C	D	E	F	G
94			P(RM)				
95	Décision		20%	25%	30%	35%	40%
96	P(GS)	30%	NÉ	NÉ	NÉ	NÉ	NÉ
97		35%	Ét	NÉ	NÉ	NÉ	NÉ
98		40%	Ét	Ét	Ét	NÉ	NÉ
99		45%	Ét	Ét	Ét	Ét	NÉ
100		50%	Ét	Ét	Ét	NÉ	NÉ
101		55%	NÉ	NÉ	NÉ	NÉ	NÉ
102		60%	NÉ	NÉ	NÉ	NÉ	NÉ
103		65%	NÉ	NÉ	NÉ	NÉ	
104							
105	Écart		20%	25%	30%	35%	40%
106	P(GS)	30%	-17	-34	-40	-40	-40
107		35%	10	-7	-25	-40	-40
108		40%	37	20	2	-15	-32
109		45%	64	46	29	12	-5
110		50%	46	28	11	-6	-23
111		55%	-1	-18	-36	-40	-40
112		60%	-40	-40	-40	-40	-40
113		65%	-40	-40	-40	-40	

9.6.5 Outils pour les contextes plus complexes

Dans les exemples tirés de la pratique, le nombre d'options et d'issues s'avère souvent plus élevé que dans le problème de Boutons Mosaïque. Pour simplifier, nous avons limité la demande à trois niveaux (GS, RM et Éc) et la fabrication, à deux (F300 et F600). Dans plusieurs applications, restreindre de façon aussi draconienne la quantité de branches émanant d'un carré ou d'un cercle enlèverait beaucoup de pertinence au modèle graphique et l'analyste doit travailler avec un arbre beaucoup plus touffu. Par exemple, s'il considère 10 niveaux de demande et 10 tailles de lots, l'arbre contiendra $10 \times 10 = 100$ branches dans chaque groupe, au lieu de $3 \times 2 = 6$ comme dans la figure 9.19. Bien plus, il arrive fréquemment que trois, quatre ou cinq décisions doivent être prises à la suite, ce qui complexifie l'arbre de façon exponentielle. Ainsi, lorsque 3 décisions se succèdent, chacune comportant 5 options et suivie d'un nœud d'événements à 6 issues, le nombre de feuilles dans l'arbre sera de l'ordre de

$$5 \times 6 \times 5 \times 6 \times 5 \times 6 = 27\ 000.$$

14. La faible croissance de ÉC(Ét) provient de ce que le profit espéré diminue dans le cas d'une prédiction positive de l'enquête. En effet, lorsque P(GS) = 45 %, la meilleure option sur la branche Ét–PP est F600. Or, quand la probabilité *a priori* P(RM) augmente, la probabilité *a posteriori* P(GS | PP) diminue, passant de 63,5 % quand P(RM) = 20 % à 51,4 % quand P(RM) = 40 %. Il en résulte évidemment que la contribution de la feuille Ét–PP–F600–GS à l'équivalent-certain de la branche Ét–PP–F600 subit une baisse, cette dernière ne pouvant être compensée par les deux autres feuilles de la branche, puisque le résultat conditionnel de cette feuille est le plus élevé – et de beaucoup – de la branche. Le résultat global net est que l'équivalent-certain de la branche diminue. Le détail de ces calculs est donné dans la feuille Sens3-Note du fichier Boutons.xlsx.

Il est évidemment impossible de tracer un tel arbre. Pour contourner la difficulté, les spécialistes ont introduit divers types de représentations graphiques plus compactes.

La figure 9.24 reproduit un **arbre schématique** qui décrit le problème de Boutons Mosaïque de façon concise. Cette représentation graphique contient un groupe de branches pour chaque décision et pour chaque élément d'incertitude, comme dans la figure 9.19. Mais ce groupe n'est pas répété et apparaît une seule fois dans l'arbre schématique. Par conséquent, si le propriétaire de Boutons Mosaïque considérait 10 niveaux de fabrication et de demande, l'arbre schématique serait peu affecté, alors que l'arbre de décision deviendrait très lourd.

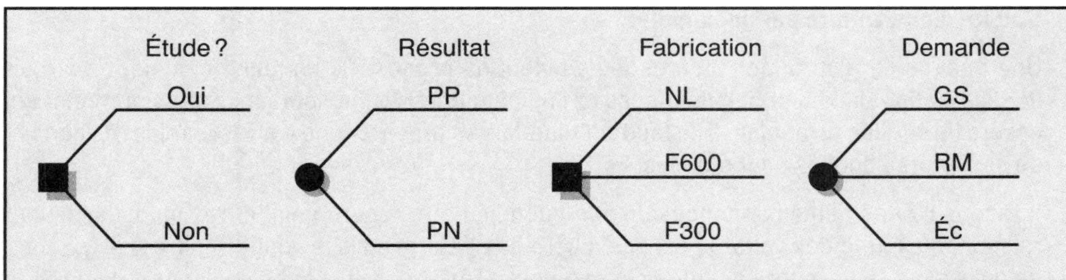

FIGURE 9.24
Boutons Mosaïque : arbre schématique

Le **diagramme d'influence** est une autre représentation visuelle compacte. Les décisions et les éléments d'incertitude y sont traduits par des figures géométriques – traditionnellement, un rectangle dans le premier cas et une ellipse dans le second. Des arcs indiquent les liens logiques entre les composantes du problème. Par exemple, la présence d'un arc incident à un point de décision signifie que l'information associée à la figure d'où émane l'arc sera connue au moment de prendre la décision. Ainsi, dans un diagramme d'influence pour le problème de Boutons Mosaïque, on retrouvera un arc de la forme

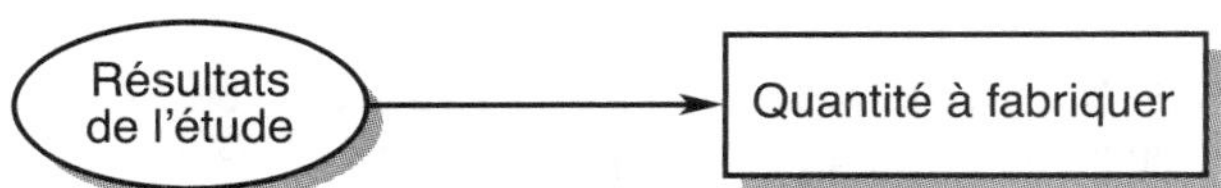

pour traduire le fait que le résultat de l'étude sera disponible lorsque la direction de l'entreprise fixera la quantité à fabriquer.

Enfin, les arbres représentant des situations complexes comportent souvent de nombreux paramètres dont on veut analyser la sensibilité. Procéder un à un comme nous avons fait jusqu'ici serait fastidieux et l'on préfère généralement utiliser un diagramme « tornado ». Ce type de graphique, qui est disponible dans la plupart des logiciels spécialisés en théorie de la décision, associe à chaque paramètre une barre horizontale dont la largeur est proportionnelle au changement observé à la racine de l'arbre lorsque le paramètre varie de sa plus basse à sa plus haute valeur plausible. Comme les barres sont ordonnées en ordre décroissant, un rapide coup d'œil permet de faire le tri entre les paramètres qui ont beaucoup d'influence et ceux dont l'impact est négligeable ou faible. Il aide grandement les praticiens à préparer les rencontres où ils auront à répondre à des questions du type « Avez-vous pensé à… ? » ou encore « Que faites-vous si… ? ».

Arbre schématique, diagramme d'influence et diagramme « tornado » facilitent la discussion lorsque plusieurs intervenants sont impliqués dans l'analyse d'une situation. Ils permettent de présenter les hypothèses et les conclusions des spécialistes sous forme visuelle, accessible au profane. Il est bien connu que les gens seront plus enclins à accepter et à implanter les recommandations d'une étude s'ils comprennent l'approche adoptée et sont convaincus que les éléments clés du problème ont été traités correctement. L'appui des gestionnaires est particulièrement important dans les applications en théorie de la décision, car souvent, coûts, revenus et probabilités apparaissant dans l'arbre de décision proviennent de membres ou de groupes de l'organisation, ou du moins doivent être validés par eux.

Exercices de révision

1. L'achat d'une voiture par un camelot

Une agence de distribution d'un quotidien vient de proposer à un jeune camelot un circuit de distribution dans une banlieue cossue où les pourboires ne sont pas rares pour celui qui assure un service de qualité. Il lui faudrait toutefois se procurer une voiture, car les résidences de ses futurs abonnés sont éparses.

Il a consulté les petites annonces de son quotidien et a repéré deux offres qui lui semblent raisonnables. Une des voitures est plus chère que l'autre, mais le vendeur offre une garantie de onze mois. Si la voiture achetée par le camelot résiste jusqu'à la fin de l'année, il pourra la revendre à ce moment-là et récupérer ainsi une bonne partie du prix d'achat. Mais s'il avait des problèmes sérieux avec sa voiture, celle-ci ne vaudrait malheureusement plus un clou sur le marché d'occasion.

Il a eu l'occasion de rencontrer les deux vendeurs et de faire un essai routier de leur voiture. La première – appelons-la A – lui coûterait 2800$ et a selon lui une probabilité de 30% de passer l'année sans encombre; dans ce cas, il pourrait la revendre 2500$. L'autre, B, celle avec une garantie de onze mois, lui reviendrait à 4700$ et il pourrait en obtenir 3500$ après un an, pourvu qu'il n'ait pas de problème sérieux avec elle. Il estime à 90% la probabilité qu'il en soit ainsi.

Les deux voitures sont du même type, présentent à peu près la même apparence et ont sensiblement la même consommation d'essence. Son critère de décision entre les deux voitures se limitera donc à la minimisation de l'écart espéré entre le coût d'achat et le prix de revente.

En versant 100$, le camelot pourrait faire inspecter la voiture A par un mécanicien, qui lui indiquerait si, selon son expérience, elle peut durer ou non pendant un an. Le camelot, qui n'est pas né d'hier, accorde une confiance limitée à l'opinion du mécanicien. Le tableau ci-dessous donne les probabilités qu'il attribue aux liens entre la prédiction du mécanicien et la réalité; à titre d'exemple, le camelot évalue à 60% la probabilité P(PP | OK) pour que le mécanicien prédise une année sans problème majeur alors que la voiture A est en réalité dans un état lui permettant de durer un an sans problème majeur.

Réalité	**Prédiction du mécanicien**	
	PP : A durera 1 an	**PN : A ne durera pas 1 an**
OK : A durera 1 an	60%	40%
Pb : A ne durera pas 1 an	20%	80%

En tenant pour acquis que le camelot se procurera l'une des deux voitures, formuler la décision du camelot à l'aide d'un arbre de décision. Aurait-il intérêt à demander l'opinion du mécanicien à propos de la voiture A ? Quelle est la valeur espérée de cette opinion ?

2. Quelle quantité acheter ?

Un acheteur d'une chaîne de boutiques de prêt-à-porter s'est fait offrir un chemisier au design original. Il pense que ce vêtement pourrait faire fureur l'été prochain, mais avec ce genre de produit, le succès est toujours incertain. Il songe à organiser un groupe de discussion : il présenterait le chemisier à quelques originales précurseures reconnues pour porter le chic de demain. La réaction de ces cobayes donnerait à l'acheteur une bonne idée du succès ou de l'échec du chemisier auprès des consommatrices.

Pour simplifier l'analyse de la situation, l'acheteur considère que seulement quatre niveaux de demande sont possibles. S'il commandait le chemisier à son fournisseur, il fixerait la quantité achetée à l'un de ces quatre niveaux. Le tableau suivant donne les probabilités *a priori*, ainsi que les coûts unitaires. Les boutiques vendraient le chemisier 45 $, les invendus étant soldés 15 $ l'unité en fin de saison.

Quantité	Demande	Probabilité	Achat	Coût
4 000 u	D4	0,35	A4	27,00 $/u
6 000 u	D6	0,25	A6	25,30 $/u
7 000 u	D7	0,25	A7	25,30 $/u
8 000 u	D8	0,15	A8	25,30 $/u

Enfin, le groupe de discussion reviendrait à 2 200 $; celui-ci prédirait soit un grand succès (PS), soit une réussite modérée (PR), soit un échec (PÉ). Le taux de fiabilité de l'information recueillie est décrit au tableau suivant.

	D4	D6	D7	D8
PS	0,05	0,25	0,35	0,65
PR	0,30	0,50	0,50	0,30
PÉ	0,65	0,25	0,15	0,05
Total	1,00	1,00	1,00	1,00

(a) Construire et résoudre un arbre de décision qui traduit le problème de l'acheteur.

(b) Décrire la stratégie optimale.

(c) Quelle est la valeur espérée de l'information fournie par le groupe de discussion ?

(d) L'acheteur n'est pas sûr que la boutique vendra le chemisier 45 $. Et il se demande si la décision de mettre ou non sur pied un groupe de discussion dépend de ce paramètre. Effectuer une analyse de sensibilité en faisant varier le prix de vente de 42 $ à 48 $, par pas de 1 $. Comme l'acheteur se sent incapable d'estimer l'influence du prix de vente sur la demande, il présumera en première analyse que les probabilités *a priori* restent les mêmes pour toute valeur du prix de vente entre 42 $ et 48 $.

9.7 La notion d'utilité

9.7.1 Attitude conservatrice face au risque

Les critères non probabilistes considérés à la section 9.3 conduisent parfois, nous l'avons vu, à des paradoxes : ainsi, dans le cas du critère de regret minimax, l'exemple du tableau 9.4 illustre le fait que, même si une option n'est pas jugée optimale, son retrait de la liste des options envisageables peut entraîner un changement de la stratégie recommandée. C'est comme le client d'un restaurant qui, à la lecture du menu offrant le choix entre bœuf, porc et poulet, décide de prendre le bœuf; mais le serveur arrive et annonce qu'il n'y a pas de poulet aujourd'hui. Et le client de commander le porc !

Le critère de Bayes échappe à ces problèmes. Mais il n'est pas exempt de toute controverse. Supposons, à titre d'exemple, que vous soyez confronté *personnellement* au nœud de décision représenté à la figure 9.25 : la branche du haut vous assure un gain de 20 unités monétaires, tandis que celle du bas décrit une loterie qui résulte, avec des probabilités égales de 50 %, en une perte de 800 ou en un gain de 900. (On peut imaginer que les résultats de cet arbre représentent le rendement à court terme du placement d'une certaine somme, le choix devant se faire entre une obligation à un taux fixe connu et des actions hautement spéculatives.) Selon le critère de Bayes, la deuxième option est la meilleure, car le résultat attendu est égal à +50 et dépasse le gain garanti de la première. Mais bien des gens, s'ils font face à un tel choix, n'appliqueront pas le critère de Bayes et chercheront à éviter le risque de perte. Supposons que les résultats soient mesurés en milliers de dollars, et soyez sincères : seriez-vous prêt à jouer à pile ou face et éventuellement devoir débourser 800 000 $? Ne préféreriez-vous pas encaisser 20 000 $ à coup sûr ? Par contre, si l'unité de mesure des résultats était le centime, peut-être seriez-vous enclin à choisir la loterie.

FIGURE 9.25
Un choix difficile

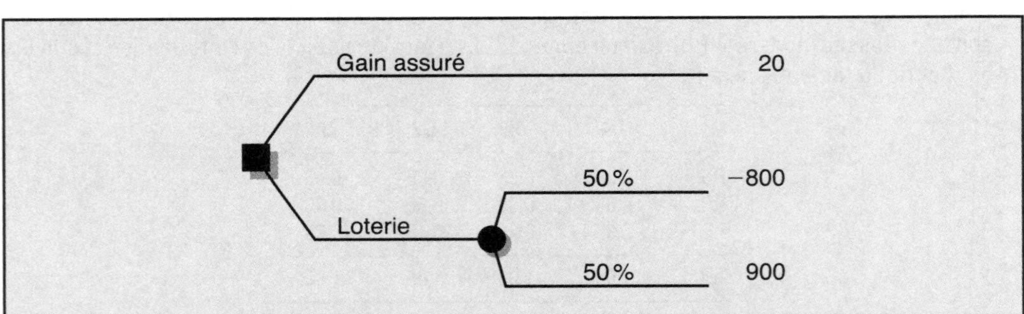

Il n'y a rien d'irrationnel à tenir compte de l'importance des gains et pertes dans un choix comme celui de la figure 9.25. En fait, un décideur est parfois disposé à payer pour éviter une telle loterie qui peut résulter en une perte considérable. D'ailleurs, l'existence des compagnies d'assurances repose sur des situations où le client désire ne pas s'appuyer sur le critère de Bayes. Il est bien évident que la prime est supérieure à la valeur attendue du ou des « sinistres » couverts par une police d'assurance, sinon la compagnie ne pourrait faire ses frais ni verser de dividendes. Celle-ci répartit les risques entre un grand nombre d'individus : supposons, par exemple, qu'elle ait 100 000 clients et que la prime annuelle moyenne s'élève à 500 $ environ ; la compagnie dispose alors de revenus annuels de l'ordre de 50 M$ et peut sans problème absorber une réclamation de 1 M$. Par contre, le client victime d'un sinistre qui réclame cette somme ne pourrait peut-être pas faire face seul à la situation et serait éventuellement obligé de déposer son bilan.

Dans quels contextes refuse-t-on de recourir au critère de Bayes ? De façon générale, les gens et les entreprises préfèrent ne pas « jouer la moyenne » quand les sommes en jeu sont suffisamment importantes pour changer le cours de leur existence. Ainsi, plusieurs personnes acceptent de débourser 10 $ pour un billet de loterie dont le gain espéré est inférieur à 5 $: le coût de 10 $ représente peu pour elles, tandis que le gros lot leur permettrait de réaliser leurs rêves, ce que la publicité insinue en affirmant *a contrario* que « ça ne change pas la vie, sauf que… ». D'ailleurs, certains qualifient les loteries d'« impôts sur le rêve ».

Assurances et loteries illustrent l'impact des résultats extrêmes sur l'acceptation des risques par les décideurs. Mais, quand le critère de Bayes n'est plus jugé pertinent, comment en arrive-t-on à une décision rationnelle ? La solution proposée par Von Neumann et Morgenstern dans un livre[15] célèbre consiste à remplacer chaque résultat x par un nombre $U(x)$, appelé **utilité** de x, et à retenir l'option dont l'utilité espérée est maximale. La valeur $U(x)$ est une mesure abstraite de l'attrait subjectif que représente le résultat x pour le décideur.

Revenons à la figure 9.25 et considérons un décideur dont les utilités dans l'intervalle de −800 à 900 sont données par la courbe[16] de la figure 9.26. Pour ce décideur, la loterie offre une utilité espérée de 0,5 :

$$U(\text{Loterie}) = (0{,}5 \times U(-800)) + (0{,}5 \times U(900)) = (0{,}5 \times 0) + (0{,}5 \times 1) = 0{,}5.$$

Comme cette dernière valeur est inférieure à l'utilité 0,587 du gain assuré, notre décideur rejettera la loterie et lui préférera le gain assuré.

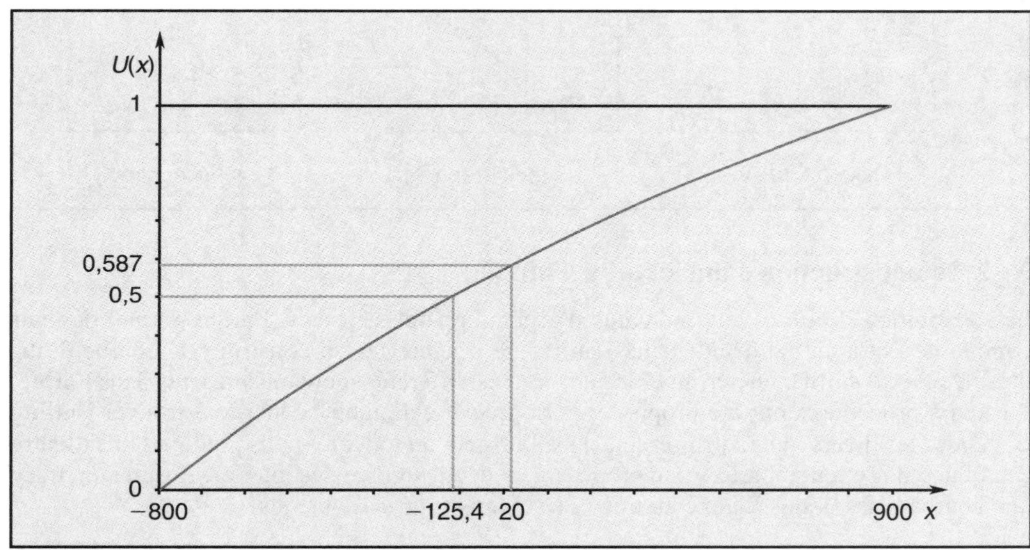

FIGURE 9.26
Courbe d'utilités d'un décideur riscophobe

L'utilité espérée 0,5 de la loterie correspond, sur la courbe, à une perte de 125,4. On dit que −125,4 est l'**équivalent-certain** de la loterie. De plus, on qualifie de prime de risque la différence entre le résultat espéré +50 de la loterie et cet équivalent-certain :

$$(\textit{prime de risque de la loterie}) = 50 - (-125{,}4) = 175{,}4.$$

De façon générale, la **prime de risque** d'un nœud d'événements est définie comme l'écart entre la valeur espérée des différents résultats et le montant correspondant à l'utilité espérée de ce nœud :

$$(\textit{Prime de risque}) = (\textit{Résultat espéré}) - (\textit{Équivalent-certain}).$$

Elle représente le montant espéré auquel le décideur est prêt à renoncer pour éviter le risque inhérent au nœud.

15. J. Von Neumann et O. Morgenstern, *Theory of Games and Economic Behavior,* Princeton University Press, 1944 et 1947.

16. On convient le plus souvent de fixer à 0 l'utilité du résultat le moins intéressant apparaissant dans l'arbre considéré, et à 1 celle du résultat le plus intéressant. Dans un tel cas, l'utilité de tout montant intermédiaire est évidemment située entre 0 et 1, de sorte que tous les résultats de l'arbre, une fois exprimés en termes d'utilités, appartiennent à l'intervalle [0 ; 1]. La forme convexe ou concave de la courbe, de même que son degré de courbure, dépendent de l'attitude du décideur face au risque.

Lorsque les primes de risque sont nulles, on dit que le décideur est indifférent au risque. Quand elles sont positives, on parle de **décideur riscophobe** ou encore de décideur conservateur. Enfin, un **décideur riscophile** est celui dont les primes de risque sont négatives. La figure 9.27 donne les courbes d'utilités typiques des décideurs selon leur attitude face au risque. Pour un décideur riscophobe, la courbe est concave et l'utilité marginale décroît quand le montant augmente. C'est l'inverse pour un riscophile : l'utilité marginale croît avec le montant impliqué et la courbe est convexe. Enfin, l'indifférence au risque signifie que l'utilité marginale est constante, et alors c'est une droite qui représentera les utilités du décideur.

FIGURE 9.27
Courbe d'utilités selon l'attitude face au risque

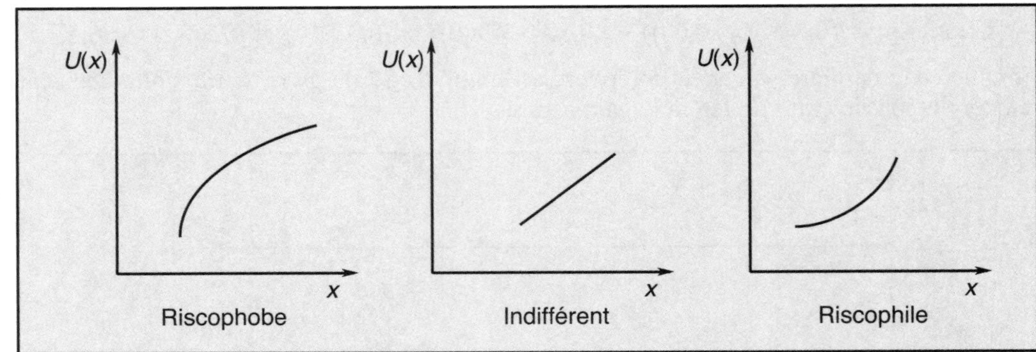

9.7.2 La construction d'une courbe d'utilités

La substitution d'utilités aux montants d'argent apparaissant dans l'arbre permet de tenir compte de l'attitude du décideur face au risque. Encore faut-il construire la courbe d'utilités. De fait, il suffit de déterminer les utilités des différents montants présents dans l'arbre. Plusieurs procédures ont été proposées. L'approche classique[17] consiste à trouver l'utilité $U(x)$ pour les divers montants présents dans l'arbre – ou tout au moins pour certains d'entre eux quand ils sont nombreux –, en proposant au décideur diverses loteries. Ensuite, on trace une courbe « lisse » qui résume au mieux les points $(x, U(x))$ obtenus.

Malheureusement, plusieurs difficultés surgissent alors. D'abord, lorsque la décision concerne une organisation – une entreprise privée ou un organisme gouvernemental –, la courbe d'utilités doit refléter les préférences de l'organisation et non celles du ou des individus impliqués dans l'analyse du problème. Une perte de 10 M$ n'a pas les mêmes conséquences pour une personne et pour une multinationale ; l'une et l'autre lui attribueront donc une utilité bien différente. Ensuite, il est généralement difficile pour les gens d'évaluer précisément l'utilité d'un montant, en particulier quand il s'agit d'une perte ou d'un gain élevé. Enfin, l'expérience montre que l'ensemble des réponses données par une même personne présente souvent des incohérences. Il existe bien sûr des façons de résoudre ces incohérences[18]. Cependant, il est beaucoup plus simple de spécifier *a priori* que la courbe d'utilités appartient à une famille de fonctions dépendant d'un très petit nombre de paramètres et d'estimer ces paramètres en collaboration avec le décideur. Plusieurs types de fonctions ont été proposés, analysés et utilisés en pratique. Nous en présentons un seul ici :

$$U(x) = 1 - e^{-x/R},$$

17. Pour une présentation élémentaire, voir, par exemple, G. Laporte et R. Ouellet, *op. cit.*, section 4.2. On trouvera une description plus complète dans R.A. Howard, « Risk Preference », dans *Readings on The Principles and Applications of Decision Analysis,* R.A. Howard et J.E. Matheson (dir.), Strategic Decisions Group, Menlo Park, CA, 1983, p. 627-663.

18. Voir, par exemple : R.A. Howard, *op. cit.,* p. 653-655.

où $e = 2{,}7183$ est la base des logarithmes naturels ou népériens. Le paramètre R, dit **facteur de risque**, résume l'attitude du décideur face au risque. La figure 9.28 donne les courbes exponentielles pour différentes valeurs de R. On observe que ces courbes sont concaves, ce qui est typique d'un décideur riscophobe. De plus, leur courbure s'atténue lorsque R augmente. Ainsi, un décideur dont le facteur R est égal à 100 a une aversion au risque prononcée. Par contre, quand $R = 500$, la courbe représentant la fonction $U(x)$ est presque une ligne droite et l'attitude face au risque est neutre en première approximation pour des montants entre 50 et 250.

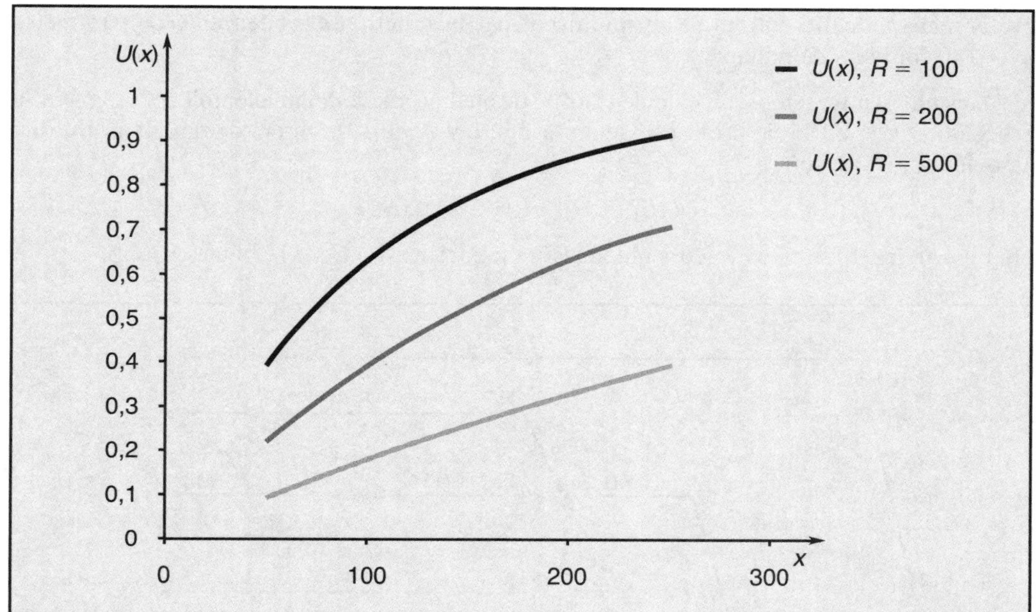

FIGURE 9.28
Courbes d'utilités exponentielles selon la valeur du facteur de risque *R*

On recommande généralement de prendre comme facteur de risque le montant R tel que le décideur se déclare indifférent[19] entre la loterie de la figure 9.29 et une somme nulle. Intuitivement, la valeur de R doit être suffisamment élevée pour que la crainte de la perte annule l'attrait du gain, qui pourtant est deux fois plus important.

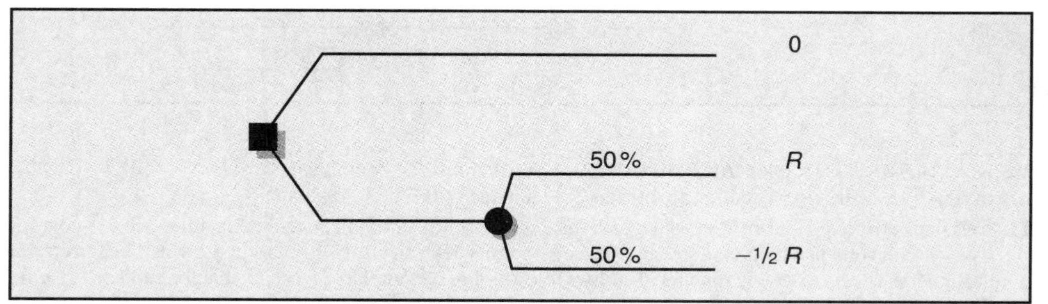

FIGURE 9.29
Loterie pour déterminer le facteur de risque

19. Si la courbe d'utilités est donnée par la fonction exponentielle $U(x) = 1 - e^{-x/R}$, les deux options de la figure 9.29 sont subjectivement à peu près équivalentes. En effet, $U(0) = 1 - e^{-0/R} = 1 - 1 = 0$ et l'utilité espérée $U(\ell)$ de la loterie est presque nulle :

$$U(\ell) = ½\, U(R) + ½\, U(-½R) = ½\,(1 - e^{-1} + 1 - e^{0,5}) = -0{,}008.$$

Encore une fois, il faut noter que, si la courbe d'utilités sert à analyser des situations impliquant une organisation, la valeur retenue de R doit refléter les préférences de l'organisation, et non celles des personnes interrogées. Howard (1988)[20] propose une approche plus « objective » : selon son expérience, le facteur de risque R correspond plus ou moins à 125 % du revenu annuel net de l'entreprise, ou encore à 16 % de l'avoir des actionnaires.

9.7.3 Le critère de l'utilité espérée maximale et le problème de MicroSolutions

Nous concluons cette section en indiquant comment appliquer le critère de l'utilité espérée au problème de MicroSolutions. Reprenons l'arbre de la figure 9.8 et supposons que les préférences de cette entreprise se traduisent par la fonction exponentielle de paramètre $R = 100$ (milliers de dollars).

Dans un premier temps, on calcule l'utilité de chaque résultat. Par exemple, pour la feuille S – S200 – OC – C185, le profit est, selon la figure 9.8, de 10 milliers de dollars et l'utilité associée est $U(10)$, où

$$U(10) = 1 - e^{-10/100} = 0{,}0952.$$

On reporte les différentes valeurs obtenues[21] à l'extrême droite de la figure 9.30.

FIGURE 9.30
Arbre de MicroSolutions et critère d'utilité espérée

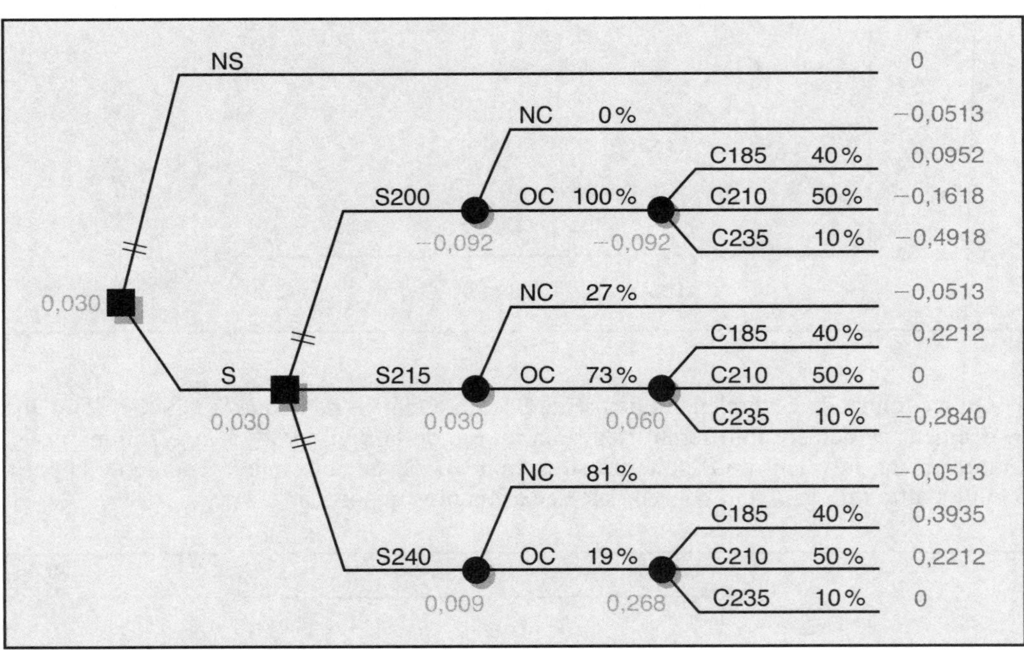

20. R.A. Howard, « Decision Analysis : Practice and Promise », *Management Science*, vol. 34 (1988), p. 679-695. Voir, en particulier, le tableau 2 de la page 690.

21. Certaines utilités de l'arbre 9.30 sont négatives, ce qui contrevient à la convention mentionnée à la note 16. Nous n'en avons pas tenu compte ici, afin de simplifier les calculs. Si l'on s'imposait de la respecter, il suffirait de « normaliser » la fonction d'utilités, c'est-à-dire de remplacer $U(x)$ par une fonction de la forme $U_n(x) = a + b\,U(x)$, où les paramètres a et b sont choisis de sorte que $U_n(x)$ prenne les valeurs 0 et 1 pour les deux résultats extrêmes et où $b > 0$. (Ici, $a = 0{,}5555$ et $b = 1{,}1296$; les cellules F44 et H44 de la feuille Utilités du fichier MicroSolutions.xlsx indiquent comment sont obtenues ces valeurs.) On vérifie facilement que, pour toute loterie ou nœud d'événements ℓ, $U_n(\ell) = a + b\,U(\ell)$, où $U_n(\ell)$ et $U(\ell)$ sont les utilités espérées de la loterie ℓ quand les résultats sont exprimés en termes des fonctions $U_n(x)$ et $U(x)$ respectivement. Il en résulte que le critère de l'utilité espérée, qu'il soit appliqué avec les fonctions $U(x)$ ou $U_n(x)$, conduit nécessairement à la même stratégie optimale et donne le même équivalent-certain.

On résout ensuite l'arbre selon la procédure habituelle, qui consiste à démarrer à la droite de l'arbre et à remonter vers sa racine, en attribuant à un nœud d'événements la moyenne des valeurs de ses différentes branches, et à un point de décision la meilleure valeur. La première étape de la résolution consiste donc à calculer l'utilité moyenne des trois nœuds de droite associés au coût de réalisation du projet. Celui de la branche S – S200 – OC s'obtient ainsi :

$$U(\text{S}-\text{S200}-\text{OC}) = (0{,}0952 \times 40\%) + (-0{,}1618 \times 50\%) + (-0{,}4918 \times 10\%) = -0{,}092.$$

On se déplace ensuite d'un niveau vers la gauche pour traiter les nœuds indiquant si le contrat est obtenu ou non. Par exemple, on inscrira 0,030 comme utilité espérée associée au nœud de la branche S – S215 :

$$U(\text{S}-\text{S215}) = (-0{,}0513 \times 27\%) + (0{,}060 \times 73\%) = 0{,}030.$$

Poursuivant vers la gauche, on en arrive au point de décision où Édouard, le président de MicroSolutions, doit fixer le montant de la soumission. Trois options s'offrent à lui, S200, S215 et S240, dont les utilités espérées sont –0,092, 0,030 et 0,009 respectivement. Évidemment, il retiendra la deuxième. Enfin, à la racine, le choix s'effectue entre les options NS et S, dont les utilités espérées sont 0 et 0,030 respectivement. Le président de MicroSolutions décidera donc de préparer une soumission.

L'utilité espérée 0,030 correspond à un montant de 3 047 dollars :

$$\text{ÉC} = -100 \times ln(1-0{,}030) = 3{,}047.$$

Ainsi, subjectivement, ce projet équivaut pour Édouard à une somme de 3 047 dollars.

Dans cet exemple, les stratégies optimales recommandées par le critère de Bayes et celui de l'utilité espérée coïncident. C'est qu'Édouard n'est pas suffisamment riscophobe pour que les pertes éventuelles l'inquiètent au point de l'inciter à changer de stratégie. Comme l'illustre la figure 9.31, tant que le facteur de risque n'est pas inférieur à 26, l'option de soumissionner à 125 k\$ reste optimale subjectivement ; mais, si $R \leq 25$, Édouard préférera ne pas préparer de soumission.

Fichier : MicroSolutions.xls — Feuille : Utilités

	A	B	C	D	E	F	G
29		NS	S200	S215	S240	Max	Décision
30	R	0	-0,092	0,030	0,009		
31	20	0	-1,040	-0,050	-0,093	0,000	NS
32	25	0	-0,674	-0,001	-0,054	0,000	NS
33	26	0	-0,628	0,005	-0,048	0,005	S215
34	27	0	-0,588	0,010	-0,043	0,010	S215
35	28	0	-0,551	0,014	-0,039	0,014	S215
36	29	0	-0,519	0,018	-0,035	0,018	S215
37	30	0	-0,490	0,021	-0,032	0,021	S215
38	50	0	-0,225	0,039	0,000	0,039	S215
39	100	0	-0,092	0,030	0,009	0,030	S215

FIGURE 9.31
MicroSolutions : analyse de sensibilité sur le facteur de risque *R*

Exercices de révision

1. L'expert riscophobe

Reprenons le contexte de l'exercice de révision 2 de la section 9.4, intitulé « L'expert rapatrié prématurément ». Et supposons que notre expert soit riscophobe : plus précisément, nous présumerons que sa courbe d'utilités est de la forme $U(x) = 1 - e^{-x/R}$.

(a) Déterminer la stratégie optimale de l'expert si son facteur de risque R est égal à 200 milliers de dollars.

(b) Pour quelles valeurs du risque R l'expert sera-t-il enclin à accepter l'offre de 250 k$?

2. Les hésitations du camelot

Revenons au contexte de l'exercice de révision 1 de la section 9.6. L'analyse effectuée par le camelot lui recommande de ne pas faire inspecter la voiture A. Cependant, le profil de risque de la stratégie optimale l'inquiète : la branche NI – B – Pb, dont la probabilité est de 10 % s'il retient la stratégie optimale, résulte en un coût de 4 700 $, ce qui lui semble bien élevé. Il aimerait limiter autant que possible le risque de devoir débourser plus de 4 000 $ en un an pour son véhicule. Afin de pénaliser les éventuels coûts élevés, il reprend l'analyse de la situation, mais en exprimant cette fois les résultats en termes d'utilités calculées à l'aide d'une fonction exponentielle : par exemple, il pose

$$U(\text{NI} - \text{A} - \text{OK}) = U(-300) = 1 - e^{300/R},$$

où R est le facteur de risque. Après réflexion, il a fixé ce paramètre à 2 000 $.

Quelle est la stratégie optimale de notre camelot ?

Problèmes

1. Téléphonie mobile

C'est depuis belle lurette que Peugeot, Renault et Honda tropicalisent les véhicules qu'ils exportent dans les pays africains : des enduits généreux de goudron limitent la corrosion qui en perce rapidement les tôles ; des plaques protectrices placées sous le moteur, la boîte de vitesses et le réservoir d'essence leur assurent de meilleures chances de survie sur les pistes difficiles du Sud-Sahara ; la plastification des circuits électriques prolonge la vie utile de leurs systèmes de démarrage et d'allumage, tandis que ressorts et amortisseurs renforcés en améliorent le comportement routier.

Inspiré par ces traitements, un manufacturier de téléphones mobiles songe à lancer un appareil adapté aux conditions qui prévalent dans le milieu subsaharien. La résistance aux chocs et aux aléas climatiques, la vie prolongée de la pile d'alimentation, le cadran antireflet même par soleil aveuglant en seront les caractéristiques principales.

Cinq pays ont retenu son intérêt par la qualité de la main-d'œuvre, de même que par la densité et la fiabilité du réseau de communication aérienne qui permettra l'exportation des appareils. Le manufacturier a fait évaluer, par une firme de consultants, les coûts d'établissement d'une usine clés en main et de la formation du personnel dans chacun de ces pays. La firme a de plus estimé les coûts afférents à la production de 100 000 appareils par année pendant les cinq prochaines années, selon les droits de douane à payer pour les intrants et le coût des impôts à débourser. Le climat politique et économique a été considéré. Le tableau suivant présente les résultats fournis par la firme (en millions d'euros), selon que le climat politique et économique restera stable, se détériorera ou s'améliorera.

	Climat politique et économique		
Pays	**Détérioration**	**Stabilité**	**Amélioration**
Nigeria	55	45	40
Cameroun	45	40	34
Kenya	50	45	40
Togo	75	50	35
Sénégal	60	45	40

Dans quel pays le manufacturier devrait-il implanter son usine si son critère de choix est:

(a) le critère optimiste?

(b) le critère pessimiste?

(c) le critère de regret minimax?

2. Supermarché

Depuis le lancement de son supermarché situé dans une ville de la Côte-Nord, Paul Lanthier a confié le transport de ses approvisionnements en provenance des grossistes de Québec à deux entreprises concurrentes: Transport Courville et Vitex. Au fil des ans, il a fini par accorder 75 % du tonnage à transporter à Courville et le reste à Vitex. Le dernier tarif négocié avec les deux transporteurs s'établissait à 300 $ la tonne. Lanthier préférerait mettre fin à cette double dépendance et s'en remettre à un seul des deux transporteurs. Il leur a annoncé qu'il choisirait celui qui lui proposerait le meilleur prix. Toutefois, si par hasard les deux propositions s'avéraient identiques, il confierait 50 % du tonnage à chacun des transporteurs.

Courville envisage soit de demander 250 $ ou 275 $ la tonne, soit d'en rester au prix actuel de 300 $/tonne. Il sait que, de son côté, Vitex songe aux trois tarifs suivants: 250 $/tonne, 260 $/tonne ou le prix actuel de 300 $/tonne.

(a) Dresser la matrice des gains ou des pertes de part de marché de Courville selon le prix qu'il soumettra à Lanthier.

(b) Quelle est la stratégie optimale de Courville s'il adhère au critère optimiste?

(c) Quelle est la stratégie optimale de Courville s'il entend maximiser le changement espéré de sa part de marché et évalue de la façon suivante les probabilités associées aux trois tarifs envisagés par Vitex?

Tarif de Vitex	250 $/t	260 $/t	300 $/t
Probabilité	30 %	30 %	40 %

3. Caisse électorale

Un parti politique s'est récemment rendu impopulaire en appuyant l'envoi de troupes dans un pays lointain pour y mener une guerre à laquelle la majorité des électeurs s'oppose. Une campagne électorale s'annonce pour le printemps prochain et il faut dès maintenant remplir les coffres du parti. Dans un comté excentrique, cette tâche a été confiée à un organisateur politique chevronné qui envisage d'offrir soit un banquet-bénéfice à 300 $ le couvert, soit un concert en plein air d'une vedette locale. Le banquet rapporterait 50 000 $. Le concert en plein air dégagerait un bénéfice de 25 000 $ si le temps était inclément et de 70 000 $ si le temps était au beau fixe.

(a) Quelle décision prendra l'organisateur politique s'il retient le critère de regret minimax pour se décider entre le banquet ou le concert?

(b) On suggère à l'organisateur la possibilité d'un tournoi de golf. Si le temps était beau, cette activité rapporterait 100 000 $; toutefois, en cas de pluie, le tournoi se solderait par un mince gain de 15 000 $. Quelle sera maintenant la décision de l'organisateur, s'il applique comme auparavant le critère de regret minimax?

(c) Un assureur propose de verser, en cas de temps inclément, un dédommagement de $3p$ en échange d'une prime d'un montant de p. Il permet à l'organisateur de fixer lui-même le montant de la prime, à condition qu'elle se situe entre 4 et 10 k$. Quelle décision l'organisateur prendra-t-il, s'il essaie toujours de minimiser le regret maximal? Choisira-t-il de payer une prime? Si oui, de quel montant?

4. La baladeuse de piscine de NATA

NATA veut lancer une « baladeuse de piscine ». Il s'agit d'une nettoyeuse du fond et des parois des piscines qui est dotée d'un logiciel perfectionné de recherche et de repérage des endroits les plus sales. Les frais de lancement de la première rafale s'élèveront à deux cent mille dollars. La direction de NATA hésite quant à la taille de celle-ci: elle pourrait la fixer à 5 000 unités et les coûts variables de production seraient alors de 400 $ l'unité; elle envisage également de fabriquer 8 000 unités, mais alors l'usine de NATA devrait fonctionner avec deux quarts de travail et les coûts variables augmenteraient soit à 475 $, soit à 500 $ l'unité, les deux possibilités étant considérées équiprobables par la direction.

NATA doit choisir entre les deux politiques suivantes: vendre la baladeuse 600 $ ou 800 $. Selon le directeur du marketing, le marché devrait absorber entre 5 et 8 mille unités si NATA fixait le prix à 600 $ et, aux fins de l'analyse, il suggère de considérer quatre cas, soit 5, 6, 7 et 8 mille unités, qu'il juge équiprobables. Le même directeur évalue à 20 % la baisse de la demande dans le cas où la baladeuse serait vendue 800 $. Le coût de pénurie a été fixé à 100 $ par baladeuse manquante. Enfin, toute unité produite au delà de la demande du marché sera soldée sur le marché asiatique au prix de 420 $.

Laquelle des deux politiques de prix NATA doit-elle adopter? Doit-elle choisir un ou deux quarts de travail à l'usine? L'objectif de NATA est de maximiser le profit espéré.

5. Les trois régimes

Un employeur oblige chacun de ses nouveaux employés à adhérer à l'un des trois régimes d'assurance suivants.

- Régime A: une prime mensuelle de 125 $ avec une franchise annuelle de 500 $ (l'employé paie les premiers 500 $ des dépenses médicales encourues entre le 1er janvier et le 31 décembre d'une année); l'assureur rembourse 90 % des sommes excédentaires.
- Régime B: une prime mensuelle de 25 $ avec une franchise annuelle de 2 000 $; l'assureur rembourse 95 % des sommes excédentaires.
- Régime C: une prime mensuelle de 60 $ sans franchise; l'assureur paie 70 % des frais médicaux de l'employé.

Julie, nouvelle employée âgée de 55 ans, veut choisir le régime qui lui conviendrait le mieux. Voici, établie selon son expérience des dernières années, la distribution de probabilité de ses frais médicaux de l'an prochain.

Frais annuels (en k$)	1	2	2,5	3	4	5	10
Probabilité	0,15	0,20	0,25	0,15	0,10	0,10	0,05

Quel régime Julie devrait-elle choisir si elle applique le critère de Bayes ?

6. Manuel d'impôt

Depuis quelque 20 ans paraît au Québec un ouvrage sur l'impôt, que l'auteur remanie chaque année pour inclure les changements apportés à la Loi sur les impôts et les récentes décisions judiciaires ou administratives qui en éclairent la pratique. Deux professeurs de HEC Montréal consacrent plusieurs heures de travail à cette révision annuelle. Leur éditeur n'a qu'une année pour écouler les exemplaires imprimés. Le manuel lui revient à 22$ l'exemplaire, frais d'impression et mise en pages du manuscrit compris, et se vend 40 $. Les invendus sont envoyés au pilon. Voici, pour l'an prochain, la distribution de la demande, telle qu'estimée par l'éditeur qui tient compte du nombre prévu d'inscriptions en sciences comptables que lui fournissent les universités francophones du Québec.

Nombre d'exemplaires	1 500	1 750	2 000	2 250	2 500	2 750	3 000
Probabilité	0,05	0,15	0,30	0,20	0,15	0,10	0,05

(a) Combien d'exemplaires l'éditeur devrait-il faire imprimer s'il retient le critère de Bayes ?

(b) Combien, au maximum, l'éditeur serait-il prêt à payer pour obtenir de l'information plus précise concernant le nombre d'exemplaires qu'il vendra ?

7. Bamako-Mopti

Deux compagnies de cars assurent le transport des passagers entre Bamako et Mopti au départ de la gare de l'Est. Présentement, Maliter assure un départ de Bamako tous les jours à 8 h, tandis que sa concurrente, Savaré, offre un départ quotidien à 9 h 30. Les autorités maliennes permettent aux deux concurrentes de modifier l'heure de leur départ quotidien à chaque début de mois. Toutefois, pour des raisons de gestion des espaces de la gare, l'heure de départ de Savaré doit se faire à la demi-heure et celle de Maliter, à l'heure précise. Maliter sait que les seules heures raisonnables de départ sont 8 h, 9 h, 10 h et 11 h. Savaré choisit le moment de son départ entre 8 h 30, 9 h 30, 10 h 30 et 11 h 30.

Maliter considère que le choix d'une heure de départ est un jeu entre les deux entreprises concurrentes où chacune peut gagner ou perdre des parts de marché. La part de marché de Maliter est aujourd'hui de 60 % et celle de Savaré, de 40 %. Le tableau ci-dessous indique combien de parts Maliter prévoit gagner ou perdre le mois prochain selon les heures de départ choisies par les deux compagnies.

Choix de Maliter	**Choix de Savaré**			
	8 h 30	**9 h 30**	**10 h 30**	**11 h 30**
8 h	2 %	− 2 %	− 1 %	4 %
9 h	− 4 %	0 %	7 %	3 %
10 h	4 %	5 %	− 3 %	6 %
11 h	− 3 %	− 2 %	5 %	3 %

(a) Maliter cherche à maximiser sa part de marché le mois prochain. Que doit-elle faire si elle applique le critère de regret minimax ?

(b) Des observations sur le comportement passé de Savaré ont mené Maliter à attribuer les probabilités suivantes aux différentes heures de départ que Savaré pourrait choisir.

Choix de Savaré	8 h 30	9 h 30	10 h 30	11 h 30
Probabilité	0,25	0,55	0,20	0

Que doit faire Maliter si son objectif est de maximiser sa part de marché espérée le mois prochain ?

8. Politique de crédit

Reading commercialise sur la Toile un gril haut de gamme en acier inoxydable. Une garantie de dix ans assure les clients contre l'apparition de taches de rouille, même si le gril séjourne à l'extérieur pendant les mois d'hiver. L'acier inoxydable retenu par Reading est du type 304L, réputé pour résister aux attaques du climat et même du chauffage jusqu'à 1 000 °C. Dotés de quatre brûleurs de 15 000 B.T.U. chacun, de boutons de contrôle de type grand restaurant, ces appareils se vendent 8 500$ l'unité, frais de transport compris. Le coût de revient des grils est de 6 000$ l'unité, auxquels s'ajoutent 400$ en moyenne pour le transport.

Reading consent des ventes à tempérament (18 versements trimestriels de 495$), tout en s'assurant autant que possible d'un remboursement sans histoire. Quand un client fait une demande de crédit, Reading demande un rapport sommaire de sa cote de crédit à une agence spécialisée. Il lui en coûte 15$ par rapport. Les clients sont répartis en trois classes : crédit excellent (A), bon (B) ou marginal (C).

Jusqu'ici, Reading acceptait tous les acheteurs de classe A ou B qui réclamaient du crédit, et refusait les acheteurs de classe C. La concurrence et le désir de diminuer son stock l'ont amenée à considérer un changement de politique. Reading voit deux façons d'accorder du crédit aux acheteurs de classe C : en accorder à tous ou requérir de l'agence spécialisée un rapport de crédit plus poussé.

Ce rapport, qui coûterait à Reading 30$ en sus des 15$ versés pour le rapport sommaire, lui permettrait de répartir les acheteurs de la classe C en cinq sous-classes, C1 à C5. Le tableau suivant donne en colonne (1) la répartition des acheteurs de la classe C, et en colonne (2) la probabilité pour qu'un acheteur d'une sous-classe s'acquitte de ses obligations fidèlement.

Sous-classe	(1) Répartition	(2) Probabilité
C1	0,30	0,90
C2	0,25	0,80
C3	0,20	0,70
C4	0,15	0,60
C5	0,10	0,50

Reading sait par expérience que 15 % des clients auxquels elle refuse du crédit se procurent un gril en le payant comptant. De plus, ses dossiers indiquent que les clients acceptés qui ne paient pas leur dû intégralement versent malgré tout, en moyenne, 40 % des sommes promises. Reading présume que, dans chaque sous-classe, le comportement des clients qu'elle accepterait ou refuserait serait similaire à celui observé dans le passé : 15 % des clients refusés se procureraient un gril au comptant et les clients en défaut verseraient en moyenne 40 % $\times$ 18 $\times$ 495 = 3 564 dollars.

(a) Quelle politique de crédit Reading devrait-elle adopter si son critère de décision est de maximiser le revenu espéré que lui procure le client type de classe C désirant se prévaloir de la possibilité de payer en 18 versements ?

(b) Quelqu'un chez Reading a contesté le réalisme de l'hypothèse que les clients de classe C auxquels la compagnie accepterait éventuellement de faire crédit se comporteraient de façon similaire à ceux des autres classes. En particulier, il se dit convaincu que la proportion p des sommes dues versées par les clients de classe C en défaut se révélera inférieure à 40 %. Déterminer la meilleure politique de crédit lorsque p varie de 40 % à 30 % par pas de 1 %. On supposera que la proportion des sommes versées est la même dans les cinq sous-classes.

9. Lancer une ou deux rafales ?

Un fabricant de calculatrices de poche a conclu avec un distributeur une entente selon laquelle ce dernier achète 100 000 calculatrices d'un modèle spécial à 5,50 $ chacune livrables dans deux mois et se réserve le droit de s'en procurer au même prix un deuxième lot de même taille livrable dans six mois. Le distributeur convient d'indiquer au fabricant dans trois mois au plus tard s'il exercera ce droit. Pour le fabricant, le coût de lancement d'une rafale, quelle qu'en soit la taille, s'élève à 200 000 $, tandis que les frais variables sont de 2 $ par calculatrice.

La direction du fabricant désire appliquer le critère de Bayes pour analyser cette situation, mais s'estime incapable d'estimer la probabilité p pour que le distributeur exerce son droit d'achat du deuxième lot. Indiquer, selon les valeurs du paramètre p, si le fabricant devrait fabriquer les 200 000 calculatrices lors d'une seule rafale ou attendre que le distributeur exerce ou non son droit de commande d'un second lot. On considérera tour à tour chacune des hypothèses suivantes.

(a) Toute calculatrice déjà fabriquée que le distributeur déciderait de ne pas prendre serait une perte nette pour le fabricant.

(b) Toute calculatrice déjà fabriquée que le distributeur ne prendrait pas aurait une valeur commerciale de 1,50 $ sur le marché asiatique.

10. Un nouveau jeu de société

La Connaissance par le jeu inc. est spécialisée dans le matériel pédagogique à caractère ludique pour les cours de sciences et de mathématiques. La petite entreprise familiale s'est récemment diversifiée dans les jeux mathématiques, puis dans les jeux de société. Claude Viel, l'un des fils du fondateur, adepte des jeux de rôle et lecteur assidu de *Harry Potter,* a conçu un jeu de société inspiré librement des personnages de cette célèbre série de romans. Il a présenté son projet au comité familial, qui l'a trouvé intéressant, mais hésite à investir dans la mise au point du jeu. C'est que les frais fixes sont d'environ 10 000 $ et que la demande est incertaine. Selon Andrée Tremblay, la responsable de la mise en marché, les ventes devraient se situer dans une fourchette de 500 à 3 000 unités ; le jeu se vendrait 22 $, tandis que les frais variables seraient de 4 $ seulement.

Pierre Viel, le président fondateur de La Connaissance par le jeu, a confié à Andrée le soin d'analyser la rentabilité du projet. Celle-ci juge que quatre options seulement sont pertinentes ; de plus, elle limite à quatre également les niveaux de demande qu'elle considérera explicitement dans son analyse. Le tableau suivant résume ses premières conclusions.

Quantité à fabriquer	Code
0 u	NL
2 000 u	F20
2 500 u	F25
3 000 u	F30

Demande	Code	Probabilité
500 u	D05	0,20
2 000 u	D20	0,35
2 500 u	D25	0,35
3 000 u	D30	0,10

Andrée songe également à réunir quelques amateurs et leur présenter un prototype du jeu conçu par Claude. Elle croit qu'une somme de 1 800 $ suffirait pour préparer le prototype et organiser la rencontre. Un tel groupe d'amateurs fournirait une opinion globale. Aux fins de l'analyse, Andrée limite à trois les réactions possibles du groupe : positive (P(PP) = 0,4), négative (P(PN) = 0,1) ou mitigée (P(PM) = 0,5). Dans le dernier cas, elle pourrait demander à Claude de travailler avec quelques membres du groupe à améliorer le jeu. Elle évalue à 4 700 $

les coûts associés à cette option. Enfin, après mûre réflexion, elle a établi les probabilités *a posteriori* de la demande, compte tenu de la réaction du groupe. Le tableau suivant donne ces probabilités (les sigles PM–NA et PM–Am signifient, le premier, que la réaction du groupe a été mitigée et que le jeu est lancé sans amélioration, le second, que la réaction du groupe a été mitigée et que le jeu a été amélioré au coût de 4 700 $).

Réaction	**D05**	**D20**	**D25**	**D30**	**Total**
PP	0,05	0,25	0,35	0,35	1,00
PN	0,60	0,20	0,15	0,05	1,00
PM–NA	0,40	0,25	0,20	0,15	1,00
PM–Am	0,05	0,25	0,30	0,40	1,00

(a) Construire et résoudre un arbre de décision qui traduit ce problème.

(b) Décrire la stratégie optimale.

(c) Quelle est la valeur espérée de l'information fournie par le groupe d'amateurs ?

(d) Andrée est incertaine quant à la somme d'argent requise pour améliorer le jeu. Faire une analyse de sensibilité pour des sommes variant de 4 000 $ à 6 000 $ par pas de 100 $. On déterminera, pour chaque cas traité, s'il faut ou non effectuer l'étude, c'est-à-dire réunir un groupe d'amateurs, s'il faut ou non investir pour améliorer le jeu en cas de réaction mitigée du groupe et enfin, quelle est la quantité optimale à produire selon chacune des trois réactions possibles du groupe.

(e) La réaction des amateurs est difficile à prévoir et Andrée accorde une fiabilité limitée aux probabilités qu'elle a attribuées aux événements PP, PN et PM. Faire une analyse de sensibilité en faisant varier, par pas de 5 %, P(PP) de 20 % à 50 % et P(PN) de 5 % à 25 %. Pour chaque cas traité, on déterminera s'il faut ou non effectuer l'étude, s'il faut ou non investir pour améliorer le jeu en cas de réaction mitigée du groupe et enfin, quelle est la quantité optimale à produire (on retiendra seulement la meilleure option de la branche Ét–PM dans les cas où l'option Ét aura été préférée à NÉ).

11. L'imprésario

Le succès des *Belles-Sœurs* de Michel Tremblay, tant au Québec qu'en Europe, a donné des idées à un investisseur de capital de risque un peu m'as-tu-vu qui désire s'afficher comme imprésario à succès. Dans son collimateur se retrouve la pièce de théâtre *Cabano, mon rêve*, présentée depuis plusieurs mois, à guichets fermés, devant le public montréalais. Les commissions scolaires en ont fait l'objet de sorties, les aînés ne tarissent pas d'éloges à son propos, la critique s'est emballée, les universitaires l'ont inscrite à divers programmes d'études, les adolescents y ont emprunté tout un vocabulaire…

Notre apprenti imprésario a proposé à l'auteur et au metteur en scène d'examiner la possibilité d'une tournée en terres francophones. Ces derniers se sont montrés fort intéressés. L'imprésario estime à 500 000 $ les frais de la tournée, qui comprennent les cachets des acteurs, le salaire des techniciens de scène, les frais de déplacement et de séjour, le transport et le montage *in situ* des décors, la location des salles et la publicité. Il a fait estimer par divers connaisseurs du monde du spectacle les recettes qu'il pourrait tirer de la tournée. Les avis obtenus convergent vers les résultats suivants :

- si la tournée est un franc succès, les recettes s'élèveront à 3 millions de dollars ;
- les recettes d'un succès mitigé atteindront quand même le million ;
- dans l'éventualité où la tournée s'avère un four, les recettes ne dépasseront guère 300 000 $.

Optimiste, l'imprésario estime à 50 % la probabilité d'un franc succès, et à seulement 20 % celle d'un four.

(a) L'imprésario devrait-il organiser la tournée ou abandonner ce projet ?

(b) Avant d'arrêter sa décision, notre imprésario aimerait tâter le terrain en faisant appel à des critiques qui font autorité en matière de théâtre dans les pays qu'il prévoit inclure dans la tournée éventuelle. Il pense organiser, à ses frais, leur venue à Montréal, où ils pourront voir la pièce et donner leur avis sur ses chances de succès devant leurs compatriotes. Des amis, qui connaissent le milieu artistique, ont suggéré à notre imprésario en herbe d'organiser en fin de séjour une discussion de groupe de ces experts étrangers ; d'une telle rencontre sortirait une conclusion ferme, précise selon eux à 90 % environ. Par « conclusion ferme », ils veulent dire que le groupe prédirait collectivement soit que la tournée sera un franc succès, soit qu'elle se révélera un four. Le niveau de précision de 90 % signifie qu'une tournée a 90 % des chances de recevoir de la part du groupe un verdict favorable si elle est pour être un succès, et que, de même, elle a 90 % des chances de recevoir un verdict défavorable si elle est pour être un four. Cependant, en cas de succès mitigé, les deux verdicts sont également probables. Combien au maximum l'imprésario devrait-il investir pour obtenir l'opinion des critiques étrangers dans ce nouveau contexte ?

(c) L'imprésario pourrait également préparer une vidéo qui serait expédiée aux critiques étrangers et organiser une vidéoconférence pour obtenir l'opinion du groupe. À nouveau, deux conclusions seulement sont possibles, mais le verdict du groupe est précis à 70 % seulement. Enfin, en cas de succès mitigé, les deux verdicts sont également probables là encore. Combien au maximum l'imprésario devrait-il investir pour obtenir l'opinion des critiques étrangers dans ce nouveau contexte ?

12. Choix entre trois régimes et riscophobie

Reprenons le contexte du problème 5, « Les trois régimes ». Et supposons que Julie est riscophobe. Déterminer quel régime elle devrait choisir si elle cherche à maximiser son utilité espérée et qu'elle calcule l'utilité $U(x)$ d'un coût x en appliquant une fonction exponentielle normalisée de paramètre $R = 1000$:

$$U(x) = (\,41{,}2644 - \exp(x/1000)\,)\,/\,38{,}4912.$$

13. L'impact du facteur de risque

Reprenons le contexte du problème 10, « Un nouveau jeu de société ». Et supposons qu'Andrée veut tenir compte, dans son analyse, de l'aversion au risque de son patron, Pierre Viel, pour tout projet en dehors de la mission fondamentale de l'entreprise, soit la production de matériel pédagogique.

(a) Construire et résoudre l'arbre de décision qui traduit le problème du lancement du jeu de société dans le contexte où elle cherche à maximiser l'utilité espérée et calcule l'utilité $U(x)$ d'un résultat de x milliers de dollars en appliquant une fonction exponentielle de paramètre $R = 400$:

$$U(x) = 1 - \exp(-x/400).$$

(b) Décrire la stratégie optimale dans ce contexte d'utilités.

(c) Andrée hésite concernant la valeur à attribuer au facteur de risque. Faire une analyse de sensibilité pour des valeurs variant de 100 à 1 000 par pas de 50. On déterminera, pour chaque cas traité, s'il faut ou non effectuer l'étude, s'il faut ou non investir pour améliorer le jeu en cas de réaction mitigée du groupe et enfin, quelle est la quantité optimale à produire selon chacune des trois réactions possibles du groupe.

14. Le *Don-de-Dieu*

Benoît Marin construit, dans ses moments de loisir, des répliques miniatures de bateaux à voiles célèbres. Membre d'un club international d'amateurs de modèles réduits et lecteur assidu de la revue de ce club, il complète sa collection en achetant à l'occasion de « belles pièces » annoncées dans la revue par un marchand spécialisé.

Inspiré par les fêtes du 400e de la ville de Québec, il a eu l'idée de faire fabriquer en série des répliques du *Don-de-Dieu,* le navire de Champlain lors de son arrivée en 1608 à Québec. Après plusieurs démarches, il a réussi à dénicher un petit atelier qui serait prêt à lui fournir entre 2 000 et 3 000 modèles réduits au coût de 28$ l'unité.

La demande pour son petit *Don-de-Dieu* sera limitée pour l'essentiel à l'année 2008 et est hautement incertaine. Benoît Marin estime qu'elle devrait se situer entre 1 000 et 3 000 unités. Pour simplifier, il considère que seulement cinq cas sont possibles, dont les probabilités sont données dans le tableau suivant.

Demande **Code**	1 000 u D10	1 500 u D15	2 000 u D20	2 500 u D25	3 000 u D30
Probabilité	0,20	0,20	0,30	0,20	0,10

Benoît Marin prévoit fixer le prix de vente à 48$ l'unité. La préparation du prototype dont s'inspirera l'atelier, de même que les multiples formalités administratives pour lancer son projet, lui reviendraient à 7 000$ environ. Enfin, le marchand spécialisé, que Benoît a joint pour obtenir son avis, lui a offert 13 500$ pour son idée.

(a) Construire et résoudre un arbre de décision pour analyser la situation, sous l'hypothèse que Benoît Marin applique le critère de Bayes.

(b) Décrire la stratégie optimale.

(c) Notre marin de salon, qui est allergique au risque financier, s'inquiète de la possibilité de perdre de l'argent si son modèle réduit suscite peu d'intérêt. Adapter l'arbre de la question (a) en supposant cette fois qu'il cherche à maximiser l'utilité espérée et mesure les résultats de son projet en utilisant une fonction d'utilités de paramètre $R = 25$ milliers de dollars.

(d) Faire une analyse de sensibilité pour les valeurs de R variant de 10 à 100 par pas de 15. On calculera, pour chaque cas traité, les équivalents-certains des diverses options qui s'offrent à Benoît Marin et l'on déterminera celle qui maximise l'utilité espérée.

INDEX